科学出版社“十四五”普通高等教育本科规划教材

普通高等教育农业农村部“十三五”规划教材

细胞生物学

陈坤明　曾文先　赵立群　主编

科学出版社

北京

内 容 简 介

本书共4篇17章，内容包括绪论、细胞的特征与类型、细胞生物学研究方法、细胞膜与跨膜运输、细胞质基质与内膜系统、细胞能量转换——线粒体与叶绿体、细胞骨架、核糖体、细胞核、细胞社会联系与胞外基质、蛋白质分选及其转运机制、细胞信号转导、细胞分裂与增殖调控、细胞分化与干细胞、细胞衰老与死亡、细胞与环境、细胞工程与组织重建等。全书以细胞的结构与功能为主线，以重大研究发现的历程激发学生研究兴趣，引导学生掌握重大生命活动的分子细胞生物学机制。注重基础和前沿相结合，突出细胞生物学发展的热点及与农业、医学相关领域的内容。本书提供的知识脉络导图有助于读者学习繁杂而精妙的知识体系，数字资源涵盖了动画、图集及布鲁姆学习目标层次的学习指引。

本书可作为农林院校、医学院校、师范院校及综合性大学的本科生、研究生学习细胞生物学的教材，也可供相关科研人员、教师参考。

图书在版编目（CIP）数据

细胞生物学 / 陈坤明，曾文先，赵立群主编. —北京：科学出版社，2022.6

普通高等教育农业农村部“十三五”规划教材

ISBN 978-7-03-072565-3

I. ①细…　II. ①陈…　②曾…　③赵…　III. ①细胞生物学－高等学校－教材　IV. ①Q2

中国版本图书馆 CIP 数据核字（2022）第100634号

责任编辑：王玉时　马程迪 / 责任校对：郝甜甜

责任印制：赵　博 / 封面设计：马晓敏

科学出版社 出版

北京东黄城根北街16号

邮政编码：100717

http://www.sciencep.com

涿州市般润文化传播有限公司印刷

科学出版社发行　各地新华书店经销

*

2022年6月第　一　版　开本：787×1092　1/16

2024年9月第三次印刷　印张：27

字数：726 000

定价：118.00元

（如有印装质量问题，我社负责调换）

《细胞生物学》编委会

主　　编： 陈坤明　曾文先　赵立群

副 主 编： 李绍军　张凌云

编　　委（按姓氏汉语拼音排序）：

巴巧瑞（天水师范学院）
陈坤明（西北农林科技大学）
呼延霆（西北工业大学）
胡春红（周口师范学院）
景秀清（太原师范学院）
李　娟（四川大学）
李　晓（西北农林科技大学）
李绍军（西北农林科技大学）
李文强（西北农林科技大学）
刘文婷（西北农林科技大学）
吕英华（西北农林科技大学）
孟风艳（四川农业大学）
曾文先（陕西理工大学）
张怀渝（四川农业大学）
张凌云（北京林业大学）
赵立群（河北师范大学）
郑　以（西北农林科技大学）

主编简介

陈坤明：西北农林科技大学教授、博士生导师、细胞生物学学科负责人，第五届中国农业转基因生物安全委员会委员、陕西省细胞生物学会理事，入选教育部新世纪优秀人才，主要从事植物抗逆细胞分子机制和农业生物安全与环境修复方面的研究工作，主持或参与国家及省部级科研项目20余项，在国内外重要学术期刊发表论文70余篇。

曾文先：陕西理工大学特聘教授、博士生导师、日本广岛大学客座教授。中国细胞生物学学会常务理事。陕西省特聘专家，入选陕西省高层次人才引进计划“创新人才长期项目”。主要从事生殖生物学和干细胞生物学研究。先后参与及主持973计划、国家重点研发计划项目、国家自然科学基金面上项目等20余项科研课题，在国内外重要学术期刊发表论文100余篇。

赵立群：河北师范大学教授、博士生导师。兰州大学博士，先后赴日本和美国的大学和科研机构留学和从事合作研究。主要从事植物分子细胞生物学研究工作，致力于植物逆境适应及其信号转导研究，先后参与及主持973计划、转基因重大专项、国家自然科学基金面上项目等10余项科研课题，发表研究论文30余篇。

前　言

在长期的教学实践和科研工作中，编者深深体会到一本优秀教材所带来的深刻影响。尽管在大学阶段就比较系统地学过“细胞生物学”这门课程，但在工作之后，再次全面系统地研读细胞生物学相关教材后，编者才真正体会到这门学科的重要性及其精妙之处。

细胞学说的建立对人类解放思想、摆脱宗教束缚有重要作用。人们逐渐认识到细胞遵循自然规律完成其生命活动，科学发展史上的这一里程碑是细胞学成熟的标志，也是细胞生物学的前身。在近代生命科学中，许多科学问题的解决有赖于集合细胞学、生物化学和遗传学的重要观点、方法、技术和成果。“一切生命的关键问题都要到细胞中去寻找答案”，在现代和可预见的未来，细胞生物学是解决生命科学有关问题的核心。细胞生物学是现代生命科学领域的三大基础主干学科之一，若要在包括大农学和医学等领域取得成果，掌握细胞生物学、遗传学、生物化学与分子生物学的理论、方法和思维，都是必不可少的。

传统的细胞生物学主要从细胞形态结构入手，从显微和亚显微水平对细胞类型与组成、细胞器结构与功能、细胞分裂增殖及细胞信号转导方面进行概括和总结，总体上较多地反映的是静态的细胞结构与生命活动规律。近些年来，随着单分子技术、超高分辨率显微技术及系统与合成生物学等相关研究手段的大量涌现，人们对细胞的认识进入更深入的分子机理解析层面和系统、动态、协调及人工生命创造的高级阶段。因此，我们需要在坚持和继承传统细胞生物学基本原理的基础上，拓展和升华细胞生物学的内涵。例如，基于冷冻电子显微术，人们对细胞内众多重要大分子复合物的结构进行了解析，勾勒出了这些大分子复合物介导重要生命活动的作用机制，为防治重大疾病或发展精准疗法提供了新途径。葡萄糖转运蛋白晶体结构的解析，就是一个突出的例子。再如，基于具超高分辨率的GI-SIM技术，人们首次直观地在活体状态下观察到了线粒体、内质网和溶酶体等细胞器之间复杂而奇妙的互作关系，为认识生命活动规律提供了新洞见。

现代生命科学正以前所未有的深度和广度介入人类生活。细胞生物学在生命科学领域内与其他学科有着密切的相互联系，不管是在动物学领域还是在植物学、微生物学领域，细胞生物学的研究方法都与生物化学、分子生物学、遗传学等学科的研究方法密不可分，与这些学科研究之间的界限日益模糊却凸显其重要性，众多分子水平的研究成果只有回归到细胞和个体整体水平，才能显示其真正的生物学意义。细胞生物学也与农业、医学甚至化学和物理学相互交融，深刻影响这些学科的发展。一方面与这些学科的交叉与融合极大地提高了细胞生物学的研究水平，为我们更深刻地认识细胞生命活动的规律及其在农业和医疗方面的应用提供了重要参考，另一方面也带来了海量知识归纳与整合的难题，使我们对某一具体科学现象和规律的归一化辨识愈加困难。这就要求我们必须更加认真仔细地选择和梳理现有知识体系，以更简洁、更精准但不损害现有学科体系的方式，呈现当前细胞生物学最基本的全貌，以期在给初学者介绍细胞生物学基础知识的同时，为其提供更好的学科发展方向指引。

基于这样的认识和理念及当前细胞生物学的发展现状，同时结合编者在生命和农林科学领域长期的教学与研究积累，组织编写一本适合高等院校各层次学生和教师使用，尤其是农林、师范等专业类高校师生使用的教材，一直是我们的梦想。经过几年的思考和酝酿，我们组织了来自10所不同层次高校的教师组成编委会。编写团队紧密合作，共同商定教材编写思路、篇章布局与素材规范。积极吸取国内外教育界优秀教育教学改革成果，将问题导入法、布鲁姆教学目标层次的思想也规划到教材编写中。在教材编写过程中，我们全面梳理了当前细胞生物学各方面的研究进展，删繁就简，力求在反映当前细胞生物学领域的最新重要研究成果和前沿进展的同时，呈现本学科最基本和最重要的内容，以便初学者能在有限的学习时间内领悟并抓住学科精髓与主旨。另外，本教材在保证教材内容综合性的同时，突出农林色彩和应用特色，举例中尽量使用农作物和家畜家禽方面的研究成果。基于当前国内同类教材较多反映动物细胞和医学研究成果的现状，本教材适当反映当前植物细胞生物学方面的重要发现和研究成果，在重要知识点上都编排了植物学研究内容。同时，为便于学习和拓宽学生视野，本教材采用二维码链接的方式提供了部分网络与电子素材，包括每个章节的布鲁姆教学目标习题及相关内容的例证、动画和视频等，从而有助于读者掌握学习的深度与广度。此外，我们还针对每个章节的内容和知识点，绘制了各章的知识脉络导图，方便相关知识的复习巩固。

本教材分为4篇，共17章内容。第Ⅰ篇是细胞概论与方法，共3章内容，包括第一章绪论、第二章细胞的特征与类型和第三章细胞生物学研究方法；第Ⅱ篇是细胞形态结构与功能，共7章内容，包括第四章细胞膜与跨膜运输、第五章细胞质基质与内膜系统、第六章细胞能量转换——线粒体与叶绿体、第七章细胞骨架、第八章核糖体、第九章细胞核及第十章细胞社会联系与胞外基质；第Ⅲ篇是细胞活动与机制调控，共5章内容，包括第十一章蛋白质分选及其转运机制、第十二章细胞信号转导、第十三章细胞分裂与增殖调控、第十四章细胞分化与干细胞及第十五章细胞衰老与死亡；第Ⅳ篇是细胞与环境互作及细胞工程，共2章内容，包括第十六章细胞与环境及第十七章细胞工程与组织重建。

在本教材即将成稿之时，我们向关心和支持本教材出版的农业农村部规划教材项目组、西北农林科技大学院校领导、科学出版社编辑、审稿专家致以衷心的感谢！由于水平所限，编写中难免有疏漏和不足之处，敬请读者和同行批评指正。

编　者

2021年12月

目　录

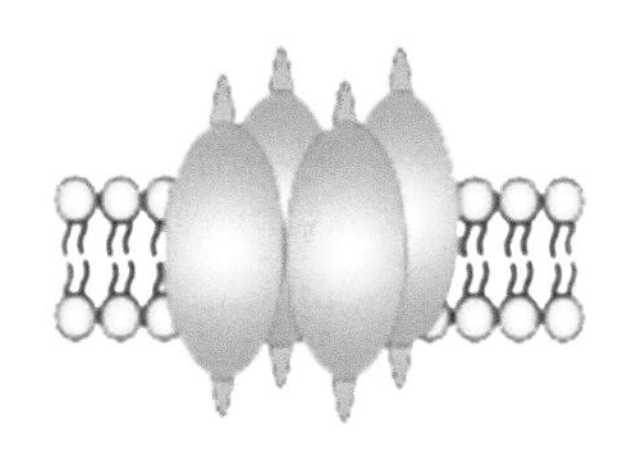

第Ⅰ篇　细胞概论与方法

第Ⅱ篇 细胞形态结构与功能

第Ⅲ篇 细胞活动与机制调控

第Ⅳ篇　细胞与环境互作及细胞工程

第 I 篇　细胞概论与方法

本篇共3章内容，讲述细胞及细胞生物学研究与发展概论、细胞的基本形态特征及当前细胞生物学研究的主要方法。

第一章　绪　　论

“一切生命的关键问题都要到细胞中去寻找答案”，这是 20 世纪初美国动物学、遗传学领域的先驱威尔逊（Edmund Beecher Wilson）在 1925 年就生命科学发展趋势发表的总结观点。近 100 年后，反思生命科学波澜壮阔的探索历史、回顾现代生命科学的发展过程并展望其光明的未来前景，我们才深深体会到这句话的深刻内涵和反映出的超前眼光。无论是动物、植物，还是真菌、细菌，无论是单细胞生物还是多细胞生物，每个新生命个体从诞生、成长、繁衍，到衰老、死亡，其所经历的一切都是由细胞承载的。细胞是全部生命活动规律的枢纽，神奇的细胞内部之旅视频见【二维码】。

二维码

本章将带领学习者了解细胞生物学概念、主要研究内容及发展历程等，以此帮助生命科学领域的学习者打开认识细胞世界的大门，从学科发展历史的角度，瞻仰科学大师在细胞生物学发展历史中立下的基石、铺垫的发展路径，并展望未来的发展方向。

第一节　细胞生物学概念

生命科学在物质和精神方面推动了人类文明的发展，一方面为人类生存繁衍提供物质基础，另一方面细胞学说、进化论等科学理论的建立极大地改变了人类对世界的认识。近年来生命科学更是在农业、医学、食品、环保、能源等方面产生了巨大的社会效益。一般认为，现代生命科学体系有三大基础与带头学科：生物化学与分子生物学、细胞生物学和遗传学。细胞生物学是以细胞为研究对象，以动态、系统、唯物辩证的观点，研究细胞的结构与生命活动规律的一门科学。这门学科从细胞的显微、亚显微、分子等多个层面上把结构和功能结合起来，阐述生命体与细胞的生长、发育、免疫、分裂、分化、增殖、信号转导、运动、遗传、变异、衰老和死亡等基本生物学过程。从农业到医学，从细菌繁殖到人类大脑活动，生物的生老病死及生命科学中各种应用与前沿领域，都离不开细胞生物学的研究方法和手段。地球上千百万不同物种，小到人类肉眼无法见到的病毒与细菌，大到巨杉与鲸鱼，不同物种在整体结构上千差万别，但是绝大多数生命的基本结构单位都是细胞。尽管病毒没有细胞结构，但其繁衍增殖等生命活动都离不开细胞。细胞是所有生命活动的功能单位，许多生物学问题的本质都要在细胞层面加以解析。

细胞生物学是研究和解释细胞基本结构与生命活动规律的科学，这门学科既是现代生命科学许多研究内容的出发点，又是生命科学微观和宏观的汇聚点。以医学为例，人类众多疾病的治疗需要通过病理机制的研究寻找最佳治疗方案，而在细胞层面研究病理规律是天然的着力点。在艾滋病的治疗中，人们通过研究人类免疫缺陷病毒（HIV）在免疫细胞中的生活史，开发出了针对病毒侵入、逆转录等过程的靶点药物，延长了患者的生存年限。人们在追求“长生不老”这个梦想时，在漫漫历史长河中留下了众多虚无缥缈的传说与服用丹药而导致诡谲悲惨结局的历史记载，然而早老症、长寿人群的发现，开启了人们对长寿的科学研究之路。诺贝尔奖获得者卡雷尔（Alexis Carrel）早先通过细胞培养实验，提出了细胞可以不死的观点。后来海弗利克（Leonard Hayflick）通过设计精巧的细胞混合培养试验推翻了这一假说，找到了细胞衰老不可逆的科学证据，建立了细胞分裂次数有限的科学理论。正是人类从器官水平转向细胞层面开展衰老与死亡的研究，才真正发现了许多生命的秘密。理解细胞衰老机制，是帮助早老症患者减缓痛楚的金钥匙。近年来的诺贝尔生理学或医学奖先后颁发给细胞程序性死亡、端粒酶、细胞重编程等有关的研究，侧面说明了细胞研究的重要性。不仅如此，纵观诺贝尔奖列表，许多奖项都与细胞生物学有关。在植物研究方面，细胞生物学为叶色突变体叶绿体增殖及发育过程中内部结构组装的研究，为胞质雄性不育的研究等，都提供了重要手段和解决路径。要阐明植物和动物对营养元素的吸收机理，就要在细胞水平上探讨营养元素的跨膜运输；要阐明植物光合作用机理并指导农业产量提高，就必须对叶绿体这一细胞器的内部结构进行深入研究；甚至在生态学、环境科学和毒理学的研究领域，也要引入细胞生物学的研究思想和方法，以便从细胞中寻找生物进化、变异、死亡及相互作用的原因和机制。

细胞作为整体，其生命活动的结构基础是细胞内高度有序且动态的结构体系。这个结构体系由生物大分子通过特殊的组合而成，特别是真核细胞，以细胞骨架网络体系和膜分区体系，形成了相互联系又相对独立的新陈代谢运转系统、信号转导系统和遗传信息处理系统。蛋白质是生命活动的重要承载者，细胞中的蛋白质作为结构和功能成分协调工作，种类千差万别。细胞中合成的蛋白质要正确折叠、组装、分选和转运到特定位置才能发挥功能，并受控于整个细胞代谢活动。生物大分子的生物化学反应，孤立起来时谈不上是生命活动，但当组合为细胞时就成为生命活动，因此只有分子水平和细胞水平结合起来研究才能找到勾勒并解释复杂生命现象的正确途径。

细胞生物学在现代生命科学中的基础性地位，还体现在细胞生物学是现代生物学众多分支学科的基础理论来源与研究工具。植物学、动物学、微生物学、生理学、遗传学、发育生物学、免疫学、分子生物学等，都要求从细胞中来寻找并阐明各自研究领域中生命现象发生和发展的机制。细胞生物学的蓬勃发展，有力地推动了其他学科的发展，而细胞生物学自身的进一步发展，也要以其他分支学科作为基础和发展动力。显微镜的发明和使用导致了细胞的发现，为细胞学说的建立和发展开辟了道路；电子显微镜和结构生物学新技术的发明应用又使科学家能够探索细胞器的超微结构和分子结构，促成了现代细胞生物学的诞生；DNA 双螺旋结构模型的提出、核酸序列分析、单分子研究技术等促使科学家从分子水平上解释生命活动现象的本质，促进了分子细胞生物学的兴起。进入 21 世纪，基因组学、转录组学、蛋白质组学等新兴学科的建立及超高分辨率显微技术的发展，将细胞生物学研究又推向了一个新的高度，科学家将视野投向了细胞中基因信息控制流向、蛋白质相互作用及机制分析、不同样本间差异蛋白质谱探究细胞生理和病理过程的本质及细胞器发生与互作、信号传递与整合等诸多方面。因此，学习与应用细胞生物学，应该自觉借鉴其他学科的方法、技术和理论，通过多学科交叉融合，在各个水平上找准科学问题，探讨生命现象的奥秘。

第二节 细胞生物学的主要研究内容

细胞生物学的主要研究内容可分为细胞结构功能与细胞重要生命活动两大基本部分。它从细胞整体、亚显微结构和分子水平三个不同层次，把细胞的结构与功能统一起来进行探讨。结构方面主要运用显微镜等手段研究细胞内部各部分的形态组成以阐明生命活动的结构基础；功能方面主要研究各种变化关系及相互作用以阐明有机体的生长、分化、运动、遗传变异、衰老死亡、应激等基本生命活动的规律。基于人和自然和谐相处的理念和永恒现实，细胞免疫、细胞与环境之间的互作关系，也逐渐成为当前细胞生物学研究的重要内容和前沿领域。

一、生物膜与细胞区室化

生物膜包括质膜和细胞器膜，在结构上既是细胞与外界的边界，也是大多数细胞器构建的基础。细胞器的结构与功能历来是认识细胞结构与功能的重要组成部分。在功能上，生物膜与物质运输、能量转换、细胞识别、细胞分化、细胞免疫、信号传递等一系列生命活动密切相关。近年来，科学家发现生物基因组中 1/3 的基因与编码膜蛋白有关。膜蛋白种类、结构、分选定位的研究已成为当前生命科学研究的热点，并发展出了膜生物学。细胞体积很小，但在一瞬间要承载完成数量可以以天文数字计的各种生命活动，各种反应的环境条件在 pH、离子浓度方面等可能差异很大。以生物膜为结构基础的细胞区室化（compartmentalization），不仅对各种不同反应进行了必要的区隔，同时保证了某些生化反应的时空顺序开展，为细胞中不同反应有条不紊地完成提供了必要的条件。

二、细胞骨架系统

细胞骨架是真核细胞的一种特殊结构，分为广义的细胞骨架和狭义的细胞骨架。广义的细胞骨架包括膜骨架、细胞质骨架和核骨架，在维持细胞形态，保持细胞内部结构的合理布局中起主要作用。狭义的细胞骨架主要指细胞质骨架，由微丝、微管和中间纤维 3 种成分组成。细胞骨架与细胞内大分子的运输与细胞器的运动、细胞内信息的传递、基因表达与大分子加工等过程均密切相关。近年来，细胞骨架与一系列重要生命活动关系的研究越来越受到重视。例如，细胞骨架的动态变化、细胞骨架结合蛋白与调控蛋白的功能、核骨架参与染色体构建，以及细胞分裂与周期调控等，都取得了一系列重要研究进展。

三、细胞核、染色体与基因表达调控

细胞核是遗传物质 DNA 储存与复制的场所，也是遗传信息转录为 mRNA 并进行加工的场所。核膜与核孔复合体是核质之间物质与信息交流的结构，染色质与染色体是遗传物质的载体，核仁是转录 rRNA 和装配核糖体亚单位的具体场所，核体是细胞核中特定的功能化部件。细胞核与染色体的研究历来是细胞学研究重点，也是细胞遗传学的热门课题。此外，基因组有序表达与动态结构变化、DNA 分子甲基化与组蛋白修饰在基因表达调控中的作用等表观遗传学的研究，也越来越受到人们的重视。

四、细胞信号转导

各种生命活动如动物的神经系统、内分泌系统、免疫系统的运行及植物对外界环境的应激响应都离不开细胞与细胞间的信息联系。激素是动植物细胞间联系的主要信号分子，动物细胞间的信息联系还可以通过神经递质和旁分泌等信号分子来完成，这些信号分子与细胞膜表面或者细胞内部的受体结合，并引起下游胞内信号分子的级联反应，实现对细胞行为的调节。植物细胞还能对光等信号通过光敏色素等受体蛋白产生反应进行细胞内部生理或基因表达的调控。细胞信号转导的研究让科学家了解到某些疾病的发病机制，如信号转导通路中的受体异常是高胆固醇血症和重症肌无力患者的发病原因，霍乱毒素能够糖基化肠道细胞G蛋白而使之失活，细胞离子代谢紊乱和细胞内外渗透压失衡从而产生腹泻脱水过度导致死亡等。毫无疑问，人和动物的众多疾病、植物抗逆等科学问题都与细胞信号转导及其网络的研究密不可分。

五、细胞增殖与分化

细胞增殖是细胞生命活动的重要特征，是个体生长和发育的基础。细胞如何知道何时开始分裂，何时停止分裂等，是细胞增殖周期调控研究的主要内容。研究细胞增殖的基本规律及其调控机制，不仅是了解生物生长与发育的基础，而且是研究细胞癌变及逆转的重要途径。目前研究细胞增殖调控主要从两方面进行：一是从环境中与有机体中寻找控制细胞增殖的关键因子并阐明其作用机制，其中各种生长因子的发现及其作用机制的揭示是这一领域中重要的进展；二是探究控制细胞周期进程的主要检验点相关周期蛋白与依赖周期蛋白的激酶的调控机理，包括多种调控因子的协同作用机制、蛋白质磷酸化及泛素化降解途径的阐明等。癌细胞是异常增殖的细胞，研究其中的脱序无休止增殖机制是探索肿瘤治疗的重要途径。

细胞分化是胚胎细胞在形态结构、生化组成和生理功能上向特异性方向形成稳定性差异的过程。目前科学家认识到其本质是基因选择性表达的、细胞的全能性—多能性—单能性—终末细胞的发育过程。细胞分化问题是细胞生物学、发育生物学、分子遗传学的重要汇合领域。细胞中编码特异蛋白质基因的选择性表达规律及其调控机制是细胞分化研究中的热点。目前，胚胎干细胞体外建系培养、体细胞诱导多能干细胞培养获得了成功，这为推动细胞定向分化、细胞重编程等研究打开了广阔的空间；干细胞生物学已成为前沿科学，毫无疑问，这是再生医学开发组织与器官人工培养与器官移植的科学基础，潜藏着巨大的科学与社会价值。

六、细胞衰老与死亡

细胞衰老是生物个体寿命、老年病发病的基础，细胞总体的衰老将导致个体的衰老。目前，科学家已经发现正常体细胞复制分裂次数有限及细胞生存过程中会产生各类损伤累积的细胞生物学机制。多种类型早老症病理机制、长寿人群基因组合特征及其细胞调控机理的研究在医学上一直是热门领域。

细胞死亡可分为细胞坏死、细胞凋亡和细胞自噬，以及刚认识到的细胞焦亡等，它们是基因程序性表达的过程。对于多细胞生物个体而言，细胞的程序性死亡在整个生物体正常生长发育、自稳态维持、免疫耐受、肿瘤监控等过程中均发挥着重要作用。细胞凋亡异常会引起动物个体肛门闭锁、两性畸形和神经管发育缺陷等发育畸形，还会引起帕金森病、阿尔茨海默病等神经退行性疾病。植物细胞的程序性死亡，对于植物的生长发育和响应外界胁迫，也具有重要作用。

七、细胞的起源与进化

自然界各类生命有病毒、细菌、古细菌、原生单细胞生物、真菌、植物、动物等不同形态。关于病毒与细胞起源的关系，科学家先后提出了三类假设：病毒早于细胞、细胞早于病毒及细胞与病毒共同起源。关于细胞的起源，则先后提出了团聚体假说、微球体假说、火山假说，甚至外来生命假说等。自组织系统观点及 RNA 中心假说的提出，则使得进化生物学进入系统论与基因组水平。关于原核细胞与真核细胞的起源关系，科学家也提出过吞噬共生和内陷进化的不同观点。现代进化理论认为，生物都由一种共同祖先进化而来，由一种小细胞演化成为古细菌和细菌两类原核生物，在古细菌分支上的细胞通过吞噬、内共生进化成宿主细胞的线粒体和叶绿体两类细胞器，而宿主演化为单细胞的原生真核生物，最终进化为植物、真菌和动物等真核细胞。细胞的起源和生命进化始终是生命科学领域的研究核心和热点领域之一。当前，随着高通量测序技术的蓬勃发展，建立在海量数据分析基础上的分子进化生物学，在解析细胞起源和生命进化机制方面展现出了强大的生命力。

八、细胞社会、细胞免疫与环境

生物体是由细胞构成的多层次复杂系统。细胞社会学是从系统论观点出发，研究细胞群中细胞间的相互关系及环境、整体和细胞群对细胞的生长、分化等活动的调节控制。细胞间相互关系的研究热点是细胞间识别、通信、相互作用及对环境的细胞应激等。免疫是生物重要的生理功能，免疫细胞的结构与功能、基因重排与抗体多样性、肿瘤免疫、各种淋巴细胞生长分化因子等，是医学细胞生物学极为活跃的领域。

九、细胞与组织工程

细胞工程是指细胞水平的遗传操作，利用离体培养细胞的特性，生产特定的生物产品或培育新的优良品种。细胞融合、核质移植、外源基因导入等方面是主要手段，使不同物种基因进行组合，从而获得优良品种。细胞与组织工程是细胞生物学、发育生物学和遗传学等学科的工程应用，对农林牧渔和医学发展均具有重大意义。

第三节 细胞生物学的发展历程

从人类第一次发现细胞至今已过去三个半世纪了。科学的发展总是依赖于技术和实验手段的不断进步，细胞生物学也不例外。从细胞学到细胞生物学术语的演变也反映了其学科发展的历程。细胞生物学的发展过程可以分为 4 个阶段，重要科学家肖像见【二维码】。

二维码

一、细胞学说（cell theory）的创立时期

大家公认是英国人胡克（Robert Hooke）用自制的能放大 140 倍的显微镜第一次发现了细胞。1665 年在其出版的《显微图谱》一书中描述了软木塞的显微结构，当时他试图解释为什么软木塞能起到很好的密封作用。他发现其中有许多小室，状如蜂窝，称为“cell”。与此同时，荷兰商人列文虎克（Anton van Leeuwenhoek）于 1674 年为了检查布的质量亲自磨制了能放大 300 倍的显微镜。50 年间他不断给伦敦皇家学会去信描述其显微观察结果，是他第一个观察

到池塘水滴中的绿藻和原生动物，并于1677年观察到了动物精子，1683年发现了鱼红细胞及自己牙垢中的细菌。列文虎克一生装配了247架显微镜，至今保留下来的有9架。此后的170年间，人们对细胞观察的资料不断增加，但是当时所使用的显微镜比较简单，分辨力差，清晰度不强，限制了人们对细胞的深入认识。后来显微镜制造技术有了明显改进，分辨率提高到了1 μm，同时切片机的制造成功，使得显微解剖学取得许多新进展。1831年，苏格兰植物学家布朗（Robert Brown）发现了植物细胞核，两年后发表论文强调细胞核的重要性；1832年，比利时人迪莫捷（Charles Joseph Dumortier）观察到了藻类细胞分裂；1835年，法国人迪雅尔丹（Félix Dujardin）观察动物活细胞时提出肉样质（sarcode）的概念，浦肯野（Jan Evangelista Purkinje）则提出来观察到细胞内环流现象显示细胞内充满生活物质，4年后他提出来原生质（protoplasm）的概念；瑞士人内格里（Carl Wilhelm von Nägeli）与德国人莫尔（Hugo von Mohl）发现植物根尖和芽尖细胞分裂活跃。

1838年，德国植物学家施莱登（Matthias Jakob Schleiden）发表了《植物发生论》，指出尽管植物的不同组织在结构上有着很大的差异，但都是由细胞构成的，植物的胚是由单个细胞产生的。1839年德国动物学家施万（Theodor Schwann）发表了《关于动植物的结构和生长一致性的显微研究》，提出了细胞学说的两条基本原理：一是地球上的生物都是由细胞构成的；二是所有的生活细胞在结构上都是类似的，细胞是一切动植物的基本单位，换句话来说，细胞是生命的结构单位。细胞学说（cell theory）的创立大大推进了人类对生命的认识，促进了生命科学的进步，也在哲学和人类的世界观上产生了重大影响，与进化论和能量守恒定律一起并列为19世纪的三大发现。1855年，德国病理学家魏尔肖（Rudolf Carl Virchow）补充了细胞学说的第三条原理：细胞只能由业已存在的细胞经分裂产生，即细胞来自细胞。1858年，他将细胞理论应用到病理学研究，证明病理过程是在细胞和组织中进行的。

时至今日，现代细胞学说的完整内容已经被建立起来，主要包括以下几个方面：①绝大多数生命都是由细胞和细胞产物所组成，是有机体的结构单位；②所有的细胞在结构和化学组成上基本类似，是所有生命的功能单位；③新细胞是由已存在的细胞分裂而来，遗传信息通过细胞分裂传递；④新陈代谢与生化反应发生在细胞中，生物体是通过细胞的活动表现生长、发育、繁殖等各种生命活动和功能；⑤生物疾病、衰老、死亡是因为其细胞机能失常。

细胞学说的提出、达尔文进化论的确立和孟德尔遗传规律的发现，被科学史称为近现代生物学的三大基石，为人类摆脱宗教思想的束缚奠定了坚实的科学基础。

二、细胞学（cytology）的经典时期

细胞学说的建立，很自然地掀起了人们对多种细胞进行更为广泛的观察与描述的高潮，有力推动了对细胞的研究。19世纪下半叶是细胞研究的繁荣时期，相继发现了许多重要的细胞器和细胞活动现象，被称为细胞学的经典时期。

在细胞学说创立时，科学家开始将动植物细胞的内含物称为“原生质”。1861年，原生质理论（protoplasm theory）由舒尔茨（Max Schultz）提出，认为有机体的组织单位是一小团原生质，这种物质在各种有机体中是相似的，并把细胞明确定义为“细胞是具有细胞核和细胞膜的活物质”。1880年，海施泰因（Hanstein）将细胞概念演变为由细胞膜包围着的原生质，分化出细胞核（nucleus）和细胞质。1882年，德国人施特拉斯布格尔（Eduard Adolf Strasburger）提出细胞质（cytoplasm）和核质（nucleoplasm）的概念。

这一时期，随着苏木精、洋红等细胞染料的运用，以及切片机和具有消色差物镜和台下聚光照明的复式显微镜的发明，显微技术得到大幅提高，使得各种细胞结构被相继发现。1837年

莫尔最先发现了叶绿体，1842年内格里首先观察到染色体，1864年舒尔茨观察到植物胞间连丝，1865年萨克斯（Julius von Sachs）发现了光合作用在叶绿体中进行，1888年博韦里（Theodor Boveri）和贝内登（Edouard van Beneden）发现了中心体，1857年克里克（Albert von Kolliker）最先描述了肌肉细胞中存在的颗粒结构并于1898年被本达（Carl Benda）命名为线粒体，1898年意大利人高尔基（Camillo Golgi）使用银染法在神经细胞中观察到高尔基体。这些细胞器的发现，使人们对细胞结构的认识大大丰富起来。

同时，细胞核的行为与细胞分裂类型的研究也取得了许多进展。1841年雷马克（Robert Remark）观察到鸡胚血细胞的直接分裂（无丝分裂）。1875年赫特维希（Oscar Hertwig）发现受精卵是两个亲本核的合并，1876年发现减数分裂。1880～1882年弗莱明（Walther Flemming）在蝾螈幼体组织细胞中观察到了有丝分裂并对染色体在动物细胞中的变化进行了详细的描述。1883年贝内登在染色体水平再次描述了减数分裂，但直到1890年才由魏斯曼（August Weismann）明确两次减数分裂以一分为四的方式实现染色体的代际平衡。1886年施特拉斯布格尔在植物中发现了减数分裂，1892年博韦里和赫特维希描述了染色体联会现象。

三、实验细胞学（experimental cytology）的创立与发展

随着对细胞形态结构认识的深入，科学家对细胞的遗传现象、细胞器的功能及细胞的生化代谢和生理活动等方面的研究相继开展起来，这一时期产生了实验胚胎学、细胞遗传学、细胞化学、细胞生理学等交叉学科。

His和Roux等研究了早期胚胎不同分裂球的发育能力与各个发育阶段的关系，后来Driesch发现海胆卵分裂到四细胞阶段的细胞都有发育成完整幼体的能力。1892年赫特维希在《细胞与组织》中提出生物学的基础在于研究细胞的特性、结构和机能，以细胞为基础对所有生物学现象开展研究，从而使细胞学成为生物科学的一个独立分支。实验胚胎学也是发育生物学的萌芽来源。

孟德尔遗传学被发现后，1901年博韦里和萨顿提出了染色体理论，1910年摩尔根的伴性遗传进一步将基因与染色体的关系紧密联系在一起。1925年，胚胎学家和细胞学家威尔森出版题为《发育和遗传中的细胞》的专著，将细胞学、遗传学和发育生物学结合了起来。1926年《基因论》一书出版，奠定了细胞遗传学基础。细胞遗传学主要从细胞学角度，特别是从染色体的结构和功能，以及染色体和其他细胞器的关系来研究遗传现象，阐明遗传变异的机制。

1909年哈里森（Harrison）和卡雷尔（Carrel）创立了组织培养技术，为研究细胞生理开辟了重要途径。1943年Claude用高速离心机从活细胞中分离出核和各种细胞器，分别研究它们的生理活性，这对研究细胞器的功能和化学组成，以及酶在各细胞器中的定位起了很大的作用。细胞生理学原本主要关注细胞对环境的反应、细胞生长特点、从环境摄取营养的能力，而现在关于物质跨膜运输、信号转导等内容可以看作该研究内容的深化。

1924年，福尔根（Robert Feulgen）等率先发明了DNA特异性定性检测方法，1940年布拉谢（Brachet）用甲基绿-派洛宁染色方法测定细胞中的DNA与RNA，卡斯帕森（Gerald Casperson）用紫外光显微分光光度法测定细胞中DNA含量。细胞组分分离及化学染料定位酶、核酸等生物大分子的研究是细胞化学的主要内容。现在，细胞化学结合分子杂交技术、免疫荧光技术等在大分子物质定性、定量和定位等方面的研究又有了新的发展与演变。

四、现代细胞生物学（cell biology）的形成与发展

1933年，西门子公司设计制造了世界上第一架电子显微镜，最初的分辨力是50 nm，后来

逐步改进达到了埃（Å）级别。电子显微镜的发明和应用把细胞学带到了亚显微水平，进入一个崭新的细胞微观世界，使人们对线粒体、叶绿体、高尔基体、细胞膜、核膜等结构有了更细微的认识，而且还发现了内质网、核糖体、溶酶体、过氧化物酶体、核孔复合体和细胞骨架等结构。超速离心技术、X 射线衍射、激光共聚焦显微镜及超高分辨率显微镜等新技术的应用，使得人们对亚细胞成分及其分子结构和大分子物质在细胞中的作用进行探索成为可能。这样，多方位、动态、系统地对细胞生命活动的研究与解读发展了起来，于是细胞学不再仅仅是形态和过程的描述，开始从细胞内部机制的角度思考科学问题，形成了现代细胞生物学。1965 年，Robertis 率先把《普通细胞学》一书更名为《细胞生物学》。细胞生物学是细胞学的升级，相比而言主要体现在两个方面：一是综合性，研究的内容更为广泛，涉及生物学的所有领域，并同遗传学、生理学、生物化学融合到了一起；二是深刻性，它从细胞的整体、超微和分子各个结构层次对细胞进行研究，并把细胞的生命活动同分子水平、超分子水平的变化联系起来。概括来说，现代细胞生物学是以细胞作为一切生命体进行生命活动的基本单位这一概念为出发点，在各个层次上研究细胞生命活动基本规律的科学，是生命科学的基础和前沿。

从现代细胞生物学的发展过程中我们可以发现理论研究来源的三条主线，即细胞学、生物化学和遗传学。从发展历史脉络来看，细胞学主要解决细胞结构问题；生物化学涵盖生物结构与功能的化学基础；遗传学聚焦于细胞内基因信息流向。1953 年，沃森（Watson）和克里克（Crick）构建了 DNA 分子双螺旋结构模型，1958 年提出的中心法则是分子生物学建立的基础。科学家越来越重视通过分子结构和相互作用机制来揭示生命活动的机制，并将分子生物学的概念与技术引进细胞，形成新的发展阶段——分子细胞生物学。分子生物学与细胞生物学有着内在不可分割的联系，两者的融合把细胞的生命活动同亚细胞成分的分子结构变化联系起来，在分子水平上探索细胞的基本生命规律，把细胞看成物质、能量、信息过程的结合，从基因和蛋白质水平上来解释细胞生命活动的规律。诺贝尔生理学或医学奖、诺贝尔化学奖最能集中反映当代生物科学的巨大成就，自 1958 年以来，几乎每年都有细胞生物学研究领域的成果获得科学界的最高奖励。目前每年 SCI 百万篇研究论文中近一半是生命科学，而生命科学领域的高水平研究论文很多与细胞生物学密切相关。

进入 21 世纪，生命科学进入一个基因组、后基因组时代，高通量大数据的出现为推动细胞生物学进入新的领域创造了条件，未来在系统化网络调控研究方面可能会有更广阔的发展空间。

第四节 细胞生物学与医学及农林科学

医学是以人体为对象，主要研究人体生老病死的机制，研究疾病的发生、发展规律，从而对疾病进行诊断、治疗和预防；农林科学则以动植物及其环境系统为研究对象，研究动植物生长发育、产量和品质形成规律及其与环境系统的关系等，运用有关规律，提高产量和品质、保护生态系统。细胞是一切生物体生命活动的基础，因此细胞生物学是医学、农林科学的基础学科，细胞生物学研究的成果与医学、农林科学的理论和实践密切相关。

在现代科学尤其是生命科学出现以前，医学主要是一门经验科学，其发展依赖于个人摸索和经验的代代相传。细胞的发现，极大地改变了医学的研究面貌，使得人们对于人类生命活动的奥秘有了理性的认识。精子、卵细胞的发现，使人们明白传宗接代的生物学基础。知道了细胞的分裂，人们才明白胎儿成长为健壮成人的原因。严重危害人类健康的癌症，就是正常细胞癌变的结果，阿尔茨海默病等神经退行性疾病是神经元选择性死亡的结果。

细胞是体现人生老病死的单位，医学的许多重要病理现象都与细胞密切相关，因此细胞生物学与医学的关系极为密切。细胞生物学的理论与技术的研究成果不断向医学领域渗透，在很大程度上促进了医学的进步。临床医学中使用了许多细胞病理学知识和技术，对疾病进行诊断和治疗。其中，细胞病理学、超微病理、免疫细胞化学、核型分析等使用非常广泛。细胞生物学的研究内容正在不断加深与医学的结合，期望能对人体各种疾病的发病机制予以深入阐明并在诊断和治疗上提出有效手段。干细胞移植、组织工程、肿瘤生物治疗等发展很快。医学细胞生物学的研究热点还延伸到老年医学、运动医学、法医学、再生医学和转化医学等更广泛的医学领域，如细胞重编程和诱导多能干细胞（iPS）的研究，使得再生医学、临床移植治疗等展现了广阔的发展空间。

在农林科学方面，人们利用细胞工程技术，已经实现植物花药培养、植物种苗的工厂化生产、细胞及原生质体培养生产药用物质、细胞融合技术育种、动物胚胎工程及克隆动物等。这些都是在细胞生物学理论及技术的基础上发展起来的。利用细胞全能性，人们能通过植物组织培养快繁优良名贵植物品种；通过转基因技术，可以将优良有益基因转入不同种属之间的物种，获得抗病、抗逆、高产、优质的动植物新品种。动物胚胎工程在细胞生物学理论及技术的基础上，对动物精子、胚胎进行人工干预技术，通过细胞培养、体外受精、胚胎冻存、胚胎移植等实现畜牧优良品系的目标。

运用细胞生物学理论与技术方法，人们在农林牧渔等各个领域获得了前所未有的成果与经验，而在细胞生物学的进一步研究中，人们又利用各种动植物去发现、发展细胞的各种生命活动规律，积累细胞生物学的理论基础，解决实际应用中的难题。农林科学为细胞生物学提出了实践中需要解决的科学问题，推动细胞生物学的发展，而细胞生物学的发展应用到农林牧渔中又促进了相关科学的进一步发展，推动社会的进步。

任何学科的发展及其在人类生活中的广泛应用，都离不开科学的研究方法和科学家坚持不懈的努力探索。当问及学习者想从一门具体学科教材获取什么时，多数人可能会说最主要的是想学习科学知识、科学真理。对于科学家而言，科学知识从来都不是简单的定义、机制演化，更重要的是要知道这些知识是如何创造和应用的。因此我们有必要了解科学家是如何创造科学知识的，特别是细胞生物学领域的研究案例，可以给我们学习者很多的启发。

科学知识就是在观察和试验基础上所获取的对客观事物的理解，在这个过程中通常经历了一个科学方法流程：第一步是仔细观察要研究的对象，提出准确的科学问题；第二步是就科学问题从已知出发提出一种可供检验的假说（hypothesis）；第三步根据提出的假说设计可控的试验；第四步是收集这些试验的数据和资料；第五步是从现有理论及科学假设出发将数据结果与假说对照，如果匹配合理，我们就接受这个假说，并将其上升为科学理论，否则就有可能是假说出错，应该抛弃这个假说，或者实验设计有问题而回到第二步重新审视并完善。

我们将以卡雷尔（Carrel）和海弗利克（Hayflick）的故事案例为大家呈现科学家的工作。卡雷尔领导其研究团队发展了细胞培养，他连续培养鸡胚成纤维细胞34年，远超正常鸡的寿命，因此他提出只要找到培养的合适条件，细胞可以不断分裂获得永生。海弗利克本来是相信其理论的，立志于寻找细胞永生化因子。他认为无限增殖的癌细胞一定有永生化因子的存在，因此根据这样的科研思路，他分离癌细胞各种成分希望找到能让细胞永远分裂下去的物质。但是他培养的人体细胞总是分裂到一定代数以后就衰老停止分裂了，这是他研究中认真观察所发现的科学问题。反复改进实验条件也同样不能根据卡雷尔的假设获得体细胞永生的结果让他产生了怀疑，如果卡雷尔的说法不正确呢？他提出来这种假设，就必须设计实验证明。如果说细胞分裂次数有限，那么衰老细胞和年轻细胞共同培养在一起，面临的培养条件完全一致，过特定时间后，衰老细胞应该消失，而年轻细胞应该还在。可是年轻和衰老的细胞如何区分呢？于是他想到巴氏小体可以用来标记。根据假设，他设计了精巧的实验：将年轻女性的细胞和老年男性的细胞等比例混合培养，因此年轻细胞和老年细胞所面临的培养条件是完全一致的，此时的培养细胞中一半带有巴氏小体。过了一段时间，培养皿中留下的细胞全部都带有巴氏小体，这就说明年轻细胞还存在，而老年细胞已经消失。这个试验证明体细胞的分裂次数与培养条件无关，细胞自身有停止分裂的机制。这推翻了卡雷尔的推论，并获得了新的正确认知，假说上升为了学说。

从上面的科学研究历程来看，认真观察、思考，不盲从他人的理论，找准科学问题是首要的。在现有理论的基础上，进行归纳、分析，如果出现了原有理论无法解释的问题，那么就应当再推理、设想大胆构建自己的假设，并巧妙设计试验来验证理论。细胞生物学是一门实验科学，勒维（Loewi）发现神经递质控制蛙心脏肌肉细胞收缩，就是其十多年的实验研究获得的。从试验结果中谨慎求证是科学家的必要素质，我们也希望学习者能从本教材中学习到这种科学方法和科学精神。

思　考　题

1. 细胞学说的建立完善过程及主要内容有哪些？
2. 细胞生物学建立过程中三大理论发展来源的脉络有哪些？
3. 举例说明细胞生物学在医学、农学或你学习专业领域的应用案例及研究热点。

二维码

4. 根据图 1-1 细胞生物学领域开展科学研究的一般步骤流程，选择一篇细胞生物学领域 SCI 研究论文文献，撰写摘要总结文中各流程环节的科学步骤元素。

本章核心概念及更多布鲁姆学习目标层次习题见【二维码】。

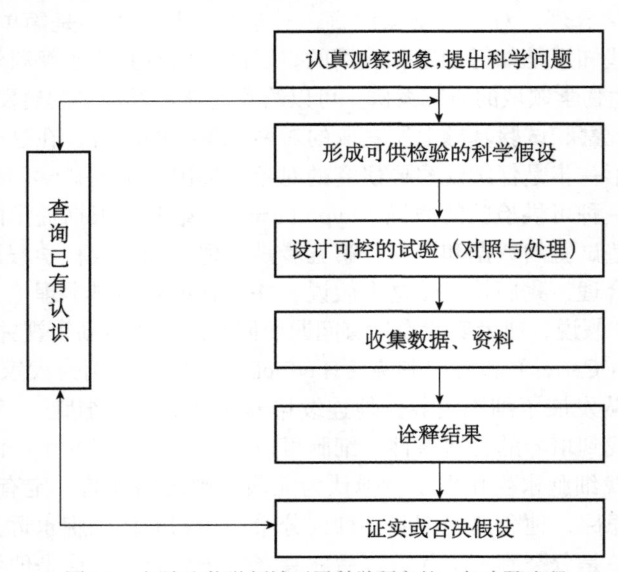

图 1-1　细胞生物学领域开展科学研究的一般步骤流程

本章知识脉络导图

- 绪论
  - 细胞生物学概念
  - 细胞生物学的主要研究内容
    - 生物学膜与细胞区室化
    - 细胞骨架系统
    - 细胞核、染色体与基因表达调控
    - 细胞信号转导
    - 细胞增殖与分化
    - 细胞衰老与死亡
    - 细胞起源与进化
    - 细胞社会、细胞免疫与环境
    - 细胞与组织工程
  - 细胞生物学的发展历程
    - 细胞学说的创立时期——细胞学说
    - 细胞学的经典时期——19世纪下半叶
    - 实验细胞学时期——20世纪初
    - 现代细胞生物学的形成与发展
      - 电子显微镜出现
      - 细胞器的陆续发现
      - 分子细胞生物学出现
      - 后基因组时代的细胞生物学
  - 细胞生物学与医学及农林科学

（李绍军，陈坤明）

第二章　细胞的特征与类型

能够传宗接代是生命体或有机体（organism）共同的特征，自然界绝大多数生命是细胞形态的生命体。在选择性半透膜内，包含了能够运用周围简单的营养物质完成自身生长和繁殖所需要的一整套组成装置。不同的生物学家对细胞的定义有所不同，A. G. Loewy 和 P. Siekevitz 在 1963 年将细胞定义为“一个具有半透膜，能独立完成自我繁殖的单元”；Wilson 和 Morrison 在 1966 年认为“细胞是一个完整的可连续改变的系统”；1970 年，John Paul 则定义“细胞是最简单的生命系统中的完整单位，能够独立生存”。现在认为，细胞是由膜包围的、具有细胞核或拟核的原生质团，含有一个物种全部的遗传信息，并能利用环境中的物质进行生长、复制、传递遗传信息、分裂增殖等生命活动，执行生物体全部或特定功能的基本单位。

作为生命基本单位的细胞，有显著的共性，如相似的化学物质组成、基本一致的结构形式、遗传语言和代谢调控机制等。同时，细胞又具有多样性，不同种类的细胞形态各异、功能多样，形成不同的物种或者构建同一物种的不同组织。形态结构与功能的统一是各类生物所共同遵循的基本原则。

第一节　细胞的基本特征

一、细胞是生物体生命活动的基本单位

除了病毒（virus）、类病毒（viroid）、朊病毒（prion，或称蛋白质感染粒、朊粒）是非细胞形态的生命体外，其他物种都是由单细胞或者多细胞所构成的。细胞是膜包围的原生质团所组成的、有序的、能自我装配的、自控的复杂结构体系。细胞是生命体结构、功能和生命活动的基本单位，在生物体组成结构、物质成分、功能、遗传、生长发育、对环境反应等方面都具有与非生命世界活动不同的地方，对其认识的深化见【二维码】。

二维码

细胞的种类繁多，在形态和功能上差别很大，但不同细胞在物质组成、内部结构与基本功能方面非常相似。从结构上来说具有相似的物质组成，都有生物膜结构，具有遗传物质，都有核糖体；从功能上来说，细胞能够进行新陈代谢、自我增殖和遗传变异，能够独立地完成中心法则，对信息进行处理并具有运动性。细胞共性的具体表现见【二维码】。

二维码

二、细胞的形态多样性

细胞具有多种多样的形态，有球形、杆状、星形、多角形、梭形、圆柱形等。多细胞生物

体，依照细胞在各组织器官中所承担的不同功能，分化形成不同的形状。形状的差异一方面与功能相对应，另一方面也受细胞表面张力、胞质黏滞性、细胞膜坚韧程度及细胞骨架等因素的影响。

二维码

细胞形态结构与功能的相关性和一致性是很多细胞所具有的共同特点。如图 2-1 所示，不同来源的细胞在形态和大小方面都有显著差异，这种不同是与它们各自的功能相适应的，详见【二维码】。

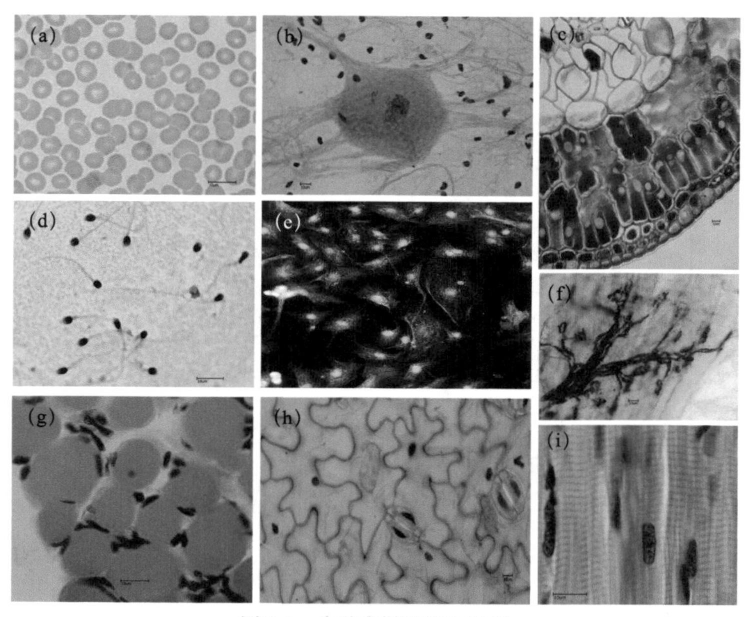

图 2-1　多种多样的细胞类型

（a）人血红细胞；（b）运动神经元；（c）马尾松叶细胞；（d）精子细胞；（e）牛肺动脉内皮细胞及细胞器（红色为线粒体，绿色为中间纤维，蓝色为细胞核）；（f）运动神经末梢；（g）脂肪细胞；（h）蚕豆叶下表皮细胞；（i）骨骼肌细胞；图中标尺均为 10 μm

三、细胞大小及体积恒定

细胞最为典型的特点是在一个极小的体积空间中形成极为复杂而又高度组织化的结构。关于细胞的大小，按细胞平均直径粗略计算，支原体细胞直径为 0.1～0.3 μm，比最小的病毒大 10 倍；典型的原核细胞的直径平均大小在 1～10 μm；而真核细胞不同细胞差别很大，直径为 3～500 μm，大部分为 20～30 μm。图 2-2（a）显示了各种细胞与分子的大小。

某些同类细胞在不同物种中的大小变化很大，如人卵细胞的直径只有 0.1 mm，而鸵鸟蛋卵黄的直径则可达 5 cm。但是多数同类型细胞的体积一般是相近的，不依生物个体的大小而增大或缩小。例如，人类、水牛、小鼠、大象、鲸鱼个体差异巨大，但肾细胞、肝细胞的大小基本相同，神经细胞的直径十分相似。器官的大小主要取决于细胞的数量而非细胞的大小。有人称这种关系为细胞体积的守恒定律，它可以帮助我们更好地理解生物的共性。

维持一定的细胞大小对于细胞的生存是有意义的，细胞大小不能无限地增加也不能无限地减小。哺乳动物细胞的体积大小受几个因素的限制，其中一个主要限制因素是体积与表面积的关系。虽然生物体内的细胞并非都是球形，但以球形细胞为例，计算体积与表面积的关系。例如，直径为 10 μm 的球形，表面积与体积比是 0.6，而直径为 100 μm 的球形，表面积与体积比为 0.06。由此可见，球形细胞增大，其体积的增加要比表面积的增加大得多。这样当细胞增大到一定程度时，质膜的表面积受限，不利于细胞进行内外物质的交换。细胞为了维持最佳的生存条件，必须维持最佳的表面积，从而限制了体积的无限增大。

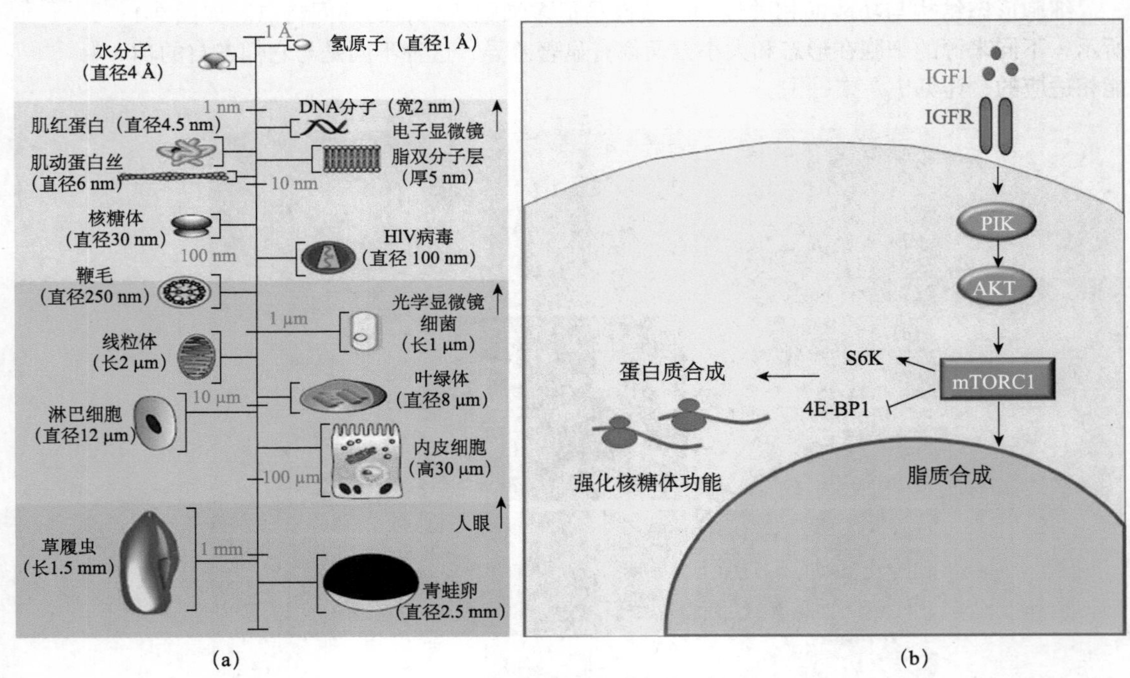

图 2-2　细胞的大小及其调控机制

（a）各类细胞与分子的大小（引自 Karp，2010）；（b）哺乳动物细胞大小的调控机制

限制细胞体积的重要因素还在于细胞间物质和信息的交流及细胞内物质的传递和运输，太大会影响物质传递与交流的速度，在时间和空间上发生矛盾。细胞内一些重要的分子在细胞内的拷贝数较少，当细胞体积增大时，这些分子的浓度就会降低，而一些重要的生化反应需要一定的分子浓度才能进行，所以细胞内分子浓度就成了限制细胞体积无限增大的另一个重要因素。体积较大的真核细胞为了解决细胞内重要分子的浓度问题，出现了特化的内膜系统，使一些反应局限于特定的由膜界定的细胞器内，通过胞内环境区室化来解决分子浓度的问题。细胞核对细胞的控制是具有局限性的，范围不可能无限增大，如果细胞生长中，体积达到细胞核所能控制的边界点，细胞就要进行分裂或产生小核来保证细胞体积处于细胞核可控范围之内。例如，体积较大的肝细胞、肌肉细胞常常具有多核现象。体积较大的原生动物细胞具有大核和小核，大核主要维持细胞的生命活动，小核保持基因组的完整性。

真核细胞的体积一般比原核细胞大 1000 倍，体积的增加使得真核生物的复杂性大大提高，但复杂度的增加并没有妨碍胞内生命活动的有序进行，这归功于真核生物的细胞骨架系统，细胞骨架为真核细胞提供了空间的保障和胞内物质运输、信号传递的途径，为扩大细胞内部复杂度和有序性提供了基础。

细胞的体积不仅有上限，而且有下限。一个活细胞要维持正常的独立生活功能，显然要有能够实现独立进行基因组的复制、基因的转录与翻译、必需的能量转换、区隔自身与外界的细胞膜的合成与维持系统，细胞体积的最小化受制于维持这些细胞生命活动所需的酶和蛋白质种类的最低量，也就是说细胞体积的下限，应是能容纳细胞独立完成最基本生命活动所必需的最小组分的空间。据研究估算要独立完成中心法则最少需要 500 种不同类型的酶和蛋白质。支原体是目前所知最小的原核细胞，直径一般为 0.1～0.3 μm。

细胞体积的大小有着复杂的分子调控机制。目前，许多控制细胞生长的关键调控途径已经被鉴定，最典型的是进化保守的 IGF/ PI3K/AKT/mTORC1 通路［图 2-2（b）］，其是细胞大小的关键决定因素，具体分子调控机制见【二维码】。在动物细胞中，控制细胞大小的信号调控网络中心是一种雷帕霉素靶标蛋白激酶 TOR（target of rapamycin），因其能被雷帕霉素（rapamycin）抑制而得名，哺乳动物中称为 mTOR（mammalian TOR）。TOR 信号通路可对营养物质及胰岛素等生长因子做出反应。

二维码

植物细胞在旺盛分裂期的大小也取决于蛋白质等生物分子的累积，在分裂完成后植物细胞的体积将增大数倍至千倍，但这个过程依赖的是中央液泡的膨胀和细胞壁的延展（expansion）。

第二节　细胞物质组成与代谢区室化

组成细胞的化学元素在自然界的无机环境中都能找到，基本元素包括 C、H、O、N、P、S、K、Ca、Mg、Fe、B、Mn、Zn、Cu 等，其中 C、H、O、N 占 90% 以上。没有一种元素是生命特有的，但是这些元素组成的化合物与分子复杂程度远超非生命世界的物体从而赋予了细胞以生命，这些化合物是细胞结构和生命活动的物质基础。

一、细胞的化学组成

组成细胞的化学物质可分为无机物和有机物两大类。

细胞中的无机物包括水和无机盐。水是生命的基础，生物体中水的含量很高，细胞内的反应大都发生在水环境中，具有独特的物理化学特性，是生命诞生的源泉。大多数细胞中无机盐的含量很少，不到细胞总重的 1%，但无机盐离子的种类很多。水和无机盐的自身性质为生命活动提供了重要的作用，详见【二维码】。

二维码

有机物包括有机小分子和大分子。生物大分子是由有机小分子单体聚合而成，主要有糖类、脂类、核酸和蛋白质。

1. 糖类　糖类又称为碳水化合物（carbohydrate），可分为单糖（monosaccharide）、寡糖（oligosaccharide）和多糖（polysaccharide）。单糖糖类分子式缩写为 $(CH_2O)_n$，n 的值可为 3～7。5 个碳原子的是戊糖（五碳糖），6 个碳原子的是己糖（六碳糖），7 个碳的叫庚糖（七碳糖）。细胞中最主要的戊糖是核糖，最主要的己糖是葡萄糖。寡糖是由几个单糖脱水缩合而成，如两个单糖缩合就是双糖；而多糖是由更多单糖缩合而成，数量可成百上千。糖类的主要功能是储存化学能和作为生物结构的构建材料，也是核酸和糖蛋白等重要生物大分子的结构成分。各种糖类的代表及分子结构见【二维码】。

二维码

单糖和寡糖是细胞生命活动的主要能源，通过生物氧化释放出能量。葡萄糖（glucose）是最重要的单糖，在细胞中作为糖酵解及三羧酸循环的基础底物。蔗糖和乳糖是两个单糖组成的双糖，哺乳动物的乳汁里含有乳糖，为新生儿生长发育提供能量，由乳糖水解酶水解，而人成年后可能会丢失这个酶而产生乳糖不耐受，产生消化不良。多糖在细胞结构中占有主要地位，一类是营养储备多糖，另一类是结构多糖。作为能源储备的多糖主要有动物细胞中的糖原（glycogen）、植物细胞中的淀粉（starch），都是由葡萄糖脱水缩合而成的多糖，是细胞内储存的营养物质，提供细胞代谢所需的能量。在真核生物中，结构多糖主要包括纤维素（cellulose）和几丁质（chitin）。纤维素是构成植物细胞壁的主要成分。几丁质不仅是昆虫和甲壳动物外骨骼的主要成分，也是许多真菌细胞壁的重要组成物质。

2. 脂类（lipids） 在细胞功能中具重要作用的脂类包括脂肪（fat）、磷脂（phospholipid）和类固醇（steroid）。脂肪氧化可提供大量能量，因此它最主要的功能是为机体贮存能量；还有保持体温和保护器官的作用。磷脂作为一种两性脂，是生物膜的主要结构成分。类固醇和萜类都是异戊二烯的衍生物，生物细胞中的萜类化合物主要有胡萝卜素、维生素A、维生素E、维生素K等，还有一种多萜醇磷酸酯，是一种辅酶，在细胞中作为糖基的转移载体。类固醇类化合物，又称甾类化合物，具有信号转导功能，其中胆固醇不仅是动物细胞膜的组成成分，具有调节细胞膜流动性的功能，也是合成睾丸激素、孕酮和雌激素的前体。几种常见脂类的结构见【二维码】。

二维码

3. 核酸（nucleic acid） 核酸是由核苷酸（nucleotide）单体连接形成的大分子多聚体，分为脱氧核糖核酸（DNA）和核糖核酸（RNA），其生物学功能是编码遗传信息，控制蛋白质的合成。有些核苷酸在细胞内起重要作用，如三磷酸腺苷（ATP）是细胞内化学能的载体，参与细胞内化学反应间能量传递。环腺苷酸（cAMP）是环腺嘌呤核苷酸，作为细胞内通信的信号分子，是信号转导通路中的重要一环。几种核酸分子结构见【二维码】。

二维码

4. 蛋白质（protein） 蛋白质是一类极为重要的生物大分子，由氨基酸通过肽键形成多聚体，既可以作为细胞结构物质，还能起储藏营养、运输、调节、运动、保护等作用，有相当多的蛋白质是酶，催化生化反应，在细胞中几乎参与所有生命活动过程。氨基酸的组成与蛋白质结构见【二维码】。

二维码

蛋白质的基本组成单位是氨基酸。通过一个氨基酸的羧基与另一个氨基酸的氨基之间形成的肽键而首尾相连，构成多肽链。多肽链的N端具有游离的氨基，称为氨基端，C端具有游离的羧基，称为羧基端。多肽链中氨基酸残基的侧链通常不形成共价键，它们的理化特性决定了所组成蛋白质的特性，是蛋白质多种复杂功能的基础。蛋白质具有4个层次的结构。在细胞中，仅由氨基酸组成的蛋白质称为单纯蛋白，如白蛋白、组蛋白等。但细胞中更多的蛋白质与其他化学成分相结合，以复合体的形式存在，这种复合体称为结合蛋白。例如，与糖类结合形成的糖蛋白，与核酸结合形成的核蛋白，与脂类相结合形成的脂蛋白等。

蛋白质在细胞中的功能是多样的，可以归纳为几个方面：①作为细胞的结构成分，如胶原蛋白是结缔组织和皮肤的主要结构成分，膜蛋白是组成质膜和膜相结构细胞器的重要成分；②物质运输和信号转导，如血红蛋白可运输 O_2 和 CO_2，此外动植物体内还有许多蛋白质类的激素；③收缩运动，如肌动蛋白和肌球蛋白形成肌小节，通过相互间的滑动使肌肉收缩；④免疫保护，如免疫球蛋白是一类特异抗体，能识别外源物质并与之结合而使其失活，以保护细胞及机体免受损伤，抵抗病原体的侵袭；⑤作为生物催化剂，如大多数酶是蛋白质，在生物体内温和条件下高效催化反应进行，调节细胞内各种代谢活动。

二、细胞的生化代谢基础

生命活动中所发生的各种生物化学反应都是在酶（enzyme）的催化下完成的。大多数酶是由活细胞产生的、具有催化活性和高度专一性的特殊蛋白质。还有极少部分的酶是具有催化功能的小分子RNA，被称为核酶（ribozyme），可降解特异的mRNA序列。根据国际会议的协定，根据功能将酶分为六类：氧化还原酶、转移酶、水解酶、裂解酶、异构酶、连接酶。

酶作为生物催化剂，具有催化效率高、专一性强、容易失活等特点。酶的特异性很强，一种酶只能完成一种或一类生化反应，对底物的结构有严格选择性。酶的活力受反应过程中环境因素的影响，包括底物浓度、pH、温度等。酶的活性中心包括结合部位和催化部位，可通过抑制剂、激活剂、别构调节和共价调节等途径进行酶的活性调控。

在酶的作用下，细胞内部进行糖代谢、脂类代谢、氨基酸代谢、核苷酸代谢，各类代谢途径不是孤立的，而是通过共同的中间产物形成交错复杂的代谢网络。细胞的呼吸作用产生能量"通用货币"ATP，而且中间产物联系了其他代谢通路，因此被称为代谢中枢，而光合作用可将太阳能转化为化学能，是生物圈生存发展的基础。

在这些生物化学代谢途径中，有些反应在区室化细胞特定区域完成。例如，糖酵解发生在细胞质基质、三羧酸循环发生在线粒体基质、呼吸电子传递链发生在线粒体内膜；光合原初反应、光合电子传递发生在叶绿体类囊体膜上，而碳同化过程则在叶绿体基质。具体生化反应途径的内容可参考"生物化学"课程，在此不再赘述。各代谢途径的酶在细胞亚显微水平上分布的精细特点决定了这些反应在何时、何地，以何种顺序发生，细胞内部天文数字级别的反应数量在纳米级别空间和飞秒级别的时间内有条不紊地进行，这都要归功于细胞的区室化体系构建特点。

三、细胞体系的复杂性及功能的区室化——精巧结合与高度有序

细胞是多层次、非线性的复杂结构与功能体系。生命区别于非生命的本质特征有三点：一是具有新陈代谢系统，能使得细胞与外界环境进行物质和能量交换，为生物个体的生长、发育提供基础；二是具有能够对外界信息进行处理、自我调节应对外界环境变化的系统，具备应激性，趋利避害，对环境产生适应性，努力维持体系的生存；三是具有基因组遗传信息运作系统，实现遗传复制、基因表达和变异进化的生物学功能，通过遗传装置复制遗传信息，通过分裂增殖实现生命的繁殖，通过基因表达系统实现各种生命活动所需蛋白质的翻译，能够独立完成中心法则，还能通过变异的方式发展自身新的特性，是生物进化的起点。

细胞是物质、能量与信息过程精巧结合的综合体。上述三个生命特征系统在细胞层面实现了多层面的融合。细胞及分子的结构体系是当前生命科学的研究热点，各种生命活动过程都需要物质变化、能量交换，如细胞对外界信号的应答决定细胞的分裂、分化和凋亡等重大生命活动。结构、能量、信号与基因表达的关系是一个系统层面的问题，需要以系统论的观点加以研究。

细胞是高度有序的具有自组装能力的体系。细胞是由化学物质组成的，这些化学物质不是杂乱无章地堆积在一起的，而是有规则地分级组装成复杂的细胞结构。这个过程先由核苷酸、氨基酸等有机小分子构成核酸、蛋白质等生物大分子，再组装为细胞膜、染色体、微管、微丝、核糖体等高级结构，以及内质网、高尔基体等细胞器，进一步复杂化形成细胞核、细胞质等更高级的体系从而最终构建为细胞。各种生物大分子到底如何组装为有功能的细胞结构，人们先后提出来了模板组装、酶效应组装、自组装等假说。目前，相当多的证据显示，生物分子间的非共价相互作用可能是自组装化学机制的基础。这些发现也引发人们思考生命起源的过程是否存在一个自组装化学生命演化的过程。

细胞还通过区室化实现了细胞三大生命特征系统的精巧结合与高度有序。从原核生物来看，拟核区域与细胞质其他区域有了某些化学环境性质差异的区分，在显微层面就存在了区室化演化的倾向。而真核细胞内部的区室化进一步完善，通过生物膜和细胞骨架形成内部更多元化的区室化空间，这对于细胞高级演化是关键而重要的。这种区室化使细胞内部复杂系统实现了高度有序的系统化有机组合。

第三节 细胞的类型

基于对细胞结构的认识，1962 年微生物学家 Roger Stanier 和 C. B. van Niel 明确提出将细胞分为原核细胞（prokaryotic cell）和真核细胞（eukaryotic cell）。原核生物与真核生物大约在 30 亿年前互相分开，再经过漫长的演化，真核生物从单细胞类型进化为多细胞类型，同时真核细胞的植物、动物及真菌则大约在 15 亿年前各自分开演化。

原核生物常见的有支原体、细菌、放线菌和蓝细菌（蓝藻）等。科学家陆续发现一些生长在极端特殊环境里的细菌，如生活在高盐溶液中的盐杆菌、生活在硫黄温泉中的硫化细菌等。与传统原核生物生存环境非常不同，这些物种的生存条件更贴近于地球远古时代的环境状况，因此将这些原核生物称为古细菌（archaeabacteria），其他则称为真细菌（eubacteria），起初认为它们都属于细菌。1977 年，Woese 和 Fox 对分别来自真核生物和原核生物的 13 个物种进行核糖体 16S rRNA 序列比对后发现古细菌明显区别于一般细菌，在蛋白质翻译、细胞代谢和进化速度方面均有所不同，介于真细菌和真核生物之间。1990 年，Carl Woese 正式提出了新的生物分类单元——域（Domain）。这样自然界的生物分为三个域：古细菌域、细菌域和真核域（图 2-3）。古细菌域包括产甲烷菌、盐杆菌、热原质体等；细菌域包括支原体、衣原体、立克次氏体、细菌、放线菌及蓝细菌等；真核生物（eukaryotes）又分为 4 个生物界（Kingdom），包括原生生物界（Protista）、真菌界（Fungi）、植物界（Plantae）和动物界（Animalia）。如图 2-3 所示，目前普遍认为世界上全部有细胞形态的生命可以划分为“三域”“六界”。病毒可看成一种特殊的生命，由于其特殊的结构，自成一界，也有观点认为病毒并非生命。因此包括病毒在内，生命被划分为七界。

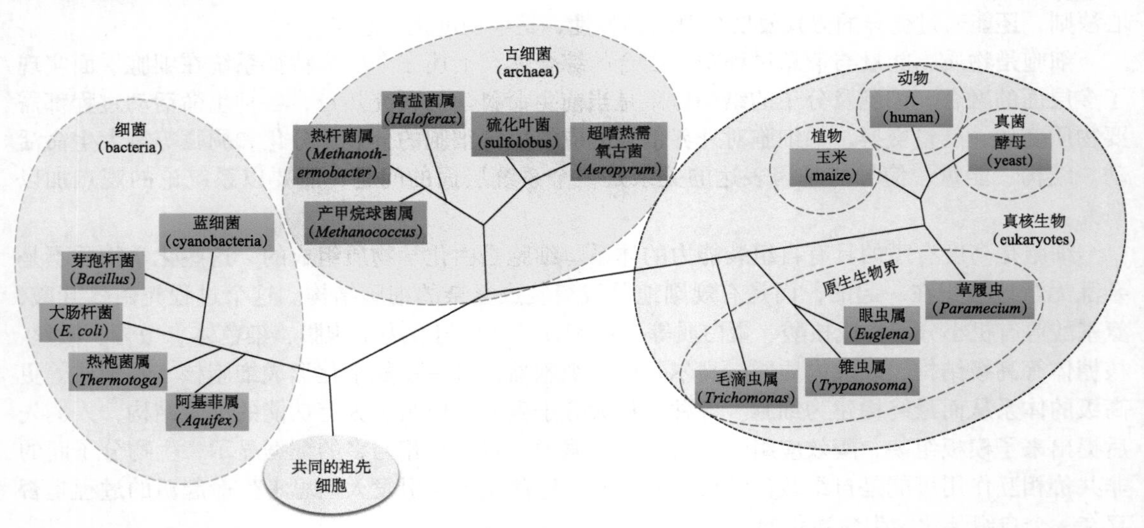

图 2-3 生命世界的三域六界

生命起源于共同祖先，经过漫长的进化，演变出了细菌（绿色圈）、古细菌（红色圈）和真核生物（蓝色圈）。其中真核生物又可细分为动物界、植物界、真菌界和原生生物界（如蓝色圈内的虚线圈所示）。图中所示的生命分支基于不同物种中核糖体 RNA（rRNA）序列的比较而来三个域的细胞存在各自典型的特征（表 2-1）。在大小方面，真核细胞通常比原核生物的细胞高一个数量级，但真核细胞分化形态差异非常大，如人的神经元可长达近 1 m，卵细胞肉眼可见，绝大多数细胞则需要借助显微镜才能看到。总体来说，古核细胞介于原核细胞与真核细胞之间。

表 2-1 三类细胞基本特征的比较

特征	原核细胞	古核细胞	真核细胞
典型大小	小（1～5 μm）	小（1～5 μm）	大（10～100 μm）
细胞核与细胞器	无	无	有
微管与微丝	含类肌动蛋白与类微管蛋白	含类肌动蛋白与类微管蛋白	微管蛋白、肌动蛋白、中间丝
细胞骨架	无	无	有
胞吐与胞吞	无	无	有
细胞壁	主要是肽聚糖	差异大，蛋白连续体到类肽聚糖	植物主要是纤维素，真菌主要是壳多糖，动物与黏菌等原生生物无
细胞分裂模式	二分分裂	二分分裂	有丝分裂、减数分裂，最终胞质分裂
基因组 DNA	环形，几乎没有蛋白质结合	环形，有类组蛋白结合	线形，伴随组蛋白
核外 DNA	细菌具有裸露的质粒 DNA	有质粒	线粒体 DNA、叶绿体 DNA
RNA 过程	最简	中度	扩展
转录起始	细菌型	真核型	真核型
RNA 聚合酶	细菌型	有些是细菌型，有些是真核型	真核型
核糖体	70S（50S 与 30S 大小亚基）有 55 种蛋白质，对氯霉素敏感	70S，有 65 种蛋白质，对氯霉素不敏感	80S，有 78 种蛋白质，对氯霉素不敏感
核糖体 RNA	细菌型	古核型	真核型
翻译起始	细菌型 fMet	真核型 Met	真核型 Met
膜磷脂	3- 磷酸甘油酸 + 线性脂肪酸链	1- 磷酸甘油酸 + 分支聚异戊二烯	3- 磷酸甘油酸 + 线性脂肪酸链

一、原核细胞

没有细胞核结构的细胞称为原核细胞，但其中的类群复杂，有不同的分类观点（五界学说、三域学说），根据进化及生命活动特点的不同分为真细菌域和古细菌域，也有将这两类称为界的。现在一般认为的原核生物就是指细菌界的生物。细菌界的细胞呈现球形、杆状、螺旋状等，大小为 0.2～5 μm，细胞中没有细胞核结构，遗传物质包装简单，周围无专有的生物膜（核膜）结构包围，典型的原核生物细菌具有拟核区域，但也有一些结构更简单的原核生物细胞没有拟核区域。细菌界生物种类繁多，大约有 5×10^{30}，根据形状分为三类：球菌、杆菌和螺旋菌（包括弧菌、螺菌、螺杆菌）。按生活方式，可分为自养菌和异养菌，其中异养菌包括腐生菌和寄生菌。按氧气的需求来分类，可分为需氧（完全需氧和微需氧）和厌氧（不完全厌氧、有氧耐受和完全厌氧）细菌。按生存温度，可分为喜冷、常温和喜高温三类。按细胞壁的组成分类，可分为革兰氏阳性菌和革兰氏阴性菌。在自然界中分布广泛，与人类关系密切的包括真细菌、蓝细菌、原绿藻、放线菌、支原体、衣原体、立克次氏体、螺旋体、黏细菌等。

（一）支原体

支原体（mycoplasma）是一类无细胞壁的细菌，结构简单，细胞在 0.1～0.3 μm，是已知的最小的细胞类型（图 2-4）。由于无细胞壁，细胞常呈现球形、哑铃形、分枝形等多种形态。抑制细菌生长的青霉素等抗生素不能抑制支原体的生长活性。支原体在自然界中为寄生或者腐生生活。有些种类的支原体可以在人工培养基上生长，形成半透明的油煎蛋形菌落。

寄生于动物的支原体可以引起各种疾病，如肺炎支原体的感染会引起非细菌性肺炎，生殖道支原体引起尿路感染或性病，此外还有引发脑炎、胸膜炎、关节炎的病原体。寄生于植物的支原体主要存在于富含营养的韧皮部筛管，可以通过比自己直径还要小的筛孔。植物支原体可以由吸食植物汁液的蝉类昆虫传播。植物支原体病害的典型症状是植物黄化和丛枝，如枣疯病、泡桐丛枝症等都是由支原体感染引起的。

支原体细胞最外层为一层质膜，质膜中含有胆固醇，使得质膜很坚韧。细胞内仅含有完成中心法则所需的基本细胞器，可见核糖体等结构，而无其他复杂结构（图 2-4）。细胞中的双链环状 DNA 散布于整个细胞。与细菌等原核生物不同，不形成明显的核区。以分裂方式进行增殖。支原体的基因组很小，相对分子质量在 4×10^8～1×10^9，仅编码其生命活动必需的蛋白质、核酸等，如控制物质跨膜运输、DNA 复制转录和翻译、细胞分裂及能量转换等最基本的生命活动所需的因子和结构。其大多数营养物质都必须从外界直接获取，不需要自己合成。

有限的遗传信息量、有限的遗传表达体系、有限的生命活动所需的酶和蛋白体系，使支原体成为小到极限的最简单细胞，是目前已知的能够独立执行中心法则的最小细胞结构。尽管其结构简单，但有研究认为，支原体源自革兰氏阳性菌，可能是退化寄生的形态，因此有学者认为不应该将其理解为最原始诞生的细胞。

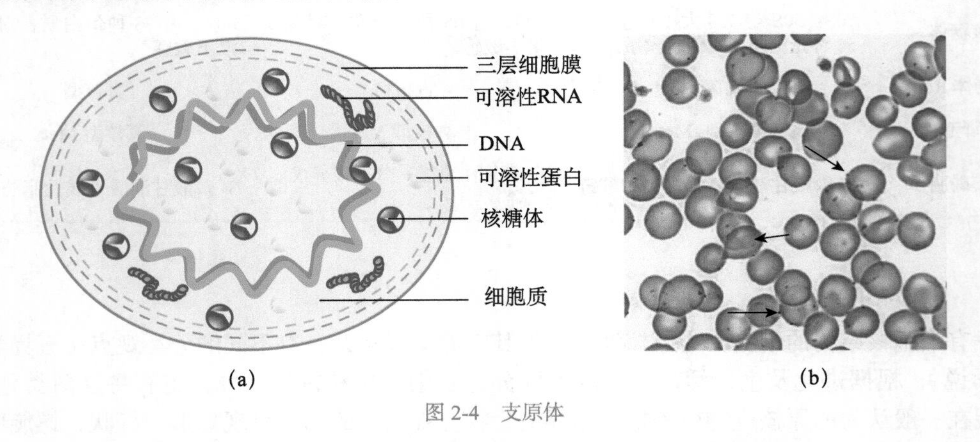

图 2-4 支原体

（a）支原体的结构；（b）受支原体（箭头所示小点）侵染的细胞

（二）真细菌

二维码

广义的细菌是包括支原体、真细菌、蓝细菌等一大类原核生物的总称，通常说的细菌是指真细菌（Eubacteria），这是原核生物的典型代表。根据形态，细菌分为杆菌、螺旋菌、球菌等。根据细胞壁成分差异可分为革兰氏阳性菌和革兰氏阴性菌，光镜下染色效果见【二维码】。

细菌是典型的原核生物，其遗传物质多为环形双链 DNA，极少数为线性，大小为（0.1～13）$\times 10^6$ bp（图 2-5）。绝大多数细菌的 DNA 集中在细胞的一个区域，由类核相关蛋白（nucleotide-associated protein，NAP）及非编码 RNA 参与细菌染色体 DNA 的折叠、包装聚集和基因表达调控，维持类核的形状。因此，细菌 DNA 并非完全是裸露的 DNA 随机散布于细胞中，其核区也是 DNA 高度精细调控的动态结构，随细胞生命活动的变化而变化，形成形状不规则的原核结构，也称为前核、拟核或核区（nucleoid）。原核周围通常无类似真核细胞核膜的特化生物膜包围，DNA 直接裸露于细胞质中，因此原核生物转录和翻译在同样的空间中同时进行。细菌细胞在一般生长状态下，只有一个拟核，但在旺盛生长分裂情况下，由于 DNA 复制与细胞分裂不同步，可以出现 2～4 个拟核。细菌 DNA 无组蛋白进行包装，不能形成类似真核生物染色体样的高级结构，但习惯上把细菌遗传物质形成的结构也称为细菌染色体（bacteria chromosome）。细菌的 DNA 可以与复制、转录等有关的非组蛋白结合。

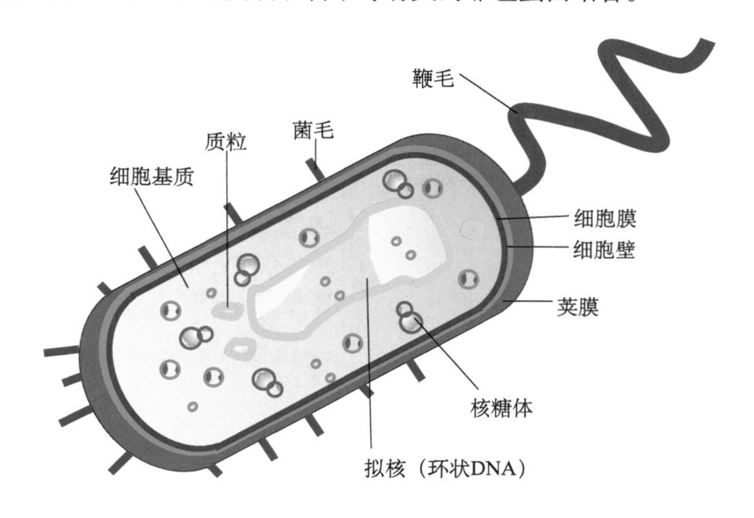

图 2-5　细菌的结构模式图

与真核生物相比，细菌基因组很小，但编码序列比例很高，如最大的黏细菌 *Sorungiam cellulesum*，编码比例是 86.45%，而人的编码序列占比为 1.5% 左右。尽管在一些特殊的细菌基因组中含有少量内含子（固氮菌、某些蓝藻、大肠杆菌），但相对于真核生物，细菌基因组中的内含子还是极为罕见的。

质粒（plasmid）是细菌的染色体外 DNA。质粒 DNA 绝大多数是环形双链 DNA，极少数为线性（linear plasmid）（目前只发现了两种），携带少量对细菌非必需的基因，在染色体外独立复制。这些基因对细菌正常存活是非必需的，但可以赋予细菌特殊的功能，使其能生存于特殊的环境中，在竞争中处于优势。质粒可在不同的细胞之间转移，通过细菌接合、转化、转导等方式进行。有的质粒带有抗药性基因，称为抗药性质粒（resistance plasmid），简称 R 质粒。F 质粒（fertility plasmid）又称 F 因子、致育因子或性因子，是大肠杆菌等细菌决定性别并有转移能力的质粒。由于质粒可以携带基因，并可转入其他细胞，因此它被广泛用于分子生物学领域，用于基因克隆、转基因、基因治疗等，是现代分子生物学的基础工具。质粒类型见【二维码】。

二维码

细菌都有细胞壁（支原体、植原体没有细胞壁，是广义上特殊的、结构更简单的细菌），有细胞壁的细菌可以分为革兰氏阳性菌（G^+）和革兰氏阴性菌（G^-），两者的细胞壁在结构、成分含量上明显不同。细菌细胞壁的肽聚糖都是由*N*-乙酰葡糖胺（*N*-acetyl glucosamine，NAG或G）和*N*-乙酰胞壁酸（*N*-acetyl muramic acid，NAM或M）构成双糖单元，形成聚糖纤维。相邻肽聚糖纤维之间的短肽尾（四肽尾）通过肽桥（peptide interbridge）（G^+）或肽键（G^-）连接起来形成肽聚糖片层，像胶合板一样黏合成多层。如图2-6所示，G^+和G^-细胞壁的主要差异是两者肽聚糖厚度差别很大，G^+通常比G^-厚，在组成结构上也存在不同，G^-具有两层膜结构，详见【二维码】。

二维码

青霉素的抑菌作用主要是通过抑制细菌转肽酶等青霉素结合蛋白的功能，影响了G^+的肽聚糖侧链形成，导致其细胞壁不坚固，使G^+无法适应低渗生存环境而细胞破裂死亡。革兰氏阳性菌因细胞壁的主要成分就是肽聚糖，故对青霉素很敏感；而革兰氏阴性菌由于外膜保护、周质空间中肽聚糖肽尾结合方式与G^+不同及青霉素结合蛋白序列结构的不同，对青霉素不敏感。

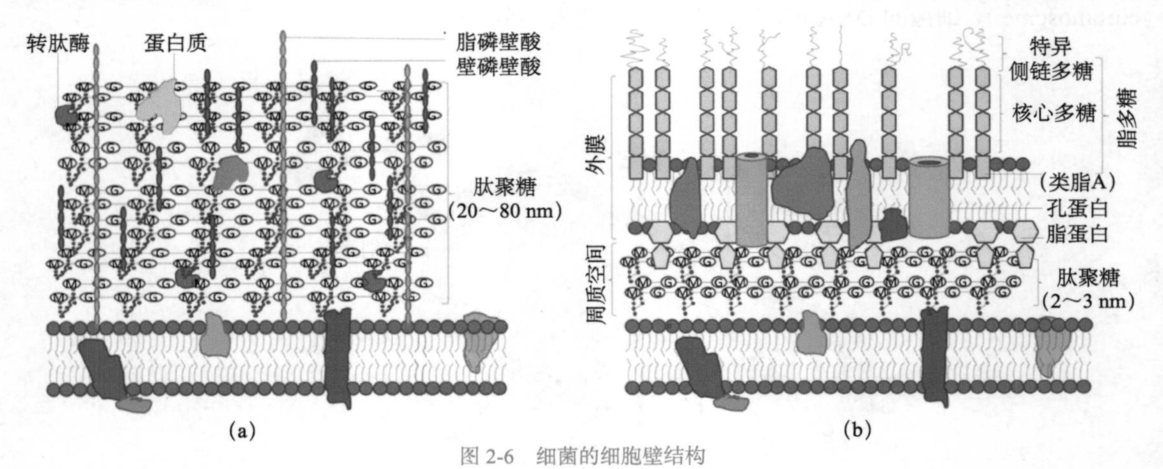

图2-6 细菌的细胞壁结构

（a）革兰氏阳性菌；（b）革兰氏阴性菌

有些细菌细胞壁外还存在由多糖、多肽、蛋白质等构成的荚膜（capsule），黏液物质状态或由蛋白质分子整齐排列在细胞最外侧形成一层晶膜包裹层结构。荚膜的成分因不同菌种而异。荚膜对细菌的生存具有重要意义，细菌不仅可利用荚膜抵御不良环境，保护自身不受白细胞吞噬，而且能有选择地黏附到特定细胞的表面上，表现出对靶细胞的专一攻击能力。

大多数细菌质膜中无类固醇。蓝细菌、甲烷营养菌、紫色非硫光合细菌等含有类固醇的类似物——藿烷类（hopanoids），它们可代替类固醇调节质膜的流动性和渗透性。藿烷类是石油中的常见成分，可能是由远古细菌沉积而来。细菌质膜具有多功能性，它是细胞的边界和渗透屏障，参与物质跨膜转运及呼吸等多种代谢，含有与分泌有关的蛋白质。细菌质膜还具有信号感受、传递和转导的功能。有少数细菌的质膜在膜蛋白的作用下向细胞内折形成泡状、管状、多层囊状结构。

细菌的核糖体与真核细胞中的不同（详见第八章）。在很长一段时间里，人们都认为细菌细胞很小，结构简单，细菌细胞内可能不存在类似真核生物的细胞骨架。但20世纪80年代伴随着一个大肠杆菌温度敏感突变株的鉴定，人们发现细菌中存在与真核生物微管蛋白同源的FtsZ蛋白。此后又在细菌细胞中陆续发现微丝、中间纤维同源蛋白及其他可聚合成纤维的蛋白质。这些蛋白质大多和真核生物细胞骨架蛋白类似，可以聚合成纤维状蛋白，参与细胞形状的维持和细胞分裂、细胞内结构空间的组织、细胞极性等重要生命活动。

此外，许多细菌依靠鞭毛进行趋化、趋光、趋氧等运动。细菌的鞭毛与真核生物细胞的鞭毛有着本质的不同。细菌的鞭毛是一个中空管状结构，由细胞外鞭丝（filament）、钩（hook）和细胞中的基体（basal body）组成。人们很早就认识到鞭毛是旋转拍动来推动细胞的运动，鞭毛的基体就是一个旋转分子马达。菌毛是革兰氏阴性菌菌体表面密布的短而直的丝状结构，数目很多，每个细菌可有 100～500 根菌毛。菌毛必须借助电子显微镜才能观察到，化学成分是蛋白质，具有抗原性。菌毛与细菌运动无关，根据形态和功能的不同可以分为普通菌毛和性菌毛两类。

（三）蓝细菌

蓝细菌（cyanobacteria）曾经被称为蓝藻，是一类产氧的光合细菌，是革兰氏阴性菌，按英国藻类学家弗里奇的分类系统，分为色球藻目（Chroococcales）、宽球藻目（Pleurocapsales）、管胞藻目（Chamaesiphonales）、念珠藻目（Nostocales）和真枝藻目（Stigonemales）5 目，分属 150 属 2000 余种。常见的蓝藻有单细胞或群体的，如色球藻属（*Chroococcus*），常生于温室的花盆上或潮湿的岩石和树干上；微囊藻属（*Microcystis*），为浮游性群体，夏季大量繁殖形成“水华”，危害水生植物；还有丝状体的如颤藻属（*Oscillatoria*）、念珠藻属（*Nostoc*）及鱼腥藻属（*Anabaena*）等。

同其他细菌一样，蓝细菌有核区，没有核膜，其染色体结构、转录翻译与其他细菌相似。在细胞质中含有生物膜结构，是类囊体构成的光合片层，与植物的类囊体结构相似（图 2-7）。

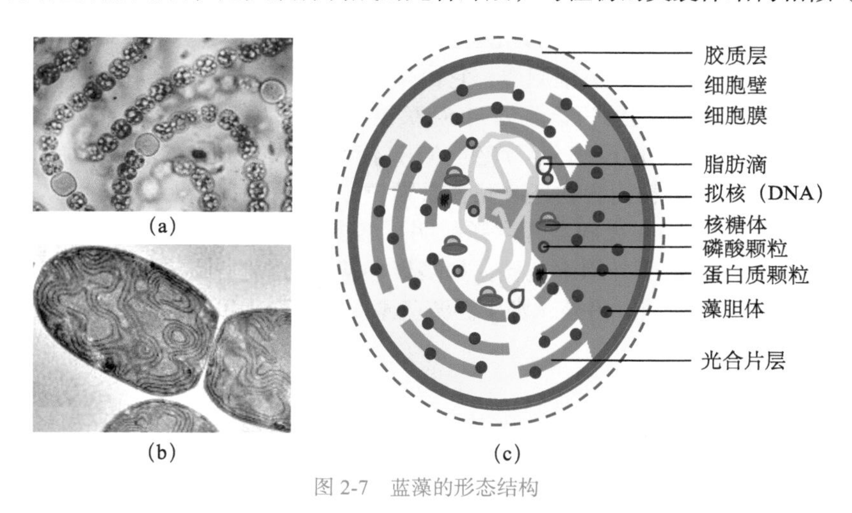

图 2-7　蓝藻的形态结构

（a）光学显微镜下的蓝藻；（b）电子显微镜下的蓝藻；（c）蓝藻细胞的结构示意图

蓝细菌细胞内部有层叠囊状的光合片层，含有光合色素蛋白复合体和电子传递链、ATP 合成酶等。浮霉菌的氨氧化体内胞质膜上含有氨氧化相关的电子传递链蛋白、ATP 合成酶，在利用 NO_2^- 氧化 NH_3 生成 N_2 时向氨氧化体内转运 H^+，建立质子动力势，并合成 ATP。超磁细菌的磁小体是另一类与细菌感知磁场有关的内胞质膜，膜内包含有磁铁微晶粒。还有些内胞质膜用于存储，如酸性钙小体。浮霉菌的内胞质膜对细菌能够进行区室化，形成类似真核细胞的内膜系统，甚至能够围绕核区，使人联想到真核细胞的可能起源。

蓝细菌细胞外的肽聚糖比其他革兰氏阴性菌稍厚，并有一些多糖组分与肽聚糖相连。外膜也是由脂多糖构成的，有的外膜中含有类胡萝卜素。类囊体上含有藻蓝素、藻红素、叶绿素 a。许多蓝细菌向细胞外分泌多糖物质，有一些多糖物质在外膜外侧交联形成紧密的胶质鞘

（gelatinous sheath），有些松散的黏液层附着在细胞上，还有的多糖直接分泌到细胞周围环境中。植物中的纤维素也常见于黏液中，这类多糖在细胞外起保护作用，使细胞耐干旱脱水、抗紫外线及使细胞便于运动。这也是蓝细菌广泛分布于海洋、干旱的陆地、岩石、极地等环境的原因之一。蓝细菌的细胞体积在细菌中较大，单细胞或多细胞丝状，有些可形成肉眼可见的丝状、片状细胞聚集体，如念珠藻（nostocales）多细胞菌丝形成的发菜、地衣。

许多蓝细菌有固氮能力，如丝状大蓝藻常分化出专门固氮的异形胞（heterocyst）。异形胞一般比营养细胞大，细胞壁厚，细胞内产氧的光系统Ⅱ退化，有利于对氧敏感的固氮酶对 N_2 的固定。不能产生异形胞的蓝细菌通过昼夜周期变化进行光合作用和固氮，夜晚细胞内可利用氮源明显增高。蓝细菌在地球氧、碳、氮循环中非常重要。在生物进化史上，蓝细菌对远古地球大气进行了改造，使得氧气含量从原来的极其缺乏变成大大增加，推动了真核细胞的产生。

除 *Gloeobacter* 属的蓝细菌外，蓝细菌细胞内均有生物膜结构的类囊体。类囊体分布于外周细胞质，呈平行质膜同心环状螺旋、辐射型或汇集型，由两层邻近的生物膜形成扁平囊状片层结构，是一个动态封闭的网络。类囊体膜外侧附着有光合作用的捕光色素蛋白复合体——藻胆体。膜上还有光反应中心、光合电子传递链。研究发现类囊体膜上还有呼吸电子传递链，并且和光合电子传递链共用质体醌、细胞色素 b_6f 复合体、质体蓝素等电子载体。因此蓝藻的类囊体有光合作用和有氧呼吸两种功能。一种生物进化的观点认为现代真核生物的叶绿体很可能起源于蓝细菌。

蓝细菌细胞内还有其他内含物如羧化酶体。羧化酶体（carboxysome）是以 CO_2 为碳源的细菌中特有的结构，主要位于中央细胞质，它由多种蛋白质形成的外壳和内部酶组成二十面体结构。羧化酶体外壳内包装的酶为核酮糖 -1,5- 双羧酸羧化酶（Rubisco）和碳酸酐酶，外部的 HCO_3^- 进入羧化酶体后，被碳酸酐酶分解产生 CO_2，使 CO_2 浓度维持在较高水平，供 Rubisco 固定 CO_2。蓝细菌中常见的颗粒内含物还有藻青素颗粒，其是精氨酸和天冬氨酸多聚体，具有储存氮源的作用，固氮的蓝藻在夜间藻青素颗粒明显增多。糖原颗粒则是蓝藻的碳源存储颗粒，常位于类囊体间。脂滴常位于外周细胞质，如多聚羟基脂肪酸颗粒是另一种形式的碳源储存颗粒。多聚磷酸盐颗粒储存磷酸。另外，水生浮游蓝藻内有气泡，可以调控细胞的浮力。

二、古核细胞

古细菌大小和细菌大小相差不多，形态主要有球形、杆状、方形和分枝状态等。古细菌曾被认为是原核生物。随着分子生物学的发展，人们用核糖体小亚基 16S rRNA 序列作为细菌分类的依据，发现在原核生物中有一类产甲烷菌与其他细菌的 16S rRNA 明显不同，而与真核生物 18S rRNA 序列亲缘关系更相近，因此将这类生物从细菌中独立出来。由于它们生存的环境与远古时代原始地球环境相似，认为可能是远古生物的遗存，故称之为古细菌。这些古细菌中，嗜盐菌生活在盐湖中，嗜热菌生活于温泉，嗜酸菌生活在火山口、黄铁矿酸性环境中，此外还发现有嗜碱菌、嗜冷菌，在动物肠道中的产甲烷菌（*Mathanogenus*）等。目前分为广古菌门（Euryarchaeota）、泉古菌门（Crenarchaeota）、初古菌门（Korarchaeota）、纳古菌门（Nanoarchaeota）、奇古菌门（Thaumarchaeota）等。图 2-8 显示了几种古细菌的形态。

古细菌基因组大小在 0.49～5.75 Mbp，染色体 DNA 为双链环状，有的有两个以上不同的染色体 DNA，许多古细菌同细菌一样也有质粒。染色体 DNA 通常位于核区。与细菌不同，古细菌的 DNA 常与组蛋白相结合，还与多种结构各异的转录调控蛋白结合。有的 DNA 结合蛋白如 HTa、MC1、Cren7 等，可以提高 DNA 耐热性，免于辐射损伤等。

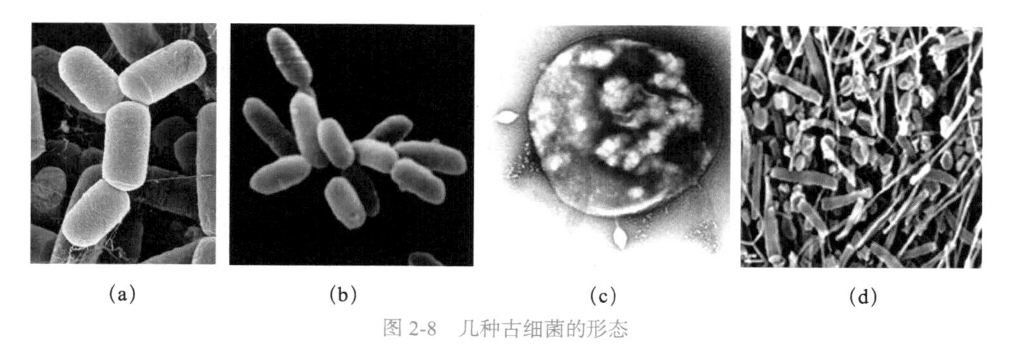

图 2-8 几种古细菌的形态

（a）人肠道中的产甲烷古菌 *Methanobrevibacter smithii*；（b）广古菌中的 *Halobacterium* sp. strain NRC-1；（c）泉古菌中的 *Sulfolobus*，受 STSV-1 侵染；（d）黑曜石熔岩中的初古菌

古细菌的组蛋白和真核生物组蛋白一样都有组蛋白折叠结构，可以形成同源和异源二聚体，并进一步形成四聚体，DNA 盘绕在核小体上，最终古细菌 DNA 形成核小体串珠样结构。古细菌组蛋白与真核生物组蛋白也存在很多差异，如没有伸出组蛋白折叠结构外的 N 端修饰区，与 DNA 结合紧密程度低，形成四聚体核小体的直径也较小，缠绕 60 bp 左右的 DNA，小于真核生物的 200 bp。另外并不是所有的古细菌都有组蛋白，与真核生物亲缘关系较近的泉古菌，多数没有组蛋白。尽管古细菌组蛋白与真核细胞组蛋白进化上同源，一般认为组蛋白出现在细菌和古细菌分离之后的进化史中，随后泉古菌可能进化出真核生物分支，广古菌和其他古细菌分支保留了组蛋白，而泉古菌丢弃了组蛋白，由其他 DNA 结合蛋白代替其功能。而绝大多数细菌没有组蛋白，仅在一种嗜热细菌中发现了组蛋白，它可能在进化过程中，从与其生活在相同生境下的古细菌中获得了组蛋白基因。

古细菌的核糖体对白喉毒素敏感。RNA 聚合酶在古核生物中有多种，各含有 8～12 个亚基，而真核生物有三种，各含有 12～14 个亚基。古核细胞对氯霉素、链霉素、卡那霉素等抗生素均不敏感，它们的细胞壁中均不含有胞壁酸。

古细菌的质膜在膜脂组成和结构上与其他类型的细胞差异很大，古细菌膜脂主要成分是磷脂和糖脂，迄今未见古细菌质膜中类固醇或藿烷类的报道。嗜热古菌（thermophitic archaea）是发现的一类有两层生物膜的古细菌。多数古细菌质膜外存在由单种蛋白质或少数由两种蛋白质整齐规则排列形成的晶体膜状表层，表层糖蛋白常和质膜相连，有的古细菌蛋白质表层内或者外面还有其他包被形成多层细胞壁。表层有维持细胞形状和渗透保护的功能蛋白质，表层蛋白之间有规则的孔隙，因此表层是通透的。

古细菌的细胞壁与细菌完全不同，组成多样，不具有真细菌的肽聚糖。由于古细菌的细胞壁与细菌的完全不同，因此针对细菌细胞壁开发的抗生素如 β- 内酰胺类、环丝氨酸和溶菌酶等对古细菌无抑制活性。但少数产甲烷菌具有结构类似于细菌的肽聚糖，但不含胞壁酸、D 型氨基酸和二氨基庚二酸，称为假肽聚糖（pseudopeptidoglycan，也称为 pseudomurein）。假肽聚糖和肽聚糖一样是由 *N*- 乙酰塔罗糖胺糖醛酸代替肽聚糖中 *N*- 乙酰葡糖胺通过 β- 假肽聚糖 -1,3- 糖苷键（肽聚糖中是形成 β-1,4- 糖苷键）连接，假肽聚糖中交联多糖链，不含 D 型氨基酸。此外，古细菌假肽聚糖和细菌肽聚糖合成和组装所需的蛋白质无同源性，两者在进化上是独立的。与假肽聚糖在古细菌狭窄的分布范围相比，蛋白质表层在古细菌中较为常见。

有些古细菌质膜外有多糖构成的细胞壁，如嗜盐菌（*Halococcus morhuae*）的细胞壁主要由硫酸化的杂多糖构成。聚集生活的甲烷八叠球菌细胞表层外还有一层糖胺聚糖构成的甲烷菌软骨素

（methanochondroitin），与脊椎动物软骨素类似，但糖链构成单位不同，也不发生硫酸化。还有些古细菌细胞壁含有多聚谷氨酸或谷氨酰胺，寡聚糖共价连接到多聚氨基酸链上。热原质体和铁原质体无细胞壁，但质膜上糖蛋白和糖脂伸向细胞外环境的糖链形成一个称为糖萼的糖被保护层。

总体来说，古细菌在形态结构和代谢方面与细菌类似，但遗传信息处理系统（复制、转录、翻译）和真核生物比较接近，而在代谢和能量转换装置上则和真细菌接近。另外，古细菌还有不同于细菌和真核细胞的独有特征。通常认为，古细菌与真核生物起源于共同的祖先。

三、真核细胞

真核细胞（eukaryotic cell）的生物可以分为动物界、植物界、真菌界、原生生物界。包括人类在内都属于真核细胞的生物，种类繁多，包括单细胞原生动物（如草履虫）、单细胞原生植物（如裸藻、衣藻），还有黏菌，一切动物（线虫、血吸虫、昆虫、蜘蛛、鱼类、鸟类、爬行类、哺乳类）、植物（大型藻类、苔藓、蕨类、各种花草树木）及大型真菌（蘑菇、灵芝）等多细胞生物。

（一）真核细胞的特点

真核生物的细胞通常比原核生物在体积上高一个数量级，结构比原核细胞更复杂，主要结构有细胞膜［cell membrane，也称为质膜（plasma membrane，plasmolemma）］、细胞核（nucleus）和细胞质（cytoplasm）（图 2-9）。各种细胞器（organelle）存在于细胞质中，除了膜围起来的细胞器外，其余部分是胞质溶胶（cytosol）。主要的细胞器有内质网（endoplasmic reticulum）、高尔基体（Golgi body 或 Golgi apparatus）。溶酶体（lysosome）、线粒体（mitochondrion）、叶绿体（chloroplast）、细胞骨架（cytoskeleton）、微体（microbody）、胞内体（endosome），动物细胞还有中心粒（centriole）构成的中心体（centrosome）。在细胞外，植物细胞、真菌细胞通常具有细胞壁，但两者的物质成分有差异，部分动物细胞外部可以存在糖萼，多数则是裸露的。与原核细胞相比，真核细胞通常体积更大、功能更复杂，具备三大基本结构与功能系统：生物膜、遗传信息传递与表达、细胞骨架系统。

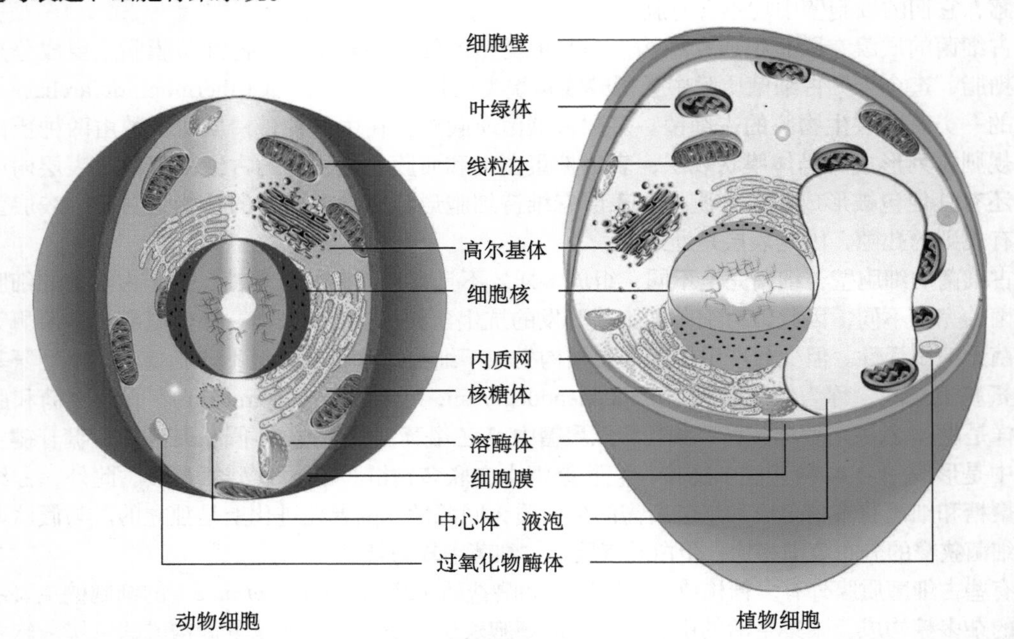

图 2-9　真核细胞结构示意图

真核细胞胞质内由膜间隔成了许多功能区，形成区域化、分区化或区室化。最明显的是细胞含有由内外膜构成的核被膜（nuclear envelope）包被的细胞核，这是真核细胞名称的来源。另外还有由膜围成的各类细胞器，如线粒体、叶绿体、内质网、高尔基体、溶酶体等。其中外核膜、内质网、高尔基体与溶酶体在结构发生上形成了一个连续的体系，称为内膜系统（endomembrane system）。区室化使得细胞代谢活动比原核细胞大为提高。

与原核生物基因转录、翻译都在同一空间不同，真核细胞具有的细胞核使得基因转录在细胞核内进行，绝大多数 mRNA 指导翻译蛋白质的进行则在细胞质中。真核细胞具有核基因组、线粒体基因组和叶绿体基因组。真核细胞核基因组指导合成的蛋白质存在不同的转运机制，最终定位到细胞不同位置发挥功能。有的蛋白质通过共翻译转运机制，在内膜系统中加工成熟，分选到内质网、高尔基体、溶酶体或分泌到细胞外去工作；有的蛋白质通过翻译后转运机制，在细胞质基质中合成后，通过分选机制转移到叶绿体、线粒体、细胞核再发挥功能。而且叶绿体与线粒体各有转录、翻译系统，半自主地合成自身部分蛋白质亚基，与核基因组指导的转录翻译有所不同。

细胞骨架是真核细胞中纤维状的结构，包括微管、微丝、中间纤维（或称中间丝），细胞骨架是细胞形态结构的基础，也为细胞体积远远大于原核细胞奠定了基础，并且与细胞运动、收缩、分裂等众多功能有关。

（二）动物细胞、植物细胞与真菌细胞

三种类型真核生物细胞基本结构是类似的，但是也存在各自独特的一些结构特点（表 2-2）。例如，动物细胞没有细胞壁，植物细胞与真菌细胞的细胞壁主要成分也不同。植物细胞壁主要成分是纤维素，还有果胶质、半纤维素、木质素等。植物细胞具有动物细胞不具有的质体、中央液泡等。液泡是植物细胞特有的结构，它是植物细胞的代谢库，起调节细胞内环境的作用。液泡是由膜包围的封闭结构，内部溶解有盐、糖、色素、氨基酸、生物碱等，中央大液泡随着细胞生长由小液泡合并与增大而形成。大液泡能维持植物细胞的膨压，从而保持细胞形态，或通过渗透压的调节进行细胞体积的改变，气孔保卫细胞（双子叶植物）、副保卫细胞（单子叶植物）就是以此进行气孔开闭的。叶绿体是植物细胞中进行光合作用的质体（plastid），内含光合色素，通过光系统进行能量转化，通过光合作用有关的酶进行糖合成的工作。

表 2-2　动物细胞、植物细胞与真菌细胞的比较

	动物细胞	植物细胞	真菌细胞
细胞壁	无	纤维素	壳多糖
叶绿体	无	有	无
线粒体	有	有	有
细胞核	绝大多数为单核，但存在多核或无核的细胞	绝大多数为单核，但存在无核的细胞	可以是单核或多核
液泡	无	成熟后细胞有	有
溶酶体	有	有（低等的裸藻、黏菌）	某些有
过氧化物酶体	有	有	有，与有性生殖有关
中心体	有	无	无
细胞连接	多样化，间隙连接通信	胞间连丝	胞间连丝
细胞分裂	收缩环	细胞板	隔膜板

第四节 病毒、类病毒与朊病毒

从结构属性来看，病毒（virus）、类病毒（viroid）、朊病毒（prion）不是细胞，甚至在学术界关于它们是否属于生命还存在争议。一方面它们在宿主中可以繁殖，也可以变异产生新的种类，这是生命的特征；另一方面它们脱离宿主时与普通非生命物质一样没有任何新陈代谢，无法繁殖。细胞类型的生物在策略上不管是寄生、共生还是独立生存，在其细胞内具有的结构都可以独立完成中心法则、进行代谢活动，而病毒、类病毒与朊病毒都是非细胞性的感染物，其宿主是各种类型的细胞，病毒甚至可以像无机世界的物质那样结晶，其活动必须劫持宿主才能完成自身复制。1950 年国际微生物学会提出了病毒分类 8 项标准，1971 年发表了《病毒的分类与命名》报告，1973 年改名国际病毒分类委员会（International Committee on Taxonomy of Viruses, ICTV），2019 年正式采用 15 级分类等级。已确定 6 个病毒域（realm）：Adnaviria、Duplodnaviria、Monodnaviria、Riboviria、Ribozyviria 和 Varidnaviria。

一、病毒

病毒在结构上是由核酸（DNA 或 RNA）与蛋白质外壳所构成的。专营细胞内寄生，缺少自主代谢与独立完成中心法则的完整机构，单独存在时不能繁殖，可以像无机分子那样结晶，在宿主胞外没有生命活动，是生物大分子的复合物，在细胞中则劫持了细胞的代谢与中心法则机构完成复制和繁衍后代，介于生命与非生命之间。病毒的分类方法有多种。根据寄生宿主分类有动物病毒、植物病毒、噬菌体，各类病毒未发现跨界物种寄生的，如植物病毒不会感染动物，甚至昆虫病毒不会感染脊椎动物，但病毒可以跨物种感染，如禽流感病毒可在鸟类与人类之间传播。病毒有时会对人类造成重大影响，如埃博拉病毒致死率在医疗条件差的地区可达 90%、天花病毒致死率为 30%，也有的病毒致死率非常低，如季节性流感通常低于 0.1%。图 2-10 显示了一些著名病毒的形态和结构。

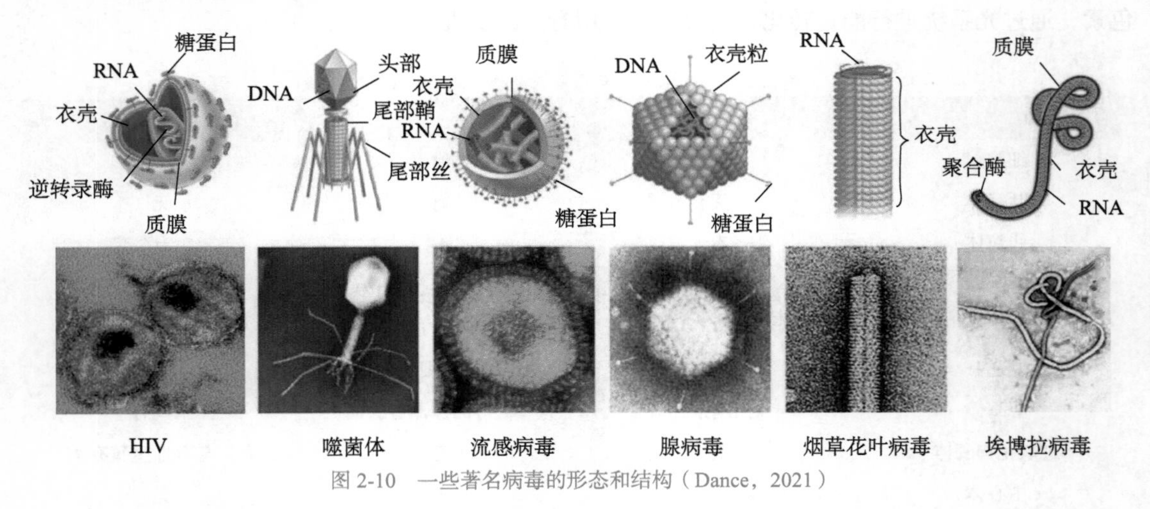

图 2-10　一些著名病毒的形态和结构（Dance，2021）

根据病毒核酸种类及翻译产生蛋白质的 mRNA 来源分类的巴尔的摩（David Baltimore）分类法，将病毒分为七类（表 2-3）。

表 2-3 病毒的巴尔的摩分类

病毒分类	典型代表
双链 DNA 病毒（dsDNA virus）	天花病毒（variola virus）、疱疹病毒（herpes virus）、巨细胞病毒（cytomegalovirus）、腺病毒（adenovirus）、T- 偶数噬菌体（T-even phage）
单链 DNA 病毒（ss DNA virus）	微小噬菌体科（*Microviridae*）、短杆状噬菌体科（*Plectroviridae*）
双链 RNA 病毒（ds RNA virus）	呼肠孤病毒（reoviruses）
单链正义 RNA 病毒［(+)ssRNA virus］	冠状病毒（corona virus）、烟草花叶病毒（tobacco mosaic virus）
单链反义 RNA 病毒［(–)ssRNA virus］	棒状病毒（baculoviridae）、流感病毒（influenza virus）
逆转录病毒或反转录病毒（RT virus）	人类免疫缺陷病毒（HIV）
嗜肝脱氧核糖核酸病毒	乙型肝炎病毒（hepatitis B virus，HBV）

根据结构有无包膜可分为包膜病毒和裸露病毒；根据其形状，可分为冠状病毒、杆状病毒、丝状病毒、球形病毒、砖形病毒和弹形病毒等。

感冒病毒（cold virus）与流感病毒（influenza virus）其实是不同的病毒。前者引起的症状通常较轻，为鼻塞或流鼻涕，大多数是鼻病毒（rhinovirus），容易招致打喷嚏，感染鼻腔到喉咙；20% 的感冒由冠状病毒导致；20% 由呼吸道合胞病毒与副流行性感冒病毒感染导致。成年人通常在感染感冒病毒后能够自愈，但第三类可在幼儿中引发肺炎与其他严重感染。流感则是由流感病毒引起的急性呼吸道感染，是一种传染性强、传播速度快的疾病。最常见的有甲型、乙型流感（甲流、乙流），每年导致季节性流行。此外也有丙型、丁型流感。甲型流感病毒根据病毒表面两个蛋白血凝素（hemagglutinin）（H1～18）和神经氨酸酶（neuraminidase）（N1-11）组合分类，属单链反义 RNA 病毒门，流感病毒变异非常快。

引起 2003 年严重急性呼吸综合征（SARS）的 SARS-CoV（severe acute respiratory syndrome coronavirus）、2012 年中东呼吸综合征（MERS）的 MERS-CoV 和引起新型冠状病毒肺炎的 SARS-CoV-2（severe acute respiratory syndrome coronavirus 2）都是冠状病毒（图 2-11），属于小核糖病毒门。冠状病毒是（+）ssRNA，长 27～31 kb，这类病毒颗粒直径为 80～100 nm，有囊膜，囊膜表面嵌有花瓣状纤突，由于排列呈皇冠状，故称为冠状病毒。横穿包膜的 M 蛋白（membrane glycoprotein）是膜糖蛋白，作用是出芽和病毒包膜形成。S 蛋白（spike protein）是突刺蛋白，构成长的杆状包膜突起，负责结合靶细胞受体，诱导病毒包膜和细胞膜及细胞之间的膜融合，作为主要抗原刺激机体产生中和抗体和介导细胞免疫反应。E 蛋白（envelope protein）是包膜蛋白，与包膜形成有关。N 蛋白（nucleocapsid protein）是核衣壳蛋白，与病毒 RNA 复制有关。HE 蛋白是血凝素 - 酯酶，可能与早期吸附有关。这些冠状病毒暴发造成了人

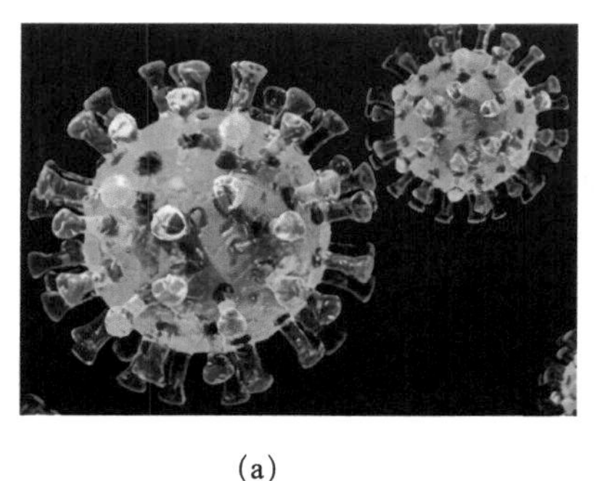

(a)

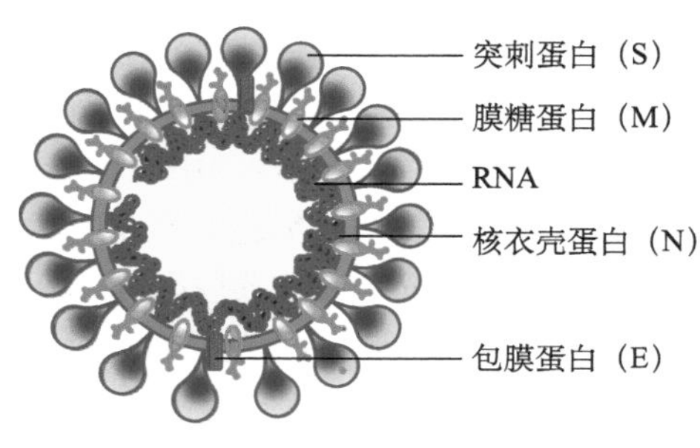

(b)

图 2-11 新型冠状病毒 SARS-CoV-2 的形态结构

（a）SARS-CoV-2 形态模拟图；（b）SARS-CoV-2 结构示意图

类社会的重大损失，SARS 的致死率是 9%～16%、MERS 的致死率是 30%～40%、新型冠状病毒肺炎致死率全球平均为 2%。研究提示这几次疾病流行与野生动物中间宿主传播到人类有关，2020 年病毒学家 Lipkin 调查目前已知传染病 70% 来源于野生动物，但这些病毒的确切中间宿主尚未完全确定。

病毒衣壳具有保护病毒核心不受核酸酶消化的作用，各种病毒衣壳外形多种多样，可通过自我装配过程自动装配完成，如果将衣壳蛋白亚单位置于试管中，维持适当的温度和离子浓度，就能自动形成与细胞中结构一致的形态，但试管中若没有病毒 DNA 或 RNA，则不具备感染性。

病毒只有在侵入细胞后才表现出生命现象，其生活周期（life cycle）可以分为两个阶段：一是细胞外阶段，以成熟的病毒粒子形式存在；另一个是细胞内阶段，在这一阶段中进行复制和繁殖，是感染阶段。病毒在宿主细胞内的复制是病毒生命活动与遗传性的具体表现。病毒的增殖过程首先是病毒侵入细胞，病毒核酸篡夺细胞中心法则的控制权，利用宿主的全套机构，以病毒核酸为模板进行复制和转录、翻译病毒蛋白质，然后组装成新一代病毒颗粒，最后从细胞中释放出来，再感染别的细胞，开始下一轮复制（图 2-12）。病毒的增殖过程如下。

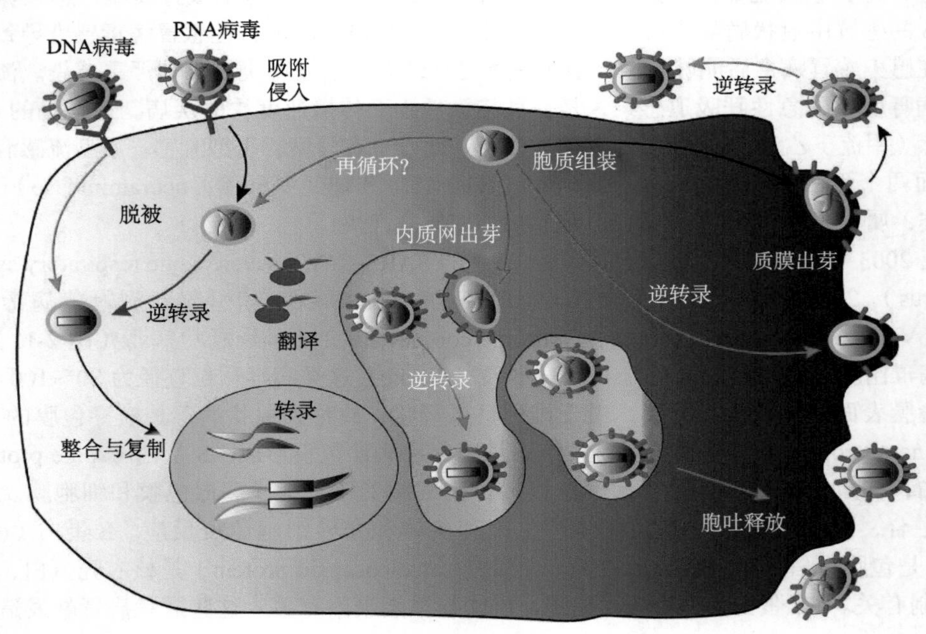

图 2-12　病毒的生活史

（1）吸附（adsorption）。病毒蛋白质外壳同宿主细胞表面特殊的受体结合，受体分子是宿主细胞膜或细胞壁的正常成分。受体决定了病毒感染的特异性。

（2）侵入（penetration）。病毒吸附到宿主细胞表面后，将其核酸注入宿主细胞内。噬菌体病毒感染细菌时，用酶将细菌细胞壁穿孔后注入病毒核酸；动物细胞被病毒侵入时，不同的病毒有不同的方式，如 HIV 与细胞质膜融合，流感病毒通过胞吞作用。

（3）复制（replication）。病毒核酸进入细胞后有两种去向，一是病毒的遗传物质整合到宿主的基因组中，形成溶原性病毒；另一种是病毒核酸运用自身及宿主的酶进行复制和表达，有的逆转录病毒则还有一个逆转录过程。

（4）成熟（maturation）。病毒劫持细胞进行病毒基因的表达，合成病毒装配所需的蛋白质外壳，并将病毒遗传物质包裹起来形成成熟病毒颗粒。

（5）释放（release）。病毒颗粒装配之后，不同病毒采用不同策略离开细胞，有的释放时将被感染的细胞裂解，有的通过分泌的方式温和地离开细胞。

二、类病毒

类病毒（viroid）是一类没有蛋白质衣壳，只有裸露的单一闭环链 RNA 分子的感染物，目前发现的几乎都是侵染植物的，有 28 种侵染双子叶植物、2 种侵染单子叶植物。Theodor Diener 发现了类病毒，1967 年证实马铃薯的一种疾病与 RNA 有关，1971 年证实致病因子是马铃薯锤管类病毒（potato spindle tuber viroid），这是发现的第一个类病毒，仅是一个 359 个核苷酸单链环状 RNA 分子，链内有一些互补序列，分子长 40～50 nm。在人类中，目前已知唯一一个类病毒样疾病是丁型肝炎（hepatitis D），其是一个协生病毒（virusoid）卫星 RNA，因此也有观点认为这是另一类感染物，不属于类病毒。类病毒引发的危害有番茄簇顶病、柑橘裂皮病、黄瓜白果病、椰子死亡病、菊花绿斑病等。

类病毒不能像病毒那样感染细胞，当植物细胞受到损伤，失去了膜屏障，才能在植株间传染。类病毒通过机械损伤或花粉传播，利用宿主细胞中的酶类进行 RNA 的自我复制，引起特定症状或引起植株死亡。和 RNA 病毒相比，主要的不同在于：类病毒没有蛋白质衣壳包裹，是一类小分子 RNA，类病毒自身不编码任何蛋白质，在感染的宿主细胞中直接复制，更不经过逆转录步骤整合到宿主细胞的染色体上。

三、朊病毒

1982 年，Prusiner 在患羊瘙痒病（scrapie）的羊体内发现了一种蛋白质因子，证明是羊瘙痒病的根源。他将其命名为 prion（pr 代表 proteinaceous，i 代表 infectious，on 是颗粒单元），因这个发现他于 1997 年获得诺贝尔生理学或医学奖。国内对其命名翻译有不同看法，有的直译为蛋白质感染粒，这是含义最接近的。也有人称为朊粒、朊病毒，但前者弱化了致病性，后者强调了致病性，但容易引起误会认为是病毒的一种，实际上这种感染因子不含核酸，在复制方式和传染途径上完全不同于病毒。人类的克 - 雅病（Creutzfeldt-Jakob disease）及牛海绵状脑病（疯牛病）均是由这种感染物引起的脑组织海绵状病变造成的，而且患疯牛病的牛被人吃了后可患上变种克 - 雅病。库鲁病（Kuru disease）也是新几内亚岛上原始部落居民食用患病人大脑等感染的。

朊病毒的病原体是 PrP^{Sc}，是由神经组织内 PrP^{C} 蛋白变构异常导致的。PrP^{C} 蛋白存在于神经元、神经胶质细胞和淋巴细胞表面，是一种膜糖蛋白，其编码的基因在人 20 号染色体、小鼠 2 号染色体上。PrP^{Sc} 蛋白在构象上与 PrP^{C} 不同之处在于 α 螺旋减少而 β 折叠增加，对蛋白质水解酶有很强的抗性和高热稳定性，紫外线和电离辐射也不能使其失活。

朊病毒的增殖方式是通过 1 个分子 PrP^{Sc} 蛋白与 PrP^{C} 蛋白结合成二聚体后，将后者构象转变为 PrP^{Sc}，2 个 PrP^{Sc} 分子再变成 4 个，如此倍增，类似分子伴侣的作用或构象转变模板。当 PrP^{Sc} 分子积累到一定浓度的时候就损伤神经元发病。这种增殖不通过基因过度表达，也不是翻译量增加，而是由于正常分子构象转变造成的。研究认为包括阿尔茨海默病都是蛋白质构象异常转变导致的。

2003 年，Mallucci 研究发现敲除小鼠 *PrP* 基因，PrP^{C} 蛋白不表达，这种基因敲除老鼠受朊病毒感染后不发生中枢神经病变。也有实验发现利用仓鼠的 PrP^{Sc} 不能使正常小鼠感染朊病毒疾病。临床上采取攻击 PrP^{C} 分子的治疗手段获得了抑制朊病毒疾病的疗效。

自 Prusiner 在动物中发现朊病毒并首次命名后，1994 年 Wickner 在酵母细胞质中发现了朊病毒 URE3 和 PSI+，但它们通常不会对宿主产生伤害，只是改变了代谢状态。2016 年，Susan Lindquist 在植物中发现了朊病毒，研究显示植物中的朊病毒 LD 参与植物过冬的机制，阻遏开花基因表达。2017 年，Andy H. Yuan 发现细菌中的朊病毒，肉毒梭菌的转录终止子可形成朊病毒。2019 年，许晓东历经 10 年研究，证实病毒中存在朊病毒 LEF-10。

四、病毒与细胞起源

关于病毒起源的看法有多种，不同科学家提出了三个学派观点：病毒为细胞祖先假说、病毒起源于细胞假说和同步起源假说，详见【二维码】。

二维码

最初按照进化论——生物进化多数是从简单到复杂的观点，人们曾依据病毒的结构明显比细胞简单，认为病毒处于非生物与生物的过渡位置。在结构上，衣原体等最简单的细胞比最复杂的病毒更复杂，病毒也许是化学大分子到原始细胞之间的过渡。

然而所有的病毒都以侵入寄生的方式才能复制自己的后代，因此在生物进化过程中，这类感染体的出现可能晚于细胞。如果没有寄主的存在，怎能先产生寄生者呢？这类学派认为只有先产生了细胞，然后因为某些进化事件的出现而产生了寄生性的生命形态病毒。目前主要有两种假说，分别为退行性起源假说和内源性起源假说。

退行性起源假说认为病毒是高级微生物的退行性生命物质。这种假说提出的依据是在细菌与病毒之间存在比细菌小且更原始、只能在细胞内寄生的中间形式的生命形态——立克次氏体和衣原体。如果存在寄生性演化惯性，这些中间过渡态的寄生生命进一步“精简”基因组，到完全丢失核糖体（细胞缩小到极限，要独立执行“中心法则”的最基本细胞器）的时候，完全依赖寄主的病毒就产生了。因此他们认为病毒的起源过程为：细菌→类似立克次氏体的生物→类似衣原体的生物→病毒。

内源性起源假说认为，病毒起源于正常细胞的核酸片段“逃逸”，因偶然原因从细胞内脱离出来而演化为病毒。支持此种假说的学者提出了以下相关证据：质粒属于细胞的一部分，但它可以脱离细胞，并在细胞间传递。病毒与质粒的生物学属性非常相似，即可认为都是细胞内寄生、水平传播和垂直遗传等。生物信息学研究也发现，细胞的原癌基因与一些病毒的癌基因在序列上高度同源，这似乎支持病毒产生于细胞中类质粒逃逸的观点。

到底是细胞起源于病毒，还是病毒起源于细胞？这种谁先谁后的问题曾经占据了主流学术界。随着 RNA 可能是生命起源核心观点的兴起，生命起源研究领域的逐步发展，研究者设计了一些验证试验并发现了一些新的与生命产生有关的现象。例如，原始类生体自组织生长现象及 RNA 酶的发现。RNA 酶的发现及相关研究使得更多的学者相信早期生命的核心是 RNA 而不是 DNA。自组织系统化学竞争性观点提出，可能有一种原始 tRNA 担负早期的翻译任务，这个过程诞生了中心法则中 RNA 至蛋白质的信息流向。这派学者提出细胞和病毒同步起源于“准代谢脂质体”与“RNA 同源复合体”之间的生存竞争和协同演化作用，“原始生命汤”中的生物大分子协同竞争性组织现象演化出原始病毒与原始类生体。原始病毒在复杂团聚体与蛋白质 -RNA 自组织体系中开始了复制最初 RNA 的遗传信息和翻译最初蛋白的过程，这里 mRNA 和 tRNA 在一个没有核糖体结构的生命汤中发生着自组织化学反应，形成了不依赖于细胞的原始病毒生活史。在漫长的进化过程中，一些团聚体中部分基因出现了将 RNA 储存为 DNA 信息的化学演化，从而中心法则信息流向逐步出现在原始生命诞生的化学演化过程中。这些代谢团聚体中的一部分诞生了核糖体这种高效细胞器，其遗传体系有效整合了核糖体基因体系，从而完善了随着温度降低与海洋中日渐匮乏的化学底物所带来的生存压力。这种整合了核糖体基因体系的存活机制，成为最初的细胞。而原始病毒则仅仅依靠其侵入代谢脂质体和最初的原始细胞并利用现成翻译体系就能复制，最终代谢脂质体灭绝，原始病毒没有整合核糖体基因组，留下来的就是入侵与整合到原始细胞的基因组。适应于这种代谢脂质体日渐稀少和原始细胞相对比例占据优势的环境改变，原始病毒随之进化出寄生于细胞的本领。原始地球环境中代谢脂质体消失，而细胞内环境优越，病毒在生存压力下对细胞具有了专一的寄生性。这个过程其实是倾向于同步演化假说、对病毒与细胞演化体系的一种猜想。到目前为止，人类对病毒与细胞在起源与进化上的关系处于理论推测的时期，化学演化到生命演化的过程的研究是一个多学科交叉的边缘科学，需要综合各种新的理论与新的视角。这个研究热点领域在可预见的将来要规划相应验证试验去证实各种假说中的某些关键步骤。解决细胞与病毒起源关系的谜题，是科学界正在努力的方向。

思 考 题

1. 如何理解细胞是生命活动的基本单位？

2. 细胞中各类生物分子具有哪些生物学功能？酶在细胞中的时空区室化有何特点？

3. 比较真细菌、古细菌和真核三类细胞类型有何结构特点？

4. 分析比较蓝藻细胞与高等植物叶绿体的亚显微结构，评估哪些特征支持进化论？

5. 在某个地方找到了一种新的生物，未知其是细菌生物、古核生物还是真核生物，请设计你的研究思路和计划采用的技术手段，如何从细胞生物学结构功能角度开展研究？

6. 分析不同病毒与细胞起源关系的假说，各假说都有哪些支持证据？

本章核心概念及更多布鲁姆学习目标层次习题见【二维码】。

二维码

本章知识脉络导图

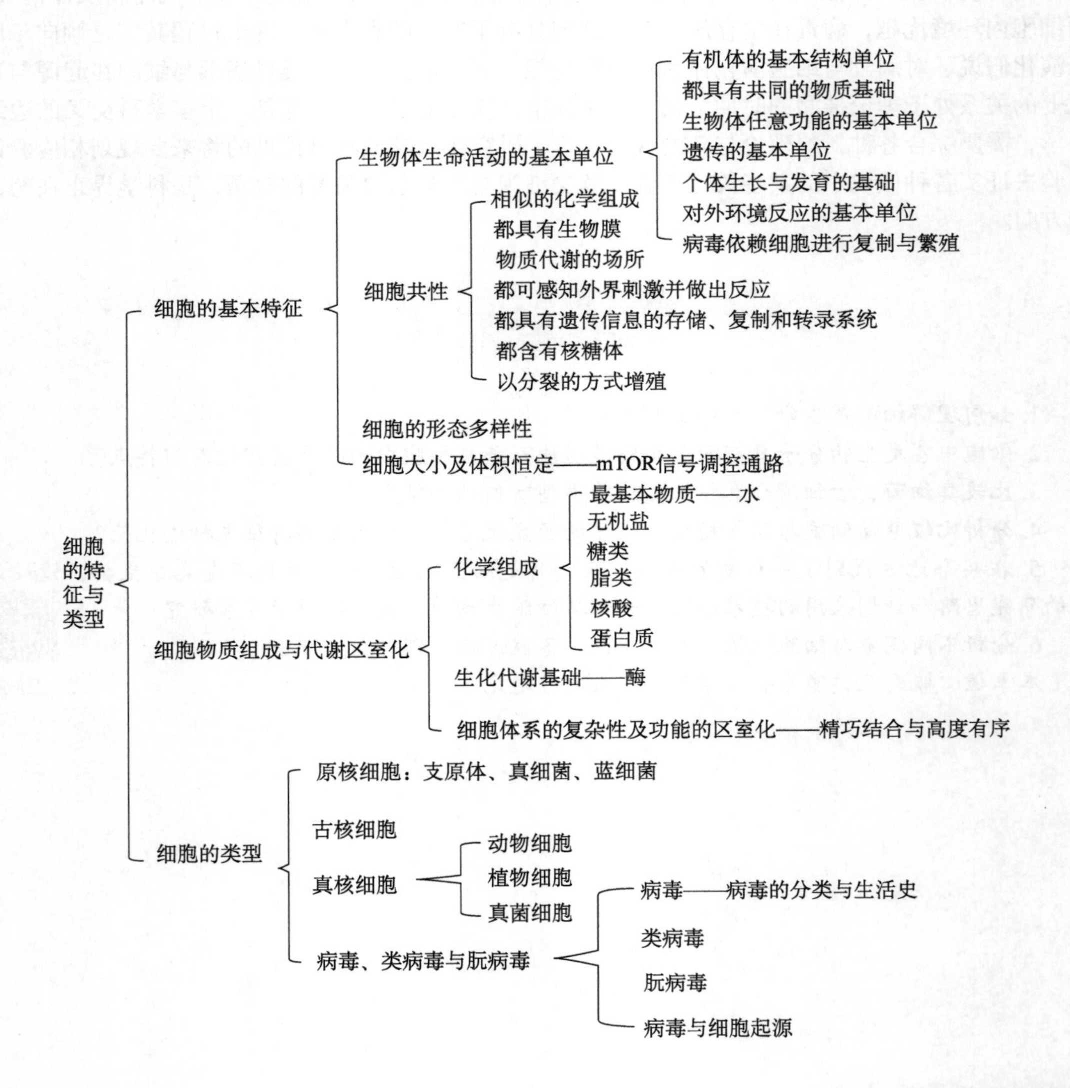

（巴巧瑞，李绍军）

第三章　细胞生物学研究方法

科学的进步离不开技术的革新，没有显微镜的发明，细胞就不可能被发现。细胞生物学的诞生与发展建立在科学技术的不断革新之上，所有应用于研究细胞生物学问题的方法都可以被称作细胞生物学研究方法。随着学科的融合和研究的不断深入，生物学主要学科如生物化学、分子生物学、遗传学等与细胞生物学之间的联系越来越紧密，彼此交叉融合，因此各学科在实验方法与技术上表现出很大的共通性。本章选取一些代表性的细胞生物学研究方法与技术，着重介绍其工作原理与应用范围，以加深对细胞学科的理解并为后续开展相关研究奠定基础。

第一节　细胞形态与结构研究方法

由于肉眼的局限性，大部分细胞必须借助显微镜才能被观察到。显微技术是细胞生物学最基本的研究技术，主要包括光学显微技术、电子显微技术和电子探针技术等。

普通光学显微镜利用光线照明，将微小物体放大成像，成像能力是由其分辨率决定的。分辨率（resolution）是指人眼或器材能区分开两个质点间细小差别的能力，通常用能区分的最小距离来表示，距离越小，则意味着其分辨本领越高。人眼的分辨率为 0.1～0.2 mm，光学显微镜的分辨率能达到 0.2 μm，而电子显微镜和其他超高分辨显微镜的分辨率可达 0.1～0.2 nm。各种显微镜的分辨率见图 3-1。

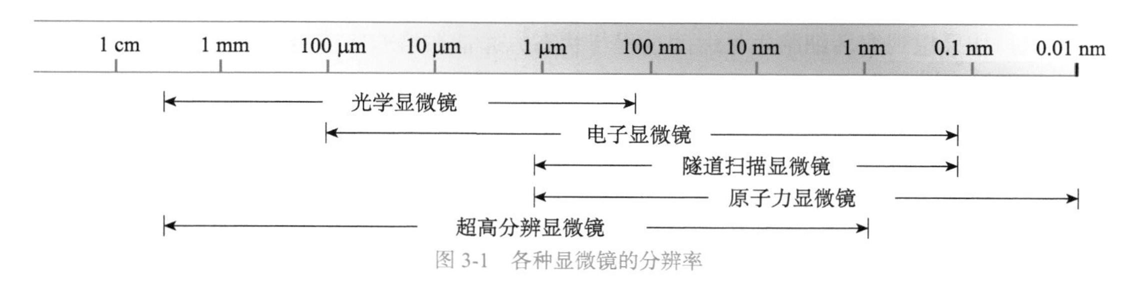

图 3-1　各种显微镜的分辨率

不同显微镜的成像原理是不同的。显微镜分辨率的大小由物镜的分辨力决定；物镜的分辨力又是由它的数值孔径和照明光线的波长决定的，可用下式计算：

$$D=\frac{0.61\lambda}{N\cdot\sin(\alpha/2)}$$

式中，D 为分辨率；λ 为入射光的波长；N 为介质的折射率（1 或 1.5）；α 为物镜的镜口角。不同介质的折射率不同，空气、水、香柏油和 α- 溴萘的折射率分别为 1、1.33、1.515 和 1.66。

根据公式，提高物镜的镜口率 $N \cdot \sin(\alpha/2)$，或者缩短光的波长 λ，都可以提高显微镜的分辨率。考虑到目前使用范围内物镜最大的镜口率约为 1.4，而可见光最短波长约为 0.4 μm，将其代入公式可知，普通光学显微镜的极限分辨率是 0.2 μm 左右。通常将光学显微镜下所见物体的结构称为显微结构（microscopic structure），在这种分辨率下，叶绿体、线粒体、中心体、核仁等亚细胞结构可以被观察到。一般来说，一定波长的射线不能用以探查比它本身波长短得多的结构细节，这是一般显微镜的一个基本限度。对可见光来说，能清楚地分辨出相邻两点之间的最小间隔是 0.2 μm，称为分辨极限。无论怎样改善透镜，也不可能克服光波本身所造成的这种限制，所以尽管可以将图像放大，也不可能在光镜下看清楚比 0.2 μm 更细微的物体。但是最近发展起来的超高分辨显微镜，通过对标记分子物理原理、化学机制抑或是样品尺寸的研究和改造，成功地"越过"了这一衍射极限，使这些显微镜的分辨率最高可达 1 nm。

显微镜最终成像的大小与原物体大小的比值称为放大率（magnification），总放大率 = 物镜放大率 × 目镜放大率。放大率同样受分辨极限的限制，一般来说，光学显微镜的最大放大率只能是透镜的数值孔径的 1000 倍。由于透镜的数值孔径的范围是 1.0～1.4，所以光学显微镜在用空气作介质时最大放大倍数为 1000 倍，用油镜则为 1400 倍。

现将各种显微镜及相关显微技术分述如下。

一、光学显微镜

（一）普通复式光学显微镜

二维码

普通生物显微镜的原理是经物镜形成倒立实像，经目镜进一步放大成像，其成像原理及结构组成见【二维码】。这种最常见的显微镜用光源透射生物标本进行成像，也叫明场显微术（bright field），是细胞生物学研究最基本的研究工具。

制备光学显微镜样品时，根据材料对象标本（specimen）的不同特质，可采取不同的制备方法。对于较为硬实的细胞标本可用普通压片分散的方法，然而多数细胞需要通过石蜡切片技术制作标本进行观察。石蜡切片的制备程序一般包含：取材→固定→脱水→透明→包埋→切片→贴片→染色→透明→封片→观察等步骤。因为细胞通常是透明的，对生物材料样品标本一般需要染色后增大细胞内部结构反差，放置在载玻片上进行观察，通常见到的是死细胞。如果想观察活细胞生长运动过程与状态，通常在培养皿或培养板中无菌培养，放置在倒置显微镜下进行观察。

（二）荧光显微镜

荧光显微镜（fluorescence microscope）是运用滤光系统，以紫外线等短波光为光源照射被检物体，使之发生荧光，然后在显微镜下观察物体的形态及其所在位置的一种特殊光学显微镜。细胞中有些物质，如叶绿素等，受紫外线照射后可发荧光；另有一些物质本身虽不能发荧光，但如果用荧光染料或荧光抗体染色后，经紫外线照射也可发荧光，荧光显微镜可对这类物质进行定性和定量研究。

荧光显微镜是当前应用十分普遍的光学显微镜，具有以下几个特点：①检测光为荧光。荧光是分子由激发态回到基态时，由于电子跃迁而由被激发分子发射的光。荧光比激发光波长长，单物质分子荧光波长单一，可在特定波长下检测。②激发光是紫外光或特定波长短波光，波长较短，用于激发荧光分子发出荧光。光源不直接照明，通常为落射式，即光源通过物镜投射于样品上。③需特殊的滤色镜。荧光显微镜有三个特殊的滤光片，光源前的激发光滤光片用以滤除其他波长的光获得特定波长激发光；落射式荧光显微镜中还有二向色镜，让激发光反射并落射到标本上，而荧光可以穿透进入目镜；目镜和二向色镜之间的是荧光滤光片，用于过滤获得所需波段荧光，滤除杂光。

荧光显微镜的用途十分广泛，可以在光学显微镜水平进行特异蛋白质等生物大分子的定性、定位分析，常用于免疫荧光观察、基因定位、疾病诊断等。使用荧光显微镜需要利用荧光物质能在激发光（如紫外线）下产生荧光的特性。在细胞中，叶绿素和木质素可以自发荧光，因此可以在荧光显微镜下观察到叶绿体和细胞壁。但是细胞内的绝大多数物质如蛋白质、核酸、脂肪等往往不能自发荧光，因此利用荧光显微镜在对这些物质进行定性、定位时，往往采用次生荧光，即利用荧光染料或荧光蛋白等标记这些物质，然后在荧光显微镜下观察。荧光显微镜的成像原理及其应用举例见图 3-2，可用于活细胞观察及动态追踪。

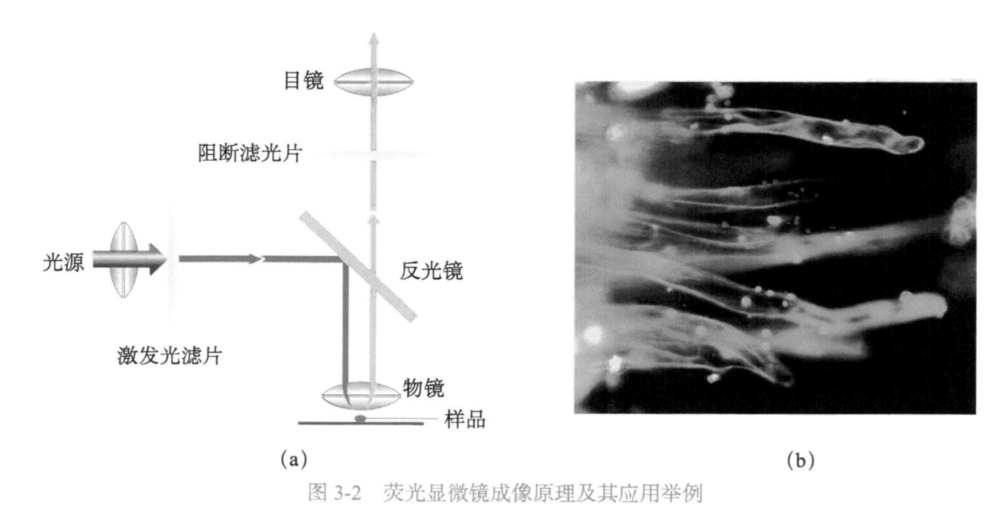

图 3-2　荧光显微镜成像原理及其应用举例

（a）荧光显微镜的成像原理；（b）表达绿色荧光蛋白和红色荧光蛋白的苜蓿中华根瘤菌吸附至转基因蒺藜苜蓿（表达绿色荧光蛋白 :: 踝蛋白融合蛋白，其标记微丝构成的细胞骨架）的根毛上，注意根毛受细菌结瘤因子（一种脂质几丁寡糖）的影响已显示畸形，结瘤因子在转录激活因子 Nod D（一种蛋白转录因子，受类黄酮调控）调控下合成

（三）激光扫描共聚焦显微镜

1951 年，Marvin Minsky 发明了共聚焦显微镜，后来人们发展成熟了激光扫描共聚焦显微镜（laser scanning confocal microscope，LSCM），这项技术运用激光、电子等距控制、计算机摄像图像处理等手段并与荧光显微镜结合，在分子细胞生物学领域的应用十分广泛，已经成为生物、医学研究的必备工具。激光扫描共聚焦显微镜可用于观察活体组织如胚胎、大脑皮层内微循环及细胞内复杂网络如内质网膜系统、细胞骨架系统的三维结构等。激光扫描共聚焦显微镜用激光作扫描光源，扫描的激光与荧光收集共用一个物镜，物镜的焦点即扫描激光的聚焦点，也是瞬时成像的物点，逐点、逐行、逐面快速扫描成像。由于激光束的波长较短，光束很细，所以激光扫描共聚焦显微镜有较高的分辨力，大约是普通光学显微镜的 3 倍。系统经一次调焦，扫描限制在样品的一个平面内，调焦深度不一样时，就可以获得样品不同深度层次的图像，这些图像信息都储于计算机内，通过计算机重新组合，就能显示细胞样品的立体结构，给出细胞内各部分之间的定量关系及各种结构线度。激光扫描共聚焦显微镜既可以用于活体观察细胞形态，

二维码

也可以用于细胞内生化成分的定量分析、光密度统计及细胞形态的定量，其成像原理及其应用见图 3-3。激光扫描共聚焦显微镜的特点见【二维码】。

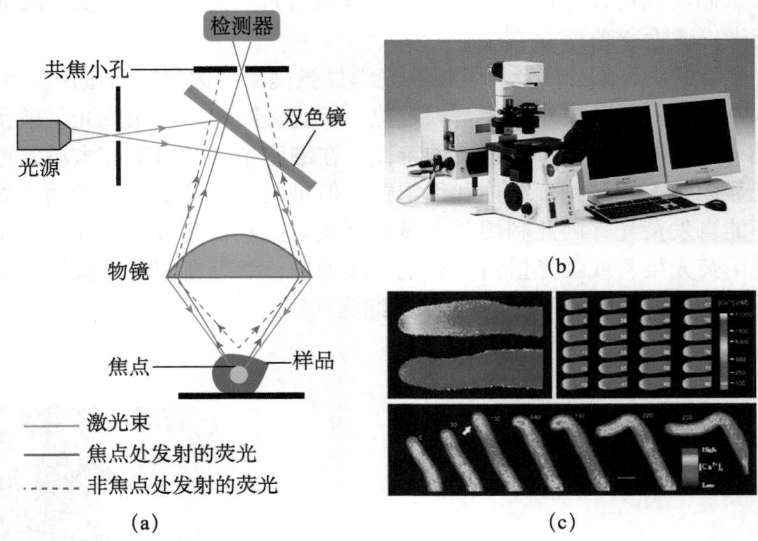

图 3-3　激光扫描共聚焦显微镜成像原理及其应用

（a）激光扫描共聚焦显微镜成像原理示意图；（b）激光扫描共聚焦显微镜实物图；（c）用激光扫描共聚焦显微镜研究钙离子浓度与花粉管生长之间的关系（引自 Franklin-Tong，1999）

二维码

激光扫描共聚焦显微镜在生物及医学成像、单分子探测、三维信息存储、微加工等领域得到了广泛的应用，具有广阔发展前景，到目前为止已经发展出诸如双光子激光共聚焦显微镜、多光子激光扫描共聚焦显微镜、转盘式激光共聚焦显微镜等多种类型。为实现对大尺度生物样品如完整胚胎、器官等的观察，人们还发展了光片荧光显微镜技术，详见【二维码】，从而将光毒性和光漂白效应降低几个数量级。

（四）荧光相关光谱分析仪

荧光相关光谱（fluoresence correlated spectroscopy，FCS）分析仪是实现荧光相关光谱技术的载体，该技术是单分子检测技术中最灵敏的方法，广泛应用于生物和化学等领域。FCS 在激光扫描共聚焦显微镜上增加了一些特殊的检测附件，使检测聚焦体积减小，然后利用分子布朗运动时产生的荧光信号涨落来研究荧光分子的动力学过程。其工作原理是激光源发出激光，然后由双色镜反射到一个高数值孔径的物镜上，汇集成一个非常小的焦区。由于聚焦体积很小（0.2 fl），只有个别或单个荧光分子存在，当荧光分子通过焦区时受激发后发出荧光，荧光通过物镜收集，被物镜收集后的荧光经过滤光镜继续运行到达透镜后被汇集。透镜内有针孔装置，收集激光去焦点附近的荧光，使同一时刻只能有一个荧光光子通过针孔，最后荧光分子经光纤传输到雪崩二极管，形成约为 33 ns 脉宽、3.3 V 电压的窄信号，通过上传数据到电脑，再通过相应软件进行分析和绘图。其成像原理及其应用如图 3-4 所示。

利用 FCS 技术，通过对荧光分子的自相关光谱分析，可以检测溶液或活体细胞组分中分子的浓度、大小和相互作用强弱。FCS 技术在检测细胞膜蛋白的分子动力学特征及寡聚化状态方面具有独到作用。

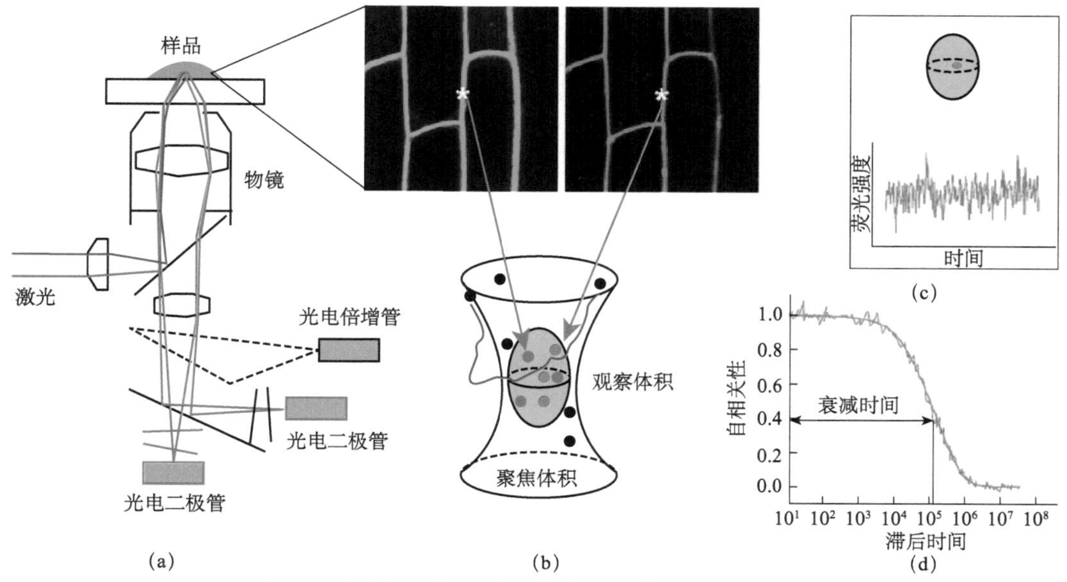

图 3-4　荧光相关光谱技术工作原理（引自 Li et al.，2016）

（a）荧光相关光谱（FCS）成像示意图；（b）FCS 在植物根细胞中的两种荧光图像（绿色为 eGFP 荧光蛋白，红色为 mCherry 荧光蛋白）；（c）单个荧光分子的荧光信号；（d）FCS 分析中荧光分子信号涨落的自相关曲线

（五）全内反射荧光显微镜

全内反射荧光显微术（total internal reflection fluorescence microscopy，TIRFM）是利用光线全反射后在介质另一面产生的隐失波激发样品，使样品表面数百纳米厚（200 nm 以下）薄层内的荧光团受到激发，再用高灵敏度和高时间分辨率的摄像机电荷耦合器件（CCD）来捕捉荧光并用计算机进行显像，从而实现对生物样品观测的一种新技术。因为激发光呈指数衰减的特性，只有极靠近全内反射面的样本区域才会产生荧光反射，大大降低了背景光噪声干扰观测标的，能帮助研究者获得高质量的成像和可靠的观测数据。TIRFM 的工作原理如图 3-5 所示，当调整入射光的角度时，光从一种介质到达另一种介质时，不会发生光的折射，而是在介质表面全部被反射，称为全内反射。隐失波的深度一般为 100～200 nm，这个时候，只有隐失波深度范围内的荧光分子团

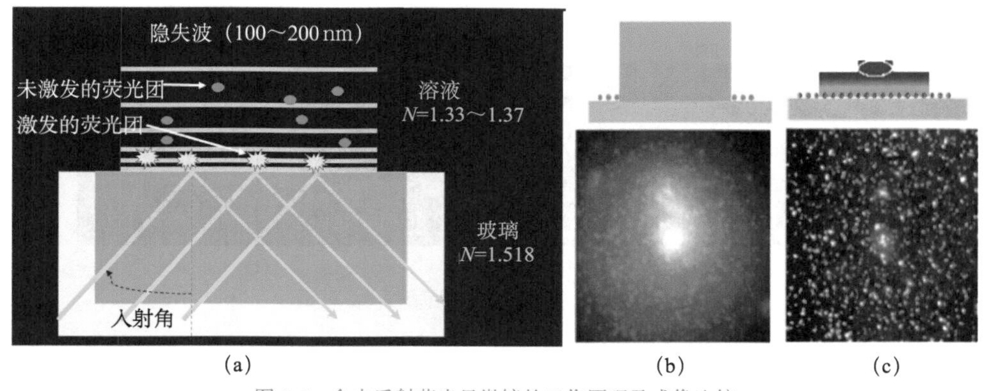

图 3-5　全内反射荧光显微镜的工作原理及成像比较

（a）TIRFM 的工作原理，*N* 为相对密度；（b）普通激光共聚焦显微镜下的成像结果；（c）TIRFM 的成像结果

被激发，释放出荧光，而没有焦平面之外的背景荧光，因此分辨率大幅提高。与一般共聚焦显微镜比较，降低背景噪声后 TIRFM 的成像效果要好得多。隐失波特点及 CCD 的优势使全内反射荧光显微镜具有高信噪比和高时间分辨率，在单分子的动态观测中具有很高的应用价值。

（六）超高分辨率显微镜

光学显微镜分辨率公式表明，光学显微系统的分辨率极限被限制在检测光波长的 0.6 倍左右，即 240 nm（可见光波长为 400～700 nm）。当两个无限小的点光源相距 200 nm 以内时，它们的点扩散函数（或称艾里斑）会有很大的重叠造成无法区分的现象，即达到了光学衍射极限。然而，这一曾经被认为是不可逾越的理论物理极限，在 2000～2006 年被相继出现的一系列超高分辨率显微技术“打破”了。例如，4Pi 显微技术、受激发射损耗（stimulated emission depletion，STED）显微术、基态损耗显微技术（ground state depletion microscopy，GSD）等，通过对标记分子物理原理、化学机制或样品尺寸的研究和改造，成功地“越过”了这一衍射极限，科学家得以用前所未有的视角观察奇妙的生物微观世界，并带来了令人瞩目的生物学研究成果。

通常来说，现有的超高分辨率显微技术分为两大类：第一大类是以 STED 和结构光照明显微术（structured illumination microscopy，SIM）为代表的基于数值孔径，运用“点扩散函数修饰”和“结构光照明”超分辨技术；第二大类是以随机光学重构显微术（stochastic optical reconstruction microscopy，STORM）和光激活定位显微术（photo-activated localization microscopy，PALM）为代表的“基于单分子荧光成像定位”的超分辨技术。当前几种主流超分辨技术的原理、应用情况及其具体发展趋势见【二维码】。

二维码

超分辨显微技术具有良好的三维解析能力、空间分辨能力和活细胞成像特点，因此在细胞结构的空间分布和分子相互作用、生物分子复合体的计量学和细胞结构的动态学方面具有重要应用，显示出强大的生命力。图 3-6 展示了几种超高分辨显微镜图像。

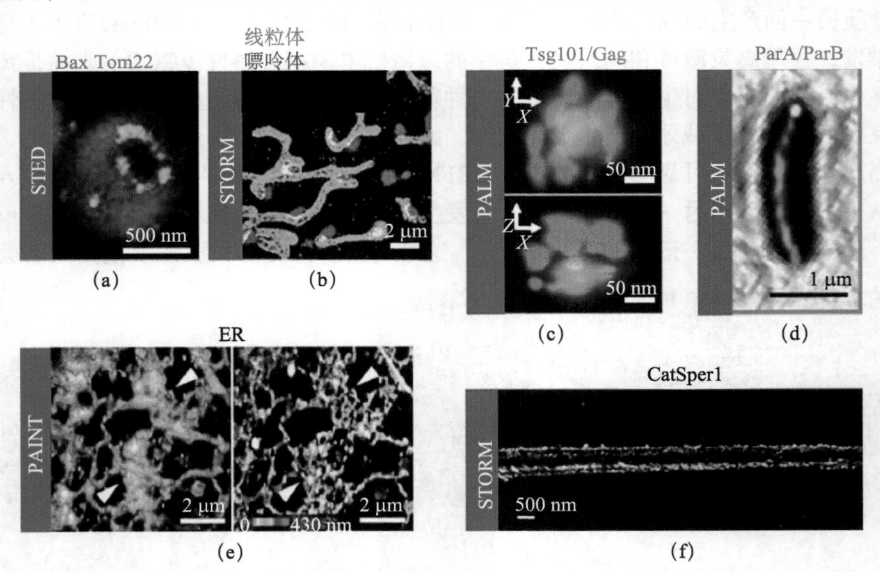

图 3-6 几种超高分辨显微技术用于解析细胞结构（引自 Sigal et al.，2018）

（a）STED 解析细胞死亡 mediator Bax 蛋白（绿色）的环状结构和线粒体 Tom22 通道（红色）的关系；（b）STORM 解析线粒体（绿色）和嘌呤体核心蛋白 FGAMS（紫色）的相互作用；（c）PALM 解析 ESCRT-I 亚基 Tsg101（绿色）和 HIV Gag 蛋白（红色）共定位；（d）PALM 解析细菌中 ParA（绿色）和 ParB（红色）蛋白的极性分布；（e）左图为栅格层状光显微术展示 PAINT 标记的内质网（ER），右图为三维 PAINT 图像；（f）3D-STORM 解析精子特有钙离子通道 CatSper1 的四通道三维结构超高分辨率显微成像技术的发展趋势是满足生物、材料和医学成像中三维、活体和快速成像的需求，即获得更高的空间分辨率和时间分辨率以满足研究更小尺度更快生物过程的要求，以及得到更大的成像深度以满足组织和个体的成像需求。掠入射 - 结构光照明显微成像技术（grazing incidence structured illumination microscopy，GI-SIM）的出现就是超高分辨显微技术发展的一个典型例子。2018 年中国科学院生物物理研究所李栋课题组与美国霍华德 · 休斯医学研究所 Eric Betzig 博士、Jennifer Lippincott-Schwartz 博士等在 *Cell* 杂志上详细介绍了一种观测细胞内动态过程的新技术——GI-SIM，该技术克服了全内反射荧光成像（TIRF）的成像深度局限，实现了快速（266 帧 /s）、超高分辨率（97 nm）、多色成像的活细胞超分辨成像，以及低光漂白、低光毒性的组合优势，因而非常适合于细胞内动态生命过程的研究。 目前 GI-SIM 是一种严格的 2D 技术，通过多数值孔径（numerical aperture，NA）激发，并辅以更多的原始图像数据，有可能实现对活细胞基底膜附近动态过程的 3D 解析。图 3-7 展示了 GI-SIM 在解析胞内细胞器动态中的强大功能，具有广泛的应用前景，为研究体外培养细胞，或者对组织边缘细胞内极为微小并且高度动态的相互作用过程，打开了一个新窗口，为解析细胞中细胞器（内质网、线粒体等）膜相互作用及微管功能的研究提供了新的洞见。【二维码】展示了几个基于 GI-SIM 技术的细胞器互作视频。

二维码

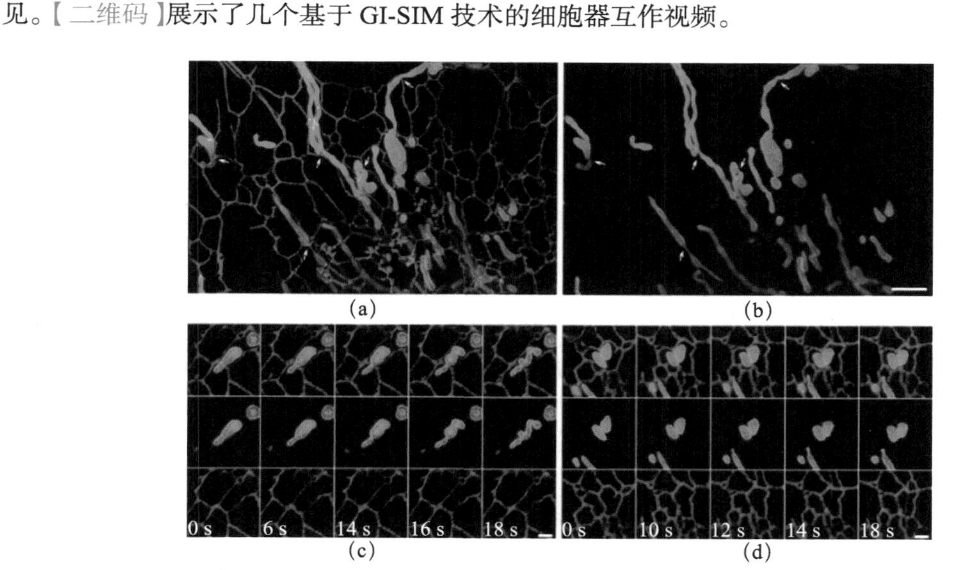

图 3-7　掠入射 - 结构光照明显微成像技术用于分析管状内质网与线粒体分裂与融合的联系

（引自 Guo et al.，2018）

（a）COS-7 活细胞中的线粒体（绿色）和内质网（紫色）紧密接触；（b）COS-7 活细胞中的线粒体；（c）内质网 - 线粒体接触点的典型线粒体分裂过程的延时图像；（d）内质网 - 线粒体接触点的典型线粒体融合过程的延时图像

二、电子显微镜

显微镜的分辨率主要受照明光线的波长限制，在可见光源下无法分辨小于 0.2 μm 的细微结构，即使改用紫外光源，也只能达到 0.1 μm。提高分辨率的最好办法就是缩短照明光源的波长，这只能用高能电子束实现。1932 年德国学者 Knolls 和 Ruska 发明了第一台透射电子显微镜，开拓了超微世界，发现了许多光镜下看不到的结构，如细胞膜、线粒体、细胞核、高尔基体、中心粒等细胞器。一般地，将在光学显微镜下观察不到而只能在电子显微镜下观察的结构称为亚显微结构（submicroscopic structure）或超微结构（ultramicroscopic structure）。

电子显微镜（electron microscope）是研究亚显微结构的主要工具。电镜和光学显微镜的成像原理不同，在总体结构的设计上有很大的差别，它是以电子束代替了光源，电磁透镜代替光学显微镜的聚光镜、物镜和目镜。电子束在不同的电压下有不同的波长，其波长比可见光短得多，所以电镜的分辨率要比光镜的分辨率高得多。光学显微镜与透射电子显微镜的基本区别见表 3-1。在种类上，电子显微镜可分为两大类：透射电子显微镜和扫描电子显微镜。这两类电子显微镜技术不仅推动了细胞生物学的发展，而且组合能谱技术、负染色技术、冷冻技术、晶体学技术对生物大分子结构的解析，推动了结构生物学的产生。

表 3-1　光学显微镜与透射电子显微镜的基本区别

显微镜	分辨率	光源	透镜	真空	成像原理
光学显微镜（LM）	200 nm	可见光（400～700 nm）	玻璃透镜	不要求真空	利用样品对光的吸收形成明暗反差和颜色变化
	100 nm	紫外光（约 200 nm）	玻璃透镜	不要求真空	利用样品对光的吸收形成明暗反差和颜色变化
透射电子显微镜（TEM）	0.2 nm	电子束（0.01～0.9 nm）	电磁透镜	真空 1.33×10^{-5}～1.33×10^{-3}Pa	利用样品对电子的透射、散射和反射形成明暗反差

（一）透射电子显微镜

透射电子显微镜（transmission electron microscope，TEM）主要是让电子束穿透样品而成像，最小分辨率可达 0.2 nm，放大倍数可达百万倍，用于观察细胞超微结构。TEM 摆脱了可见光波长的限制，以电子束作光源，电磁场作透镜。电子束的波长短，并且波长与加速电压（通常 50～120 kV）的平方根成反比。TEM 由电子照明系统、电磁透镜成像系统、真空系统、记录系统、电源系统 5 部分构成。在结构组成上，电子光学系统（镜筒）由照明系统、样品室、成像系统、观察窗和记录用的照相装置等组成；真空系统由机械泵和真空泵组成；电源系统由供电系统和高压稳压系统组成。目前世界上最大的超高压电镜是由日本电子株式会社制造的 JEM-ARM1300S。TEM 外观及工作原理见【二维码】。

二维码

TEM 的成像原理是以电子束作光源，电磁场作透镜。真空下阴极发射电子，栅极挤压成束，阳极加速，聚光镜会聚成极细的快速电子照射在样品上；由于电子透过样品的亮，而透不过的暗，于是形成黑白图像；该图像经物镜初放大，中间镜和投影镜的进一步放大，产生了电镜下的最终图像。由于电子束的穿透力很弱，用于电镜观察的样本需要制成厚度仅有 50 nm 的超薄切片，这种切片需要用超薄切片机（ultramicrotome）制作。

TEM 对样本有较高要求，制备较为复杂。一般而言，样品要通过戊二醛或锇酸固定，锇酸还有染色作用，也可用重金属（铀、铅）盐染色，乙醇与丙酮逐级脱水，渗透环氧树脂包埋、超薄切片机切片等过程，才能捞片上载到铜网，在真空样品室里经高压电子束轰击进行观察。TEM 下可观察到细胞内部的切面精细结构，如核膜、叶绿体、线粒体、高尔基体的内部截面结构等（图 3-8）。TEM 制样技术称为超薄切片技术（ultrathin section），以热膨胀或螺旋推进的方式切片获得半薄切片在光镜下观察，获得超薄切片在电镜下观察。

为了增加 TEM 图像的对比度及便于观察一些生物大分子和小颗粒结构，如病毒、细菌、线粒体、核糖体等的精细结构，TEM 样本切片可以经过负染（negative stainning）特别呈现。负染技术就是利用某些高电子密度的重金属盐包围样品，以便在电子致密的深背景下反衬出低电子致密样品结构。用重金属盐（如磷钨酸钠、乙酸双氧铀）对铺展在载网上的样品进行染色，使整个载网都铺上一层重金属盐，而有凸出颗粒的地方则没有染料沉积。由于电子密度高的重金属盐包埋了样品中低电子密度的背景，增强了背景散射电子的能力从而提高了图像的反差。这样，在图像中样品颗粒则透明光亮，轮廓清晰从而出现负染效果，分辨率可达 1.5 nm 左右。TEM 负染所得图像如图 3-9 所示。

在透射电子显微镜基础上，人们还发展了免疫电镜技术，以带免疫抗体分子的胶体金属颗粒增大细胞结构的反差，获得具体蛋白在亚细胞结构上的定位信息。

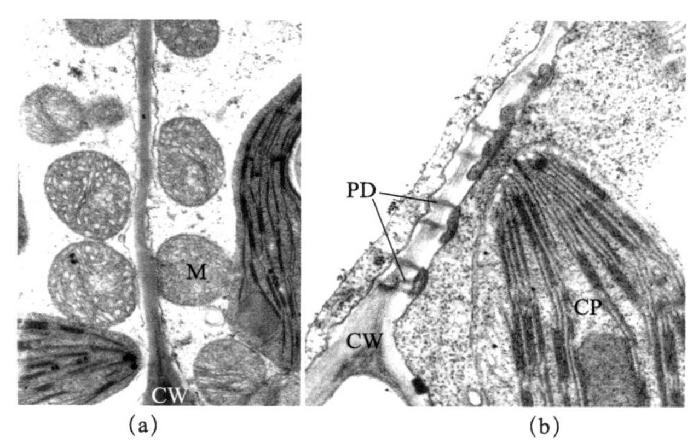

图 3-8　透射电子显微镜下获得的图像（姚雅琴教授提供）

（a）显示植物维管束鞘细胞中的线粒体；（b）显示植物鞘细胞和叶肉细胞间的胞间连丝。

M. 线粒体，CW. 细胞壁，CP. 叶绿体，PD. 胞间连丝

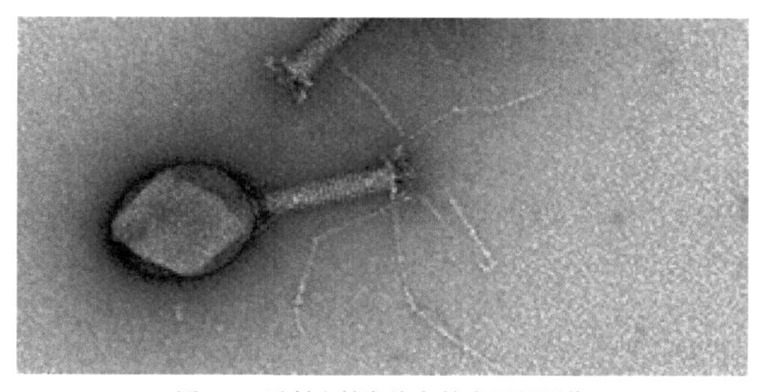

图 3-9　透射电镜负染色技术所得图像

（二）扫描电子显微镜

扫描电子显微镜（scanning electron microscope，SEM）是于 1965 年发明的细胞生物学研究工具，是一种微观立体形貌观察手段，可直接利用样品表面材料的物质性能进行微观成像，其分辨率可达 6～10 nm。SEM 原理是用一束极细的电子束扫描样品，在样品表面激发出次级电子、俄歇电子、X 射线等，获得参数与电子束入射角有关，反映了样品表面扫描点的结构。次级电子由探测器收集，并在那里转变为光信号，再经光电倍增管和放大器转变为电信号来控制荧光屏上电子束的强度，显示出与扫描电子束同步的扫描图像。图像为立体形象，反映了标本的表面结构。为了使标本表面发射出次级电子，标本在固定、脱水后，要喷涂上一层重金属和

二维码

碳微粒，重金属（通常为铜、金或铂）在电子束的轰击下发出次级电子信号。图 3-10 显示了 SEM 的工作原理及其观察到的水稻叶上下表皮的结构。现在已经发展起来了很多其他类型的扫描电子显微镜类型，如高分辨率扫描电子显微镜、场发射扫描电子显微镜、分析扫描电子显微镜和环境扫描电子显微镜等，以满足不同分析需要。扫描电子显微镜的制样过程与使用特点见【二维码】。

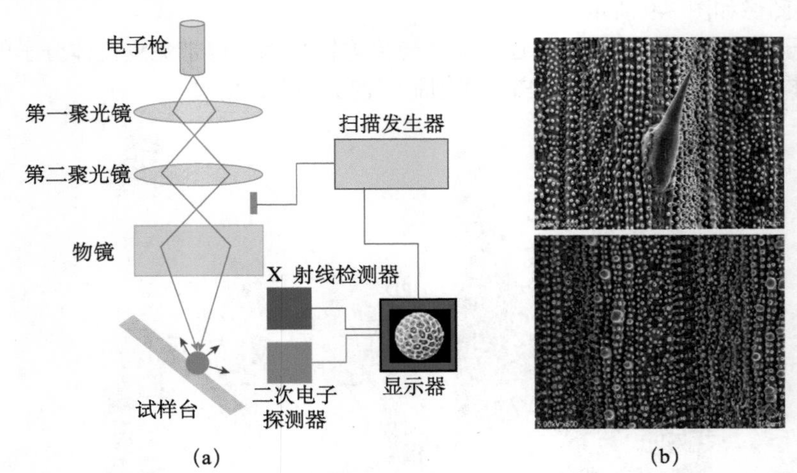

图 3-10　扫描电子显微镜的工作原理［(a)］及其观察到的水稻叶上下表皮的结构［(b)］

（三）结构生物学：电子显微镜三维重构技术和冷冻电子显微术

冷冻电子显微术（cryo-electronmicroscopy, Cryo-EM）是一种高分辨透射电子显微镜与含水样品快速冷冻制样（样品处于玻璃态）技术相结合所产生的一种新型生物样品观察技术。生物样品处于“天然状态”，利用相差成像，不需要固定染色，分辨率高，在三维重构技术辅助下可用于研究大分子复合物的结构。在低温下观察样品，一定程度上可以减少电子束对样品的损伤。其原理是利用电子显微镜对标本进行不同角度的观测，然后在计算机辅助下通过计算观测的数据得到样本的立体结构（模型）。近年来，Cryo-EM 方法结合三维重构技术在结构生物学领域发展迅速并正在取得重要突破。与 X 射线晶体学和核磁共振波谱学（NMR）等传统的测定蛋白质分子三维结构的方法相比较，Cryo-EM 具有诸多优势：第一，保持生物样品的活性和功能状态；第二，无须制备晶体，特别适合难以结晶的大分子及其复合物的三维结构的判定；第三，结合新型的电子显微镜、制样机器人等设备和技术，可以实现显微制样、数据收集、三维重构全过程的自动化或半自动化，为高通量、快速解析生物大分子及其复合物的三维结构打下了基础。图 3-11 显示了冷冻电子显微镜的成像原理、实物照片及结合三维重构技术完成的大分子结构图像。

鉴于冷冻电子显微镜技术在解析生物大分子和病毒颗粒等结构中显示出的强大生命力，三位科学家——瑞士洛桑大学的杜波切特（Jacques Dubochet）、美国哥伦比亚大学的弗兰克（Joachim Frank）和英国剑桥大学的亨德森（Richard Henderson）获得了 2017 年的诺贝尔化学奖，以表彰他们在“发展冷冻电子显微镜用于生物大分子高分辨结构解析”方面的贡献。冷冻电子显微镜技术在对物质细微结构与功能的分析上必将极大地推动生物医学的发展，其在应用上的特点见【二维码】。

二维码

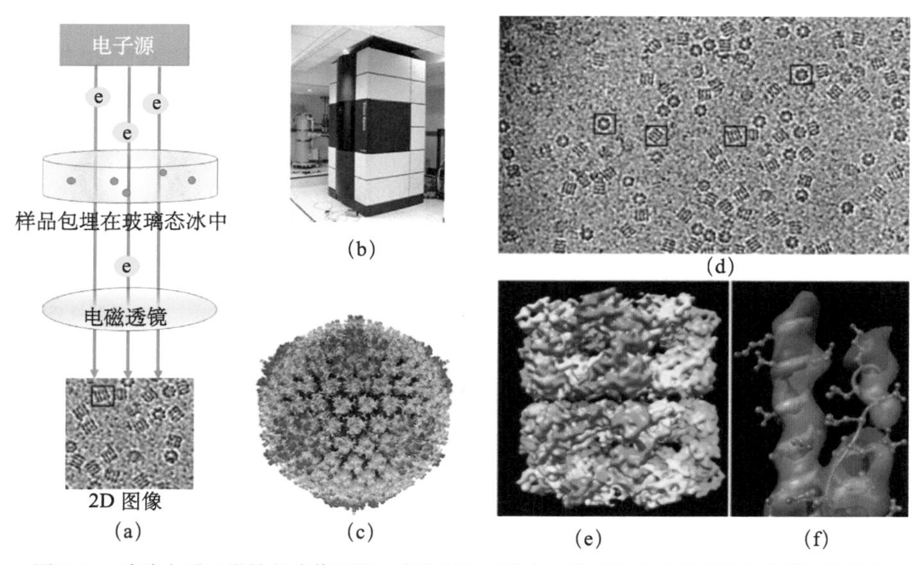

图 3-11 冷冻电子显微镜的成像原理、实物照片及结合三维重构技术完成的大分子结构图像

（a）冷冻电子显微镜成像原理；（b）冷冻电子显微镜实物图；（c）冷冻电子显微术与三维重构技术下的病毒粒子；（d）纯化的 GroEL 蛋白复合物的冷冻电子显微图像；（e）7 Å 分辨率下 CroEL 蛋白复合物的 3D 重构图像；（f）CroEL 蛋白多肽链中一个 α 螺旋结构的 X 射线衍射图像

三、电子探针显微镜

（一）扫描隧道显微镜

扫描隧道显微镜（scanning tunneling microscope，STM）是根据量子力学原理中的隧道效应而设计制造的，用来探测微观世界物质表面形貌的显微镜，由 IBM 公司瑞士苏黎世研究所的两位学者宾宁（Gerd Binning）和罗雷尔（Heinrich Rohrer）在 1981 年发明。STM 比一般电子显微镜的放大倍数高出数百倍，可用于研究物质表面原子级别的形貌结构，对生物学、物理学、化学等学科均具有重大推动作用，因此其发明获得了 1986 年的诺贝尔物理学奖。

隧道效应是指低电压下两个电极在足够接近（小于 100 nm）时，有一部分电子会穿过两电极之间空隙（存在势垒）形成电流，即隧道电流，电流的大小与两极间的距离有关。STM 的探针与样品表面的间距和隧道电流有十分灵敏的关系，当探针以设定的高度扫描样品表面时，由于表面的高低变化，探针和样品表面的间距时大时小，隧道电流值也随之改变。由探针在样品表面上来回扫描并记录在每一位置点上的隧道电流，便可得知样品表面原子排列的情形。电流强度与针尖和样品间的距离有函数关系，将扫描过程中电流的变化转换为图像，即可显示出原子水平的凹凸形态，因此 STM 是研究导电样品表面原子性质的有力工具（图 3-12）。扫描隧道显微镜是一种典型的电子探针显微镜，在探测物体结构方面具有独特的优势【二维码】。

二维码

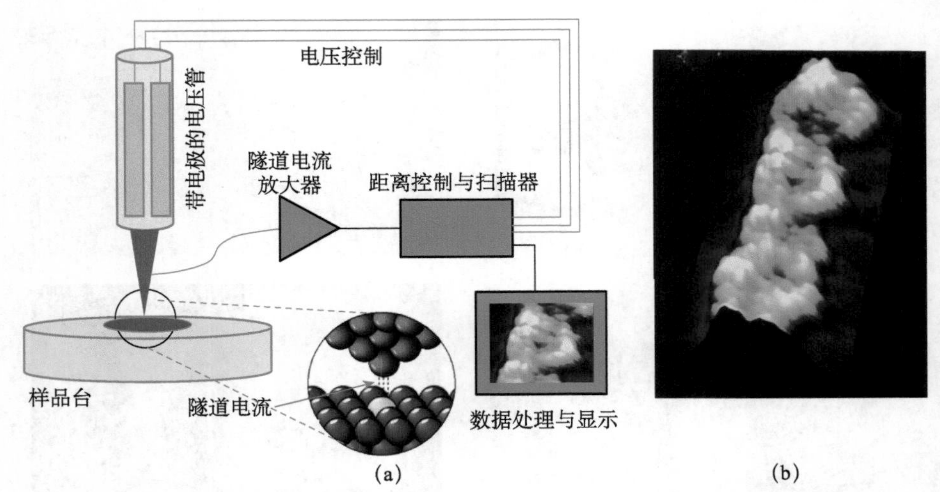

图 3-12　扫描隧道显微镜成像原理［(a)］及完成的 DNA 结构图像［(b)］

(二)原子力显微镜

原子力显微镜(atomic force microscope，AFM)也是一种探针扫描显微镜，分辨率可达 0.01 nm，是纳米水平研究的重要工具。AFM 探针上有一个激光反射面，探针受到作用力扭动变形时可被反射的激光探知。探针与样本表面足够接近时探针尖端原子与样本表面原子发生原子间作用力，作用力大小与原子间距离有关，探针发生相应的扭动弯曲，探针反射的激光信号反映标本表面结构。AFM 可探测绝缘材料表面结构，主要用于大分子、大分子复合体结构的探测(图 3-13)。

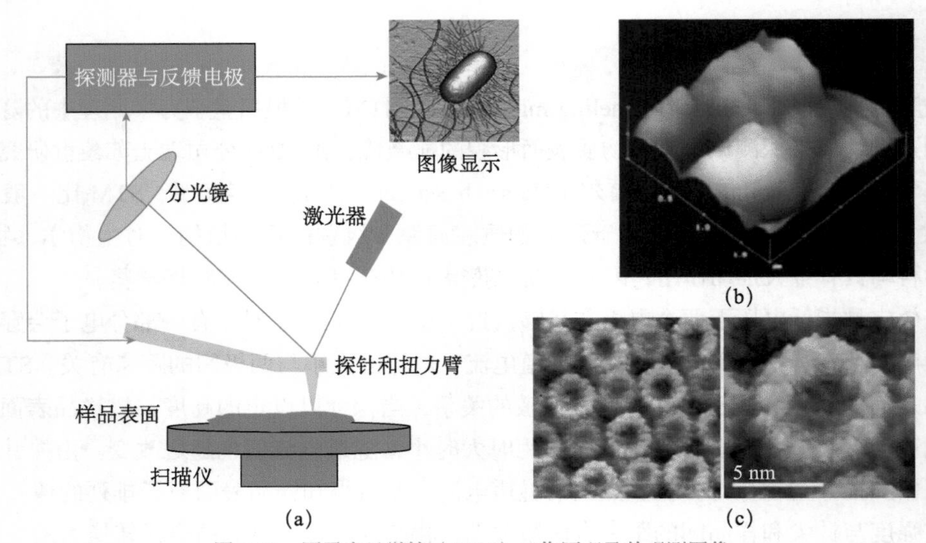

图 3-13　原子力显微镜(AFM)工作原理及其观测图像

(a) AFM 作用原理示意图；(b) AFM 观测的花粉萌发孔；(c) AFM 表征的植物叶绿体 ATP 合成酶复合体

原子力显微镜在应用上有很多优点。其分析样品不需要预处理，可获得原子水平三维形貌，可对生物样品进行力学、电学等物理化学特性的研究，因此原子力显微镜可应用于 DNA、RNA

和蛋白质结构的观察，可对细胞的运动和形态、细胞膜与病毒相互作用等进行原位高分辨率液态成像，也可对蛋白质或细胞间相互作用力、蛋白质折叠分子力、生物大分子对细胞表面抗原和细胞内反应分子力进行测试。作为一种单分子研究工具，AFM 也可用于切割 DNA、微管及其他小纤维并进行表面处理。

第二节　细胞及其组分的分离与分析方法

细胞组分的分级分离（cell fractionation）技术是研究细胞内细胞器和其他各种细胞组分的化学性质和功能的一种主要方法。细胞内各种结构的相对密度和大小等都不相同，在同一离心场内的沉降速度也不相同。根据这一原理，常用不同介质和不同转速进行离心，将细胞内各种组分分级分离出来，即细胞分级分离法，包括差速离心和密度梯度离心。细胞及其组分的分级分离和分析技术已得到广泛的应用，如研究亚细胞结构、各种物质代谢、追踪一些物质分子代谢途径和分布，以及物质分子定性和定量等。

一、超离心技术分离细胞组分

离心（centrifugation）是细胞及细胞器分离的最常用技术，是研究如细胞核、线粒体、高尔基体、溶酶体和微体及各种大分子的基本手段。一般认为，转速为 10 000～25 000r/min 的离心机称为高速离心机，转速超过 25 000r/min、离心力大于 89 000*g* 的，称为超速离心机。目前超速离心机的最高转速可达 100 000r/min，离心力超过 500 000*g*。利用多种方法使细胞崩解，形成细胞器和细胞组分的混合匀浆，再通过离心，将各种亚细胞组分和各种颗粒分开。

（一）差速离心

差速离心（differential centrifugation）是将细胞匀浆在密度均一的介质中从低速到高速离心，较大颗粒先在低速离心时沉淀，再用高速离心沉淀上清液中的小颗粒物质，从而达到逐级分离细胞器的目的。一般而言，差速离心只用于分离大小悬殊的细胞，更多地用于分离细胞器。通过差速离心可将细胞器初步分离，常需进一步通过密度梯度离心再行分离纯化。在差速离心中细胞器沉降的先后顺序依次为细胞核、线粒体、溶酶体与过氧化物酶体、内质网与高尔基体，最后为核蛋白体。具体过程参见图 3-14。

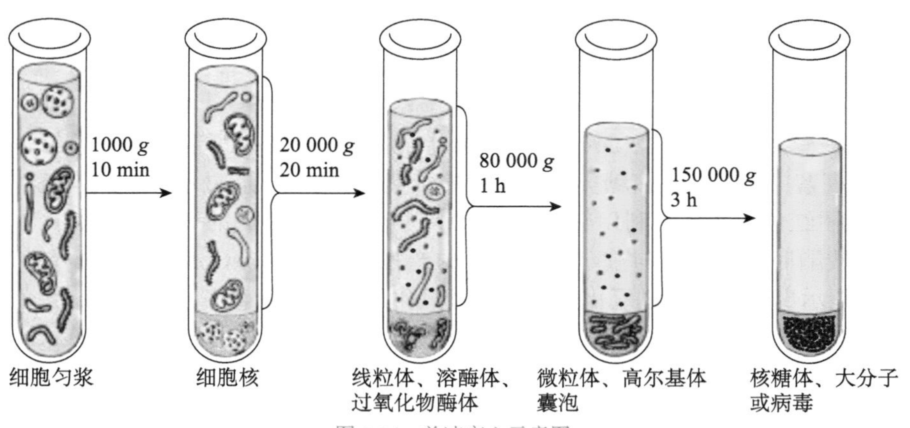

图 3-14　差速离心示意图

（二）密度梯度离心

密度梯度离心（density gradient centrifugation）是用一定的介质在离心管内形成连续或不连续的密度梯度，将细胞混悬液或匀浆置于介质的顶部，通过重力或离心力场的作用使细胞分层、分离。密度梯度离心常用的介质为氯化铯、蔗糖和多聚蔗糖等。如图 3-15 所示，在蔗糖密度梯度介质中，通过由低速到高速逐级离心，可分离大小不同的细胞器或其他细胞组分。由于各种细胞器在大小和密度上相互重叠，而且某些慢沉降颗粒常常被快沉降颗粒裹到沉淀块中，一般重复 2～3 次效果会好一些。分离活细胞时，对分离介质有特殊要求：第一，能产生密度梯度，且密度高时，黏度不高；第二，pH 中性或易调为中性；第三，浓度大时渗透压不大；第四，对细胞无毒性。

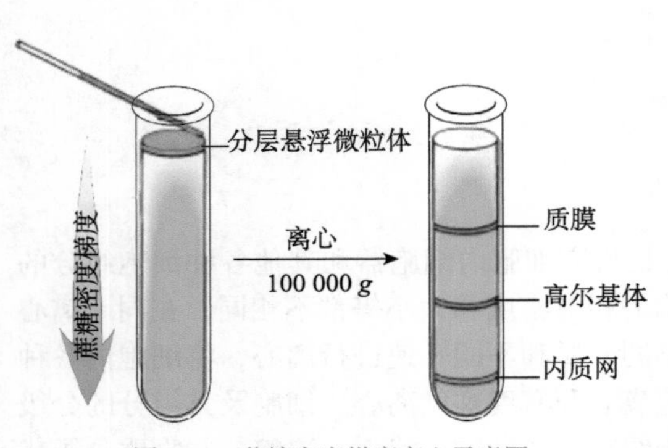

图 3-15　蔗糖密度梯度离心示意图

密度梯度离心又可分为速度沉降和等密度沉降两种。速度沉降（velocity sedimentation）主要用于分离密度相近而大小不等的细胞或细胞器，生物颗粒（细胞或细胞器）在十分平缓的密度梯度介质中按各自的沉降系数以不同的速度沉降而达到分离。这种沉降方法所采用的介质密度较低，介质的最大密度应小于被分离生物颗粒的最小密度。等密度沉降（isopycnic sedimentation）适用于分离密度不等的颗粒。细胞或细胞器在连续梯度的介质中经足够大离心力和足够长时间时则沉降或漂浮到与自身密度相等的介质处，并停留在那里达到平衡，从而将不同密度的细胞或细胞器分离。等密度沉降通常在较高密度的介质中进行，介质的最高密度应大于被分离组分的最大密度，而且介质的梯度要求较高的陡度，不能太平缓。再者，这种方法所需要的力场通常比速率沉降法大 10～100 倍，故往往需要高速或超速离心，离心时间也较长。但是大的离心力、长的离心时间都对细胞不利。大细胞比小细胞更易受高离心力的损伤，而且停留在等密度介质中的细胞比处在移动中的细胞受到更大的损伤。因此，这种方法适于分离细胞器，而不太适于分离和纯化细胞。

二、细胞成分的细胞化学显示

细胞原位成分分析是指利用一些显色剂与所检物质的特殊基团特异性结合的特征，通过染色反应的部位和颜色的深浅来推断某种物质在细胞内的分布与含量。细胞内核酸、蛋白质、酶、糖类、脂类等物质，与不同显色剂反应可以显示不同的颜色，从而可以通过颜色来判断其含量和分布。例如，细胞核（含 DNA）可以通过福尔根（Feulgen）反应显示紫红色，蛋白质可以被考马斯亮蓝染成蓝色，多糖类通过过碘酸希夫（PAS）反应显示粉红或紫色，脂肪可以用苏丹Ⅲ染成橘红色。此外，利用细胞化学显示法还可以分析酶的活性。例如，磷酸酶分解磷酸酯底物后，其与重金属盐反应的产物最终会生成 CoS 或 PbS 等有色沉淀，从而显示出酶活性；过氧化氢酶分解过氧化氢，产生新生氧，后者再将无色联苯胺氧化成联苯胺蓝，进而变成棕色化合物。几种细胞组分的细胞化学显示结果见【二维码】。

二维码

三、细胞内特异蛋白抗原的定位与定性

免疫学的发展为细胞内蛋白质的定位和定性研究提供了重要手段。免疫细胞化学（immunocytochemistry）是根据免疫学原理，利用抗体同特定抗原专一结合，对抗原进行定位测定的技术。抗原主要为大分子如蛋白质或与大分子相结合的小分子；抗体则是由浆细胞针对特定的抗原分泌的 γ 球蛋白。如果将抗体结合上标记物，再与组织中的抗原发生反应，即可在光学显微镜或电子显微镜下显示出该抗原存在于组织中的部位。有酶标免疫法、免疫印迹、免疫荧光和免疫电镜等，其中免疫荧光技术和免疫电镜技术是最重要的两种进行细胞内特异抗原定位和定性的分析方法。

（一）免疫荧光技术

免疫荧光技术（immunofluorescent technique）是指荧光素与抗体共价结合而进行细胞内蛋白质定位与定性分析的技术。常用的荧光素有异硫氰酸荧光素（fluorescein isothiocyanate）、罗丹明（rhodamine）等。抗体与抗原的结合方法可分为直接法和间接法两种，直接法是将带有标记的抗体与抗原反应，显示出抗原存在的部位。而间接法则是在抗体抗原初级反应的基础上，再用带标记的次级抗体同初级抗体反应，从而使初级反应得到放大，显示增强。图 3-16 显示了直接免疫和间接免疫荧光标记技术原理。

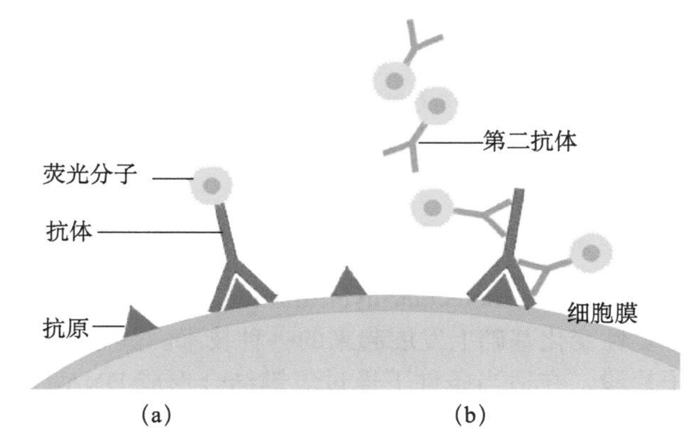

图 3-16　直接免疫［(a)］和间接免疫［(b)］荧光标记技术原理

（二）免疫电镜技术

免疫电镜技术（immunoelectron microscopy，IEM）是在免疫组织化学的基础上发展起来的，它是利用抗原与抗体特异性结合的原理，在超微结构水平上定位、定性及半定量抗原的技术方法。该技术是将样品进行特殊标记以增强反差，从而进行亚细胞结构和分子的定位，其分辨率高，能够精确定位各种抗原的存在部位，为研究细胞结构与功能的关系及其在生理、病理情况下所发生的变化提供了有效手段。免疫电镜技术根据标记方法不同分为免疫铁蛋白技术、免疫酶标技术和免疫胶体金技术等。

免疫胶体金技术是目前应用最广的免疫电镜技术。该技术是将胶体金作为抗体的标记物，用于细胞表面和细胞内多种抗原的精确定位。胶体金是直径 1～100 μm 的金颗粒分散在水中形成的金溶胶。其特点是特异性强、容易识别、分辨率高。胶体金在弱碱性环境中带负电，能与抗体（蛋白质分子）正电荷基团结合，从而将抗体标记。金标记抗体与抗原反应时，在光学显微镜下胶体金液呈现鲜艳的樱红色，不需要另外进行染色；在电子显微镜水平，金颗粒具有很高的电子密度，清晰可辨。图 3-17 显示了免疫胶体金结构及运用免疫胶体金电镜技术显示玉米 Rubisco 定位于维管束鞘细胞叶绿体间质区域。

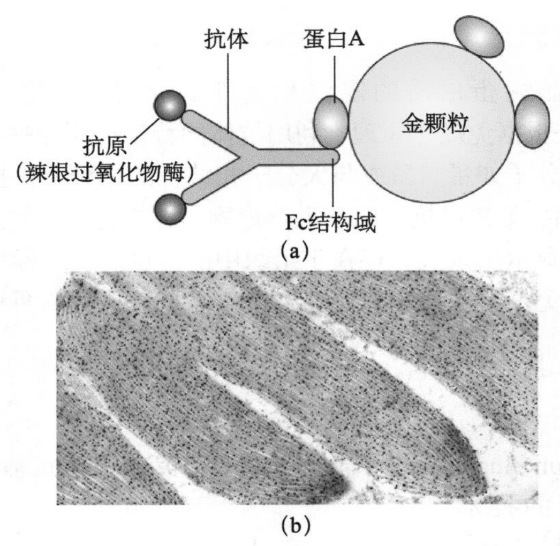

(b)

图 3-17　免疫胶体金技术

（a）免疫胶体金结构示意图；（b）免疫胶体金电镜技术显示玉米 Rubisco 定位于维管束鞘细胞叶绿体间质区域（姚雅琴教授提供）

四、细胞内特异核酸的定位与定性

分子杂交（molecular hybridization）是研究细胞内核酸定位与定性的重要方法，是在 DNA 分子复性变化基础上发展起来的一种技术。其原理是，具有互补核苷酸序列的两条单链核苷酸分子片段，在适当条件下通过氢键结合形成 DNA-DNA、DNA-RNA 或 RNA-RNA 杂交的双链分子，用以测定单链分子核苷酸序列间是否具有互补关系。主要包括 Southern 杂交技术（Southern blotting）和原位杂交技术（*in situ* hybridization）。Southern 杂交的原理见【二维码】。现在最广泛应用的分子杂交技术是荧光原位杂交（fluorescence *in situ* hybridization，FISH）技术，常用生物素或地高辛标记。

二维码

FISH 是在 20 世纪 80 年代末在放射性原位杂交技术基础上发展起来的一种非放射性分子细胞遗传技术，以荧光标记取代同位素标记而形成的一种新的原位杂交方法。其基本原理是将 DNA（或 RNA）探针用特殊的核苷酸分子标记，然后将探针直接杂交到染色体或 DNA 纤维切片上，再用与荧光素分子偶联的单克隆抗体与探针分子特异性结合来检测 DNA 序列在染色体或 DNA 纤维切片上的定性、定位和相对定量分析。FISH 具有安全、快速、灵敏度高、探针能长期保存、能同时显示多种颜色等优点，不但能显示中期分裂相，还能显示间期核。同时，在荧光原位杂交基础上又发展出了多彩色荧光原位杂交和染色质纤维荧光原位杂交等技术。图 3-18 显示运用荧光原位杂交技术研究基因在染色体的定位。

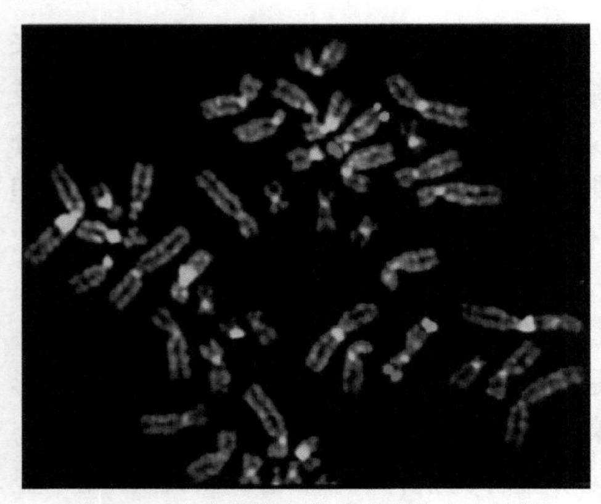

图 3-18　人中期染色体荧光原位杂交结果

探针分别针对位于 5 号染色体短臂上的端粒酶基因（红色），以及 5 号染色体长臂上的透明质酸 - 蛋白聚糖连接蛋白 1 基因（绿色）

五、定量细胞化学分析与细胞分选技术

流式细胞术（flow cytometer，FCM），也称为荧光激活细胞分选法（fluorescence activated cell sorting，FACS），是利用流式细胞仪对处在快速、直线、流动状态中的单细胞或者生物颗粒进行多参数、快速定量分析，同时对特定群体加以分选的现代细胞分析技术。FCM 是当前最主要的用于细胞内核酸、蛋白质和染色体及组织细胞等进行定量、分离和分选的技术，主要操作由流式细胞仪来进行，主要功能是检测细胞特异核酸和蛋白质、细胞计数和细胞分离，可以对单个细胞进行快速定量分析与分选，定量测定细胞中的 DNA、RNA 或某一特异蛋白的含量，测定细胞群体中不同时相细胞的数量，从细胞群体中分离某些特异染色的细胞，分离 DNA 含量不同的中期染色体等。

流式细胞术是近代细胞生物学、分子生物学、分子免疫学和单克隆抗体技术、激光技术、电子计算机技术等学科高度发展、综合的结晶，该技术的应用标志着细胞学、肿瘤学、免疫学等进入了细胞和分子水平的研究。其工作原理是，首先需对细胞特异成分进行荧光染色，然后通过荧光信号识别和计数。选择细胞时需对单个细胞所在液滴充电，在电场下分离。包在鞘液中的细胞通过高频振荡控制的喷嘴，形成包含单个细胞的液滴，在激光束的照射下，这些细胞发出散射光和荧光，经探测器检测，转换为电信号，送入计算机处理，输出统计结果，并可根据这些性质分选出高纯度的细胞亚群，分离纯度可达 99%。包被细胞的液流称为鞘液。流式细胞仪分选原理示意图及其实际应用见图 3-19。

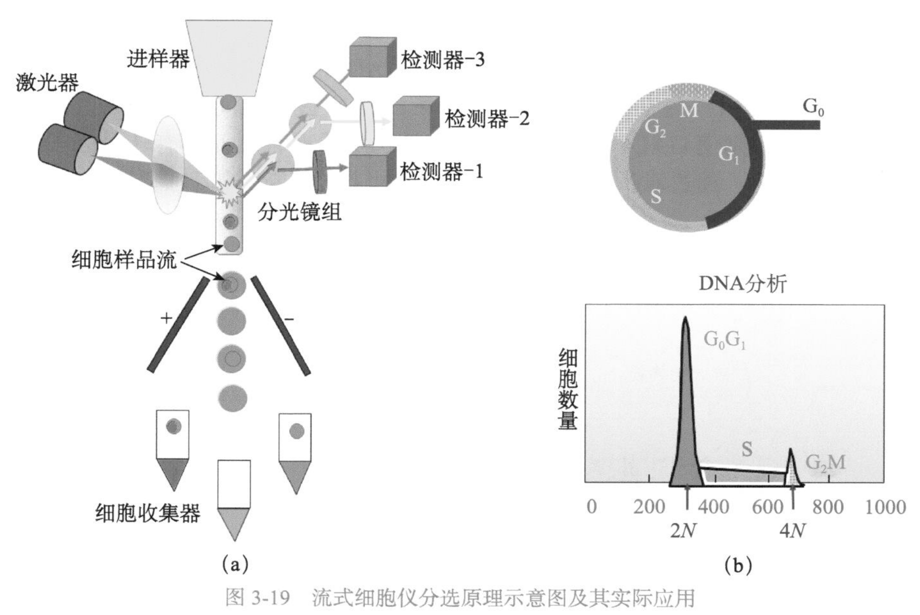

图 3-19 流式细胞仪分选原理示意图及其实际应用

（a）流式细胞仪分选原理示意图；（b）流式细胞仪分析处在不同时相的细胞的实验结果

第三节 细胞及生物大分子的动态研究方法

当前细胞生物学乃至整个生物学的研究都进入从分子水平深度解析生命活动规律的阶段，

生物大分子如蛋白质、核酸等在细胞内的相互作用及其动态变化的研究日益成为现代细胞生物学研究的主要内容和显著特征。随着技术方法的不断发展与进步，出现了大批研究细胞内蛋白质与蛋白质、蛋白质与核酸、核酸与核酸相互作用的研究方法。本节选取了几个最基本、最常用的用于细胞及生物大分子相互作用及动态变化的研究方法，简要介绍了这些研究方法与技术的工作原理及应用。

一、酵母双杂交技术

酵母双杂交系统（yeast two-hybrid system，Y2H）是一种在单细胞真核生物酵母体内分析蛋白质与蛋白质相互作用的系统。该技术由 Fields 等于 1989 年首次建立，现在已被广泛应用。Y2H 技术的建立得益于人们对真核生物调控转录起始过程的认识和 DNA 重组质粒的构建。真核生物转录调控因子具有组件式结构（modular）特征，这些蛋白质往往有两个或两个以上相互独立的结构域，其中 DNA 结合结构域（binding domain，BD）和转录激活结构域（activation domain，AD）是转录激活因子发挥功能所必需的。BD 能与特定基因启动区结合，但不能激活基因转录，由不同转录调控因子的 BD 和 AD 所形成的杂合蛋白却能行使激活转录的功能。Y2H 技术就是利用真核生物转录因子表达的特点发展起来的。

酵母双杂交技术的基本原理是：酵母转录因子 GAL4（调控半乳糖代谢相关基因）包含 DNA 结合结构域（BD）和转录激活结构域（AD）。BD 和 AD 单独作用并不能激活转录反应，但是当二者在空间上充分接近时，则呈现完整的 GAL4 转录因子活性，使下游基因得到转录。如图 3-20 所示，进行酵母双杂交实验时，将 GAL4 的 BD 结构域与 X 蛋白融合（BD-X），称作诱饵（bait），将 GAL4 的 AD 结构域与 Y 蛋白融合（AD-Y），称作猎物（prey），将能显示诱饵和猎物相互作用的基因称为报告基因。如果 X 蛋白和 Y 蛋白之间能够形成蛋白复合物，即二者之间有相互作用，则使 GAL4 转录因子的两个结构域重建，从而具有转录因子活性，并启动下游报告基因的表达。通过对报告基因的检测，反过来可判断诱饵和猎物之间是否存在相互作用。

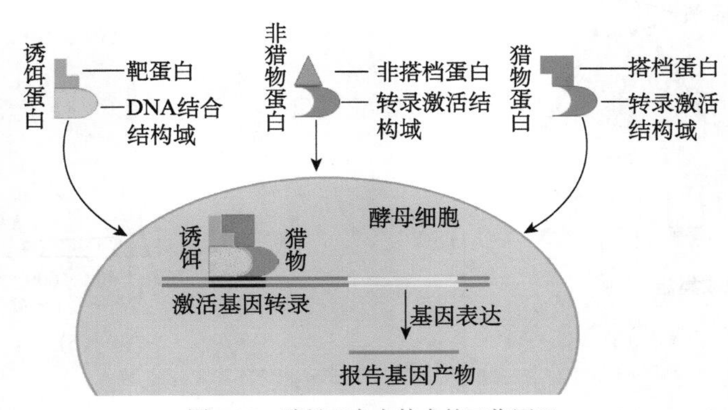

图 3-20　酵母双杂交技术的工作原理

酵母双杂交技术应用很广泛，可以鉴定新的蛋白质与蛋白质之间的相互作用，鉴定特定蛋白质的级联底物，鉴定突变对蛋白质与蛋白质结合的影响，还可以在已知的相互作用中鉴定干扰蛋白质（反向双杂交系统）。此外，在酵母双杂交的基础上，人们还发展出了酵母单杂交系统（yeast one-hybrid，Y1H）和酵母三杂交系统（yeast three-hybrid，Y3H）。Y1H 用于分析并鉴定特定蛋白质（一般为转录因子）与 DNA 之间的互作关系，而 Y3H 用于研究两个蛋白质与第三个成分之间的相互作用，第三种成分可以是蛋白质、RNA 或小分子物质。

二、荧光共振能量转移技术

荧光共振能量转移（fluorescence resonance energy transfer，FRET）技术是检测活体中生物大分子纳米级距离和纳米级距离变化的有力工具，用于检测细胞内两个蛋白质分子的相互作用。其原理是：当供体荧光分子的发射光谱与受体荧光分子的吸收光谱重叠，并且两个分子的距离在 10 nm 以内时，就会发生一种非放射性的能量转移，即 FRET 现象，使得供体的荧光强度比它单独存在时要低得多（荧光猝灭），而受体发射的荧光却大大增强（敏化荧光）。如图 3-21 所示，在一定波长的激发光照下，只有携带发光基团 A 的供体分子可以被激发出波长是 A 的荧光，而同一激发光不能激发携带发光基团 B 的受体分子发出波长是 B 的荧光，只有当吸收光谱 A 和吸收光谱 B 重叠，并且两个发光基团距离小到一定程度时才会发生不同程度的能量转移，受体分子发出了波长是 B 的荧光。在实际应用中，人们通常利用绿色荧光蛋白（GFP）的变种蛋白——蓝绿色荧光蛋白（CFP），将 CFP 与供体蛋白融合，而将受体蛋白与黄色荧光蛋白（YFP）融合，如果共体蛋白与受体蛋白之间能够结合，则 CFP 受激产生的激发态能量通过共振传递给 YFP 使之产生黄色荧光，从而来研究供体蛋白与受体蛋白之间的相互作用。

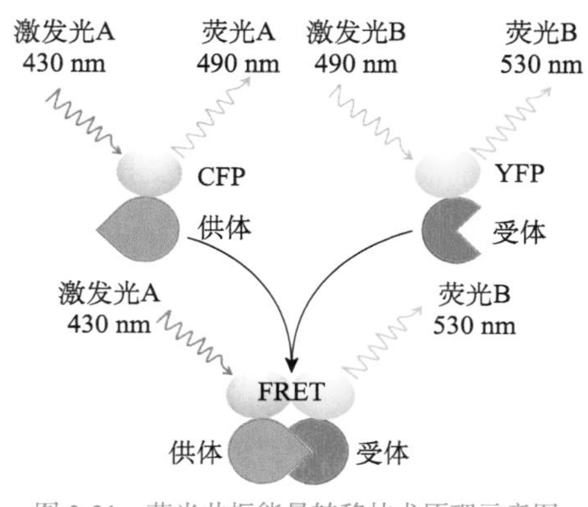

图 3-21　荧光共振能量转移技术原理示意图

FRET 技术也是一种典型的单分子研究方法，应用十分普遍。在此基础上，人们还发展出了系列共振能量转移（sequential resonance energy transfer，SRET）技术，能够研究三个或多个蛋白质之间的相互作用。

三、免疫共沉淀技术

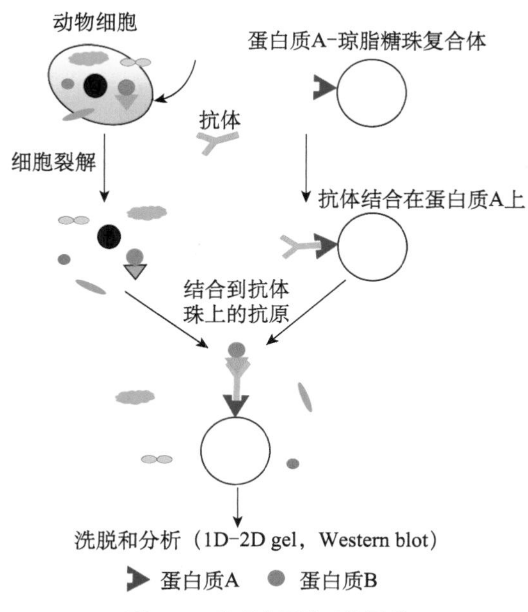

图 3-22　免疫共沉淀工作原理

免疫共沉淀（co-immunoprecipitation，Co-IP）技术是以抗体和抗原之间的专一性作用为基础的、用于研究蛋白质相互作用的经典方法。如图 3-22 所示，其基本原理是，当细胞在非变性条件下被裂解时，完整细胞内存在的许多蛋白质与蛋白质间的相互作用被保留下来，当用预先固化在琼脂糖珠（argarose beads）上的蛋白质 A 的抗体去免疫沉淀 A 蛋白时，与 A 蛋白在体内结合的 B 蛋白也能一起沉淀下来。再通过蛋白质变性分离，对 B 蛋白进行检测，进而证明两者间的相互作用。

Co-IP 技术是一种研究细胞内蛋白质分子之间相互作用的重要方法，能够比较真实地反映细胞内蛋白质的相互作用，因此应用十分普遍。与 Co-IP 技术类似但从体外分析蛋白质间相互作用的方法还有 pull-down 技术。pull-down 技术利用重组技术将探针蛋白（诱饵）与谷胱甘肽-*S*-转移酶（glutathione-*S*-transferase，GST）融合，融合蛋白通过GST与固相化在载体上的谷胱甘肽（glutathione，GSH）亲和结合。因此，当与融合蛋白有相互作用的蛋白质通过层析柱时或与此固相复合物混合时就可被GSH吸附而分离，这样就可得到能够与“诱饵”蛋白相互作用的兴趣蛋白。

四、双分子互补重构技术

双分子互补重构技术，又称为蛋白质片段互补分析技术，是利用分子克隆技术将报告蛋白如荧光蛋白、酶和转录因子等分成不具活性的两部分，分别与可能互作的蛋白质融合，共同转化细胞，通过互作蛋白的相互作用将报告蛋白的两个片段拉到足够近，使报告蛋白发光基团或活性部位重建，从而发出荧光或具备活性，然后通过检测荧光或酶活性来分析两个蛋白质之间的相互作用强弱。双分子互补重构技术的工作原理如图3-23（a）所示。最常用的双分子互补重构技术有双分子荧光互补（bimolecular fluorescence complementation，BiFC）技术和双分子酶互补重构技术等。前面介绍的酵母双杂交技术就是一种基于GAL4转录因子的双分子互补重构技术。

双分子荧光互补（BiFC）技术是通过分子克隆技术把荧光蛋白（如YFP）分成N端（YFPN）和C端（YFPC）两部分，分别与被测试的目标蛋白A和B形成融合蛋白A-YFPN和B-YFPC，共同转化入细胞，如目标蛋白A和B有相互作用，就会把A-YFPN和B-YFPC拉得很近，使得YFPN和YFPC重构荧光基团，发出荧光。如目标蛋白之间没有互作，就不会发荧光［图3-23（b）］。双分子酶互补重构技术和BiFC原理一样，只是报告蛋白不是荧光蛋白，而是酶。常用的酶有蛍光素酶（luciferase，LUC）、半乳糖苷酶（galactosidase）和内酰胺酶（lactamase）等。通过底物的颜色反应或发光反应来检测目标蛋白的相互作用，图3-23（c）显示了采用萤光素酶作为报告蛋白，研究小麦中两个蛋白质互作的情况。

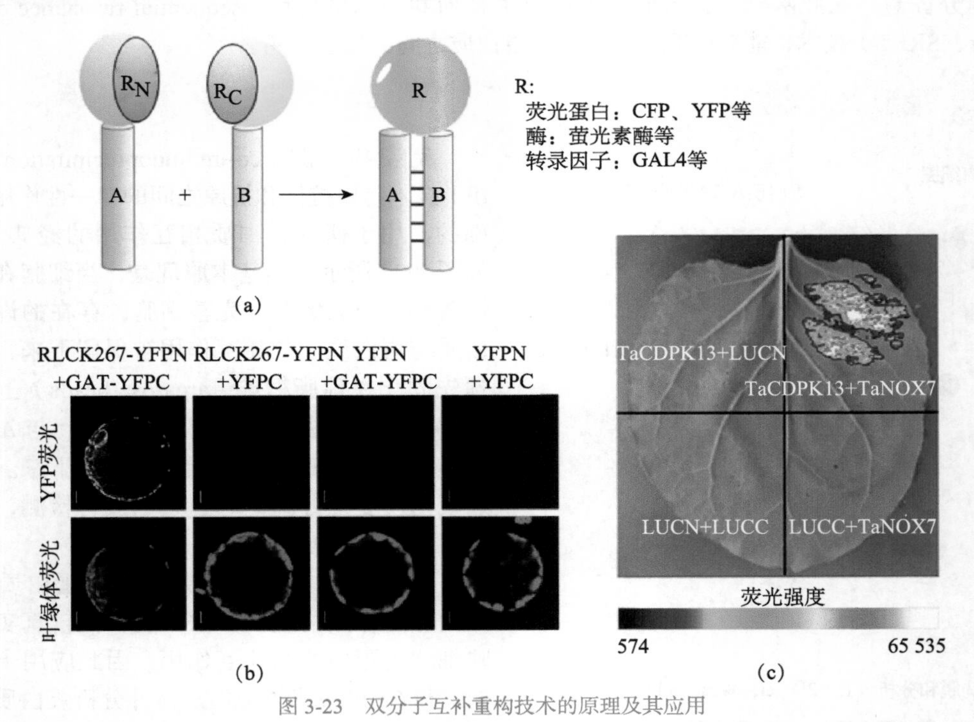

图3-23　双分子互补重构技术的原理及其应用

（a）双分子互补重构技术的原理；（b）BiFC技术分析水稻RLCK267和GAT蛋白之间的相互作用；（c）萤光素酶（LUC）互补重构技术分析小麦TaCDPK13与TaNOX7蛋白之间的相互作用

五、放射自显影技术

放射自显影技术（autoradiography）是一种对细胞内生物大分子进行动态研究和追踪的技术，利用放射性同位素的电离射线对乳胶的感光作用，对细胞内生物大分子进行定性、定位与半定量研究。其原理是在含有放射性同位素的组织切片上涂一薄层感光乳胶，乳胶经组织发出的射线曝光、显影，在显微镜下通过观察银颗粒定位，可以获知细胞中有放射性信号的位点。整个过程要经过标记、制片、曝光、显影、定影及光学或电镜观察等。使用的同位素多是较安全的放射低能量 β 射线的元素，如 ^{3}H（标记脱氧胸腺嘧啶核苷、尿嘧啶核苷、甲硫氨酸、亮氨酸等）、^{32}P（标记脱氧胸腺嘧啶核苷、尿嘧啶核苷）、^{14}C（标记甲硫氨酸、亮氨酸等）、^{35}S（标记甲硫氨酸、半胱氨酸）和 ^{131}I（标记甲状腺素）等。图 3-24 展示了放射自显影技术显示黏多糖在小麦根冠细胞中的定位结果。

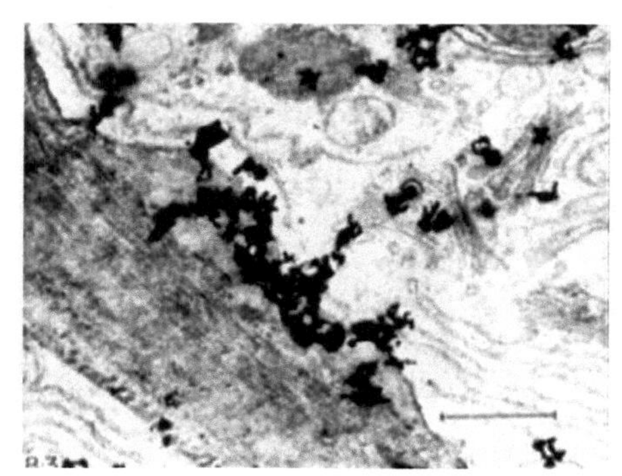

图 3-24 放射自显影技术显示黏多糖在小麦根冠细胞中的定位结果（引自 Northcote and Pickett-Heaps，1966）

小麦根冠细胞在用 ^{3}H 标记的葡萄糖处理 30 min 后，银粒沉积在细胞膜和细胞壁之间的黏多糖中及高尔基体中

第四节 模式生物与功能基因的研究方法

现代细胞生物学已经与分子生物学、遗传学等学科发生了深刻融合，学科间的界限已日益模糊。细胞功能及细胞活动机制的解析，离不开模式生物的利用与基因功能的研究，有关细胞生长、分化、衰老、凋亡和进化机制的明确，均需要在基因或基因组的层面，综合运用多种生化和分子生物学的手段进行研究。

一、细胞生物学研究常用的模式生物

理想的研究材料对深入研究并阐明生命活动发生、发展的规律十分重要。在长期的生物学研究中，人们逐渐发现一些特别有利于生命活动机理研究的生物种类，通称为模式生物。这些模式生物，通常具有个体较小、容易培养、操作简单等特点。常用的模式生物有噬菌体、大肠杆菌、酵母、线虫、果蝇、四膜虫、黏菌、海胆、拟南芥、斑马鱼及小鼠等。这些模式生物的共同特点是培养方便，生长快，短时间可以获得大量的遗传后代样本，遗传背景非常清楚，基因结构在同类生物类群中相对来说简单，突变体的构建、诱变、分离和鉴定容易，可以获得丰富的突变体库。运用模式生物在基因功能鉴定、蛋白质相互作用、基因表达调控、细胞分裂增殖、细胞分化与细胞衰老死亡、胚胎与个体发育、疾病分子机制和临床治疗等领域的研究获得了许多重大成果和发现。此外，科学界还常将四膜虫、爪蟾、海胆、鸡和二穗短柄草、水稻等模式生物用于生物发育、遗传、基因与基因组功能研究。图 3-25 展示了部分细胞生物学研究中常用的模式生物，各自的生物学特点见【二维码】。

二维码

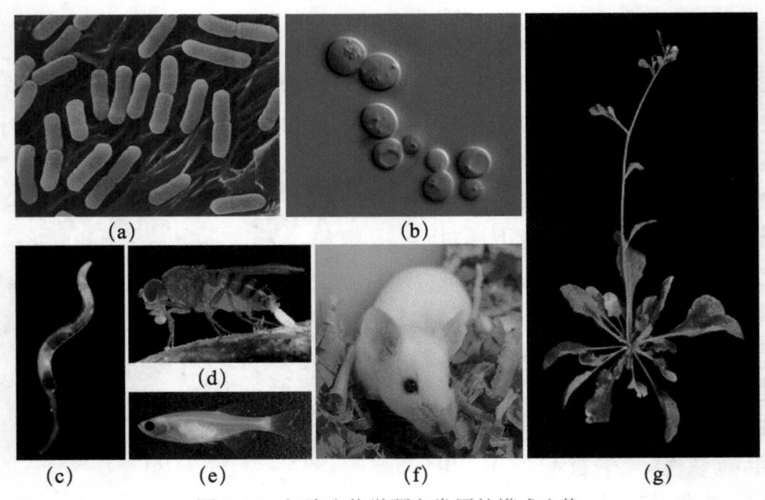

图 3-25　细胞生物学研究常用的模式生物

（a）大肠杆菌；（b）酵母；（c）线虫；（d）果蝇；（e）斑马鱼；（f）小白鼠；（g）拟南芥

二、基因功能突变及编辑技术

细胞活动机制的解析往往需要在基因的层面开展研究，而突变体在基因功能研究、疾病模型生物建立及人类疾病的研究和治疗等方面应用广泛，占据重要地位。基因突变及突变体的创制可以发生在两个层次上：RNA 层次和 DNA 层次。

（一）RNA 干扰技术

RNA 干扰技术（RNA interference technology，RNAi）和反义 RNA 技术（antisense RNA technology）是在 RNA 水平上进行基因突变的技术，是一种通过把双链小分子（或单链反义）RNA 导入细胞或模式生物体中使目标 mRNA 降解或抑制其翻译活性的技术，从而使基因沉默，产生基因功能缺失或基因敲除的表型。图 3-26 展示了一个利用 RNAi 技术创制的水稻 *CDL1* 基因表达下调的突变体。

（二）基因敲除与定点突变

基因敲除（knockout）与定点突变是在 DNA 水平上创制基因突变和突变体的方法。化学试剂如甲基磺酸乙酯（EMS）、乙基亚硝基脲（ENU）和物理诱变如高能射线等，都能导致基因突变。尽管通过化学和物理诱变创制突变体的方法简单，诱变效率高，但是因为突变点随机，对突变基因的定位较难，往往只有在模式材料的生物中实行，才有可能通过图位克隆等方法找到准确的突变位点。转座子介导的突变也是一种在 DNA 水平发生的突变体创制方法，如果蝇 P 因子介导的突变。P 因子转座导致转座位点附近基因结构甚至染色体结构改变。P 因子可人为插入外源基因或报告基因，容易获得转座位点两侧的基因信息，但突变效率低且有位点选择性。基于同源重组的定点突变，如基因敲除（建立在基因同源重组技术和胚胎干细胞技术基础上的一种突变体制备技术），是当前应用比较广泛的突变体创制技术。TALEN［transcription activator-like (TAL) effector nucleases］靶向基因敲除技术是一种利用来自植物病原体黄单胞菌属（*Xanthomonas* spp.）的 TAL 序列模块，构建针对任意核酸靶序列的重组核酸酶，在特异的位点打断目标基因，敲除该基因功能的方法，表现出良好的应用潜力，已经成功应用到了植物、细胞、酵母、斑马鱼及大鼠、小鼠等各类研究对象基因的定点敲除方面，但是该技术已经逐渐被新的基因定点突变技术 CRISPR 所取代。

图 3-26 RNAi 技术产生的水稻叶形相关功能基因 *CDL1* 沉默的突变体

（a）用于 RNAi 的转化片段构成，intron 为内含子；（b）水稻野生型（左）和 *CDL1* 突变体（右）的植株形态；（c）野生型（左）和 *CDL1* 突变体（右）叶片横切面的形态；（d）野生型（左）和 *CDL1* 突变体（右）成熟叶片的形态，突变体叶片呈现内卷表型；（e）野生型（左）和 *CDL1* 突变体（右）幼叶的形态，突变体幼叶呈现弯曲表型

（三）划时代的基因靶向操作技术——CRISPR/Cas9 系统

CRISPR/Cas 是存在于大多数细菌与所有古细菌中的一种后天免疫系统，利用一段小 RNA 来识别并剪切 DNA 以降解外来核酸分子。CRISPR 是规律间隔性成簇短回文重复序列的简称，Cas 是 CRISPR 相关蛋白的简称。CRISPR/Cas 最初是在细菌体内发现的，是细菌抗噬菌体和其他病原体入侵的防御系统。每个 CRISPR 含有多个长 24～48 bp 的重复序列，而这些重复序列之间被间隔序列（spacer DNA）分隔开，每个间隔序列长 26～72 bp。CRISPR/Cas 系统包含三个关键性组分：两个非编码性的短链 RNA 分子，即 crRNA 和 tracrRNA，以及 Cas 蛋白复合物。tracrRNA 通过碱基配对与 crRNA 的一部分序列结合形成 tracrRNA/crRNA 嵌合 RNA。然后，借助 crRNA 的另一部分序列与靶 DNA 位点进行碱基配对，这种嵌合 RNA 能够引导 Cas 蛋白复合物结合到这个位点上并进行切割，因而这种嵌合 RNA 也称作向导 RNA（sgRNA）。

目前已在细菌中发现三类 CRISPR/Cas 系统，Ⅰ型和Ⅲ型系统需要众多蛋白质的参与，因而不适宜操作和改造。然而，Ⅱ型系统就简单得多了，一个 Cas9 核酸酶利用 sgRNA 就可以完成识别和切割靶双链 DNA，因此Ⅱ型系统也被称作 CRISPR/Cas9 系统。Cas9 含有两个酶切活性位点，每一个位点负责切割 DNA 双链中的一条链。对这两种 RNA 进行人工设计，可以改造形成具有引导作用的 sgRNA，足以引导 Cas9 对双链 DNA 的定点切割。进一步的研究还证实，CRISPR/Cas9 的基因组编辑能力只有在前间隔序列邻近基序（PAM）的短片段 DNA 序列的存在下才成为可能——只有 DNA 靶位点附近存在 PAM 时，Cas9 才能进行准确切割；再者，PAM

的存在也是激活酶 Cas9 所必需的。CRISPR/Cas9 系统的作用原理如图 3-27 所示。正常情形下，CRISPR/Cas9 是这样工作的：设计一种与特异性靶基因序列相匹配的向导 RNA（sgRNA）。这种 sgRNA 引导 Cas9 酶到基因组所需编辑的位点上并在那里切割靶基因 DNA 序列。细胞不准确性地修复这种 DNA 断裂，因而让这种基因失活，或者利用经过校正的基因版本替换切口附近的 DNA 片段。CRISPR/Cas9 基因编辑技术的视频见【二维码】。

二维码

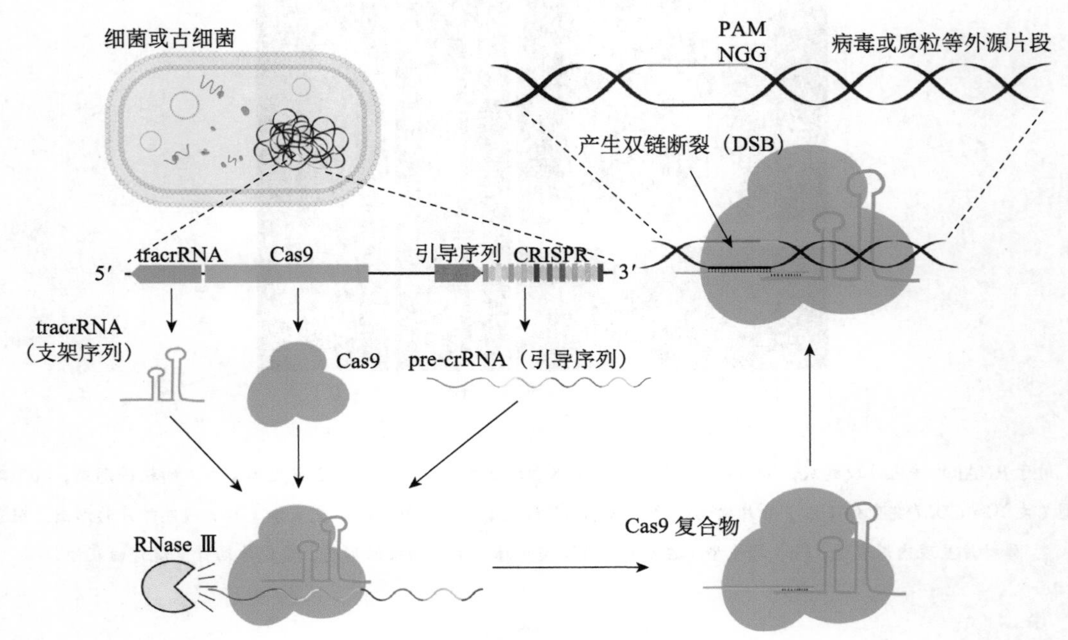

图 3-27　CRISPR/Cas9 系统的作用原理

CRISPR/Cas9 基因编辑技术具有靶向准确性高，可实现对靶基因多个位点同时敲除，实验周期短，最快仅需 2 个月，可节省大量时间和成本，无物种限制等特点，在基因功能研究和突变体制备方面显示出了极大的优势，现在已经成为最具潜力的前沿生物技术，被称为“基因魔剪”，在农业应用方面展现出了强大的生命力和广阔的应用前景。

三、组学技术

近年来兴起的各种组学技术为细胞生命活动机制的阐明带来了新途径，组学技术能够在全基因组的尺度上解析细胞生命活动的规律。根据研究对象的不同分可为基因组学（genomics）、转录组学（transcriptomics）、蛋白质组学（proteomics）和代谢组学（metabolomics）。随后又相继出现了离子组学（ionomics）、糖组学 (glycomics)、脂组学（lipidomics）、RNA 组学（RNomics）、相互作用组学（interactomics）、生理组学（physiomics）、表型组学（phenomics）等。可以说，现在已经进入组学时代。细胞的很多重要生命活动规律都可以在组学的水平上加以研究。

值得一提的是高通量测序技术（high-throughput sequencing）的快速发展。高通量测序技术又称为“下一代”测序技术（“next-generation” sequencing technology），以能一次并行对几十万到几百万条 DNA 分子进行序列测定和一般读长较短等为标志。高通量测序使得对一个物种的转录组和基因组进行细致全貌的分析成为可能，所以又被称为深度测序（deep sequencing），该技术的发展应用将为细胞功能的研究提供新视角。

思考题

1. 显微镜有哪些类型？各有什么工作原理？能拍摄到活细胞还是死细胞？从近5年细胞生物学领域期刊发表文献中找3篇带细胞显微或亚显微的图像进行辨认，分别是用何种显微镜拍摄的，并归纳其成像模式特色。

2. 举出对细胞中多糖、脂类、蛋白质、核酸进行标记观察的方法有哪些。对某种特定蛋白质如何进行亚细胞定位？

3. 列表比较对各种细胞组分分离方法的原理、特点与应用范围。

4. 研究细胞内生物大分子之间相互作用与动态变化可以运用哪些技术？简述各自的原理及应用范围，各有哪些优点与不足？

5. 对基因功能开展研究主要的技术方法有哪些？简述其原理并举例。

本章核心概念与更多布鲁姆学习目标层次习题见【二维码】。

二维码

本章知识脉络导图

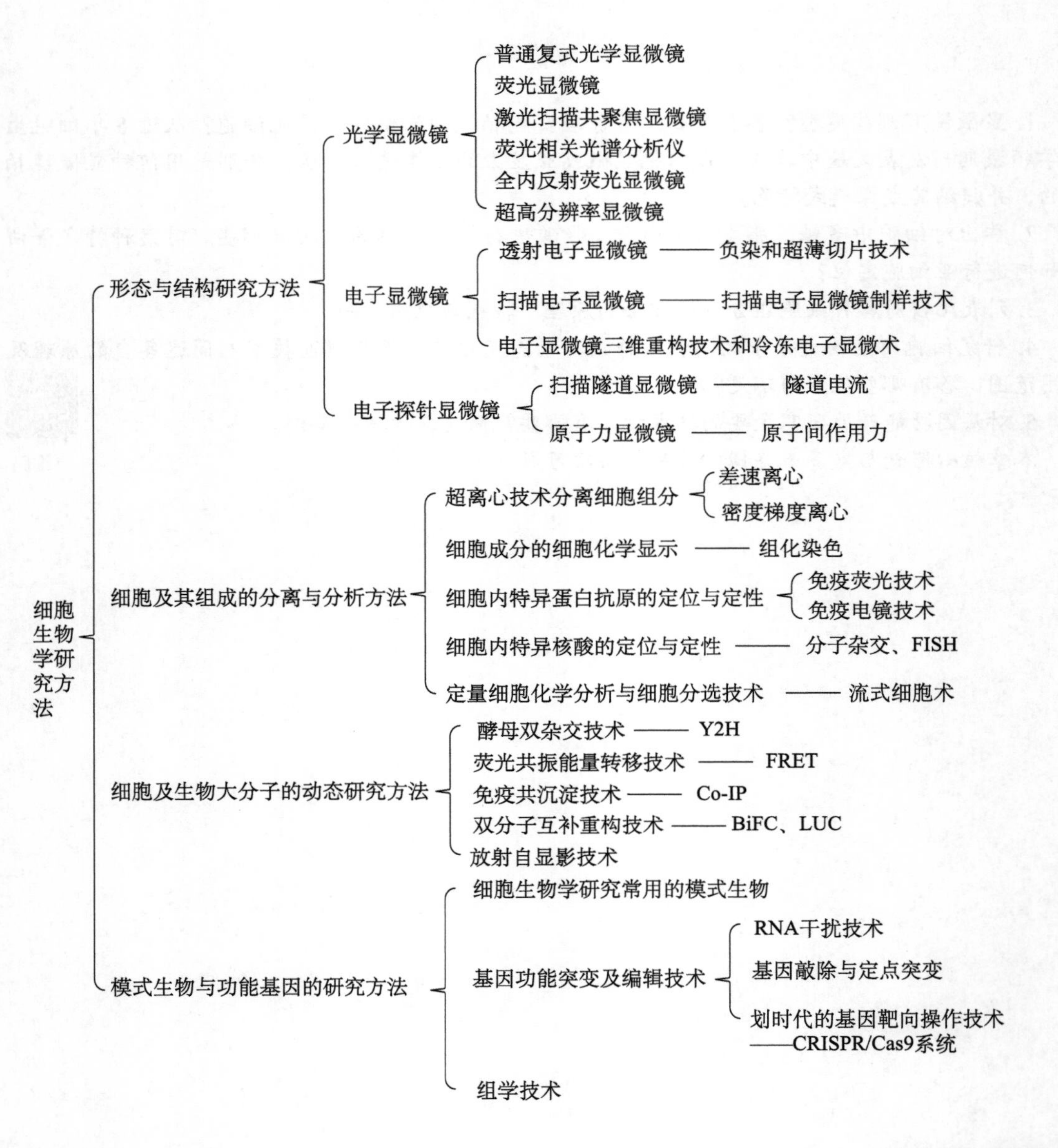

（胡春红，陈坤明）

第Ⅱ篇　细胞形态结构与功能

本篇共7章内容，讲述细胞及细胞器形态结构与功能，以及细胞器发生与动态调控机制。

第四章　细胞膜与跨膜运输

生物细胞中存在许多种类的膜，统称为生物膜（biological membrane）。细胞外面包被的是质膜（plasmalemma 或 plasma membrane），也称为细胞膜（cell membrane），它使细胞内部与外界环境分隔，起着调节和维持细胞内微环境相对稳定的作用。细胞内膜（internal membrane）如核膜、各种细胞器的膜，在维持各自的生理活动中发挥着必不可少的作用。

细胞膜不仅为细胞的生命活动提供了稳定的内环境，还有着物质运转、信号转导、细胞识别等多种复杂功能。它与生命科学中的许多基本问题如细胞的增殖、分化，细胞间的识别、黏附，以及细胞代谢和能量转换等密切相关，是细胞与细胞之间、细胞与外界环境之间相互交流的重要通道。在动物中，细胞膜的改变与多种遗传病、神经退行性疾病的发生密切相关。在植物中，细胞膜的改变也会影响植物对外界环境中一些胁迫因子如低温、干旱等的响应。

目前对细胞膜的研究已经深入分子水平，对其化学组成及其结构模型有了新的认识，细胞膜已经成为当前细胞生物学和分子生物学的重要研究领域之一。

第一节　细胞膜的成分与结构

人们对生物膜成分、结构的认识自 1894 年历经了 80 余年才构建成熟。生物膜由脂质、蛋白质和糖类组成（图 4-1）。膜脂是构成膜的基本骨架，膜蛋白是膜功能的主要体现者，糖类主要以糖蛋白和糖脂的形式存在。对膜脂和膜蛋白相互作用的研究是探讨生物膜结构与功能的中心环节。不同种类膜的组分含量差异较大，如红细胞质膜的蛋白质含量占到质膜干重的 49%，脂类占到 43%，糖类占到 8%；而神经鞘细胞质膜的蛋白质含量为 18%，脂类含量为 79%，糖类含量为 3%。同一细胞器中不同膜的组分含量也有很大的差异，如动物细胞线粒体的外膜蛋白质含量约为 55%，脂类含量约为 45%，只含有痕量的糖类，而线粒体内膜蛋白质含量为 78%，脂类含量为 22%，几乎不含有糖类。膜脂和膜蛋白含量与膜的功能有关，一般膜蛋白含量和种类越多，膜的功能越复杂多样；反之，蛋白质含量和种类越少，膜的功能越简单。

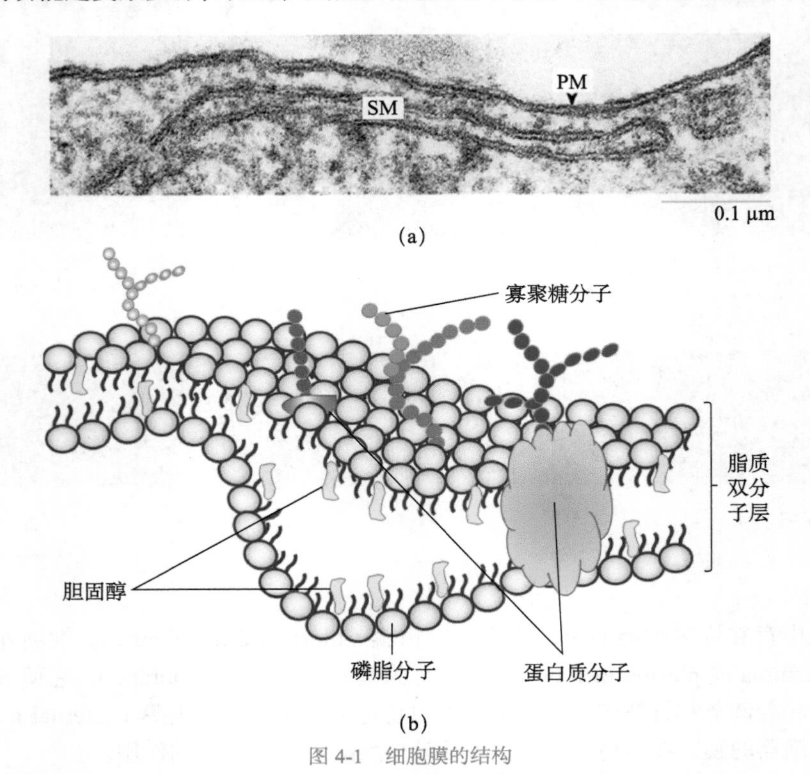

图 4-1　细胞膜的结构

（a）肌肉细胞的膜电镜照片；PM. 细胞膜（plasma membrane）；SM. 肌质网膜（sarcoplasmic membrane）（引自 Marks et al.，1991）。（b）细胞膜的三维模式图

一、膜脂

（一）膜脂的成分

细胞膜上的脂类称为膜脂（membrane lipid），有 100 余种，是细胞膜的基本组成成分。膜脂主要包括磷脂（phospholipid）、糖脂（glycolipid）和固醇（cholesterol）三种类型。

1. 磷脂　在细胞膜中，含量丰富的膜脂类分子是磷脂，占膜脂的 50% 以上。磷脂分子具有一个极性的头部基团和两个疏水的羟基尾巴，因此又被称为两亲性分子或兼性分子。磷脂中的脂肪酸链长短不一，通常由 14～24 个碳原子组成，一条羟链不含双键（饱和的），另一条羟链含有一个或多个顺式双键，顺式双键在羟链中产生约 30° 的弯曲。

磷脂又可以分为两大类：甘油磷脂（phosphatide）和鞘磷脂（sphingolipid）。甘油磷脂构成膜脂的基本成分，占整个膜脂的 50% 以上，主要在内质网合成。甘油磷脂为 3- 磷酸甘油的衍生物，包括磷脂酰胆碱（卵磷脂）（phosphatidylcholine，PC）、磷脂酰丝氨酸（phosphatidylserine，PS）、磷脂酰乙醇胺（phosphatidylethanolamine，PE）和磷脂酰肌醇（phosphatidylinositol，PI）等。甘油磷脂有着共同的特征：以甘油为骨架，甘油分子的 1、2 位羟基分别与脂肪酸形成酯键，3 位羟基与磷酸基团形成酯键。如果磷酸基团分别与胆碱、丝氨酸、乙醇胺或肌醇结合即形成以上 4 种类型磷脂分子。鞘磷脂均为鞘氨醇的衍生物，主要在高尔基体合成。鞘磷脂是唯一不以甘油为骨架的磷脂，在膜中含量较少。它以鞘氨醇代替甘油，长链的不饱和脂肪酸结合在鞘氨醇的氨基上；分子末端的一个羟基与胆碱磷酸结合，另一个游离羟基可与相邻脂分子的极性头部、水分子或膜蛋白形成氢键。几种常见磷脂的分子结构见【二维码】。

二维码

2. 糖脂　糖脂普遍存在于原核和真核细胞的细胞膜上，其含量占膜脂总量的5%以上。在细菌和植物细胞中，几乎所有的糖脂均是甘油磷酸的衍生物，一般为磷脂酰胆碱衍生的糖脂；动物细胞膜的糖脂几乎都是鞘氨醇的衍生物，结构与鞘磷脂很相似，是由一个或多个糖残基取代磷脂酰胆碱而与鞘氨醇的羟基结合而成。

目前已发现40余种糖脂，它们的主要区别在于其极性头部不同，由1个或几个糖残基构成。最简单的糖脂是脑苷脂，其极性头部仅有一个半乳糖或葡萄糖残基，是髓鞘中的主要糖脂。比较复杂的糖脂是神经节苷脂，其极性头部除含有半乳糖和葡萄糖外，还含有数目不等的唾液酸。所有细胞中，糖脂均位于质膜非胞质面，糖基暴露于细胞表面，可能作为细胞表面受体起作用，与细胞识别、黏附及信号传导有关。几种常见糖脂的分子结构见【二维码】。

二维码

3. 固醇　胆固醇及其类似物统称为固醇，它是细胞膜中另一类重要的脂类。胆固醇分子较其他膜脂分子要小，双亲性也较低。其分子结构主要包括羟基基团构成的极性头部、碳氢链构成的非极性尾部及非极性的类固醇环结构三部分，具体见【二维码】。胆固醇的亲水头部朝向膜的外侧，疏水尾巴埋在脂双层中央，对周围磷脂的运动具有干扰作用，从而调节膜的流动性，增加膜的稳定性及降低水溶性物质的通透性。

二维码

胆固醇存在于动物细胞和极少数的原核细胞中，在哺乳动物的细胞质膜中尤为丰富，其含量一般不超过质膜的1/3。在多数的细胞中，50%～90%的胆固醇存在于细胞质膜和相关的囊泡膜上。胆固醇在调节膜的流动性、增加膜的稳定性及降低水溶性物质的通透性等方面都起着重要作用。同时，它又是脂筏的基本结构成分，缺乏胆固醇可能抑制细胞分裂。植物和真菌细胞中有各自的固醇化合物，如植物中的豆固醇（stigmasterol）和真菌中的麦角固醇（ergosterol）。植物细胞膜中固醇的含量占膜脂总量的30%～50%。

（二）膜脂的运动方式

对人工合成的脂双层膜的研究证明，膜脂的单个分子能在脂双层平面自由扩散。膜脂分子的运动方式主要包括侧向扩散、旋转运动、尾部摆动和翻转运动等4种，具体方式见【二维码】。

二维码

脂分子的运动不仅与脂分子的类型有关，也与脂分子同膜蛋白及膜两侧的生物大分子之间的相互作用，以及温度等环境因素有关。因此，在某一特定的细胞中检测到的某类脂分子的运动速率，可能与人工脂膜的数据有较大差异。

（三）脂质体

脂质体（liposome）是根据磷脂分子可在水相中形成稳定的脂双层膜的现象而制备的人工膜。当单层分子铺展在水面上时，其极性端插入水相，非极性尾部面向空气界面，搅动后会形成极性端朝外而非极性端在内部的脂分子团，或形成双层脂分子的球形脂质体（图4-2）。如果将脂放在中间有挡板隔开的水中，而挡板中存在小孔，则孔的两侧会形成单面脂双层。

人工合成脂质体的直径在25 nm～1 μm，可用于膜功能的研究。另外脂质体可作为载体运载生物大分子和特殊药物进入细胞内，在临床治疗中有诱人的应用前景。特别是利用细胞识别的功能对脂质体进行表面修饰后，脂质体可特异性地作用于靶细胞，提高作用效率，减少对机体的损伤。

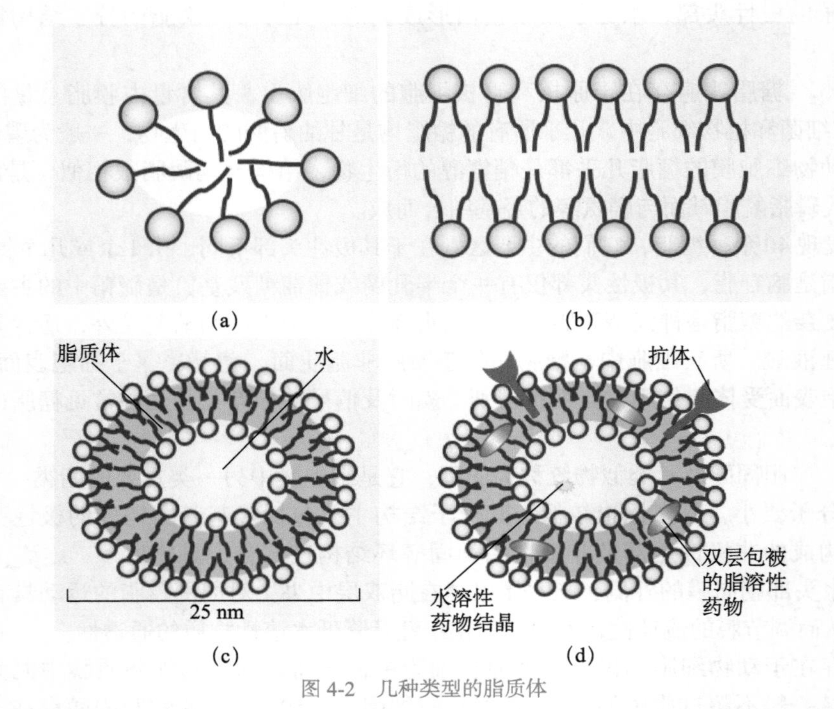

图 4-2 几种类型的脂质体

(a)水溶液中的磷脂分子团;(b)平面脂质体膜;(c)球形脂质体;(d)用于靶向治疗的脂质体示意图

二、膜蛋白

膜蛋白(membrane protein)是细胞膜的重要组成部分，赋予了生物膜非常重要的生物学功能。不同的生物膜表现出功能的巨大差异，这主要取决于生物膜所含蛋白质种类和数量的不同。细胞中有 20%～25% 的蛋白质是与膜结构联系的，在线粒体和叶绿体内膜蛋白含量可高达 75%。蛋白质在细胞膜中的特性很难研究，尤其是在植物细胞中，要弄清它们在膜中的排列次序和功能非常困难，这是由于膜蛋白在水溶液中的溶解度很低，而和脂质有很高的亲和力，很难分离提纯。近年来，随着冰冻蚀刻术和细胞电泳技术的发展，膜蛋白的研究有了新的进展。

(一)膜蛋白的类型

根据膜蛋白与膜脂的结合方式及其分离的难易程度，膜蛋白可分为 3 种类型：整合膜蛋白(integral protein)或称内在膜蛋白(intrinsic membrane protein)、外周膜蛋白(peripheral membrane protein)或称外在膜蛋白(extrinsic membrane protein)及脂锚定膜蛋白(lipid anchored protein)(图 4-3)。

内在膜蛋白均含有跨膜结构域，以非极性氨基酸与脂质双分子层(简称脂双层)的非极性疏水区相互作用而结合在膜上并完全穿过脂双层，其亲水区域暴露在膜两侧，分为单次跨膜、多次跨膜和多亚基跨膜，跨膜域多为 α 螺旋，但也有 β 折叠(如线粒体外膜的孔蛋白)。大多数内在膜蛋白在细胞膜外表面结合寡糖链，从而形成糖蛋白。内在膜蛋白与膜结合比较紧密，只有用去垢剂处理使膜崩解后才可以分离出来。内在膜蛋白占膜蛋白总量的 70%～80%。

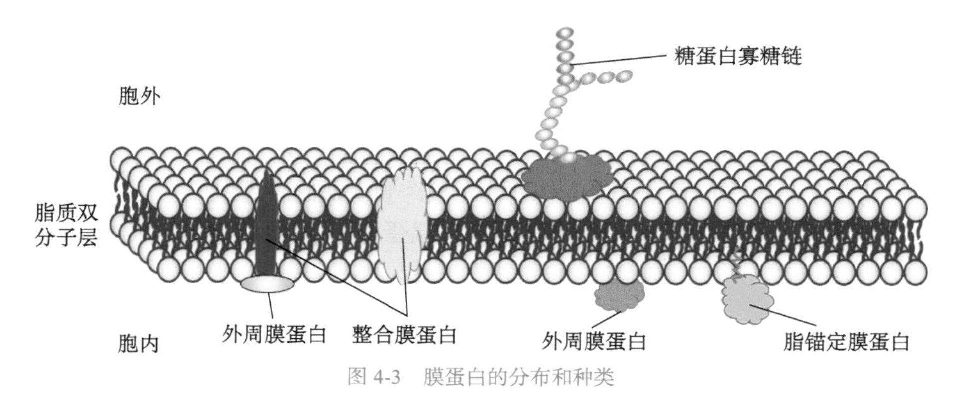

图 4-3　膜蛋白的分布和种类

外在膜蛋白占膜蛋白总量的 20%～30%，是一类与细胞膜结合比较松散的不插入脂双层的蛋白质，分布在质膜的胞质侧或胞外侧。一些外在膜蛋白通过非共价键（如弱的静电作用）附着在脂类分子头部极性区或穿膜蛋白亲水区的一侧，间接与膜结合；还有一些外在膜蛋白位于膜的胞质一侧，通过暴露于蛋白质表面的 α 螺旋的疏水面与脂双层的胞质面单层相互作用而与膜结合。外在膜蛋白较易分离和提纯，只要改变溶液的离子强度甚至提高温度就可以从膜上分离下来，膜结构一般不被破坏。

脂锚定膜蛋白位于脂双层的两侧，通过共价键的方式与脂双层内的脂分子结合。脂锚定膜蛋白以两种方式通过共价键结合于脂分子。一种位于质膜胞质一侧，如一些细胞内信号蛋白直接与脂双层中的某些脂肪酸链（如豆蔻酸、棕榈酸）或异戊二烯基形成共价键而被锚定在脂双层上；另一种是位于质膜外表面的蛋白质，通过共价键与脂双层外层磷脂酰肌醇分子连接的寡糖链结合而锚定到质膜上，所以又称为糖基磷脂酰肌醇（glycosylphosphatidylinositol，GPI）锚定蛋白（linked protein）。这种连接主要是通过蛋白质的 C 端与寡聚糖共价结合，从而间接与脂双层结合。

（二）膜蛋白的结合方式及跨膜结构域

膜蛋白与脂质双分子层结合有单次跨膜、多次跨膜、β 桶（β barrel）跨膜、与膜脂或膜蛋白结合等多种方式（图 4-4）。

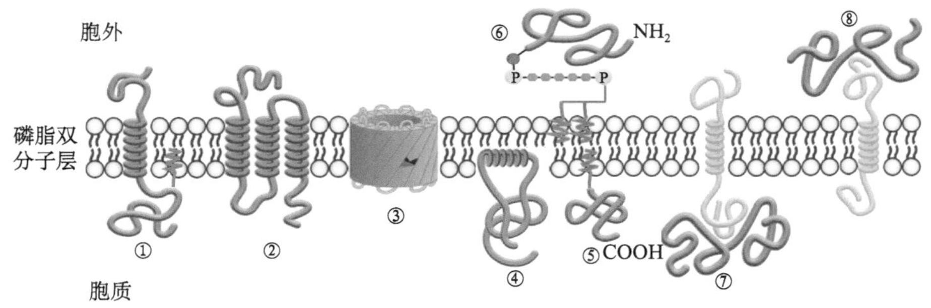

图 4-4　膜蛋白在生物膜中分布的方式

（1）*单次跨膜*。许多膜蛋白伸过脂双层，在膜的两侧露出一部分，这种蛋白质称为跨膜蛋白（transmembrane protein），而单次跨膜蛋白（single-pass transmembrane protein）只穿过脂双层一次（图 4-4 ①）。单次跨膜蛋白的跨膜区一般含有 20～30 个疏水性氨基酸残基，以 α 螺旋构象穿越脂双层的疏水区，其外部疏水侧链通过范德瓦耳斯力与脂双层分子脂肪酸链（厚度约

二维码

3.2 nm）互相作用，如红细胞质膜上的血型糖蛋白 A（glycophorin A）。跨膜蛋白及 α 螺旋多肽片段结构示意图见【二维码】。

（2）多次跨膜。并联的多个 α 螺旋跨膜蛋白伸展越过脂质双分子层，这类具有多个跨膜的 α 螺旋区的膜蛋白称为多次跨膜蛋白（multipass transmembrane protein）（图 4-4 ②），如普遍存在的 G 蛋白偶联受体就是一类跨膜 7 次的膜蛋白。

二维码

（3）β 桶（β barrel）跨膜。内在膜蛋白呈 β 片层卷成的桶状结构，横穿脂双层膜，主要存在于线粒体、叶绿体外膜和细菌质膜中。目前发现，围成 β 桶的链最少是 8 条，最多可达到 22 条，它们之间由氢键连接【二维码】。β 桶一般由 10～12 个氨基酸残基组成，16 个反向平行的 β 折叠片相互作用形成跨膜通道，通道具有疏水性的外侧和亲水性的内侧，可允许相对分子质量小于 10^4 的小分子通过。β 桶状结构比 α 螺旋刚性强，非常容易形成结晶。目前已知，并不是所有的 β 桶蛋白都是膜运输蛋白，有些较小的 β 桶作为受体或酶发挥作用，这时的桶状结构是作为蛋白锚定在膜上的装置。

（4）通过蛋白质双亲性 α 螺旋的亲水面嵌入脂质双分子层的细胞质层中（图 4-4 ④）。

（5）与膜脂共价结合。膜周边蛋白通过一个共价键附着在脂肪酸链或异戊二烯基团上，插入胞质侧的脂双层中（图 4-4 ⑤）；或者膜周边蛋白由一个共价键结合在磷脂和磷脂酰肌醇（phosphatidylinositol）链上，插到非胞质面的脂双层中，即糖基磷脂酰肌醇锚（glycosylphosphatidylinositol anchor，GPI anchor）（图 4-4 ⑥）。

（6）与膜蛋白结合。一些膜周边蛋白并不伸入脂质双分子层内部疏水区，而是通过非共价键与膜表面其他蛋白质相互作用而附着在膜上（图 4-4 ⑦和⑧）。

（三）去垢剂

通常情况下，跨膜蛋白只能通过一些能破坏疏水缔合和脂双层的试剂来增加可溶性（图 4-5）。去垢剂（detergent）是一些一端亲水、一端疏水的两性小分子，是分离与研究膜蛋白的常用试剂。和膜混合后，去垢剂的疏水末端结合到膜蛋白的疏水区上，从而代替了脂分子。由于去垢剂分子的另外一端是极性的，可以和膜蛋白结合形成去垢剂 - 蛋白质复合物，因此可

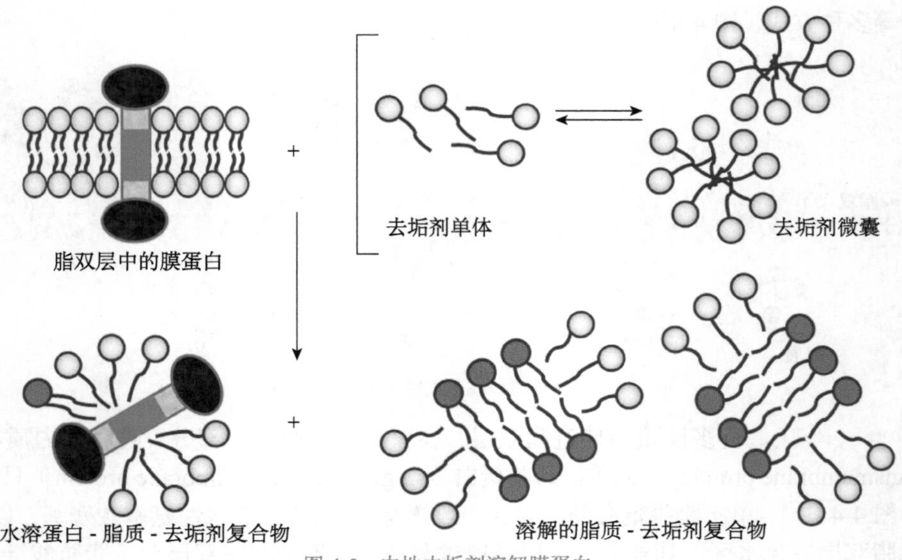

图 4-5　中性去垢剂溶解膜蛋白

以溶于水中。当水溶液中的去垢剂达到一定浓度后，就会形成微团（micelle），此时去垢剂的浓度称为微团临界浓度（critical micelle concentration，CMC）。CMC 是各种去垢剂的特征和功能的重要参数。

去垢剂分为离子型和非离子型去垢剂两种类型。常用的离子型去垢剂如十二烷基硫酸钠（SDS），具有带电荷的基团。疏水性再强的膜蛋白也能被 SDS 之类的强离子型去垢剂溶解，因此可以通过 SDS-PAGE 来分析这些蛋白质，从而革新膜蛋白的研究。然而由于 SDS 结合蛋白质内部的疏水中心可导致蛋白质变性，因此在纯化膜蛋白特别是为获得有生物活性的膜蛋白时，常采用不带电荷的非离子型去垢剂。常用的非离子型去垢剂如 Triton X-100，可以覆盖在蛋白质跨膜片段上。这类去垢剂较温和，它不仅用于膜蛋白的分离与纯化，也用于除去细胞膜系统，以便对细胞骨架蛋白和其他蛋白质进行研究。SDS 与 Triton X-100 分子结构见【二维码】。

二维码

三、细胞质膜的结构模型

关于膜的结构，从 20 世纪末开始一直到现在提出了很多假说和模型。先是脂层双分子层概念的提出，然后逐渐出现了“蛋白质 - 脂质 - 蛋白质”三明治式的质膜结构模型、单位膜模型、流动镶嵌模型和脂筏模型，其中流动镶嵌模型和脂筏模型是当前被广泛认可的细胞质膜结构模型。膜结构模型的演变过程详见【二维码】。

二维码

（一）流动镶嵌模型

20 世纪 60 年代以后，科学家应用了一系列新技术，如细胞融合结合免疫荧光标记技术证明质膜中的蛋白质是可流动的；电镜冰冻蚀刻技术证明在膜的脂质双分子层中心部分也有蛋白质颗粒的分布；红外光谱证明膜蛋白主要是 α 螺旋的球状结构，而不是 β 折叠结构等。在此基础上，S. J. Singer 和 G. L. Nicolson 于 1972 年提出了生物膜的流动镶嵌模型（fluid mosaic model）（图 4-6），使细胞生物学有了进一步发展。

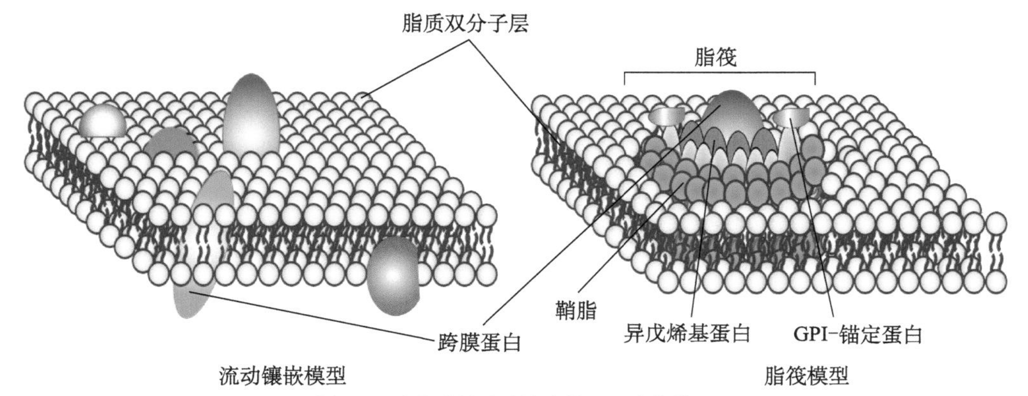

图 4-6　生物膜的流动镶嵌模型和脂筏模型

流动镶嵌模型是一个动态模型，它认为膜中的脂质和蛋白质都能自由运动，细胞膜是由镶嵌着球蛋白的脂质双分子层液状体按二维排列组成。膜中的蛋白质以不同形式与脂质双分子层结合，有的附着在内外表面，有的全部或部分嵌在脂质双层分子中，有的则贯穿膜的全层。流动镶嵌模型强调了膜的流动性和膜蛋白分布的不对称性，为膜的组成成分之间的相互作用提供了可能性，也被许多实验支持，能够真实地说明膜的结构和属性，因此被广泛接受。

（二）脂筏模型

自 Singer 和 Nicolson 提出膜的流动镶嵌模型以来，生物膜的研究有了飞速发展，大量的科学家进入这一领域，推动了膜生物学的发展。1988 年，Simons 等正式提出了细胞膜的脂筏模型（lipid raft model）。脂筏模型认为，在由甘油磷脂等分子组成的细胞膜双分子层中，富含胆固醇和鞘磷脂的液态有序微区即脂筏（lipid raft）（图 4-6），它们具有与周围膜区域不同的流动性，富集了大量的蛋白质和脂类分子，并能与膜下细胞骨架相联系，参与细胞信号转导、膜动态变化的调节和物质跨膜运输等。通过为脂 - 脂、脂 - 蛋白质和蛋白质 - 蛋白质提供相互作用的时空平台，脂筏调节了细胞信号转导、细胞膜极化和细胞内化等多种细胞生理活动和功能。

调节细胞信号转导是脂筏最重要的功能之一。脂筏为一些受外界生长因子或配体刺激的膜受体提供了一个富集的平台，使这些膜受体进入一个新的微环境。Simons 等认为，在脂筏微环境内，膜受体分子不仅可以避免被非筏区相关酶类修饰，同时更能有效地接受脂筏中的局部磷酸酶或激酶的修饰，进而增强或减弱下游信号级联的强度。细胞膜的极化进程与脂筏密切相关。例如，在造血干细胞的迁移过程中，脂筏的扰乱会导致黏附分子 ICAM-3 的极化受阻，并进一步阻抑细胞膜的极化。从酵母到哺乳动物细胞，脂筏的不对称性排布都是细胞极化进程中的一个关键环节。此外，脂筏通过小窝或网格蛋白介导的方式参与了调节细胞膜内化过程。研究表明，霍乱毒素、糖基磷脂酰肌醇（GPI）锚定蛋白、SV40 病毒及自分泌活性因子等多种分子能转定位到小窝，通过小窝介导的内吞途径进行细胞内运输。

细胞膜的存在既隔绝了细胞与外界环境，又维持了细胞内环境的相对稳定，与细胞多种生理功能的调控密切相关。脂筏作为细胞膜上特殊的微区结构，具有重要的生物学功能，因此脂筏的异常往往导致多种生理功能的失衡，进而导致多种疾病的发生。目前的研究表明，脂筏功能紊乱与神经系统疾病、心血管疾病、免疫紊乱、病毒感染和肿瘤等多种疾病密切相关。例如，在肿瘤转移方面的多个研究已经阐明，脂筏能够参与肿瘤细胞的黏附、迁移和增殖等的调节和控制，因此在临床医学上常通过使用顺铂、利妥昔单抗等药物修饰脂筏，以达到抑制肿瘤恶化的效果。

近年来的研究发现，在细菌的细胞膜上也广泛存在着类似脂筏结构的膜微区，这些膜微区也与细胞信号转导、蛋白质的分泌与物质的运输密切相关。对脂筏结构和功能的研究不仅加深了人们对许多生命现象的了解，也有助于了解细胞膜的结构和功能，给膜生物学带来更多信息和启示。

第二节 细胞膜的生物学特性

一、膜的流动性

膜的流动性是细胞膜的基本特征之一，也是细胞生长增殖等生命活动的必要条件。膜的流动性主要是指膜脂的流动性和膜蛋白的流动性。

（一）膜脂的流动性

膜脂的流动性主要包括脂分子的侧向运动、旋转运动、尾部摆动及翻转运动。影响膜脂流动性的因素很多，如温度、胆固醇含量、膜蛋白等。

温度对膜脂的运动有明显的影响。在生理条件下，膜大多数呈液晶态，当温度下降到一定程度（<25℃）并达到某一点时，脂双层的性质就会发生明显改变，可以从液晶态转变为晶状凝胶，这时磷脂分子的运动会受到很大的限制；而当温度上升至某一点时又可以熔融为液晶态，人们把这一临界温度称为变相温度（phase transition temperature）。在生物膜中，膜脂的变相温度是由组成生物膜的各种脂分子决定的。鞘脂的变相温度一般高于磷脂，因此在一般情况下，由鞘脂或卵磷脂形成的脂双层膜流动性小，而由磷脂酰乙醇胺、磷脂酰肌醇和磷脂酰丝氨酸等形成的膜脂流动性大。

胆固醇含量对膜脂的流动性也具有一定的调节作用。在变相温度以上时胆固醇含量越高，膜脂的流动性越低，在变相温度以下时，膜脂的流动性随胆固醇含量增加而增加。脂肪酸链的长短和携带氢原子的多少也会影响流动性。通常情况下，长链脂肪酸变相温度高，膜脂流动性降低。此外，脂肪酸链的不饱和程度也会影响膜脂的流动性。脂分子间排列的有序性和不饱和双键的存在都会影响膜的变相温度。膜脂分子中不饱和键越多，膜脂分子间排列的有序性越低，在变相温度以上时，膜的流动性越大。

此外，膜蛋白、遗传因子、pH、离子强度、金属离子、药物作用等，均会影响膜脂的流动性。

（二）膜蛋白的流动性

膜蛋白在膜脂二维流体中也会发生分子运动，其运动的主要方式是侧向扩散和旋转运动，这两种运动方式与膜脂分子相似，但移动速度较慢。膜蛋白在脂双层二维流体中的运动是自发热运动，不需要 ATP 的参与。实验证明，用药物抑制细胞能量转换，不影响膜蛋白的运动。

荧光抗体免疫标记实验是证明膜蛋白能在平面中移动的第一个直接证据。在这个试验中，将小鼠细胞和人细胞人工融合，产生杂交细胞（异核体）。L. D. Frye 和 M. Edidin 用显绿色荧光的抗鼠细胞质膜蛋白的荧光抗体和显红色的荧光抗人细胞质膜蛋白的荧光抗体分别标记小鼠和人的细胞表面。尽管一开始在新形成的异核体中小鼠和人的蛋白质被限制在原来所属的一边，但 40 min 之后这两类蛋白质扩散并混合到整个细胞表面（图 4-7），这一实验清楚地显示了与抗体结合的膜蛋白在质膜上的运动。

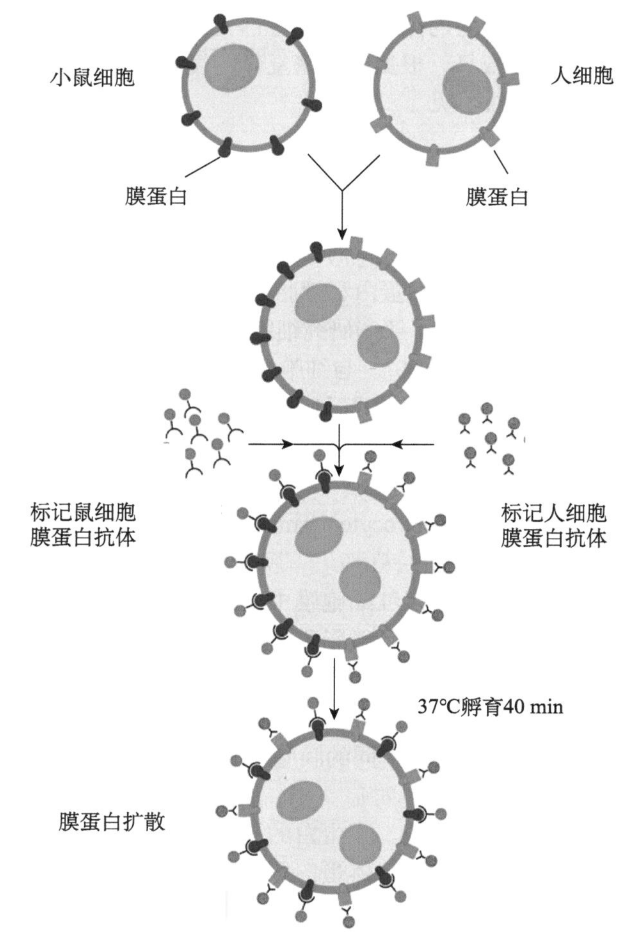

图 4-7　小鼠 - 人细胞融合过程中膜蛋白侧向扩散示意图
（改自 Alberts et al.，2008）

在某些细胞中，随着荧光标记时间的继续延长，已经均匀分布的表面标志荧光会重新排布，聚集在细胞表面的某些部位，称为成斑现象（patching），或者聚集在细胞的一端，称为成帽现象（capping）。这两种现象与二价体的抗体分子交联相邻的膜蛋白分子，同时与膜蛋白和膜下骨架系统的相互作用，以及质膜与细胞内膜系统之间的膜泡运输相关，进一步证明了膜蛋白的流动性。

膜蛋白除了以上述的侧向扩散方式运动外，还会进行旋转运动，即膜蛋白能围绕与膜平面相垂直的轴进行旋转运动，旋转扩散比侧向扩散速度更缓慢。不同的膜蛋白旋转速率与其分子结构和所处的微环境相关。

实际上并不是所有的膜蛋白都能自由运动，有些细胞 90% 的膜蛋白是自由运动的，而有些细胞只有 30% 的膜蛋白处于流动状态。影响膜蛋白在脂双层中运动的因素很多，如膜蛋白聚集形成复合物，其运动将减缓；膜蛋白与膜下细胞骨架结构相结合，将限制膜蛋白的运动；用细胞松弛素 B 处理细胞，阻断微丝的形成，可使膜蛋白流动性增强。此外，膜蛋白周围膜脂的相态对其运动速率有很大影响，处于晶态脂质区的膜蛋白比处于液晶态区的膜蛋白运动缓慢。

二维码

膜蛋白的运动速率可以通过荧光漂白恢复技术（fluorescence recovery after photobleaching，FRAP）来测量【二维码】。这种方法通常是利用特殊的荧光基团标记要研究的膜蛋白，利用激光使膜上某一微区结合有荧光的膜蛋白被不可逆地漂白，由于膜的流动性，其他部位未被漂白的带有荧光的膜蛋白不断进入这个漂白区，荧光又恢复。根据荧光恢复的速度就可以推断出膜蛋白的扩散速度。荧光漂白恢复技术动画视频见【二维码】。

二维码

二、膜的不对称性

膜脂和膜蛋白在生物膜上呈不对称分布，从而使得膜的功能具有不对称性和方向性。这些不对称性主要包括同一种膜脂在脂双层中的分布不同，同一种膜蛋白在脂双层中的分布有特定的方向，膜两侧糖蛋白和糖脂的糖基分布差异等。

为了更好地了解和研究细胞质膜及其他生物膜的不对称性，人们将细胞质的各个膜面都进行了命名［图 4-8（a）］。与细胞外环境接触的膜面称为质膜的细胞外表面（extrocytoplasmic surface，ES），这一层脂分子和膜蛋白称细胞膜的外小叶（outer leaflet）；与细胞质基质接触的膜面称为质膜的原生质表面（protoplasmic surface，PS），这一层脂分子和膜蛋白称为细胞膜的内小叶（inner leaflet）。在电镜冷冻蚀刻技术制样过程中，膜结构从双层脂分子疏水端断开，产生了质膜的细胞外小叶断层面（extrocytoplasmic face，EF）和原生质小叶断层面（protoplasmic face，PF）。

1. 膜脂的不对称性　膜脂的不对称性主要表现在膜中或膜两侧分布的各类脂分子含量不同。例如，在人红细胞膜中，绝大部分的鞘磷脂和卵磷脂分布在质膜外小叶上，而磷脂酰乙醇胺、磷脂酰肌醇及磷脂酰丝氨酸多分布在质膜内小叶，这种分布将会影响质膜的歪曲度。如图［4-8（b）］所示，虽然这些磷脂在脂双层中都有分布，但是其含量却有较大差异。

目前磷脂分子不对称分布的原因及其生物学意义还不是十分清楚，有人认为可能与其合成部位有关，但已知不同的膜脂组分应与膜的特定功能相一致。

2. 膜蛋白的不对称性　所有的膜蛋白，无论是外在膜蛋白还是内在膜蛋白，在质膜上的分布都是不对称的。膜蛋白的不对称性是指膜蛋白分子在细胞膜上具有特定的方向性，如细胞表面的受体、膜上载体蛋白等，都是按一定的取向传递和转运物质。膜上酶促反应也只发生在膜的某一侧。此外，冷冻蚀刻技术可以清楚地揭示膜蛋白在脂双层内外两层中分布有明显差异。例如，在红细胞膜 PF 内蛋白质颗粒为 2800 个 /μm^2，EF 内蛋白质颗粒为 1400 个 /μm^2。各种生物膜的特征及其化学功能主要是由膜蛋白来决定的，膜蛋白的不对称性是生物膜完成复杂而有序的生理功能的保证。

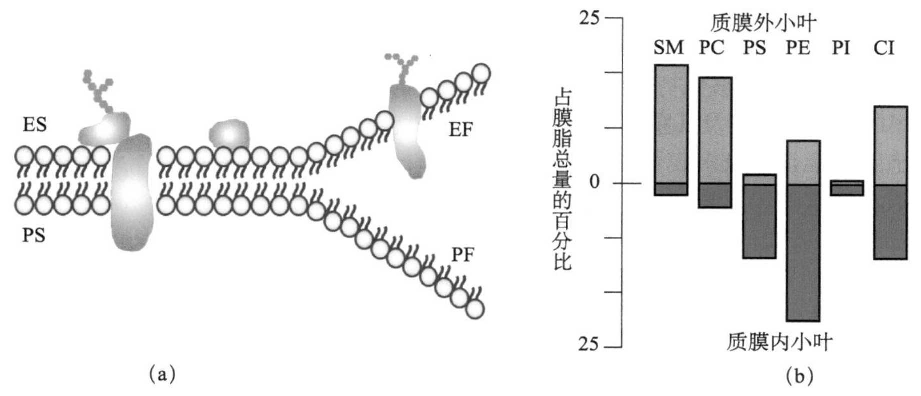

图 4-8 质膜各膜面及膜脂的不对称性分布

（a）质膜各膜面的名称：ES. 质膜的细胞外表面；PS. 质膜的原生质表面；EF. 质膜的细胞外小叶断层面；PF. 原生质小叶断层面。（b）人红细胞膜中几种膜脂的不对称分布：SM. 鞘磷脂；PC. 卵磷脂；PS. 磷脂酰丝氨酸；PE. 磷脂酰乙醇胺；PI. 磷脂酰肌醇；CI. 胆固醇（引自 Iwasa and Marshall，2020）

3. 膜糖的不对称性　膜糖类的分布具有显著的不对称性。糖脂和糖蛋白均表现为完全的不对称性，二者的糖基侧链全部位于质膜或其他内膜的 ES 面（图 4-9）。糖蛋白的糖残基与细胞外的胞外基质，以及生长因子凝集素和抗体等相互作用，如人的 ABO 血型抗原蛋白血型糖蛋白和红细胞膜骨架蛋白带 3 蛋白等。

膜脂、膜蛋白和膜糖的不对称性与膜功能的不对称性和方向性密切相关，具有重要的生物学意义，膜结构上的不对称性保证了膜功能的方向性和生命活动的高度有序性。

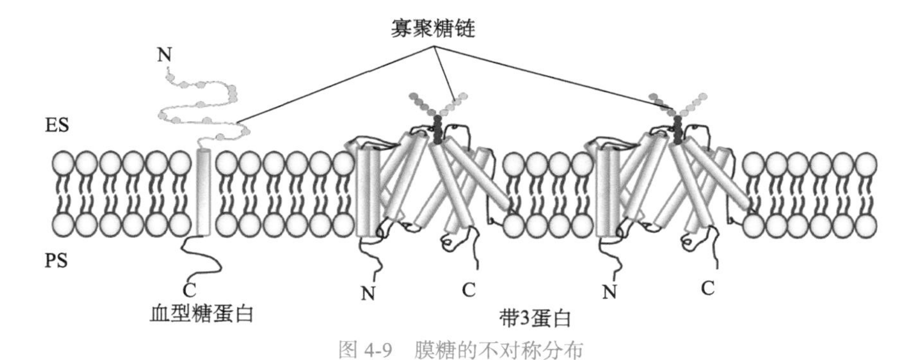

图 4-9 膜糖的不对称分布

三、细胞膜骨架

细胞膜不是孤立存在的结构，通常与膜下结构（主要是细胞骨架系统）相互关联、协同作用，维持细胞膜的形态并形成细胞表面的某些特化结构，如鞭毛（flagllum）、纤毛（cilium）、微绒毛（microvillus）及细胞变形足（lamellipodia）等，以完成特定的生物学功能。细胞膜骨架，简称膜骨架（membrane associated cytoskeleton），是指细胞质膜下与膜蛋白相连的由纤维蛋白组成的网架结构，参与维持细胞质膜的形态结构并协助膜完成各种生理功能。有关细胞膜骨架的结构与功能，研究得比较多和比较清楚的是人类红细胞的膜骨架。红细胞是血液中最主要的细胞，以单细胞形式呈现，不需要和其他组成产生复杂的联系［图 4-10（a）］。和其他细胞相比，红细胞没有细胞核，实验中提取的质膜受其他膜系统污染的概率很低。

红细胞膜骨架的发现主要源自一个称为红细胞“血影”（ghost）构造的发现。所谓红细胞“血影”，就是指红细胞受低渗溶液处理时，细胞破裂，血红蛋白和其他内容物流出后留下的“空壳”结构，该结构能够保持一个细胞的基本性状和大小［图 4-10（b）］。红细胞“血影”为研究细胞膜的结构和功能及其膜骨架的关系提供了理想的材料。

红细胞膜骨架是由众多膜蛋白组成的纤维网状结构［图 4-10（c）］。SDS- 聚丙烯酰胺凝胶电泳分析显示，这些膜蛋白主要包括多种酶（如糖酵解途径的关键酶——甘油醛 -3- 磷酸脱氢酶）、转运离子和糖类的各种转运蛋白、纤维骨架蛋白如血影蛋白，以及构成细胞骨架微丝的主要蛋白——肌动蛋白等［图 4-10（e）］。进一步分析发现，红细胞膜蛋白中丰度最高的蛋白质是一组含糖的蛋白质，称为带 3 蛋白（band 3）和血型糖蛋白（glycophorin）。带 3 蛋白是一种多次跨膜的蛋白质，在红细胞膜上以二聚体形式存在，每个亚基至少跨膜 12 次并且含有少量的寡聚糖分子（占整个分子质量的 6%～8%）。作为膜上阴离子被动交换的通道，带 3 蛋白主要负责红细胞膜上 Cl^-/HCO_3^- 的交换，每个细胞中大约有 120 万个带 3 蛋白分子。血型糖蛋白 A（glycophorin A）是红细胞中的第一个确定了氨基酸序列的膜蛋白，其他的血型糖蛋白还有 B、C、D 和 E，但它们在膜上的丰度很低。和带 3 蛋白一样，血型糖蛋白 A 也是以二聚体的形式存在于红细胞膜上，但与带 3 蛋白不同的是，每个血型糖蛋白 A 的亚基只跨膜一次，却含有一个由 16 个寡聚糖分子组成的糖苷链，约占到整个蛋白质分子质量的 60%。因为其分子中含有大量带负电荷的唾液酸，血型糖蛋白最主要的功能是使红细胞之间相互排斥，不聚集。但是血型糖蛋白 A 和 B 缺失并不导致疾病，因为在这类人群中带 3 蛋白显示出更多的糖基化，从而补偿了因血型糖蛋白 A 和 B 缺乏而引起的细胞膜负电荷缺少，阻止了红细胞间的相互作用而使其不聚集。血型糖蛋白也会被原生动物如疟原虫当作受体成为其进入红细胞的途径，引起疟疾的发生。因此，红细胞缺乏血型糖蛋白 A 和 B 的人群被认为对疟疾具有天然抗性。

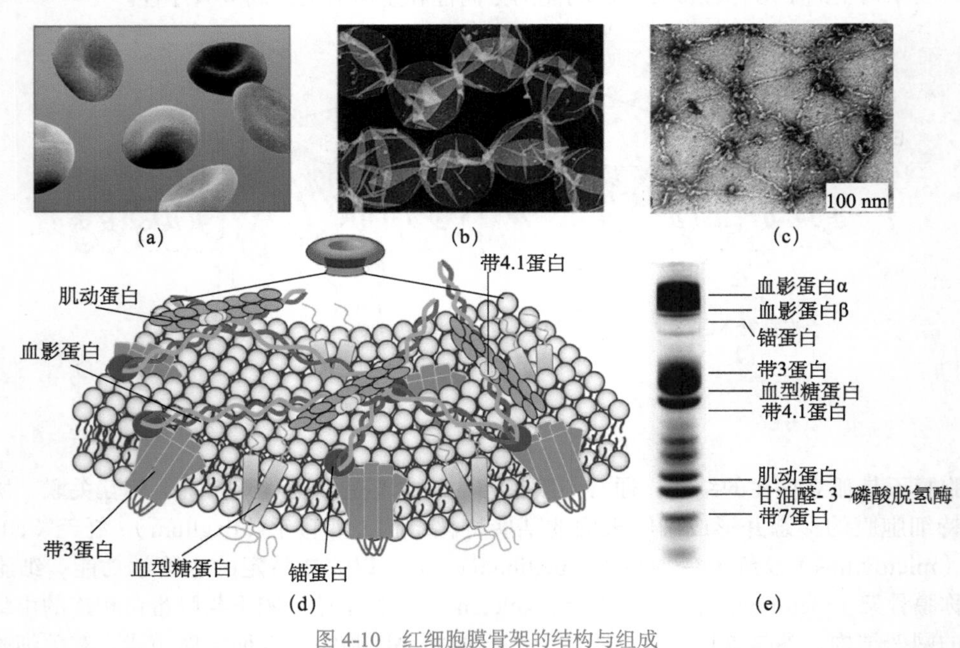

图 4-10　红细胞膜骨架的结构与组成

（a）红细胞形态；（b）红细胞血影；（c）血影的负染色电镜照片，显示网状的膜骨架结构；（d）膜骨架结构示意图；（e）血影成分的 SDS- 聚丙烯酰胺凝胶电泳图［（b）、（c）和（e）图引自 Iwasa and Marshall，2020］

红细胞的双凹饼状形态主要是由一组外周膜蛋白组成的纤维骨架来维持的。如图 4-10（d）所示，血影蛋白（spectrin）、锚蛋白（ankyrin）和肌动蛋白（actin）等在膜骨架的形成中起重要作用。血影蛋白是一种由 α 和 β 两种亚基组成的二聚体长纤维状蛋白，是膜骨架的主要成分。两个二聚体分子再头头相接形成一个长度为 200 nm 的纤维四聚体，具有很好的柔韧性和可塑性，每个红细胞中约有 10 万个这样的血影四聚体。血影蛋白以非共价键的形式与另外一个外周蛋白——锚蛋白相接，而锚蛋白又以非共价键的方式与带 3 蛋白相接，这样就使得血影蛋白与细胞膜紧紧锚定在一起，在膜下形成类似六角或五边形的阵列。同时，每个血影蛋白的末端能够与肌动蛋白和原肌球蛋白（tropomyosin）相接，使膜骨架与细胞骨架相连。纯化的血影蛋白与肌动蛋白纤维的结合能力很弱，但带 4.1 蛋白（band 4.1）和一种称为内收蛋白（adducin）的蛋白质能与之相互作用，大大加强了血影蛋白与肌动蛋白之间的结合力。这样就形成了一个十分坚固的膜骨架结构系统，在红细胞特殊形态的维持中起重要作用。

除过红细胞外，在其他类型细胞中也发现了与血影蛋白、锚蛋白和带 4.1 蛋白等类似的蛋白质，表明膜骨架普遍存在于大多数细胞类型中。例如，一种叫作肌营养不良蛋白（dystrophin）的血影蛋白家族成员，就被发现广泛存在于肌肉细胞的膜骨架中，该蛋白质突变会引起肌萎缩。

第三节　物质的跨膜运输

物质的跨膜运输对细胞的生长和生存至关重要，细胞质膜具有半通透性，不允许细胞内外的分子和离子自由出入。但是由于细胞的生命活动是特殊的分子运动，细胞内有些物质或离子的浓度特别高，这就要求细胞质膜必须具有选择性地进行物质跨膜运输、调节细胞内外物质和离子平衡及渗透压平衡的能力。物质通过细胞质膜的转运主要有三种途径：被动运输、主动运输、胞吞和胞吐作用。

一、离子和小分子物质的跨膜运输

离子和小分子物质的跨膜运输根据是否需要膜转运蛋白及是否需要能量，可分为简单扩散、被动运输和主动运输三种方式，三者之间的区别如图 4-11 和表 4-1 所示。

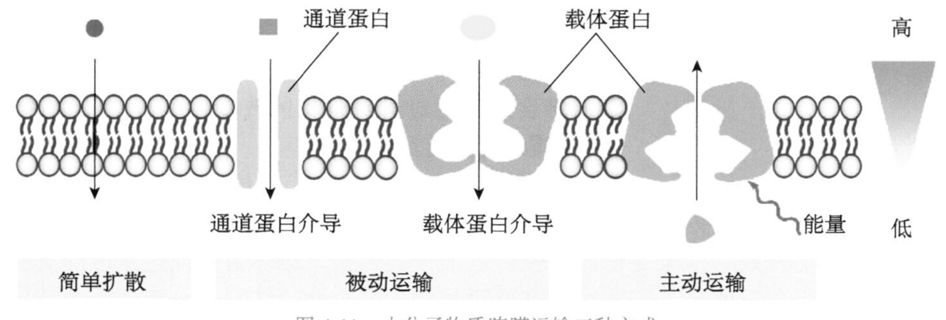

图 4-11　小分子物质跨膜运输三种方式

表 4-1　小分子物质跨膜运输三种方式的比较

物质出入细胞的方式	被动运输		主动运输
	自由扩散	协助扩散	
物质运输方向	顺浓度梯度（从高浓度到低浓度）	顺浓度梯度（从高浓度到低浓度）	逆浓度梯度（从低浓度到高浓度）
是否需要膜转运蛋白	不需要	需要	需要
是否需要消耗能量	不消耗	不消耗	消耗
举例	O_2、CO_2、H_2O、甘油、乙醇、苯	葡萄糖进入红细胞	Na^+、K^+、Ca^{2+} 等离子；小肠吸收葡萄糖、氨基酸

（一）被动运输

被动运输（passive transport）是指通过简单扩散或协助扩散实现物质由高浓度向低浓度方向的跨膜转运，顺浓度梯度方向运输，不消耗能量。如图 4-11 所示，被动运输又分为自由扩散（free diffusion）和协助扩散（facilitated diffusion）。

1. 自由扩散　自由扩散又称为简单扩散，是指脂溶性物质或气体分子，由浓度高处经细胞膜的脂质双分子层向浓度低处运输的方式，是一种单纯的简单扩散（simple diffusion）或自由扩散，不需要细胞消耗能量，不需要转运蛋白的参与。

自由扩散须满足两个条件：一是溶质在膜两侧保持一定的浓度差；二是溶质必须能透过膜，脂溶性物质如醇、苯、甾体类激素及 O_2、CO_2、NO 和 H_2O 等就是通过自由扩散的方式跨膜运输的。扩散速率除依赖浓度梯度的大小以外，还与物质的油 / 水分配系数和分子大小有关。19 世纪末，Overton 研究发现细胞质膜的通透性具有选择性，物质的脂溶性（在油 / 水中的分配系数）越强，越容易通过质膜。20 世纪 30 年代，Collander 的实验室发现分子本身的大小也与扩散速率息息相关，分子质量越小、脂溶越性高的分子扩散速率越快。物质的带电性也是影响简单扩散的重要因素。带电的物质与水结合，增加了分子体积，大大降低了脂溶性，不能够自由扩散。一般来说，气体分子（如 O_2、CO_2、N_2）、小的不带电的极性分子（如水、尿素）、脂溶性的分子等易通过质膜，大的不带电的极性分子（如葡萄糖、蔗糖）较为困难，带电荷离子过膜是最困难的。

2. 协助扩散　协助扩散是指非脂溶性物质从高浓度处经细胞膜向浓度低处扩散时，需要借助于细胞膜上的转运蛋白或通道蛋白才能进行。协助扩散的特点是存在膜转运蛋白，转运速率高，但具有饱和效应。

膜转运蛋白（membrane transport protein）在跨膜运输中起重要作用，主要分为两类：一类是载体蛋白（carrier protein），另一类是通道蛋白（channel protein）。载体蛋白与通道蛋白对溶质的转运机制不同，前者与特异的溶质结合后，通过自身构象的改变以实现物质的跨膜转运，而后者通过形成亲水性通道实现对特异溶质的跨膜转运。

（1）载体蛋白。载体蛋白又俗称为通透酶（permease）、传递体（carrier）或运转体（transporter）（图 4-12），几乎存在于所有类型的生物膜上，属于多次跨膜蛋白，它与待转运的特殊溶质结合并经历一系列构象变化而跨膜转运结合的溶质。载体蛋白促进扩散时具有高度的特异性，每种载体蛋白只能与某一种物质进行暂时性、可逆性的结合和分离。一个特定的载体只运输一种类型的化学物质，甚至一种分子或离子。载体蛋白既可以进行主动运输，也可以进行被动运输。由载体蛋白进行的被动运输不需要 ATP 提供能量，由于载体蛋白促进扩散时一定要同被运输的物质结合，它对物质的转运过程具有类似于酶与底物作用的动力学曲线，可被类似物竞争性抑制。但与酶不同的是，载体蛋白不对转运分子进行任何共价修饰，而是毫无改变地将其转运至膜的另一侧。

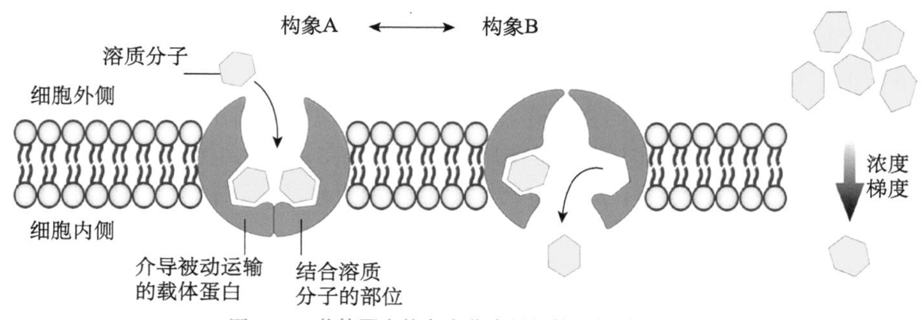

图 4-12　载体蛋白构象变化介导的协助扩散示意图

不同部位的生物膜往往含有各自功能相关的不同载体蛋白，如表 4-2 所示，质膜具有各自功能相关的不同载体蛋白。

表 4-2　哺乳动物细胞载体蛋白的类型

载体蛋白	典型定位	能源	功能
葡萄糖载体	大多数动物细胞的质膜	无	被动输入葡萄糖
Na^+ 驱动的葡萄糖泵	肾和肠细胞的顶部质膜	Na^+ 梯度	主动输入葡萄糖
Na^+- H^+ 交换器	动物细胞的质膜	Na^+ 梯度	主动输出 H^+，调节 pH
Na^+- K^+ 泵	大多数动物细胞的质膜	ATP 水解	主动输出 Na^+ 和输入 K^+
Ca^{2+} 泵	真核细胞的质膜	ATP 水解	主动输出 Ca^{2+}
	植物细胞、真菌和一些细菌的质膜	ATP 水解	从细胞主动输出 H^+
H^+ 泵（H^+-ATPase）	动物细胞溶酶体膜、植物和真菌细胞的液泡膜	ATP 水解	主动将胞质内的 H^+ 转运到溶酶体或液泡
菌紫红质	一些细菌的质膜	光	主动将 H^+ 转运到细胞外

以葡萄糖载体蛋白为例，葡萄糖是人体最基本的直接能量来源，维持血糖稳定对于哺乳动物的代谢和维持体内环境的稳定来说至关重要。机体内葡萄糖水平的平衡被精细调控，因能量摄入而升高的葡萄糖会被快速转运至细胞内，从而恢复机体正常血糖水平（5～6 mmol/L）。哺乳动物葡萄糖代谢主要通过三个过程：第一，小肠细胞吸收葡萄糖；第二，肝脏生成葡萄糖；第三，葡萄糖通过所有的组织细胞代谢运输。葡萄糖载体蛋白有两种构型，一种构型朝向细胞表面暴露出与葡萄糖的结合位点，当有葡萄糖与其结合时，运输蛋白的构型发生变化，这样与葡萄糖结合的位点朝向细胞质面，此时葡萄糖与运输蛋白的亲和力降低，从而被释放到细胞质中。当葡萄糖被释放后，运输蛋白又恢复到原有构型，进行下一轮循环。目前发现，哺乳动物的葡萄糖转运蛋白（glucose transporter，GLUT）家族有 14 个成员，它们之间具有高度同源的氨基酸序列，都含有 12 次跨膜的 α 螺旋。根据序列的相似性和结构特点，动物细胞 GLUT 可分为三类：第一类包括 GLUT1～GLUT4 和 GLUT14；第二类包括 GLUT5、GLUT7、GLUT9 和 GLUT11；第三类包括 GLUT6、GLUT10、GLUT12 和 GLUT13。

GLUT1 蛋白的多肽跨膜段主要由疏水性氨基酸残基组成，但有些 α 螺旋带有 Ser、Thr、

Asp 和 Glu 残基，它们的侧链可以和葡萄糖羟基形成氢键，这些氨基酸残基被认为可以形成载体蛋白内部朝内和朝外的葡萄糖结合位点。GLUT1 对细胞获取葡萄糖最为重要，其功能的缺失会造成严重的疾病，可能造成永久的脑部损伤，产生早发型惊厥、智力缺陷等症状。此外，因为肿瘤细胞大量需求葡萄糖，GLUT1 也是肿瘤诊断的分子标记。GLUT4 主要在胰岛素刺激后发挥作用，因此被称为胰岛素反应性亚型葡萄糖转运蛋白。GLUT4 在脂肪、骨骼肌和心脏（胰岛素响应组织）中表达量高，在平滑肌和肾脏中表达量较低。胰岛素刺激性骨骼肌摄取葡萄糖是细胞外源葡萄糖利用的主要途径，GLUT4 是葡萄糖移出循环系统的主要转运体，在维持机体葡萄糖稳态中起关键作用。GLUT14 在人睾丸组织中表达量较高，在胃癌组织中也有表达，但其在肿瘤生物学上的作用机理还未被揭示。GLUT1 的晶体结构及其对葡萄糖的转运机制见【二维码】。

二维码

植物细胞中也存在葡萄糖转运蛋白，也是一个多基因编码的蛋白质家族，其功能与在动物细胞中的类似，在葡萄糖的转运和器官组织分布中发挥重要作用。

（2）通道蛋白。通道蛋白是靠形成贯穿质膜的亲水性通道来完成物质运输的，它们允许特殊溶质（通常是具有适当大小和电荷的无机离子）以简单扩散的方式通过通道蛋白进出细胞。通过通道蛋白转运的发生频率比由载体蛋白介导的转运发生的频率要高得多，通道蛋白运输速度很快，每秒可有 10^6 个离子通过。通道蛋白根据其转运分子的不同可分为离子通道蛋白（ion channel）和水通道蛋白（aquaporin，AQP），目前所发现的大多数通道蛋白都是离子通道蛋白。

1）离子通道蛋白。离子通道上常具有门，又称为门通道（gate channel）。离子通道不仅有门，而且对离子通过具有高度的选择性，一种通道只允许一种或一类离子通过，其他的不能通过，对离子的选择性依赖于通道的直径、形状和通道内衬的电荷分布。离子通道介导的被动运输不需要与溶质分子结合，大小和电荷适宜的离子可以通过。

与载体蛋白相比，通道蛋白只介导被动运输，且具有三个显著特点：一是离子转运速率高；二是离子通道没有饱和值；三是离子通道不是连续开放而是门控的。多数情况下，离子通道呈关闭状态，只有在应答膜电位改变、受化学信号或压力刺激后，跨膜离子通道才能开启。根据刺激信号的不同，离子通道蛋白可区分为电压门通道（voltage-gated channel）、配体门通道（ligand-gated）和应力激活通道（stress-activated channel）。图 4-13 是推测的三种类型离子通道的一般结构和作用方式。

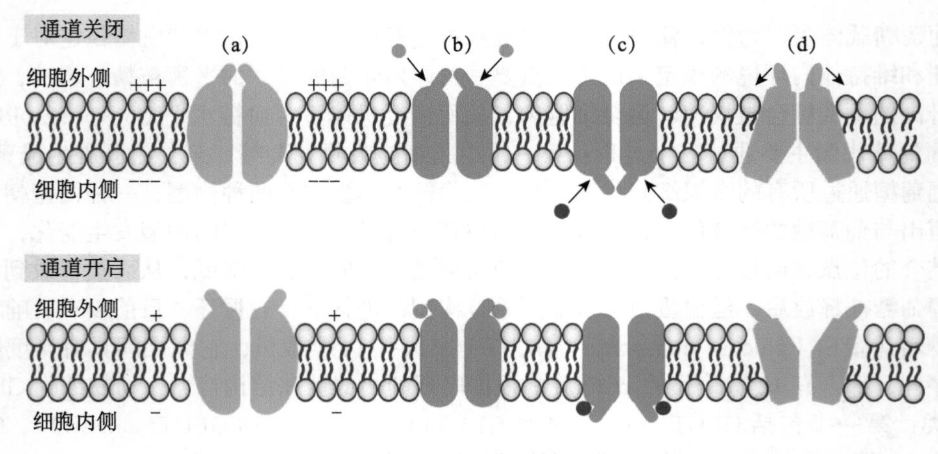

图 4-13　三种类型离子通道的结构与作用示意图

（a）电压门通道；（b）配体门通道（胞外配体）；（c）配体门通道（胞内配体）；（d）应力激活通道

A. 电压门通道。带电荷的蛋白质结构域会随跨膜电位梯度的改变而发生相应的移动，从而使离子通道关闭或开启。此类通道蛋白分子结构中存在着一些对膜电位改变敏感的亚单位，可诱发通道蛋白构象的改变，从而将“门”打开，使得一些离子顺浓度梯度扩散通过细胞膜。闸门开放的时间非常短，只有几秒，随即迅速自发关闭。

B. 配体门通道。细胞内外的某些小分子配体与通道蛋白结合继而引起通道蛋白的构象改变，从而使离子通道开启或关闭。烟碱型乙酰胆碱受体（nicotinic acetylcholine receptor，nAChR）是典型的配体门控通道（图 4-14）。它是由 4 种不同的亚单位组成的五聚体跨膜蛋白（$\alpha_2\beta\gamma\delta$）[图 4-14（a）]，每个亚单位均由一个大的跨膜 N 端（约 210 氨基酸），4 段跨膜序列（M1～M4）及一个短的胞外 C 端组成 [图 4-14（c）]。各亚单位通过氢键等共价键形成一个结构为 $\alpha_2\beta\gamma\delta$ 的梅花状通道结构。乙酰胆碱（acetylcholine，ACh）在其通道表面上有两个结合位点，在无 ACh 结合时，受体各亚基中的 M2 共同组成的孔区处于关闭状态，此时 M2 亚基上的亮氨酸残基伸向孔内形成一个纽扣结构 [图 4-14（b）]；一旦 ACh 与受体结合，便会引起孔区的构象改变，M2 亚基上的亮氨酸残基从孔道旋转出去，其形成的孔径足以使膜外高浓度的 Na^+ 内流，同时使膜内高浓度的 K^+ 外流，结果使得该处膜内外电位差接近于 0 值。

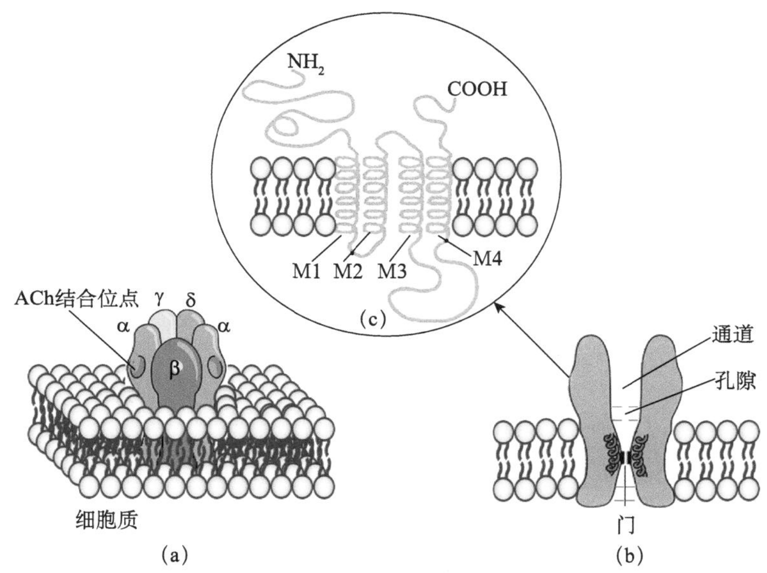

图 4-14 乙酰胆碱受体模式图

C. 应力激活通道。通道蛋白感应应力而改变构象，从而开启通道形成离子流，产生电信号。内耳听觉毛细胞是依赖于这类通道的典型例子，当声音传至内耳时，引起毛细胞下方的基膜发生震动，使听毛触及上方的覆膜，迫使听毛发生倾斜产生弯曲。在这种机械应力作用下，应力门控通道开放，允许离子进入内耳毛细胞，膜电位改变，从而使声波信号传递给听觉神经元。

离子通道的研究在临床上具有重要意义，一些遗传缺陷疾病与离子通道有关。目前已经克隆了部分通道蛋白的基因，通过测定其蛋白质序列推测了其结构形式和作用机制。离子通道功能紊乱、离子失衡等可诱发多种疾病，如癫痫、心律失调和糖尿病等。有学者将这些和离子通道功能紊乱相关的疾病称为“通道病”。

2）水通道蛋白。水通道蛋白负责水分的跨膜转运。有机体大多数水是直接通过脂双层进入细胞的，只有部分水是通过蛋白通道进行扩散的。水通道蛋白（aquaporin，AQP）也称为水孔蛋白，对于细胞渗透压及生理与病理的调节十分重要。例如，人肾近曲小管对原尿中水的吸收作用，通常一个正常成年人每天要产生 180 L 原尿，这些原尿经近曲小管的水孔蛋白吸收，大部分被人体循环利用，最终只有约 1 L 的尿液排出体外。AQP 可以增强膜的导水率，使其对水的渗透增加 10～20 倍，极大地促进了水分的跨膜扩散效率。

目前，人们已经在动物和植物细胞中发现了多种类型的水通道蛋白。哺乳动物细胞中已经鉴定出的水通道蛋白家族有 13 个成员（AQP0～AQP12），这 13 个蛋白至少可分为三类。质膜水通道蛋白 AQP1 是 1988 年发现的，一开始将这种蛋白质称为通道形成整合蛋白（CHIP），是人红细胞膜的一种主要蛋白，它可以使红细胞快速膨胀或收缩以适应细胞间渗透压的变化。微生物、动物和植物水通道蛋白都具有高度保守的结构特征。如图 4-15 所示，AQP1 是由 4 个亚基组成的四聚体，每个亚基的分子质量为 28 kDa，每个亚基的中心存在一个只允许水分子通过的中央孔。一个 AQP1 分子是一条多肽链，每个亚基的 6 个长 α 螺旋构成基本骨架，其间还有两个嵌入但不贯穿膜的短 α 螺旋位于脂双层中，在两个螺旋相对的顶端各有一个在所有水通道蛋白中都保守存在的 Asn-Pro-Ala（NPA）基序（motif），它们使得这种顶对结构得以稳定存在。水通道蛋白整体维持在一个封闭的构象，实现水分的跨膜运输，任何导致水通道蛋白整体构象改变的行为都会影响其水分转运活性。

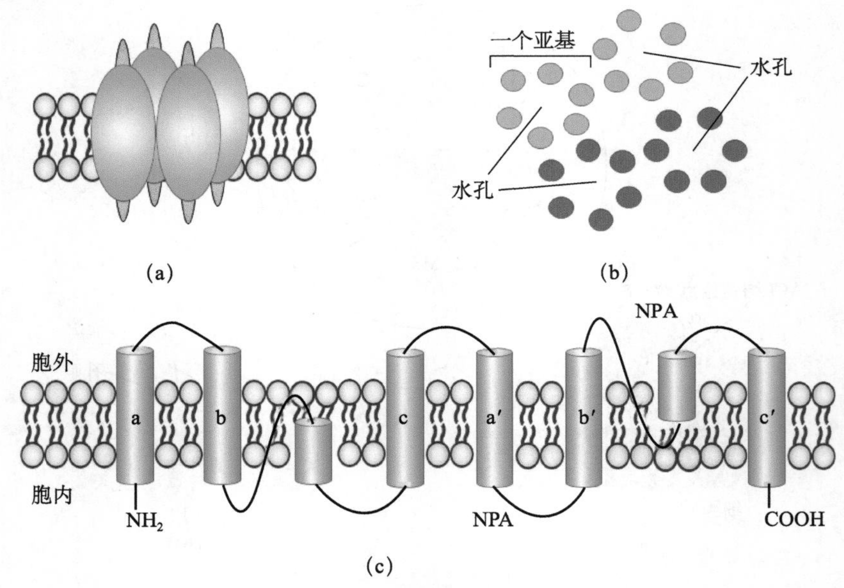

图 4-15 水通道模式图

（a）质膜中 4 个亚基组成的水通道四聚体；（b）水通道 4 个亚基的中心分别存在一个水孔；（c）每个亚基由 3 对同源的跨膜 α 螺旋（aa′、bb′、cc′）组成

植物的绝大部分组织中都存在水通道蛋白，并且不同类型的水通道蛋白在植物发育中的不同阶段具有其各自独特的功能。植物水通道蛋白家族的复杂性远高于动物。根据拟南芥基因组信息分析，植物 AQP 家族可分为 13 个质膜内在蛋白（plasma membrane intrinsic protein，PIP）和 10 个液泡膜内在蛋白（tonoplast intrinsic protein，TIP）。第三类是在豆科根结上发现和定位的 9 个类根瘤菌 26 蛋白（NLMs or NOD26-like intrinsic protein，NIP）。另外，还将无底物特异性，也不具备胞内定位的小基础内在蛋白（small basic intrinsic protein，SIP）归为第四类 AQP 蛋白。2005 年，在小立碗藓中，发现了第五类 MIP 亚家族（Glp F-like intrinsic protein，GIP）、第

六类 MIP 亚家族（hybrid intrinsic protein，HIP）和第七类 MIP 亚家族（X intrinsic protein，XIP）。

植物水通道蛋白的活性受到类似“门阀”调控，除了受调控“开关”方式的蛋白活性调节外，还包括转录后调节、翻译后（如异聚化、磷酸化和糖基化等）调节，以及内部和外界环境，如浓度、重金属和激素等的调节。通常状况下，AQP 主要参与水分子快速的跨膜转运，具有高度的底物特异性。但是在植物细胞中有些水通道蛋白除了调控水分转运之外，还能参与某些离子、甘油和尿素等有机小分子的跨膜转运。植物水通道蛋白在应对各类环境胁迫的过程中具有非常重要的作用，至今已在一系列物种中发现越来越多的水通道蛋白。第一个被确认的受到水胁迫诱导表达的水通道蛋白基因是豌豆的 *7a* 基因，在高浓度盐胁迫时会造成短时间内多个水通道蛋白基因表达水平的显著降低，然而随着细胞内渗透调节物质的积累，水通道蛋白基因的表达能够逐渐恢复到胁迫前的水平甚至更高，说明 AQP 家族基因的表达受到动态调控以适应不同的环境变化。

（二）主动运输

主动运输（active transport）与上述的被动运输不同，被动运输只能将物质从高浓度向低浓度方向运输，趋向于细胞内外的浓度达到平衡。实际上，细胞内外的物质浓度差别很大，即使在细胞内，不同物质间的浓度差别也很大，浓度的差异是维持细胞生命活动所必需的，仅有被动运输是不可能建立这些差异并维持细胞内物质浓度稳定的，因此细胞需要有主动的运输方式，以保证细胞内物质的稳定并建立不同的浓度梯度。在主动运输过程中，物质逆着浓度梯度由低浓度向高浓度运输，在此过程中需要能量供给。能量的来源包括 ATP 水解、光吸收、电子传递、顺浓度梯度的离子运动等。如果说被动运输是减少细胞与周围环境的差别的话，主动运输则是努力创造差别，维持生命的活力。

根据主动运输过程中能量利用方式的不同，可分为 3 种类型：ATP 驱动泵（ATP-driven pump）（ATP 直接提供能量）、协同转运（cotransporter）蛋白或偶联转运（coupled transporter）蛋白（间接提供能量）、光驱动泵（light-driven pump）。

1. ATP 驱动泵　ATP 驱动泵是利用 ATP 水解产生的能量来实现小分子或离子逆浓度梯度或电化学梯度的跨膜运输。ATP 驱动泵将 ATP 水解成 ADP 和无机磷（Pi），并利用释放的能量将小分子物质或离子进行跨膜转运，因此 ATP 驱动泵通常又被称为转运 ATPase。正常情况下 ATPase 并不能单独水解 ATP，而是将 ATP 水解与物质的跨膜转运紧密偶联在一起。根据泵蛋白的结构域和功能特性，可将 ATP 驱动泵分为 4 种类型：P- 型离子泵、V- 型质子泵、F- 型质子泵和 ABC 超家族（图 4-16）。前三种只转运离子，后一种主要是转运小分子。

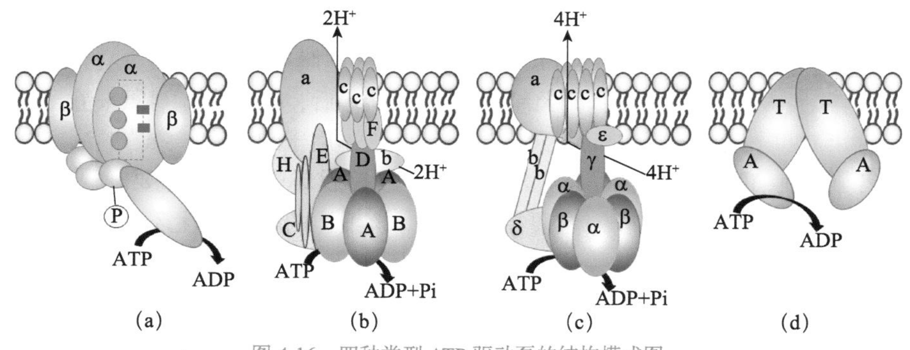

图 4-16　四种类型 ATP 驱动泵的结构模式图

（a）P- 型离子泵；（b）V- 型质子泵；（c）F- 型质子泵；（d）ABC 超家族

（1）P-型离子泵。P-型离子泵是多个跨膜区组成的跨膜蛋白，负责 Na^+、K^+、H^+、Ca^{2+} 等离子的跨膜运输。P-型离子泵有两个独立的大亚基（α 催化亚基），具有 ATP 结合位点，绝大多数还具有 2 个小的 β 调节亚基，组成四聚体，至少有一个 α 催化亚基发生磷酸化和去磷酸化反应，改变转运泵的构象，实现离子的跨膜转运。转运泵水解 ATP 使自身形成磷酸化的中间体，如具有代表性的钠钾泵（又称 Na^+-K^+ ATP 酶）（图 4-17），α 亚基是一个多次跨膜的膜整合蛋白，在胞质中具有 Na^+ 和 ATP 的结合位点，在膜外侧有 K^+ 或乌本苷的结合位点。乌本苷是 Na^+-K^+ ATP 酶抑制剂，可与 K^+ 竞争结合位点。β 亚基是具有组织特异性的糖蛋白，通过 Na^+ 依赖的 α 亚基的磷酸化和 K^+ 依赖的 α 亚基的去磷酸化引起的构象变化有序交替可逆地进行，每秒钟可发生约 1000 次构象的变化，将两种离子进行跨膜运输。每个循环水解 1 个 ATP 分子，泵出 3 个 Na^+ 并且泵进 2 个 K^+，形成胞外高钠胞内高钾的特殊离子浓度梯度。这种浓度梯度有助于维持细胞内外的渗透压平衡，并保证了另一些物质的主动运输。

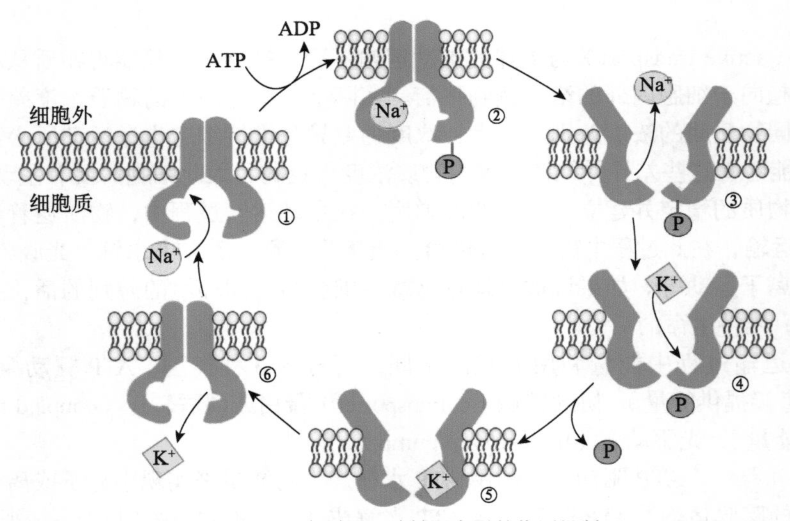

图 4-17　Na^+-K^+ATP 酶转运离子的作用机制

①Na^+ 结合到酶上；②酶磷酸化；③酶构象变化，Na^+ 释放到细胞外；④K^+ 与酶蛋白质结合；⑤酶去磷酸化；⑥酶构象恢复原始状态，K^+ 释放到细胞内

Ca^{2+} 泵与钠钾泵一样，也是 ATP 酶，所以又称 Ca^{2+}-ATP 酶。Ca^{2+} 在真核细胞的胞质中浓度极低（$\leqslant 10^{-7}$ mol/L），在胞外浓度较高，约为 10^{-3} mol/L。它通过将 Ca^{2+} 泵出细胞，用来维持细胞内外的 Ca^{2+} 浓度的稳态（homeostasis）。真核细胞的细胞膜中都含有 Ca^{2+}-ATP 酶，也有磷酸化和去磷酸化的过程，通过改变两种构象结合、释放 Ca^{2+} 后，构型恢复到原来静息的状态。膜两侧的 Ca^{2+} 浓度梯度具有十分重要的意义，当外界信号作用于细胞时，Ca^{2+} 顺浓度梯度流入细胞，形成钙离子流使细胞质中的 Ca^{2+} 浓度增高，这对于跨膜信息传递很重要。

（2）V-型质子泵。V-型质子泵主要指存在于真核细胞的膜性酸性区室，如动物细胞的胞内体膜、溶酶体膜，破骨细胞和某些肾小管细胞的质膜，以及植物、酵母及其他真菌细胞的液泡膜。V-型质子泵也是由多个跨膜和胞质侧亚基组成，其作用是利用 ATP 水解供能，将 H^+ 从胞质基质中逆 H^+ 电化学梯度转运到上述细胞器和囊泡中，使其成为酸性环境并保持胞质基质 pH 中性。V-型质子泵只转运质子，并且在转运 H^+ 过程中不形成磷酸化的中间体。

（3）F- 型质子泵。F- 型质子泵存在于细菌质膜、线粒体内膜和叶绿体内囊体膜上，它使 H^+ 顺浓度梯度运动，所释放的能量将 ADP 转化成 ATP，偶联质子转运和 ATP 合成，在线粒体氧化磷酸化和叶绿体光合磷酸化中起重要作用。因此，F- 质子泵也被称作 H^+-ATP 合成酶。F- 型质子泵与 V- 型质子泵一样，都含有几种不同的跨膜和胞质侧亚基。与 P- 型离子泵不同，在功能上也是只能转运质子，并且在转运 H^+ 过程中不形成磷酸化的中间体。

（4）ABC 超家族。ABC 超家族是一类 ATP 驱动泵，又称 ABC 转运蛋白。该超家族含有几百种不同的转运蛋白，广泛分布于各种生物中，是最大的一类转运蛋白。典型的 ABC 转运蛋白有 4 个结构域，即 2 个跨膜结构域（TMD）和 2 个核苷酸结合区域（NBD）[图 4-16（d）]。每个 TMD 一般含有 4～6 个 α 螺旋，形成底物分子运输的通道。每个 NBD 含有 3 个高度保守的特征基序：Walker A 盒、Walker B 盒及位于这两个基序之间的 Walker C。NBD 能够结合和水解 ATP，而 TMD 则能够利用 ATP 水解释放的能量，将其识别的底物进行跨膜转运。

细菌除了通过 H^+-ATPase 形成的 H^+ 电化学梯度来吸收营养物质外，其质膜上含有大量依赖水解 ATP 提供能量逆浓度梯度从环境中摄取各种营养物质的 ABC 转运蛋白。在人类基因组中确定有 49 个 ABC 转运蛋白，其中 P 型糖蛋白（P-gp）参与肿瘤细胞耐药机制的形成。在植物中，ABC 转运蛋白的数量高于动物或者微生物。第一个植物 ABC 转运蛋白的研究是发现其在细胞内（液泡）具有解毒功能，之后对大量的 ABC 转运蛋白的功能进行了研究和验证。目前已经对拟南芥、小麦、长春花、东北红豆杉、银杏、杨树、玉米等多种植物中的 ABC 转运蛋白进行了研究。除了封闭的外源性结合物，ABC 转运蛋白的底物还包括植物激素 [如吲哚乙酸（IAA）、吲哚丁酸（IBA）、脱落酸（ABA）和细胞分裂素]、重金属、脂类、萜类化合物和有机酸等。拟南芥基因组中有超过 120 个 ABC 转运蛋白基因，功能也具有多样性，参与了植物器官生长、营养物质运输、抵抗病原体、胁迫反应等过程。

2. 协同转运蛋白或偶联转运蛋白　协同转运蛋白或偶联转运蛋白介导各种离子和分子的跨膜运动，包括两种基本类型：同向协同转运蛋白和反向协同转运蛋白。它们使一种或一类物质的逆浓度梯度转运与一种或多种不同离子的顺浓度梯度转运偶联起来，是一类由 Na^+-K^+ 泵（或 H^+ 泵）与载体蛋白协同作用，间接消耗 ATP 所完成的主动运输方式。物质跨膜转运所需要的直接动力来自膜两侧离子的电化学梯度，而维持这种离子电化学梯度则是通过 Na^+-K^+ 泵（或 H^+ 泵）消耗 ATP 所实现的。

根据溶质分子的运输方向与顺电化学梯度转移的离子（Na^+ 或 H^+）方向不同，又分为同向共转运（symport）和反向共转运（antiport），其物质运输方式见【二维码】。动物细胞协同运输的离子通常是 Na^+，葡萄糖进入小肠和肾细胞就是通过同向运输系统的。如图 4-18 所示，小肠上皮细胞中 Na^+- 葡萄糖同向运输系统位于细胞膜的游离面，主动运输葡萄糖进入细胞，使细胞内葡萄糖的浓度比肠腔高 176 倍；而胞内葡萄糖运输出的载体蛋白位于细胞的基底面或侧面，葡萄糖经易化扩散进入细胞外液。维持电化学梯度的 Na^+-K^+ 泵也位于基底面，负责将 Na^+ 排出胞外。

二维码

许多动物细胞的质膜至少有 5 种不同的氨基酸载体蛋白，每一特定的载体蛋白结合一组关系相近的氨基酸，它与 Na^+ 可作为同向运输系统工作。Na^+ 的梯度也能驱动异向运输系统，如动物细胞常通过 Na^+ 驱动 Na^+-H^+ 逆向运输的方式来转运 H^+ 以调节细胞内的 pH。植物细胞膜上 Na^+-H^+ 逆向运输对植物抗盐有重要的作用，植物逆向转运蛋白首先在大麦质膜上被鉴定到。近年来，在模式植物拟南芥中鉴定了质膜逆向转运蛋白 SOS1，SOS1 定位于叶和根的质膜上，分子质量为 127 kDa。SOS 信号转导途径揭示了在盐胁迫下植物体内关于离子稳态调节和耐钠性的机理。目前鉴定的与该途径有关的蛋白主要有 SOS1、SOS2、SOS3 三个蛋白，它们在一条共同的信号传导途径中起作用。

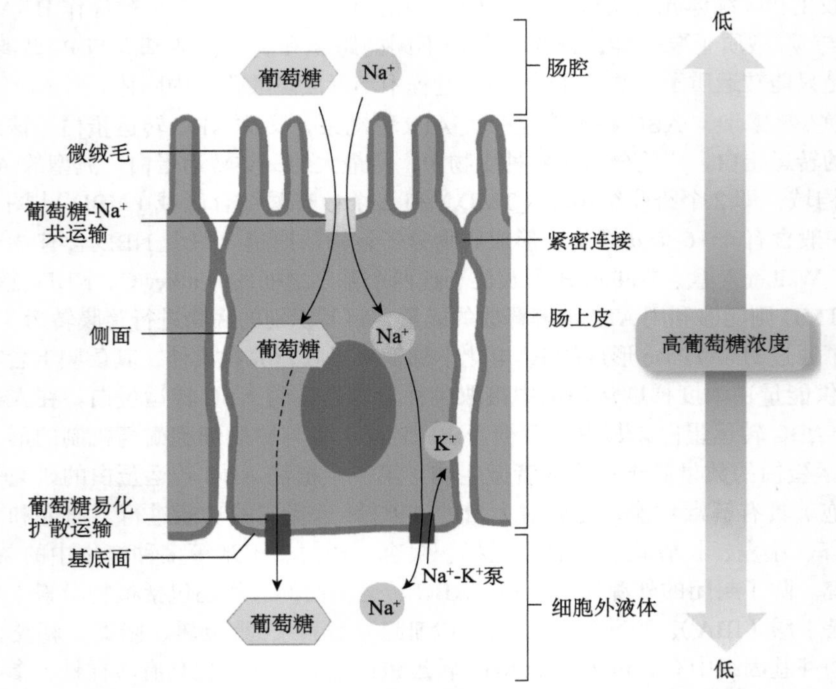

图 4-18　小肠上皮细胞转运葡萄糖从肠腔到血液的跨细胞运输示意图

（参考 Albert et al.，2008）

二维码

3. 光驱动泵　　光驱动泵主要发现于细菌细胞，对溶质的主动运输与光能的输入相偶联，如菌紫红质利用光能驱动 H^+ 的转运。光驱动泵的作用示意图见【二维码】。

二、大分子和颗粒物质的跨膜运输

上述的被动运输和主动运输都是主要由运输蛋白介导的小分子物质和离子的跨膜运输，而真核细胞完成大分子和颗粒性物质（如蛋白质、多核苷酸、多糖等）的跨膜运输是通过胞吞作用（endocytosis）和胞吐作用（exocytosis）完成的。在转运的过程中，物质包裹在脂双层膜包被的囊泡中，因此又称为囊泡运输。这种运输方式常常可同时转运一种或一种以上数量不等的大分子甚至颗粒性物质，因此也有人称此过程为批量运输（bulk transport）。在膜泡转运的过程中涉及质膜的融合与断裂，因此也需要消耗能量。细胞摄入大分子或颗粒物质的过程称为胞吞作用，细胞排出大分子或颗粒物质的过程称为胞吐作用。囊泡运输不仅发生在质膜，胞内各种膜性细胞器（如内质网、高尔基体复合体、溶酶体等）之间的物质运输均是以这种方式进行的（图 4-19）。细胞胞吞和胞吐作用的视频见【二维码】。

二维码

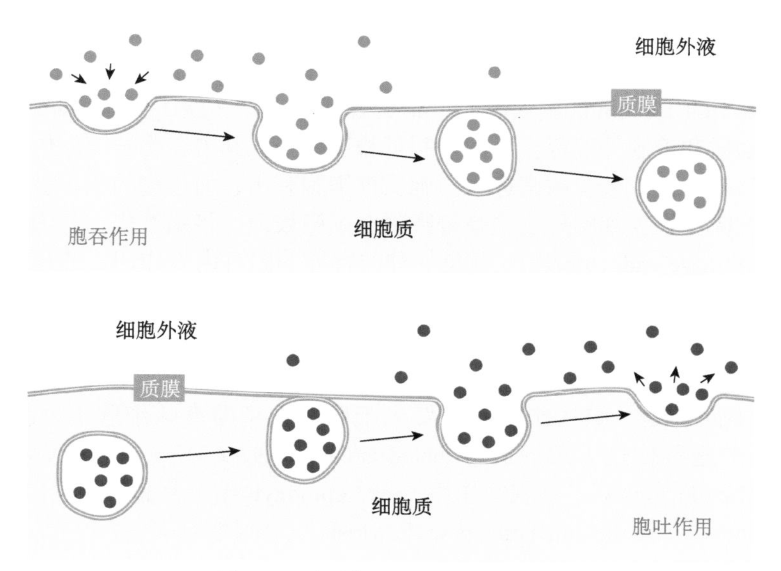

图 4-19 胞吞作用和胞吐作用示意图

（一）胞吞作用

胞吞作用又称内吞作用，它是通过质膜内陷，包围细胞外物质形成胞吞泡，脱离质膜进入细胞内的转运过程。根据形成小泡的大小和内容物的不同可分为两种类型：吞噬作用（phagocytosis）和胞饮作用（pinocytosis）。当胞吞物为颗粒性物质，形成较大的囊泡时，称为吞噬作用；当胞吞物为溶液，形成较小的囊泡时，称为胞饮作用。吞噬作用和胞饮作用的主要区别见表 4-3。

表 4-3 吞噬作用和胞饮作用的主要区别

特征	内吞泡的大小	转运方式	内吞泡形成机制
吞噬作用	大于 250 nm	受体介导的信号触发过程	需要微丝及其组合蛋白的参与
胞饮作用	小于 150 nm	连续发生的过程	需要笼形蛋白形成胞被及结合素蛋白的连接

1. 吞噬作用

吞噬作用是一类特殊的胞吞作用。通过吞噬作用形成的胞吞泡叫作吞噬体（phagosome）。吞噬的过程如图 4-20 所示，当被吞噬的物质与细胞表面接触时，引发局部质膜伸出伪足，包围细胞外的颗粒物质，形成吞噬体。吞噬体与溶酶体融合，其中被吞噬的物质被溶酶体酶消化降解，产生的小分子物质进入胞质，被细胞再利用。

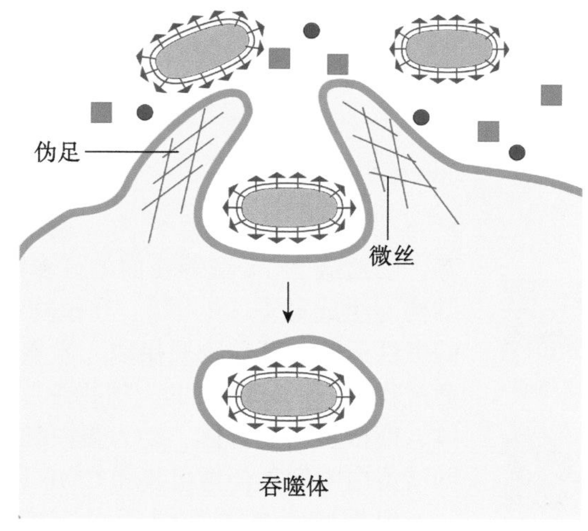

图 4-20 吞噬作用示意图

在哺乳动物中体内大多数细胞不能进行吞噬作用，只有几种具有吞噬功能的细胞才具有这种吞噬作用，如巨噬细胞和中性粒细胞。巨噬细胞广泛分布在血液和组织中，在清除衰老和损伤的细胞及细胞碎片中起重要的作用。中性粒细胞是一种血细胞，它们在体内负担消灭入侵微生物的责任，使机体免受感染。

2. 胞饮作用　在吞噬过程中，若被吞噬的是液体，则称为胞饮作用。它通常不需要刺激激活，一般形成较小的 100 nm 的胞饮小泡（pinocytic vesicle）或胞饮体（pinosome），其中含有被吞入的可溶性物质和细胞外液等。小泡之间可相互融合，其内容物被溶酶体降解后产生的小分子物质，如氨基酸、核苷酸和糖则进入细胞质被细胞利用，而小泡的膜不被降解，它可通过各种途径回到细胞膜。根据细胞外物质是否吸附在细胞表面，将胞饮作用分为两种类型：一种是液相内吞（fluid-phase endocytosis），这是一种非特异的固有内吞作用，通过这种作用，细胞把细胞外液及其中的可溶性物质摄入细胞内；另一种是吸附内吞（absorption endocytosis），在这种胞饮作用中，细胞外大分子或者是小颗粒物质先以某种方式吸附在细胞表面，因此具有一定的特异性。

与吞噬作用不同的是，胞饮作用几乎发生于所有类型的真核细胞中。胞饮作用可以分为网格蛋白介导的胞吞作用（clathrin-mediated endocytosis，CME）、胞膜窖介导的胞吞作用（caveolin-mediated endocytosis）、巨胞饮作用（macropinocytosis）及非网格蛋白 / 胞膜窖介导的胞吞作用（clathrin and caveolin-independent endocytosis）（图 4-21）。

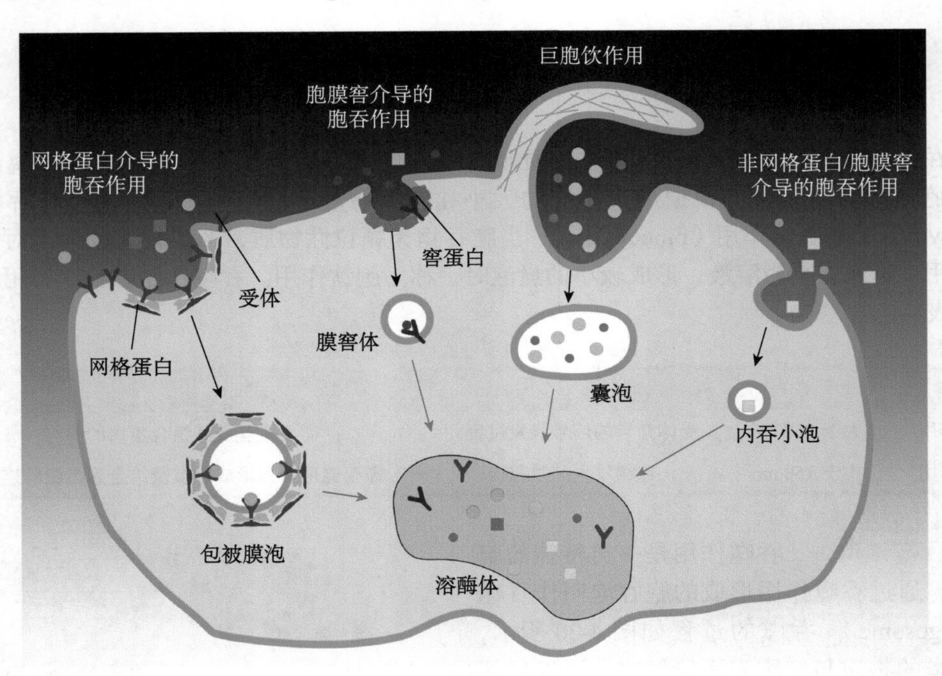

图 4-21　胞饮作用的类型及作用机制示意图

（1）网格蛋白介导的胞吞作用。网格蛋白介导的胞吞作用是包括登革病毒、丙型肝炎病毒、肠道病毒 71 型等在内的许多病毒进入细胞的主要途径。网格蛋白复合物的分子结构与组成见【二维码】。在植物细胞中，网格蛋白介导的胞吞作用对于植物生长素的极性运输、营养物质摄取、激素和病原菌入侵诱导的信号转导，以及其他细胞内生命过程都是至关重要的。植物细胞中参与 CME 的主要蛋白质组分包括网格蛋白复合体、衔接蛋白复合体、动力蛋白和其他一些调节蛋白。模式植物拟南芥基因组中参与网格蛋白内吞复合物组装和 CME 调节的基因种类及其功能见【二维码】。

二维码

二维码

根据胞吞的物质是否具有专一性，可将胞吞作用分为受体介导的胞吞作用

（receptor mediated endocytosis）和非特异性的胞吞作用。在受体介导的胞吞作用中，不同类型的受体具有不同的内体分选途径：一是大部分受体返回它们原来的质膜区域，如低密度脂蛋白（low-density lipoprotein，LDL）受体；二是有些受体不能再循环而是最后进入溶酶体进行消化，如表皮生长受体等；三是有些受体 - 配体在内体中不分离，内体在细胞另一侧与质膜融合释放配体，受体也被运至另一侧的质膜。

胆固醇是动物细胞质膜的基本成分，也是固醇类激素的前体。胆固醇主要在肝细胞中合成，是极端不溶的，它在血液中的运输是通过与磷脂和蛋白质结合形成 LDL。LDL 为球形颗粒，直径约为 22 nm。如图 4-22 所示，受体向有被小窝集中与 LDL 结合，有被小窝凹陷、缢缩形成有被膜泡进入细胞；有被膜泡迅速脱去外被形成脱被膜泡，脱被膜泡与内体融合，在内体酸性环境下 LDL 与受体分离；受体经转运囊泡返回质膜，被重新利用。含 LDL 的内体与溶酶体融合，LDL 被分解释放出游离胆固醇。

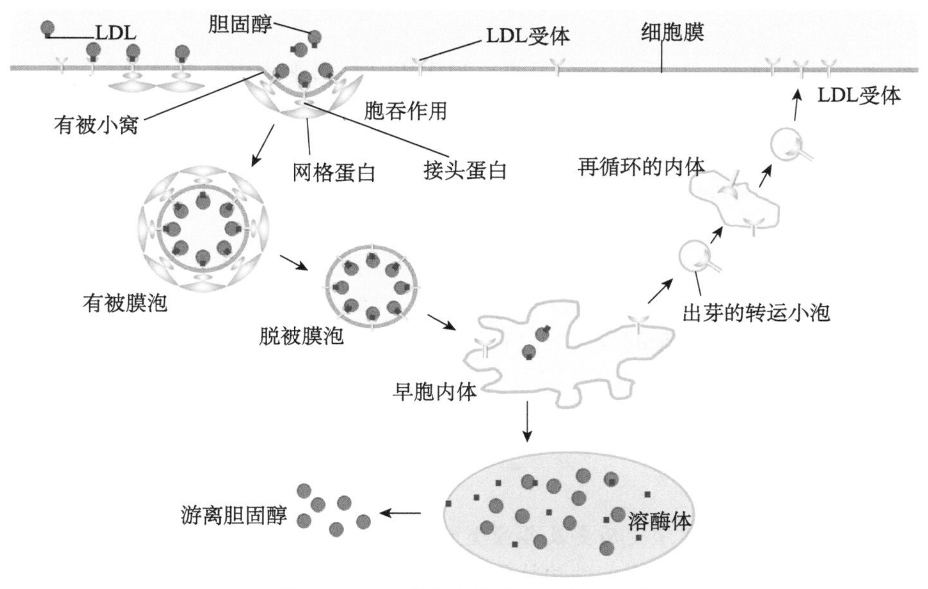

图 4-22　LDL 受体介导的 LDL 胞吞过程

如果细胞内游离胆固醇积累过多，细胞通过反馈调节，停止胆固醇及 LDL 受体的合成。正常人每天降解 45% 的 LDL，其中 2/3 经由受体介导的胞吞途径摄入细胞而被降解利用，如果细胞对 LDL 的摄入过程受阻，血液中胆固醇含量过高易形成动脉粥样硬化。

（2）胞膜窖介导的胞吞作用。胞膜窖在质膜的脂筏区域形成，电镜观察发现有些细胞的胞膜窖呈内陷的瓶状。胞膜窖的特征蛋白是窖蛋白，包括 caveolin-1、caveolin-2 和 caveolin-3。与网格蛋白参与的有被膜泡的形成不同，胞膜窖的形成部位位于质膜的脂筏区域。胞吞时，胞膜窖携带着内吞物，利用发动蛋白的收缩作用从质膜上脱落，然后转交给胞内体样的细胞器——膜窖体（caveosome）或者跨细胞转运到质膜的另一侧。在整个过程中，因为是整合膜蛋白，窖蛋白始终不会从胞吞泡膜上解离下来。由于胞膜窖所在部位含有大量的信号转导的受体和蛋白激酶等，暗示胞膜窖很可能发挥了一种细胞信号转导的平台作用。

（3）巨胞饮作用。巨胞饮作用（大型胞饮作用）是另一种胞饮作用，是指在某些因素刺激下，细胞膜皱褶形成大且不规则的原始内吞小泡，它们被称为巨胞饮体。巨胞饮体的直径一般为 0.5～2 μm，有时可达 5 μm。它是通过质膜皱褶包裹内吞物形成囊泡完成的胞吞作用，与吞噬作用相似，但二者有着明显的差别。例如，启动吞噬作用的受体往往位于特异细胞的表面，而启动大型胞饮作用的受体却位于许多类型的细胞表面，而且受体还能启动其他生理功能，如有些受体就是与细胞生长相关的生长因子。

巨胞饮体的细胞膜皱褶形成的程度不同，则巨胞饮产生的速率不同。膜皱褶的倾向和细胞的表面积与体积之比有关，细胞质突出越明显，越有可能发生巨胞饮，形成巨胞饮体。巨胞饮体在不同细胞中的最终去路有所不同，如在巨噬细胞中，巨胞饮体向细胞最终转变成晚期胞内体样的细胞器与溶酶体完全融合，而在人体 A431 细胞中仅有巨胞饮体作用。细胞膜皱褶和巨胞饮的形成对细胞质的酸化非常敏感，在巨噬细胞中酸化细胞质可显著地降低细胞膜皱褶运动，碱化细胞质则增强细胞膜皱褶运动。

此外，位于淋巴细胞膜上的白介素（interleukin-2，IL-2）受体就是介导非网格蛋白 / 胞膜窖介导的胞吞作用。

（二）胞吐作用

胞吐作用（exocytosis）又称外排作用或出胞作用，是指细胞内一些物质被一层膜所包围，形成小囊泡，并转移到细胞膜，小囊泡的膜与细胞膜融合在一起，产生小孔，使其小囊泡里面的物质排出胞外。胞吐作用和胞吞作用相反。根据方式不同，胞吐作用分为组成型分泌途径（constitutive pathway of secretion）和调节型分泌途径（regulated pathway of secretion）。有关这两种分泌途径的具体内容，我们将在第五章详细介绍。

细胞通过不断的胞吞作用和胞吞作用，使胞内膜与细胞膜不断发生交换，而且加到质膜上的膜数量很大，如胰腺细胞在受到刺激产生分泌时，大约有 900 μm^2 的囊泡膜掺入细胞顶部的细胞膜中，而胰腺细胞顶部原来的膜大约只有 30 μm^2。

思 考 题

1. 简述生物膜结构模型的演变历史及各模型的主要实验支持证据。
2. 膜脂和膜蛋白各有哪些类型与结构特征?
3. 生物膜有哪些生物学特性？各有什么生物学意义？
4. 简述膜骨架发现的过程及其结构特点。
5. 离子和小分子跨膜转运的机制有哪些？各有哪些重要的转运蛋白？
6. 质子泵有哪些类型及作用机制？钠钾泵的工作原理及其生理学意义有哪些？
7. 简述 ATP 驱动泵的类型及细胞中的分布。
8. 细胞的葡萄糖转运途径及关键功能蛋白有哪些？试分析和讨论如何利用葡萄糖转运蛋白治疗癌症。
9. 简述大分子和颗粒物质跨膜转运的方式及类型。

二维码

本章核心概念及更多布鲁姆学习目标层次习题见【二维码】。

本章知识脉络导图

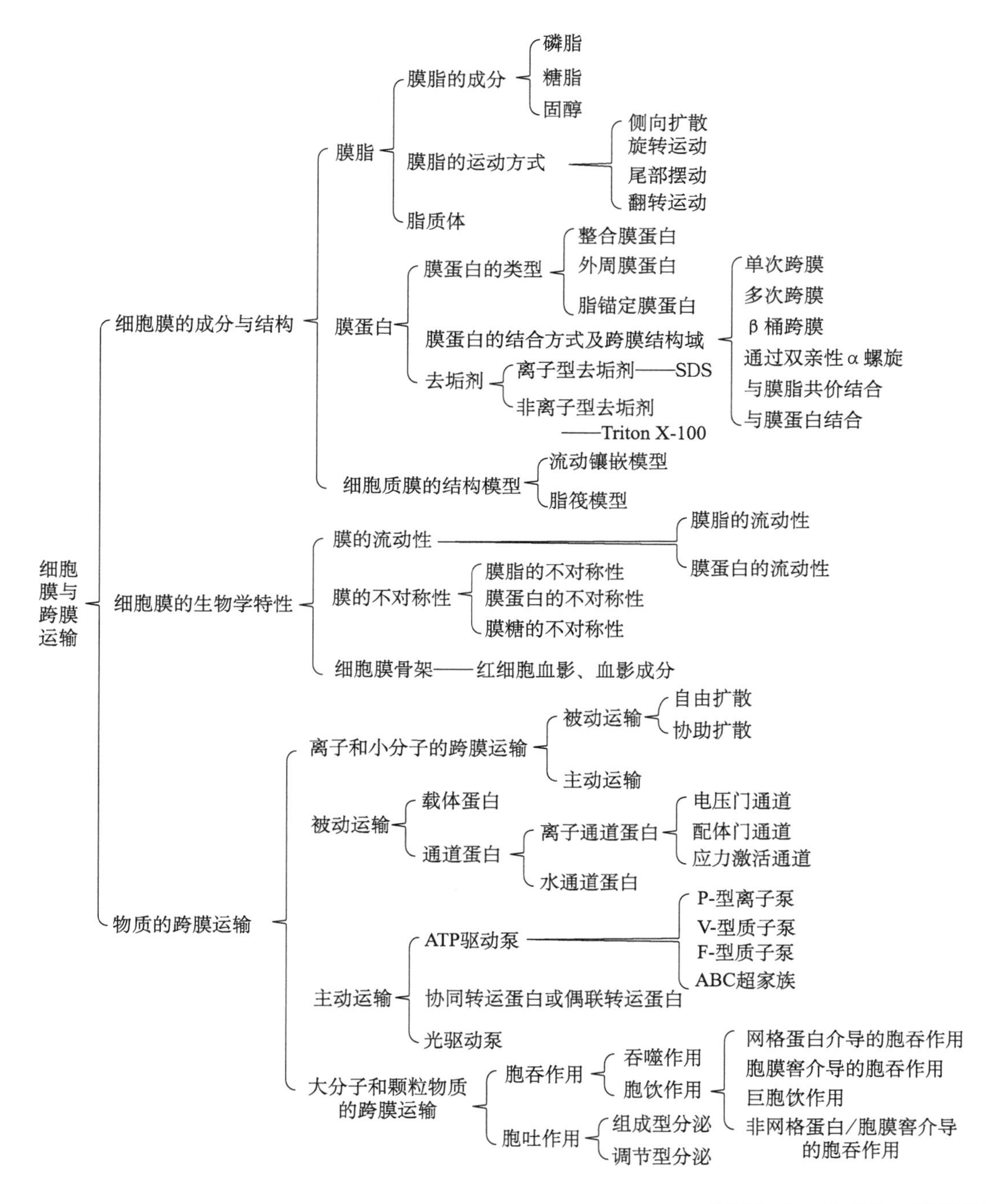

（张凌云，孟风艳，陈坤明）

第五章　细胞质基质与内膜系统

典型原核细胞在拟核和细胞质膜之间是没有膜结构的空间，但蓝细菌中存在着光合片层膜（thylakoids）。在真核细胞细胞质中，细胞区室化特征（compartmentalization）将细胞质区分为细胞质基质（cytoplasmic matrix）、内膜系统（endomembrane system）和其他膜包被的细胞器（membrane-bound organelle），如线粒体、叶绿体、细胞核等。真核细胞具有发达的内膜系统，由结构、功能甚至发生上相互关联的动态结构体系组成，包括内质网、高尔基体、溶酶体、胞内体和分泌泡等膜性质的细胞器（图 5-1）。过氧化物酶体则比较独特，既可以从内质网出芽形成，也可以成熟后进行分裂。内膜系统扩大了细胞内部各种膜的总面积，将细胞内部区分为不同的功能区域，保证各种生化反应所需的独特环境。内膜系统细胞器在结构发生和形成方面具有连续性，由于具有发生机制的连续性，广义的内膜系统甚至可以将细胞核外核膜和细胞质膜都囊括进去。内膜系统各结构的特征、功能相互联系，对细胞的功能有重要作用，与某些疾病的发生直接相关。

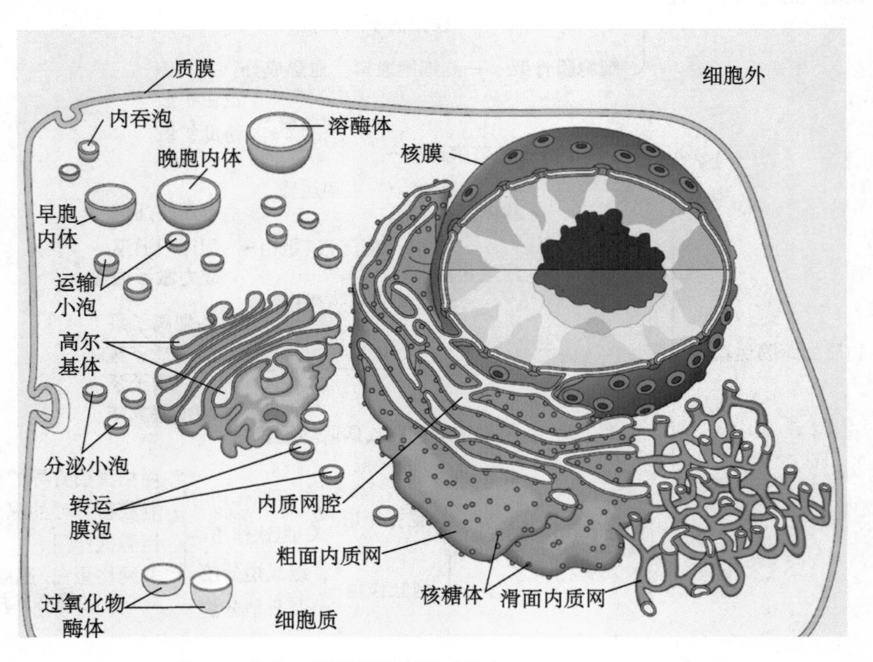

图 5-1　细胞内膜系统示意图（引自 Hardin et al.，2018）

内膜系统的形成对于细胞的生命活动具有十分重要的意义。一是内膜系统在细胞中形成了一些特定功能区域和微环境，为细胞中各类代谢活动提供了酶系统的隔离与衔接，使得这些酶工作反应互不干扰，提高了反应效率；二是各细胞器膜拓扑学结构方向具有连续性，通过小泡分泌方式完成膜的流动和特定功能蛋白的定向运输；三是扩大了表面积，提高了表面积与体积的比值，这也是真核细胞体积比原核细胞增大的重要原因。

内膜系统的研究，最常用的方法是通过电子显微镜技术获得高度清晰的组织结构，但要研究单个细胞器结构与功能，最有效的还是离心分离技术、同位素示踪技术和突变体技术等，利用荧光蛋白标记某个细胞器的特异蛋白进行荧光共定位，也是常用的细胞器结构及其动态研究的方法。

第一节 细胞质基质

除去可分辨的细胞器，细胞质的液体基质空间称为细胞质基质（cytoplasmic matrix），主要成分包括水和可溶性成分的液体，也称为细胞质溶质（cytosol），简称胞质溶质或胞质溶胶，又称胞内溶胶（intracellular fluid，ICF）、基本细胞质（groundplasm，fundamental cytoplasm，ground cytoplasm）、透明质（hyaloplasm）等。绝大多数成熟的动物细胞胞质溶质占据的空间较大，但植物细胞中含有大的液泡，而液泡属于内膜系统细胞器，因而胞质溶质所占的体积较小。

一、细胞质基质的物质基础与基本属性

水是其中的基质成分，无疑占最大比例，其次还有众多无机离子，如 K^+、Na^+、Mg^{2+}、Ca^{2+}、Cl^- 等，以及小分子有机物，如核苷酸、氨基酸、葡萄糖、果糖、蔗糖等。胞质溶质中还含有大量的蛋白质，行使代谢、调控、信号转导、分选等众多功能。此外，还有种类丰富的RNA，其中 mRNA、tRNA 等执行中心法则，而小 RNA 等则调控许多重要生命活动。

胞质溶质的首要基本属性是酸碱度稳定，一般为 pH 7.2 的中性内环境，主要由质膜上的 Na^+ 驱动载体蛋白和 Na^+/H^+ 交换器等共同作用来维持。第二个基本属性是结构有序。细胞质溶质中含有细胞骨架纤维，酶蛋白和受体蛋白与细胞骨架建立了相互作用关系，使其定位分布，从而使各种代谢生理活动有条不紊地进行。细胞质溶质中的各种小泡运输，也依赖细胞骨架建立导向和支架作用。

二、细胞质基质的特点

细胞质基质是原核生物中最主要代谢活动发生位点，也是真核细胞众多重要代谢活动的位点。例如，动物细胞约半数的蛋白质就存在于细胞质基质中，蛋白质合成、戊糖磷酸化、糖酵解和糖异生等代谢过程，都在细胞质基质中进行。在不同有机体中，代谢途径发生的位置可以有所不同，如在植物中脂肪酸合成是在叶绿体中进行的。

尽管没有生物膜分隔，细胞质基质的成分也并非都是随机混合分布的，而是有着特定的分布部位。人们发现，细胞质基质至少在以下几种组织水平上存在着特定分子的特定部位分布。

1. 小分子浓度梯度分布　尽管小分子在胞质中能够快速扩散，但浓度梯度仍可存在。一个研究得较为清楚的例子是“钙火花”（calcium sparks）。钙火花在打开的钙通道周围的很短时间内产生，直径仅为 2 mm，持续几微秒，几个钙火花可融合为一个大尺度“钙波”（calcium waves）。氧分子和 ATP 分子等在细胞质基质中也存在浓度梯度分布现象，可在线粒体集簇周围产生，但具体的动态分布模式尚不清楚。

2. 蛋白质可结合成蛋白复合体　蛋白质可互相结合形成蛋白复合体，通常包含一系列功

能相似的蛋白质。例如，同一代谢通路中执行几步反应的酶结合在一起形成多酶复合体，前一个反应的酶与下一个反应的酶之间的相互距离仅为几个纳米，从而保证了各种复杂代谢活动的高效有序完成。这种组织能允许形成底物通道化（substrate channeling），一个酶的产物形成后可直接传给下一个酶，而不必释放到溶质中。相比酶随机分布于溶质中，通道化能让代谢通路更加快速高效，也能避免释放出不稳定的反应中间代谢物。有相当多代谢通路涉及的酶会紧密地互相结合，但也有其他的复合体，蛋白质间的结合比较松散。

3. 存在蛋白间隔室（protein compartment）　有些蛋白复合体包含了分离自胞质溶质滞留物的带有一个大的中央孔的桶状结构，形成蛋白间隔室。蛋白封装的细菌微间隔（protein-enclosed bacterial microcompartments）是一类蛋白间隔室，由蛋白壳组成，压缩包装了各种各样的酶。这些间隔室通常直径为 100～200 nm，由紧扣的蛋白质组成，研究得较清楚的是羧酶体（carboxysome）。羧酶体是存在于一些蓝细菌细胞内的多角形或六角形内含体细胞器，由以蛋白质为主的单层膜包围而成，内含固定 CO_2 所需的酶类，如 1,5- 二磷酸核酮糖羧化酶（Rubisco）和 5- 磷酸核酮糖激酶等（图 5-2），是自养型细菌固定 CO_2 的部位。羧酶体在植物叶绿体中也有发现，包含 Rubisco 酶。

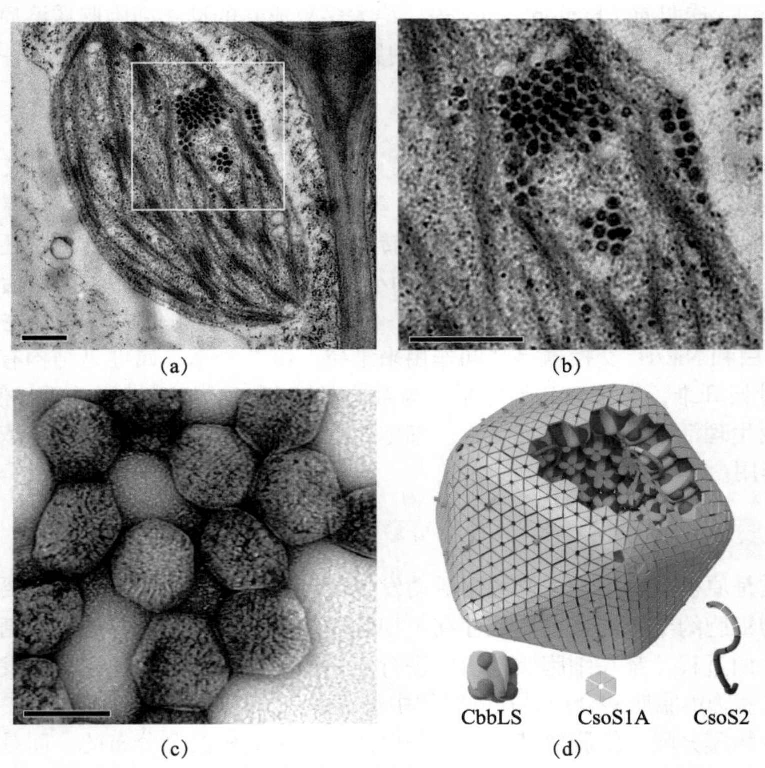

图 5-2　植物叶绿体中羧酶体的形态与结构（引自 Long et al.，2018）

（a）烟草叶绿体及大小约 100 nm 的羧酶体聚合物；（b）图（a）中框起来的羧酶体放大图像；（c）电镜负染色下的羧酶体图片；（d）羧酶体的结构模型及相关蛋白颗粒。图（a）和（b）中的标尺为 500 nm，图（c）中的标尺为 100 nm

另一大类最典型的蛋白间隔室是蛋白酶体（proteasome），由一系列亚单位形成中空的结构，分子质量为 2000～2400 kDa，里面包含蛋白酶，降解胞质溶质中的蛋白质，其功能相当于细胞内蛋白质的破碎机。如果蛋白酶体在胞质溶质中自由混合，一定会带来破坏作用。蛋白酶体在结构上包含一个由28种亚基组成的桶状20S催化核心，一个或两个由19种亚基组成的19S调节亚基的帽状结构。桶状结构是催化核心，由两类蛋白以α结构催化核排列方式形成四层中空的环状结构。α环构成骨架结构，β环具有蛋白酶活性。桶外由一组调节蛋白以帽的形式覆盖，这些调节蛋白的第一个功能是通过信号引导作用识别要降解的蛋白质。蛋白酶体可分为三类，即组成型蛋白酶体（constitutive proteasome）、免疫型蛋白酶体（immunoproteasome）和胸腺型蛋白酶体（thymoproteasome）（图5-3）。

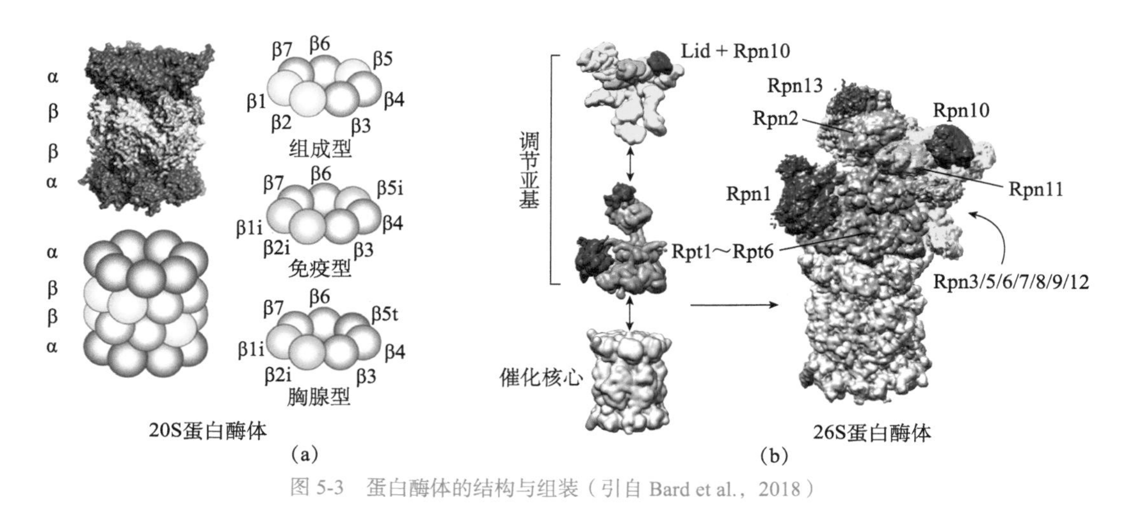

图5-3　蛋白酶体的结构与组装（引自Bard et al.，2018）

（a）蛋白酶体20S催化核心的结构组成示意图；（b）26S蛋白酶体的组装与结构示意图

蛋白酶体的功能是降解细胞内错误的或者需要降解的短寿命蛋白质。这些要降解蛋白质往往具有泛素化标签（ubiquitin tag），蛋白酶体识别这些带标签的蛋白质，将其装入蛋白水解腔室后完成蛋白质的降解。蛋白酶体的调节蛋白帽还有切除泛素修饰和使蛋白质去折叠的作用，从而有助于将蛋白质抽丝剥茧般地转入桶内完成降解工作。某些调节亚基还具有AAA+ATPase活性，具有马达功能，将结合的要降解蛋白通过转位孔转位到催化桶中（图5-4）。

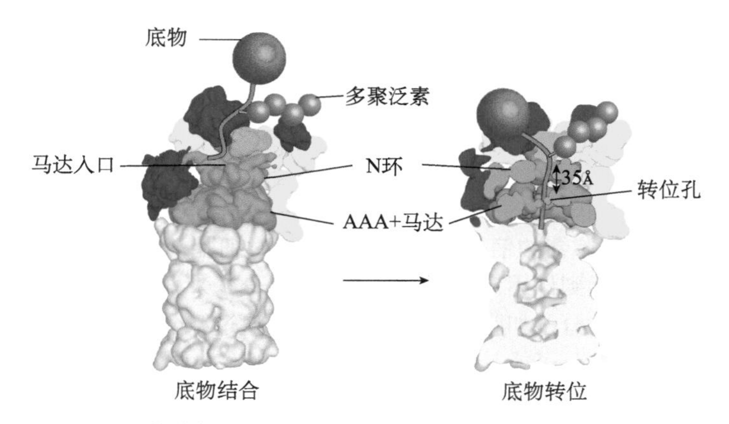

图5-4　蛋白酶体结合和转位降解蛋白的机制示意图（引自Bard et al.，2018）

4. 含有生物分子缩合物（biomolecular condensate）　非膜包围的细胞器可以形成生物分子缩合物，由大分子集群、低聚或聚合产生，驱动细胞质或细胞核的胶体相分离。典型的代表如新发现的细胞蛇（cytoophidium）结构（图5-5）。三组科学家独立报道，三磷酸胞苷合成酶（cytidine triphosphate synthetase，CTPS）在果蝇、细菌和芽殖酵母中能形成纤维状结构。一年后，CTPS 的这种形成纤维的特点在人类细胞中得到证实。这种纤维状结构在细胞里形态类似蛇，是一种含有 CTPS 或其他代谢酶如肌酐一磷酸脱氢酶（Inosine monophosphate dehydrogenase，IMPDH）的结构（图 5-5），可存在于细胞质和细胞核中，在原核细胞和真核细胞里普遍存在，进化上高度保守。研究认为细胞蛇是动态的结构，CTPS 聚合形成蛇形结构可以快速让酶活性降低，与代谢状态和环境条件有关。三磷酸胞苷（CTP）水平失控和增加 CTPS 活性是许多种癌症如白血病、肝细胞瘤和结肠癌的重要特征，对淋巴细胞增殖非常关键。此外，CTPS 对于生殖和大脑发育也很重要。最近的研究表明，越来越多的代谢酶可以在特定条件下形成细胞蛇或同类结构，这些具有形成纤维状结构的蛋白质大多是代谢酶，它们集中在与翻译起始、葡萄糖和氮代谢等相关的几个通路上。

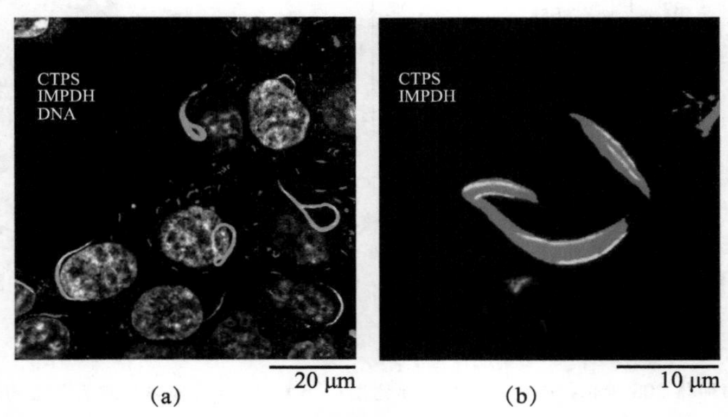

图 5-5　人 HEK293T 细胞中的 IMPDH 和 CTPS 细胞蛇（引自 Liu，2016）

（a）CTPS（绿色）和 IMPDH（红色）能各自形成独立的细胞蛇，但有时二者也会重叠（黄色）；（b）细的 IMPDH 细胞蛇（绿色）能够黏附到粗的 CTPS 细胞蛇（红色）的表面

5. 具有细胞骨架筛（cytoskeletal sieving）　尽管细胞骨架一般不被认为是胞质溶质的一部分，但这种丝状网络限制了细胞中大颗粒的扩散。例如，几项研究发现，细胞边缘与靠近细胞核的细胞溶质中排斥了大于 25 nm（近乎核糖体的大小）的示踪颗粒，与胞质溶质的剩余部分相比，这些排除的部分可能包含更密集的肌动蛋白丝网状结构。这些微区域能够影响大结构的分布，如核糖体与细胞器等始终集中在胞质溶质的某些特定区域。

三、细胞质基质的生物学功能

细胞质基质执行的不是单一功能，是细胞内许多生命活动完成的场所，具有多样化的功能，包括从细胞膜到细胞核与细胞器的信号转导、细胞分裂时细胞核膜裂解后执行胞质分裂、代谢物从生产部位转运到作用部位等。对于水溶性分子来说相对简单，如氨基酸可以快速扩散，然而疏水性分子如脂肪酸或甾醇，需要通过结合特定蛋白才能进行转运。通过胞吞作用运输进的分子或其他膜泡中的分泌转运物，需要通过组装成膜泡，由马达蛋白牵引沿着细胞骨架转运。细胞质基质的具体功能见【二维码】。

二维码

在真核细胞中，错误折叠或不稳定蛋白质的降解也主要是在细胞质基质中完成的，内质网中折叠错误的蛋白质也会通过转移到细胞质基质后才被降解。细胞内错误蛋白或短寿命蛋白的降解，主要是通过泛素化途径被蛋白酶体降解的。切哈诺沃（Aaron Ciechanover）等科学家因发现了细胞内蛋白质的泛素 - 蛋白酶体降解途径而获得了 2004 年诺贝尔化学奖。他们将这种蛋

白质降解机制称为蛋白质损毁的“化学死亡之吻”。现在人们已经知道，泛素 - 蛋白酶体降解系统对于细胞内蛋白质的质量控制、细胞代谢和信号转导、细胞免疫和细胞周期调控及 DNA 修复和转录调节等众多重要生命活动过程的正常进行都极为重要。植物细胞中也存在蛋白质的泛素 - 蛋白酶体降解，具有类似的生物学功能和作用机制。

那么什么是蛋白质的泛素 - 蛋白酶体降解途径呢？所谓泛素（ubiquitin，Ub），是一种由 76 个氨基酸残基组成的小分子球状蛋白，热稳定性强，普遍存在于真核细胞中，在进化上十分保守，人和酵母细胞的泛素分子相似度高达 96%。由于其广泛存在且高度保守，因此被称为泛素。在蛋白质的泛素化过程中，泛素分子可共价结合到靶蛋白的赖氨酸残基上，具体步骤需要三种酶先后催化：泛素活化酶（E1）、泛素结合酶（或泛素载体，E2）和泛素连接酶（E3）。如图 5-6 所示，第一步是泛素活化酶 E1 通过形成酰基 - 腺苷酸中介物使泛素分子 C 端被激活，该

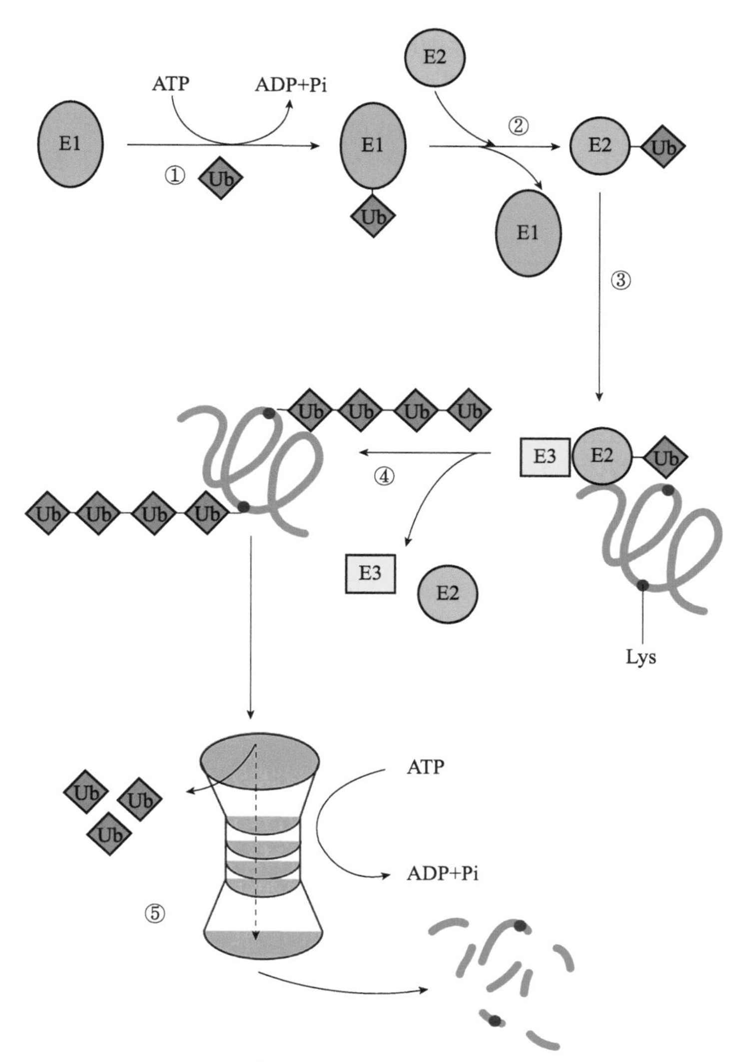

图 5-6　泛素 - 蛋白酶体蛋白质降解途径示意图

①E1 活化泛素分子；②泛素分子转移至 E2；③E3 催化形成异肽键；④靶蛋白被多聚泛素化；⑤蛋白酶体识别靶蛋白并将其降解为肽段

反应需要 ATP 参与；第二步是转移活化的泛素分子与泛素结合酶 E2 的半胱氨酸残基结合；第三步反应由泛素连接酶 E3 催化异肽键（isopeptide bond）形成，即与 E2 结合的泛素羧基和靶蛋白赖氨酸侧链的氨基之间形成异肽键。连接到靶蛋白上的泛素分子有多个赖氨酸残基，这些赖氨酸残基可以继续被泛素化修饰，后面的泛素链连接在前一个泛素分子特定赖氨酸残基上，如 Lys48 或 Lys63 位点等。这样的修饰经多次重复，就在靶蛋白上形成多个泛素分子共价连接的寡聚泛素链。如前所述，多聚泛素化的靶蛋白可以被蛋白酶体的 19S 调节亚基识别，去折叠后转移至 20S 催化核心桶中进行降解。

除泛素化外，蛋白质也会经历一种称为小泛素相关修饰物（small ubiquitin-related modifier，SUMO）的翻译后修饰。SUMO 是一些类泛素的多肽，能够利用同样的泛素化酶类以泛素类似的行为结合到胞内蛋白质上。SUMO 化也呈现出多种生物学效应，能够影响蛋白质的稳定性、介导物质的出核与入核及调节转录因子的功能等。

此外，蛋白质的质量控制过程也是在细胞质基质中完成的。细胞中帮助变性或错误折叠蛋白质进行正确折叠的功能主要依赖热激蛋白或热休克蛋白（heat shock protein，HSP）。HSP 是一类进化高度保守的蛋白家族，作为分子伴侣（molecular chaperone）发挥作用，可协助细胞中蛋白质合成、分选、折叠与装配。有的 HSP 是组成型表达，即正常条件下表达，有的 HSP 是在胁迫条件如高温下表达。

第二节　内　质　网

内质网（endoplasmic reticulum，ER）是真核细胞中最普遍、形态多变、适应性最强的细胞器之一。1945 年著名超微结构学家 K. R. Porter 和 A. D. Claude 在观察培养的小鼠成纤维细胞时发现，比高尔基体、线粒体的发现晚得多。他们在培养中发现薄层生长细胞的细胞质是非均质的，其中可见一些形状和大小略有不同的网状结构，并集中在细胞质中，所以称为内质网。1954 年，Palade 和 Porter 运用改进的超薄切片和固定技术，证实内质网是由膜围绕的囊泡所组成。此后，人们发现内质网普遍存在于动、植物细胞中。原核细胞中没有内质网，由细胞质膜代行使某些类似的功能。随着超薄切片和电镜技术的应用，人们对内质网形态结构及功能有了越来越深入的了解。

一、内质网的形态结构

内质网是由一层封闭的膜系统形成的管状和扁平囊状及其包被的腔所构成的连续的三维网状结构。内质网通常占细胞中膜系统的一半左右，体积占细胞总体积的 10% 以上。这种结构增加了内膜系统的表面积，为多种酶提供了大面积的结合位点，有利于合成物质的加工和运输。在不同类型的细胞中，内质网的数量、类型与形态变异很大，同一细胞的不同发育阶段甚至在不同的生理状态下，内质网的结构与功能也发生明显的变化。在细胞周期中内质网也会经历解体和重建，形态变化也很大。

根据结构与功能，内质网可分为两种基本类型：粗面内质网（rough endoplasmic reticulum，rER）和光面内质网（smooth endoplasmic reticulum，sER）。

粗面内质网多呈扁囊状，排列较为整齐，因在其膜表面分布着大量的核糖体而命名[图 5-7（a）]。它是内质网与核糖体共同形成的复合功能机构，其主要功能是合成分泌性的蛋白质和多种膜蛋白，因此在分泌旺盛的细胞中 rER 非常发达，如胰腺腺泡细胞、浆细胞、唾液腺细胞等，而在一些未分化的细胞和肿瘤细胞中则较为稀少。粗面内质网上还存在着一种称为“移位子”（translocon）的蛋白质复合结构，直径约 8.5 nm，在蛋白质合成过程中，移位子复合体构象会发生变化，其中心会形成一个直径为 2 nm 的通道，新生肽链在信号肽的引导下会穿过该通道向 ER 腔内转移。

光面内质网通常由分支的管状和泡状形成的复杂结构，表面没有核糖体结合［图 5-7（b）］。光面内质网是脂类合成的重要场所，细胞中几乎不含有纯的光面内质网，它们只是作为内质网这一连续结构的一部分。光面内质网所占的区域通常较小，它往往作为出芽的位点，将内质网上合成的蛋白质或脂类转移到高尔基体内。在某些细胞中，光面内质网非常发达并具有特殊的功能，如合成固醇类激素的内分泌腺细胞、肝细胞、肌细胞和肾细胞等。

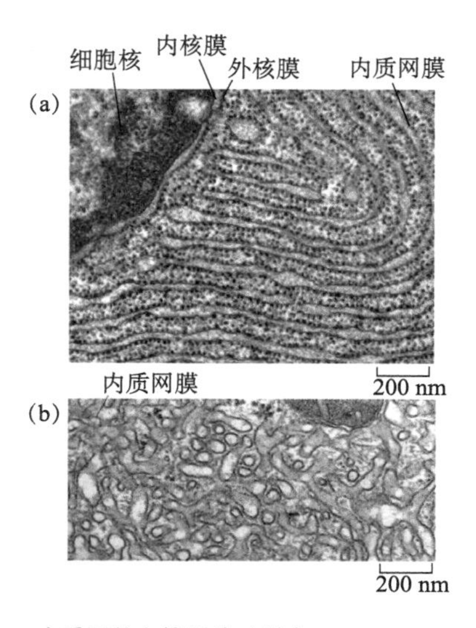

图 5-7　内质网的电镜照片（引自 Alberts et al.，2008）

（a）胰腺外分泌细胞中含有丰富的粗面内质网，内质网膜和外核膜相连，均附着有大量的核糖体；（b）睾丸间质细胞中含有丰富的光面内质网

内质网膜与其他细胞器有密切联系。粗面内质网膜与核的外膜相连，这意味着内质网与核膜存在同源进化关系；粗面内质网腔常常与核周间隙相通，两者之间有某种物质交换关系。在合成旺盛的细胞中，粗面内质网与线粒体密切相依，线粒体是内质网活动所需能量的直接供应站。内质网与高尔基体关系密切，内质网合成的蛋白质和脂类等物质，通过出芽的方式形成膜泡，再转移至高尔基体中进行分选与加工。

在内质网的研究中，通过离心手段可以获得破碎的内质网，通常被称为微粒体（microsome）。这是在细胞匀浆和差速离心过程中获得的由破碎的内质网自我融合形成的近似球形的膜囊泡状结构，它包括内质网膜和附着在膜上的核糖体两种成分。在体外实验中检测具有内质网的基本功能，如蛋白质的合成、糖基化修饰、新生肽链跨膜转移、脂类合成等。微粒体的分离与形态见【二维码】。

二维码

肌质网（sarcoplasmic reticulum）是心肌和骨骼肌细胞中的一种特殊的（光面）内质网。肌质网膜上的 Ca^{2+}-ATP 酶将细胞基质中的 Ca^{2+} 泵入肌质网中储存起来，使肌质网 Ca^{2+} 的浓度比胞质溶胶高出几千倍。肌质网储存的 Ca^{2+} 释放参与肌肉收缩的调节。

二、内质网的功能

内质网是蛋白质和脂质的合成场所。几乎全部的脂质、分泌蛋白和跨膜蛋白都在内质网上合成。目前对内质网的功能尚没有完全了解，综合现有的文献资料，内质网是行使多种重要功能的复杂结构体系。

（一）蛋白质的合成

粗面内质网是蛋白质合成的重要场所之一。核基因编码的蛋白质合成起始于细胞质基质中的游离核糖体，有些蛋白质转移到粗面内质网，新生肽链继续延伸，有的进入内质网腔中，形成分泌蛋白质；有的新生肽链完成后则停留在内质网膜上形成跨膜蛋白，其跨膜的氨基酸序列

二维码

的定位和肽链的定向在合成过程中就决定了，即便转运到内膜系统中各种细胞器或细胞质膜上，蛋白质的空间构象也保持不变。内质网上膜结合的核糖体合成的蛋白质与细胞质基质中游离核糖体合成的蛋白质类型和最终走向有所不同（见【二维码】），主要是分泌蛋白、膜整合蛋白质及可溶性驻留蛋白质，合成蛋白质的最终去向是提供给内膜系统折叠和装配、细胞质膜及细胞外，同时帮助这些蛋白质准确转运到各个部位。细胞质基质中合成的蛋白质主要包括胞质基质蛋白及线粒体、叶绿体、过氧化物酶体和核蛋白等。

（二）脂质的合成

光面内质网是脂类合成的主要部位，生物膜所需的膜脂几乎全部在光面内质网中合成，其中包括最重要的磷脂、胆固醇和糖脂的合成。

磷脂合成的部位是在光面内质网的朝向细胞质基质表面，参与合成的酶定位在脂双层上，其活性部位朝向基质侧，完成磷脂合成之后，还在特异的磷脂转位酶催化下很快移到内质网腔面，再通过各种方式转移到其他膜上。以磷脂酰胆碱（PC，卵磷脂）为例（图 5-8），参与 PC 合成的酶主要有酰基转移酶、磷脂酶和胆碱磷酸转移酶，分布在光面内质网的脂质双分子层，其活性部位朝向胞质基质侧。用于磷脂合成的底物脂酰辅酶 A 和 3- 磷酸甘油来自细胞质基质。合成反应的第一步是酰基转移酶催化底物形成磷脂酸，扩大膜面积；然后在磷脂酶催化下脱磷酸形成二酰基甘油；最后在胆碱磷酸转移酶作用下，将基质中的 CDP- 胆碱与内质网膜中的二酰基甘油结合形成磷脂酰胆碱（PC）。第二、三步决定合成磷脂的类型。新合成的磷脂酰胆碱朝向基质一侧，但可在内质网膜中转位酶（flippase）或磷脂转移位蛋白（phospholipid translocator）的作用下，几分钟之后就转位到内质网的腔面，其转位速度比自然转位速度要快 10^5 倍。转位酶催化磷脂翻动具有选择性，如能够将磷脂酰胆碱翻转的酶则不能催化其他的磷脂转位。不同转位酶的转位效率也有差异，通常对含胆碱的磷脂要比对含丝氨酸、乙醇胺或肌醇的磷脂转位能力强，这样保证了膜中磷脂分布的不对称性。

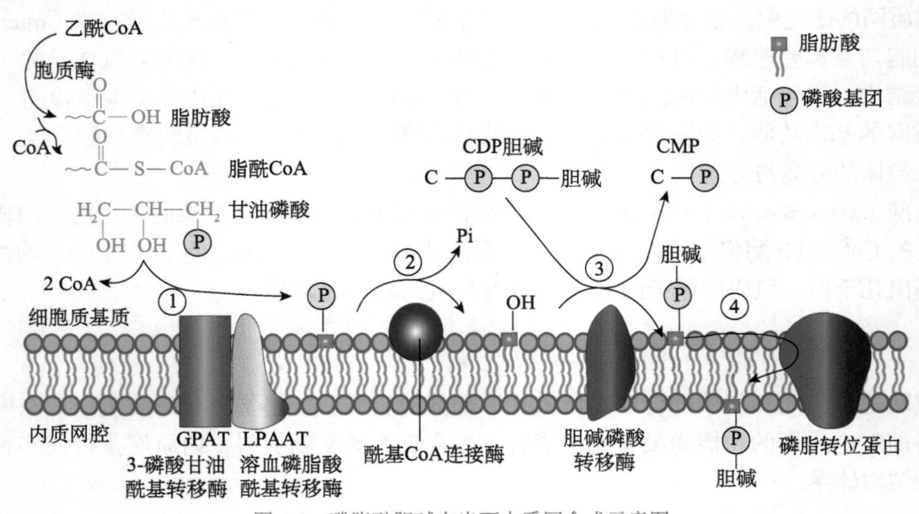

图 5-8 磷脂酰胆碱在光面内质网合成示意图

① 胞质脂肪酸（fatty acid）结合蛋白转运脂肪酸至光面内质网（sER）胞质面；② 酰基辅酶 A 连接酶催化脂肪酸连接 CoA，形成膜结合的脂肪酸酰基辅酶 A；③在乙酰转移酶的作用下两个脂肪酸酰基辅酶 A 与 3- 磷酸甘油形成磷脂酸；④磷脂酶催化脱磷酸化反应，形成二酰基甘油；⑤胆碱（choline）磷酸转移酶催化胞苷二磷酸胆碱，将 1 个磷脂酰胆碱与二酰基甘油上的—OH 置换，形成磷脂酰胆碱（卵磷脂）。合成的磷脂酰胆碱在转位酶的作用下，翻转到 sER 的腔面

光面内质网上合成的磷脂首先作为内质网膜的构成部分，扩大膜面积；然后再转运到其他膜上加以利用。内质网合成的磷脂向其他膜可能的转运机制主要有三种，见【二维码】。第一种是以出芽的方式形成膜泡转运到高尔基体、溶酶体和细胞质膜上。第二种是借助磷脂交换蛋白（phospholipid exchange protein，PEP）在膜结合细胞器之间转运磷脂。PEP 是水溶性载体蛋白，其转运过程首先是 PEP 与磷脂结合形成水溶性的复合物进入细胞质基质，然后通过自由扩散遇到靶膜时，将磷脂释放并插入靶膜上，结果将磷脂从内质网合成部位转运到线粒体、过氧化物体等膜上。第三种是由膜嵌入蛋白介导，通过膜间的直接接触而进行转运。

（三）蛋白质的修饰和加工

内质网上合成的蛋白质在分选到目的地之前，通常要进行各种修饰、加工才能成熟。这些修饰与加工包括糖基化、羟基化、酰基化、二硫键形成等，其中最主要的是糖基化修饰，几乎所有内质网合成的蛋白质最终都被糖基化。糖基化修饰蛋白质能够使其抵御消化酶的作用，赋予蛋白质靶向信号的功能，有利于某些蛋白质的正确折叠和执行功能。

糖基化修饰是在新生肽链的合成中或合成后，在酶的催化下将寡糖链连接到肽链特定位点的过程。在基本氨基酸中，至少有 9 种氨基酸残基可以被糖基化修饰。依据糖基链与蛋白质氨基酸连接位点不同，通常将蛋白质的糖基化修饰分为 *N*- 连接糖基化和 *O*- 连接糖基化这两类（图 5-9）。*N*- 连接糖基化（*N*-linked glycosylation）为寡聚糖通过酰胺键与蛋白质的天冬酰胺（Asn）侧链氨基（—NH_2）上的氮原子结合，连接的第一个糖为 *N*- 乙酰葡糖胺。整个糖基化过程在内质网上开始，在高尔基体中最终完成。*O*- 连接糖基化（*O*-linked glycosylation）为糖苷键通过与蛋白质的丝氨酸（Ser）、苏氨酸（Thr）和羟基赖氨酸（Hyl）或羟脯氨酸（Hyp）的羟基（—OH）结合，连接的第一个寡聚糖为半乳糖或 *N*- 乙酰半乳糖胺。*O*- 连接的糖基化在高尔基体中发生，在高尔基体中完成。另外，还可以通过糖基磷脂酰肌醇（GPI）锚间接与蛋白质相连，或通过 C—C 键连接到色氨酸（Trp）的 C_2 位置（C- 甘露糖基化）。

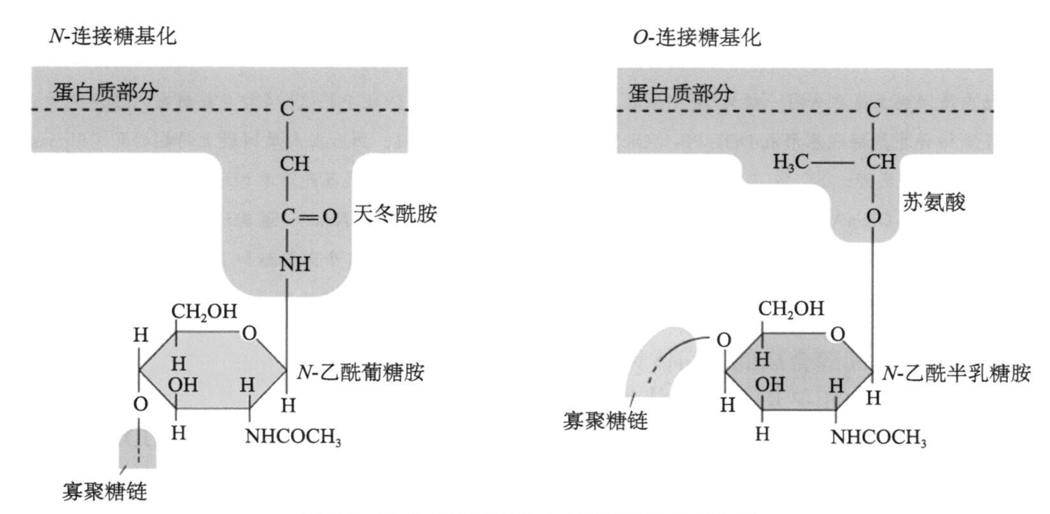

图 5-9　*N*- 连接糖基化和 *O*- 连接糖基化修饰比较

N- 连接糖基化与蛋白质部分直接连接的糖是 *N*- 乙酰葡糖胺；*O*- 连接糖基化与蛋白质部分直接结合的糖是 *N*- 乙酰半乳糖胺

N- 连接糖基化是真核生物中最普遍的糖基化形式，相关研究也最为深入。*N*- 连接糖基化通常起始于内质网，以磷酸多萜醇（dolichol）为载体，预先合成的核心糖链 $Glc_3Man_9(GlcNAc)_2$ 与多萜醇磷酸结合，形成含 14 个糖基的前体，称为脂连接寡糖（lipid-linked oligosaccharide，LLO），然后在糖基转移酶（glycosyltransferase，GST）催化下将该脂连接寡糖链转移到新生肽链糖基化位点 Asn-*X*-(Ser/Thr) 序列中的 Asn 上，其中 *X* 代表除脯氨酸（Pro）外的任何氨基酸。在分子伴侣 BiP 和蛋白二硫键异构酶的帮助下，蛋白质折叠时，3 个葡萄糖残基分别被葡糖苷酶切除，1 个甘露糖残基被甘露糖苷酶移除，形成高甘露糖型糖蛋白，然后进入高尔基体进一步完成 *N*- 连接糖基化修饰（图 5-10）。

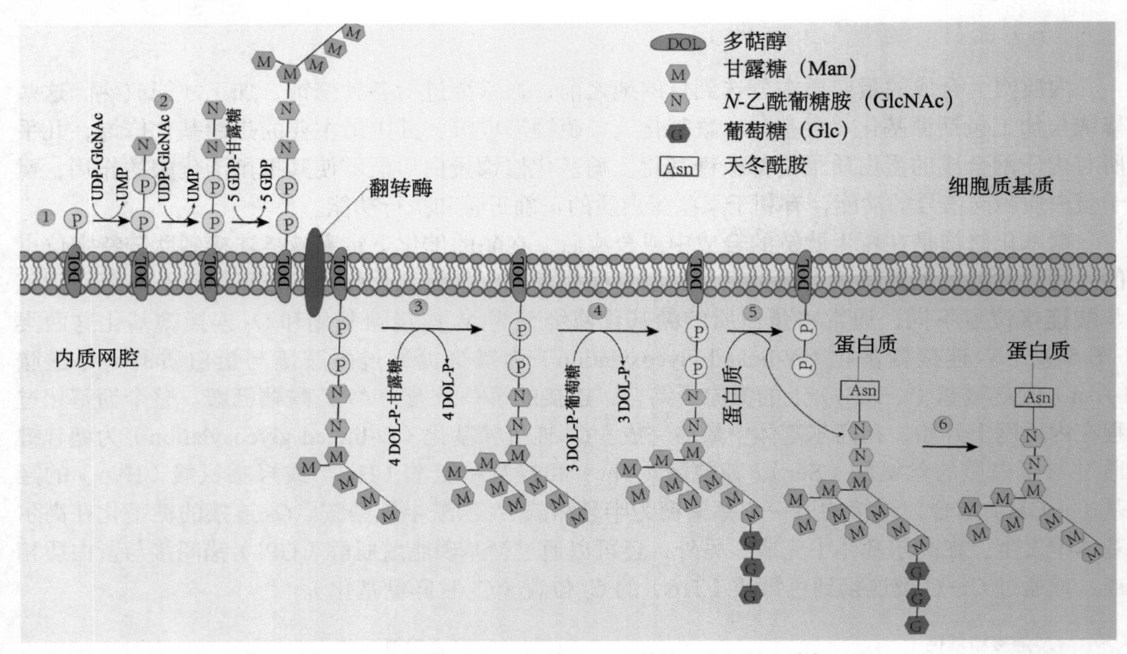

图 5-10　哺乳动物细胞粗面内质网 *N*- 连接糖基化初始和附加过程

①哺乳动物内质网膜上存在含有一般为 18 个寡聚糖的磷酸多萜醇长链（DOL-P）；②磷酸多萜醇在内质网胞质面再次磷酸化后逐渐结合寡聚糖残基形成 DOL-PP-（GlcNAc）$_2$Man$_5$ 的寡聚糖链，然后在内质网膜上的翻转酶（flippase）作用下从胞质转到内质网腔；③、④在内质网腔中 4 个甘露糖残基和 3 个葡萄糖残基先后添加到前述磷酸多萜醇寡聚糖链上，形成 Glc_3Man_9（GlcNAc）$_2$ 前体；⑤在糖基转移酶催化下将 Glc_3Man_9（GlcNAc）$_2$ 寡糖链转移到新生肽链的天冬氨酸残基上；⑥在分子伴侣 BiP 和蛋白二硫键异构酶的帮助下，蛋白质折叠时，3 个葡萄糖和 1 个甘露糖残基分别被糖苷酶切除，形成的 Man_8（GlcNAc）$_2$ 寡糖链将被输出内质网进入高尔基体进行下一步的糖基化过程

多萜醇是以胆固醇合成的中间体为原料合成的，被多萜醇激酶（DOLK）用 CTP 磷酸化，生成磷酸多萜醇（DOL-P）。糖的供体为核苷糖（nucleotide sugar），如 CMP- 唾液酸、GDP- 甘露糖、UDP-*N*- 乙酰葡糖胺等。核心糖链的合成首先是在内质网膜的胞质面上，UDP-GlcNAc 首先被糖基转移酶转移到膜结合的磷酸多萜醇分子，生成 GlcNAc-PP-DOL 结构，然后再依次与 UDP-GlcNAc 和 5 个 GDP-Man 反应，生成 $Man_5(GlcNAc)_2$-PP-DOL 结构。随后，此结构会翻转到内质网腔一侧，继续添加 4 个甘露糖和 3 个葡萄糖，形成结构为 $Glc_3Man_9(GlcNAc)_2$-PP-DOL 的脂连接寡糖 LLO 后被转移到蛋白质链的 Asn 残基上。

真核细胞中的绝大多数蛋白质糖基化都沿着分泌途径发生，从内质网开始，在高尔基体中完成。加工修饰的结果可以影响其定位，如高尔基体中对甘露糖的磷酸化将导致蛋白质从默认的分泌途径转移到溶酶体途径。

（四）新生肽链的折叠和组装

内质网中合成的新生肽链需要停留一段时间用于折叠成三维结构，才具备生物活性。不同的蛋白质在内质网腔中停留的时间不同，主要取决于蛋白质完成正确折叠和组装的时间，有些多肽还要进一步参与多亚基寡聚体的组装。不能完成正确折叠的肽链或无法组装成寡聚体的蛋白质亚基，无论在内质网膜上或在内质网腔中，一般都不能转运到高尔基体，这类新生肽链一旦被识别，会通过 Sec61p 复合体从内质网腔转移到细胞质基质中，进而通过依赖于泛素的降解途径被蛋白酶体所降解。

蛋白质折叠是生命活动的最基本过程。蛋白质的错误折叠可以导致疾病，如阿尔茨海默病（Alzheimer's disease，AD）、2 型长 QT 综合征（long QT syndrome 2，LQT2）、囊性纤维化病和糖尿病等。蛋白质稳态需要新合成蛋白质的有效折叠及蛋白质质量的控制和降解。ER 肩负着维持蛋白质稳态的使命。在生理条件下，ER 腔内分子伴侣帮助新合成的天然蛋白质的正确折叠，质量控制系统识别错误折叠的蛋白质，确保错误折叠的蛋白质不能离开内质网。如果离开，就会被蛋白酶体、溶酶体或自噬途径等降解。

众多新生肽链折叠成天然三维构象需要复杂的分子伴侣系统的辅助及代谢提供的相应能量才能顺利完成［图 5-11（a）］。分子伴侣是一类能够识别其他蛋白质的不稳定构象并使其稳定的功能蛋白，且不会成为被折叠蛋白的一部分。目前，多依据序列的同源性将分子伴侣分为 HSP90（ER-Grp94）、HSP70s（ER- Bip）、HSP60s、HSP40s 等不同类型。分子伴侣在细胞中具有重要的生理功能，对蛋白质的从头折叠、失活蛋白的重新折叠和维持细胞蛋白质组的稳定具有重要作用。Bip（binding protein）是最重要的HSP70伴侣蛋白，是ER功能的主要调节者之一，对维持内质网的稳态必不可少，对促进蛋白质的正确折叠至关重要 。Bip 蛋白在内质网中有两个作用，一是与未折叠蛋白质的疏水氨基酸结合，防止多肽链不正确地折叠和聚合；或者与不正确折叠或错误装配的蛋白质结合，使蛋白质处于未折叠的状态，从而防止错误的折叠，进而促进它们重新折叠和装配成为有生理活性蛋白质。二是防止新合成的蛋白质在转运过程中变性或断裂。在 Bip 蛋白的帮助下新生肽链进入内质网完成正确的折叠或装配，然后进入高尔基体。如果 Bip 的功能丧失，导致蛋白质在内质网中聚集，则会抑制新生肽向 ER 的转移。

除了分子伴侣协助肽链折叠以外，一些对于蛋白质空间结构形成至关重要的氨基酸残基（如半谷氨酸、脯氨酸等）的正确折叠还需要酶促反应。这些可催化蛋白质功能构象形成所必需的酶称为异构酶（isomerase），也称为折叠酶（foldase），如蛋白二硫化物异构酶（protein disulfide isomerase，PDI）、肽酰 - 脯氨酰顺反异构酶（peptidyl-prolyl cis-trans isomerase，PPIase）等。蛋白二硫化物异构酶附着在内质网腔面，活性很高，可在较大区段肽链中切断异常的二硫键并形成正确的二硫键连接，最终使蛋白质形成自由能最低的、最稳定的正确折叠的构象。这一过程对分泌蛋白质、膜蛋白等的天然构象十分重要［图 5-11（a）］。此外，葡糖氨基转移酶（glucosamino transferase，GT）也在内质网腔中发挥重要作用。GT 是一种监控酶，能够识别未折叠或错误折叠的蛋白质，并添加一个葡萄糖至低聚糖末端，使其能够经历又一轮的蛋白质折叠过程［图 5-11（b）］。蛋白二硫化物异构酶和 Bip 蛋白都具有内质网驻守信号序列（如 KDEL），以保证它们滞留在内质网中并保持较高的浓度，确保这套蛋白质质量控制系统的正常工作。

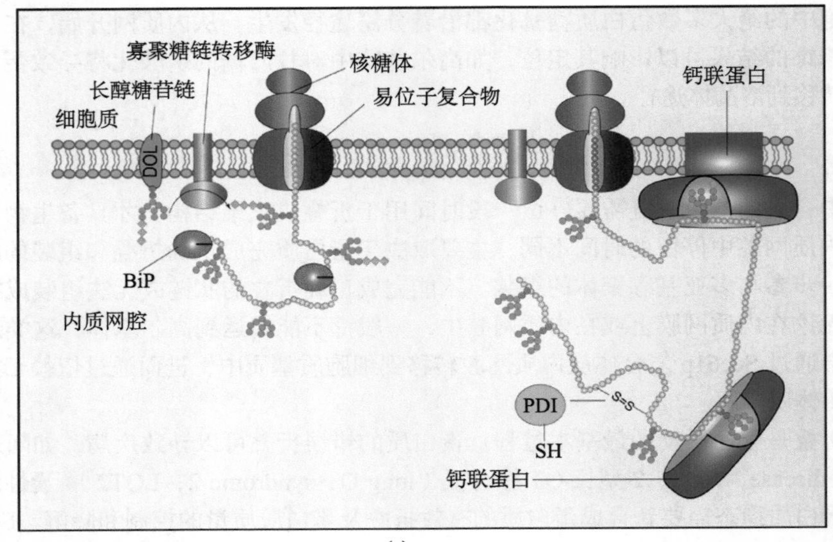

(a)

(b)

图 5-11　内质网中新生肽的蛋白质折叠及质量控制示意图

(a) 分子伴侣 Bip 蛋白及蛋白二硫键异构酶 PDI 在新生多肽折叠中起关键作用。(b) 未折叠蛋白在内质网合成并糖基化后，一般经历 7 个阶段的质量控制过程。①首先被葡萄糖苷酶（glucosidase）Ⅰ和Ⅱ水解掉 2 个寡聚糖苷链末端的葡萄糖；②带有一个葡萄糖分子的糖蛋白可被内质网膜上的钙联蛋白（calnexin）识别并进行折叠；③然后蛋白质再被葡萄糖苷酶Ⅱ切除剩余的一个寡聚葡萄糖分子；④如蛋白质仍未正确折叠，则被葡萄基转移酶识别并再添加一个分子葡萄糖；⑤上述葡糖基化分子进入下一轮的折叠过程；⑥如蛋白质正确折叠，就会输出内质网；⑦如果始终无法正确折叠，则通过 Sec61p 复合体从内质网腔转移到细胞质基质中，被蛋白酶体所降解

（五）内质网的解毒作用

肝脏是重要的解毒器官，这主要由肝细胞中的光面内质网完成。光面内质网膜上存在大量参与解毒功能的酶系，介导氧化、还原和水解等反应，能够使外来的有毒物质如农药、毒素、污染物及代谢有害物质等，由脂溶性转变为水溶性并转送出细胞进入尿液排出体外。最早发现细胞中具有解毒作用的氧化酶系是细胞色素 P_{450}，因其还原态的吸收峰在 450 nm 处，故此命名。P_{450} 酶系属于单加氧酶（monooxygenase），又称为多功能氧化酶 (mixed function oxidase)、羟化酶（hydroxylase），主要分布在内质网中，但也存在于质膜、线粒体、高尔基体、过氧化物酶体等细胞器的膜上。P_{450} 催化 O_2 分子中的一个原子加到底物分子上使聚集在光面内质网膜上的毒物或代谢产物发生羟基化，转化成水溶性物质，最后通过尿液排出体外。当动物长期大量饲喂苯巴比妥后，可以观察到肝细胞中光面内质网增加，同时细胞色素 P_{450} 的含量也急剧增加；当停止药物的饲喂，光面内质网停止增生，并恢复到原来正常的大小。

（六）参与信号转导及肌肉收缩

肌质网是心肌细胞和骨骼肌细胞内特化的光面内质网。肌质网具有储存 Ca^{2+} 的功能，并调节细胞质基质 Ca^{2+} 浓度，产生 Ca^{2+} 信号，引起细胞的应答反应。肌质网膜上重要的膜蛋白是 Ca^{2+}-ATP 酶，能够将细胞基质中的 Ca^{2+} 泵入肌质网中储存起来，使肌质网 Ca^{2+} 的浓度比胞质溶胶高出几千倍。当脊髓神经细胞释放神经递质引发骨骼肌细胞中肌质网膜去极化，使得 Ca^{2+} 释放到基质中，进而引起肌肉收缩。通常真核细胞中内质网都具有 Ca^{2+} 的储存功能，是细胞中的钙库，在内质网膜也存在与肌质网膜上相同的三磷酸肌醇（IP_3）特异受体，当细胞中产生第二信使 IP_3，使得 IP_3 与受体结合，引发细胞质基质 Ca^{2+} 浓度增高，从而引发钙依赖的各种信号途径。

（七）内质网的其他功能

在分泌类固醇激素的细胞中，光面内质网膜上有合成胆固醇所需的酶系，在此合成的胆固醇再转变为类固醇激素。胃底腺壁细胞的光面内质网有氯泵，当分泌盐酸时将 Cl^- 释放，参与盐酸的形成。此外，内质网还参与糖原代谢过程。在肝细胞内的光面内质网膜上的糖原颗粒，能被磷酸化酶降解，形成 1- 磷酸葡萄糖，再在细胞质基质中转化为 6- 磷酸葡萄糖，然后再由光面内质网膜上的 6- 磷酸葡萄糖磷酸酶将 6- 磷酸葡萄糖的磷酸根脱掉，把葡萄糖转移到内质网腔中，最后再释放到血液中，随血液运输到各种细胞处。当细胞的生命活动需要能量时，葡萄糖再降解，同时形成能量提供给细胞。

三、内质网的应激反应

内质网对环境变化也十分敏感，能够通过内质网应激反应而应对环境的变化。所谓内质网应激，就是指在某些环境条件改变情况下，内质网内的钙稳态失衡，出现错误蛋白质或未折叠蛋白质过度堆积、固醇和脂质等水平失调等而启动的应激机制，从而影响特定基因表达以应对环境的改变。如果内质网功能持续紊乱，那么细胞就会最终启动凋亡程序。ER 的应激反应简称 ERS，大体可以分为未折叠蛋白应答反应（UPR）、内质网超负荷反应（EOR）、胆固醇调节级联反应（SREBP）三种，其具体的作用机制我们将在第十六章中详细介绍。

第三节 高尔基体

一、高尔基体的发现

高尔基体（Golgi body）是普遍存在于真核细胞的一种细胞器。1898年，意大利医生Camilo Golgi用硝酸银染色法在猫头鹰和猫神经细胞（小脑浦肯野细胞）中，用光学显微镜观察到了一种巨大的黑色网状结构，靠近细胞核，当时命名为内网器（internal reticular apparatus）。后来用同样的方法，人们几乎在所有的真核细胞中相继发现了类似的结构，为纪念发现者，将其命名为高尔基体。从发现之后的半个多世纪的时间里，人们都在争论高尔基体是否真实存在。这不仅仅是因为研究手段的限制，也是高尔基体自身结构特征所决定的，因为高尔基体是由大小不一、形态多变的囊泡体系组成的，在不同细胞中甚至同一细胞生长的不同阶段，都有很大差别。直到20世纪50年代，随着电镜技术和超薄切片技术的发展，美国耶鲁大学的帕拉德（George Plade）博士在电镜下清晰地观察到高尔基体的结构和它周围的囊泡等其他细胞器，才最终证实高尔基体是真实存在的细胞器。

观察高尔基体细微结构最常用的方法是运用透射电镜，可以观察到扁囊和管网组成的复杂形态。结合免疫电镜标记和冰冻蚀刻扫描电镜技术，人们还逐渐观察到其囊泡和小泡芽伸结构。当前，运用荧光标记的方法在激光共聚焦显微镜下，人们还对高尔基体的动态结构进行全方位的研究，在不同物种中观察到了各种不同形态的高尔基体。

二、高尔基体的形态结构与极性

高尔基体是一个连续的有序整体囊泡状结构，由一系列扁平膜囊和大小不等的囊泡组成。高尔基体是一种有极性的细胞器，这不仅表现在它在细胞中有恒定的位置，而且其物质运输功能也具有方向性。在很多细胞中，高尔基体面向内质网、细胞核的一侧，扁囊弯曲成为凸面，又称顺面（*cis* face）、形成面（forming face）；面向细胞质膜的一侧常内陷成凹面，又称反面（*trans* face）、成熟面（mature face）（图5-12）。扁平膜囊是高尔基体的主体特征结构［图5-12（a）～（c）］，通常由3～8个扁平膜囊平行排列堆叠而成，多呈弓形或半球形，表面光滑，无核糖体。扁囊直径多为0.5～1.0 nm，囊腔宽15～20 nm，腔内充满液体，中央较窄，周边较宽。扁平膜囊可细分为顺面膜囊（*cis* cisternae）、中间膜囊（medial cisternae）和反面膜囊（*trans* cisternae）。膜囊周围有大量大小不等的囊泡结构，主要为反面管网区（*trans* Golgi network，TGN）和顺面管网区（*cis* Golgi network，CGN）。顺面膜囊较薄，平均厚度约6 nm，近似内质网膜；反面膜囊较厚，平均厚度约8 nm，近似细胞质膜。不同的膜囊间隔有不同的功能，执行功能时，又具有方向性。内质网合成的物质通常单方向从高尔基体的顺面输入，反面输出，如同"流水式"的操作，上一道工序完成了，才能进行下一道工序。这就是高尔基体的形态和功能极性。高尔基体在细胞中分布的多样性、极性的特点、高尔基体各区室的细胞化学染色反应详见【二维码】。

二维码

高尔基体的极性还体现在各囊膜化学成分上的差异。通过电镜组织化学染色方法对高尔基体结构和功能进行了深入的研究，证明高尔基体各结构组分都有标志性的特征反应，进一步说明了高尔基体在细胞活动中的重要作用。在纯化后的高尔基体中，浓度比较高的酶有焦磷酸硫胺素酶和几种糖基转移酶，其中最为典型的酶是糖基转移酶，是高尔基体的标志酶。基于这一特点，也可用化学反应来区别高尔基体的不同膜囊结构。高尔基体的标志细胞化学反应有嗜锇反应及烟酰胺腺嘌呤二核苷磷酸酶（NADP 酶）、硫胺素焦磷酸酶（TPP 酶）和胞嘧啶单核苷酸酶（CMP 酶）三种酶细胞化学反应。

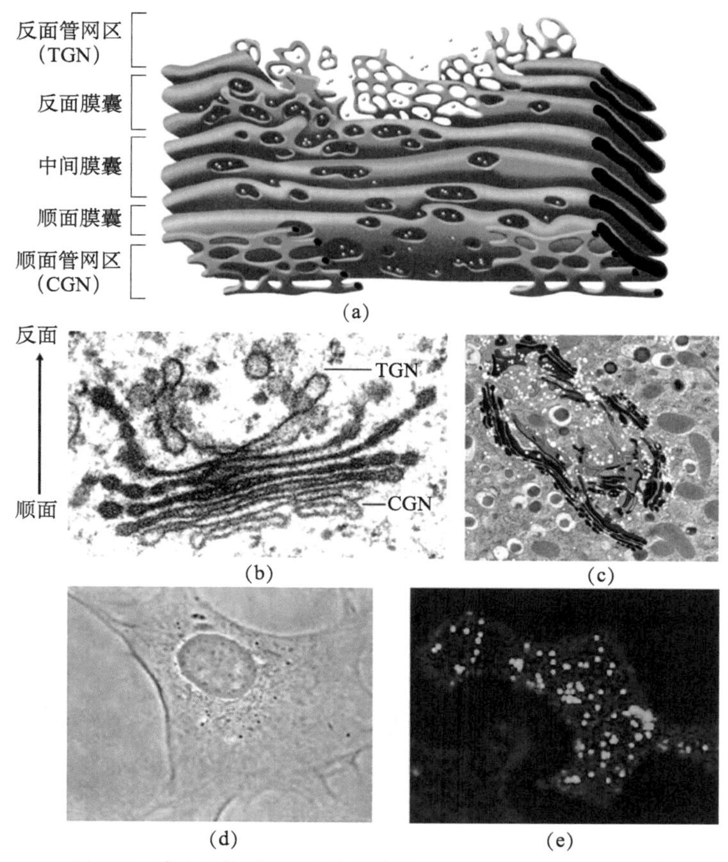

图 5-12　高尔基体的形态结构（参考 Iwasa and Marshall，2020）

（a）动物分泌细胞中高尔基体的三维结构示意图，高尔基体顺面（*cis*）靠近内质网；（b）动物细胞中高尔基体的电子显微镜照片；（c）小鼠胰岛 β 细胞的电子层析成像，显示高尔基体呈相互连接的连续带状，反面或反面管网区以红色显示，顺面和顺面管网区以蓝色显示；（d）用识别高尔基体蛋白的荧光抗体注入体外培养的动物成纤维细胞，观察高尔基体显橙色；（e）植物细胞中的高尔基体，绿色荧光表示与绿色荧光蛋白融合表达的高尔基体酶

高尔基体是一个高度动态的细胞器，却又能维持一种极性结构，并实现大分子的有序转移，如何解释高尔基体结构的组织和维持及膜囊间蛋白质转运机制问题，目前仍然没有定论，对此人们提出了两种模型假说。一是膜囊成熟模型。该模型认为，高尔基体的膜囊群主体是动态结构，来自内质网的管泡结构首先形成高尔基体 CGN，随后高尔基体膜囊从顺面到反面渐次成熟。在这个过程中，每个成熟膜囊上的蛋白可以通过 COP Ⅰ包被膜泡运输反向运输到较早的膜囊。当新形成的膜囊移向中间位置时，剩余的顺面高尔基体酶将被提取反向运输到一个新的顺面膜囊上。同样，中间膜囊中的酶也可以从后面膜囊反向运输回收。二是膜泡运输模型。该模型认为，高尔基体的主体结构是相对稳定的结构，膜囊自身的特征酶和滞留蛋白的更新是通过运输膜泡在相邻膜囊间正向和反向有序转运实现的。这两种模型假说各有证据支持，或许高尔

二维码

基体结构和功能的动态是这两种模型共同发挥作用的结果。高尔基体膜囊成熟的两种模型示意图见【二维码】。

三、高尔基体的功能

高尔基体是细胞内膜系统的重要组成部分，作为细胞的中心细胞器，是细胞内合成物质加工、修饰、分选、包装、运输及转运分泌物质的重要场所。它的主要功能是参与细胞的分泌活动，将内质网合成的蛋白质和部分脂质进行加工、分拣与运输，然后分门别类地送到细胞特定的部位或分泌到细胞外，将合成的脂质也通过高尔基体运送到溶酶体膜和细胞质膜，因此高尔基体被称为是细胞物质转运的交通枢纽。

（一）参与细胞的分泌活动

细胞的分泌包括蛋白质和脂类的糖基化修饰，分泌物质的浓缩、加工和成熟，最后形成分泌泡并被分门别类地运送到细胞特定部分或分泌到细胞外等几个过程。

根据早期光学显微镜的观察，已有人提出高尔基体与细胞的分泌活动有关。随着现代科学的发展，运用电子显微镜、细胞化学及放射自显影技术更进一步证实和发展了这个观点。高尔基体在分泌活动中所起的作用，主要是将粗面内质网上合成的蛋白质类物质，除本身的结构和功能蛋白质外，都通过小囊泡运输到高尔基体的顺面，与高尔基体的顺面囊膜融合之后进入高尔基体腔，再通过中间膜囊进行加工与修饰后转运至反面网络结构进行浓缩、成熟、分类和包装，最后通过分泌泡转运到细胞相应部位和排出胞外的过程。20 世纪 60 年代，Caro 和 Palade 利用放射性核素 ^{3}H- 亮氨酸脉冲标记豚鼠的胰腺腺泡细胞，追踪蛋白质的合成和转运过程，发现胰腺组织细胞标记 3 min 时，放射性物质集中在糙面内质网；标记 20 min 时，放射性物质集中被检测到出现在高尔基体；细胞标记 117 min 时，放射性物质被检测到集中分布在分泌泡并开始顶端释放，从而验证了细胞内分泌蛋白从合成到释放出细胞的全过程。除了分泌蛋白外，多种细胞质膜蛋白、溶酶体酶及细胞外基质成分，都是通过高尔基体加工并分选完成的。

通过高尔基体反面管网区的蛋白质分泌主要有 3 条途径：组成型分泌（constitutive secretion）、调节型分泌（regulated secretion）和溶酶体酶分泌（lysosomal enzyme secretion）（图 5-13）。组成型分泌途径中运输小泡持续不断地从高尔基体运送到细胞膜，此过程不需要任何信号的触发；调节型分泌途径中，小泡离开高尔基体后先聚集在细胞膜附近，当细胞受到细胞外信号刺激时，就会与细胞膜融合将内含物释放到细胞外。此外，很多学者将溶酶体酶的包装与分选过程认为是一种细胞内特殊的分泌方式，与酶蛋白糖基化、信号斑、M6P 信号受体有关。

（1）组成型分泌（constitutive secretion）途径。这是一种连续的分泌方式，所有真核细胞均可通过该方式连续分泌某些蛋白质至细胞表面，或排出细胞外。此过程似乎不需要任何信号的触发，从内质网经高尔基体到细胞表面的物质运输是自动进行的。组成型分泌途径除了给细胞外提供酶、生长因子和细胞外基质成分外，也为细胞质膜提供膜整合蛋白和膜脂。例如，肝细胞分泌糖蛋白和浆细胞分泌抗体时，分泌物不聚集于特殊的储存颗粒中，而是伴随合成的进行随即分泌。

（2）调节型分泌（regulated secretion）途径。这是一种受调控的分泌方式。此过程存在于特殊类型的分泌细胞中，如胰腺腺泡细胞（分泌胰蛋白酶原）、脑垂体细胞（分泌促肾上腺皮质激素）、胰岛 β 细胞（分泌胰岛素）等。在此途径中，来自内质网合成的分泌物质，经高尔基体的顺面管网结构的识别，转运至中间膜囊进行修饰加工，在高尔基体反面管网区通过分选信号与相应的受体结合，形成分泌泡。但分泌泡并不连续性地分泌到细胞外面，而是暂时滞留在胞质中，只有等到某种刺激才能分泌到细胞外或与膜融合并整合到质膜上。例如，消化酶前体就储藏在这种分泌颗粒中，受进餐刺激后，由于激素调节，促使细胞胞吐而分泌消化酶。

（3）溶酶体酶的包装与分选途径。溶酶体中含有几十种酸性水解酶，内质网中合成的蛋白质是如何被识别而特定地转运到溶酶体中，而不被分转到其他细胞部分呢？这是因为内质网上合成的酸性水解酶蛋白在N端都要发生糖基化修饰（一个寡糖链被结合到天冬酰胺残基上），并进一步折叠加工形成特殊的空间信号结构（又称信号斑），当溶酶体酶到达高尔基体顺面膜囊中时，由于顺面膜囊定位有*N*-乙酰葡糖胺磷酸转移酶，能够识别溶酶体酸性水解酶上形成的特殊信号结构，将其从复杂的来自内质网运输来的蛋白质区别开，并与中间膜囊上定位的*N*-乙酰葡糖苷酶共同催化作下，形成6-磷酸甘露糖（mannose-6-phosphate，M6P）。这种反应是特异的，只在溶酶体酶蛋白上发生，而不在其他蛋白质中发生。高尔基体反面膜囊中有识别M6P信号的受体，使之与M6P特异结合，最终被分泌出来。有关溶酶体酶的分选过程，我们在第四节中详细介绍。

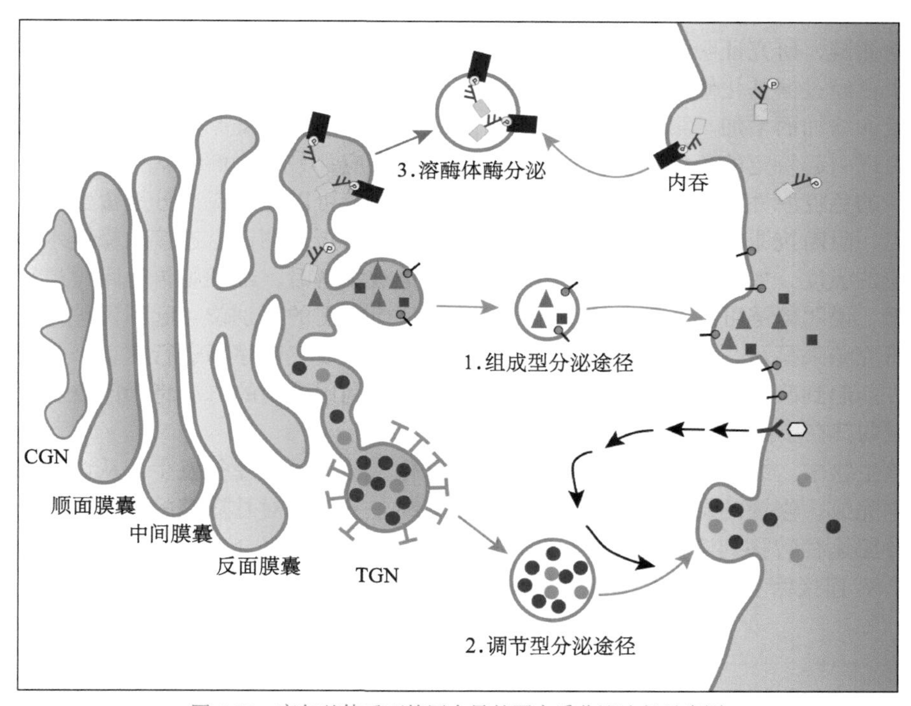

图5-13　高尔基体反面管网介导的蛋白质分泌途径示意图

（二）蛋白质的糖基化修饰

蛋白质是生物学功能行使的直接参与者，机体内的生命活动广泛涉及糖基化修饰的蛋白质，大多数蛋白质和膜脂的糖基化修饰主要在粗面内质网和高尔基体中进行。高尔基体是多糖合成的主要部位，与糖基化修饰密切关联。溶酶体酸性水解酶类、多数膜蛋白和可溶性分泌蛋白都是糖蛋白，而在细胞质基质和细胞核中的绝大多数蛋白质都缺少糖基化修饰，少有的糖基化修饰也比较简单。

真核细胞中蛋白质糖基化修饰非常普遍，寡糖链的合成、加工修饰过程也很复杂，没有固定的模板，普遍认为糖基化修饰的生物学功能体现在：第一，给各种蛋白质打上不同的标志，以利于高尔基体的分类与包装，保证糖蛋白从粗面内质网至高尔基体膜囊单方向运转。例如，溶酶体酶分选过程中形成 M6P 信号，保证了溶酶体酶能够区别于其他蛋白质从粗面内质网经高尔基体顺面膜囊至反面膜囊单方向转运。第二，影响多肽的构象，使之正确折叠与成熟。用糖基化修饰抑制剂如衣霉素去阻断糖基化作用，粗面内质网合成的多肽如免疫球蛋白（IgG）或分泌到质膜上的糖蛋白等由于缺少糖基侧链而不能正确折叠，使其停留在内质网中，不能分泌到细胞外或定位在膜上。第三，增强蛋白质的稳定性和溶解性。许多研究表明，蛋白质的热稳定性、酶稳定性、构象稳定性及其溶解性在经过蛋白质糖基化修饰后会明显增加。将天然蛋白质的糖链水解后，会使其热稳定性降低，导致其变性而失去活性。蛋白酶功能的发挥是其通过识别蛋白质表面的酶降解位点并与其结合从而达到降解蛋白质的效果，但是经过糖基化修饰的蛋白质，其表面的酶识别位点会被糖链不同程度地覆盖，阻碍蛋白酶对其的识别及酶解过程，从而增加蛋白质的稳定性，如抗体的稳定性。蛋白质经糖基化修饰后其水溶性也会增加。例如，一类天然治疗性蛋白如来普汀蛋白（therapeutic protein），经糖基化修饰作用连接上 5 个 *N*- 连接糖链时，其溶解度增加了 15 倍。第四，糖基化修饰对蛋白质生物活性有影响。糖蛋白功能的实现依赖于糖侧链，研究证明蛋白质分子的生物活性在经过糖基化修饰后也会发生明显变化。例如，乳清蛋白经过糖基化修饰后，其乳化性和乳化稳定性有了显著提高，抗氧化活性也会随着糖基化浓度的增加而增加。第五，糖基化修饰对蛋白质免疫及免疫原性的影响。一方面糖基化修饰蛋白可以引起特定的免疫反应，有效地增强免疫反应；另一方面糖基化修饰作用可以降低蛋白质抗原的免疫原性，其机理是糖基化修饰作用的糖链可以完全或部分地覆盖住蛋白质表面的识别位点，阻断抗原抗体之间的识别进程。同样地，将蛋白侧链上连接的糖链水解后，会改变免疫反应的强度，如重组人红细胞生成素的糖侧链被水解后，红细胞再生障碍患者的抗体免疫反应增强，说明糖链可以对蛋白质表面某些免疫反应必需的识别位点起到保护作用而不被识别。另有研究结果显示，利用糖蛋白的糖侧链对某些蛋白质突变序列进行覆盖，从而逃避免疫监视作用，能起到改变蛋白质免疫原性的作用。例如，利用适当的方法将天门酰胺酶连接上糖链，能够减弱其在小鼠体内的免疫原性。

在真核生物中，细胞中的绝大多数蛋白质糖基化都沿着分泌途径发生，从内质网开始，在高尔基体中完成。修饰的结果可以影响其定位，如高尔基体中对甘露糖的磷酸化将导致蛋白质从默认的分泌途径转移到溶酶体途径。在本章第二节中我们已经介绍过，蛋白质的糖基化主要存在两类：*N*- 连接糖基化和 *O*- 连接糖基化，两类糖基化的特征如表 5-1 所示。

表 5-1　*N*- 连接糖基化和 *O*- 连接糖基化的特征比较

特征	*N*- 连接糖基化	*O*- 连接糖基化
合成部位	粗面内质网和高尔基体	高尔基体
合成方式	来自同一个寡聚糖前体	一个个单糖加上去
与之结合的氨基酸残基	天冬酰胺	丝氨酸、苏氨酸、羟赖氨酸、羟脯氨酸
最终长度	至少 5 个糖残基	一般 1～4 个糖残基，但 ABO 血型抗原较长
第一个糖残基	*N*- 乙酰葡糖胺	*N*- 乙酰半乳糖胺等

N- 连接的糖基化糖链合成起始于内质网，完成于高尔基体。在内质网形成的糖蛋白具有相似的糖链，由 *cis* 面进入高尔基体后，在各膜囊之间的转运过程中，发生了一系列有序的加工和修饰，原来糖链中的大部分甘露糖被切除，但又被多种糖基转移酶依次加上了不同类型的糖分子，形成了结构各异的寡糖链（图 5-14）。糖蛋白的空间结构决定了它可以和哪一种糖基转移酶

结合，发生特定的糖基化修饰。许多糖蛋白同时具有 N- 连接的糖链和 O- 连接的糖链。

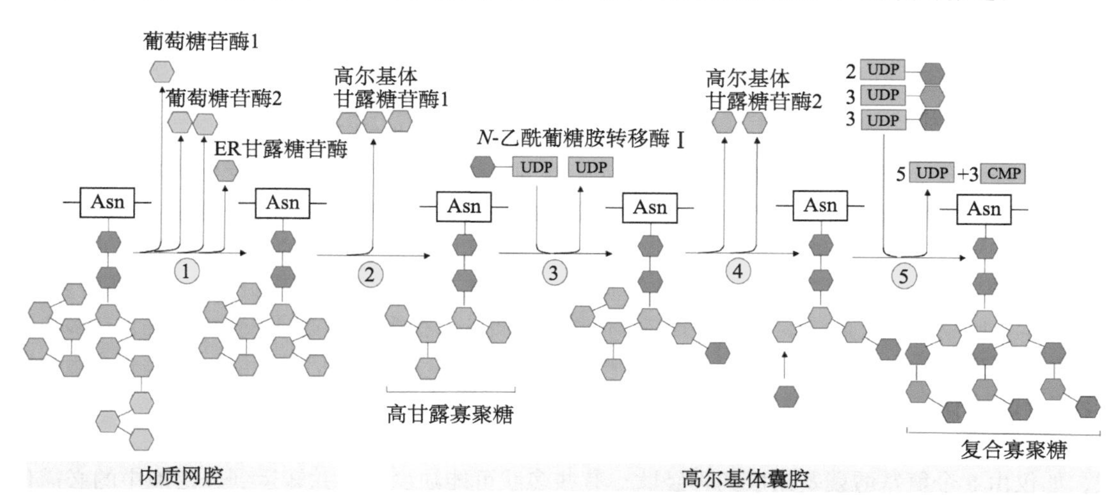

图 5-14　寡糖链在内质网和高尔基体中的加工过程

这个过程高度有序，每一步都取决于上一步。第①步，N- 连接寡糖链加工起始于内质网。三个葡萄糖残基分别被葡萄糖苷酶切除，1 个甘露糖残基被甘露糖苷酶移除，形成 $Man_8(GlcNAc)_2$ 高甘露糖型寡聚糖。②～⑤步发生在高尔基体各膜囊上。第②步，高尔基体甘露糖苷酶Ⅰ切除 3 个甘露糖残基；第③步，N- 乙酰葡糖胺转移酶Ⅰ增加 1 个 N- 乙酰葡糖胺残基；第④步，甘露糖苷酶Ⅱ再切除 2 个额外的甘露糖残基；第⑤步，在高露糖残基上依次附加 3 个 N- 乙酰葡糖胺、半乳糖、唾液酸

在高尔基体中，催化每一步的酶定位于所示各膜囊区室。N- 连接糖基化的核心糖链来自粗面内质网，然后通过膜泡转运到高尔基体进一步加工完成。第 1 步：在高尔基体顺面膜囊，甘露糖苷酶切除 3 个甘露糖残基。第 2，4 步：在中间膜囊，N- 乙酰氨基葡萄糖转移酶增加 3 个 N- 乙酰氨基葡萄糖胺残基；第 3 步：甘露糖苷酶再切 2 个甘露糖残基；第 5 步：附加 1 个岩藻糖残基；第 6 步，在反面膜囊中附加三个半乳糖残基；第 7 步，在每个半乳糖残基上附加 1 个 N- 乙酰神经氨酸残基，完成蛋白质 N- 连接糖基化修饰。这个过程是哺乳动物细胞高尔基体典型的糖蛋白加工过程。

O- 连接的糖基化只在高尔基体中进行。通常第一个连接上去的糖残基是 N- 乙酰半乳糖，连接的部位为 Ser、Thr、Hyl 或 Hyp 的—OH 基团，然后逐次将糖基转移到上去形成寡糖链。糖的供体同样为核苷糖，如 UDP- 半乳糖。糖基化的结果使不同的蛋白质打上不同的标记，改变多肽的构象和增加蛋白质的稳定性。

此外，在高尔基体上还可以将一至多个糖胺聚糖（glycosaminoglycan）通过木糖（xylose）连接在核心蛋白的丝氨酸残基上，形成蛋白聚糖（proteoglycan）。这种连接方式与一般 O- 连接不同，与丝氨酸羟基直接结合的糖是木糖而不是 N- 乙酰半乳糖胺。这类蛋白质有些被分泌到细胞外作为细胞外基质的重要成分，有的也锚定在膜上。很多上皮细胞分泌的保护性黏液，常常是蛋白聚糖和高度糖基化的糖蛋白混合物。

高尔基体与植物细胞壁的形成有关。在植物细胞中，高尔基体合成和分泌多种多糖，其中至少含 12 种的单糖。多数多糖呈分枝状且有很多共价修饰，远比动物细胞的复杂。估计构成植物细胞典型初生壁的过程就涉及数百种酶。除少数酶共价结合在细胞壁上外，多数酶都存在于

内质网和高尔基体中。植物细胞壁中的几种多糖，包括果胶和半纤维素多糖是在高尔基体中合成的，但多数植物细胞的纤维素是由细胞质膜外侧的纤维素合成酶合成的。

（三）蛋白质的加工

在粗面内质网中合成的多肽需要进一步加工，才能成为有生物活性的蛋白质。例如，很多肽激素和神经多肽转运到高尔基体的反面或反面形成的分泌泡中时，需要被与反面高尔基体膜结合的蛋白水解酶的特异水解后，才能成为有生物活性的多肽。不同蛋白质在高尔基体中的酶解加工方式各不相同，大体可归纳为以下三种类型：第一，粗面内质网中合成的没有生物活性的新生多肽即蛋白前体物（又称蛋白原），进入高尔基体后，将N端或两端的序列切除形成成熟的多肽，如胰岛素、胰高糖素及血清蛋白等；第二，有些蛋白质分子在粗面内质网中合成时便含有多个相同氨基酸序列的前体，然后在高尔基体中水解成同种有活性的多肽如神经肽等；第三，一个蛋白质分子的前体中含有多种不同的信号序列，最后加工形成不同的产物，如一些信号分子。

不同的多肽采用不同加工方式的原因可能是：有些多肽分子太小，在核糖体上难以有效合成，如仅由5个氨基酸残基组成的神经肽；有些多肽可能缺少包装并转运到分泌泡中的必需信号；可以有效地防止一些活性蛋白在合成它的结构内起作用，待分选后再发挥功能。

此外，蛋白质的磷酸化和硫酸化作用，也是在高尔基体中进行。硫酸化反应的硫酸根供体是3′-磷酸腺苷-5′-磷酸硫酸（3′-phosphoadenosine-5′-phosphosulfate，PAPS），它从细胞质基质中转入高尔基体膜囊内，在酶的催化下硫酸根被转移到肽链中酪氨酸残基的羟基上。硫酸化的蛋白质主要是蛋白聚糖。

（四）高尔基体的异常与疾病发生密切相关

高尔基体的重要功能，还体现在其在有机体处于病理状态下的形态异常，主要体现在以下几个方面。

（1）高尔基体肥大。当细胞分泌功能亢进时往往伴随高尔基体结构的肥大。在大鼠肾上腺皮质再生实验中人们观察到，再生过程中腺垂体细胞分泌促肾上腺皮质激素的高尔基体处于旺盛分泌状态时，整体结构显著增大。再生结束后，随着促肾上腺皮质激素分泌的减少，高尔基体结构又恢复到常态。

（2）高尔基体萎缩与损坏。脂肪肝的形成是由于乙醇等毒性物质造成干细胞中高尔基体脂蛋白正常合成分泌功能的丧失而引起的。在这种病理状态下，可见到干细胞高尔基体中脂蛋白颗粒明显减少，甚至消失，高尔基体自身萎缩，结构受到破坏。

（3）肿瘤细胞中高尔基体形态发生变化。正常情况下，在分化成熟和分泌活动旺盛的细胞中高尔基体较为发达，而在尚未分化成熟或处于生长发育阶段的细胞中，高尔基体则相对较少。通过对各种不同肿瘤细胞的大量观察研究结果表明，高尔基体在肿瘤细胞中的数量分布、形态结构及发达程度，也因肿瘤细胞的分化状态不同而呈现显著差异。例如，在低分化的大肠癌细胞中，高尔基体仅为聚集和分布在细胞核周围的一些分泌小泡，而在高分化的大肠癌细胞中，高尔基体特别发达，具有典型的高尔基体形态结构特征。

第四节　溶　酶　体

溶酶体（lysosome）是细胞质中由一层单位膜包被而成的微小泡状结构，内含有超过50多种消化作用的水解酶（hydrolase），能水解蛋白质、核酸和多糖，是一种具有消化功能的细胞器，可降解胞吞的物质或者衰老、损伤的胞内细胞器。溶酶体在各种动物中普遍存在，植物细胞中发现了类似细胞器如液泡、原球体、糊粉粒等，在有机体的生理和病理方面有重要功能。溶酶体的发现是一个非常有趣的过程，是 Christian de Duve 和他的同事在 20 世纪 50 年代进行亚细胞组分研究时偶然发现的。他们提取微粒体后因节假日而不得不冷冻样品，解冻后发现酸性磷酸酶活性极大提高，他原以为提取的是线粒体组分，但他的学生意外用低离心速度得到的微粒体发现检测不出酶的存在，这启示他最初获得的不是线粒体组分，经过生化鉴定命名为溶酶体，溶酶体的发现类似于“天王星”的发现，是先有生化线索证据，最后在电镜下证实存在，体现了科学思维的重要性，发现的具体过程见【二维码】。

二维码

一、溶酶体的形态结构与特征

溶酶体具有标志性的酸性磷酸酶，可以运用酸性磷酸酶电镜标记的方法进行亚显微结构的观察。此外，基于荧光蛋白的标记技术也常用于溶酶体结构的动态观察。图 5-15 显示了不同技术方法获得的溶酶体形态。

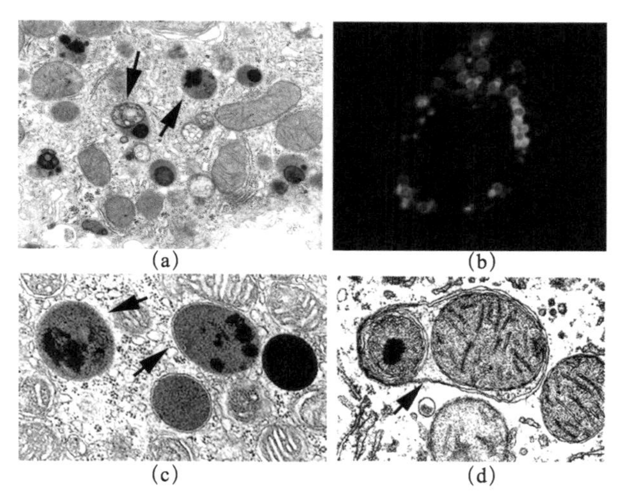

图 5-15　溶酶体的形态结构（引自 Iwasa　and　Marshall，2020）

（a）透射电镜下动物肝细胞中的溶酶体（箭头所示）；（b）采用溶酶体荧光标记技术在激光共聚焦显微镜下观察到的溶酶体，绿色为采用绿色荧光蛋白 GFP 标记溶酶体膜的图像，红色为利用分子探针 LysoTracker® Deep Red 标记溶酶体腔的图像；（c）采用酸性磷酸酶标记的溶酶体电镜图像（箭头所示）；（d）电镜下观察到吞噬了线粒体和过氧化物酶体的溶酶体（箭头所示）

溶酶体是一类高度异质性（heterogeneous）的膜性结构细胞器，外面有一层单位膜包被。不同来源的溶酶体形态、大小甚至所含酶的种类都有很大的不同。溶酶体是一种动态的结构，它不仅在不同类型的细胞中形态大小不同，而且在同一类细胞的不同发育阶段也不同。溶酶体总体呈小球状，大小变化则很大，直径一般为 0.25～0.8 μm。根据溶酶体所处生理功能不同阶段，可分为三种类型。

（一）初级溶酶体

初级溶酶体（primary lysosome）是通过溶酶体形成途径刚刚产生的早期溶酶体，也被称为原溶酶体（protolysosome）及前溶酶体（prelysosome）。初级溶酶体在形态上一般为透明的圆球状。但是在不同细胞类型或同一细胞类型不同发育时期，可呈现为电子致密度较高的颗粒小体或带有棘突的小泡。初级溶酶体囊腔中的酶通常处于非活性状态。

（二）次级溶酶体

初级溶酶体接受来自胞内或胞外物质，发生相互作用时就变为次级溶酶体（secondary lysosome），实质上来说就是一种功能作用状态，也被称为消化泡（digestive vacuole）。次级溶酶体可以分为不同的类型。一种方式是依据次级溶酶体融合来源的不同，如果是初级溶酶体与吞噬体（phagosome）融合，称为吞噬溶酶体（phagolysosome）；如果是初级溶酶体和吞饮体（pinosome）融合而成，则称为多泡体（multivesicular body）。而另一种常用划分方式可以根据作用底物的性质来源的不同，如果包含的是来自细胞自身组分，则被称为自噬溶酶体（auto phagolysosome）或自体吞噬泡（autophagic vacuole），这些自体组分可以是衰老破损的细胞器；如果是来源于细胞外来物质如细菌、病毒、食物颗粒等，则称为异噬溶酶体（heterophagic lysosome）或异体吞噬泡（heterophagic vacuole）。异噬溶酶体由初级溶酶体与细胞胞吞作用所形成的异噬体（heterophagosome）融合形成，包括吞噬体和吞饮囊泡，将外来物质消化。

自噬溶酶体（autophagolysosome）是由初级溶酶体与自噬体（autophagosome）融合形成，其作用底物主要是细胞内损伤、衰老的细胞器碎片或局部细胞质。自噬体的直径一般是0.3～0.9 μm，平均0.5 μm，囊泡内常见的包含物有胞质成分和某些细胞器，如线粒体、内质网、过氧化物酶体等。有人测定自噬体周转很快，说明自噬是细胞对环境变化的有效反应。当细胞缺乏营养时，自噬明显增多。细胞自噬（autophagy）是细胞内的一种自食现象（self-eating），是细胞的自我消化。具体过程是：细胞内由双层膜包裹部分胞质和需降解的细胞器等成分形成自噬体，并与溶酶体融合形成自嗜溶酶体，降解其内容物。通过自噬，可实现细胞稳态和细胞器更新。目前认为，自噬体的双层膜来自内质网膜或细胞质中的膜泡。细胞自噬在细胞正常生理状态和病理状态下均可发生，既是“废品回收站”，又是“垃圾处理厂”，是细胞防御和应激调控机制，其活化发生在细胞应激状态下或在营养缺乏或动物发育特殊阶段，为细胞生长代谢提供必要的生物大分子和能量，也能清除细胞内过剩或有缺陷的细胞器。

细胞自噬可分为三种形式：巨自噬（macroautophagy）、微自噬（microautophagy）和分子伴侣介导的自噬（chaperone-mediated autophagy）。巨自噬最常见，由内质网来源的膜包裹衰老细胞器形成自噬体，然后与溶酶体融合并降解内容物。微自噬是溶酶体膜直接包裹、吞噬细胞质基质的过程，如长寿命蛋白在溶酶体内降解。分子伴侣介导的自噬是选择性自噬，热休克同源蛋白70（heat shock cognate protein 70，HSP70）通过识别特定氨基酸的可溶性蛋白特异性结合，分子伴侣 - 底物复合物通过与溶酶体膜上受体结合，从而将底物转位进入溶酶体内消化。细胞自噬过度激活，则会导致细胞死亡。有关细胞自噬的作用机理我们将在第十五章中详细阐述。

（三）残余体或三级溶酶体

在次级溶酶体完成绝大部分作用底物消化、分解之后，尚有一些不能被消化、分解的物质残留于其中，随着酶活性的逐渐降低以至最终消失，进入溶酶体生理功能作用的终末状态，也被称为后溶酶体（post-lysosome）或终末溶酶体（telolysosome）。这些残余体（residual body）有的可以通过细胞胞吐的方式被清除，释放到细胞外去，有的则可能沉积于细胞内而不被外排。

例如，常见于人类神经细胞、肝细胞、心肌细胞内的脂褐质（lipofuscin），肿瘤细胞、某些病毒感染细胞、大肺泡细胞和单核吞噬细胞中的髓样结构（myelin figure）及含铁小体（siderosome）等，都是未能被外排的残余体，随个体年龄的增长而在细胞中累积。不同三级溶酶体（tertiary lysosome）的形态差异显著，且有不同的残留物质。脂褐质是由单位膜包裹的不规则小体，内含脂滴和电子密度不等的深色物质；髓样结构大小为 0.3～3 μm，内含层状、指纹状排列的膜状物质；含铁小体内部充满电子密度较高的含铁颗粒，直径达 50～60 nm。

溶酶体具有一些共同特征：①所有的溶酶体都是一层单位膜包裹而成，多数呈球状结构；②溶酶体含有 60 多种酸性水解酶，包括磷酸酶、核酸酶、蛋白酶、脂酶等，溶酶体内环境的 pH 约为 5，是一个以酸性磷酸酶为共有标志性酶的多酶体系，执行胞内消化功能。③溶酶体膜上都有质子泵，维持溶酶体腔中的酸性内环境，与胞质 pH 不同。④溶酶体富含两种高度糖基化的跨膜整联蛋白 Igp A 和 Igp B，分布在溶酶体膜腔面，有利于防止溶酶体所含的水解酶对其自身膜结构的消化分解。溶酶体膜糖蛋白具有高度的同源性，又称溶酶体关联膜蛋白（lysosomal-associated membrane protein，Lamp）。不同物种同类蛋白和同一物种不同蛋白功能结构趋于具有高度氨基酸序列同源性。溶酶体内的水解酶种类及内外 pH 差异参见【二维码】。

二维码

二、溶酶体的生物学发生

溶酶体的形成是一个由内质网和高尔基体共同参与，经过胞内物质合成、加工、包装、运输及结构转化等的复杂有序过程。目前普遍认为，溶酶体酶蛋白在粗面内质网上合成为起始，经过几个重要阶段。

1. 酶蛋白的糖基化与磷酸化　合成的酶蛋白前体首先进入内质网腔，经过加工修饰后形成 *N*- 连接甘露糖糖蛋白，然后再被内质网以出芽的形式包裹形成膜性小泡，转送运输到高尔基体形成面。进入高尔基体的糖蛋白，在高尔基体形成面囊腔内磷酸转移酶与 *N*- 乙酰葡糖胺磷酸糖苷酶催化下，寡糖链上甘露糖残基磷酸化形成 6- 磷酸甘露糖（mannose-6-phosphate，M6P），这是溶酶体酶分选的重要识别信号。溶酶体酶上 6- 磷酸甘露糖标志的产生需要两种酶的催化（图 5-16），一种是 *N*- 乙酰葡糖胺磷酸糖苷酶，该酶具有转移 *N*- 乙酰葡糖胺磷酸到甘露糖的催化位点和识别并结合溶酶体酶信号的信号识别位点。溶酶体酶酶原具有能够被 *N*- 乙酰葡糖胺磷酸糖苷酶识别的信号斑（signal patch）。UDP- 二磷酸乙酰葡糖胺（UDP-PP-GlcNAc）也能和 *N*- 乙酰葡糖胺磷酸糖苷酶的催化位点结合，为随后的反应提供底物，在该酶的催化下将 GlcNAc-P 加到 α-1,6- 甘露糖残基上。参与该反应过程的另一种酶是磷酸葡糖苷酶，该酶在高尔基体的中间膜囊发挥作用，再除去上述产物末端的 GlcNAc 而暴露出甘露糖残基的磷酸基团，形成溶酶体酶的 M6P 标志。

2. 酶蛋白的分选　如图 5-17 所示，当带有 M6P 标记的溶酶体水解酶前体到达高尔基体成熟面时，被高尔基体囊腔面的 M6P 受体蛋白识别、结合，随即触发高尔基体局部出芽和胞质面网格蛋白（clathrin）的组装，并最终以表面覆盖有网格蛋白的有被小泡（coated vesicle）形式从高尔基体脱离。M6P 为标志的溶酶体酶分选机制目前研究较多，但人们发现依赖于 M6P 分选途径的效率并不高，部分溶酶体酶通过运输小泡直接分泌到细胞外。在细胞质膜上也存在依赖于钙离子的 M6P 受体，同样可与胞外的溶酶体酶结合，通过受体介导的内吞作用将酶送至前溶酶体中，M6P 受体再返回细胞质膜循环使用。此外，溶酶体酶还存在非 M6P 依赖的其他分选机制，如依赖酸性磷酸酶、分泌溶酶体的 perforin 和 granzyme 等。

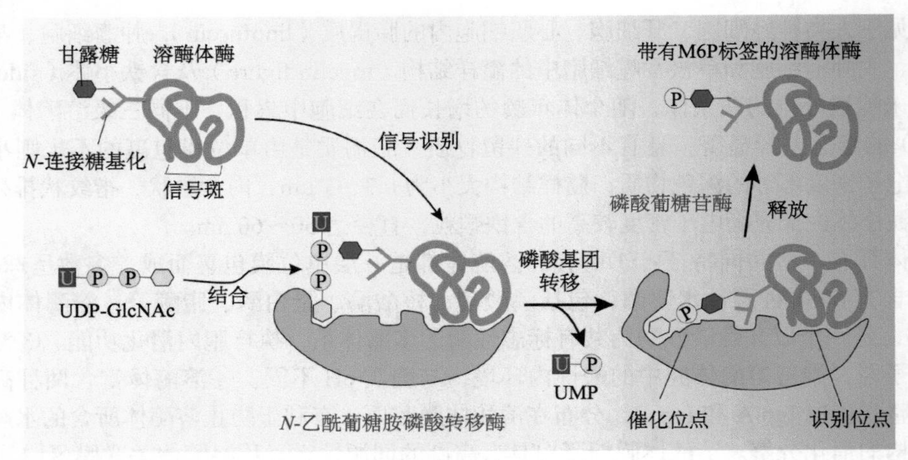

图 5-16　溶酶体酶分选标志产生的过程

M6P. 6-磷酸甘露糖；UDP-GlcNAc. 尿苷二磷酸乙酰葡糖胺

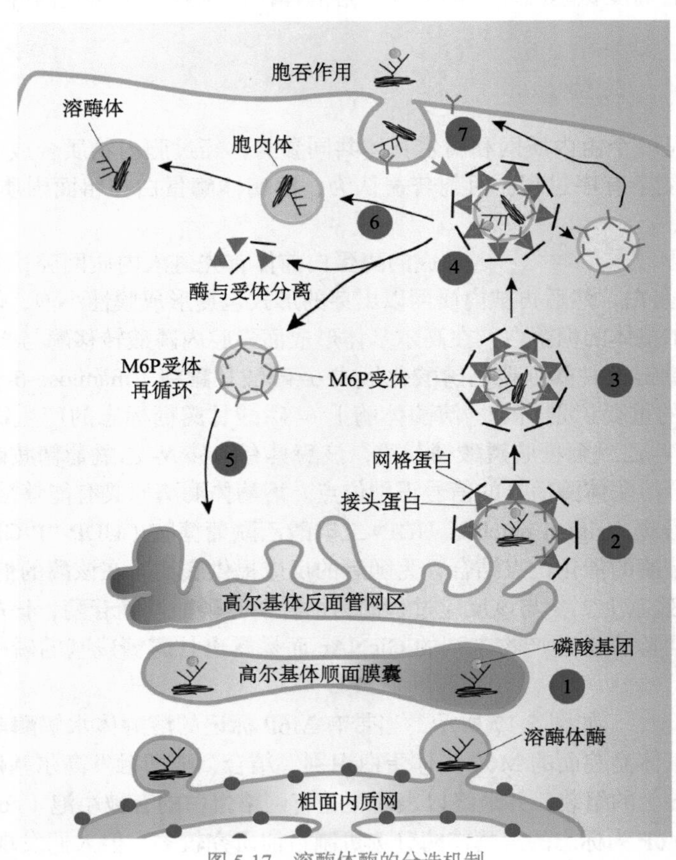

图 5-17　溶酶体酶的分选机制

①内质网中合成并糖基化的溶酶体酶原在高尔基体顺面膜囊添加 M6P 标志；②带 M6P 标志的溶酶体酶在高尔基体反面管网区与 M6P 受体结合，以网格蛋白依赖的有被膜泡形式出芽；③含溶酶体酶的膜泡释放到胞质；④膜泡脱被；⑤ M6P 受体以脱被膜泡的形式回收到高尔基体以再循环；⑥成熟的溶酶体酶进入胞内体，胞内体再与溶酶体融合而将酶释放到溶酶体中；⑦从高尔基体出芽的溶酶体酶也会通过组成型分泌途径释放到细胞外，然后再通过受体介导的胞吞作用进入胞质而转运至溶酶体，质膜上的 M6P 受体也会再以小泡的形式直接回到质膜再循环

3. 内体性溶酶体形成　离开高尔基体的有被膜泡脱去网格蛋白外被，形成运输小泡，与晚胞内体（late endosome）融合形成胞内体性溶酶体。最初形成的早胞内体（early endosome）囊腔是一个 pH 和细胞外液大致相当的碱性内环境，这些早胞内体通过分拣分离出带有质膜受体的再循环胞内体（recycling endosome），就变为了晚胞内体，而再循环胞内体重新返回细胞膜。

4. 溶酶体的成熟　晚胞内体在靠近细胞核与来源于高尔基体的酸性水解酶运输小泡融合，在膜上质子泵作用下 H^+ 从胞质泵入腔内，pH 从 7.4 下降到 6.0 以下。在改变了的酸性内环境下，溶酶体酶前体从 M6P 膜受体上解离，通过去磷酸化成熟。与此同时，膜 M6P 受体以出芽形成运输小泡重新回到高尔基体 TGN 上。成熟的溶酶体再分别与来自胞内、胞外的物质相融合形成自噬溶酶体和异噬溶酶体。溶酶体酶的生物学发生简要总结见【二维码】。

二维码

三、溶酶体的功能

溶酶体含有多种酸性水解酶，对维持细胞正常代谢活动及防御微生物有重要的生物学意义，其生物学功能主要体现在以下几个方面。

1. 细胞内消化　溶酶体能够通过形成异嗜溶酶体和自噬溶酶体对细胞内物质消化分解，及时对经过胞吞作用摄入的外来物质消化利用，也可以帮助衰老残损细胞器清除更新，从而保证细胞内环境的稳定与细胞器的更新。溶酶体发挥着清道夫的作用。

2. 细胞防御保护　在巨噬细胞中具有发达的溶酶体，被吞噬的细菌或病毒颗粒在其中分解消化。这种细胞防御是机体免疫防御系统的重要组成部分，但是也有个别病毒可以利用这个机制巧妙地潜入并劫持人体细胞繁殖自身，从而让机体患病。

3. 参与个体发生与发育过程　动物精子头部顶端的顶体（acrosome）就是一种特化的溶酶体。在受精过程中，精子的头部顶端接触到卵子外被，顶体膜与质膜融合释放出水解酶，分散卵子周围附着的滤泡细胞并消化卵子被膜，实现精卵融合。在动物发育过程中，一些部位的细胞要消失主要依靠溶酶体。例如，青蛙、蟾蜍等蝌蚪尾部及人胚胎阶段尾部消失萎缩就是尾部组织蛋白酶浓度不断增大并释放，将尾部细胞消化。在哺乳动物发育早期，胚胎产生了中肾管（沃尔夫管，Wolffian duct）和中肾旁管（米勒氏管，Müllerian duct），随着发育的进行而性别分化时，女性穆勒氏管发育为输卵管，沃尔夫氏管退化，而男性沃尔夫氏管发育为输精管，穆勒氏管退化。还有断乳后乳腺的退行性变化、人子宫内膜周期性萎缩、衰老红细胞清除及一些细胞程序性死亡都有溶酶体的作用。

4. 营养作用　原生动物从外界摄取的物质依赖溶酶体才能被有机体吸收利用，而高等动物在机体饥饿的状态下，溶酶体可以分解细胞内一些对细胞生存非必需的生物大分子物质，为细胞生命活动提供营养和能量，维持主要细胞的生存。

5. 参与内分泌细胞的分泌过程　甲状腺素就是原先存储在甲状腺腔体中的甲状腺球蛋白（thyroglobin）通过吞噬作用进入分泌细胞，在溶酶体中水解为游离甲状腺素 T3 和 T4，然后分泌到细胞外。有实验表明溶酶体也参与肽类激素的释放。

四、植物细胞液泡

植物液泡（vacuole）相当于动物细胞的溶酶体，一个或多个，除了分裂旺盛的细胞，液泡的体积往往很大，甚至可达细胞总体积的 90%。液泡内呈现酸性，这是由于液泡膜上有 V- 型质子泵，可将 H^+ 泵入液泡。液泡也具有多种生物学功能，如降解物质、营养与废物存储及参与细胞内环境稳态等。液泡通过吸收与释放 K^+、苹果酸等众多可溶性物质，调控细胞膨压（turgor pressure）和渗透压，使细胞保持一定体积。在植物保卫细胞中，气孔的开关与液泡的膨压调控也密切相关。

五、溶酶体相关疾病

溶酶体的结构或功能异常，会引起多种疾病，统称为溶酶体病，分为先天性溶酶体疾病、获得性溶酶体疾病和溶酶体酶释放或外泄造成的细胞损伤性疾病等。目前已经发现 40 多种先天性溶酶体疾病是由溶酶体中某些酶的缺乏或缺陷所引起的。例如，糖原贮积症Ⅱ型（glycogen storage disease type Ⅱ，Pompe's disease），是一种由于患者缺乏 α- 糖苷酶导致糖原代谢受阻而沉积于全身多种组织，包括脑、肝、肾、肾上腺、骨骼肌和心肌等而造成的，患者表现出肌肉无力、心脏增大、心力衰竭，患病婴儿通常于两周内死亡。另外还有泰 - 萨克斯病（Tay-Sachs disease），也称为家族性黑矇性痴呆。由于患者缺乏氨基已糖酶 A，阻断了 GM2 神经节苷脂的代谢，导致 GM2 代谢障碍而使其在脑及神经系统和心脏、肝等组织大量累积而致病。另外，硅肺病（silicosis）、痛风（arthrolithiasis）等疾病也与溶酶体功能异常密切相关。溶酶体相关疾病详见【二维码】。

二维码

第五节 过氧化物酶体

一、过氧化物酶体的发现

1954 年，J. Rhodin 在电子显微镜下发现了鼠肾小管上皮细胞中存在一些异质性的细胞器［图 5-18（a）］，呈圆形、椭圆形或哑铃形不等，将它称为微体（microbody）。很快，Christian de Duve 领导其团队通过梯度离心分离到溶酶体后（1955 年），发现最初的分离物中除了溶酶体具有的酸性水解酶外，还含有尿酸氧化酶（urate oxidase）等其他性质不同的酶。在差速离心中，发现这些不同的酶沉降行为有细微差异，又进一步通过蔗糖密度梯度离心发现尿酸氧化酶密度区是 1.25 g/cm^3，而线粒体和溶酶体分别是 1.19 g/cm^3 和 1.2～1.24 g/cm^3，推测认为其来自别的细胞器。如何将其区分开来呢？他们运用去垢剂 Triton WR1339 注射小鼠，积累在溶酶体中使得溶酶体浮力密度降低到 1.1～1.14 g/cm^3，从而可以将含有尿酸氧化酶的细胞器和溶酶体、线粒体离心分离开。收集样品后发现里面含有过氧化物酶和 D- 氨基酸氧化酶等，这些酶都与 H_2O_2 形成与分解有关，因此重新将其命名为过氧化物酶体（peroxisome）。后来，又从植物中发现了乙醛酸循环体（glyoxysome）。Duve 是发现并证实了溶酶体和过氧化物酶体结构与功能的主要贡献者，1974 年他与克劳德（Albert Claude）和帕拉德（George E. Palade）因对细胞结构与功能的研究共同获得了诺贝尔生理学或医学奖。

通过观察毛地黄皂苷破坏细胞器，人们发现，细胞释放的酸性磷酸酶和过氧化氢酶所需的毛地黄皂苷的剂量是不同的，也进一步证明过氧化物酶体与溶酶体是两种不同的细胞器。1995 年 Kleinsmith 等研究发现，两者高效释放的有效剂量相差 10 倍，如果两种酶在同一个细胞器中，不可能如此，说明两种细胞器对去垢剂的耐受性是不一样的。

和溶酶体类似，研究过氧化物酶体也主要运用透射电子显微镜免疫电镜技术研究其亚显微结构和定位。同样地，现在人们也常用运用 GFP 荧光蛋白定位标记技术，在荧光显微镜或激光共聚焦显微镜下观察过氧化物酶体［图 5-18（b）和（c）］。

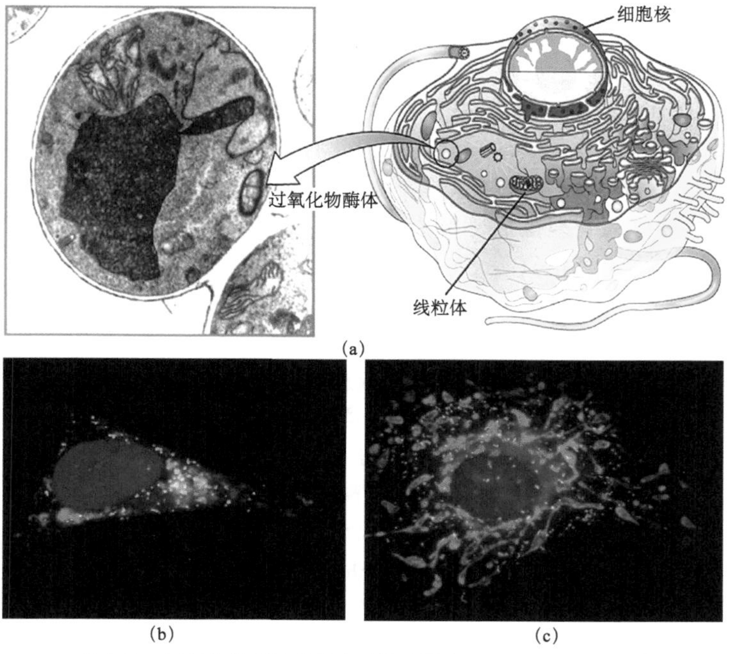

图 5-18 过氧化物酶体的形态结构（引自 Hardin et al.，2018）

（a）电镜下观察到的过氧化物酶体；（b）GFP 标记过氧化物酶体蛋白 C 端靶向序列的活细胞观察图像（绿色）；（c）固定后细胞运用了 Alexa Fluor® 488 标记过氧化物酶体膜蛋白 70（PMP 70）后获得的过氧化物酶体图像（绿色）

二、过氧化物酶体的形态结构特征

过氧化物酶体是由单层膜围绕的内含一种或几种氧化酶类的细胞器，存在于所有动物细胞和很多植物细胞中，是一种异质性细胞器，在形态上多呈圆形或卵圆形，其直径变化在 0.15～1.7 μm。在透射电镜下观察，过氧化物酶体与初级溶酶体相比大小非常接近，但溶酶体中没有酶晶体，而过氧化物酶体中常常可以发现含有酶晶体，呈现电子致密度较高、排列规则的晶格结构，由尿酸氧化酶形成，称为类晶体（crystalloid）（图 5-19）。过氧化物酶体与初级溶酶体在形态、生化特征及生物学发生方面的区别见【二维码】。

二维码

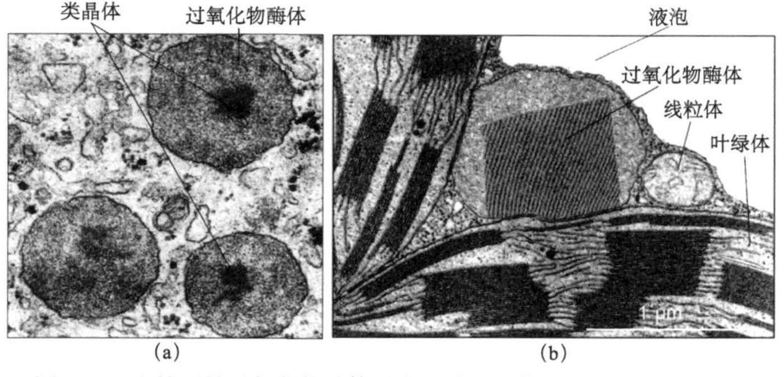

图 5-19 电镜下的过氧化物酶体形态照片（引自 Hardin et al.，2018）

（a）动物细胞中的过氧化物酶体及其包含的晶格结构；（b）烟草叶肉细胞中的过氧化物酶体，中央具有尿酸氧化酶形成的晶体状核心

三、过氧化物酶体中的酶类

过氧化物酶体在动物的肝、肾细胞及植物的种子、叶中含量丰富。目前已经鉴定的过氧化物酶体中的酶有40多种，但是至今尚未发现一种过氧化物酶体含有全部40多种酶。过氧化物酶体是真核细胞中直接利用分子氧的细胞器，因此有人主张应与线粒体共同讨论。主要含有两大类，一是依赖于黄素（FAD）的氧化酶类，在底物氧化的过程中把氧还原成过氧化氢；另一大类是过氧化氢酶，将过氧化氢彻底分解为水。除两大类外，还有苹果酸脱氢酶、柠檬酸脱氢酶、过氧化物酶等。其中过氧化氢酶（catalase）在过氧化物酶体总蛋白中含量最多，是过氧化物酶体的标志性酶，约占过氧化物酶体酶总量的40%。过氧化氢酶可能存在于血细胞等少数细胞类型中，作用都是催化过氧化氢生成水和氧气。

过氧化物酶体中还含有许多氧化酶类。在鼠肝、植物种子和叶中发现都有尿酸氧化酶、乙醇酸氧化酶和L-α-羟酸氧化酶。D-氨基酸氧化酶与脂肪酸-β-氧化酶存在于鼠肝和植物种子中，在植物叶中则没有发现，L-氨基酸氧化酶在植物种子中有而叶中没有，在鼠肝细胞中比较复杂，有些有，有些无。在人类中，当尿酸氧化酶缺乏时，会导致患者痛风。

此外还有其他一些酶是具有细胞特异性的，如植物种子中的过氧化物酶体中含有柠檬酸合成酶、顺乌头酸酶、异柠檬酸裂解酶、马来酸合成酶，但在植物叶细胞与鼠肝细胞中没有发现，而植物叶细胞中则可以检测到马来酸脱氢酶和乙醛酸转氨酶，乙醛酸还原酶则在鼠肝和植物叶中检测出而在植物种子中尚未报道。

四、过氧化物酶体的功能

1. 解毒功能　过氧化物酶体通过氧化酚、醇、甲酸、甲醛等物质，使得这些有毒物质变成无毒性物质，也使过氧化氢进一步转变为水。这种解毒作用对于肝、肾非常重要，人体摄入乙醇的一半依靠其氧化为乙醛，从而解除乙醇对细胞的毒害作用。乙醛刺激毛细血管扩张，因此饮酒容易引起脸色发红。慢性乙醇中毒患者的肝细胞中，过氧化物酶体数量会增多。

2. 对氧浓度的调节　线粒体通常所需的最佳氧浓度为2%，超过这个数值不仅不会提升氧化能力反而带来高浓度氧损伤细胞的压力。而过氧化物酶体中的众多氧化酶可以随氧张力提高而成正比地提高氧化能力，从而避免了细胞受到高浓度氧的损伤。慢性缺氧性疾病患者肝细胞内的过氧化物酶体数量会增多，就是机体为了增加对氧压力的应对能力。

3. 参与含氮物质代谢　在大多数动物细胞中，过氧化物酶体中的尿酸氧化酶对于尿酸氧化是必需的。尿酸是核苷酸和一些蛋白质降解代谢的产物，尿酸氧化酶可以将这种代谢废物进一步氧化去除。另外过氧化物酶体中的转氨酶催化氨基转移，因而也参与氮代谢。痛风患者关节疼痛就是由于尿酸氧化酶缺乏，导致尿酸累积结晶使关节容易发炎而红肿疼痛。

4. 分解脂肪酸等高能分子　过氧化物酶体能够分解脂肪酸等高能分子为细胞直接提供热能，而不必通过水解ATP的途径获得能量。一方面通过β氧化使脂肪酸转化为乙酰辅酶A，被转运到细胞质基质中，供生物合成反应利用；另一方面向细胞直接提供热能。脂肪肝或高血脂症时，过氧化物酶体数量减少、老化或发育不全。

五、乙醛酸循环体

1967年，Breidenbach和Beevers发现在有些植物细胞的过氧化物酶体中含有同乙醛酸循环有关的酶，将其称为乙醛酸循环体（glyoxisome），存在于种子、叶片、根、块茎和花瓣等的脂肪贮藏组织中。

乙醛酸循环体在形态大小上与过氧化物酶体相似，电镜下其膜的外表面颗粒较少，内表面则有很多可能是ATPase的颗粒。乙醛酸循环体不仅含有乙醛酸旁路的酶如异柠檬酸裂合酶和苹果酸合成酶等，还含有参与三羧酸循环的酶和电子传递体的酶如细胞色素c还原酶、抗坏血酸过氧化物酶等，可以执行脂肪酸的β氧化和乙醛酸循环，将异柠檬酸转换成琥珀酸和乙醛酸，而琥珀酸可以转移到线粒体中参与三羧酸循环。

富含脂肪的种子如蓖麻籽、花生、油菜籽等开始萌发时，很快诱导产生许多乙醛酸循环体，与圆球体紧密连接并于几天内达到高峰。乙醛酸循环体以脂肪为底物，将脂肪转化为糖，为种子萌发和幼苗生长提供能量。在绿色植物的叶肉细胞中，CO_2固定反应副产物的氧化，即所谓光呼吸作用，也是由乙醛酸循环体完成的，可以将光合作用的副产物乙醇酸氧化为乙醛酸和过氧化氢。

六、过氧化物酶体的生物发生

以前人们想当然地认为过氧化物酶体的生物发生与溶酶体类似，因为过氧化物酶体是一种单层膜包裹的细胞器，没有DNA，也没有核糖体，构成过氧化物酶体的所有蛋白质都是核基因编码的。但是后来的证据表明，过氧化物酶体的发生既有类似于溶酶体从内质网产生膜泡，从无到有的出芽发生途径，也有通过预先存在的成熟过氧化物酶体从胞质中摄取特异蛋白质和脂类促进生长后分裂，随着细胞分裂产生新的子代过氧化物酶体的途径。目前来看，这两条途径都存在，大多数过氧化物酶体的膜蛋白是在胞质中合成并插入已有的过氧化物酶体的膜中，因此有人认为过氧化物酶体大部分蛋白质不属于内膜系统；但有些蛋白质先整合到内质网膜中，被包装成过氧化物酶体前体囊泡，新的囊泡彼此融合并不断加入更多新的蛋白质，所以现在认为过氧化物酶体部分起源于内膜系统。

参与过氧化物酶体生物发生的蛋白质统称为过氧化物酶体生成蛋白（peroxin），目前功能认识较清楚的有Pex1、Pex2、Pex5、Pex19等。

如图5-20所示，过氧化物酶体酶和膜蛋白均由核基因编码，在细胞质基质中合成，然后分选到过氧化物酶体中，分选信号（peroxisomal-targeting signal，PTS）序列为PTS1：-Ser-Lys-Leu-COO-，存在于C端；PTS2：Arg/Lys-Leu/Ile-5X-His/Gln-Leu，存在于N端。大多数过氧化物酶体基质蛋白的起始合成于细胞质中游离的核糖体，多数含有PTS1信号序列，少数含有PTS2信号序列。含PTS1信号的过氧化物酶体基质蛋白的胞质受体是Pex5，而含PST2信号的过氧化物酶体基质蛋白的胞质受体是Pex7。与内质网、线粒体、叶绿体蛋白的定位转运不同，过氧化物酶体蛋白在转运过程不必解开折叠，靶向信号也不会被转运后切除。

过氧化氢酶的C端含有PTS1序列，受到胞质中的Pex5受体识别，Pex5将蛋白肽链引导至过氧化物酶体膜，与膜上的受体Pex14结合，形成多亚基复合物，然后在膜上的另外一些Pex蛋白如Pex2、Pex10和Pex12的协助下将蛋白质转运释放到过氧化物酶体基质中。之后，Pex5被Pex2、Pex10和Pex12泛素化，泛素化后的Pex5在Pex1、Pex6作用下脱离膜，消耗ATP，重新进入胞质开始新一轮循环识别靶向信号的功能。N端含有PTS2序列的过氧化物酶体基质蛋白的分选过程与之类似，只是其胞质受体是Pex7。而过氧化物酶体膜蛋白（peroxisomal membrane protein，PMP）则需具有膜靶向信号（mPTS），能够被细胞质中的受体Pex19识别并结合，形成复合物后被过氧化物酶体膜上的Pex3/Pex16识别锚定，将膜蛋白插入过氧化物酶体的膜上，Pex19再进入胞质循环，进行新的识别与转运任务。有研究显示，过氧化物酶体中还有一类蛋白，称为Pex11，能够检测过氧化物酶体是否成熟，并启动分裂。

一般认为从内质网上先产生的膜泡是空壳，含有Pex3/Pex16，招募Pex19不断扩大膜上的各种蛋白质（如 Pex2、Pex10、Pex12、Pex14 等），进而通过 Pex5 和 Pex7 容纳基质蛋白。与此同时，细胞质基质中的脂运输蛋白将内质网合成的磷脂不断运送到过氧化物酶体的膜中，满足不断生长的过氧化物酶体的需要。此外还摄取血红素，保证氧化酶的活性。

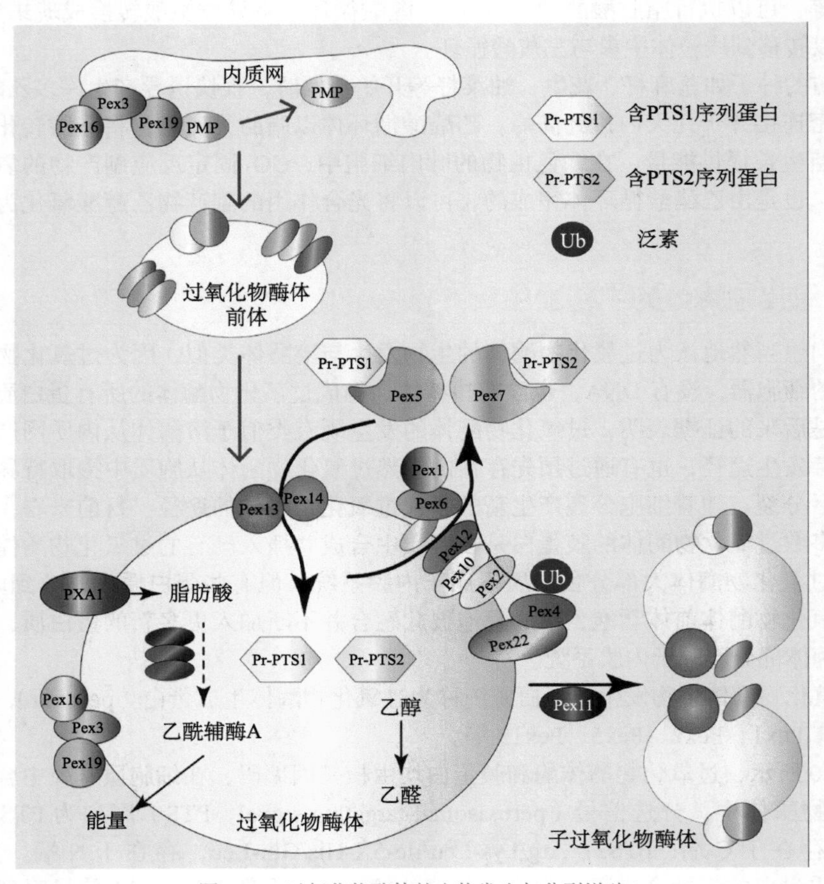

图 5-20　过氧化物酶体的生物发生与分裂增殖

过氧化物酶体的生物发生大体包括 3 个阶段。第一阶段，在内质网起始装配，出芽并掺入过氧化物酶体膜蛋白后形成过氧化物酶体前体（pre-peroxisome）；其中，Pex19 蛋白作为过氧化物酶体膜蛋白靶向序列的胞质受体而发挥作用，另两种蛋白质 Pex3 和 Pex16 辅助过氧化物酶体膜蛋白正确插入新形成的前体膜泡，待所有过氧化物酶体膜蛋白都插入后，形成过氧化物酶体雏形，为基质蛋白输入提供基础。第二阶段，具有 PTS1 和 PTS2 分选信号的基质蛋白，它们分别与其胞质受体 Pex5 和 Pex7 为胞质受体结合，再与膜受体 Pex14/Pex13 结合，在膜蛋白复合物 Pex10-Pex12-Pex2 的介导下完成基质蛋白输入；完成输入任务后，胞质受体 Pex5 和 Pex7 在其他多种 Pex 蛋白介导的泛素化过程脱膜返回胞质再循环。第三阶段，成熟的过氧化物酶体经分裂产生子代过氧化物酶体，分裂过程依赖于 Pex11 蛋白

线粒体是细胞内进行氧化作用的一种重要细胞器，为什么细胞内还需要氧化作用的过氧化物酶体呢？有人认为，可能在进化过程中，真核细胞开始需氧生活时产生了过氧化物酶体这种细胞器，后来线粒体出现后，线粒体占据了主导氧化作用，过氧化物酶体开始逐渐退化，酶的种类和数量减少，甚至在某些细胞类型中消失。

七、过氧化物酶体异常疾病

最典型的例子是 Zellweger 综合征（脑肝肾综合征），其是一种常染色体隐性遗传病，患者寿命超不过 10 岁。患者肝、肾细胞中有过氧化物酶体结构异常及过氧化氢酶缺乏，有的有琥珀酸脱氢酶与辅酶 Q 之间的电子传递障碍。目前已知至少有 10 种基因突变会导致此病的发生，临床表现为严重肝功能障碍、重度骨骼肌张力减退、脑发育迟缓及癫痫等综合症状。另一案例是遗传性无过氧化氢酶血症，患者过氧化氢酶缺乏，抗感染能力下降，易发口腔炎等疾病。这些遗传缺陷主要是编码定位于过氧化物酶体的酶基因发生突变导致酶活性丧失，或是运输酶蛋白的受体发生突变，导致这些酶的定位异常。

此外，病毒、细菌及寄生虫感染、炎症或内毒素血症及肿瘤细胞中可见过氧化物酶体数目、大小及酶含量的变化。基质溶解是过氧化物酶体最常见异常形态变化，主要是出现片状和小管状结晶包涵物。在患有甲状腺功能亢进、慢性乙醇中毒、慢性低氧血症等疾病时，患者肝细胞中过氧化物酶体数量增多；甲状腺功能减退、肝脂肪变性或高脂血症等情况下，过氧化物酶体数量减少、老化。

过氧化物酶体功能异常，在植物中也会表现出相应的生长和发育影响，如过氧化物酶体定位蛋白的缺失会影响植物的抗逆性等。由于过氧化物酶体在植物活性氧（reactive oxygen species，ROS）的清除过程中具有重要作用，其对维持细胞内的氧化还原平衡至关重要。此外，植物细胞内激素茉莉酸的合成依赖过氧化物酶体，因此在植物激素代谢和相关信号传导中也发挥功能。

思　考　题

1. 细胞质基质的生物组成及其功能有哪些？
2. 简述内质网、高尔基体、溶酶体和过氧化物酶体的结构特点及其生物学功能。
3. 蛋白质糖基化有哪些类型、发生过程及生物学功能？
4. 简述内质网内蛋白质质量控制系统、重要监控成分及其生物学意义。
5. 细胞内的蛋白质降解机制有哪些？如何发挥功能？蛋白质降解的生物学意义是什么？
6. 内膜系统细胞器相关的疾病有哪些？

本章核心概念及更多布鲁姆学习目标层次习题见【二维码】。

二维码

本章知识脉络导图

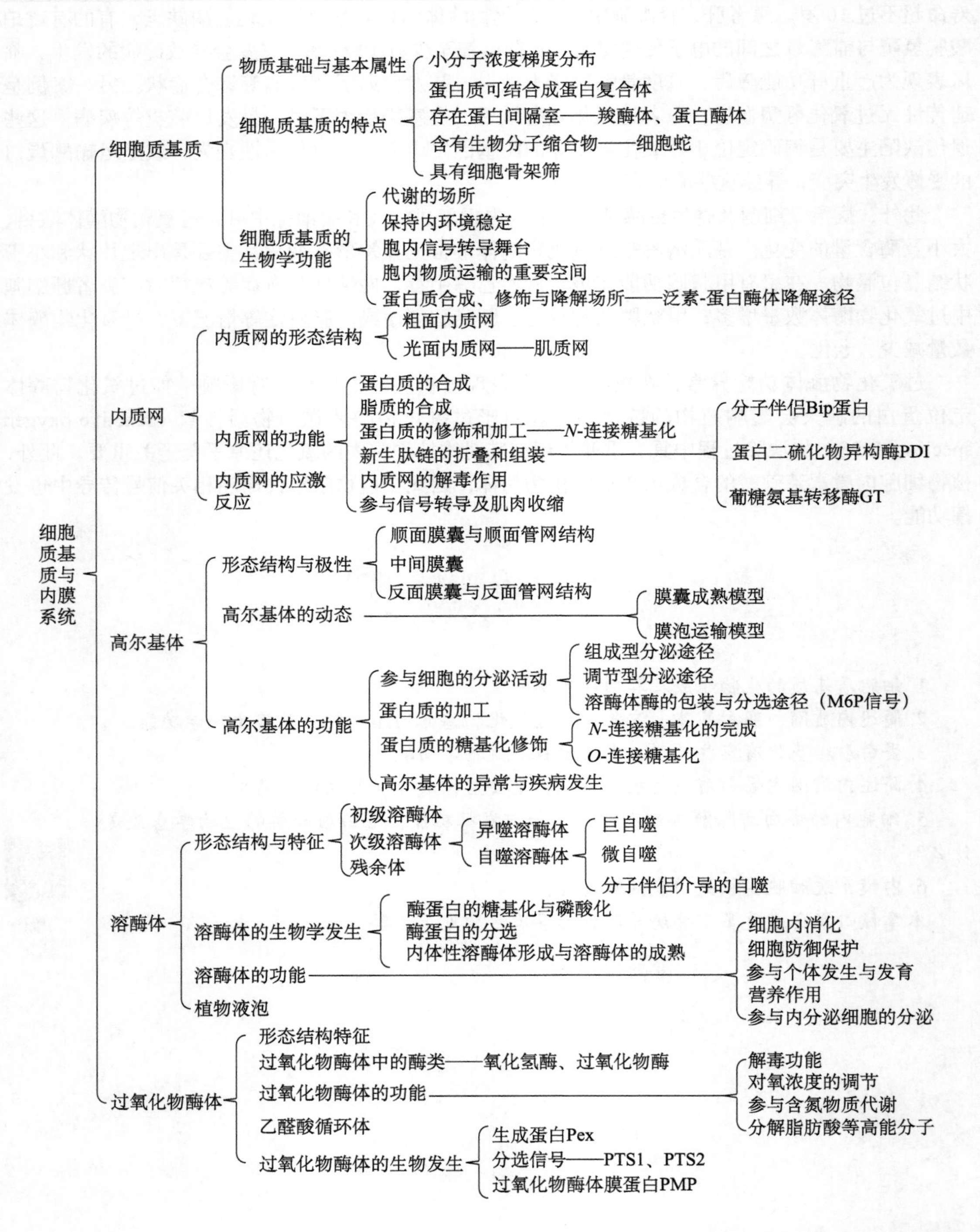

（张怀渝，李绍军，陈坤明）

第六章　细胞能量转换——线粒体与叶绿体

生物体通过细胞内最基础的生物化学反应——光合作用和呼吸作用从而实现能量物质的转换（合成与代谢），这是自然界一切生命活动的基础和源泉。植物细胞叶绿体进行光合作用，通过光合磷酸化将光能转变为化学能 ATP，合成碳水化合物并储存；动、植物细胞线粒体进行呼吸作用，通过氧化磷酸化将碳水化合物代谢或分解，产生化学能 ATP，从而使自然界生命活动永续发展。本章讲述线粒体和叶绿体的结构与功能、分裂增殖调控、半自主性和核质互作等重要知识点，系统认识细胞内负责能量转换的两个细胞器——线粒体和叶绿体功能运转的细胞生物学基础。

第一节　线粒体的结构与功能

1857 年，瑞士解剖学家及生理学家阿尔伯特·冯·科立克在肌肉细胞中发现了颗粒状结构；另外的一些科学家在其他细胞中也发现了同样的结构，从而证实了科立克的发现。德国病理及组织学家理查德·阿尔特曼（Richard Altmann）将这些颗粒命名为“原生粒”（bioblast）并于 1886 年发明了一种鉴别这些颗粒的染色法，但他猜测这些颗粒可能是共生于细胞内的独立生活的细菌。1898 年，德国科学家卡尔·本达（Carl Benda）发现这些结构时而呈线状时而呈颗粒状，所以用希腊语中“线”和“颗粒”对应的两个词“mitos”和“chondros”组成“mitochondrion”来为其命名并沿用至今。

一、线粒体的形态结构

线粒体在细胞内一般呈短棒状或圆粒状，但因生物种类、细胞类型或生理状态而异，还可呈环状、线状、哑铃状、分杈状、扁盘状等形态［图 6-1（a）］。其大小一般为 0.5～2.0 μm。在光学显微镜下，线粒体需用特殊的染色（如詹纳斯绿 B 染色）才能加以辨别。最近人们通过超高分辨率显微技术发现，线粒体在细胞内可能并非以单个的形制规整的细胞器形式存在，而是一种高度动态的结构体系，发生着频繁的分裂与融合现象，无规则多变结构才是线粒体的最基本特征。

不同生物的不同组织中线粒体数量的差异是巨大的。有许多细胞拥有多达数千个的线粒体，如肝脏细胞中有 1000～2000 个线粒体，而一些细胞则只有一个线粒体，如酵母菌细胞的大型分枝线粒体，大多数哺乳动物的成熟红细胞不具有线粒体。一般来说，细胞中线粒体数量取决于该细胞的代谢水平，代谢活动越旺盛的细胞线粒体数量越多。

线粒体通常分布在细胞功能旺盛的区域，如在肾脏细胞中靠近微血管，呈平行或栅状排列；

在肠表皮细胞中呈两极分布，集中在顶端和基部；在精子中分布在鞭毛中区。在卵母细胞体外培养中，随着细胞逐渐成熟，线粒体会由在细胞周边分布发展成均匀分布。线粒体在细胞质中能以微管为导轨、由马达蛋白提供动力向功能旺盛的区域迁移。

线粒体由外至内可划分为外膜（outer membrane）、膜间隙（intermembrane space）、内膜（inner membrane）和线粒体基质（matrix）四个功能区［图 6-1（b）］。线粒体外膜较光滑，主要起细胞器的界膜作用。线粒体内膜则向内皱褶形成线粒体嵴，负担更多的生化反应。这两层膜将线粒体分出两个区室——位于两层线粒体膜之间的是线粒体膜间隙，而被线粒体内膜包裹的是线粒体基质，其中含有相关酶类和线粒体遗传物质，如线粒体 DNA（mtDNA）。

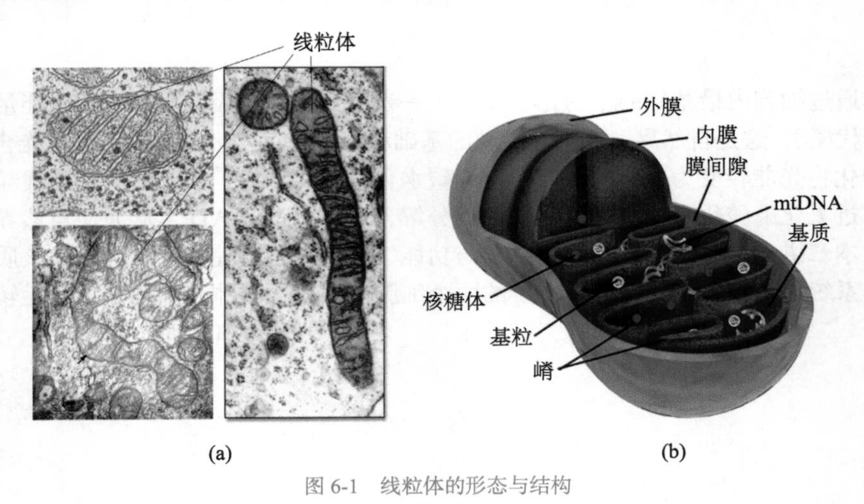

图 6-1　线粒体的形态与结构

（a）不同种类细胞中线粒体的形态；（b）线粒体结构示意图

1. 外膜　线粒体外膜是位于线粒体最外围的一层单位膜，厚度为 6～7 nm。外膜上酶的含量相对较少，其标志酶为单胺氧化酶。线粒体外膜包含称为“孔蛋白”的整合蛋白，其内部通道宽 2～3 nm，对分子质量小于 5000 Da 的蛋白质分子完全通透，对于更大的分子则需通过外膜转运酶（translocase of the outer membrane，TOM）的主动运输来进出线粒体。细胞凋亡过程中，线粒体外膜对多种存在于线粒体膜间隙的蛋白质通透性增加，使致死性蛋白进入细胞质基质，促进细胞凋亡。

2. 膜间隙　线粒体膜间隙是线粒体外膜与线粒体内膜之间的空隙，宽 6～8 nm，其中充满无定形液体。由于线粒体外膜含有孔蛋白，通透性较高，而线粒体内膜通透性较低，所以线粒体膜间隙内容物的组成与细胞质基质十分接近，含有许多生化反应底物、可溶性酶和辅助因子等。此外，膜间隙中还含有比细胞质基质中浓度更高的腺苷酸激酶、单磷酸激酶和二磷酸激酶等，其中腺苷酸激酶是膜间隙的标志酶。

3. 内膜　线粒体内膜位于线粒体外膜内侧、包裹着线粒体基质的单位膜。线粒体内膜的标志酶是细胞色素氧化酶。线粒体内膜仅对 O_2、CO_2 和 H_2O 自由通透，其对离子和代谢物的不可通透性允许产生跨膜的离子梯度，从而导致细胞溶质和线粒体之间代谢功能区域化。线粒体内膜上含有丰富的蛋白质，约占整个内膜物质总量的 80%，蛋白质种类超过 151 种，约占线粒体所有蛋白质的 1/5。除与电子传递和氧化磷酸化有关的蛋白质外，内膜含有很多控制代谢物和离子进出的转运蛋白。因而，线粒体内膜承担了复杂的生化反应和生理过程，主要包括特异性载体运输磷酸、谷氨酸、鸟氨酸、各种离子及核苷酸等代谢产物和中间产物，内膜转运酶

（translocase of the inner membrane，TIM）负责相关蛋白质的跨内膜主动运输，以及参与氧化磷酸化中的氧化还原反应、ATP 的合成、控制线粒体的分裂与融合等。

线粒体内膜连续内折形成"嵴"，从而增加了内膜的面积，使更多的反应能在内膜上进行。在不同种类的细胞中，线粒体嵴的数目、形态和排列方式可能有较大差别。线粒体嵴主要有几种排列方式，分别称为"片状嵴"（lamellar cristae）、"管状嵴"（tubular cristae）和"泡状嵴"（vesicular cristae）。片状排列的线粒体嵴主要出现在高等动物细胞的线粒体中，这些片状嵴多数垂直于线粒体长轴；管状排列的线粒体嵴则主要出现在原生动物和植物细胞的线粒体中。有研究发现，睾丸间质细胞中既存在片状嵴也存在管状嵴。利用电子断层扫描成像技术发现，线粒体的嵴具有十分特殊的形态结构，称为线粒体关联黏附复合物（mitochondrion-associated adherens complex，MAC）（图 6-2），充斥整个线粒体空间，嵴膜与外膜不相连，但和线粒体内膜之间以一种称为嵴连接（crista junctions）的指状结构相连。线粒体嵴的这种分布结构可能与其执行复杂的代谢功能密切相关。线粒体嵴上有许多有柄小球体，即线粒体基粒，基粒中含有 ATP 合酶，能利用呼吸链产生的能量合成 ATP。所以需要较多能量的细胞，线粒体嵴的数目一般也较多。但某些形态特殊的线粒体嵴由于没有 ATP 合酶，所以不能合成 ATP。

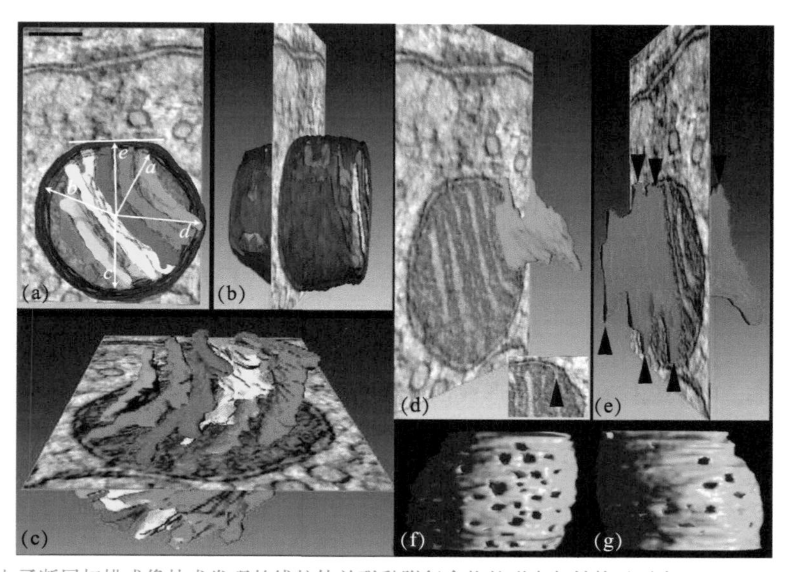

图 6-2　电子断层扫描成像技术发现的线粒体关联黏附复合物的形态与结构（引自 Perkins et al.，2010）

（a）线粒体关联黏附复合物（mitochondrion-associated adherens complex，MAC）充斥整个线粒体空间，外膜与嵴膜不相连，不同的颜色显示不同的嵴膜；（b）线粒体外表侧面图像；（c）MAC 线粒体的片状嵴，显示它们之间没有相互连接在一起；（d），（e）两个单独片状嵴的形态，箭头标示片状嵴以指状连接结构与线粒体内膜相连；（f），（g）外膜去除后的线粒体内膜表面，显示嵴膜连接结构的极性分布（图中标尺为 100 nm）

4. 基质　线粒体基质是线粒体中由内膜包裹的内部空间，其中含有参与三羧酸循环、脂肪酸氧化、氨基酸降解等生化反应的酶等众多蛋白质，因此基质中的蛋白质含量及浓度非常高，大约为 500 mg/mL，所以线粒体基质类似于胶状物，比细胞质基质黏稠。苹果酸脱氢酶是线粒体基质的标志酶。除代谢相关的酶类，线粒体基质中还含有线粒体 DNA（mtDNA）、RNA 和核糖体。mtDNA 呈双链环状，一个线粒体中可有一个或数个 mtDNA 分子，其分子量大小通常在几十到几百 kb。线粒体 RNA 是线粒体 DNA 的表达产物，RNA 编辑普遍存在于线粒体 RNA 中，是线粒体产生功能蛋白所必不可少的过程。线粒体核糖体是存在于线粒体基质内的一种核糖体，负责完成线粒体内进行的翻译工作，沉降系数为55～56S，由28S核糖体小亚基和39S核糖体大亚基组成。线粒体基质中存在的蛋白质统称为“线粒体基质蛋白”，包括DNA聚合酶、RNA聚合酶、柠檬酸合成酶及三羧酸循环酶系中的酶类，但大部分线粒体基质蛋白由细胞核基因编码。

二、线粒体的功能

线粒体是细胞内能量生成的主要场所，对于维持细胞正常生理功能起着重要作用。人体内的细胞每天要生成大量ATP，95%以上由线粒体产生。因此，线粒体也被称为细胞的“能量加工厂”。在有氧条件下，葡萄糖经糖酵解和柠檬酸循环途径彻底氧化降解生成CO_2，除了直接生成少量的ATP或GTP外，还产生了大量的还原型辅酶NADH（还原型烟酰胺腺嘌呤二核苷酸，或称还原型辅酶Ⅰ）和FADH2（还原型黄素腺嘌呤二核苷酸）。在这些还原型辅酶重新转化为氧化型的过程中，氧化产生的许多自由能以发生在线粒体中的电子传递和氧化磷酸化途径生成ATP的形式释放。因此，线粒体通过电子传递和氧化磷酸化两个紧密偶联的过程进行能量转换，而位于线粒体内膜上的ATP合酶和电子传递链复合物及内膜本身的结构特性为氧化磷酸化反应提供了必需的物质基础。在此基础上发生的电子传递、质子驱动力的形成及ATP合成是线粒体氧化磷酸化的核心过程，也是线粒体能量转换的本质所在。

（一）电子传递链

电子传递链是一系列作为电子传递的载体嵌入线粒体内膜上并有序排列的一组酶复合物，其能可逆地结合和释放电子（e）或质子（H^+），从而进行电子和质子传递及氧的利用，最后产生H_2O和ATP。线粒体电子传递链的主要组分有黄素蛋白（FMN）、铁硫蛋白、细胞色素和泛醌（辅酶Q，CoQ），它们都是疏水性分子；除泛醌外，其他组分都是蛋白质。由于各组分在电子传递过程中与释放的电子结合，并通过其辅基的可逆氧化还原传递电子，因此也称为电子载体。如图6-3所示，电子载体在膜表面形成四个复合物。复合物Ⅰ：NADH-辅酶Q氧化还原酶，也称NADH脱氢酶复合物；复合物Ⅱ：琥珀酸-辅酶Q氧化还原酶，也称琥珀酸脱氢酶复合物；复合物Ⅲ：辅酶Q-细胞色素c氧化还原酶，也称细胞色素bc_1复合物；复合体Ⅳ：细胞色素c氧化酶，由上述复合物组成电子传递链。这些复合物中的电子载体排列顺序基本是按照它们标准还原电位逐渐增大，即对电子亲和力逐渐增大的顺序依次排列。

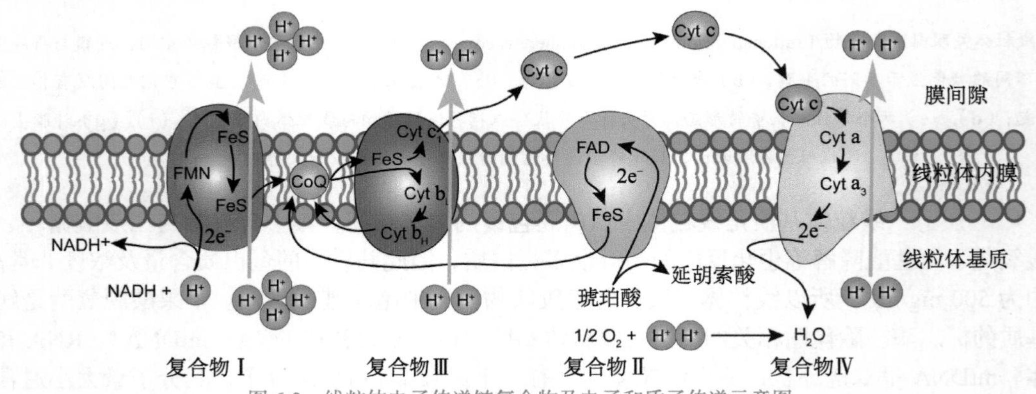

图6-3　线粒体电子传递链复合物及电子和质子传递示意图

电子传递是将来自还原型辅酶 NADH（或 $FADH_2$）的电子通过电子传递链最终传递给 O_2。电子传递链中各个成分的还原电位都落在强还原剂 NADH 和最终的氧化剂 O_2 之间，辅酶 Q（CoQ）和细胞色素 c（Cyt c）像位于电子传递链复合物之间的纽带。辅酶 Q 将电子由复合物 Ⅰ 和 Ⅱ 转移至复合物 Ⅲ，细胞色素 c 连接复合物 Ⅲ 和 Ⅳ，复合物 Ⅳ 利用电子催化 O_2 还原，结合 H^+ 生成 H_2O。因此，电子传递具有两条路径：①来自 NADH 的电子依次经过复合物 Ⅰ、辅酶 Q、复合物 Ⅲ、细胞色素 c 和复合物 Ⅳ，最终传递给 O_2，并将质子转移到线粒体膜间隙，最终经线粒体 ATP 合酶生成 2.5 个 ATP；②来自 $FADH_2$ 的电子依次经过复合物 Ⅱ、辅酶 Q、复合体 Ⅲ、细胞色素 c 和复合体 Ⅳ，最终传递给 O_2，并将质子转移到线粒体膜间隙，最终经线粒体 ATP 合酶生成 1.5 个 ATP。由于前者生成 ATP 量大于后者，所以前者称为主电子传递链，后者称为次电子传递链。

（二）ATP 合酶与氧化磷酸化

氧化磷酸化（oxidative phosphorylation）是生物氧化中伴随着 ATP 生成的反应过程。在电子传递过程中，来自 NADH 和 $FADH_2$ 的电子传递到 O_2 是氧化放能的过程，而 ATP 的合成（磷酸化）则是需能的过程，如何将电子传递过程中的氧化放能反应与 ATP 合成的需能反应偶联起来？实际上，在电子传递过程中释放的能量用于将线粒体基质内的质子（H^+）转移到膜间隙，从而产生一个相对于线粒体基质的跨内膜的质子浓度梯度。膜间隙中的高浓度质子通过位于内膜上的质子通道进入线粒体基质的同时也驱动 ATP 合成，从而完成电子传递与 ATP 合成相偶联的过程。该质子通道正是驱动 ATP 合成的 ATP 合酶。

ATP 合酶（ATP synthase）也称为 F_0F_1-ATP 合酶或 F_0F_1 复合物，除广泛分布于线粒体内膜上，还分布于叶绿体类囊体膜、异养菌和光合菌的质膜上。ATP 合酶参与氧化磷酸化和光合磷酸化，在跨膜质子动力势的推动下合成 ATP。如图 6-4 所示，ATP 合酶是一个多亚基的跨膜蛋白，主要由结构突出于膜外的 F_1 亲水头部和嵌入膜内的 F_0 疏水基部组成。

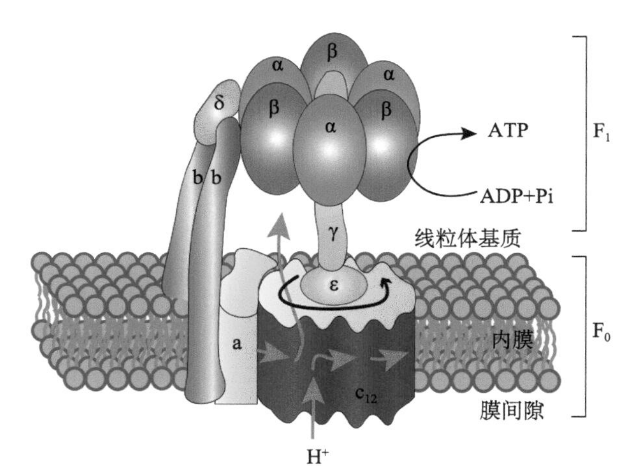

图 6-4 线粒体 F_1F_0-ATP 合酶的结构模式图

F_1 头部由 α、β、γ、δ 和 ε 五种类型共 9 个亚基组成，即 $\alpha_3\beta_3\gamma\delta\varepsilon$。据 0.28 nm 分辨率的 X 射线晶体衍射分析证实，3 个 α 和 3 个 β 亚基交替排列呈橘瓣状结构，其围绕类似中心轴的 γ 亚基交替排列，组成球状头部。α 和 β 亚基上均有核苷酸结合位点，其中 β 亚基的结合位点具有催化 ATP 合成或水解的活性。动物线粒体 F_1 头部具有抑制蛋白，能专一抑制 F_1-ATP 酶的活力，从而调节酶活性的功能，但不能抑制 ATP 合成。但当 F_1 与 F_0 解离后，可溶性的 F_1 不再具有合成 ATP 的活性，而具有水解 ATP 的活性，即 ATP 酶。γ 与 ε 亚基具极强的亲和力，结合在一起形成"转子"，位于 3 个 α 亚基和 3 个 β 亚基交替排列形成的橘瓣状结构的中央，共同旋转以调节三个 β 亚基催化位点的开放和关闭。ε 亚基有抑制 ATP 水解酶的活性，同时有堵塞氢离子通道，减少氢离子泄漏的功能。

F_0 基部由 a、b 和 c 三种类型共 15 个亚基组成，即 ab_2c_{12}。12 个 c 亚基组成的圆柱状结构嵌合在膜上，F_1 的 γ 和 ε 亚基形成的轴穿过 c 亚基组成的圆柱；a 亚基形成跨膜质子通道，两个 b 亚基与 δ 亚基协同作用将 α 和 β 亚基固定。F_1 和 F_0 通过“转子”和“定子”连接在一起。

20 世纪 60 年代美国学者博耶（Paul Boyer）在研究 ATP 酶结合构象变化的基础上，提出 ATP 合酶合成 ATP 的机制，即结合变构机制（binding change mechanism）。该模型合理地解释了 H^+ 通过 ATP 合酶进入线粒体基质从而驱动 ATP 合成的分子过程。首先，膜间隙的 H^+ 流从 a 和 c 亚基交界面进入，并与 a 亚基结合后被排入 c 亚基环，从而使 H^+ 流驱动 c 亚基环旋转，同时引起 γ 轴反方向旋转（图 6-4）。如图 6-5 所示，γ 亚基每旋转 120° 就与 ATP 合酶 $α_3β_3$ 球体中的一个 β 催化亚基接触，从而使该 β 亚基构象发生变化。由于 γ 亚基与 $α_3β_3$ 球体接触部分具有高度不对称性，γ 亚基的不同部分会分别与不同的亚基相互作用，使每个亚基具有不同的构象，要么处于开放构象（open, O），要么处于松弛构象（loose, L），或处于紧密构象（tight, T）。γ 亚基每旋转一周，每个 β 亚基都要经历上述三种构象变化。β 亚基的三种构象具有不同功能，开放构象“O”态对 ATP 亲和力低，释放 ATP 并准备结合 ADP 和 Pi；松弛构象“L”态结合 ADP 和 Pi；紧密构象“T”态催化 ADP 和 Pi 合成 ATP。结合变构机制中所涉及的 γ 亚基相对 $α_3β_3$ 的旋转以及 F_0 的 c 环旋转等主要分子过程已经被许多实验所证实，博耶因此获得 1997 年的诺贝尔化学奖。

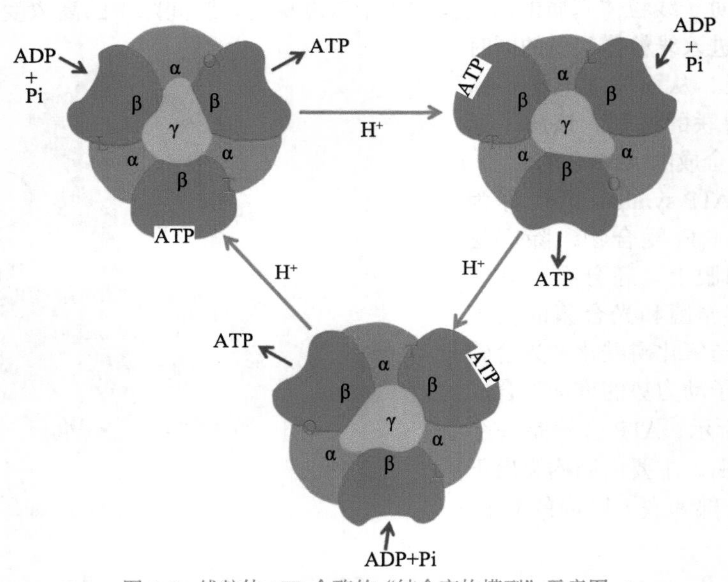

图 6-5　线粒体 ATP 合酶的“结合变构模型”示意图

当 αβ 亚单位处于 L 态时，结合 ADP 和 Pi；当质子经 F_0 质子通道从膜间隙返回基质时，释放的自由能推动球体构象变化，L 位转变成 T 态，导致 ATP 合成；与此同时其他两组 αβ 亚单位的构象也发生变化，从 T 态转变成 O 态，或从 O 态转变成 L 态。当结合 ATP 的 T 态转变成 O 态时，ATP 从 O 态的 β 亚基释放出来

综上所述，在线粒体内膜上发生的电子传递和氧化磷酸化是两个紧密偶联的过程。电子从还原型辅酶 NADH 和 $FADH_2$ 传递到有氧代谢的最终电子受体分子氧（O_2）并生成 H_2O。当电子通过复合物传递时，产生的能量用来将线粒体基质中的质子（H^+）转移到膜间隙，从而产生跨线粒体内膜的质子浓度梯度，质子可通过跨内膜的线粒体 ATP 合酶通道返回到基质。当质子顺浓度梯度返回到线粒体基质时，ATP 合酶催化 ADP 磷酸化生成 ATP。在真核生物中，氧化磷

酸化发生在线粒体内，涉及的酶嵌入线粒体内膜；但在细菌等原核生物中，氧化磷酸化相关酶类位于质膜上。电子传递与 ATP 酶合成 ATP 的视频见【二维码】。

二维码

三、线粒体与疾病

近年研究表明，线粒体不仅作为细胞的“能量加工厂”，还与细胞内氧自由基的产生、细胞凋亡和细胞死亡进程的调控等有关。作为细胞的能量加工厂，线粒体具有介导细胞“生”与“死”的重要功能——线粒体具有氧化磷酸化、电子传递、能量代谢、抗活性氧化等重要生理作用，为细胞各种生命活动提供基础能量。研究发现，线粒体内也包含一些与细胞凋亡有密切关系的调控因子，如细胞色素 c、凋亡诱导因子（AIF）、Ca^{2+} 和活性氧（ROS）等。当细胞受到应激状态（如死亡信号）的刺激，促凋亡蛋白（如 Bid、Bax 和 Bak）和 Caspase 家族蛋白被激活，抗凋亡因子（如 Bcl-2）被抑制，进而引起线粒体膜通透性增加，由此产生一系列关键性变化，包括细胞色素 c 释放、线粒体跨膜电位下降、活性氧爆发及凋亡诱导因子被激活等生理和分子变化，从而破坏线粒体正常功能并导致细胞凋亡的中心执行者 Caspase 在细胞凋亡过程中发挥重要作用。线粒体在细胞凋亡中的作用机制我们将在第十五章中详细介绍。线粒体参与动物细胞凋亡调控的信号途径示意图见【二维码】。

二维码

最近研究发现，细胞中存在由线粒体介导细胞死亡的另一条信号通路——线粒体前体过度累积应激（mitochondrial precursor overaccumulation stress，mPOS），其特征为线粒体前体在胞质溶胶中异常累积。线粒体损伤不仅会影响到一些关键蛋白的跨膜转运，也可以触发 mPOS。此外，线粒体功能异常可直接导致胞质溶胶蛋白质稳态应激。mPOS 信号通路的相关研究结果对于深入了解脊髓小脑性共济失调、肌萎缩侧索硬化和强直性肌营养不良等相关疾病的发病机制具有重要意义。

一旦线粒体膜遭到破坏、呼吸链受到抑制、线粒体酶活性降低、mtDNA 突变或损伤等，均能引起线粒体能量代谢障碍，从而导致线粒体功能异常并影响整个细胞的正常功能，最终导致病变。帕金森病、阿尔茨海默病、糖尿病、肿瘤等神经肌肉性疾病及衰老均与线粒体功能异常有关。由于线粒体的多功能性，了解线粒体功能障碍导致特异病变的机制仍面临着巨大的挑战。研究表明，许多癌症尤其是胰腺癌都会奴役并且使得细胞“能量工厂”——线粒体畸变，从而产生利于肿瘤生长的环境。在癌细胞存在的情况下，线粒体会被驱动进行不自然的分裂从而失去其正常的形状，并且在细胞核周围被瓦解，最终的结局就会产生对癌细胞生长较适合的环境。如果可以阻止线粒体的非正常分裂，有助于阻断肿瘤的进一步生长。此外，值得注意的是在大约 30% 的癌症中都存在一个编码小 G 蛋白 Ras 的基因的突变，从而导致有丝分裂原活化蛋白激酶（mitogen activated protein kinase，MAPK）信号通路的异常激活。研究者发现，在小鼠模型及人类胰腺癌细胞系中，Ras 可以加快线粒体分裂的过程，如果可以遏制细胞促使线粒体分裂的能力，同样可以成功阻断肿瘤的生长。这些研究为开发针对线粒体的新型靶向药物或疗法治疗肿瘤提供了新的线索。

在美国，每年有 1000～4000 名新生儿患有线粒体 DNA（mtDNA）疾病，包括糖尿病、耳聋、眼病、胃肠道疾病、心脏病、痴呆及其他一些神经相关疾病。但到目前为止仍没有有效的方法能够对线粒体 DNA 相关疾病进行有效治疗。最近，来自美国俄勒冈健康与科学大学的研究人员在利用全新的基因和干细胞疗法治疗线粒体疾病方面取得重要突破。他们搜集了携带 mtDNA 突变的儿童和成年人皮肤细胞，将皮肤细胞中的细胞核与健康捐赠者提供的卵细胞细胞质进行匹配。利用这种细胞核移植技术，研究人员获得了含有正常线粒体的胚胎干细胞。在未来有望应用这种技术更正 mtDNA 突变，对健康细胞进行扩增之后重新导入到患者体内用以替代疾病组织，同时不会出现排斥反应。

Fzo 蛋白的发现提示，线粒体功能与发育的异常可导致果蝇精子活力下降。在植物中线粒体异常也可发生，影响雄配子育性，利用这种特性以袁隆平为代表的团队发展了三系杂交育种技术，提高了水稻产量（详见第四节）。

第二节 叶绿体的结构与功能

19 世纪 80 年代，席姆佩尔证实淀粉是植物光合作用的产物且只在植物细胞的特定部位形成，并将细胞内该部位命名为叶绿体（chloroplast）。据估计，地球上的绿色植物通过光合作用将太阳能转化为生物能源的产量高达 2200 亿吨 / 年，相当于全球每年能耗的 10 倍。因此，叶绿体内进行的光合作用是自然界最重要的化学反应，可以说一切生命活动所需的能量均来源于太阳能（光能），并通过叶绿体光合作用转换为化学能。叶绿体利用光能同化 CO_2 和水，合成贮藏能量的有机物糖，同时产生 O_2。所以绿色植物的光合作用是地球上有机体生存、繁殖和发展的根本源泉。因此，叶绿体与光合作用研究在理论和生产上均具有重要意义。

一、叶绿体的形态结构

植物光合作用是在叶绿体中进行，但叶绿体不是在植物所有组织部位都有，如根尖细胞没有叶绿体，因此不能进行光合作用。叶绿体主要存在于植物的绿色组织部位，尤其是叶片的叶肉细胞。一般来说，每个植物叶肉细胞含有数十个叶绿体，对于植物保障基本的光合效率是必需的，而每个藻类细胞中通常只有一个巨大叶绿体。

植物叶绿体一般呈凸透镜状，宽 2～4 μm，长 5～10 μm，是植物细胞内除液泡外最大的细胞器，大小相当于哺乳动物的红细胞。如图 6-6（a）和（b）所示，叶绿体也是双层膜结构的细胞器，外膜光滑且有选择通透性，只允许小分子和离子透过，是控制代谢物出入叶绿体的屏障；内膜相对不具有通透性，参与光合作用的底物透过内膜需要通过内膜转运蛋白的帮助。由内膜所包围的内部液态物质称叶绿体基质（stroma），基质中悬浮着由膜环绕的扁平泡状结构称为类囊体（thylakoid），其实质上是叶绿体内膜系统的特化结构。根据形态不同，类囊体包括基质类囊体（stroma thylakoid）和基粒类囊体（grana thylakoid）。基粒类囊体是基质类囊体在某些部位折叠为圆饼状，进而有序排列成为垛叠状的特化结构，也称为基粒（grana）。由于光合色素主要通过蛋白复合体结合在类囊体膜上，因此类囊体膜是叶绿体光合作用中光能转变为化学能的场所。作为一种半自主性细胞器，在叶绿体基质中也普遍存在着叶绿体 DNA（cpDNA）和 RNA 遗传物质。

此外，在叶绿体基质中还发现质体小球（plastoglobule），在锇酸染色后电镜观察时颜色较深，学术界早期将其称为嗜锇颗粒（osmiophilic granule）。近年来发现质体小球是含有生育酚、异戊二烯类代谢物、脂质和脂蛋白的一种叶绿体内部颗粒。目前认为质体小球可能参与类囊体组装和发育。另外，质体小球的大小和数量在叶绿体发育的不同阶段有较大的变化，其在一些叶绿体相关的植物突变体中呈现聚集状态，并且在植物受光胁迫或衰老时直径增大。正常情况下植物接受光照后的叶绿体基质中会产生许多大小不一的淀粉颗粒，动态存在，黑暗下生活一段时间后叶绿体中的淀粉颗粒会消失。

叶绿体中存在复杂的膜系统，最重要的结构是类囊体膜，它是光合色素、光系统附着的位置。

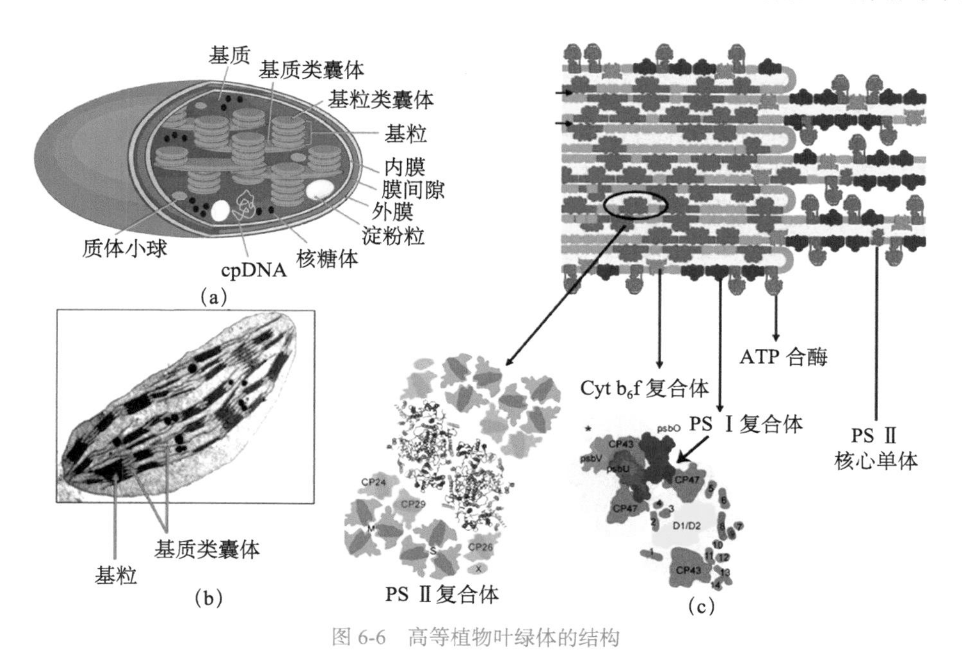

图 6-6　高等植物叶绿体的结构

（a）叶绿体超微结构示意图；（b）叶绿体透射电镜图像；（c）叶绿体类囊体膜上的光系统组分及其结构示意图。PS Ⅰ. 光系统Ⅰ；PS Ⅱ. 光系统Ⅱ

（一）光合色素

基粒类囊体膜含有包括叶绿素（chlorophyll）在内的多种色素，这些色素可以捕获用于光合作用的光能。绿色植物中的叶绿素为叶绿素 a（Chl a）和叶绿素 b（Chl b），前者比后者含量更丰富。光合细菌中为细菌叶绿素 a（BChl a）和细菌叶绿素 b（BChl b）。叶绿素分子通过共价和非共价键与内在膜蛋白结合，并通过特定的取向排列于光合类囊体膜上。不同类型叶绿素分子的共同特征是有亲水的卟啉环，其含有吸收光的共轭双键网络和疏水的植醇侧链，该侧链使叶绿素锚定在膜中。叶绿素的卟啉环类似于血红蛋白和细胞色素辅基的卟啉环，主要区别在于血红素含有 Fe^{2+}，而叶绿素含有 Mg^{2+}。除叶绿素外，类囊体膜上还含有辅助色素，如类胡萝卜素及存在于某些藻类和蓝细菌的藻胆色素，这些辅助色素也像叶绿素一样含有一系列共轭双键，从而具有吸收光的特性。

（二）光系统

光合作用的反应过程大都在位于类囊体膜的光系统（photosystem，PS）内进行的。每个光系统中大约含有 200 个叶绿素和 60 个类胡萝卜素分子，以及一个由蛋白质复合物（含有电子传递分子）和一对特殊的 Chl a 分子组成的反应中心。

类囊体膜存在两类跨膜的光系统，即光系统Ⅰ（PS Ⅰ）和光系统Ⅱ（PS Ⅱ）[图 6-6（c）]。PS Ⅰ主要位于基质片层，暴露于叶绿体基质；PS Ⅱ主要位于基粒片层中，远离基质。PS Ⅰ反应中心的特殊 Chl a 分子的最大吸收波长为 700 nm，常被称为 P700，而 PS Ⅱ反应中心的特殊 Chl a 分子的最大吸收波长为 680 nm，被称为 P680。虽然 PS Ⅰ和 PS Ⅱ位于类囊体膜的不同区域，但它们通过一系列特殊的电子载体联系在一起，从而保证两个光系统通过电子传递相联系，而不会发生激发能在两个光系统间的自发转移。除光系统和捕光色素复合物（light-harvesting complex，LHC）外，其他一些镶嵌在类囊体膜或与膜相连接的成分也参与光合作用，主要包括生氧复合物（或称水裂解复合物）、细胞色素 b_6f 复合物（Cyt b_6f complex）和叶绿体 ATP 合酶。

光系统中很多色素分子并不直接参与光化学反应，而只是作为集光“天线”收集光能，所以称为天线色素。天线色素聚集在一起形成天线色素复合物，也称为集光复合物或捕光色素复合物。天线色素将吸收的光子能量从一个分子传递给另一个分子，一直传递给反应中心叶绿素——这个特殊的叶绿素分子直接参与光能转换为化学能的过程，即通过光能启动电子在电子传递链中传递，使得光能转化为化学能（图 6-7）。

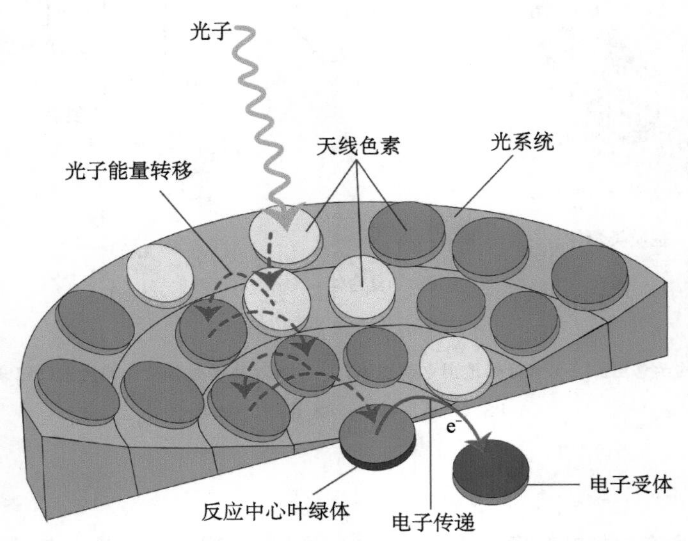

图 6-7　天线色素吸收光能并传递给反应中心色素示意图

二、叶绿体的功能——光合作用

绿色植物通过光合作用，利用太阳能将大气中的 CO_2 和水合成为糖，并释放氧气。光合作用使得地球上的碳构成一个碳循环，即非光养生物通过氧化糖获得能量并释放 CO_2，而光养生物捕获 CO_2 并使其还原为糖。根据反应过程是否需要光能，光合作用包括光反应（light reaction）和暗反应（dark reaction）两个阶段。

（一）光反应

光反应是光合作用的第一个阶段，其特征是依赖光的水分子裂解生成氧气（称为水的光解），来自水的质子形成质子动力势用于推动 ADP 和 Pi 合成 ATP，而来自基质的氢离子用于将氧化型辅酶Ⅱ（$NADP^+$）还原为还原型（NADPH），即光反应阶段的产物是 ATP 和 NADPH。在整个过程中存在两个原初反应中心，分别是光系统Ⅰ（PS Ⅰ）和光系统Ⅱ（PS Ⅱ），实现光能驱动的能量上坡运动，在电子与质子传递过程中，参与光合电子传递的各种复合物依氧化还原电位势顺序自发传递。

光反应过程实质是光能驱动下电子在类囊体膜传递和质子跨膜转移，从而形成一条光合电子传递链，即光激发推动高能电子经过一系列的电子传递载体，从 H_2O 传递给 $NADP^+$，产生 NADPH 的过程（图 6-8）。光合电子传递的主要载体有：质体醌（PQ）、细胞色素 b_6f 复合体（Cyt b_6f）、质体蓝素（PC）、铁氧还蛋白（Fd）和 Fd-NADP 还原酶（FNR）。在生氧复合物作用下，H_2O 裂解产生的电子经光系统 PS Ⅱ、一系列中间载体和光系统 PS Ⅰ，最后传递给 $NADP^+$。而一部分质子在电子传递过程中被从基质转移到类囊体腔内，与 H_2O 裂解生成的质子一起使类囊体腔和叶绿体基质之间形成质子浓度梯度，腔内质子经叶绿体 ATP 合酶的质子通道重新回流到基质时驱动 ATP 的合成。其反应过程包括：① $H_2O + NADP^+ \longrightarrow NADPH + H^+ + 1/2\ O_2$；② $ADP + Pi \longrightarrow ATP$。

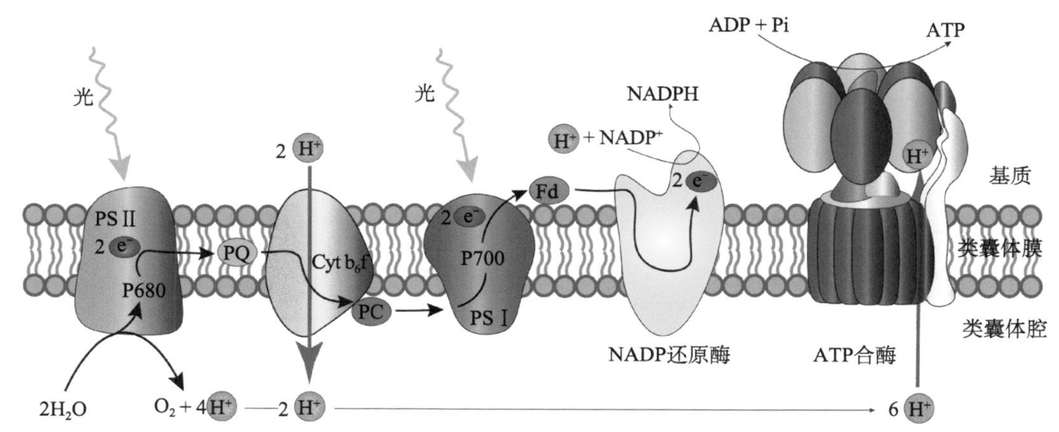

图 6-8 叶绿体光合电子传递示意图

光反应涉及电子传递生成 NADPH 和光合磷酸化生成 ATP 的过程。光照引起的电子传递有两条路径，一条是电子经一系列膜结合的载体传递，涉及 PS Ⅱ和 PS Ⅰ，最终转移给 $NADP^+$，即目前已被广泛公认的“Z”字形光合电子传递途径（图 6-9）。“Z”字形电子传递是由两个光系统串联进行，电子传递体按氧化还原电位高低排列，使电子传递链呈侧写的“Z”字形，其实质上是一条非循环的电子传递途径。由氧化还原电位的高低可知，“Z”字形电子传递途径是不能自发进行的，有两处即 P680 → P680* 和 P700 → P700* 是电子逆电势梯度的“上坡”传递，需要捕光色素复合体吸收与传递的光能来推动。除此之外，电子都是从低电势向高电势的自发“下坡”运动。另外，光合电子传递也可以利用与上述“Z”字形非循环途径相同的载体进行循环式传递，电子不转移给 $NADP^+$，而是返回细胞色素 b_6f 复合物，再传递到 PS Ⅰ进行循环。但无论是非循环还是循环式电子传递过程中，质子都从基质被跨膜转运到类囊体腔中，形成驱动 ATP 合成的质子浓度梯度。由于跨类囊体膜的质子浓度梯度的存在，跨膜的 ATP 合酶催化 ADP 和 Pi 合成 ATP。由于该过程依赖光，所以光合 ATP 的形成也称为光合磷酸化。叶绿体的 ATP 合酶类似于线粒体 ATP 合酶，由 CF_0 和 CF_1 两个主要部分组成，跨类囊体膜形成一个质子通道，该通道伸向叶绿体基质，催化 ADP 和 Pi 形成 ATP。叶绿体光合电子传递链视频见【二维码】。

二维码

（二）暗反应（碳同化）

光合作用的第二个阶段是使 CO_2 还原转化为糖的碳同化过程，反应不直接依赖于光，而是消耗光反应中产生的 ATP 和 NADPH 的过程。糖是在叶绿体的基质中通过酶催化的循环反应生成的。最基本的碳同化过程是卡尔文循环，包括 3 个主要阶段：① CO_2 受体 Rubiso 固定大气中 CO_2；②将固定的 CO_2 还原为糖；③ Rubisco 的重新生成。CO_2 还原生成糖的途径称为还原性戊糖磷酸循环，第一个稳定性产物为三碳化合物，也称 C_3 途径或 Calvin 循环。有关光合碳同化的详细过程与机理在“生物化学”课程中讲述，本书不再赘述。自然界大多数植物以 C_3 途径为核心进行碳同化，碳的初次固定与还原过程在同一个叶绿体基质中进行。但适应干旱、强光等生存环境，一些植物进化发展了C_4途径和景天酸代谢（CAM）途径，将碳的初次固定过程以四碳化合物的形式储存下来后，与最终的转变为糖的过程分别在空间和时间上分了开来。典型C_4植物有甘蔗、玉米，典型CAM植物有景天及仙人掌。

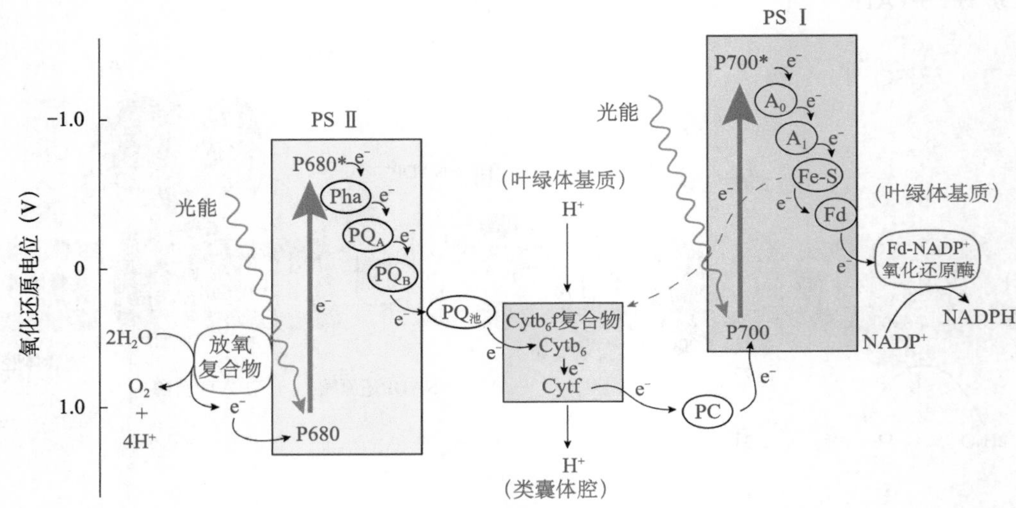

图 6-9 “Z”字形光合电子传递途径示意图

虚线表示循环式电子传递途径：电子经“Z”字形电子传递链（非循环式）传递到Fd后，返回到Cyt b_6f，再传递给PS Ⅰ进行循环传递

三、叶绿体功能异常与叶色变异

二维码

叶绿体功能异常通常导致叶色变异，如白化、黄化或白绿相嵌等叶表型。叶色变异是自然界植物最常见的突变性状之一。由于突变基因往往直接或间接影响叶绿素的合成和降解，改变叶绿素含量，所以叶色突变体也称为叶绿素突变体。一个水稻叶色突变体的形态见【二维码】。

叶色突变表型有些从幼苗期开始出现，但有些突变体直到生育后期才出现叶色变异，也有些突变株仅在植株发育的某个时期出现叶色突变表型，随着植株发育过程，叶色又可恢复正常。例如，已被广泛研究的小麦返白系。该品系是从小麦品种中发现的一个自然突变株，每年春季发生阶段性返白，之后叶片复绿，叶白化现象仅历时一个月，基本不影响小麦后期营养生长和生殖发育等进程。然而，作物大多数叶色变异（突变）通常会影响植株光合效率，造成作物减产，严重时甚至导致植株死亡。因此，叶色变异等性状在过去常被认为是对农业生产无意义的突变。近年来，叶色突变体的利用价值受到越来越多关注。在育种工作中，叶色变异可作为标记性状，简化良种繁育和杂交种生产程序。某些叶色突变体具有特殊的优良性状，为作物遗传育种提供了优秀的种质资源。在基础研究中，叶色突变体是研究植物光合作用、光形态建成、激素生理及抗病机制等一系列生理代谢过程的理想材料。

由于叶绿体是一种半自主性细胞器，存在自身遗传系统，即叶绿体基因组，叶色相关突变可能是细胞核遗传，也可能是细胞质遗传。因此，叶色突变的分子细胞机制较为复杂。核基因组或叶绿体基因组的基因突变可直接或间接干扰叶绿素的合成及稳定，经由多种途径引起叶色变异。叶色变异种类繁多，但根据叶色突变体的表型特征，主要归纳为叶黄化突变和叶白化突变两大类。目前对叶色变异发生机制的研究已取得一些重要进展，主要包括叶绿素生物合成途径中的基因突变引起叶色变异、血红素与光敏色素生色团生物途径中基因突变引起叶色变异、编码其他叶绿体蛋白的基因突变引起叶色变异，以及与光合系统无直接关系基因突变引起叶色变异等，详见【二维码】。

二维码

第三节　线粒体与叶绿体的分裂增殖与调控

一、线粒体和叶绿体的动态特征

线粒体是一种高度动态的细胞器，其在细胞内的位置、分布、形态、体积和数目等均处于不断变化之中。在能量需求集中的区域线粒体分布密集，反之分布密度较小。在许多物种细胞或特定细胞周期时相中，线粒体的大小和形态随着细胞生命活动的变化而变化。因此，动植物细胞中均可观察到频繁的线粒体融合与分裂现象，这被认为是线粒体形态和数目调控的基本方式。在洋葱表皮细胞内，通过可变色荧光蛋白 Kaede 对线粒体进行标记，可直观地观察到线粒体融合与分裂现象的发生（图 6-10）。在酵母细胞内，已观察到多个颗粒状的线粒体融合可形成线条状或片层状的大体积线粒体，后者也可通过分裂形成较小体积的颗粒状线粒体。当融合与分裂的线粒体数量大致处于平衡状态时，细胞内线粒体的数目和体积基本保持不变；相反，则会出现线粒体数目和体积的增减。线粒体分裂与融合现象参见视频【二维码】。

二维码

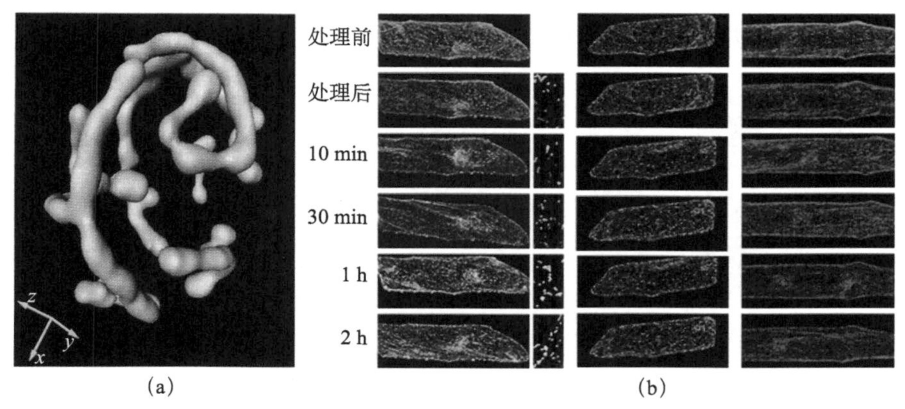

图 6-10　超高分辨率显微镜（4Pi）下线粒体形态及洋葱表皮细胞内线粒体的融合分析（引自 Arimura，2004）

（a）超高分辨率显微镜（4Pi）下线粒体的形态。（b）线粒体的融合实验；左图中细胞的部分区域用紫外线处理可使 Kaede 荧光蛋白由发绿色荧光不可逆地转变为发红色荧光，然后在紫外线处理后不同时间观察细胞荧光状态，当发红色荧光的线粒体和发绿色荧光的线粒体完全融合后，细胞内的线粒体显黄色；中图为未用紫外线处理的细胞；右图为细胞全部用紫外线处理

目前，对于线粒体数目和体积调控的生物学意义尚不完全清楚。但相关研究发现，体积较小的颗粒状线粒体主要依赖细胞骨架的动态运输，而体积较大的线粒体则通常在细胞特定区域呈现静态分布。所以，线粒体的融合与分裂很可能是细胞应对生命活动的能量需求，从而对线

粒体位置分布进行动态调控。线粒体的融合与分裂把细胞内所有的线粒体联系成一个不连续的动态整体。

在个体发育中，叶绿体由前质体发育而来。前质体存在于根和芽的分生组织中，由双层被膜包围，含有 DNA、一些小泡和淀粉颗粒的结构，但不含片层结构，小泡是由质体双层膜的内膜向内折形成的。在有光条件下，前质体的小泡数目增加并相互融合形成片层，多个片层平行排列成行，在某些区域增殖而形成基粒，变成绿色的前质体再发育成叶绿体。同线粒体类似，叶绿体也是靠分裂而增殖，分裂是从中部缢缩而实现的。在发育 7 d 的菠菜幼叶的基部 2～2.5 cm 处，很容易看到幼龄叶绿体呈哑铃形状。此外，幼叶含叶绿体少，但 cpDNA 含量多，老叶则含叶绿体多而每个叶绿体含 cpDNA 少，从这一的现象也可以看出，叶绿体是以分裂的方式增殖的。

二、线粒体的分裂增殖与调控

1. 线粒体融合的分子基础　线粒体融合与分裂均依赖于特定的基因与蛋白质的调控。调控线粒体融合的基因最早发现于果蝇中，被命名为 *Fzo*（*fuzzy onion*，模糊的葱头）。如图 6-11（a）所示，在野生型果蝇的精子细胞发育过程中，细胞内线粒体发生聚集并融合形成一个大体积的球形线粒体，在电镜超薄切片下观察到的线粒体结构很像一个被正中切开的洋葱横切面，因此被称作“葱头”。在果蝇 *fzo* 突变体中，精子细胞的线粒体同样会聚集到一个球形区域，但不发生融合，在电镜超薄切片下观察到的线粒体结构呈现模糊的边缘，故称为“模糊的葱头”。*Fzo* 基因编码一个跨线粒体外膜的大分子 GTPase［图 6-11（b）］。研究发现，在酵母和哺乳动物基因组中均存在与 Fzo 高度同源的大分子 GTPase，其定位于线粒体外膜的胞质侧，主要介导线粒体融合，因此也被称为线粒体融合素（mitofusin，Mfn）。例如，在小鼠中 *Mfn1* 突变导致线粒体只发生分裂而不融合，使线粒体数目增加，体积变小，出现线粒体片段化现象（图 6-12）。此外，在哺乳动物和酵母中研究发现线粒体融合还需要其他辅助因子参与，如在线粒体内膜融合和嵴的束缚稳定中起重要作用的 Mgm1 和 OPA1 等蛋白。

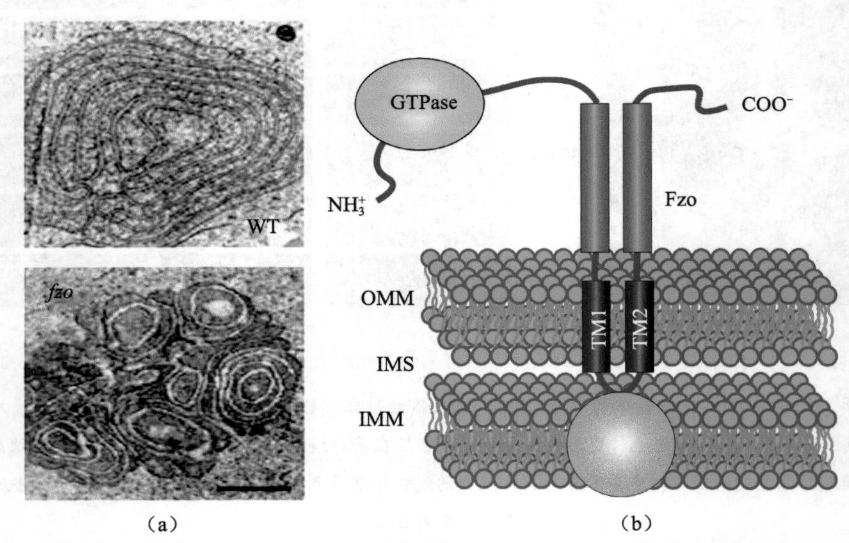

图 6-11　“模糊的葱头”*fzo* 突变体与跨膜大分子 GTPase（Fzo）的模式结构示意图

（a）野生型（WT）果蝇精细胞发育过程中线粒体融合形成的大体积球形线粒体，突变体（*fzo*）中聚集但不融合的小线粒体（引自 Hales and Fuller，1997）；（b）Fzo 蛋白在线粒体膜上的分布示意图。OMM. 线粒体外膜；IMS. 膜间隙；IMM. 线粒体内膜

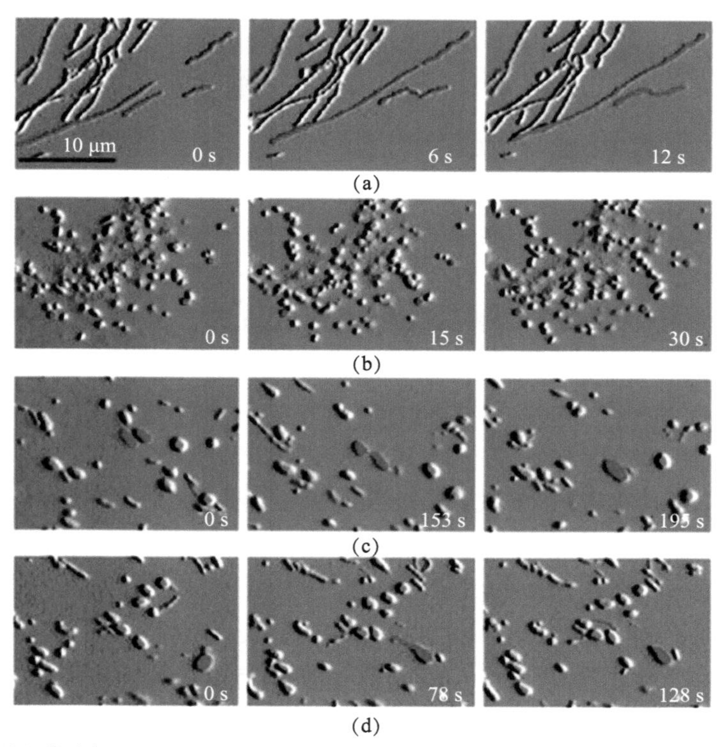

图 6-12　小鼠线粒体融合相关基因突变引起线粒体融合障碍并导致线粒体片段化（引自 Chen et al.，2003）

（a）小鼠细胞 *Mfn1* 基因野生型的线粒体呈棒状；（b）小鼠细胞 *Mfn1* 基因突变体的线粒体呈颗粒状；（c）两个颗粒状线粒体的融合（蓝色）；（d）两个颗粒状线粒体的分裂（蓝色）

2. 线粒体分裂的分子与细胞生物学基础　线粒体的分裂同样依赖相关基因或蛋白质的调控。研究发现，调控线粒体分裂的基因在动植物中普遍存在，其编码产物是一类发动蛋白（dynamin），也是一类大分子的 GTPase。例如，酵母的 *Dnm1*（*dynamin 1*）、大鼠的 *Dlp1*（*dynamin like protein 1*）、哺乳动物的 *Drp1*（*dynamin related protein 1*）和植物拟南芥的 *ABL2B*（*Arabidopsis thaliana dynamin-like protein 2B*）等，其功能均为调控线粒体分裂。这些基因的突变会导致线粒体分裂受到抑制，从而在细胞内产生结构异常的大体积线粒体。但有趣的是，这类发动蛋白通常不具有线粒体膜定位结构域，多以可溶性蛋白存在于细胞质中。因此，线粒体分裂还需要其他调控蛋白的参与。两类蛋白——Fis1 和 Mdv1 在“招募”发动蛋白（如 Dnm1）至线粒体表面适当位置并组装成分裂环发挥着重要作用。Fis1 蛋白的 C 端有定位于线粒体外膜的跨膜结构域，保证该蛋白质 N 端朝向细胞质定位于线粒体外膜；Mdv1 蛋白以“接头”的形式将 Fis1 和 Dnm1 连接起来，从而将发动蛋白定位到线粒体外膜上，从而调控线粒体的环形缢裂（图 6-13）。

3. 线粒体分裂的信号调控　在一个普通的人类细胞中，有 100～500 个线粒体大量生成 ATP 分子形式的能量，ATP 分子将能量传送至细胞其他的部位。在任何特定的时间，都有一个或两个线粒体发生分裂或融合以周期清除掉受损的元件。但当一种有毒物质（如氰化物或砷）或其他的危险物威胁到线粒体时，就会发生大规模的碎裂。尽管多年前研究人员就注意到了，然而直到最近人们对线粒体分裂分子机制的了解，才逐渐认识到这一现象发生的原因及其生物学意义。

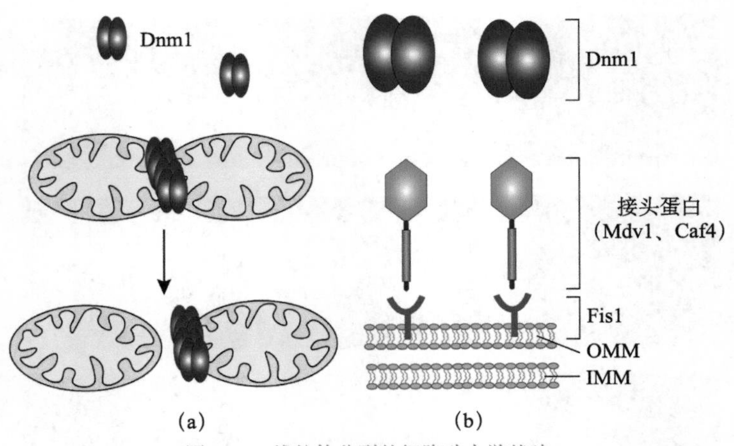

图 6-13　线粒体分裂的细胞动力学基础

（a）Dnm1 介导酵母中线粒体分裂的示意图，发动蛋白 Dnm1 从细胞质中转移到线粒体外膜上并寡聚化形成环状结构，环收缩切断线粒体；（b）Fis1 蛋白通过接头蛋白 Mdv1 招募 Dnm1 至线粒体外膜表面的示意图。OMM. 线粒体外膜；IMM. 线粒体内膜

研究发现，线粒体的分裂会受到周围环境信号的调控。如图 6-14 所示，胁迫信号（stress）引起细胞质中的一种受腺苷一磷酸（adenosine monophosphate，AMP）激活的蛋白激酶（AMP-activated protein kinase，AMPK）作为胁迫信号的感受蛋白被激活，进而磷酸化线粒体受体蛋白——线粒体分裂因子（mitochondrial fission factor，MFF），定位于线粒体外膜表面的 MFF 在线粒体膜表面募集线粒体分裂相关发动蛋白 Drp1 组装分裂相关蛋白复合体，从而启动线粒体分裂。AMPK 修饰 MFF 是 MFF 将更多 Drp1 招募至线粒体处的必要条件。没有 AMPK 发出这一警报，MFF 无法招募 Drp1，在受到损伤后就不会有线粒体的新碎片。线粒体的碎片化是细胞应对外界威胁的重要反应，这一信号机制的阐明对人们了解有关线粒体疾病、癌症、糖尿病和神经退行性疾病，尤其是与线粒体功能障碍相关的帕金森病等疾病，提供了新思路。

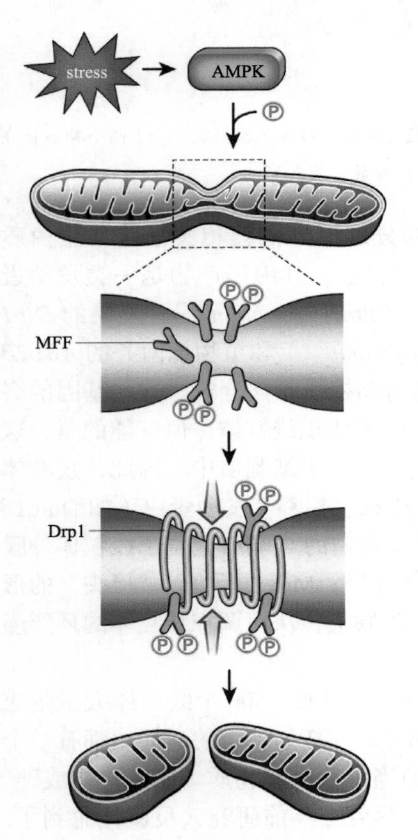

图 6-14　胁迫信号刺激哺乳动物线粒体分裂示意图（引自 Wang and Youle，2016）

三、叶绿体的分裂增殖与调控

有别于线粒体，成熟植物叶片中的叶绿体极少发生相互融合现象，但叶绿体可以通过其内外膜延伸形成的一个称为基质小管（stroma-filled tubule 或 stromule）的结构实现叶绿体之间的相互联系。有研究发现，基质小管之间会发生频繁的融合和断裂现象，这种融合和断裂有助于叶绿体之间的能量与信息交流。因此与线粒体类似，细胞内的叶绿体仍可视为一个动态的不连续整体，但这种动态连接的确切生物学功能人们还知之甚少。

与对其融合机制的了解甚少不同，叶绿体的分裂现象人们很早就观察到了，是细胞内叶绿体增殖的主要途径。叶绿体的分裂也是受核基因编码产物调控的，但目前关于叶绿体分裂机制的研究报道相对较少，相关研究主要集中在模式植物拟南芥中。叶绿体分裂调控与线粒体的分裂相似，也是通过在内外膜的每一侧形成蛋白收缩环，从而驱动叶绿体的分裂。目前已报道的调控叶绿体分裂主要蛋白包括 FtsZ、ARC5、ARC6、PDV1 和 PDV2 等。

在叶绿体分裂早期，收缩蛋白 FtsZ（包括 FtsZ1 和 FtsZ2 两种蛋白）首先在内膜基质侧汇集并形成收缩环，称为 FtsZ 环或 Z 环（图 6-15）。在 Z 环的作用下，内膜开始向中心凹陷，此时外膜仍包裹在外面。但膜内的 Z 环信息则需通过一定的途径传递到叶绿体膜外的相应位置。研究表明，位于内膜上的跨膜蛋白 ARC6（accumulation and replication of chloroplasts 6）的 N 端伸向叶绿体基质与 FtsZ 发生互作，同时 ARC6 蛋白 C 端伸向膜间隙并与外膜上的跨膜蛋白 PDV1（plastid division 1）和 PDV2（plastid division 2）的 C 端互作，从而将 Z 环信息传递到外膜。质体分裂蛋白 PDV1 和 PDV2 的 N 端伸向细胞质并招募细胞质中的 ARC5 蛋白（accumulation and replication of chloroplasts 5）。同线粒体分裂中的发动蛋白类似，ARC5（DRP5B）也是一个发动蛋白相关蛋白（dynamin-like protein，DLP），其在叶绿体分裂增殖中起关键作用。当 Z 环信息通过 ARC6 跨内膜传递到 PDV1 和 PDV2 后，会跨外膜传递到细胞质。DRP5B 在叶绿体表面开始缢缩时组装成环状结构，推动叶绿体外膜的缢陷及断裂。研究表明，拟南芥 ARC5、PDV1 和 PDV2 等蛋白质的编码基因突变均会导致叶绿体分裂受到抑制，从而使叶肉细胞中叶绿体数量减少且体积增大（图 6-16）。

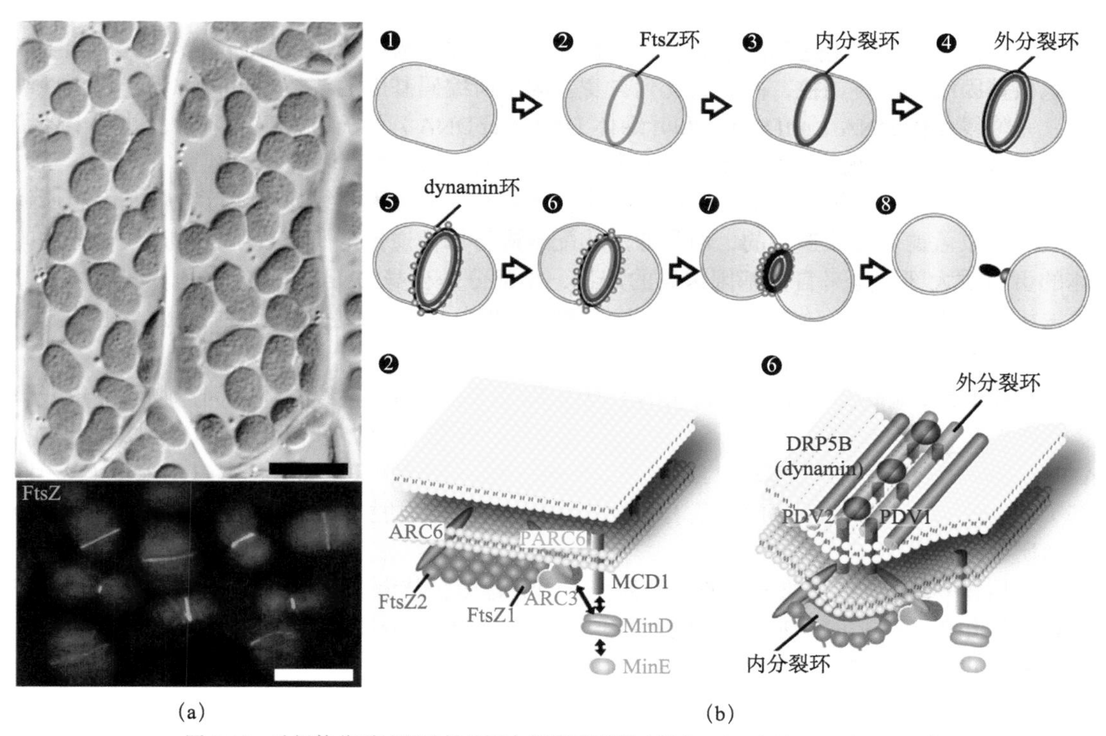

图 6-15　叶绿体分裂过程及相关蛋白作用示意图（引自 Miyagishima et al.，2011）

（a）正在分裂中的小立碗藓（*Physcomitrella patens*）的叶绿体（上图）及拟南芥叶绿体的 FtsZ 蛋白分布（下图），GFP 绿色荧光显示 FtsZ 的分布位置（图中标尺为 10 μm）；（b）叶绿体分裂过程图解（上层图①～⑧）及分裂复合物的组装（下层图②和⑥）

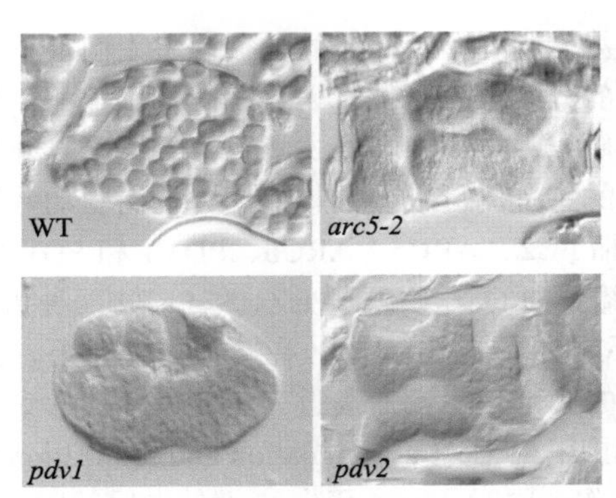

图 6-16　拟南芥 *arc5*、*pdv1* 和 *pdv2* 等蛋白的编码基因突变均导致叶肉细胞产生巨大叶绿体

（引自 Miyagishima et al.，2006）

第四节　线粒体和叶绿体的半自主性及细胞内核质信号

一、线粒体和叶绿体的半自主性

在真核细胞中，除了细胞核具有遗传物质 DNA 之外，叶绿体和线粒体也拥有独立的基因组，因此被认为是内共生起源的细胞器。线粒体和叶绿体作为一类特殊的细胞器，其功能主要受细胞核基因组的遗传调控，同时又受到自身基因组所编码基因的调控，也被称为半自主性细胞器。完整线粒体 DNA（mtDNA）和叶绿体 DNA（cpDNA）分子均为双链环状，并以半保留方式进行 DNA 复制，复制所需 DNA 聚合酶由细胞核基因组相关基因编码。

由于雄配子或精子细胞质中几乎不含有线粒体或叶绿体，因此线粒体或叶绿体基因组所编码基因不是以孟德尔方式遗传的，而是通过雌配子进行母性遗传。研究表明，组成线粒体和叶绿体的蛋白质大部分是来自核基因编码的产物，小部分是自身 DNA 编码的产物。线粒体或叶绿体内相关代谢途径的有效进行，通常依赖于核编码蛋白与自身基因编码蛋白形成结构复合体，从而才能正确地执行其生物学功能。

线粒体 DNA 编码线粒体 rRNA、tRNA 及少量线粒体蛋白，且线粒体基因产物不输出线粒体。人类线粒体 DNA 分子大小为 16 569 bp，编码 2 个 rRNA，22 个 tRNA 及 13 个多肽，包括 NADH 氧化酶 Ⅰ（7 个不同亚基）、细胞色素氧化酶 b-c1 复合体Ⅲ、细胞色素氧化酶Ⅳ（3 不同亚基）和 ATP 合酶 F_0（2 个不同亚基）。此外，线粒体结构和功能所需其他蛋白或酶组分均由核基因组所编码。

高等植物叶绿体 DNA 的长度随生物种类不同而各异，其大小通常在 120～217 kb，相当于噬菌体基因组的大小。一个叶绿体通常含有 10～50 个 DNA 分子。叶绿体内有少量的核糖体。作为一种半自主性细胞器，叶绿体基因组主要用于编码与光合作用密切相关的一些蛋白质和一些核糖体蛋白，叶绿体中绝大多数蛋白质仍由核 DNA 编码并在细胞质核糖体上合成后再运送到叶绿体各自的功能位点上。研究表明，叶绿体基因表达调控是在不同水平上进行的，光和细胞分裂素对叶绿体基因的表达也起着重要的调节作用。

二、细胞内核质信号——核质互作及核质反向信号

由于线粒体和叶绿体受核基因组和自身基因组的双重调控，从而决定这两类细胞器与细胞核之间存在正向与反向的信号传递。在真核细胞中，细胞核与线粒体、叶绿体之间在遗传信息和基因表达调控等层次上建立的分子协作机制普遍存在，并被称为核质互作（nuclear-cytoplasmic interaction）。细胞核与线粒体或叶绿体之间不同的基因表达调控机制及表达产物只有相互兼容并相互协作，即有序的核质互作才能保证线粒体或叶绿体生命活动的有序进行。高等植物叶绿体的核酮糖二磷酸羧化酶由 8 个大亚基和 8 个小亚基组成，前者由叶绿体基因编码，后者由核基因编码，共同控制酶的合成。已知 ATP 酶、细胞色素氧化酶（a-a3）和细胞色素 b 等由线粒体基因与核基因共同决定。因此，细胞核质有序互作对于生命活动正常进行至关重要。当核质互作相关的细胞核或细胞器基因发生突变，通常会导致细胞器（如线粒体或叶绿体）功能失常，引起细胞中核质相互协作机制被破坏，即核质冲突或核质不兼容，进而导致生物体正常生理活动或代谢异常。

近年来，线粒体和叶绿体向细胞核的核质反向信号通路（retrograde signalling pathway）及叶绿体与线粒体信号互作（chloroplast-mitochondrion crosstalk）的分子细胞生物学基础研究，日益受到人们的关注。研究表明，在高等植物中至少存在 7 条核质反向信号通路，包括 4 条从叶绿体传递到细胞核，以及 3 条从线粒体到细胞核的反向信号通路（图 6-17），其中部分通路在动物和酵母细胞中也同样被发现。

第 1 条核质反向信号通路——活性氧（ROS）信号是从叶绿体传递到细胞核：当受到胁迫或在光的作用下，细胞利用叶绿体产生的 ROS 作为信号分子诱导核基因转录，从而调控氧化还原、胁迫应答和细胞程序性死亡等相关基因表达［图 6-17（a）］。第 2 条核质反向信号通路——氧化还原信号也是从叶绿体传递到细胞核：同样是在胁迫或光的作用下，细胞通过控制叶绿体中光合电子传递链（PET）的氧化还原状态来调控核基因表达，即叶绿体产生的氧化还原信号调控细胞核内光合作用和氧化还原相关基因的表达水平［图 6-17（b）］。第 3 条和第 4 条核质反向信号通路：当细胞受到发育信号或胁迫作用，导致叶绿体中镁原卟啉Ⅸ（Mg-proto Ⅸ）积累并抑制叶绿体或质体基因表达，即通过镁 - 原卟啉（Mg-proto）信号和质体基因表达（PGE）信号来反向调控核基因表达［图 6-17（c）和（d）］。第 3 和第 4 条反向信号通路均导致核基因编码的叶绿体蛋白基因表达被抑制。此外，源于线粒体基因表达受抑制的一条信号通路也协同作用于第 4 条反向通路（质体基因表达信号），从而负调控细胞核编码的叶绿体基因表达，表明叶绿体与线粒体间通过信号互作（crosstalk）来调控核质反向信号通路。由镁原卟啉信号介导的第 3 条反向通路又存在两条分支途径：镁原卟啉分子通过蛋白 GUN1（GENOMES UNCOUPLED 1）和 GDCP（依赖 GUN1 的叶绿体蛋白）的介导，从叶绿体转运到细胞质再进入细胞核并与相关信号分子互作，通过作用于转录因子 ABI4 进而负调控细胞核基因组编码的叶绿体基因转录［图 6-17（c）-1］；GUN1 和 GDCP 也可以通过感知叶绿体内镁原卟啉积累或其他反向信号，进而向细胞核传递一种未知信号并最终作用于 ABI4 转录因子，从而负调控细胞核基因编码的叶绿体蛋白的基因转录［图 6-17（c）-2］。

第 5 条核质反向信号通路——mtETC 抑制信号：细胞受胁迫导致线粒体电子传递链（mtETC）产生异常，从而引起细胞核基因转录调控发生改变［图 6-17（e）］。该通路主要通过抑制 mtETC 而导致线粒体内 ROS 和 Ca^{2+} 水平升高，其作为胞内第二信使调控蛋白激酶和蛋白磷酸酶分子开关，通过调节细胞核内转录因子的表达进而调控下游靶基因，包括线粒体选择性氧化酶（AOX）基因、线粒体功能异常恢复基因、动物和酵母中的衰老控制基因，以及哺乳动物肿瘤发生基因等。第 6 条核质反向信号通路——细胞质雄性不育（CMS）：一个异常的线粒

体蛋白通过影响细胞核基因表达，进而导致植物细胞质雄性不育（CMS）的产生［图 6-17（f）］。该通路主要通过异常线粒体蛋白产生的 CMS 信号影响细胞核内控制 B 轮花器官发育相关转录因子的表达，进而导致花粉败育。第 7 条核质反向信号通路——酵母中依赖血红素（Haem）的氧感应信号［图 6-17（g）］。当细胞处于有氧状态时，线粒体内血红素合成被促进，反之缺氧状态会抑制血红素合成。血红素在线粒体中合成后可被转运至细胞核内，从而激活 Hap1（亚铁血红素激活蛋白）。Hap1 除了抑制麦角固醇的合成，也促进有氧应答基因表达和缺氧应答基因抑制因子表达，从而抑制缺氧应答基因表达。

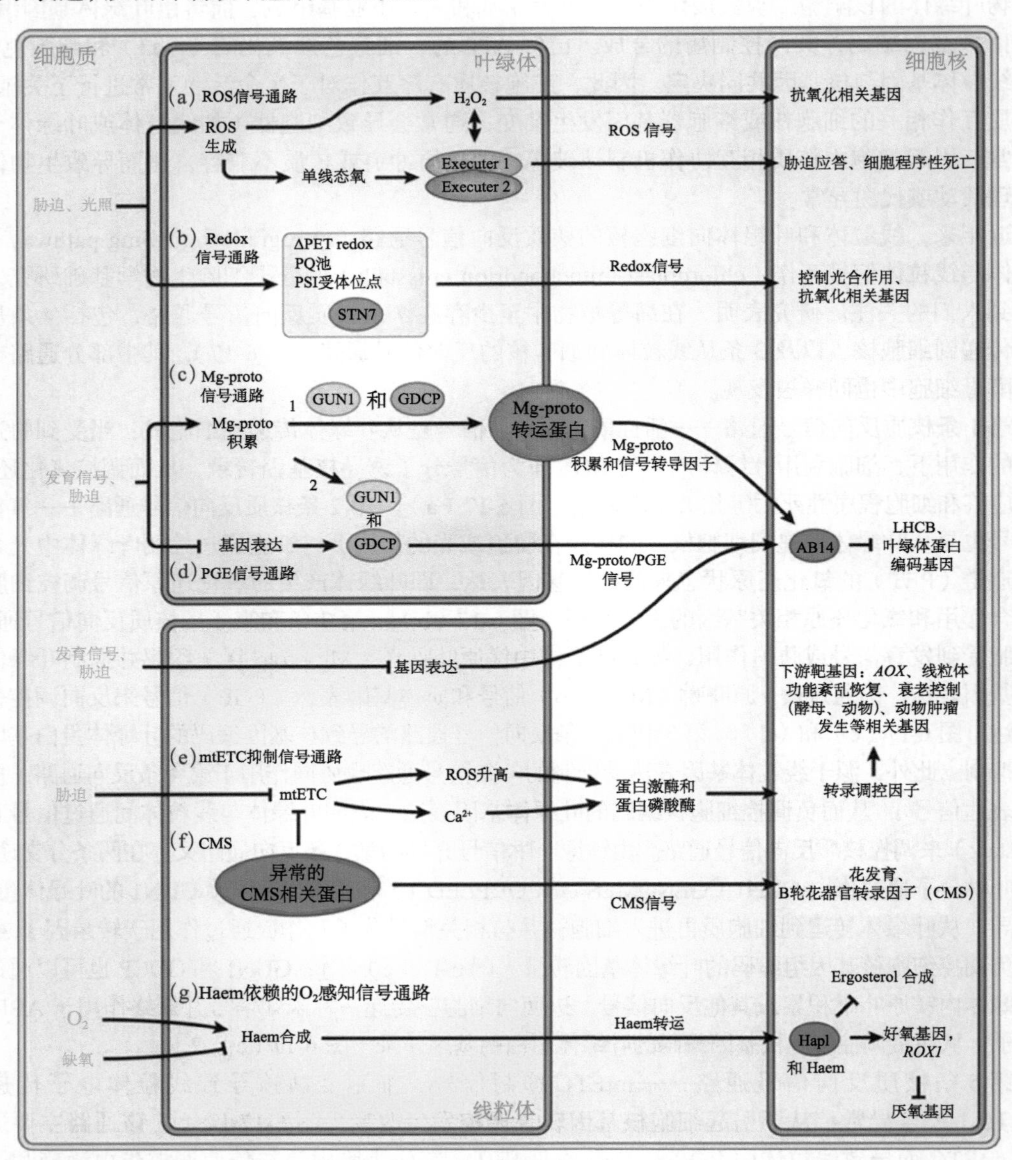

图 6-17　高等生物核质反向信号的分子细胞生物学机制示意图（参考 Woodson and Chory，2008）

ROS. 活性氧；Redox. 氧化还原；Mg-proto. 镁 - 原卟啉；GUN1. Genomes uncounpled 1；GDCP. 依赖 GUN1 的叶绿体蛋白；PGE 质体基因表达；mtETC 线粒体电子传递链；CMS. 细胞质雄性不育；Haem. 血红素；LHCB. 捕光复合体蛋白；AOX. 线粒体选择性氧化酶；Ergosterol. 麦角固醇；Hap1. 亚铁血红素激活蛋白；*ROX*. 酵母缺氧功能的抑制基因

三、细胞内核质信号冲突

当核质互作相关的细胞核或线粒体、叶绿体基因单方面发生突变，引起细胞中分子协作机制出现严重障碍时，细胞或真核生物个体通常会表现出一些异常表型，这类表型背后的分子机制被称为核质冲突或不兼容（nuclear-cytoplasmic incompatibility）。研究表明，颠茄叶绿体基因 *atpA*（编码 ATPase 的 a 亚基）第 264 个密码子为 CTC，翻译后对应亮氨酸，此时酶功能及叶绿体发育正常。烟草叶绿体 *atpA* 的相应密码子是 CCC，翻译后对应脯氨酸，但烟草细胞在 RNA 水平将 CCC 编辑为 CUC，对应亮氨酸，从而保证 ATPase 功能正常。当利用细胞融合技术将烟草叶绿体基因组转移给颠茄时，因颠茄不具备此位点的 RNA 编辑功能，产生核质冲突导致 ATPase 的 a 亚基不能正常组装而引起植株白化。此外，在拟南芥野生型植株中，叶绿体基因 *accD*（编码乙酰 CoA 羧化酶 b 亚基）第 265 位密码子发生 RNA 编辑后产物具有正常活性，但该 RNA 编辑事件需要细胞核基因编码蛋白 AtECB2 参与。当 *AtECB2* 基因突变后，正常的 RNA 编辑被破坏，导致氨基酸突变而使突变体白化。

在植物细胞中，由于 mtDNA 间的分子重组和突变以及 mtRNA 编辑现象的普遍存在，会产生一些与雄配子育性相关的基因，这些基因表达产物会导致线粒体功能异常，从而导致植物细胞质雄性不育（cytoplasmic male sterility，CMS）现象。例如，在玉米 T 型不育系中发现的 *T-urf13* 基因是由玉米 mtDNA 上 *atp6*、*rrn26* 和 *tRNAARG* 等基因位点重组产生的新基因。CMS 是一种受细胞核基因组和线粒体基因组双重控制的母性遗传性状。目前，已有超过 150 种植物中发现 CMS 现象。CMS 导致雄配子不育可以阻止植株自交，但可通过杂交的方式繁殖后代，因此是杂种优势利用的最重要途径之一。根据三系杂交育种理论，以 CMS 植株为母本作为不育系（A），以不育系同核异质的可育植株为父本作为保持系（B），以及可恢复不育系育性的可育植株为父本作为恢复系（R），通过 A 和 B 杂交可用于不育系种子的保存，通过 A 和 R 杂交获得 F_1 杂交种，从而可持续地利用杂种优势进行作物生产。目前，CMS 在水稻、油菜、玉米等作物的杂交育种中已得到广泛应用，已为世界粮食产量提高做出巨大贡献。

在高等植物中已发现有超过 150 种物种都存在细胞质雄性不育（CMS）现象，也是核质冲突的典型例证。由于细胞质雄性不育是作物杂种优势利用的最重要途径，对于提高全世界粮食产量具有重要意义。我国在杂交水稻研究技术世界领先，它的成功主要基于 20 世纪 70 年代袁隆平院士带领的研究团队发现一种来源于野生稻的雄性不育植株，后来研究表明其由于细胞质中存在不育基因，也被称为野败型细胞质雄性不育。袁隆平院士利用野败型雄性不育培育出一批性状优异的水稻雄性不育系，进而被我国水稻育种家广泛应用于杂交水稻品种选育和杂交种生产，从而大大提高我国乃至全世界水稻产量。然而，直到 2013 年学界才完全阐明野败型细胞质雄性不育的分子细胞生物学基础——由于线粒体基因与细胞核基因的有害互作导致不育系的花粉败育，即细胞质雄性不育。

研究人员发现水稻野败型细胞质雄性不育系中存在一个新近起源的线粒体基因 *WA352*，其在可育植株中不存在。线粒体基因 *WA352* 编码蛋白与细胞核基因编码的线粒体蛋白 OsCOX11 发生蛋白质相互作用，从而赋予了水稻野败型细胞质雄性不育植株产生花粉败育（图 6-18）。在水稻野败型不育系中，WA352 在特定时期（如花粉母细胞期）的花药绒毡层细胞中优先累积，由此抑制 OsCOX11 在过氧化物代谢中的功能，进而触发了绒毡层细胞过早发生程序性细胞死亡及随后的花粉败育。研究人员还证实在不育系的恢复系中存在两个育性恢复基因 *Rf3* 和 *Rf4*（细胞核基因），其表达产物可分别抑制线粒体 *WA352* 基因的 mRNA 表达及 WA352 蛋白的功能，从而抑制 WA352 诱导的水稻野败型细胞质雄性不育。因此，将含有 *Rf3* 和 *Rf4* 显性基因的水稻恢复系植株花粉授予野败型不育系，得到的 F_1 杂种植株育性恢复正常，从而可应用于水稻杂交制种和杂种优势利用。

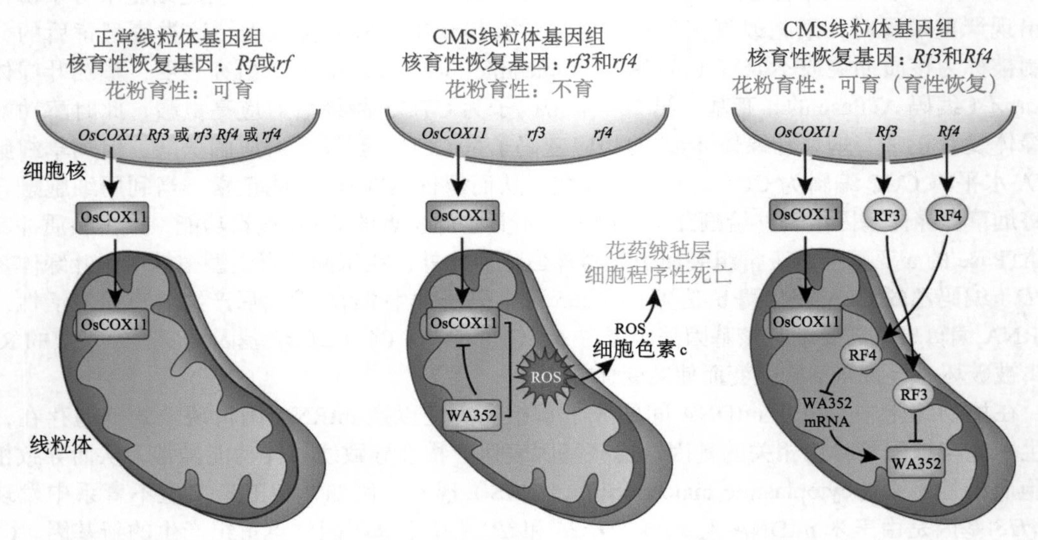

图 6-18 线粒体功能异常导致水稻细胞质雄性不育（CMS）的作用机理示意图（引自 Ma，2013）

思考题

1. 比较线粒体和叶绿体的结构特点及其生物学功能。
2. 线粒体与叶绿体的磷酸化与电子传递链过程各有何异同？
3. 线粒体和叶绿体分裂与融合的分子和细胞生物学基础是什么？具有怎样的生物学意义？
4. 试阐述核质反向信号的分子细胞生物学基础，并以植物细胞质雄性不育的发生机理为切入点，说明核质互作和核质冲突的生物学意义及其在农业生产中的潜在应用。
5. 如果将叶绿体移植到动物细胞中可否存活并执行功能？

二维码

本核心概念及更多布鲁姆学习目标层次习题见【二维码】。

本章知识脉络导图

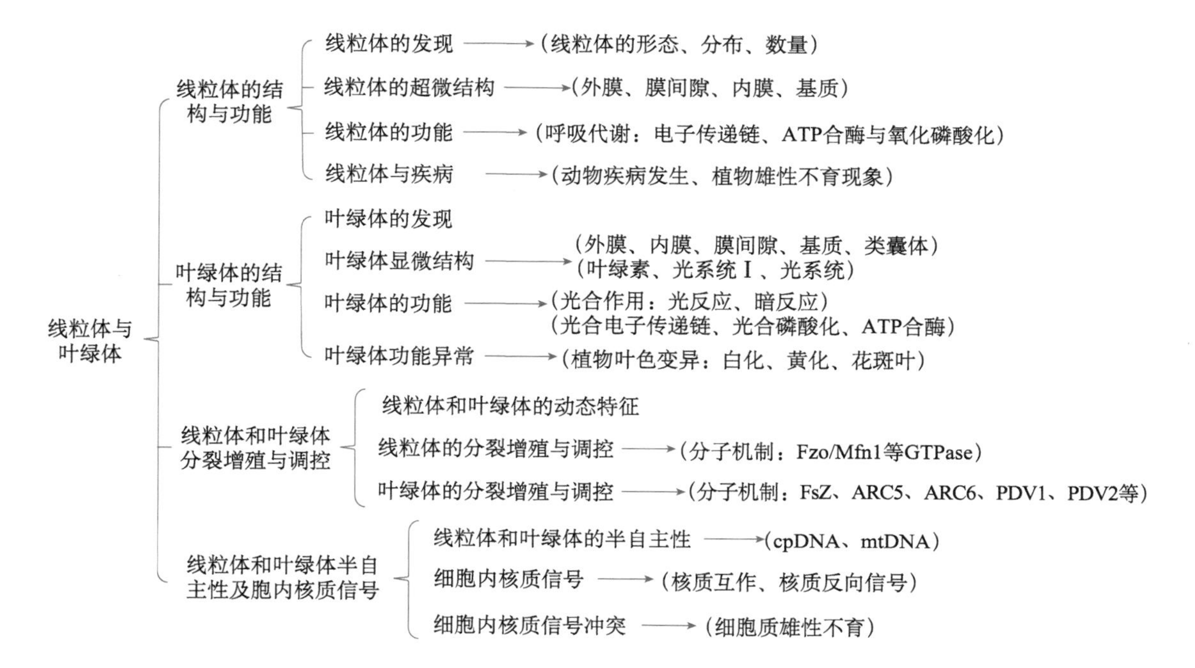

（李文强，陈坤明）

第七章　细 胞 骨 架

细胞骨架（cytoskeleton）是真核细胞中由微丝（microfilament）、微管（microtubule）和中间纤维（也称中间丝，intermediate filament）构成的蛋白纤维网络结构，均由单体蛋白结合在一起，形成高度动态的结构体系，能进行组装和去组装。细胞骨架系统与细胞内的遗传系统、生物膜系统并称为细胞内的三大系统。广义的细胞骨架包括细胞质骨架和细胞核骨架。

细胞质骨架由微丝、微管和中间纤维构成［图 7-1（a）］。微丝是由激动蛋白组成的直径为 7 nm 的丝状纤维，存在于所有真核细胞中，微丝能确定细胞表面特征，使细胞运动和收缩。微管是直径为 24～26 nm 的中空管状结构，在细胞内呈网状和束状分布，影响膜性细胞器（membrane-enclosed organelle）的定位并作为膜泡运输的轨道。中间纤维直径为 10 nm 左右，介于微丝和微管之间，由长形、杆状的蛋白质装配而成，是最稳定的细胞骨架成分，使细胞具有张力和抗剪切力，主要起支撑作用。微丝、微管广泛存在，中间纤维则有组织特异性。

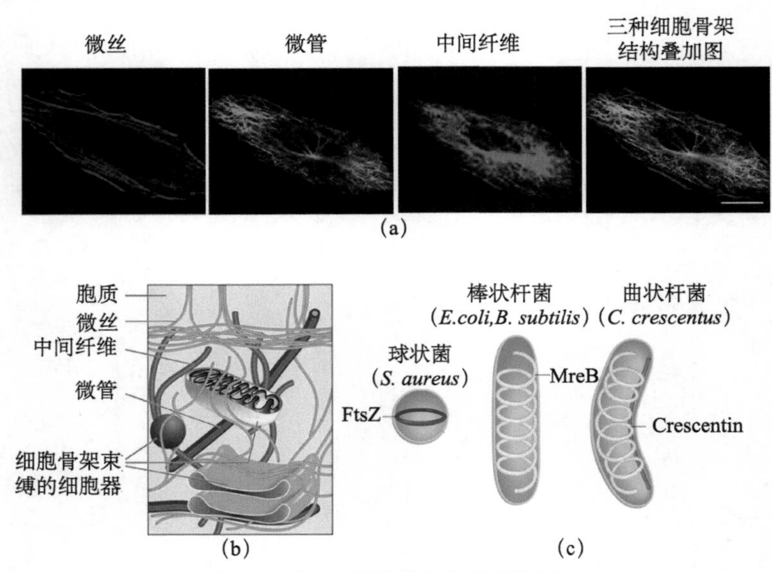

图 7-1　细胞骨架的基本类型及其分布

（a）免疫荧光染色显示细胞内微丝、微管和中间纤维在体外培养的肝细胞内的分布，显示微丝骨架分布于细胞的边缘部位，图中标尺为 10 μm；（b）真核生物细胞骨架在细胞内的功能示意图，显示细胞骨架在细胞器空间分布中的重要作用；（c）原核生物的细胞骨架示意图，如类微丝蛋白 FtsZ（蓝色）、类微管蛋白 MreB（黄色）和类中间丝蛋白 Crescentin（红色）［图（a）引自 Karp，2010；图（c）引自 Hardin et al.，2018］

细胞骨架的主要作用是维持细胞的一定形态特征［图 7-1（b）］，为胞内物质运输和细胞器移动提供导轨，细胞骨架还将细胞内基质区域化，并帮助细胞进行移动和行走。细胞骨架除了维持细胞形态、承受外力、保持细胞内部结构的有序性外，还参与了许多其他重要生命活动，如在细胞分裂中微管牵引染色体分离，在细胞物质运输中各类小泡和细胞器可沿着细胞骨架定向转运，在肌肉细胞收缩时微丝和它的结合蛋白组成动力系统。此外，白细胞的迁移、精子尾巴的游动、神经细胞轴突和树突的伸展等都与细胞骨架有关，植物细胞骨架还参与指导细胞壁的合成。

真核细胞的核内还存在细胞核骨架，组成包括核基质、核纤层和核孔复合体等。核基质为 DNA 复制提供空间支架，对 DNA 超螺旋化的稳定起重要作用。核纤层为核被膜及染色质提供结构支架。另外，广义来看，细胞外基质中也有细胞骨架成分。有人认为细胞核、细胞质、细胞外基质形成了一体化的骨架网络结构。

原核细胞中也可能存在细胞骨架系统［图 7-1（c）］。例如，人们在球状金葡萄球菌（*S. aureus*）中发现的类微管蛋白（microtubule-like）FtsZ，在棒状大肠杆菌（如 *E. coli*、*B. subtilis*）中发现的类肌动蛋白（actin-like）Mre，以及在曲状杆菌（如 *C. crescentus*）中发现的类中间丝蛋白（intermediate filament-like）Crescentin 等，显示出与真核细胞骨架系统类似的单体折叠和纤维结构特点。

第一节 微　丝

微丝（microfilament，MF）是由肌动蛋白（actin）组成的直径为 7 nm 的骨架纤维。微丝和它的结合蛋白及肌球蛋白（myosin）三者构成细胞分子机械系统，可以利用化学能产生机械运动。肌动蛋白存在于所有的真核细胞中，是一种高度保守的蛋白质，物种间差异很小，如藻类和人类之间的差异不超过 20%。微丝首先发现于肌肉细胞中，在横纹肌和心肌细胞中肌动蛋白成束排列组成肌原纤维，具有收缩功能。在非肌肉细胞中，细胞周期的不同阶段或当细胞运动时，它们的形态、分布会发生一些变化，是一种动态的表现，以不同的结构形式来适应细胞活动需要。细胞内微丝的形态见【二维码】。

二维码

一、微丝的分子结构

微丝的基本结构单位是肌动蛋白。肌动蛋白是一种分子质量为 42 kDa，由 375 个氨基酸残基组成的蛋白质，基因编码高度保守。如图 7-2 所示，单体肌动蛋白是一条多肽链构成的球形分子，又称球状肌动蛋白（globular actin，G-actin），其上有三个结合位点，一个是 ATP 结合位点，另两个是与肌动蛋白结合蛋白结合的位点。肌动蛋白的多聚体形成肌动蛋白丝，称为纤维状肌动蛋白（fibrous actin，F-actin）。在电子显微镜下，F-actin 呈现双股螺旋状，直径为 7 nm，螺旋间的距离是 36 nm。一个肌动蛋白分子由 4 个亚基组成，亚基 2 和亚基 4 之间有裂隙，可以结合 1 分子 ATP 和 1 分子 Mg^{2+} 或 1 分子 Ca^{2+}。肌动蛋白单体有正负极之分，靠近裂隙端的是负极，因此由其单体蛋白聚合而成的微丝纤维也有正负极。

肌动蛋白是真核细胞中含量最丰富的蛋白质之一。在肌细胞中，肌动蛋白占总蛋白的 10%，即使在非肌细胞中，肌动蛋白也占细胞总蛋白的 1%～5%。肌动蛋白在非肌细胞的胞质溶胶中的浓度是 0.5 mmol/L，在特殊的结构如微绒毛（microvilli）中，局部肌动蛋白的浓度要比典型细胞中的浓度高出约 10 倍。

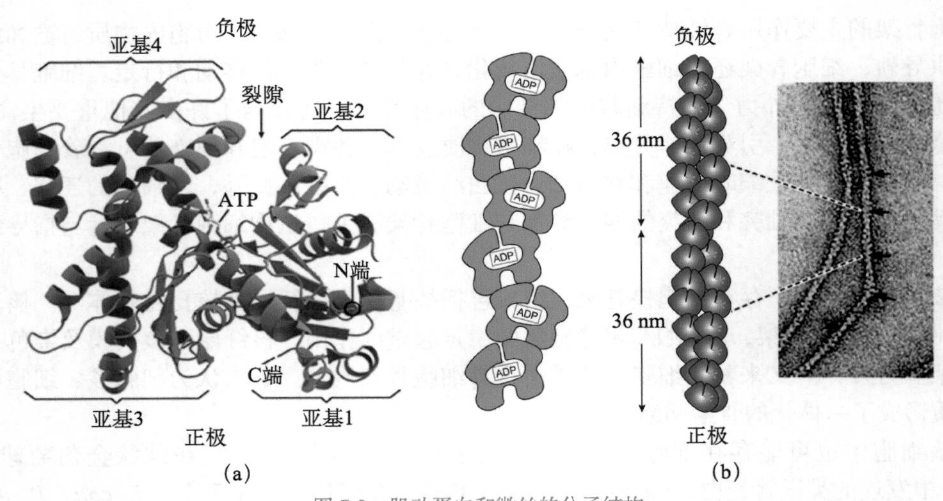

图 7-2　肌动蛋白和微丝的分子结构

（a）肌动蛋白的分子结构，由 4 个亚基组成，结合 1 分子 ATP 和 1 分子 Mg^{2+}，有正负极；（b）微丝纤维的组成模型及电镜图像，肌动蛋白单体正负极相接而组成微丝纤维

肌动蛋白是非常保守的，其保守性可以与组蛋白相比。高等动物细胞内的肌动蛋白根据等电点的不同可以分为三类：α、β 和 γ 肌动蛋白。α 肌动蛋白分布于各种肌细胞中，β 和 γ 肌动蛋白分布于肌细胞和非肌细胞中。在哺乳动物和鸟类细胞中至少已分离到 6 种肌动蛋白，其中 4 种为 α 肌动蛋白，分布于各种肌肉如横纹肌、心肌、血管平滑肌和肠道平滑肌；β 肌动蛋白通常位于细胞边缘，γ 肌动蛋白与张力纤维有关。肌动蛋白在进化上高度保守，酵母和兔肌肉的肌动蛋白有 88% 的同源性。不同类型肌肉细胞的 α 肌动蛋白分子的一级结构仅相差 4～6 个氨基酸残基，β 和 γ 肌动蛋白与 α 横纹肌肌动蛋白相差约 25 个氨基酸残基。编码肌动蛋白的基因是一个基因家族，目前人们从植物中鉴定到了 60 个肌动蛋白基因，而动物中鉴定到了 30 个，这些肌动蛋白基因是从同一个祖先基因演化而来。某些单细胞生物如酵母、阿米巴虫等只含有一个肌动蛋白基因，而一些多细胞生物则含有多个肌动蛋白基因。人有 6 种肌动蛋白基因，每种基因编码对应的肌动蛋白。肌动蛋白需要经过翻译后修饰才能行使正常的生物学功能，主要包括 N 端的酰基化和一个组氨酸残基的甲基化，这种修饰增加了肌动蛋白功能的多样性。

二、微丝的组装

在适宜的温度下，结合 ATP 的肌动蛋白单体可以组装成微丝。微丝的组装大体要经历成核反应、微丝延长和微丝稳定三个阶段。

成核反应至少需要 2 个肌动蛋白单体组装成寡聚体，然后开始多聚体的组装（图 7-3）。成核反应还需要肌动蛋白相关蛋白（actin-related protein，Arp）Arp2/3 复合体与其他蛋白质相互作用，形成微丝组装的起始复合物。肌动蛋白单体与起始复合物结合，形成可以继续组装的寡聚体。延长阶段中，肌动蛋白单体与 ATP 结合组装到微丝末端，因肌动蛋白具有 ATP 酶活性，肌动蛋白单体与 ATP 结合后，ATP 被水解成 ADP。当微丝的组装速度快于肌动蛋白水解 ATP 的速度时，在微丝末端会形成一个肌动蛋白 -ATP 结合帽，使微丝变得稳定，可以持续组装。反之，当末端的肌动蛋白结合 ADP 时，肌动蛋白将从微丝上解聚下来。待微丝组装到一定长度时，肌动蛋白的组装和去组装达到平衡状态，微丝长度几乎保持不变，达到长度稳定期。微丝具有极性，肌动蛋白单体加到（+）极端的速度要比加到（-）极端的速度快 5～10 倍。溶液中

ATP-肌动蛋白的浓度影响着组装的速度，当处于临界状态时，ATP-actin 可继续在（+）端添加而在（−）端分离，表现出一种踏车行为（treadmilling）。

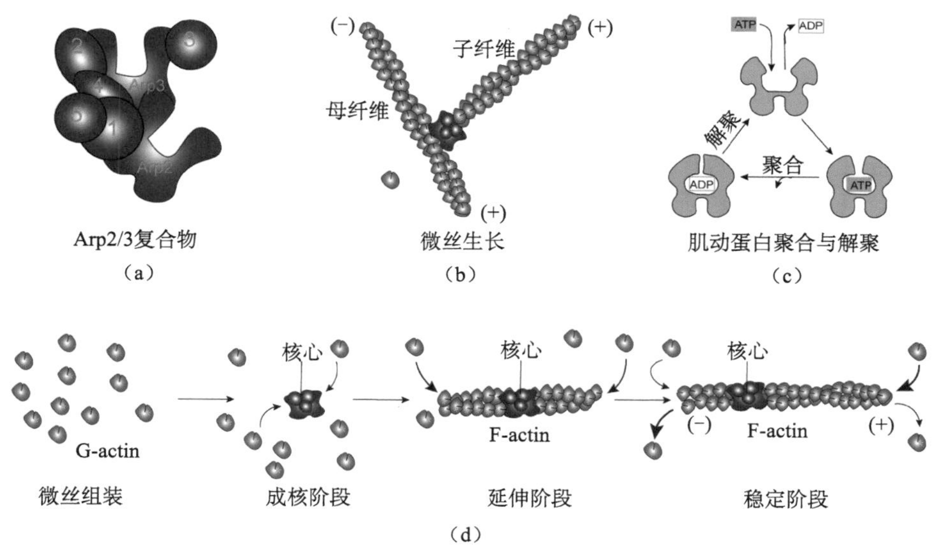

图 7-3 微丝的生长与组装

（a）Arp2/3 复合物结构；（b）微丝生长，显示子纤维在母纤维上在 Arp2/3 复合物的介导下生长；（c）肌动蛋白单体的聚合与解聚状态，显示 ATP 在微丝生长中的作用；（d）微丝纤维的组装过程

在生物体内，有些微丝是永久性的结构，如肌肉中的微丝及上皮细胞微绒毛中的轴心微丝等。有些微丝是暂时性结构，如胞质分裂环中的微丝。在大多数动物细胞中，大约有 70% 的肌动蛋白是游离的单体或者和其他蛋白质结合成有效的复合物，在游离肌动蛋白分子和微丝之间存在着动态平衡，它们可以帮助激发和调节细胞内微丝的功能。

三、影响微丝组装的药物

微丝是一种动态的组织，在细胞内存在着频繁的组装和去组装过程，这种动态性是微丝纤维完成其生物学功能的重要机制。一些药物能够影响微丝的组装或去组装过程，因此经常被用于微丝动态特征的研究。细胞松弛素（cytochalasin）是一组真菌代谢产物，与微丝结合后可切断微丝纤维，并结合在微丝末端抑制肌动蛋白单体聚合到微丝纤维上，特异性抑制微丝的组装，但对微丝的去组装没有明显影响，导致细胞不能维持正常形态或运动。运用细胞松弛素，可以通过倒置培养皿重力分离的方式将细胞的胞质体（cytoplast）和核质体（karyoplast）分离进行分别收集。鬼笔环肽（phalloidin），也叫作派洛啶，是另外一种影响微丝动态性的药物，是一种由毒覃产生的双环杆肽，能够与微丝特异结合，抑制微丝的去组装但不抑制其组装，因而使微丝纤维稳定，也影响了细胞的运动。荧光标记的鬼笔环肽可以特异性显示微丝，在荧光显微镜或激光共聚焦显微镜下进行观察研究。鬼笔环肽处理影响细胞运动的特点，也进一步说明微丝功能的发挥依赖于其组装与去组装之间的动态平衡。

四、微丝结合蛋白

细胞骨架的结构和功能在很大程度上是受到其结合蛋白的调节的。目前已经分离出的微丝结合蛋白有 100 多种，根据微丝结合蛋白作用方式的不同，可以将其分为以下不同类型。

1. 核化蛋白（nucleating protein） 核化是肌动蛋白体外组装的限速步骤，Arp2/3 复合体在体内和体外都可以促进肌动蛋白的核化，Arp 复合体由 Arp2、Arp3 和 5 种其他蛋白组成［图 7-3（a）］。Arp 与 actin 在结构上具有同源性，其作用就像一个模板，类似于微管组织中心的 γ 球蛋白复合体。

2. 单体隔离蛋白（monomer-sequenstering protein） 抑制蛋白（profilin）和胸腺素（thymosin）能够同单体 G- 肌动蛋白（G-actin）结合，并且抑制它们的聚合，因此称为肌动蛋白单体隔离蛋白。细胞中约有 50% 的肌动蛋白为可溶性肌动蛋白，大大高于肌动蛋白组装所需的临界浓度。但是这些蛋白质与其他蛋白质结合，构成一个蛋白库。只有当细胞需要组成纤维时，这些可溶性肌动蛋白才被释放出来，如胸腺素与 G-actin 结合可阻止其向纤维聚合，抑制其水解或交换结合的核苷酸。

3. 封端（加帽）蛋白（end blocking protein） 此类蛋白通过结合肌动蛋白纤维的一端或两端来调节肌动蛋白纤维的长度。加帽蛋白同肌动蛋白纤维的末端结合之后，相当于加上了一个帽子。如果一个正在快速生长的肌动蛋白纤维在（+）极加上了帽子，那么在（-）极就会发生解聚反应。

4. 单体聚合蛋白（monomer polymerizing protein） 例如，抑制蛋白 profilin 结合在肌动蛋白的 ATP 结合位点相对的一侧，能与胸腺素 β_4 竞争结合肌动蛋白，profilin 可将结合的单体安装到纤维（+）极。

5. 微丝解聚蛋白（actin-filament depolymerizing protein） 例如，cofilin 可结合在纤维的（-）极，使微丝去组装。这种蛋白质在微丝快速组装和去组装的结构中具有重要的作用，涉及细胞的移动、内吞和胞质分裂等生物学过程。

6. 交联蛋白（cross-linking protein） 每一种蛋白质含有两个或多个微丝结合部位，因此可以将 2 条或多条纤维联系在一起形成纤维束或网络。分为成束蛋白（bundling protein）和成胶蛋白（gel-forming protein）两类。成束蛋白中的丝束蛋白（fimbrin）、绒毛蛋白（villin）和 α- 辅肌动蛋白（α-actinin），可以将肌动蛋白纤丝交联成平行排列成束的结构。成胶蛋白中的细丝蛋白（filamin）可促使形成肌动蛋白微丝网。

7. 纤维切割蛋白（filament-serving protein） 这类蛋白质能够同已经存在的肌动蛋白纤维结合并将它一分为二。由于这种蛋白质能够控制肌动蛋白丝的长度，因此大大降低了细胞的黏度。经这类蛋白作用产生的新末端能够作为生长点，促使 G- 肌动蛋白的装配。

8. 膜结合蛋白（membrane-binding protein） 例如，黏着斑蛋白（vinculin）可将肌动蛋白纤维接在膜上，参与构成黏着带，是非肌细胞质膜下方产生收缩的机器。在剧烈活动时，由收缩蛋白作用于质膜产生的力引起质膜向内或向外移动，如吞噬作用和胞质分裂，这类细胞运动由肌动蛋白纤维直接或间接与质膜相结合后形成。膜结合蛋白还介导微丝与膜骨架蛋白的连接，如纽蛋白（vinculin）、肌营养不良蛋白（dystrophin）等。

五、微丝的功能

在不同类型细胞中，甚至在同一细胞的不同部位，不同微丝结合蛋白赋予了微丝不一样的结构特征和功能，因此微丝具有的功能是多样的。微丝参与了诸如肌肉收缩、微绒毛形成、应力纤维形成、细胞运动、胞质分裂和顶体反应等重要功能活动。此外，微丝还在胞内运输过程中维持细胞形态，赋予细胞质膜机械强度。微丝遍及细胞质，集中分布在质膜下，并由微丝交联蛋白交联成凝胶态三维网络结构，该区域通常称为细胞皮层（cell cortex）。皮层内的微丝与细胞质膜连接，使膜蛋白的流动性受到某种程度的限制，有助于维持细胞形状和赋予质膜机械强度，如哺乳动物红细胞膜骨架的作用。

1. 肌肉收缩 肌肉（muscle）中有许多肌纤维细胞（muscle fiber cell），在神经细胞刺激下能进行收缩与舒张运动，内部由许多肌纤维（myofibril）组成，能直接将化学能转变为机械能。肌原纤维（myofilaments）由粗肌丝和细肌丝组成，粗肌丝的主要成分是肌球蛋白，细肌丝的主要成分是肌动蛋白、原肌球蛋白和肌钙蛋白。如图 7-4（a）所示，肌肉收缩的基本单位是肌小节（sarcomere），是肌肉组织相邻两 Z 线间的单位，主要结构有：A 带，又称为暗带，为粗肌丝所在区域；H 区，A 带中央色浅的部分，此处只有粗肌丝；I 带，又称为明带，为只含有细肌丝的区域；Z 线，又称 Z 盘，是细肌丝一端附着的区域。肌肉的收缩与舒张就是肌小节中粗肌丝与细肌丝之间相对滑动的结果［图 7-4（b）］。

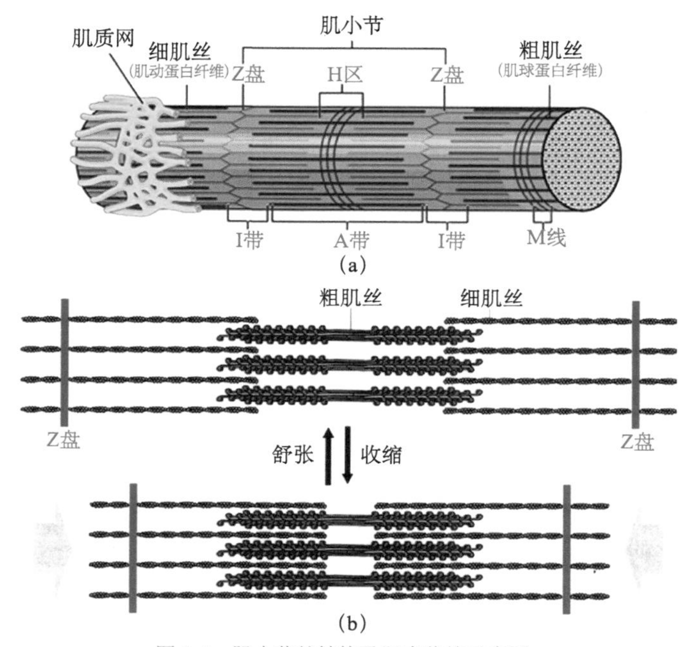

图 7-4 肌小节的结构及肌肉收缩示意图

（a）肌小节由 4 种结构组成，即 Z 盘、H 区、I 带和 A 带；（b）肌肉收缩与舒张示意图

肌肉收缩时，粗肌丝和细肌丝之间的滑动主要依赖于一类称为肌球蛋白（myosin）的马达蛋白。细胞内依赖于细胞骨架的马达蛋白可以分为 3 类：沿微丝运动的肌球蛋白、沿微管运动的驱动蛋白（kinesin）与动力蛋白（dynein）。这些蛋白既具有与微丝或微管结合的马达结构域，也具有与膜性细胞器或大分子复合物特异结合的货物结合结构域，利用水解 ATP 所提供的能量沿微丝或微管运动。

肌球蛋白是依赖于微丝的马达蛋白，最早发现于肌肉组织的是Ⅱ型肌球蛋白（Myosin Ⅱ）。20 世纪 70 年代后又逐渐发现许多非肌细胞的肌球蛋白，目前已知的有 15 种类型（Myosin Ⅰ～Myosin ⅩⅤ）。除Ⅵ型肌球蛋白的运动方向是从微丝的正极端向负极端移动外，其余的都是向微丝的正极端移动。图 7-5 显示了部分肌球蛋白的分子结构，可以看出，肌球蛋白通常由一条重链（蓝色）以单体或二聚体的形式存在，大多还结合有多条轻链（绿色）。Myosin Ⅱ是构成肌纤维的主要成分之一，由 2 条重链和 4 条轻链组成，重链形成一个双股 α 螺旋，一半呈杆状，另一半与轻链一起折叠成两个球形区域，位于分子一端，球形的头部具有 ATP 酶活性。

Myosin V 结构类似于 Myosin Ⅱ，但重链有球形尾部。Myosin Ⅰ由 1 条重链和 2 条轻链组成。Myosin Ⅰ、Myosin Ⅱ、Myosin Ⅴ都存在于非肌细胞中，Myosin Ⅱ参与形成应力纤维和胞质收缩环；Myosin Ⅰ、Myosin Ⅴ结合在膜上，与膜泡运输有关，神经细胞富含 Myosin Ⅴ。

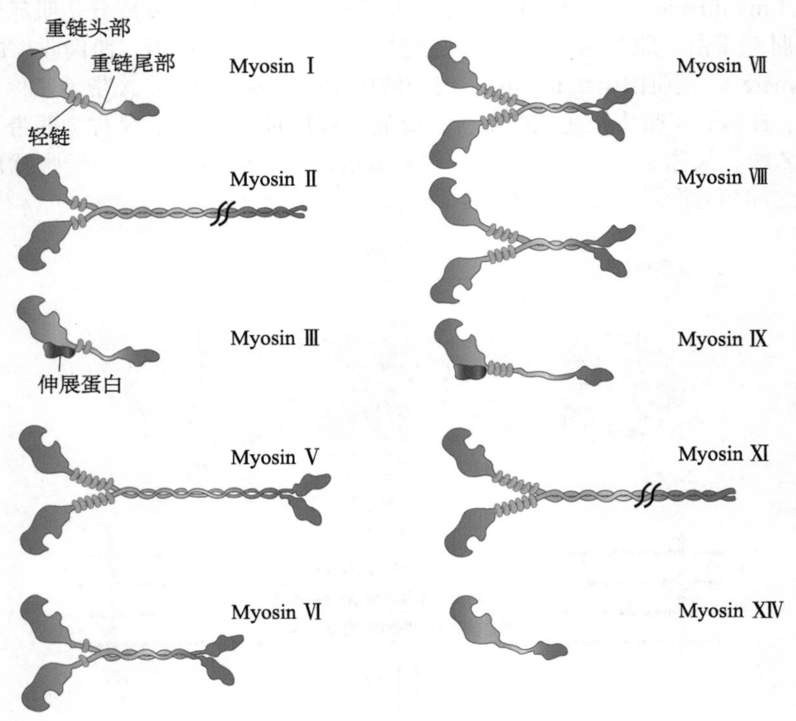

图 7-5　肌球蛋白超家族的分子结构示意图

组成肌肉细肌丝的蛋白除肌动蛋白外，还包括原肌球蛋白（tropomyosin，Tm）和肌钙蛋白（troponin，Tn）等［图 7-6（a）］。Tm 的分子质量为 64 kDa，由两条平行的多肽链扭成螺旋，每个 Tm 的长度相当于 7 个肌动蛋白，呈长杆状。原肌球蛋白与肌动蛋白结合，位于肌动蛋白双螺旋的沟中，主要作用是加强和稳定肌动蛋白丝，抑制肌动蛋白与肌球蛋白结合。Tn 分子质量为 80 kDa，含 3 个亚基，肌钙蛋白 C 特异地与钙结合，肌钙蛋白 T 与原肌球蛋白有高度亲和力，肌钙蛋白 I 抑制肌球蛋白的 ATP 酶活性，细肌丝中每隔 40 nm 就有一个肌钙蛋白复合体。

肌肉的收缩过程十分复杂，是一个受细胞内信号精细调控的过程。关于肌肉收缩的分子机制，现在人们公认的是 Huxley 和 Hanxon 在 1954 年提出的滑行学说（sliding theory）。肌细胞上的动作电位引起肌质网 Ca^{2+} 电位门通道开启，肌浆中 Ca^{2+} 浓度升高，肌钙蛋白与钙离子结合，引发原肌球蛋白构象改变，暴露出肌动蛋白与肌球蛋白的结合位点。肌动蛋白通过结合与水解 ATP，不断发生周期性的构象改变，引起粗肌丝和细肌丝的相对滑动。肌动蛋白的工作原理如图 7-6（b）所示：①在初始状态时，肌球蛋白头部结合的 ATP，引起肌球蛋白头部与肌动蛋白纤维分离，横桥尚未与肌动蛋白丝结合；②然后 ATP 水解，引起肌球蛋白头部与肌动蛋白丝弱结合；③ Pi 释放，肌球蛋白头部与肌动蛋白丝强结合；④ ADP 释放，肌球蛋白构象改变，头部向 M 线方向弯曲（微丝的负极），引起细肌丝向 M 线移动；⑤肌丝滑动后，新 ATP 再结合到肌球蛋白头部，头部与肌动蛋白纤维分离；⑥ ATP 水解，横桥返回初始位置，如此循环完成肌肉收缩运动。

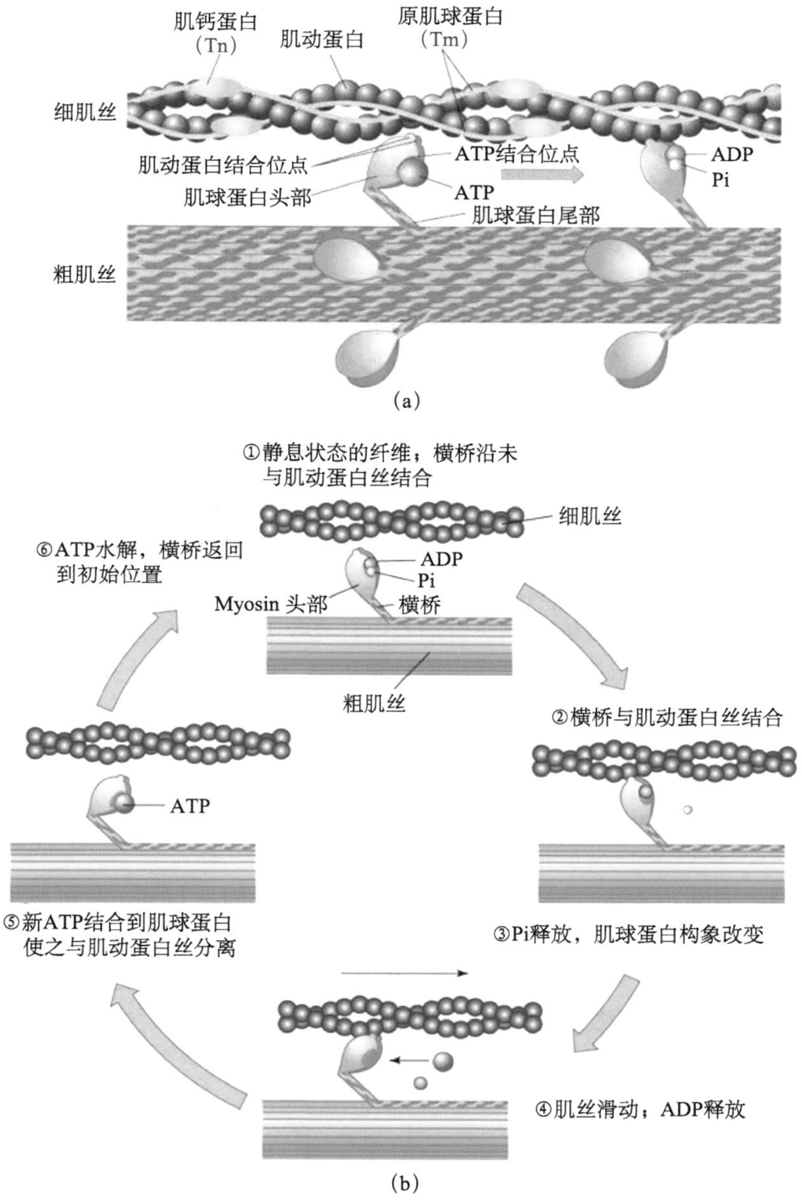

图 7-6 细肌丝和粗肌丝的分子结构模型［(a)］及肌肉收缩过程示意图［(b)］

2. 组成细胞微绒毛 在小肠上皮细胞的游离面存在大量的微绒毛（microvilli），其轴心是一束平行排列的微丝，微丝束正极只向着微绒毛的顶端，其下端终止于端网结构。微丝束对微绒毛的形态起支撑作用。由于微丝束内不含肌球蛋白、原肌球蛋白和 α-辅肌动蛋白，因而该微丝束无收缩的功能。微丝交联蛋白如绒毛蛋白、丝束蛋白、胞衬蛋白等在微丝束的形成、维持及其与细胞质膜的连接中起重要作用。将肌球蛋白的 S1 片段与微绒毛内的微丝结合，用快速冷冻蚀刻电镜技术可以显示微绒毛内部微丝束的极性，微丝的正极端在微绒毛的顶部，在微绒毛的基部微丝束与细胞质中间丝相连。

3. 形成应力纤维 非肌细胞中的应力纤维（stress fiber）与肌原纤维有很多类似之处，都

二维码

包含 Myosin Ⅱ、原肌球蛋白、细丝蛋白和 α- 辅肌动蛋白等。培养的成纤维细胞中具有丰富的应力纤维，并通过黏着斑固定在基质上。在有机体内，应力纤维使细胞具有抗剪切力。细胞中应力纤维分布见【二维码】。

4. 细胞的变形运动　在体外培养条件下，可以观察到细胞沿着基质表面迁移的现象。这种现象也常常发生在动物体内，如在神经系统发育过程中，神经嵴细胞从神经管向外迁移；在发生炎症反应时，中性粒细胞从血液向炎症组织迁移；神经元的轴突顺着基质上的化学信号向靶目标伸展等。这些细胞的运动主要是通过肌动蛋白的聚合及与其他细胞结构组分的相互作用来实现的。

5. 形成细胞皮层　细胞内大部分微丝都集中分布在紧贴细胞质膜的细胞质区域，并由微丝交联蛋白交联成凝胶态三维网络结构，称为细胞皮层。细胞皮层具有限制膜蛋白的流动性，为细胞质膜提供强度和韧性，维持细胞形状，参与细胞的多种运动如胞质环流（cyclosis）、阿米巴运动（amoiboid）、变皱膜运动（ruffled membrane locomotion）、吞噬（phagocytosis）及膜蛋白的定位等的作用。这些细胞运动过程与皮层内肌动蛋白的溶胶态 - 凝胶态转化相关。

6. 胞质分裂环　有丝分裂末期两个肌浆分裂的子细胞之间，在质膜内侧会形成一个收缩环。收缩环是由大量平行排列但极性相反的微丝组成的。胞质分裂的动力来源于收缩环上肌球蛋白所介导的极性相反的微丝之间的滑动。随着收缩环的收缩，两个子细胞被缢缩分开。胞质分裂完成后，收缩环即消失。收缩环是非肌细胞中具有收缩功能的微丝束的典型代表。微丝能在很短的时间内迅速组装与去组装以完成胞质分裂功能。有研究证实，Arp2/3 复合体形成的微丝还起着抑制分裂环过早收缩的作用。

第二节　微　管

微管是 1963 年首先由 Slautterback 在水螅细胞中发现的，同年 Ledbetter 和 Porter 也报道在植物中存在微管结构。如同它的名称，微管是中空的管状结构，是直径为 24～26 nm 的中空圆柱体。外径平均为 25 nm，内径为 15 nm。微管的长度变化不定，在某些特化细胞中，如中枢神经系统的运动神经元细胞中的微管可长达几厘米。微管壁厚约 5 nm。细胞内微管呈网状和束状分布，并能与其他蛋白质共同组装成纺锤体、基粒、中心粒、纤毛、鞭毛、轴突、神经管等结构。

一、微管的分子结构与组成

微管蛋白（tubulin）是微管的基本结构，组成微管的球形微管蛋白是 α- 微管蛋白和 β- 微管蛋白。这两种微管蛋白具有相似的三维结构，能够紧密结合成二聚体，作为微管组装的亚基。微管蛋白二聚体两种亚基均可结合 GTP，α- 微管蛋白结合的 GTP 从不发生水解或交换，是 α- 微管蛋白的固有组成部分，β- 微管蛋白结合的 GTP 可发生水解，结合的 GTP 可交换为 GDP，可见 β 亚基也是一种 G 蛋白，具有 GTP 酶的活性。α/β- 微管蛋白二聚体有极性，α- 微管蛋白端为负极，β- 微管蛋白为正极［图 7-7（a）］。作为微管组装的基本单位，α/β- 微管蛋白二聚体正负极相接组成微管原纤维，13 根原纤维组成 1 根直径约为 25 nm 的微管纤维。因为 α/β- 微管蛋白二聚体有极性，所以微管纤维也有极性［图 7-7（b）］。

事实上，微管的极性有两层含义，一是组装的方向性，二是生长速度的快慢。由于微管以 α / β - 微管蛋白二聚体作为基本构件进行组装，并且是以首尾排列的方式进行组装，所以每一根原纤维都有相同的极性（方向性）。这样，组装成的微管一端是 α- 微管蛋白亚基组成的环，而相对的一端是以β-微管蛋白亚基组成的环。极性的另一层含义是两端的组装速度是不同的，正极端生长快，负极端生长慢。

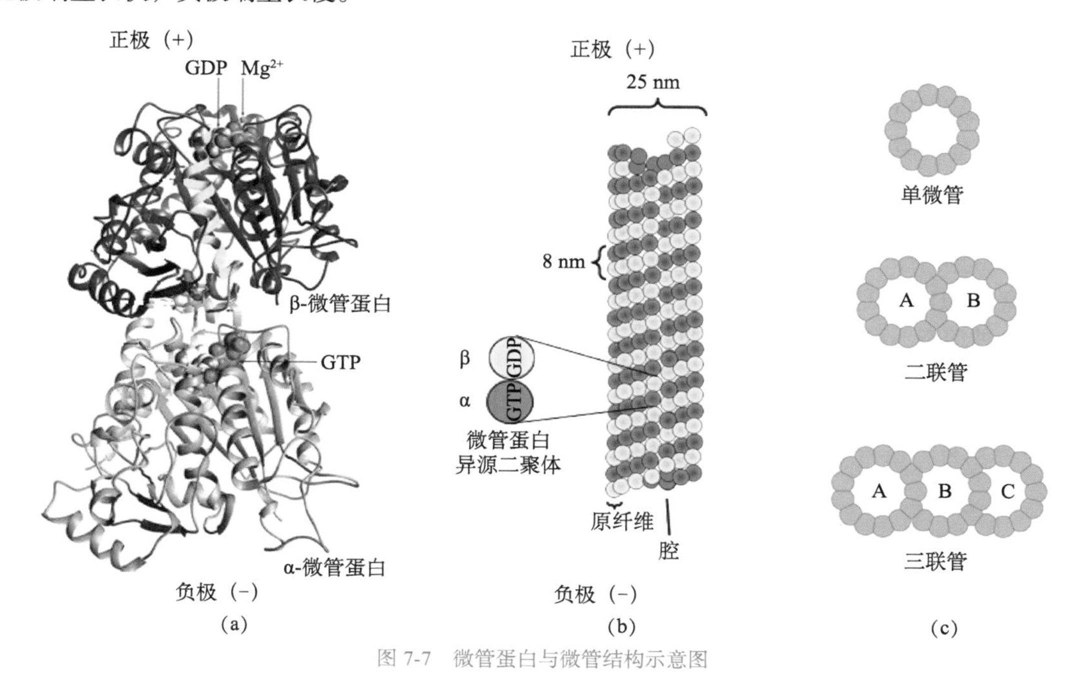

图 7-7 微管蛋白与微管结构示意图

（a）α/β-微管蛋白二聚体的结构模型，α-微管蛋白和β-微管蛋白都可以结合1分子GTP，但是β-微管蛋白结合的GTP可以水解为GDP，α/β-微管蛋白二聚体是组成微管纤维的基本单位；（b）微管结构示意图，α/β-微管蛋白二聚体正负相接形成原纤维，13根原纤维组成1根直径为25nm的微管；（c）微管的类型，分为单微管、二联管和三联管

微管有单微管、二联管和三联管三种类型［图7-7（c）］。大部分细胞质微管是单微管（singlet），它在低温、Ca^{2+}和秋水仙素作用下容易解聚，属于不稳定微管。虽然绝大多数单微管是由13根原纤维组成的管状结构，但在极少数情况下，也有由11根或15根原纤维组成的微管，如线虫神经节微管由11根或15根原纤维组成。二联管（doublet）常见于特化的细胞结构，是构成纤毛和鞭毛的周围小管，属于运动类型的微管，它对低温、Ca^{2+}和秋水仙素处理都比较稳定。组成二联管的单管分别称为A管和B管，其中A管是由13根原纤维组成，B管是由10根原纤维组成，所以二联管是由两个单管融合而成的，一个二联管共有23根原纤维。三联管（triplet）常见于中心粒和基体，由A、B、C三个单管组成，A管由13根原纤维组成，B管和C管都是由10根原纤维组成，一个三联管共有33根原纤维。三联管对于低温、Ca^{2+}和秋水仙素的作用很稳定。

二、微管的组装

微管的组装过程受到多种因素的调节，目前对微管组装的研究结果多来自体外实验。微管蛋白的体外组装分为成核（nucleation）和延长（elongation）两个阶段反应，其中成核反应是微管组装的限速步骤。成核反应结束时，形成很短的微管，此时二聚体以比较快的速度从两端加到已经形成的微管上，使其不断加长。

微管聚合过程需要加入GTP，因为β亚基能够同GTP结合。对于微管的组装来说，α/β-微管蛋白二聚体加入微管之后不久，β-微管蛋白所结合的GTP就水解成GDP。去组装过程中释

放出来的 α/β- 微管蛋白二聚体上的 GDP 与 GTP 交换，才能重新成为组装的构件［图 7-8（a）］。一些酶在微管组装之后对微管蛋白进行修饰使微管处于稳定状态，如微管 α- 亚基的乙酰化和去酪氨酸作用。微管蛋白的乙酰化是由微管蛋白乙酰化酶催化完成，它能够将乙酰基转移到微管蛋白特定的赖氨酸残基上。去酪氨酸作用是由微管去酪氨酸酶（detyrosinase）催化的，它能够除去 α- 微管蛋白 C 端的酪氨酸残基。这两种修饰作用都使微管趋于稳定。

微管在体外组装时处于动态不稳定状态（dynamic instablility），这种不稳定受游离微管蛋白的浓度和 GTP 水解成 GDP 的速度两种因素的影响。当组装体系中结合 GTP 的微管蛋白二聚体浓度较高时，微管在（+）端（plus end）的组装速度大于 GTP 的水解速度，可以在微管末端形成一个结合 GTP 的帽子，从而使微管稳定地延伸。低浓度的微管蛋白引起 GTP 水解，形成 GDP 帽，使微管解聚。GTP 的低速水解适合于微管的连续生长，而快速的水解造成微管的解聚，细胞内的微管处于这种动态不稳定状态。微管的组装也表现出“踏车现象”，又称为“轮回”，是微管组装后处于动态平衡的一种现象，这个时候的微管总长度不变，但结合上的 α/β- 微管蛋白二聚体（+）端不断向微管（-）端（minus end）推移，最后到达负端［图 7-8（b）］。造成这一现象的原因除了 GTP 水解外，也与反应体系中游离蛋白即携带 GTP 的 α/β- 微管蛋白二聚体的浓度有关。

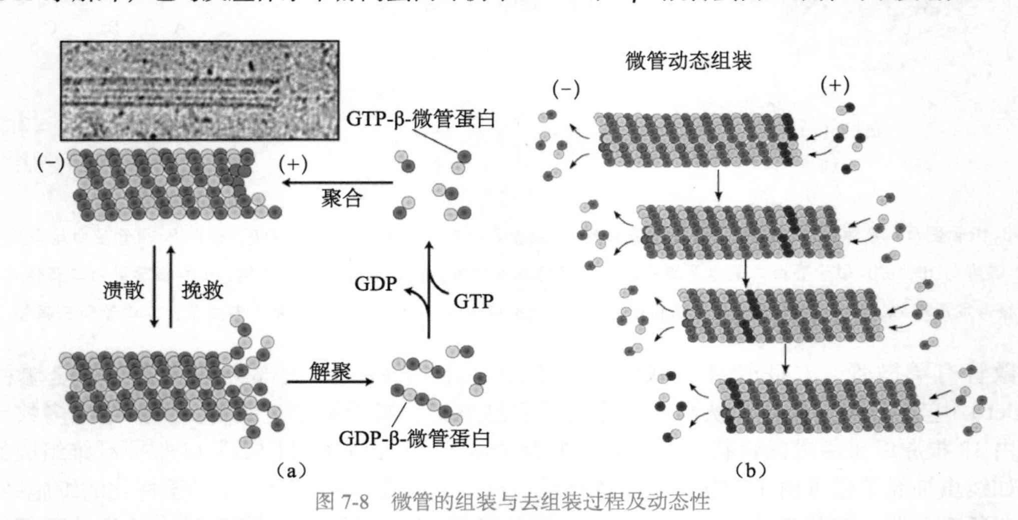

图 7-8 微管的组装与去组装过程及动态性

（a）微管的组装与去组装过程示意图，最上面的图像是微管体外解聚的电镜图片；（b）微管组装的动态性，表现出“踏车行为”特征

三、影响微管组装的药物

有几种药物能够抑制与微管的组装和去组装有关的细胞活动，这些药物是研究微管功能的有力工具。这些药物中用得最多的是秋水仙素（colchicine）、紫杉醇（taxol）等。秋水仙素是一种生物碱，能够与微管特异性结合。秋水仙素同二聚体结合，形成的复合体可以阻止微管的成核反应。秋水仙素和微管蛋白二聚体复合物加到微管的正负两端，可阻止其他微管蛋白二聚体的加入或丢失。不同浓度的秋水仙素对微管的影响不同，用高浓度的秋水仙素处理细胞时，细胞内的微管全部解聚，但是用低浓度的秋水仙素处理动物和植物细胞，微管保持稳定，并将细胞阻断在中期。紫杉醇是红豆杉属植物中的一种次生代谢产物，结合到聚合的微管上，不与未聚合的微管蛋白二聚体反应。紫杉醇是抗微管药物，通过促进微管蛋白聚合抑制解聚，保持微管蛋白稳定，抑制细胞有丝分裂。

四、微管组织中心

微管组织中心（microtubule organizing center，MTOC）是细胞质中决定微管在生理状态或试验处理解聚后重新组装的结构。MTOC 不仅为微管提供了生长的起点，还决定了微管的方向性。靠近 MTOC 的一端由于是 α 亚基而被称为（-）端（minus end），生长慢，远离 MTOC 一端的微管生长速度快，是二聚体的 β 亚基而被称为（+）端（plus end），所以（+）端指向细胞质基质，常常靠近细胞质膜。在有丝分裂的极性细胞中，纺锤体微管的负极指向其中的一极，而正极指向细胞中央，通常可以和染色体接触。MTOC 的主要作用是帮助大多数细胞质微管组装过程的成核反应，微管从 MTOC 开始生长，这是细胞质微管组装的一个独特性质，即细胞质微管的组装受统一的功能位点控制。细胞中起微管组织中心作用的有中心体、纤毛和鞭毛基部的基体等细胞器（图 7-9）。

中心体（centrosome）是动物细胞特有的结构，包括中心粒和中心粒周围的无定形物质［中心粒周质基质（pericentriolar matrix）］。中心体在细胞间期位于细胞核附近，在有丝分裂期则位于纺锤体的两极［图 7-9（c）］。中心粒（centrioles）是中心体的主要结构，成对存在，即一个中心体含有一对中心粒，且互相垂直呈“L”形排列。中心粒直径为 0.2 μm，长为 0.4 μm，是中空的短圆柱形结构。圆柱的壁由 9 组间距均匀的三联管组成，三联管是由 3 个微管组成，每个微管包埋在致密的基质中。组成三联管的 3 个微管分别称为 A、B、C 纤维，A 纤维伸出两个短臂，一个伸向中心粒的中央，另一个反向连到下一个三联管的 C 纤维，9 组三联管串联在一起，形成一个由短臂连起来的齿轮状环形结构［图 7-9（a）］。

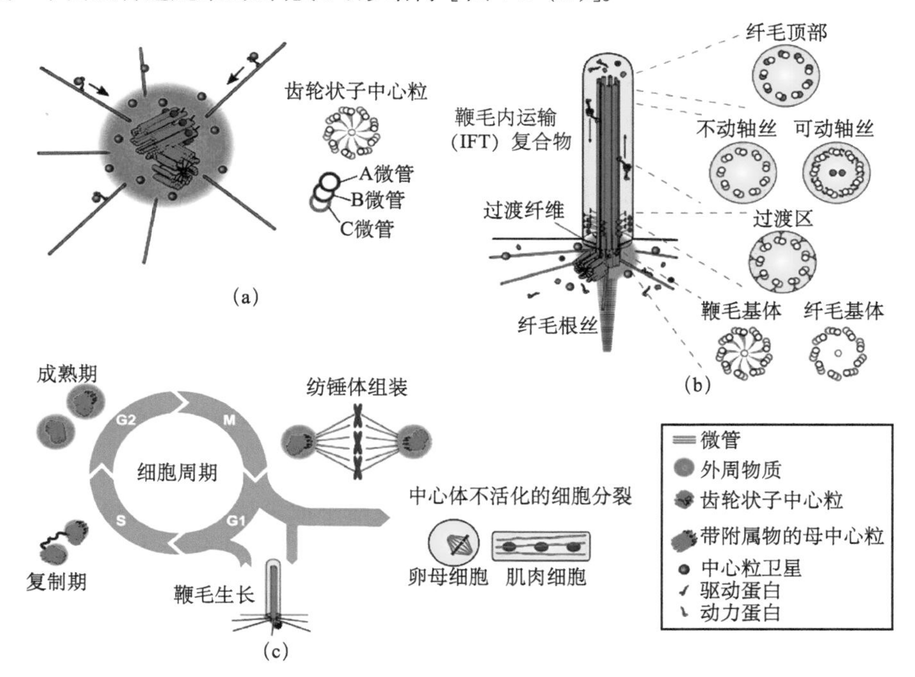

图 7-9 细胞内微管组织中心及中心体在细胞周期中的动态变化

（a）中心体结构模型，显示母中心粒及其附着物（蓝色）、齿轮状子中心粒（带红色辐）、中心粒卫星及微管；（b）鞭（纤）毛的结构示意图，显示不同部位的微管结构组成；（c）细胞周期中的中心体，显示中心粒在细胞周期中的动态变化。马达蛋白驱动蛋白和动力蛋白在微管依赖的物质转运中起重要作用

基体（basal body）是纤毛和鞭毛的微管组织中心，不过基体只含有一个中心粒而不是一对中心

粒［图 7-9（b）］。基体的结构与中心粒基本一致，其壁由 9 组三联体微管构成。中心粒和基体在某些时候可以相互转变，如精子鞭毛的基体起源于中心粒衍生物，该基体在进入卵细胞后，受精卵第一次有丝分裂过程中又形成中心粒。中心粒和基体都有自我复制的能力，在某些细胞中能自我发生。

其他类型的细胞也具有不同类型的 MTOC，如真菌细胞有初级 MTOC，称为纺锤极体（spindle pole body）。植物细胞中没有中心粒，没有中心体，但研究发现其 MTOC 可能是细胞核外被表面的成膜体。

五、微管结合蛋白

微管结合蛋白的发现，源于微管的体外组装实验。在体外将细胞裂解后分离出微管，4℃处理使其去聚合，所得微管样品经离心和纯化处理后于 37℃温育，让其再组装。但是，经过多次组装 - 去组装分离纯化的微管蛋白制品中，仍然会含有少量的其他蛋白质与微管蛋白共分离，说明这些蛋白质不是非特异蛋白的污染，而是与微管蛋白特异性结合的。免疫荧光观察培养细胞也发现有微管结合蛋白的存在，后来将这一类微管辅助蛋白就称为微管结合蛋白（microtubule associated protein，MAP）。MAP 在微管结构中占 10%～15%，其分子结构中至少包含有一个结合微管的结构域和一个向外突出的结构域。突出部位延伸到微管外，与其他细胞组分，如微管束、中间纤维、质膜等相结合。根据序列特点，人们将 MAP 分为Ⅰ型和Ⅱ型。Ⅰ型主要对热敏感，Ⅱ型热稳定性高。Ⅰ型的 MAP 如 MAP1A 和 MAP1B 含有几个重复的氨基酸序列：Lys-Lys-Glu-*X*，作为同带负电荷的微管结合蛋白结合的位点，可中和微管中微管蛋白间的电荷，维持微管聚合体的稳定。Ⅱ型 MAP 包括 MAP2、MAP4 和 Tau 等，这些蛋白质具有与微管蛋白结合的 18 个氨基酸的重复序列。图 7-10 显示了两种微管结合蛋白与微管的结合方式。

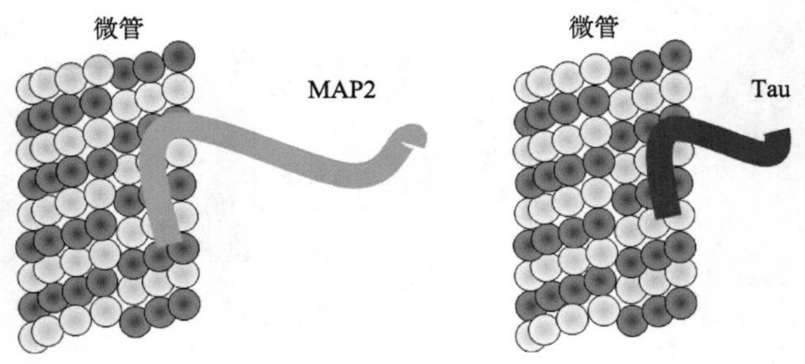

图 7-10　微管结合蛋白与微管的结合方式

微管结合蛋白向外突出臂长度的不同可以决定组织中微管束间的距离，结合 MAP2 蛋白的微管相邻维管束间距一般为 60～70 nm，而结合 Tau 蛋白的微管相邻维管束间距一般为 20～30 nm

微管结合蛋白具有多方面的功能：①使微管相互交联形成束状结构，也可以使微管同其他细胞结构交联；②通过与微管成核点的作用促进微管的聚合；③一些分子马达能够同微管结合，在细胞内沿微管转运囊泡和颗粒；④ MAP 同微管壁的结合，改变了微管组装和解聚的动力学特征，提高了微管的稳定性。MAP 同微管的结合能够控制微管的长度，以防止微管的解聚。由此可见，微管结合蛋白是微管功能的重要参与者。

六、微管的功能

真核细胞内部高度区室化，细胞各个区域发生着各自的反应，相互之间作用并协调统一形成高度有序的系统，都离不开微管的作用。当用秋水仙素处理体外培养的细胞时，微管很快解聚，细胞变圆，细胞内依赖于微管的物质运输完全瘫痪，处于分裂期的细胞就会停止分裂。大量研究表明，微管具有支架作用，维持细胞一定的形态并给各种细胞器进行定位。微管还能作为细胞内物质运输的轨道，作为纤毛和鞭毛的运动元件参与细胞有丝分裂和减数分裂等。

（一）维持细胞形态

微管具有一定的强度，能够抗压和抗弯曲，这种特性给细胞提供了机械支持力，维持细胞形态，使其不至于破裂。在培养的动物细胞中，微管围绕细胞核向外呈放射状分布，维持细胞在培养基质中的一定形态。微管还能够帮助细胞产生极性，确定方向。例如，神经细胞的轴突中就有大量平行排列的微管，确定神经细胞轴突的方向。在植物细胞中，微管对细胞形态的维持也有间接的作用。例如，植物细胞膜下面由成束微管形成的皮层带，能够影响纤维素合成酶在细胞质膜中的定位，使产生的纤维素纤维与微管平行排列。

（二）维持细胞内部的组织结构

用破坏微管的药物处理细胞，发现膜细胞器特别是高尔基体在细胞内的位置会受到严重影响。高尔基体一般位于细胞核的外侧、细胞的中央，用秋水仙素处理细胞后，高尔基体分散存在于四周，若去掉药物，微管可重新组装，高尔基体又可恢复到其在细胞内的正常位置。

（三）参与细胞内物质运输

微管为线粒体的运动提供了支架，高尔基体小泡附近也有微管支架，所以细胞器移动和胞内物质转运都和微管有着密切关系，微管充当了细胞内物质运输和细胞器运动的路轨。有些变色动物细胞内色素颗粒的运输就是微管依赖性的。依赖于微管的膜泡运输是个需要消耗能量的靶向转运过程。与微管结合并参与物质运输的马达蛋白有两大类，即驱动蛋白（kinesin）和动力蛋白（dynein），两者均需要 ATP 提供能量。

1. 驱动蛋白　驱动蛋白首先于 1985 年在鱿鱼神经元巨大的轴突内分离得到，命名为 kinesin（kinesin-1）。该蛋白是由两条轻链和两条重链构成的四聚体，有两个球形的头部，具有 ATP 酶活性；此外还有一个螺旋状的躯干和两条扇形尾部。通过结合和水解 ATP，导致颈部发生构象改变，使其头部交替与微管结合，从而沿微管“行走”，尾部则结合货物如运输泡或细胞器等，将其转运到其他地方（图 7-11）。大多数驱动蛋白能向微管的（+）极运输小泡，也发现了少数趋向微管（-）极运动的驱动蛋白。

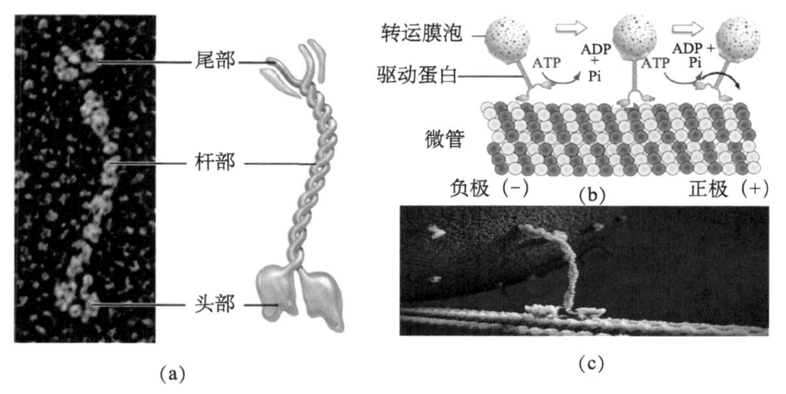

图 7-11　驱动蛋白（kinesin-1）的结构及其沿微管运动的分子机制

（a）分离后的 kinesin-1 蛋白电镜图片及其分子结构示意图；（b）驱动蛋白依赖 ATP 水解供能沿微管从负极向正极转运货物的分子机制示意图；（c）驱动蛋白沿微管转运膜泡的动画模型图

驱动蛋白超家族（kinesin superfamily protein，KIF）的头部都含有保守的氨基酸序列，具有共同的祖先，并且在沿微管运动方面具有相似的作用，但其尾部有较大变异，反映出不同的驱动蛋白成员运送不同的货物。所有的驱动蛋白在分子结构上都含有马达结构域（motor domain）和卷曲螺旋结构域（coiled-coil domain），在马达结构域上都含有同样的 ATP 结合序列（ATP-binding consensus sequence）和微管结合序列（microtubule-binding consensus sequence）[图 7-12（a）]。目前已知的驱动蛋白有十几种，它们大都是由多条单链组成的多聚体［图 7-12（b）]。kinesin-1 是异源四聚体，参与膜泡、细胞器和 mRNA 等的运输，包括 KIF5、KHC 和 Unc-116、Bmkinesin-1 等。kinesin-2 是异源三聚体或同源二聚体，参与膜泡、黑色素体和鞭毛内物质的运输，异源三聚体 kinesin-2 有 KIF3、KLP64D、KLP68D 等，同源二聚体的 kinesin-2 有 KIF17、OSM-3 和 Kin5 等。kinesin-3 以单体形式存在，参与膜泡运输，主要成员有 KIF1A、KIF1B、KIF13、KIF14、KIF16 和 KIF28 等。kinesin-4 以同源二聚体形式存在，参与染色体的定位，主要成员包括 KIF4、chromokinesin 和 KLP3A 等。kinesin-5 是同源四聚体，参与纺锤体极的分离和双极性确立，成员包括 KIF11、Eg5、KLP61F、BimC、Cin8、Kip1 和 Cut7 等。kinesin-8 是二聚体，存在于有丝分裂纺锤体中，推动纺锤体的伸长，同时还可以作为微管解聚酶使纺锤体微管解聚。kinesin-13 是双链二聚体，可以纠正动粒微管错误，使染色体单体分离，主要成员包括 KIF2A、KIF2B、KIF2C、KLP10A、KLP59C、KLP59D、KLP7、KIF24 和 bmkinesin-13 等。kinesin-14 是同源二聚体，参与纺锤体极的组织及货物运输，包括 KIFC1、KIFC2、KIFC3、bmkinesin-14A 和许多植物细胞种特有的种类。

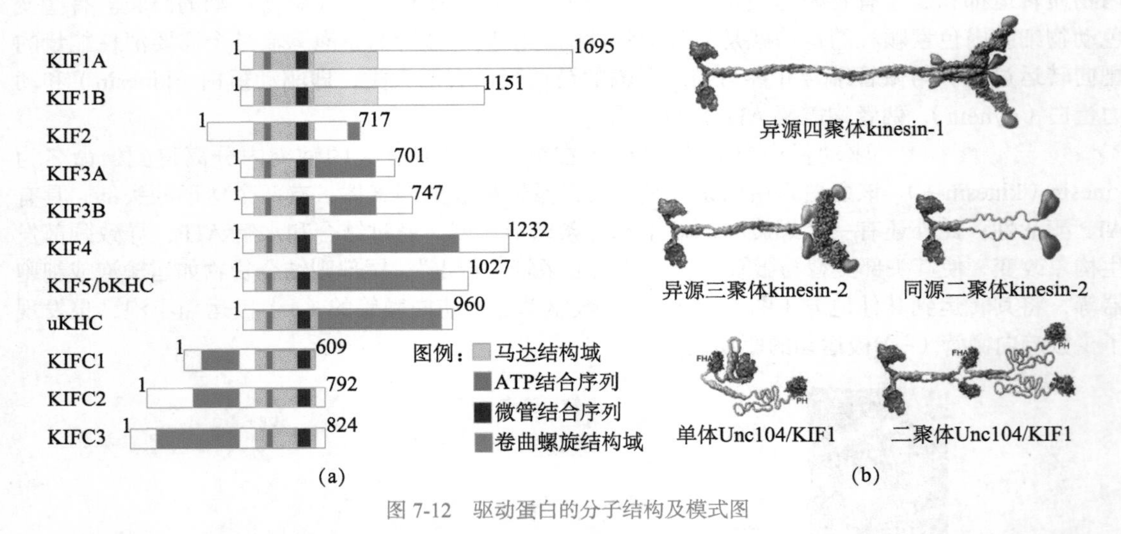

图 7-12　驱动蛋白的分子结构及模式图

（a）驱动蛋白的分子结构组成，显示不同驱动蛋白重要结构域所处的相对位置及其氨基酸组成数目；（b）几种驱动蛋白多聚体的分子结构模式

2. 动力蛋白　动力蛋白（dynein）作为马达蛋白首先是从研究四膜虫的鞭毛驱动过程中发现的。随后，人们发现两种类型的动力蛋白分别在细胞质物质运输和纤毛运动中发挥功能。动力蛋白对很多有机体的发育都极为重要，在间期细胞和分裂期细胞中都具有重要功能，其转运机制的变异与很多神经系统疾病发生有关，如佩里综合征、下肢脊髓性肌肉萎缩、遗传性运动神经元疾病、腓骨肌萎缩症及无脑回畸形等。动力蛋白属于 AAA+ ATP 酶，利用 ATP 的能量沿着微管从正极（+）向负极（−）运动运输货物。

动力蛋白超家族由两组蛋白质组成：胞质动力蛋白（cytoplasmic dynein）和轴丝动力蛋白（axonemal dynein）。胞质动力蛋白复合物由两条重链、两条中间链和多条轻链组成。重链含有微管结合结构域（microtubule-binding domain）、杆部（stalk）和货物结合结构域（cargo-binding domain）（图 7-13）。重链 N 端尾部结构域（tail domain）与胞质动力蛋白的组装、货物结合和功能调节有关，马达结构域由连接结构域（linker domain）、6 个 AAA+ 模块（AAA+ module）、杆部（stalk）、接柱（strut）及 C 端结构域组成。四膜虫动力蛋白的马达结构域（motor domain）分子质量约为 380 kDa，而很多真菌动力蛋白 C 端结构域的马达结构域分子质量约为 330 kDa。每个 AAA+ 模块由一个较大的 N 端亚结构域和一个很小的 C 端亚结构域构成［图 7-13（a）］，每个重链中的 6 个 AAA+ 模块折叠成为一个环状结构［图 7-13（b）］。胞质动力蛋白的重链能够和 5 种类型的相关亚基组分一起组装，这些亚基组分由中间链（intermediate chain）、轻中间链（light-intermediate chain）和 3 类轻链（light chain）即 TCTEX、LC8 和 Roadblock 组成［图 7-13（b）］。图 7-13（c）是胞质动力蛋白复合物的 3D 模型。

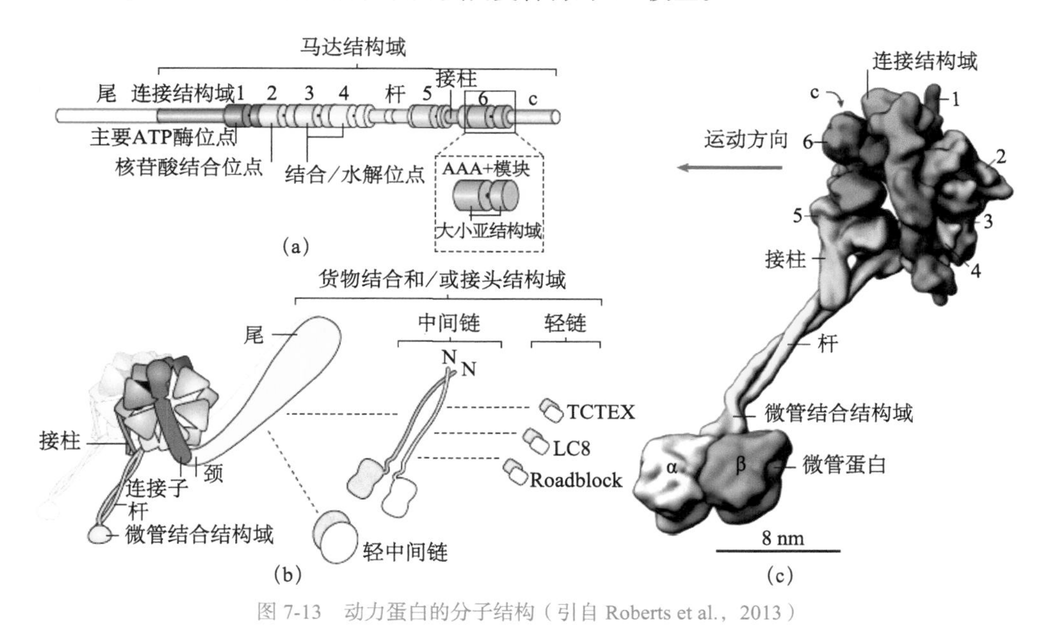

图 7-13 动力蛋白的分子结构（引自 Roberts et al.，2013）

（a）动力蛋白重链的分子结构组成；（b）胞质动力蛋白复合物的组装模式；（c）胞质动力蛋白复合物的 3D 模型，图中数字分别表示 6 个 AAA+ 模块

胞质动力蛋白的功能与一个被称为动力蛋白激活蛋白（dynactin）的高分子质量蛋白复合物密切相关。dynactin 对膜泡沿微管的转运是必需的，可是动力蛋白（dynein）和动力蛋白激活蛋白（dynactin）在体外的相互作用很弱。但是当一个接头蛋白 BICD2 的 N 端存在时，二者的相互作用就会变强。BICD2 是四膜虫极性因子 BicD 蛋白在人细胞中的同源物。值得注意的是，在动物细胞的细胞质中，一个动力蛋白的功能往往与 40 个驱动蛋白的功能相当，意味着动力蛋白能够以不同的机制参与不同货物的转运。最近的研究表明，胞质动力蛋白对不同膜性细胞器沿微管的转运，具有复杂的调控机制，需要多种激活性接头蛋白的参与，如 BICD2、BICDL1、HOOK3、NIN 和 NINL 等（图 7-14）。胞质动力蛋白参与细胞质内众多物质的运输，能够运输包括膜性细胞器、RNA、蛋白质复合物和病毒等货物沿细胞质微管转运。

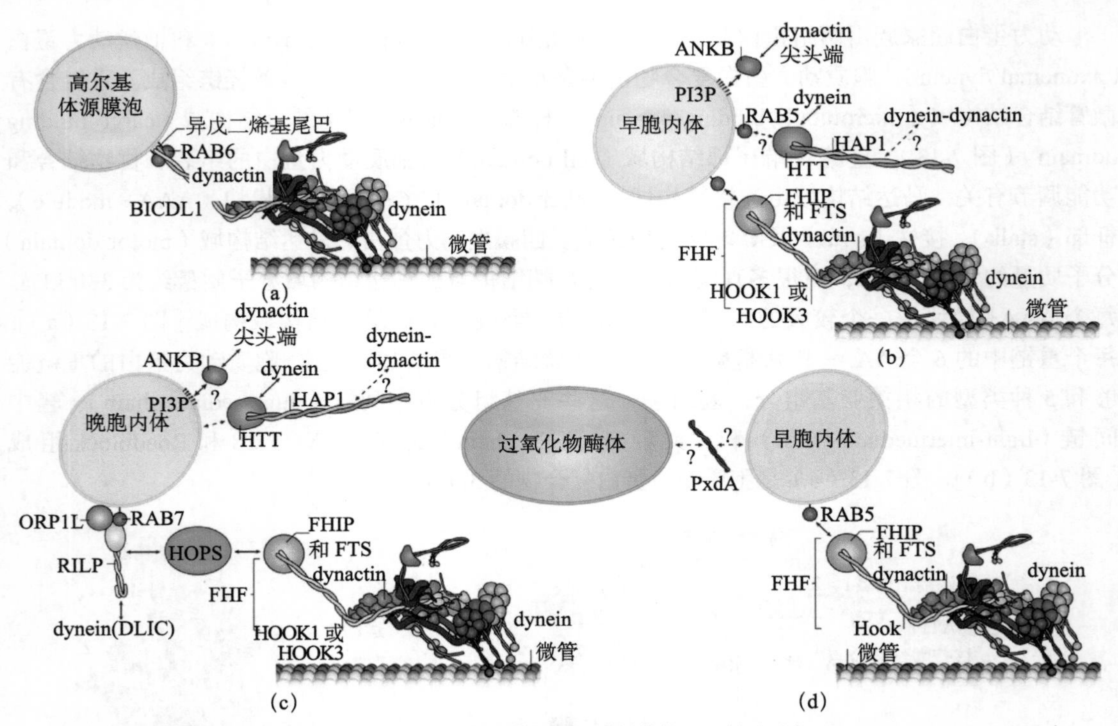

图 7-14　胞质动力蛋白通过 dynein-dynactin 相互作用转运膜性货物的机制（引自 Reck-Peterson et al.，2018）

（a）来自高尔基体的膜泡通过激活性接头蛋白 BICD2 或 BICDL1 介导 dynein-dynactin 相互作用沿微管转运，一个小 GTP 酶蛋白 RAB6 参与转运机构的装配；（b）早胞内体通过激活性接头蛋白 HOOK1 或 HOOK3 招募 dynein-dynactin，这些接头蛋白可以结合 AKT 互作蛋白（FTS）与 HOOK 互作蛋白（FHIP），可能在小 GTP 酶 RAB5 的参与下进行转运体的装配；（c）晚胞内体通过小 GTP 酶 RAB7 结合与 RAB 互作的溶酶体蛋白（RILP）和胆固醇传感器氧甾醇结合蛋白相关蛋白 1（ORP1L）结合，然后通过与 HOPS 和 FHF 复合物招募 dynein-dynactin；（d）在丝状真菌中，有些货物如过氧化物酶体、内质网来源的膜泡、脂滴和核糖核蛋白体等，能够以搭便车的方式通过早胞内体的转运，间接地通过 dynein-dynactin 转运，这个过程中 PxdA 蛋白可能起着连接作用

轴丝动力蛋白（axonemal dynein）的种类远多于胞质动力蛋白，其结构和组成也十分复杂。轴丝动力蛋白存在于纤毛和鞭毛的二联体微管内，驱动纤毛和鞭毛摆动，在细胞内运动和细胞外液环流等生物学过程中发挥关键作用。轴丝动力蛋白在进化和生化特征方面均与胞质动力蛋白有着显著差异。附着在二联体微管上的轴丝动力蛋白分为外侧动力蛋白臂（outer dynein arm，ODA）和内侧动力蛋白臂（inner dynein arm，IDA）（图 7-15）。这些动力蛋白臂具有不同的分子结构组成，尽管它们都能够推动微管二联管滑动，但在纤毛动力波产生中的摆动频率和作用不同。ODA 含有 3 个不同的动力蛋白重链（α、β 和 γ），每个 ODA 只含有一个每 24 nm 重复一次的大的动力马达结构域，影响纤毛摆动的频率。IDA 有 8 个不同的动力蛋白重链，包括 2 个异源二聚体 fα 和 fβ，以及 6 个单体蛋白 a、b、c、d、e 和 g。IAD 在轴丝中每 96 nm 重复一次，调控纤毛摆动的振幅。遗传分析表明，ODA 缺失引起的纤毛运动缺陷比单个 IDA 缺失引起的缺陷要严重得多。在人类中，ODA 突变与雄性不育有关，是原发性纤毛运动障碍的主要原因。

所有的动力蛋白都具有至少 1 条含有可产生能量的 AAA+ 马达结构域的重链。胞质动力蛋白有 2 条重链而轴丝动力蛋白 ODA 可具有 3 条重链，这些重链与轻链和中间链一起组装成 ODA 复合物，每个 ODA 复合物通过停泊复合物（docking complex）附着在微管二联管中。

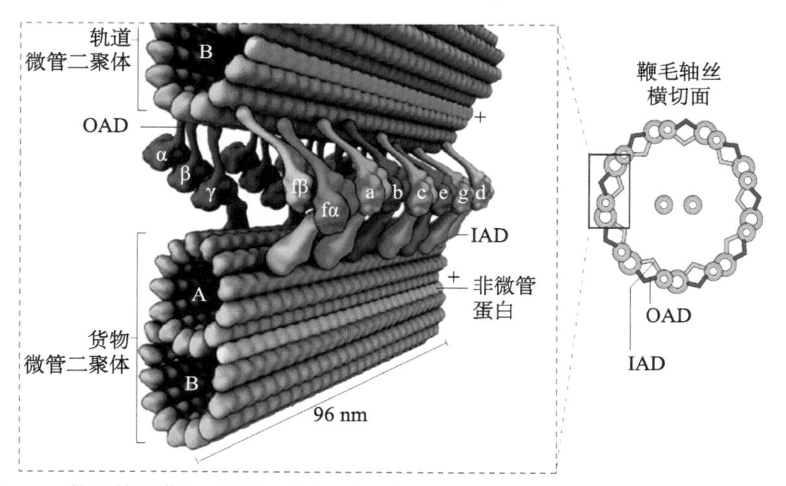

图 7-15 鞭毛轴丝横切面及轴丝动力蛋白的排列方式示意图（引自 Roberts et al.，2013）

OAD，外侧动力臂；IAD，内侧动力臂

（四）纤毛与鞭毛的运动

纤毛与鞭毛是质膜包围且突出于细胞表面，由微管和动力蛋白等构成的高度特化的细胞结构。纤毛较短（5～10 μm），鞭毛较长（约 150 μm）。两者的直径相似，均为 0.15～0.3 μm。鞭毛常见于精子和原生动物，通过波状摆动使细胞在液体介质中游动。纤毛是一些原始动物的运动装置，而在高等动物体内，纤毛存在于多种组织的细胞表面，如输卵管、神经元、外胚层、脑膜等组织。相邻的纤毛几乎为同步运动，使组织表面产生定向流动。在人体呼吸道内，数目众多的纤毛可以清除进入气管的异物；输卵管中的纤毛可以使卵细胞向子宫方向移动。近年来，组织学家研究发现，纤毛除了作为运动装置外，还与细胞信号转导、细胞增殖与分化、组织与个体发育等过程密切相关。

鞭毛和纤毛均由基体和鞭杆两部分组成。鞭杆中的微管为 9+2 结构，由 9 个二联体微管和一对中央微管构成，其中二联体微管由 A、B 两条管组成，A 管由 13 条原纤维组成，B 管由 10 条原纤维组成，两者共用 3 条（图 7-15）。A 管向相邻的 B 管伸出两条动力蛋白臂，并向鞭毛中央发出一条辐。基体的微管组成为 9（3）+0 结构，类似于中心粒。纤毛和鞭毛的运动是依靠动力蛋白水解 ATP，使相邻的二联体微管相互滑动。慢性支气管炎患者，主要是因为鞭毛和纤毛没有动力蛋白臂，不能排出侵入肺部的粒子。

纤毛和鞭毛的发生和组装是一个非常活跃的研究领域。作为一种特化的极性细胞结构，纤毛的发生起始于细胞膜内侧的基体。基体和中心体一样，是一种微管组织中心，其外围是 9 组三联体微管［图 7-9（b）］。原生纤毛的发生与细胞周期密切相关，当细胞进入 G_1 期或 G_0 期，纤毛开始形成；当细胞进入有丝分裂期时，纤毛解体。研究表明，多种中心体蛋白如 Cep97 和 Cep110 等参与了纤毛的发生和组装过程；此外，鞭毛内运输（intraflagellar transport，IFT）复合物也介导了纤毛或鞭毛的组装。IFT 复合物是位于二联体微管和纤毛膜之间的双向运输系统。IFT 颗粒最初从衣藻鞭毛中分离得到，由 2 个大的生化性质不同的复合物组成，称为 IFT 复合物 A 和复合物 B。IFT 复合物 A 和复合物 B 在纤毛内一起运动，但它们在体内彼此分离。随后人们发现，IFT 颗粒至少由 20 种蛋白质组成。IFT 复合物 A 含有 6 种已知蛋白，包括 IFT43、IFT121、IFT122、IFT139、IFT140 和 IFT144 等；而 IFT 复合物 B 含有 14 种已知蛋白，如

IFT20、IFT22、IFT25、IFT27、IFT46、IFT52、IFT54、IFT70、IFT74、IFT72、IFT80、IFT81、IFT88 和 IFT172。大多数 IFT 蛋白在纤毛有机体中是保守的，富集有蛋白互作结构域。磷蛋白 IFT25 被发现能够与一个 RAB 家族的小 GTP 酶 IFT27 互作。两类 IFT 复合物在纤毛或鞭毛物质转运中发挥显著相异的互补作用。IFT 复合物 B 参与顺向转运并在纤毛和鞭毛的组装和维持中起关键作用，而 IFT 复合物 A 参与回流蛋白的逆向转运，对纤毛和鞭毛的组装是非必需的（图 7-16）。当前还不知道 IFT 复合物 A 和复合物 B 是否携带不同类型的货物蛋白，人们对大多数 IFT 蛋白的确切功能也还不甚了解。

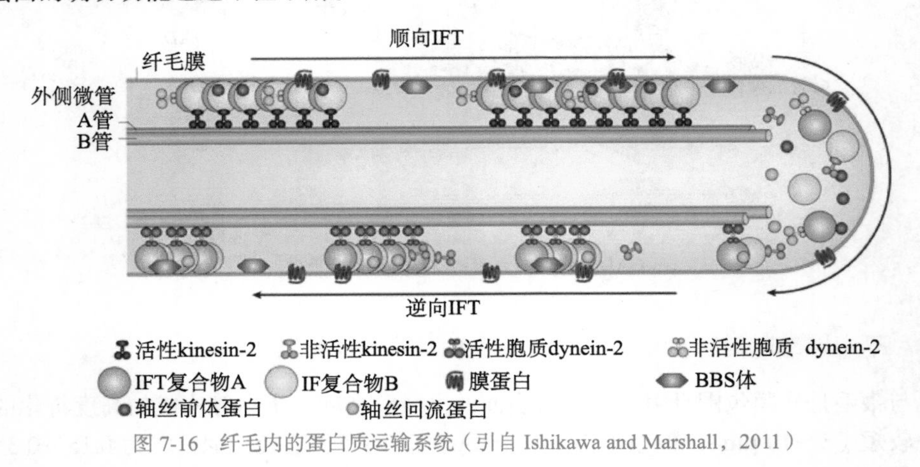

图 7-16　纤毛内的蛋白质运输系统（引自 Ishikawa and Marshall，2011）

（五）形成纺锤体，参与染色体运动

微管在细胞有丝分裂中发挥重要作用。当细胞从间期进入有丝分裂期，间期细胞微管网络解聚变成游离的 α/β- 微管蛋白二聚体，再重组装形成纺锤体，介导染色体的运动；分裂末期，纺锤体微管解聚，又重新形成胞质微管网络。纺锤体微管分为以下三类：动粒微管是连接染色体动粒与两极的微管；极微管是从两极发出，在纺锤体中部赤道区相互交错重叠的微管；星体微管是位于中心体周围呈辐射状分布的微管。微管参与细胞有丝分裂的过程我们将在第十三章中详细介绍。

微管在细胞质中分布广泛，跨越质膜到细胞核，同时细胞中的微管具有很大的蛋白质面积，在中度增殖的成纤维细胞有丝分裂间期，微管上的蛋白质表面积达 100 μm^2，与细胞表面积相等，是核膜的 10 倍，因此人们认为微管具有足够的空间进行信号转导。近年来证明微管参与胞外调控蛋白激酶（extracellular regulated protein kinases，ERK）等信号转导通路，信号分子可通过直接与微管作用，或通过马达蛋白和一些支架蛋白来与微管发生作用。微管的信号转导功能有重要生物学意义，与细胞的极化、微管的动力学行为、微管的方向性及微管组织中心均有关。

第三节　中 间 纤 维

中间纤维（intermediate filaments，IF）是一种直径为 10 nm 左右，介于微丝和微管之间的细胞骨架成分，普遍存在于真核动物细胞中。IF 在细胞中围绕着细胞核分布，成束成网，扩展到细胞质膜并与细胞质膜相连。微管与微丝都是由球形蛋白装配起来的，而中间纤维则是由长杆状的蛋白装配的。IF 是一种坚韧耐久的蛋白质纤维。它相对较为稳定，既不受细胞松弛素的影响，也不受秋水仙素的影响。中间纤维是最稳定的细胞骨架成分，主要起支撑作用。

一、中间纤维的类型

中间纤维的结构相当稳定，即使用去垢剂和高盐溶液抽提细胞，中间纤维仍然保持完整的形态。IF 的成分比微丝、微管复杂，具有组织特异性，不同类型的细胞含有不同的 IF 蛋白质。肿瘤细胞迁移到别的器官仍会保留原病灶源细胞的 IF，因此可以用 IF 抗体来鉴定肿瘤的来源，如乳腺癌和胃肠道癌含有角蛋白，因此可以断定其来源是上皮细胞。多数细胞含有一种中间纤维，少数细胞含有两种以上，如骨骼肌细胞含有角蛋白（keratin）和波形蛋白（vimentin）。中间纤维有许多家族，在人类基因组中至少有 70 种基因编码。

表 7-1 中间纤维的类型

中间纤维类型	多肽成分	位置
细胞核 IF	核纤层蛋白 A、B 和 C（lamins A, B 和 C）	细胞核核纤层 （在细胞核被膜内侧）
波形蛋白样 IF	波形蛋白（vimentin）	起源于间充质的许多细胞
	结蛋白（肌间线蛋白）（desmin）	肌肉
	胶质细胞原纤维酸性蛋白（glial fibrillary acidic protein）	胶质细胞
	外周蛋白（peripherin）	某些神经元
上皮细胞 IF	Ⅰ型角蛋白（酸性）［type Ⅰ keratin (acidic)］ Ⅱ型角蛋白（碱性或中性）［type Ⅱ keratins (neutral/basic)］	上皮细胞及衍生物 （如头发和指甲）
轴突 IF	神经纤维细丝（neurofilament，NF-L, NF-M 和 NF-H)	神经元
发育与再生细胞 IF	巢蛋白（nestin）、desmuslin	
晶状体或孤儿 IF	丝晶蛋白（filensin）和晶状体蛋白（phakinin）	晶状体

如表 7-1 所示，IF 主要分为 6 种类型。Ⅰ型和Ⅱ型 IF 由角蛋白组成。角蛋白（keratin）是一种分子质量为 40～70 kDa 的蛋白质，主要分布在上皮细胞及其衍生物中。人类上皮细胞中有 20 多种不同的角蛋白，分为两类：α 角蛋白，为头发、指甲等坚韧结构的组成；β 角蛋白，又称为胞质角蛋白，分布于上皮细胞胞质中。根据组成氨基酸的不同，可分为Ⅰ型角蛋白（酸性）和Ⅱ型角蛋白（碱性或中性）。角蛋白组装时必须由Ⅰ型和Ⅱ型以 1 ∶ 1 混合组装成异二聚体，才能进一步形成中间纤维。Ⅲ型 IF 主要由结蛋白（desmin）、波形蛋白（vimentin）、微管成束蛋白（syncolin）、外周蛋白（peripherin）和胶质细胞原纤维酸性蛋白（glial filament acidic protein，GFAP）等中的一种组成。结蛋白主要存在于平滑肌和收缩肌中。胶质细胞原纤维酸性蛋白，又称胶质原纤维，分子质量约为 50 kDa，分布于星形神经胶质细胞和周围神经的施旺细胞，主要起支撑作用。波形蛋白，分子质量约为 53 kDa，广泛存在于间充质细胞及中胚层来源的细胞中。波形蛋白一端与核膜相连，另一端与细胞表面的桥粒或半桥粒相连，将细胞核和细胞器维持在特定的空间。Ⅳ型 IF 由神经纤维细丝（neurofilaments）组成。神经纤维细丝由三种分子质量不同的多肽组成：NF-L（低，60～70 kDa）、NF-M（中，105～110 kDa）、NF-H（高，135～150 kDa），其功能是提供弹性使神经纤维易于伸展和防止断裂。Ⅴ型 IF 包括核纤层蛋白

（lamins）或存在于细胞核中的纤维状蛋白，包括核纤层蛋白A、C、核纤层蛋白B1和B2等。和其他类型的IF不同，核纤层IF属于细胞核骨架，在DNA合成、核膜的组装和去组装等过程中发挥重要作用。Ⅵ型IF主要包括巢蛋白（nestin）和desmuslin等。此外，人们还发现了一些"孤儿"类型（orphan）的IF蛋白，如晶状体中发现的phakinin/CP49和丝晶蛋白（filensin）等。

二、中间纤维的结构与组装

尽管组成IF的蛋白质种类繁多，但不同种类的IF蛋白具有非常相似的二级结构。中间纤维蛋白分子中都有一个310个氨基酸残基形成的α螺旋杆状区，以及两端非螺旋化的球形头部（N端）、尾部（C端）。杆状区是高度保守的，由螺旋1和螺旋2构成，每个螺旋区还分为A、B两个亚区，它们之间由非螺旋式的连接区连接在一起。头部和尾部的氨基酸序列在不同类型的中间纤维中变化较大，可进一步分为同源区（H亚区）、可变区（V亚区）和末端区（E亚区）[图7-17（a）]。

IF的装配过程与MT、MF相比较更为复杂。根据X衍射、电镜观察和体外装配试验结果推测，中间纤维的组装过程如下：首先，两个单体形成两股超螺旋二聚体（角蛋白为异二聚体）；随后，两个二聚体反向平行组装为四聚体；四聚体横向联合，8个四聚体形成一束，首尾相接形成的8根原纤维组装成中间纤维[图7-17（b）和（c）]。

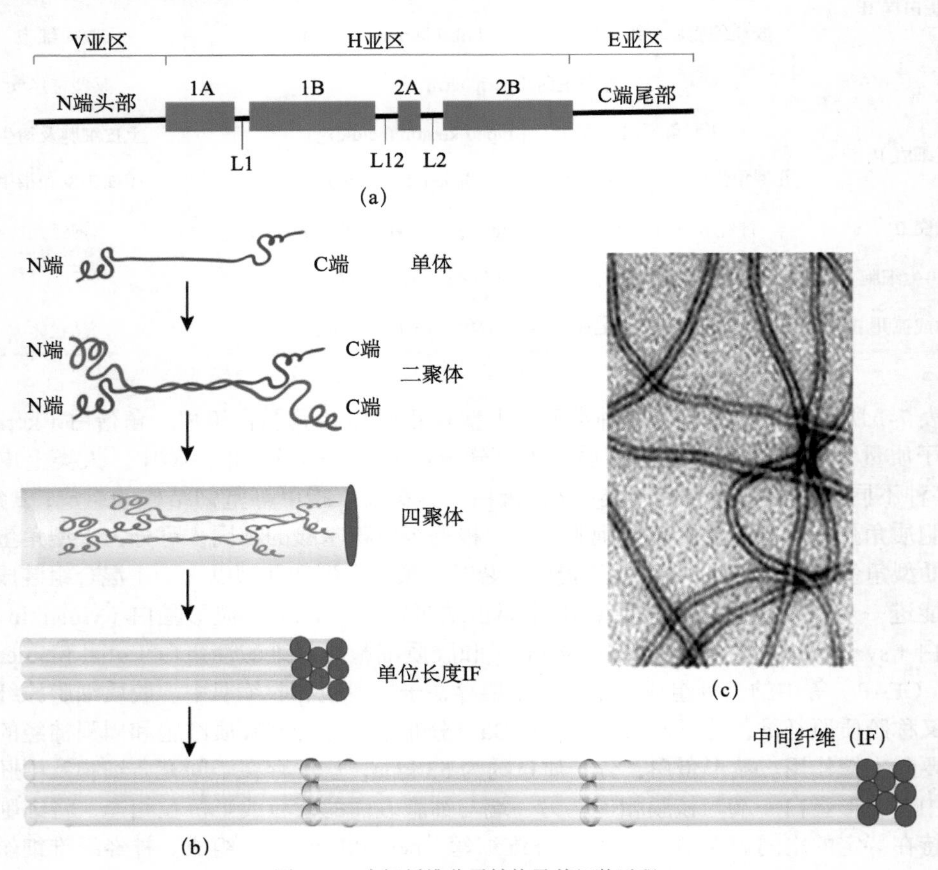

图7-17　中间纤维分子结构及其组装过程

（a）中间纤维蛋白分子结构示意图；（b）中间纤维组装过程；（c）中间纤维在电镜下的纤维图像

IF 的单体分子结构上虽然有首尾部分，但由于 IF 单体是反向平行组装的，所以与微丝、微管不同的是最终的 IF 没有极性。另外，细胞内的中间纤维蛋白绝大部分组装成中间纤维，而不像微丝和微管那样存在蛋白库。此外，IF 的装配与温度和蛋白质浓度无关，不需要 ATP 或 GTP。微管和微丝的组装都是通过单一的途径进行的，并且在装配过程中要伴随核苷酸的水解。而中间纤维组装的方式有很多种，并且不需要水解核苷酸。中间纤维亚基蛋白合成后，基本上全部组装成中间纤维网络，游离的单体很少。但是在某些细胞如进入有丝分裂的细胞和刚刚结束有丝分裂的细胞，也能检测到中间纤维的动态平衡。在这些细胞中，中间纤维在有丝分裂前解聚，在有丝分裂后新的子细胞中重新装配。在另外一些情况下，如含有角蛋白的表皮细胞，在整个细胞分裂过程中，IF 都保持聚合状态。最近的研究表明，包括磷酸化（phosphorylation）、糖基化（glocosylation）、类泛素化（sumoylation）、乙酰化（acetylation）和异戊烯化（prenylation）等在内的翻译后修饰（post-translational modification，PTM）在 IF 功能的调节中具有重要作用。大多数的 IF 都能够被磷酸化和去磷酸化修饰，参与 IF 磷酸化的酶有 SAPK、AKT1、PKC、CDK1、CDK5 等，参与去磷酸化的酶有 PP1、PP2A 和 PTP1B 等。核纤层蛋白还能被法尼基化（farnesylation），由法尼基化转移酶（farnesyltransferase）完成。此外，大多数 IF 能够被泛素化（ubiquitylation）修饰，参与 IF 泛素化的酶有 CHIP、UBC3、UBCH5、SIAH1 和 TRIM32 等。

三、中间纤维结合蛋白

中间纤维之间的相互作用或中间纤维同细胞其他结构间的相互作用是由中间纤维结合蛋白（intermediate filament-associated protein，IFAP）所介导的。这些结合蛋白能够将中间纤维相互交联成束形成张力丝（tonofilaments），张力丝可进一步相互结合或是同细胞质膜作用形成中间纤维网络。与肌动蛋白结合蛋白、微管结合蛋白不同，没有发现中间纤维切割蛋白、加帽蛋白等，也没有发现与中间纤维有关的马达蛋白。IFAP 的一个重要作用是将中间纤维同微丝、微管交联起来形成大的细胞骨架网络。

四、中间纤维的功能

目前了解的中间纤维功能如下。

1. 为细胞提供机械强度支持　从细胞水平看，IF 在细胞质内形成一个完整的支撑网络骨架系统，向外与细胞膜和细胞外基质相连，向内与细胞核表面和核基质直接联系。中间纤维直接与微管、微丝及其他细胞器相连，赋予细胞一定的强度和机械支持力。例如，结缔组织中的波形蛋白纤维从细胞核到细胞质膜形成一个精致的网络，这种网络或同质膜或与微管锚定在一起。图 7-18 显示了角蛋白和波形蛋白纤维网络在人肺腺癌细胞中的分布。

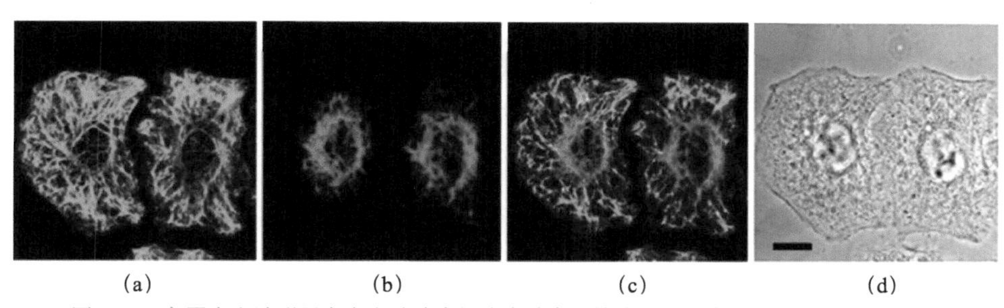

(a)　(b)　(c)　(d)

图 7-18　角蛋白和波形蛋白在人肺腺癌细胞内共存连接成网（引自 Eriksson et al.，2009）

（a）角蛋白 18（keratin 18，K18）抗体的荧光标记图；（b）波形蛋白（vimentin）抗体的荧光标记图；（c）两蛋白的荧光叠加图；（d）激光共聚焦显微镜明场下的细胞形态（标尺 =10 μm）

2. 参与细胞连接　中间纤维参与黏着连接中的桥粒连接和半桥粒连接，在这些连接中，中间纤维在细胞中形成网络维持细胞形态并提供支持力（详见第十章）。

3. 中间纤维维持细胞核膜稳定　在细胞核内膜的下面有一层由核纤层蛋白组成的网络，对于细胞核形态的维持具有重要作用。此外，中间纤维在胞质溶胶中也组成网络结构，分布在整个细胞中。

4. 结蛋白及相关蛋白对肌节的稳定作用　在肌细胞中，有一个由结蛋白（desmin）纤维组成的网状结构，支撑着肌节。结蛋白纤维除在Z线形成一个环外，还与IFAP包括平行蛋白（paranemin）、踝蛋白与质膜交联在一起。结蛋白形成的Z线可维持肌节单元稳定。

尽管每种类型的IF在化学和蛋白质特征上都存在差异，但它们都在细胞结构的维持中发挥类似的功能。中间纤维蛋白的突变能够引起多种疾病，包括单纯型大疱性表皮松解（epidermolysis bullosa simplex）和肌萎缩侧索硬化（amyotrophic lateral sclerosis，ALS）等。角蛋白基因突变能够引起一系列人类遗传疾病。当上皮组织基底面细胞的角蛋白缺失表达的时候就会表现出单纯型大疱性表皮解，皮肤在很轻微的机械压力下都会使皮肤起水疱，基底细胞会断裂。神经元中间纤维突变会导致肌萎缩侧索硬化，患者运动神经元胞体和轴突的神经轴突中间纤维不能正常装配并积累。

思考题

1. 微丝、微管和中间纤维的成分、结构特点及其生物学功能分别是什么？
2. 三种细胞骨架成分各有何组装特点，以及影响组装的药物有什么？
3. 微丝、微管和中间纤维的结合蛋白有哪些类型及生物学功能？
4. 简述肌肉收缩舒张运动的分子细胞生物学机制。
5. 细胞内依赖于细胞骨架的马达蛋白有哪些？分别承担什么生物学功能？如何发挥作用？

二维码

本章核心概念及更多布鲁姆学习目标层次习题见【二维码】。

本章知识脉络导图

- 细胞骨架
  - 微丝
    - 微丝的分子结构
      - 球状肌动蛋白（globular actin，G-actin）
      - 纤维状肌动蛋白（fibrous actin，F-actin）
    - 微丝的组装
      - 成核反应——Arp2/3复合体
      - 延伸阶段——ATP结合帽
      - 稳定阶段——踏车行为
    - 影响微丝组装的药物
      - 细胞松弛素——抑制组装、不影响去组装
      - 鬼笔环肽——抑制去组装、不影响组装
    - 微丝结合蛋白
      - 核化蛋白
      - 单体隔离蛋白
      - 封端（加帽）蛋白
      - 单体聚合蛋白
      - 微丝解聚蛋白
      - 交联蛋白
      - 纤维切割蛋白
      - 膜结合蛋白
    - 微丝的功能
      - 肌肉收缩——依赖微丝的马达蛋白：肌球蛋白
      - 组成细胞微绒毛
      - 形成应力纤维
      - 细胞的变形运动
      - 形成细胞皮层
      - 胞质分裂环
      - 精子顶体反应
  - 微管
    - 微管的分子结构与组成　α/β-微管蛋白二聚体、有极性
    - 微管的组装
      - 成核与延长两个阶段
      - 形成GDP帽
      - 动态不稳定性——踏车行为
    - 影响微管组装的药物
      - 秋水仙素——阻止微管的成核和延伸
      - 紫杉醇——促进微管蛋白聚合抑制解聚
    - 微管组织中心（MTOC）
      - 中心体
      - 纤毛和鞭毛的基体
    - 微管结合蛋白
      - Ⅰ型MAP，如MAP1A和MAP1B
      - Ⅱ型MAP，包括MAP2、MAP4和Tau
    - 微管的功能
      - 维持细胞形态
      - 维持细胞内部的组织结构
      - 参与细胞内物质运输：微管马达蛋白
        - 驱动蛋白
        - 动力蛋白
          - 胞质动力蛋白
          - 轴丝动力蛋白
      - 纤毛与鞭毛的运动
      - 形成纺锤体，参与染色体运动
  - 中间纤维
    - 中间纤维的类型：角蛋白、结蛋白、波形蛋白、微管成束蛋白、核纤层蛋白、巢蛋白等
    - 中间纤维的结构与组装——无极性、有组织特异性的蛋白纤维八聚体
    - 中间纤维结合蛋白——IFAP
    - 中间纤维的功能
      - 为细胞提供机械强度支持
      - 参与细胞连接：桥粒与半桥粒
      - 维持细胞核膜稳定：核纤层
      - 对肌节的稳定作用：结蛋白及相关蛋白

（李绍军，陈坤明）

第八章 核 糖 体

核糖体是1958年被正式命名的。核糖体存在于除了少数高度分化的细胞（如哺乳动物的成熟红细胞）之外的几乎所有类型的细胞当中，没有膜包被，主要成分是RNA和蛋白质。核糖体RNA被称为rRNA，核糖体蛋白质被称为r蛋白。核糖体呈分散的不规则颗粒状结构，零散或结集漂浮在细胞质中。核糖体是细胞内蛋白质合成的分子工厂，是非唯一的蛋白质合成装置。核糖体及其功能的发现过程及细胞中的分布特点见【二维码】。

二维码

作为蛋白质合成的场所，核糖体在细胞生命活动中具有极其重要的地位。随着遗传密码的破译和对tRNA的认识，人们愈加认识到揭示核糖体的分子结构对于彻底了解生命现象极为重要。利用电子显微镜结合X射线衍射分析技术，近年来对于核糖体的三维结构取得了突破性的进展，为开发新的抗生素带来了广阔的前景。核糖体失活蛋白（ribosome-inactivating protein，RIP）是一种植物中产生的具有防御和自我保护功能的蛋白质，在医学界具有抗增殖、抗肿瘤、抗病毒、抗孕、免疫调节及神经系统毒性作用，具有重要的理论和应用价值。另外，核糖体的实质是核酶，这为最终确认地球上所有生物的共同进化起源提供了理论依据。

第一节 核糖体的结构与功能

一、核糖体的类型与化学组成

核糖体是细胞中最复杂的分子机器之一，每个核糖体分子又由大、小两个亚基组成，不同来源的核糖体形状、大小和化学组成稍有差异。核糖体电子密度很高，为了便于分类，按照核糖体的沉降系数（sedimentation coefficient，即颗粒在单位离心力场中离子移动的速度，以时间表示 $1S=10^{-13}s$，沉降系数越大表示在离心时越先沉降）将其分为两种基本的类型：一种是70S核糖体，分子质量为 2.7×10^6 Da，具有50S和30S两个亚基，主要分布在原核细胞中，植物的叶绿体和线粒体中核糖体与此也很相似（图8-1）；一种是80S核糖体，分子质量为 4.5×10^6 Da，具有60S和40S两个亚基，主要分布在真核细胞中。核糖体的聚合程度依赖于环境中的离子浓度，特别是 Mg^{2+} 的浓度。Mg^{2+} 浓度升高可使两个70S和80S的核糖体分别聚合为约100S和120S的二聚体；反之，Mg^{2+} 浓度的下降使得核糖体分子的亚基分离。

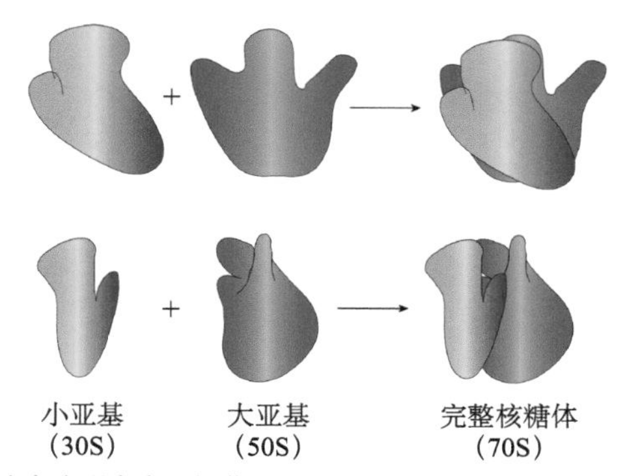

图 8-1　从两个角度观察大肠杆菌（*Escherichia coli*）核糖体的三维结构模式图

核糖体主要包括 r 蛋白和 rRNA 两种组分，其中 rRNA 约占总大小的 2/3，r 蛋白约占总大小的 1/3，它们紧密连接，需高浓度盐或强解离剂，如 3 mol/L LiCl 或 4 mol/L 尿素才能被分离。在原核细胞核糖体中，50S 和 30S 大小亚基的分子质量分别为 1.6×10^6 Da 和 0.9×10^6 Da，其中 50S 大亚基包含 34 个蛋白质分子（称为 L 蛋白）和 2 个 rRNA 分子（23S 和 5S，分别由 2904 个和 120 个核苷酸组成）；30S 小亚基包含 21 个蛋白质分子（称为 S 蛋白）和 1 个 16S 的 rRNA 分子（由约 1542 个核苷酸组成）。大肠杆菌核糖体大亚基中的蛋白质分子为 L1～L34，其中 L7、L12 有 4 个拷贝，因此 r 蛋白仅 31 种。真核细胞的核糖体大小亚基 60S 和 40S 的分子质量分别为 2.8×10^6 Da 和 1.6×10^6 Da。其中 60S 大亚基包含约 49 个 r 蛋白和 3 个 rRNA 分子（28S、5.8S 和 5S，分别由约 4700 个、160 个和 120 个核苷酸组成），30S 小亚基包含 33 个 r 蛋白和 1 个 rRNA 分子（16S，由约 1900 个核苷酸组成）（图 8-2）。而在植物细胞、真菌细胞与原生动物细胞核糖体中的大亚基不是 28S rRNA，而是 25～26S rRNA。经过 rRNA 结构比较，可以发现在重要的功能结构域及其附近的区域，真核细胞和原核细胞之间出现了明显的差异（图 8-3）。

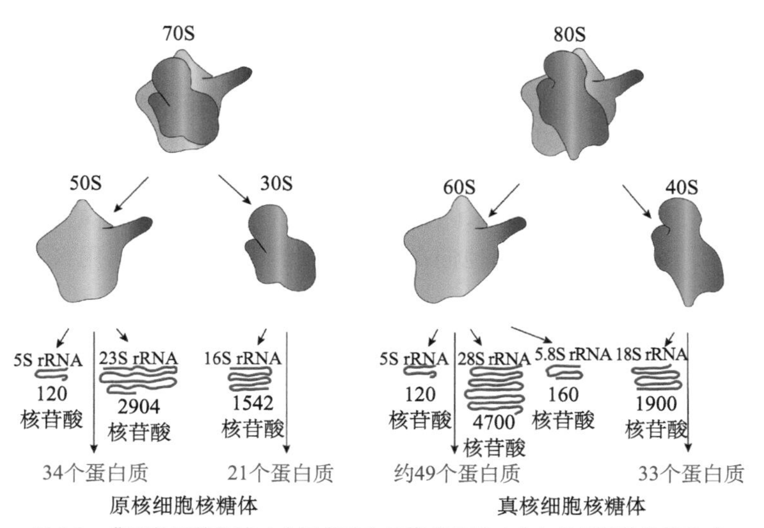

图 8-2　典型的原核细胞（大肠杆菌）和真核细胞（人）的核糖体化学组成

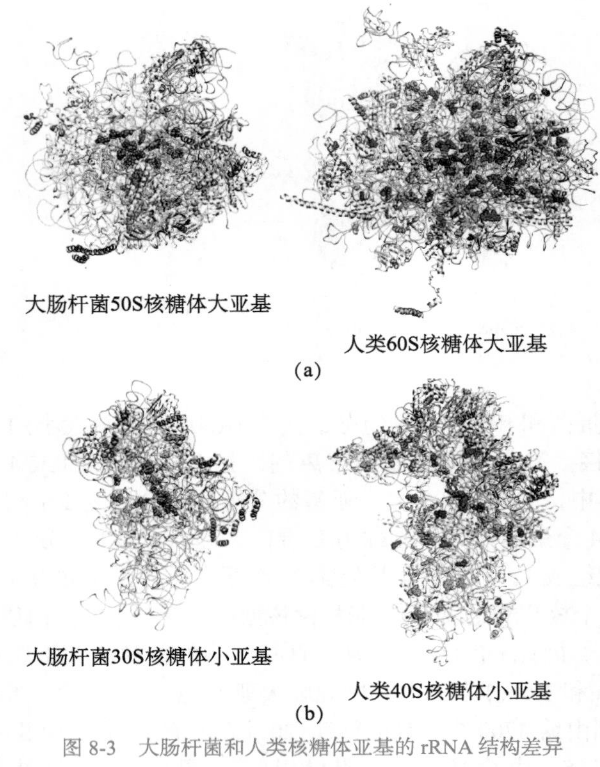

图 8-3　大肠杆菌和人类核糖体亚基的 rRNA 结构差异

（a）核糖体大亚基；（b）核糖体小亚基

二、核糖体的结构组成

核糖体是细胞内最重要的细胞器之一。在生物体内将 DNA 所包含的基因信息翻译为蛋白质的过程中，RNA 聚合酶 Ⅱ 以 DNA 为模板合成 mRNA（转录），而核糖体在 mRNA 的指导下合成相应的蛋白质（翻译）。在翻译过程中核糖体需要解读 mRNA 的密码子，招募相应的氨酰 tRNA，并催化肽链的形成。核糖体结构的研究对于深入了解它的生物学功能具有重要意义，2009 年诺贝尔化学奖授予了 3 位结构生物学家：英国剑桥大学的莱马克里斯南（Venkatraman Ramakrishnan）、美国耶鲁大学的施泰茨（Thomas A. Steitz）和以色列魏茨曼科学研究所的尤纳斯（Ada E. Yonath），以表彰他们在这一方面的科学贡献。运用 X 射线衍射技术、冷冻电镜技术，他们通过核糖体结晶体解析了核糖体结构。核糖体高分辨率晶体结构的阐述解析了作为蛋白质翻译机器的工作机理、酶学功能原理，对于在分子水平上了解生命机体产生与形成的过程具有重要的意义，详见【二维码】。

二维码

细胞中的核糖体一般处于分离的状态，只有当小亚基与 mRNA 结合后，大亚基才和小亚基结合形成一个完整的核糖体分子，具有生物学功能，以游离核糖体或者附着核糖体的形式存在。大亚基的形状如同一个底部向上的圆锥体，向上的一面有三个突起，小亚基则类似于一个底部向下的圆条形。大小亚基结合之后中间形成一个类似于“分裂沟”的缝隙，是翻译过程中 mRNA、tRNA 和相关因子所处的位置。大亚基中有一个通道，用于通过新合成的多肽分子。当 mRNA 翻译成蛋白质后离开核糖体，大小亚基再次分离。r 蛋白不参与这一过程中，只是与 rRNA 紧密结合，起着稳定核糖体自身结构，保持 rRNA 功能稳定的作用。r 蛋白大多有一个球形的头部和一个延伸的尾部，头部覆盖在 rRNA 的表面，保证内部由 rRNA 组成的核糖体核心处于屏蔽状态，不受外界环境的干扰；尾部则插入 rRNA 分子之间，保持 rRNA 分子之间的相对空间结构。最早人们认为 r 蛋白作为催化酶类（肽酰转移酶）参与了蛋白质翻译的过程，随着对核糖体结构的深入认识，发现这一观点是错误的。所有与蛋白质翻译相关的关键位点，都分布在 rRNA 上。其中包括 4 个与 RNA 分子结合的位点：1 个供与 mRNA 分子结合，3 个与 tRNA 分子结合，即 A 位点（氨酰基位点，aminoacyl site）、P 位点（肽酰基位点，petidyl site）和 E 位点（脱氨酰 tRNA 释放位点，exit site）。另有 2 个催化位点：肽酰转移酶位点和 GTP 酶（转位酶）位点，此外还有与蛋白质合成相关的其他起始因子、延伸因子和终止因子的结合位点。这些结合位点在核糖体上的确切位置都已经有所了解，都是位于 rRNA 非常保守的区域。如图 8-4 所示，大肠杆菌 70S 核糖体的活性位点都是位于核糖体大小两个亚基结合的界面上，这也便于与 mRNA 的结合及以后的翻译过程。其中某些 r 蛋白也参与了这些位点与相应 RNA 的接合过程。核糖体合成蛋白质的特点见【二维码】。

二维码

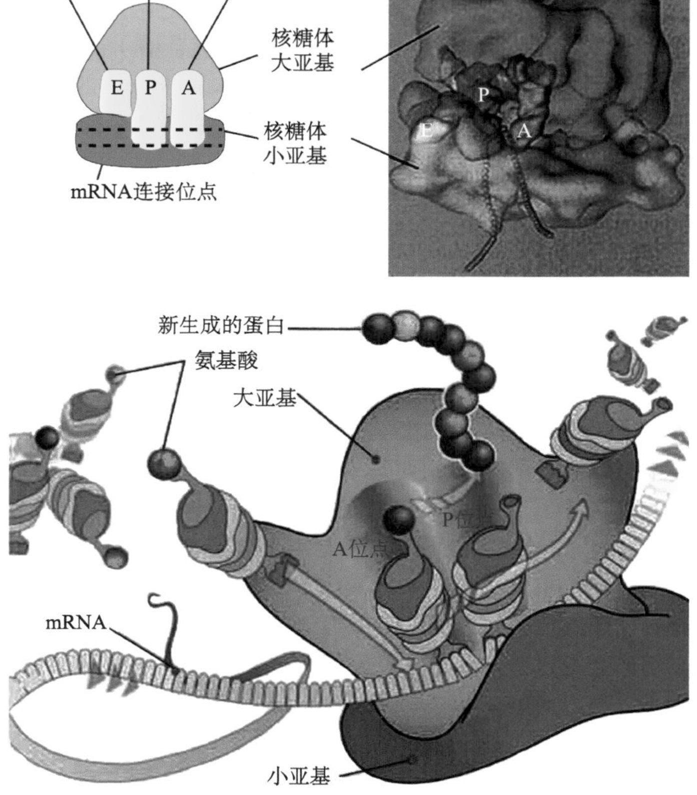

图 8-4 核糖体活性位点与蛋白质合成

三、核糖体与蛋白质合成

1958 年，Francis Crick 提出了生物学类似物理学中牛顿定律的“中心法则”，认为遗传信息是从 DNA 到 RNA、再从 RNA 到蛋白质的流动方向，其中将带有遗传信息的 DNA 转移到 mRNA 上的过程称为转录，将 mRNA 所携带的遗传密码从核苷酸顺序转变为蛋白质上的氨基酸顺序的过程称为翻译。已经确认，在翻译过程中，核糖体是蛋白质合成的工厂，mRNA 是蛋白质翻译的模板，细胞内游离的 20 种氨基酸是底物。而转移 RNA（tRNA）是把氨基酸转运到核糖体上的运输工具，将活化的氨基酸有顺序地排列在 mRNA 上，随后在核糖体的特定活性位点的催化作用下发生氨基酸的聚合作用，形成多肽链，其中需要多个蛋白质因子、催化酶类、Mg^{2+}、K^{+} 和 GTP 等的参与。

二维码

蛋白质的合成分为 3 个阶段，即肽链的起始、延长和终止。原核细胞和真核细胞的蛋白质合成有所不同，原核细胞的蛋白质合成过程参见【二维码】。

在多肽链起始阶段，起始因子（initiation factor，IF）引导了 30S 核糖体 -mRNA 复合体的形成，不同 IF 先后占据 E 位点、A 位点和 P 位点，先后是 30S 核糖体 -mRNA 复合体形成，起始氨酰 -tRNA 进入核糖体，起始 tRNA 与 AUG 密码子结合之后，核糖体 50S 大亚基便自动与 30S 小亚基结合，形成一个完整的核糖体 -mRNA 起始复合物，同时 IF1、IF2 和 IF3 离开核糖体。

在多肽链的延长阶段，随着起始复合物的形成，蛋白质进入肽链延伸的阶段，主要包括肽链的形成和转位等，GTP 和多个肽链延伸因子（elongation factor，EF）参与了这个过程：第二个氨酰 -tRNA 进入核糖体的 A 位点；A 位点与 P 位点氨基酸之间形成肽键；通过转位，核糖体沿着 mRNA 分子的 5′→3′ 的方向移动 1 个密码子（3 个核苷酸）的距离，EF-G 的功能是催化肽酰 -tRNA 的移位，每移位一次，在 GTP 酶的催化下水解 1 分子的 GTP；之后“空载”的 tRNA 从核糖体的 E 位点释放到细胞质中，A 位点又开始接受下一个能与 mRNA 上第 3 个密码子相匹配的氨酰 -tRNA，开始了新的肽链延伸过程。随之，肽链上每增加 1 个新的氨基酸，就重复 1 遍上述肽链延伸步骤，肽链的延伸速度很快，在适宜的条件下大肠杆菌可以以 20 个氨基酸 /s 的速度进行多肽合成。

在多肽链合成的终止和释放阶段，终止密码信号会出现在翻译的位置，即 A 位点出现 mRNA 上的终止密码子（termination codon 或 stop codon）UAA、UAG 或 UGA，它们能够被 2 个释放因子（release factor，RF）RF1 或 RF2 所识别，其中 RF1 识别 UAA 和 UAG，RF2 识别 UAA 和 UGA。随后释放因子进入 A 位点，与终止密码子形成复合体，但是不能形成肽键，肽酰转移酶水解了 P 位点上 tRNA 和合成的多肽之间的脂键，使多肽链末端的羧基游离出来，合成结束的多肽链就从核糖体上脱离进入细胞质。

此时核糖体还和 mRNA 分子结合在一起，在核糖体释放因子（ribosome release factor，RR）的作用下，核糖体与 mRNA 分子分离，同时 tRNA 和 RF1 或 RF2 也脱落下来。这一过程也需要肽链延长因子 EF-G 的参与，同时在 GTP 酶的催化下 GTP 分子水解。

新生的肽链通过核糖体大亚基底部的一个“通道”逐步延伸，最终离开核糖体进入细胞质。该通道主要存在于 23S rRNA 内，具有亲水性，没有与肽链互补的结构存在，保证了新生肽链以接近于一级结构的形式顺利通过。进入细胞质后，在分子伴侣等的作用下，新生蛋白质形成正确的三维结构。

以上是我们对于原核细胞中 70S 核糖体上蛋白质合成过程的认识，关于真核细胞 80S 核糖体上蛋白质合成的过程目前还有很多疑问，但从目前掌握的知识来看，大体的过程与原核细胞相似，但是蛋白质合成过程中的调节更加复杂，速度也要慢很多。

四、多核糖体与蛋白质合成

上述对蛋白质合成的描述，只是针对单个核糖体的翻译过程。事实上在细胞内一条 mRNA 链上同时结合着多个甚至可以多达几百个核糖体，当蛋白质合成开始时，第 1 个核糖体在

mRNA 的起始部位结合，引入第 1 个甲酰甲硫氨酸，然后核糖体向 mRNA 的 3′ 端移动一段距离之后，第 2 个核糖体又结合到 mRNA 的起始位点，移动一段距离后第 3 个核糖体再次结合，以此类推，直至终止。2 个核糖体之间距离一致，每个核糖体都能独立合成一条多肽链。同一种细胞内的多肽合成，无论其分子质量大小或是 mRNA 的长短如何，单位时间内合成的多肽速度几乎都是相同的，所以这种多核糖体可以在一条 mRNA 链上同时合成多条相同的多肽链，大大地提高了翻译的效率。这种具有特殊功能与形态结构的核糖体与 mRNA 的聚合体称为多核糖体（polyribosome 或 polysome）（图 8-5）。

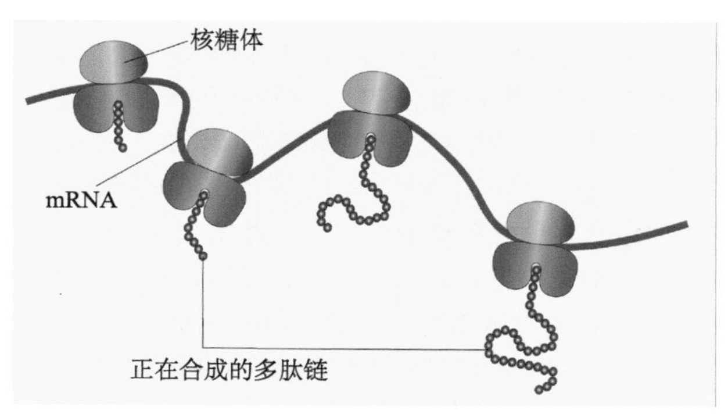

图 8-5 一条 mRNA 链上结合多个核糖体同时合成多条肽链

原核细胞中，DNA 转录成 mRNA 和 mRNA 翻译成蛋白质几乎是同时同地来完成的，因此多核糖体常常与 DNA 结合在一起。真核细胞中，转录和翻译是时间和地点完全分开的两个过程，因此多核糖体只是和 mRNA 结合在一起，按照位置的不同分为在胞质中的游离多核糖体和在内质网上的附着多核糖体两种。

多核糖体中的核糖体数目，取决于模板 mRNA 的长度。例如，血红蛋白的多肽链由约 150 个氨基酸组成，与之相对应的 mRNA 分子应包含约 450 个碱基，2 个核苷酸之间的距离是 0.34 nm，这条 mRNA 链的长度为约 150 nm，每个 mRNA 链上可同时容纳约 5 个核糖体。而肌凝蛋白的重链 mRNA 由 5400 个氨基酸组成，它由 60 多个核糖体构成多核糖体，完成多肽链的合成，将它的基因减少，mRNA 缩短，核糖体的数目就会随之减少。多核糖体可以说是蛋白质合成的功能团，在活细胞内排列成螺纹状、念珠状等，处于一种不断解聚和聚合的动态平衡中，执行功能时为多核糖体，完成后解聚为大、小亚基。

五、核酶功能的发现提示 RNA 可能是生命起源的中心

20 世纪 70 年代的生物化学和分子生物学研究已经对蛋白质和核酸的生物学功能进行了定义。蛋白质主要作为酶类加快了组织中的化学反应速度，调控了细胞中的各种生命活动；核酸是细胞中的信息分子，在它们的碱基序列中储存了遗传指令。生命活动中的两种基本物质——蛋白质和核酸，在功能上的划分看起来是符合生物科学中的种种现象的。在遗传信息表达过程中，蛋白质的合成依赖于核酸，核酸的合成又离不开蛋白质的催化作用。因此，在生物进化中始终有一个悬而未决的核心问题，现在地球上所有生物的共同祖先（last universal common ancestor，LUCA），到底是什么？其实就是在问究竟是先产生蛋白质，还是先产生核酸？这个类似于“鸡生蛋，还是蛋生鸡”的争论困扰了科学界很久。

1982 年，切赫等研究原生动物四膜虫 rRNA 时，首次发现 rRNA 基因转录产物的 Ⅰ 型内含子剪切和外显子拼接过程可在无任何蛋白质存在的情况下发生，证明了 rRNA 具有催化功

能。为区别于传统的蛋白质催化剂，切赫给这种具有催化活性的 RNA 定名为核酶（ribozyme）。1983 年，奥特曼等在研究细菌 RNase P 时发现，当约 400 个核苷酸的 RNA 单独存在时，也具有完成切割 rRNA 前体的功能，并证明了此 RNA 分子具有全酶的活性。随着研究的深入，切赫发现 L -19 RNA 在一定条件下，能以高度专一性的方式去催化寡聚核苷酸底物的切割与连接。核酶可以识别底物 RNA 的特定序列，并在专一性位点上进行切割，其特异性接近 DNA 限制性内切酶，高于 RNase，具有很大的潜在应用价值。核酶的发现，从根本上改变了以往只有蛋白质才具有催化功能的概念，切赫（Thomas Robert Cech）和奥特曼（Sidney Altman）也因此获得了 1989 年的诺贝尔化学奖。

早些时候，人们也一直认为核糖体中最主要的活性位点——肽酰转移酶的催化位点应该是蛋白质，随后的研究发现所有的 r 蛋白都没有单独的催化能力。1992 年，Noller 等去除 23S rRNA 的各种结合组分后，证明 23S rRNA 具有肽酰转移酶活性，能够催化肽键的形成。rRNA 既是装配者也起了催化作用，蛋白质只是维持 rRNA 构象，起辅助作用。2000 年，耶鲁大学研究小组在核糖体结晶图谱中定位了肽酰转移酶的位点，发现组成该位点的成分全是 rRNA，这些成分属于 23S rRNA 结构域 V 的中央环。Steitz 研究组曾经解析了 50S 亚基与不同底物类似物的复合物结构，其他课题组也进行了许多相关突变及计算化学的研究。综合这些结果表明，在肽酰 -tRNA 76 位腺嘌呤的 2′-OH 基团的活化下，氨酰 -tRNA 的氨基进攻肽酰 -tRNA 的脂键，A76 的 3′-OH 基团从 2′-OH 基团接受一个质子后，A76 离去，肽酰 -tRNA 的脂键断裂而形成一个新的肽键，肽酰 tRNA 增加了一个氨基酸残基，23S rRNA 的 A2451 位点参与了其中质子的传递过程。

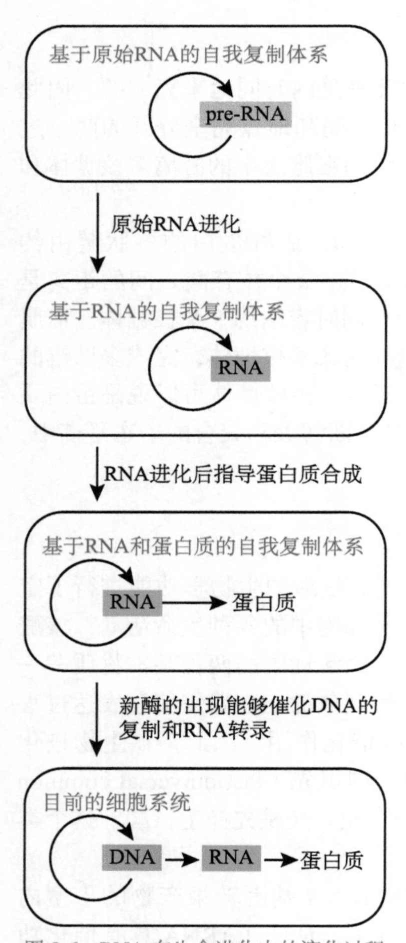

图 8-6　RNA 在生命进化中的演化过程

核糖体大亚基已经被确认参与了肽键形成的催化过程，非常有趣的是，最近中国科学院生物物理研究所的秦燕研究员利用 X 射线晶体衍射和荧光能量共振转移（fluorescence resonance energy transfer，FRET）等技术发现核糖体的小亚基参与了蛋白质合成过程中另一个关键步骤——核糖体沿着 mRNA 以一个密码子的步调准确移位的过程，直接决定了 mRNA 上的读码框，继而决定所生成蛋白质的氨基酸序列，即在完整的核糖体中它的大小亚基在蛋白质合成过程中分别起到了肽酰转移和解码的作用。

随着生命科学研究的深入，越来越多的证据提示生命的起源很可能是 RNA，人们提出了生命起源的 RNA 中心假说。该假说认为，地球上最早出现的 RNA 兼具蛋白质和 DNA 的功能，不但可以储存遗传信息，而且还可以像蛋白质一样进行催化反应。随着进化的进程，RNA 可能逐渐将储存信息的功能让位于 DNA，因为双链的 DNA 较单链的 RNA 结构更加稳定，更容易修复，能够作为遗传载体储存大量的遗传信息。蛋白质由于自身的结构和功能的多样性，最终取代了 RNA 分子催化的功能，逐渐演变为了现代的遗传信息流的模式“中心法则”，但是其中 RNA 中心的位置依然是不可动摇的。当然，关于生命进化进程中 RNA 的作用认识还很初步，还需要大量实验证据和深入研究（图 8-6）。

第二节 核糖体的组装

一、核糖体基因

细胞生长和繁殖的快慢取决于细胞内蛋白质合成的速率，而蛋白质合成的速率又取决于核糖体的生成和核糖体 RNA 基因的转录速率。因此，核糖体基因的转录调控一直是细胞生长和细胞周期调控研究的热点问题。在基因结构水平上，核糖体 RNA 通常以多拷贝的形式存在于染色体上形成串联重复单位序列，这些序列上还包含了一些重要的顺式调控元件，配合着一些反式调控因子在转录复合体组装、转录起始、延伸和终止等阶段一起调控核糖体 RNA 基因的转录。核糖体基因有如下特点。

1. 原核细胞和真核细胞的核糖体基因类型不同　原核细胞中的 70S 核糖体含有 23S、16S 和 5S 3 种 rRNA 和 55 个蛋白质，它们分别由 58 个不同的基因编码，散布在原核细胞环状染色体的 DNA 上。真核细胞中主要包含 28S、18S、5.8S 和 5S 4 种 rRNA，与之相对应的 rDNA（5S rDNA 除外）聚集而形成核仁的特殊区域——核仁组织区（nucleolar organizing region，NOR），随后进行的 rDNA 转录和转录后加工、核糖体组装等也主要在该区域完成。

2. rRNA 基因具有多个拷贝、在染色体上成簇排列的特征　在原核细胞基因组中，23S、16S 和 5S rRNA 基因在同一转录单位中，它们在染色体上的排列顺序是 16S-23S-5S，一般有 5～15 个拷贝，如大肠杆菌 rRNA 基因组一共是 7 套。在真核细胞基因组中，28S 和 18S 及 5.8S 的 rRNA 基因是在同一转录单位中串联排列的，5S 的 rRNA 基因是单独转录的，拷贝数目较原核细胞更多。例如，在酵母细胞中，150～200 个 rRNA 基因串联排列在第 12 条染色体上；在人体细胞的单倍体染色体组中，约 200 个 rRNA 基因串联排列成 1 个转录组，位于 13 号、14 号、15 号、21 号和 22 号染色体近端的着丝粒上形成 NOR（核仁组织区），每个 NOR 平均含有约 50 个 rRNA 基因的重复单位；5S rRNA 基因全部位于 1 号染色体的接近末端处，而不在 NOR 上，每单倍体基因组约有 24 000 个 5S rRNA 基因的拷贝。

3. 转录间隔区的存在　大部分原核细胞的每个转录单位都含有 16S、23S、5S rRNA 基因及一个或几个 tRNA 的基因，但是 tRNA 基因的数量、种类及位置都不固定，或在 16S 和 23S rRNA 基因之间的间隔序列中，或在 3′ 端 5S rRNA 基因之后。每个转录单位中含有等比例的 16S、23S 和 5S rRNA 基因很有意思，它们的串联转录可能为了保证它们的转录产物在核糖体中的等比例存在。大部分真核细胞的 rRNA 基因簇（rDNA 簇）含有许多转录单位，转录单位之间为不转录的间隔区，该间隔区由 21～100 bp 片段组成的类似卫星 DNA 的串联重复顺序，转录单位和不转录的间隔区构成一个 rDNA 重复单位。由于不转录的间隔区中类似卫星 DNA 的串联重复次数不一样，因此在不同生物及同种生物的不同 rDNA 重复单位之间不转录间隔区的长短相差甚大。

二、rDNA 的转录调控

1. 原核细胞中 rRNA 的合成和加工　每个转录单位转录成单个的 RNA 前体分子（pre-rRNA），经剪切后成为有活性的成熟 RNA 分子。所有的转录单位都有一个双重的启动子，第一个启动子位于 16S rDNA 转录起始点上游约 300 bp 处，可能是基本启动子，距离第一个启动子约 110 bp 是第二个启动子。原核细胞的 rDNA 在 RNA 聚合酶的催化下进行转录首先形成 30S

的rRNA前体，由核酸酶Ⅲ（RNase Ⅲ）剪切形成pre-16S、pre-23S和5S 3个独立的rRNA分子，另外还包括不定量的tRNA分子。其中pre-16S和pre-23S分别是16S和23S rRNA的前体，要比后者稍微长一些，转录本中5′端和3′端多余的部分在成熟时要被剪切掉。

RNase Ⅲ由2个亚基组成，不含RNA，起内切酶的作用，它能够识别一级结构和二级结构相结合的某种特征。在30S的前体RNA中，P16S和P23S各自的5′端和3′端都能互补配对，形成1600个和2900个核苷酸的颈环，RNase Ⅲ就在二者的颈环上交错切割（而不在单链上切开），产生了16S和23S rRNA的前体。再进一步由外切酶进行修正，切除多余的部分形成各种成熟的rRNA分子（图8-7）。

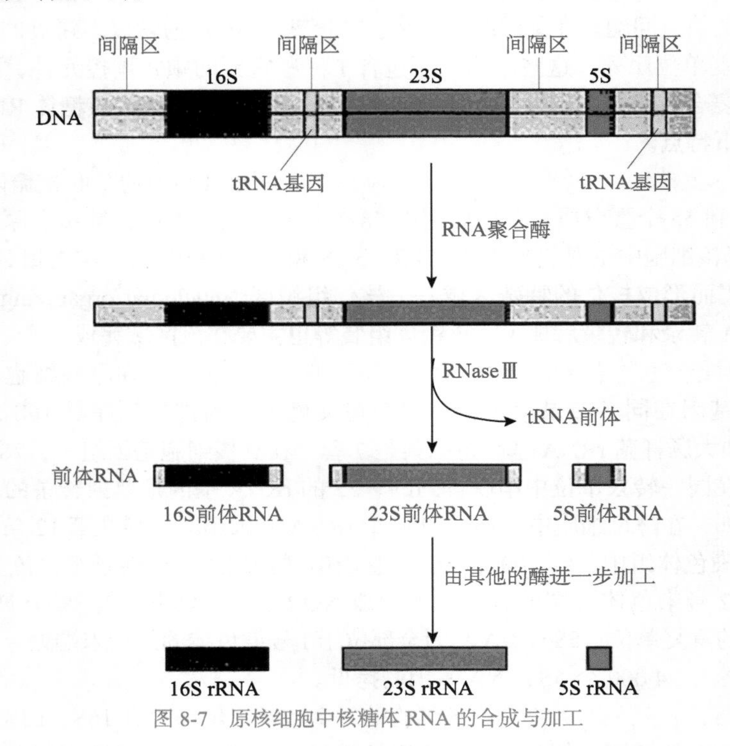

图8-7 原核细胞中核糖体RNA的合成与加工

2. 真核细胞中rRNA的合成和加工 真核细胞中rRNA基因以串联重复序列存在于核仁组织中一个或多个染色体位点上，其存在的状态各不相同，有转录激活状态和非转录激活状态两种。一般情况下并不是所有的rRNA基因都处于转录激活状态，研究显示，在正常的酵母细胞当中，其rRNA基因仅有25%处于激活状态。随着生活环境和生长状态变化处于转录激活状态的rRNA基因拷贝数不同，在处于对数生长期的酵母细胞中约有50%的rRNA基因处于转录激活状态。相反，在营养缺乏的培养基上，对数生长时期和细胞核静止状态的细胞中分别只有约30%和0%的可转录rRNA基因。这些研究显示了rRNA基因的转录调控是控制细胞生长发育的重要限速步骤。

真核细胞中，RNA聚合酶Ⅰ催化转录NOR中的rDNA，首先生成45S的pre-rRNA，它与从细胞质中运入核仁的70多种核糖核蛋白结合，形成一个80S的核糖核蛋白颗粒（ribonucleoprotein particle，RNP），最后在内切酶的作用下10 min左右被加工成32S和20S两个pre-rRNA，再分别经过30 min和5 min的进一步加工后，被转运到细胞质中，分别形成28S、5.8S和18S的rRNA分子，参与组装成有活性的核糖体亚基。由于不同生物的rDNA转录起点不同、间隔区长短不同，所以 pre-rRNA 的长度经常比 45S 略少一些，在 34～45S。在酵母细胞中，新合成的 pre-rRNA 和核糖体蛋白和非核糖体蛋白形成一个 90S 的前核糖体核蛋白复合体（pre-ribosomal ribonucleoprotein particle，pre-rRNP），随后被裂解为 pre-60S 和 pre-40S 两个小的 pre-rRNP 复合体，最后被分别加工成 25S、5.8S 和 20S rRNA 分子。在加工过程中，脱离的蛋白质又可以再加入新一轮的 RNP 颗粒的形成。

5S rRNA 的基因并不定位在核仁上，通常定位在常染色体，每个转录单位经常被一条长的非转录的间隔序列分隔开。5S rRNA 在核仁外经 RNA 聚合酶Ⅲ合成后，被转运至核仁组织区参与大亚基的装配（图 8-8）。

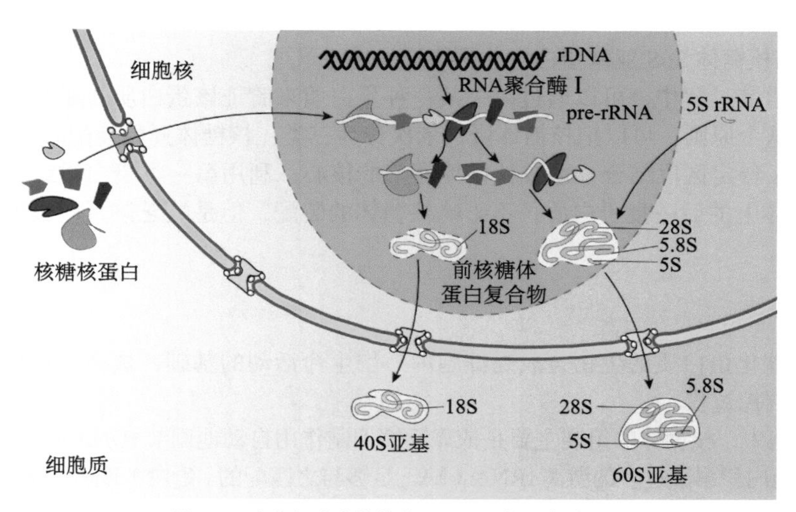

图 8-8 真核细胞中核糖体 rRNA 的加工与合成

真核生物的 rDNA 转录过程与原核生物相比要复杂得多，主要区别见【二维码】。

二维码

三、核糖体的自我组装

核糖体是自我装配的细胞器，当蛋白质和 rRNA 合成加工成熟后就开始装配核糖体的大、小两个亚基，真核细胞核糖体亚基的装配地点在细胞核的核仁部分，原核细胞的核糖体亚基的装配则在细胞质中。

核糖体的大、小亚基在胞质中存在，当 Mg^{2+}＞0.001 mol/L 时装配成完整的单核糖体，具有多肽合成的功能；当 Mg^{2+}＞0.01 mol/L 时，单核糖体可以聚合成二聚体；当 Mg^{2+}＜0.001 mol/L 时，单核糖体则又重新解离为两个亚基。与核糖体结合的蛋白质可以分为两类：一类与 rRNA 或核糖体亚基结合紧密，需要高浓度的盐和强解离剂才能将其分离，这类蛋白质称为“真”核糖体蛋白质，即核糖体蛋白，如与大肠杆菌 30S 和 50S rRNA 结合的 55 个蛋白质分子。而另一类则与有功能的核糖体亚基结合疏松，能够被低浓度的单价阳离子（如 0.5 mol/L K^+ 或 NH_4^+）从核糖体亚基上洗脱下来，是对核糖体循环起调节作用的蛋白质，如起始因子和延长因子等，它们不是核糖体固有蛋白，称为核糖体相关蛋白。

使用密度梯度离心等生化实验技术，可以在体内条件下将核糖体中的 rRNA 和蛋白质全部分离提纯。将这些分离后的组分混合在适宜的细胞结构条件下，它们又能自行装配成完整的核糖体分子。如果再给这样重建的核糖体适宜的工作条件包括 mRNA、tRNA、无机离子和辅助因子等，它们又能够合成多肽链，这种重组现象称为自组装，核糖体就是一种典型的自组装结构。

其中，大、小亚基单位的蛋白质都有专一性结合特性，即大亚基单位的蛋白质专门和组成大亚基的rRNA结合，而小亚基单位的蛋白质则专门和组成小亚基的rRNA结合。原核细胞和真核细胞的核糖体自组装过程有着明显的区别：①原核生物核糖体小亚基单位蛋白质无种族特异性，即由不同原核生物种群提取的小亚基单位的蛋白质和rRNA随机混合，可装配成有功能的30S亚单位，这说明原核生物核糖体具有保守性，而真核细胞则存在很强的种族差异性。②原核生物和真核生物核糖体的亚单位组分彼此不同，二者组装的杂交核糖体不能合成蛋白质。但是，大肠杆菌与玉米叶绿体的核糖体相似，可相互交换亚单位，仍具有合成功能；而线粒体的核糖体与原核生物的差异较大，将它们亚单位相互交换，杂交核糖体无合成多肽的功能。核糖体蛋白的组装存在一定的顺序和规律，分为初级结合与次级结合，大肠杆菌核糖体30S亚基蛋白组装顺序详见【二维码】。

二维码

在核糖体重装过程中，可以通过减去某一种蛋白质来验证该蛋白质在亚基装配及其亚基中的功能。根据这个原则，可以把核糖体蛋白依次分为三类：核糖体开始装配时所必需的蛋白质，它们先和rRNA特定区段结合，形成核糖体亚基的核心；利用第一类蛋白质结合后提供结合位点结合到核糖体上的后一批蛋白质；不影响核糖体的装配，但是缺乏该蛋白核糖体的蛋白质合成活性丧失。

四、核糖体自我装配的调节

核糖体所催化蛋白质的生物合成是细胞内一切生命活动的基础，核糖体自身的组装也是一个重要的生长调控过程。

在原核细胞中，核糖体的组装主要是依靠反馈抑制作用自动地调节rDNA的转录和r蛋白的翻译过程。当细胞内积累了过多的游离rRNA（缺乏足够与之匹配的r蛋白）或者游离核糖体亚基（不进行蛋白质的合成）时，细胞自动停止了rDNA的转录；待有足够的游离r蛋白或者游离mRNA出现时，重新开启rDNA继续转录。如果细胞中有过多r蛋白的累积时，未被装配到核糖体的蛋白质会表现得很不稳定，很快被蛋白酶体降解；同时作为“翻译阻遏物”，抑制了相关r蛋白基因的翻译，直至rRNA和r蛋白达到平衡。最终调节的结果是核糖体RNA和蛋白质的生成相匹配，核糖体组装的速度与mRNA翻译的需求相一致，使得细胞内部保持一个稳定平衡的环境。

相对而言，真核细胞核糖体的成熟是一个高度复杂的过程，包括核糖体蛋白装配及rRNA的剪切加工，需要核仁小RNA（small nucleolar RNA，snoRNA)和超过200种装配因子（如DEAD-box蛋白、YihA等）的调控，然而绝大多数真核装配因子的结构及其行使功能的分子机理至今仍完全未知。这些数目众多的装配因子在组装过程的不同时间点发挥作用，介导了核糖体组装的全过程，包括核仁、核质、跨核孔复合物的运输及胞质的装配过程。2016年清华大学的高宁等利用冷冻电镜技术，报道了位于酵母细胞核内的一系列组成上和结构上不同的核糖体60S亚基前体复合物的结构，确定了近20种装配因子在核糖体上的结合位置及其原子结构。这个复杂而精细过程的任一环节出现干扰，都可能出现细胞的应激反应，一些核糖体蛋白游离进入细胞核，启动细胞内的应激反应，诱导抑制细胞周期、促进细胞凋亡和DNA损伤修复等生物学功能。

第三节　核糖体与疾病

真核细胞核糖体的组装调控与细胞的生长调控通路密切相关，某些装配因子的突变会导致核糖体生物生成的失调，引起一系列人类遗传性疾病。

一、核糖体突变与疾病发生

1. 核糖体病变　小鼠试验发现，彻底丧失任意一种核糖体蛋白往往都会使胚胎夭折。因此有理由认为核糖体蛋白或者核糖体组装因子如果发生突变，对于发育中的胚胎一定是个致命性的打击。可是核糖体蛋白或者核糖体组装因子突变也会造成另外一种比较令人费解的现象，即一种突变可能只会让我们人体的一种组织发生病变，我们称为核糖体病变（ribosomopathies）。像核糖体这种普遍存在而且又是细胞生存所必需的生物大分子，发生问题为什么只会在某些特定的组织中导致病变呢?

真核细胞核内组装形成一个核糖体至少还需要 200 多种核糖体组装因子和小 RNA 的帮助。其中有一些核糖体结构组分也能够对核糖体 RNA 前体分子的处理过程、核糖体亚基的组装过程及翻译过程进行调控。在过去的十几年时间里，科研人员已经在多种疾病患者体内发现了大量的核糖体蛋白或核糖体组装因子突变的情况，其中至少有 50% 的先天性红细胞再生障碍性贫血（Diamond-Blackfan anemia）患者携带了突变的核糖体蛋白。其他一些核糖体病变还包括特雷彻 - 柯林斯综合征（Treacher Collins syndrome）、北美印第安儿童肝硬化（North American Indian childhood cirrhosis）、5q 染色体综合征（chromosome 5q-syndrome）及散发的先天性无脾症（isolated congenital asplenia）等疾病。

除了 5q 染色体综合征之外，其他的核糖体病变都属于先天性疾病，这说明核糖体病变会影响胚胎的发育，但这种影响却是有组织和器官特异性的。例如，最近才发现的一种核糖体病变——散发的先天性无脾症是一种杂合型突变疾病，患儿体内有一个正常的 *RPSA* 核糖体蛋白基因，另外一个 *RPSA* 基因则是突变失活的，这就形成了所谓的“单倍剂量不足”（haploin sufficiencies）现象，由于缺少足够数量的正常 RPSA 核糖体蛋白，所以就影响了患儿脾脏的发育。这些患者由于缺少脾脏，所以极易发生细菌感染，但是这些患者在其他方面都非常正常，也没有明显可见的发育异常。这种情况让人非常费解，因为 RPSA 核糖体蛋白是构成核糖体小亚基的组分之一，所以在各种细胞内都是普遍存在的。而且除了脾脏之外，RPSA 核糖体蛋白在身体其他各个组织中也全都发生了突变，所以从理论上来说应该所有组织都会受累，不应该只出现脾脏这一个病变组织器官。

核糖体疾病为什么会出现这些匪夷所思的表现，有可能是因为受累的组织都处于快速分裂的状态，所以对能够减少核糖体数量的突变都更加敏感。骨髓细胞也的确是需要大量的核糖体来合成蛋白，帮助组织快速生长和分裂。不过这种理论也无法解释所有的问题，因为在胚胎中，每一个组织都处于快速生长期，也全都需要大量的核糖体，那么为什么其他组织不发生病变呢?

另外一种解释则认为，不同细胞内核糖体的构成情况可能不太一样，所以不同核糖体蛋白的突变也会对细胞带来不同的影响。不过这种理论又似乎与核糖体是一种完整的细胞器的学说有所矛盾，但该理论也并非毫无道理可言。令人惊奇的是，减少一种核糖体蛋白的数量就能够完全改变被翻译 mRNA 的种类，尽管细胞内总体蛋白表达量不会发生太大的波动。例如，在小鼠的胚胎发育过程中，核糖体蛋白 L38 被敲除之后，编码同源异形盒基因（homeobox gene）的 mRNA 就不能被翻译。在体外培养的人体细胞实验中，如果减少了 Rpl40 核糖体蛋白的表达量，也会影响水泡性口膜炎病毒（vesicular stomatitis virus）mRNA 的翻译。实际上，在正处于发育过程的小鼠胚胎中，各个组织里编码核糖体蛋白的 mRNA 分子的数量也是各不相同的。不过我们并不清楚这种差异是否会造成核糖体功能上的不同。如果真是这样，那么就应该存在所谓的“专门核糖体”（specialized ribosomes）。核糖体的构成有可能会影响核糖体病变的发病过程和发病机制。

2. 核糖体应激　在很多情况下，一些细胞里的核糖体组装因子如果发生突变，还会导致核仁应激反应或称核糖体应激（ribosomal stress）发生。遗传突变或病理原因引起核糖体蛋白的缺失或者不足，会导致核糖体组装的不平衡，细胞就会通过合成更多的核糖体蛋白来补救，其结果是大量的核糖体蛋白进入核内，与其他非核仁蛋白结合，引起病变。这会促使 p53 蛋白的表达水平上升，最终促使细胞周期停滞或细胞凋亡（apoptosis）。在一个特雷彻 - 柯林斯综合征（treacher collins syndrome）小鼠动物模型实验中发现，如果抑制了 p53 蛋白的表达，就可以缓解小鼠颅面畸形的程度。通常来说，特雷彻 - 柯林斯综合征都是因为编码 Treacle 蛋白的 *TCOF1* 基因发生突变而导致的。Treacle 蛋白就是一种核仁蛋白，参与了 pre-rRNA 的合成过程。在先天性再生障碍性贫血小鼠动物模型（Rps19 蛋白发生突变）和斑马鱼动物模型（Rps29 蛋白发生突变）实验中，抑制 p53 蛋白的表达也能够缓解一些红细胞的异常。可是在 Shwachman-Bodian-Diamond 综合征斑马鱼动物模型试验里，抑制 p53 蛋白活性并不能缓解胰腺发育异常的状况。那么是不是只有某些细胞才对核仁应激反应更加敏感呢？ p53 蛋白的活化是否与核糖体疾病的组织特异性有关？

核糖体的生物合成和转录控制是必要的细胞处理过程，并且这种处理过程可以在多个水平进行调控。目前已发现一些肿瘤相关基因（如 *p38* 和 *p53* 等）既可以影响核糖体成熟也可调节转录因子的活性，当控制蛋白质合成的一个或多个步骤遭到破坏时就可以使细胞周期和细胞生长调节发生改变，因此某种肿瘤相关因子可以通过改变蛋白质合成机器调节肿瘤恶化过程。尽管许多研究已发现蛋白质合成失调与癌症具有相关性，但是这种变化是否直接提高了癌症的易感性或者这种变化在什么状况下可提高癌症的易感性还需要进一步论证。

核糖体蛋白与核糖体组装因子的突变与一系列临床疾病都有非常密切的关联。虽然目前还没有确定核糖体疾病为什么会呈现出组织特异性，但是这些事实都毫无疑问地表明，细胞内核糖体的精细功能还有许多尚未被我们认识。

二、药物作用靶点及相关药物开发

1. 抗生素的开发　关于核糖体及其功能获得性的分子机制的研究对于当代医学极为重要，尤其是对于相关药物的开发。现有的一半以上的抗生素作用于核糖体。原核细胞和真核细胞的精细结构存在很大的差异，许多抗生素利用这些差异来选择性地作用于原核细胞的核糖体来攻击众多的病原微生物，阻止其蛋白质的合成。与核糖体 50S 亚基结合的有大环内酯类、酮内酯类、链阳菌素、截短侧耳素、苯丙素类和噁唑烷酮类等，与核糖体 30S 亚基结合的有氨基糖苷类、四环素类、伊短菌素类、壮观霉素类等（图 8-9）。抗生素在细菌感染治疗方面的广泛应用引发了医学上的革命，人们的健康状况得到了彻底的改善，但是随着病原体对抗生素抵抗力的不断提高，可用于治疗多种抗药性病菌感染的抗生素种类几近枯竭，致病菌的耐药性已经成为一个全球性的公共健康问题。

2009 年，三位诺贝尔生理学或医学奖获得者对于细菌核糖体高分辨率结构的解析，为人们开发全新的抗生素燃起了希望。其中 Steitz 已经成立自己的药物开发公司，设计和开发了以细菌核糖体为靶标的抗生素并已经取得初步进展。目前，在蛋白质结构数据库中，已经有超过 70 个核糖体和小分子化合物的复合体结构，这些化合物大多结合在 50S 亚基中的肽键合成位点附近，都有一定的潜力成为抑制细菌核糖体功能的抗菌药物。另外，部分小分子化合物能够改变细菌核糖体对 tRNA 的识别和结合，所以它们也是抑制核糖体功能抗生素开发不可忽视的一个方面。展望未来，可以认为以核糖体结构为基础的抗生素的开发将对人类的公共健康起到重要的推进作用。

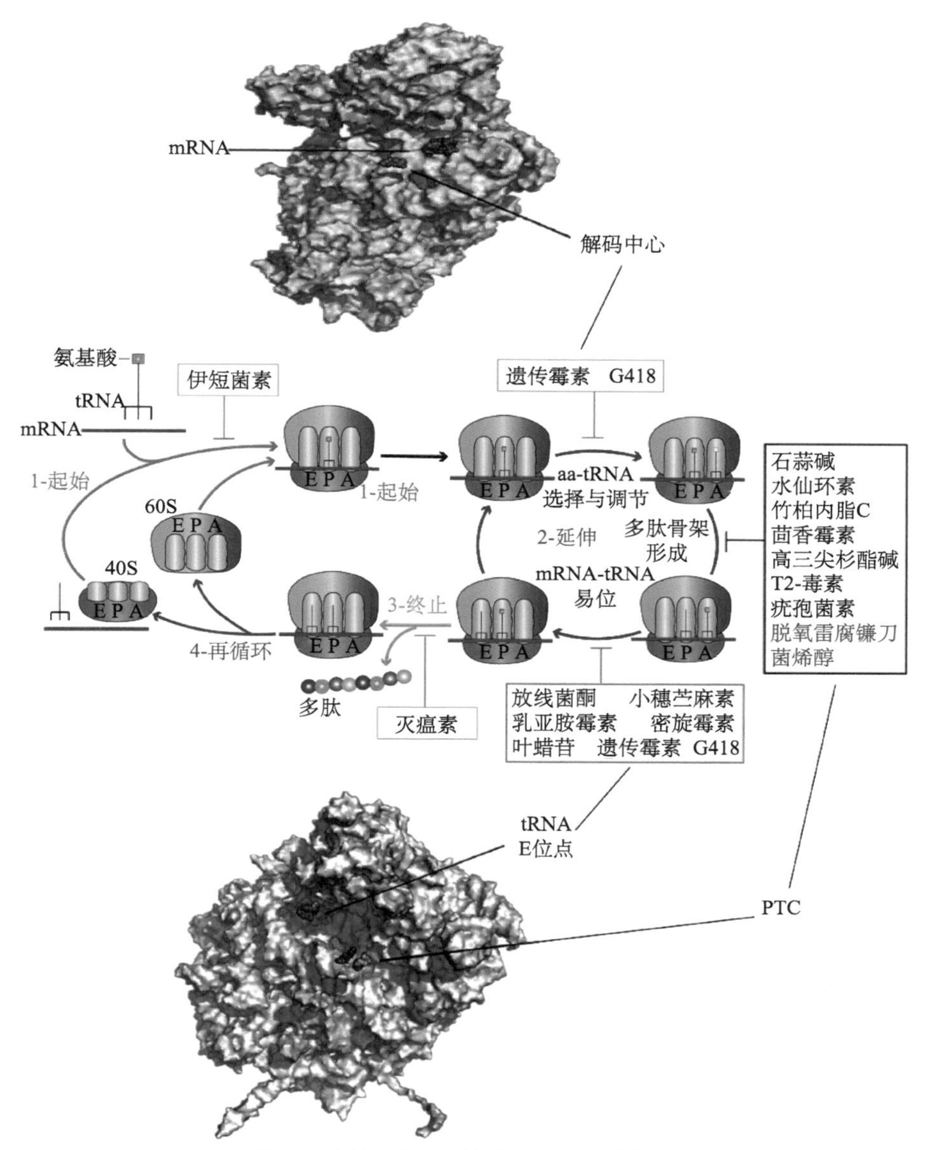

图 8-9 真核生物被抑制剂破坏的蛋白质合成

该图显示了核糖体亚基界面上的抑制剂结合位点及其对应的蛋白质合成步骤

2. 核糖体工程 人类得到的最广泛的抗生素资源来自微生物，在野生型的菌株中各类目标次生代谢物产量通常都很低，微生物菌种改良是重要的应用微生物课题。核糖体是蛋白质的合成机器，也是细胞感知营养水平和对生长速率进行调控的重要位点。因此，核糖体突变带来的蛋白质合成能力的改变，对次生代谢生物合成的影响必然是深刻的。在稳定生长期，次生代谢产物合成相关基因的大量表达取决于此时的核糖体功能，某些核糖体的突变可以反映为作用于核糖体上的抗生素抗性的改变。近年来兴起的“核糖体工程”以细胞内核糖体和 RNA 聚合酶为对象，以引入的抗生素抗体突变为外在表征，定向筛选次生代谢产物合成能力提高的突变菌株，可以获得大量的目标抗生素。

3. 核糖体失活蛋白 核糖体失活蛋白（ribosome-inactivating protein，RIP）是植物中发现的一种具有防御和自我保护功能的蛋白质，存在于植物的各个部分，以种子中含量最高。在少量真菌、细菌和藻类中也发现了 RIP 的存在。RIP 具有 *N*- 糖苷酶的活性，能够作用于真核细胞核糖体大亚基 28S RNA 上的茎环结构顶部的普遍保守区域，通过脱嘌呤作用，阻止延长因子 EF-2 与核糖体的结合，使细胞内核糖体失活，从而不可逆地抑制蛋白质的合成，进而引发细胞的凋亡或坏死。另外，RIP 还具有 RNA 水解酶的功能，能够水解 28S RNA 的第 4325 位与 4326 位核苷酸之间的磷酸二酯键。最近发现，RIP 具有抗病毒、抗细菌、抗增殖、抗 HIV、抗孕及抗神经毒性等多方面的功能，引起了农业、医学和生物学界的广泛关注。在农业领域主要应用在转基因植物中，增强其抗病毒、抗菌及抗病虫害等活性；在医学领域，主要应用于抗肿瘤和抗 HIV 等方面的科研和临床治疗中。由于 RIP 来源广泛，容易获得，因此具有重要的理论和应用价值。

思 考 题

1. 比较原核细胞和真核细胞中核糖体化学组成的差异，并说明原核细胞和真核细胞中核糖体基因有什么区别。

2. 核糖体上主要有哪些活性位点？它们在多肽合成过程中的生物学功能是什么？

3. 核糖体是如何装配的？

二维码

4. 什么是核糖体工程？请结合当前核糖体工程的相关研究进展，阐述如何利用核糖体工程促进医药和农业发展。

本章核心概念及更多布鲁姆学习目标层次习题见【二维码】。

本章知识脉络导图

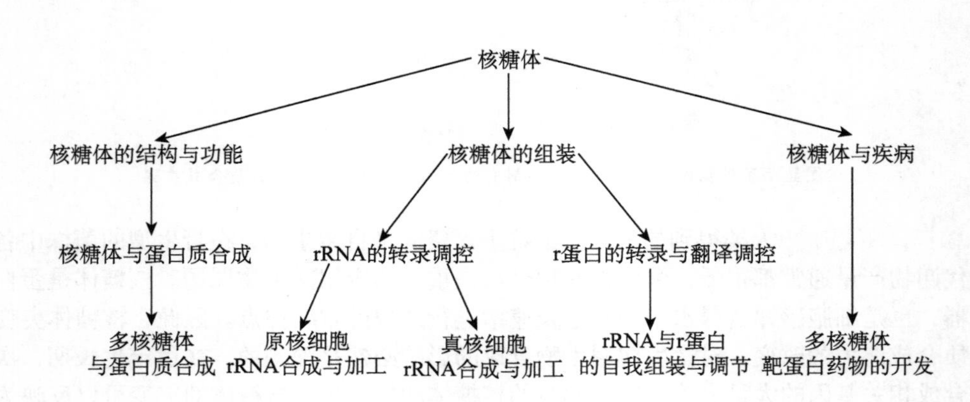

（赵立群）

第九章　细　胞　核

细胞核是真核细胞中最大的细胞器。自 1831 年命名以来，人们发现细胞中的细胞核存在数量、形态、结构的多样性【二维码】。一般来说，一个细胞有一个细胞核，有些特殊的细胞含有多个细胞核，如肝细胞、肾小管细胞和软骨细胞可见双核；脊椎动物的骨骼肌细胞呈细长纤维状，其中含有几十至几百个独立的细胞核。然而，哺乳动物成熟的红细胞和植物成熟的筛管没有细胞核。

二维码

不同类型的细胞，其细胞核的形态、大小和位置有所不同。细胞核通常是球形，但也有椭圆和不规则形态，如中性杆状核粒细胞的细胞核弯曲呈腊肠样而两端钝圆，单核细胞的细胞核则呈不规则形、肾形、马蹄形或扭曲折叠状。多数情况下细胞核体积为细胞体积的 5%～10%。

细胞核是遗传物质储存的场所，基因的复制、转录及转录初产物的加工过程等均在细胞核中进行。在细胞间期观察到真核生物细胞核的结构有核被膜、染色质、核基质、核仁与核体等。

第一节　核　被　膜

核被膜（nuclear envelope）是细胞核最外层的两层膜结构，包括外膜与内膜。在内、外膜间有 15～30 nm 的透明腔，膜上有核孔。核被膜对于细胞的生命活动具有重要意义。一方面，核被膜构成了核、质之间的界限，在细胞核内完成 DNA 复制、RNA 转录与加工两个过程，而在细胞质内完成蛋白质翻译；另一方面，通过核被膜上的核孔复合体，核被膜调控细胞核内、外的物质交换和信息交流。

一、核被膜的结构

在电子显微镜下，可以见到核被膜的结构比较复杂，它由外核膜、内核膜、核周间隙、核孔复合体和核纤层等部分组成（图 9-1）。

1. 外核膜（outer nuclear membrane）　面向细胞质基质，常附有大量的核糖体颗粒。外核膜的有些部位与粗面内质网相连，因此在形态和性质上与内质网相似，可以将外核膜看成内质网膜的一个特化区。另外，细胞骨架成分，包括微管、肌动蛋白纤维和中间纤维常常与外核膜相连，起着固定细胞核的位置，并与核纤层共同维持细胞核适当形态的作用。

2. 内核膜（inner nuclear membrane）　面向核基质，与外核膜平行排列，其表面没有核糖体颗粒，含有核纤层蛋白 B 的受体（lamin B receptor）等特殊整合蛋白，在其内表面附着有核纤层。

3. 核纤层（nuclear lamina）　位于内核膜下与染色质之间的一层由高电子密度染色纤维

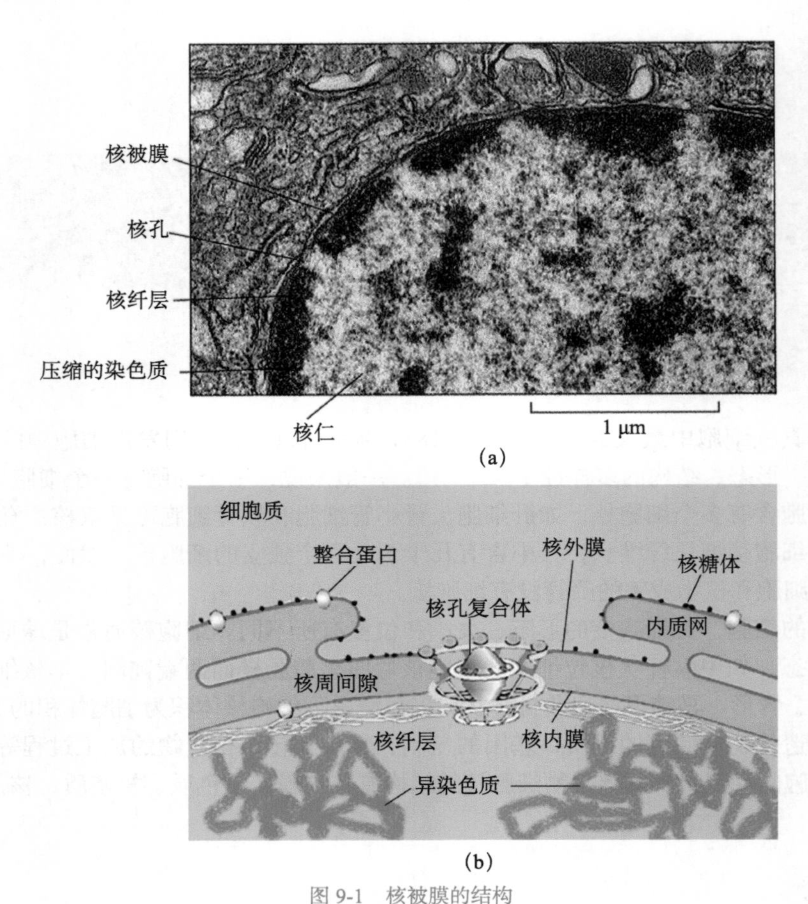

图 9-1　核被膜的结构

（a）核被膜的透射电镜图像；（b）核被膜的结构示意图

蛋白质组成的网络片层结构。

4. 核孔（nuclear pore）　内、外两层核膜在某些部位相互融合形成的环状开口。核孔处镶嵌有一复杂的结构，称为核孔复合体（nuclear pore complex，NPC）。

5. 核周间隙（perinuclear space）　又称核周腔或核周池（perinuclear cisternae），是两层核膜之间的间隙。其中散布着纤维、脂滴、晶状沉淀物、酶等。由于外核膜与粗面内质网相连，所以核周间隙常与粗面内质网的腔相通。

二、核被膜的功能

核被膜的存在是真核生物和原核生物之间的重要区别，具有十分重要的生物学功能。

1. 是核、质的区域化保护性屏障，使核处于特定微环境中　细胞核是在进化过程中形成的，在细胞的遗传信息储存量越来越丰富及由遗传信息所指导的代谢规模越来越大的情况下，有必要将携带遗传信息的染色质与细胞的其他部分隔离开来。核膜的出现为遗传信息的储存、复制、传递及发挥其对细胞代谢和发育的指导作用创造了特定的微环境。

2. 为基因表达调控提供时空隔离　原核生物 mRNA 的转录和蛋白质的翻译相偶联，均在细胞质中进行，但复制与转录开始形成拟核区域，基因转录物无须经过剪接。而真核生物具有细胞核结构，复制与转录在细胞核中进行，翻译则在细胞质中进行，相关的调控过程十分精密协调。真核生物大多数基因都有内含子，转录后需要经过复杂的加工，核膜的出现为基因的表达提供了时空隔离屏障，便于DNA在核内活动的多样性。在细胞质中蛋白质的翻译及加工过程也更趋复杂。核被膜产生的时空隔离使这些大分子的活动更加秩序井然。

3. 控制核、质之间的物质交换与信息交流　核、质之间的离子和小分子经被动运输方式通过核膜，但大分子颗粒需要经过核孔复合体定向运输，入核和出核都受到精密的调控。

4. 作为染色体定位和酶分子的支架　核膜是染色体和酶分子的支架与固着部位。在细胞分裂间期，染色质紧贴于核膜内面；分裂前期，当染色质螺旋化形成染色体时，染色体紧贴在核膜内面某些区域且表现为物种特异性；而在分裂前中期，核膜崩裂分散，因此核膜与染色质形态的动态变化密切相关。

三、核纤层

核纤层是真核细胞核膜内表面的一层网状或片状结构［图9-2（a）］，由直径约10 nm的蛋白纤维构成，其组成成分是核纤层蛋白（lamin）。以人为代表的哺乳动物核纤层蛋白属于第Ⅴ型中间纤维，有3种，分别称为lamin A、lamin B和lamin C，其相对分子质量分别为74、72、62。其中，lamin A和lamin C是同一基因的不同拼接产物，前566个氨基酸完全相同，但C端序列不一样，lamin C比lamin A在羧基端缺少133个氨基酸。lamin A/C的表达具有组织与发育时期的特异性，与染色质上的特殊位点结合，将染色质附着在核纤层上；但lamin B在所有细胞中表达，将核纤层固定在内核膜上，在分子细胞生物学研究中分析基因表达时，可作为内参基因。

核纤层与核膜、核孔复合体及染色质在结构和功能上有密切联系，其生物学功能主要包括以下几点。

1. 起结构支撑作用，维持核膜结构的稳定性和细胞核的刚性、形态与大小　核纤层蛋白形成骨架结构支撑在核被膜的内侧，是核膜形状的支架，同时向外与细胞质中的中间纤维、向内与核基质相互连接，形成贯穿整个细胞的骨架结构体系。有研究显示，核纤层也影响核孔复合体结构的形成。

2. 为染色质提供附着位点与支架，调节基因表达　在果蝇中，人们发现沉默基因倾向于分布在核纤层附近，异染色质更易与核纤层结合。然而，在不同物种之间可能有所不同，在酵母中，活跃基因也位于核纤层附近。lamin A的羧基端序列可与DNA分子结合，将异染色质锚定在核纤层上，但lamin A和lamin B的其他部分区域也可与染色质DNA结合。通过肌联蛋白（connectin）介导，在间期细胞核内核纤层可影响染色质结构的变化。

3. 调节DNA修复　有研究发现，lamin A核纤层蛋白是DNA断裂修复必需的，其异常会使基因组不稳定，造成个体早衰。

4. 与核被膜的解体与重建有关　在细胞分裂前期，核纤层蛋白磷酸化后才发生核膜崩解现象，此时lamin A与lamin C分散到细胞质，lamin B与核膜小泡结合；而分裂末期，核纤层蛋白去磷酸化使得核膜重建［图9-2（b）］。

核纤层蛋白基因发生突变导致核纤层功能失常，可引起多种疾病。例如，一种称为EDMD2的肌营养不良症由编码lamin A的基因突变所致；Hutchinson Gilford早老症的lamin A出现了C端50个氨基酸缺失，细胞分裂加快而出现早衰。

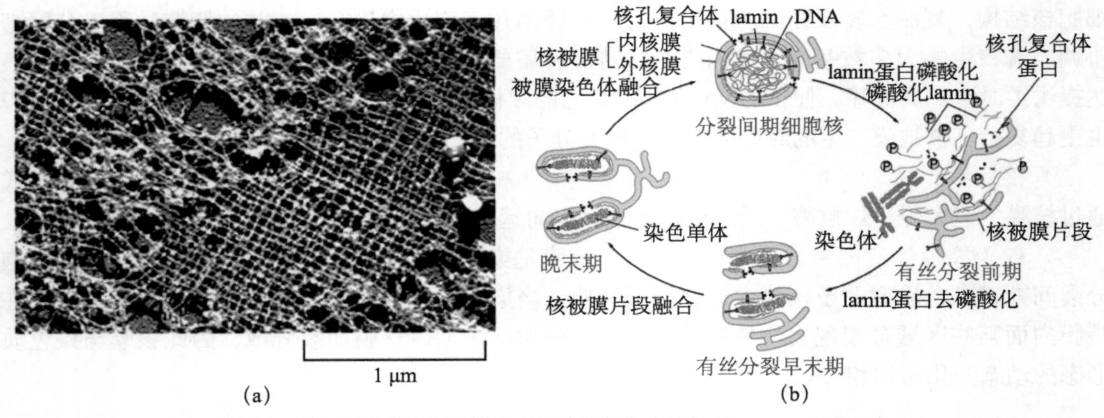

图 9-2　核纤层及其在细胞周期中的动态变化（引自 Alberts et al., 2008）

（a）核纤层形态的电镜图像；（b）核纤层蛋白在细胞周期中的动态变化

四、核孔复合体

核孔在核膜上的密度与细胞类型和细胞生理状态有关。一般来说合成功能旺盛的细胞，其核孔的数量多，核孔密度高；而代谢和增殖不活跃的细胞中核孔数比较少。例如，非洲爪蟾卵母细胞的核孔密度为 60 个 /μm^2，肝细胞、脑细胞的核孔为 12～20 个 /μm^2，而在精子细胞核中几乎看不到核孔。核孔的结构相当复杂，其上分布有由 30 多种核孔蛋白（nucleoporin，Nup）组成的通道结构，称为核孔复合体（nuclear pore complex，NPC）（图 9-3）。

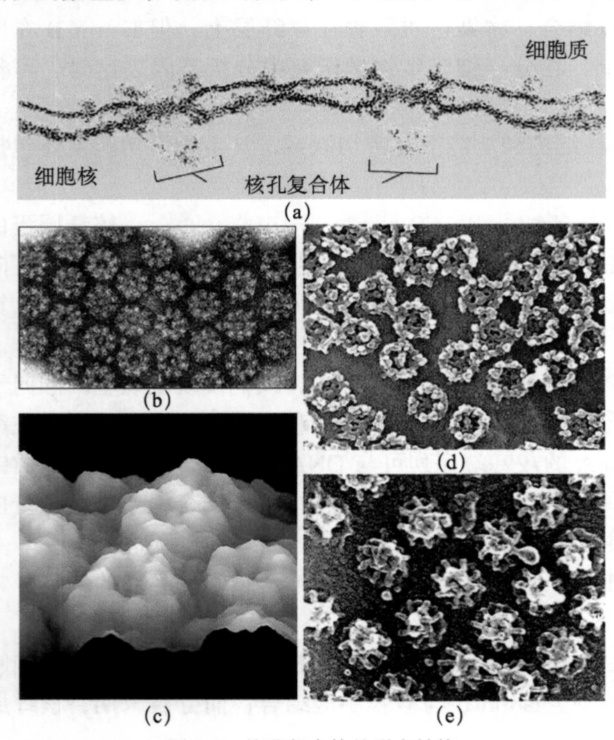

图 9-3　核孔复合体的形态结构

（a）透射电镜下的核孔复合体纵面结构图像；（b）负染色电镜下的核孔复合体；（c）原子力显微镜下的核孔复合体；（d）扫描电镜下观察到的胞质面核孔复合体；（e）扫描电镜下观察到的核质面核孔复合体［图（a）和（b）引自 Alberts et al.，2008；图（d）和（e）引自 Karp，2010］

（一）核孔复合体的结构与组成成分

核孔复合体（NPC）的精细结构一直是细胞生物学的研究重点。随着高分辨率场发射扫描电镜技术和快速冷冻干燥制样技术的发展，人们了解到 NPC 是轴心轮形结构，外径为 120 nm，呈现八面对称。由细胞核外向内包括以下一些结构：胞质纤维（cytoplasmic filaments）、胞质环（cytoplasmic ring）、中央栓（central plug）或中心环 Nup93 复合体、腔内亚单位（luminal subunit）、核质环（nucleoplasmic ring）、核质纤维（nucleoplasmic filaments）和核篮结构（nuclear basket）等（图 9-4）。

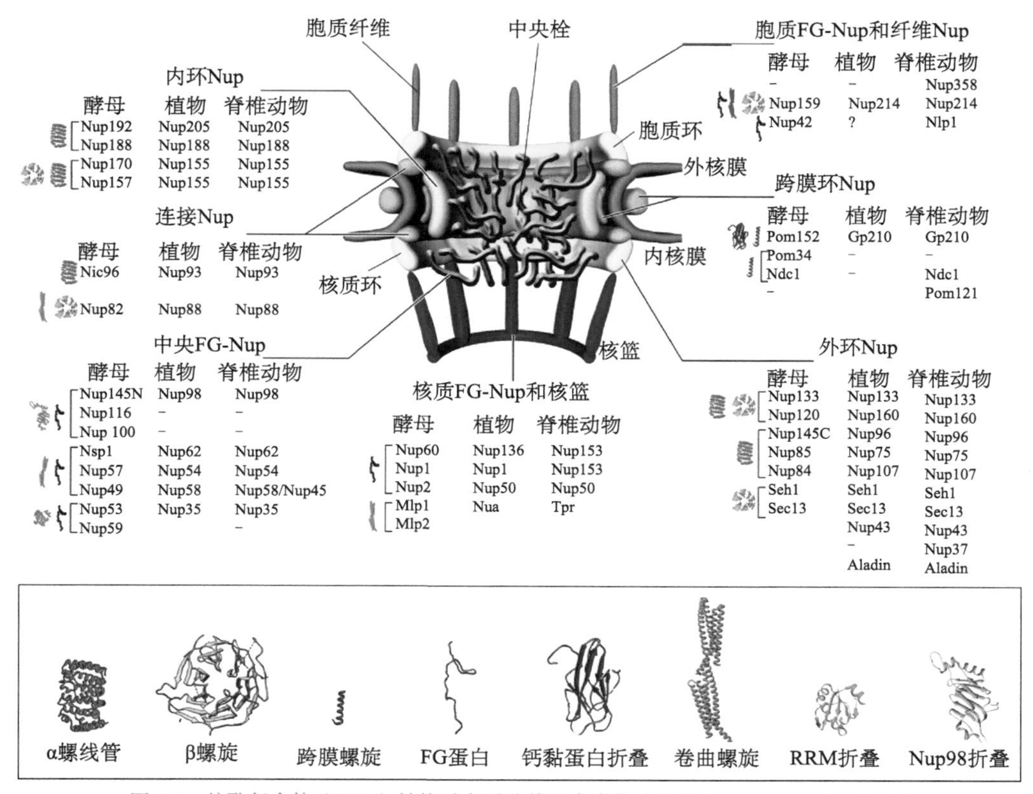

图 9-4 核孔复合体（NPC）结构示意图及其组成成分（引自 Grossman et al.，2012）

轮毂中心是一个圆柱形的中心栓（plug），也称为中央运输蛋白（central transporter）或中心环 Nup93 复合体。从中央运输蛋白向外伸出 8 个辐条（spoke），它们与核孔复合物的细胞核面的核质环（nucleoplasmic ring）、细胞质面的胞质环（cytoplasmic ring）和中央栓相连。一般分为柱状亚单位（column subunit）、腔内亚单位、环状亚单位（annular subunit）。在胞质环的表面常有 8 个胞质颗粒，在胞质环上有长 30～50 nm 的胞质纤维（cytoplasmic filament）伸向细胞质。而核质环上有长约 100 nm 的细纤丝伸向核质，被一个直径为 60 nm 的端环（terminal ring）连接在一起，形成核篮（nuclear basket）。在某些生物中，NPC 篮常同一种交织的纤维层相连，称为核被膜网格（nuclear envelope lattice）。由于这种结构像篮球，因此称为核篮结构，因其又像鱼笼，又称为鱼笼模型。

事实上，NPC 的组成成分远比之前想象的要复杂得多。根据核孔蛋白（nucleoporin，Nup）的结构、氨基酸序列元件和在 NPC 中的位置，Nup 可被分为跨膜环核孔蛋白（transmembrane ring Nup）、支架核孔蛋白［包括外环（outer ring Nup）、内环（inner ring Nup）和连接核孔蛋白（linker Nup）］、屏障核孔蛋白［包括中央（central FG-Nup）、细胞质 FG 和细丝核孔蛋白（cytoplasmic FG-Nup and filament）、细胞核 FG 和核篮核孔蛋白（nuclear FG-Nup and the basket）］等（图 9-4）。Nup 的功能和结构在酵母和脊椎动物中研究较多，植物中研究较少。在脊椎动物，NPC 有三种亚复合物：Nup62 亚复合物（Nup62、Nup58、Nup54 和 Nup45）、Nup107-160 亚复合物（Nup160、Nup133、Nup107、Nup96、Nup75、Nup43、Nup37、Seh1、Sec13 和 ALADIN）及 Nup93 亚复合物（Nup205、Nup188、Nup155、Nup93 和 Nup35）。目前

在酵母、人和植物等细胞中鉴定到了 80 多种 Nup 蛋白，其中具代表性的有 Nup210（gp210）和 Nup62（p62），从酵母到人的多种生物中都已被发现证实，具有很高的同源性。gp210 代表一类结构型跨膜蛋白，是第一个被鉴定的 NPC 蛋白。它介导核孔复合体与核被膜的连接，将核孔复合体铆钉在孔膜区，为核孔复合体组装提供一个起始位点，在内外核膜融合形成核孔中起重要作用，在核孔复合体核质交换功能活动中也有一定作用。p62 是一类功能性核孔复合体蛋白，N 端可能参与核质交换，C 端类似纤维蛋白，通过卷曲螺旋与其他成分相互作用稳定到核孔复合体上。

在植物中，越来越多的 Nup 被鉴定出来，表现出一定的种属和组织表达特异性。在拟南芥，人们已经鉴定到 30 个 Nup。根据蛋白质结构域等信息将拟南芥核孔蛋白分为四组：丙氨酸 - 甘氨酸富集核孔蛋白（FG-Nup）、NPC 外环结构 /Nup107-160 亚复合物、NPC 内环结构 /Nup93 亚复合物和其他功能的核孔蛋白。与脊椎动物相比，植物 NPC 缺少 Nup37、Nup45、Nup153、Nup188、Nup358 和 Pom121 等 6 个成员，但增加了 Nup136。近期研究发现 CPR5 是一种新型的跨膜核孔蛋白，可与 NPC 选择性屏障锚点结合，限制信号物质的核运输，进而抑制植物效应触发免疫（ETI）和程序性细胞死亡（PCD）。总之，核孔蛋白可能并不仅充当核孔复合体的结构蛋白，可能还具有防护与选择功能，参与多种生物学过程。

（二）核孔复合体的物质运输功能

核孔复合体是一个双功能、双向性的亲水性核质交换通道。既有被动扩散，也有主动运输；既可以介导蛋白质转运入核，也可以介导 RNA 和 RNP（核糖核蛋白）颗粒的转运出核。

核孔复合体可作为亲水性的运输通道，允许小分子的物质自由扩散出入细胞核。其有效直径约为 10 nm，个别达 12.5 nm。因此，直径为 10 nm 以下的物质一般来讲可以自由扩散通过。例如，一些离子、代谢物和分子质量小的蛋白质（在 40 kDa 以下）可通过简单扩散，利用辐条之间的狭缝进出细胞核。但是，小分子通过核膜也有一定的选择性，如甘油和蔗糖可自由进出大鼠的肝细胞核，而小肠细胞核却阻止半乳糖进入。

NPC 的主动运输是一个信号识别与载体介导的过程，需要 ATP 提供能量，并呈现饱和动力学特征。NPC 进行的运输不仅具有选择性，而且具有双向性，不仅能够将翻译所需要的 RNA、组装好的核糖体亚基从细胞核内运送到细胞质，同时也能把 DNA 复制和转录所需的酶及帮助 DNA 装配的一些蛋白质从细胞质转运进细胞核，这些蛋白质均是在细胞质的游离核糖体上合成的。因此，核孔蛋白复合体主动运输的独特性在于：① NPC 有效直径大小可以调节；②是一个信号识别与载体介导的过程，需消耗能量且有饱和动力学特征；③运输具有双向性。

近年来对于核蛋白的入核运输机理研究取得了较大进展。核蛋白（nuclear protein）是指在细胞质中合成后运输到细胞核内发挥功能的一类蛋白质，也叫亲核蛋白（karyophilic protein），如组蛋白、DNA 合成酶类、RNA 转录和加工的酶类、具有调控作用的蛋白质因子等。目前人们已经建立核蛋白数据库（NPD）。核蛋白一般都含有特殊的氨基酸信号序列，作为入核转运的信号，称为核定位信号（nuclear localization signal，NLS）或核定位序列（nuclear localization sequence，NLS）。第一个被确定的 NLS 是来自猴肾病毒（SV40）的 T 抗原（分子质量为 92 kDa），由 7 个氨基酸残基构成：Pro-Lys-Lys -Lys-Arg-Lys-Val。点突变其中的单个氨基酸残基，所产生的突变型 NLS（Pro-Lys-Thr- Lys-Arg-Lys-Val）则丧失核定位信号的作用，这种蛋白质就无法进入细胞核而停留在细胞质中［图 9-5（a）和（b）］。相反，如果将这种信号接到非核蛋白随机 Lys 的侧链上，则非核蛋白也能转变成核蛋白。例如，tetra-eGFP 原本在细胞质中表达，将 SV40-NLS 序列连上后，这些蛋白质就能进入细胞核［图 9-5（c）和（d）］。目前认为核定位信号一般含有 4～8 个氨基酸残基，含有 Pro、Lys 和 Arg，具有一个带正电荷的核心序列。与指导蛋白质跨膜转运的信号肽不同，核定位信号进入细胞核后并不被切除，可以反复使用，有利于细胞分裂后核蛋白重新入核，并且可以存在于核蛋白的不同部位。迄今已经鉴定的几种核定位信号序列见【二维码】。

二维码

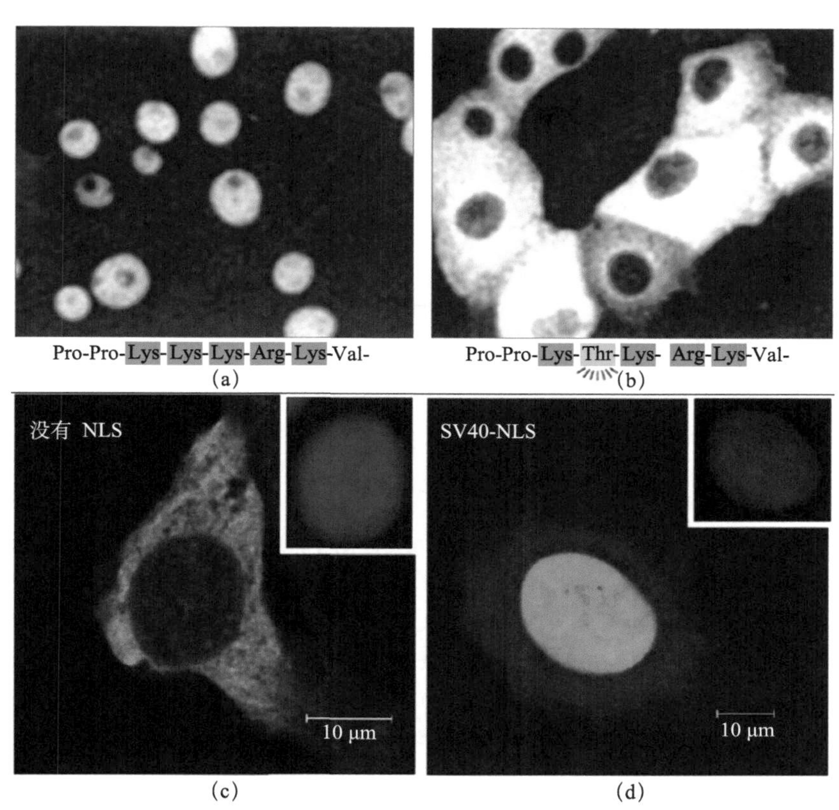

图 9-5 核定位信号（NLS）功能的证明（引自 Alberts et al., 2015）

（a),（b）免疫荧光照片分别显示含有正常及突变 NLS 的 SV40 病毒 T 抗原在细胞中的定位，显示具有正常 NLS 的 T 抗原出现在细胞核中，而突变后的 T 抗原停留在细胞质中；（c）对照 tetra-eGFP 只在细胞质中表达；（d）融合 SV40-NLS 后该蛋白进入细胞核中

NPC 的运输是双向的，核运输系统（nuclear-transport system）包括核蛋白的输入（图 9-6 左）和核内物质的输出（图 9-6 右）两个方面。具有核定位信号的蛋白质自身不能通过核孔复合物，它必须与 NLS 受体结合才能穿过核孔复合体，这种受体称为输入蛋白（importin)。输入蛋白是一种异二聚体，分布在胞质溶胶中。输入蛋白 α 亚基、输入蛋白 β 亚基和货物蛋白（cargo protein）相互作用形成一个转运复合体，其中输入蛋白 α 亚基识别并与 NLS 结合。而输入蛋白 β 亚基与 NPC 作用，将复合物转运到细胞核中，此过程需要消耗 ATP。核输入还需要 Ran 蛋白的参与。Ran 蛋白是一种小分子 GTPase，与 GTP 或 GDP 结合时的构型不同。在细胞核中 Ran-GTP 与输入蛋白 β 亚基相互作用，使货物蛋白与复合物脱离，成为细胞核中的游离蛋白。然后，输入蛋白 α 亚基和输入蛋白 β 亚基 -Ran-GTP 复合物重新回到细胞质。细胞质中的 Ran-GTP 激活蛋白（RanGAP）能够促进 Ran 从 Ran-GTP 转变成 Ran-GDP，并使 Ran-GDP 与输入蛋白 β 亚基脱离，游离的输入蛋白 β 亚基与 α 亚基一起参与下一个运输循环。而 Ran-GDP 可

通过 NPC 回到细胞核中，在 Ran 核苷交换因子 1（Rannucleotide-exchange factor 1，RCC1）的作用下释放 GDP，重新结合 GTP。核蛋白输入的核心是结合（binding）与转移（translocation）。

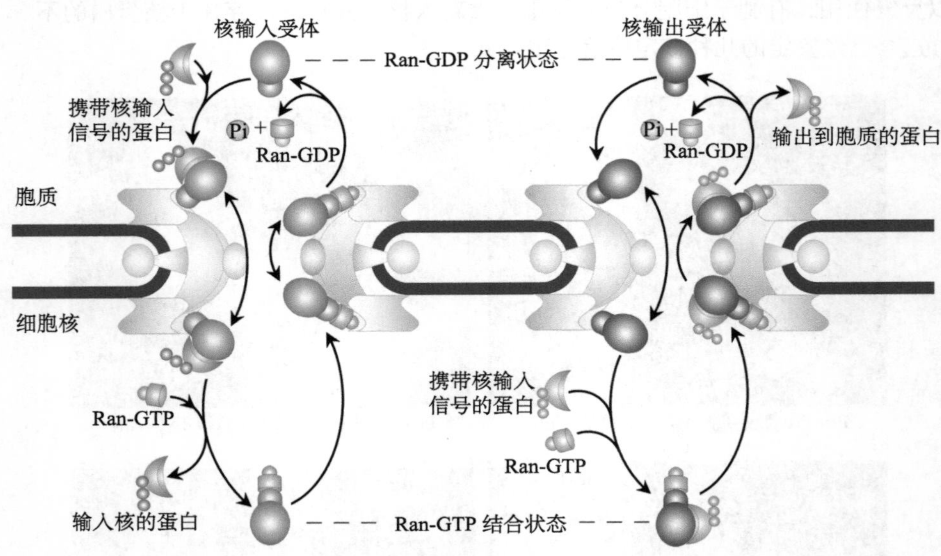

图 9-6　核蛋白输入（左）和输出（右）的分选途径

核蛋白输入可分为 5 个步骤：①货物蛋白（cargo protein）暴露出 NLS 并与输入蛋白结合；②在输入蛋白的帮助下货物蛋白与胞质纤维相结合；③货物和受体蛋白转运复合物穿过 NPC 进入细胞核核膜核质面；④转运复合物在核质面与 Ran-GTP 结合，导致复合物解离，将输入蛋白上的货物解离下来；⑤结合 Ran 的输入蛋白返回细胞质，Ran-GTP 在胞质内水解，变回 Ran-GDP 返回核内继续下一次运输。核蛋白输出则涉及结合 GTP 的 Ran 蛋白结合核输出蛋白，核输出蛋白活化结合具有核输出信号（nuclear export signal，NES）的货物（cargo），穿过 NPC 进入细胞质空间，释放出货物后核输出蛋白再返回到细胞核中

类似地，细胞核内的物质输出到细胞质也是由蛋白质定位信号介导的，需要核输出蛋白（exportin）的参与。RNA 和核糖体亚基是从细胞核内转出到细胞质的两类主要物质。细胞核中合成的 RNA 与蛋白质形成异质核糖核蛋白（heterogeneous ribonucleoprotein，hnRNP），经加工为成熟的信使 RNP（messenger RNP，mRNP）后转运到胞质中。真核细胞的 snRNA、mRNA 与 tRNA 都是以各种 RNP 的形式存在的，所以 RNA 的核输出实际上是以 RNA- 蛋白质复合体的形式进行转运的，蛋白质本身含有出核信号。人们正在致力于寻找 RNA 分子与核孔复合体之间起桥梁作用的信号与载体。现已发现一些与 RNA 共同出核的蛋白因子，如 HIV 病毒的 Rev 蛋白、蛋白激酶 A 抑制因子 PKI 等，它们都含有核输出信号。

第二节　染　色　质

一、染色质与染色体的发现

染色质（chromatin）是遗传物质的载体，最早于 1879 年由 Flemming 提出，用以描述细胞核中被碱性染料染色后强烈着色的物质。1888 年，Waldeyer 提出染色体（chromosome）的概念，即指细胞在有丝分裂或减数分裂过程中由染色质聚缩而成的线状结构。染色体和染色质是遗传物质在细胞周期不同阶段的不同表现形式。

真核生物细胞核内的全部DNA就是其基因组。如果从空间上将一个人细胞基因组中的全部DNA拉长顺序排队，可以达2m。染色质和染色体实现了空间的压缩，可达几千倍。在细胞分裂间期，染色质呈细丝状，形态不规则，弥散在细胞核内。当细胞进入分裂期时，染色质进一步高度螺旋、折叠而缩短变粗，最终凝集形成条状的染色体，使遗传物质能够准确完整地分配到两个子细胞中（图9-7）。

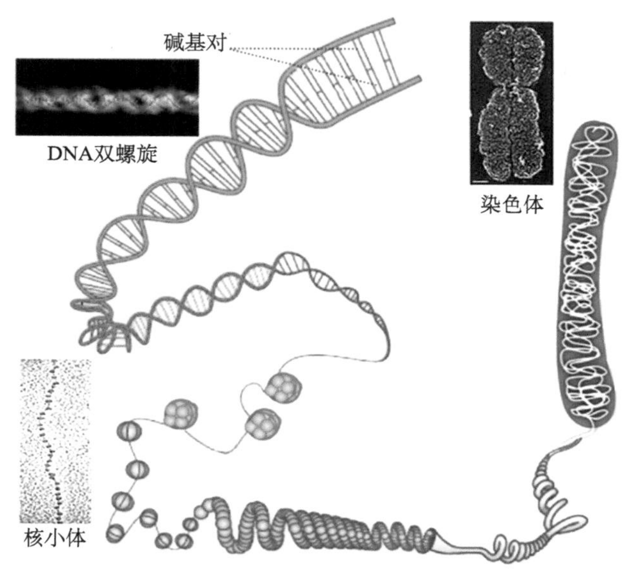

图9-7 从DNA到染色体

二、染色质DNA

DNA是具有细胞形态的生物遗传信息携带者。在真核生物中每条未复制的染色体均包含一条DNA分子。储存于单倍体染色体组中的总遗传信息称为该生物的基因组（genome）。根据序列的拷贝数可以将基因组DNA分为单拷贝序列（或称单一序列、非重复序列）和重复序列（repetitive sequence）。单拷贝序列，一般在一个基因组中只有一个拷贝，通常是蛋白质编码序列。重复序列，拷贝数一般在10个以上，根据基因的重复程度，可以分为轻度重复序列、中度重复序列和高度重复序列，其重复次数分别在2～10、10^2～10^5和大于10^5。组蛋白基因和rRNA基因均属于重复序列，虽然都能转录，但除了组蛋白基因外，其他基因均不能翻译为蛋白质。高度重复序列DNA通常由简单的核苷酸序列组成，分布在染色体的着丝粒区和端粒区。卫星DNA（satellite DNA）是高度重复序列中AT含量很高的简单高度重复序列。由于AT段浮力密度小，CsCl密度梯度离心时，该DNA片段常会在DNA主带上有一个次要的带相伴随，因此称为卫星DNA。

多数生物染色体以线性方式存在。作为遗传物质，DNA的稳定遗传依赖于复制和分离的准确性。真核生物细胞分裂时，首先染色体要复制，然后均等分配到两个子细胞中。为此，染色体必须具有三个功能单位元件，即自主复制序列（autonomously replicating sequence，ARS）、着丝粒（centromeric，CEN）序列和端粒（telomeric，TEL）序列。

自主复制序列，又叫复制起点序列（replication origin sequence），为染色体DNA进行正常起始复制所必需，最先在酵母基因组中被发现。所有ARS均有一段保守序列：200 bp-A(T) TTTAT(C)A(G) TTTA(T)-200 bp，上下游各200 bp为维持ARS功能所必需。真核生物染色体上含有多个ARS序列，以确保染色体的快速复制。

着丝粒序列是细胞分裂时两个姐妹染色单体附着连接的区域，以保证姊妹染色单体的均等分裂。CEN序列有两个彼此相邻的核心区，一个是80～90 bp的AT区，另一个是含有11个高度保守的碱基序列：-TGATTTCCGAA-，其功能是形成着丝粒，帮助均等分配两个子代染色单体。通过着丝粒序列缺失损伤实验或插入突变实验，人们发现一旦着丝粒序列受到破坏，则无法保证姐妹染色单体均等分裂。

TEL 序列是线性染色体两端的端粒序列。不同物种的 TEL 序列在组成上十分相似，富含 G，由短的基本序列随机串联重复 500～3000 次而成。其基本序列在人类是 TTAGGG，在原生动物四膜虫是 TTGGGG，在植物拟南芥是 TTTAGGG。也有一些物种的 G 重复次数存在差异，如芽殖酵母的为 $TG_{1\sim3}$，而裂殖酵母的为 $TTACG_{2\sim5}$。线性 DNA 复制时由于分子支架问题，在末端常常会有一小段不能复制完全，从而单链暴露形成黏性末端，在空间结构上会在蛋白质复合物的帮助下形成端粒环（loop）。

科学家通过酵母亮氨酸合成酶缺失细胞株的转染性研究证实 ARS、CEN 和 TEL 序列的生物学功能。通过构建环形与线形亮氨酸合成正常基因的 DNA 载体，进行三种功能序列的互补、插入与移除，观察试验对象存活率（图 9-8）。环形 DNA 尽管含有 Leu 基因，但由于没有 ARS 而不能复制，没有 CEN 在细胞分裂后会随机分配到子细胞；DNA 为线性时，尽管连上 Leu 正常基因，没有 TEL 则致死，只有 CEN 存在才能让带有 Leu 的序列分配到子细胞中。

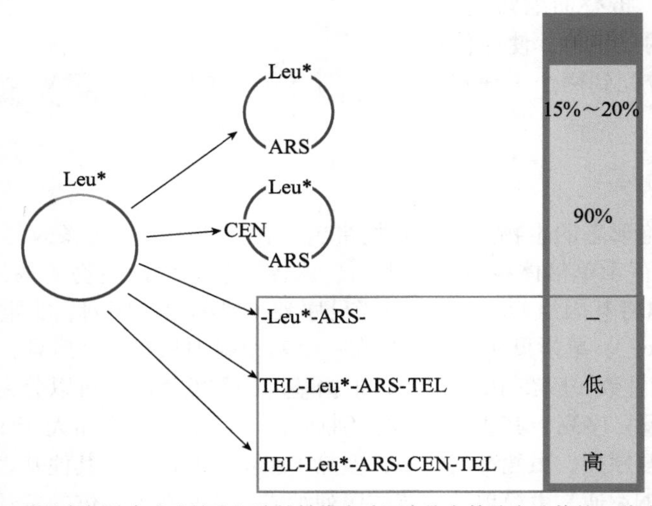

图 9-8　酵母亮氨酸合成酶缺失细胞株转染实验证实染色体稳定遗传的三种功能序列

在基因工程中，由于一般的载体是环状结构，容载能力有限，要克隆大的基因比较困难。基于 ARS、CEN、TEL 是线性染色体稳定的功能序列，人们利用这些序列构建载体，重组后的 DNA 以线性状态存在，既稳定又提高了插入外源基因的能力，并且可以像天然染色体那样在寄主细胞中稳定复制和遗传，故称为人工染色体（artificial chromosome）。例如，利用从酵母染色体上分离的 ARS、CEN、TEL 序列构建载体，再用这种载体构建的染色体即称为酵母人工染色体。

三、染色质蛋白

构成染色质的蛋白质分为组蛋白（histone）和非组蛋白（nonhistone）。

1. 组蛋白的类型和性质　　组蛋白（histone）是真核生物染色质构成的基本结构蛋白，是一类等电点一般在 10 以上的碱性蛋白质。真核细胞有 5 种类型的组蛋白：H1、H2A、H2B、H3、H4（表 9-1），它们富含带正电荷的碱性氨基酸，如精氨酸、赖氨酸，能够同 DNA 中带负电荷的磷酸基团相互作用。

组蛋白在功能上分为两类：一是核小体的核心组蛋白（core histone），包括 H2A、H2B、H3 和 H4。这 4 种组蛋白分子质量较小，其作用是构成核小体的八聚体。二是 H1，在构成核小体装配中起连接作用并赋予染色质以极性，可称为连接组蛋白（linker histone）。

核心组蛋白基因在进化上非常保守。即使是亲缘关系很远的物种，其氨基酸序列都非常相似，其中H3和H4最为保守，如牛胸腺H3的氨基酸序列与豌豆的H3只有4个氨基酸的不同；H4在牛和豌豆中仅有2个氨基酸不同。H3和H4在染色质高度凝集过程中具有重要功能，在其任何位置氨基酸残基的变化都可能对细胞有害。相反，H1在不同物种间有差异。哺乳动物的H1蛋白含6种亚型，而且，在某些组织中H1被其他蛋白质所取代，如精子细胞中由鱼精蛋白（protamine）代替组蛋白H1。在鱼类和鸟类的成熟红细胞中，H1则被H5所取代。因此，H1具有一定的种属和组织特异性。

表 9-1 真核细胞 5 种主要类型的组蛋白

种类	氨基酸残基数	相对分子质量	Lys/Arg	酸性：碱性氨基酸	核小体上位置
H1	215	23 000	29	6	连接
H2A	129	14 500	1.2	1.3	核心
H2B	125	13 774	2.7	1.7	核心
H3	135	15 324	0.77	1.8	核心
H4	102	11 822	0.79	2.5	核心

2. 非组蛋白的类型和特性　非组蛋白（nonhistone）是染色质中除组蛋白以外所有蛋白质的总称。非组蛋白种类繁多，在不同组织细胞中其种类和数量均不同。非组蛋白包括以DNA作为底物的酶、作用于组蛋白的酶（如组蛋白甲基化酶）、DNA结合蛋白、组蛋白结合蛋白和调控蛋白等，其中最丰富的一类是高速泳动族蛋白（high-mobility group protein，HMG）。

非组蛋白识别DNA时具有以下特性：①能识别特异的DNA序列，识别的信息来源于DNA核苷酸序列的本身，识别位点存在于DNA双螺旋的大沟部分；②识别与结合依赖氢键和离子键，而非共价键；③序列特异性结合蛋白所识别的DNA序列在进化上是保守的。非组蛋白具有强烈的种属和组织特异性，并且具有时空表达特异性。

序列特异性DNA结合蛋白可分为几个不同的蛋白质家族，具有不同的与DNA结合的结构域，参与基因表达调控，具有特殊功能的超二级结构特征，这些结构域被称为模体或基序（motif）。模体是蛋白质分子中具有特定空间构象和特定功能的结构成分，既指具此功能的基本结构，也指编码此结构的蛋白质/DNA序列。几种常见模体：锌指结构模体（zinc finger motif）、螺旋-转角-螺旋模体（helix-turn-helix motif）、亮氨酸拉链模体（leucine zipper motif）、螺旋-环-螺旋模体（helix-loop-helix motif）和HMG框模体等。它们以各自的方式与DNA结合，参与基因表达调控。

非组蛋白的功能多种多样，包括基因表达的调控和染色质三维结构的形成等。例如，基因表达调控蛋白（gene regulatory protein）以竞争或协同结合的方式，作用于一段特异DNA序列上，以调节有关基因的表达。某些非组蛋白还与组蛋白相辅佐，如组蛋白把DNA双链分子装配成核小体串珠结构后，非组蛋白帮助其折叠、盘绕，参与染色体的构建。

四、染色质的基本结构——核小体

1974年Kornberg提出了核小体的概念。用不同方法处理染色质后，利用电子显微镜可以观察到不同粗细的纤维影像。Olins等借助X射线衍射、电镜三维重建等技术研究染色质颗粒空间结构，发现以组蛋白和DNA螺旋盘绕所组成的核小体（nucleosome）是染色质的基本结构单位。

核小体是由约 200 bp 的 DNA 分子盘绕在组蛋白八聚体的结构外面形成的直径为 11 nm，高 6.5 nm 的对称性圆柱结构（图 9-9）。H2A-H2B 和 H3-H4 各形成两个异二聚体，由 4 个异二聚体构成八聚体。146 bp 的 DNA 分子以左手超螺旋结构缠绕组蛋白八聚体约 1.7 圈。组蛋白与 DNA 的结合可通过两种键，一是 DNA 骨架带负电荷的磷酸基团与组蛋白中带正电荷的赖氨酸、精氨酸之间的离子键；二是核酸与氨基酸之间的氢键。

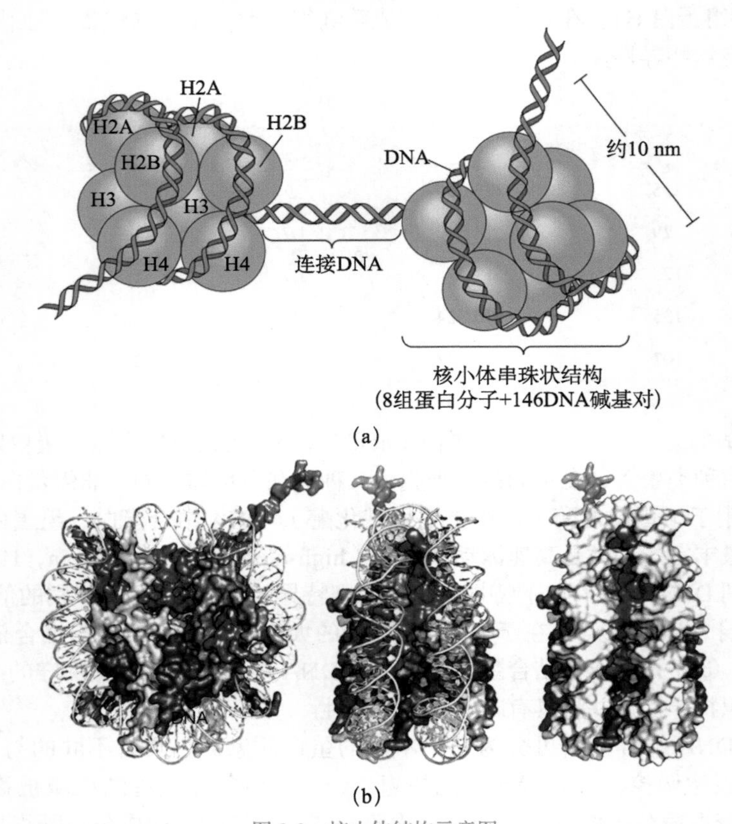

图 9-9　核小体结构示意图

（a）核小体串珠状结构示意图，显示核小体核心组蛋白组装及其与 DNA 的结构方式；（b）核小体结构的 3D 示意图，显示通过 DNA 超螺旋中心轴呈现的核小体核心颗粒 8 个组蛋白分子的位置（左）和垂直于中心轴的角度所见到的核小体核心颗粒的结构和 DNA 结合模式（中和右）

组蛋白 H1 在核心八聚体外结合额外的 20 bp DNA 分子，封闭核小体 DNA 的进出端，以稳定核小体结构。其余 20～60 bp DNA 分子连接相邻的两个核小体。不同组织、不同类型的细胞，以及同一细胞染色质的不同区段中，盘绕在组蛋白八聚体核心外面的 DNA 长度均不相同。在真菌染色质中只有 154 bp，而在海胆精子中则可以长达 260 bp。

核小体在染色质上的结构与位置是动态的。当 DNA 复制、转录时，需要反复松开与重新装配，分子伴侣参与了这些过程，也被称为染色质重塑。这个过程需要利用 ATP 水解产生的能量，将 DNA 从核心组蛋白上移开，重塑复合物推动核小体沿 DNA 移动，也叫核小体滑动（nucleosome sliding）。

五、染色质组装

染色质可以组装为更紧密有序的高级结构，并最终形成染色体。关于染色质的组装，主要有多级螺旋 - 支架模型（图 9-10）和放射环状结构模型等。下面介绍多级螺旋 - 支架模型，染色质通过四步压缩，凝缩成为染色体。

1. 从 DNA 到核小体　由 DNA 与组蛋白组装成核小体，这是染色体装配的第一步。核小体的直径是 10 nm，其中的 DNA 有 200 个碱基对，每个碱基对长度为 0.34 nm，一个核小体伸展开来的长度是 70 nm，由此推算 DNA 包装成核小体，大约压缩了 7 倍。

2. 从核小体到螺线管　在 H1 介导下核小体彼此连接形成核小体串珠状结构。在 H1 存在的情况下，直径为 10 nm 的核小体串珠状结构螺旋盘绕形成致密、外径为 30 nm 的管状结构，称为螺线管（solenoid），又称 30 nm 染色质纤维。从完整的细胞中常常可分离到 10 nm 的核小体纤维和 30 nm 纤维，改变提取液的盐浓度可将二者分开。在染色质制取物中，组蛋白 H1 被去除了，因而不会形成 30 nm 的染色质纤维；如果加入 H1，又可形成螺线管。从核小体到螺线管压缩了 6 倍。

3. 从螺线管到超螺线管　30 nm 的染色质纤维进一步螺旋化，形成一系列的螺旋域（coiled domain）或环（loop），这些环附着在支架（scaffold）蛋白上。螺旋域的直径是 300 nm。螺旋环再进一步形成超螺旋环（supercoiled loop）或超螺旋域（supercoiled domain），此时的直径为 700 nm。每个环估计含有 50～100 kb DNA，推测染色质环也是基因协同表达的功能单位。典型的超螺旋环开头和结束都是 A-T 富集序列并与核骨架或核基质蛋白结合在一起，其中包括Ⅱ型拓扑异构酶，该酶可能参与调节 DNA 的超螺旋程度。染色质从螺线管到超螺线管又压缩了 40 倍。

4. 从超螺线管到染色体　超螺线管再进一步螺旋化形成直径为 1～2 μm，长度为 2～10 μm 的中期染色体。从超螺线管到染色体大约压缩了 5 倍。

由此推算 DNA 经核小体到染色体总共压缩了 8400 倍。不同的染色体在压缩时可能有所差异，如在人最长的 1 号染色体中 DNA 包装成染色体时压缩了 8800 倍。

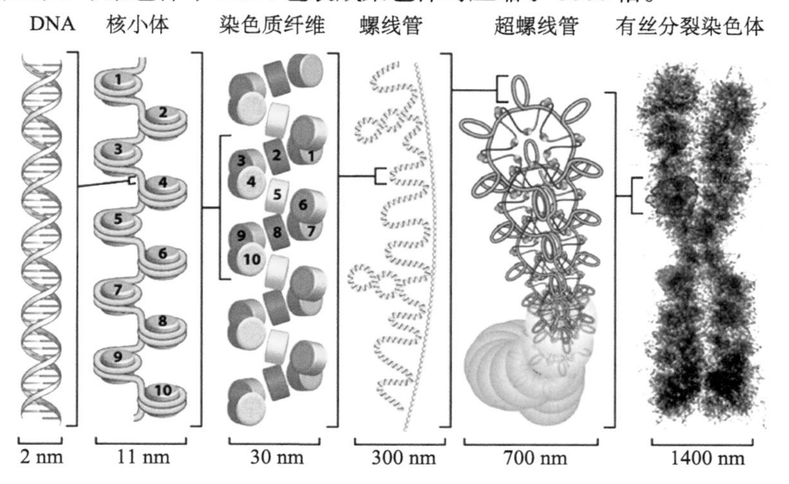

图 9-10　染色质组装为染色体的过程（引自 Nelson and Cox，2013）

六、染色质的类型

（一）常染色质与异染色质

根据染色质折叠与压缩程度的不同，以及形态特征、活性状态与对碱性染料反应的差异，染色质可以分为常染色质（euchromatin）和异染色质（heterochromatin）。

常染色质是间期细胞核内染色质纤维折叠压缩程度低，处于伸展状态，用碱性染料染色时着色浅的那些染色质。构成常染色质的DNA主要是单一序列DNA和中度重复序列DNA。这个状态的基因具有转录活性，但并非所有基因都具有转录活性，基因转录激活还需要其他条件。常染色质分散度较大，常位于细胞核的中央，可以伸入核仁中，DNA包装比为1:（1000～2000）。

异染色质是间期细胞核中染色质纤维折叠压缩程度高，处于聚缩状态，用碱性染料染色时着色深的那些染色质。在电镜下为染色质盘绕形成粗大颗粒。异染色质主要分布于间期核的周边，位于核膜内表面附近，部分异染色质可与核仁结合，成为核仁相随染色质的一部分。异染色质中DNA压缩紧密，染色质螺旋化程度高，通常不转录或转录活性低。异染色质可以分为结构异染色质或组成型异染色质（constitutive heterochromatin）和兼性异染色质（facultative heterochromatin）。结构异染色质在细胞周期中除了复制期以外，均处于聚缩状态，形成多个染色中心（chromocenter）。在中期染色体上多定位于着丝粒区、端粒、次缢痕及染色体臂的某些凹陷部位，具有显著的保守性，不转录也不编码蛋白质，具有保护着丝粒、控制同源染色体配对及调节等作用。兼性异染色质是在某些细胞类型或特定发育阶段中，由原来的常染色质凝集并丧失基因转录活性而形成的。例如，在雄性哺乳动物体细胞中单条X染色体呈常染色质状态，但在雌性中两条X染色体中的一条呈现异染色质化而选择性失活。在上皮细胞核中，这个异固缩的X染色体称巴氏小体（Barr body）（图9-11）。巴氏小体的检测可以用于性别鉴定，预测胎儿性别。

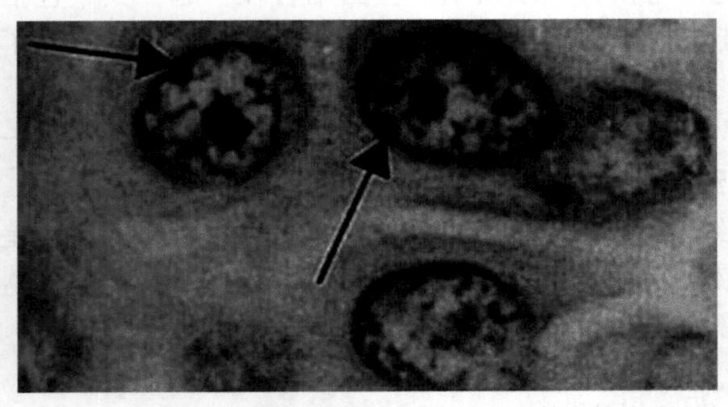

图9-11　雌性哺乳动物体细胞中的巴氏小体（箭头所示）（引自Karp，2010）

常染色质与异染色质是可以互相转变的，如组蛋白某些位点的去磷酸化、去乙酰化、甲基化、去甲基化可以导致异染色质蛋白与染色质的结合，促进转变为异染色质。

（二）活性染色质与非活性染色质

染色质按功能状态的不同，可以分为活性染色质（active chromatin）和非活性染色质（inactive chromatin）。在真核细胞中，由于相关基因的转录起始被染色质高级结构严格限定，基因组中的启动子元件能否被特定结合蛋白接近、识别与结合，是染色质空间结构参与真核基因表达调控的重要机制。影响染色质活化的因素主要有以下几个方面。

（1）*活性染色质的DNase Ⅰ超敏感位点*。人们发现DNase Ⅰ处理染色质时，基因组中大约10% DNA对其敏感，具有转录活性。DNase Ⅰ超敏感位点对于基因表达是必需的，具有顺式作用元件功能，如启动子、增强子、抑制因子和绝缘子等都与DNase Ⅰ超敏感位点偶联。

DNase Ⅰ超敏感位点大多数位于转录活性基因的启动子区域，少数位于转录单元上下游，长度为100～200 bp，可以有多个敏感位点，如β珠蛋白基因，其敏感性与HMG14和HMG17有关。目前人们已经绘制了人的DNase Ⅰ超敏感位点图谱，从人类全基因组中鉴定到了290万个DNase Ⅰ超敏感位点。

（2）核小体定位与解聚。核小体定位指核小体在DNA分子上的精确位置。核小体选择性结合DNA片段，通过暴露或者遮蔽蛋白质结合位点而参与基因调控。一般活性区核小体数量较少，而核小体分布多的区域基因有时处于沉默状态。当区域中核小体解聚时，DNA可以进行复制、转录。

（3）组蛋白修饰。核小体核心组蛋白氨基末端的Lys和Arg等氨基酸残基上可发生多种翻译后修饰，包括乙酰化、甲基化、泛素化和磷酸化等修饰。组蛋白的不同修饰状态将导致染色质结构及染色质开放程度的变化，影响转录因子和修饰酶等蛋白分子在染色质DNA上的富集，对基因表达进行调控。组蛋白赖氨酸残基乙酰化后不再带有正电荷，使其与DNA结合减弱，相邻核小体的聚合受阻，DNA解旋，同时影响泛素与H2A的结合，有利于DNA复制及转录，因此组蛋白乙酰化是一般活性染色质的标记。而甲基化和磷酸化则在活性和非活性染色质中均存在。例如，H3K4甲基化是活性染色质标记，而H3K9me3则是非活性染色质标记。可见，不同蛋白质或同一蛋白质的不同氨基酸残基上的修饰状态可以决定染色质的活性状态。

七、染色质的三维空间结构

作为遗传物质的载体，染色质活性与功能受到精密调控，其调控因素包括线性的基因序列、序列之间的相互作用和动态变化的染色质三维空间构象等。早期的研究主要集中于基因序列（一维）和序列之间的相互作用（二维）方面。目前，基于染色质空间构象研究基因表达调控机制的三维基因组学逐渐兴起。2009年，科学家首次报道了高通量染色体构象捕获（high-throughput chromosome conformation capture，Hi-C）技术。Hi-C技术能够研究全基因组范围内的DNA序列在空间位置上任意两点间的互作关系，探究不同类型的结构单元如何介导转录调控元件与基因的互作，以及距离目标基因数kb甚至数Mb的调控元件如何调控基因表达，从而阐明复杂的转录调控与基因表达的分子机制。

在哺乳动物细胞核内，染色质可折叠组装成高级构象，这些层级结构单元由大到小依次划分为染色体疆域（chromosome territory，CT）、染色质区室（compartment A/B）、拓扑关联结构域（topological associated domain，TAD）和染色质环（chromatin loop）等（图9-12）。其中，染色体疆域是普遍存在于细胞核内的基因组空间结构，不同的染色体占据不同的疆域；染色质区室是较大的结构单元，与染色质活性紧密相关，取决于基因组的表观状态；拓扑关联结构域作为细胞核内稳定存在的空间结构单元，可在局部范围内影响基因表达；染色质环则为更精细的结构和功能单元，通常由启动子与远端增强子互作形成，可直接激活基因转录，进而调控基因表达。

二维码

1. 染色体疆域　每条染色体在分裂间期细胞核中都各自占据着一块特定且不重叠的核区域，即染色体疆域【二维码】，而不同染色体之间的重叠仅限于染色体疆域的边界，因此染色体疆域被认为是内部核运动的屏障。染色体疆域还与染色体活性程度、染色体上富含基因的复制时间和转录活性有关。例如，常染色质、富含早期复制位点和活性基因的染色体倾向定位于细胞核内部，而异染色质、富含晚期复制位点和抑制基因的染色体则倾向定位于核边缘。此外，通过染色体疆域还观察到较长的染色体在核内空间彼此靠近，较短的染色体之间也更为邻近。

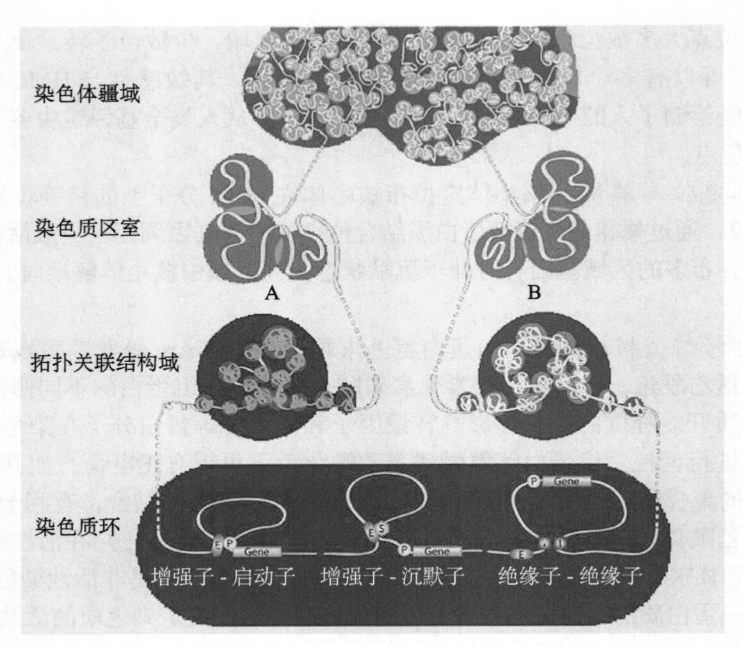

图 9-12　哺乳动物三维基因组的结构单元

二维码

2. 染色体区室　　除了形成染色体疆域，三维基因组空间结构还具有另一重要特征，即染色质是由 A 区室（A compartment）和 B 区室（B compartment）交叉分布组成【二维码】。其中，A 区室为开放的染色质区室，多为常染色质和基因富集区域，GC 含量和基因表达水平较高；而 B 区室为闭合的染色质区室，多为异染色质和基因不活跃区域，GC 含量和基因表达水平相对较低。A/B 区室还与一些基因组表观特征高度相关，如 A 区室往往携带 H3K36me3 等激活的染色质标记，同时对 DNase Ⅰ高度敏感，具有较强的染色质可接近性；而 B 区室往往携带 H3K27me3 等抑制的染色质标记。因此，A 区室是更加开放、可接近、具有转录激活特征的染色质区域。对同一种区室而言，其内部具有更高的染色质互作频率，即 A-A/B-B 区室内互作强于 A-B 区室间互作。染色体区室，是基因表达调控的重要组成成分。A/B 区室转换与基因表达变化相关。

二维码

3. 拓扑关联结构域　　2012 年，科学家发现了哺乳动物细胞核内染色质折叠的二级结构单元——拓扑关联结构域。事实上，将 Hi-C 互作图谱的分辨率提高到 40 kb 及以上时，可以观察到高度自我相关的染色质区域形成的间隔的三角形，即拓扑关联结构域【二维码】。科学家分析小鼠胚胎干细胞的 Hi-C 数据，找到了约 2200 个平均大小为 0.88 Mb、共占据基因组 91% 区域的拓扑关联结构域，并发现这些拓扑关联结构域内部的互作强度显著高于拓扑关联结构域之间的互作强度。拓扑关联结构域也广泛存在于酵母、线虫、果蝇、斑马鱼等动物细胞核基因组中。水稻 Hi-C 数据分析显示仅存在非典型的拓扑关联结构域，而在拟南芥基因组中甚至没有发现拓扑关联结构域类似结构。因此，拓扑关联结构域在植物中可能不保守。

拓扑关联结构域作为染色质折叠的功能单元，在多种哺乳动物细胞核中稳定存在，在不同细胞中的位置相对稳定，并且与组织特异性的基因表达或组蛋白修饰似乎不相关。拓扑关联结构域的定位也具有保守性，小鼠胚胎干细胞与人胚胎干细胞相比，具有 50%～70% 共有的拓扑关联结构域边界，表明拓扑关联结构域是哺乳动物基因组的固有特征。此外，拓扑关联结构域边界与复制域（replication domain）边界存在较大程度的重合，表明拓扑关联结构域是复制调控的单元之一。然而，其稳定性与保守性似乎仅限于体细胞中，在生殖细胞如精子和卵细胞形成过程中，拓扑关联结构域经历广泛的重塑，即减弱 - 消失 - 恢复，反映了生殖细胞中特有的染色质高级结构变化。

4. 染色质环　在哺乳动物细胞核内，由染色质的浓缩聚合，基因位点的远距离互作介导形成的染色质纤维环状结构，称为染色质环【二维码】。2014 年，美国科学家首次报道了整个人类基因组上形成的 9448 个染色质环，并发现这些染色质环的两端通常连接启动子和增强子，且这些染色质环所在基因具有更高的表达水平，表明这些染色质环可直接调控基因表达。之后，越来越多的研究揭示了各种细胞间由于长距离互作形成的染色质环结构，并发现其共有特征。例如，染色质环长距离互作通常发生在同一个拓扑关联结构域内部，超长距离的互作发生率则相对较低；CCCTC 结合因子（CCCTC-binding factor，CTCF）和粘连蛋白（cohesin）参与染色质环结构的形成，且 CTCF 和粘连蛋白介导形成的染色质环在不同细胞间较为保守；有活性的启动子、增强子、CTCF 结合位点通常与长距离互作呈正相关。染色质环对基因表达的调控作用往往通过启动子 - 增强子互作、启动子 - 启动子互作及增强子 - 增强子互作而实现。

二维码

近年来，一些研究团队报道了染色质三维空间结构在哺乳动物配子发生和早期胚胎发育过程中的变化。发现哺乳动物染色质三维结构在着床前胚胎发育过程中经历了动态重组；精子保留经典的染色质高级结构，包括 A/B 区室和拓扑关联结构域，但是处于第二次减数分裂期的卵细胞的染色质结构却缺乏典型的 A/B 区室和拓扑关联结构域。在配子发生过程中，生殖细胞染色质三维空间结构也经历了广泛的重塑【二维码】。这种特有的染色质高级结构动态变化与基因表达的关系尚需进一步研究。

二维码

人类许多疾病的发生往往与细胞核三维基因组的构象改变密切相关。科学家通过 Hi-C 技术构建了人大脑皮质的染色质互作图谱，鉴定了数百个具有启动子 - 增强子互作调控的基因，并将这些基因与已知的精神分裂症相关非编码 DNA 序列变异相结合，筛选出了多个精神分裂症易感基因和通路。此外，有研究证实染色质三维空间构象改变与风湿性关节炎、肠克隆恩氏病等自身免疫病及癌症的发生有关联，发现相关基因增强子与启动子区域互作异常与这些疾病的发生密切相关【二维码】。因此，通过研究病灶组织细胞中基因与其调控元件之间互作的改变，可能找到新的致病位点，为新的靶向治疗药物开发奠定基础。

二维码

第三节　染色体与核型分析

细胞分裂间期，染色质高度凝缩而成染色体，对碱性染料染色深。不同生物的细胞中染色体数目不同，所有单倍染色体组包含的 DNA 即构成该生物的基因组（genome）。

一、染色体的形态结构

在有丝分裂中期，染色体的形态结构比较稳定，所以一般描述染色体的形态结构都是中期染色体。染色体有种属特异性，在数量、大小和形态上随生物种类、细胞类型及发育阶段的不同存在着差异（图 9-13）。

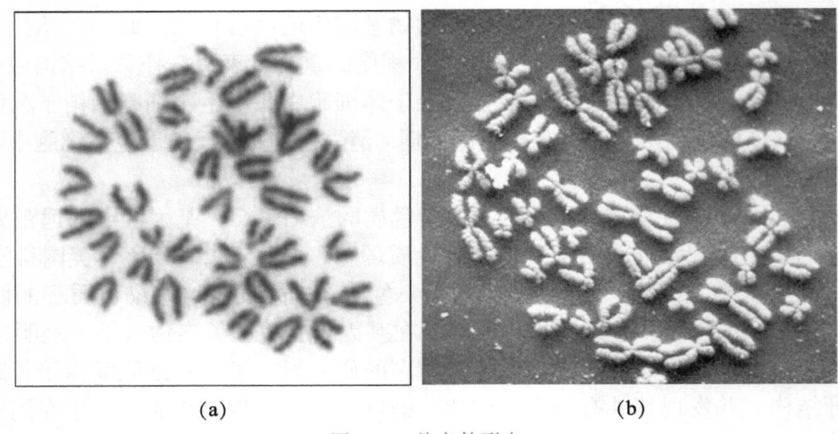

图 9-13 染色体形态

（a）普通光镜下的小鼠染色体形态；（b）扫描电镜下的人类染色体形态

线虫、果蝇、小鼠、猪、牛、黑猩猩、人的二倍体细胞（$2n$）分别含有12条、8条、40条、38条、60条、48条、46条染色体。拟南芥 $2n = 10$，水稻 $2n = 24$，而普通小麦则是 $2n = 6x = 42$，有A、B、D三套亚染色体。一般根据常染色体的长短依次对染色体编号，性染色体另外编码。

染色体的主要结构包括着丝粒、主缢痕、次缢痕、核仁组织区、随体、端粒等。

（一）着丝粒和动粒

在细胞分裂中期，两条相同的姐妹染色单体（chromatid）以着丝粒（centromere，CEN）相连。着丝粒浅染，向内凹陷，又叫主缢痕（primary constriction）或初级缢痕。在不同物种间，着丝粒的大小与序列差异较大。啤酒酵母CEN-DNA长度仅为125 bp，在染色体上呈点状；在真核生物，着丝粒以区域化形式存在；线虫及许多昆虫的着丝粒全部分布在整个染色体长度上。着丝粒的基本功能，一是在有丝分裂前将两条姐妹染色单体结合在一起；二是为动粒装配提供结合位点。

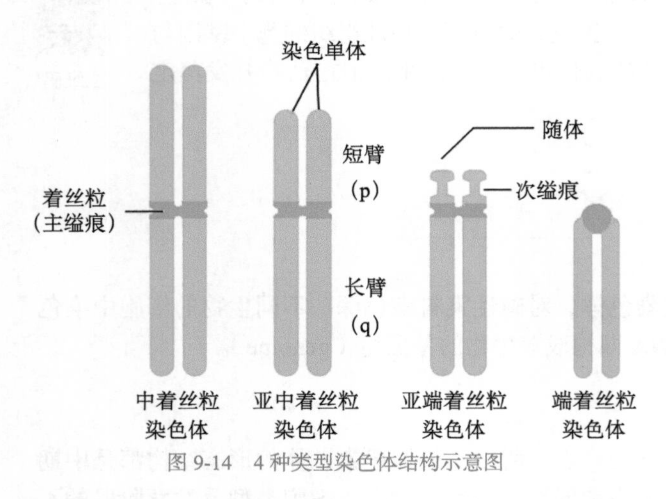

图 9-14 4种类型染色体结构示意图

着丝粒将染色单体分为两个臂，根据着丝粒在染色体上的位置将染色体分为4种类型（图9-14，表9-2），即中着丝粒染色体（metacentric chromosome），着丝粒位于或靠近染色体中部，两臂长度相等或大致相等；亚中着丝粒染色体（submetacentric chromosome），着丝粒偏离中部，位于5/8～7/8处，染色体的两个臂长短不一，短的叫作短臂（p arm），长的叫作长臂（q arm）；近端着丝粒染色体（acrocentric chromosome）或亚端着丝粒染色体（subtelocentric chromosome），着丝粒靠近染色体一端，长臂长，短臂短，位于染色体纵轴7/8近末端；端着丝粒染色体（telocentric chromosome），着丝粒位于染色体末端，只有一个臂，人类正常染色体中没有这种类型，但肿瘤细胞中可见。

表 9-2 根据着丝粒位置进行的染色体分类

着丝粒位置	染色体符号	着丝粒指数（短臂长：染色体总长）	q：p（长臂长：短臂长）
中着丝粒	m	0.500～0.375	1.00～1.67
亚中着丝粒	sm	0.374～0.250	1.68～3.00
亚端着丝粒	st	0.249～0.125	3.01～7.00
端着丝粒	t	0.124～0.000	> 7.01

着丝粒是一个高度有序的整合结构，至少可以分为三个结构域，即动粒结构域（kinetochore domain）、中央结构域（central domain）和配对结构域（pairing domain）等（图 9-15）。

动粒（kinetochore），也叫着丝点，是附着于主缢痕外侧的圆盘状结构，分为三个区域：内板［inner plate，或内层（inner layer）］、中间间隙［middle space，或中间区域（middle zone）］、外板［outer plate，或外层（outer layer）］。内板厚 15～40 nm，与中央结构域结合；中间间隙半透明，厚 15～60 nm；外板厚 30～40 nm，其上覆盖纤维冠（fibrous corona），也可以与动粒微管相结合完成细胞分裂时的染色体分离。动粒结构域主要含有动粒结构、着丝粒蛋白（centromere protein，CENP）及与染色体有关的微管蛋白、钙调蛋白、动力蛋白等。每个中期染色体含有两个动粒，位于着丝粒的两侧。

中央结构域主要是串联重复的 α 卫星 DNA 组装而成。这些重复序列大部分具有物种专一性。在人染色体，重复单位为 17 bp，串联重复 2000～30 000 次，可以达 250～400 kb。在不同染色体，着丝粒的 α 卫星 DNA 序列有所不同，其中有一个亚类含有 17 bp 的 DNA 模式，能与动粒蛋白 CENP-B 结合。

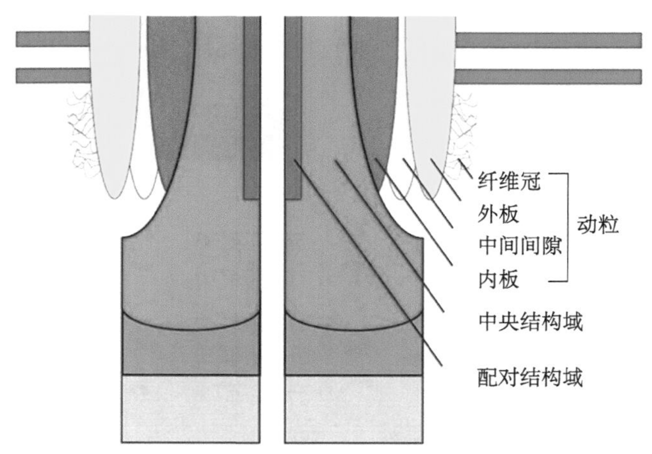

图 9-15 着丝粒的结构域组织

配对结构域位于着丝粒内表面，是中期姐妹染色单体的相互作用位点。该结构域含有内着丝粒蛋白（inner centromere protein，INCENP）和染色单体连接蛋白（chromatid linking protein，CLIPS）。

（二）次缢痕与核仁组织区

次缢痕（secondary constriction）是染色体上除主缢痕外的其他浅染缢缩部位，其数量、位置和大小是某些染色体的重要形态特征，可作为染色体鉴定的标志。核仁组织区（nucleolar organizing region，NOR）是在特定染色体的次缢痕处，含有 rRNA 基因（5S rRNA 除外）的一段染色体区域，与核仁的形成有关，故称为核仁组织区。例如，人第 13 号、14 号、15 号、21 号、22 号等染色体上有核仁组织区。

（三）随体与端粒

随体（satellite）是位于染色体末端的棒状、圆形或圆柱形的染色体片段，通过次缢痕与染色体主要部分相连。它是识别染色体的主要特征之一。根据随体在染色体上的位置可分为两大类：随体处于末端的称为端随体，处于两个次缢痕之间的称为中间随体。

端粒是染色体两端部的特化结构。端粒（telomere）在空间结构上形成了一种染色体末端 T 环、D 环的端粒环结结构［图 9-16（a）］，即黏性末端与其上游序列在蛋白质结构的帮助下形成了内部的碱基互补配对结合，三条核酸序列共同存在于这一蛋白质结构中，从而解决了线性 DNA 分子的"末端复制问题"，保证了染色体的完全复制；同时在染色体的两端形成保护性的帽结构，使染色体的 DNA 免受核酸酶和其他不稳定因素的破坏。端粒的形成也使染色体末端不会与其他染色体末端融合，保持线性染色体的稳定。借助特异的荧光探针，可以检测端粒［图 9-16（b）］。端粒长度与细胞衰老有关，随着年龄的增长，细胞分裂次数的增多，端粒越来越短［图 9-16（c）］。当端粒消耗完时，黏性末端不再形成环结结构，容易与另外的染色体黏性末端结合，从而形成不同染色体的异常黏合，改变基因表达调控的平衡，呈现老年疾病。关于端粒与年龄的关系，有人提出了端粒时钟学说，该学说的视频见【二维码】。

二维码

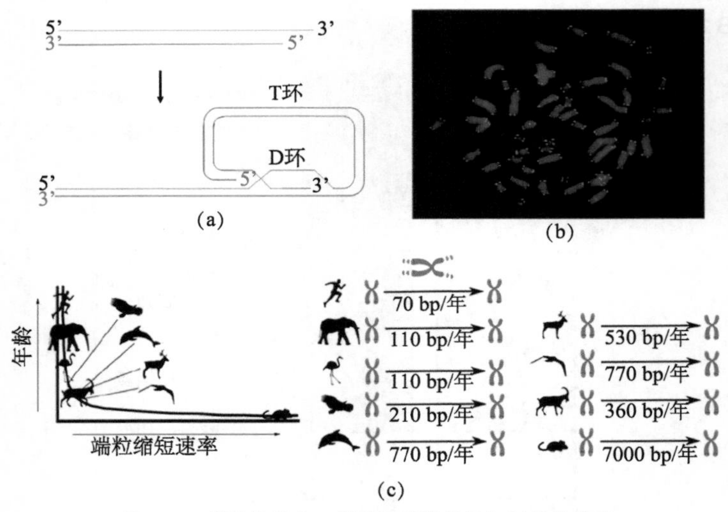

图 9-16 端粒的结构、荧光探针染色及与年龄的关系

（a）端粒 T 环和 D 环结构（引自 Turner et al.，2019）；（b）荧光探针显示端粒位于染色体的末端（红色）（引自 Scheel，2003）；（c）各物种中端粒长度均随年龄增长而缩短（引自 Whittemore et al.，2019）

末端端粒可以延长，一种机制是由端粒酶（telomerase）合成，这种酶是反转录酶，自身含

有一个 RNA 分子，可作为延长 DNA 末端合成的模板，合成的方向是 5′→3′。另一个端粒延长机制是端粒交替延长（alternative lengthening of telomere），由黏性末端与 5～10 kb 之外的另一条链上的 TTAGGG 同源序列配对形成 D 或者 T 环，由 TRF2 催化完成。

二、核型分析

二维码

核型（karyotype）又叫作染色体组型，是指染色体组在有丝分裂中期的表型，是染色体数目、大小、形态特征的总和。核型分析是对染色体进行分组、排队、配对、编号、测量计算和形态分析。示例及人体正常细胞染色体核型的基本特征见【二维码】。

核型分析主要根据染色体的形态特征、着丝粒的位置和长度进行分析。1968 年人们发现用荧光染料氮芥喹吖因处理染色体标本，出现了宽窄亮度不同的带纹，借此建立了染色体带型分析技术。用某些特定的染色方法，染色体沿着长轴出现宽窄不一、明显的色带和未染色的暗带相间或深浅相间的一系列横纹。每条染色体都有其独特而恒定的带纹，构成其染色体带型（banding pattern），以此作为鉴别单个染色体和染色体组的一种手段。常用的分带技术分为两类，第一类是整条染色体的显带技术，如 G 带、Q 带、R 带；第二类是染色体局部显带技术，如 C 带、T 带和 N 带。

G 带（Giemsa-banding）是将染色体制片经盐溶液、胰酶或碱处理，再用吉姆萨（Giemsa）染料染色，在光镜下观察，见到特征性明暗相间的带（图 9-17）。通常富含 A-T 碱基的 DNA 区段表现为暗带。

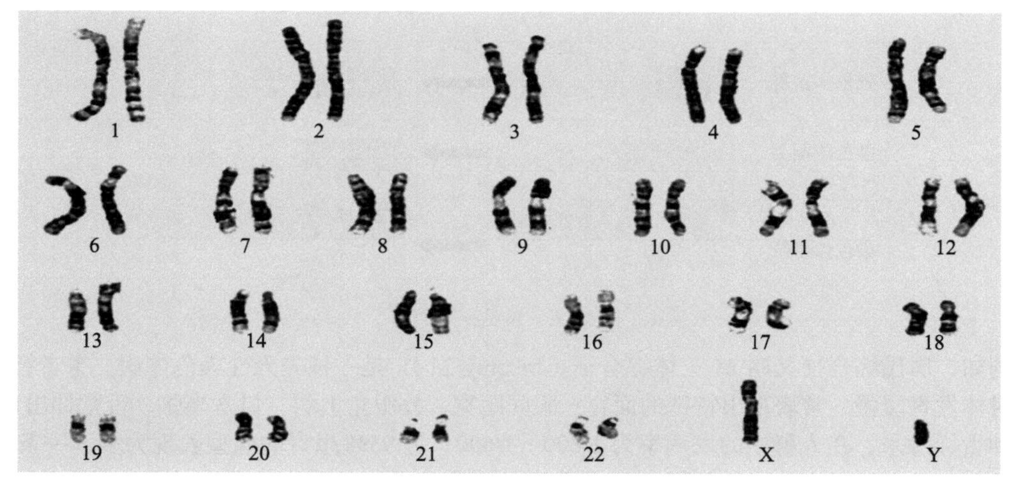

图 9-17 男性体细胞中的染色体 G 带图

Q 带（Q-banding）是一种荧光分带法。用荧光染料喹吖因（quinacrine）染色，在紫外光激发下显现明暗不同的带区，可在荧光显微镜下观察。一般富含 A-T 碱基的 DNA 区段表现为亮带，富含 G-C 碱基的区段表现为暗带，带型基本与 G 带一致。

R 带（reverse-banding）是将染色体用磷酸盐溶液高温处理，然后用吖啶橙或吉姆萨染料染色，结果显示的带型同 G 带明暗相间的带型正好相反，所以是 G 带的反带。

C 带（centromere-banding）是在酸（HCl）及碱（NaOH）热处理后，在着丝粒区域和异染色质区域经吉姆萨染色染成深色，而染色体两臂的常染色质部分仅有浅淡轮廓。在人类第 1 号、9 号、16 号染色体与 Y 染色体上有宽的 C 带，在第 7 号、10 号和 15 号染色体上有中等条带的

C 带。不同人的 C 带在大小上差异大。

N 带（NOR-banding）又称 Ag-As 染色法，主要用于染核仁组织区的酸性蛋白质，显示特定染色体的核仁组织区域染色体区段。不同物种 N 带位置和数目不同，不同品种也存在多态性，因此可用于研究物种进化与亲缘关系。

T 带（telomeric-banded 或 terminal-banding）是对染色体末端区端粒的特殊显带法，呈特殊的末端带型，在分析染色体末端缺失、添加和易位等方面有应用。

二维码

染色体图染（chromosome painting）技术是运用 FISH 技术对不同染色体区段进行荧光标记的技术，即对整条染色体、某条染色体臂或者染色体某个片段 DNA 制备荧光探针，然后用荧光原位杂交的方法将探针杂交到中期分裂相染色体上，在荧光显微镜下观察染色体重组、畸变及同源基因位置情况等【二维码】。

三、染色体异常与人类相关疾病

染色体异常常见的情况有 4 种（图 9-18）：①染色体缺失（deletion），即染色体缺失了一段；②染色体重复（duplication），染色体个别区段多出一份；③染色体颠倒（inversion），同一条染色体上发生了两次断裂，产生的片段颠倒 180° 后重新连接；④染色体易位（translocation），染色体片段位置的改变。化学、物理、生物因素都可能引起染色体发生异常，从而引起严重的遗传病，称为染色体病。目前发现的染色体病有 500 多种，可分为染色体数目异常和结构异常两大类。

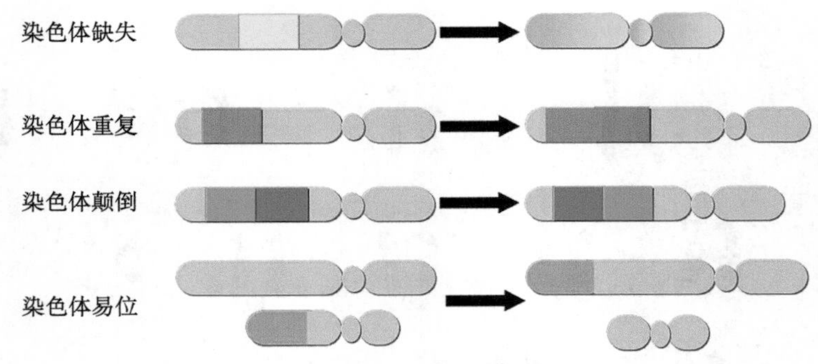

图 9-18　4 种常见的染色体异常情况示意图

例如，唐氏综合征又叫 21 三体综合征（trisomy 21），是一种先天性染色体病。患者智力低下，身体发育缓慢，常表现出特殊的面容：眼间距宽，外眼角上斜，口常半张，舌常伸出口外，又叫伸舌样痴呆。在人群中的发病率为 1/800～1/600。近 95% 患者的核型表现为多了一条第 21 号染色体。此外，近 2% 的患者存在 21 号染色体嵌合体的现象，这种类型叫嵌合型唐氏综合征（mosaic Down syndrome），即体细胞一部分是正常核型，一部分细胞有三条 21 号染色体。还有 3% 患者的 21 号染色体出现了异位，其中一条染色体与 14 号染色体融合，这种类型叫作异位型唐氏综合征（translocation Down syndrome）。后两种患者症状相对较轻。

四、巨型染色体

某些生物的细胞中，特别是在发育的某些阶段，可以观察到一些特殊的染色体，其特点是体积巨大，细胞核和细胞体积也大，所以称为巨型染色体（giant chromosome）或巨大染色体，包括多线染色体和灯刷染色体。

1. 多线染色体　多线染色体（polytene chromosome）即核内DNA多次复制产生的子染色体平行排列，并通过同源染色体配对，紧密结合在一起，从而阻止了染色体纤维进一步凝聚，形成体积很大的由多条染色体组成的结构（图9-19）。存在于双翅目昆虫的幼虫组织内（如唾液腺、气管等）和植物的胚珠细胞。

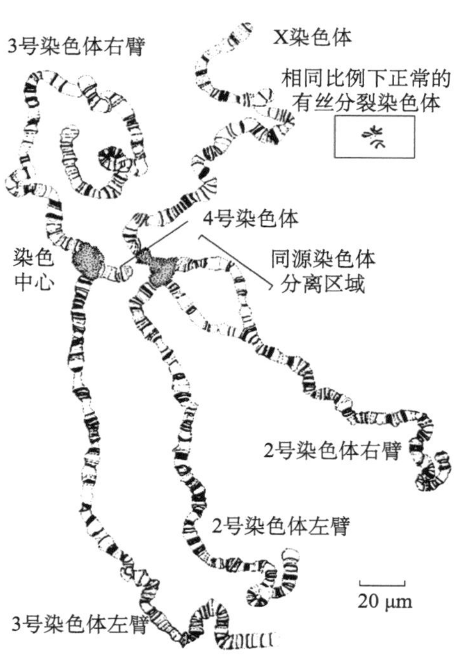

图9-19　果蝇幼虫唾液腺多线染色体（引自Alberts et al.，2008）

多线染色体来源于核内有丝分裂（endomitosis）。对幼虫果蝇唾液腺细胞的染色体分析发现比其他类型的细胞中的染色体粗100倍。在幼虫发育期间，这些细胞停止了分裂，但体积不断增大，DNA继续进行复制，以维持细胞的高分泌活性。复制的DNA链并不分开而是平行排列，所产生的巨型染色体中所含DNA链是正常染色体的1024倍。在光镜下观察经染色的多线染色体，可见一系列交替分布的带和间带（interband）。同一种属中的不同个体间多线染色体的带型基本一致，但不同种果蝇的多线染色体的带型差别很大。

2. 灯刷染色体　灯刷染色体（lampbrush chromosome）是卵母细胞进行第一次减数分裂时停留在双线期的染色体（图9-20）。它是一个二价体，含4条染色单体，由轴和侧丝组成，形似灯刷。轴由染色粒（chromomere）轴丝构成，每条染色体轴长400 μm，从染色粒向两侧伸出两个对称、类似的侧环，一个侧环平均含100 kb DNA。转录时RNA聚合酶沿DNA分子排列，其产物排列呈羽毛状。rRNA首先出现在纤维部，而后转向颗粒部。

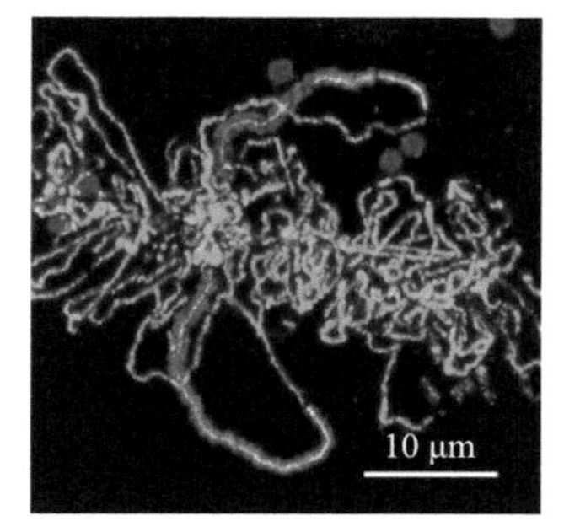

图9-20　灯刷染色体的荧光显微图片（引自Gall and Wu，2010）

灯刷染色体中的RNA聚合酶被免疫荧光染色为绿色，一个选择性剪接因子被染为橘色

灯刷染色体的形态与卵子发生过程中营养物储备密切相关。大部分DNA以染色粒形式存在，没有转录活性，而侧环是RNA转录活跃的区

域，一个侧环往往是一个大的转录单位，有的则由几个转录单位构成。灯刷染色体侧环上的RNA主要是前体mRNA，其中有些可以翻译成蛋白质，有些与蛋白质结合形成无活性的RNP颗粒。

第四节 核基质、核仁与核体

一、核基质（核骨架）

组成染色质纤维的DNA和蛋白质占细胞核总质量的80%～90%，由此推测一旦去除染色质纤维，细胞核就可能解体。然而，1974年Berezney和Coffey用核酸酶和去垢剂处理细胞核，除去了95%的核物质后残留有纤维蛋白的网架结构，将其命名为核基质（nuclear matrix）。它与细胞质骨架在结构上相似，因而早期学者将其与核骨架（nucleoskeleton）等同。从概念上讲，核基质包括细胞核内液体和蛋白质纤维两个部分，后者起到支架的作用，也被称为核支架（nuclear scaffold）。

目前对核基质或核骨架的概念有两种理解，狭义的概念是指细胞核内除了核被膜、核纤层、染色质、核仁、核体以外的网络结构体系，这里核基质与核骨架具有等同含义；广义的概念除包括狭义概念中的网络结构外，还包括核纤层、染色体骨架。

1. 核基质的化学组成　核基质主要由非组蛋白的纤维蛋白所构成。动物细胞核基质主要是由中间纤维和其他一些未知的蛋白质组成，植物细胞则没有中间纤维。

2. 核基质的功能　核骨架与核纤层、中间丝相互连接形成的网络体系，是贯穿于细胞核和细胞质的一个相对独立的结构体系。核骨架为核内物质提供附着或支撑点，与DNA复制、转录、转录后加工、染色质重塑等密切相关。

二、核仁

二维码

大多数真核生物细胞核的一个显著特点是具有一个或多个呈球形结构的核仁（nucleolus）。大多数细胞只含有一或两个核仁，但也有少数细胞含有多个核仁。在光学显微镜下，用苏木精染色就可以看到核仁，也可以荧光特异染色【二维码】。

核仁是细胞核中一个匀质的球体，由纤维区、颗粒区、核仁染色质、基质四部分组成。核仁是真核细胞间期核中最明显的结构，核仁的大小、形状和数目随生物的种类、细胞类型及细胞代谢状态而变化。蛋白质合成旺盛、代谢活跃的细胞如分泌细胞、卵母细胞的核仁可占核体积的25%，不具蛋白质合成能力的细胞如肌细胞、休眠的植物细胞，其核仁很小。

1. 核仁的结构　核仁呈圆或卵圆形，无界膜包被，是由多种组分形成的一种网状结构。在电镜的超微切片中可以看到，核仁包括三个不完全分隔的部分（图9-21）。纤维中心（fibrillar center，FC）呈浅染区，位于核仁的中央，直径为2～3 nm，分布有rRNA基因（rDNA）、RNA聚合酶Ⅰ和结合的转录因子；致密纤维组分（dense fibrillar component，DFC）则是位于核仁的浅染区周围，直径为5～10 nm的致密纤维，分布有rRNA和一些特异性结合蛋白；颗粒组分（granular component，GC）呈致密的颗粒，直径为15～20nm，位于周边，是正在加工、成熟的核糖体亚基前体颗粒。

除了上述三种基本结构外，核仁还有一些其他结构，如在核仁的周围有一层染色质，称为核仁相随染色质（nucleolar associated chromatin）；有时染色质还深入核仁内部，称为核仁内染色质（intranucleolar chromatin），而分布于核仁周围的染色质称为核仁周边染色质（perinucleolar chromatin）。此外，经 RNase 和 DNase 处理后，在电子显微镜下观察到的核仁残余结构，称为核仁基质（nucleolar matrix）或核仁骨架。

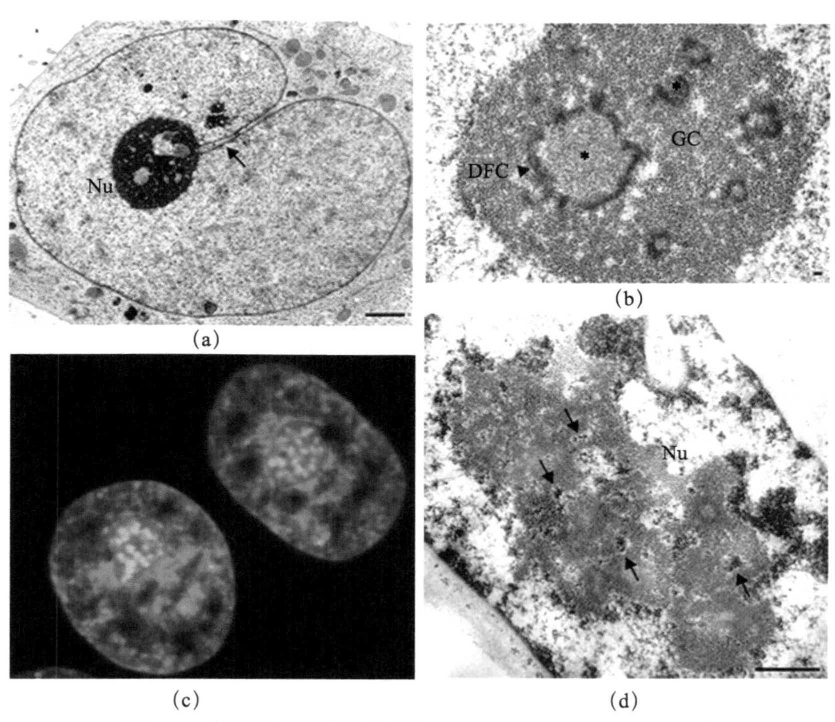

图 9-21 核仁的内部结构（引自 Hernandez-Verdun et al.，2010）

（a）透射电镜超微切片中观察到的 HeLa 细胞的核仁结构，显示核仁与核膜直接相连，图中标尺为 1 μm；（b）HeLa 细胞的 3 种核仁成分，即纤维中心（* 标识部分）、致密纤维组分（DFC）和颗粒组分（GC），图中标尺为 0.1 μm；（c）PtK1 细胞中经 NAMA-Ur 染色的 DNA 和 RNA，图中标尺为 0.5 μm；（d）荧光标记的人细胞核，图中绿色为染色质，品红色为核仁颗粒组分，蓝色为核仁致密纤维组分

2. 核仁周期　　核仁是一种动态结构，随细胞周期的变化而变化，即形成 - 消失 - 形成，这种变化称为核仁周期（nucleolar cycle）（图 9-22）。在细胞的有丝分裂期，核仁变小并逐渐消失；在有丝分裂末期，rRNA 的合成重新开始，核仁形成。核仁形成的分子机制尚不清楚，但依赖 rRNA 基因的激活。

3. 核仁的功能　　核仁是细胞合成核糖体的工厂，是与核糖体的生物发生（ribosome biogenesis）有关，参与 rRNA 的合成、加工和核糖体亚基的组装。由于核糖体是合成蛋白质的机器，控制了核糖体的合成和装配就能有效地控制细胞内蛋白质的合成速度，调节细胞的生命活动。因此，从某种意义上说，核仁实际上操纵着蛋白质的合成。

此外，核仁还参与 mRNA 的输出与降解。通过紫外线照射灭活哺乳动物细胞的核仁，可以阻止非核糖体 RNA 的输出。

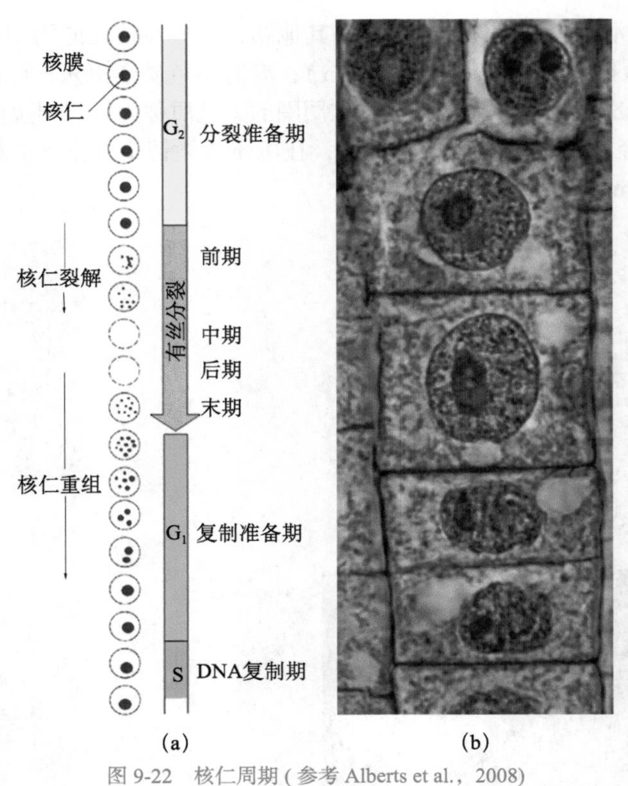

图 9-22 核仁周期（参考 Alberts et al.，2008）

（a）核仁周期发生的示意图；（b）细胞中核仁的动态变化图像

三、核体

核体是特定细胞中发现的核内亚结构，最初在恶性肿瘤细胞中发现。目前发现的有 PML-NB（promyelocytic leukemia nuclear body）、Cajal body、GEMS 体（Gemini bodies，也称为 Gemini of coiled body，Gem 体）等核内的亚显微结构（图 9-23）。这些亚核结构与核仁一样，没有膜的包被，而且动态变化。

Cajal 小体在动、植物细胞中均有发现，其数量与细胞周期、疾病有关。Cajal 小体中分布有 RNA 剪切所需要的许多因子（如 p80-coilin），与 snRNA、snoRNA 的加工修饰有关。coilin 被认为是 Cajal 小体的指示蛋白，一些病毒侵染植物细胞需要借助 Cajal 小体中的 coilin 才能完成。在 Cajal 小体中发现的一个成分 TCAB1（telomerase Cajal body protein 1）也是端粒酶复合体成分之一。TCAB1 参与 RNA 的剪切调控。

GEMS 和 Cajal 常常在核内成对出现。有研究报道两者是核小核糖核蛋白颗粒（small nuclear ribonucleic particles，snRNP）的再循环场所。GEMS 含有运动神经元存活蛋白，该蛋白质异常引起 snRNP 缺乏，如果完全缺失则会造成致死性后果。

由于难以分离，这些核体功能的研究难度较大。从 20 世纪 90 年代开始，这个领域开始受到科学家的关注，其研究手段主要是利用荧光标记，借助荧光显微镜、激光共聚焦显微镜观察，运用免疫电镜技术结合蛋白质组学分析等。

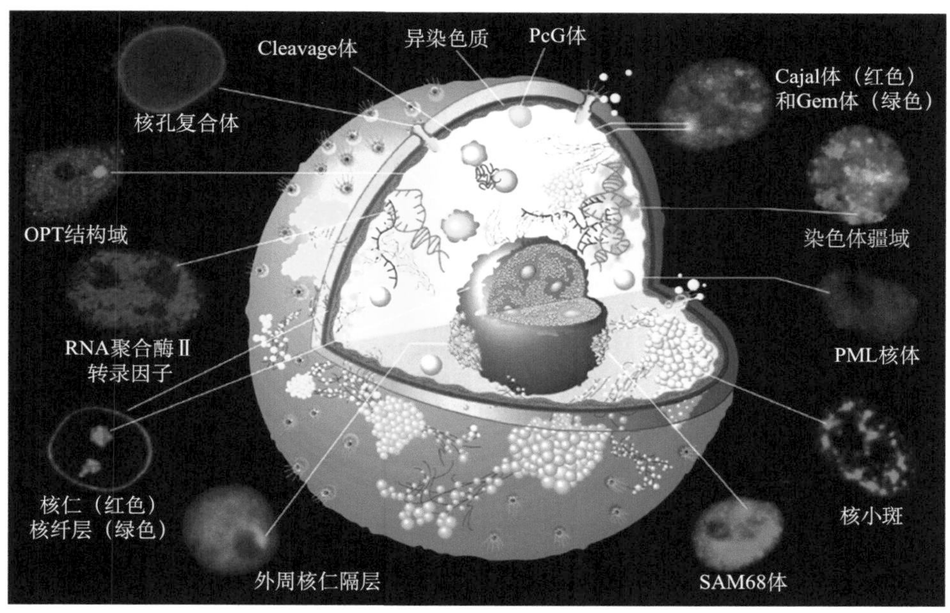

图 9-23 细胞核核体（引自 Spector，2001）

思 考 题

1. 简述核被膜的结构与功能。

2. 核孔复合体的结构特点及其生物学功能有哪些？

3. 核小体是如何组装的？简述染色质的凝缩结构模型及组装机制。

4. 染色质有哪些类型？分别有何特点及生物学功能？

5. 染色质三维空间结构的基本单元有哪些？它们之间有怎样的关联？如果它们发生改变是否一定影响细胞的功能？为什么？

6. 染色体有哪些形态结构及分类依据？

7. 核型分析技术有哪些？各有什么原理？举出应用案例。

8. 试述核仁与核体的结构与功能。

本章核心概念及更多布鲁姆学习目标层次习题见【二维码】。

二维码

本章知识脉络导图

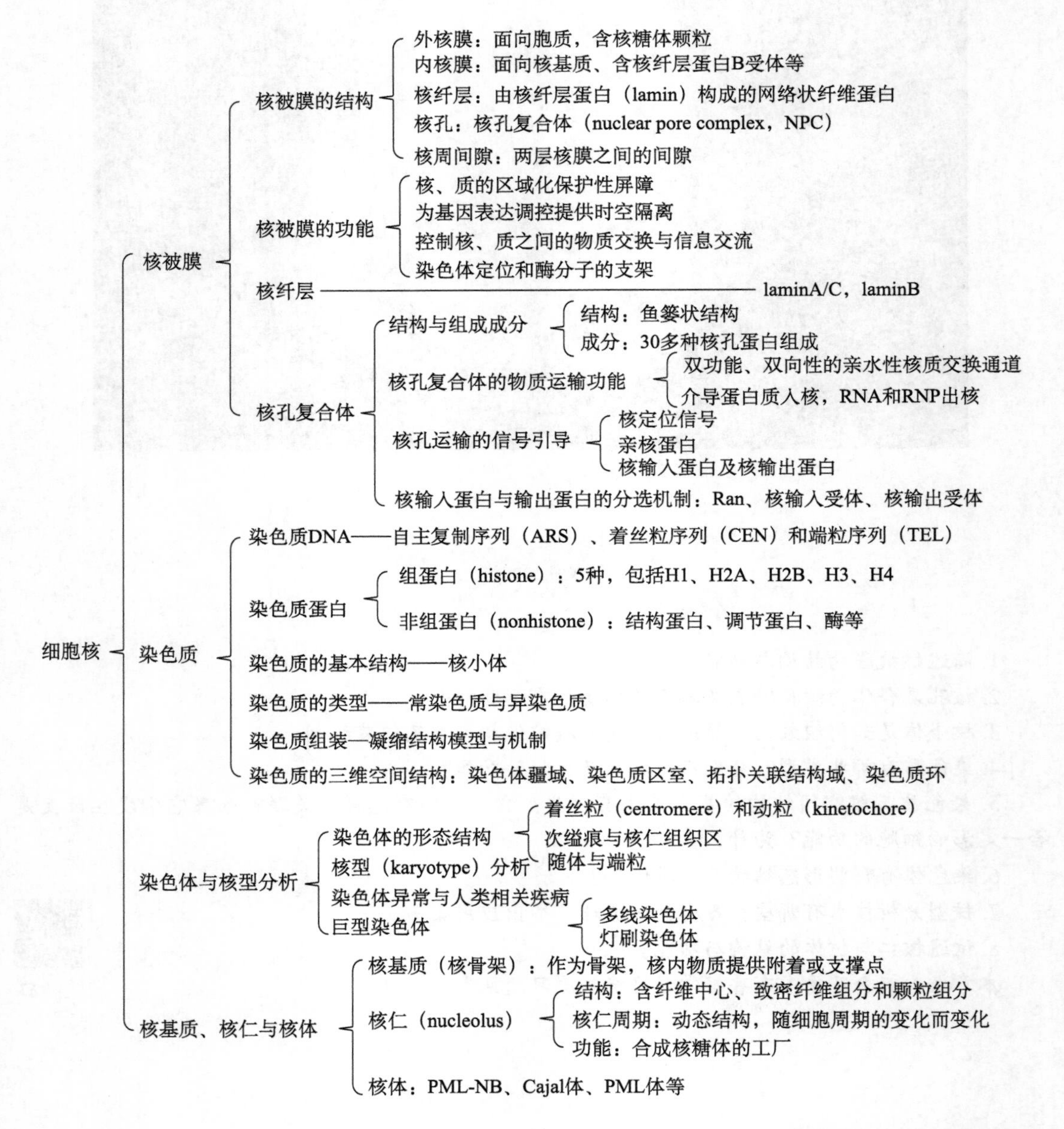

（李绍军，郑以，曾文先）

第十章　细胞社会联系与胞外基质

对于多细胞生物来说，每个细胞的生存增殖、分化、死亡过程中功能的发挥都必须在一定的环境下或特定的组织液环境中进行。任何一个细胞的生命活动都不是孤立进行的，而是受到整个机体、局部组织和周围细胞及细胞外可溶性与不可溶性信号分子的影响与控制。每个细胞又作为整个机体的一个基本生命活动单位，通过内分泌、旁分泌或细胞间直接通信的形式，以其产物或行为对整个机体或局部环境及其他细胞产生影响。细胞与细胞、细胞与外环境乃至整个机体的相互依存、相互作用、相互制约，即细胞的社会性。细胞表面在细胞社会性活动中占有十分重要的地位，细胞与细胞及周围环境之间通过细胞膜相互联系，形成一个密切相关、彼此协调一致的统一体。

细胞连接（cell junction）是多细胞有机体中相邻细胞之间相互联系、协同作用的重要组织方式，在结构上常包括质膜下、质膜及质膜外细胞间几个部分，对于维持组织的完整性非常重要，有的还具有细胞通信作用。细胞黏着（cell adhension）是细胞连接的起始，细胞连接是细胞黏着的发展。细胞连接与细胞黏着在发生时间、产生结构和涉及的分子及与细胞结合的紧密程度方面均有明显不同。

细胞外基质（extracellular matrix，ECM）是由动物细胞合成并分泌到胞外、分布在细胞表面或细胞之间的大分子，主要是一些多糖、蛋白质和蛋白聚糖等。随着细胞外基质在生理和病理过程中的重要作用被发现，细胞外基质功能的研究已备受关注。细胞外基质绝不仅是包裹细胞而已，而是细胞完成若干生理功能必须依赖的物质。已知细胞的形态、运动及分化均与细胞外基质有关。细胞外基质能结合许多生长因子和激素，给细胞提供众多信号，调节细胞功能。植物细胞的细胞壁相当于植物体中的细胞外基质。

本章将重点从细胞连接、细胞黏着和细胞外基质等方面介绍细胞社会及其联系。

第一节　细胞连接

细胞连接是指细胞表面的特化结构或特化区域，两个细胞通过这种结构连接起来。细胞的特化区域涉及细胞外基质蛋白、跨膜蛋白、胞质溶胶蛋白、细胞骨架蛋白等。从功能上看，细胞连接将同类细胞连接成组织，并同相邻组织的细胞保持相对稳定。在动物和植物中，细胞的连接形式是不一样的，按照行使功能的不同，细胞连接可以分为三大类，即封闭连接（occluding junction）、锚定连接（anchoring junction）和通信连接（communicating junction）（图 10-1）。

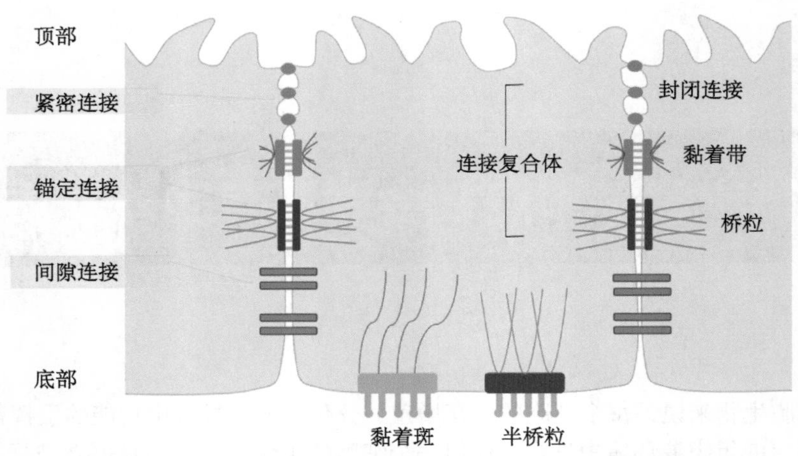

图 10-1　脊椎动物小肠上皮细胞的几种连接方式示意图

紧密连接一般位于细胞最顶端位置，其次是黏着带连接，然后是平行排列的桥粒，这些结构结合在一起形成连接复合体。间隙连接、黏着斑和半桥粒的分布则不太规则，黏着斑和半桥粒这两种类型的锚定连接将细胞固定在胞外基质上

一、封闭连接

封闭连接将相邻上皮细胞的质膜紧密连接在一起，阻止溶液中的小分子沿细胞间隙从细胞一侧渗透到另一侧。封闭连接主要有紧密连接（tight junction）和间壁连接（septate junction）两种形式。紧密连接是一类只出现在脊椎动物中的细胞连接复合体；在无脊椎动物中，相应的连接为间壁连接。

紧密连接又称封闭小带（zonula occludens），属于不通透连接，普遍存在于脊椎动物体内各种上皮和内皮细胞及毛细胆管和肾小管等，多见于胃肠道上皮细胞之间的连接部位［图 10-2（a）］，长度为 50～400 nm，相邻细胞之间的质膜紧密结合，没有缝隙。

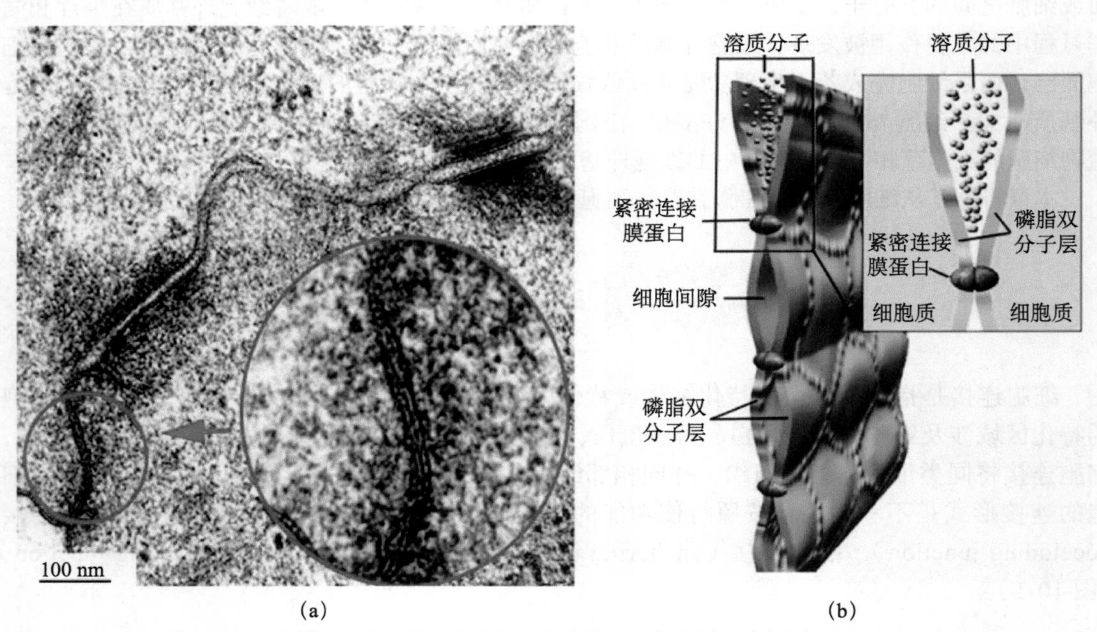

图 10-2　上皮细胞紧密连接电镜图［（a）］和结构示意图［（b）］（参考 Karp，2010）

从结构上看，电镜下紧密连接的连接区域具有类似的焊接线网络，焊接线也称嵴线，封闭了细胞与细胞之间的空隙。每条嵴线独立于其他嵴线作用，因而紧密连接防止离子通过的能力随嵴线的数目呈指数性增长。每条嵴线由一列列嵌入两个相对细胞原生质膜的跨膜蛋白构成，这些蛋白质颗粒的直径只有几个纳米，蛋白质的胞外结构域相互结合使其彼此间一个个直接相连，将相邻细胞间连接起来［图 10-2（b）］。上皮细胞层对小分子的透性与嵴线的数量有关，有些紧密连接甚至连水分子都不能透过。Ca^{2+} 也是形成紧密连接所必需的，体外用适当的蛋白酶及 Ca^{2+} 螯合剂处理上皮组织，均可使紧密连接分离。

紧密连接的焊接线由跨膜蛋白构成，此外还有其他蛋白质存在。形成紧密连接的跨膜蛋白主要有两种类型：密封蛋白（claudin）和闭合蛋白（occludin）。密封蛋白是一类分子质量为 20～27 kDa 的具有 4 次跨膜的蛋白质家族；闭合蛋白的分子质量约为 64 kDa，含有 504 个氨基酸组成的 4 个跨膜结构域，它的功能及其相关调控机制与多种疾病的发生有关。另外还有膜外周封闭小带蛋白（zonula occludens，ZO），它们与位于细胞膜内侧锚定到肌动蛋白细胞骨架的膜蛋白连接。因此，紧密连接连接了相邻细胞的细胞骨架，可加强细胞韧性，使紧密连接起一定的机械支持作用。

紧密连接的功能主要有三个方面：①形成渗漏屏障，起重要的封闭作用；②起隔离作用，使游离端与基底面质膜上的膜蛋白行使各自不同的膜功能；③信号转导功能，维持上皮组织的整体性。紧密连接的生物学功能详见【二维码】。

二维码

二、锚定连接

锚定连接（anchoring junction）在组织内分布很广泛，通过细胞的骨架系统将细胞与细胞或细胞与基质相连成一个坚挺、有序的细胞群体，使细胞间、细胞与基质间牢固黏合，在需要承受机械力的组织，如上皮组织、心肌和子宫颈中含量尤为丰富。根据参与的骨架系统的不同，锚定连接可分两种不同形式：①与中间纤维相连的锚定连接主要包括桥粒（desmosome）和半桥粒（hemidesmosome）；②与肌动蛋白纤维相连的锚定连接主要包括黏着带（adhesion belt）与黏着斑（focal adhesion）。

构成锚定连接的蛋白质可分成两类：①细胞内附着蛋白，形成了细胞内独特的致密斑，将特定的细胞骨架成分（中间纤维或微丝）同连接复合体结合在一起；②跨膜连接的粘连蛋白，其细胞内的部分与附着蛋白相连，细胞外的部分与相邻细胞的跨膜粘连蛋白或胞外基质相互作用。

（一）桥粒和半桥粒

桥粒，又称点状桥粒，是细胞间形成的纽扣式的连接结构，主要构成单位是跨膜粘连蛋白、附着蛋白和中间纤维。跨膜粘连蛋白通过附着蛋白（致密斑）与中间纤维相联系，提供细胞内中间纤维的锚定位点。中间纤维横贯细胞，形成网状结构，同时还通过桥粒与相邻细胞连成一体，形成整体网络，起支持和抵抗外界压力与张力的作用。桥粒在相邻细胞间形成纽扣状结构，细胞膜之间的间隙约 30 nm。质膜下方的附着蛋白主要包括片珠蛋白（plakoglobin）、桥粒斑蛋白（desmoplakin）等，形成一厚 15～20 nm 的致密斑。致密斑上有中间纤维相连，中间纤维的性质因细胞类型而异，如在上皮细胞中为角蛋白丝（keratin filament），在心肌细胞中则为结蛋白丝（desmin filament）。桥粒中间的跨膜粘连蛋白为钙黏素家族（cadherin family）成员，包括桥粒芯蛋白（desmoglein）及桥粒芯胶黏蛋白（desmocollin）等。因此相邻细胞中的中间纤维通过细胞致密斑和钙黏素构成了穿越细胞的骨架网络（图 10-3）。

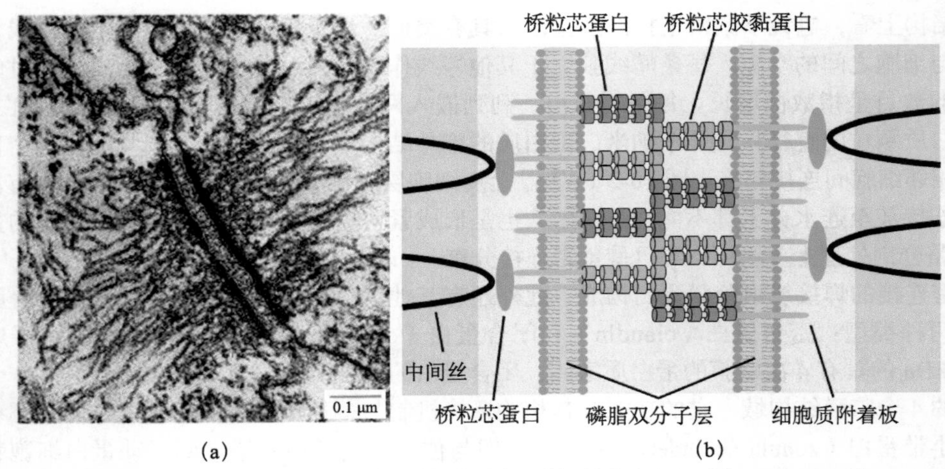

图 10-3 桥粒电镜图像［(a)］及其结构示意图［(b)］［图(a)引自 Karp，2010］

胰蛋白酶、胶原酶及透明质酸酶皆可破坏跨膜蛋白的胞外结构，使桥粒分离；Ca^{2+} 也是锚定连接所必需的，所以 Ca^{2+} 螯合剂也可使之分离。致心律失常性右室心肌病（ARVC）是一种以编码桥粒蛋白的基因发生突变为主要病因的遗传性心脏病，临床上甚至导致致命性心律失常，尤其是年轻人和运动员。目前已经发现 8 个致病基因与本病相关，其中有 5 个是桥粒蛋白编码基因，分别是 *plakophilin2*、*desmoplakin*、*desmoglein2*、*desmocollin2* 及 *plakoglobin*（以突变概率由高到低排序）。

半桥粒相当于半个桥粒，但其功能和化学组成与桥粒不同。它通过细胞质膜上的膜蛋白整合素将上皮细胞通过粘连蛋白锚定在胞外基质上。在半桥粒中，中间纤维不是穿过而是终止于半桥粒的致密斑内（图 10-4）。半桥粒存在于上皮组织基底层细胞靠近基底膜处，防止机械力造成细胞与基膜脱离，使得细胞处于相对稳定的位置。半桥粒在结构上类似桥粒，它与桥粒的不同之处在于：①只在质膜内侧形成桥粒斑结构，其另一侧为胞外基质中的粘连蛋白；②穿膜连接蛋白为整合素（integrin）而不是钙黏素，整合素是细胞外基质的受体蛋白；③细胞内的附着蛋白为角蛋白（keratin）等。因此，细胞中的中间纤维通过细胞致密斑和整合素与胞外基质中的粘连蛋白结合，从而将细胞固定在基底膜上。

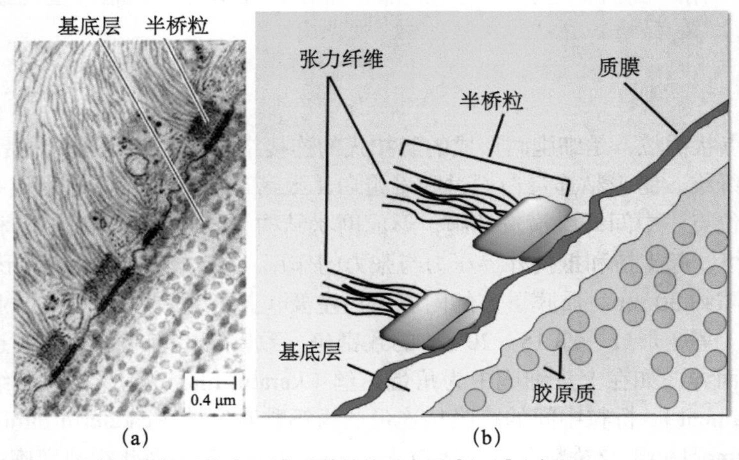

图 10-4 半桥粒电镜图像［(a)］及其结构示意图［(b)］(参考 Hardin et al.，2018)

（二）黏着带和黏着斑

黏着带一般位于上皮细胞顶侧面的紧密连接下方，相邻细胞间形成一个连续的带状连接结构。跨膜蛋白通过微丝束间接将组织连接在一起，提高组织的机械张力，在黏着带处相邻细胞的间隙为 15～20 nm［图 10-5（a）］。黏着带间隙中的黏着蛋白分子为 E- 钙黏素，在质膜的内侧有几种附着蛋白与 E- 钙黏素结合在一起，这些附着蛋白包括 α/β/γ- 连锁蛋白（catenin）、黏着斑蛋白（vinculin）、α- 辅肌动蛋白（α-actinin）和片珠蛋白（plakoslobin）等。

黏着带处的质膜下方有与质膜平行排列的微丝，钙黏蛋白通过附着蛋白与微丝相结合。于是，相邻细胞中的微丝束通过钙黏蛋白和附着蛋白编织成了一个广泛的网络，把相邻细胞联合在一起［图 10-5（b）］。由于平行排列的微丝及其结合的肌球蛋白能够产生相对运动，导致微丝收缩，因此有理由认为黏着带与上皮细胞的运动有关。

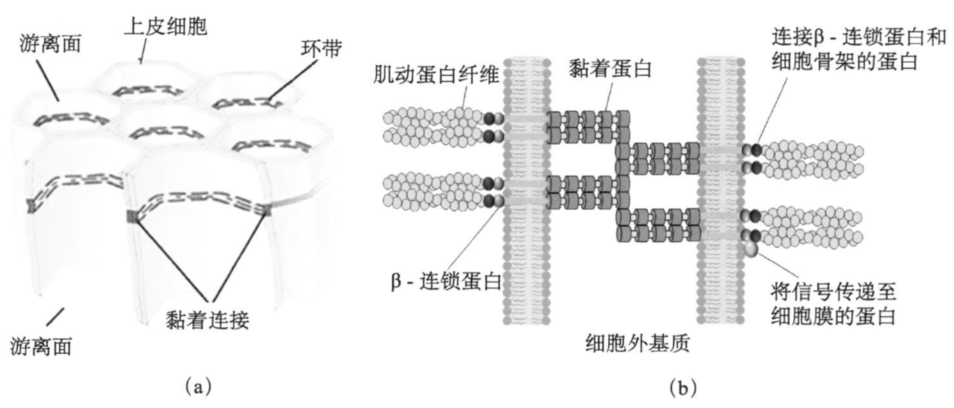

图 10-5　黏着带分布模式图［（a）］及其结构示意图［（b）］

黏着斑位于细胞与细胞外基质间，通过跨膜的黏附性蛋白把细胞中的微丝和胞外基质连接起来。跨膜的黏附性蛋白是整联蛋白，胞外基质中主要是胶原蛋白和纤黏连蛋白，胞内微丝的锚蛋白包括踝蛋白（talin）、α- 辅肌动蛋白、桩蛋白和纽蛋白等。连接处的质膜呈盘状，微丝终止于黏着斑处。黏着斑的形成对细胞迁移是不可缺少的，有助于维持细胞在运动中的张力及影响细胞生长的信号传递（图 10-6）。体外培养的细胞常通过黏着斑黏附于培养皿上。

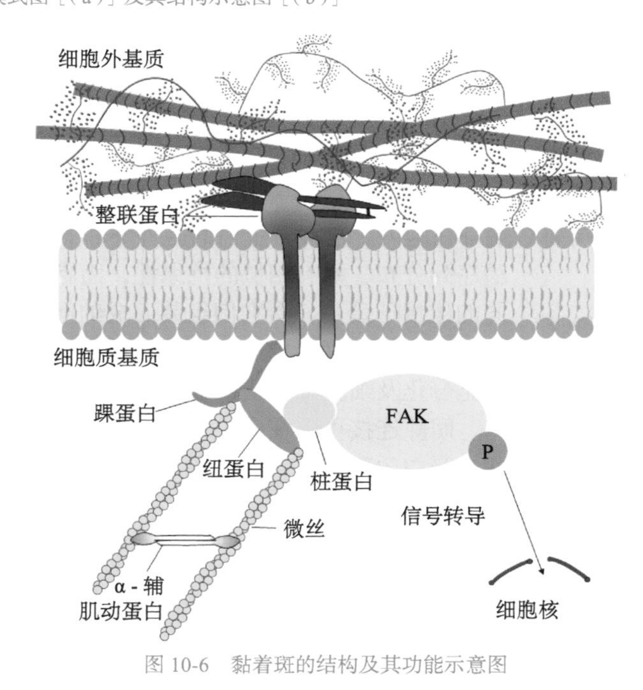

图 10-6　黏着斑的结构及其功能示意图

FAK 为黏着斑蛋白激酶

三、通信连接

通信连接作为一种特殊的细胞连接方式，位于特化的具有细胞间通信作用的细胞之间。它除了有机械的细胞连接作用之外，还可以在细胞间形成电偶联或代谢偶联，以此来传递信息。动物与植物的通信连接方式是不同的，动物细胞的通信连接为间隙连接，而植物细胞的通信连接则是胞间连丝。通信连接分为以下三种：间隙连接、胞间连丝和化学突触。

（一）间隙连接

间隙连接是动物细胞中通过连接子（connexon）进行的细胞间连接。在间隙连接处，相邻细胞质膜的间隙为 2～3 nm，间隙连接的连接点处双脂层并不直接相连，而是由两个连接子对接形成通道，允许小分子的物质直接通过这种间隙通道从一个细胞流向另一个细胞。连接子是一种跨膜蛋白，每个连接子由 6 个相同或相似的连接蛋白（connexin）亚基环绕中央形成孔径为 1.5～2 nm 的亲水性通道；相邻两细胞分别用各自的连接子相互对接形成细胞间的通道，允许分子质量在 1200 Da 以下的分子通过。不同组织来源的连接子的分子质量大小有很大差别，为 24～46 kDa（图 10-7）。

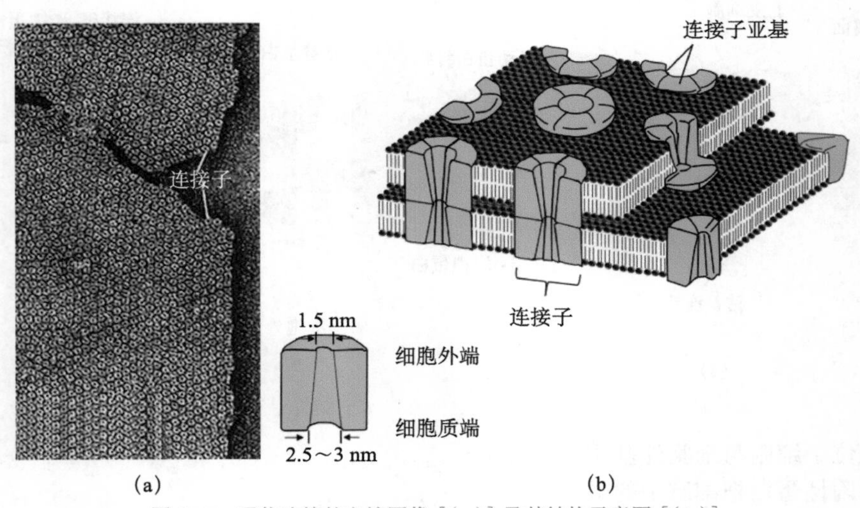

图 10-7　通信连接的电镜图像［（a）］及其结构示意图［（b）］

连接子的大小虽然不同，但所有的连接子结构相同。目前人们已分离出 20 余种构成连接子的蛋白，它们属同一蛋白质家族，都有 4 个 α 螺旋的跨膜区和 2 个胞内和 1 个胞外的连接环，N 端和 C 端都在胞内。连接子蛋白的胞外环和 N 端较为保守，具有相似的亲水性和疏水性氨基酸序列分布，并有相似的抗原性，而胞内环和 C 端则较为易变。不同类型细胞表达不同的连接子蛋白，由它们组装而成的间隙连接的孔径与调控机制有所不同。间隙连接在细胞代谢偶联、神经冲动信息传递、协调心肌和小肠平滑肌收缩、早期胚胎发育和细胞分化及细胞增殖调控中起重要作用。其生物学功能详见【二维码】。

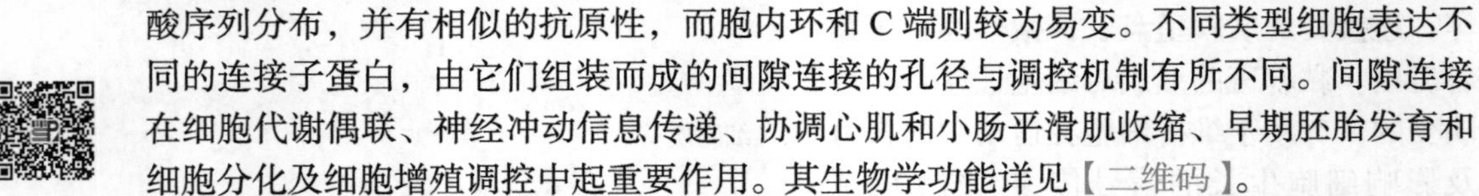

二维码

间隙连接可以在多个水平上被调节，所对应的连接蛋白的改变主要表现在基因表达、蛋白质翻译、磷酸化水平和蛋白质分布上的改变等。间隙连接的调节机制可以分为缓慢调节和快速调节两种。缓慢调节是从连接蛋白的基因表达水平上调节间隙连接；快速调节也称门控调节，由细胞外的 pH、Ca^{2+} 浓度和蛋白质磷酸化等因素影响间隙连接的通透性。间隙连接快、慢速调节的具体方式见【二维码】。

二维码

（二）胞间连丝

胞间连丝（plasmodesmata）是植物细胞特有的通信连接，它是由穿过两个相邻细胞细胞壁的质膜所围成的细胞质通道，直径为 20～40 nm。胞间连丝多见于高等植物，某些藻类及真菌也有存在，较多地出现在纹孔的位置上。胞间连丝的存在使细胞之间保持了生理上的有机联系，有利于细胞间的物质交换，是植物物质运输、信息转导的特有结构。植物体的各个细胞通过胞间连丝彼此相互联系形成统一的整体，但某些成熟细胞之间有时并不存在这种结构，如蚕豆、洋葱气孔保卫细胞之间的壁上就没有。在同一细胞的不同部分细胞壁上，胞间连丝出现的数目常有不同。胞间连丝的结构如图 10-8 所示。

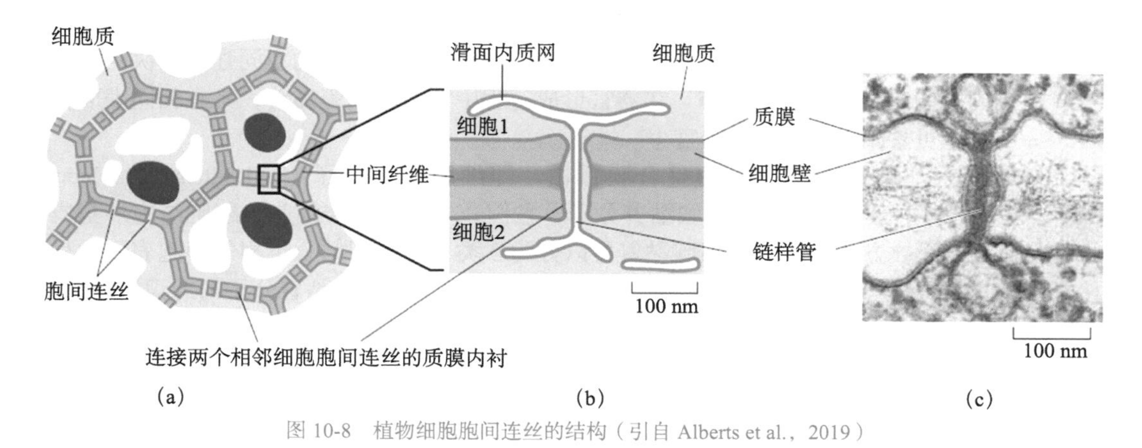

图 10-8 植物细胞胞间连丝的结构（引自 Alberts et al.，2019）

（a）植物细胞间通过胞间连丝形成相互连通的通道；（b）胞间连丝通过质膜内衬连接两个相邻的细胞；（c）胞间连丝的显微图像

细胞进行分裂时，携带各种细胞壁组成物质的囊泡聚集形成细胞板最终形成细胞壁，其中在某些部位留下了空隙，细胞质和内质网穿越新形成的细胞壁，形成了连接两个相邻细胞的细胞质桥就是胞间连丝。因此胞间连丝内有一由膜围成的筒状结构，称为连丝小管，由光面内质网特化而成，管的两端与内质网相连。连丝小管与胞间连丝的质膜内衬之间填充有一圈细胞质溶质，一些小分子可以通过胞质溶质在相邻细胞间传递，空间大小决定了其运输能力。通过荧光染料扩散实验指出，胞间连丝容许通过物质分子大小限度（size exclusion limit，SEL）一般为800～1000 Da。近年来的研究结果揭示，这种 SEL 与器官组织细胞的功能有关。烟草表皮毛细胞间的胞间连丝 SEL 可达 7 kDa，而笋瓜和蚕豆茎的筛管分子和伴胞之间的胞间连丝 SEL 分别为 3～10 kDa。

胞间连丝形成以后，数目不能继续增加，但是细胞在不同的组织中胞间连丝的数目和形态是不同的，受到发育状态、环境胁迫和病毒侵染等因素的影响。例如，在分泌旺盛的细胞中数目较多；而在成熟的花粉中胞间连丝都被胼胝质（callose）所堵塞，使得花粉粒分开形成单独的个体；植物病毒可以编码一种特殊的运动蛋白，能够刺激胞间连丝的通透性，使得病毒蛋白和核酸通过感染相邻细胞。

二维码

胞间连丝具有重要的生物学功能，其功能受 Ca^{2+} 等因素的调节，详见【二维码】。

（三）化学突触

二维码

化学性突触依靠突触前神经元末梢释放特殊化学物质作为传递信息的媒介来影响突触后神经元。和电突触的区别主要在于前神经元释放的物质不同，电突触是依靠突触前神经末梢的生物电和离子交换直接传递信息，而化学性突触是以神经递质为媒介的单向传导，是由突触前成分、突触后成分和突触间隙组成的。化学突触的电镜观察结构详见【二维码】。

第二节 细胞黏着

细胞黏着（cell adhesion）是指在细胞识别的基础上，同类细胞发生聚集形成细胞团或组织的过程。在识别的过程中，细胞的糖被起重要的作用，而引起细胞黏着的主要因素是整合膜蛋白，同类细胞的黏着甚至可以超越种的界限。细胞黏着对于胚胎发育及成体的正常结构和功能都有重要的作用。在发育过程中，细胞间细胞黏着的不同强度，决定了细胞在内、中、外三胚层的分布。在器官形成过程中，通过细胞黏着，具有相同表面特性的细胞可聚集在一起形成器官【二维码】。

二维码

细胞黏着的基础是细胞表面的整合膜蛋白，即细胞黏着分子（cell adhesion molecule，CAM）。高等动物中已经发现多种细胞黏着分子，它们介导了细胞与细胞、细胞与胞外基质之间的黏着。根据介导方式的不同，细胞黏着可以分为3类：同亲型结合（相邻细胞表面同种细胞黏着分子间的识别与黏着）、异亲型结合（相邻细胞表面不同细胞黏着分子间的识别与黏着）和衔接分子依赖性结合（相邻细胞表面同种细胞黏着分子借助其他分子的相互识别与黏着）。根据分子的结构与功能特征，黏着分子可以分为四大类：钙黏蛋白、选择素、免疫球蛋白家族和整联蛋白。此外细胞表面的整合蛋白聚糖也参与了细胞与胞外基质的黏着，具体过程我们将在下一节讲述。

细胞黏着分子大多需要 Ca^{2+} 和 Mg^{2+} 的参与才能发挥作用，它们还在细胞骨架的参与下，形成了细胞连接。细胞黏着与细胞连接的区别在于细胞黏着是细胞连接的起始，细胞连接是细胞黏着的发展。从时间上看，黏着在先，连接在后。从结构上看，细胞黏着涉及的分子较少，范围局部，结构简单；而细胞连接涉及的蛋白质分子较多，范围广，结构复杂，结合的紧密程度高。

一、钙黏蛋白

钙黏蛋白，又称钙黏素（cadherin），属同亲型CAM，其作用依赖于 Ca^{2+}。按照分布组织的不同进行命名，如上皮组织中的钙黏蛋白为E-钙黏蛋白，神经组织中的钙黏蛋白为N-钙黏蛋白，胎盘及表皮细胞中的为P-钙黏蛋白，血管内皮细胞中的为VE-钙黏蛋白等。这些钙黏素分子结构的同源性很高，其胞外部分形成5个结构域，其中4个同源，均含 Ca^{2+} 结合部位。另外也有少量的非典型钙黏蛋白，在序列组成上差别很大。目前人类已发现200余种钙黏蛋白分子。

大多数钙黏素分子为单次跨膜糖蛋白，由700～750个氨基酸残基组成，在质膜中常以同源二聚体的形式存在。钙黏素分子的结构同源性很高，不同钙黏素之间有50%～60%的氨基酸序列相同。决定钙黏素结合特异性的部位在N端（胞外）的一个结构域中，只要变更其中2个氨基酸残基即可使结合特异性由E-钙黏素转变为P-钙黏素。钙黏素分子的胞质部分是高度保守的区域，参与信号转导。胞外的部分行使细胞黏着的功能，当 Ca^{2+} 结合在重复结构域之间的铰链区域后，就赋予了钙黏蛋白胞外部分的刚性，使之实现与相邻细胞钙黏蛋白的相互黏着（图10-9），因此 Ca^{2+} 的螯合剂能够通过去除 Ca^{2+} 使得钙黏蛋白的铰链区呈松散状态，降低胞外部分的刚性，解除细胞之间的黏着。

钙黏蛋白的胞内部分通过不同的连接蛋白与不同的细胞骨架成分相连，如E-钙黏素通过α-、β-、γ-连锁蛋白（catenin）及黏着斑蛋白（vinculin）、锚蛋白、α-辅肌动蛋白等与微丝相

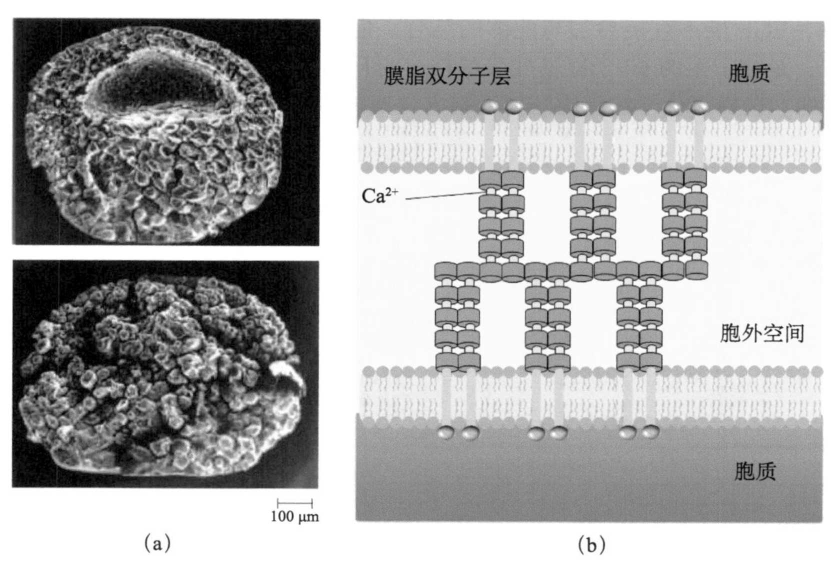

图 10-9 钙黏蛋白介导的细胞黏着

（a）钙黏蛋白在胚胎发育中的功能，上图为正常胚胎细胞，下图为 EP- 钙黏蛋白缺失表达的胚胎细胞（引自 Hardin et al.，2018）；（b）钙黏蛋白介导两个细胞之间黏着的示意图（参考 Karp，2010）

连；桥粒中的钙黏蛋白如桥粒芯蛋白（desmoglein）及桥粒胶蛋白（desmocollin）则通过桥粒致密斑与中间纤维相连。钙黏蛋白主要介导细胞连接、参与细胞分化和抑制癌细胞迁移等过程【二维码】，不同的家族成员在不同组织器官中发挥功能（表 10-1）。

二维码

表 10-1 钙黏蛋白家族主要成员及其功能

钙黏蛋白家族部分成员名称	分布	与细胞连接关系	在小鼠中失活后的表现
E- 钙黏蛋白	上皮细胞	黏合连接	胚泡细胞不能聚集在一起，死于胚泡时期
N- 钙黏蛋白	神经、心脏、骨骼肌及成纤维细胞	黏合连接及化学突触	因心脏缺陷而死于胚胎时期
P- 钙黏蛋白	胎盘、表皮	黏合连接	异常乳腺发育
VE- 钙黏蛋白	血管内皮细胞	黏合连接	血管异常发育（由于内皮细胞凋亡）

二、选择素

选择素（selectin）是一类异亲型结合、Ca^{2+} 依赖的细胞黏着分子，能与特异糖基识别并结合。选择素家族最初被称为凝集素细胞黏附分子家族（selectin cell abhesion molecule family，LEC-CAM），selectin 是由 select 和 lectin 两词组合而来，所以又称为选择凝集素。

选择素分子为单链穿膜的糖蛋白，可分为胞膜外区、跨膜区和胞浆区。选择素家族各成员胞膜外部分有较高的同源性，结构类似，均由三个功能区（CL、CCP 和 EFF）构成：①外侧氨基端（约 120 个氨基酸残基），均为 Ca^{2+} 依赖的外源凝集素功能区（calcium dependent icetindomain，CL），可以结合碳水化合物基团，是选择素分子的配体结合部位；②紧邻外源凝集素功能区的表皮生长因子样功能区（epidermal growth factor like domain，EGF），约含 35

个氨基酸残基，EGF 虽不直接参加与配体的结合，但对维持选择素分子的适当构型是必需的；③靠近膜部分，是数个由约 60 个氨基酸残基构成的补体结合蛋白（complement binding protein，CCP）重复序列。选择素分子的胞质区与细胞内骨架相连（图 10-10）。

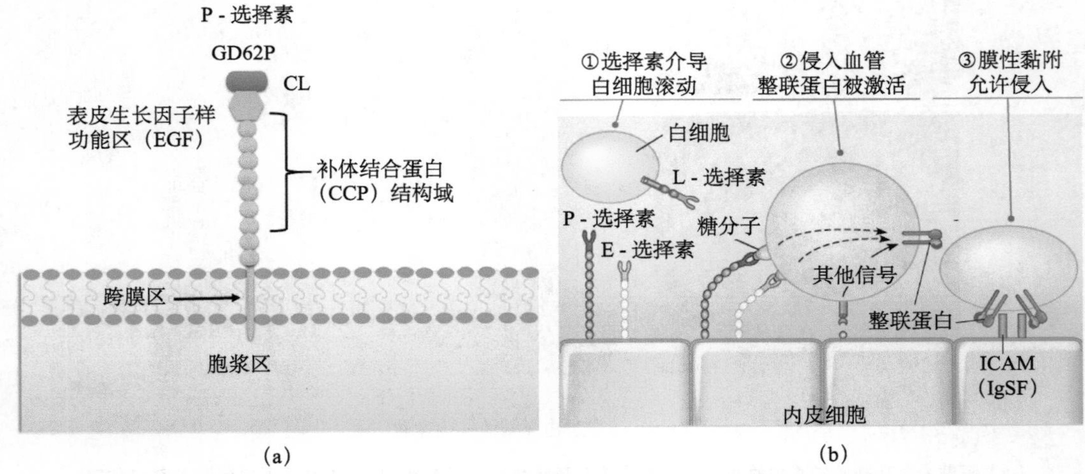

图 10-10　选择素的分子结构及其介导白细胞黏着到血管壁的功能示意图

（a）P- 选择素的分子结构；（b）选择素介导白细胞黏附到血管壁并侵入组织的过程（引自 Hardin et al.，2018）

选择素分子的胞质区与细胞内骨架相连。根据最初分离获得的选择素的组织不同，将选择素家族分为 3 个成员：白细胞（leucocyte）中的 L- 选择素、内皮细胞（endothelial cell）中的 E- 选择素和血小板（platelet）中的 P- 选择素。L- 选择素最早在淋巴细胞上作为归巢受体被发现，后来发现在各种白细胞中都表达；E- 选择素存在于内皮细胞，细胞活化后合成并转运至细胞表面；P- 选择素存在于血小板及内皮细胞的储存颗粒中，细胞活化后可在数分钟内转运至细胞表面。选择素各成员膜外区结构类似且有较高的同源性，但穿膜区和胞质区没有同源性。不同选择素的分子结构见【二维码】。

二维码

迄今为止发现的选择素识别的配体都是一些寡糖基团，即一些具有唾液酸化路易斯寡糖（Siaglyl-Lewis）或类似结构的分子。一些寡糖基团可以存在多种糖蛋白和糖脂分子，并分布于多种细胞表面，因此选择素分子配体在体内分布较为广泛，已发现在白细胞、血管内皮细胞、某些肿瘤细胞表面及血清中某些糖蛋白分子上都存在有选择素分子识别的寡糖基团。选择素通过介导白细胞与内皮细胞的识别和结合，参与白细胞越过血管进入发炎区组织及淋巴细胞归巢和再循环的过程，在肾小球肾炎、多发性硬化症、凝血、肿瘤转移、胰岛素依赖型糖尿病等多种生理或病理活动中起重要作用。选择素介导白细胞从血液进入组织的过程见【二维码】。

二维码

三、免疫球蛋白超家族

免疫球蛋白（immunoglobulin，Ig）都是由 70～110 个氨基酸组成的紧密折叠的结构。在很多不同种类的蛋白质中也都发现有类 Ig 结构域的存在，它们共同构成了一类细胞黏着分子——免疫球蛋白超家族（immunoglobulins superfamily，IgSF）。IgSF 成员均含有 1～7 个 Ig 样结构域，其氨基酸组成也有一定的同源性。其二级结构是两个各含 3～5 个反平行 β 折叠股所形成的 β 片层平面（lgV 区或 C 区），每个反平行 β 折叠股由 5～10 个氨基酸残基组成，β 片层内侧的疏水性氨基酸起到稳定 Ig 折叠的作用。大多类结构域内有一个垂直连接两个 β 片层的二硫键，组成二硫键的两个半胱氨酸之间含 55～75 个氨基酸。肽链这种球形结构的折叠方式称为 Ig 折叠。

IgSF 的大多数成员是整合膜蛋白，存在于淋巴细胞的表面，参与各种免疫活动。事实上，大多数 IgSF 细胞黏着分子介导淋巴细胞与需要进行免疫反应的细胞（如巨噬细胞及别的淋巴细胞）之间的黏着反应。然而，某些 IgSF 成员，如血管细胞黏着分子（VCAM）、神经细胞黏着分子（NCAM）和 L1，在神经系统发育过程中对于神经突起、突触形成等都有重要作用，它们大多参与了非 Ca^{2+} 依赖性的细胞之间的黏着。*L1* 缺失为致死突变，病患出生很快死于脑积水，两条大的神经管缺失。在缺少免疫系统的无脊椎动物细胞黏着分子中也发现了类 Ig 结构域，说明类 Ig 蛋白在原始进化过程中最初作为细胞黏着中介物，只是后来才在脊椎动物的免疫系统中增加了免疫功能。IgSF 黏着蛋白分子既能介导同亲型的细胞黏着，又能介导异亲型的细胞黏着，但是前者占大多数。IgSF 黏附分子的配体主要为免疫球蛋白超家族中的黏着分子或整联蛋白，在这种情况下相互识别的一对 IgSF 分子或 IgSF 与其他黏着分子实际上是互补配体的关系。如果介导同亲型的细胞黏着，是非 Ca^{2+} 依赖性的，而如果介导异亲型的细胞黏着，则是 Ca^{2+} 依赖性的。一个细胞上的 IgSF 蛋白能够同另一细胞上相同的 IgSF 蛋白结合，并介导细胞发生黏着。例如，一个细胞上的 L1 分子能够同另一细胞上的相同或不同的 L1 分子进行结合（图 10-11）。IgSF 也通过与整联蛋白结合介导细胞黏着，如位于某些血管内皮细胞上的 IgSF 蛋白能够与靶细胞表面的整联蛋白 α4β1 结合，从而介导细胞黏着。

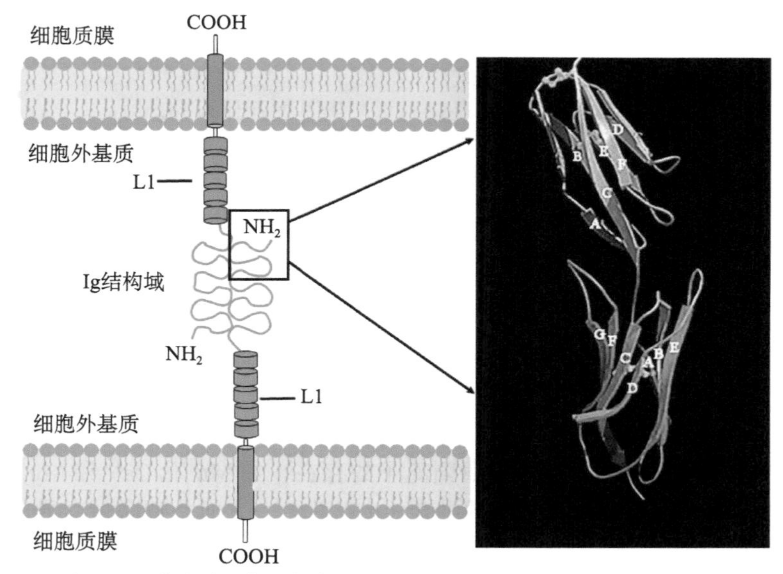

图 10-11 免疫球蛋白超家族同亲型结合结构示意图（参考 Karp，2010）

四、整联蛋白

整联蛋白（integrin）又称整合素，是一类广泛存在于脊椎动物细胞表面的膜受体家族，属于依赖于 Ca^{2+} 或 Mg^{2+} 的异亲型细胞黏着分子，主要介导细胞和细胞外基质之间的相互识别和黏附，同时具有联系细胞外部刺激与细胞内部结构与功能的信号作用。

整联蛋白是一种跨膜的异质二聚体，它由两个非共价结合的跨膜亚基即 α 亚基和 β 亚基组成。目前已知有 24 种不同的 α 亚基及 9 种 β 亚基形成的 20 多种整联蛋白的 αβ- 异二聚体。不同的 α 亚基和 β 亚基的氨基酸序列有不同程度的同源性，在结构上有共同的特点，都是由胞质区、跨膜区和胞外区三部分组成。多数 α 亚基可以与一种 β 亚基结合形成异二聚体，而大部分的 β 亚基却可以与不同的几种 α 亚基结合，因此可以形成多种不同组合的整联蛋白分子。不同类型的细胞所表达的整联蛋白的类型是不一样的，多数整联蛋白分子可以在不同种细胞中分布，如 β1 类蛋白家族，但是多种细胞中只表达少量几种特异的整联蛋白，随着细胞生长发育状况的变化而有所不同。整联蛋白家族的主要成员及其功能见【二维码】。整联蛋白作为中介介导由细胞外向细胞内信号传递的过程，就是“由外向内”的传递方式。图 10-6 就是黏着斑部位，依赖黏着斑激酶参与的信号转导可将信号向内传递，调节细胞增殖、生长、生存、凋亡、病毒响应等信号。

二维码

在电镜下观察，整联蛋白类似于一个球形的“头部”，向下连着两条穿过细胞质膜的“腿”。这两部分的生物学功能是不同的，头部区域决定了整联蛋白和配体的结合特性，它是由 α 亚基和 β 亚基共同构成的：α 亚基靠近 N 端的 3～4 个重复序列可以结合二价阳离子（如 Ca^{2+}、Mg^{2+}）并与 β 亚基共同构成整联蛋白分子的配体结合位点，其中 β 亚基具有特异的活性中心（不同的 β 亚基序列不同），能够影响其临近的配体结合位点构象，调节整联蛋白的配体结合活性。“腿”的部分则与胞内的细胞骨架相连，使得细胞与胞外基质连为一体。图 10-12 所示的就是由 $\alpha_6\beta_4$ 整联蛋白介导细胞与胞外基质结合的电镜图像及其结构示意图。

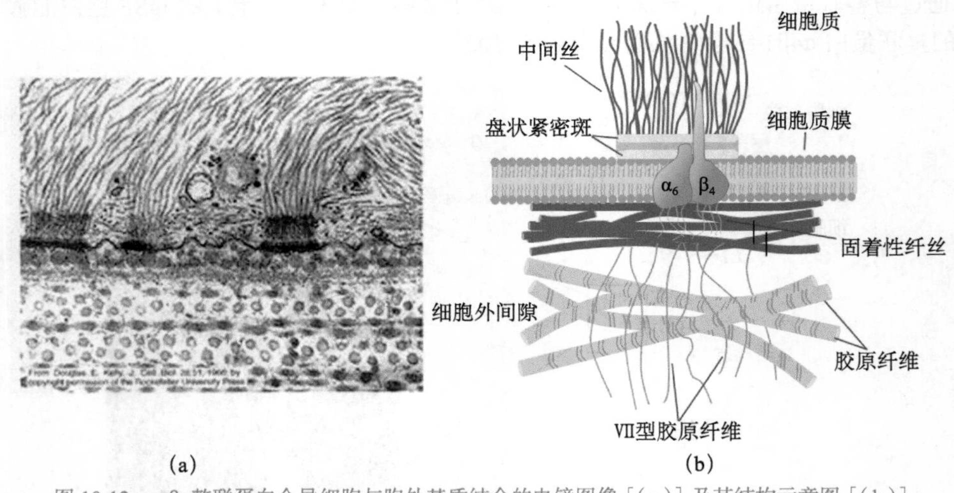

图 10-12　$\alpha_6\beta_4$ 整联蛋白介导细胞与胞外基质结合的电镜图像［(a)］及其结构示意图［(b)］

整联蛋白与配体的结合需要二价金属阳离子的存在，如 Mn^{2+}、Ca^{2+} 和 Mg^{2+} 等，它们都有各自不同的结合位点。它们与整联蛋白的结合（α 亚基）一方面是整联蛋白异二聚体的形成所必需的，另一方面可以引起整联蛋白构象的变化，介导整联蛋白与配体的结合，调整它们结合的特异性和多样性。其中 Mn^{2+} 促进了整联蛋白与配体的结合，而 Ca^{2+} 具有维持异二聚体整体构象及功能的作用，低浓度的情况下可以加强 Mn^{2+} 与整联蛋白的结合，高浓度 Ca^{2+} 则抑制了 Mn^{2+} 介导整联蛋白与配体结合的功效。

整联蛋白配体主要有胶原蛋白、纤维结合蛋白、层粘连蛋白、玻连蛋白、血小板凝血酶敏感蛋白、胞间黏附分子、细胞反受体、补体蛋白及多种细菌和病毒蛋白等，其中的多种胞外间质成分中都包含有 Arg-Gly-Asp（RGD）的三肽序列。整联蛋白通过识别这一短肽序列来与其配体相互作用，介导细胞与胞外基质的黏着。

大多数整联蛋白 β 亚基的胞内部分通过踝蛋白、α- 辅肌动蛋白、细丝蛋白和纽蛋白等与细胞内的肌动蛋白纤维相连接，它们经过跨膜区与胞外部分和配体相互作用，调节了细胞的生长、生存、发育和凋亡等生命活动。整联蛋白生物学功能的实现，需要通过信号“由外向内”和“由内向外”两个方向传导来实现，多种激酶、蛋白质因子等都参与其中。

已经知道，整联蛋白在介导血管内皮细胞的黏着、淋巴细胞的运输、早期胚胎的发育、肿瘤细胞的黏附和病毒的感染过程中，都起到非常重要的作用。目前，应用抗体或者合成多肽来干扰整联蛋白的功能，已经应用于炎症、癌症、血栓等的治疗，关于整联蛋白的信号转导机理的研究，正在越来越引起人们的注意而被广泛应用。

第三节　细胞外基质

细胞外基质（extracellular matrix，ECM）是由成纤维细胞、间质细胞、上皮细胞等合成并分泌到胞外的一类大分子物质，主要是多糖和蛋白质等，它们所构成的复杂网络结构，是细胞和组织赖以生存、活动和调节的外环境。一方面它为细胞和组织提供支持、联结、固定、保水、缓冲等物理性的保护作用，另一方面它又是细胞与外环境进行物质交换、信息传递和汇集的中介，通过各种信号传递系统调节细胞生长、增殖、迁移、分化、黏附、代谢、损伤修复、组织重构等各种生理功能，是动物细胞组织内稳态的主要调节者。

细胞外基质的组成可分为三大类：一是结构蛋白，如胶原和弹性蛋白，它们赋予细胞外基质一定的强度和韧性；二是糖胺聚糖（glycosaminoglycan）和蛋白聚糖（proteoglycan），它们能够形成水性的胶状物，在这种胶状物中包埋有许多其他的基质成分；三是粘连糖蛋白，包括纤粘连蛋白和层粘连蛋白，它们促使细胞同胞外基质结合。其中以胶原和蛋白聚糖为基本骨架，在细胞表面形成纤维网状复合物，这种复合物通过纤粘连蛋白或层粘连蛋白及其他的连接分子直接与细胞表面受体连接或者附着到受体上。由于受体多数是膜整合蛋白并与细胞内的骨架蛋白相连接，所以细胞外基质通过膜整合蛋白将细胞外与细胞内连成了一个整体【二维码】。

二维码

一、胶原

胶原或称胶原蛋白（collagen），是动物体内含量最丰富、最重要的蛋白质之一。它是由动物成纤维细胞、软骨细胞、成骨细胞及某些上皮细胞合成并分泌的一种生物大分子，广泛存在于动物体的骨骼、软骨、眼角膜、牙齿、肌腱、皮肤和一些结缔组织当中，是细胞外基质中的框架结构，占哺乳动物蛋白质总量的25%～35%，占自身体重的6%左右。

1. 胶原蛋白的结构与类型　胶原蛋白是一个庞大的家族，种类繁多，结构复杂，在分子结构、超分子结构、组织分布及其功能等方面，均具有显著的多样性。尽管如此，胶原蛋白的基本组成却是大致相同的。典型的胶原分子呈纤维状，胶原纤维的基本结构单位是原胶原（tropocollagen）。原胶原是由3条α肽链盘旋而成的三股螺旋结构，长300 nm，直径为1.5 nm。每条α肽链约包含1050个氨基酸残基，分子质量约为300 kDa。组成胶原分子的3条α肽链可能是相同的，也可能是不同的。所有的α肽链全部由Gly-*X*-*Y*的三肽重复序列排列而成，其中*X*常为脯氨酸，*Y*常为羟脯氨酸或羟赖氨酸，每个三肽重复序列形成一圈左手螺旋。每3股这样的左手螺旋的α肽链相互缠绕成右手超螺旋的原胶原。稳定胶原三股螺旋结构主要依靠肽链之间的范德瓦耳斯力、肽链之间的氢键和肽链间的共价交联键（图10-13）。

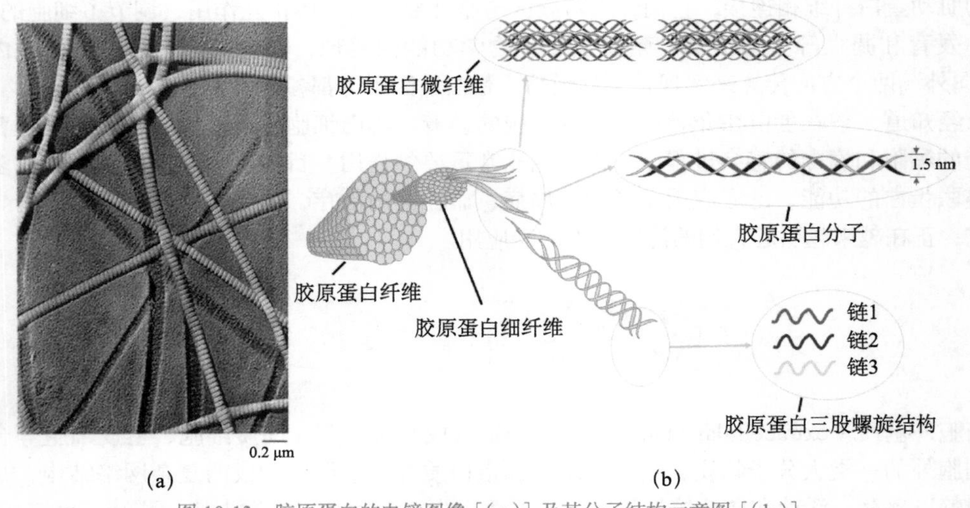

图 10-13 胶原蛋白的电镜图像［(a)］及其分子结构示意图［(b)］

原胶原分子间通过侧向共价交联，相互呈阶梯式有序排列聚合成直径 50～200 nm、长 150 nm 至数微米的原纤维，在电镜下可见间隔 67 nm 的横纹。胶原原纤维中的交联键是由侧向相邻的赖氨酸或羟赖氨酸残基氧化后所产生的两个醛基间进行缩合而形成的。原胶原共价交联后成为具有抗张强度的不溶性胶原。胚胎及新生儿的胶原因缺乏分子间的交联而易于抽提。随年龄增长，交联日益增多，皮肤、血管及各种组织变得僵硬，成为老化的一个重要特征。到目前为止，已经发现 29 种胶原类型，它们由至少 46 种不同基因编码的 α 肽链组成，今后可能仍然会发现新的胶原类型。目前胶原成为生物科技产业最具关键性的原材料之一，也是需求量十分庞大的最佳生物医药材料，胶原类型与分布及材料开发应用详见【二维码】。

二维码

2. 胶原蛋白的合成与组装　与大多数分泌蛋白类似，胶原蛋白的生物合成是在粗面内质网上的附着核糖体上完成的。首先形成包含有内质网信号肽及 N 端、C 端前肽的胶原前 α 链（pro-α chain），并运送到内质网腔中。之后，在内质网腔内前 α 链的内质网信号肽被信号肽酶识别并切除，脯氨酸和赖氨酸被羟基化酶催化形成羟脯氨酸和羟赖氨酸。脯氨酸和羟脯氨酸、赖氨酸和羟赖氨酸之间形成交联键，有利于提高前 α 链的结构稳定，这一过程需要维生素 C 作为辅助因子。因此，维生素 C 缺乏会导致细胞不能充分进行胶原的羟化反应，不能形成正常的胶原原纤维，非羟基化的前 α 链在细胞内被降解，导致血管、肌腱或皮肤变脆，患上坏血病。另外，有些羟赖氨酸还受到半乳糖转移酶和葡糖转化酶的作用，发生糖基化作用，首先是半乳糖基与葡萄糖基结合，随后羟赖氨酸的羟基再与半乳糖基结合。然后，3 条前 α 链会在内质网腔内形成中间紧密缠绕的螺旋和两端较为疏松的前胶原。前胶原经过运输小泡被运送到高尔基体内，进行进一步的糖基化修饰，添加上寡糖链残基，然后经过分泌小泡被运至胞外。在胞外，前胶原在前胶原 N-蛋白酶和 C-蛋白酶的作用下，分别被切去 N 端和 C 端呈松散螺旋的前肽部分，从而形成胶原分子。然后胶原分子以 1/4 交替平行排列的方式自我组装形成胶原原纤维，并进一步组装成胶原纤维（图 10-14）。

3. 胶原的生物学功能　胶原蛋白是一种生物高分子物质，在动物细胞中扮演结合组织的角色。其刚性与抗张力强度的特性，成为胞外基质的骨架结构。胶原纤维束构成肌腱，连接肌肉和骨骼。Ⅰ型胶原抗张力很强，突变体常骨折，导致成骨不全。

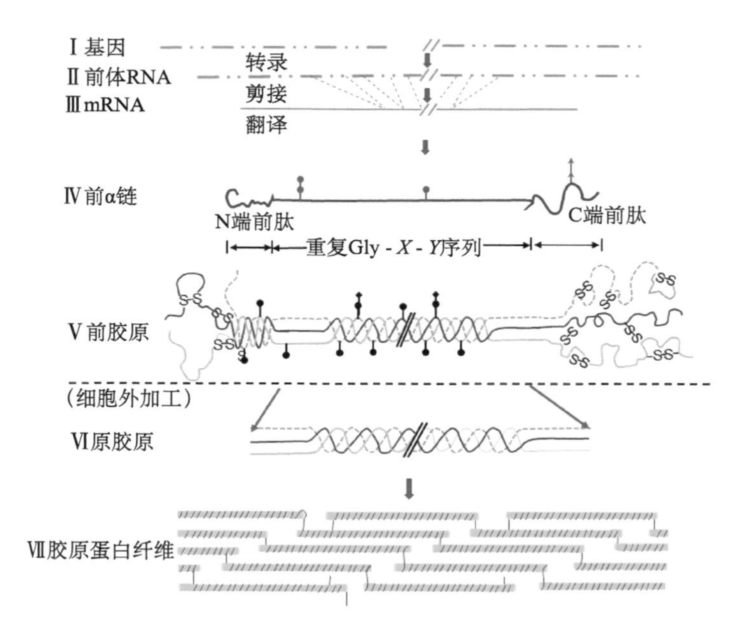

图 10-14　胶原蛋白的合成与装配过程

二、弹性蛋白

胶原能够给细胞外基质以强度和韧性，但是对于某些组织来说，还需要富有弹性，如心脏和肺等，这种弹性主要依赖细胞外基质中的弹性纤维。弹性纤维如同橡皮筋一样，它的长度可以达到正常长度的 5～6 倍，收缩时又能恢复到正常的长度。弹性蛋白（elastin）是弹性纤维中的主要成分，主要存在于脉管壁、韧带和肺组织中，也少量存在于皮肤和疏松结缔组织中。弹性纤维与胶原纤维共同作用，赋予了组织以弹性和抗张能力。

弹性蛋白是结缔组织中的一种主要的水不溶性、高交叉度的结构蛋白，蛋白质分子中非极性氨基酸占 95%，甘氨酸含量接近总量的 1/3，脯氨酸占 10%，羟脯氨酸占 1%，没有羟赖氨酸，因此没有类似胶原的 Gly-*X*-*Y* 序列。紫外光下，纯弹性蛋白为淡黄色和蓝色，抗酸、碱水解，100℃以下不溶于多种氢键断裂溶剂而发生溶胀，除断裂肽键剂外，它不溶于任何溶剂。弹性蛋白是一种在水存在下具有橡胶延展性和低弹性的聚合物质。已发现的弹性蛋白主要有两种形式：弹性蛋白Ⅰ和弹性蛋白Ⅱ，前者存在于项韧带、主动脉和皮肤中，后者存在于软骨组织中。

弹性蛋白由两种类型短肽段交替排列构成，一种是疏水短肽，赋予分子以弹性；另一种短肽为富丙氨酸及赖氨酸残基的 α 螺旋，负责在相邻分子间形成交联。两种类型的短肽通过赖氨酸残基参与交联，形成富有弹性的网状结构。弹性蛋白分子能任意卷曲，分子间借共价键交联成网。在外力牵拉下，卷曲的弹性蛋白分子伸展拉长，除去外力后，弹性蛋白分子又回复为卷曲状态（图 10-15）。

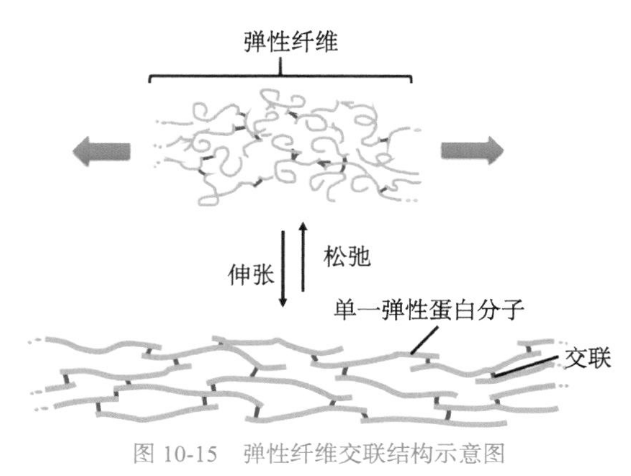

图 10-15　弹性纤维交联结构示意图

在弹性蛋白的外围包绕着一层由微原纤维构成的壳。微原纤维是由一些糖蛋白构成的，其中一种较大的糖蛋白是原纤维蛋白，为保持弹性纤维的完整性所必需。在发育中的弹性组织内，糖蛋白微原纤维常先于弹性蛋白出现，似乎是弹性蛋白附着的框架，对于弹性蛋白分子组装成弹性纤维具有组织作用。随着人类年龄的增长，肌肤中的弹性蛋白成分不断减少，降低了对维持紧致肌肤所需要的网络支持，结果使肌肤变得松弛而又轮廓模糊。

三、糖胺聚糖和蛋白聚糖

1. 糖胺聚糖 糖胺聚糖（glycosaminoglycan，GA），又称黏多糖、氨基多糖和酸性多糖，主要存在于高等动物结缔组织中，植物中也有分布。糖胺聚糖为不分支的长链聚合物，由含有糖醛酸和氨基己糖（*N*-乙酰氨基葡糖或者 *N*-乙酰氨基半乳糖）的二糖的重复复合单位构成，重复的次数为 30～250 次。二糖单位中至少有一个单糖残基带有羧基或者硫酸基团，因此糖胺聚糖是呈酸性的阴离子多糖链，它可以结合大量的阳离子，这些阳离子再结合大量的水分子，使得糖胺聚糖能够像海绵一样结合大量的水分子形成多孔的水合胶体，赋予了细胞外基质保水、抗压的功能。

二维码

按照单糖残基、残基间连接键的类型及硫酸基团的数目和位置，糖胺聚糖可以分为 6 个主要的类别：透明质酸（hyaluronic acid，HA）、硫酸软骨素（chondroitin sulfate，CS）、硫酸皮肤素（dermatan sulfate，DS）、硫酸角质素（keratan sulfate，KS）、硫酸乙酰肝素（heparan sulfate，HS）和肝素（heparin，Hep）。糖胺聚糖的种类及生物学作用详见【二维码】。

哺乳动物组织中糖胺聚糖的种类及含量随生长发育及年龄而变动。例如，胚胎发育早期，皮肤中的糖胺聚糖几乎全部由透明质酸及硫酸软骨素组成，3 个月胎儿的皮肤中透明质酸及硫酸软骨素的含量为成人的 20 倍，5 个半月的胎儿为成人的 5 倍，而足月胎儿为成人的 2 倍。在胚胎发育过程中胶原纤维逐渐形成，它们的一部分又逐渐被硫酸皮肤素取代，至 70 岁以后胶原纤维周围的糖胺聚糖含量显著降低，同时硫酸皮肤素所占的比例显著增加。先天性缺乏降解糖胺聚糖的酶（如糖苷酶或硫酸酯酶等），可导致糖胺聚糖或其降解产物在体内一定部位堆积，引起黏多糖病。

2. 蛋白聚糖 蛋白聚糖（proteoglycan，PG）是一类大分子的特殊糖蛋白，由多条甚至上百条糖胺聚糖（透明质酸除外）经过一个特殊的连接四糖与一个多肽链的丝氨酸残基共价连接形成的大分子，含糖量甚至可以高达 95%。蛋白聚糖除含糖胺聚糖链外，尚有一些 *N*- 或 / 和 *O*-链接的寡糖链。蛋白聚糖不仅分布于细胞外基质，也存在于细胞表面及细胞内的分泌颗粒中。它是结缔组织主要成分之一，由结缔组织特化细胞或纤维细胞和软骨细胞产生。

与糖胺聚糖共价结合的多肽链称为核心蛋白（core protein），它的种类很多，相对分子质量为 2 万～25 万。核心蛋白具有以下几个特点：①多数核心蛋白含有几个不同的结构域；②所有的核心蛋白都含有相应的糖胺聚糖结合结构域；③某些蛋白聚糖可通过核心蛋白中的特定结构域，锚定在细胞表面或细胞外基质的大分子上；④有些核心蛋白尚含有具特异相互作用的结构域。

二维码

由于核心蛋白分子的大小和结构不同及糖胺聚糖链的分子、数目、链长、硫酸化部位和程度不同，形成的蛋白聚糖种类极多。早期根据其组织来源或 / 和聚糖成分，有软骨蛋白聚糖、硫酸皮肤素蛋白聚糖、角膜硫酸角质素蛋白聚糖等名称，它们的结构示意图见【二维码】。

蛋白聚糖的核心蛋白是在内质网上附着的核糖体上合成的，随后被运入内质网腔，进行木糖化修饰。首先由木糖转移酶将 UDP- 木糖上的木糖基转移到核心蛋白的丝氨酸残基上，进入高尔基体后，由相应的糖基转移酶依次转移 2 个半乳糖、1 个糖醛酸形成连接四糖（木糖 - 半乳糖 - 半乳糖 - 葡糖醛酸），随后每次由糖基转移酶将糖胺聚糖逐个添加到连接四糖的末端（图 10-16）。最后，由高尔基体形成分泌小泡经胞吐作用将蛋白聚糖分泌到细胞外基质中。

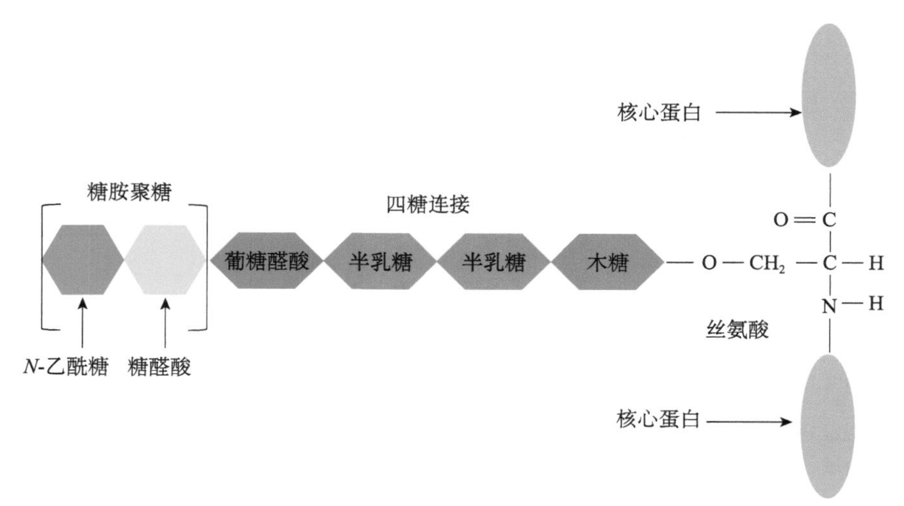

图 10-16　蛋白聚糖的基本结构示意图

蛋白聚糖分子内部有较强的负电荷，所以整个分子是伸展的，长度可达 300 nm，旋转半径为 60 nm。蛋白聚糖分子有较强的亲水性，分子内间隙中和分子周围结合着相当量的水分子。上述这些特性，使蛋白聚糖分子在承受压力时具有可逆的可压缩性。因此，在结缔组织中，蛋白聚糖起着减少摩擦、抗御冲击等保护作用，并且提供一定的黏性、弹性和亲水性，和胶原蛋白一起，对包埋于结缔组织中的细胞和器官起机械支持作用。

四、纤粘连蛋白和层粘连蛋白

除了以上的几类组分之外，胞外基质中还包含一类粘连蛋白的组分，主要包括纤粘连蛋白和层粘连蛋白。这类蛋白质上包含多个结构域，提供了胞外基质中其他大分子和细胞表面受体的特异结合位点，将细胞粘连到胞外基质上。

1. 纤粘连蛋白　纤粘连蛋白（fibronectin，FN），也称为纤维连接蛋白、纤连蛋白，是一种高分子质量的糖蛋白，含糖量为 4.5%～9.5%，广泛存在于动物组织和组织液中，组装成线状或分支状的纤维网络结构，围绕在细胞周围并连接相邻细胞，起着组织连接者的作用。研究证明，纤粘连蛋白分子在进化过程中保守性很强，各种动物体液中的纤粘连蛋白具有非常相近的结构、性质和生物学功能，因而不同来源的纤粘连蛋白可以相互替代使用。

血浆纤粘连蛋白是二聚体，由两条相似的 A 链及 B 链组成，整个分子呈 V 形；细胞纤粘连蛋白是多聚体，目前至少已鉴定了 20 种纤粘连蛋白多肽，其蛋白质亚单位分子质量为 220～250 kDa，各亚单位在 C 端形成二硫键交联。纤粘连蛋白不同的亚单位为同一基因的表达产物，只是在转录后 RNA 的剪接上有所差异，因而产生不同的 mRNA。

纤粘连蛋白的每个亚单位由数个结构域构成，主要由 3 类（Ⅰ～Ⅲ型）重复的氨基酸序列组成，每个Ⅰ型重复序列约含 40 个氨基酸，包含 2 个分子内二硫键；Ⅱ型重复序列约含 60 个氨基酸，包括 2 个分子内二硫键；Ⅲ型重复序列约含 90 个氨基酸，不含二硫键。每个亚基序列具有与细胞表面受体、胶原、纤维蛋白和硫酸蛋白多糖高亲和性的结合部位，用蛋白酶进一步消化与细胞膜蛋白结合的Ⅲ型氨基酸重复序列，发现这一结构域中 RGD（Arg-Gly-Asp）三肽序列是细胞识别的最小结构单位（图 10-17）。

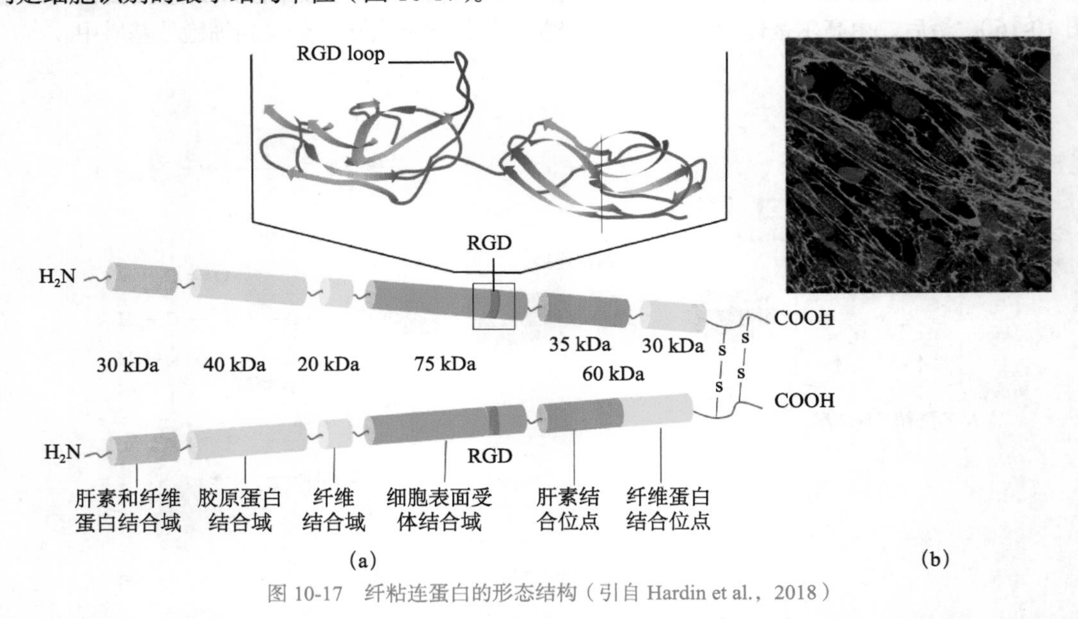

图 10-17　纤粘连蛋白的形态结构（引自 Hardin et al.，2018）

（a）纤粘连蛋白分子二聚体结构示意图；（b）成肌细胞外基质中的纤粘连蛋白纤维形态，显示免疫荧光染色的纤粘连蛋白（绿色）和细胞核中的 DNA（蓝色）

二维码

纤粘连蛋白广泛分布于细胞外基质中，具有多种生物学功能，主要包括介导细胞黏着、促进血液凝固和伤口的修复、参与细胞癌变和迁移，以及参与心血管系统疾病发生等几个方面，详细信息见【二维码】。

2. 层粘连蛋白　1979 年，Timpl 在研究小鼠肿瘤细胞的过程中，发现其基质中除了基底膜带的主要成分Ⅳ型胶原外，还有一种非胶原成分，纯化后确认为一种未知的大分子糖蛋白，随后被命名为层粘连蛋白（laminin）。目前为止，已发现的层粘连蛋白已超过 10 种。

与纤粘连蛋白不同，层粘连蛋白主要存在于基膜结构当中，是基膜所特有的非胶原糖蛋白，分子质量约为 820 kDa，含有 13%～15% 的糖。层粘连蛋白是由 α、β 和 γ 3 条多肽链组成的异三聚体，已证实的有 5 种 α 链（α_1～α_5），4 种 β 链（β_1～β_4）和 3 种 γ 链（γ_1～γ_3）。与纤粘连蛋白不同，层粘连蛋白的 3 种亚基是由不同基因编码的。α 链的分子质量约为 400 kDa，β 链和 γ 链的分子质量约为 200 kDa。3 条链通过二硫键交叉形成不对称的“十字形”结构，它们相互交叉，形成 3 条 35～37 nm 长的短臂和 1 条 75～77 nm 长的长臂，其中 3 条链靠近羧基端的区域盘旋形成的 α 螺旋结构形成了长臂，3 条链靠近氨基端的序列组成了 3 条短臂。这 4 条臂都包含中间的短棒区和末端的球状区，形成了层粘连蛋白的多个结构域，包括与其他胞外基质组分（如胶原、肝素和纤粘连蛋白等）的结合区域和细胞表面整联蛋白的结合区域（RGD 三肽序列），因此层粘连蛋白的主要生物学功能是起着中介的作用，将细胞锚定在细胞基质上（图 10-18）。

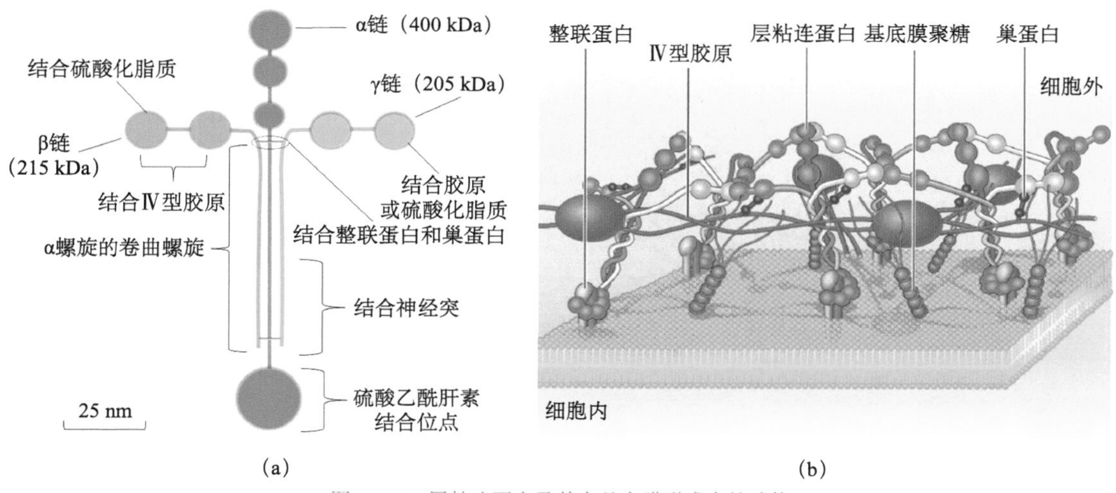

图 10-18　层粘连蛋白及其在基底膜形成中的功能

（a）层粘连蛋白的分子结构示意图；（b）层粘连蛋白与其他胞外成分一起组成基膜（引自 Hardin et al.，2018）

五、基膜与细胞外被

1. 基膜　　基膜（basal lamina, basement membrane）是一种特化的复合胞外基质结构，通常位于上皮细胞基底面与结缔组织之间，典型的基膜厚度约为 50 nm，有些甚至可以达到 200 nm。在电镜下，基膜分为两部分，靠近上皮的部分为基板，由上皮细胞分泌产生；与结缔组织相接的部分为网板，由结缔组织的成纤维细胞分泌产生。此外，基膜也分布在肌细胞与脂肪细胞之间、血管上皮细胞的下表面、二胚层胚盘两个胚层之间，以及施旺细胞（Schwann cell）的表面。

基膜是由不同的蛋白纤维组成的网状结构，主要成分有：Ⅳ型胶原、层粘连蛋白、巢蛋白、肌腱蛋白、钙结合糖蛋白、硫酸肝素糖蛋白等。其中，Ⅳ型胶原出现在所有的基膜当中，是主要的结构成分，组成了基膜的网状框架。层粘连蛋白也是基膜的主要成分，在基膜的形成中起重要作用，同时也是基膜的组织者，因为层粘连蛋白具有许多不同的结构域，其中包括与其他蛋白复合物结合的特殊位点，能够同其他的粘连蛋白分子及其他糖蛋白包括基膜中其他的一些成分结合。其中，层粘连蛋白同Ⅳ型胶原结合，会形成分隔的交联网状结构。此外，层粘连蛋白也具有与细胞表面受体结合的位点，形成的基膜通过层粘连蛋白与细胞表面受体紧密结合，将基膜与覆盖的细胞紧密结合起来（图 10-19）。

基膜主要有两方面的生物学作用。一是起支持的作用，将松散的结缔组织固定在上皮组织上；二是作为细胞物质运输的屏障，允许小分子透过，一般可以透水透气，但是大分子的物质不能通过。例如，在肾细胞中，基膜作为滤过器只允许水分子进入尿液，其他大分子和细胞不能通过。表皮细胞下的基膜一方面阻止结缔细胞进入表皮，另一方面却允许参与免疫反应的巨噬细胞、淋巴细胞和白细胞的透过。此外，基膜也参与了细胞的生长发育、迁移、形态建成、增殖和组织再生等过程。

基膜在癌细胞转移过程中也起了重要的作用。癌细胞转移是造成患者发病和死亡的重要原因，正常情况下基膜限制了其他细胞的运动，但是癌细胞能够经过细胞表面特异性的附着因子——层粘连蛋白受体的介导，使癌细胞表面与基膜中的Ⅳ型胶原相连接，随后释放蛋白酶如Ⅳ型胶

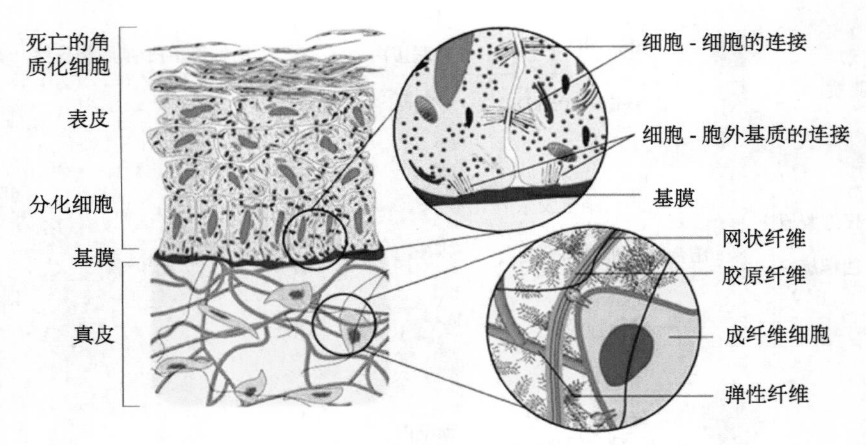

图 10-19 基膜的基本结构示意图（引自 Karp，2010）

原蛋白酶破坏基膜的结构，形成癌细胞可通过的通道，最终癌细胞透过基膜扩散到其他组织中。

2. 细胞外被 细胞外被（cell coat）又称糖萼（glycocalyx），是位于动物细胞质膜外的一层黏多糖物质，以共价键和膜蛋白或膜脂结合形成糖蛋白或糖脂，它对膜蛋白有保护作用，并在分子识别中起重要作用，实质上是质膜结构的一部分。在电镜下可显示厚 10～20 nm 的结构，边界不甚明确（图 10-20）。

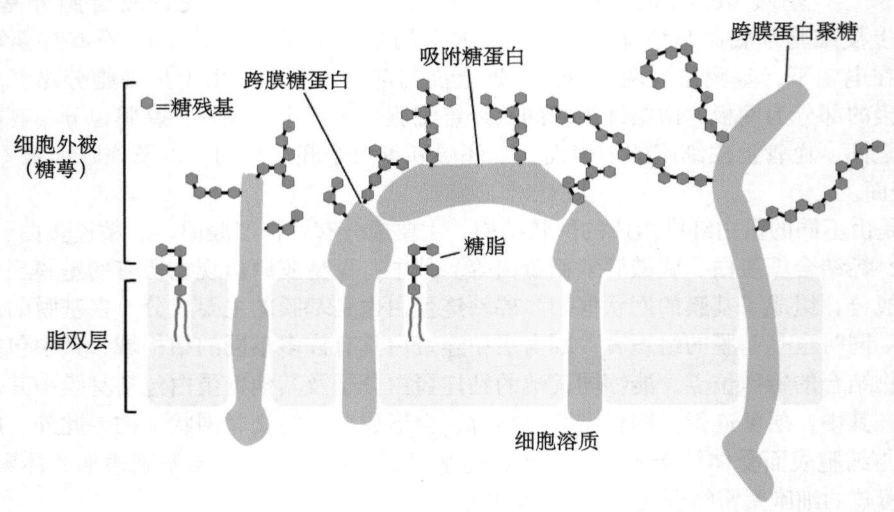

图 10-20 细胞外被的结构示意图（参考 Alberts et al.，2019）

细胞外被的主要生物学功能包括：①保护作用。细胞外被具有一定的保护作用，但去掉细胞外被，并不会直接损伤质膜。②细胞识别作用。细胞识别与构成细胞外被的寡糖链密切相关。寡糖链由质膜糖蛋白和糖脂伸出，每种细胞寡糖链的单糖残基具有一定的排列顺序，编成了细胞表面的密码，是细胞识别的分子基础。同时细胞表面尚有寡糖的专一受体，对特定的寡糖链具有识别作用。其中最典型的例子就是红细胞血型的决定。红细胞血型实质上取决于不同的红细胞表面抗原，人有超过 20 种血型，最基本的血型是 ABO 血型。红细胞质膜上的糖鞘脂是 ABO 血型系统的血型抗原。A、B、O 三种血型抗原的糖链结构基本相同，只是糖链末端的糖基有所不同，A 型血的糖链末端为 *N*- 乙酰半乳糖，B 型血为半乳糖，AB 型两种糖基都有，O 型血则缺少这两种糖基。

第四节　细　胞　壁

与动物细胞的胞外基质不同，植物、真菌、藻类和原核细胞的胞外基质是以细胞壁（cell wall）的形式存在的，而且在成分组成、生理生化特性及生物学功能等方面与动物细胞胞外基质也有很大差别。细胞壁对于植物的生长发育、对外部环境因子的响应，以及与共生生物和病原菌之间的相互作用等具有重要的意义。尽管非常薄，但是细胞壁构建成了一个强大的纤维网络系统，在植物生长、细胞分化、细胞通讯、水分运输和植物体支撑保护中发挥重要作用。

一、植物细胞壁

（一）植物细胞壁的化学组成

植物细胞壁是一种复杂的网状结构，其成分包括纤维素、半纤维素、果胶和少量的结构蛋白等。其中纤维素与半纤维素之间主要以氢键相连，亲水性的果胶和少量的结构蛋白填充在由纤维素和半纤维素形成的网络空隙中。植物初生细胞壁干物质中包含大约 30% 纤维素、30% 半纤维素、35% 的果胶和 1%～5% 的结构蛋白等，成熟细胞壁中的果胶含量下降（图 10-21）。

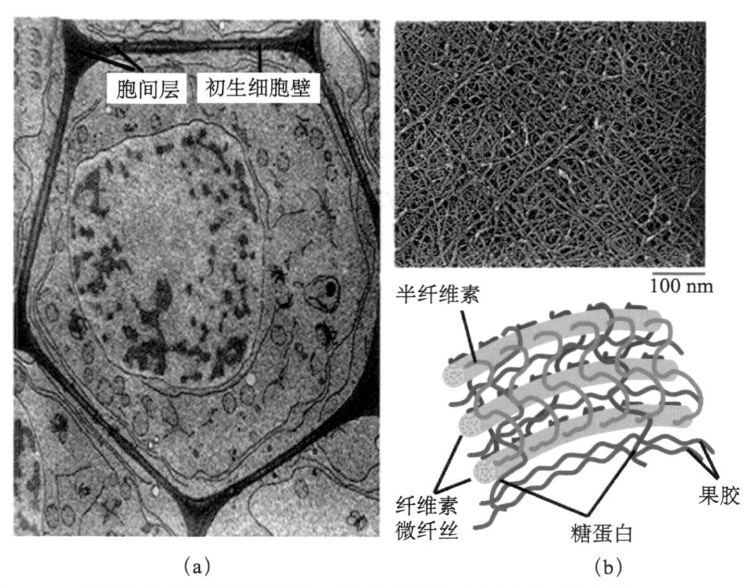

图 10-21　植物细胞壁的电镜图像［(a)］及其结构示意图［(b)］(引自 Karp，2010)

1. 纤维素和半纤维素　纤维素（cellulose）是植物细胞壁的主要成分之一，也是自然界最丰富的天然高分子有机化合物，植物体中的纤维素是由 1,4-β-D 葡聚糖组合成的结晶微纤丝组成，每根微纤丝由大约 36 个糖苷链组成。纤维素合成是由嵌于原生质膜上的 6 个排列成六角形的亚基组成的纤维素合酶（cellulose synthase，CESA）来催化合成的。纤维素合酶由多基因编码，与细菌的纤维素合酶基因具有相似的序列，拟南芥基因组中有 10 个纤维素合酶基因 *CESA1*～*CESA10*。在这 10 种纤维素合酶中，CESA1、CESA3 和 CESA6 用于初生细胞壁纤维素的合成，而 CESA4、CESA7 和 CESA8 用于次生细胞壁中纤维素的合成。此外，还有其他基因参与了纤维素的生物合成，如 *KORRIGAN*、蔗糖合成酶、细胞骨架蛋白、脂转移蛋白等相关基因。其中 *KORRIGAN* 基因编码 1,4-β-D-葡聚糖，蔗糖合成酶则通过影响细胞壁中碳的分布而增加纤维素的合成以改变细胞壁的显微结构。

半纤维素（hemicellulose）是由木糖、半乳糖和葡萄糖等组成的高度分支的多糖，主要通过氢键与纤维素微纤丝相连接。其中，半纤维素木聚糖在木质组织中约占总量的 50%，它结合在纤维素微纤维的表面并且相互连接，这些纤维构成了坚硬的细胞相互连接的网络。构成半纤维素的单糖聚合体是从总纤维素中以 17.5% NaOH 或者 24% KOH 提取出来的多糖成分的总称，没有相应的特定化学结构。碱提取液用乙酸中和沉淀的部分是半纤维素 A，上清液用乙醇沉淀的部分是半纤维素 B。单糖聚合体间分别以共价键、氢键、醚键和酯键连接，它们与伸展蛋白、其他结构蛋白、壁酶、纤维素和果胶等构成具有一定硬度和弹性的细胞壁，因而呈现稳定的化学结构。

半纤维素中的单糖分子携带大量负电荷，具有亲水性能，这将造成细胞壁的润胀，赋予了细胞壁的弹性，可用于食品加工和造纸工业。半纤维素的加入影响了表面纤维的吸附，在纸页成型过程中有利于纤维构造和纤维间的结合力，提高了纸张的强度。纸浆中保留或加入半纤维素还有利于打浆，这是因为半纤维素比纤维素更容易水化润胀。半纤维素吸附到纤维素上，增加了纤维的润胀和弹性，使纤维精磨而不被切断，因此能够降低打浆能耗，得到理想的纸浆强度。

2. 伸展蛋白　植物组织细胞的生长伴随着细胞壁的扩张，即细胞壁组织结构的重组。1992 年，McQueen-Mason 等首先从黄瓜幼苗下胚轴生长组织的细胞壁中分离到了两种蛋白质，能够在离体条件下重组热灭活细胞壁的扩张作用。随后，一系列的相关蛋白被分离鉴定，并确认参与了生理条件下细胞壁的酸性扩张过程，被命名为伸展蛋白（extensin）。随后，伸展蛋白被发现普遍存在于陆生植物的各个生长器官和组织中。伸展蛋白是由大约 300 个氨基酸残基组成的糖蛋白，富含羟脯氨酸残基，可占细胞壁成分的 15% 以上。

伸展蛋白与细胞壁的结合与细胞壁的伸长功能是分不开的。伸展蛋白可能促进了细胞壁松弛及细胞壁多聚物之间的滑动，可能以一种可逆的方式作用于纤维素微纤丝表面的基质聚合物，从而在纤维素微纤丝表面扩散。伸展蛋白虽然自身没有酶的活性，但是可以提高细胞壁多糖水解酶的活性，使得纤维素与半纤维素之间的氢键断裂，驱使纤维素微纤丝与半纤维素之间相互滑动，从而引起细胞壁的伸长。

3. 木质素　木质素是由聚合的芳香醇构成的一类物质，存在于木质组织中，主要作用是通过形成交织网来硬化细胞壁，为次生壁主要成分。木质素是由 4 种醇单体（对香豆醇、松柏醇、5-羟基松柏醇、芥子醇）形成的一种复杂的酚类聚合物，具有使细胞相连的作用。作为一种含许多负电基团的多环高分子有机物，木质素对土壤中的高价金属离子有较强的亲和力。

从化学观点来看，木质素是由高度取代的苯基丙烷单元随机聚合而成的高分子，它与纤维素、半纤维素一起，形成植物细胞壁骨架的主要成分，在数量上仅次于纤维素。木质素填充于纤维素构架中增强植物体的机械强度，利于输导组织的水分运输和抵抗不良外界环境的侵袭。木质素在木材等硬组织中含量较多，蔬菜中则很少见含有。一般存在于豆类、麦麸、可可、草莓及山莓的种子之中。

（二）植物细胞壁在生长发育中的变化

在细胞生长和发育过程中，细胞壁的成分和结构也在不断发生着变化。植物细胞壁主要成分是纤维素，经过有系统的编织形成网状的外壁。可分为中胶层、初生细胞壁（primary cell wall）、次生细胞壁（secondary cell wall）。中胶层是植物细胞刚分裂完成的子细胞之间最先形成的间隔，主要成分是果胶质（一种多糖类），随后在中胶层两侧形成初生细胞壁，初生细胞壁主要由果胶质、木质素和少量的蛋白质构成，呈凝胶样结构。次生细胞壁是在细胞停止生长后，由大多数细胞分泌而形成的位于初生细胞壁内的细胞壁组织。主要由纤维素组成的纤维排列而成，以接近直角的方式排列，再以木质素等多糖类黏接，但是基本不含有果胶，使得次生细胞壁更加坚硬。

在植物细胞壁成熟过程中，细胞壁逐渐失去了伸长的能力，这种伸长停止是不可逆的，而且细胞壁发生了硬化，失去了伸展蛋白的活性，即使补充外源的伸展蛋白，也不能恢复成熟细胞壁的伸长。植物初生细胞壁和次生细胞壁的结构、生物发生见【二维码】。

二维码

植物细胞壁具有重要的生物学功能，包括维持细胞形状与控制细胞生长、物质运输与信息传递及防御与抗性形成等，详见【二维码】。

二维码

二、细菌细胞壁

细菌细胞壁主要成分是肽聚糖（peptidoglycan），又称黏肽 (mucopetide)。细胞壁的机械强度有赖于肽聚糖的存在，合成肽聚糖是原核生物特有的能力。肽聚糖是由 *N*- 乙酰葡萄糖胺和 *N*- 乙酰胞壁酸两种氨基糖经 β-1,4- 糖苷键连接间隔排列形成的多糖支架，在 *N*- 乙酰胞壁酸分子上连接四肽侧链，肽链之间再由肽桥或肽链联系起来，组成一个机械性很强的网状结构。各种细菌细胞壁的肽聚糖支架均相同，在四肽侧链的组成及其连接方式随菌种而异。细菌细胞壁的组成与特点我们已在第二章做了较为详细的介绍，这里不再赘述。

思 考 题

1. 什么是细胞连接？细胞连接包括哪几种形式？列表比较其成分、分布及生物学功能。
2. 比较桥粒和黏着带在结构组成上的区别及生物学功能。
3. 间隙连接的基本组成是什么？各有什么作用？
4. 细胞黏着主要分为哪几类？各有什么生物学功能？
5. 简述胶原蛋白的基本组成与体外装配特点。
6. 什么叫基膜？它的基本生物学功能是什么？
7. 细胞外黏着分子和胞外基质成分的类型及其分子结构特点有哪些？

本章核心概念及更多布鲁姆学习目标层次习题见【二维码】。

二维码

本章知识脉络导图

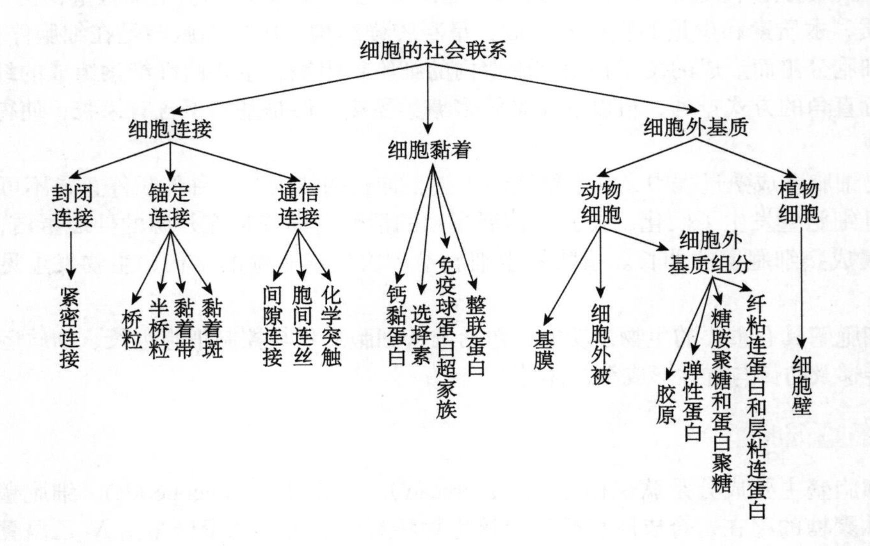

（巴巧瑞，赵立群）

第Ⅲ篇　细胞活动与机制调控

本篇共5章内容，讲述蛋白质分选、信号转导、分裂与增殖、衰老与死亡，以及细胞分化等细胞活动的规律及其调控机制。

第十一章　蛋白质分选及其转运机制

作为细胞生命活动的执行者，蛋白质的种类繁多。哺乳动物细胞中通常含有上万种蛋白质，低等的酵母细胞中也能检测出5000种以上的蛋白质。真核细胞中，除少量蛋白质是在线粒体和植物细胞的叶绿体中合成的外，绝大多数蛋白质是由核基因编码，在细胞质中合成的。由于细胞结构的复杂性和区室化特点，蛋白质必然要被输送到细胞的各个部位或细胞器中与特定结构结合或组装，以完成特定的生物学功能。蛋白质以不同机制被分拣并运输到特定部位的过程，称为蛋白质分选（protein sorting）。

第一节　细胞蛋白质分选概述

在真核细胞内，蛋白质分选主要有两条截然不同的途径：翻译共转运（cotranslational translocation）和翻译后转运（posttranslational translocation）。如图11-1所示，进行翻译共转运的蛋白质由结合在内质网膜表面上的核糖体合成，这些蛋白质主要包括分泌蛋白、膜整合蛋白和驻留在内质网、高尔基体、溶酶体、胞内体、运输膜泡和植物液泡等细胞器中的可溶性蛋白。进行翻译后转运的蛋白质在游离核糖体上合成，主要包括细胞质驻留蛋白，如参与糖酵解反应的酶类和细胞骨架蛋白、细胞膜胞质面外周蛋白、核蛋白及转运到过氧化物酶体、叶绿体和线粒体中的蛋白质等。但不管是经历翻译共转运的蛋白质还是经历翻译后转运的蛋白质，其准确分选并转运到各自特定的功能部位，涉及多种细胞信号调控过程，十分复杂，是细胞生物学研究的热点领域。

蛋白质在细胞内的转运机制主要包括四大类。

1. 跨膜转运（transmembrane transport）　主要是指翻译共转运途径中，在细胞质基质中起始合成的蛋白质，在信号肽的引导下转移到内质网，然后边合成边转运进入内质网腔或者插入内质网膜的转运方式。跨膜转运方式也发生在翻译后转运途径中，在细胞质中合成的蛋白质多肽链在不同靶向序列的指导下，靶向转运到线粒体、叶绿体、过氧化物酶体等细胞器不同区间的过程。

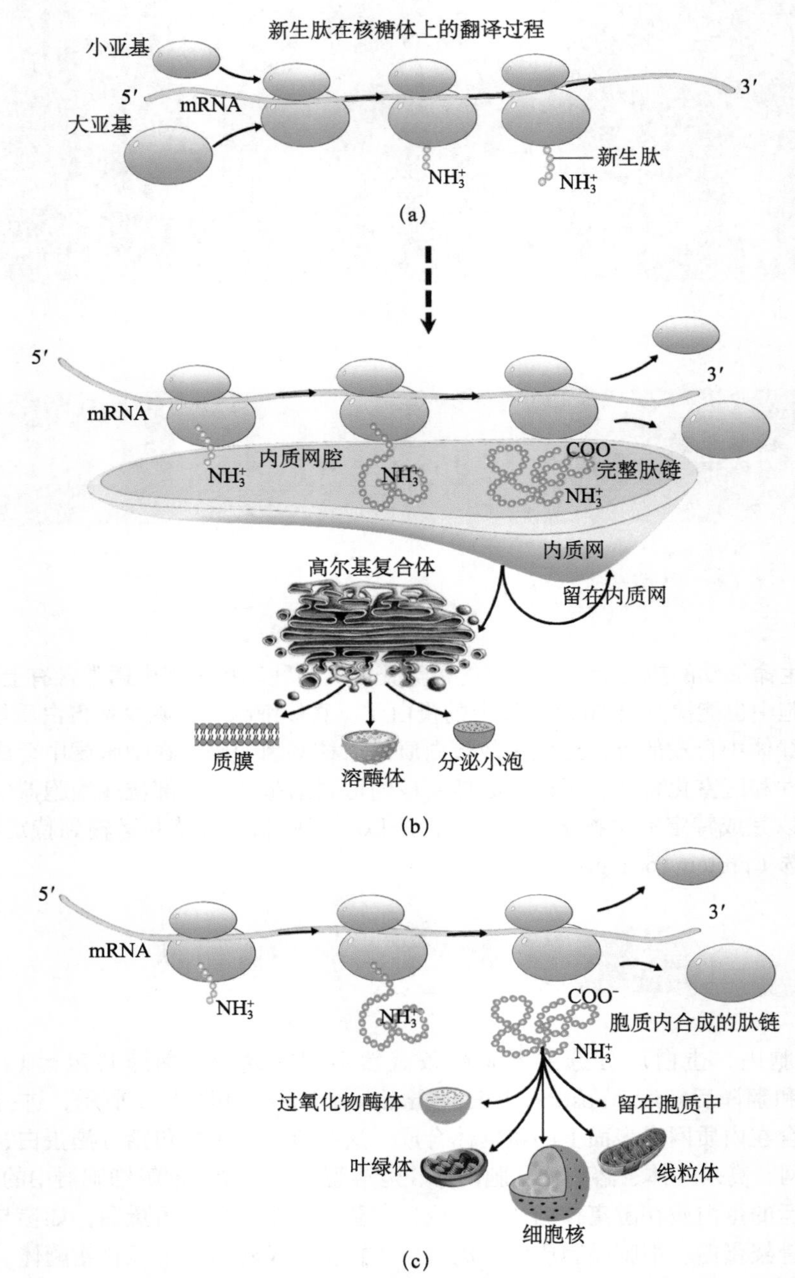

图 11-1　真核细胞胞质蛋白分选的主要途径

（a）多肽的合成均始于细胞质，但当多肽合成长度约为 30 个氨基酸时，可选择两种不同的分选途径；（b）翻译共转运途径，即核糖体在合成内膜系统定位蛋白或胞外分泌蛋白时附着在内质网膜上，在肽链合成过程中，随着多肽链的延伸，新形成的多肽通过翻译共转运系统被转运至内质网；（c）翻译后转运途径，即定位于细胞核、线粒体、叶绿体或过氧化物酶体等细胞器的蛋白质，在胞质中合成，合成后留在胞质中或通过翻译后转运系统转移到相应的细胞器中

2. 膜泡转运（vesicular transport）　主要指蛋白质被不同类型的转运膜泡从粗面内质网上的合成部位，转运至高尔基体进而分选运输至细胞不同部位的过程，也包括内质网驻留蛋白从高尔基体再转运回内质网，以及胞外分泌蛋白逆向从细胞膜转运回细胞器如胞内体等的过程。

膜泡运输涉及蛋白质从供体膜形成不同类型的转运膜泡、膜泡转运及膜泡与靶膜的融合等过程，只有正确折叠与组装的蛋白质才能被运输，在运输中被运输蛋白或者脂质的运输方向不会改变。

3. 门控通道转运（gated transport） 是指细胞质中合成的蛋白质通过核孔复合体在细胞核和细胞质之间双向选择性地完成入核和出核的转运方式。通过核孔复合体转运的蛋白质，其肽链上往往存在核定位序列（nuclear localization sequence，NLS）或核定位信号（nuclear localization signal，NLS），以折叠或组装的形式进行运输。

4. 胞质蛋白转运 蛋白质在细胞质中合成，然后在细胞质基质中转运到不同部位发挥功能，涉及胞内信号转导等复杂生物学过程，与细胞骨架密切相关，但目前人们还对具体的转运方式知之甚少，机制不清。

第二节 信号假说与蛋白质的翻译共转运分选

20 世纪 60 年代，罗马尼亚裔美国科学家帕拉德（George Palade）（1974 年诺贝尔生理学或医学奖获得者）发现细胞质中的游离核糖体产生非分泌蛋白，而内质网附着的核糖体能产生分泌蛋白。游离核糖体和内质网附着核糖体在性质上是一样的，那么核糖体为什么会结合到粗面内质网膜上呢？新合成的肽链又是怎样进入粗面内质网腔的呢？科学家对这一问题的不断思考与研究，提出并证实了信号假说（signal hypothesis）。

一、信号假说

信号假说被证实后现在称为信号肽学说，是由 Günter Blobel 和 David Sabatini 于 1975 年首次提出的。Blobel 假定 Palade 发现的差异来自蛋白质本身，与同事 Sabatini 推测分泌蛋白可能在 N 端带有短的信号序列。Blobel 团队设计了一套蛋白质体外翻译 - 转运系统，含有鼠的 mRNA、兔的核糖体、狗的内质网（狗胰腺微粒体），组合被切除的 mRNA 信号序列、信号识别颗粒（signal recognition particle，SRP）、停泊蛋白（DP）、微粒体，最终证实了“信号假说”。该假说提出，分泌蛋白的合成是在核糖体上进行的，信号肽（signal peptide）是蛋白质的一个片段，引导核糖体定位于内质网上的一个通道上，使核糖体附着在内质网上，并将不断伸长的蛋白质链通过通道释放到内质网腔，随后信号肽被切割，而合成完成的蛋白质被转运到胞外。信号假说具有普遍性，在酵母、植物和动物细胞中，该过程都是以相同的方式进行的。Blobel 因此获得了 1999 年的诺贝尔生理学或医学奖，详见【二维码】。

二维码

现已清楚，分泌性蛋白质在粗面内质网上的合成是由蛋白质 N 端的信号肽、信号识别颗粒（signal recognition particle，SRP）、内质网膜上信号识别颗粒的受体［又称停泊蛋白（docking protein，DP）］和转位子蛋白（translocon）等因子共同完成的。

信号肽是蛋白质 N 端的一段由 16～26 个氨基酸残基组成的肽段，主要包括疏水核心区、信号肽 N 端和信号肽 C 端 3 个部分（图 11-2）。疏水核心区一般由 5～16 个疏水性氨基酸残基组成，倾向于形成一个 α 螺旋结构，又被称为信号肽的 h- 区域（h-region）。信号肽的 N 端区域很短，一般由带强正电荷的氨基酸组成，能够帮助新合成的多肽在跨膜转位时形成正确的拓扑结构。信号肽的 C 端区域能够被信号肽酶识别，有信号肽酶作用位点，因此又叫作切除位点。信号肽既可以在蛋白质跨膜转位的过程中，也可以在转位完成后被切割。原核细胞的某些分泌蛋白也具有 N 端的信号肽序列。信号肽似乎没有严格的专一性，在很多原核细胞和真核细胞中，信号肽在功能上都是可替换的，但信号肽强烈影响分泌蛋白的分泌效率。

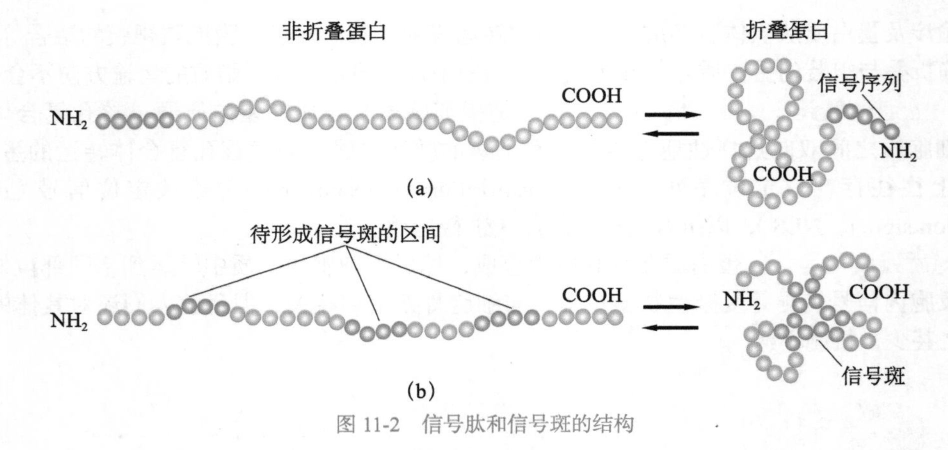

图 11-2 信号肽和信号斑的结构

（a）信号肽；（b）信号斑

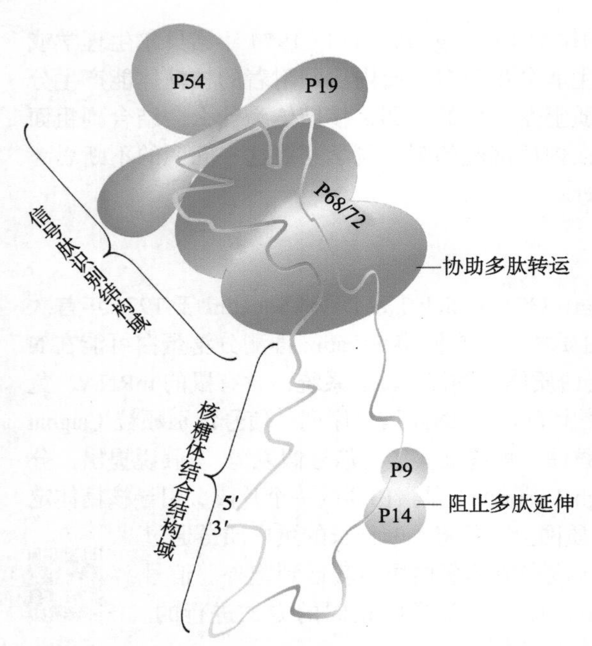

图 11-3 真核细胞信号识别颗粒的结构与组成

信号识别颗粒（SRP）是一种核糖核蛋白复合体，含量丰富，通常存在于胞质中，能够识别并靶向特定蛋白质到真核细胞的内质网或原核细胞的质膜上。真核细胞的 SRP 由 6 种不同的蛋白质和一个由 300 个核苷酸组成的 7S RNA 结合组成（图 11-3），具有 GTP 酶的活性。原核细胞的 SRP 也具有 GTP 酶的活性，但其由一条多肽结合到一个 4.5S RNA 组成。在真核细胞中，当新合成的多肽从多聚核糖体上延伸暴露出来后，SRP 即可与新生多肽的信号序列和核糖体大亚基结合，形成复合物，该复合物会阻止多肽的进一步翻译，并靶向内质网，与内质网膜上 SRP 受体蛋白结合。

SRP 的受体又称为停泊蛋白（DP），是一种内质网膜的整合蛋白，分子质量为 72 kDa，由 α（68 kDa）和 β（30 kDa）两个亚基组成，可特异地与 SRP 结合。DP 的 α 亚基和 SRP 的 p54 亚基都具有 GTP 结合位点，具有 GTPase 的活性。当 SRP 的 p54 亚基和 DP 的 α 亚基与 GTP 结合时，会增强 SRP- 新生肽 - 核糖体复合物与 DP 的结合，将 SRP- 新生肽 - 核糖体复合物招募到内质网膜上，与膜上的转位子蛋白结合（图 11-4）。

转位子蛋白又称移位子（translocator）或者转位通道（translocation channel），是内质网膜上的一类通道蛋白复合物，协助新生肽跨过内质网膜的疏水性磷脂双分子层。真核细胞内质网膜上的转位子复合物由多个 Sec 蛋白组成，核心元件是起通道作用的异三聚体 Sec61 蛋白复合物，此外还有寡糖转移酶（oligoaccharyl transferase）复合物、TRAP 复合物和膜蛋白 TRAM。Sec61 具有双向转运功能，既可以介导蛋白质进入内质网腔也可以介导蛋白质反向运出内质网腔。原核细胞具有类似的跨膜转位通道，称为 SecYEG，由 SecY、SecE 和 SecG 三个亚基组成的，介导新生肽的跨膜转运。转位子蛋白的结构见图 11-5。

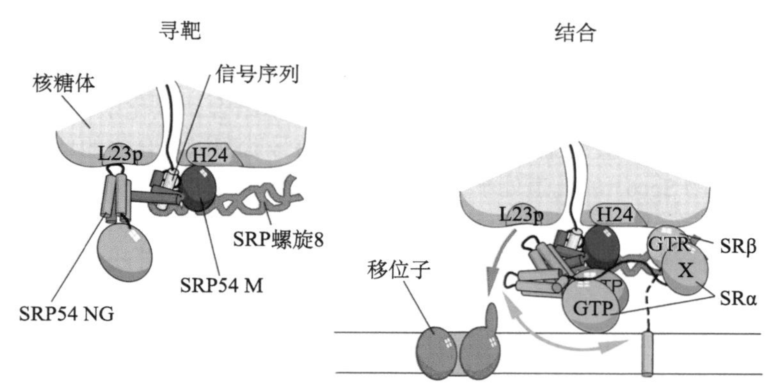

图 11-4 信号识别颗粒（SRP）与信号识别受体（SR）相互作用的动态过程（引自 Halic et al.，2006）

SR 与核糖体新生肽（RNC）和 SRP 结合，诱导 SRP54 的 S 结构域发生变构，而其 Alu 结构域不变。SRP54 的 NG 二聚体形成后，NG 结构域解离（青箭头示），暴露了核糖体上的结合位点 L23e/L35，进而与移位子上的核糖体结合位点 Ct4 结合（红箭头示）

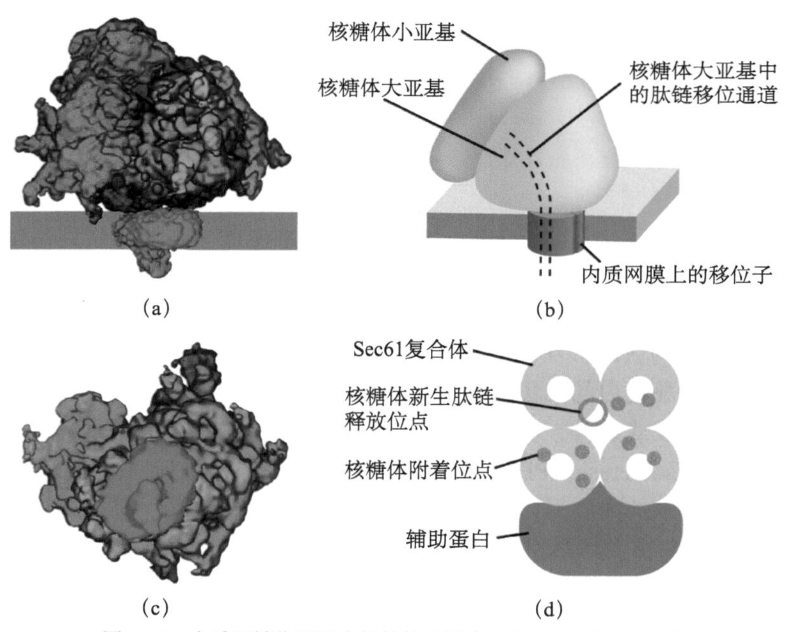

图 11-5 内质网转位子蛋白的结构（引自 Alberts et al.，2008）

（a）核糖体和移位子复合物在内质网膜上的侧向冷冻电镜图像；（b）内质网腔面的移位子图像；（c）核糖体与移位子结合到内质网膜示意图；（d）4 个移位子 Sec61 蛋白复合物与核糖体的结合位点及多肽释放位点示意图

二、分泌蛋白和膜蛋白的翻译共转运途径

结合体外非细胞系统（cell free system）蛋白质合成实验，已有研究证实，分泌蛋白在信号肽引导下边翻译边跨膜转运的过程称为翻译共转运（cotranslational translocation）。分泌蛋白在内质网上合成的翻译共转运过程如图 11-6 所示。

蛋白质首先在细胞质基质游离核糖体上起始合成，当多肽延伸到 N 端的信号肽序列暴露出核糖体后，信号肽与其识别颗粒 SRP 结合，蛋白质的进一步合成被暂时阻止，然后 SRP 和其在内质网膜上的受体 DP 蛋白结合，将 SRP-新生肽-核糖体复合物牵引到内质网膜上。这个过程需要 GTP 的参与，GTP 与 SRP 的 p54 亚基和 DP 的 α 亚基结合，强化了 SRP-新生肽-核糖体复合物与内质网的结合。DP 蛋白通常与转位子蛋白和信号肽酶以复合物的形式存在于内质网膜上，此时转位子复合物 Sec61 的孔道处于关闭状态。当 DP 与 SRP 结合后，Sec61 复合物构象发生改变，孔道打开，信号肽进入转位子通道并引导多肽穿过内质网膜。信号肽与转位子的结合导致 SRP 与核糖体的分离，SRP 返回细胞质基质中重复使用，而信号肽被与转位子结合的信号肽酶切除并迅速降解。肽链继续延伸，直至完成整个新生肽的合成，蛋白质进入内质网腔并折叠，核糖体释放，转位子关闭。

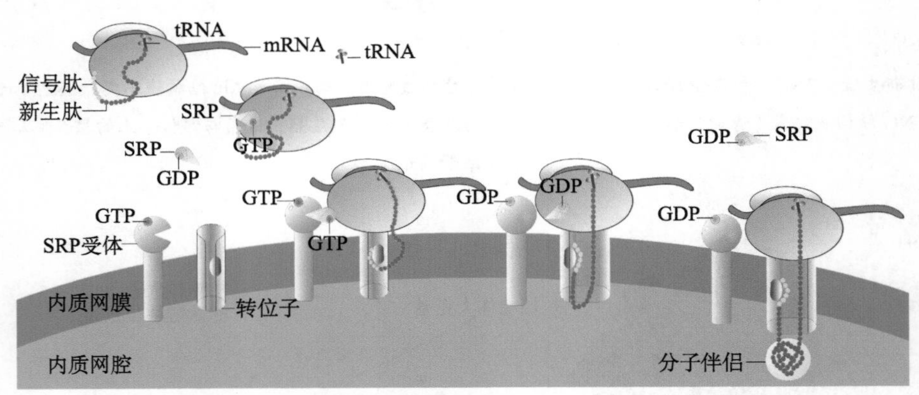

图 11-6　分泌蛋白在内质网上合成的翻译共转运过程

蛋白质进入内质网腔后，要进行正确折叠与组装，才能进一步被转运到高尔基体中加工与分选。在内质网中保证蛋白质正确折叠的是一类称为分子伴侣的蛋白质，其中含量最丰富的是 HSP70 家族的 BiP 蛋白（binding protein）。BiP 能够结合多肽链的疏水区域，尤其是富含色氨酸、苯丙氨酸和亮氨酸残基的区域。在内质网内，BiP 一方面能够帮助非折叠蛋白正确折叠，另一方面能够阻止非正确折叠蛋白的聚集，维持内质网内环境的稳定。蛋白质的折叠常涉及多肽链上不同区域二硫键的形成或重排，因此在内质网新合成蛋白的质量控制过程中，蛋白二硫键异构酶（protein disulfide isomerase，PDI）也起着重要作用。非折叠蛋白（unfolded protein）在内质网内的过量聚集等导致的内质网内环境失衡，会触发内质网应激反应（endoplasmic reticulum stress，ERS）。有关 ERS 发生与调控的分子机制，我们将在第十六章中详细讲解。

对于分泌性蛋白和内质网、高尔基体、溶酶体等内膜系统腔定位蛋白等可溶性蛋白（soluble protein），信号肽完成穿膜引导作用后会迅速降解。但是对于整合膜蛋白（integral membrane protein），尽管多肽链的合成机制与分泌性蛋白类似，但完成的多肽链常嵌入在内质网膜中，而不是释放到内质网腔中。

整合膜蛋白通过一到多个由 20～30 个疏水氨基酸残基组成的 α 螺旋跨膜片段（transmembrane segment）嵌入脂双层中。如图 11-7 所示，新生肽通过两种机制锚定到内质网膜。第一种机制涉及肽链 N 端具有典型内质网信号肽的这类蛋白质，引导新生肽链穿过内质网膜的信号肽可视为开始转移序列（start transfer sequence），当肽链延伸并穿膜到疏水性跨膜片段合成后，肽链不再向内质网内转移，这时该疏水性跨膜片段作为停止转移序列（stop transfer sequence）而将合成的肽链锚定在内质网膜上。如果一种多肽只有 N 端的信号肽而没有停止转移序列，那么这种多肽合成后就进入内质网腔，如果一种多肽的内部存在停止转移序列，那么这种多肽最终会成为膜整合蛋白。如果一种多肽含有多个开始转移序列和多个停止转移序列，那么这种多肽最终会成为多次跨膜的膜蛋白。第二种机制涉及那些肽链N端没有典型信号肽的膜蛋白，但是这类蛋白质具有内在开始转移序列（internal start-transfer sequence）。这种内在开始转移序列有两种功能，首先它可以起到内质网信号肽的作用，允许SRP结合到核糖体-mRNA复合物上；其次它的疏水性区域作为膜锚定序列将多肽链锚定在内质网膜上。

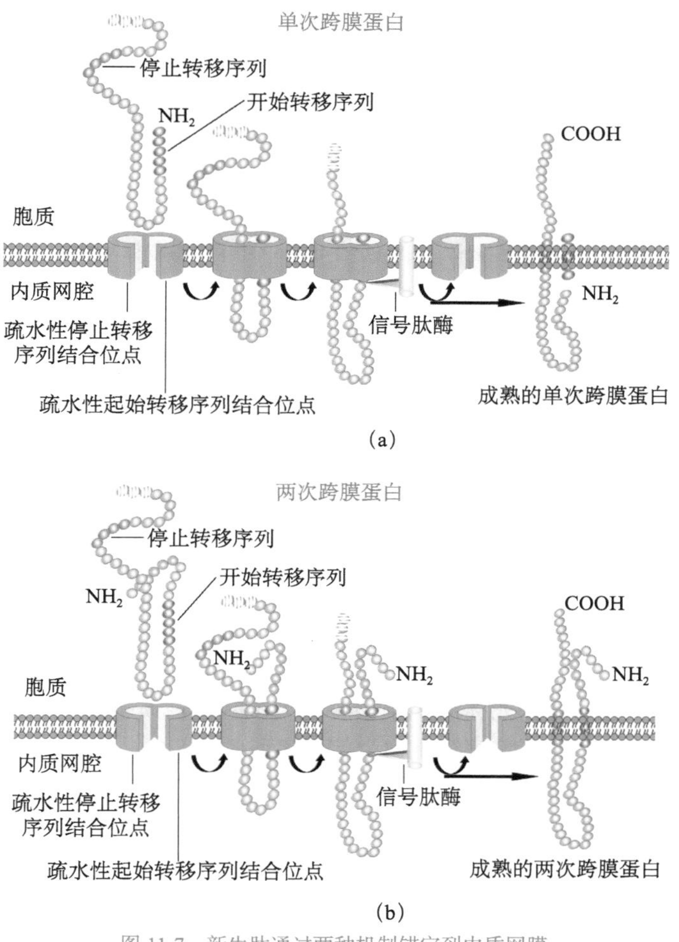

图11-7　新生肽通过两种机制锚定到内质网膜

（a）单次跨膜蛋白；（b）两次跨膜蛋白

整合膜蛋白具有多种拓扑学结构，这种拓扑学结构可能是由这些蛋白质肽链内的开始和停止转移序列共同决定的。在内质网上合成的整合膜蛋白根据拓扑学特征大体可以分为4类。Ⅰ型，蛋白功能结构域在N端并位于内质网腔，如LDL受体、流感HA蛋白、胰岛素受体和生长激素受体等；Ⅱ型，蛋白功能结构域在C端并位于内质网腔，如唾液糖蛋白受体、转铁蛋白受体、高尔基半乳糖苷转移酶和高尔基唾液酸转移酶等；Ⅲ型，蛋白功能结构在C端且处于胞质侧，如细胞色素P450等；Ⅳ型，具有多次跨膜结构域，包括G蛋白偶联受体、葡萄糖转运蛋白、电压门控Ca^{2+}通道、ABC小分子泵、CFTR（Cl^-）通道和Sec61蛋白等，其中Ⅳ-A型蛋白的N端和C端均位于胞质侧，而Ⅳ-B型蛋白的N端位于内质网腔，C端位于胞质侧。新生多肽的跨膜取向主要受跨膜片段侧翼氨基酸残基的电荷分布影响，一般而言，带正电荷氨基酸残基一侧朝向胞质侧（图 11-8）。整合膜蛋白合成并组装到内质网膜后，可以作为内质网膜蛋白留在内质网发挥功能，也可以被转运到其他内膜系统，如高尔基体、溶酶体、核被膜或者细胞膜。

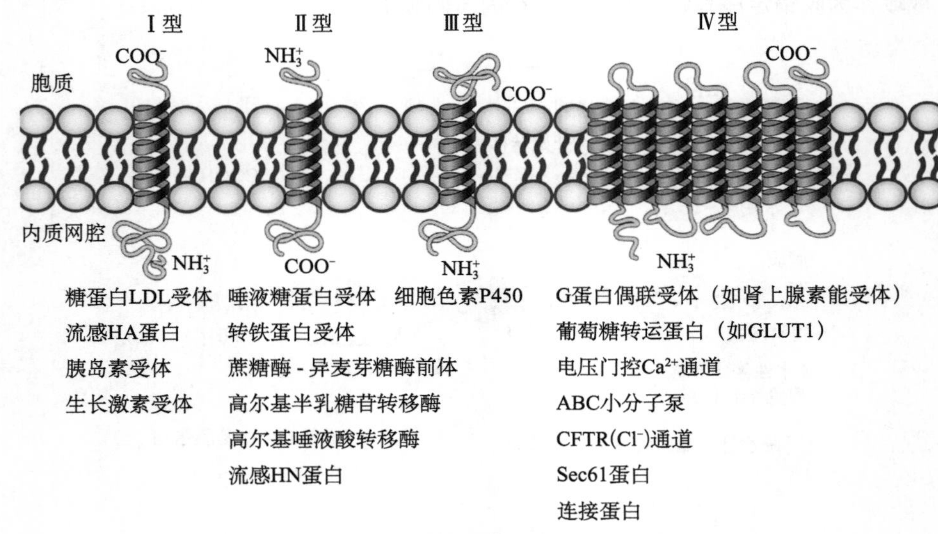

图 11-8　内质网上合成的整合膜蛋白的类型

第三节 蛋白质的翻译后转运分选

线粒体、叶绿体、过氧化物酶体和细胞核中的大多数蛋白质也是在某种氨基酸序列的指导下进入这些细胞器的，这些氨基酸序列统称为信号序列（signal sequence）（表 11-1）。为便于研究，一般将这些引导蛋白质进入细胞器的信号序列称为导肽（leader peptide）。有些信号序列还可以形成三维结构的信号斑（signal patch），指导蛋白质转运到细胞的特定部位，如细胞核。具有导肽的蛋白质的基本特征是由细胞质基质中的游离核糖体合成，合成完成后在导肽的引导下再转运到各自的细胞器或细胞核中，因此这种蛋白质翻译 - 转运方式被称为翻译后转运（post-translational translocation）。蛋白质的翻译后转运方式在蛋白质跨膜过程中不仅需要消耗 ATP 使多肽去折叠，而且还需要分子伴侣蛋白的参与，如分布于胞质、线粒体和叶绿体等细胞器的 HSP70 家族成员，以帮助蛋白质去折叠方便跨膜或正确折叠形成有功能的蛋白质。如果一个蛋白质翻译合成后不具有导肽或特殊的靶向序列（targeting sequence），就成为细胞质基质蛋白。

表 11-1　蛋白转运分选信号序列

信号序列的功能	信号序列举例
引导进核	-Pro- Pro-Lys-Lys-Arg-Lys-Val-
引导出核	-Leu-Ala-Leu-Lys-Leu-Ala-Gly-Leu-Asp-ILe-
引导进线粒体	^+H_3N-Met-Leu-Ser-Leu-Arg-Gln-Ser-ILe-Arg-Phe-Phe-Lys-Pro-Ala- Thr-Arg-Thr-Leu-Cys-Ser-Ser-Arg-Tyr-leu-Leu-

续表

信号序列的功能	信号序列举例
引导进质体	$^{+}H_3N$-Met-Val-Ala-Met-Ala-Met-Ala-Ser-Leu-Gln-Ser-Ser-Met-Ser- Ser-Leu-Ser-Leu-Ser-Ser-Asn-Ser-Phe-Leu-Gly-Gln-Pro-Leu-Ser-Pro-ILe-Thr-Leu-Ser-Pro-Phe-Leu-Gln-Gly-
引导进过氧化物酶体	-Ser-Lys-Leu-COO^-
引导进内质网	$^{+}H_3N$-Met-Met-Ser-Phe-Val-Ser-Leu-Leu-Leu-Val-Gly-ILe-Leu-Phe-Trp-Ala-Thr-Glu-Ala-Glu-Gln-Leu-Thr-Lys-Cys-Glu-Val-Phe-Gln-
引导返回内质网	-Lys-Asp-Glu-Leu-COO^-

注：表中彩色字体标注的氨基酸为该信号序列的关键氨基酸

一、蛋白质向线粒体的分选

线粒体是一种半自主性细胞器，具有独立的 DNA 和蛋白质合成系统。但如前面章节所讲，定位于线粒体的蛋白质只有极少数是由线粒体基因组编码的（大约占线粒体总蛋白的 1%），绝大多数是由核基因编码的，在细胞质基质游离核糖体上合成。作为细胞内的重要产能机构，线粒体核基因编码蛋白质的定向分选，各就各位，对其功能活动具有重要意义。线粒体具有 4 个亚细胞区域：外膜、内膜、膜间隙和线粒体基质，因此蛋白质从细胞质基质合成分选到线粒体的基质、内膜和膜间隙三个方向。

1. 蛋白质从细胞质基质分选到线粒体基质　蛋白质分选到线粒体基质是在基质靶向序列的指导下，通过多个步骤完成的。线粒体基质蛋白 N 端靶向信号序列一般由 20～50 个氨基酸残基组成，具有相同的序基（motif），富含疏水氨基酸、带正电荷的碱性氨基酸（Arg、Lsy）和羟基氨基酸（Ser、Thr），缺少带负电荷的氨基酸（Asp、Glu）。在线粒体的蛋白质进入线粒体时，首先要保持在相对伸展或去折叠状态（图 11-9）。几种不同的胞质分子伴侣（chaperone）蛋白，如 HSP70 和 HSP90 被发现参与这些线粒体基质蛋白的去折叠过程。同时，线粒体内外膜上均存在蛋白输入复合物，外膜上的称为 TOM 复合物（mitochondria outer complex），由受体蛋白（Tom20/ Tom22）和输入通道蛋白（Tom40）组成；内膜上的称为 TIM 复合物（mitochondria inner complex），TIM 包含两类主要的复合物：Tim22 和 Tim23。Tim22 结合内膜整合蛋白并可以使这些蛋白质插入脂双层中；而 Tim23 结合 N 端具有基质靶向序列的蛋白质，介导这些蛋白质进入线粒体基质。

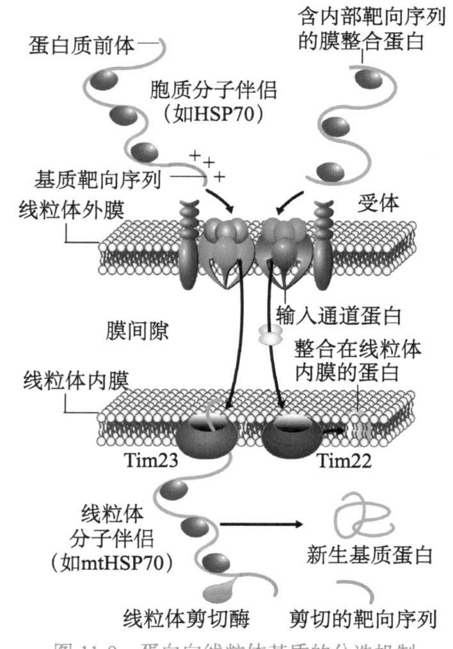

图 11-9　蛋白向线粒体基质的分选机制

当线粒体基质前体蛋白在游离核糖体上合成后，胞质分子伴侣 HSP70 首先与之结合，使之处于未折叠或半折叠状态，同时特异地引导这些前体蛋白到达位于线粒体外膜上的输入受体（Tom20/ Tom22）并与之结合，然后蛋白质进入外膜输入通道（Tom40）；当带有线粒体基质靶向序列的蛋白前体与TOM复合物结合后，就与内膜上的TIM复合物对接，通过Tim23复合物将蛋白输入线粒体基质中，随之线粒体基质分子伴侣（mtHSP70）与输入的前体蛋白结合并水解ATP以驱动基质蛋白的输入。随后，基质靶向序列被基质蛋白酶切割，基质mtHSP70从新输入的蛋白质上释放出来，蛋白质重新折叠，产生有活性的构象。

2. 蛋白质从细胞质基质分选到线粒体内膜　蛋白质通过3条途径从细胞质基质输入线粒体内膜。如图11-10所示，通过途径A和途径B分选输入的线粒体蛋白，其N端都有基质靶向序列，在线粒体外膜上都是通过输入通道Tom40，在线粒体内膜上通过输入通道复合物Tim23/Tim17进行转运，都需要线粒体基质分子伴侣mtHSP70的参与；但通过途径A输入的内膜蛋白不仅N端具有基质靶向序列，还具有疏水性的停止转移序列（stop-transfer sequence），当前体蛋白进入线粒体基质后，基质靶向序列被切割，蛋白质通过停止转移序列插入线粒体内膜上，而通过途径B转运的内膜蛋白其N端还含有一种称为Oxa1靶向序列（Oxa1-targeting sequence）。Oxa1是一种与内膜蛋白插入相关的膜蛋白，由线粒体基因编码，在线粒体基质核糖体上合成。当这类蛋白质的前体进入线粒体基质后，基质靶向序列被切割，其Oxa1靶向序列被内膜上的Oxa1蛋白识别，然后把蛋白质组装到线粒体内膜上去。通过途径C输入的线粒体内膜蛋白都是一些多次跨膜蛋白（如6次跨膜的ADP/ATP反向交换蛋白），这类蛋白质的多肽序列中含有多个内在靶向序列（internal targeting sequence），在外膜蛋白Tom70存在时通过Tom40通道并在两种膜间隙蛋白Tim9/Tim10的协助下，通过内膜上的Tim22/Tim54复合体插入线粒体内膜中，组装成为有活性的内膜蛋白。

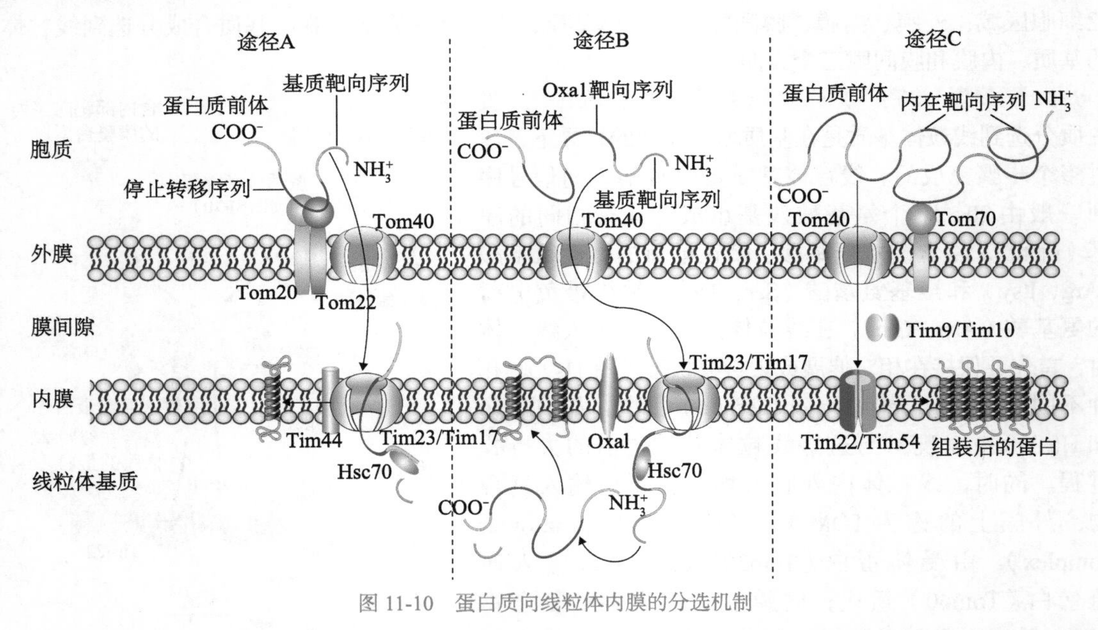

图11-10　蛋白质向线粒体内膜的分选机制

3. 蛋白质从细胞质基质分选到线粒体膜间隙　蛋白质分选到膜间隙一般通过2条途径（图11-11）。这类蛋白质的多肽链中含有膜间隙靶向序列（intermembrane space-targeting sequence），通过途径A的膜间隙蛋白在多肽链N端具有基质靶向序列，其首先以类似基质蛋白的方式通过线粒体外膜和内膜输入孔进入线粒体，然后基质靶向序列被切除，而在膜间隙靶向序列的指导下插入线粒体内膜，最后被内膜上的蛋白酶于膜间隙侧切割，释放到膜间隙进行折叠并组装成有活性蛋白，如细胞色素b2蛋白，多肽链被释放到膜间隙后与血红素结合，或为成熟的蛋白。通过途径 B 的蛋白多肽链 N 端没有基质靶向序列，通过外膜输入孔蛋白 Tom40 直接进入膜间隙。

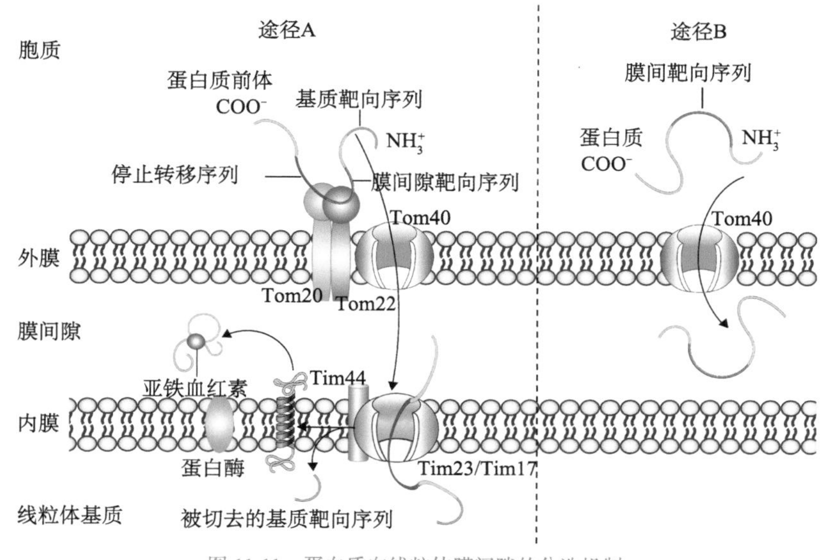

图 11-11　蛋白质向线粒体膜间隙的分选机制

二、蛋白质向叶绿体的分选

现有资料表明，叶绿体功能的完成需要多达 3000 个蛋白质的参与，其中绝大多数叶绿体定位蛋白是由核基因编码的，大约占叶绿体总蛋白的 95%。尽管叶绿体具有自身的基因组，但仅含有 100 个左右的基因。如图 11-12（a）所示，包括所有 Calvin 循环相关的酶及 Rubisco 小亚基等在内的由核基因编码的叶绿体蛋白要输入叶绿体，到达各自的功能部位，也往往依赖于这些蛋白质多肽链上的特殊靶向序列，如 N 端的基质输入序列（stromal-import sequence）、类囊体靶向序列（thylakoid targeting sequence）等，指导蛋白以不同的机制进入叶绿体。和线粒体定位蛋白的输入类似，叶绿体定位蛋白的输入也通过内外膜上的特殊通道蛋白复合物，这些复合物被称为转位子（translocon），存在于叶绿体外膜上的转位子称为 TOC 复合物（chloroplast outer complex），而存在于叶绿体内膜的转位子称为 TIC 复合物（chloroplast inner complex）。如图 11-12（b）所示，TOC 复合物和 TIC 复合物的结构都十分复杂，均由多个蛋白亚基组成。蛋白质通过 TOC 和 TIC 复合物输入叶绿体同样需要分子伴侣蛋白的协助，在胞质侧，胞质 HSP70 蛋白与待输入的蛋白前体结合使之处于未折叠或半折叠状态，同时处于膜间隙的 HSP70 和处于叶绿体基质中的 HSP70 蛋白催化 ATP 水解提供能量，将待输入蛋白前体“绞入”叶绿体，随后基质靶向序列被切除。叶绿体蛋白的输入还需要胞质 14-3-3 蛋白及叶绿体基质 HSP93 和 Cpn60 等蛋白的参与。与线粒体不同的是，叶绿体不产生跨内膜的电化学梯度，因此 ATP 水解功能几乎是唯一动力来源。

靶向到类囊体膜和类囊体腔的蛋白质多参与光合作用，绝大多数是由核基因编码在细胞质基质中合成的，其前体蛋白含有多个靶向序列。这些蛋白质进入叶绿体基质后，一般通过 4 条途径进入类囊体，成为类囊体膜蛋白或类囊体腔蛋白。如图 11-12（a）所示，类囊体腔蛋白在不同靶向信号序列的指引下，通过 Sec 途径（the Sec pathway）或 Tat 途径（the twin-arginine translocation pathway，Tat pathway）进入类囊体腔，分别以 ATP 水解和质子跨膜梯度为驱动能量，然后靶向信号序列被特定蛋白酶切除。相比较，多数类囊体膜蛋白不含有可切除的靶向信号序列，有些通过 SRP 机制（类囊体信号识别颗粒）插入类囊体膜，有些通过直接插入成为类囊体膜蛋白。

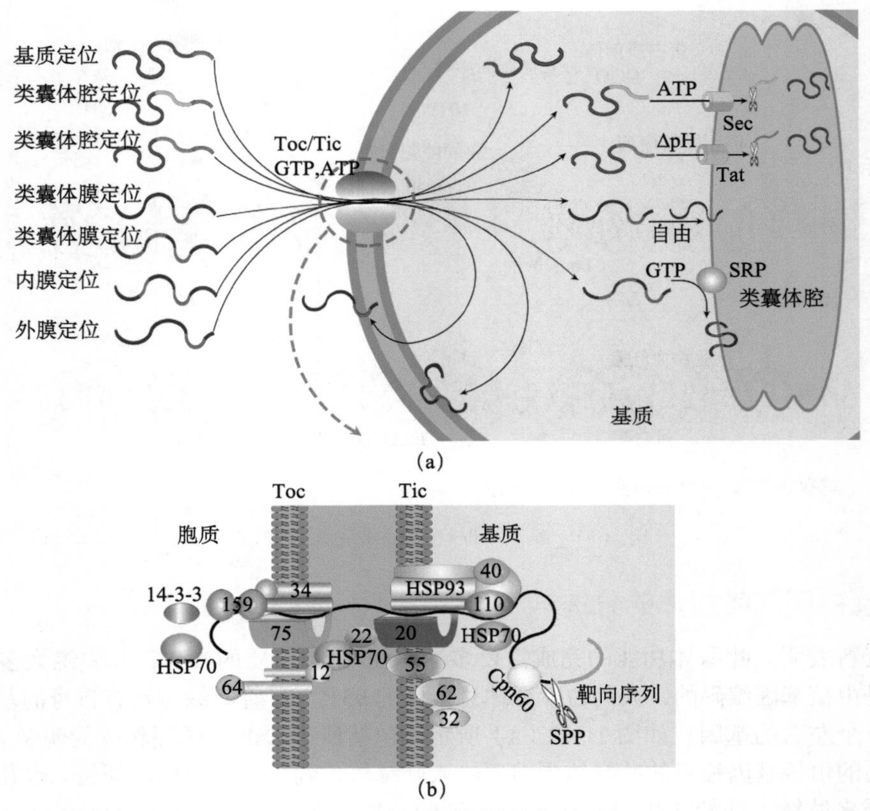

图 11-12　蛋白质向叶绿体的分选机制

（a）蛋白质向叶绿体各部位的分选机制；（b）叶绿体膜 TOC 复合物和 TIC 复合物的结构及蛋白跨膜机制示意图

三、蛋白质向过氧化物酶体的分选

与线粒体和叶绿体不同，过氧化物酶体结构比较简单，是由单层膜构成的细胞器，但它是真核细胞中唯一利用分子氧氧化底物形成小分子用于合成途径的细胞器，自身不含 DNA 和核糖体，因此定位于过氧化物酶体的所有蛋白质都是由核基因编码的，在细胞质中合成，然后组装或输入过氧化物酶体中。如图 11-13 所示，过氧化物酶体基质蛋白往往具有过氧化物酶体靶向序列（peroxisomal-targeting sequence，PTS），存在于蛋白质多肽 C 端的 SKL（Ser-Lys-Leu）序列称为 PTS1，存在于蛋白多肽 N 端的 -(R/K)(L/V/I)X5(H/Q)(L/A)- 序列称为 PTS2。带有这两种过氧化物酶体定位信号的蛋白质在细胞质合成后，分别被其胞质受体 Pex5 和 Pex7 识别，再与位于过氧化物酶体膜上的受体 Pex14 结合，然后在膜上的一组蛋白质复合物（Pex12/Pex10/Pex2）的协助下进入过氧化物酶体。Pex 蛋白是真核细胞中的一类参与过氧化物酶体组装过程的蛋白质，称为 Peroxin，目前发现至少有 32 个成员。蛋白质被输入过氧化物酶体基质中后，其胞质受体与 Pex12/Pex10/Pex2 复合物解离返回细胞质基质再利用。值得注意的是，带有定位信号的蛋白质进入过氧化物酶体基质后，PTS 信号序列不被切除。蛋白质输入过氧化物酶体需要 ATP 提供能量，但 ATP 释放的能量如何用于蛋白质的单向跨膜转运还不清楚。

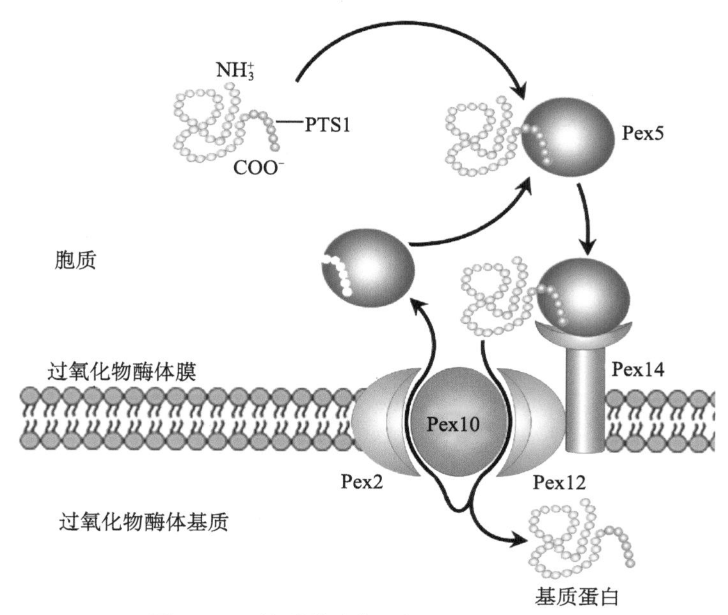

图 11-13　过氧化物酶体蛋白的 PTS1 分选机制

四、蛋白质通过核孔复合体的转运

蛋白质向细胞核的输入和输出是通过核孔复合体完成的，具有双向选择性。与线粒体和叶绿体蛋白输入时蛋白质要处于折叠或半折叠状态不同，蛋白质入核和出核都是以组装形式进行的。入核的蛋白质往往具有核定位信号（nuclear localization signal，NLS），而出核的蛋白质往往具有核输出信号（nuclear export signal, NES）。蛋白质入核和出核的作用机制我们已经在第九章做了详细阐述，这里不再赘述。

第四节　膜泡运输及其机制

膜泡运输（vesicle trafficking）是蛋白质分选的一种特有方式，普遍存在于真核细胞中，负责将在粗面内质网上合成的各种蛋白质，通过不同的转运膜泡分选到各自的功能区间，在特定时间和位点发挥特定功能。在转运的过程中不仅涉及蛋白质本身的修饰、加工和组装，还涉及多种不同膜泡靶向运输及其复杂的调控过程。膜泡运输也参与整个内膜系统之间的物质转运及胞吞（endocytosis）和胞吐（exocytosis）过程。在真核细胞内，参与膜泡运输的膜泡主要分为两类：转运膜泡（transport vesicle）和分泌膜泡（secretory vesicle）。在细胞分泌和胞吞过程中，以膜泡运输方式介导的蛋白质分选途径形成细胞内复杂的膜流（membrane flow）（图 11-14），这种膜流具有高度组织性、方向性并维持动态平衡。如果说粗面内质网是细胞内物质的重要供应站，高尔基体是重要加工枢纽和集散中心的话，那么各种膜泡就是细胞内物质配送的车辆，将货物（蛋白质、脂类等）转运到各自的目的地。为了保证细胞活动的有效性和准确性，细胞内的膜泡运输过程受到精细调控，有着一套精密的调控机制。2013 年，James Rothman、Randy

Schekman 和 Thomas Südhof 三位科学家因为在膜泡运输机制方面的研究贡献而获得了诺贝尔生理学或医学奖。

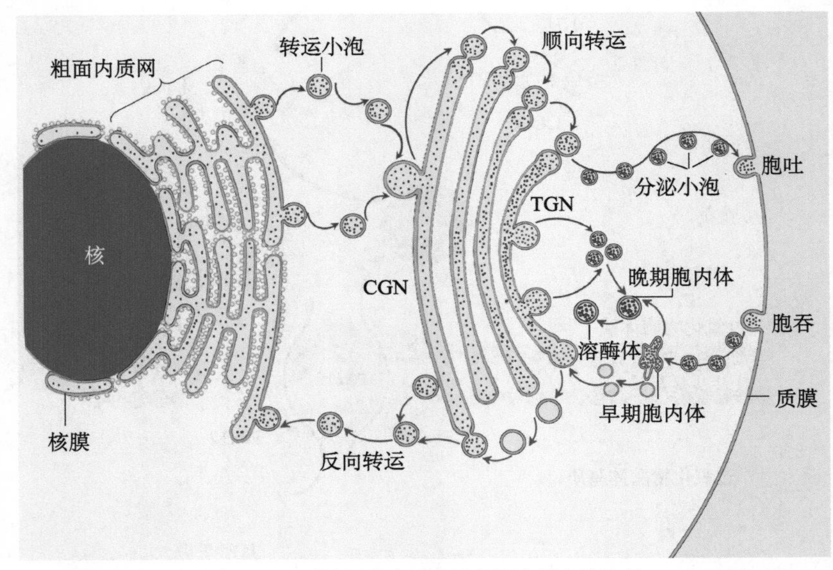

图 11-14 膜泡运输方式介导的蛋白质分选途径

TGN. 高尔基体反面网管区；CGN. 高尔基体顺面网管区

现在已经比较明确，在很多蛋白质分子的表面含有多种介导转移与分选的信号，当特异受体识别这些信号并与待转运蛋白形成复合物时，会促使转运膜泡的形成和出芽，而一旦待转运蛋白通过膜泡完成转运过程，与之结合的受体往往会重新返回原来的膜结构中，维持特定膜结构成分的稳定。

包被膜泡（coated vesicle）的一个共同特征是膜泡胞质面往往具有一层包被蛋白，目前研究得最多的包被蛋白有网格蛋白（clathrin）、COP Ⅰ（coat protein Ⅰ）和 COP Ⅱ（coat protein Ⅱ）。根据包被蛋白的不同，转运膜泡主要可以分为 3 种类型：网格蛋白包被膜泡、COP Ⅰ包被膜泡和 COP Ⅱ包被膜泡，它们分别介导不同的膜泡转运途径（表 11-2）。如图 11-15 所示，COP Ⅱ包被膜泡介导细胞内的顺向运输（anterograde transport），负责从内质网到高尔基体的物质运输；COP Ⅰ包被膜泡介导反向运输（retrograde transport），负责从高尔基体反面膜囊到高尔基体顺面膜囊及从高尔基体顺面网管区（CGN）到内质网的物质转运；而网格蛋白包被膜泡既介导从高尔基体反面网管区（TGN）向胞内体、溶酶体、植物液泡等细胞器的物质转运，也介导从细胞膜到胞内体及从胞内体到高尔基体 TGN 的物质转运。此外，最近人们还发现了另外一种包被蛋白——窖蛋白（caveolin），其是组成膜泡窖的主要成分。膜泡窖参与细胞内胆固醇的吸收，研究表明，缺乏窖蛋白的小鼠表现出严重的心血管系统异常，体内胆固醇异常积累。另有研究显示，载有大量胆固醇的膜泡窖具有信号转导功能。

表 11-2 包被膜泡组成及其转运途径

膜泡类型	包被蛋白	GTPase	介导的转运过程
COP Ⅱ	Sec23/Sec24 和 Sec13/Sec31 复合物；Sec16	Sar1	内质网→高尔基顺面
COP Ⅰ	包被包括 7 种不同的 COP 亚单位	ARF	高尔基顺面→内质网

续表

膜泡类型	包被蛋白	GTPase	介导的转运过程
网格蛋白和衔接蛋白	网格蛋白 +AP1	ARF	高尔基顺面→胞内体
	网格蛋白 +GGA	ARF	高尔基顺面→胞内体
	网格蛋白 +AP2 复合物	ARF	质膜→胞内体
	AP3 复合物	ARF	高尔基顺面→溶酶体或黑素体或血小板囊泡

注：每种 AP 复合物均包含 4 种不同的亚单位；AP3 膜泡包被是否含有网格蛋白有待确认

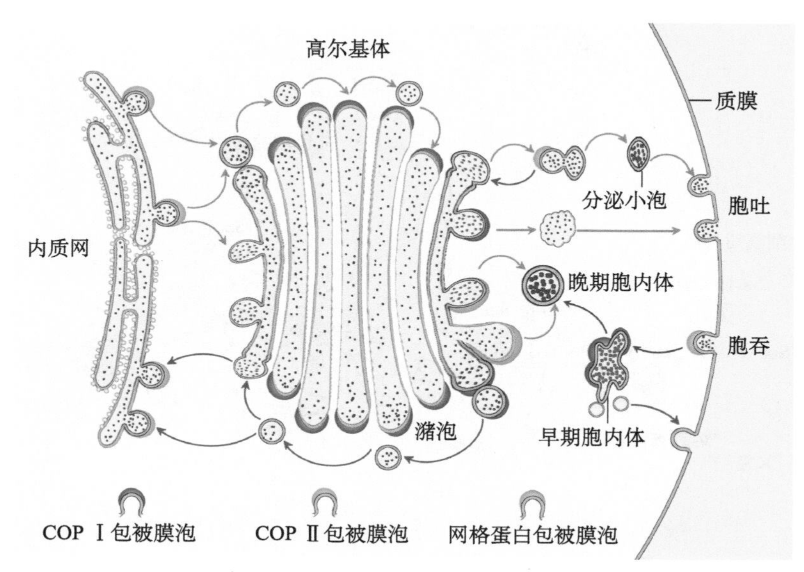

图 11-15　三种不同包被膜泡的转运途径

一、COP Ⅱ包被膜泡的装配与转运

COP Ⅱ包被膜泡首先在酵母中被发现，此后在哺乳动物和植物中也鉴定到了 COP Ⅱ的类似成分，介导细胞内的顺向运输（anterograde transport），负责从内质网到高尔基体的物质运输。COP Ⅱ包被膜泡介导的内质网输出机制在不同物种中具有高度保守性。酵母中的研究表明，COP Ⅱ包被主要由两种蛋白复合物 Sec13/Sec31 和 Sec23/Sec24、一种小的 GTP 结合蛋白 Sar1 及大的纤维蛋白 Sec16 组装而成。Sar1 隶属 GTPase 超家族成员，通过 Sar1-GTP/Sar1-GDP 的转换，起分子开关调控作用，Sar1-GTP 促进复合物与 rER 的结合，而 Sar1-GDP 导致复合物与 rER 的解离。COP Ⅱ包被膜泡的装配及 Sar1 在装配中的作用如图 11-16 所示：细胞质中的可溶性 Sar1-GDP 与 rER 膜蛋白 Sec12（一种鸟苷酸交换因子）相互作用，催化 GTP 置换 GDP 形成 Sar1-GTP，GTP 结合引发 Sar1 构象改变暴露出疏水的 N 端脂肪酸链并插入 rER 膜，形成有活性的膜结合态的 Sar1［图 11-16（a）］。膜结合的 Sar1 随后募集 Sec23/Sec24 复合物形成三重复合物 Sar1-GTP/Sec23/Sec24，随后 Sec13/Sec31 复合物结合到三重复合物的外围，起到包被膜泡骨架的作用［图 11-16（b）］。最后，大的纤维蛋白 Sec16 结合在 rER 膜的胞质表面，增加已装配复合物的相互作用并增强包被蛋白的聚合效率。当 COP Ⅱ包被膜泡完成物质运输以出芽的形式从内质网上释放后，Sec23 亚基促进 GTP 被 Sar1 水解，Sar1-GDP 从膜泡释放，引发包被去装配而解聚，包被蛋白再回到内质网再利用，而脱被的膜泡在 SNARE 机制的引导下与高尔基

体膜融合，完成物质转运。

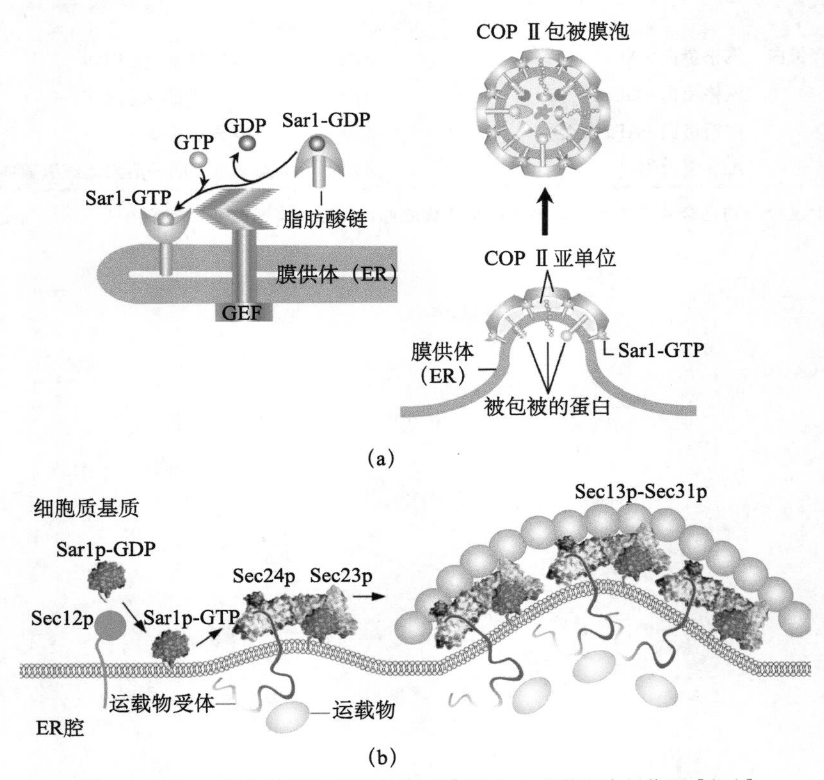

图 11-16　COP Ⅱ包被膜泡的装配［(a)］及 Sar1 在装配中的作用［(b)］

二、COP Ⅰ包被膜泡的装配与转运

COP Ⅰ包被膜泡已在包括哺乳动物、昆虫、植物和酵母细胞在内的所有被检测过的物种中被发现，负责从高尔基体返回到 ER 的逆向物质运输（retrograde transport）和高尔基体不同膜囊间的双向运输（bidirectional transport）。能够将再循环的膜脂双层及内质网驻留的可溶性蛋白与膜蛋白从高尔基体转运回内质网，也是内质网回收错误分选的逃逸蛋白（escaped protein）的重要途径。COP Ⅰ包被膜泡的包被由 COP Ⅰ蛋白和 ADP 核糖化因子（ADP-ribosylation factor，ARF）组成。ARF 是一种小分子 GTP 结合蛋白，能够在 GTP 和 GDP 结合形式之间转换，ARF-GTP 促进 COP Ⅰ复合物的组装，而 ARF-GDP 促进复合物的解离。COP Ⅰ包被蛋白是一种由 7 个亚基组成的蛋白多聚体，7 个亚基分别称为 α-COP、β′-COP、ε-COP、β-COP、γ-COP、δ-COP 和 ζ-COP。

COP Ⅰ包被膜泡的装配过程与 COP Ⅱ的装配类似，只是 COP Ⅰ包被膜泡的装配是在高尔基体上完成的。在细胞质中，ARF 以 ARF-GDP 的形式存在，当其遇到膜上的一种特异鸟苷酸交换因子（Sec7）时，GDP 被 GTP 置换导致 ARF 构象发生改变而暴露出亲脂性 N 端并插入高尔基体膜上。一旦完成锚定，ARF 就结合 COP Ⅰ蛋白多聚体组装成膜泡并出芽形成新膜泡。自由膜泡形成后，供体膜上的一种蛋白质触发 GTP 的水解，导致 ARF-GDP 的释放，包被蛋白质解聚，开始下一个循环。

COP Ⅰ包被膜泡的具体装配过程见图 11-17。ARF-GDP 可以结合到高尔基体跨膜蛋白 p23/p24 在细胞质中的尾巴上。在定位于顺面高尔基体膜上的具有鸟苷酸交换因子（GEF）功能的蛋白质 GBFl 的作用下，引起 GDP 解离和与 GTP 结合，ARF 被激活，即 ARF-GDP 转变为 ARF-GTP。GTP 的结合引起 ARF 构象发生改变，暴露出肉豆蔻酰化的 N 端两亲性螺旋，此螺旋可使 ARF-GTP 锚定到高尔基体膜的脂双层中。随后，含有 7 个亚基的 COP Ⅰ包被蛋白复合体被整体招募到高尔基体膜上与 ARF-GTP 结合，3～4 个 ARF 结合一个包被蛋白复合体，它们之间相互作用后又产生更多促进蛋白质相互作用的接合面。COP Ⅰ蛋白的 γ 亚基与 p24 结合可以使包被蛋白复合体更加稳定，同时 p23/p24 与 γ 亚基之间的相互作用，改变了 γ 亚基的空间构象，导致亚基空间构象的重排，从而有利于包被蛋白复合体之间的聚集，启动 COP Ⅰ包被的组装过程。游离的 COP Ⅰ包被膜泡在 GTP 酶激活蛋白（GAP）作用下，ARF 水解 GTP，导致 COP Ⅰ包被去组装，包被蛋白解聚并通过再循环回到高尔基体。

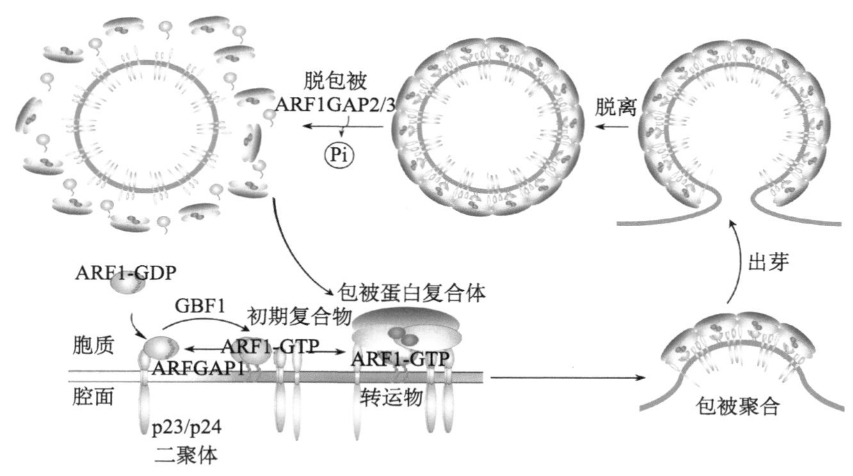

图 11-17　COP Ⅰ包被膜泡的装配

决定一种特异性的蛋白质在不同细胞器内（如内质网和高尔基体）被保留还是被转运，是受到细胞内复杂机制调控的。膜泡运输既能转运膜结合蛋白，也能通过膜受体识别转运可溶性蛋白。这些可溶性蛋白包括 ER- 驻留蛋白、可溶性溶酶体酶和分泌的溶酶体酶等。不管是膜蛋白还是可溶性蛋白，其膜泡包装的特异性取决于多肽靶向分选序列（表 11-3）。这些分选序列可以被特异受体识别，借以区分哪些蛋白质将被进一步包装转运，哪些蛋白质将作为驻留蛋白而排除在外。例如，从内质网被转运的膜蛋白往往具有双酸分选信号（如 Asp-*X*-Glu），能够被 COP Ⅱ包被蛋白 Sec24 亚基识别并结合，通过 COP Ⅱ包被膜泡从内质网转运到高尔基体。

表 11-3　多肽靶向分选序列

信号序列 *	信号蛋白	信号受体	含信号蛋白的包被膜泡
Lys-Asp-Glu-Leu（KDEL）	驻留内质网腔的蛋白	高尔基顺面膜上的 KDEL 受体	COP Ⅱ
Lys-Lys-*X*-*X* (KK*XX*)	驻留内质网膜的蛋白	COP Ⅰ α、β 亚单位	COP Ⅰ
D1-acid1c（如 Asp-*X*-Glu）	内质网中的转运膜蛋白（含胞质结构域）	Sec23/Sec24	COP Ⅱ

续表

信号序列*	信号蛋白	信号受体	含信号蛋白的包被膜泡
6-磷酸甘露糖（M6P）	在高尔基体顺面加工后的可溶性溶酶体酶	跨高尔基体膜中的 M6P 受体	网格蛋白 /AP1
	分泌型溶酶体酶	质膜上的 M6P 受体	网格蛋白 /AP2
Asn-Pro-*X*-Tyr（NP*X*Y）	质膜上的 LDL 受体	AP2 复合体	网格蛋白 /AP2
Tyr-*X*-*X*-Φ（Y*XX*Φ）	跨高尔基体膜的蛋白质（含胞质结构域）	AP1（μ1 亚单位）	网格蛋白 /AP1
	质膜蛋白（含胞质结构域）	AP2（μ2 亚单位）	网格蛋白 /AP2
Leu-Leu（LL）	质膜蛋白（含胞质结构域）	AP2 复合体	网格蛋白 /AP2

*X= 任何氨基酸；Φ= 疏水性氨基酸；括号内是氨基酸的单字母缩写

已有研究显示，细胞器中的蛋白质是通过两种机制保留及回收来维持的：一是转运膜泡将驻留蛋白有效排除在外，如有些驻留蛋白参与形成大的复合物而不能被包装到转运膜泡中去，因而被保留下来；二是对逃逸蛋白的回收机制，使之返回到它们正常驻留的部位。逃逸蛋白的回收是通过回收信号（retrieval signal）介导的特异受体来完成的，如内质网逃逸蛋白的回收。如图 11-18 所示，内质网可溶性驻留蛋白的 C 端具有 KDEL（Lys-Asp-Glu-Leu）回收信号，能够被其特异受体识别，但 KDEL 和受体的结合受环境 pH 的影响，中性环境下 KDEL 不能和其受体结合而酸性环境能够促进其结合。可溶性的内质网驻留蛋白在内质网的中性环境下是与其受体分离的，在 COP Ⅱ包被膜泡形成时会随着货物一起被装配到膜泡中并被转运到高尔基体，因为高尔基体是酸性环境，这时带有 KDEL 信号的可溶性内质网驻留蛋白就被其特异受体识别并结合而装配到 COP Ⅰ包被膜泡中，通过 COP Ⅰ包被膜泡被转运回收到内质网，然后受体解离，驻留蛋白释放。逃逸的内质网膜结合驻留蛋白以同样的方式进行回收，不同的是，膜结合的内质网驻留蛋白 C 端的回收信号通常是 KK*XX*（Lys-Lys-*X*-*X*）（表 11-3）。

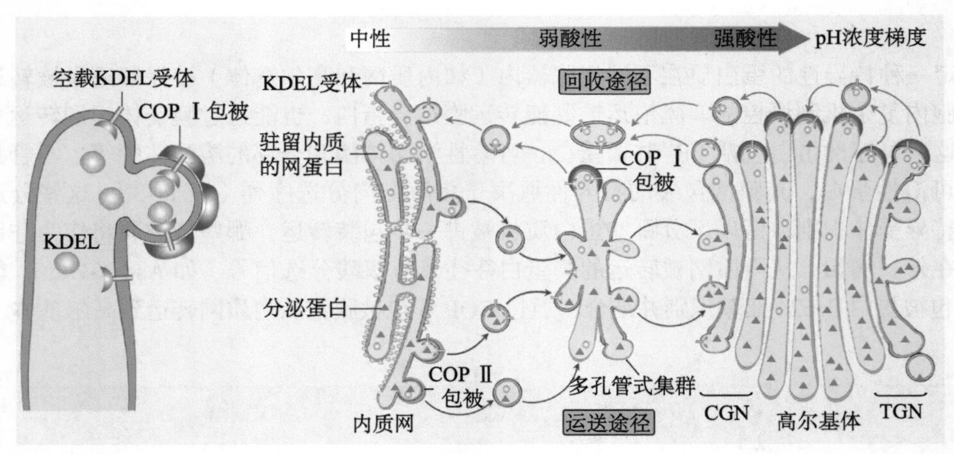

图 11-18　内质网逃逸蛋白的回收机制

三、网格蛋白包被膜泡的装配与转运

网格蛋白包被膜泡的包被由两类多聚体蛋白组成：网格蛋白（clathrin）和接头蛋白（adaptor protein，AP）。这种包被膜泡介导从高尔基体 TGN 向胞内体、黑色素体、血小板囊泡和植物液泡的运输（表 11-2），另外在受体介导的胞吞途径中还负责将物质从细胞表面转运到胞内体和溶酶体。高尔基体 TGN 区是网格蛋白包被膜泡形成的发源地和组装位点，也是细胞分泌途径中物质转运的主要分选位点。

典型的网格蛋白包被膜泡是一类双层包被的膜泡，外层由网格蛋白组成，内层由接头蛋白组成。1981 年，Ernst Ungewickell 和 Daniel Branton 发现网格蛋白分子呈三腿结构（triskelion）（图 11-19），每个分支含有一条重链和一条轻链，能够自组装形成多角形的网状结构。接头蛋白是网格蛋白包被组装的第二大成分，目前在真核细胞中至少发现了 4 种接头蛋白复合物：AP1、AP2、AP3 和 GGA，每种 AP 复合物由 4 种多肽链亚基组成，包括两个接头蛋白亚基、一个中链（medium chain）和一个小链（small chain）。这 4 种多肽链在不同的 AP 复合物中具轻微差异，能够结合不同的跨膜受体并在膜泡出芽和融合过程中赋予其特异性。GGA 是发现的另一类接头蛋白，由单一多肽链组成。接头蛋白复合物在网格蛋白包被的组装和去组装过程中具有重要作用，是包被组装的重要调控位点，它与网格蛋白的结合受胞内 pH、磷酸化和去磷酸化状态的影响。接头蛋白能够和网格蛋白重链的球状端部结合，当网格蛋白在供体膜上聚合，便募集接头蛋白复合物到供体膜的胞质面与之结合，接头蛋白复合物一方面将网格蛋白网格包被连接到膜上，另一方面能够特异性地促使一些膜结合蛋白富集到形成包被的膜区。网格蛋白的组装视频动画见【二维码】。

二维码

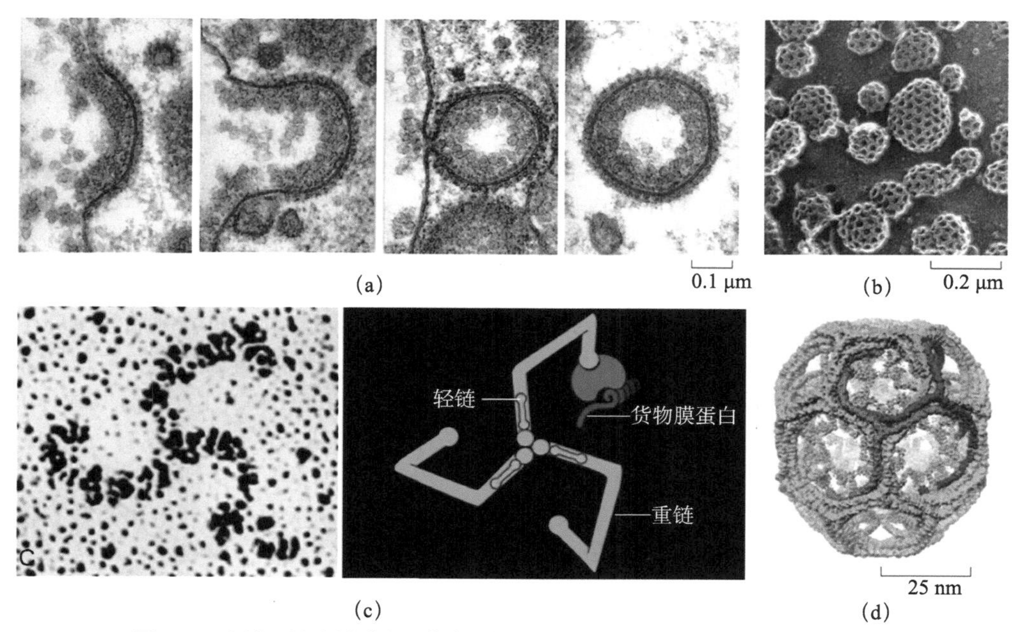

图 11-19　网格蛋白包被膜泡及其分子结构与组装形式（引自 Alberts et al.，2019）

（a）网格蛋白包被膜泡形成过程的电镜图像；（b）培养的皮肤细胞质膜内表面观察到的多个网格蛋白包被膜泡图像；（c）单个网格蛋白分子结构及其组成示意图；（d）体外自组装的网格蛋白球的冷冻电子三维重构成像

网格蛋白包被的组装能够驱动膜泡在质膜和高尔基体 TGN 区形成。和 COP Ⅰ包被膜泡的形成一样，网格蛋白的组装也需要小分子 GTP 结合蛋白 ARF 的参与。如图 11-20 所示，膜上受体蛋白可以选择特异的货物蛋白（待转运蛋白），然后网格蛋白通过接头蛋白结合到特异受体 - 货物复合物上并在膜上聚集，形成包被膜区，包被膜泡进一步组装后在一种称为发动蛋白

（dynamin）的协助下以出芽方式从膜上释放成自由膜泡。膜泡形成后，与网格蛋白 / 接头蛋白结合的 ARF 开关蛋白从 GTP 结合状态转变为 GDP 结合状态，驱动网格蛋白 / 接头蛋白复合物的去装配，转运膜泡脱被，游离态的网格蛋白和接头蛋白重新回到供体膜再利用，而脱被后的膜泡与靶膜融合，完成物质转运。

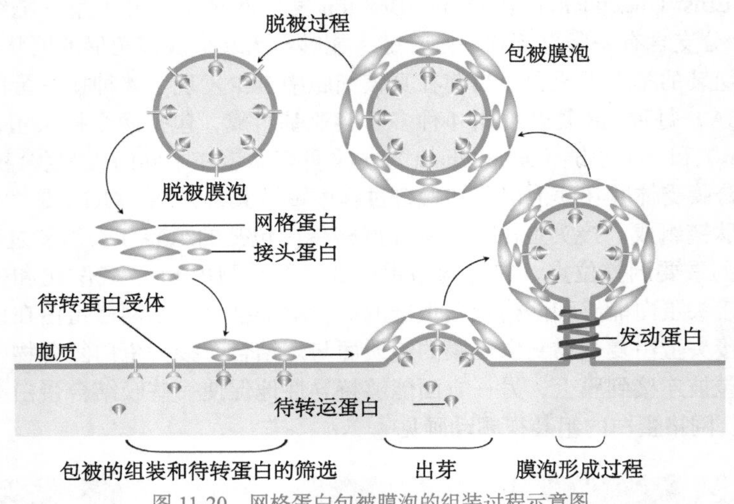

图 11-20　网格蛋白包被膜泡的组装过程示意图

网格蛋白介导的内吞 CME（clathrin-mediated endocytosis）是动植物细胞最重要的内吞途径之一，在胞外营养物质如胆固醇等的吸收、重要质膜蛋白（包括激酶受体和转运蛋白等）、脂质、激素、神经递质等的内吞与降解及其胞内外信号传递、dsRNA 的干扰、病毒的传播、细胞分裂、重要细胞生命活动过程中具有重要调控作用。网格蛋白除了定位于质膜外，还定位在胞内的高尔基反面管网区和早胞内体，除了介导内吞作用，还介导后高尔基体外排运输途径，揭示网格蛋白依赖的内吞和外吞是维持细胞内环境稳态的一种重要途径。在植物细胞中，网格蛋白也同样具有重要生物学功能。最近的研究发现植物网格蛋白参与调控植物胚胎发生和生长发育、生长素极性输出载体 PIN（PIN-FORMED）的内吞和外吐，影响向性生长（向地性、向光性）和下胚轴发育、营养元素转运体（如硼输入 / 输出载体 NIP5;1/BOR1、铁输入载体 IRT1）等介导的营养物内吞吸收，以及类受体激酶 RLK（RECEPTOR-LIKE KINASE；如 BR 受体 BRI1 和免疫反应受体 FLS2）介导的植物防御反应与逆境响应等重要生命活动过程。在医学应用方面，一些学者利用网格蛋白修饰的纳米药物具有更高的细胞摄取效率和更强药效，正在开发一些网格蛋白修饰的纳米药物用于治疗癌症和帕金森病等。

四、转运膜泡与靶膜的锚定与融合

膜泡运输是一个十分复杂的过程，具有高度特异性。如前所述，各种类型的膜泡组装并从供体膜释放后，均需要将待转运的蛋白货物运送到特定的靶细胞器或部位，因此就涉及膜泡的定向转运及其与靶膜的特异融合问题。现在已经发现，在酵母基因组中至少存在 25 种与膜泡转运相关的基因。膜泡转运的关键步骤至少涉及以下几个过程：①供体膜的出芽、装配和断裂，形成不同的包被转运膜泡；②细胞内由马达蛋白驱动、以微管为轨道的膜泡运输；③转运膜泡与特定靶膜的锚定与融合。膜泡一旦形成，就需要其他蛋白质的参与以确保膜泡能正确到达目的地，因此在细胞内必然存在一种保证不同膜泡与其靶膜准确融合的机制，这种机制称为

“SNARE 假说”（SNARE hypothesis）（图 11-21）。

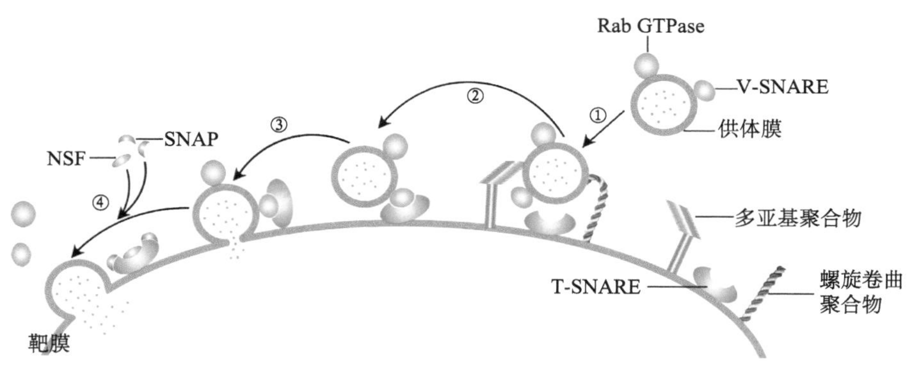

图 11-21　运输膜泡与靶膜融合的机制

① 运输膜泡通过小泡膜中的 V-SNARE 与靶膜 T-SNARE/SNAP25 复合物的细胞质结构域相互作用，形成螺旋结构，使运输小泡附着到受体膜；②小泡膜中的 Rab 蛋白作为小泡寻靶和融合的定时器，通过 ATP 的水解刺激 V-SNARE 与靶膜 T-SNARE 相互作用以形成预融合复合物；③ 预融合开始之后立即进行融合；④供体膜和靶膜融合过程中，NSF 和 SNAP 等蛋白的结合促使 SNARE 复合物解离，如 T-SNARE/V-SNARE/SNAP25 相互分开，促进了进一步的融合；同时含有 V-SNARE 的小泡形成并回到原始膜中

SNARE 假说是 James Rothman 和他的同事根据对动物细胞融合研究的发现提出的。他们发现动物细胞融合需要一种可溶性的细胞质蛋白，叫作 *N*- 乙基马来酰亚胺敏感的融合蛋白（*N*-ethylmaleimide-sensitive fusion protein，NSF）以及其他几种可溶性的 NSF 附着蛋白（soluble NSF attachment protein，SNAP）。NSF 是一种四聚体，4 个亚基都相同。SNAP 有 α-、β- 和 γ-SNAP 等几种不同的形式。NSF/ SNAP 能够介导不同类型小泡的融合，没有特异性。据此 Rothman 等提出一种假设：膜融合的特异性是由另外的膜蛋白提供的，把这种蛋白称为 SNAP 受体蛋白（SNAP receptor），或称为 SNARE，这种蛋白质可以作为膜融合时 SNAP 的附着点。根据 SNARE 假说，真核细胞中各种包被膜泡正确分选并打靶主要依赖于两个家族的 SNARE 蛋白：V-SNARE（vesicle-SNAP receptor）和 T-SNARE（target-SNAP receptor）。V-SNARE 发现于转运膜泡中而 T-SNARE 发现于靶膜上。V-SNARE 和 T-SNARE 是两类可以互补配对的蛋白质，和其他蛋白质一起，指导膜泡与靶膜的识别与融合。每一种运输膜泡都有一个特殊的 V-SNARE 标志，能够同适当的靶膜上的 T-SNARE 标志相互作用。一种运输膜泡在没有找到合适的靶位点之前有可能同几种不同的膜位点进行过暂时性的接触，但这种接触是不稳定的，只有找到真正的靶位点才会形成稳定的结构。也就是说，不同的膜泡上具有不同的 V-SNARE，它能识别靶膜上特异的 T-SNARE 并与之结合，以此保证运输膜泡到达正确的目的地。

存在于膜泡上的 V-SNARE 是在膜泡外被形成时共包装到转运膜泡上的，它同靶位点膜上的 T-SNARE 蛋白的结合决定了转运膜泡的选择性停靠（图 11-21）。转运膜泡与其靶膜的融合过程中，一类称为 Rab 的蛋白发挥了重要作用。Rab 蛋白是一类调节型的单体 GTPase，所有的 Rab 蛋白都是由大约 200 个氨基酸组成的，并且有类似于小 G 蛋白 Ras 的重叠结构，它能够结合 GTP 并将 GTP 水解，因此认为 Rab 蛋白通过 GTP 的循环来调节膜泡的融合。Rab 蛋白在膜泡的转运和融合中的调节机理可能是：供体膜上的鸟嘌呤核苷释放蛋白（GNRP）识别胞质溶胶中特异的 Rab 蛋白，诱导 GDP 的释放并和 GTP 结合，进而改变 Rab 蛋白的构型，改变了构型的 Rab 蛋白暴露出其脂基团，从而将 Rab 蛋白锚定到膜上。运输膜泡形成后，在 V-SNARE 的引导下，到达受体膜的 T-SNARE 部位，Rab 帮助膜泡与受体膜结合。Rab 蛋白上的 GTP 水解后从膜中释放出来，而转运膜泡却锁定在受体膜上，释放出的 Rab 进入胞质溶胶进行再利用。

根据 SNARE 假说及对 Rab 蛋白等生化和遗传学研究结果表明，膜泡融合时，需要 V-SNARE、T-SNARE 和融合蛋白 SNAP25 的存在。将含有纯化的 V-SNARE 的人工脂质体与含有 T-SNARE/SNAP25 复合物的脂质体一起温育，渐渐地两种膜融合到一起，V-SNARE、T-SNARE/SNAP25 出现在同一种膜上。在细胞中融合只要几秒钟，但需要几种胞质溶胶蛋白的参与，包括 NSF、α-、β- 和 γ-SNAP，它们的作用可能是使 V-SNARE、T-SNARE/SNAP25 解离以便于再利用，同时扩大融合。融合完成后，V-SNARE、T-SNARE 及参与融合复合物形成的蛋白解离后回到各自形成部位，进行下一轮的循环。

思　考　题

1. 构建信号肽学说的试验支持证据有哪些？有关机制的核心要点有哪些？

2. 细胞中有哪些蛋白质分选信号？分别的功能是将蛋白质定位到哪里？

3. 蛋白质分选的途径与类型及其各类定向分选机制有哪些？请绘制细胞中蛋白质定向分选转运途径详图，注意列出分选信号靶向序列、识别装置、转运参与蛋白质分选受体等。

二维码

4. 简述膜泡运输过程及三种重要膜泡的组装特点。

5. 参与膜泡与靶膜锚定与融合的主要成分及其作用机制有哪些？

本章核心概念及更多布鲁姆学习目标层次习题见【二维码】。

本章知识脉络导图

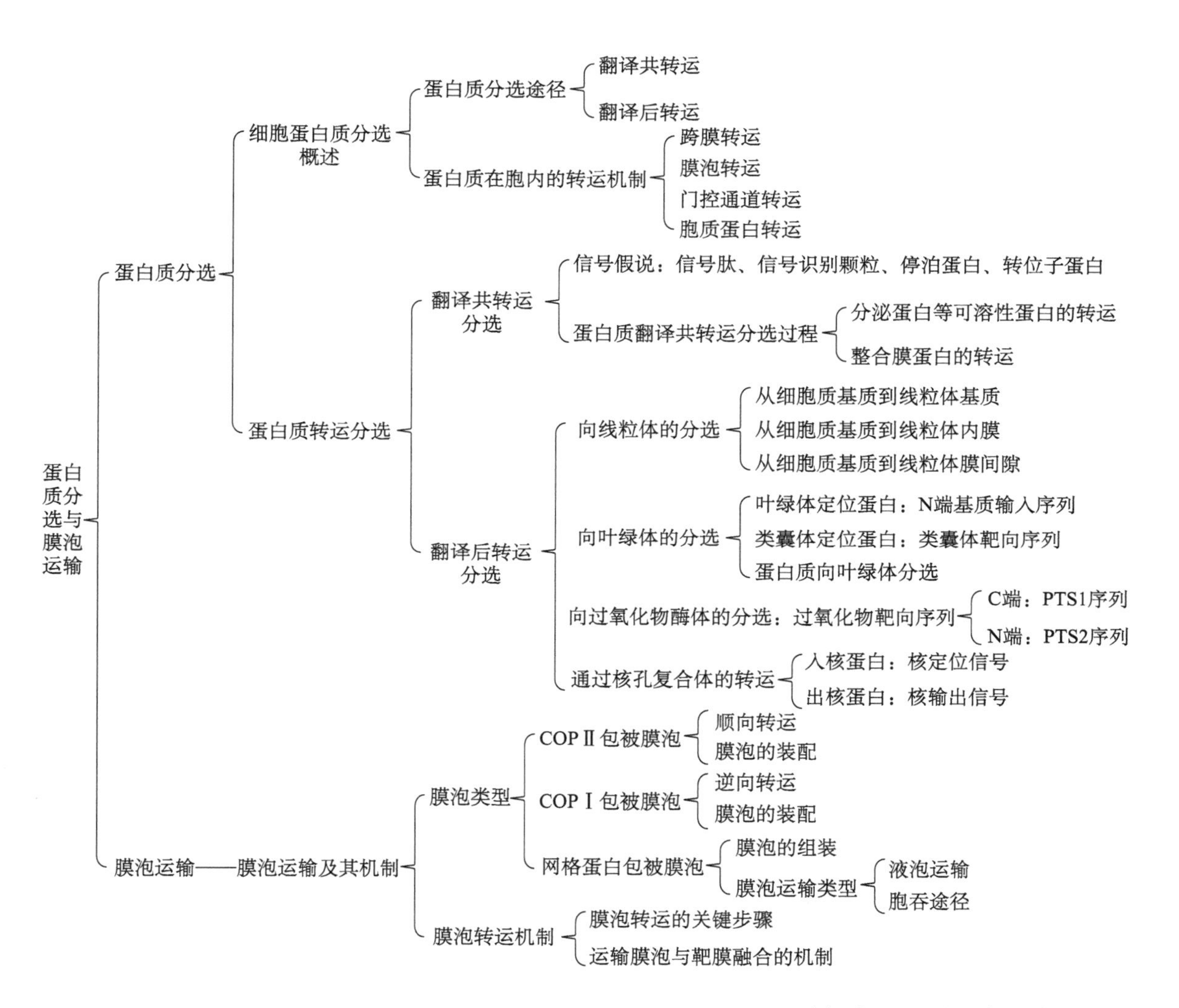

（胡春红，刘文婷，陈坤明）

第十二章　细胞信号转导

细胞间信息交流的出现是单细胞生物向多细胞生物进化的必然结果，许多生物过程也需要多细胞之间的协同作用才能完成，这种细胞间存在的彼此交流的过程称作细胞信号转导（cell signal transduction）。

在长期的进化中，单细胞生物群体形成了一套特有的通信机制来应答外界刺激。相邻的单细胞生物之间可以通过释放和接收化学信号分子来进行通信，进而协调整个群体的行为。细菌的群体效应（quorum sensing）即反映了细菌彼此分泌诱导信号分子来协调个体之间基因表达的过程。例如，生活在深海中的乌贼与发光细菌（*Vibrio fischeri*）共生，游离的细菌并不发光，当寄生在乌贼发光器官中的细菌达到一定的密度的时候，就会产生足够浓度的信号分子，与细菌细胞膜表面的受体结合后，激活荧光蛋白基因的表达，并因此发出荧光。在多细胞生物诞生后，这种细胞交流的机制更是变得愈加复杂。漫长的演化过程反映了多细胞生物细胞间交流系统的复杂性——这一交流机制使得拥有相同基因组的细胞共同协作，利用不同的方式分化、反应，并从属于其个体的生存利益。同时，生物和生物之间也出现了诸如互生、共生、寄生等各种关系，因此也存在不同生物细胞间的信号转导机制。

细胞的信号转导基本上为化学反应。虽然一些受体直接对物理信号产生应答，如压力感应通道、感受机械力的整合蛋白等，但是细胞感受的大部分信号是化学信号，即便是物理信号也要在受体水平上转化为化学信号才能被识别。

第一节　细胞通信及其主要参与分子

一、细胞通信

细胞通信是指一个细胞发出的信息通过介质传递到另一个细胞，并与靶细胞相应的受体相结合，然后通过细胞信号转导使靶细胞产生一系列的生理生化反应，最终表现为细胞整体的生物学效应的过程。由此可见，细胞信号转导是实现细胞间通信的关键过程，它是协调多细胞生物细胞间功能所必需的。细胞通信可概括为三种方式。

（1）细胞通过分泌化学信号进行长距离或短距离的细胞间通信。这是多细胞生物普遍采用的通信方式，如动物细胞的体液和血液、植物细胞的维管系统等均为负责此类长距离通信的疏导系统，短距离通信则一般通过细胞的旁分泌或自分泌来完成［图 12-1（a）］。

（2）细胞间接触性依赖的通信。通信细胞直接接触，通过信号细胞表面的跨膜信号分子（配体）与相邻的靶细胞表面的特异性受体相互作用，这种通信方式在动植物细胞的受精和授粉、胚胎发育及形态发生等过程中起重要作用［图 12-1（b）］。

（3）细胞通过连接通道进行通信。动物细胞间通过间隙连接、植物细胞间通过胞间连丝，利用化学浓度的差异将胞内物质扩散至相邻细胞，交换小分子实现代谢偶联或电偶联，从而实现细胞通信［图 12-1（c）］。

第一种类型的细胞通信不需要细胞的直接接触，完全靠配体与受体的接触传递信息，后两种都需要通过细胞的接触来传递信息。所以可将细胞通信的方式分为不依赖于细胞接触的细胞通信和依赖于细胞接触的细胞通信两大类。

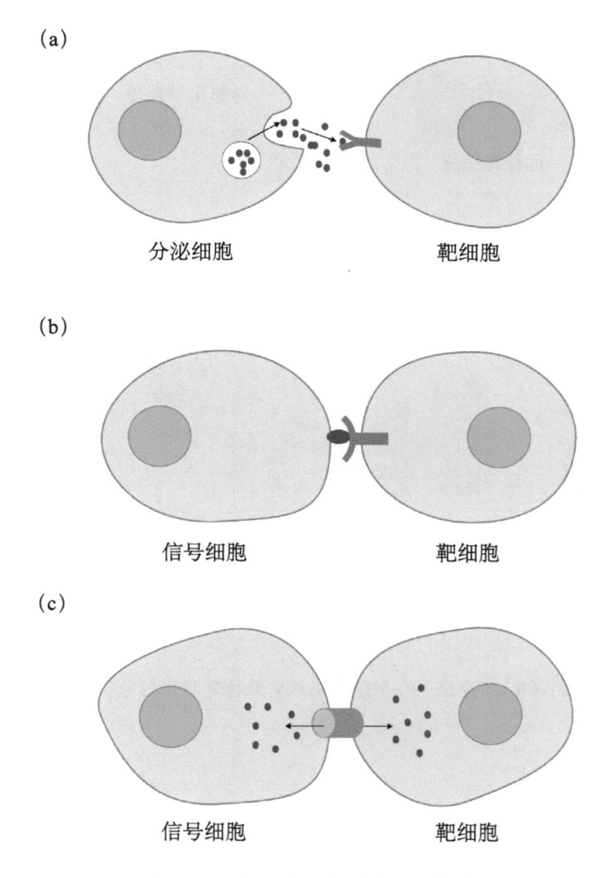

图 12-1 不同类型的细胞间通信方式

（a）细胞通过分泌化学信号进行通信；（b）细胞间接触性依赖的通信；（c）细胞通过连接通道进行通信

细胞通过分泌化学信号可进行长距离或短距离的细胞间通信，其作用方式分为：①内分泌（endocrine），由内分泌细胞分泌信号分子到血液中，通过血液循环运送到体内各个部位，作用于靶细胞［图 12-2（a）］。②旁分泌（paracrine），细胞通过分泌局部化学介质到细胞外液中，通过局部扩散作用于临近靶细胞［图 12-2（b）］，在多细胞生物中调节生长发育的许多生长因子往往是通过短距离起作用的。③通过化学突触传递神经信号［图 12-2（c）］，当神经细胞接受刺激后，神经信号以动作电位的形式沿轴突传递至神经末梢，神经末梢分泌神经递质，作用于突触后靶细胞，传递信号。④自分泌（autocrine），细胞对自身分泌的信号分子产生反应［图 12-2（d）］。在同种细胞群体中，通过自分泌信号可产生彼此促进的集团效应，如肿瘤细胞合成并释放生长因子刺激细胞自身，导致肿瘤细胞的增殖。

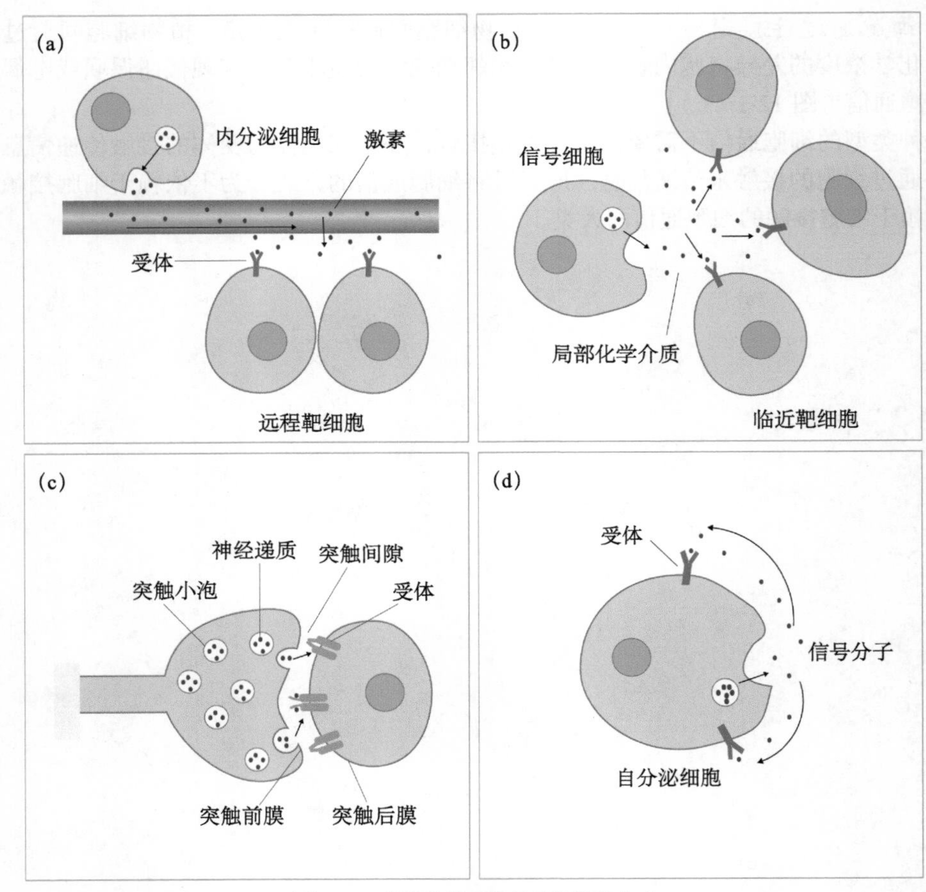

图 12-2 分泌化学信号的细胞通信方式

（a）内分泌；（b）旁分泌；（c）通过化学突触传递神经信号；（d）自分泌

二、信号分子及受体

（一）信号分子

细胞信息多数是通过信号分子（signal molecule）传递的。信号分子是指生物体内的某些化学分子，它们既非营养物质或结构物质，又非能源物质或酶类，主要功能是与细胞受体结合并传递信息。

信号分子作为细胞通信的主要载体，其种类多样，数目庞大。物理信号包括光、电、温度变化、震动、辐射、磁场及机械压力等外界刺激。化学信号是指生物体内，细胞间及细胞内传递信息的化学物质。动物细胞中所发现的信号分子包括内分泌激素、旁分泌或自分泌因子、神经递质、神经肽、氨基酸、核苷酸、脂肪酸代谢物、溶解性气体（NO、CO）等。而在植物中，也存在其特有的多种细胞间信号分子，包括植物激素及其他诸多的植物多肽分子等。

化学信号根据其性质通常可以分为四类：①亲水性信号分子，如神经递质、肽链激素等大多数蛋白类激素，这类信号分子不能透过靶细胞的质膜，只能通过与膜上的受体结合，经过信号转换机制，在细胞内产生第二信使或激活蛋白激酶或蛋白磷酸酶的活性，引起细胞应答。

②疏水性信号分子，如甾类激素和甲状腺素，这类信号分子相对较小，疏水性强，可穿过靶细胞的质膜，与细胞内的受体结合，进而调节基因的表达。③气体信号分子，包括 NO、CO、H_2S 等，可以自由扩散进入细胞，在细胞内直接激活效应酶，产生第二信使（second messenger），参与体内众多生理过程，影响细胞行为。④膜结合信号分子，又称接触依赖性信号分子，是表达在细胞质膜上的信号分子，通过与靶细胞质膜上的受体分子相互作用，引起细胞应答。

有些胞外化学信号分子（第一信使）不能进入细胞，它作用于细胞表面，经信号转导在细胞内产生第二信使。第二信使是指在胞内产生的非蛋白类小分子，胞外信号分子与细胞表面受体结合后会促使第二信使的浓度变化，以此调节细胞内酶和非酶蛋白的活性，从而在细胞信号转导途径中行使携带和放大信号的功能。目前公认的第二信使包括 cAMP、cGMP、Ca^{2+}、1,4,5-三磷酸肌醇（1,4,5-inositol triphosphate，IP_3）、二酰甘油（1,2-diacylglycerol，DAG）和 3,4,5- 三磷酸磷脂酰肌醇（phosphatidylinositol 3,4,5-triphosphate，PIP_3）等。

此外，一些互生、共生和寄生的生物也可以通过产生信号分子来实现跨物种通信。例如，根瘤菌和菌根分泌的脂多糖信号分子能够调节植物细胞的分化和器官发生。一些病原菌也能分泌多肽类信号，调控宿主细胞活动，有利于病原菌的生存和繁殖。

（二）受体

受体（receptor）是一类能够识别并特异性与信号分子结合的生物大分子，先前我们认为受体是一类特异化的蛋白质，近年发现受体多为糖蛋白，少数受体是糖脂（如百日咳毒素受体及霍乱毒素受体）及糖蛋白和糖脂组成的复合物（如促甲状腺受体）。受体通常位于细胞质膜的表面，也有的位于细胞质基质或细胞核中，据此将其分为细胞内受体（intracellular receptor）和细胞表面受体（cell-surface receptor）。细胞内受体［图 12-3（a）］主要识别和结合小的脂溶性信号分子，如甾类激素、甲状腺素、维生素 D 和视黄醛，以及细胞或病原微生物的代谢产物、结构分子或核酸物质等；细胞表面受体［图 12-3（b）］主要识别和结合亲水性信号分子，包括分泌型信号分子（如神经递质、生长因子）或膜结合型信号分子（如细胞表面抗原、细胞表面黏着分子等）。

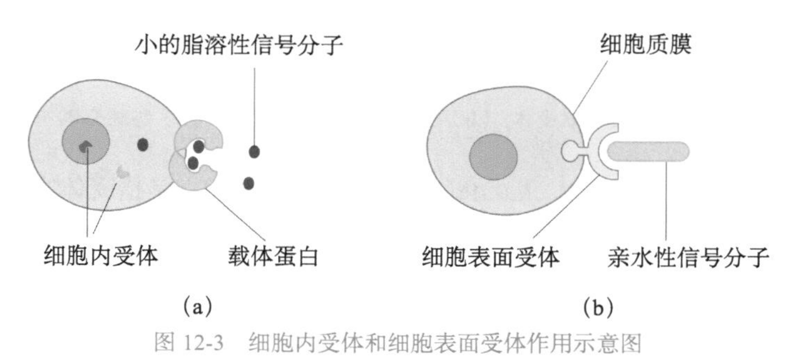

图 12-3 细胞内受体和细胞表面受体作用示意图

（a）细胞内受体；（b）细胞表面受体

1. 细胞内受体　细胞内受体主要分为三类。

（1）转录调控因子。其结构包括 DNA 结合区（C 区）、信号分子结合区（E 区）、转录激活区（A/B 区）这 3 个主要的功能区域。它们有的定位于细胞核中，如雌激素受体等，有的定位于胞质中，如糖皮质激素受体等。当受体与信号分子结合后，受体构象发生改变并活化，能在核中以受体 - 信号分子二聚体的形式与 DNA 结合，调控基因转录。

（2）转录抑制因子。例如，甲状腺激素受体，当信号分子不存在时，受体与共抑制因子一起与特定 DNA 结合，抑制基因转录；当受体与信号分子结合后，构象发生改变，便解除其抑制作用，从而启动基因的转录。

（3）蛋白质降解相关因子。例如，植物细胞中的生长素受体、茉莉酸受体、赤霉素受体及独角金内酯受体等，这类受体通常是含 F-Box 的 E3 泛素连接酶，当与相应激素结合后，能通过泛素化的蛋白质降解途径，将基因转录的抑制因子降解，从而调控相关基因的表达。

其中第一和第二种主要存在于动物细胞中，第三种主要存在于植物细胞中。

2. 细胞表面受体　根据信号转导机制和受体蛋白类型的不同，细胞表面受体主要可分为三大类（图 12-4）。

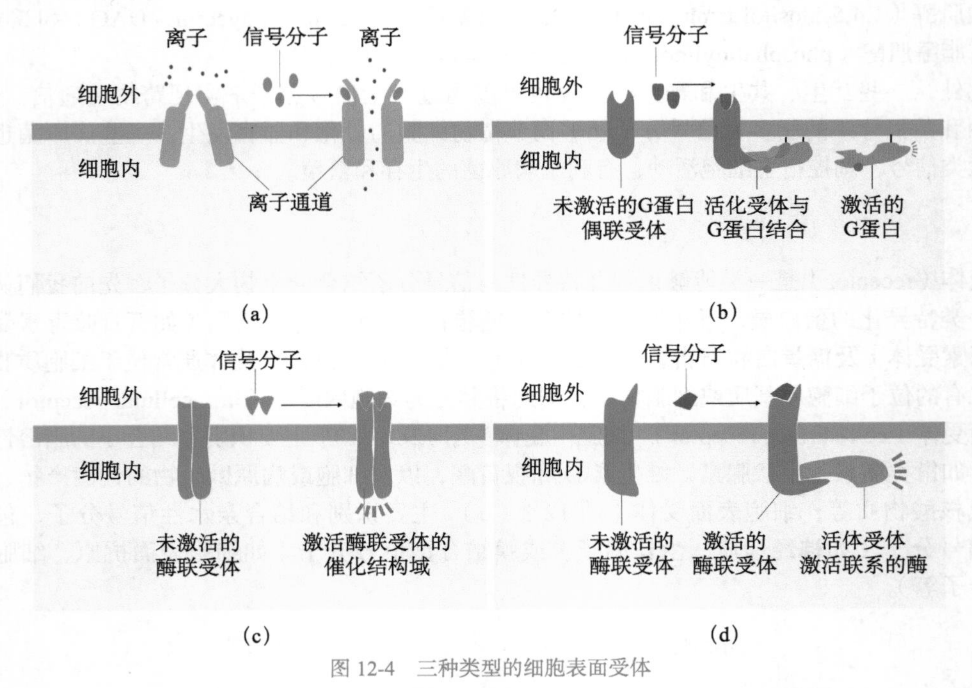

图 12-4　三种类型的细胞表面受体

（a）离子通道偶联受体；（b）G 蛋白偶联受体；（c），（d）酶联受体

（1）离子通道偶联受体（ion channel-coupled receptor）。是指受体本身既有信号分子结合位点，又是离子通道，其跨膜信号转导不需要中间步骤，又称递质门通道（transmitter-gated channel）或配体门通道（ligand-gated channel）。

（2）G 蛋白偶联受体（G-protein-coupled receptor，GPCR）。是细胞表面受体中最大的家族，普遍存在于各类真核细胞表面，根据其偶联效应蛋白的不同而介导不同的信号通路。

（3）酶联受体（enzyme-linked receptors）。分为两类，一类是受体细胞内结构域具有潜在酶活性，另一类是受体本身不具有酶活性，而是受体胞内段与酶相联系。

除这三大类之外，细胞表面还存在着一些其他类型的受体，如细胞因子受体、整联蛋白受体、核转移型受体等。其中，核转移型受体比较特殊，它主要识别和介导相邻细胞之间信号转导途径，当配体和受体结合后，受体被裂解，胞内片段进入细胞核，与转录因子结合，调控基因转录活性。

一般受体都至少有两种结构域，一个结构域负责结合特异性信号分子，另一个结构域则在激活后产生效应。多细胞生物中，细胞要面对数百种信号分子的处理，靶细胞对不同信号分子的特异性识别及产生的特异性反应则取决于其两种结构域的不同，但受体与配体之间并不是一一对应的关系，有时会有多种受体对应于同一种信号分子，如脱落酸在植物的不同组织器官中起到不同效应。

受体与信号分子空间结构的互补性是二者特异性结合的主要因素，受体对信号的接收相当于信号分子结合于受体或是物理刺激而导致的受体结构的改变。受体被激活后，通过信号转导途径将胞外信号转换为胞内化学或物理信号，引发两种主要的细胞反应：一是细胞内存量蛋白活性或功能的改变，进而影响细胞功能和细胞代谢（短期反应）；二是影响细胞内特殊蛋白质的表达量，最常见的方式是通过转录因子的修饰激活或抑制基因表达（长期反应）【二维码】。

二维码

（三）分子开关

细胞信号转导过程中，还有一类胞内蛋白，在进化上相对保守，功能作用依赖于细胞外信号的刺激。当这些蛋白质接收到信号时其构象呈活化的状态，从而传递信号；当信号传递后，其构象又恢复到非活化状态。这些蛋白质像开关一样，在引发信号转导级联反应中起到精确控制的作用，因此将这类蛋白质称作分子开关（molecular switch）。分子开关蛋白主要分为三类。

1. 蛋白激酶与蛋白磷酸酶分子开关 这类蛋白以磷酸化和去磷酸化作用来转变蛋白质的活性状态和非活性状态，是一种较为普遍的分子开关机制。其核心过程是通过蛋白激酶（protein kinase）使分子开关蛋白磷酸化得到磷酸基团被激活，通过蛋白磷酸酶（protein phosphatase）使分子开关蛋白去磷酸化失去磷酸基团而失活（图 12-5）。蛋白质磷酸化和去磷酸化可为细胞提供一种“开关”机制，使各种靶蛋白处于“开启”或“关闭”的状态。人类基因组编码蛋白激酶的基因多达 2000 个，编码蛋白磷酸酶的基因有 1000 个左右，并且已发现人类基因组编码 560 多种蛋白激酶和 150 多种蛋白磷酸酶，这些蛋白质均具有靶蛋白特异性，极大地丰富了细胞信号转导的多样性。同时，大多由可逆磷酸化控制的开关蛋白自身就具有蛋白激酶活性，如位于信号网络中心的有丝分裂原活化蛋白激酶（MAPK）就是典型的分子开关，当它们接收到激活信号后，通过磷酸化作用被激活并进一步去激活下游的其他蛋白激酶，借此将信号向下游传递、放大，这样的过程称作磷酸化级联反应（phosphorylation cascade）。有些质膜上的受体本身具有蛋白激酶活性，并且其胞内部分也是个分子开关，如大量的丝氨酸 / 苏氨酸蛋白激酶和较少的酪氨酸蛋白激酶。

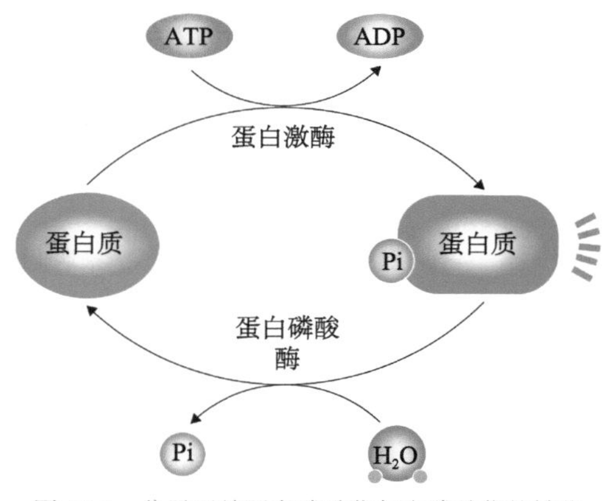

图 12-5 分子开关蛋白磷酸化与去磷酸化的转化

2. GTP 酶分子开关蛋白 这类蛋白是一类 GTP 结合蛋白（GTP binding protein），以 GTP 的结合和水解作用来转变蛋白质的活性状态和非活性状态。其核心过程是，当该类分子开关蛋白结合 GTP 时，变为活化状态并具有 GTP 酶活性；当其结合 GDP 时则失去 GTP 酶活性。这一类蛋白属于细胞内的 GTPase 超家族。GTPase 超家族蛋白包括异三聚体 GTP 结合蛋白（heterotrimeric GTP binding protein）、小分子单体 GTP 结合蛋白（monomeric GTP binding protein）和大分子单体 GTP 结合蛋白三大类。通常我们将异三聚体 GTP 结合蛋白称作 G 蛋白（G protein），将小分子单体 GTP 结合蛋白称作小 G 蛋白（small G protein）。GTP 结合蛋白活性

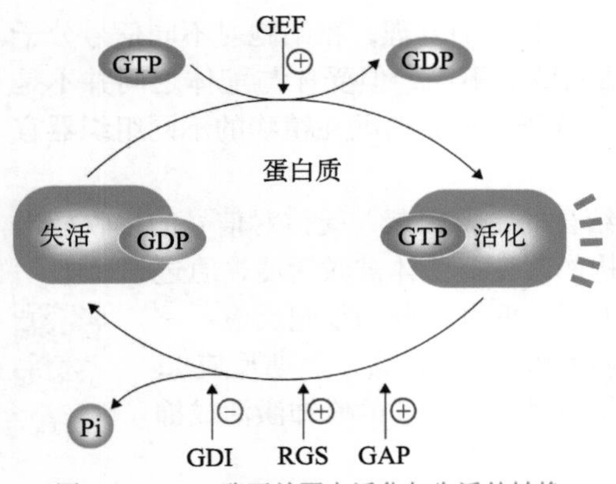

图 12-6 GTP 酶开关蛋白活化与失活的转换

在 GEF 的协助下由 GDP 形式转变为 GTP 形式而活化；通过 GTP 的水解而由活化态转换为失活态，该过程受 GAP 和 RGS 的促进，受 GDI 的抑制；GTP 酶开关蛋白的再活化被 GEF 促进

和非活性状态的转变受到多种蛋白质的调节。信号诱导的分子开关蛋白从失活态向活化态的转换是由鸟苷酸交换因子（guanine nucleotide-exchange factor，GEF）所介导的，GEF 可以促使 GDP 从开关蛋白释放，并使 GTP 同分子开关结合，使蛋白质变为活性状态。而 GTP 酶激活蛋白（GTPase activating protein，GAP），则能大幅增加 GTP 的水解速率，使蛋白质变为非活性状态。同时，GTP 的水解速率还被 G 蛋白信号调节因子（regulator of G protein-signaling，RGS）所促进，被鸟苷酸解离抑制蛋白（guanine nucleotide dissociation inhibitor，GDI）所抑制（图 12-6）。

3. 钙调蛋白分子开关　此外，细胞内还存在一类钙调蛋白（calmodulin，CaM），自身并无活性，以 Ca^{2+} 结合或解离而分别处于活化或失活的“开启”或“关闭”状态，使其能够和靶蛋白结合或解离，这是一个受 Ca^{2+} 浓度调控的可逆反应。每个钙调蛋白分子具有 4 个 Ca^{2+} 结合位点，作为行使多种功能的分子开关蛋白，介导多种 Ca^{2+} 的细胞效应（图 12-7）。

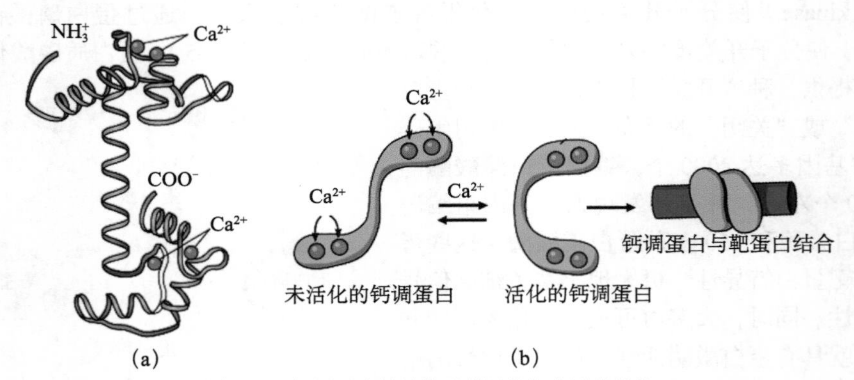

图 12-7 钙调蛋白的结构及其活化与失活的转换

（a）钙调蛋白的分子结构；（b）钙调蛋白的活化与失活机制

三、细胞信号转导系统及其特性

在细胞通信中，由信号细胞合成并释放的信号分子必须被靶细胞接收才能触发靶细胞的应答。多细胞生物体内信号转导的主要过程包括：①信号细胞合成并释放信号分子（第一信使）；②信号分子转运并到达靶细胞；③信号分子结合并激活靶细胞受体；④受体对信号进行转换，并启动细胞内信号系统；⑤靶细胞产生生物学效应；⑥信号解除并终止细胞反应。其中从信号分子产生并到达靶细胞的过程称为信号传递，靶细胞接收信号并对其进行转换，引起一系列胞内反应的过程称为信号转导。细胞信号转导过程的视频见【二维码】。

二维码

无论是细胞内受体介导的信号转导，还是细胞表面受体介导的信号转导，其信号转导系统

都具有如下特征。

1. 特异性　每种信号分子可以与各自的受体特异性的结合，信号分子与受体在结构上的互补性，是细胞信号转导具有特异性的重要基础。细胞受体与胞外配体通过结构互补机制以非共价键结合，形成受体配体复合物，即受体与配体的结合具有特异性；同时，受体因结合配体而改变构象被激活，介导特定的细胞反应，从而表现出信号效应的特异性。

2. 级联放大效应　信号转导过程具有对信号的放大作用，少数的信号分子可以激活下游多个效应器分子，引发细胞内信号放大的级联反应，产生明显的生物学效应。

3. 网络化　网络化是信号转导最主要的特征之一，多种信号都对细胞产生各种各样的调控，细胞对这些调控信息做出合理的应答，产生适当的生理反应。细胞信号系统网络化的相互作用，是细胞生命活动的重要特征。

4. 反馈调控　细胞信号系统网络化的相互作用是由一系列正反馈和负反馈环路组成的。例如，当细胞长期处于某种信号分子的刺激下，细胞对信号的反应会降低，这就是细胞对信号的适应，也叫作信号的“失敏反应”。

5. 整合作用　多细胞生物的每个细胞都处于细胞社会环境之中，大量的信息以不同的组合方式调节细胞的行为，因此细胞必须整合不同的信息；同时，各种胞内信号传递途径之间又有彼此的相互作用，组成了极其复杂的信号调控网络。信号在复杂的网络中传递，最后整合为一个最终的生理性效应，调节细胞的行为。

第二节　细胞内受体介导的信号传递

细胞内受体主要位于细胞核内，也有些位于细胞质中，位于细胞质中的受体要与相应的配体结合后才可进入细胞核。一些能够穿过细胞膜的小的脂溶性信号分子可以被细胞内受体识别并与之结合，从而进行信号传递，调控细胞生命活动。

一、细胞内核受体及其对基因表达的调节

细胞内受体超家族（intracellular receptor superfamily）本质上是一类信号分子（激素）调控的转录因子。在细胞内，受体与抑制性蛋白结合形成复合物，处于非活化状态。当信号分子结合该类受体后，将导致抑制性蛋白从复合物上解离下来，使受体暴露它的DNA结合位点而被激活，调节靶基因的表达（图12-8）。

核受体通常依次具有以下5个蛋白结构域：①N端高度可变的转录激活结构域，富含半胱氨酸；②由70～80个高度保守的氨基酸残基形成的两个锌指重复结构的DNA结合域；③负责核定位的、短而易弯曲的铰链结构域；④序列中度保守但结构高度保守的配体结构域；⑤C端高度可变的、功能未知的尾部结构域。核受体通常以单体或同源、异源二聚体的形式与DNA的激素响应元件（hormone response element，HRE）结合。HRE多位于增强子区域，分为两部分：正向重复和反向重复，有些受体结合正向重复，有些结合反向重复。根据核受体的作用方式和功能的不同，可将其分为4类。

1. Ⅰ型核受体　包括雌雄激素受体、糖皮质激素受体和孕酮受体等，它们通常在胞质中与分子伴侣HSP90结合。当激素进入胞质后与受体结合，并将受体从HSP90上解离。接着，受体二聚体化并暴露出核定位信号，随后进入细胞核。入核后，激素-受体复合体结合HRE的反向重复序列，并招募转录共激活因子来激活目的基因的表达。

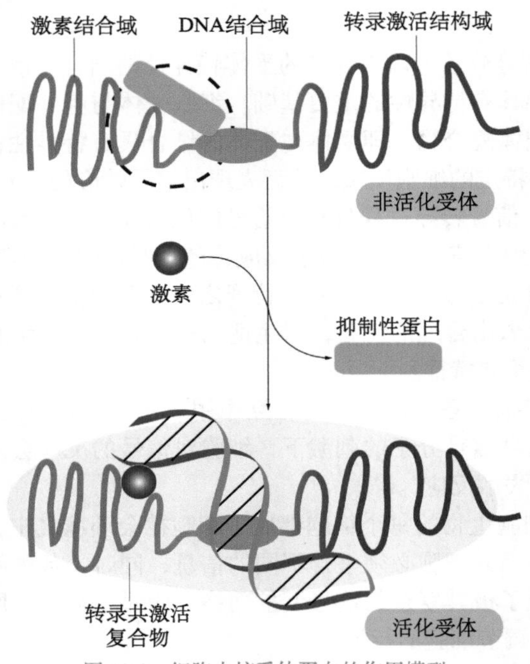

图 12-8　细胞内核受体蛋白的作用模型

2. Ⅱ型核受体　包括甲状腺受体、视黄酸受体和类视黄醇受体（retinoid X receptor，RXR）等。当没有配体存在时，这些受体位于核内并与特定的 DNA 响应元件结合。通常受体与 RXR 形成异二聚体，并结合转录共抑制子复合体 NcoR-SMRT，从而抑制基因的表达。当结合配体后，招募共激活因子并替换掉共抑制子复合体。这些共激活因子通常为组蛋白乙酰化酶，能引起染色质重构，激活目的基因的表达。

3. Ⅲ型核受体　与Ⅰ型核受体相似，也是以同源二聚体结合 HRE，但是它结合的是 HRE 的正向重复序列。

4. Ⅳ型核受体　以单体的形式结合到 HRE 的正向或反向重复序列上。

类固醇激素诱导的基因活化通常还存在信号放大作用，基因活化因此被分为两个阶段：第一阶段，转录因子直接激活少数特殊基因的转录，此谓初级反应（primary response）；第二阶段，初级反应产生的基因产物再激活其他基因的转录，此谓次级反应（secondary response）。由此可见，一种简单的激素可以引起极其复杂的不同基因表达模式。

此外，核受体的功能也像其他蛋白质一样，受到翻译后修饰的调控。例如，无配体结合时，磷酸化可以激活某些受体，而当配体结合时，泛素化也能终止某些信号途径。类泛素化则可以降低核受体的激活活性，并提升抑制活性。

二、NO 气体分子介导的信号途径

一氧化氮（nitric oxide，NO）是一种具有自由基性质的脂溶性气体分子，可以通过扩散作用自由穿过细胞膜。在生物系统中，参与 NO 反应的重要分子有 O_2、$\cdot O_2^-$ 自由基，以及过渡金属离子或络离子如亚铁血红蛋白中的 Fe^{2+}。正因为体内存在大量 O_2 及其他能与 NO 反应的化合物，所以 NO 通常在水溶液中的寿命极短，只有约 4 s，也因此，直至 20 世纪 80 年代，NO 才首次被发现——其作为气体信号分子，参与引起血管平滑肌舒张。此后，人们还发现 NO 是在所有活细胞中普遍存在的信使物质，参与高等和低等的真核细胞、细菌及植物的细胞内和细胞间的信号交流。

血管内皮细胞和神经细胞是NO的合成细胞，NO的合成需要NO合酶（nitric oxide synthase，NOS）的催化，以L-精氨酸为底物，以还原型辅酶Ⅱ（NADPH）作为电子供体，等物质量地生成NO和L-瓜氨酸。L-瓜氨酸和精氨酸都是尿素循环的中间产物，尿素循环中的酶体系能将瓜氨酸重新合成为精氨酸。

NO可直接修饰和结合蛋白质的巯基（如乙醛脱氢酶、谷胱甘肽）或活性中心的金属离子（如鸟苷酸环化酶、血红蛋白）。其作用的主要机制是激活靶细胞内具有鸟苷酸环化酶（guanylate cyclase，GC）活性的NO受体，导致cGMP浓度升高，进而引起多种结果，如激活cGMP依赖的蛋白激酶、开放cGMP控制的离子通道。而打开离子通道则会使胞内Ca^{2+}浓度升高，并生成Ca^{2+}信号通路，从而激发胞内大范围的生物反应。在导致血管平滑肌舒张的作用中，NO被合成后扩散到邻近细胞，与鸟苷酸环化酶活性中心的亚铁血红素基团结合，改变酶的构象，导致酶活性增强和cGMP水平的增高，cGMP进而活化cGMP依赖的蛋白激酶G（protein kinase G，PKG），从而抑制肌动-肌球蛋白复合物信号通路，导致血管平滑肌舒张（图12-9）。

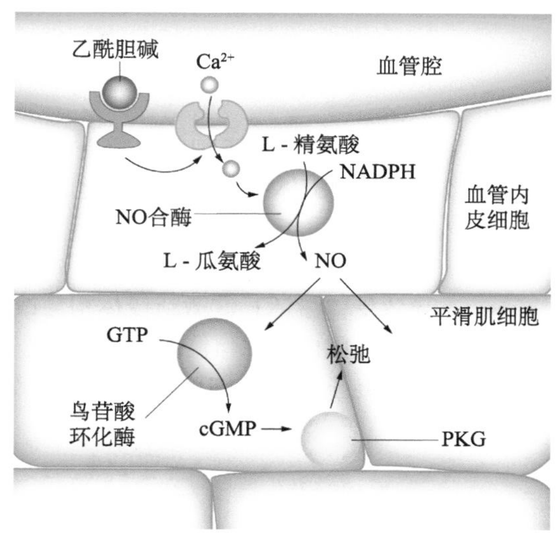

图12-9　NO在导致血管平滑肌舒张中的作用

血管内皮细胞应答乙酰胆碱诱导的G蛋白偶联受体的激活，激活磷脂酶C，通过IP_3-Ca^{2+}/CaM激活NO合酶，在血管内皮细胞生成NO，扩散至血管平滑肌细胞，激活鸟苷酸环化酶，生成cGMP，cGMP作用于PKG，导致血管平滑肌舒张

在植物中，NO可介导编码合成/降解酶基因转录的修饰，同时也会对不同植物激素转运和信号转导蛋白进行修饰，并参与植物的发育、代谢、防御等活动之中。例如，在脱落酸（ABA）信号途径中，植物体内缺水会导致植物体内ABA浓度升高，依赖于过氧化氢（H_2O_2）的合成，ABA可以诱导NO的产生（硝酸还原酶可能是ABA诱导产生NO的主要来源）。同动物细胞一样，NO可以触发胞内钙离子对于鸟苷酸环化酶的过程，并导致cGMP浓度升高。钙/钙调蛋白（Ca^{2+}/CaM）系统是一个关键的NO/ABA信号下游因子，各类蛋白激酶和磷酸酶都是H_2O_2、NO和Ca^{2+}/CaM的靶向目标（图12-10）。

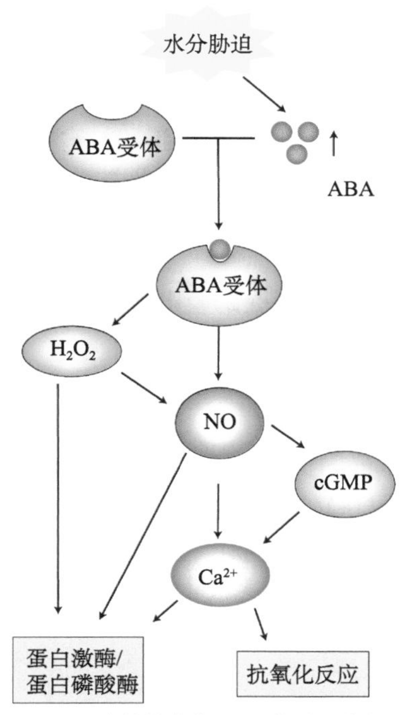

图12-10　NO在植物激素ABA信号通路中的作用

第三节 细胞表面受体介导的信号转导

细胞表面受体都是位于细胞质膜上的跨膜蛋白，且多为糖蛋白。它们在结构上至少含有三个结构域：胞外的配体结合结构域、跨膜结构域和胞内结构域。细胞表面受体主要识别和结合亲水性信号分子，进行信号转导。通过细胞表面受体介导的信号通路通常由下列5个步骤组成：①细胞表面受体特异性识别并结合胞外信号分子（配体），形成受体-配体复合物，导致受体激活；②激活受体构象改变，导致信号跨膜转导，靶细胞内产生第二信使；③通过胞内第二信使起始胞内信号放大的级联反应；④引起细胞应答反应；⑤受体脱敏，终止或降低细胞反应。细胞表面受体介导的细胞信号转导系统的组成示意图见【二维码】。

二维码

一、离子通道偶联受体介导的信号转导

细胞表面离子通道偶联受体是多次跨膜蛋白或多亚基组成受体/离子通道复合体，本身既有信号分子结合位点，又是离子通道，其跨膜信号转导不需要中间步骤，反应快，一般只需几毫秒。离子通道偶联受体与电兴奋细胞间的突触信号传递有关，信号传递是由少量神经递质介导。受体与配体结合后，构象发生改变，通道瞬时打开或关闭，改变了质膜的离子通透性，使突触后细胞发生兴奋。

（一）离子通道偶联受体的类型

离子通道偶联受体分为四类：配体门控离子通道受体、电压门控离子通道受体、应力激活离子通道受体和环核苷酸门控离子通道受体。

配体门控离子通道受体（ligand-gated ion channel receptor）是位于神经突触后膜上的受体，常见于神经细胞和神经肌肉接头处。当接收到突触前膜释放的神经递质后，通道被激活，引起离子跨膜流动，导致突触后膜去极化或超极化，实现神经冲动的进一步传递。这一类受体包括可以分别跨膜运输阳离子（如Na^+、Ca^{2+}）和阴离子（如Cl^-）的通道。属于此类受体的有烟酰胺乙酰胆碱受体（nAchR）、γ-氨基丁酸受体（GABAR）、甘氨酸受体、谷氨酸/天冬氨酸受体、5-羟色胺受体和ATP受体等。

电压门控离子通道受体（voltage-gated ion channel receptor）感受跨膜电势变化，当跨膜电位到达某一阈值时引起通道受体构象改变，通道打开或关闭。

应力激活离子通道受体（stress-activated channel receptor）感应应力后会开启通道形成离子流产生电信号，如内耳听觉毛细胞行使功能即依赖此类通道受体的典型例子。

环核苷酸门控离子通道（cyclic nucleotide-gated ion channel，CNGC）与电压门控离子通道结构相似，CNGC受体分布于化学感受器和光感受器中，与膜外信号的转换有关。例如，气味分子与化学感受器中的G蛋白偶联型受体结合，可激活腺苷酸环化酶产生cAMP，开启cAMP门控阳离子通道（cAMP-gated cation channel），引起钠离子内流，膜去极化产生神经冲动，最终形成嗅觉或味觉。

（二）突触传递

神经元之间或神经元与效应细胞之间神经冲动的传导通过突触（synapse）完成，突触可分为电突触（electrical synapse）和化学突触（chemical synapse）。

电突触传递通过间隙连接（gap junction）直接完成细胞间的电信息传递。间隙连接可使得离子流快速通过，继而让动作电位传递至下一个神经细胞（图 12-11）。

化学突触传递依赖于神经递质（neurotransmitters）或神经肽（neuropeptides）作用于突触后膜的配体门通道受体而完成细胞间的信息传递。这种信号传递涉及将电信号转变为化学信号，再将化学信号转变为电信号的过程（图 12-12）。

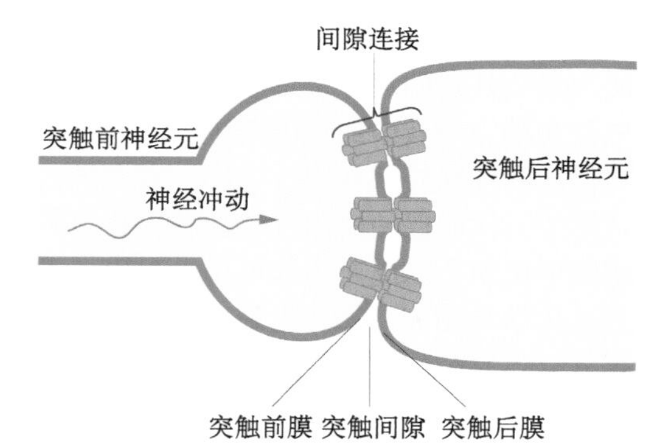

图 12-11　电突触通过间隙连接进行电信息传递

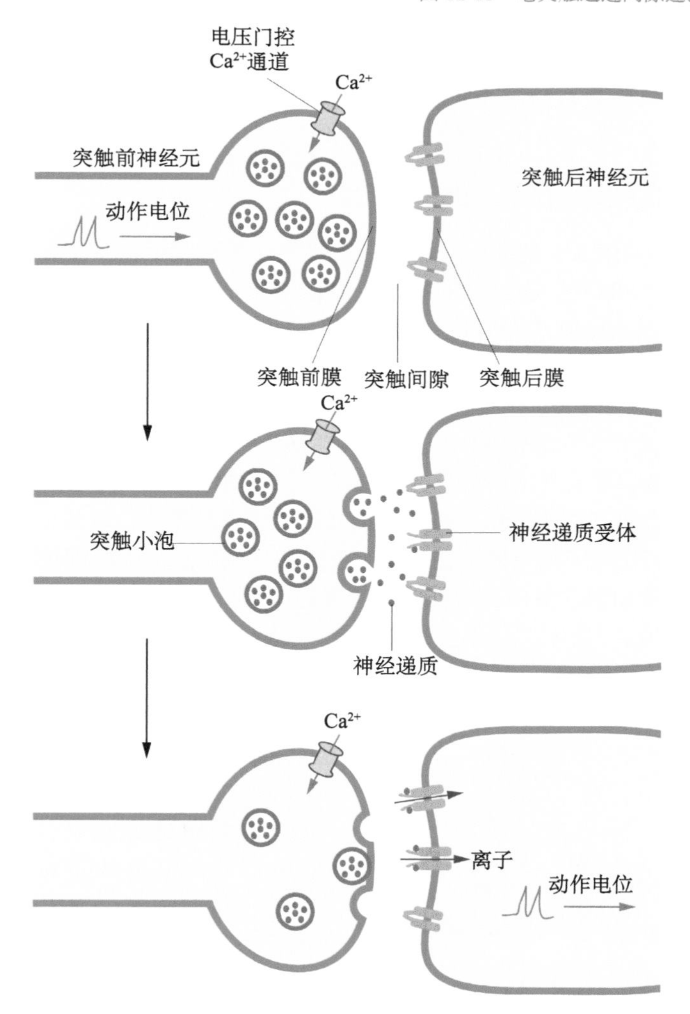

图 12-12　化学突触传递中的信号转化

（三）植物电信号

Fromm 和 Lautner 通过对含羞草和捕蝇草的研究发现，植物中也存在电信号的通信模式，植物电信号的产生及传输与植物体内的各种传输通道和各种生理效应有着密切的联系。与动物细胞类似，植物电信号是细胞之间的电位波动，起源于细胞自身的电位变化。其细胞膜是带电性质为内负外正的双分子层膜，对离子跨膜流动具有选择透过性。通常情况下，细胞内液中的正电荷和细胞外液中的正电荷数量相等，细胞内液中的负电荷和细胞外液中的负电荷数量也相等。但是在细胞外液和内液中同一种离子浓度有很大不同，这种离子浓度差会在细胞膜两侧形成化学势，从而促使离子发生迁移。离子跨膜流动导致细胞膜两侧的正负电荷不再平衡而形成一定的电位差，由此产生的电场力阻碍离子继续跨膜运输，最终达到平衡。此时细胞膜两侧的离子电化学势相等，细胞内外离子浓度差被维持下来，形成了离子的不对称分布，进而导致细胞膜电位差的存在，其电位差的电压幅值为 50～100 mV。

外界刺激会诱导细胞膜电位发生短暂的变化，这种变化通过细胞之间的电偶联作用在细胞之间传递，电位波动则在植物细胞和组织之间形成。细胞跨膜电位随着细胞和刺激的不同呈现出快速而短暂，或者缓慢而持续的变化。在细胞水平上，植物电信号的发生过程是细胞主动参与信号转导和信号被动转导的两个过程的统一。植物电信号是一种复杂的、具有非稳态特征的时变信号，同时其信号微弱且检测常受背景噪声影响，所以目前还没有较为成熟的用于采集植物电信号的仪器和方法。整体来说，植物电信号的相关研究仍处于起步阶段。

二、G 蛋白偶联受体介导的信号转导

G 蛋白偶联受体（GPCR）是细胞表面非常重要的一类跨膜受体。主要存在于动物和低等生物中，人的 GPCR 超过 800 种，在已知的 GPCR 中有 30% 是药物靶点，世界药物市场上有 40%～45% 的现代药物都是以 GPCR 为靶点的，可见该信号通路与人类健康密切相关。在植物中是否存在 GPCR 还不十分清楚，但在拟南芥中人们发现存在 20 余种类似的跨膜蛋白，但它们是否能结合 G 蛋白还有待证实。

G 蛋白偶联受体具有 7 次跨膜的 α 螺旋结构（图 12-13），N 端在细胞外侧，C 端在细胞胞质侧。受体胞外结构域识别胞外信号分子并与之结合，胞内结构域与 G 蛋白相偶联，调节相关酶的活性，在细胞内产生第二信使，从而将胞外信号跨膜传递到胞内。G 蛋白偶联受体包括多种神经递质、肽类激素和趋化因子的受体，在味觉、视觉和嗅觉中接受外源理化因素的受体也属 G 蛋白偶联受体。根据 G 蛋白偶联受体对胞外信号应答的不同，可以进行分类，如在人体内可分为视紫红质样（rhodopsin-like）受体、分泌素受体家族（secretin receptor family）、代谢型谷氨酸受体（metabotropic glutamate/pheromone receptor）、真菌交配信息素受体（fungal mating pheromone receptor）、cAMP 受体（cyclic AMP receptor）及 Frizzled/Smoothened 家族受体等 6 类。

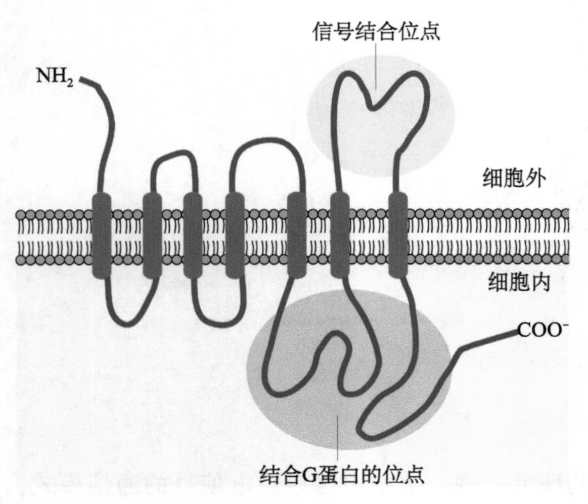

图 12-13　G 蛋白偶联受体的结构示意图

G 蛋白是异三聚体 GTP 结合调节蛋白（trimeric GTP-binding regulatory protein）的简称，位于质膜内细胞质一侧，异三聚体 G 蛋白与 7 次跨膜受体结合参与信号转导过程。G 蛋白由 G_α、G_β、G_γ 三个亚基组成，G_α 和 $G_{\beta\gamma}$ 亚基分别通过共价结合的脂肪酸链尾部锚定在质膜上。G 蛋白的 G_α 亚基本身具有 GTPase 活性，在信号转导过程中起着分子开关的作用（图 12-14）。当配体与受体结合，三聚体 G 蛋白解离，并发生 GTP 与

GDP 交换。游离的 G_α-GTP 处于活化的开启状态，结合并激活效应器蛋白，从而传递信号；当 G_α-GTP 水解形成 G_α-GDP 时，则处于失活的关闭状态，终止信号传递，并导致三聚体 G 蛋白的重新装配，恢复无活性的状态。有些信号途径中，效应器蛋白的活性受游离的 $G_{\beta\gamma}$ 亚基调节并激活。吉尔曼（Alfred G. Gilman）和罗德贝尔（Martin Rodbell）由于阐明了胞外信号如何转换为胞内信号的机制，对 G 蛋白发现做出了重要贡献，因此荣获 1994 年诺贝尔生理学或医学奖。

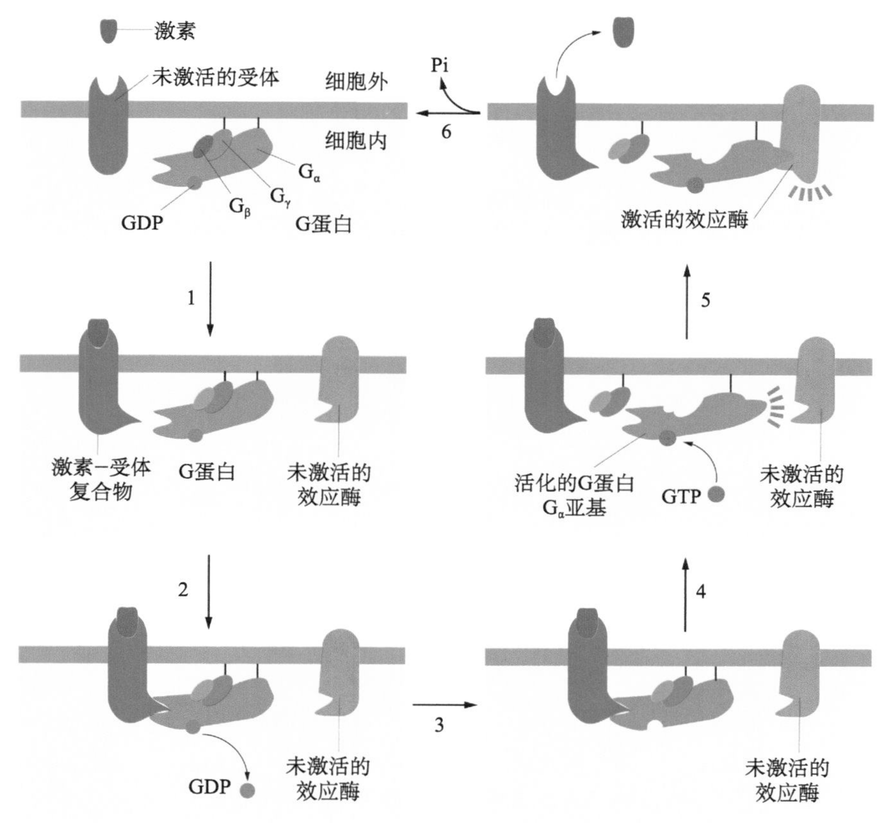

图 12-14　G 蛋白在信号转导过程中活化的机制

异三聚体 G 蛋白解离活化的具体步骤：1. 配体（激素）与受体结合诱发受体构象改变；2. 活化的受体与 G_α 结合；3. 活化的受体引发 G_α 构象的改变，致使 GDP 与 G 蛋白解离；4. GTP 与 G_α 结合，引发 G_α 与受体和 $G_{\beta\gamma}$ 解离；5. 配体 - 受体复合物解离，G_α 结合并激活效应酶；6. GTP 水解成 GDP，引发 G_α 与效应蛋白解离并重新与 $G_{\beta\gamma}$ 结合，恢复到三聚体 G 蛋白的静息状态

（一）激活离子通道的 G 蛋白偶联受体所介导的信号通路

GPCR 与配体结合后，被激活的 G 蛋白引起下游效应蛋白的活化。有些活化的 G 蛋白能直接调节离子通道的开放或关闭，进而调节靶细胞的活性（图 12-15）。例如，在骨骼肌细胞中，活化的 G_s 能开放 Ca^{2+} 通道，引发肌肉的收缩；而在心肌细胞中，活化的 G_i 能开放 K^+ 通道，关闭 Na^+ 通道，引起质膜超极化，从而减缓心肌细胞收缩的速率。目前已被证实，许多神经递质的受体是 G 蛋白偶联受体，有些效应器蛋白是 K^+ 或 Na^+ 通道。神经递质与受体结合引发 G 蛋

白偶联的离子通道的开放或关闭，从而导致膜电位的改变。

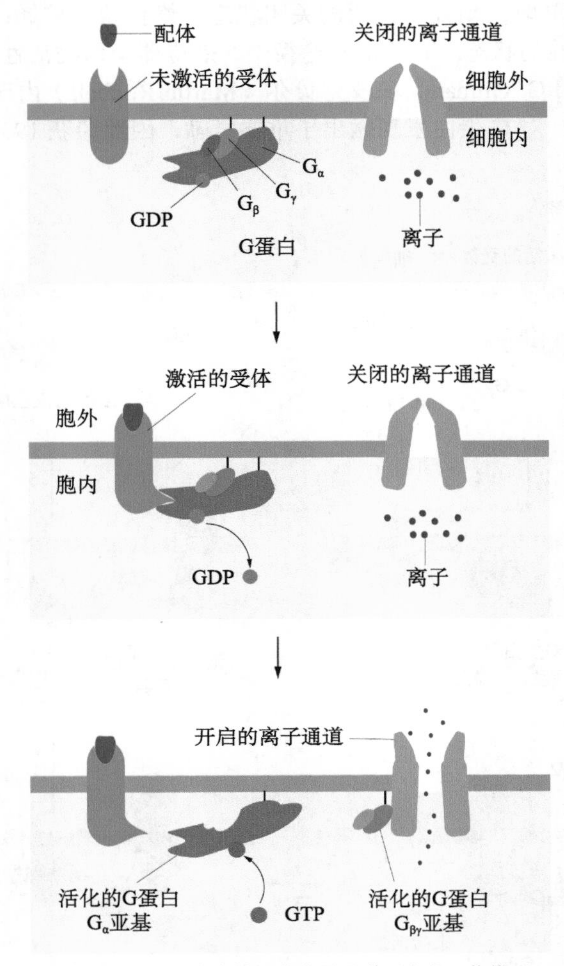

图 12-15 G 蛋白直接调节离子通道开启的工作模型

三聚体 G 蛋白与离子通道相联系，配体的结合以常见的方式引发 G_α 亚基活化并与 $G_{\beta\gamma}$ 解离。释放的 $G_{\beta\gamma}$ 结合并打开离子通道，离子通透性增加（本图列出的起作用的亚基是 $G_{\beta\gamma}$）

还有一种情况是，通过第二信使的作用调节离子通道的开放或关闭。例如，视紫红质是视杆细胞蛋白偶联的光受体，定位在视杆细胞外段的扁平膜盘上，三聚体 Gt 蛋白与视紫红质偶联，通常称为传导素（transducin，Gt）。在视杆细胞的膜上还存在一类环核苷酸门控离子通道（CNGC），可以分别与 cGMP 或 GMP 结合，来调节 Na^+、Ca^{2+} 通道的活性。如图 12-16 所示，在黑暗条件下，视杆细胞处于静息状态，cGMP 浓度较高，并与 CNGC 类的 Na^+、Ca^{2+} 通道结合使其开放，细胞处于去极化状态，神经突触持续向次级的神经元释放递质。当视紫红质接受光信号后被激活（步骤 1），活化的视蛋白与无活性的 GDP-Gt 三聚体蛋白结合并引发 GDP 被 GTP 置换（步骤 2）；Gt 三聚体蛋白解离形成游离的 Gt_α，通过与 cGMP 特异的磷酸二酯酶（phosphodiesterase，PDE）抑制性的 γ 亚基结合导致 PDE 活化（步骤 3），同时引起 γ 亚基与催化性 α 和 β 亚基解离；由于抑制的解除，催化性 α 和 β 亚基使 cGMP 转换成 GMP（步骤 4）；

由于胞质内 cGMP 浓度降低导致 cGMP 从质膜 cGMP 门控阳离子通道上解离下来，阳离子通道关闭（步骤 5），致使细胞超极化并减少神经递质的释放，从而产生视觉反应的原初电信号。

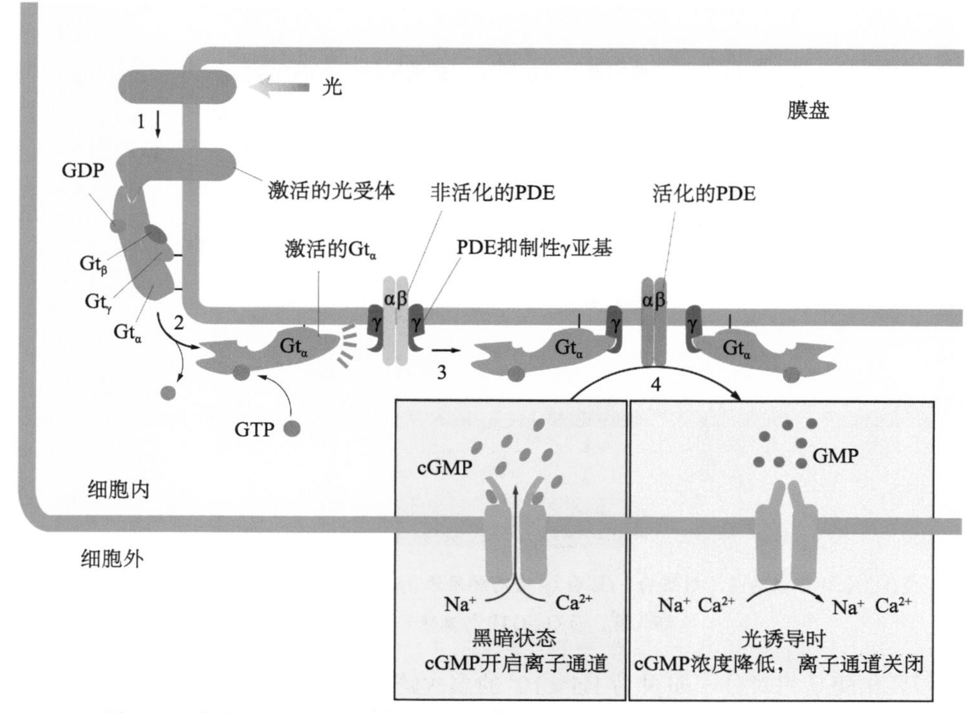

图 12-16 视杆细胞中 Gt 蛋白偶联的光受体（视紫红质）诱导的阳离子通道的关闭

此外，人体中约有 1000 种不同的嗅觉受体，每一个嗅觉受体细胞只有一种嗅觉受体。存在于鼻上皮嗅觉受体细胞的嗅觉受体也属于 GPCR 家族，通过与特殊的气味分子结合来识别气体。当气体与受体结合后，会活化 G 蛋白并通过调节 cAMP 的浓度来产生嗅觉信号。

（二）激活或抑制腺苷酸环化酶的 G 蛋白偶联受体所介导的信号通路——cAMP 信号途径

cAMP 信号通路是 G 蛋白偶联受体所介导的细胞信号通路的方式之一。在 cAMP 信号途径中，细胞外信号与相应的 G 蛋白偶联受体结合，调节腺苷酸环化酶活性，通过第二信使 cAMP 水平的变化，将细胞外信号转变为细胞内信号。该信号过程主要包括 5 类重要的组分：激活型激素受体（stimulative hormone receptor，R_s）或抑制型激素受体（inhibitory hormone receptor，R_i）；偶联的 G 蛋白——活化型调节蛋白（sitimulatory G-protein，Gs）或抑制型调节蛋白（inhibitory G-protein，Gi）；腺苷酸环化酶（adenylyl cyclase）；下游的效应蛋白——蛋白激酶 A（protein kinase A，PKA）等；cAMP 磷酸二酯酶（cAMP phosphodiesterase，PDE）。

该信号途径的受体分为激活型激素受体（R_s）和抑制型激素受体（R_i）两大类。它们能分别结合刺激性信号（如肾上腺素、胰高血糖素、后叶加压素等）和抑制性信号（如乙酰胆碱 M、前列腺素、腺苷等），并通过偶联活化型调节蛋白（Gs）或抑制型调节蛋白（Gi），将信号传递给下一级的腺苷酸环化酶，使其酶活性得到激活或抑制（图 12-17）。

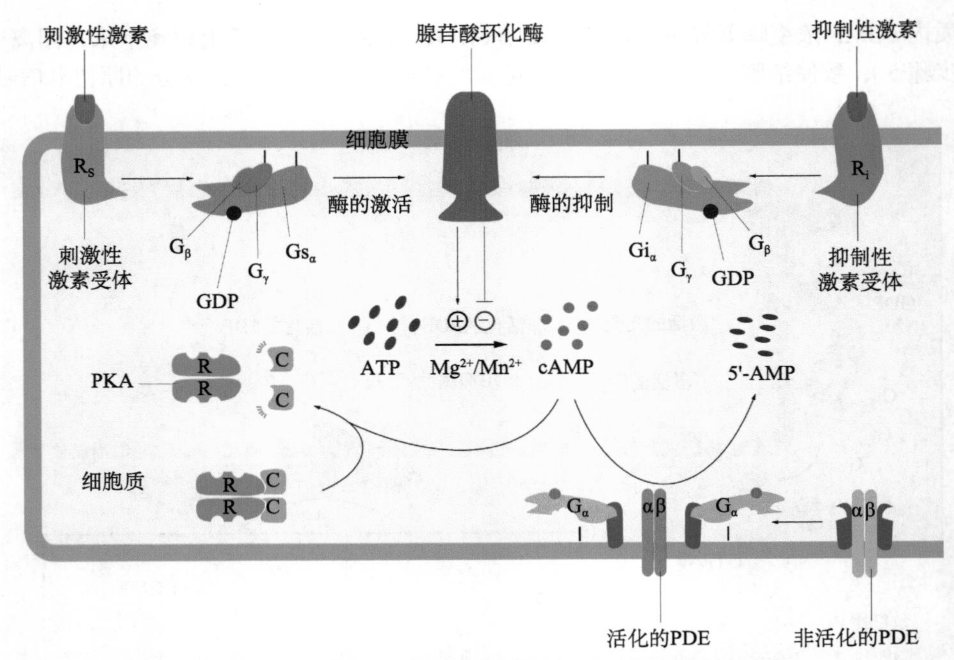

图 12-17　G 蛋白偶联受体介导腺苷酸环化酶的激活或抑制

不同的激素 - 受体复合体偶联不同的 G 蛋白，Gs 和 Gi 含有相同的 βγ 亚基，但不同的 α 亚基导致 Gs_α-GTP 激活腺苷酸环化酶，而 Gi_α-GTP 抑制腺苷酸环化酶

腺苷酸环化酶是相对分子质量为 1.5×10^5 的多次跨膜蛋白（12 次），在正常情况下细胞内的 cAMP 浓度小于一定数值。腺苷酸环化酶的激活，还需要 Mg^{2+} 或 Mn^{2+} 的参与，活化的腺苷酸环化酶可以催化 ATP 生成 cAMP，导致细胞内 cAMP 水平急剧增加，进而激活下游的效应蛋白，引起细胞的应答反应。信号过程中的另一重要组分 PDE 可以降解 cAMP 生成 5′-AMP，从而降低胞内 cAMP 水平，终止该信号反应（图 12-17）。在第二信使 cAMP 的下游，最常见的与之结合的靶蛋白是蛋白激酶 A（protein kinase A，PKA）。PKA 是由 2 个催化亚基（catalytic subunit，C）和 2 个调节亚基（regulatory subunit，R）组成的四聚体（R_2C_2）（图 12-17），PKA 在没有 cAMP 时，以钝化复合体形式存在。cAMP 与 R 亚基结合，会改变 R 亚基构象，使 R 亚基和 C 亚基解离，释放出 C 亚基，并暴露功能位点，表现出催化活性。活化的 PKA 可使细胞内某些蛋白的丝氨酸或苏氨酸残基磷酸化，其靶蛋白包括组蛋白、核糖体蛋白、线粒体蛋白及溶酶体蛋白等。通过改变这些蛋白质的活性，会进一步影响到相关基因的表达。同时活化的 PKA 也可以磷酸化 PDE 来降解 cAMP，终止该信号过程。蛋白激酶 A 的结构和活化示意图见【二维码】。

二维码

（三）激活磷酸脂酶 C 的 G 蛋白偶联受体所介导的信号通路——磷脂酰肌醇途径

通过 G 蛋白偶联受体所介导的另一条重要通路是磷脂酰肌醇途径，在该通路中胞外信号分子与细胞表面 G 蛋白偶联受体结合，活化 G 蛋白，进而激活质膜上的磷酸脂酶 C（phospholipase C，PLC），使质膜上 4,5- 二磷酸磷脂酰肌醇（PIP_2）水解成 1,4,5- 三磷酸肌醇（IP_3）和二酰基甘油（DAG），进而将胞外信号转换为胞内信号（图 12-18）。因为该过程生成两个第二信使，所以这一信号系统又称为“双信使系统”（double messenger system）。IP_3 可以在细胞质中扩散，

而 DAG 是亲脂性分子，继续锚定在膜上，它们可以分别激活两种不同的信号通路，即 IP_3-Ca^{2+} 和 DAG-PKC 途径。

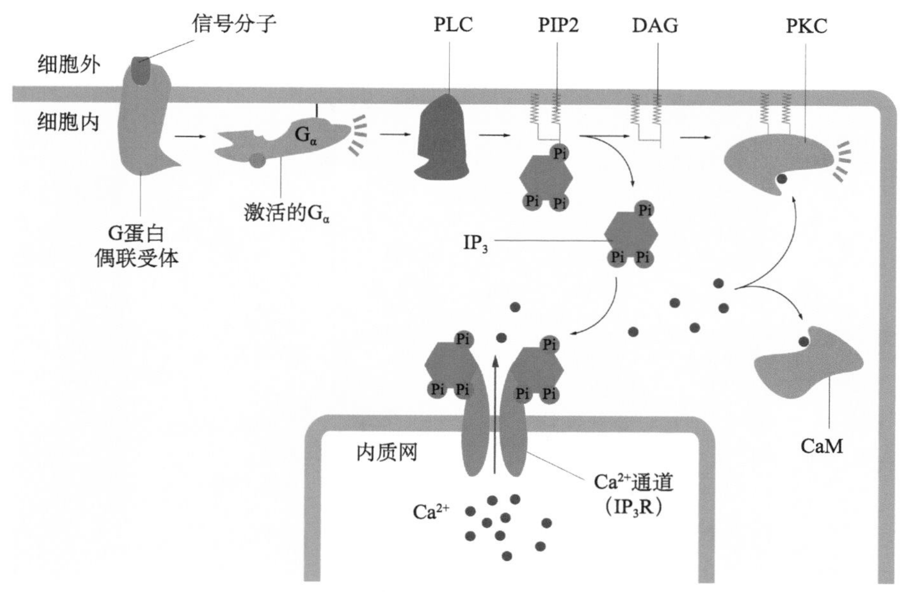

图 12-18　IP_3-Ca^{2+} 和 DAG-PKC 双信使信号通路

1. IP_3-Ca^{2+} 信号通路　依靠内质网膜上的 IP_3 门控 Ca^{2+} 通道（IP_3-gated Ca^{2+} channel），将储存的 Ca^{2+} 释放到细胞质基质中，几乎是所有真核细胞内 Ca^{2+} 动员的主要途径。IP_3 的主要功能是与内质网上的 IP_3 门控 Ca^{2+} 通道结合，开启 Ca^{2+} 通道，引起 Ca^{2+} 顺电化学梯度从内质网钙库释放进入细胞质基质，使胞内 Ca^{2+} 浓度升高，从而激活胞内钙调蛋白（calmodulin，CaM）等各类依赖 Ca^{2+} 的蛋白质，引起细胞反应（图 12-18）。细胞对 Ca^{2+} 的反应取决于细胞内钙调蛋白和钙调素依赖性激酶的种类，并因此可以介导不同的生理功能。

IP_3 介导的胞内 Ca^{2+} 浓度升高是瞬时的，不仅是因为质膜和内质网膜上 Ca^{2+} 泵的启动会分别将 Ca^{2+} 泵出细胞或泵进内质网腔，而且是由于细胞质基质中的 Ca^{2+} 对 IP_3 门控通道进行双向调控。一方面，Ca^{2+} 会增加通道的开启，结果引发内质网储存 Ca^{2+} 的更多释放；另一方面，细胞质基质中 Ca^{2+} 浓度的进一步升高，又会导致通道失活，中止 IP_3 诱导的内质网储存 Ca^{2+} 的释放。IP_3 信号的终止过程是由质膜上的 Ca^{2+} 泵和 Na^+-Ca^{2+} 交换器将 Ca^{2+} 抽出细胞，或由内质网膜上的钙泵抽进内质网（图 12-19）。IP_3 则通过连续去磷酸化形成肌醇（IP_2、IP、I），或被连续的磷酸化形成多磷酸肌醇（IP_4、IP_5、IP_6），随后再参与肌醇磷脂的合成代谢，进入肌醇磷脂代谢循环（PI cycle）。

2. DAG-PKC 信号通路　作为双信使之一的 DAG 结合于质膜上，主要可活化与质膜结合的蛋白激酶 C（protein kinase C，PKC）。PKC 平时以非活性形式分布于细胞溶质中，当细胞接受刺激，产生 IP_3，使 Ca^{2+} 浓度升高，PKC 便转位到质膜内表面与多种因子，如 Ca^{2+}、DAG 等分子结合，形成有活性的复合体（图 12-18）。由于 DAG 代谢周期很短，不可能长期维持 PKC 活性，而细胞增殖或分化行为的变化又要求 PKC 长期活性所产生的效应。后来发现另一种 DAG 生成途径，即由磷脂酶催化质膜上的磷脂酰胆碱断裂产生的 DAG，用来维持 PKC 的长期效应。活化的 PKC 可以使底物蛋白质的丝氨酸 / 苏氨酸残基磷酸化，包括 Ca^{2+} 泵、胰岛素受体等，使不同的细胞以此产生不同的反应，如细胞分泌、肌肉收缩、细胞增殖和分化等。

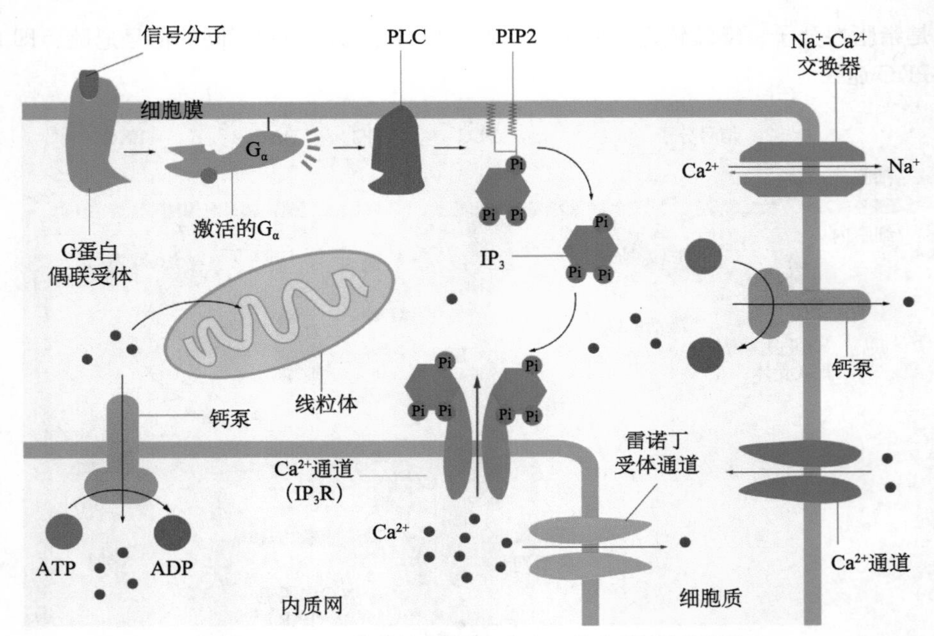

图 12-19 IP_3-Ca^{2+} 信号通路及细胞内 Ca^{2+} 水平调控示意图

DAG 通过两种途径终止其信使作用，DAG 可以被 DAG 激酶磷酸化成为磷脂酸，进入肌醇磷脂代谢循环，也可以被 DAG 酯酶水解成单酯酰甘油。DAG 从活化的酶复合体上解离后，PKC 失去活性并从膜上返回细胞质中。

三、酶联受体介导的信号转导

酶联受体（enzyme linked receptor）是另一大类重要的细胞表面受体，一般与酶连接的细胞表面受体也称作催化性受体（catalytic receptor）。这类受体通常为单次跨膜蛋白，它们由一个结合配体的胞外结构域、一个单次跨膜结构域和一个胞内激酶结构域组成，并可以在接受配体后发生二聚化而激活，启动其下游信号转导。该类受体分为两种类型，其一是本身具有激酶活性，如肽类生长因子（EGF、PDGF、CSF 等）受体；其二是本身没有酶活性，但可以连接非受体酪氨酸激酶，如细胞因子受体超家族。

目前已知这类受体包含六类：①受体酪氨酸激酶（receptor tyrosine kinase，RTK）；②受体丝氨酸 / 苏氨酸激酶（receptor serine/threonine kinase，RSTK）；③受体型蛋白酪氨酸磷酸酶（receptor protein tyrosine phosphatase，RPTP）；④受体鸟苷酸环化酶（receptor guanylate cyclase，RGC）；⑤酪氨酸蛋白激酶偶联受体（tyrosine kinase associated receptor）；⑥组氨酸蛋白激酶偶联受体（histidine kinase associated receptor）（与细菌的趋化性有关）。

（一）受体酪氨酸激酶及其介导的信号途径

受体酪氨酸激酶（RTK）是最大的一类酶偶联受体，主要存在于动物细胞中，迄今已在人体中发现 58 种不同的 RTK。绝大多数的 RTK 为单次跨膜蛋白，N 端位于细胞外，是结合配体的结构域。配体是可溶性或膜结合的多肽或蛋白类激素，包括胰岛素和多种生长因子等。C 端位于细胞内，是酪氨酸蛋白激酶的催化部位，并具有自磷酸化位点。根据其胞外配体结合结构域的不同，可将它们分为 7 个亚族（图 12-20）。

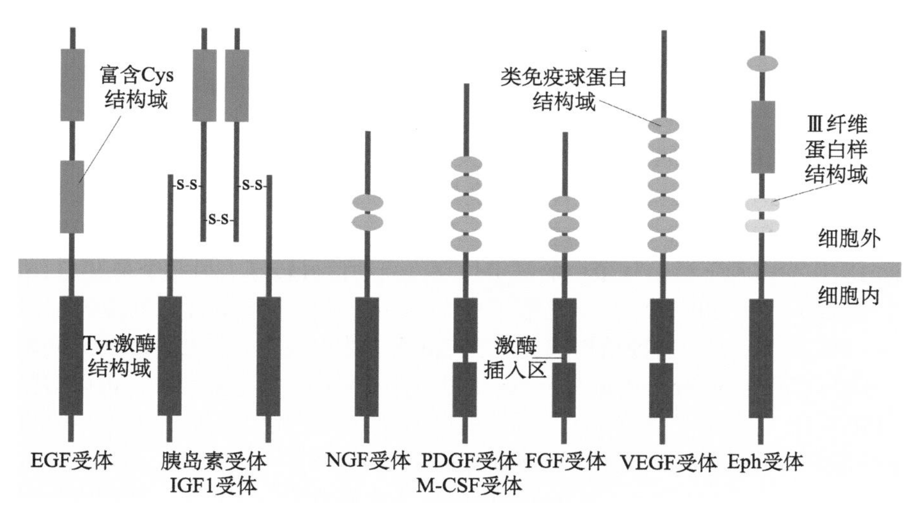

图 12-20　受体酪氨酸激酶 7 个亚族的分子结构示意图

每个亚族只标示出 1～2 个成员：表皮生长因子（EGF）受体、胰岛素受体和胰岛素样生长因子 1（IGF1）受体、神经生长因子（NGF）受体、血小板衍生生长因子（PDGF）受体和巨噬细胞集落刺激因子（M-CSF）受体、成纤维细胞生长因子（FGF）受体、血管内皮生长因子（VEGF）受体和肝配蛋白（Eph）受体亚族

大多数受体与配体（如 EGF）在胞外结合并引起构象变化，导致无酶活性的受体在膜上聚集形成同源二聚体或异源二聚体，激活受体的酪氨酸激酶活性，进而在二聚体内彼此交叉磷酸化（cross-phosphorylation）受体胞内段的一个或多个酪氨酸残基，即受体的自磷酸化（autophosphorylation），最终以此激活受体本身的酪氨酸蛋白激酶活性（图 12-21）。而当配体与受体解离后，受体就又恢复到无活性的单体状态。这类受体主要有 EGF 受体、PDGF 受体、FGF 受体等。

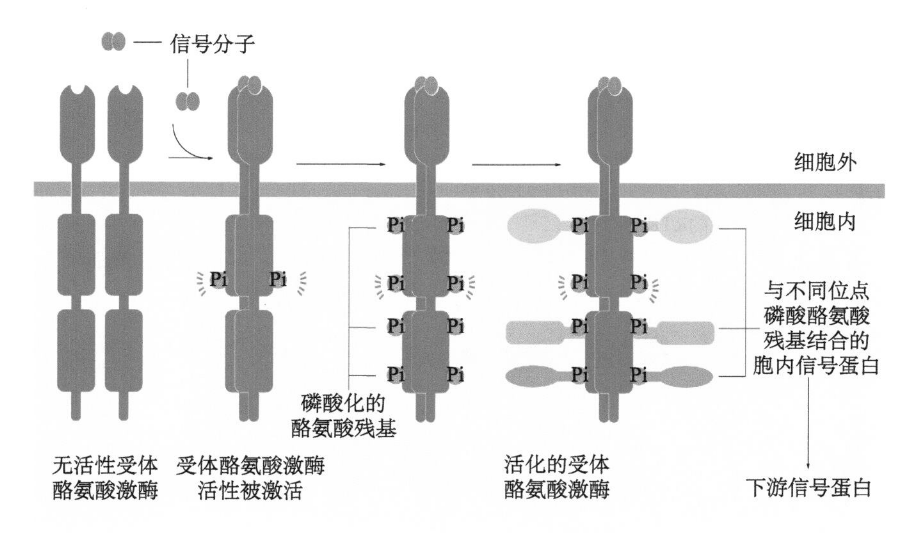

图 12-21　受体酪氨酸激酶的二聚体化和自磷酸化

当受体酪氨酸激酶未与配体结合时，激酶结构域柔韧的活化唇未被磷酸化而呈现阻断激酶活性的构象；配体结合，引发受体酪氨酸激酶的构象改变，促进受体二聚体化，活化唇部位特定的酪氨酸残基被交叉磷酸化，受体酪氨酸激酶的活性被激活；受体胞内段其他酪氨酸残基被进一步交叉磷酸化，结果促进蛋白激酶被激活，并提供下游信号蛋白的锚定位点

RTK 的胞内信号靶蛋白种类很多，其中一类是接头蛋白，如生长因子受体结合蛋白 2（GRB2），其作用是偶联活化受体与其他信号蛋白，参与构成细胞内信号转导复合物，但其本身不具有酶活性，也没有传递信号的性质；另一类是一些酶，如 GTP 酶活化蛋白（GTPase activating protein，GAP）、与肌醇磷脂代谢有关的酶（PIP_2 激酶及 PLCγ）等。这两类 RTK 结合蛋白的结构和功能不同，但它们都含有高度保守而无催化活性的结构域，其中一个是约由 100 个氨基酸组成的 SH2（Src homology 2 domain）结构域，可与 RTK 的酪氨酸磷酸化位点结合，这类蛋白质作为多种下游信号蛋白的锚定位点，启动信号转导。另一个是 SH3 结构域（Src homology 3 domain），由 50～100 个氨基酸组成，介导信号分子与富含脯氨酸的蛋白质分子结合。*Src* 是一种癌基因，因为这种结构域首先在 Src 蛋白中被发现，所以称为 Src 同源区。此外还有 PH 结构域（pleckstrin homology domain），由 100～120 个氨基酸组成，可以与膜上磷脂类分子 PIP_2、PIP_3、IP_3 等结合，使含 PH 结构域蛋白由细胞质中转位到细胞膜上。由 RTK 激活的下游信号途径很多，包括 Ras-MAPK、PI3K-PKB 等信号途径。

1. RTK-Ras-MAPK 信号途径　Ras 蛋白的分子质量为 2.1×10^4 Da，最初在大鼠肉瘤（rat sarcoma，Ras）中发现，是一类由保守癌基因 *ras* 所表达的 190 个氨基酸残基组成的小 G 蛋白。约有 30% 的人类恶性肿瘤与 *ras* 基因突变有关，因为突变的 Ras 蛋白能与 GTP 结合，但不能将其水解成 GDP，所以这种突变的 Ras 蛋白会始终保持开启状态，最终导致赘生性细胞增生。

Ras 的活性受 GEF 和 GAP 的调控。Ras 蛋白要释放 GDP，结合 GTP 才能激活，而 GDP 的释放需要鸟苷酸交换因子 GEF 的参与；Sos 蛋白是一种具有鸟苷酸交换因子活性的胞质蛋白，有 SH3 结构域，但没有 SH2 结构域，因此不能直接和受体结合，还需要接头蛋白（如 GRB2）的连接，接头蛋白通过 SH2 与受体的磷酸酪氨酸残基结合，再通过 SH3 与 Sos 结合，Sos 与膜上的 Ras 接触，从而活化 Ras（图 12-22）。同时，Ras 本身的 GTP 酶活性不强，在 GAP 的参与下，使 Ras 结合的 GTP 水解而失活，GAP 具有 SH2 结构域，可直接与活化的受体结合。

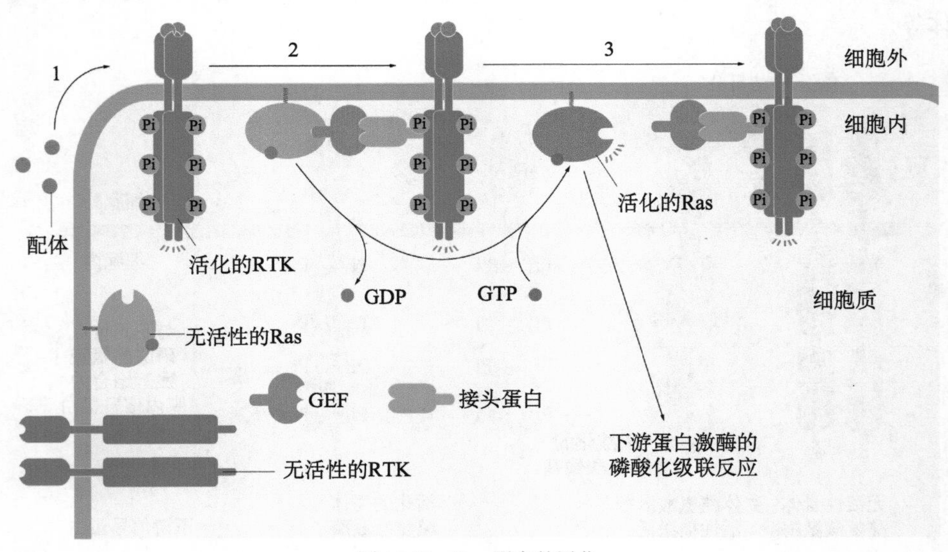

图 12-22　Ras 蛋白的活化

1. 受体酪氨酸激酶（RTK）结合信号分子（配体），形成二聚体，并发生自磷酸化而活化；2. 接头蛋白与活化受体特异性磷酸化酪氨酸残基和 GEF 结合，形成细胞内信号转导复合物，GEF 的活性促进 GDP-GTP 转化，形成活化的 Ras-GTP；3. 活化的 Ras-GTP 引起下游蛋白激酶的磷酸化级联反应

MAPK 家族成员在多种信号传递系统中起着重要的作用，它们均为保守的丝氨酸 / 苏氨酸（Ser/Thr）蛋白激酶，分子质量约为 38.55 kDa，这类蛋白激酶包括三种类型，分别是有丝分裂原活化蛋白激酶（mitogen-activated protein kinase，MAPK）、MAPKK（MEk）和 MAPKKK（Raf），在真核细胞中这三种类型的蛋白激酶共同组成 MAPK 级联途径（MAP kinase cascade）。活化的 Ras 蛋白与 Raf 的 N 端结构域结合并使其激活；活化的 Raf 结合并磷酸化处于下游的蛋白激酶 MEk，使其活化；MEk 又使其唯一底物 MAPK 的苏氨酸和酪氨酸残基磷酸化并使之激活；活化的 MAPK 进入细胞核，可以磷酸化包括许多转录因子、细胞骨架及激酶在内的多种靶蛋白的丝氨酸 / 苏氨酸残基，并导致细胞内产生多种生物学效应（图 12-23）。

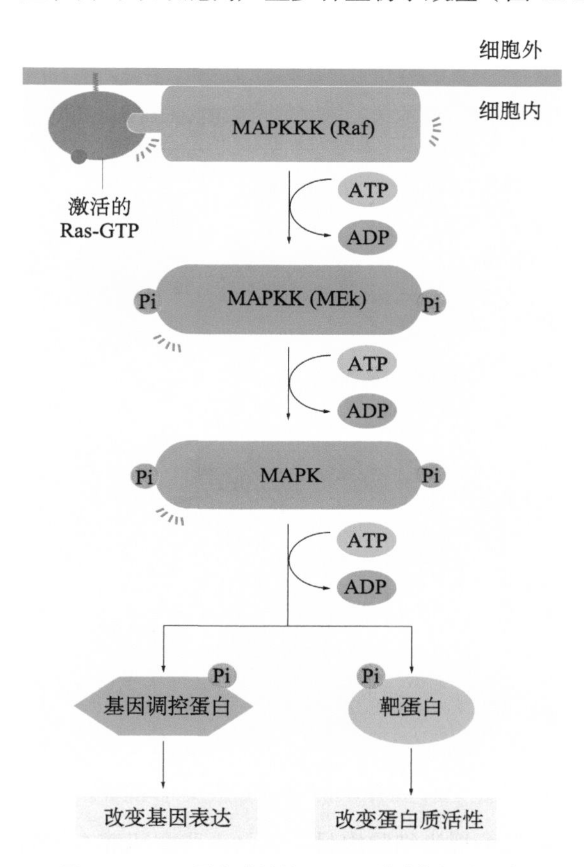

图 12-23　Ras 蛋白激活的 MAPK 磷酸化级联反应

活化的 Ras 蛋白募集、结合并激活 Raf 蛋白，起始三种蛋白激酶的磷酸化级联反应，增强和放大信号，级联反应的最后才能磷酸化修饰一些基因调控蛋白，改变基因的表达，或磷酸化修饰一些靶蛋白，改变蛋白质活性，最终导致细胞行为的改变

2. RTK-PI3K-PKB（AKT）信号途径　胰岛素受体也属于受体酪氨酸激酶，是由 α 和 β 两种亚基组成的四聚体型受体，其中 β 亚基具有激酶活性，可将胰岛素受体底物（insulin receptor substrate，IRS）磷酸化，IRS 作为多种蛋白质的停泊点，可以结合具有 SH2 结构域的蛋白质，如磷脂酰肌醇 -3- 激酶（phosphotidylinositol 3-kinase，PI3K）。PI3K 由两个亚基组成：一个是 p110 催化亚基，一个是 p85 调节亚基，其中 p85 的 SH2 结构域可与 IRS 结合，产生如下两步反应。

（1）活化的 PI3K 催化 PI-4-P（PIP）产生 PI-3,4-P_2（PIP_2），进一步催化 PIP_2 生成 PI-3,4,5-P_3（PIP_3），这两种磷酸肌醇可作为胞内含 PH 结构域的信号蛋白的停泊位点，激活这些蛋白质。

（2）因为（1）的作用，磷脂酰肌醇依赖性激酶 PDK1（phosphoinositol dependent kinase）得以有停泊位点而被激活，PDK1 再和 PDK2（通常为 mTOR）一同激活停泊到膜上的蛋白激酶 B（protein kinase B，PKB）。PKB 是一种相对分子质量约为 6×10^4 的 Ser/Thr 蛋白激酶，又称 AKT。最终被激活的 PKB 返回细胞质，将细胞凋亡相关的 Bad 蛋白磷酸化而抑制其活性，从而活化凋亡抑制蛋白（Bcl-2）而使细胞存活（图 12-24）。

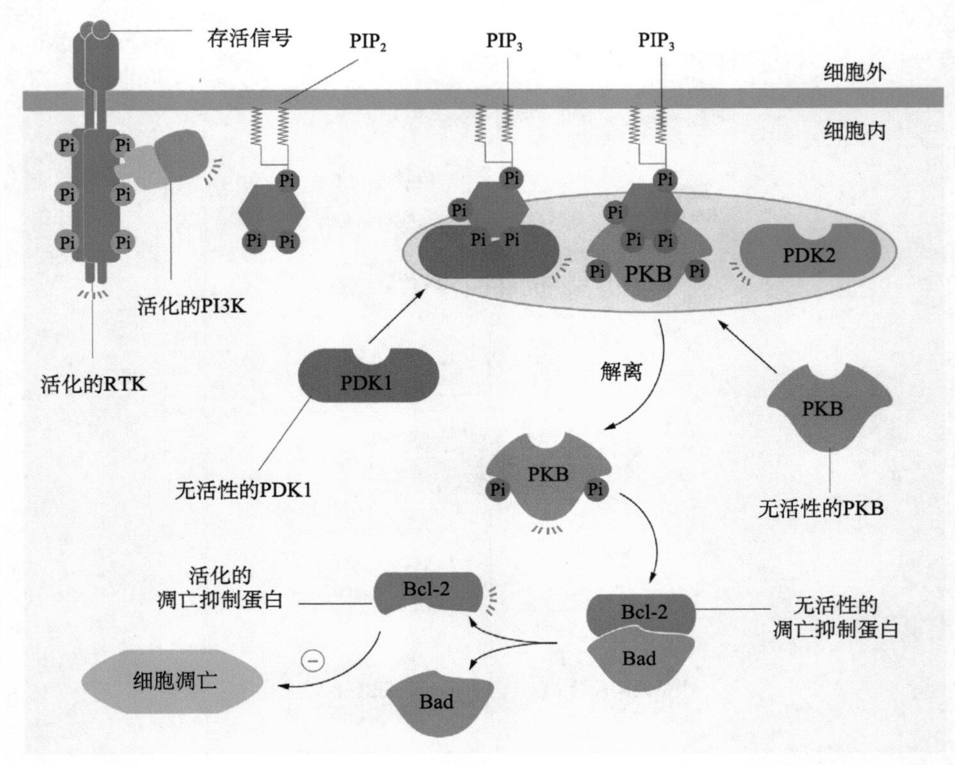

图 12-24　RTK-PI3K-PKB（AKT）信号途径

因此 PI3K-PKB 信号途径可视为细胞内另一条与磷脂酰肌醇有关的信号通路，也是 RTK 介导的衍生信号通路。在多种常见肿瘤如乳腺癌、人前列腺癌、子宫内膜癌、胶质瘤和黑色素瘤等肿瘤细胞的增殖、存活、细胞运动、抗凋亡、血管发生和转移及耐药性中，PI3K-PKB 信号通路异常的活化都起着重要作用。阻断该通路的持续活化为靶向治疗肿瘤提供了新的方法策略，此信号通路的抑制剂成为肿瘤的潜在治疗药物，而 PI3K、PKB、mTOR 等如今已经成为抗肿瘤药物设计的新靶点。

同时越来越多的证据也表明，在细胞内蛋白质分选或内吞的过程中，PI3K 也作为一种重要的调节因子参与其中。活化的 PI3K 可导致高尔基体 TGN 或质膜局部区域产生高水平的 PIP_3，从而连接蛋白能在这里与膜蛋白内吞信号发生相互作用形成包被膜泡，发生特定的蛋白质分选或内吞作用。

（二）受体丝氨酸/苏氨酸激酶与TGF β-Smad信号通路

受体丝氨酸/苏氨酸激酶（receptor serine/threonine kinase，RSTK）是单次跨膜蛋白受体，在胞内区具有丝氨酸/苏氨酸蛋白激酶活性，胞外区富含半胱氨酸。该受体以异二聚体行使功能。RSTK的唯一配体是转化生长因子βs（transforming growth factor βs，TGF βs）超家族成员，因此RSTK也被称为TGF β受体。

TGF βs具有类似结构与功能，无活性的分泌前体需经蛋白酶水解作用形成以二硫键连接的同源或异源二聚体才能变为活化形式。该通路中，已鉴定的TGF βs配体数目远超过已知TGF β受体数目，这暗示着可能存在配体和受体间的混配反应。TGF βs是一种涉及旁分泌信号转导的生长因子及细胞因子，它们在许多不同的组织类型中被发现，包括脑、心脏、肾、肺、睾丸。依细胞类型不同，TGF βs还会影响细胞的增殖、分化，在创伤愈合、刺激胞外基质合成、刺激骨骼的形成、通过趋化性吸引细胞和作为胚胎发育过程中的诱导信号等。

根据^{125}I标记的TGF βs与细胞表面受体结合复合物的电泳检测分析发现，可以结合TGF βs的是三种分子质量分别为5.5×10^4 Da、8.5×10^4 Da和2.8×10^5 Da的TGF β超家族受体，分别称作RⅠ、RⅡ和RⅢ受体（图12-25）。它们都具有一个富含半胱氨酸的胞外结构域、一个跨膜区域及一个胞内的丝氨酸/苏氨酸激酶活性区域。其中TGF βRⅠ（ALK5）和TGF βRⅡ有相似的结构，但只依靠肽图谱就可以区别两者，因为RⅠ的胞内近膜区有一段由30个丝氨酸-甘氨酸重复组成的GS结构域，可被RⅡ磷酸化。RⅡ则具有组成型激酶活性，在没有配体的情况下可以自磷酸化。RⅡ也可与TGF β直接结合，形成二聚体并招募RⅠ二聚体，进而形成一个异源四聚体。同时RⅡ通过磷酸化RⅠ的GS结构域来激活RⅠ。TGF βRⅢ是质膜上的蛋白聚糖（proteoglycan），也称作β-glycan，不具有胞内的激酶结构域，TGF βRⅢ同TGF βs有高度亲和性，负责结合并富集成熟的TGF β，并作为调节因子将信号递交给RⅡ。被激活的TGF β受体可解除激酶活性的抑制状态，受体的激酶活性可继续在细胞质内直接磷酸化并激活特殊类型的转录因子Smad，进入核内调节基因的表达，或作为核输入蛋白，参与多聚体Smad的入核转运。

Smad是一类最初在线虫Sam和果蝇Mad中发现的蛋白，所以就按照Sma和Mad的缩写Smad家族命名这类基因转录调控蛋白。随后在爪蟾、小鼠和人类中也发现Smad相关蛋白，这类蛋白质包括8个成员，可分为三种类型：①调节性Smad（R-Smad），包括Smad1、Smad2、Smad3、Smad5和Smad8，它们可以被膜受体激活；②辅助性Smad（co-Smad），如Smad4，不能与受体结合，但是可以与其他Smad形成异源多聚体，可调节靶基因的转录；③抑制性Smad（I-Smad，importin-β），包括Smad6和Smad7，是TGF β-Smad信号通路的抑制因子，与受体结合，但是不被磷酸化，也不释放配体，进而阻止了其他Smad与受体的结合。

R-Smad是RⅠ受体激酶的直接作用底物，在被RⅠ受体激活后，R-Smad会与co-Smad和importin-β结合形成一个更大的细胞质复合物，并被引导进入细胞核。在核内，Ran-GTP使importin-β与复合物解离。R-Smad/co-Smad复合物再与核内转录因子结合，形成活化型复合物，调节特定靶基因的转录。

TGF β-Smad信号通路既可激活某些蛋白的表达，也可阻遏某些基因的转录，对细胞增殖起到正、负调控的作用。因而TGF β信号的缺失会导致细胞的异常增殖和癌变。在核内，R-Smad发生去磷酸化后，复合物即被解离，然后从核内被输出到细胞质。因为Smad在核-质中的动态穿梭，所以通过观察细胞核中活化的Smad浓度可以很好地反映细胞表面TGF β受体的活跃水平。

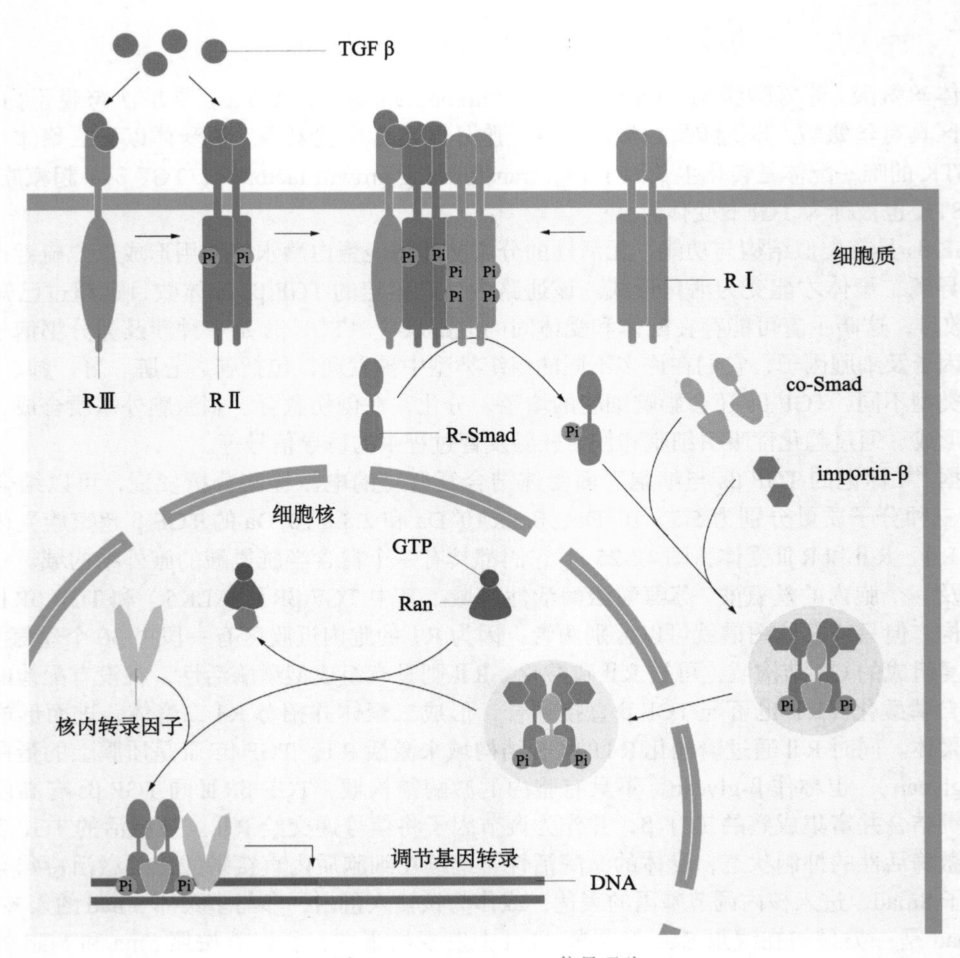

图 12-25　TGF β -Smad 信号通路

（三）受体型蛋白酪氨酸磷酸酶

受体型蛋白酪氨酸磷酸酶（RPTP）是由多种成员组成的蛋白质家族，均为单次跨膜蛋白受体，包含 1 个胞外结构域、1 个跨膜结构域，以及 1～2 个胞内酶活性结构域。通常受体胞内区包含两个比较保守的酶活性结构域拷贝，第一个具有蛋白酪氨酸磷酸酶的活性，第二个则无活性。胞外配体与受体结合激发该酶活性，使特异的胞内信号蛋白的磷酸酪氨酸残基去磷酸化，其作用是控制磷酸酪氨酸残基的寿命，使静止细胞具有较低的磷酸酪氨酸残基的水平。它的作用不是简单地与 RTK 相反，虽然目前大多数 RPTP 的配体都未知，对其信号途径及生理意义均了解得不太深入，但推测 RPTP 可能与 RTK 一起协同工作。目前被证实参与但不局限于细胞增殖、细胞分化、细胞周期调控、致癌性转化及内吞作用等。白细胞表面的 CD45 就属于这类受体，当它与配体结合后，可使胞质中的酪氨酸蛋白激酶（JAK）$p56^{Lck}$ 脱磷酸化，从而向下传递信号，导致白细胞的活化。

RPTP 的胞质酪氨酸磷酸酶胞内段具有两个 SH 结构域，称作 SHP1 和 SHP2，通过 SHP1 可以与细胞因子受体连接，使胞内一种称为 Janus 激酶（Janus Kinase，JAK）的蛋白去磷酸化。SHP1 结构域缺陷的老鼠各类血细胞异常，说明胞质酪氨酸磷酸酶与血细胞分化有关。

（四）受体鸟苷酸环化酶

受体鸟苷酸环化酶（RGC）是单次跨膜蛋白受体，胞外段是配体结合部位，胞内段分为蛋白激酶样结构域（与蛋白酪氨酸激酶序列同源）和鸟苷酸环化酶催化结构域。受体的配体是钠利尿肽（natriuretic peptide，NP），因此也被称为钠利尿肽受体（NPR）。哺乳动物中钠利尿肽包括心房排钠肽（atrial natriuretic peptide，ANP）、脑排钠肽（brain natriuretic peptide，BNP）和C型钠尿肽。当血压升高时，心房肌细胞分泌ANP，促进肾细胞排水、排钠，同时导致血管平滑肌细胞松弛，结果使血压下降。介导ANP反应的受体分布在肾和血管平滑肌细胞表面。ANP与受体结合直接激活胞内段鸟苷酸环化酶的活性，使GTP转化为cGMP，cGMP作为第二信使结合并激活依赖cGMP的蛋白激酶G（PKG），导致靶蛋白的丝氨酸/苏氨酸残基磷酸化而活化。

除了与质膜结合的鸟苷酸环化酶外，在细胞质基质中还存在可溶性的鸟苷酸环化酶，它们是NO作用的靶酶，催化产生cGMP，并进一步激活cGMP依赖的信号分子，产生诸如扩大血管、降低血管内皮通透性、降低血压、促进钠尿排泄等生物学效应。

（五）细胞因子受体与JAK-STAT信号途径

该类型受体超家族属于酪氨酸激酶联受体。细胞因子（cytokine）是影响和调控多种类型细胞增殖、分化与成熟的活性因子，如白介素（IL）、干扰素（IFN）、集落刺激因子（CSF）、生长激素（GH）等。这类细胞因子的受体为单次跨膜蛋白，本身不具有酶活性，但与配体结合后发生二聚化而激活，通过招募并活化与受体相联系的胞内非受体酪氨酸蛋白激酶（如JAK），从而实现信号的跨膜转导，其信号途径为JAK-STAT或Ras途径，在造血细胞和免疫细胞通信上起作用。

细胞因子受体主要分为两类：Ⅰ型和Ⅱ型。它们共同的特点就是胞外都含有可以结合配体的结构域，胞内无激酶活性，但是靠近质膜的胞质域为富含脯氨酸的能结合非受体酪氨酸蛋白激酶的Box1或Box2结构域。这类受体具有相似的结构，并激活相似的信号通路。受体的活化机制与RTK非常相似，受体所介导的胞内信号通路也多与RTK介导的胞内信号通路重叠。其中Ⅰ型受体具有4种类型的亚基，即α、β、γ和gp130，配体包括IL、生长激素。Ⅱ型受体只出现在脊椎动物中，具有α、β两种类型的亚基，主要配体为干扰素。

JAK（janus kinase）是一类非受体酪氨酸激酶家族，其介导的JAK-STAT信号途径见【二维码】。

二维码

四、其他类型细胞表面受体介导的信号通路

由细胞表面受体所介导的调控细胞基因表达的信号通路，根据其反应机制和特征可以区分为四类：① GPCR-cAMP/PKA和RTK-Ras-MAPK信号通路，它们是通过活化受体导致胞质蛋白激酶活化，然后活化的胞质蛋白激酶转位到核内并磷酸化特异的核内转录因子，进而调控基因转录；② TGF β-Smad和JAK-STAT信号通路，它们是通过配体与受体结合激活受体本身或偶联激酶的活性，然后直接或间接导致胞质内特殊转录因子的活化，进而影响核内基因的表达；③ Wnt受体和Hedgehog受体介导的信号通路是通过配体与受体结合引发胞质内多蛋白复合物去装配，从而释放转录因子，然后转位到核内调控基因表达；④ NF-κB和Notch两种信号通路涉及抑制物或受体本身的蛋白切割作用，从而释放活化的转录因子，转位入核调控基因表达。

这四类信号通路其共同特点：一是所介导的细胞反应是长期反应（longer term responses），结果是改变核内基因的转录；二是细胞外信号所诱导的长期反应影响多方面的细胞功能，包括

细胞、细胞分化、细胞通信，在影响发育方面起关键作用，并与许多人类疾病有关；三是信号转导过程是高度受控的，前三类信号调节通路往往是可逆的，而第四类通路却是不可逆的过程。前两类信号通路上面已经介绍过，现介绍后两类信号通路。

（一）Wnt-β-catenin 信号途径

Wnt 是一类分泌型糖蛋白，通过自分泌或旁分泌发挥作用。在小鼠中，肿瘤病毒整合在 Wnt 之后而导致乳腺癌，命名为 *Int1*，它与果蝇的无翅基因（*wingless*，*wg*）有高度同源性，Wnt 的名字来自 *wingless* 和 *int* 的融合词。Wnt 信号途径能引起胞内 β- 连锁蛋白（β-catenin）积累。β-catenin（在果蝇中叫作犰狳蛋白 armadillo）是一种多功能的蛋白质，在细胞连接处与钙黏素相互作用，参与形成黏合带，而游离的 β-catenin 可进入细胞核，调节基因表达。Wnt 信号在动物发育中起重要作用，其异常表达或激活能引起肿瘤。

Wnt 的受体是卷毛蛋白（frizzled，Frz），为 7 次跨膜蛋白，结构类似于 G 蛋白偶联受体，Frz 胞外 N 端具有富含半胱氨酸的结构域（cysteine rich domain，CRD），能与 Wnt 结合。Wnt 与 Frz 的结合还需要另外一个共受体（co-receptor）LRP5/6 的作用，LRP 属于低密度脂蛋白受体相关蛋白（LDL-receptor-related protein，LRP），但至今还不清楚它如何与 Frz 一起活化下游信号。

二维码

Wnt 信号途径主要分为 3 类，详见【二维码】。

（二）Hedgehog 信号途径

Hedgehog（Hh）是一种共价结合胆固醇的分泌性蛋白，是由信号细胞所分泌的局域性蛋白质配体，作用范围极小，一般不超过 20 个细胞。在动物发育中，Hedgehog 起重要作用，控制着细胞命运、增殖与分化。果蝇的该基因突变导致幼虫体表出现许多刺突，形似刺猬，故名 Hedgehog。该信号通路控制细胞命运、增殖与分化，其被异常激活时，会引起肿瘤的产生与发展。

脊椎动物中至少有 3 个基因编码 Hedgehog 蛋白，即 *Shh*（Sonic hedgehog）、*Ihh*（Indian hedgehog）和 *Dhh*（desert hedgehog），其中 *Shh* 是根据电子游戏中的角色命名的，后两者是用刺猬的两个种命名的。Hedgehog 在细胞内是以前体（precursor）的形式合成与分泌的，之后在胞外发生自我催化性降解，然后在 N 端会发生胆固醇化和软脂酰化修饰（palmitoylation），从而制约其扩散并增加其与细胞质膜的亲和性。

二维码

Hedgehog 受体有三种跨膜蛋白：Patched（Ptc）、Smoothened（Smo）和 iHog，负责介导 Hedgehog 信号向胞内传递，详见【二维码】。

（三）NF-κB 信号途径

NF-κB 是属于 Rel 家族的核转录因子，参与调节与机体免疫、炎症反应、细胞分化有关的基因转录，被发现广泛存在于几乎所有真核细胞中。哺乳动物细胞中有 5 种 NF-κB/Rel：RelA（P65）、RelB、C-Rel、NF-κB1（P50）和 NF-κB2（P52），都具有 Rel 同源区（Rel homology domain，RHD），通常以同源或异源二聚体的形式存在，启动不同的基因转录。I-κB 家族蛋白是 NF-κB 的抑制蛋白，成员有 I-κBα、I-κBβ、I-κBγ、I-κBδ、I-κBε 和 Bcl-3 等，均具有与 Rel 蛋白相互作用的锚蛋白重复序列和与降解有关的 C 端 PEST 序列。静息状态下，NF-κB 二聚体与抑制蛋白 I-κB 在细胞质中结合成三聚体，处于非活化状态，同源区的核定位信号 NLS 也因抑制物的结合而被掩盖。胞质中的异三聚体 I-κB 激酶（I-κB kinases，IKK）是 NF-κB 信号转导通路的关键性激酶，胞外信号如肿瘤坏死因子α（tumor necrosis factor α，TNFα）、白介素1（interleukin-1，IL-1）等可以激活IKK，使I-κB磷酸化，进而激活I-κB的泛素化降解途径。I-κB的降解使NF-κB解除束缚并暴露NLS，然后NF-κB二聚体进入细胞核，调节基因转录（图12-26）。

活化的NF-κB除了可以激活靶基因转录外，还可以激活I-κB基因的表达，新合成的I-κB与细胞核中的NF-κB结合，无活性的复合物被运回细胞质，NF-κB信号即被终止。

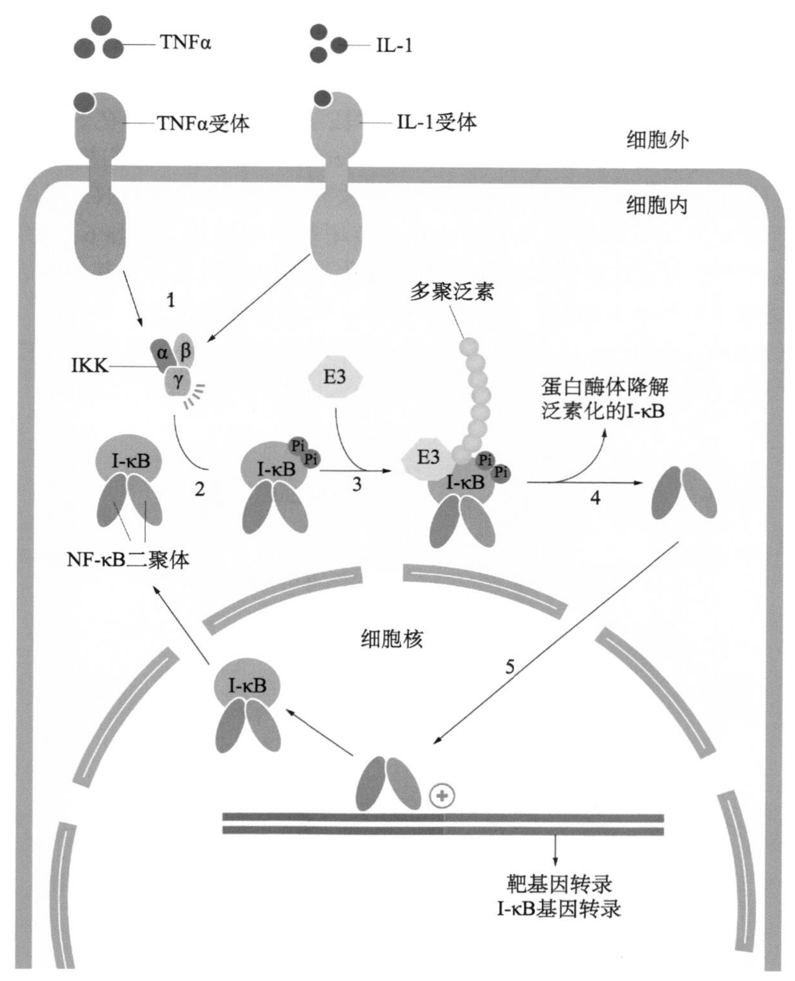

图12-26　NF-κB信号通路示意图

（四）Notch信号途径

*Notch*基因编码分子质量约为300 kDa的蛋白质，最早发现于果蝇，部分功能缺失会导致果蝇翅缘缺刻。后经研究发现Notch信号通路从无脊椎动物到人类都广泛存在，果蝇只有1个*Notch*基因，而人类则有4个（*Notch1*～*Notch 4*）。Notch信号途径是一种细胞间接触依赖性的通信方式，信号分子及其受体均是膜整合蛋白。信号转导的启动依赖于信号细胞的信号蛋白与相邻应答细胞的受体蛋白的相互作用。该信号通路调节应答细胞的分化方向，决定细胞的发育命运。

Notch 的胞外区是结合配体的区域，具有不同数量的 EGF 样重复序列（EGF-R）和 3 个 LNR（Lin/Notch repeat）。胞内区有 RAM（RBP-J kappa associated molecular）结构域、6 个锚蛋白（cdc10/ankyrin，ANK）重复序列、2 个核定位信号（NLS）和 PEST 结构域。RAM 结构域是与转录因子 CSL（CBFl/Suppresor of Hairless/Lag1）结合的区域，PEST 结构域与 Notch 的降解有关。Notch 蛋白要经过三次切割才能成为有活性的蛋白（图 12-27），首先以单体膜蛋白形式在内质网合成，然后转运至高尔基体，第一次在高尔基体内被蛋白酶 furin 切割为 2 个片段，随后转运到细胞膜形成异二聚体（步骤 1）。在没有与其他细胞的配体相互作用时，两个亚单位彼此以非共价键结合（步骤 2）。随着与相邻信号细胞的配体结合，Notch 蛋白又会发生两次切割，先是被结合在膜上的基质金属蛋白酶（matrix metalloprotease）ADAM（A Disintegrin and Metalloprotease）切割，随后释放出 Notch 的胞外片段（步骤 3）；然后在 Notch 蛋白疏水的跨膜区，由 4 个蛋白亚基组成的跨膜 γ- 分泌酶（γ-secretase）负责第三次切割（步骤 4），同时还需要早老蛋白（presenilin，PS）参与。酶切以后释放 Notch 胞内片段 ICN，进入细胞核（步骤 5），入核后的活性 ICN 与其他转录因子结合并调节靶基因的表达（步骤 6），协同发挥生物学作用。在胚胎发育中，当上皮组织的前体细胞中分化出神经元细胞后，其细胞表面 Notch 配体 Delta 与相邻细胞膜上的 Notch 结合，启动信号途径，防止其他细胞发生同样的分化，这种现象叫作侧向抑制（lateral inhibition）。Notch 突变的半合子或纯合子会在胚胎期死亡，其胚胎中神经组织取代了上皮组织从而使神经组织异常丰富。

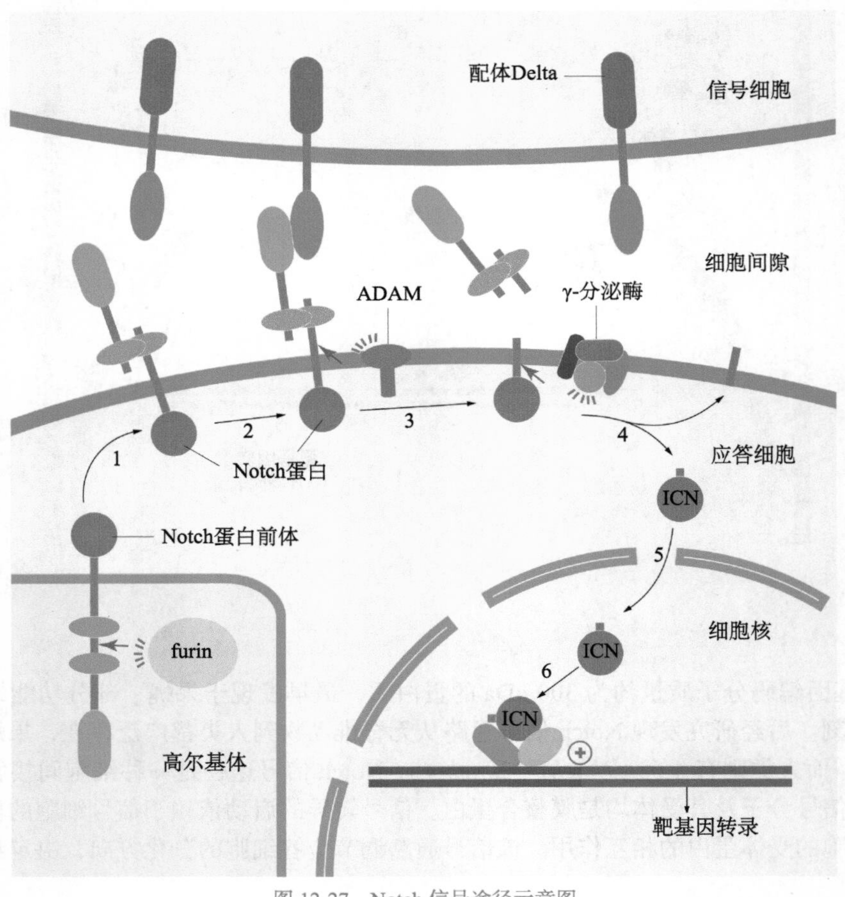

图 12-27　Notch 信号途径示意图

（五）整联蛋白受体及信号途径

整联蛋白广泛存在于真核细胞的细胞膜表面，是一类由单次跨膜的 α、β 亚基组成的异源二聚体膜受体蛋白，在哺乳动物中，发现有 18 种 α 亚基和 8 种 β 亚基，组成 24 种不同的整联蛋白。整联蛋白可使细胞黏附于胞外基质并介导来自胞外基质的机械信号和化学信号，且通过细胞膜的双向信号转导作用来调节细胞分化、迁移、免疫、黏附等生物学功能。整联蛋白所介导的细胞与胞外基质黏附，起到重要的结构整合的作用，这体现在体外培养的正常细胞不能在悬浮培养条件下生长、分裂，必须依赖于细胞表面和细胞外基质之间建立接触，而癌变细胞则相反。而且更重要的是，整联蛋白还提供了一种信号途径，通过胞外环境调控细胞内活性。

整联蛋白所介导的信号是从黏着斑复合体（focal adhesion complex，FAC）开始的（图 12-28）。FAC 是复杂的大分子复合物，含有成簇的整联蛋白、细胞质蛋白和成束的肌动蛋白纤维。FAC 的装配被认为与数种酪氨酸蛋白激酶有关，其中最引人注目的是黏着斑激酶 FAK（focal adhesion kinase）和酪氨酸激酶 Src。当细胞表面整联蛋白与胞外配体相互作用后，定位在黏着斑结构中的酪氨酸激酶 Src 被活化，活化的 Src 使黏着斑激酶 FAK 的酪氨酸残基磷酸化，激酶活性增强，随后 FAK 的酪氨酸磷酸化位点与含有 SH2 结构域的模体结合，这样 FAK 就能综合由整联蛋白引发的多种信号并启动下游信号的转导。此外，还有些整联蛋白能分别结合胞外游离的配体和胞内的蛋白质，当胞内区域与踝蛋白等结合后，使得整联蛋白被激活，胞外域打开并与胞外配体或基质结合，从而引起胞外基质的改变，如此便实现了由胞内向胞外的信号转导。

整联蛋白的这种双向信号传递能力，与它所介导的细胞黏附运动相关。胞内的细胞骨架影响着整联蛋白胞外区和胞外基质的结合，调控了细胞的黏附和运动能力。而胞外基质信号又影响胞内骨架组装及靶蛋白的表达，决定了细胞的增殖和分化。因此不同类型的细胞具有其特定的整联蛋白和与其结合的胞外基质，限制了它们的增殖和移动，因而得以保证正常细胞不会成为增殖和移动不受限制的肿瘤细胞。

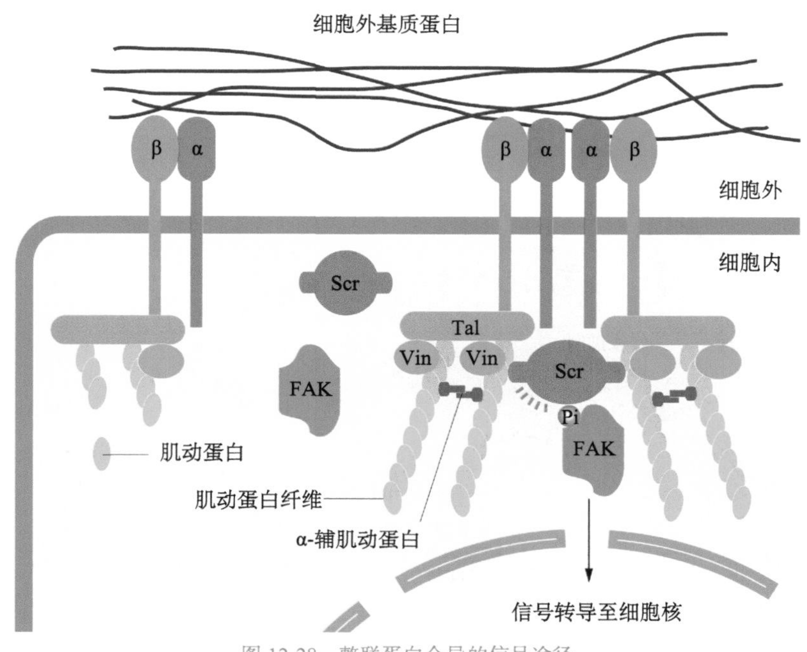

图 12-28 整联蛋白介导的信号途径

Tal. 踝蛋白；Vin. 纽蛋白

第四节 植物中的信号转导

植物和动物都有一套基础的信号转导机制，包括Ca^{2+}和磷酸肌醇信使，但是有些途径在植物中是极少见的。例如，环核苷酸可能是最普遍的动物细胞信号分子，但是在植物中却很少扮演信号分子角色，受体酪氨酸激酶在植物细胞中也较为缺乏。细菌细胞中则有一种磷酸化组氨酸残基的蛋白激酶来调节细胞响应，以应对多种环境信号。植物却有一些动物中不存在的蛋白激酶。另外，植物中还存在诸如胞间连丝这种便于细胞信号转导的特殊结构。

植物细胞不仅能够感受光线、温度变化、机械损伤等物理信号的变化，还能感受植物激素等化学信号的刺激，从而介导植物众多生理过程。

一、植物激素信号转导

1. 生长素信号途径　生长素功能涉及植物的生长发育，在植物组织中需要运输载体的协助才能通过极性运输到达目的部位发生作用。植物生长素信号的基本途径如图 12-29 所示，TIR1（transport inhibitor resistant 1）是一种在细胞核内的生长素受体，作为一个 F-box 蛋白，参与 $SCF^{TIR1/AFB}$（SKP-cullin-Fbox）复合体的形成，介导转录抑制因子 Aux/IAA 的泛素化降解。生长素信号途径调控的基因转录，受到 Aux/IAA 和生长素响应因子（auxin responsive factor，ARF）的调控。当生长素浓度较低时，Aux/IAA 与 ARF 形成异源二聚体，随后再与转录抑制因子 TPL 等形成转录因子复合物，进而导致 ARF 失活。转录因子复合物与生长素响应基因启动子区域的顺式作用元件 AuxRE 结合，共同抑制生长素响应基因的表达。当生长素浓度升高时，生长素与受体 TIR1 结合，进一步形成 TIR1 与 Aux/IAA 的复合物。随后 Aux/IAA 被泛素化，并通过 26S 蛋白酶体 SCFTIR1/AFB 降解。同时释放出 ARF 启动或抑制生长素响应基因的转录。生长素在植物体内具有重要的生物学功能，与植物的顶端生长、向地性生长等密切相关，使细胞壁松散，调节内吞作用和细胞骨架运动等，调控细胞与器官的体积与大小。

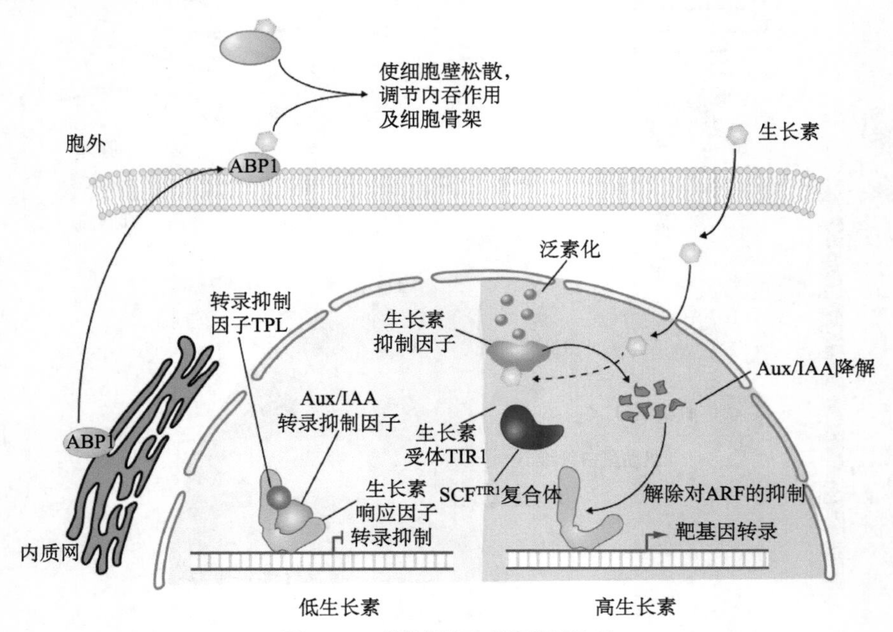

图 12-29　植物细胞生长素信号途径

2. 脱落酸信号途径　在高等植物中，对水分响应的脱落酸（ABA）积累，是植物适应干旱或其他胁迫的最初信号，其根源 ABA 是植物体内 ABA 的主要来源。ABA 通过木质部运输到地上部分，可使叶片内 ABA 含量升高。ABA 信号受体属于 PYR/PYL/RCAR 家族，有 14 个成员，其中 13 个具有序列和结构上的保守性。这些受体存在于细胞质中，能与 ABA 结合并抑制下游蛋白磷酸酶 PP2C 的活性。当无 ABA 时，受体以二聚体形式存在，不与 PP2C 相互作用。PP2C 处于活性状态，并能抑制下游蛋白 SnRK2 的活性。当 ABA 结合受体后，受体构象发生改变，进而能结合并抑制 PP2C 的活性，导致 SnRK2 发生自磷酸化激活。活化的 SnRK2 可以激活下游转录因子 ABF，调控 ABA 信号应答基因的表达（图 12-30）。另外，ABA 可作用于植物叶片保卫细胞膜上的 K^+ 外流通道，使其开启，而 K^+ 内流通道受抑制，保卫细胞的膨压被改变，叶片气孔开度受到抑制，减少了水分蒸腾，提高了植物的保水耐旱能力。

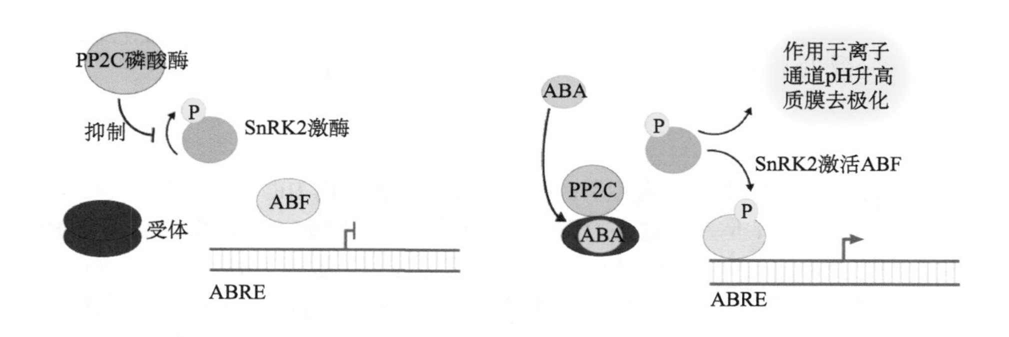

图 12-30　植物细胞脱落酸信号途径

3. 乙烯信号途径　作为气态分子，正常情况下植物组织内的乙烯（ethylene，Eth）维持在一个极低的水平，当植物受到胁迫后，产生的乙烯可以很快地向邻近组织扩散。乙烯也可以促使果实成熟，当种子成熟时，乙烯的生成会增加并在果实中积累。乙烯在辅助因子铜的作用下与定位在内质网膜上的乙烯受体结合，并可以使受体失活。在拟南芥中已经发现 5 个乙烯受体，分别为 ETR1、ERS1、ETR2、EIN4 和 ERS2。如图 12-31 所示，在正常情况下，乙烯受体都是处于启动状态的，定位在内质网膜上，激活并结合一个 Raf 类的 Ser/Thr 蛋白激酶 CTR1，这些受体作为信号途径的负调控因子来行使功能。EIN2（ethylene insensitive 2）也定位在细胞的内质网膜，并受到 CTR1 的磷酸化，处于非活性状态，从而抑制了下游的乙烯响应。当细胞接收到乙烯信号，乙烯受体失活，EIN2 的抑制被解除并进入细胞核，直接或间接地活化转录因子 EIN3 和 EIL1，EIN3 和 EIL1 作为乙烯信号传递中的初级转录因子通过调控下游基因表达，完成乙烯应答反应。

4. 油菜素内酯信号途径　油菜素甾族化合物（BR）是植物器官中一类影响植物生长发育和抗逆的重要激素。主要为游离态或与糖类和脂肪酸结合态，其中活性较高的为油菜素内酯（brassinolide，BL）和油菜素甾酮（castasterone，CS）。BR 在植物中各个部位几乎都有分布，对细胞伸长、木质部分化、茎秆伸长均有调节作用，也可以促进花粉管生长、叶片偏上生长和增产等。同时研究发现 BR 还可以通过糖原合成激酶 3（glycogen synthase kinase 3，GSK3）介导抑制 MAPK 信号通路，调控气孔发育。

BR 信号通路是目前植物学研究的热点之一，目前尚未得到全面的解析。根据已经发表的

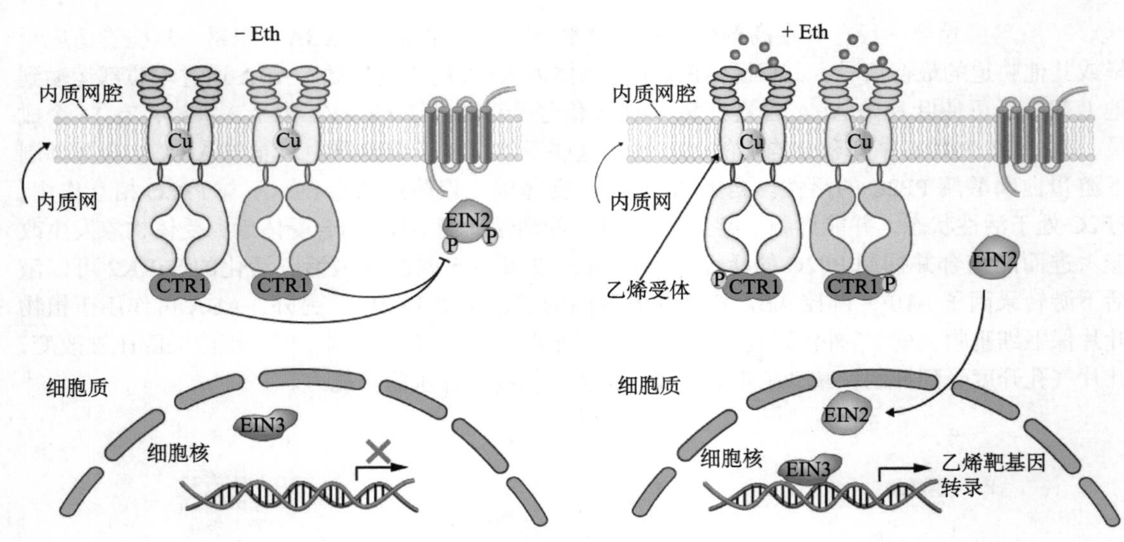

图 12-31　植物细胞乙烯信号途径

成果，可以得到一个较为初步的模型。BR 可与细胞膜表面的 BR 受体 BRI1（brassinosteroid-insensitive 1）结合，BRI1 是一种富亮氨酸重复类受体蛋白激酶（LRR-RLK），可与 BRI1 抑制因子 BKI1（BRI1 kinase inhibitor 1）相结合。油菜素内酯信号激酶（BR-signaling kinase，BSK）BSK/CDG1 能激活另一个胞内的 BRI1 抑制因子 BSU1（BRI1 suppressor 1），而活化的 BSU1 能够使胞质及核中的激酶 BIN2（BR-insensitive 2）脱磷酸化失活并被蛋白酶体所降解。BIN2 在 BR 含量较低时有活性，其底物为转录因子 BZR1/2。

如图 12-32 所示，在没有 BR 时，无激酶活性的 BRI1 与 BKI1 和激酶 BSK/CDG1 相结合，抑制了激酶 BSK/CDG1 的活性，导致磷酸酶 BSU1 也保持无活性状态，因而可保证 BIN2 的活性，并使其可磷酸化 BZR1/2。磷酸化 BZR1/2 丧失其 DNA 结合活性，并从细胞核转移到细胞质，与蛋白 14-3-3 相结合，最终被蛋白酶体所降解，失去对靶基因表达的调控作用。当 BR 存在时，BR 与 BRI1 相结合，使得 BRI1 的 C 端自主磷酸化，负调控 BR 信号通路中的 BKI1 将从细胞膜上解离下来，使 BRI1 与共受体富亮氨酸重复受体类激酶 BAK1（BRI1-associated receptor kinase）结合。BRI1 与 BAK1 形成异二聚体，通过顺序自磷酸化或相互磷酸化使 BRI1 完全激活，将 BR 信号完全启动。

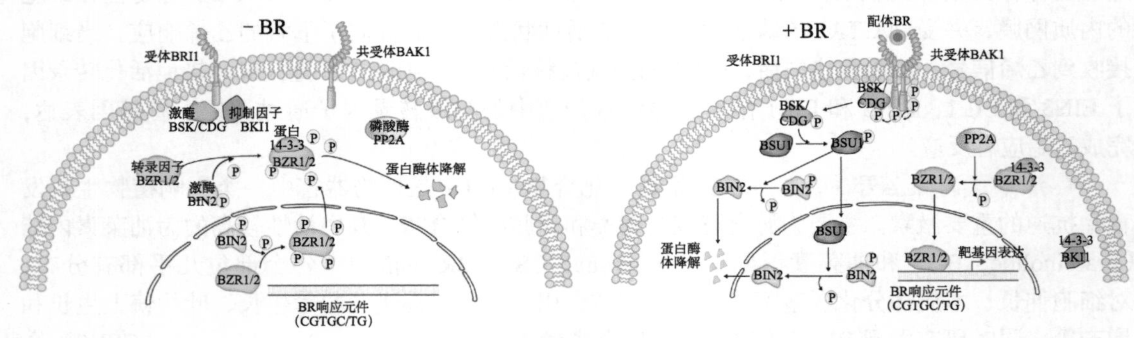

图 12-32　植物细胞油菜素内酯信号途径

5. 细胞分裂素信号途径　　植物激素细胞分裂素不仅在植物生长发育中发挥重要的作用，

同时参与植物对外界生物或非生物的胁迫响应。总而言之，细胞分裂素信号途径是一个多步骤的从组氨酸到天冬氨酸的磷酸基团的接力传递的磷酸化过程，这种磷酸化的信号途径通常称为双元系统（two-component system）。双元系统通常由两个基础蛋白组成，包括组氨酸激酶和反应调控因子。组氨酸激酶能感受信号，并通过磷酸基团的转移将信号传递给反应调控因子，然后调控下游事件。如图 12-33 所示，在拟南芥中，细胞分裂素的受体是膜上含 CHASE（cyclases histidine kinases associated sensory extracellular）结构域的组氨酸激酶 CHK（CHASE-domain containinghistidine kinase），其分子结构包括胞外的 CHASE 结构域、胞内的响应调节接受结构域和组氨酸激酶结构域，包括 CRE1、AHK2 和 AHK3 三个成员。受体与配体的结合引发受体分子间的自磷酸化，激活受体的组氨酸磷酸激酶活性，并将磷酸基团转移到响应调节接收结构域的天冬氨酸上。随后，磷酸基团又被转移到位于胞质的组氨酸磷酸转运蛋白（histidine phosphotransfer protein，HPT）上，HPT 进入核内，磷酸化 B 型响应调节因子（response regulators of the type-B，RRB），并进一步调控细胞分裂、延迟衰老等靶基因的表达，这些靶基因中还包括编码 A 型响应调节因子（response regulators of the type-A，RRA）的基因。RRB 是含有 MYB 相关 DNA 结合域的转录因子，RRA 也是一类转录调节因子，它既能传递细胞分裂素信号，同时也是该信号途径的负调控因子，推测它可能通过与 RRB 竞争 HPT 对它的磷酸化作用来完成其负反馈的调节作用。

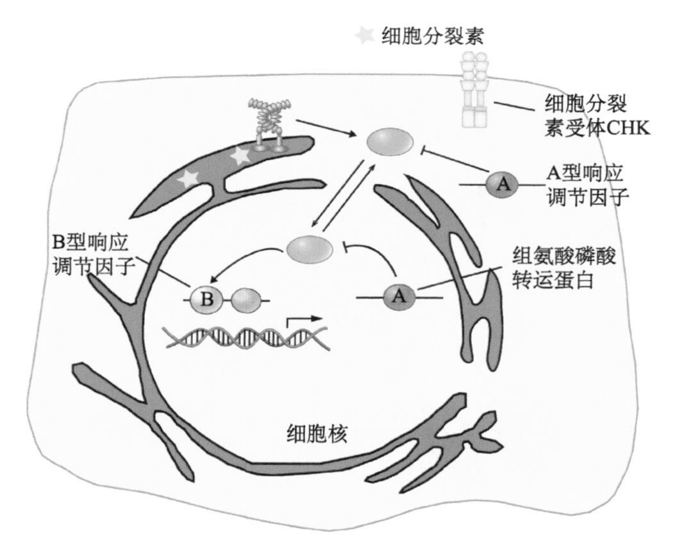

图 12-33　细胞分裂素介导的信号途径

二、依赖于 Ca^{2+} 并以 CDPK 为介导的信号通路

钙依赖而钙调素不依赖的蛋白激酶（calcium-dependent/almodulin-independent protein kinase，CDPK）存在于植物、藻类及部分原生动物中，在细菌、真菌和动物中尚未见报道。CDPK 是一个由多基因编码的大家族，拟南芥基因组有 34 个 CDPK 基因，水稻基因组有 31 个 CDPK 基因。

CDPK 蛋白为单肽链，从 N 端到 C 端存在 4 个结构域，依次为可变区、催化区、连接区和调控区。催化区具有典型的 Ser/Thr 蛋白激酶的催化保守序列，因此属于 Ser/Thr 型蛋白激酶。调控区是 Ca^{2+} 结合区，有一段结构和功能类似于 CaM 的氨基酸序列，一般有 4 个与 Ca^{2+} 结合的 EF 手性结构，这是 CDPK 对 Ca^{2+} 高度亲和而不依赖于 CaM 的原因。CDPK 定位于细胞膜、内质网膜、细胞骨架、线粒体、细胞核、细胞质、过氧化物酶体、液泡膜等多种细胞器，其启动严格依赖于自由 Ca^{2+} 的存在，并在植物细胞 Ca^{2+} 信号转导中起十分重要的作用。

CDPK 解除自抑制作用存在两种机制。一种是 CDPK 接收 Ca^{2+} 信号后，Ca^{2+} 与调控区结合，诱导调控区与连接区结合，解除连接区与催化部位的结合，从而解除自抑制作用；另一种作用机制是通过调控区的构象改变而起作用。多数研究结果更倾向于第二种机制。

解除自抑制的 CDPK 通过磷酸化级联形式将信号传递给下游响应基因，调控这些基因的表达，以产生大范围的生理作用。许多转录因子，如 ABF4（ABA-responsive element-binding factor 4）、RSG（repression of shoot growth）和 HsfB2a（heat shock factor B2a），都被证实为 CDPK 的体内底物，它们分别参与 ABA 信号途径、GA 信号途径和食草动物诱导的信号途径。此外，NADPH 氧化酶，植物中被定义为 RBOH（respiratory burst oxidase homolog），也被证实为 CDPK 的底物。RBOH 定位于细胞膜，介导活性氧（ROS）的产生，ROS 则可作为第二信使，进一步参与机体内的其他信号途径。CDPK 在介导植物气孔闭合中的信号调控通路如图 12-34 所示。ABA 和由 RBOH 释放的 ROS 在 Ca^{2+} 依赖的 CDPKs 调控植物保卫细胞气孔关闭中起重要调节作用，二者存在导致保卫细胞里 Ca^{2+} 浓度增加，激活 CDPK3/6/21/23 等激酶，进而引起保卫细胞质膜和液泡膜上一系列离子通道的开放，导致保卫细胞内大量离子尤其是 K^+ 的外流，使细胞内渗透势升高，膨压降低而水外流，气孔关闭。而当 ABA 浓度降低时，保卫细胞内的 Ca^{2+} 浓度降低，激活 CDPK1 而引起多种阴离子通道的打开，同时位于保卫细胞质膜上的 K^+ 内流通道打开，K^+ 内流而导致细胞内渗透压降低，细胞膨压升高而使水分大量进入保卫细胞，导致气孔开放。

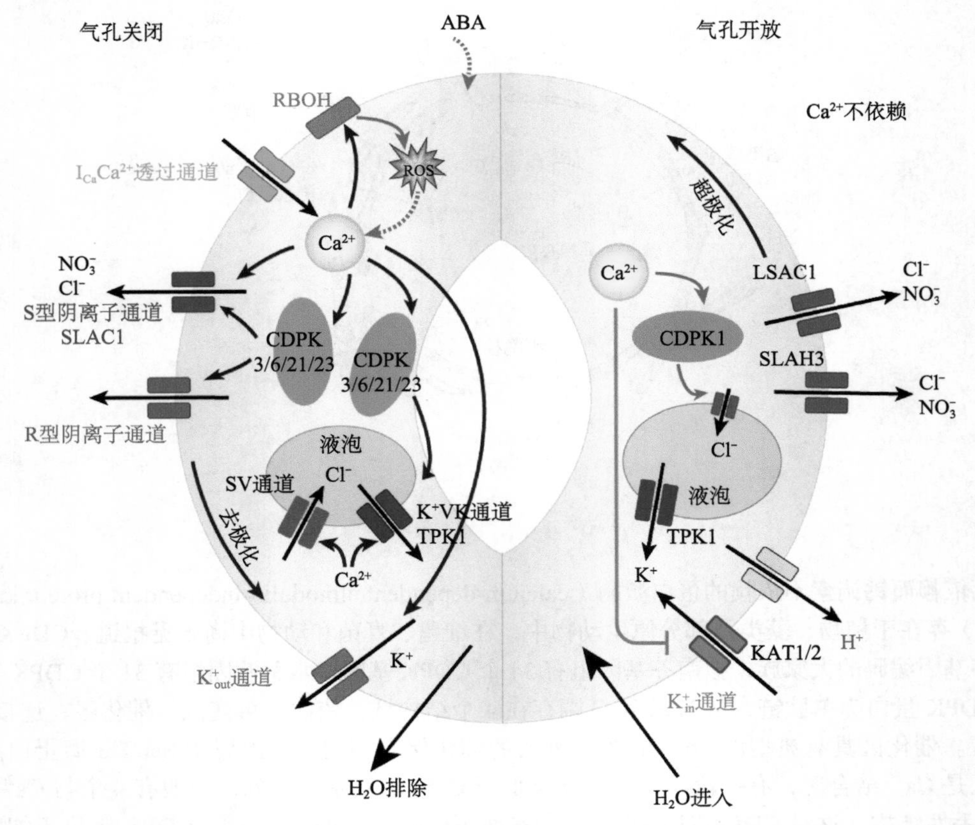

图 12-34 依赖于 Ca^{2+} 并以 CDPK 激酶为介导的信号通路

三、植物的类受体蛋白激酶介导的信号通路

在拟南芥基因组中发现植物中也有大量的类受体蛋白激酶（receptor-like protein kinase，RLK）存在。典型的 RLK 在结构上包含一个胞外结构域（extra cellular ligand-binding domain）、一个单次跨膜结构域（transmembrane domain）和一个胞内激酶结构域（cytoplasm kinase domain）。胞外结构域通常与小分子配体结合，启动两分子的 RLK 自二聚体化或异二聚体化并交叉磷酸化，从而成为活化的 RLK，触发下游信号转导，最终改变基因表达以响应特异配体信号。根据胞外结构域差异，植物 RLK 可分为 6 个亚家族：富含亮氨酸重复序列（leucine-rich repeat，LRR）型、PR5（pathogenesis-related protein 5-like receptor kinase，PR5 K）型、类表皮生长因子（epidermal growth factor-like repeat，EGF）型、外源类凝集素结合域（lectin-binding domain，LB）型、类肿瘤坏死因子受体（tumornecrosis factor receptor-like，TNFR）型和 S- 结构域（S-domain，S）型。就功能而言，多数 RLK 可被分为两类，即参与发育调控的 RLK 和参与胁迫响应的 RLK，但部分 RLK 具有双重功能，既参与发育调控又响应环境胁迫。拟南芥基因组中编码的 RLK 基因可能存在 610 个，而在水稻中多达 1100 个，其数量远远多于动物，揭示了植物中受体激酶的多样性与复杂性。

目前在植物中鉴定出的 RLK 半数以上属于 LRR 型，如拟南芥中的 PRK1，能够强烈感应干旱和低温逆境胁迫并受 ABA 诱导表达。研究较为深入的拟南芥 CLAVATA（CLV）信号通路中的 CLV1 和 CLV2 也是典型的 LRR-RLK，由 96 个氨基酸组成的 CLV3 作为 CLV1 与 CLV2 形成的异源二聚体的配体，将 CLV1 和 CLV2 形成的二聚体激活，进而将信号传递给下一级。

人类至今所发现的 RLK 数量和种类都相当有限，还有许多我们没能发现的 RLK 存在。但就目前已经了解的 RLK 来看，其不仅参与植物的生长发育调控，更与植物体对生物胁迫和非生物胁迫的应答密切相关。图 12-35 所示为水稻中一个 RLK 蛋白激酶 OsCERK1 介导植物免疫反应的信号通路。真菌等病原侵染会导致植物细胞产生水解酶如几丁质酶，将真菌细胞壁降解产生几丁质寡聚物（chitin），这些几丁质进而激活植物细胞（宿主细胞）发生免疫反应形成由膜上 RLK 和胞内信号蛋白组成的抵抗子复合物（defensome），抵抗子进而促使膜上 RBOH 产生 ROS（H_2O_2），进入胞内而触发 MAPK 级联信号等以应对病菌侵染。抵抗子复合物也能触发胞内其他过程启动抗性基因（PR gene）的表达、木质素（lignin）的合成及植物抗毒素（phytoalexin）的产生等，抵抗病菌侵染。

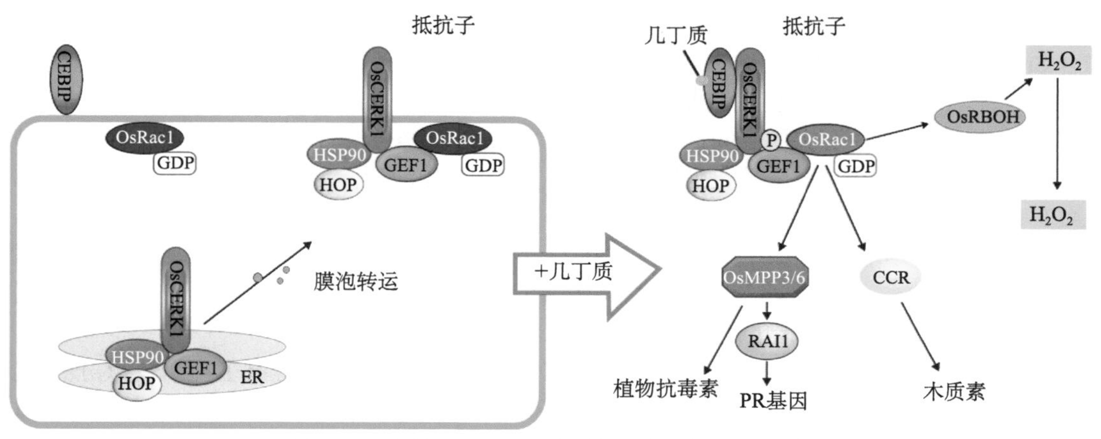

图 12-35　水稻 OsCERK1 介导植物免疫反应的信号通路

第五节 细胞信号转导的网络整合与调控

通过对细胞信号转导研究的深入，我们现在明白，各种信号通路并不是单一线性传递的，它们之间还存在着复杂的相互关联，通过交叉对话（cross-talk）和反馈（feedback）彼此达到一个系统的平衡，共同形成信号转导网络（signaling network）。在进化了几十亿年后，生命形成了一套极复杂的反应机制，而这种机制远比目前任何人类制造出的计算机更为精妙。单一的信号通路就好比电路中简单的各种门电路，而信号转导网络则更像是电路集成模块。

例如，处于细胞中心位置的信号传递组成部分的MAPK级联反应，就具有丰富的多样性。一些已完成的植物基因组的测序结果显示植物中的MAPK激酶级联反应信号模块成员分为四类基因家族。例如，在拟南芥基因组中有10个MAP4K、80个MAP3K、10个MAP2K和20个MAPK编码基因。由于缺少MAP4K的信息，MAPK激酶信号模块通常描述为由三种蛋白质组成，从MAP3K（也称为MEKK、MKKK、MAPKKK）开始激活MAP2K（也称为MEK、MKK或MAPKK），MAP2K依次激活MAPK（也称为MPK）。这些基因的顺序激活模式为MAPKKK-MAPKK-MAPK模块。这些MAPK激酶的激活是一个连续的过程，通过其激酶结构域的活性区域内的一些保守的氨基酸残基发生磷酸化作用而进行。MAPK具有磷酸酯酶活性，作为信号开关调节许多下游靶标的活动，来控制植物体适应多变的环境过程中的细胞信号转导。通过MAPK激酶的信号转导非常复杂，是由于MAPK激酶级联反应是多层次的系统，其基因家族成员具有多种生物学功能，如参与植物发育、免疫防御系统、激素信号及对生物和非生物胁迫的应激反应等。图12-36显示了MAPK激酶级联反应信号模块参与植物细胞响应病原菌——丁香假单胞菌（*Pseudomonas syringae*）的免疫信号通路。

在哺乳动物中，MAPK是一个包含14个成员的蛋白激酶家族，如ERK1/ERK2、JNK1～JNK3、p38MAPK等。这些种类繁多的蛋白激酶通过各种调控和信号交叉，进一步增加了细胞信号转导的多样性。例如，哺乳动物的多种环境胁迫、炎症细胞因子及TNF等信号，通过各自的受体及下游信号传递蛋白，最终将信号传递到p38MAPK处，这使得多种信号途径以此为交叉形成像树一样的信号网络。随后活化的p38MAPK能将信号传递给下游的众多抗凋亡转录因子，从而调控细胞免疫和炎症反应。

同时，即便是相同的信号传递蛋白，在其他蛋白质的作用下，也可以接受不同的上游信号刺激。例如，在酵母中发现的Ste11蛋白是一种MAPKKK，支架蛋白Ste5的不同区域能够分别结合Ste11、Ste7（MAPKK）及Fus3（MAPK），进而完成该条信号通路的启动。另一通路中，Ste11也是作为MAPKKK，但是其是被支架蛋白Pbs2结合Sho1来进行调节的。虽然两条通路中都有Ste11的参与，可它们之间没有进行交叉。此外，MAPK是由于磷酸化而被启动，所以具有去磷酸化作用的蛋白磷酸酶也是调控MAPK的一个关键因素。Mg^{2+}、Mn^{2+}的浓度，也会对MAPK的活性产生影响。

MAPK级联反应在细胞信号网络中，是处于中心位置的信号传递组分，在动物、植物和酵母中都普遍存在，它是一个高度保守的信号传递机制，同时也是一个串联的分子开关，其中任何一个开关出现故障都可以阻断整个信号途径。

通过几十年的研究发展，目前我们对生物体内细胞信号转导的过程有了一个较为初步的认识，但是这仅仅是开始，仍然有许多我们没有发现、阐明的信号途径，以及成千上万的受体、信号分子、参与信号转导的胞内蛋白、效应酶和基因转录调控因子等着我们去识别去研究。而它们彼此之间复杂的关系，则是一个更为复杂的研究内容，有赖于生物信息学（information

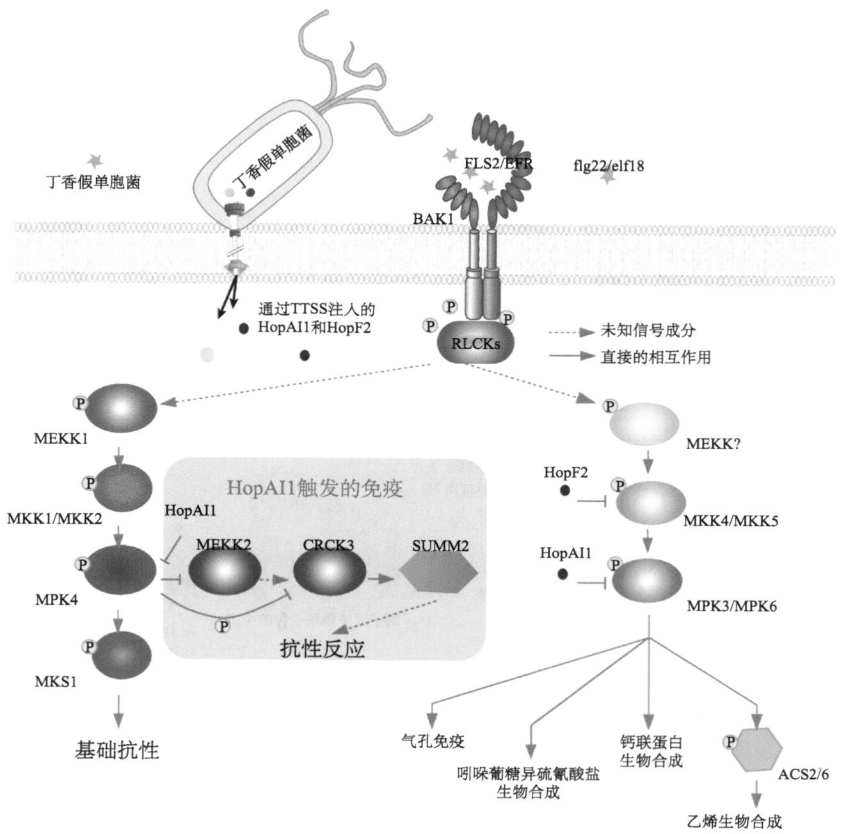

图 12-36　MAPK 激酶级联反应信号模块参与植物细胞免疫反应的信号通路模式图

biology）和蛋白质组学、基因组学等新兴学科、技术的发展，可以通过对更大规模实验数据的获得和处理，来分析得到我们期望的结果。另外，以高通量的蛋白质组学和计算数学为基础的系统生物学（systems biology）方法，正在帮助人们逐步提高目前的研究观念和技术水平。

思　考　题

1. 信号转导过程中的分子开关有哪几类?
2. 简述细胞信号转导表面受体的种类及特点。
3. 简述 cAMP 为第二信使的信号通路与磷脂酰肌醇双信使信号通路。
4. 简述 RTK-Ras 信号通路的基本过程。
5. 简述细胞信号传递的基本特征。
6. 细胞表面的离子通道偶联受体有哪些类型?

本章核心概念及更多布鲁姆学习目标层次习题见【二维码】。

二维码

本章知识脉络导图

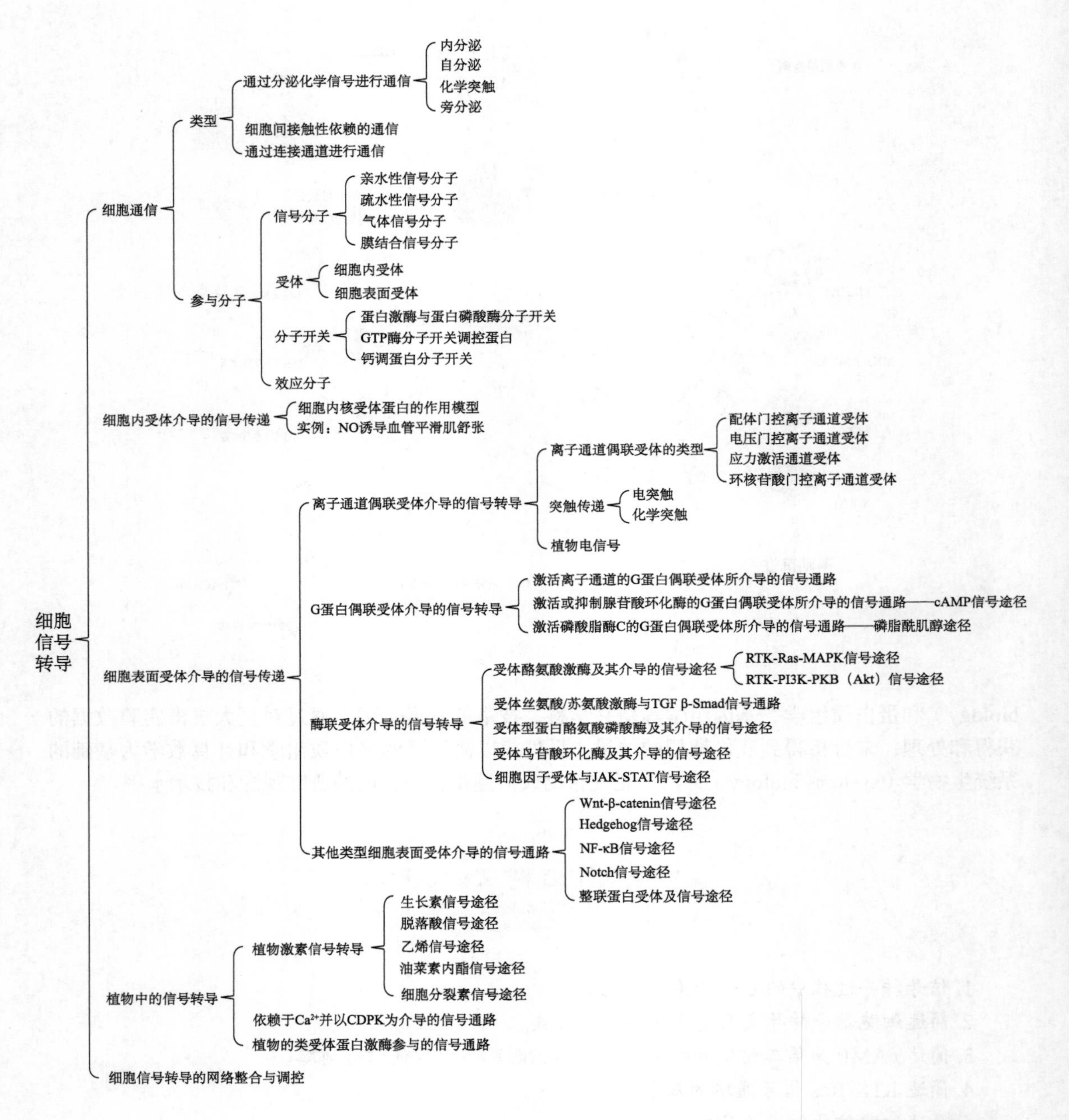

（景秀清，陈坤明）

第十三章　细胞分裂与增殖调控

生长和增殖是生物的基本特征，是生物繁育和生长发育的基础。细胞分裂与增殖是高度严格受控的过程，在细胞周期不同阶段有一系列检验点对该过程进行严密监控。如果细胞增殖过程中发生错误，则会导致细胞死亡或癌变，转化为癌细胞。

第一节　细胞分裂

细胞增殖是生物繁育和生长发育的基础。细胞分裂（cell division）是细胞增殖的方式，即由原来的一个亲代细胞变为两个子代细胞，细胞的数量增加。细胞有两种主要的分裂方式：有丝分裂（mitotic division，mitosis）和减数分裂（meiotic division，meiosis）。细胞通过有丝分裂产生两个含有相同全套染色体的子细胞；通过减数分裂产生在遗传上多元化组合的单倍体细胞，用于有性生殖。

一、有丝分裂

在细胞的分裂期（M 期），通过纺锤丝的形成和运动，将复制好的遗传物质（DNA）平均分配到两个子代细胞（daughter cell），以保证遗传的连续性和稳定性。由于这一时期的主要特征是出现纺锤丝，故称为有丝分裂。有丝分裂包括核分裂与胞质分裂两个相互联系的过程，一般在核分裂之后随之发生胞质分裂。

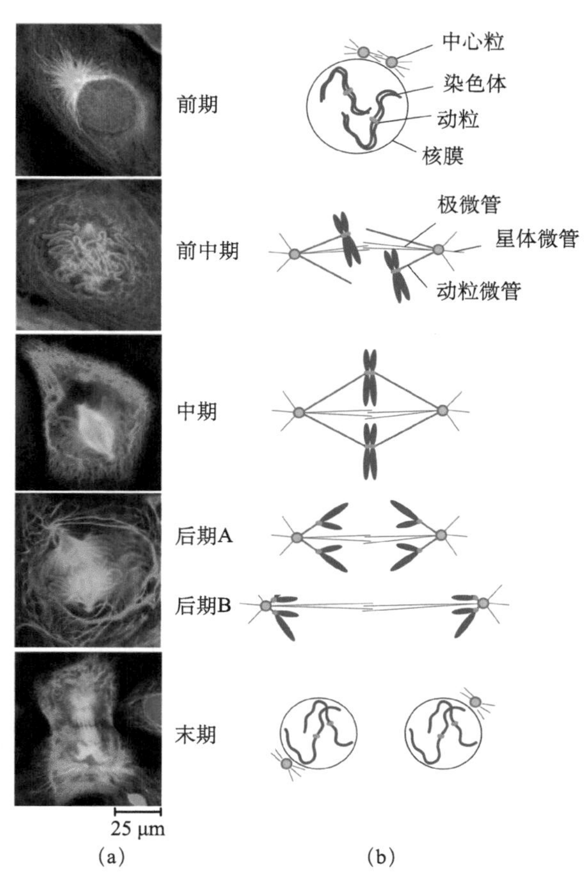

图 13-1　高等动物细胞有丝分裂过程

（a）动物细胞有丝分裂过程荧光纤维图像；（b）动物细胞有丝分裂动态过程示意图［图（a）引自 Hardin et al.，2018；图（b）参考 Yanagida，2014］

细胞分裂期持续的时间很短，但形态变化很大，根据核膜、染色体、纺锤体及核仁等形态结构的规律性变化，通常将有丝分裂人为地划分为前期、前中期、中期、后期和末期（图 13-1）。动物细胞的胞质分裂一般开始于细胞有丝分裂后期，细胞有丝分裂末期之后最终完成，植物细胞则在纺锤体赤道板上以细胞板形成方式产生新的细胞壁。在整个细胞分裂过程中，细胞骨架系统是核分裂与胞质分裂的主要执行者。

（一）有丝分裂的重要事件及其结构装置

1. 前期　前期（prophase）是有丝分裂的起始阶段，主要特征是染色质凝缩形成染色体；中心体（centrosome）出现，确立分裂极及起始纺锤体（spindle）的装配。

（1）染色质凝缩。染色质凝缩（chromatin condensation）是指由间期细长、弥散样分布的线性染色质，经过螺旋化、折叠和包装等过程，逐渐变短变粗，形成光镜下可辨的早期染色体结构。每一条染色体都由两条相同的染色单体组成，它们沿着长轴由主缢痕（primary constriction）或着丝粒（centromere）紧贴在一起。已复制的染色体的两个姐妹染色单体间彼此黏着和凝缩是有丝分裂和减数分裂期间基因组准确分离的先决条件。

染色质凝缩及后期的分离是由两类结构上相关的蛋白复合物介导的，即凝缩蛋白（condensin）和粘连蛋白（cohesin）（图 13-2）。二者均是由多个亚基构成，核心组分为具有 ATPase 活性的 Smc（structural maintenance of chromosome）异二聚体，此外还有一些非 Smc 蛋白。Smc 广泛存在于细菌到高等生物，在进化上高度保守。每个 Smc 异二聚体可被区分为铰链区和 2 个卷曲螺旋臂，每个臂的头部是球形类 ATP 接合盒（ATP-binding cassette，ABC），这种结构使得 Smc 复合物可以利用 ATP 水解释放的能量保持高度动态性和可塑性。

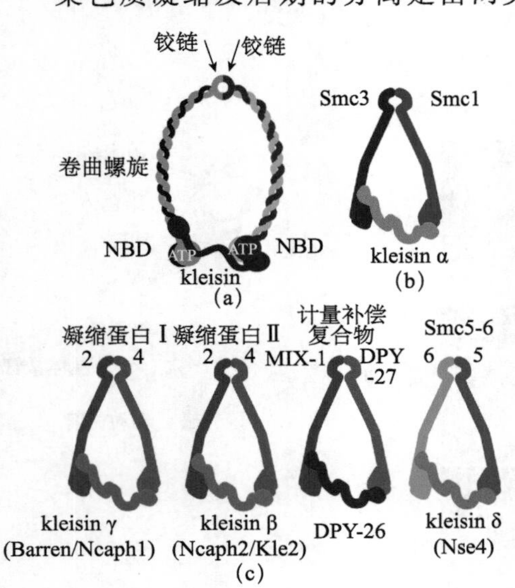

图 13-2　染色体凝缩蛋白的分子结构示意图
（引自 Gligoris and Löw，2016）
（a）Smc-kleisin；（b）粘连蛋白；（c）凝缩蛋白
NBD. 核苷酸结合结构域

真核细胞凝缩蛋白由 Smc2/Smc4 异二聚体和非 Smc 蛋白（CAP-H 或 H2 组成封闭蛋白 kleisin 亚单位，CAP-D2/G 或 CAP-D3/G2 组成 HEAT 亚单位）组成。凝缩蛋白介导染色体 DNA 分子内交联，利用 ATP 水解释放的能量，促进染色质凝缩。粘连蛋白由 Smc1/Smc3 异二聚体和非 Smc 蛋白（Scc1/Rad2 组成 kleisin 亚单位，Scc3/SA 组成 HEAT 亚单位）构成。粘连蛋白通过臂端类 ABC 结构（ATP binding cassette）与 DNA 接合，介导姐妹染色单体之间的黏着（分子间交联），直至有丝分裂中 - 后期转换时染色单体彻底分离。染色单体间除通过粘连蛋白交联外，在主缢痕（着丝粒）区两侧还组装形成一种蛋白复合物结构，称为动粒。染色质凝缩的持续时间长短不一。在包含巨大染色体的冷血动物如蝾螈、蚱蜢中，这一阶段要持续好几小时，在包含较小染色体的温血动物如小鼠、人中，这一阶段仅持续不足 15 min。

（2）细胞分裂极的确立和纺锤体的装配。动物细胞前期的标志是中心体的出现。在分裂前期，中心体显现在细胞质中，是由一片透亮的区域环绕着的小型点状物。中心体内含有一对桶状的中心粒，它们彼此垂直分布，外面被无定形的中心粒外周物质所包围。中心体常驻蛋白包括 α/β/γ/δ/ε 微管蛋白、中心体蛋白（centrin）、中心粒周蛋白（pericentrin）等。在 G_1 期晚期，垂直分布的母中心粒和子中心粒分离，开始复制，在 S 期完成复制，在 G_2 期分离，半保留复制的中心粒进入子代中心体，这一过程被称为中心体复制（图 13-3）。中心体的复制受到多种因子的调节。在 G_1/S 期限制点，需要细胞周期依赖激酶 2 的（cyclin E-CDK2）参与，为中心体复制签发通行证，由钙调蛋白依赖激酶Ⅱ（CaMK Ⅱ）触发其复制。细胞内自由钙离子浓度增加使 CaMK Ⅱ激活，CaMK Ⅱ激活触发中心体复制的开始，而在 S 期中心体的复制依靠 cyclin A-CDK2 复合物。

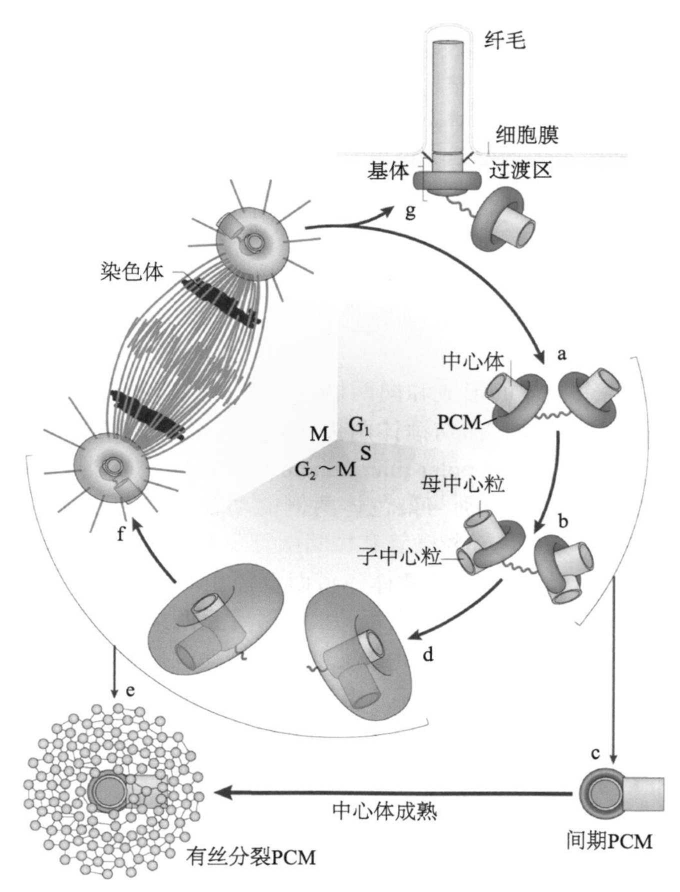

图 13-3　中心粒复制与细胞周期的关系（参考 Conduit et al.，2015）

PCM. 中心粒周围物质

以前人们认为中心体在纺锤体形成中发挥了重要作用。一方面，中心体在纺锤体结构组成中起到微管的成核作用，是一种微管组织中心（MTOC）。在中心体内，一根微管从一个包含 γ-微管蛋白的环状复合物处开始生长。在一根微管被成核后，其负极端通常与中心体锚定着，远离中心体的正极端通过添加 α/β-微管蛋白二聚体而延长，中心体及其周围微管形成两个星体（aster）。另一方面，中心体确定了纺锤体的两极。中心体建立两极纺锤体，确保了细胞分裂过程的对称性和双极性，这对染色体的精确分离是必需的。中心体复制异常或中心体复制与 DNA 复制之间的关系不协调，将会导致单极或多极纺锤体，使染色体异常分离，导致染色体倍性的改变和癌症的发生。

有趣的是，双极纺锤体可以在没有中心体的情况下形成，人们发现了不依赖中心体的纺锤体形成机制。在这一过程中，微管蛋白通过染色体表面的蛋白质自组装成短的微管。这些微管起初是随机定向的，随后在微管依赖性马达蛋白的作用下组织到平行的阵列中，最后组装成双极性纺锤体。这种"无中心体"的纺锤体组装方式在高等植物、某些动物的减数分裂和早期发育阶段中广泛存在，即使正常情况下包含中心体的动物细胞也可以在无中心体的情况下形成两极纺锤体，提示无中心体的纺锤体组装方式可能是最初的微管形成途径，只是后来进化为中心体介导的纺锤体组装方式。

2. 前中期　前中期（prometaphase）主要发生三个标志性事件。

（1）核膜崩解。核膜崩解标志着有丝分裂前中期的开始。核膜崩解与核纤层的解聚是相互偶联的事件。核纤层蛋白形成骨架结构支撑于核被膜的内侧，使细胞核维持正常的形状与大小。在有丝分裂过程中，核被膜有规律地解体与重建。核纤层解聚时，解聚的核纤层蛋白 A 以可溶性单体形式弥散在细胞中，核纤层蛋白 B 则与核膜解体后形成的核膜小泡结合。在分裂末期，结合有核纤层蛋白 B 的核膜小泡在染色质周围聚集，并逐渐形成新的核膜，而核纤层蛋白则在核膜的内侧组装成子细胞的核纤层。

（2）完成纺锤体装配，形成有丝分裂器。有丝分裂器（mitotic apparatus）指分裂期的纺锤体、中心体和星体等细胞分裂因素的细胞器的统称。典型动物细胞中有丝分裂器是全套的，但在种子植物中却没有中心体。

在细胞分裂前期，两个星体的形成和向两极的运动，标志着纺锤体组装的开始。有丝分裂进入前中期，随着核膜的解体，由纺锤体两极发出的一些星体微管（astral microtubule）与细胞膜形成支架，通过极间微管（polar microtubule）在有丝分裂器确立两极，还有一些微管的正极端迅速捕获染色体，并分别与染色体两侧的动粒结合，形成动粒微管（kinetochore microtubule）。由星体微管、染色体动粒微管和极间微管及其结合蛋白构成有星纺锤体，即动物细胞的有丝分裂器（图 13-4）。此时的纺锤体赤道面直径相对较大，两极之间的距离也相对较短。星体微管与极间微管共同确立两极的位置，极间微管是两束反向平行的微管，由马达蛋白连接起来并实现纺锤体形态的构建。与同一条染色体两侧动粒捕获相连接的两极动粒微管并不等长，此时的染色体并不完全分布于赤道板，相互排列貌似杂乱无章。

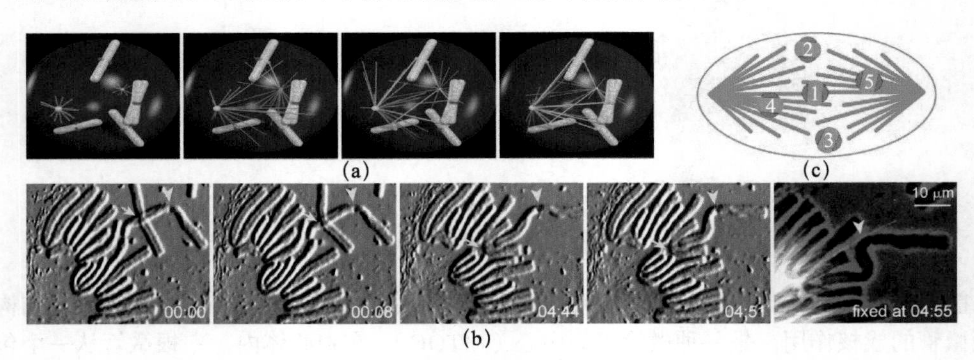

图 13-4　纺锤体组装过程中微管捕获染色体（参考 Heald and Khodjakov，2015）

（a）微管捕获染色体的示意图。微管在成对的中心体处成核，呈放射状排列（天蓝色和橘黄色），动态不稳定的微管的正极端不断延伸，直至连接到动粒捕获染色体，微管也变得稳定（绿色），最后每个动粒都被微管捕获；（b）蝾螈肺细胞中微管捕获动粒的过程，箭头所示为动粒微管捕获染色体的位置；最后一张为固定后的细胞，箭头显示微管捕获到了染色体；（c）动粒微管捕获染色体后染色体位置示意图，显示不同染色体与两极之间的距离

二维码

染色体上各有两个动粒（kinetochore）附着在着丝粒上相对的两侧（图 13-5）。动粒和着丝粒联系紧密，着丝粒蛋白互作方式详见【二维码】，形成一种高度有序的结构，称为着丝粒 - 动粒复合体（centromere-kinetochore complex）。每一个动粒与从两

极之一发射而来的微管捕获而连接，形成一个延伸于动粒和纺锤体极的维管束，称为动粒纤维（kinetochore fiber）。动粒纤维和动粒并非简单的像绳索和钩子的关系，将染色单体拖向纺锤体的极部，它们通过多种相互作用灵活地发挥关键作用，不仅确定染色体的运动方向，而且产生促进染色体运动所需要的作用力。每条染色体上的两个动粒在有丝分裂进程中都起到关键作用，缺乏动粒的染色体片段不能进行定向运动。

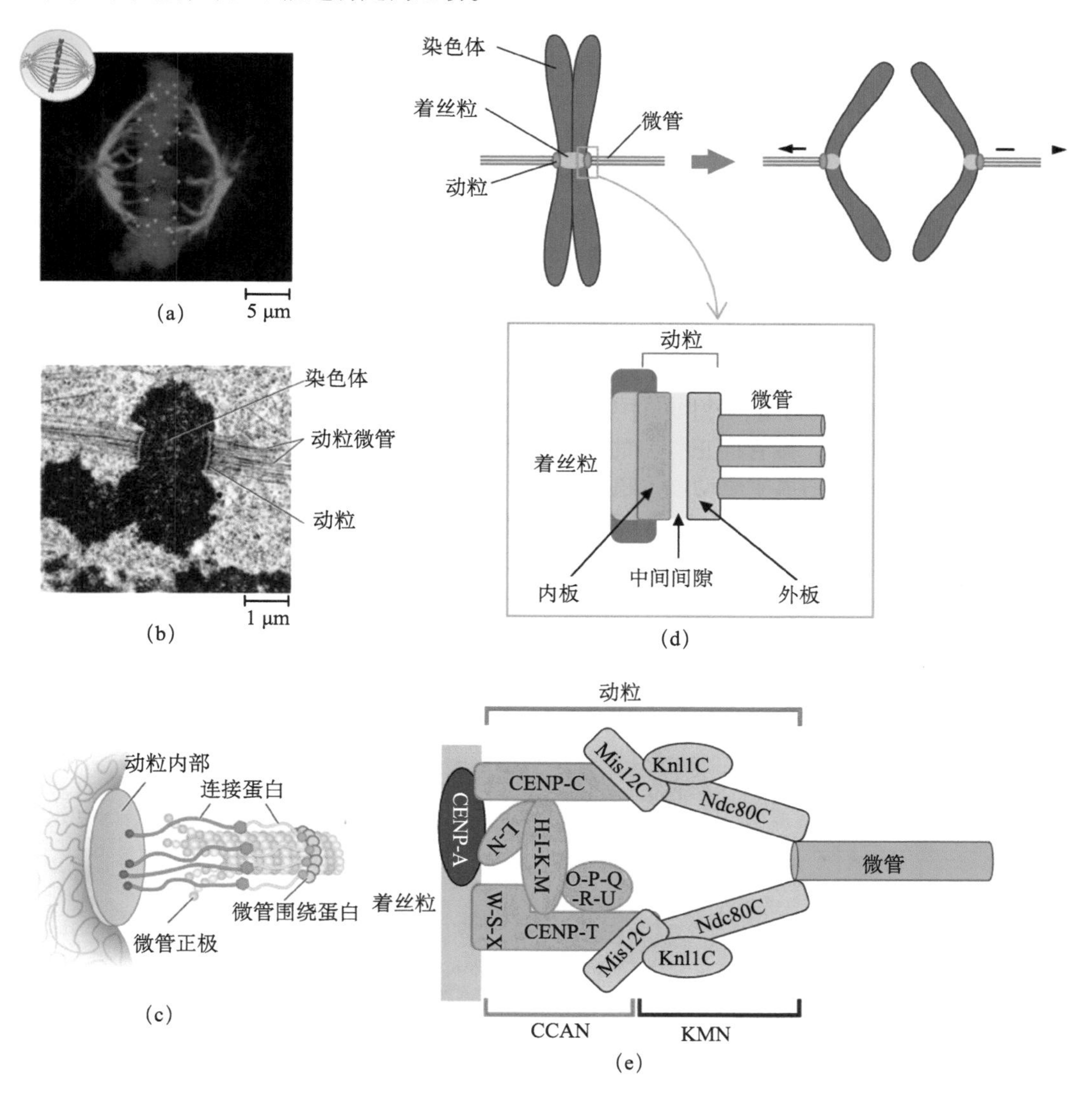

图 13-5 M 期动粒的结构

（a）中期纺锤体形态；（b）结合到纺锤体的单个染色体；（c）微管结合到动粒的模式；（d）染色体着丝粒和动粒结构及与纺锤丝微管结合示意图；（e）着丝粒和动粒分子组成示意图［图（a）～（c）引自 Hardin et al.，2018；图（d）和（e）参考 Hara and Fukagawa，2020］

动粒在电镜显微镜下为一个圆盘状结构，外侧主要附着纺锤体微管，内侧与着丝粒相互交织。着丝粒 DNA（主要由 α 卫星 DNA 构成）也深入动粒内侧，成为动粒内层的组成部分。目前人们认为，动粒主要由两大蛋白质复合体构成，分别为组成型着丝粒相关网络（constitutive centromere-associated network，CCAN） 和 KMN 复 合 物（Knl1-Mis12-Ndc80 complexes，KMN）。在 M 期，KMN 被 招 募 至 CCAN， 其 中 的 Ndc80 复 合 物（Ndc80C）直接与微管和微管结合蛋白相互作用。着丝粒是染色体上特化的一段区域，在细胞分裂前期与前中期同微管结合的详细机制见【二维码】。

二维码

（3）染色体整列。染色体向赤道面运动的过程称为染色体整列（chromosome alignment）或染色体中板聚合（congression）。染色体由纺锤体极体发出的微管捕捉染色体动粒，形成染色体动粒微管，这是染色体整列的必要前提。在中板聚合中，染色体朝向或背离纺锤体极移动，每条染色体相对于其他染色体独立地运动，先是朝向一极，而后又朝向另一极，通常要反复若干次才能完成移动过程。最后，所有染色体到达两极中央的平面或“板”上，完成中板聚合。染色体整列过程中，动粒微管受到多种力的作用（图 13-6）。目前认为可能存在牵拉和外推假说，动粒与两极之间作用力的平衡实现整列。动粒沿着动粒微管向纺锤体极运动的动力来源于动粒本身。微管正极端不断解聚，但仍以较弱的亲和力与 Ndc80 结合，然后 GTP 水解释放能量，将动粒拉向纺锤体极。此外，处于极间微管正极端的 kinesin-4 和 kinesin-10 作为分子马达，推着染色体远离纺锤体极。这种力量被称为极向放散力（polar ejection force），是前中期和中期染色体远离纺锤体极的主要力量，并协助中期姐妹染色单体排列。

二维码

一般而言，微管向正极端的运动是由染色体驱动蛋白（chromokinesins）介导的。染色体驱动蛋白属于驱动蛋白超家族，具有大部分驱动蛋白共同的特征，包括 N 端马达结构域、α- 螺旋杆状结构域和 C 端尾部 DNA 结合结构域【二维码】。目前，研究较为透彻的哺乳动物染色体驱动蛋白有 Kif4a 和 Kid，分别属于 kinesin-4 和 kinesin-10 家族。而动力蛋白（dyneins）是微管向负极端运动的分子马达。

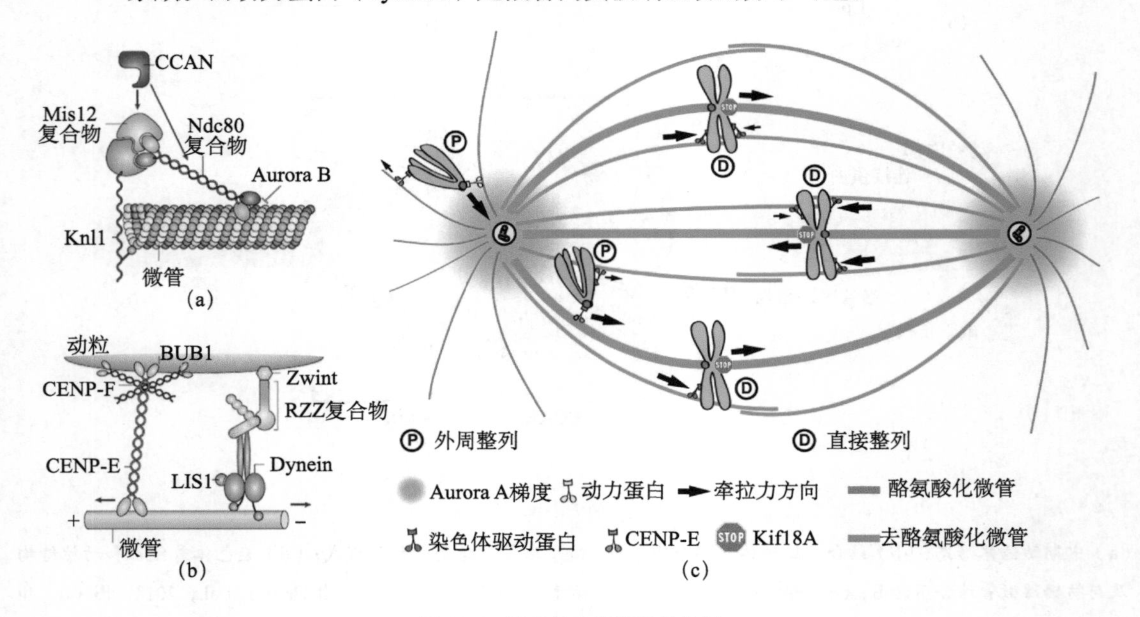

图 13-6 染色体中板聚集的机制

（a）微管与染色体结合位点，显示 Knl1-Mis12-Ndc80 复合物（KMN）的功能；（b）两种马达蛋白作用推动染色体运动的方式；（c）染色体中板聚集的机制示意图［图（a）和（b）引自 Cheeseman and Desai，2008；图（c）引自 Maiato et al.，2017］

在大多数细胞中，前中期是有丝分裂中历时最长的阶段，因为它要持续到所有染色体在赤道板区域得以定位。这一阶段在胚胎中可能只经历几分钟，但在十分扁平的组织细胞中可能要延续数小时。

3. 中期　中期（metaphase）的主要标志是染色体整列完成并且所有染色体排列在赤道板上，纺锤体结构呈现典型的纺锤样。一旦所有染色体临近纺锤体赤道板，细胞就被认为进入了中期（图 13-7）。当染色体完成在赤道面整列之后，两侧的动粒微管长度相等，作用力均衡。极间微管在赤道区域由马达蛋白相互搭桥，形成反向平行结构。

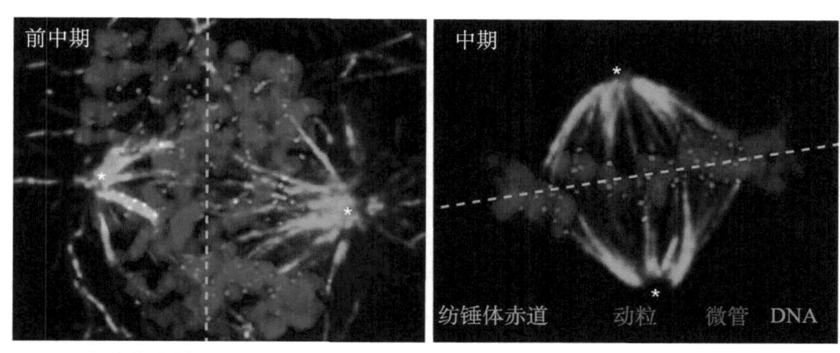

图 13-7　HeLa 细胞染色体在前中期（左）和中期（右）的形态（引自 Auckland and McAinsh，2015）

中期可持续的时间长度与细胞类型有关。令人惊讶的是，将细胞带入中期的复杂事件是可逆的。秋水仙素或诺考达唑（nocodazole）等解聚微管的药物能够破坏中期或前中期细胞的纺锤体，一旦处理停止，纺锤体将重新形成，染色体再次进行中板聚合。

4. 后期　后期（anaphase）的标志性事件是姐妹染色单体分离，分别向两极运动。当染色体在赤道面完成整列后，在各种调节因素的共同作用下，细胞有丝分裂由中期向后期转换，姐妹染色单体分离并逐渐向两极移动。实时影像显示，染色单体的分离似乎是一个突然发生的进程，而且所有染色体的这一行为是同时发生的。

在后期，染色体被拉向两极是受到两种力的作用（图 13-8）：一种是动粒微管去装配产生的拉力，一种是极微管聚合产生的推力。根据所使用的力不同，后期大致可划分为连续的两个阶段，即后期 A 和后期 B。在后期 A，动粒微管去组装逐渐变短，牵动染色体向两极运动；在后期 B，极微管不断聚合长度增加，两极之间的距离逐渐拉长，整个过程持续数分钟，染色体运动的速度为 1～2 μm/min。染色单体的分离是一个不可逆的事件。

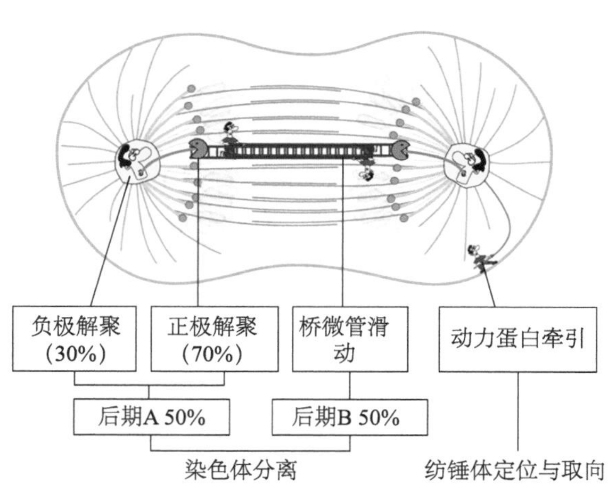

图 13-8　人细胞分裂后期染色体分离的机制（参考 Vukusic et al.，2019）

染色体向两极的运动依靠动粒微管的作用。用破坏微管的药物如秋水仙素、秋水酰胺或诺考达唑（nocodazole）等处理细胞，染色体的运动会立即停止。去除这些药物，染色体并不能立即恢复运动，而是要等纺锤体重新装配后才能恢复。可见染色单体与纺锤体微管的联系也是染色体向极部运动所必需的。

5. 末期　姐妹染色单体分离到达两极，有丝分裂即进入末期（telophase）。在刚进入末期，相邻的后期染色体尚未完全与纺锤体微管脱离，染色体各自与核纤层蛋白、核膜结合，形成自己的小核。到达两极后，染色单体开始去凝缩，在每一个染色单体的周围，伴随核纤层蛋白去磷酸化，核纤层与核膜重新组装，分别形成两个子代细胞核。在核膜形成的过程中，核孔复合体同时在核膜上装配，随着染色单体的去凝缩，核仁也开始重新组装，RNA 合成功能逐渐恢复。

（二）胞质分裂

动物细胞的胞质分裂（cytokinesis 或 cleavage）主要包括 3 个阶段：分裂面的定位、分裂沟的形成和两个新细胞的分离。胞质分裂一般开始于细胞分裂后期，完成于细胞分裂末期。胞质分裂开始时，在赤道板周围细胞表面下陷，形成环状缢缩，称为分裂沟（furrow）。分裂沟所在的位置也是两个新生细胞核之间的中央位置，将中体（midbody）包围起来。中体位于分裂沟下方，是由微管、核膜小泡等物质聚集，共同构成的一个环形致密层，也是连接两个子细胞的最后一个结构。胞质分裂开始时，大量的肌动蛋白和肌球蛋白Ⅱ在中体处组装成反向排列的微丝束，环绕细胞，称为收缩环（contractile ring）。收缩环收缩，分裂沟逐渐加深，细胞形状也由原来的圆形逐渐变为椭圆形、哑铃形，直到两个子细胞相互分离。

植物细胞具有细胞壁，以形成细胞板的形式完成胞质分裂。内膜系统以膜泡运输将纤维素合成酶等运输到中间板，合成初生细胞壁，膜泡逐步扁平方向扩大，最后只留下胞间连丝。

二、减数分裂

减数分裂是一种特殊的有丝分裂形式，仅发生在有性生殖细胞形成过程中的某个阶段。按照真核生物减数分裂所发生的阶段不同，可将减数分裂区分为 3 种类型：①配子减数分裂，又称终末减数分裂（gametic/terminal meiosis），发生在所有多细胞动物和许多原生生物配子形成阶段；②孢子减数分裂，又称居间型减数分裂（sporic/intermediate meiosis），除了原植体门所有植物的减数分裂发生在孢子体某一阶段，形成大小孢子之后再形成配子；③合子减数分裂，又称起始减数分裂（zygotic/initial meiosis），某些原生生物、真菌和少数藻类，在有性生活史起始，即受精后便发生减数分裂，形成单倍体孢子。细胞减数分裂视频、与有丝分裂之间的比较及其生物学意义见【二维码】。

二维码

与有丝分裂相比，减数分裂最主要特征是，细胞仅进行一次 DNA 复制，随后细胞连续两次分裂。两次分裂分别称为减数分裂Ⅰ和减数分裂Ⅱ。在两次分裂之间，还有一个短暂的分裂间期，但不进行 DNA 合成。有丝分裂时，姐妹染色单体分离；减数分裂Ⅰ时，同源染色体分离，减数分裂Ⅱ时，姐妹染色单体分离。

减数分裂的结果是子细胞各自的染色体数目减半，再经过受精形成合子，染色体数恢复到体细胞的染色体数目。减数分裂的意义在于，既有效地获得双亲的遗传物质保持后代的遗传稳定性，又可以增加更多的变异确保生物的多样性，增强生物适应环境变化的能力。减数分裂是生物有性生殖的基础，是生物遗传、进化和生物多样性的重要保证。

与有丝分裂相似，在减数分裂之前的间期阶段，也可以人为地划分为 G_1 期、S 期、G_2 期 3 个时相，但此间期阶段也有其鲜明的特殊性。为区别于一般的细胞间期，常把减数分裂前的细胞间期称为减数分裂前间期（premeiotic interphase）。

（一）减数分裂前间期

减数分裂前间期的最大特点在于其 S 期持续时间较长，同时也发生一系列与减数分裂相关的特殊事件。例如，小鼠有丝分裂前 S 期为 5～6 h，其减数分裂前 S 期约为 14 h。另一个重要特点是，在网球花属植物中发现，减数分裂前间期的 S 期仅复制其 DNA 总量的 99.7%～99.9%，而剩下的 0.1%～0.3% 要等到减数分裂前期阶段才进行复制。对大多数生物而言，减数分裂前间期的细胞核大于其体细胞核，染色质也多凝集成异染色质，这估计与染色体配对和基因组重组有关。另外，根据生物种类不同，减数分裂前间期的 G_2 期长短变化较大，有的 G_2 期短，有的与有丝分裂前间期的 G_2 期长短相当，也有的可以在 G_2 期停滞较长一段时间，直到受到新的刺激来打破这种停滞。

（二）减数分裂过程

由减数分裂前 G_2 期进入两次有序的细胞分裂，即减数分裂Ⅰ和减数分裂Ⅱ。减数分裂两次分裂之间的间期或长或短，但无 DNA 合成。

1. 减数分裂Ⅰ　减数分裂Ⅰ的过程也可以人为地划分为前期Ⅰ、前中期Ⅰ、中期Ⅰ、后期Ⅰ、末期Ⅰ和胞质分裂期等 6 个阶段。但减数分裂Ⅰ又有其鲜明的特点：一对同源染色体分开，分别进入两个子细胞，同源染色体分开之前通常要发生交换和重组；在染色体组中，同源染色体的分离是随机的，也就是说染色体组要发生父母本染色体的重新组合。

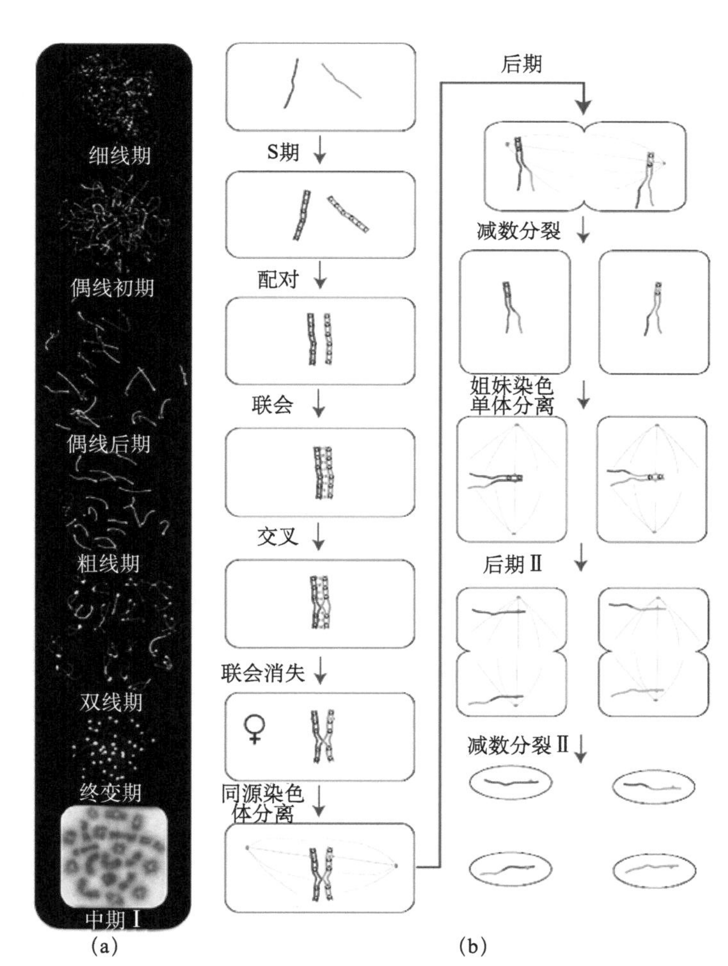

图 13-9　减数分裂过程中染色体的变化（参考 Neil，2015）

（a）减数分裂前期Ⅰ和中期Ⅰ染色体形态图像；（b）减数分裂过程示意图

（1）前期Ⅰ。前期Ⅰ（prophase Ⅰ）持续时间较长。在高等生物，其时间可持续数周、数月、数年，甚至数十年。在低等生物，其时间虽相对较短，但也比有丝分裂前期持续的时间长得多。在前期Ⅰ，细胞要进行同源染色体配对和基因重组。此外，也会合成一定量的 RNA 和蛋白质。根据细胞染色体形态变化，又可将前期Ⅰ人为地划分为细线期、偶线期、粗线期、双线期和终变期 5 个阶段（图 13-9）。

1）细线期（leptotene，leptonema）。又称为凝缩期（condensation stage）。首先发生染色质

凝缩，染色质纤维逐渐螺旋化、折叠，包装成光学显微镜下可看的细纤维样染色体结构。与有丝分裂前期明显不同的是，细线期染色质在凝集前已复制，但仍呈单条细线状而不是成双的染色体。另外，在细纤维样染色体上，出现一系列大小不同的颗粒状结构，称为染色粒（chromomere）。此外，染色体端粒通过接触斑与核膜相连，使染色体装配成花束状，所以细线期又称花束期。

2）偶线期（zygotene，zygonema）。又称为配对期（pairing stage），主要发生同源染色体配对（pairing），称为联会（synapsis），即来自父母双方的同源染色体逐渐靠近，沿其长轴相互紧密结合在一起。配对过程是专一的，仅发生在同源染色体之间，非同源染色体之间不进行配对。配对以后，两条同源染色体紧密结合在一起所形成的复合结构，称为二价体（bivalent）。由于每个二价体共含有 4 条染色单体，因而又称为四分体（tetrad），但此时的四分体结构并不清晰可见。联会初期，同源染色体端粒与核膜相连的接触斑相互靠近并结合，从端粒处开始不断向其他部位延伸，直到整对同源染色体的侧面紧密联会。联会也可以同时发生在同源染色体的其他位点上。在联会的部位形成一种特殊的复合结构，称为联会复合体（synaptonemal complex）。在偶线期发生的另一个重要事件是合成在 S 期未合成的约 0.3% 的偶线期 DNA，即 zygDNA。zygDNA 在偶线期转录活跃。转录的 RNA 被称为 zygRNA。zygDNA 转录也被认为与同源染色体配对有关。

3）粗线期（pachytene，pachynema）。又称重组期（recombination stage），开始于同源染色体配对完成之后，这一过程可以持续几天至几个星期。在此过程中，染色体进一步凝缩，变粗变短，并与核膜继续保持接触。同源染色体仍紧密结合，并发生等位基因之间部分 DNA 片段的交换和重组，产生新的等位基因的组合。此时在联会复合体部位的中间出现一个新的结构即重组节（combination nodule）。重组节是同源染色体配对联会复合体中的球形、椭圆形或棒状的结节，直径约为 90 nm，是由蛋白质装配成的小体。重组节中含有催化遗传重组的酶类。交叉与重组节在总的数量上是相等的，在联会染色体上的分布方式上两者也极为相似。另外，在粗线期也合成一小部分尚未合成的 DNA，称为 P-DNA。P-DNA 大小为 100～1000 bp，编码一些与 DNA 剪切和修复有关的酶类。此外，粗线期还会合成减数分裂期专有的组蛋白，并将体细胞类型的组蛋白部分或全部地置换下来。

4）双线期（diplotene，diplonema）。重组结束，联会复合体去装配，同源染色体相互分离，仅留几处相互联系。同源染色体的四分体结构清晰可见。同源染色体仍然相联系的部位称为交叉（chiasma）。交叉的数量变化不定，一般认为"交叉"是遗传学"交换"（crossover）的细胞学基础。即使在同一物种的不同细胞之间，交叉的数量也不相同。人类平均每对染色体的交叉数为 2～3 个，较长染色体的交叉也较多。双线期持续时间一般较长，其长短变化很大，几周、几月、几年都有可能，如人卵母细胞的双线期从胚胎期第 5 个月开始，短则在青春期初潮十几年结束，长可持续到月经终结 50 年之久。许多动物（鱼类、两栖类、爬行类和鸟类的雌性动物）在双线期阶段同源染色体或多或少地会发生去凝集，RNA 转录活跃，形成一种特殊的巨大染色体结构：灯刷染色体（lampbrush chromosome）。在灯刷染色体上有许多侧环结构，是进行 RNA 活跃转录的部位。RNA 转录、蛋白质翻译及其他物质的合成等，是双线期卵母细胞体积增长所必需的。

5）终变期（diakinesis）。染色体重新开始凝集，形成短棒状结构。如果有灯刷染色体存在，其侧环回缩，RNA 转录停止，核仁消失，四分体较均匀地分布在细胞核中。同时，染色体交叉向染色体臂的端部移行，称为端化（terminalization）。到达终变期末，同源染色体之间仅在其端部和着丝粒处相互联结。

当前期Ⅰ即将完成时，像有丝分裂一样，中心粒已经加倍，中心体移向两极，并形成纺锤体，核被膜破裂和消失，标志着前期Ⅰ的结束和中期Ⅰ的开始。

（2）中期Ⅰ。中期Ⅰ（metaphase Ⅰ）要组装纺锤体。此时，纺锤体微管侵入核区，捕获分散于中期Ⅰ的四分体。四分体逐渐向赤道方向移动，最终排列在赤道面上。和有丝分裂不同的是，每个四分体含有4个动粒。其中一条同源染色体的两个动粒位于一侧，另一条同源染色体的两个动粒位于另一侧。从纺锤体一极发出的微管只与一个同源染色体的两个动粒相连，从另一极发出的微管也只与另一个同源染色体的两个动粒相连。

（3）后期Ⅰ。同源染色体对分离并向两极移动，标志着后期Ⅰ（anaphase Ⅰ）的开始。移向两极的每个同源染色体均含有两条姐妹染色单体，最后到达每一级的染色体DNA含量由4C变为2C。另外，两套同源染色体在功能上是等价的，解除配对的同源染色体向两极移动是一个随机分配、自由组合的过程。例如，人类细胞有23对染色体，从理论上讲会产生2^{23}种不同的排列方式。因此，即使不发生基因重组，得到遗传上完全相同的配子概率也只有839万分之一。再加上基因重组和精子与卵子的随机结合，要获得遗传上完全相同的子代个体几乎是不可能的，除非是同卵双生个体，其遗传性状可能相同。

（4）末期Ⅰ、胞质分裂Ⅰ和减数分裂间期。经过后期Ⅰ，细胞进一步的变化主要有两种类型。第一种类型，染色体到达两极，并逐渐去凝集。在染色体的周围，核被膜重新组装，形成两个子细胞核。同时，随着同源染色体分离并向两极移动，胞质开始分裂，形成两个间期子细胞。此时的间期细胞虽具有一般间期细胞的基本结构特征，但不进行DNA复制，也没有G_1期、S期和G_2期的时相之分，持续时间一般也较短。为区别一般细胞间期，特将其称为减数分裂间期（interkinesis）。第二种类型，子细胞进入末期后，不是完全回复到间期阶段，而是立即准备进行减数第二次分裂。

2. 减数分裂Ⅱ　减数分裂Ⅱ过程与有丝分裂过程非常相似，即经过分裂前期Ⅱ、中期Ⅱ、后期Ⅱ、末期Ⅱ和胞质分裂Ⅱ等几个过程。每个过程中细胞形态变化也与有丝分裂过程相似。针对上述第二种类型，染色体到达两极后，减数分裂Ⅰ的纺锤体去组装，两极的中心粒和星体此时一分为二，重新组装成两个纺锤体。染色体在原来两极的位置重新排列，形成新的赤道板。此时即中期Ⅱ。此后的发展则与一般有丝分裂相似。

经过减数分裂Ⅱ，共形成4个子细胞，它们以后的命运随生物种类不同而不同。在雄性动物，4个细胞大小相似，称为精子细胞，经变态进一步发育成4个精子。在雌性动物，减数分裂Ⅰ为不对称分裂，产生一个大的卵母细胞和一个小的极体（称为第一极体）。第一极体将很快死亡解体，有时会进一步分裂为两个小细胞，但没有功能。卵母细胞将继续进行减数分裂Ⅱ，也为不对称分裂，产生一个卵细胞和一个第二极体。第二极体也没有功能，很快解体。因此，雌性动物减数分裂仅形成一个有功能的卵细胞。高等植物减数分裂与动物减数分裂相似，即雄性产生4个有功能活性的小孢子母细胞，小孢子分化形成含有精子的花粉，而雌性仅产生一个有功能活性的大孢子母细胞并最终产生一个卵细胞。

（三）联会复合体和基因重组

减数分裂过程中有两种方式的遗传重组：同源染色体片段交换重组和同源染色体分离时染色体组的自由组合。同源染色体片段交换重组发生在减数分裂的前期Ⅰ，是在同源染色体配对形成联会复合体时发生的。实际上，同源染色体联会在细线期就开始了，在偶线期形成光学显微镜下可见的染色体联会现象，在粗线期可见装配成的联会复合体。联会复合体在双线期开始去装配，在终变期完全消失。联会复合体在动物和植物减数分裂过程中广泛存在，被认为是同源染色体发生基因交换的结构框架。

联会复合体（图 13-10）完全形成于粗线期，在同源染色体联会处沿同源染色体长轴分布，1956 年 Moses 在电子显微镜下观察到一种蛋白质梯状结构，呈一个对称的三层“拉链”结构，由位于中间的中央组分和位于两侧的侧生部分构成，侧生部分的外侧为配对的同源染色体。联会复合体的三层结构在绝大多数物种中高度保守，包括芽殖酵母、植物、蠕虫、果蝇和哺乳动物。尽管不同物种的基因组大小不同，由 12 Mb（酵母）～3000 Mb（小鼠、人等），联会复合体的宽度却非常相似，为 90～150 nm。在绝大多数生物体内，联会复合体的中间区域包括两个部分，即中央部分和横向丝（transverse filaments）。染色质（chromatin）组装成一系列环，系在染色体轴（chromosome axes）上。姐妹染色单体通过粘连蛋白紧密连在一起。联会复合体的主要组成部分是蛋白质和 DNA，还有少量 RNA。联会复合体的组分蛋白一般分为三类：组装为减数分裂染色体轴（meiotic chromosome axes）[后期的侧向元件（lateral element）] 的轴向（axial element）蛋白、连接平行同源轴（parallel homologous axes）的横向细丝蛋白和位于联会复合体中央的蛋白。横向细丝蛋白和中央元件（central elememt）蛋白组成联会复合体的中央部分。有趣的是，尽管联会复合体的三层结构在物种间非常保守，然而构成联会复合体的蛋白在物种间却极少是相同的，仅存在一些相似的氨基酸序列或蛋白质二级结构。

联会复合体是一个高度动态的结构。目前，人们对联会复合体的组装过程知之甚少，不同物种的联会复合体的组装过程也不尽相同，然而以后的研究表明，组分蛋白共价修饰，如 SUMO 化、N 端乙酰化和磷酸化是组装联会复合体所必需的。

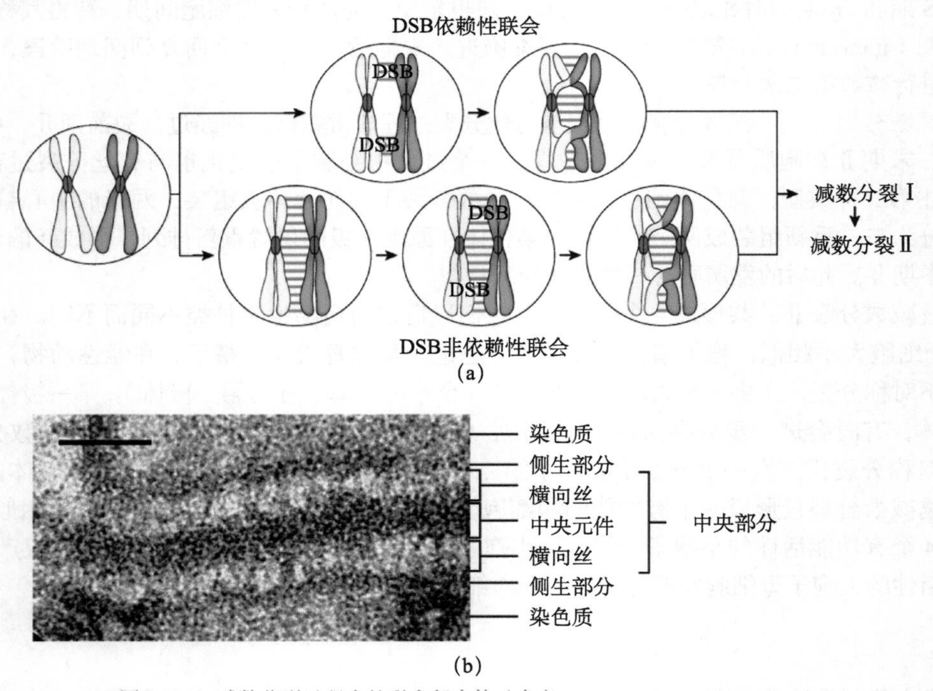

图 13-10　减数分裂过程中的联会复合体（参考 Cahoon and Hawley，2016）

（a）联会复合体形成的两种模式示意图；（b）黑腹果蝇联会复合体的电镜图片。DSB. 双链 DNA 断裂

二维码

在芽殖酵母和小鼠等物种中，联会复合体的形成依赖于双链 DNA 的断裂（DSB），联会复合体在双链 DNA 断裂处开始组装，然后沿着染色体延伸【二维码】。这种情况

下，DNA 断裂发生在细线期之前，先于同源染色体的配对联会，这表明同源染色体配对之前就已经开始遗传重组了。在果蝇和蠕虫等物种中，联会复合体的形成不依赖于双链 DNA 的断裂，联会复合体的形成可以早于 DNA 断裂。但无论哪种情况，基因交换都需要双链 DNA 断裂。同源染色体联会期间，同源染色体发生断裂、交换和重接。随着双线期的进行，交叉逐渐远离着丝粒向染色体臂的端部移动，即交叉端化。交换是在联会时发生的，由于同源染色体紧密结合在一起，无法观察到交换。当观察到交叉时，交换已经完成。

三、不对称分裂

不对称分裂的现象普遍存在于真核生物和原核生物，是一种促进细胞分化多样性的途径。不对称分裂时，亲代细胞的 RNA、蛋白质等生物大分子甚至细胞器等不能平均分配到两个子代细胞，因此两个子代细胞的分子特性、分化命运及行为特征等会存在差异。例如，干细胞通常通过不对称分裂，一方面产生新的干细胞以维持自我更新，另一方面产生有分化潜能的子细胞。细胞不对称分裂的过程既受到内源性因素的作用又接受外源因子的调控。不对称分裂的内源性机械力来源于细胞骨架，在细胞骨架的作用下，细胞大小、形态、纺锤体方向（orientation）及位置发生改变，导致分裂产生的两个子代细胞行为、命运不同【二维码】。

二维码

第二节　细胞周期

在单细胞生物中，每次分裂都会产生一个完全新的、独立的生物体。在大得多细胞生物中，由单个细胞起始构造成一个生物体需要数以千次的细胞分裂。在这个生物体的生命过程中，需要更多的分裂来补充其生命过程中损失的细胞。

细胞分裂（cell division）是指由原来的一个亲代细胞（mother cell）变为两个子代细胞（daughter cell）而使细胞数量增加的过程。各种细胞在分裂之前，还必须进行一定的物质准备。物质准备和细胞分裂是一个高度受控的相互连续的过程，这一相互联系的过程即细胞增殖（cell proliferation）。新形成的子代细胞再经过物质准备和细胞分裂，又会产生下一代的子细胞。这样周而复始，使细胞的数量不断增加。因而，细胞增殖过程也称为细胞周期（cell cycle），或称为细胞分裂周期（cell division cycle）、细胞生活周期（cell life cycle）或细胞繁殖周期（cell reproductive cycle）。

一、细胞周期概述

细胞周期是一个由物质准备到细胞分裂高度受控、周而复始的连续过程。通常将从一次细胞分裂结束开始，经过物质准备，直到下一次细胞分裂结束为止。

细胞周期是一个十分复杂而又必须精确的生命活动过程，在细胞周期过程中至少涉及 3 个必须解决的根本问题：一是细胞分裂前遗传物质 DNA 精确的复制；二是完整复制的 DNA 在细胞分裂过程中准确分配到两个子细胞；三是物质准备与细胞分裂的调控。这 3 个问题的任何环节的错误都可能影响细胞的生死存亡，或导致细胞周期紊乱，如细胞恶性增殖和肿瘤的发生。

在细胞周期中，DNA 复制仅在分裂间期的特定时期发生，这个特定时期称为 DNA 合成期（DNA synthesis phase，S 期）。从上次细胞分裂结束至 S 期 DNA 复制之前的时间间隔（Gap）称为第一时间间隔（G_1 期）；S 期 DNA 复制完成至细胞分裂之前的时间间隔称为第二时间间隔

二维码

（G_2期）。因此，一个细胞周期可以人为地划分为先后连续的4个时相，即G_1期、S期、G_2期和M期（图13-11）。绝大多数真核细胞的细胞周期都包含这4个时相，只是时间长短有所不同，通常将含有这4个不同时相的细胞周期称为标准细胞周期（standard cell cycle）。一个标准细胞周期不同时相中染色体的变化动态见【二维码】。

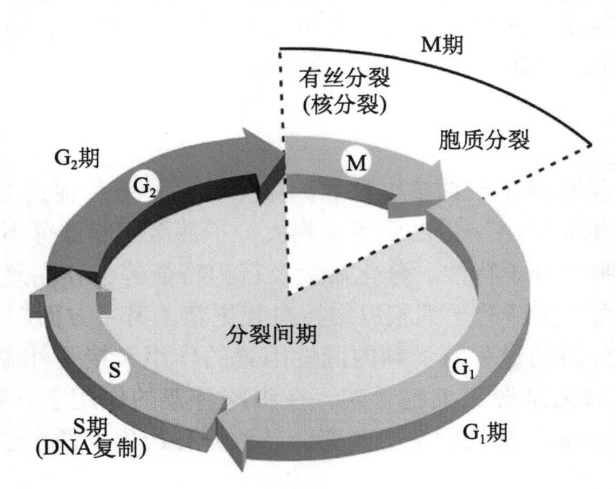

图13-11 真核细胞的细胞周期（引自Alberts et al.，2019）

不同生物的细胞周期时间是不同的，同一系统不同细胞的细胞周期的时间也有很大的差异。一般来说，S+ G_2+M的时间变化较小，尤其是M期持续的时间更为恒定，常常仅持续半小时左右。G_1期持续时间的差异可能很大，细胞周期的长短主要取决于G_1期的长短。小鼠食管和十二指肠上皮细胞虽然同属于消化系统，但它们的细胞周期时间却明显不同，分别为115 h和15 h，这种差异主要是由G_1期的不同造成的，因为食管上皮细胞的G_1期长达103 h，十二指肠上皮细胞的G_1期仅6 h。

在正常情况下，一个完整的细胞周期应包括上述4个时相，细胞沿着$G_1 \rightarrow S \rightarrow G_2 \rightarrow M$期的路线运转。但在细胞社会中，不仅细胞彼此分工不同，分裂行为也有所差异。根据细胞的分裂行为，可将真核细胞分为三类：①周期中细胞（cycling cell），这类细胞可能会持续分裂。例如，上皮组织的基底层细胞，通过持续不断的分裂，增加细胞数量，弥补上皮组织表层细胞死亡脱落所造成的细胞数量损失。②G_0期细胞，也称静止期细胞（quiescent cell），这类细胞会暂时脱离细胞周期，停止细胞分裂，一旦得到信号指使，会快速返回细胞周期，分裂增殖。例如，结缔组织中的成纤维细胞，平时不分裂，一旦所在的组织部位受到损伤，它们会马上返回细胞周期，产生大量的成纤维细胞，分布于伤口部位，促进伤口愈合。③终末分化细胞（terminally differentiated cell），这类细胞由于分化程度很高，一旦特化定型后，执行特定功能，则终生不再分裂。例如，横纹肌细胞、血液多型核白细胞，某些生物的有核红细胞等。G_0期细胞和终末分化细胞的界限有时难以划分，一些过去认为的终末分化细胞，目前可能又被认为是G_0期细胞。

二、细胞周期长短的测定方法

细胞周期的长短反映了细胞增殖速度。缩时摄像技术可以准确地测定单个细胞的分裂期和分裂间期的时间。但是更多时候，人们需要测定某个细胞群体的细胞周期长短的变化。通过在不同时间里对细胞群体进行计数，就可以推算出细胞群体的倍增时间，即细胞周期总时间。此外，脉冲标记DNA复制和细胞分裂指数观察测定法、流式细胞仪测定法（flow cytometry,

FCM）等也可以测定细胞周期各个时相的长短。

1. 脉冲标记 DNA 复制和细胞分裂指数观察测定法　脉冲标记 DNA 复制是较早建立且广泛应用的一种测定细胞周期长短的方法，主要适用于细胞周期较短、周期较均匀的细胞群体。用 ^{3}H-TdR（胸腺嘧啶核苷）短暂处理体外培养的细胞，凡处于 S 期的细胞均被标记。更换新鲜培养基后定期采样，进行放射自显影观察，统计标记有丝分裂细胞的百分率，进而确定细胞周期各个时相的长短（图 13-12）。

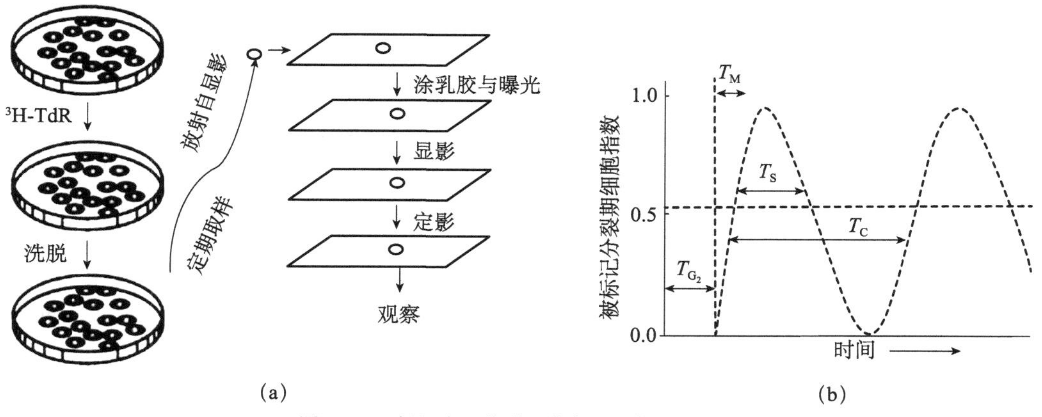

图 13-12　标记有丝分裂百分率法测定细胞周期

（a）^{3}H-TdR 标记放射自显影过程示意图；（b）有丝分裂细胞指数及细胞周期各阶段计算。^{3}H-TdR. 同位素氚标记的胸腺嘧啶核苷；T_{G_2}. G_2 期持续的时间；T_M. M 期持续的时间；T_S. S 期持续的时间；T_C. 一个细胞周期持续的时间

2. 流式细胞仪测定法　流式细胞仪建立于 20 世纪 60 年代后期，最初的应用之一便是通过监测细胞 DNA 含量的变化来测定细胞周期（图 13-13）。首先对细胞内 DNA 以化学计量的方式染色（染料着色数量与细胞内 DNA 含量直接相关），常用的 DNA 染料包括碘化丙啶（PI）、DAPI 或 Hoechst 染料。当二倍体细胞被化学定量式 DNA 染料着色后就可以在流式细胞仪上进行分析。

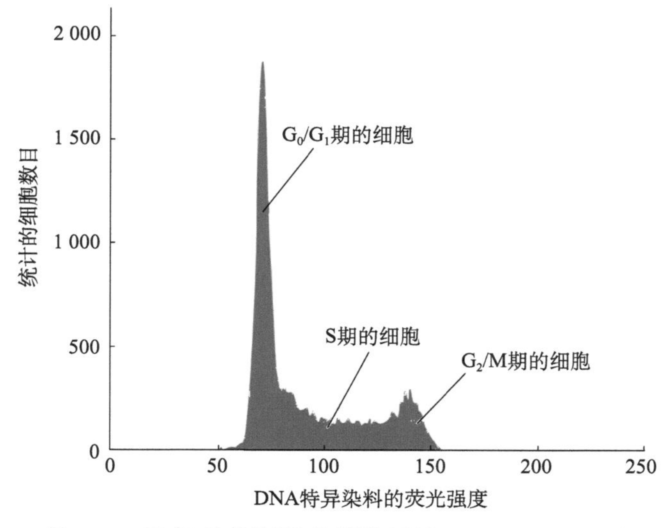

图 13-13　流式细胞仪检测细胞周期（引自 Hardin et al.，2018）

三、细胞周期同步化

在同种细胞组成的细胞群体中，不同的细胞可能处于细胞周期的不同时相，而细胞周期不同时相的细胞在形态学、生化特点、药物敏感性等方面存在差异。为了某种目的，人们需要整个细胞群体处于细胞周期的同一时相，这就是细胞同步化。细胞同步化分为自然同步化（natural synchronization）和人工同步化（artificial synchronization）。

自然同步化是指自然界存在的一些细胞群体处于细胞周期的同一时相的现象。例如，一些多核体如黏菌，只进行核分裂而不发生胞质分裂，所有细胞核在同一细胞质中进行同步分裂，细胞核数目可达 10^8 个，最终形成 5～6 cm 直径的多核体。又如，大多数无脊椎动物和个别脊椎动物的早期胚胎细胞，可同步化卵裂数次甚至十多次，形成数量可观的同步化细胞群体。

二维码

人工选择或人工诱导的同步化统称为人工同步化，方法很多【二维码】。人工选择同步化是指人为地将处于周期不同时相的细胞分离开来，从而获得不同时相的细胞群体。例如，对数生长期的单层培养细胞分裂活跃，处于分裂期的细胞变圆，与培养瓶（皿）壁上的附着力减弱。轻轻震荡培养瓶（皿），处于分裂期的细胞即会从培养瓶（皿）壁上脱落，悬浮到培养液中。收集培养液，离心即可获得分裂期细胞。这种人工选择同步化方法的优点是，细胞未经任何药物处理和伤害，能够真实地反映细胞周期状况，且细胞同步化效率较高。不理想之处是分离的细胞数量少，步骤烦琐。要获得足够数量的细胞，其成本较高。

二维码

人工诱导同步化是通过药物诱导，使细胞同步化在细胞周期的某个特定时相。目前应用较广泛的诱导同步化方法主要有两种，即 DNA 合成阻断法和分裂中期阻断法【二维码】。DNA 合成阻断法是一种采用低毒或无毒的 DNA 合成抑制剂可逆地抑制 S 期 DNA 合成，而不影响处于其他细胞周期运转，从而将细胞群体阻断在 G_1/S 期交界处的实验方法。该法的优点是同步化效率高，几乎适合于所有体外培养的细胞体系，目前被广泛应用。分裂中期阻断法是采用一些药物，如秋水仙素、秋水酰胺和诺考达唑等，抑制微管聚合，从而有效地抑制细胞纺锤体的形成，将细胞阻断在细胞分裂中期，细胞摇脱后获得同步化细胞。该法优点是操作简便，效率高；缺点是药物的毒性相对较大，若处理时间过长，所得到的细胞常常不能回复正常的细胞周期运转。这些方法各有优缺点，在实际工作中，人们常几种方法并用，以获得数量多、同步化效率高的细胞。

四、特殊的细胞周期

特殊的细胞周期是指那些特殊的细胞所具有的与标准的细胞周期相比有着鲜明特点的细胞周期。应用这些细胞开展细胞周期研究，会大大简化实验条件，加深人们对细胞周期的认识。直到现在，相关领域的研究仍在深入开展。

1. 早期胚胎细胞的细胞周期 早期胚胎细胞的细胞周期主要是指受精卵在卵裂过程中的细胞周期。它与一般体细胞的细胞周期明显不同，尤其是两栖类、海洋无脊椎类及昆虫类的早期胚胎细胞等。最显著的特点是，卵细胞在成熟过程中已经积累大量的物质基础，基本可以满足早期胚胎发育的物质需要，其细胞体积也显著增加；当受精以后，受精卵便开始迅速卵裂。每次卵裂，即一个细胞周期，相当于仅含有 S 期和 M 期，大大少于体细胞周期的时间，其结果是卵裂球细胞数目大量增加而体积未明显增大。但是，细胞周期的基本调控因子和监控机制与一般体细胞标准的细胞周期是一致的。

2. 酵母细胞的细胞周期 酵母细胞在细胞周期研究领域占有重要位置。因为酵母细胞的细胞周期及其调控过程与标准的细胞周期非常相似，但也有其明显的特点。首先，酵母细胞周期持续时间较短，约为 90 min。另外，和许多单细胞生物一样，酵母的细胞分裂属于封闭式，即细胞分裂时细胞核核膜不解聚；与细胞核分裂直接相关的纺锤体位于细胞核内，不在细胞质中。用于进行细胞周期调控研究的酵母主要有两种，即芽殖酵母和裂殖酵母。两者虽然同为酵母，但分属于两属，亲缘关系甚远。

芽殖酵母以出芽方式进行分裂，因而很容易在生活状态下观察细胞周期进程。芽殖酵母细胞在 G_1 期呈卵圆形，含有一个细胞核，基因组为单倍体。细胞周期起始点位于 G_1 期的后期阶段。起始点过后，细胞马上开始出芽。细胞出芽后，很快进入 S 期，开始 DNA 复制，同时，纺锤体开始组装。纺锤体组装与 S 期 DNA 复制同时进行。S 期过后，经过短暂的 G_2 期，染色质开始凝集，纺锤体逐渐延长，细胞逐步向 M 期推进。随着时间延长，芽体也不断增长，细胞核一分为二，分别分配到母体细胞和子细胞芽体中。再经过胞质分裂，形成相互独立的两个细胞。芽殖酵母细胞分裂为不等分裂，即生成的两个细胞体积大小不等，以芽体逐渐形成的子细胞体积较小。

裂殖酵母呈棒状。G_1 期裂殖酵母细胞为短棒状，经过一段时间的生长后，细胞增长到一定长度，到达起始点。和芽殖酵母相似，经过起始点后，细胞很快进入 S 期，开始复制 DNA，同时继续生长。S 期过后，细胞进入 G_2 期并继续生长到一定体积，启动 M 期。经过染色体凝集、纺锤体组装、细胞核拉长等一系列变化，分裂成两个细胞核，再经细胞质分裂，形成两个大小相同的子细胞。但裂殖酵母有两个鲜明的特点：一是细胞分裂为均等分裂，即分裂后生成的两个子细胞大小相等；二是细胞生长仅是细胞长短的增加，细胞直径保持不变。因此，可以通过测定细胞长度来确定细胞周期变化。

另外，与其他真菌相似，酵母在一定环境因素如营养物质缺乏等作用下，也进行有性繁殖。芽殖酵母通过有丝分裂方式转化为减数分裂进行有性生殖。两个雌雄单倍体细胞会发生接合，细胞质相互融合，细胞核也随之融合，形成一个二倍体细胞。该二倍体细胞再经过起始点、一轮 DNA 复制、减数分裂等，最终形成 4 个单倍体孢子。一旦环境因素适应，单倍体孢子又可以萌发，回到无性生殖状态。与芽殖酵母不同，两个不同性别的单倍体裂殖酵母细胞可以直接接合，通过减数分裂，形成 4 个单倍体孢子。

3. 植物细胞的细胞周期　与动物细胞的标准细胞周期非常相似，植物细胞的细胞周期也含有 G_1 期、S 期、G_2 期和 M 期 4 个时相，但存在至少两个突出特点：第一，高等植物细胞不含有中心体，但在细胞分裂时可以正常组装纺锤体。在缺乏微管组织中心——中心体的情况下，纺锤体的组装机制长期以来一直是植物细胞周期研究领域中的重要课题之一。第二，植物细胞分裂过程中会形成两种独特的细胞骨架结构，包括 G_2 期到 M 期组装的早前期带（preprophase band，PPB）确定分裂面（division plane）的位置，以及在成体膜（phragmoplast）的指导下形成细胞板（cell plate），完成胞质分裂（图 13-14）。

4. 细菌的细胞周期　细菌种类繁多，细胞周期变化很大。这里仅以大肠杆菌为例介绍细菌细胞周期的一般认识（图 13-15）。与真核细胞周期相似，细菌的细胞周期也基本具备 4 个时相：G_1 期、S 期、G_2 期和 M 期。DNA 复制是细菌细胞周期中的重要事件之一。细菌 DNA 为一环形分子，含有一个复制起始点（origin）。完成一次 DNA 复制需要 40 min，在 DNA 复制之前需要 10 min 的复制起始准备，在 DNA 复制之后还需要 20 min 的染色体分离和细胞分裂，因此真正完成一轮 DNA 复制至少需要 70 min。细菌慢生长的状态下，一个细菌的细胞周期时长为 80 min。但在细菌快生长时，一个细胞周期时长仅为 35 min。研究表明，细菌的细胞周期在快生长时是重叠的。在上一次细胞分裂结束时，细胞内的 DNA 已经复制到一半路程。细胞分裂

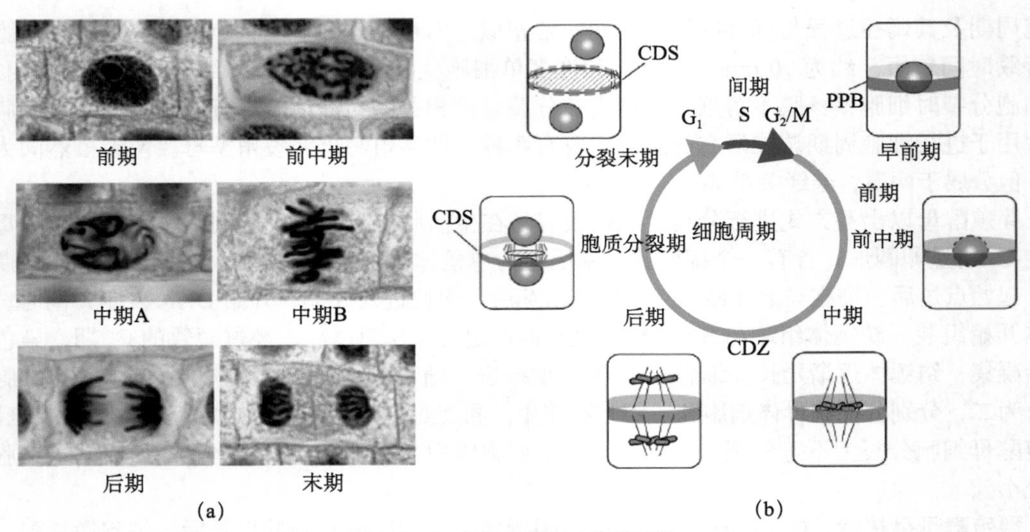

图 13-14 植物细胞有丝分裂过程

（a）洋葱根细胞有丝分裂过程显微图像；（b）植物细胞有丝分裂过程示意图。CDS. 皮质分裂点；CDZ. 皮质分裂区；PPB. 早前期带［图（a）引自 Hardin et al.，2018；图（b）参考 Lipka et al.，2015］

后，立即开始新一轮的 DNA 复制。10 min 后，DNA 复制起始，并且复制是在两个正在形成的 DNA 分子上同时开始。随着上次 DNA 复制的结束，染色体开始分裂，细胞也随之分裂。直到两个细胞完全形成时，刚才开始的 DNA 复制又已经走过一半路程。前后持续 35 min，新的细胞又开始下一轮的 DNA 复制准备。由此可以看出，快生长时，一个细胞周期中的 DNA 复制仅能完成一半，但 DNA 复制是在两个正在形成中的 DNA 分子上同时进行的。结果，经过 70 min，两个 DNA 分子完成复制，得到 4 个 DNA 拷贝，细胞完成两轮细胞周期，产生 4 个细胞。

在一定环境条件下，细菌的慢生长和快生长可以相互转化。若慢生长转化为快生长，在第一次 DNA 复制起始之后立即开始新一轮的 DNA 复制起始，两个 DNA 分子同时复制，细胞分裂后，形成两个各含 DNA 复制完成一半路程的子细胞。若快生长转化为慢生长，在细胞分裂之后仅开始新一轮的细胞周期，而不起始新的 DNA 复制，结果生成两个各含一个 DNA 分子的子细胞。

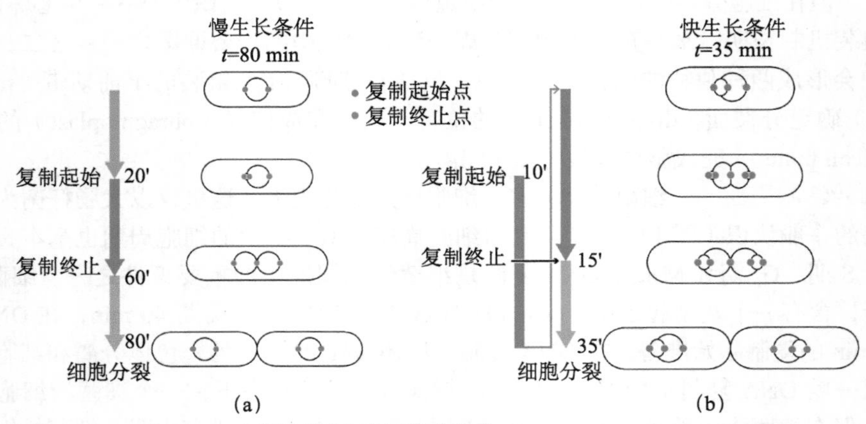

图 13-15 大肠杆菌的细胞周期（参考 Taheri-Araghi et al.，2015）

（a）慢生长；（b）快生长

第三节 细胞周期调控

细胞增殖是生物繁殖和生长发育的基础，是高度严格受控的细胞生命过程。为确保细胞增殖严格有序地进行，细胞内存在一系列检验点（check point）严密监控细胞周期的进程。当细胞周期进程出现异常，相关检验点的调控机制就会被激活，以及时中断细胞周期的运行。待细胞修复或排除故障后，细胞周期才能恢复运转。在高等生物中，细胞增殖调控更为复杂。它不仅要遵循细胞自身的增殖调控规律，同时还要服从生物体整体的调控，否则不受约束而生长的细胞将被机体免疫系统所清除，或者癌变转化为癌细胞。

一、细胞周期检验点

细胞周期检验点是一种保证细胞周期中 DNA 复制和染色体分配质量的检查机制。一个典型的细胞周期至少有 3 个检验点：G_1/S 期检验点、G_2/M 期检验点及中 - 后期检验点，此外还有 S 期检验点等（图 13-16）。G_1/S 期检验点在哺乳动物中称限制点（restriction point 或 R 点），在酵母中称为起始点（start point），控制细胞由静止状态的 G_1 进入 DNA 合成期，相关的事件包括 DNA 是否损伤？细胞外环境是否适宜？细胞体积是否足够大？ G_2/M 期检验点是决定细胞一分为二的控制点，相关的事件包括 DNA 损伤是否修复？细胞体积是否足够大？中 - 后期检验点，又称纺锤体组装检验点（spindle assembly checkpoint），检测所有的染色体是否与纺锤体相连并排列在赤道板上。S 期检验点则检测 DNA 复制是否完成。

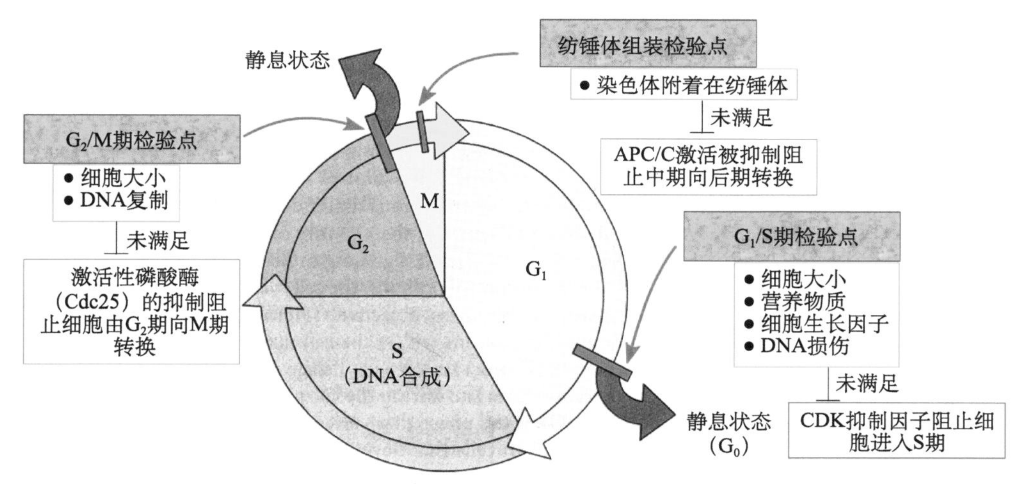

图 13-16　细胞周期检验点及检验事项

细胞周期检验点是通过影响细胞周期主要调控因子如细胞分裂周期蛋白（cell division cycle）等的活性来控制细胞周期事件有序进行的。当细胞周期检验点监测到异常情况，如 DNA 复制不完全、DNA 损伤、纺锤体装配不正常等，就会触发相应的信号转导途径，使细胞修复或排除异常，或使细胞退出细胞周期，或诱发细胞死亡。

二、MPF 的发现及其组成

长期以来人们很好奇，在细胞质中是否含有影响细胞周期活性的调节因子。1970 年，Johnson 和 Rao 将 HeLa 细胞同步化在细胞周期中的不同时相，然后将处于分裂期的细胞与处于细胞周期其他阶段的细胞融合，发现M期细胞的细胞质总是能够诱导非有丝分裂的细胞中的染色质凝缩，并称之为早熟染色质凝缩（premature chromosome condensation，PCC），此种染色体则称为早熟凝缩染色体。由于不同时期染色质的复制状态不同，PCC的结果也不同，如G_1期的PCC为单线状，S期为粉末状，G_2期为双线状。甚至不同类的M期细胞也可以诱导PCC，提示M期细胞中可能存在一种诱导染色体凝缩的因子，称为细胞有丝分裂促进因子（mitosis-promoting factor），也称M期促进因子（M-phase-promoting factor），即MPF。

1971年，Masui和Market发现，体外诱导成熟的蛙卵细胞提取物可以使第Ⅳ期的非洲爪蟾的卵母细胞（未受精卵的不成熟的前体，已完成DNA复制，处于细胞周期的G_2期）进入M期，而来自细胞周期其他阶段的提取物不能诱导卵母细胞进入M期。这说明，M期的细胞中有促进细胞分裂的因子存在。进一步的研究提示，该因子为蛋白质，即MPF。针对MPF的纯化工作进行了很多年，直到1988年Maller采用柱层析从蛙卵中纯化了微克级的蛋白质，并证明其主要含有p32和p45两种蛋白质，笼统认为是不同的MPF。后来世界各地实验室先后也在别的物种鉴定到存在两种不同的蛋白。

最终的突破性进展是哈特韦尔（Leland Hartwell）、亨特（Timothy Hunt）、纳斯（Paul Nurse）运用酵母突变体取得的。他们分别以温度敏感性突变体（temperature-sensitive mutant）的裂殖酵母和芽殖酵母作为研究对象开展细胞分裂调控的研究。这些突变体在允许温度（permissive temperature）（20～23℃）生活时正常分裂，在限定温度（restrictive temperature）（35～37℃）生活时不能分裂繁殖。这种突变应该是某个基因变化，编码的蛋白质氨基酸改变，导致蛋白质构型在常温下为功能构象，而高温下构象改变失去活性。他们将发现的突变体株分别培养，发现各自停留的细胞周期时期不同，对它们进行编号，然后克隆出系列突变基因*Cdc*（cell division cycle gene），并对这些基因的功能进行了研究，如*Cdc2*、*Cdc28*等。他们的工作完美阐述了p34激酶及周期调控蛋白之间互作促进细胞周期运转的生物学功能，于2001年获得诺贝尔生理学或医学奖。

*Cdc2*突变表型是裂殖酵母细胞停留在G_2/M期交界处，表达产物为$p34^{Cdc2}$，具有蛋白质激酶活性，可以使多种蛋白磷酸化，被称为$p34^{Cdc2}$激酶。芽殖酵母Cdc28突变使细胞停留在G_1/S交界处，编码$p34^{Cdc28}$蛋白，也是蛋白激酶，与$p34^{Cdc2}$激酶同源。但它们本身单独不具有激酶活性，必须在另一个$p56^{Cdc13}$蛋白正常结合后才发挥激酶功能。

借鉴他们的工作，其他以海胆卵、爪蟾等为研究材料的科学家纷纷意识到自己研究的蛋白质可能与他们的发现有关，这些蛋白质与在酵母突变体中鉴定的各种蛋白质在特异抗体识别及活性方面具有同源性。目前已经认识到MPF是由两个不同的亚基组成的异二聚体，一个是催化亚基，具有丝氨酸和苏氨酸激酶活性，后来被称为周期蛋白依赖性激酶（cyclin-dependent kinase，CDK）；另一个是调节亚基，由于其表达量在细胞周期中呈周期性变化，因此被称作周期蛋白（cyclin）。蛙卵中发现的MPF就是由CDK1和cyclin B组成的异二聚体。

三、周期蛋白

目前，人们已从多种生物体中克隆分离了约30种周期蛋白，如酵母的Cln1、Cln2、Cln3、Clb1～Clb6，高等动物的周期蛋白A1、A2、B1、B2、B3、C、D1、D2、D3、E1、E2、F、G、H、L1、L2、T1、T2等。周期蛋白广泛存在于从酵母到人类等各种生物中，而且各种生物之间的周期蛋白在功能上有着广泛的互补性。

周期蛋白在细胞周期内表达的时相有所不同，所执行的功能也多种多样。有些周期蛋白只在G_1期表达并只在G_1/S期转化过程中执行调节功能，所以被称为G_1期周期蛋白，如C、D、E、

Cln1、Cln2、Cln3 等；有的周期蛋白虽然在间期表达和积累，但在 M 期才表现出调节功能，所以被称为 M 期周期蛋白，如 A、B 等。G_1 期周期蛋白在细胞周期中存在的时间相对较短，M 期周期蛋白在细胞周期中则相对稳定。

各种周期蛋白的序列保守性很低，但仍有着共同的分子结构特点。首先，它们均含有 1 个或 2 个相对保守的氨基酸序列，约含有 100 个氨基酸残基，称为周期蛋白框（cyclin box），其功能是介导周期蛋白与周期蛋白依赖性激酶（cyclin-dependent kinase，CDK）结合。不同的周期蛋白框识别不同的 CDK，组成不同的 cyclin-CDK 复合体，表现出不同的 CDK 活性。此外，M 期周期蛋白分子的近 N 端含有一段由 9 个氨基酸残基组成的特殊序列（R*XX*LG*X*I*X*N，其中 *X* 代表可变性氨基酸），称为破坏框（destruction box）。在破坏框之后，为一段约 40 个氨基酸残基组成的赖氨酸富集区。破坏框主要参与泛素依赖性的 cyclin A 和 cyclin B 的降解。G_1 期周期蛋白分子不含破坏框，但其 C 端含有一段特殊的 PEST 序列，一般认为，PEST 序列与 G_1 期周期蛋白的更新有关。

四、CDK 与 CDKI

CDK 家族目前已有 20 余种蛋白质。经典的 CDK 如 CDK1、CDK2、CDK4、CDK6，调控细胞周期的运转，而非经典的 CDK 如 CDK7、CDK8、CDK9、CDK12 和 CDK13 等，则通过磷酸化 RNA 聚合酶Ⅱ 的 C 端调节转录，其中 CDK7 通过激活 CDK1、CDK2、CDK4 和 CDK6 间接调控细胞周期，而 CDK3 磷酸化失活成视网膜细胞瘤蛋白（retinoblastoma protein，Rb），促进 G_0 期向 G_1 期转化。单体 CDK 的空间结构非常相似，主要由 α 螺旋和 β 片层组成［图 13-17（a）］。CDK 含有两个共同的特点：一个是它们含有一段类似的 CDK 激酶结构域（CDK kinase domain），另一个是它们都可以通过相当保守的 PSTAIRE 序列与周期蛋白结合，并以周期蛋白

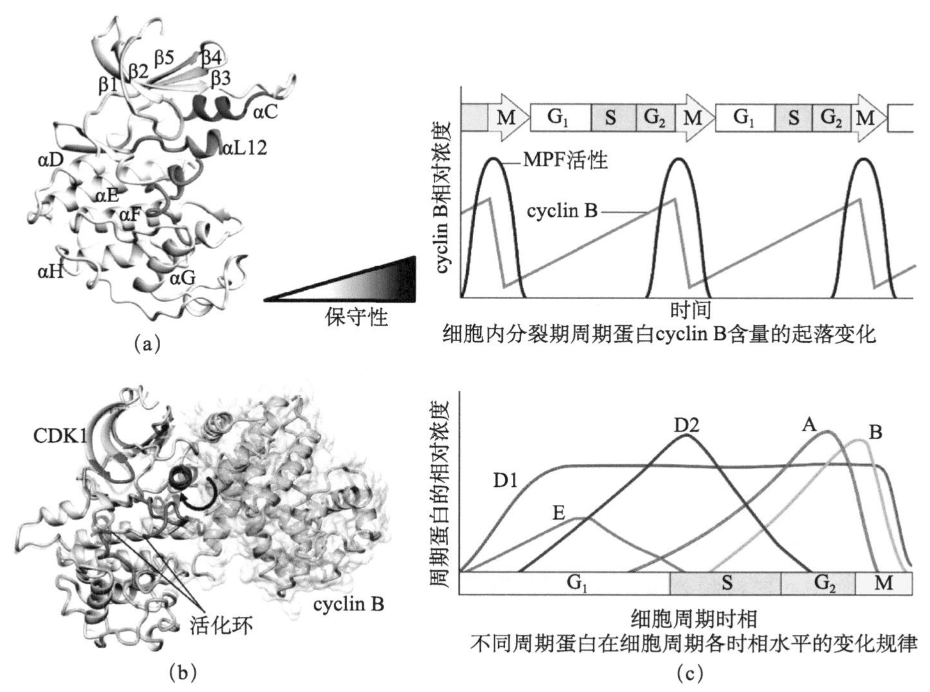

图 13-17　CDK 的蛋白结构及其活性调控（引自 Wood and Endicott，2018）

（a）CDK 蛋白的结构组成，颜色越深表示氨基酸序列的保守性越高；（b）CDK1 与 cyclin B 复合体结构；（c）哺乳动物细胞中 CDK 活性与周期蛋白表达之间的关系

为调节亚单位，进而表现出蛋白激酶活性。因而，它们被统称为周期蛋白依赖性激酶（cyclin-dependent kinase，CDK）。因为 Cdc2 是第一个被发现的 CDK，因而被命名为 CDK1。

哺乳动物细胞周期蛋白与细胞周期蛋白依赖性蛋白激酶见表 13-1。调节 CDK 活性的一个基本方法是 cyclin 的结合［图 13-17（b）和（c）］。但为了使细胞周期的期间转换加快并且不可逆，以及对细胞内外条件做出应答以终止或促进细胞周期，细胞内还存在其他途径调节 CDK-cyclin 复合体的活性，如磷酸化。CDK 通常有两个磷酸化位点，一个磷酸化位点是保守的 T 环结构域的苏氨酸残基，该位点磷酸化可以激活激酶；另一个磷酸化位点在另一个保守区域的酪氨酸或苏氨酸残基上，该位点磷酸化可以抑制激酶活性。抑制性磷酸化由 Wee1 激酶家族催化，通过 Cdc25 激酶家族去磷酸化。

表 13-1　哺乳动物细胞周期蛋白与细胞周期蛋白依赖性蛋白激酶

时相	蛋白激酶	细胞周期蛋白
$G_2 \rightarrow M$	CDK1	cyclin A、cyclin B
$G_1 \rightarrow S$	CDK2	cyclin E
G_1	CDK2、CDK4、CDK5、CDK6	cyclin D1、cyclin D2、cyclin D3
S	CDK2	cyclin A

CDK 活性调控的另一种途径是与 CDK 抑制因子（cyclin-dependent kinase inhibitor，CDKI）的结合。目前已发现的 CDKI 可以归于两类：Cip/Kip 家族和 INK4 家族（表 13-2）。Cip/Kip 家族可以结合并抑制 cyclin/CDK 复合体，成员主要包括 $p21^{Cip/WAF1}$、$p27^{Kip1}$ 和 $p57^{Kip2}$ 等，其中 $p21^{Cip/WAF1}$ 为此家族的典型代表。p21 主要对 G_1 期 CDK（CDK2、CDK3、CDK4、CDK6）起抑制作用。p21 还可以与 PCNA（proliferating cell nuclear antigen）直接结合。PCNA 是 DNA 聚合酶 δ 的辅助因子，为 DNA 复制所必需。p21 与 PCNA 结合，可以直接抑制 DNA 复制。INK4 家族同 CDK 亚基相互作用，抑制 cyclin 的结合，成员主要包括 p16、p15、p18 和 p19 等，p16 为此家族的典型代表。p16 主要存在于 G_1 期，抑制 CDK4 和 CDK6 活性。

表 13-2　动物细胞周期蛋白依赖性激酶的抑制因子及靶标与作用时相

抑制因子	cyclin/CDK 复合物	影响的细胞周期时相
Cip/Kip 家族（p21、p27、p57）	cyclin D/CDK4	G_1
	cyclin D/CDK6	G_1
	cyclin E/CDK2	G_1/S
	cyclin A/CDK2	S
INK4 家族（p15、p16、p18、p19）	cyclin D/CDK4	G_1
	cyclin D/CDK6	G_1

五、细胞周期运转的调控机制

CDK 对细胞周期运行起着核心性调控作用，是公认的周期引擎分子（engine molecule）。外界环境和检验点通过多种途径调控 CDK 激酶的活性，从而调节细胞周期的运转。

（一）G_2/M 期转化与 CDK1 的关键性调控作用

如上所述，CDK1 激酶即 MPF 或 $p34^{cdc2}$ 激酶，由 CDK1 蛋白和 cyclin B 结合而成。CDK1 蛋白在细胞周期中的含量相当稳定，而 cyclin B 的含量则呈现周期性变化。CDK1 蛋白只有与

cyclin B 结合后才有可能表现出激酶活性。因此，CDK1 激酶活性首先依赖于 cyclin B 含量的积累。cyclin B 一般在 G_1 期的晚期开始合成，在 S 期时，含量不断增加，到达 G_2 期时其含量达到最大值。随着 cyclin B 含量积累到一定程度，CDK1 活性开始出现，到 G_2 期晚期阶段，CDK1 活性达到最大值并一直维持到 M 期的中期。cyclin A 也可以与 CDK1 结合成复合体，表现出 CDK1 激酶活性。

CDK1 通过使某些底物蛋白磷酸化，改变其下游靶蛋白的结构以启动其功能，实现其调控细胞周期的作用。CDK1 催化底物磷酸化有一定的位点特异性，催化底物中特定序列的某个丝氨酸或苏氨酸残基。CDK1 可以磷酸化的底物蛋白包括组蛋白 H1、核纤层蛋白（A、B、C）、核仁蛋白（nucleolin）、No38、$p60^{c\text{-}Src}$ 和 C-abl 等。组蛋白 H1 磷酸化，促进染色质凝缩；核纤层蛋白磷酸化，促进核纤层解聚；核仁蛋白磷酸化，促进核仁解体；$p60^{c\text{-}Src}$ 蛋白磷酸化，促进细胞骨架重排；C-abl 蛋白磷酸化，促进细胞状态调整。

CDK1 活性受到多种因素的综合调节（图 13-18）。周期蛋白 cyclin B 与 CDK1 结合是激活 CDK1 活性的先决条件，但是仅 cyclin B 与 CDK1 结合并不能使 CDK1 激活，还需要其他几个步骤的修饰才能使 CDK1 表现出激酶活性。首先，cyclin B 与 CDK1 结合形成复合物后，Mytl、Wee1/mik1 激酶和 CDK1 活化激酶（CDK1-activiting kinase，CAK）催化 CDK1 的第 14 位苏氨酸（Thr14）、第 15 位酪氨酸（Tyr15）和第 161 位苏氨酸（Thr161）磷酸化。此时的 CDK1 仍不表现激酶活性，称为前体 MPF（preMPF）。然后 CDK1 在蛋白磷酸水解酶 Cdc25C 的催化下，使其 Thr14 和 Tyr15 去磷酸化，此时的 CDK1 才表现出激酶活性。Thr161 位点保持磷酸化状态是 CDK1 活性表现所必需的。活化的 CDK1 可以进一步促进 Cdc25C 的活性，抑制 Wee1 的活性，形成正反馈，促进细胞进入 M 期。

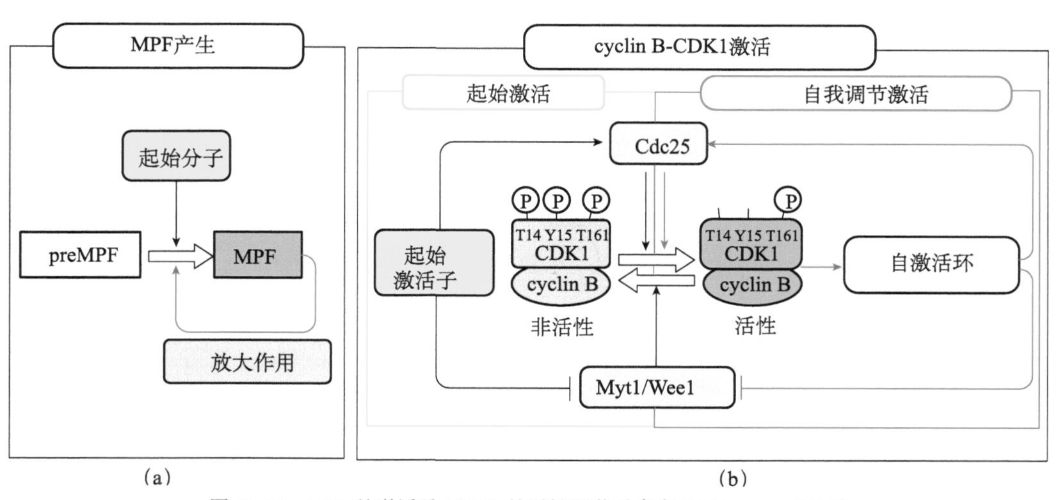

图 13-18 MPF 的激活及 CDK1 的活性调节（参考 Kishimoto，2015）

（a）MPF 的起始激活与自激活放大模式；（b）CDK1 的活性调节机制

细胞周期运转到分裂中期后，周期蛋白通过泛素化依赖途径被降解，CDK1 活性丧失。M 期周期蛋白的泛素化依赖降解是在后期促进复合物（anaphase-promoting complex，APC）的作用下完成的。在这个过程中，M 期周期蛋白分子中的破坏框起着重要的调节作用。APC 是具有泛素连接酶 E3 活性的巨大复合物，至少由 15 种成分组成，分别称为 APC1～APC15。在不同物种中鉴定的 APC 成分中，有的为过去已知的成分，如 Cdc16、Cdc23、Cdc27 和 BimE 等，有的为未知成分。有研究表明，各类 APC 在分裂间期中表达，但只有到达 M 期后才表现出活性。而体外实验显示，多种 APC 可以作为底物被 M 期 CDK 磷酸化并激活，说明 M 期 CDK 可能通过活化 APC 来反馈控制自身的活性。

（二）M 期周期蛋白与细胞分裂由中期向后期的转换

M 期 cyclin A 和 cyclin B 迅速降解，CDK1 失活，细胞周期便从 M 期中期向后期转化。APC 活性的变化是调控细胞周期由分裂中期向后期转换的关键因素之一。细胞中 APC 活性受到多种因素的综合调节。激活 APC 的正调控因子有 Cdc20/Fizzy 和 Cdh1/Fzy 等，负调控因子有 Emi1、Emi2、Mad2、BubR1 等。首先，APC 作为底物可以被 M 期 CDK 磷酸化并活化；而活化的 APC 则可以被蛋白磷酸水解酶作用而失活。其次，APC 活性受到纺锤体组装检验点的调控（图 13-19）。Mad2（mitosis arrest deficient 2）蛋白是有丝分裂检验点复合体（MCC）的重要组成蛋白。在正常情况下，Mad2 定位在早中期和错误排列的中期染色体的动粒上，此时纺锤体组装不完全，动粒不能被动粒微管捕捉，Mad2 不能从动粒上解离下来。同时，Mad2 和 Cdc20 结合，有效地抑制 Cdc20 的活性。当纺锤体组装完成以后，动粒全部被动粒微管捕捉，Mad2 从

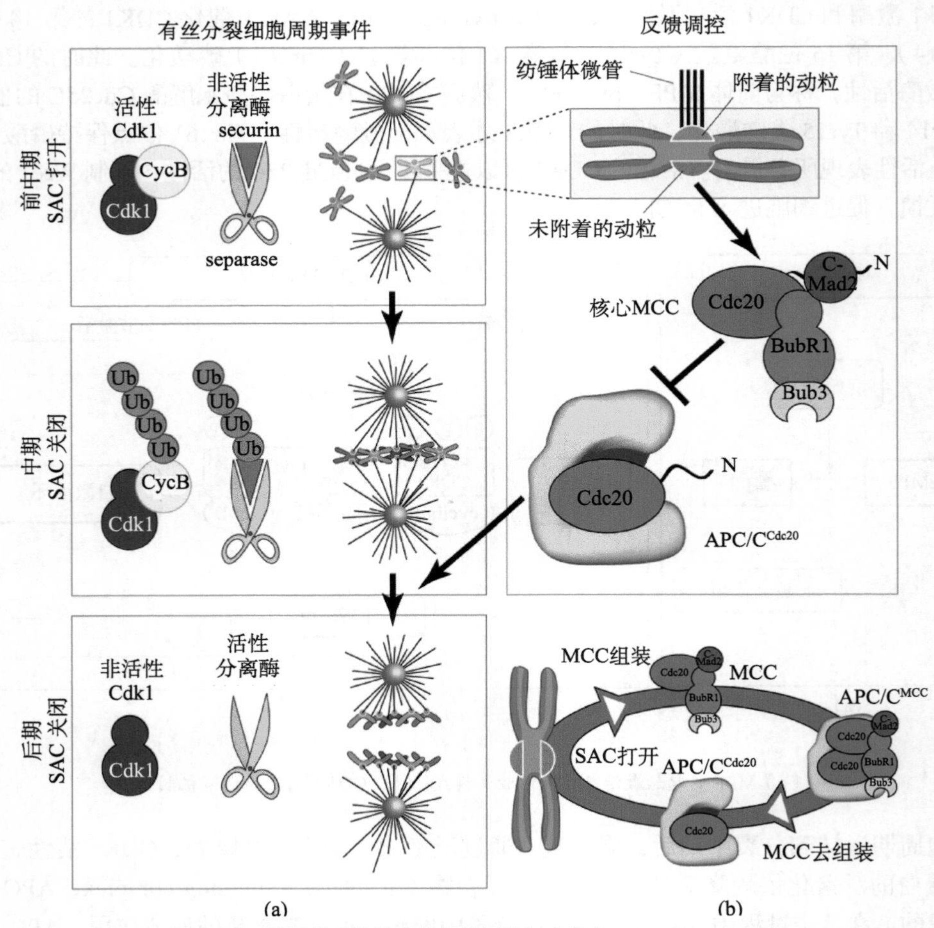

图 13-19　纺锤体组装检验点的作用机制（参考 Musacchio，2015）

（a）Cdk1-CycB 复合物的激活与细胞分裂周期调控示意图；（b）纺锤体组装检验点的作用机制模式。MCC. 有丝分裂检验点复合物，即检验纺锤体组装是否完成，是以 Cdc20 和 Mad2 为核心组分组成的复合物；SAC. 纺锤体组装检验点；CycB. cyclin B

动粒上消失，同时解除对 Cdc20 的抑制作用。Cdc20 随后活化 APC，导致 M 期周期蛋白降解，M-CDK（M 期 CDK）活性丧失。在酵母细胞中，APC 活化促使 Cut2/Pds1p 降解，解除其对姐妹染色单体分裂的抑制，细胞则由中期向后期转化。

APC 活化后，可以通过泛素化依赖途径降解保全蛋白（securin）。在中期前，保全蛋白与分离酶（seperase）结合，使其处于失活状态。到了中 - 后期转化时，APC 降解保全蛋白，分离酶被释放出来。有活性的分离酶裂解粘连蛋白 Scc1，使姐妹染色单体分离，细胞分裂由中期转向后期。

（三）G_1/S 期转化与 G_1 期周期蛋白依赖性 CDK

一般认为，G_1 期向 S 期转化主要受 G_1 期周期蛋白依赖性 CDK 所控制。在哺乳动物，G_1 期周期蛋白主要包括 cyclin D、cyclin E，或许还有 cyclin A。与 G_1 期周期蛋白相结合的 CDK 主要包括 CDK2、CDK4 和 CDK6 等。cyclin A 虽然常被认为属于 M 期周期蛋白，但 cyclin A 也可与 CDK2 结合使后者表现激酶活性，提示 cyclin A 可能参与调控 G_1/S 期转化。

cyclin D 为细胞 G_1/S 期转化所必需。哺乳动物细胞中表达 3 种 cyclin D，即 cyclin D1、cyclin D2、cyclin D3，而且三者的表达具有细胞和组织特异性。cyclin D 主要与 CDK4 和 CDK6 结合并调节后者的活性。目前 cyclin D-CDK4 和 cyclin D-CDK6 底物已知的甚少，仅知道成视网膜细胞瘤蛋白 Rb 为其底物。*Rb* 基因编码产生一个 928 个氨基酸组成的分子质量为 105 kDa 的蛋白质，Rb 蛋白的磷酸化和去磷酸化是其调节细胞生长分化的主要形式。去磷酸化的 Rb 蛋白能够抑制转录因子 E2F 的活性，在哺乳类 G_1 期细胞中起“刹车”作用，因此 Rb 蛋白是 G_1/S 期转化的负调控因子。cyclin E 和 cyclin A 都可以与 CDK2 结合形成复合物，呈现 CDK2 激酶活性，参与调控了基因的转录起始，详见【二维码】。

二维码

到达 S 期的一定阶段后，G_1 期周期蛋白也是通过泛素依赖途径降解的（图 13-20），但与 M 期周期蛋白不同的是，G_1 期周期蛋白的降解是通过 SCF（Skp-cullin-F box protein）泛素化途径降解的，同时需要 G_1 期 CDK 活性的参与。G_1 期周期蛋白分子中不含有破坏框序列，而是含有 PEST 序列。PEST 序列对 G_1 期周期蛋白降解起促进作用。此外，一些参与 DNA 复制的调控因子如 Cdt1 和 ORC1，以及 CDK 抑制因子如 p21、p27 和 p57 等，也是通过 SCF 介导的泛素化途径降解的。SCF 具有 E3 泛素连接酶的功能，主要由 Skp1、Cul1 和 Rbx1 三种亚基构成，可以分别被 Skp2、Fbw7 和 β-Trcp 三种 F-box 蛋白活化，催化底物蛋白的泛素化。SCF 识别底物的特异性是由 F-box 蛋白来决定的。

除 G_1 期周期蛋白依赖性 CDK 之外，细胞内还存在其他多种因素对 DNA 复制起始活动进行综合调控。首先，DNA 复制起始点的识别，是 DNA 复制调控中的重要事件之一。从酵母细胞到高等哺乳类细胞，均存在一种多亚基蛋白复合物，称为复制起始点识别复合物（origin recognition complex，ORC）。ORC 含有 6 个亚基，分别为 ORC1～ORC6。ORC 识别 DNA 复制起始位点并与之结合，是 DNA 复制起始所必需的。其次，Cdc6 和 Cdc45 也是 DNA 复制起始所必需的。Cdc6 在 G_1 期早期与染色质结合，到 S 期早期从染色质上解离下来。Cdc45 在 G_1 期晚期才能与染色质结合，Cdc6 能够促进 Cdc45 与染色质的结合。

ORC 识别并结合 DNA 复制起始点，随后招募 DNA 复制的“执照因子”Cdc6 和 Cdt1 及尚未活化的 DNA 解螺旋酶 Mcm2-7，组成复制复合物前体（pre-RC）。在 G_1/S 期，DDK（Cdc7/dbf4-dependent kinase）和 CDK 磷酸化并活化 CMG 复合物（Cdc45-Mcms-GINS），使 pre-RC 形成起始复合物前体（pre-IC）。CDK 与 pre-IC 结合，释放 pre-RC，起始 DNA 复制。随着复制叉的形成，pre-RC 从染色体上脱落下来，随之降解。

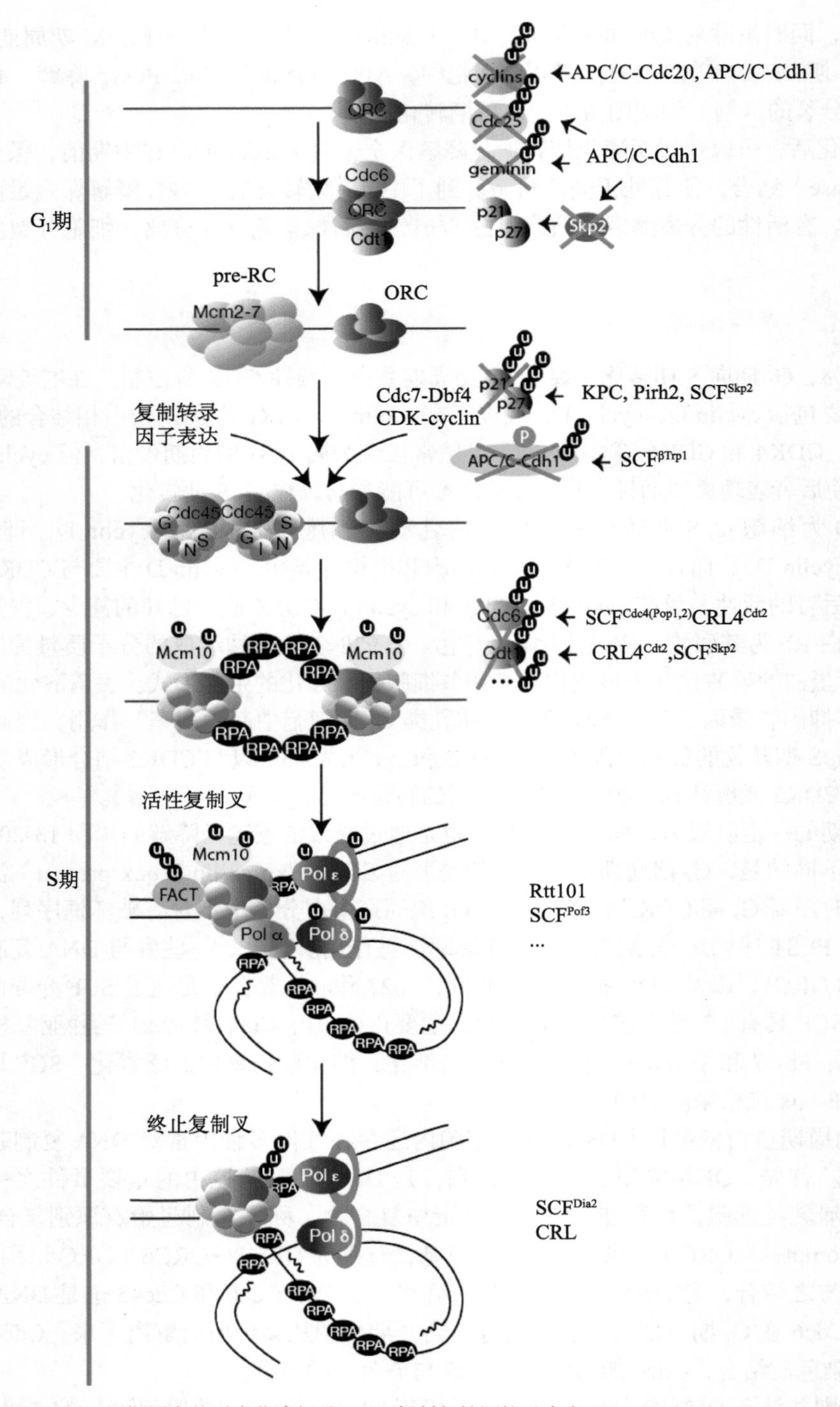

图 13-20 周期蛋白的泛素化降解及 DNA 复制起始调控（参考 Moreno and Gambus，2015）

ORC. 复制起始复合物；pre-RC. 复制复合物前体；RPA. 单链 DNA 结合蛋白复合物

另外，在细胞周期中DNA复制一次并且只能一次，于是人们提出“DNA复制执照因子学说”（DNA replication-licensing factor theory）。随后实验证实，微小染色体结构维持蛋白Mcm（minichromosome mantenance protein）是DNA复制执照因子的主要成分。Mcm蛋白具有DNA解螺旋酶活性，至少有6种，分别称为Mcm2～Mcm7，Mcm2～Mcm7形成环形的六聚体。除Mcm外，执照因子还包括其他未知成分。在M期，细胞核膜破裂，胞质中的执照因子与染色质接触并与之结合，使后者获得DNA复制所必需的“执照”。细胞通过G_1期后进入S期，DNA开始复制。随着DNA复制的进行，“执照”信号不断减弱直到消失。到达G_2期，细胞核不再含有“执照”信号，DNA复制结束不再开始。只有等到下一个M期，染色质再次与胞质中的执照因子接触，重新获得“执照”，细胞核才能开始新一轮的DNA复制。

（四）S/G_2/M期转换与DNA复制检验点

在DNA复制尚未完成之前，细胞不能开始S/G_2/M期转换，因为细胞中存在一系列检查DNA复制进程的监控机制。DNA复制检验点主要包括两种：S期内部检验点（intra-S phase checkpoint）及DNA复制检验点（replication checkpoint）。

S期内部检验点是指在S期内发生DNA损伤如DNA双链断裂，S期内部检验点被激活，从而抑制DNA复制起始点的启动，使DNA复制速度减慢，S期延长，同时激活DNA修复核复制叉的修复等机制。S期内部检验点是通过两条信号通路来实现的。一条通路是通过染色体结构维持蛋白SMC1的磷酸化，从而实现S期的延长。SMC1的磷酸化则依赖于ATM-MDC1-MRNC（Mre11-Rad50-Nbs1 complex）等中介物的系列催化过程。另一条通路是通过ATM/ATR介导的Cdc25A磷酸酶过磷酸化而降解，从而抑制cyclin E/A-CDK2活性。cyclin E/A-CDK2受到抑制后，阻止Cdc45在仍未起始复制的复制起始点上的募集。Cdc45是DNA解螺旋酶Mcm2～Mcm7的关键激活因子，因而这种方式能够抑制未起始复制的复制起始点。在DNA受到损伤后，p53蛋白在阻止细胞周期运转中起到了关键作用。DNA发生损伤后，ATM/ATR被活化并磷酸化p53蛋白，活化的p53蛋白会促进p21蛋白的合成，而p21蛋白作为CDKI，可以结合并抑制CDK2-cyclin E的活性，将细胞周期阻滞在G_1/S期。p53蛋白还能激活相关基因表达，启动细胞凋亡。*p53*基因突变可以使p53蛋白失活，人乳头瘤病毒编码的E6癌蛋白也可以使p53蛋白失活。p53蛋白功能的丧失使早期的癌细胞摆脱了细胞凋亡的持续威胁。

还有一种由于停滞的复制叉导致的S期延长，称为DNA复制检验点【二维码】。DNA复制起始点主要是由ATR/CHK1激活来介导的。ATR/CHK1介导cdc25A降解进而抑制cyclin E/A-CDK2活性。许多处于复制叉上的复制蛋白都是ATR的底物，包括RPC（replication factor C complex）、RPA1和RPA2、Mcm2～ Mcm 7复合体、Mcm10及一些DNA聚合酶等。

二维码

（五）纺锤体组装检验点

二维码

纺锤体组装检验点对于纺锤体的正确构建具有重要作用，由纺锤体组装检验点复合物（spindle assembly checkpoint，SAC）执行（图13-19）。其作用机制详见【二维码】。

细胞周期各个时相的调控并不是孤立的，而是相互依赖、相互制约的，各种其他因素也参与细胞周期的调控。其中最为重要的一类因素是癌基因和抑癌基因，这些基因都是生命活动所必需的，其表达产物对细胞分裂增殖与分化调控起着重要作用。除上述提到的抑癌基因*p53*、

Rb 等外，癌基因如 *Ras*、*Myc* 等也参与细胞周期的调控（图 13-21）。

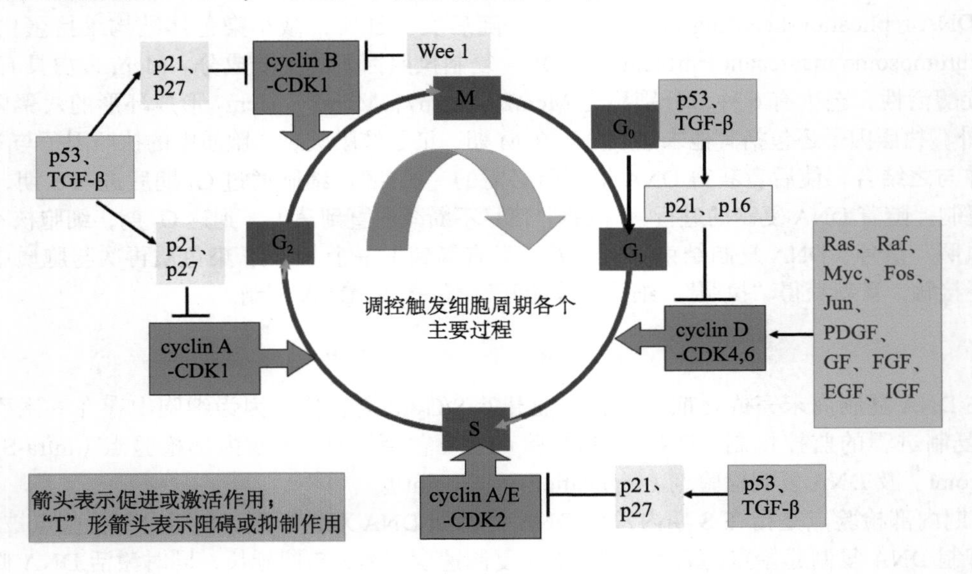

图 13-21　细胞周期综合调控示意图

第四节　癌　细　胞

多细胞生物是由不同类型细胞受控于严格的调控机制而形成的细胞社会。癌细胞（cancer cell）脱离了细胞社会赖以构建和维持的制约，表现出细胞增殖失控和侵袭并转移到机体其他部位生长这两个基本特征。癌细胞通常是基因组发生突变的体细胞。此外，少数癌细胞的基因组DNA序列并未改变，但由于其DNA或组蛋白的修饰发生了改变，即表观遗传改变（epigenetic change），导致基因表达模式的改变，从而引起癌症的发生。因此，对癌细胞形成与特征的了解不仅有助于了解细胞增殖、分化与凋亡的调节及其分子机制，而且也是人类健康所面临的十分严峻的问题。

一、癌细胞的基本特征

动物体内因细胞分裂调节失控而无限增殖的细胞称为肿瘤细胞（tumor cell）。具有转移能力的肿瘤称为恶性肿瘤（malignancy），源于上皮组织的恶性肿瘤称为癌。目前，癌细胞已作为恶性肿瘤细胞的通用名称，其主要特征如下。

1. 细胞生长与分裂失去控制　癌细胞由于细胞周期调控相关基因发生了突变，逃离了细胞社会关于增殖和存活的控制，因此可以无限制地增殖。在体外条件下，正常细胞分裂倍增的次数是有限的，一旦细胞耗尽了分配给它们的生长 - 分裂周期次数，即使环境适宜，细胞依然会停止生长。而癌细胞则不同，只要环境适宜就可以不受限制地增殖，成为"不死"的永生细胞，这是癌细胞的基本特征。此外，体外培养的癌细胞对血清的依赖性下降。生长因子是调控细胞周期的信号分子，调节细胞分裂的速率，因此体外培养的正常细胞通常对血清有依赖性，需要血清提供生长因子，如表皮生长因子、血小板衍生生长因子等。但是，某些癌细胞能够分泌刺激自身增殖的生长因子以促进自身分裂（这称为“自分泌激活”），而不依赖于外源性的生长促进信号。不过，癌细胞也很少完全不依赖外源性的生长刺激因子。

2. 具有浸润性和扩散性　动物体内特别是衰老的动物体内常常出现肿瘤，这些肿瘤细胞仅位于某些组织特定部位，被称为良性肿瘤，如疣和息肉。如果肿瘤细胞具有浸润性和扩散性，则被称为恶性肿瘤，即癌症发生。良性肿瘤与恶性肿瘤细胞的主要区别是：恶性肿瘤细胞（癌细胞）的细胞间黏着性下降，具有浸润性和扩散性，易于浸润周围健康组织，或通过血液循环或淋巴途径转移并在其他部位黏着和增殖。由转移并在身体其他部位增殖产生的次级肿瘤称为转移灶（metastasis），这是癌细胞的基本特征。癌细胞转移的过程涉及细胞重塑，其中上皮 - 间质细胞转化（epithelial to mesenchymal transition，EMT）是一个很关键的步骤。在 EMT 中，上皮细胞的极性消失，获得迁移和浸润的能力，发生 EMT 的肿瘤细胞抗药性增强。到达转移灶后，癌细胞又会发生间质 - 上皮细胞转化（MET），以便于癌细胞的黏着和增殖（图 13-22）。

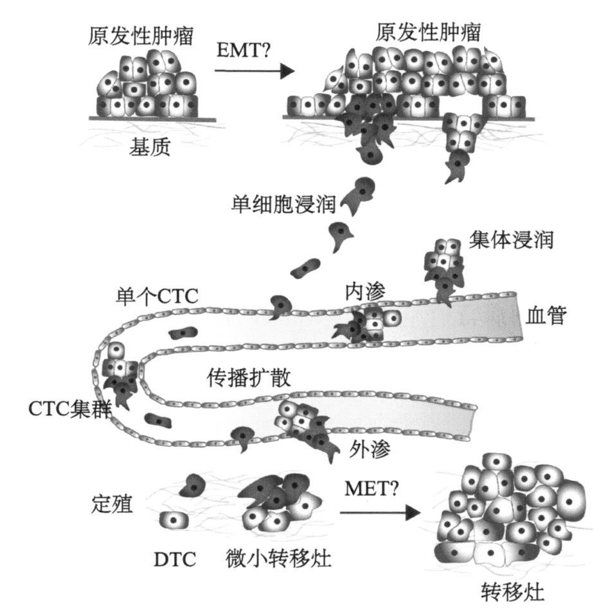

图 13-22　癌细胞浸润和转移的过程（参考 Diepenbruck and Christofori，2016）

CTC. 循环中的肿瘤细胞；DTC. 扩散的肿瘤细胞；MET. 上皮 - 间质细胞转化

3. 细胞间相互作用改变　正常细胞之间的识别主要通过细胞表面特异性蛋白的相互作用实现的，进而形成特定的组织与器官。一些癌细胞常常合成和分泌一些蛋白酶，降解细胞的某些表面结构，降低细胞黏着性，便于癌细胞在体内迁移。此外，癌细胞还要异常表达某些膜蛋白，以便于与别处细胞黏着和继续增殖，并借此逃避免疫系统的监视，防止天然杀伤细胞等的识别和攻击。正常细胞通过间隙连接与其周围细胞保持代谢偶联和电偶联，这对于细胞和组织的生长控制具有重要作用。而癌细胞的间隙连接减少，细胞间失去了通信连接，整个组织就失去了协调性。

4. 表达谱改变或蛋白质活性改变　癌细胞的种种生物学特征主要归结于基因表达及调控方式的改变。癌细胞的蛋白质表达谱中，往往出现一些在胚胎细胞中所表达的蛋白质。此外，癌细胞在分化程度上低于正常细胞和良性肿瘤细胞，失去了原组织细胞的某些结构和功能，并表达干细胞的某些分子标志，多数癌细胞中具有较高的端粒酶活性。此外癌细胞还异常表达与其恶性增殖、扩散等过程相关的蛋白质组分，如纤粘连蛋白减少，某些蛋白质如蛋白激酶Src、转录因子Myc等过量表达等。此外，癌细胞的细胞骨架变化较大，导致细胞形态发生了很大变化。正常细胞的细胞质中有高度组织化的细胞骨架网络结构，但癌细胞中的细胞骨架不仅少，而且杂乱无章。

5. 体外培养的恶性转化细胞的特征　恶性转化细胞同癌细胞一样具有无限增殖的潜能，在体外培养时贴壁性下降，可不依附在培养皿壁上生长，有些还可进行悬浮式培养。正常细胞生长到彼此相互接触时，其运动和分裂活动将会停止，即所谓接触抑制。癌细胞失去运动和分裂的接触抑制，在软琼脂培养基中可形成细胞克隆，这也是细胞恶性程度的标志之一。当将恶性转化细胞注入易感染动物体内时，往往会形成肿瘤。对体外培养的恶性转化细胞及癌细胞的比较研究有助于了解癌细胞的特征及发生机制。

二、癌基因与抑癌基因

癌症主要是由携带遗传信息的DNA的病理变化而引起的疾病。与遗传病不同，癌症主要是体细胞DNA突变，而不是生殖细胞DNA突变。然而由于癌症涉及多个基因位点的突变，因此生殖细胞某些基因位点的突变无疑也会加大癌变的可能性。癌症的发生涉及两类基因：癌基因（oncogene）和抑癌基因（antioncogene）。

癌基因可以分为两大类：一类是病毒癌基因，是指反转录病毒的基因组里带有可使受病毒感染的宿主细胞发生癌变的基因，简写成*v-onc*；另一类是细胞癌基因，简写成*c-onc*，又称原癌基因（proto-oncogene）。近年来研究表明，许多致癌病毒中的癌基因与正常细胞中的某些DNA序列高度同源，从而推测病毒癌基因起源于细胞的原癌基因。反转录病毒所携带的癌基因，可能是由于这类病毒特殊的增殖方式而从宿主细胞中获得的。原癌基因是在正常细胞基因组中对细胞分裂起驱动（engine）调控作用的基因，这些基因一旦发生突变或被异常激活，可使细胞发生恶性转化。换言之，在每一个正常细胞基因组里都带有原癌基因，但它不出现致癌活性，只是在发生突变或被异常激活后才变成具有致癌能力的癌基因。实际上，*c-onc*基因向癌基因的转化是一种功能获得性突变，出现组成型激活、过量表达或不能在适当时候关闭。第一个认识的癌基因是*Src*基因，是毕晓普（Michael Bishop）和瓦默斯（Harold Varmus）在诱发鸡肿瘤的劳氏肉瘤反转录病毒（Rous sarcoma virus）中鉴定的，他们证实了癌基因起源于细胞，于1989年获得诺贝尔生理学或医学奖。目前已识别的*c-onc*基因有100多个，其编码的蛋白质主要包括生长因子、生长因子受体、信号转导通路中的分子、基因转录调节因子、细胞凋亡蛋白、DNA修复相关蛋白和细胞周期调控蛋白等几大类型。细胞信号转导是细胞增殖与分化过程的基本调控方式，而信号转导通路中蛋白因子的突变是细胞癌变的主要原因。例如，人类各种癌症中，约30%的癌症是信号转导通路中的*ras*基因突变过表达引起的。*ras*基因突变后编码结构异常的Ras蛋白，它可以始终保持活化状态，持续不断地向细胞发出生长刺激信号，诱发癌症。

抑癌基因或抗癌基因，又称肿瘤抑制基因（tumor-suppressor gene），或者更准确地说这类基因编码的蛋白质，其功能是正常细胞增殖过程中的负调控因子，在细胞周期的检验点上起阻止周期进程的作用，是细胞的“刹车”（brake）制动器，或者促进细胞凋亡，或者既抑制细胞周期调节又促进细胞凋亡。如果抑癌基因突变，丧失其细胞增殖的负调控作用，则导致细胞周期失控而过度增殖。因此，抑癌基因引起癌变是功能缺失性突变。目前已发现的抑癌基因有20多种，如*p53*基因、*Rb*基因等。视网膜母细胞瘤就是由于*Rb*基因失活引发的。Rb蛋白是E2F的抑制因子，在G_1/S期转化过程中起到“刹车”作用。1979年发现的*p53*编码“基因组卫士”p53蛋白，在G_1期检查DNA损伤，监测基因组的完整性。如基因组有损伤，p53蛋白阻止DNA复制，启动DNA修复，如修复失败，则引发细胞程序性死亡，阻止基因损伤；如果*p53*基因的两个拷贝都发生了突变，对细胞的增殖失去控制，则导致细胞癌变。抑癌基因的功能一是监测DNA损伤，阻止细胞周期运行信号通路，只有损伤修复完成才允许继续分裂；二是DNA损伤没有修复就启动细胞凋亡程序，解除对机体的危险；三是与细胞黏着有关，抑制转移，防止肿瘤细胞扩散。

抑癌基因与癌基因之间的区别在于癌基因的突变性质是显性的，抑癌基因的突变性质是隐性的。也就是说，在人的二倍体细胞中原癌基因的两个拷贝中只需要一个拷贝发生突变，便可能诱发癌症，而抑癌基因的两个拷贝，只要其中一个拷贝正常，便可保证正常的调控作用，只有两个拷贝都丢失或失活，才能引起细胞增殖的失控。

三、肿瘤的发生是基因突变逐渐积累的结果

癌细胞实质上是一种突变的可以无限增殖的体细胞，而细胞的增殖是通过细胞信号调控网络中细胞增殖相关基因和抑制细胞增殖相关基因的协同作用而调控的。细胞的癌变归根结底也恰恰是这两大类基因的突变或异常表达，破坏了正常的细胞增殖的调控机制，形成了具有无限分裂潜能的肿瘤细胞。大量的病例分析显示，癌症的发生一般并不是单一基因的突变，而至少在一个细胞中发生5～6个基因突变，才能赋予癌细胞所有的特征，它涉及一系列的原癌基因与抑癌基因的致癌突变的积累。因此，癌症的发生是一个渐进式的过程，癌症是一种典型的老年性疾病。

各种证据表明，肿瘤的发展进程在形式上类似于达尔文的进化论。一个细胞的某一个生长调控基因发生突变，该细胞及其后代的增殖速率高于周围正常细胞，随着时间的推移，这些细胞逐渐形成一个可能包含数百万个细胞的克隆，这个细胞克隆会在组织中的一小块区域中占据优势地位。接着，这个克隆内的一个细胞发生了另一个体细胞突变，使得这个特殊的细胞生长速率进一步加快并更有效地生存。不久，这些双突变细胞的生长速率会超过周围所有的细胞，一段时间后，就会完全控制组织中更大的一块区域。每一次突变都会导致克隆扩张或克隆演替（clonal succession），产生更异常、更适于增殖的细胞群，也产生出越来越畸形的组织结构。

此外，由于癌细胞基因突变位点不同，同一癌甚至同一癌灶中的不同癌细胞之间也可能具有不同的表型，而且其表型不稳定，特别是具有高转移潜能的癌细胞，其表型更不稳定，这就决定了癌细胞异质性的特征。关于肿瘤异质性的形成，目前有3种假说：克隆进化模型或随机模型、肿瘤干细胞模型和表型可塑性模型【二维码】。

二维码

绝大多数人类癌细胞都是非整倍体的，它们在逐渐癌变过程中丧失了正常的二倍体核型。有人认为，癌细胞通过非整倍性这条途径不断地对染色体进行重新组合，使染色体与缺陷染色体臂的比例更有利于恶性生长。而事实上，一些病例显示，一个恶性生长的细胞确实都会表现出遗传不稳定性，这种遗传不稳定性是在DNA序列或核型水平上体现出来的。

四、肿瘤干细胞

尽管肿瘤异质性形成的原因目前尚不清楚，但不可否认的是，肿瘤是一个高度异质性的细胞群体，即使同一病灶中的癌细胞，其致癌能力及对化学药物的抗性也是有很大差别的。在恶性肿瘤组织中，并非每一个癌细胞都能在免疫缺陷的裸鼠体内形成肿瘤，而且总有少量的癌细胞能抵抗化学药物，导致肿瘤的复发。因此人们认为，肿瘤组织中可能存在类似于成体干细胞的肿瘤干细胞（cancer stem cell，CSC）。肿瘤干细胞是一群存在于某些肿瘤组织中的干细胞样细胞，具有自我更新和几乎无限增殖、迁移和抗化学毒物损伤的能力。与一般肿瘤细胞相比，

肿瘤干细胞具有高致癌性。很少量的肿瘤干细胞在体外培养，就能生产集落。将很少量的肿瘤干细胞注入实验动物体内，即可以形成肿瘤。

肿瘤干细胞耐药性强，这与其细胞膜上表达较多的ATP结合盒（ABC）家族转运蛋白有关。这类蛋白质大多可运输并外排包括代谢产物、药物、毒性物质、内源性脂质、多肽、核苷酸及固醇类等多种物质，使之对许多化疗药物产生耐药性。目前人们认为肿瘤干细胞的存在是导致肿瘤化疗失败的主要原因。

因为肿瘤干细胞与成体干细胞的相同之处很多，有人推测肿瘤干细胞起源于成体干细胞。而且，与终末分化细胞相比，成体干细胞的寿命要长得多，细胞基因组发生多个位点突变的可能性更大。当然这也不排除肿瘤干细胞来源于已分化细胞的可能性。因此，研究肿瘤干细胞存在的普遍性及探索其发生的机制，是目前肿瘤生物学研究的一个非常重要的课题。

思考题

1. 简述细胞同步化的类型与方法。
2. 简述动粒的结构与功能。
3. 细胞周期检测的方法有哪些？简述其基本过程。
4. 简述细胞周期各检验点及其重要参与因子。
5. 癌细胞有哪些特点？简述癌细胞的基本特征。
6. 细胞通过何种机制将染色体排列到赤道板上？该过程是如何被调控的？
7. 什么是MPF？简述其发现过程及其在细胞周期中的调控作用。

二维码

本章核心概念及更多布鲁姆学习目标层次习题见【二维码】。

本章知识脉络导图

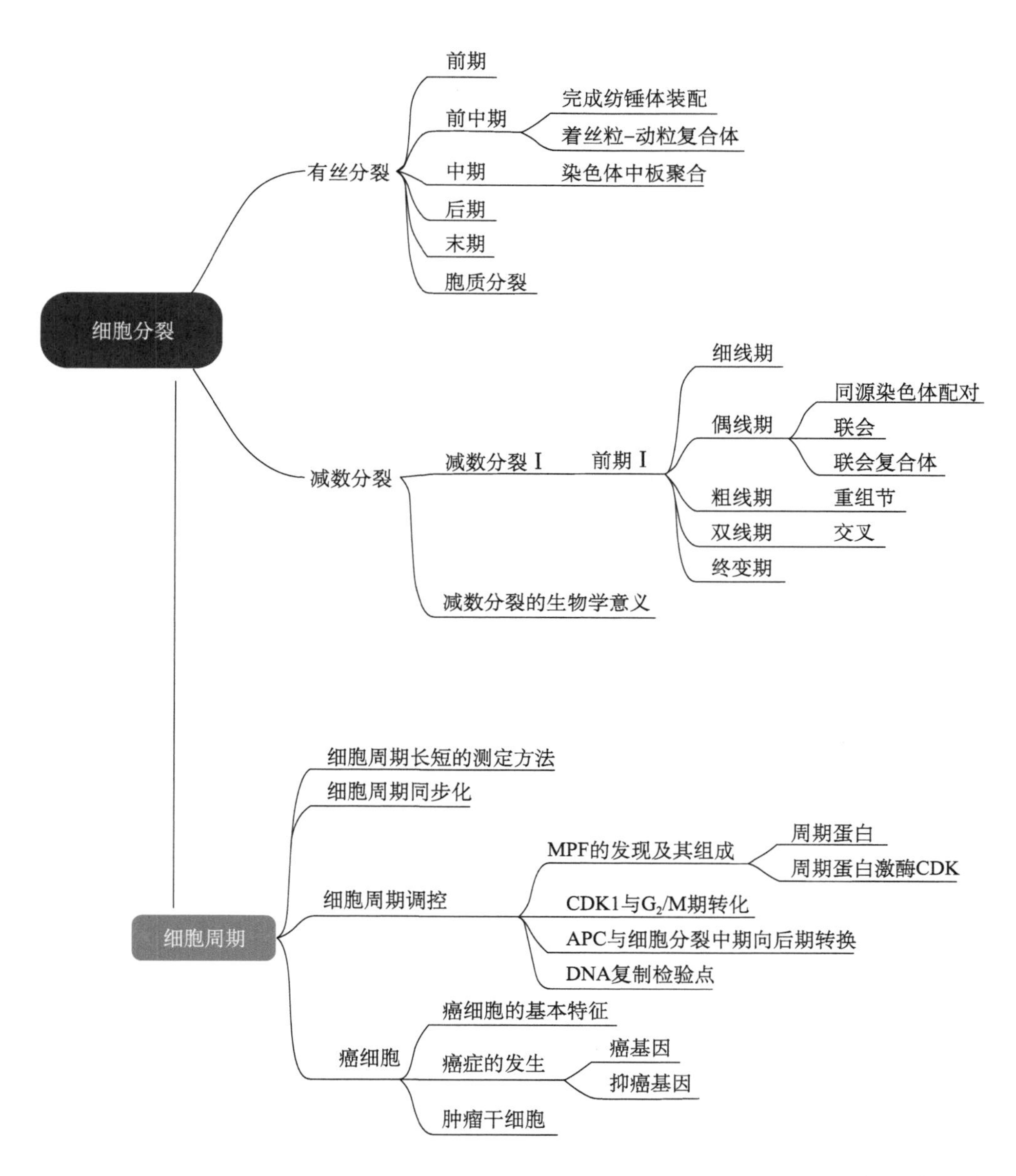

（李　晓，曾文先）

第十四章　细胞分化与干细胞

多细胞真核生物是由多种类型的细胞构成，如人的细胞种类就多达 200 种。虽然这些不同类型细胞的形态和功能各异，但它们通常都是由一个受精卵细胞经过增殖与分化而成。细胞的分化源于基因的差异表达，并在转录起始、转录后加工等多个水平受到精细调控。基因如何差异表达及如何分化形成形态与功能各异的细胞？在此基础上，这些细胞又如何精确地构建成不同的组织器官与完整的生命体？一直是人们关注的热点，也是生命科学中面临的最具挑战性的问题之一。

干细胞是一群具有自我更新能力（self-renewal）和分化潜能的细胞。干细胞有时被称为“未分化”细胞，这种“未分化”状态只是指它们所保留的分裂能力。干细胞在胚胎发育、器官稳态维持、成体组织再生等方面起着至关重要的作用。解析干细胞分裂调控、自我更新及分化机制，探究干细胞生存微环境、干细胞分离获取与诱导及应用干细胞开展临床治疗，是当前人们关注的热点领域。

第一节　细胞分化的基本概念、潜能与影响因素

一、基本概念

1. 细胞分化　细胞分化（cell differentiation）就是由一种相同的细胞类型经过细胞分裂后逐渐在形态、结构与功能上形成稳定性差异，产生不同细胞类群的过程。细胞分化的主要特征是细胞合成细胞或组织特异性蛋白质，表现出不同的形态结构，演变成特定的细胞类型。其结果就是在空间上细胞之间出现差异，在时间上细胞分化前后呈现出不同的形态与功能。因此，从本质上讲，细胞分化是一个从化学分化到形态结构与功能分化的过程。

二维码

2. 细胞决定　细胞分化的方向是由细胞决定所选择的。所谓细胞决定（cell determination），是指细胞在发生可识别的形态变化之前，就已受到约束而向特定方向分化。这时细胞内部已发生变化，确定了未来的发育命运，只能向特定状态分化。动物胚胎细胞的决定时间可用移植实验来确定【二维码】。

3. 去分化、转分化与再生　细胞分化的最显著特点是分化状态的稳定性。在一般情况下，已经分化的某种特异类型的细胞无法逆转到未分化状态，如神经元细胞在整个生命过程中均保持着分化状态。然而在某些特定条件下，分化的细胞也不稳定，又可回到未分化状态，这一变化过程称为去分化，又称脱分化（de-differentiation）。也就是说，去分化即已经分化的细胞失去其特有的形态结构与功能，又回复到未分化细胞状态的过程。植物的体细胞在一定条件下形成

未分化的细胞团——愈伤组织，即脱分化现象。愈伤组织可进一步被诱导，使其再分化形成根和芽的顶端分生组织的细胞，并最终长成植株。高等动物的核移植（体细胞克隆）也涉及细胞去分化的过程，但已分化细胞的细胞核需要在卵细胞质中才能完成其去分化的程序。这一过程又称为重编程（reprogramming），其中涉及 DNA 与组蛋白修饰的改变。

某种特定类型的分化细胞转变成另一种类型的分化细胞的现象称为转分化（trans-differentiation）。例如，水母横纹肌细胞经转分化可形成神经细胞、平滑肌细胞和上皮细胞，甚至可形成刺细胞。转分化过程往往经历去分化和再分化（redifferentiation）的过程【二维码】。

二维码

生物体的器官因外力作用发生创伤而部分受损，在剩余部分的基础上又生长出与受损部分在形态与功能上相同的结构，这一修复过程称为再生（regeneration）。不同物种的再生能力有明显的差异，一般来说，植物比动物再生能力强，低等动物比高等动物再生能力强。例如，从水螅中端切下仅占体长 5% 的部分，就能长成完整的水螅。而两栖类只能再生成断肢，哺乳动物的再生能力更差，截肢后一般不能再生。哺乳动物各个器官组织的再生能力也不尽相同，心肌细胞再生能力极弱，损毁后均由纤维结缔组织代替，很难恢复原有的结构和功能；而肝组织再生能力相对较强，如小鼠肝部分切除后能再生恢复。

二、细胞分化的潜能

细胞分化贯穿于有机体的整个生命过程中，但以胚胎期最为典型。动物的受精卵能够分化出各种类型的细胞，形成各种组织，发育成一个完整的有机体，所以把受精卵的分化潜能称为全能性（totipotency）。随着胚胎的发育，由受精卵产生的子代细胞中，多数细胞的分化潜能逐渐受到限制，逐渐丧失了发育成完整个体的能力，仅保留分化成多种细胞类型的潜能，这种潜能称为多能性（pluripotency）。多能细胞经过器官发生，各种组织细胞的命运最终确定，呈细胞单能性（unipotency），分化成为形态上特化、功能上单一的执行某种特定功能的独特终末细胞。这种逐渐由全能局限为多能、最后成为单能的趋向，是胚胎发育过程中细胞分化的普遍规律【二维码】。

二维码

哺乳动物胚胎发育在 4 细胞期以前的细胞都是全能的。例如，将小鼠或牛的 2 或 4 细胞期胚胎分离出单胚胎，其中的任何一个细胞都可以再形成一个新的卵裂球，发育成一个正常囊胚，将其植入子宫后会发育成一个正常动物。随着单细胞 RNA 深度测序技术（RNA-sequencing）等研究手段的日趋完善，人们发现小鼠受精第一次分裂（卵裂）后，两个子细胞即在转录组上表现差异，4 细胞期胚胎的各细胞在转录组和蛋白质组上也表现出差异，尤其是干性核心因子 OCT4 和 SOX2 靶基因，其表达量呈现出显著差异，而在 8～16 细胞期有的细胞已趋向于形成胚体（embryonic lineages），有的分化为外胚体（extra-embryonic lineages）。胚体细胞即丧失全能性，表现为多能性，发育为胎儿的有机体。胚外体细胞即分化为滋养层细胞（trophectoderm），将来发育为卵黄囊、胎盘等附属组织。

三、影响细胞分化的因素

细胞分化受到各种因素的影响，包括基因表达差异、细胞信号调控、细胞质作用及环境因素等。总体来说，调控蛋白依赖的基因选择性表达是影响细胞分化的最直接和最主要的因素。

1. 基因组信息完整性与基因重排影响细胞分化　　基因组信息完整性直接影响基因的差异表达，进而影响细胞分化。马蛔虫在卵裂过程中，生殖细胞会保留所有基因组信息，拥有完整染色体，但其体细胞会出现染色体丢失现象。B 淋巴细胞在分化成浆细胞的进程中，可通过基因重排机制，利用有限的免疫球蛋白基因，分化成能产生多种抗体的免疫细胞，从而为机体构筑功能强大的免疫系统。

2. 胞外信号分子影响细胞分化　对于多细胞有机体而言，每一个细胞并不是孤立的，细胞与细胞之间存在着积极的信息传递。信号分子作为最主要的媒介，可以结合在多样化的细胞表面受体，启动胞内差异化信号通路以实现基因的差异表达，最终影响细胞分化（图 14-1）。

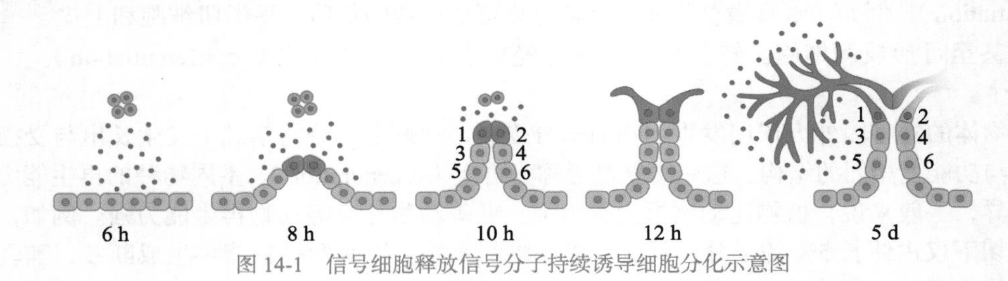

图 14-1　信号细胞释放信号分子持续诱导细胞分化示意图

在近距离直接接触的细胞中，诱导性细胞表面信号分子可与邻近应答细胞的细胞表面受体相互作用，依赖差异化的细胞表面相互作用及细胞聚集体具有形成最小界面自由能的趋势，使细胞之间形成自己的定位与分化。如图 14-2 所示，心脏细胞（a）可迁移到色素视网膜细胞内侧（b），而色素视网膜细胞（b）又可迁移到神经视网膜细胞的内侧（c），由此使心脏细胞（a）可以迁移到神经视网膜细胞内侧（c），从而导致细胞类型的分化。

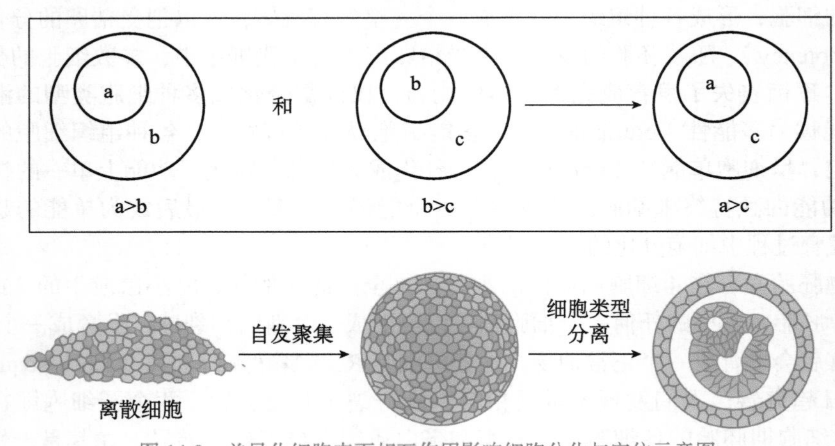

图 14-2　差异化细胞表面相互作用影响细胞分化与定位示意图

3. 细胞间的相互作用和位置效应影响细胞分化　在研究早期胚胎发育过程中人们发现，一部分细胞会影响邻近细胞的行为，如细胞形态、有丝分裂速度等，最终影响邻近细胞的命运，这种作用称近旁组织相互作用（proximate tissue interaction），也称为胚胎诱导（embryonic induction）。近旁组织相互作用的实现，依赖于一个细胞释放的信号分子近距离地被相邻细胞的表面受体识别，进而激活胞内差异化信号通路，如脊椎动物眼的发生，就是胚胎诱导作用的典型。脊椎动物的眼中，光透过角膜组织被传递到晶状体，并由晶状体组织聚焦，最后投射到神经视网膜组织。在眼的发育过程中，早期的视泡（optic vesicle）会产生一些旁分泌因子，诱导与之接触的外胚层上皮细胞发育成晶状体，随后在视泡和晶状体的共同诱导下，外侧的表皮细胞发育成角膜。

在多细胞有机体中，细胞所处的位置不同可能使得这些细胞面临差异化的胞外信号分子浓度，进而导致不同的细胞分化命运。细胞所处的位置改变导致细胞分化方向的改变，这种现象称位置效应（position effect）。在非洲爪蟾的实验中人们发现，不同浓度激活蛋白可以特化不同类型的中胚层细胞。在高浓度时（300 分子 / 细胞），激活蛋白会诱导 *goosecoid* 基因的表达，该基因编码一个致力于背部结构特化的转录因子；而在低浓度时（100 分子 / 细胞），*goosecoid* 基因不会表达，但 *Xbra* 基因会被激活从而启动肌肉细胞特化；在更低浓度时，*goosecoid* 基因与 *Xbra* 基因均不会表达，细胞会特化成血管与心脏类细胞。

4. 环境因素影响细胞分化　　食物、温度及气候等外界环境因素也有力地影响着细胞分化，影响动物表型。在蜜蜂中，食物是群体中蜂后形成的决定性因素。研究表明，蜂巢中的所有幼体都接受工蜂喂食，但只有那些被充分喂食的幼体才能变成蜂后，成为蜂巢中唯一有生殖能力的成员。蜂后能每天产卵 2000 个，寿命较普通工蜂长 10 倍。成蜂王蛋白被认为是诱导产生蜂后的活性蛋白，该蛋白能够结合蜜蜂幼体脂肪体中的表皮生长因子受体，刺激产生保幼激素，从而提升卵形成所需的卵黄蛋白水平。在很多物种中，温度控制着睾丸或者卵巢的发育。有研究表明，温度能够影响一些转录因子的表达，这些转录因子可促进卵巢或者精巢的发育，进而影响性别。例如，鳄鱼在极端温度中会产生雌性，而适宜温度会产生雄性。

5. 不同生物间的紧密联结关系影响细胞分化　　寄生（parasitism）与共生（symbiosis）描述了不同物种之间的紧密联结关系，这种联结关系是一方的生存以另一方生存为代价获取的，如人消化道中寄生的绦虫。但这种联结关系也可能对双方都有利，如鱿鱼与弧菌的共生。在哺乳动物小肠中，依赖微阵列分析技术人们发现，人结肠中的数百种细菌沿肠管的长度和直径分层分布于特定区域，能够提升小肠中编码参与物质吸收的蛋白质，如钠离子 / 葡萄糖共转运蛋白、胰腺脂酶相关蛋白、脂肪酸结合蛋白等的表达。此外，人们还发现，无菌饲养条件下的小鼠，其肠道可以形成但是不能进一步分化，表明共生微生物可能对小鼠肠道的发育是必需的。

第二节　细胞分化的分子基础

在胚胎发育过程中，细胞不断增殖分化，相继出现新的细胞类型。所有分化细胞都来自同一个受精卵，因而具有相同的全套完整基因，但是为什么会形成形态和功能各异的细胞？为什么个体形态有大有小、有雌有雄？为什么心脏总偏向左侧呢？实际上，这些差异都是细胞分化的结果。那么，细胞分化是如何发生的？细胞分化又是如何被调控的呢？

研究表明，细胞分化源于不同类型细胞中特异蛋白质的合成，而特异蛋白质合成的实质是基因在特定时间和空间的选择性表达，即基因的差异性表达（图 14-3）。依据基因功能与细胞分化的关系，可将基因分为两类：管家基因和奢侈基因。管家基因（house-keeping gene），也叫作持家基因或看家基因，是维持细胞最低限度功能所必需的基因，在所有细胞中均表达，如编码组蛋白、核糖体蛋白、线粒体蛋白、糖酵解酶、细胞骨架蛋白的基因等。奢侈基因（luxury gene），又称为组织特异性基因（tissue-specific gene），是指编码细胞分化中各种特异性蛋白的基因，与各类细胞的独特功能相关，如红细胞的血红蛋白基因、表皮细胞的角蛋白基因等，均为奢侈基因。

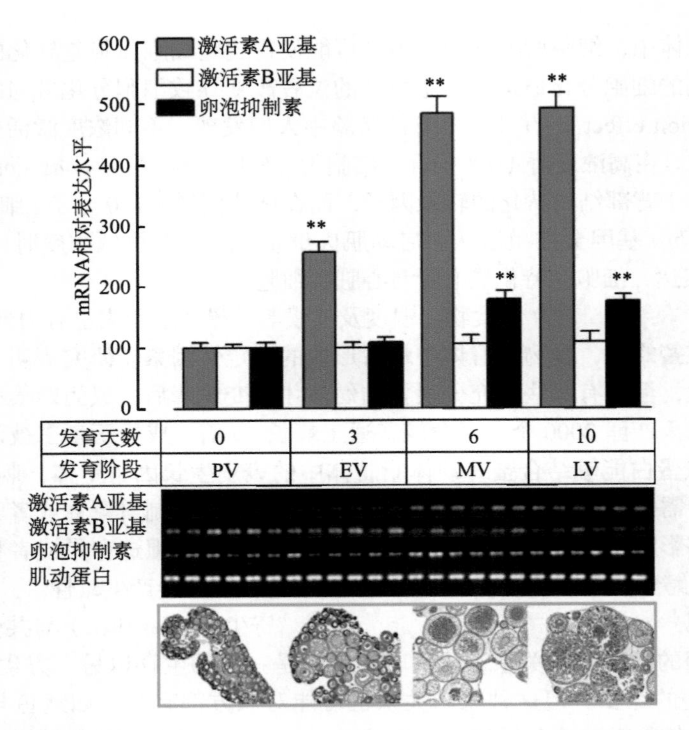

图 14-3 斑马鱼卵泡发育进程中激活素 A 亚基（activin βA）、B 亚基（activin βB）和卵泡抑制素（follistatin）基因的差异表达分析（王亚军博士惠赠）

斑马鱼卵泡发育会经历 PV、EV、MV 和 LV 阶段，激活素 A 亚基基因会在 EV、MV 和 LV 阶段高表达，激活素 B 亚基基因则全程稳定表达，而卵泡抑制素基因在 MV 与 LV 阶段表达水平上升，显示斑马鱼卵泡的发育与这三个基因的差异化表达密切相关

依据中心法则，基因组信息由 DNA 经转录流向 RNA，最后依赖转录后加工与翻译的调控在蛋白质水平上呈现极大差异。因此，基因的差异表达受到多个水平的调控。

一、转录前水平的调节——染色质水平的调控

在真核生物中，基因组 DNA 缠绕在组蛋白的八聚体上形成染色质的基本结构单位——核小体（nucleosome），再由链接 DNA（linker DNA）连接并进行高度折叠形成染色质，最终被包装入细胞核中，使 DNA 受到良好的保护。典型的核小体是由 2 个 H2A-H2B 异源二聚体和 1 个 H3-H4 四聚体组成的八聚体及缠绕其上的约 147 bp 的 DNA 组成的。在组蛋白 H1 的指导下核小体彼此连接成串珠状结构。处于间期的核染色质以压缩的非活化染色质（inactive chromatin）结构存在，此状态下转录、修复和复制的酶类难以接触 DNA，基因无法得到有效表达，只有当压缩的染色质纤维开启为伸展状态的活性染色质（active chromatin），呈单核小体伸展状态时，染色质 DNA 才能被转录。在染色体水平上，影响基因表达的因素主要包括染色质重塑（chromatin remodeling）、组蛋白和 DNA 的甲基化、乙酰化修饰等。

（一）染色质重塑

染色质构型的改变，称为染色质重塑（chromatin remodeling）。染色质重塑涉及核小体的结构及其与 DNA 相对序列位置的改变，通过增加基因启动子序列的可接近性，使反式作用因

子（如转录因子等）能与之结合而启动转录的过程。在染色质重塑因子（remodeler）或重塑复合物的介导下，利用 ATP 水解的能量移动、松解、排除或重建核小体，细胞可调控染色质的包装状态，导致转录调节所需的部位改变或染色体分离所需染色质结构改变。根据所含功能结构域的不同，染色质重塑因子大致可分为 SWI/SNF（图 14-4）、ISWI、CHD 和 INO80 四大家族。这些不同的重塑因子之间既有蛋白质结构和酶活性的相似性，又有各自的特异性。染色质重塑因子可与核小体结合，在不改变核小体结构的情况下使其松动并发生滑动，使转录因子更易结合到 DNA 上以启动转录。同时，染色质重塑因子也可能引起核小体与 DNA 的分离，核小体经过重排与结构变化后还可再与 DNA 重新组装，产生新的结构形式。

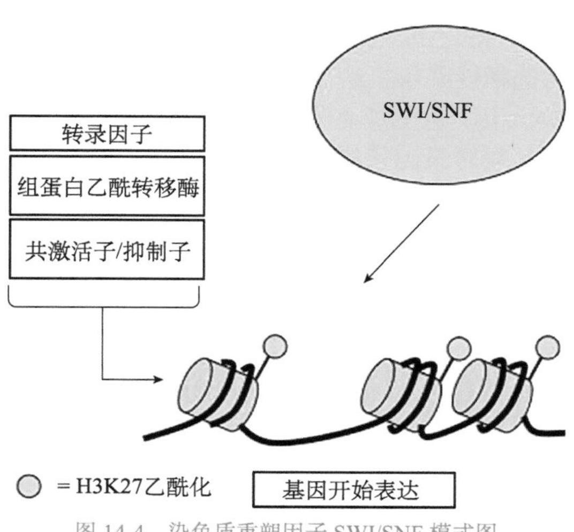

图 14-4　染色质重塑因子 SWI/SNF 模式图

染色质重塑复合物的典型代表是从酿酒酵母（*Saccharomyces cerevisiae*）中发现的酵母交换型转换 / 蔗糖不发酵复合物（SWI/SNF）。酵母有两种类型的 SWI/SNF 复合物，即 SWI/SNF 和 RSC（remodels the structure of chromatin）复合物，前者以 Swi2 或 Snf2 为催化亚基，后者以 Sth1 为 ATP 结合亚基。

（二）组蛋白修饰

组成核小体的组蛋白 N 端暴露在外，某些氨基酸残基会发生乙酰化、甲基化、磷酸化等修饰。组蛋白的这些修饰直接影响核小体的结构，为其他蛋白质提供与 DNA 作用的结合位点。

1. 组蛋白的乙酰化修饰　在组蛋白乙酰转移酶（histone acetyltransferase，HAT）和组蛋白脱乙酰酶（histone deacetylase，HDAC）的作用下，组蛋白的乙酰化（histone acetylation）状态保持着动态平衡，并与染色质的转录活性状态密切相关。通常，乙酰化的染色质与转录激活相关，而脱乙酰化的染色质则与转录抑制相关。HAT 可将乙酰辅酶 A 的乙酰基转移到组蛋白赖氨酸残基的 ε- 氨基上（图 14-5）。目前，已经发现的含有 HAT 活性的分子有两类：一类主要存在于细胞核中，与染色质组蛋白结合，致使其乙酰化；另一类主要存在于细胞质中，使细胞质中新合成的游离组蛋白乙酰化，以利于其转运入核。

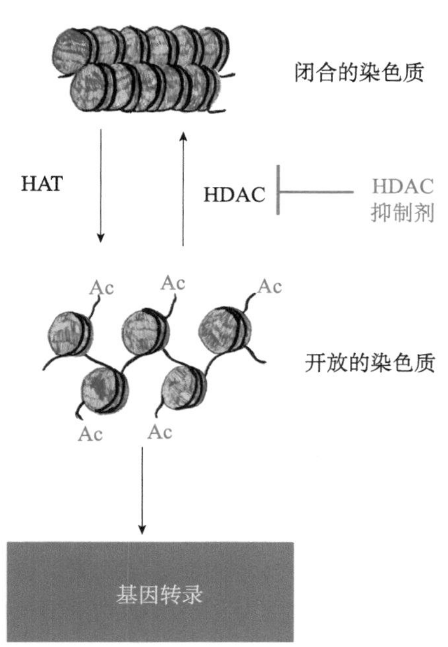

图 14-5　组蛋白的乙酰化修饰示意图

HAT. 组蛋白乙酰转移酶；HDAC. 组蛋白脱乙酰酶

乙酰化后的组蛋白赖氨酸侧链所携带正电荷量减少，降低了其与带负电荷 DNA 链的亲和性，导致局部 DNA 与组蛋白解开缠绕，从而促使调控因子与 DNA 特异序列结合，调控转录。

组蛋白的乙酰化也使相邻核小体的聚合受阻，同时影响泛素与组蛋白 H2A 的结合，引起蛋白质的选择性降解。组蛋白 H3 和 H4 的乙酰化可能还有类似促旋酶（gyrase）的活性，使核小体间 DNA 因产生过多的负超螺旋而易于从核小体上脱离，致使 DNA 对核酸酶的敏感性增高并有利于其与转录因子结合。除 HAT 外，近年来还发现大量的辅激活子（coactivator），协助 HAT 将乙酰基从乙酰辅酶 A 供体转移到组蛋白特异的赖氨酸残基上。

染色质组蛋白的乙酰化是一种动态过程。HDAC 使组蛋白脱乙酰化，以稳定核小体结构，恢复组蛋白与 DNA 及组蛋白与组蛋白间的作用，进而阻碍 DNA 与转录因子及转录复合体结合，同时可促进组蛋白与沉默子间的相互作用，共同发挥转录抑制作用。因此，组蛋白乙酰化状态的去除能够稳定核小体的结构并抑制基因的转录。

2. 组蛋白的甲基化修饰 组蛋白甲基化（histone methylation）也是表观遗传修饰中的一种主要方式，在基因的表达调控中具有重要作用，如参与异染色质的形成、X 染色体的失活、转录调控等。组蛋白的甲基化主要发生于 H3 和 H4 组蛋白 N 端的赖氨酸 lysine（K）或精氨酸 arginine（R）残基上（图 14-6）。催化赖氨酸和精氨酸残基的甲基转移酶有 3 个蛋白质家族：SET-domain 家族、非 SET-domain 家族和 PRMT 家族的蛋白。识别组蛋白甲基化的 3 个结构元件是染色质域（chromodomain）、Tudor 域和 WD40 重复域（WD-repeat domain）。

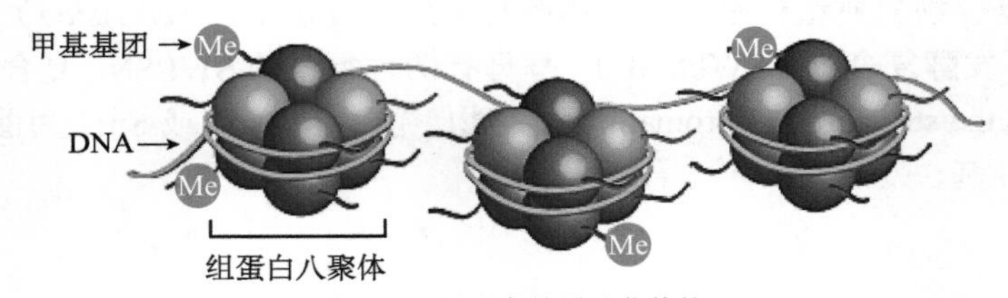

图 14-6 组蛋白的甲基化修饰

（1）赖氨酸甲基化修饰。目前发现人类基因组编码 66 个甲基转移酶，包括 SET-domain 的赖氨酸甲基转移酶，是对组蛋白甲基化修饰行使“写入”功能的酶；还发现 20 个赖氨酸去甲基化酶，对组蛋白的甲基化行使“擦除”的功能。基因的转录激活或抑制依赖于赖氨酸上甲基化的程度（如单甲基化、二甲基化和三甲基化等）及发生甲基化的位置。组蛋白 H3 第 9 位（H3K9）和第 27 位赖氨酸（H3K27）的甲基化与异染色质的形成有关，是基因转录沉默的标志。另外，H4K20 的甲基化与基因沉默有关；而 H3K4、H3K36 和 H3K79 的甲基化主要聚集在活跃的转录启动子区域，与转录激活有关。赖氨酸甲基化修饰也是一可逆的动态表观遗传修饰。

组蛋白赖氨酸的甲基化由不同的组蛋白赖氨酸甲基转移酶（histone lysine methyltransferase, HKMT）催化完成。在不同染色质的修饰中，赖氨酸甲基转移酶在响应环境信号、决定细胞命运的细胞进程中起重要作用。目前从酵母到人多个物种中分离到十几个组蛋白 H3 赖氨酸甲基转移酶。除了 DOT1-like 蛋白（DOT1L），其他都含有 SET 结构域，可以特异地修饰组蛋白的不同位点。包含 SET 结构域的赖氨酸甲基转移酶（KMT）又分为 6 个亚家族：SUV39 家族、EZH 家族、SET1 家族、SET2 家族、PRDM 家族及 SMYD 家族。

组蛋白甲基转移酶 SUV39 是第一个被发现的组蛋白修饰酶，可直接催化 H3K9 的甲基化，其催化结构域残基位于高度保守的 SET-domain 中。SUV39 催化 H3K9 的三甲基化，主要在异染色质的形成和转录抑制中发挥作用，同时 SUV39 存在于常染色质的基因启动子区域，发挥抑制基因表达的作用。组蛋白甲基转移酶 G9A 主要催化 H3K9 的二甲基化，可以引起常染色质区域基因的表达抑制。另外，组蛋白甲基转移酶 GLP 可以与 G9A 形成杂聚肽复合体，共同催化 H3K9 的甲基化。组蛋白甲基转移酶 SETDB1 主要使常染色质区域的 H3K9 发生三甲基化，并与组蛋白乙酰基转移酶 HDAC1/2 形成复合物调控基因的表达。

H3K27 的甲基化与许多基因沉默现象有关，如同源盒基因的沉默、X 染色体的失活、基因印迹等。参与 H3K27 甲基化的蛋白质主要是 PcG 蛋白（polycomb group）。果蝇 H3K27 甲基转移酶 E（Z）是最早被发现的调控同源盒基因沉默的甲基化酶。哺乳动物 H3K27 甲基转移酶 EZH2 可催化 H3K27 甲基化，并通过与其他 PcG 蛋白形成多梳（polycomb）抑制复合物（polycombrepressive complex，PRC），抑制基因的转录。同时，H3K27 的甲基化在 X 染色体失活中扮演着重要作用，是 X 染色体失活初期的重要标志。另外，H4K20 的甲基化也是异染色质的标志，其催化酶是 SET8/PR-SET7。

（2）精氨酸甲基化修饰。参与催化精氨酸甲基化修饰的酶称为精氨酸甲基转移酶（protein arginine methyltransferase，PRMT），能将 *S*- 腺苷甲硫氨酸上的甲基转移到靶蛋白精氨酸残基末端的胍基上，调控不同的基因转录活性，其中 PRMT1 和 PRMT4 的催化修饰可激活基因的转录，而 PRMT5 和 PRMT6 则抑制基因的转录。

PRMT1 催化 H4R3 发生甲基化。一方面通过 CBP/p300 对 H3K14 进行乙酰化修饰，结合 PRMT4 对 H3R17 进行甲基化修饰，与染色质重塑复合物相互作用催化染色质构象改变，从而激活基因的转录；作为启动信号，与 CBP/p300、SRC/p160 蛋白家族形成转录激活复合物。另一方面可被其他转录因子，如核受体、NF-κB、p53 等募集到靶基因的启动子上。PRMT5 可与一些辅抑制因子相互结合参与基因转录调控，也可与染色质复合物相互结合调节染色质构象改变而抑制基因的转录。PRMT6 可对 H3R2 进行甲基化修饰，抑制识别亚基与 H3K4 的结合，从而抑制 H3K4 的甲基化，抑制基因的转录。

3. 组蛋白的磷酸化修饰　与组蛋白乙酰化修饰一样，组蛋白磷酸化修饰（histone phosphorylation）也是高度动态的。组蛋白磷酸化修饰主要发生在组蛋白丝氨酸（serines）、苏氨酸（threonines）和酪氨酸（tyrosines）残基的 N 端尾部的残基上，受到激酶（kinase）与磷酸酶（phosphatase）的共同调控。组蛋白激酶（histone kinase）把 ATP 分子上的磷酸基团转移到氨基酸侧链的氢键上，磷酸酶则去除组蛋白氨基酸上的磷酸化基团。例如，H3S10 和 H3S28 磷酸化会被 PP1 磷酸酶和 Aurora B 激酶拮抗调控。

组蛋白的磷酸化修饰与染色质的两个相反的过程都密切关联。一方面，在真核生物细胞的有丝分裂和减数分裂过程中，H3 磷酸化修饰调控染色质的凝集，如 H3 在 Ser10 和 Ser28 位点的磷酸化是细胞周期依赖性的，起始于核周缘并在 G_2～M 转变期扩展到整个染色体。在植物中，着丝粒周围的 H3 Ser10/ Ser28 位点的磷酸化对姐妹染色单体的分离是必需的。因此组蛋白 H3 Ser10（H3S10）和 Ser28（H3S28）的磷酸化可作为有丝分裂期和减数分裂期染色体凝集和分离的标志。另一方面，组蛋白磷酸化也能够调控特异性基因的转录激活。例如，在细胞周期的间期，H3S10 会在表皮生长因子（EGF）的作用下迅速发生磷酸化，调控 *c-fos* 和 *c-jun* 基因的转录激活；同时，H3S10 磷酸化修饰也会和 H3K14 或者 H4K8 的乙酰化修饰组合调控染色质结构开放和转录活性。一个经典的例子是，由 Aurora B 激酶调控的 H3S10 磷酸化和甲基转移酶 Suvar3、Suvar9 调控的 H3K9me3 共同组成一个二进制开关（binary switch），一起作用决定染色质的活性。和 H3 磷酸化修饰一样，H1、H2 和 H4 上的磷酸化修饰也大都与细胞周期进程相关，调控染色质的凝集。

（三）非组蛋白 HMG 的影响

除组蛋白外，染色质中还有与特定 DNA 序列或组蛋白结合的非组蛋白，包括多种参与核酸代谢与修饰的酶类、高速泳动族（high mobility group，HMG）蛋白、染色体支架蛋白、肌动蛋白等。其中高速泳动非组蛋白 HMG1 和 HMG2 有 A、B、C 三个结构域，A、B 结构域相似，而 C 结构域含有酸性的羧基端尾部，可与组蛋白 H1 结合。

HMG 结构域蛋白在 DNA 双螺旋的小沟中，可识别某些特异性结构的 DNA，使 DNA 链出现 90°～130° 的弯折。在非特异的 HMG1 存在时，可使 DNA 双螺旋结构改变，而形成 66 bp 的 DNA 环。具有转录活性的核小体常缺乏 H1，但存在非组蛋白 HMG14 和 HMG17。

（四）DNA 甲基化（DNA methylation）

在哺乳动物基因组中，多达 1% 的胞嘧啶在 DNA 甲基转移酶（DNA methyltransferase）的作用下被甲基化为 5- 甲基胞嘧啶（5mC）。5- 甲基胞嘧啶主要集中在序列 CG（称为 CpG 岛）区域。大多数 DNA 甲基化分布在非编码区域、重复序列和转座子区域，使这些区域处于转录抑制状态（图 14-7）。

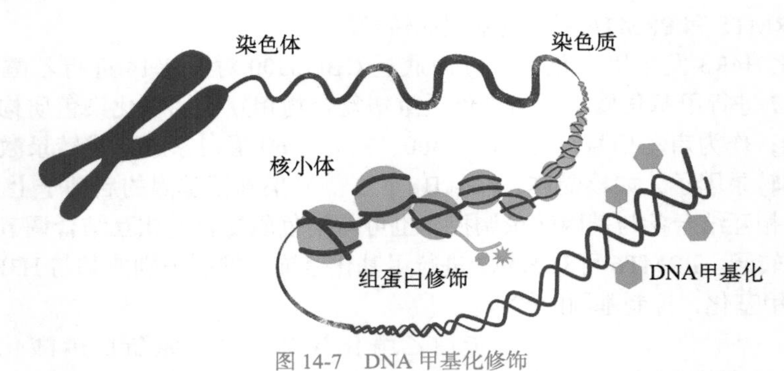

图 14-7 DNA 甲基化修饰

甲基 CpG 结合蛋白（methyl CpG binding protein，MeCP）能够识别并结合甲基化 CpG 岛，同时与协同抑制蛋白 mSin3A、组蛋白脱乙酰酶（HDAC）和组蛋白甲基转移酶 Suv39H 等结合，调节染色质结构，形成异染色质，阻碍基因转录。因此，DNA 甲基化修饰可以作为引导（guide），引起组蛋白的表观修饰状态的改变。异常的 DNA 甲基化修饰模式，常常伴随着疾病的发生。例如，hMLH1 高甲基化后，DNA 碱基错配修复功能丧失，导致结肠癌、子宫内膜癌和胃癌等疾病的发生。

（五）组蛋白组成与活性染色质

组蛋白组成与染色质活性密切相关，通过比较活性染色质与非活性染色质，人们发现：①在活性染色质中组蛋白 H1 含量减少；②活性染色质上的组蛋白乙酰化程度高；③活性染色质的核小体组蛋白 H2B 与非活性染色质相比较很少被磷酸化；④核小体组蛋白 H2A 在许多物种包括果蝇和人的活性染色质中很少有变异形式的存在；⑤组蛋白 H3 的变种 H3.3 只在活跃转录的染色质中出现。

二、转录水平的调节

在真核生物中，顺式作用元件（cis-acting element）与反式作用因子（trans-acting factor）参与调节基因转录活性。

顺式作用元件是指对基因表达有调节活性的 DNA 序列，其活性仅调节与其自身处在同一 DNA 链上的基因，多位于基因旁侧或内含子中，通常不编码蛋白质。按其功能，可将顺式作用元件分为启动子（promoter）、增强子（enhancer）、沉默子（silencer）和转座子（transposon）

等。这些顺式作用元件可直接调节基因表达活性。

反式作用因子是指能与顺式作用元件结合，调节基因转录效率的蛋白质，其编码基因与作用的靶 DNA 序列不在同一 DNA 链上。可将反式作用因子分为转录因子（transcription factor）、上游因子（upstream factor）和可诱导因子（inducible factor）。转录因子与 RNA 聚合酶一起形成转录起始复合物，参与转录的起始和延伸。转录因子一般含有三个功能结构域：DNA 结合结构域（DNA binding domain）、转录激活结构域（activation domain）及与其他蛋白质结合的结构域（protein binding domain）。上游因子可结合在增强子和启动子的上游控制位点，而可诱导因子能够与应答元件相互作用。某些因子只在特殊类型的细胞中合成，因而有组织特异性。有些因子的活性受配体调节，与配体结合后进入核内，与相应的 DNA 结合。反式作用因子一般都存在与 DNA 结合的特定模体或基序（motif），并具有一些共同的结构特征，如锌指模体（zinc finger motif）、碱性螺旋 - 环 - 螺旋结构域（basic helix-loop-helix motif）和碱性亮氨酸拉链模体（basic leucine zipper motif）等。表 14-1 列出了动物细胞中存在的一些代表性转录因子及其主要生物学功能。

表 14-1　代表性转录因子及其结构与功能

结构特征	代表性转录因子	部分功能
同源异形域		
Hox 结构域	Hoxa1、Hoxb2	体轴形成
POU 结构域	Pit-1、Unc-86、Oct-2	脑垂体发育，神经命运
Lim 结构域	Lim1、Forkhead	头部发育
Pax 结构域	Pax1、Pax2、Pax3、Pax6 等	神经特化，眼发育
碱性螺旋 - 环 - 螺旋结构域	MyoD、MITF、daughterless	肌细胞和神经特化，果蝇性别决定，色素形成
碱性亮氨酸拉链模体	C/EBP、AP-1、MIFT	肝分化，脂肪细胞特化
锌指模体		
常规结构域	WT-1、Krüppel、Engrailed	肾、生殖腺、巨噬细胞发育，果蝇分节
核激素受体	糖皮质激素受体、雌激素受体、睾酮受体、视黄酸受体等	第二性别决定，颅面发育，肢发育
Sry-Sox 结构域	Sry、SoxD、Sox2	DNA 弯曲，哺乳动物初级性别决定，外胚层分化

DNA 双螺旋的主沟是许多蛋白质与 DNA 分子结合的部位，因此 DNA 的甲基化修饰状态可影响基因转录。当 DNA 的胞嘧啶被甲基化后，5mC 突出到主沟中，干扰转录因子与 DNA 的结合。另外，序列特异性连接蛋白（sequence specific methylated DNA binding protein, MDBP）可与启动子区域的甲基化 CpG 岛结合，阻止转录因子与启动子结合，从而影响基因的转录。

三、转录后水平的调节

在真核生物中，基因转录本（transcripts）的加工成熟涉及 RNA 末端的“加帽”与“加尾”、内含子的切除、外显子的拼接等过程，并且转录的 RNA 产物要转运到细胞质中执行功能，其稳定性及降解速度等，均影响基因表达的最终结果。

（一）mRNA 的稳定性与基因表达

mRNA 是蛋白质合成的模板，其稳定性主要受以下因素的影响。

1. 5′ 端的帽子结构可以增加 mRNA 的稳定性　5′ 端的帽子结构可以保护 mRNA，以避免被核酸外切酶降解，从而延长 mRNA 的半衰期。此外，还可以借助相应的帽子结合蛋白提高翻译的效率，并参与 mRNA 从细胞核向细胞质的转运。

2. 3′ 端的 poly A 尾结构防止 mRNA 降解　poly A 及其结合蛋白可以防止 3′- 核酸外切酶降解 mRNA，增加 mRNA 的稳定性。此外，poly A 尾结构还参与翻译的起始过程。实验证明，有些 mRNA 的细胞质定位信号也位于 3′ 非翻译序列上。虽然组蛋白 mRNA 没有 3′-poly A 尾的结构，但它的 3′ 端会形成一种发夹结构，使其免受核酸酶的攻击。

3. 一些非编码 RNA 可引起转录后基因沉默　在高等真核生物中，有一类小 RNA（small RNA）由于互补序列的存在，能够与 mRNA 结合，导致 mRNA 的降解或翻译抑制，称为转录后基因沉默（post transcription gene silencing，PTGS）。目前发现双链的小干扰 RNA（small interference RNA，siRNA）和单链的微 RNA（microRNA，miRNA）两大类小 RNA 具有转录后基因沉默作用。一般认为，两者均可与细胞内存在的一种被称为 RNA 诱导沉默复合物（RNA-induced silencing complex，RISC）的核糖核蛋白形成复合物。RISC 在 siRNA 或 miRNA 的引导下，识别特异的 mRNA，并利用其核酸酶活性降解 mRNA。

近年来，miRNA 的作用尤其受到关注，已有近千种 miRNA 被发现。由于 miRNA 是由基因组编码、RNA 聚合酶Ⅱ转录合成后加工而成，且具有组织特异性和阶段特异性表达，因此被认为可能广泛参与组织细胞的差异性基因表达模式的调控。在哺乳动物细胞中，miRNA 的 2～8 位碱基作为种子序列，介导 miRNA 与靶基因的识别，因此一个 miRNA 最多能够调控数百个基因；同样地，一个 mRNA 基因也能够被多个 miRNA 调控。这种 miRNA 介导的调控作用，造成 mRNA 降解或者翻译抑制，从而实现对细胞功能的调控，进而影响生物体发育（图 14-8）。端粒作为线性染色体末端的长重复序列，会伴随着生物的衰老而缩短【二维码】。

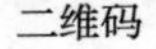
二维码

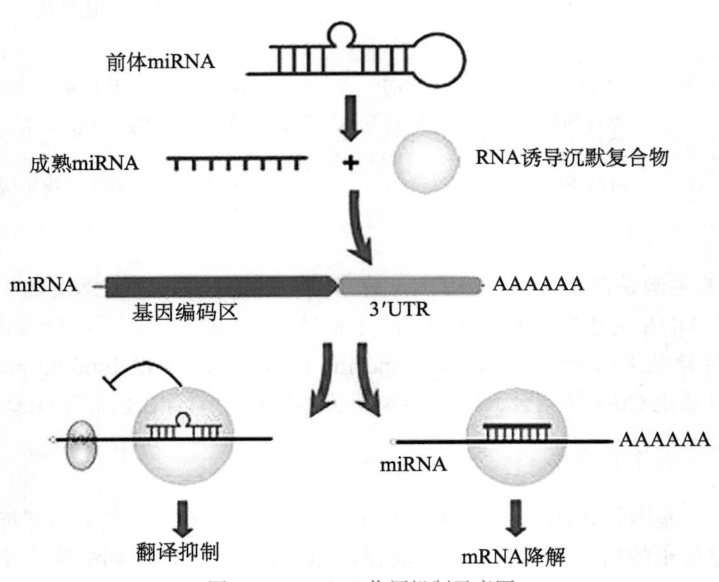

图 14-8　miRNA 作用机制示意图

二维码

此外，还有一类非编码 RNA，即长链非编码 RNA（long non-coding RNA，lncRNA），参与转录后水平的调节【二维码】。

4. RNA 的甲基化　腺嘌呤第 6 位氮原子上的甲基化修饰（N^6-methyladenosine，m^6A）是高等生物 mRNA 中含量最为丰富的且在进化上保守的修饰之一，发生于保守序列

RRACH（*R*=G,A；*H*=A,C 或 U）中，富集在 mRNA 的外显子编码区及 3′- 非编码区。m^6A 修饰具有序列特异性、甲基化位点选择性及修饰水平动态性等特征。类似于 DNA 甲基化修饰，RNA 的 m^6A 甲基化修饰也是可逆的。由 RNA m^6A 甲基转移酶复合物 WTAP/METTL3/METTL14 催化形成 m^6A，去甲基化酶 ALKBH5 和 FTO 催化使 m^6A 去甲基化，并被结合蛋白 YTHDF2 和 YTHDC1 识别。m^6A 修饰调控靶基因 mRNA 的稳定性及选择性剪切。但是 m^6A 的分布特征、形成选择性机制和在细胞命运决定中的作用在很大程度上还属未知。目前发现，除 mRNA 外，在真核生物中，非编码小 RNA 及 lncRNA 同样也存在 m^6A 修饰。

通过比较转录产物的不同修饰状态对 mRNA 稳定性的影响，我们可以更好地理解 m^6A 修饰和 mRNA 稳定性之间的关系。首先，拥有 m^6A 修饰的转录产物相对于没有 m^6A 修饰的转录产物，其半衰期更短。同时，在哺乳动物细胞中，相对于持家基因，调控相关基因的表达丰度通常被控制在较低的水平。m^6A 修饰的检测表明一些持家基因没有 m^6A 修饰（如球蛋白、组蛋白），而调控相关基因则有着相对丰富的 m^6A 修饰，说明 m^6A 修饰可能通过影响 mRNA 稳定性调控基因的表达丰度。有研究发现，人类抗原（HuR）是 RNA 稳定蛋白，能够结合到 3′-UTR 富含尿嘧啶的区域，当 HuR 结合到 mRNA 上时可使 mRNA 更加稳定。但是，当 mRNA 上存在 m^6A 修饰时，HuR 不能正常地结合到 mRNA 上，从而导致转录产物的不稳定。而且，更加有趣的是，HuR 与 mRNA 的结合可以削弱 miRNA 的靶向作用，从而使 mRNA 更加稳定。

（二）mRNA 前体的选择性剪接调节真核生物基因表达

真核生物基因转录出的 mRNA 前体常含有交替连接的内含子和外显子。通常状态下，mRNA 前体分子在剔除内含子序列后成为一个成熟的 mRNA，并被翻译成为一条相应的多肽链。但是，参与拼接的外显子可以不按照其在基因组内的线性分布次序拼接，内含子也可以不完全被切除，由此产生了选择性剪接。选择性剪接的结果是由同一条 mRNA 前体产生出不同的成熟 mRNA，并由此合成出完全不同的蛋白质。这些蛋白质的功能可以完全不同，由此显示了基因调控对生物多样性的决定作用。真核生物转录在核内进行，而翻译在细胞质中进行。各种基因的转录产物都是 RNA，无论是 rRNA、tRNA 还是 mRNA，初级转录产物只有经过加工，才能成为有生物功能的活性分子。因此，除了转录之外，RNA 的剪接、加工也显得格外重要。

1. 非编码长链 RNA 调控 RNA 选择性剪接　前面已经述及，lncRNA 是一类长度大于 200 bp 的 RNA，有着与 mRNA 相似的结构，如 5′ 帽子和 polyA 尾（存在于约 50% lncRNA 中）。有研究表明，lncRNA 参与多种生物调控，如 MALAT1 作为核斑中存在的 lncRNA，在 RNA 选择性剪接的过程中有着重要的作用。MALAT1 能够与富含丝氨酸 / 精氨酸的剪接因子蛋白相互作用，并改变这些剪接因子在核斑中的分布，最终能够以细胞特异性的方式改变 pre-mRNA 的可变剪接。另外，核仁小分子 RNA（small nucleolar RNA，snoRNA）是一类小分子非编码 RNA，且多富集于核仁，代谢稳定。而来源于内含子的双末端以小核仁 RNA（snoRNA）结尾的新型长链非编码 RNA（sno-lncRNA），可以通过结合剪接因子 Fox2 调节多能干细胞中的可变剪接，也参与普拉德 - 威利综合征（Prider-Willi syndrome）的发病机制。有意思的是，在小鼠转录组 rpl13a mRNA 中存在一个物种特异的选择性剪接，它不仅可以转录产生具有不同编码功能的 mRNA，并相应地产生一个特异的 sno-lncRNA，该 sno-lncRNA 在小鼠中高表达，但是在人（胚胎干细胞）中缺失。这些研究结果表明哺乳动物基因组编码基因和非编码基因组成了一个复杂的调控网络。

2. m^6A 修饰调控 RNA 选择性剪接　RNA 的二级结构使基因表达调控可以并不严格依赖于碱基的基本序列。例如，当单链 RNA（ssRNA）分子的两个区域形成碱基对双链（茎），末端未配对碱基形成环状时，RNA 茎环就产生了，茎环能通过将调控蛋白吸引到茎上或环上（或两者）的方式起静态作用。当然，它还能起动态作用，即在不同因素条件下通过改变结构，在 RNA 水平上进行调控转换，影响细胞功能。m^6A 可以作为 RNA 的结构开关，动态地改变 mRNA 的二级结构，促进其与不均一核糖核蛋白 C（heterogeneous nuclear ribonucleoprotein C，hnRNPC）的结合，从而影响 mRNA 的选择性剪接。也就是说，m^6A 可以通过改变 RNA 结构调节其与蛋白质的互作，进而影响 mRNA 的选择性剪接。

四、翻译水平的调控

真核生物翻译的起始过程也是调控蛋白质生物合成过程的关键点。在翻译起始过程中，有大量的翻译起始因子参与，它们的活性变化与基因表达调控密切相关。对起始因子活性的调控，磷酸化与去磷酸化修饰是一种主要的方式，而不同因子的活性形式各不相同。

1. 翻译起始因子 eIF-2α 的磷酸化抑制翻译起始 eIF-2 是蛋白质合成过程中的一种起始因子，主要参与起始 Met-tRNAi 的进位过程，其 α 亚基的活性可因磷酸化（cAMP 依赖性蛋白激酶所催化）而降低，导致蛋白质合成受到抑制。例如，血红素对珠蛋白合成的调节就是由于血红素能抑制 cAMP 依赖性蛋白激酶的活化，从而防止或减少 eIF-2 的失活，促进蛋白质的合成。

2. eIF-4E 及 eIF-4E 结合蛋白的磷酸化激活翻译起始 帽结合蛋白 eIF-4E 与 mRNA 帽结构的结合是翻译起始的限速步骤，磷酸化修饰及与抑制物蛋白的结合均可调节 eIF-4E 的活性。磷酸化的 eIF-4E 与帽结构的结合力是非磷酸化的 eIF-4E 的 4 倍，因而可提高翻译的效率。胰岛素及其他一些生长因子都可增加 eIF-4E 的磷酸化从而加快翻译，促进细胞生长。同时，胰岛素还可以通过激活相应的蛋白激酶而使一些与 eIF-4E 结合的抑制物蛋白磷酸化，磷酸化后的抑制物蛋白会与 eIF-4E 解离，激活 eIF-4E。

3. 非编码 RNA 调控蛋白质翻译 起始因子与 mRNA 的结合，也伴随着非编码 RNA 的调控。MIWI 结合 eIF-4E，MILI 能够和 eIF-3A 相互作用，这些都间接表明 piRNA 调控翻译进程。piRNA（Piwi-interacting RNA）是一类新的非编码 RNA，为能够与 Piwi 蛋白相互作用的、长度约为 30 nt 的小 RNA。虽然目前人们对 piRNA 的功能了解还相当有限，但是生殖细胞中 piRNA 富集现象和 Piwi 突变体表现为男性不育，表明 piRNA 在配子形成过程中起重要作用。lncRNA-p21 能够与核糖体共同作用于细胞中，并抑制 mRNA 的翻译。*CTNNB1* 和 *JUNB* 基因转录产物的编码区和非翻译区能够与 lncRNA-p21 以不完全互补的方式相互作用，形成 lncRNA-p21-mRNA 的复合物。这种复合物能够与翻译抑制因子 Rck 和 Fmrp 相互作用，从而抑制 mRNA 的翻译。*BC1* 是长度为 152 个碱基的 lncRNA，表达于神经细胞和生殖细胞中。*BC1* 的 3′ 端能够与翻译起始因子 eIF-4A 及 poly A 绑定蛋白（PABP）相互作用，因此抑制翻译起始复合物的装配，并抑制翻译进程。关于 piRNA 调控翻译进程的作用机制还未完全研究清楚。

4. RNA 修饰参与翻译的调控 研究发现，真核生物 mRNA 5′ 端的 m^7G 修饰可以促进蛋白质合成，通过 β - 消除的方式移除 m^7G 修饰 mRNA 就不能翻译，并且 5′ 帽子中的 2′-*O*- 甲基化修饰也可以促进 mRNA 和核糖体的结合。另外，帽子绑定蛋白 (cap binding protein，CBP) 可以识别 mRNA 5′ 端 m^7GpppN 并与其结合，促进 mRNA 和核糖体的结合，从而影响蛋白质合成起始；同时，CBP 可以与 ploy A 绑定蛋白（PABP）相互作用，拉近 5′ 帽子与 ployA 尾的距离，形成的环状结构可以加强帽结构与 CBP 的亲和力，加快核糖体的循环，从而提高翻译效率。

另外，m^6A 可以通过其结合蛋白 YTHDF1 调节 mRNA 的翻译效率。m^6A 修饰可以介导不依赖于帽子结构的翻译起始，正常情况下 YTHDF2 蛋白在细胞质，但在热刺激条件下该蛋白会进入细胞核与 mRNA 5′-UTR 的 m^6A 修饰结合，保护该修饰不被 FTO 擦除，细胞质中的 eIF-3 可以与 5′-UTR 的 m^6A 结合起始翻译，不需要依赖帽子结构。5′-UTR 只要有一个 m^6A 修饰就可以介导此类翻译起始，并且 m^6A 位点位于 5′-UTR 的 3′ 端（起始密码子上游附近）时，这种翻译起始的效率最高。

第三节　干　细　胞

一、干细胞的概念与分类

如果一个细胞在分裂时产生一个自身的复制品 [该过程称为自我更新（self-renewal）]，以及一个进一步发育和分化的子细胞，这个细胞会被称为干细胞。干细胞进行对称分裂，可以形成两个相同的具备自我更新能力的干细胞，也可以产生两个分化命运子细胞，由此带来干细胞群体扩增，或者群体减少。干细胞也可以进行不对称分裂，产生一个具备自我更新能力的细胞，同时也产生一个继续分化的细胞。基于两种类型细胞的产生，一个干细胞和一个命运分化细胞，这种不对称分裂称为单细胞不对称性（single stem cell asymmetry），该种分裂策略为许多干细胞所采用。还有一种多见于成体干细胞的分裂方式，一些细胞更倾向于产生分化的子细胞，这些细胞会被另外一些进行对称分裂的干细胞所取代，由此维持细胞群体的稳定性（图 14-9）。

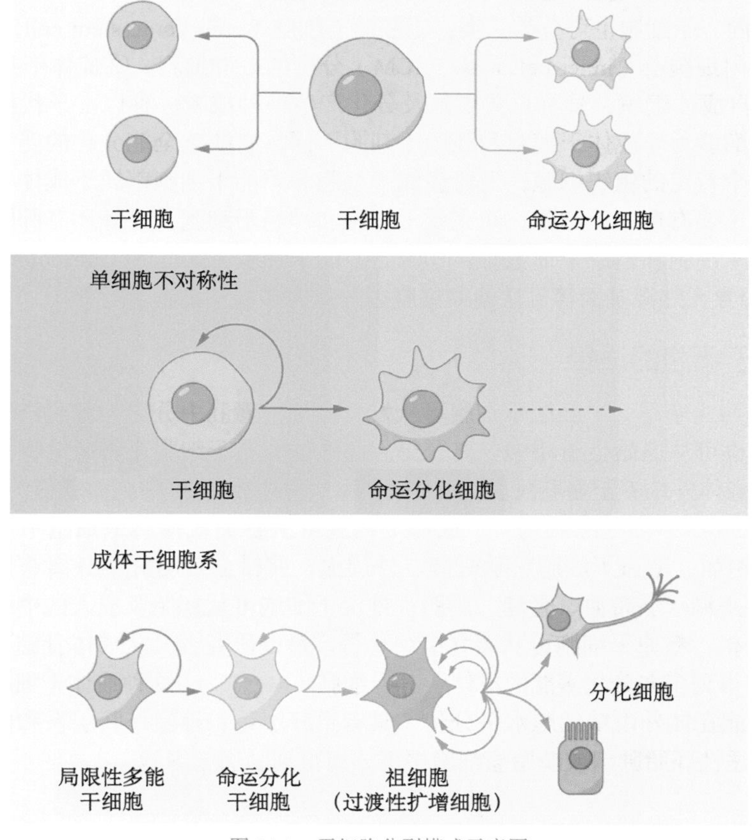

图 14-9　干细胞分裂模式示意图

干细胞的基本功能主要围绕着自我更新与分化，二者之间如何协调以满足胚胎发育需求或者组织器官稳态是人们非常关注的命题。研究表明，干细胞依赖干细胞微环境 - 干细胞巢（stem cell niche）进行调节。干细胞外的广泛物理支撑接触因素，包括干细胞外基质、干细胞表面黏着因子、微环境中细胞密度等，以及干细胞外多种信号分子等组成的化学因素，结合干细胞内部的调节机制，构成干细胞微环境，调节干细胞状态以应对机体复杂需求。

根据分化潜能的大小，干细胞可分为三类：①全能干细胞（totipotent stem cell），具有形成完整个体的分化潜能。②多能干细胞（pluripotent stem cell），具有分化出多种细胞组织的潜能，但却失去了发育成完整个体的能力，发育潜能受到一定的限制，如造血干细胞（hematopoietic stem cell，HSC）可分化为各种类型的血细胞；神经干细胞（neural stem cell，NSC）可分化为神经元、神经胶质细胞；间充质干细胞（mesenchymal stem cell，MSC）可分化为脂肪细胞、成骨细胞和软骨细胞等。③单能干细胞（unipotent stem cell），只能向一种或两种密切相关的细胞类型分化，如上皮组织基底层的干细胞、肌肉中的成肌细胞、睾丸中的精原干细胞等。

实际上，真正含义上的哺乳动物全能干细胞只有受精卵和卵裂早期的细胞（一般不超过 4 个细胞的卵裂球）。它们不仅可以分化产生 3 个胚层中的各种类型的细胞，而且还能发育成胎盘组织，最终产生子代个体。多潜能干细胞通常是指在一定条件下，能分化产生 3 个胚层中的各种类型的细胞并形成器官的一类干细胞，如胚胎干细胞和生殖嵴（genital ridge）干细胞，小鼠的胚胎干细胞在体内和体外都可以分化产生 3 个胚层的各种细胞类型，当移植到发育的囊胚中后，还可以发育成新生的个体。因此也有人认为，胚胎干细胞是一种全能干细胞，但如将其植入子宫中，由于不能分化成胚外组织，所以无法发育成正常个体。

根据来源不同，干细胞也可分为三类：①胚胎干细胞（embryonic stem cell，ESC），是从哺乳类动物的囊胚内细胞群（inner cell mass，ICM）分离的一群细胞。②成体干细胞（adult stem cell，ASC），来自成体组织，具有自我更新及分化产生一种或者一种以上子代组织细胞的干细胞，有横向分化的能力。成体干细胞和胚胎干细胞不同，它缺乏全能分化的能力，而只能定向分化为一类或某个特定的组织细胞，上述多能干细胞和单能干细胞都属于成体干细胞。目前发现的成体干细胞主要有造血干细胞、间充质干细胞和神经干细胞，另外还有肝脏干细胞、皮肤干细胞、肠上皮干细胞和精原干细胞等。③诱导多能干细胞（induced pluripotent stem cell，iPS 细胞），通过采用导入外源基因等方法使体细胞去分化为多能干细胞。

二、获得干细胞的途径

1. 胚胎干细胞的获得 胚胎干细胞可从发育良好的囊胚中分离内细胞群细胞体外培养获得（图 14-10），也可从原始生殖嵴中分离获得。此外，胚胎干细胞还可通过将体细胞核移植到去核卵细胞中，经体外培养至囊胚阶段，从中分离、培养内细胞群细胞而获得。

二维码

2. 成体干细胞的获得 成体干细胞可从各类成体组织细胞中分离得到【二维码】。例如，造血干细胞可从骨髓、外周血、脐带血及胎肝中分离获得；间充质干细胞主要来源于脐带血、骨髓、脂肪；神经干细胞可从胚胎及成人的中枢和周围神经系统中获得；精原干细胞可从睾丸组织获得。最近研究者又从成体骨髓、肌肉及脑组织中分离得到多向分化潜能的成体原始干细胞（MAPC），这种成体干细胞具有胚胎干细胞的某些特征，能在体外由单细胞水平分化为具有中胚层系、神经外胚层系和内胚层系特征的细胞。此外，从恶性胚胎肿瘤或畸胎瘤细胞中可分离得到肿瘤干细胞。

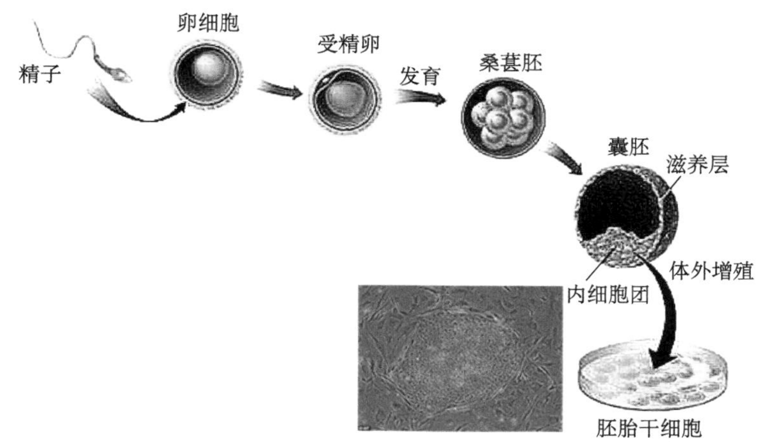

图 14-10　胚胎干细胞建系示意图与体外培养的胚胎干细胞

三、干细胞建系及其应用

（一）胚胎干细胞

哺乳动物的受精卵经历卵裂与桑葚胚形成后，会通过成腔作用形成胚泡。胚泡在结构上包含一个球状层的滋养外胚层细胞，包裹内细胞团和充满液体的囊胚腔。1981 年，英国剑桥大学科学家 Evans 和 Kaufman 采集附植前小鼠胚泡的内细胞团，首次成功建立了小鼠胚胎干细胞系。该小鼠胚胎干细胞系具有向三个胚层细胞分化的潜能，在体外特定的培养条件下能分化形成不同的细胞类型，包括造血细胞、肌肉细胞、神经元等。植入囊胚后，胚胎干细胞参与正常的胚胎发育和器官形成，在特定的条件下还能发育成正常的小鼠。因为这项研究，埃文斯（Evans）于 2007 年获诺贝尔生理学或医学奖。1998 年，美国威斯康星大学麦迪逊分校的发育生物学家 James Thomson 等，从捐赠的人类体外受精胚胎分离并培养成功人胚胎干细胞系。同年，约翰霍普金斯大学的 John Gearhart 等从捐赠的 5～9 周龄流产胎儿的神经嵴，获得具有正常核型的人胚胎干细胞系，称为人胚胎生殖嵴干细胞。随后，我国科学家在国内也建立了多株人胚胎干细胞系。

胚胎干细胞的多潜能依赖于多个核心转录因子的表达。这些转录因子包括 Oct4、Sox2、Nanog。在这些转录因子中，Oct4、Nanog 只在多能干细胞中表达。Sox2 不仅在多能干细胞中表达，也在局限多能神经干细胞中表达。依赖染色质免疫共沉淀技术，这些转录因子被发现结合在大量基因的相应位点上，提示这些转录因子控制大量基因的转录表达以维持其状态。在这些受调控基因中，编码 Oct4、Sox2、Nanog 的基因自身也受到调控，表明这些转录因子也参与自调控循环（图 14-11）。此外，在多能干细胞特性维持中，人们发现染色质因子，如果蝇中鉴定到的多梳蛋白家族及哺乳动物中多梳蛋白家族相似成员 PRC1、PRC2 等，均在胚胎干细胞中高表达。

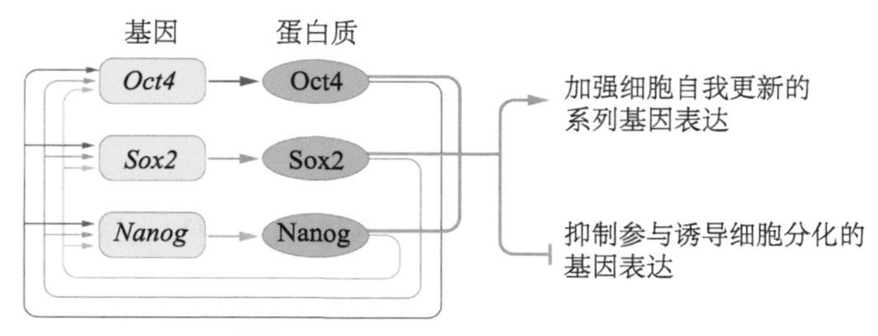

图 14-11　维持胚胎干细胞多能性的转录因子调控示意图

胚胎干细胞可用于研究哺乳动物个体发生和发育的规律，也是在体外条件下研究细胞分化的理想材料。胚胎干细胞通过诱导分化可产生新的组织细胞，用于细胞替代治疗（图 14-12）。胚胎干细胞还是基因治疗最理想的靶细胞，也是通过基因编辑或转基因手段生产转基因动物的理想材料。但是，人类 ES 细胞的研究工作引起了全世界范围内的很大争议，出于社会伦理学方面的原因，有些国家甚至明令禁止进行人类 ES 细胞研究。

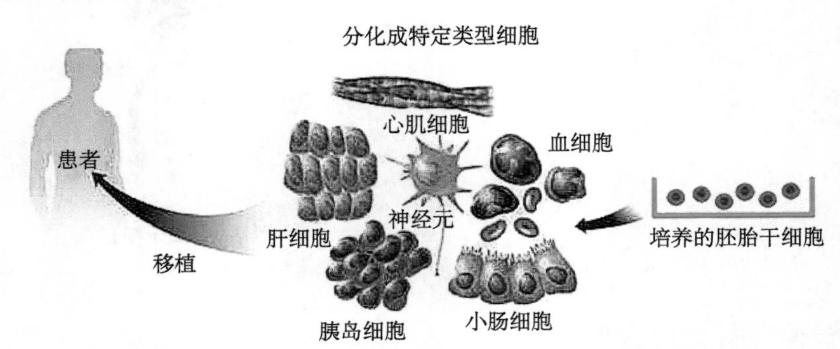

图 14-12　利用胚胎干细胞进行细胞替代治疗的示意图

（二）成体干细胞

在生物有机体中，多数细胞是有一定寿命的，它们的存活时间远远短于生物体的寿命。此外，疾病及物理化学的损伤，还会加速成体细胞的细胞衰老与死亡，因此生物有机体需要产生足够的各种不同类型的细胞，以维持机体的组织稳态。研究表明，几乎所有的成体组织器官中均存在成体干细胞，目前发现的成体干细胞主要有造血干细胞、间充质干细胞和神经干细胞，另外还有肝脏干细胞、皮肤干细胞和肠上皮干细胞等。

成体干细胞和胚胎干细胞不同，只能定向分化为一类或某个特定的组织细胞，属于局限多能干细胞。因为缺乏高水平的端粒末端转移酶，成体干细胞的增殖能力有限，自我更新能力较胚胎干细胞弱。局限多能干细胞进行对称分裂时，子细胞会经历过渡性扩增细胞（transient amplifying cells）时期，然后，这些过渡性扩增细胞会进一步分化成成熟细胞。

造血干细胞是人们了解得比较深入的一类成体干细胞。骨髓移植是依赖造血干细胞的一种干细胞疗法，应用于血液系统疾病治疗。在成体骨髓中特殊微环境中存在的长期造血干细胞（long-term hematopoietic stem cell，LT-HSC），具有极强的自我更新能力。这些长期造血干细胞会在外界刺激下（如缺氧等），分化成短期造血干细胞（short-term hematopietic stem cell，ST-HSC）。这些短期造血干细胞只具备有限的自我更新能力，只能在一定时期内维持机体的造血机能。短期造血干细胞可以继续分化成多能前体祖细胞（multipotent progenitor，MPP），并进一步分化成共同淋巴样祖细胞（common lymphoid progenitor，CLP）或共同髓样祖细胞（common myeloid progenitor，CMP）等（图 14-13）。

二维码

小肠干细胞微环境及其分化的研究也比较透彻，具体见【二维码】。

（三）细胞重编程与 iPS 细胞

在发育过程中，分化的细胞尽管保留了完整的基因组，但是细胞的分化潜能会呈现一种急剧下降的趋势，即由发育早期的全能性细胞逐渐过渡到发育后期和成体中的多能和单能性细胞，最终形成某一终末分化类型。该过程是否能逆转一直是人们关注问题。早在 20 世纪 50 年代，Gurdon 利用两栖类动物进行核移植实验证明，将蝌蚪的肠上皮细胞核植入去核的卵子中，能发

造血干细胞微环境

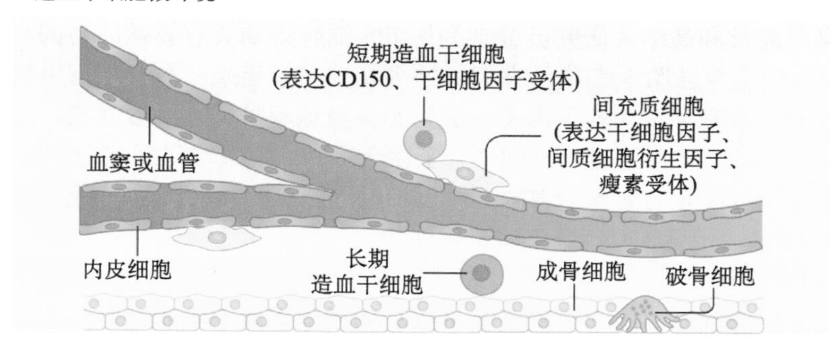

造血干细胞逐级分化

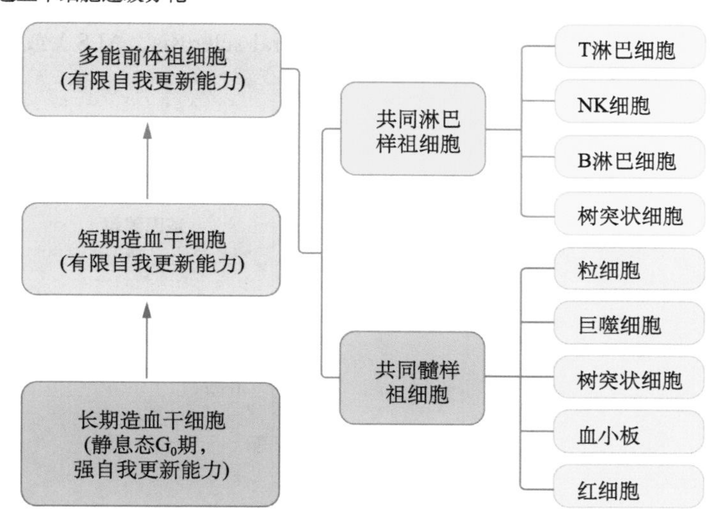

图 14-13　造血干细胞微环境及其逐级分化示意图

育成蝌蚪甚至发育成蛙。1997 年英国科学家 Wilnut 等将羊的乳腺上皮细胞的细胞核植入去核的羊卵细胞中，成功地克隆了名为“多莉”的克隆羊。随后，小鼠、大鼠、狗、牛、猪和猴等的克隆均获得成功，这些成功报道均显示分化细胞的染色质能够回到初始未分化状态。人们将这种由已经分化了的成年体细胞进行诱导，让其重新回到发育早期多能性干细胞状态的过程，称为重编程（reprogramming）。

上述研究表明，卵母细胞中存在的某些因子，能够诱导细胞重编程发生。由于卵母细胞中的活性因子非常丰富，明确这些潜在的关键活性因子被认为是不可逾越的困难。来自胚胎干细胞的多能性维持机制研究揭示关键转录因子在胚胎干细胞多潜能性维持中起着重要作用。日本京都大学研究人员 Kazutoshi Takahashi 和 Shinya Yamanaka（山中伸弥）选取了 24 个对胚胎干细胞维持重要的基因，在小鼠的成纤维细胞中分组表达，结果发现，利用逆转录病毒同时转入表达 4 个转录因子（KLF4、Oct4、Sox2、c-Myc）的基因，就可以将成年小鼠身体的任何一类细胞转变成具有胚胎干细胞多能性的诱导多能干细胞（induced pluripotent stem cell，iPS）。基于这一开创性工作，山中伸弥获得了 2012 年的诺贝尔生理学或医学奖。

在最初使用的 4 种转录因子组合中，原癌基因编码的 c-Myc 能打开染色质，促使 Sox2、Oct4、Nanog 靠近靶基因促进细胞的自我更新，但是，c-Myc 也会增加 iPS 细胞的成瘤性，给其临床应用带来风险。在进一步的研究中，研究者以腺病毒、质粒为载体替代逆转录病毒并向细胞中转入相关RNA、蛋白质等，均可以诱导iPS细胞产生，降低了iPS细胞成瘤风险。2009年，我国科学家周琪研究员和高绍荣研究员分别利用iPS细胞得到具有繁殖能力的小鼠，在世界上第一次证明了iPS细胞与胚胎干细胞具有相似的多能性。近年来，利用具有生物活性的化学小分子提高重编程效率及完全替代转录因子，成为细胞重编程技术的研发热点。邓宏魁研究员筛选出能替代Oct4、Sox2、Klf4和c-Myc的小分子化合物组合，成功得到完全重编程细胞。此外，该课题组探究了在小分子化合物组合基础上，添加不同化合物组合，获得化学诱导多能干细胞（chemically induced pluripotent stem cell，CiPSC）。

iPS细胞的出现，在干细胞研究领域、表观遗传学研究领域及生物医学研究领域都引起了强烈的反响。在医学研究领域，医学研究人员可以利用诱导多能干细胞治疗病变的人体组织，由此避免胚胎干细胞利用的伦理学困扰。诱导多能干细胞可以被用来开展疾病的病理学研究，结合基因疗法开展干细胞治疗、移植及药物筛选等（图14-14）。利用诱导多能干细胞治疗肌萎缩侧索硬化（amyotrophic lateral sclerosis，ALS）或Lou Gehrig氏病，是其中一个典型的例子【二维码】。

二维码

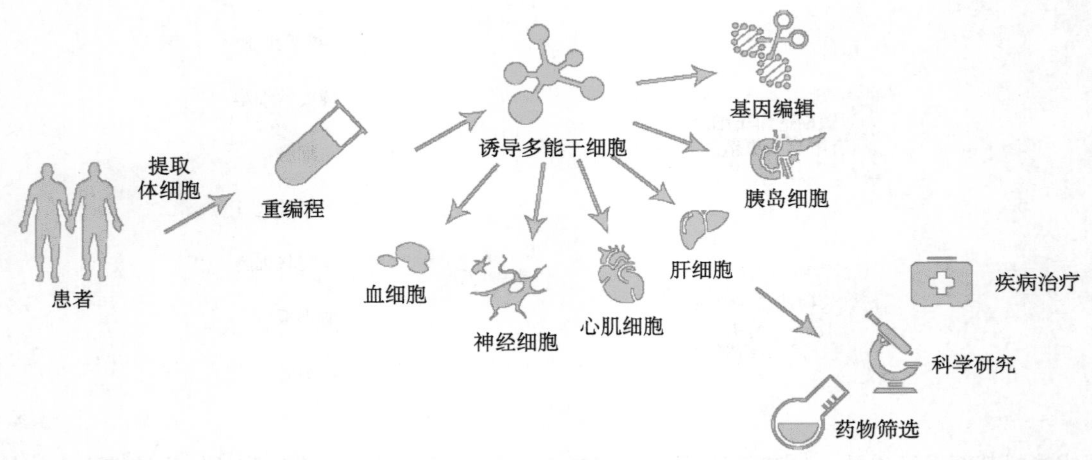

图14-14 诱导多能干细胞在基础和临床医学研究中的潜在应用

四、植物干细胞

植物有惊人的再生能力。20世纪中期进行的实验证明，从胡萝卜根中分离出来的单个细胞，当被置于含有适当混合营养和激素的培养基时，能够使整株植物再生，该实验被视为所有的植物细胞都是全能的例证。然而，随着动物细胞中iPS细胞的生成与获得，以及对植物再生细胞的仔细分析，植物中所有组织和器官的产生都依赖于少量的干细胞的认知日渐获得共识。

植物干细胞所处的微环境，称为分生组织。植物的地上部分衍生自茎尖分生组织，地下部分衍生自根尖分生组织（图14-15）。通过对拟南芥分生组织细胞基因表达谱研究，干细胞识别、维持和细胞分化所需要的基因逐渐被明确。茎尖分生组织的一个决定因素是称为*WUSCHEL*（*WUS*）的基因，该基因编码一个同源域转录因子。WUS可以通过相互连接的胞质从组织中心细胞移动到干细胞。WUS还直接激活CLAVATA3 (CLV3) 在干细胞中的表达，CLV3作为小分泌肽与组织中心细胞表面的CLV1受体结合，负调控*WUS*表达。WUS转录因子和CLV3信号分子之间的负反馈回路在植物生命周期中维持着干细胞和分裂子细胞的数量。

与茎分生组织不同，根分生组织由谱系限制干细胞组成。这些细胞位于静息中心周围，并与4个非常缓慢分裂的细胞相邻。不同于茎的分裂，根尖干细胞的分裂是不对称的，失去了与静止中心连接的子细胞会分裂几次，然后分化。植物激素生长素（吲哚-3-乙酸）协调参与植物生长和分化的许多过程，尤其对根分生组织微环境的形成至关重要。如果静止中心被烧蚀，一个新的干细胞巢就会在生长素高度集中的区域形成。WUS同源物WOX5在静止中心的表达是维持根尖干细胞所必需的。在产生根冠的干细胞中，生长素通过生长素响应转录因子抑制*WOX5*表达，从而促进细胞分化。

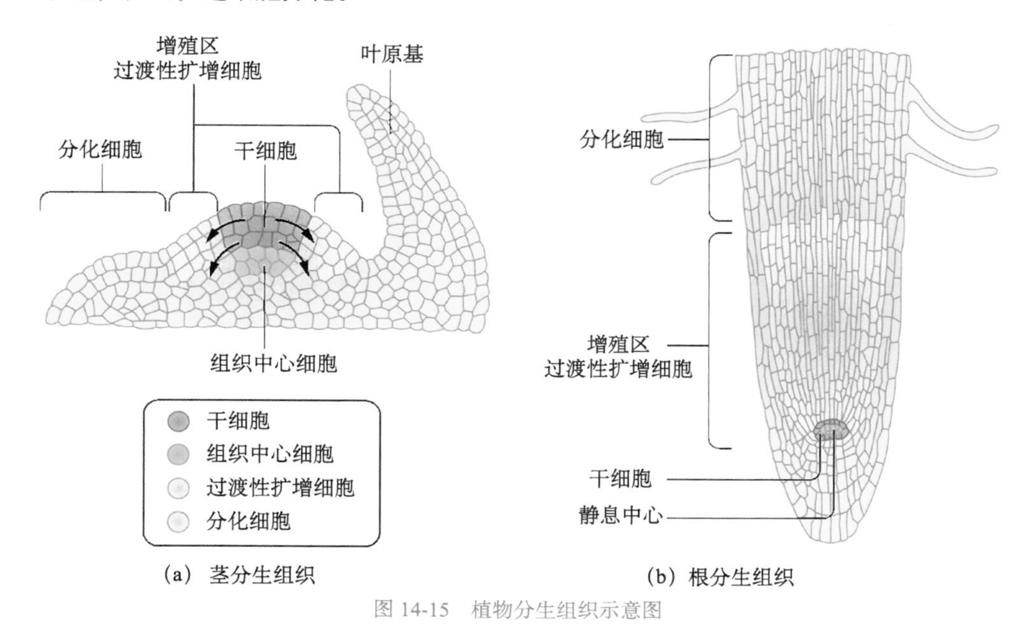

图14-15　植物分生组织示意图

思考题

1. 影响细胞分化的因素有哪些？
2. 细胞分化的分子基础是什么？如何理解细胞分化与基因表达之间的关系？
3. 简述干细胞的类型及其特点。
4. 什么是细胞重编程？细胞重编程有何生物学意义？
5. 什么是植物干细胞？植物干细胞维持的分子机制是什么？

本章核心概念及更多布鲁姆学习目标层次习题见【二维码】。

二维码

本章知识脉络导图

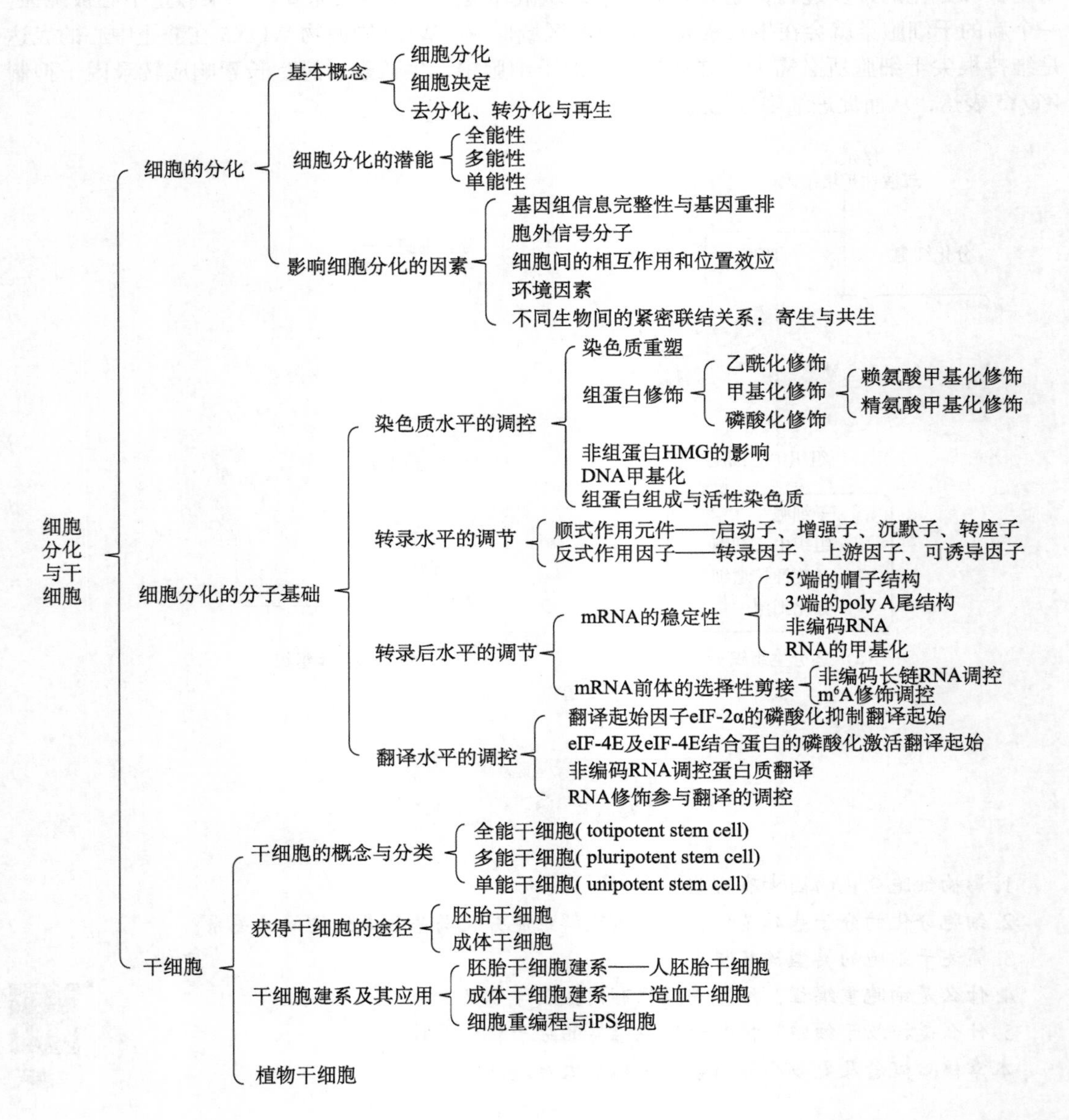

（李　娟，郑　以，曾文先）

第十五章　细胞衰老与死亡

“生老病死”是生命体的普遍规律，细胞作为生命的基本单位也不例外。衰老具有多层含义，可以具体表现为个体衰老、细胞衰老（cell aging）、细胞器衰老、生物大分子衰老等不同层次。个体衰老在某种程度上与细胞衰老有关，因此有相当多的研究者用体外培养的细胞为模型来研究衰老现象。就单细胞生物而言，细胞死亡（cell death）即个体的死亡。对于多细胞生物，细胞死亡是维持整个生物体的正常生长发育及生命活动的必要条件，它和细胞增殖一样对生命体均具有重要意义。细胞死亡的方式多种多样，包括细胞凋亡（apoptosis）、坏死（necrosis）、自噬性细胞死亡（autophagic cell death）和细胞焦亡（pyroptosis）等，它们具有不同的形态和分子特征，发挥不同的功能，但均受到细胞内在基因控制，要求特定的基因表达，是“主动”而非“被动”的过程，所以这种细胞死亡常常被称为程序性细胞死亡（programmed cell death，PCD）。机体通过细胞衰老和凋亡清除畸变和多余细胞，保证新陈代谢正常进行。对多细胞生物而言，细胞死亡和细胞衰老是两个不同的生理过程，有着不同的分子机制。

第一节　细胞衰老

个体的衰老（aging）是指随着年龄的增加，机体功能呈现退行性变化并伴随生殖能力下降和死亡率上升的现象。人们所关注的个体衰老是一个长时程过程，追踪和研究难度较大，因此人们对于衰老特别是人体衰老的机制知之甚少。细胞的衰老死亡是一种常见的生命现象，涉及各种生理过程。有机体个体发育要经历从胚胎发育、出生、生长发育、成熟和衰老死亡的历程，而机体的细胞也要经历由未分化到分化、由分化到衰老和由衰老到死亡的过程。

从增殖能力的角度来看，细胞可分为三类：第一类细胞在机体出生后不再分裂增生，并不可逆地脱离细胞周期但仍保持生理机能活动，这类细胞数量随机体的衰老而逐渐减少，如神经细胞、肌肉细胞、多形核白细胞等；第二类细胞具有缓慢更新的特点，此类细胞暂时脱离细胞周期不进行增殖，但在适当的刺激下可重新进入细胞周期，如淋巴细胞、肝细胞、肾细胞、甲状腺细胞等；第三类细胞更新速度快，在细胞周期中呈连续运转，可经过细胞分裂、分化、成熟、衰老、死亡、新生细胞补充更新等阶段，如小肠绒毛上皮细胞、表皮基底层细胞、新生骨髓细胞等。在体内，三类细胞寿命不同但分工合作，组成统一整体。简而言之，具有持续分裂能力的细胞通常不容易衰老，而分化程度高、又不分裂的细胞寿命是有限的，最终导致衰老与消亡。

细胞衰老（cellular aging 或 cell senescence），一般的含义是指复制衰老（replicative senescence），即体外培养的正常细胞经过有限次数的分裂后停止生长，细胞形态和生理代谢活动发生显著改变的现象。迄今为止，除了干细胞和大多数肿瘤细胞，来自不同生物、不同年龄供体的原代培养细胞均存在复制衰老现象。关于复制衰老，即细胞的复制能力是有限的概念在生物学研究史上曾引发广泛争论。建立推广细胞培养技术的诺贝尔生理学或医学奖获得者卡雷尔曾认为细胞可以在良好的培养基中无限增殖，直到 1961 年，美国生物学家 Leonard Hayflick 和他的同事 Moorhead 在 *Experimental Cell Research* 上发表了他们的实验结果，首次证实细胞至少是培养的细胞，不是不死的，而是有一定的寿命；它们的增殖能力不是无限的，而是有一定的界限，这就是著名的 Hayflick 界限（Hayflick limitation）。

一、细胞衰老的特征

二维码

细胞衰老的一般特征主要表现在细胞形态结构、生物化学及基因水平几方面的各种变化。在形态结构上，主要表现为细胞内水分减少、致密体的形成，以及细胞膜、细胞核和细胞器形态异常等。在生物化学水平上，细胞衰老主要表现在 DNA 链断裂、复制和修复能力降低，mRNA 合成和与核糖体的结合能力降低，以及蛋白质和酶活性与功能受损等。细胞衰老时的形态及生化变化详见【二维码】。

细胞衰老是外界环境因素和内在遗传因素共同作用的结果。研究发现，某些基因的突变与衰老密切相关。在线虫（*C. elegans*）中的研究发现，发生 *daf-2* 基因突变的线虫寿命可比野生型延长一倍；而在虫卵早期发育中，若 *clk-1* 基因突变，则突变型线虫寿命比野生型延长约 50%。在酵母突变体中，*sir4* 基因突变延长了细胞寿命。在人类中，Werner 综合征（WS）是一种罕见的常染色体隐性遗传病，由 WS 解旋酶基因突变所致，其特征为衰老加速，患者 30 多岁就会出现老年人的衰老现象。儿童早老症（Hutchinson-Gilford 综合征）患者一出生即发生典型的衰老现象，通常在 5～10 岁时身体各脏器衰竭死亡，这说明基因影响个体寿命的长短。

二、细胞衰老的检测方法

1. β-半乳糖苷酶活性检测 1995 年，Dimiri 等发现体外培养的二倍体成纤维细胞在培养基 pH 为 6 时，其β-半乳糖苷酶染色的阳性率随细胞传代的次数增加而逐渐上调，他们把这种中性 β-半乳糖苷酶定义为 SA-β-gal，即衰老相关的 β-半乳糖苷酶。衰老细胞或组织产生的 β-半乳糖苷酶可以催化底物 X-Gal，生成深蓝色产物，从而在光学显微镜中观察到。

2. 端粒限制性片段分析 限制性酶会将基因组 DNA 消化为短的片段，留下大量完好的端粒，即所谓的端粒限制性片段。以凝胶电泳分离基因组片段，通过放射性探针 CCCTAA，杂交 TTAGGG 端粒重复序列的方式可以检测到端粒的存在。

3. 荧光原位杂交检测端粒长度 荧光原位杂交（flourescence in situ hybridization，FISH）分析端粒长度，是基于荧光标记的（CCCTAA）肽核酸（PNA）探针与分裂中期细胞的变性端粒 DNA 重复序列杂交，荧光信号可以被检测，通过软件与已知端粒长度的标准品比对来分析端粒长度。PNA 探针是 DNA 同源的合成肽链，其中 DNA 带负电的磷酸戊糖骨架被不带电的 *N*-2-胺乙基甘氨酸骨架所取代，这样的修饰产生了非常稳定高效的针对靶 DNA 的特异性杂交。PNA 探针发出的荧光信号与所杂交的端粒长度直接相关，因此这种方法可用于测量端粒的长度。

三、细胞衰老的生理意义

来源于体内外的大量研究表明，细胞衰老抑制恶性肿瘤进展，而细胞衰老的缺陷会导致肿瘤易感性增加。研究发现，不同的基因工程小鼠含有不易老化的细胞，使得它们存在不同程度的肿瘤易感性；来源于人类 Li-Fraumeni 综合征患者的细胞携带 *p53* 和 *CHK2* 突变，具有衰老抗性，也对肿瘤易感。此外，人们还从人类皮肤良性的黑色素痣中发现有原癌基因 *BRAF* 和衰老细胞的存在，在良性前列腺增生中也发现衰老细胞存在。这些证据显示，细胞老化具有抑制肿瘤的作用，衰老细胞的作用是防止细胞原癌基因表达，造成恶性肿瘤。

四、细胞衰老的分子机制

1. 复制衰老预定程序机制　Hayflick 在研究中发现，体外培养的人胚胎细胞的倍增次数是有限的，并且正常细胞冻存后仍然“记得”之前复制了多少次，继续复制的次数累计与未冻存的细胞一致，这些现象说明细胞具有某种计算复制次数的机制。那么细胞这种“计数”机制究竟是什么呢?

早在 1978 年，Elizabeth Blackbum 发现四膜虫的端粒由 TTGGGG 重复序列构成，而哺乳动物细胞的端粒序列是类似的 TTAGGG，从而使得端粒的长度得以测算。1986 年，研究证实不同组织细胞端粒长度不同，而体外培养细胞的端粒长度随着世代增加确实在不断缩短，这才使得端粒在 Hayflick 界限中发挥功能的说法得到大家的认同。1998 年，研究者获得了端粒的缩短能够导致细胞衰老的直接证据。在人的生殖细胞及能够无限分裂的癌细胞中存在一种酶称为端粒酶（telomerase），它能够以自身含有的 RNA 为模板，逆转录出母链末端的端粒 DNA，从而避免子链端粒序列的缩短。在正常的体细胞中，端粒酶处于失活状态，将活化的端粒酶导入正常的人成纤维细胞并使其持续表达，结果细胞的端粒不再缩短，而细胞的复制寿命也增加了近 5 倍。此后人们发现，抑制端粒酶的活性能够引发癌细胞的衰老。由此，端粒被人们认为是细胞的“分子时钟”。

端粒的缩短又是如何引发细胞的复制衰老的呢？许多发育生物学家认为，衰老本身就是一个遗传过程。程序衰老学说认为，衰老同发育、生长及成熟相似，都是由某种遗传程序规定，按时表达出来的生命现象，好像有个“生物钟”支配着生命现象的循序展开。实验证明，这个“生物钟”在细胞核内，由核内 DNA 控制着个体的衰老程序，控制生长发育的基因在各个发育时期有序地开启与关闭。由于控制机体衰老的基因往往在生命后期开启而导致了衰老，这些基因因此被称为“衰老基因”。细胞衰老与 p53 信号通路有关。p53 是著名的肿瘤抑制因子，DNA 的损伤会诱导 p53 的表达，进而诱导细胞凋亡或生长停滞，避免细胞因为 DNA 的损伤而发生癌变。端粒的缩短（可视作 DNA 的一种损伤）也会使细胞中的 p53 含量增加，因此推测 p53 通过识别失去功能的端粒，继而诱导 p21 的表达，抑制细胞周期蛋白激酶 CDK 的活化，使得 Rb 蛋白不能被磷酸化而使 E2F 处于持续失活状态，导致细胞不能从 G_1 期进入 S 期，最终引发细胞衰老（图 15-1）。实验证明，在培养的人成纤维细胞接近衰老时 p53 确实会活化，因此人们认为 p53 可能是一个主要的衰老启动因子。

2. 压力诱导的早熟性衰老　除了细胞内端粒缩短可以诱发的复制衰老（RS）以外，许多刺激因素如过量的氧、乙醇、离子辐射和丝裂霉素 C（mitomycin C）等，均能够缩短细胞的复制寿命，促进细胞衰老。1999 年，研究者将这一类型的细胞衰老称为压力诱导的早熟性衰老（stress induced prematuresenescence，SIPS）。SIPS 与 RS 的机制类似，均涉及 p53-p21 及 p16 信号途径。在这一类型的衰老模式中，研究较多的是氧化损伤引起的细胞衰老。

氧化损伤理论是衰老机制的主要理论之一。该理论认为，衰老现象是由生命活动中代谢产生的活性氧成分造成的损伤积累引起的。生物体吸收的氧中有 2%～3% 转变为活性氧成分，如超氧阴离子、过氧化氢和羟自由基等。活性氧成分对生物大分子如蛋白质、脂质、核酸等均有损伤作用，而且还会使线粒体 DNA 发生特异性的突变。支持氧化损伤理论的证据之一是抗氧化基因的转基因动物实验。该实验发现，过量表达铜 / 锌超氧物歧化酶和过氧化氢酶的转基因果蝇，比未转化的对照组果蝇寿命延长了 34%；在果蝇成体的神经元中表达人的超氧化物歧化酶 1 基因，也能使果蝇的寿命延长 40%。

3. 单细胞生物的衰老　与多细胞生物不同，单细胞生物的细胞衰老即个体衰老。这方面的研究主要是在芽殖酵母中进行的。芽殖酵母的分裂是不均等的，分裂时会产生一个较大的母

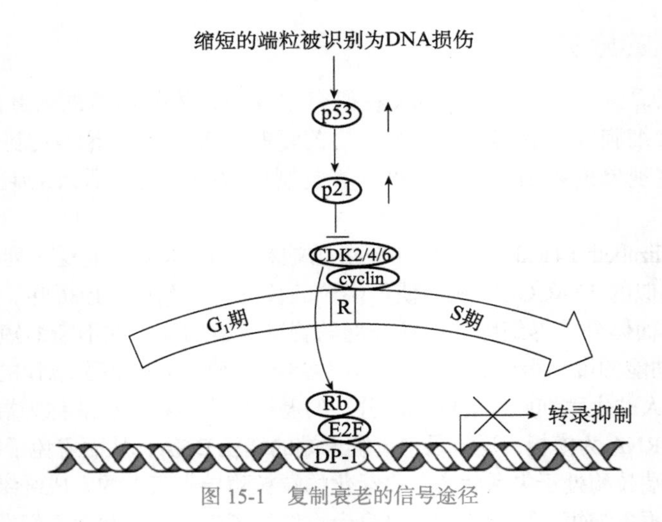

图 15-1　复制衰老的信号途径

缩短的端粒被识别为 DNA 损伤而诱导 p53 的表达，继而诱导 p21 的表达，p21 可以抑制细胞周期蛋白激酶 cyclin-CDK2/4/6 的活性，使 Rb 蛋白不能被磷酸化而使 E2F 持续失活，由 E2F 和转录因子 DP-1 形成的异二聚体不能进一步激活下游基因的表达，导致细胞不能从 G_1 期进入 S 期，从而引发细胞衰老

细胞和一个较小的子细胞。早在 1959 年，Mortimer 和 Johnston 就发表文章指出，酵母的复制能力是有限的。此后，人们就将酵母母细胞在衰老前产生子细胞的数量定义为酵母的复制生命周期（replicative life span，RLS）。研究发现，酵母的 RLS 与其核糖体 rRNA 基因（rDNA）的数量有关。在酵母母细胞的第 8 条染色体上排列着 100～200 个拷贝串联重复的 rDNA，在母细胞生命周期中的某些时刻，通过同源重组一个环形拷贝的 rDNA 从染色体上分离出来，且在其后的细胞周期中这一染色体外的环形 rDNA（extra chromsomer DNA cycle，ERC）开始复制，产生多个拷贝。在酵母出芽繁殖过程中，ERC 几乎都集中在母细胞中，而不进入子细胞，于是母细胞中的 ERC 逐代积累，以致在衰老的母细胞中可达到约 1000 个拷贝。人们推测，母细胞中这种 ERC 的积累，掠夺了 DNA 正常复制和转录所需的重要物质，从而抑制了细胞的生长，使酵母细胞衰老。进一步研究发现，调控 ERC 产生的重要基因如 *SIR2/3/4*、*SGSl* 均能够抑制酵母染色体上重复 rDNA 的同源重组，抑制 ERC 的产生，从而使酵母的复制生命周期显著增加。

由于单细胞生物研究的便利，酵母衰老的分子机制研究一直处于整个细胞衰老研究的前沿。已证明一些重要的调控分子如 SIR 在多细胞生物如蠕虫和果蝇中也具有类似的“长寿”功能。近年来，研究者还发展出了另一种酵母衰老的研究模型——年代生命周期（chronological life span，CLS），将其定义为单个酵母细胞在不复制的状态下能够存活的时间。这一模型能够模拟多细胞生物体内大量的终末分化细胞的衰老过程，无疑将为细胞衰老乃至个体衰老机制的阐明提供新的线索。

第二节　细 胞 死 亡

细胞程序性死亡（programmed cell death，PCD）的概念最初是由发育生物学家提出的，特指个体发育过程中发生的某类细胞的大量死亡。现在发现，动物、植物、真菌（酵母），甚至细菌细胞，均存在程序性死亡现象，主要存在 4 种死亡方式：细胞凋亡、细胞坏死、自噬性细胞死亡和细胞焦亡。这 4 种细胞死亡方式的特征、机制和生理意义各不相同。

一、细胞凋亡

细胞凋亡（apoptosis）是细胞在一定生理或病理刺激下，受自身基因严密调控的，有预定程序并自主结束生命的过程，是细胞死亡的一种普遍形式。细胞凋亡具有明显的形态与生理学特征、生理生化特征和分子生物学特征。

（一）细胞凋亡的形态与生理学特征

动物细胞典型的细胞凋亡过程，在形态学上可分为 3 个阶段（图 15-2）。

（1）凋亡的起始。细胞凋亡的发生以单个细胞或细胞群为单位，在凋亡的起始阶段，细胞表面的特化结构如微绒毛和临近细胞间的连接消失，细胞膜呈现囊状突起但依然完整且未丧失选择通透性，细胞质中线粒体大体完整，个别细胞线粒体增大，嵴增多，核糖体逐渐与内质网脱离，内质网囊腔膨胀并逐渐与质膜融合，细胞核内染色质固缩，逐渐凝聚成新月形或帽状结构并沿核膜分布，细胞皱缩，这一阶段历时数分钟。

（2）凋亡小体的形成。接着胞质不断浓缩，细胞体积逐渐变小，细胞骨架降解，核纤层分解，核被膜破裂，染色质高度凝聚为高密度斑块，最后固缩的核染色质在核小体之间随机断裂，出现 180～200 bp 或其整倍数的阶梯状 DNA 片段并与某些细胞器如线粒体等聚集在一起，被反折的细胞质膜包裹，在细胞表面形成许多泡状或芽状突起，随后逐渐分隔，形成有膜包围的小泡，称为凋亡小体。

（3）吞噬和清除。由于巨噬细胞可以识别凋亡细胞膜上外翻的磷脂酰丝氨酸，凋亡小体逐渐被临近细胞或吞噬细胞吞噬，在溶酶体内被消化分解而清除。整个过程中，包裹凋亡小体的细胞膜始终保持完整，细胞内容物不释放，因此不引发机体的炎症反应。细胞凋亡发生的过程很迅速，从起始到凋亡小体的出现仅需数分钟，大约 30 min 到几个小时后整个凋亡小体便被吞噬消化灭迹。

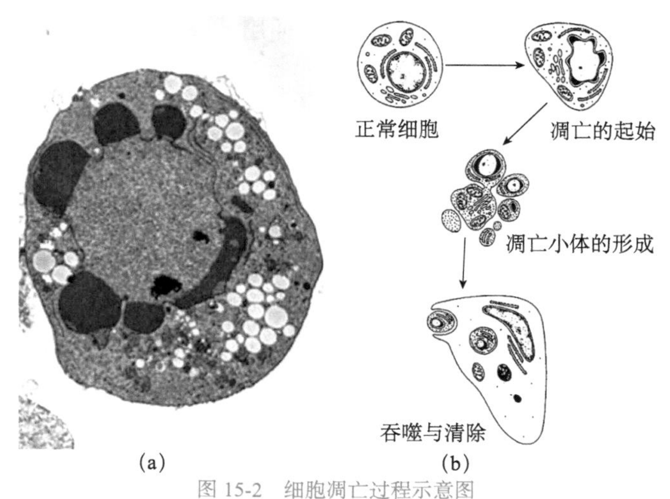

图 15-2 细胞凋亡过程示意图

（a）细胞凋亡细胞的电镜图像（引自 Alberts et al.，2019）；（b）细胞凋亡发生过程示意图

（二）细胞凋亡的检测方法

细胞凋亡的发生会导致细胞发生明显的形态学和生理生化特征改变，这些形态和生理上的

变化，往往被用于检测细胞凋亡的发生。常用的检测方法如下。

1. 形态学观察检测　细胞形态学检测是利用光学显微镜、荧光显微镜、共聚焦激光扫描显微镜或透射电子显微镜观察细胞在未染色和染色后或荧光标记后细胞是否出现典型的凋亡形态。

（1）通过光学显微镜或倒置显微镜观察未染色细胞形态。凋亡细胞的体积变小，细胞变形明显，细胞膜完整有发泡现象出现，贴壁细胞皱缩、变圆、脱落。

（2）通过荧光显微镜和共聚焦激光扫描显微镜观察染色后细胞形态。利用与 DNA 结合的荧光染料来观察凋亡细胞内核染色质的形态学改变，并以此评判细胞凋亡的进展。常用的 DNA 特异性荧光染料有 Hoechst 33342、Hoechst 33258 和 DAPI，这三种染料以非嵌入方式结合在 DNA 的 A-T 碱基区，紫外光激发可见明亮的蓝色荧光，借助荧光显微镜，可以观察细胞核的染色质形态变化，借以判断细胞是否处于凋亡过程。

（3）通过透射电子显微镜观察细胞形态。透射电子显微镜（TEM）被认为是检测细胞凋亡的金指标。通过 TEM 检测可观察到凋亡细胞一般具有如下特征：凋亡细胞体积变小，表面微绒毛消失，细胞质浓缩，细胞核内染色质高度盘绕，出现空泡结构；细胞核内染色质高度凝聚，边缘化，凋亡晚期，细胞核崩解为致密的碎块，细胞膜仍然完整，细胞器无序，细胞表面出泡，产生凋亡小体，有时可见凋亡小体被吞噬的过程。凋亡早期胸腺淋巴细胞的电镜图像见【二维码】。

二维码

2. 生理生化特征检测

（1）Annexin Ⅴ/PI 染色。正常细胞中磷脂酰丝氨酸（PS）只分布在细胞膜脂质双分子层的内侧，而在细胞凋亡早期 PS 从细胞膜内转移到细胞膜外。Annexin Ⅴ是一种 Ca^{2+} 依赖的磷脂结合蛋白，能专一性地结合暴露在膜外侧的 PS，因此可以以荧光染料 FITC 标记 Annexin Ⅴ作为荧光探针，再通过流式细胞仪或荧光显微镜检测凋亡早期的细胞。但该方法的缺点是坏死细胞的细胞膜也可以被标记，因此对 PS 检测呈现阳性的细胞必须进一步做细胞膜完整性的分析。碘化丙啶（PI）是一种对 DNA 染色的细胞核染色试剂，不能通过完整的细胞膜。正常细胞和凋亡早期的细胞质膜是完整的，但凋亡晚期和死细胞中 PI 能透过细胞膜，嵌入双链 DNA 后释放红色荧光。因此，人们通常将 Annexin Ⅴ与 PI 配合使用，以区分凋亡早期和凋亡晚期或坏死的细胞。

（2）DNA 片段化检测。细胞凋亡发生时，细胞内特异性核酸内切酶活化，作用于染色质 DNA 产生切割产物，DNA 断裂点均有规律地发生在核小体单位之间的连接处，形成 180～200 bp 或其整数倍的 DNA 片段。因此，提取凋亡细胞 DNA 进行常规的琼脂糖凝胶电泳，这些大小不同的 DNA 片段会表现出梯状条带，被称为“DNA ladder”，可以用于细胞凋亡的检测。

（3）TUNEL 测定法。TUNEL 测定法是转移酶介导的 dUTP 缺口末端标记测定法［terminal dexynucleotidyl transferase (TdT)-mediated dUTP nick end labeling，TUNEL］，也称 DNA 断裂的原位末端标记法。这一方法能对 DNA 断裂缺口中的 3′-OH 进行原位标记。细胞凋亡中，染色体 DNA 双链或单链断裂而产生大量的黏性 3′-OH 端，可在脱氧核糖核苷酸末端转移酶（TdT）的作用下，将脱氧核糖核苷酸和荧光素、过氧化物酶、碱性磷酸酶或生物素形成的衍生物标记到 3′-OH 端，这样就可以在荧光显微镜下观察，从而可进行凋亡细胞的检测。而正常的或正在增殖的细胞几乎没有 DNA 断裂，因此很少产生 3′-OH，不能被 TdT 标记。

（4）彗星电泳法。彗星电泳法（comet assay）的原理是将单个细胞悬浮于琼脂糖凝胶中，经裂解处理去除细胞质，只留核中的 DNA，再在电场中进行短时间的电泳，并用荧光染料染色。凋亡细胞中会形成 DNA 降解片段，在电场中泳动速度较快，使细胞核 DNA 提取物的电泳图像呈现出一种彗星式的图案，而正常的无 DNA 断裂的核提取物在泳动时保持圆球形，这是一种快速简便的细胞凋亡检测方法。

（5）流式细胞仪分析。与正常完整的二倍体细胞相比，凋亡细胞 DNA 发生断裂和丢失，呈亚二倍体状态，采用碘化丙啶（PI）染色会使 DNA 产生激发荧光。流式细胞仪能够检测出这种含亚二倍体细胞，因此可用作细胞凋亡的检测。

（6）线粒体分析。线粒体在细胞凋亡中起着枢纽作用。线粒体跨膜电位（mitochondrial membrane potential，$\Delta\Psi_m$）的下降，被认为是细胞凋亡级联反应过程中最早发生的事件。一旦线粒体崩溃，则细胞凋亡就会不可逆转地发生。在正常细胞中，线粒体跨膜电位的存在使一些亲脂性阳离子荧光染料如 Rhodamine123、Tetrechlorotetraethylbenzimidazol carbocyanine iodide（JC-1）、Tetramethyl rhodamine methyl ester（TMRM）等可结合到线粒体基质，表现出特有的荧光；而在凋亡细胞中，线粒体外膜通透性增加，电化学梯度丧失，这些染料就会弥散在细胞质中，不能在线粒体内发生聚集而发出不同荧光，因此这些荧光染料荧光的增强或减弱能够说明线粒体膜电位增高或降低，从而可以反映细胞凋亡的发生与否。

（7）Caspase 活性检测及凋亡基因 PCR 芯片分析。Caspase 是一类天冬氨酸特异的半胱氨酸蛋白水解酶，在凋亡信号转导的诸多途径中发挥重要功能。其中，Caspase-3 在正常情况下以酶原（32 kDa）的形式存在于细胞质中，但在凋亡早期阶段会被激活。但在细胞凋亡的晚期和死亡细胞中，Caspase-3 的活性明显下降。因此，人们经常通过分析细胞中 Caspase 的活性及其基因表达情况，来检测细胞凋亡的发生及其阶段。目前市场上存在很多商业化的 Caspase 抗体，可以通过 Western blot、免疫细胞化学等多种方式检测 Caspase 前体、活化的 Caspase 及其对底物蛋白的切割作用。

（三）细胞凋亡的生理意义

细胞凋亡和细胞增殖都是生命的基本现象，是维持体内细胞数量动态平衡的基本措施，既发生于生理状态下，也发生于病理状态下，在维持生物生长发育和正常生理功能方便具有重要意义。

1. 调整胚胎发育 细胞凋亡作为细胞增殖的对立面，维持增殖与凋亡的动态平衡，维持组织内正常细胞群体数量稳定。在胚胎发育阶段通过细胞凋亡清除多余的和已完成使命的细胞，保证了胚胎的正常发育。例如，脊髓动物的神经系统在胚胎发育早期会产生过量细胞，这些神经元细胞相互竞争靶细胞（如肌肉细胞）所分泌的一种存活因子——神经生长因子（nerves growth factor，NGF），其中约有 50% 的神经细胞由于未能与靶细胞建立连接，未接受足够量的存活因子而发生凋亡。选择性细胞凋亡是塑造个体及器官形态发生（morphogenesis）的机制之一，如蝌蚪发育成青蛙过程中尾部的去除，人胚胎发育期间手指和脚趾的形成等。

2. 清除有害细胞 细胞凋亡还是一种生理性保护机制，能够发挥积极的防御功能，清除受到环境损伤（饥饿、离子辐射等）或病原体感染的危险细胞，以牺牲自身个别细胞来防止其对周围的细胞或组织产生伤害，保持自身整体的稳定。例如，杀伤性 T 淋巴细胞能够分泌一种细胞因子 Fas 配体（死亡配体），该配体能够与被感染细胞表面的死亡受体 Fas 蛋白结合，启动被感染细胞内的凋亡程序，导致被感染细胞发生凋亡。此外，一些细胞在受损伤或受胁迫刺激条件下能够同时产生 Fas 配体和 Fas 受体，导致自身细胞凋亡。

3. 维持机体内环境稳态 凋亡在正常细胞的生存与死亡的平衡中起重要调节作用。细胞凋亡参与了正常成年组织细胞更新、生理器官的内分泌调控及对受损不能修复的细胞或突变细胞的清除等重要生理过程。但细胞凋亡过多会导致免疫功能的丧失或引发炎症，如艾滋病的发展过程中，$CD4^+$ T 淋巴细胞数目的减少；移植排斥反应中，细胞毒性 T 细胞介导的细胞死亡等。

细胞凋亡过少会引起肿瘤和自身免疫病，如在肿瘤的发生过程中，诱导凋亡的基因如*p53*等失活或突变及抑制凋亡的基因如*Bcl-2*等过度表达等，都会引起细胞凋亡显著减少，导致机体不能清除恶变细胞而使肿瘤细胞数目增加。针对自身抗原的淋巴细胞的凋亡障碍，可导致自身免疫性疾病。例如，正常的T淋巴细胞在受到入侵的抗原刺激后被激活，会产生系列免疫应答反应，机体为了防止过高的免疫应答或其过长的发展进程，会通过诱导T淋巴细胞凋亡来控制其细胞寿命。自身免疫性淋巴增生综合征（ALPS）也是一种细胞凋亡过少引起的疾病，这种病患者体内的Fas受体和Fas蛋白均发生了突变，使T淋巴细胞无法发生正常凋亡，从而造成淋巴细胞过渡增殖性的自身免疫疾病。

（四）细胞凋亡的分子机制

与细胞增殖一样，细胞凋亡也是受基因调控的精确过程，涉及细胞内部一系列基因和蛋白酶的活化，受到机体内、外多种因素的影响。

1. 引起细胞凋亡的外部因素

（1）理化因素。例如，射线（紫外线、λ射线）、高温、强酸、强碱、乙醇、抗癌药物等可诱导细胞凋亡；但某些二价金属阳离子如Zn^{2+}、药物如苯巴比妥、病毒如EB病毒及中性氨基酸等，具有抑制细胞凋亡的作用。

（2）激素和生长因子失衡可导致细胞凋亡。例如，强烈应激引起大量糖皮质激素分泌，后者诱导淋巴细胞凋亡，致使淋巴细胞数量减少，而细胞因子IL-2、神经生长因子等则具有抑制凋亡的作用。

（3）免疫细胞可释放某些分子导致免疫细胞本身或靶细胞的凋亡。例如，细胞毒性T淋巴细胞（CTL）可分泌颗粒酶（granzyme），引起靶细胞发生凋亡。

（4）细菌、病毒等致病微生物及其毒素可诱导细胞凋亡。例如，HIV感染时，可致大量$CD4^+$ T淋巴细胞凋亡。

其他因素如缺血与缺氧、神经递质（如谷氨酸、多巴胺）及失去基质附着等因素，都可引起细胞凋亡。

2. 凋亡相关基因与蛋白质 细胞凋亡受到许多基因的精密调控，这些基因称为凋亡相关基因。目前已知的细胞凋亡相关基因多达数十种，根据功能的不同可分为三类：抑制凋亡基因、促进凋亡基因和双向调控基因。这些基因编码的蛋白质在细胞凋亡信号的接受、凋亡相关分子的活化、凋亡的执行与凋亡细胞的清除4个阶段发挥重要作用。

（1）Caspase家族蛋白。Caspase的发现源于秀丽隐杆线虫（*Caenorhabditis elegans*）。人们发现，秀丽隐杆线虫在胚胎发育到成体的过程中丢失了131个体细胞，随后人们证实，这些细胞丢失的原因是发生了细胞凋亡。以线虫作为研究对象，英国科学家悉尼·布雷内、美国科学家罗伯特·霍维茨和英国科学家约翰·苏尔斯顿因发现了在器官发育和程序性细胞死亡过程中的基因规则，而获得了2002年诺贝尔生理学或医学奖。这三位获奖者的成果为人们从不同角度研究程序性细胞死亡提供了重要基础。哺乳动物细胞中的白介素-1β转换酶（interleukin-1β converting enzyme，ICE）与线虫中发现的凋亡蛋白Ced3是同源蛋白，在大鼠成纤维细胞中过表达ICE和Ced3都会引起细胞凋亡，表明哺乳动物细胞的ICE和线虫的Ced3具有相似的结构和功能，在细胞凋亡中起重要作用。罗伯特·霍维茨的学生袁钧瑛也在细胞凋亡领域做出了重要贡献：他首次在线虫中发现和克隆了调控细胞凋亡的基因*Ced3*和*Ced4*；发现并克隆了人的第一个细胞凋亡基因*Caspase-1*。1996年，根据*ICE*基因的表达产物总是在天冬氨酸之后切断底物，将迄今发现的ICE成员和*ICE*同源基因的表达产物统一命名为Caspase，即天冬氨酸特异的半胱氨酸蛋白水解酶（cysteine aspartate-specific protease）。

Caspase 存在于胞质溶胶中，是引起细胞凋亡的关键酶，一旦被信号途径激活，能将细胞内的蛋白质降解，使细胞不可逆地走向死亡。它们均有以下特点：第一，细胞质中合成的Caspase以无活性的前体（酶原状态）存在，酶活性依赖于半胱氨酸残基的亲核性；第二，都是由两大、两小亚基组成的异四聚体，大、小亚基由同一基因编码；第三，前体被切割后产生两个活性亚基方能执行其功能，切割的结果是使靶蛋白活化或失活而非完全降解。目前已发现的哺乳动物 Caspase 家族有 15 种，其中 Caspase-1 和 Caspase-11（可能还有 Caspase-4）主要负责活化白介素 -1β，不直接参与凋亡信号的传递。其余的 Caspase 成员根据在细胞凋亡过程中发挥的功能不同，分为两类：起始 Caspases 和效应 Caspases。起始 Caspases 负责对效应 Caspases 的前体进行切割，包括 Caspase-2、Caspase-8、Caspase-9、Caspase-10；效应 Caspases 负责切割细胞核内和细胞质中的结构蛋白和调节蛋白，包括 Caspase-3、Caspase-6、Caspase-7。其中 Caspase-3 和 Caspase-7 具有相近的底物和抑制剂特异性，它们降解 PARP（poly ADP-ribose polymerase）和 DNA 碎裂因子 45（DNA fragmentation factor-45，DFF-45），导致 DNA 修复的抑制，释放 CAD（Caspase-activated dnase）核酸酶进入细胞核启动 DNA 的降解。而 Caspase-6 的底物是 lamin A 和 keratin 18，它们的降解导致核纤层和细胞骨架的崩解。这些 Caspases 协同作用，通过级联效应，保证凋亡程序的正常进行。

（2）Apaf-1 蛋白。1997 年，人们从细胞中提取到了一种凋亡蛋白活化因子，被称为凋亡酶激活因子 -1（apoptosis protease activating factor-1，Apaf-1），其在线虫中的同源物为 Ced4，相对分子质量为 1.3×10^5。Apaf-1 含有 3 个不同的结构域：N 端具有 Caspases 募集结构域（CARD），可招募 Caspase-9；C 端结构域含有色氨酸 / 天冬氨酸重复序列，是细胞色素 c 的结合区域；Ced4 同源结构域，能结合 ATP/dATP，在 ATP 存在时使 Caspase-3 活化，参与执行细胞凋亡。

（3）Bcl-2 家族蛋白。Bcl-2（the B-cell lymphoma 2）是线虫凋亡分子 Ced9 的同源物，现已发现 Bcl-2 家族至少有 19 个同源物，它们在线粒体参与的凋亡途径中起重要调控作用，能控制线粒体中细胞色素 c 等凋亡因子的释放。Bcl-2 家族所有成员均含有一个或者多个 BH（Bcl-2 homology）结构域（BH1、BH2、BH3 和 BH4）。按照结构和功能，可将 Bcl-2 家族成员分为 3 个亚族：① Bcl-2 亚家族（抑凋亡亚族），包括 Bcl-2、Bcl-xL、Bcl-w 和 Mcl-1 等，大多具有 4 个 BH 结构域 BH1～BH4；② Bax 亚家族（促凋亡亚族），包括 Bax、Bak 和 Bok，具有 3 个 BH 结构域 BH1～BH3；③ BH3 亚家族，包括 Bad、Bid、Bik、Puma 和 Noxa 等，它们仅有 BH3 结构域，作为细胞凋亡信号的“sensor”促进凋亡的发生。

（4）Fas 蛋白。Fas 又称作 APO-1/CD95，是肿瘤坏死因子受体（TNFR）家族成员的细胞表面分子；Fas 配体（Fas ligand，FasL），又名 CD95L，属肿瘤坏死因子（TNF）家族成员的细胞表面分子。Fas 为分子质量 45 kDa 的跨膜蛋白，分布于胸腺细胞、激活的 T 和 B 淋巴细胞、巨噬细胞，以及肝、脾、肺、心脏、脑、肠、睾丸和卵巢细胞等。Fas 蛋白与 Fas 配体结合后，会激活 Caspase 家族成员，后者导致靶细胞走向凋亡。Fas 抗体也能诱导细胞发生凋亡。在免疫系统中，Fas 和 FasL 参与免疫反应的下调及 T 细胞的细胞毒作用。Fas 和 FasL 可因基因突变而丧失功能，从而导致淋巴增殖性疾病发生及自身免疫病加剧。

（5）*p53* 基因。*p53* 基因位于人类 17 号染色体短臂第 1 区第 3 号带中的 1 号亚带（17p13.1），约 20 kb，由 11 个外显子和 10 个内含子组成。*p53* 基因转录成 2.5 kb 的 mRNA，编码一个在 SDS-PAGE 凝胶电泳上显示分子质量为 53 kDa 的蛋白质。但事实上，p53 蛋白的实际分子质量只有 43.7 kDa，这是因为 p53 蛋白富含脯氨酸，在 SDS-PAGE 凝胶电泳试验中的迁移率偏慢，因此表现出来的分子质量要比它实际的分子质量大。*p53* 基因是迄今发现与人类肿瘤相关性最高的基因，野生型*p53*基因编码的蛋白质对细胞凋亡有促进作用，突变型*p53*基因编码的蛋白质对细胞凋亡有抑制作用。在人类肿瘤中，一半以上具有*p53*基因的突变和缺失现象发生。野生型p53蛋白是一种转录因子（transcriptional factor），主要存在于细胞核内，具有转录激活作用，上调细胞凋亡相关基因表达，并通过这些基因编码的蛋白质参与细胞凋亡的内源和外源途径。在p53介导细胞凋亡的触发因子中了解较多的是DNA损伤，包括γ辐射造成的DNA双链断裂、紫外线或化学物质、生长因子缺乏及氧化应激等，它们均可活化p53。p53蛋白水平的升高程度与DNA损伤程度成比例，但并非所有凋亡过程皆有p53的介入。

（6）*c-Myc*基因。*c-Myc*基因可以产生两种翻译产物c-Myc1和c-Myc2，二者作用不同，甚至相反，因此*c-Myc*基因既是凋亡的激活因子又是抑制因素。在许多人类恶性肿瘤细胞中都发现有*c-Myc*的过度表达，它能促进细胞增殖，抑制分化。在凋亡细胞中c-Myc也高表达，作为转录调控因子，一方面它能激活那些控制细胞增殖的基因，另一方面也激活促进细胞凋亡的基因。c-Myc蛋白在有其他存活因子如Bcl-2存在时能够促进细胞增殖，而无其他生长因子存在时，则可刺激细胞凋亡。

（7）IAP家族蛋白。凋亡抑制蛋白IAP家族（inhibitor of apoptosis protein）是一组具有BIR（baculoviral IAP repeat）结构域和抑制细胞凋亡的蛋白质。BIR结构域是IAP家族蛋白具有抑制细胞凋亡作用的结构基础。在人类中已确认有6种IAP相关蛋白，分别为NAIP、c-IAP1/hIAP-2、c-IAP2/hIAP-1、XIAP/hICP、Survivin和Bruce。这些蛋白质的过度表达，都可以不同程度地抑制多种因素如TNFR和Fas受体、柔红霉素及去除生长因子等引起的细胞凋亡。在酵母和哺乳动物细胞中，IAP家族蛋白能通过抑制Caspase-3、Caspase-7、Caspase-9等的活性而抑制细胞凋亡。

（8）*ATM*基因。*ATM*（ataxia telangiectasia-mutated gene）是与DNA损伤检验有关的一个重要基因，最早发现于毛细血管扩张性共济失调综合征患者。人类中大约有1%的人是*ATM*缺失的杂合子，表现出对电离辐射敏感和易患癌症。ATM是一个分子质量为350 kDa的大分子蛋白激酶，属于三磷酸肌醇激酶家族的成员，可磷酸化无数底物，从而发挥细胞生物学作用。正常细胞经放射处理后，DNA损伤会激活ATM起始DNA损伤修复机制，如果DNA不能修复则诱导细胞凋亡。

（9）其他基因。*Jun*、*fos*、*myb*、*asy*和*Rb*等基因都与细胞凋亡有关。细胞凋亡是一个重要的生物学过程，对多细胞生物的完整性、体内平衡及肿瘤的发生均有重要的生物学意义。许多基因相互协调，共同参与了细胞凋亡的精细调控。

3. 细胞凋亡信号通路 细胞凋亡涉及多种细胞信号转导通路，经典的细胞凋亡途径主要有两条。一条是死亡受体途径，也称为外源性途径（extrinsic apoptotic pathway），通过胞外信号激活细胞内Caspase；另一条是线粒体途径，也称为内源性途径（intrinsic signaling pathway），通过线粒体释放凋亡蛋白酶激活因子激活Caspase级联反应，引起细胞凋亡。两条信号通路存在交叉（图15-3）。

（1）死亡受体介导的外源途径。哺乳动物细胞表面的死亡受体是一种跨膜蛋白，包含一个胞外配体结构域、一个跨膜结构域及一个胞内死亡结构域（death domain，DD），其中死亡结构域是死亡受体介导凋亡通路所必需的。死亡配体（death ligand）是来自细胞外部的由邻近的其他细胞分泌的胞外信号分子，与以同源三聚体的形式存在于靶细胞表面的死亡受体（death receptor，DR）结合，引起靶细胞发生凋亡。死亡受体是同源三聚体，属于肿瘤坏死因子（tumor necrosis factor，TNF）家族。已报道的死亡配体及其对应的死亡受体包括FasL/FasR、TNFα/TNFR1、Apo3L/DR3、Apo2L/DR4和Apo2L/DR5等。

目前研究比较清楚的是 FasL/FasR 介导的细胞凋亡外源途径。在接收到死亡因子刺激后，Fas 的配体（Fas ligand，FasL）发生多聚化而活化。FasL 与 FasR 结合后，诱导 FasR 招募位于胞质区内 Fas 相关死亡结构域（Fas associated death domain，FADD）接头蛋白，而后 FADD 的氨基端死亡效应结构域（death effector domain，DED）就能与 Caspase-8 前体蛋白结合，形成死亡诱导复合物（death-inducing signaling complex，DISC），引起 Caspase-8 通过自身剪切激活，活化的 Caspase-8 启动 Caspase 的级联反应，进一步激活细胞质中执行死亡功能的效应 Caspase 家族蛋白（Caspase-3、Caspase-6、Caspase-7）去降解胞内结构蛋白和功能蛋白，导致细胞凋亡。

（2）线粒体介导的内源途径。线粒体介导的细胞凋亡途径分为 Caspase 依赖性途径和 Caspase 非依赖性途径。

1）Caspase 依赖性细胞凋亡。线粒体是细胞的能量工厂，也是细胞的凋亡控制中心，细胞凋亡的线粒体途径是目前阐明得最为清楚的信号通路之一。许多凋亡信号如 DNA 损伤、活性氧等都可以引起线粒体的损伤和膜通透性的改变，导致线粒体释放一些凋亡因子到细胞质中，这些凋亡因子在细胞质中进一步激活 Caspase 家族级联反应，导致细胞凋亡。线粒体释放到细胞质中的凋亡因子有 5 种，包括细胞色素 c、Smac/DIABLO、HtrA2/Omi、凋亡诱导因子（AIF）和核酸内切酶 G。其中最为“著名”的是细胞色素 c。细胞色素 c 是分子质量为 13 kDa 的水溶性蛋白，由核基因编码，在细胞质中合成之后转运到线粒体，定位于线粒体膜间隙，细胞色素 c 从线粒体的释放是内源性途径的关键步骤。细胞色素 c 究竟通过哪一种途径释放到细胞质中呢？由于大部分凋亡细胞中很少发生线粒体肿胀和线粒体外膜破裂的现象，所以目前普遍认为细胞色素 c 是通过线粒体 PT 孔（permeability transition pore）或 Bcl-2 家族成员形成的线粒体跨膜通道释放到细胞质中的。

线粒体 PT 孔主要由位于内膜的腺苷转位因子（adenine nucleotide translocator，ANT）和位于外膜的电压依赖性阴离子通道（voltage dependent anion channel，VDAC）等蛋白质所组成，PT 孔开放会引起线粒体跨膜电位下降和细胞色素 c 的释放。在不同信号触发的细胞凋亡进程中，Bcl-2 家族蛋白对于 PT 孔的开放和关闭起关键的调节作用。其可能的机制是促凋亡蛋白 Bax 和 Bak 发生寡聚化，从细胞质转位到线粒体外膜，损害线粒体膜结构，并通过与 ANT 或 VDAC 的结合介导 PT 孔的开放，促进细胞色素 c 的释放，诱导细胞凋亡；而抗凋亡类蛋白如 Bcl-2、Bcl-xL 等则可通过与 Bax 竞争性地与 ANT 结合或者直接与 Bax/Bak 形成异源二聚体，抑制 Bax 和 Bak 发生寡聚化，阻止 Bax 与 ANT、VDAC 的结合来阻止细胞色素 c 从线粒体释放，抑制凋亡。

1997 年，华人科学家王晓东首先发现了细胞色素 c 参与 Caspase-3 活化的作用机制。在 ATP/dATP 存在的情况下，进入细胞质的细胞色素 c 与 Apaf-1 结合，使 Apaf-1 暴露其上的 CARD（Caspase activation and recruitment domain）基序，招募 Caspase-9 前体，三者结合形成凋亡复合体（apoptosome）。凋亡复合体上的 Apaf-1 通过招募 Caspase-9 前体从而使 Caspase-9 活化。活化的 Caspase-9 进一步激活下游 Caspases 级联反应，Caspase-3、Caspase-6 和 Caspase-7 等被活化而水解特定蛋白底物，如 ICAD、核纤层蛋白、细胞骨架蛋白、Bcl-2 蛋白、PARP（poly-ADP-ribose polymerase）、DNA 碎裂因子（DFF-45）和 Gelsolin 等蛋白质，从而切断细胞与周围的联系，降解细胞骨架蛋白，阻止 DNA 复制与修复，破坏 DNA 和核结构，诱导细胞表达可被吞噬细胞清除的信号，最终导致细胞凋亡。

2）Caspase 非依赖性细胞凋亡。不需要 Caspase 家族蛋白的辅助，线粒体释放凋亡因子如核酸内切酶 G（endonuclease G，Endo G）、AIF（apoptosis inducing factor）等，可直接进入细胞核降解 DNA，引发 DNA 断裂。核酸内切酶 G 是相对分子质量为 30×10^3 的核酸酶，AIF 是一个与细菌氧化还原酶类似的蛋白，它们均定位于线粒体内膜。在凋亡信号的刺激下，核酸内切酶易位进入细胞核，造成 DNA 的片段化，AIF 则能够促进 DNA 片段化和染色质聚集。

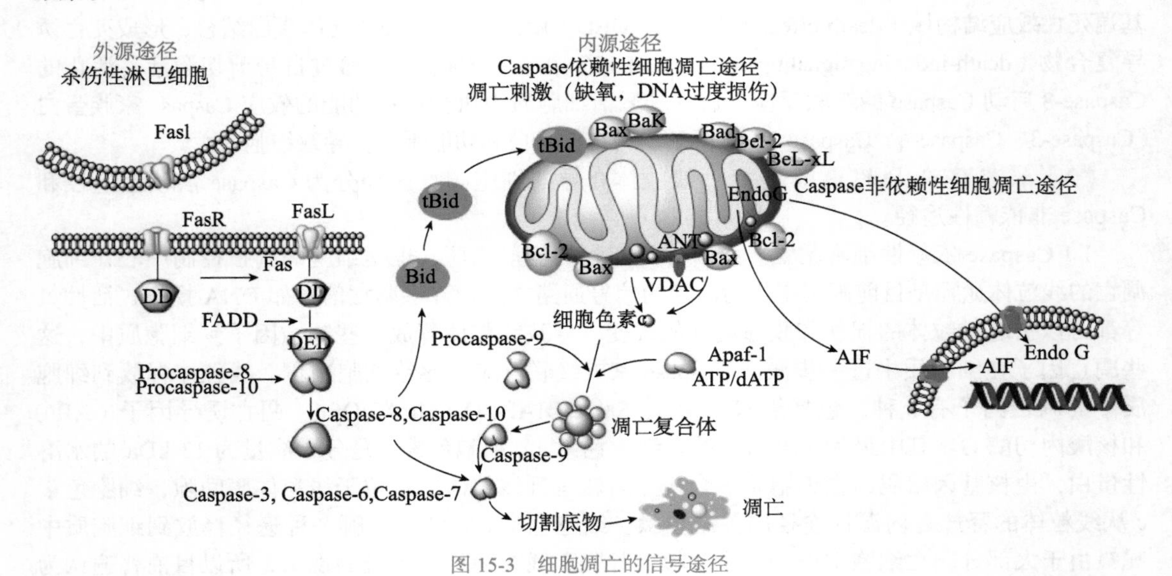

图 15-3　细胞凋亡的信号途径

（3）内质网凋亡途径。前面章节中已经提到，内质网（ER）是细胞内重要的细胞器，是细胞内蛋白质合成和成熟的主要场所，也与细胞内 Ca^{2+} 调节、类固醇及许多脂质合成相关。多种生理或病理条件如缺氧、饥饿、Ca^{2+} 平衡失调、自由基氧化及药物刺激等，都可造成蛋白质成熟和折叠的异常，这些未折叠或错误折叠的蛋白质在内质网聚集，可导致内质网损伤，称为内质网应激（ERS）。已有的研究表明，ERS 过强时，促凋亡机制占主导，能够独立诱导细胞凋亡，主要机制包括激活 Caspase-7 通路和 PERK 通路（图 15-4）。

1）Caspase-7 通路。内质网是细胞内蛋白质合成的主要场所，同时也是 Ca^{2+} 的主要储存库。大量的研究表明，很多细胞在凋亡早期会出现胞质内 Ca^{2+} 浓度迅速持续的升高，而这种浓度升高来源于细胞外 Ca^{2+} 的内流及胞内钙库（如内质网）的 Ca^{2+} 释放。内质网 Ca^{2+} 平衡的破坏或者内质网蛋白质的过量积累会诱导位于内质网膜的 Caspase-12 的表达，Caspase-12 介导的内质网应激导致细胞凋亡具有特异性，能独立地诱导细胞凋亡，而不依赖于其他通路。Caspase-12 的激活是由于 ERS 使胞质的 Caspase-7 转位到内质网表面，Caspase-7 通过剪切 Caspase-12 而激活 Caspase-12，激活的 Caspase-12 再被转运到胞质中与 Caspase-9 结合，后者可进一步剪切 Caspase-3，从而引发细胞凋亡。

2）PERK 通路。PERK 全名叫作蛋白激酶样内质网激酶，定位于内质网膜上。内质网发生应激，PERK 与 Bip 解离，PERK 激活后促进真核起始因子 eIF-2α 磷酸化，磷酸化的 eIF-2α 抑制细胞中蛋白质的合成，同时通过活化下游转录活化因子 4（ATF4），ATF4 作为转录因子上调内质网分子伴侣（Bip）和参与氨基酸转运蛋白的转录表达，有助于恢复内质网稳态。ATF4 持续过表达将促进细胞凋亡诱导基因的表达上调，如 C/EBP 转录因子家族成员 CHOP（C/EBP homology protein）等，CHOP 转位入核驱动凋亡因子 DR5 表达，从而引起细胞凋亡。

3）此外，ERS 还可以激活线粒体介导的凋亡通路。酪氨酸激酶（c-Ab1）是内质网激活线粒体凋亡通路的信号分子。c-Ab1 不仅存在于细胞核和细胞质，还有 20% 以上存在于内质网，内质网应激可引起 c-Ab1 转位至线粒体，继而促进线粒体释放细胞色素 c，诱导细胞凋亡。

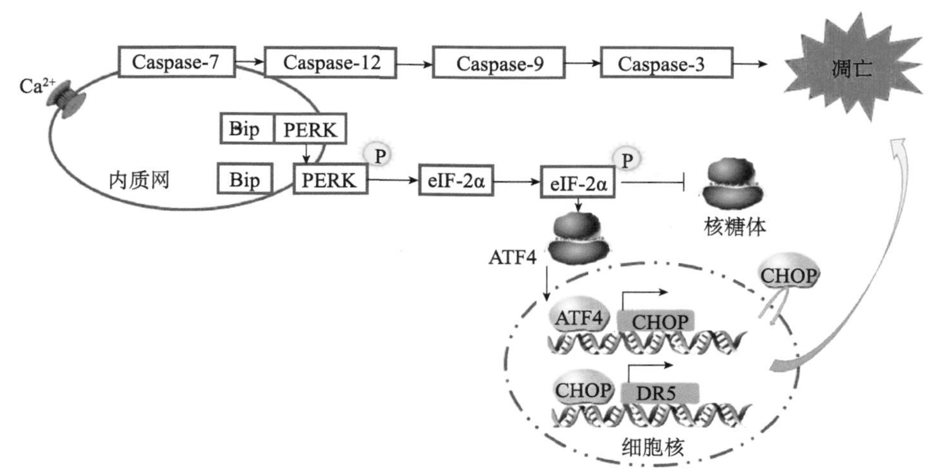

图 15-4　内质网凋亡途径

（五）植物细胞的程序性死亡

与其他真核生物一样，植物也具有一种控制细胞死亡的固有程序——程序性细胞死亡（PCD）。尽管 PCD 的功能具有进化保守性，有关植物细胞 PCD 分子机制仍未阐明。PCD 对植物的生长发育和应对来自生物和非生物的刺激至关重要，为了有机体整体利益，这个程序指示某个或某些细胞消除自身。PCD 现象被发现存在于包括配子体成熟、胚柄细胞退化、木质部导管形成、根的形成和衰老等多个植物发育过程，PCD 在植物对非生物和生物胁迫的响应中也起着重要作用，对植物在恶劣自然环境、病原体侵袭和捕食者存在下的生存十分重要。植物 PCD 的功能最引人注目的例子是防止病原体入侵，使植物发生超敏反应（HR），诱导细胞死亡毒素的产生和对腐生性真菌做出反应等。

尽管缺乏类似哺乳动物的核心 PCD 调控因子，不存在 Caspase 的同源物，但植物的 PCD 与动物的 PCD 过程具有许多相似的特征。如图 15-5 所示，参与植物 PCD 的蛋白酶有 Metacaspases、液泡加工酶（VPE）和枯草杆菌蛋白酶（subtilase）等。这些蛋白酶和 Caspases 相似程度各有不同，其在蛋白结构域和剪切位点的识别上具有相似性，但在氨基酸水平上差异很大。现已发现，参与植物 PCD 的蛋白主要包括 Ⅰ 型 Metacaspases 如 AtMC1/2 和 Ⅱ 型 Metacaspases 如 AtMC4/9、液泡加工酶（VPE）和枯草杆菌蛋白酶等。死亡诱导因子如烟曲霉毒素 B_1（fumonisin B_1）、非致病性烟草花叶病毒（avirulent tobacco mosaicvirus）、甲基紫精（methyl viologen，MV）、三氟羧草醚（acifluorfen）、非致病性假单胞菌（*Pseudomonas syringae*）等刺激可以导致 Ⅰ 型 Metacaspases 如 AtMC1 及 Ⅱ 型 Metacaspases 如 AtMC4/9、液泡加工酶（VPE）和枯草杆菌蛋白酶的前结构域（prodomains）被清除，从而导致这些蛋白酶的活化。植物 Metacaspase 主要有大（p20）、小（p10）两个催化亚基组成，环境刺激物导致 Metacaspase 的前结构域（或称为前导肽）被切除，进而成为活化的 p20/p10 复合物，从而引起细胞 PCD 的发生。

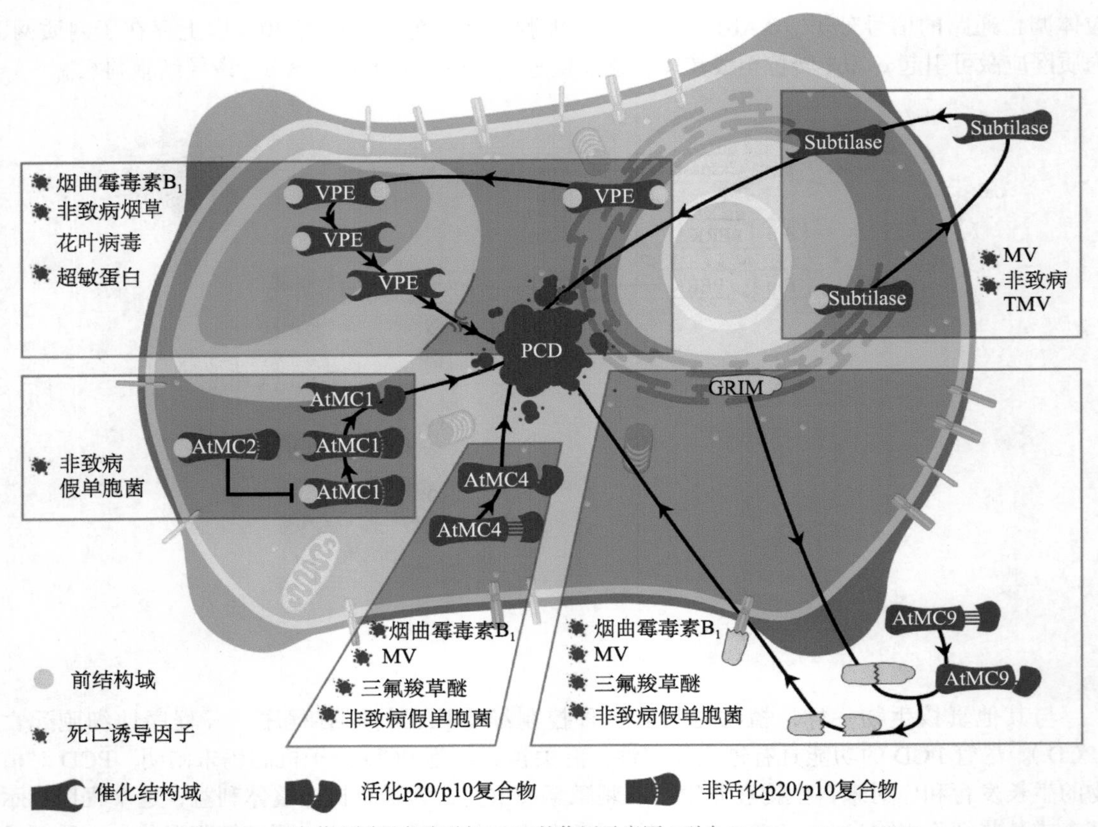

图 15-5 拟南芥不同蛋白酶引起 PCD 的作用示意图 (引自 Kabbage et al.，2017)

Subtilase. 枯草杆菌蛋白酶；MV. 甲基紫腈

凋亡抑制蛋白（inhibitor of apoptosis，IAP）是 Caspases 活性的负调控因子，但植物基因组中没有编码 IAP 的基因。有趣的是，在番茄和烟草内异位表达 IAP 可以抑制植物细胞凋亡，说明植物细胞与动物细胞存在结构不同而功能类似的调节因子。BAG（Bcl-2 associated athanogene）在植物细胞中的发现表明，尽管缺乏调控凋亡的核心因子，细胞死亡调节的某些方面在动物和植物之间具有保守性。植物 BAG 在应激反应和植物生长发育中发挥保护细胞的作用，但植物 BAG 蛋白可能具有其独特的演化机制。目前人们从拟南芥中共鉴定到 7 个 BAG 蛋白，将其命名为 BAG1～BAG7。这些拟南芥 BAG 蛋白在分子结构上和人的 BAG 蛋白存在很大差异，但都具有 BAG 结构域（图 15-6）。很多动物和植物的 BAG 蛋白还具有 UBL 结构域（ubiquitin-like domain），说明这些蛋白质可能受泛素化降解的调控。植物 BAG1～BAG4 只含有 BAG 结构域和 UBL 结构域，而 BAG5～BAG7 不含 UBL 结构域，但都含有线粒体定位信号，此外 BAG6 和 BAG7 还含有核定位信号（NLS），BAG7 另外含有内质网（ER）定位信号。植物 BAG1～BAG3 的功能尚未可知，但人们发现 BAG4 可以响应非生物胁迫，其通过和 HSP70 分子伴侣结合抑制细胞死亡。BAG5 和 CaM/HSC70 结合调节植物衰老，而 BAG6 蛋白通过天冬氨酸蛋白酶水解或受真菌、几丁质的刺激而激活，诱导细胞自噬。BAG7 能够结合分子伴侣 Bip2，介导内质网未折叠蛋白反应过程。

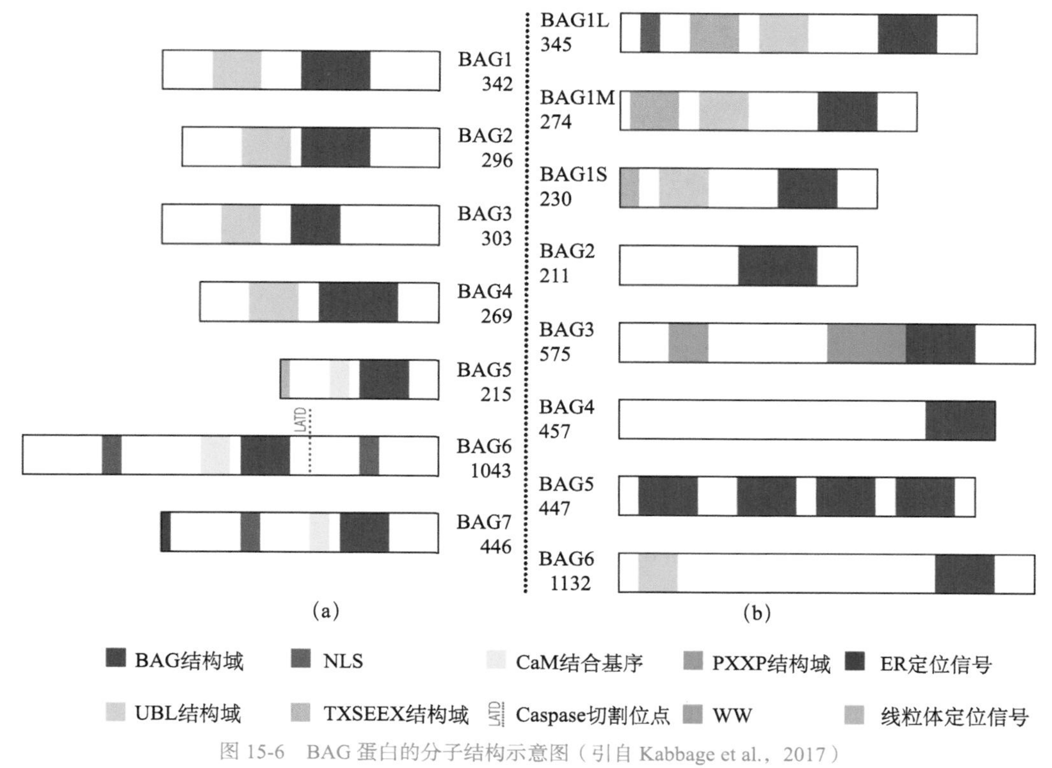

图 15-6 BAG 蛋白的分子结构示意图（引自 Kabbage et al.，2017）

（a）拟南芥 BAG 家族蛋白的分子结构；（b）人细胞 BAG 蛋白的分子结构

二、细胞坏死

坏死（necrosis）源于希腊文对尸体的描述“nekros”。细胞坏死是细胞受到病理性因素影响而导致的被动死亡方式，是一种区别于细胞凋亡的细胞死亡。在细胞受到意外损伤，如极端的物理、化学因素或严重的病理性刺激的情况下发生。细胞坏死早期被认为是一种完全被动的、不受控制的非程序性死亡，但是越来越多的研究表明这一观点并不正确。细胞坏死在非生理（如机械力、热、冷刺激）和病理（感染、有毒物质侵害、血液营养供应不足）条件下发生，也受胞内和胞外信号调节，所以也被认为是一种程序性细胞死亡。与凋亡相比，坏死细胞容易引发炎症反应。

（一）细胞坏死的形态特征及检测方法

坏死常同时发生在成群细胞内，细胞内 ATP 浓度下降，无法维持细胞存活，能量的下降使钠钾泵难以运作，细胞通透性增高，钠、钙、水进入细胞内，钾排出细胞外。与此同时，糖酵解造成糖原减少，乳酸增多，细胞内酸度增加，造成内质网损伤，蛋白质合成发生障碍，进一步导致溶酶体膜损伤，各种水解酶被释放到细胞质基质中，使得细胞内其他结构的损伤进一步加重，线粒体和内质网肿胀、崩解，染色质随机降解，细胞质出现空泡，细胞质膜破损，导致细胞结构消失，最后细胞内含物包括膨大和破碎的细胞器及染色质片段释放到胞外，引起周围组织发生炎症反应（图 15-7）。

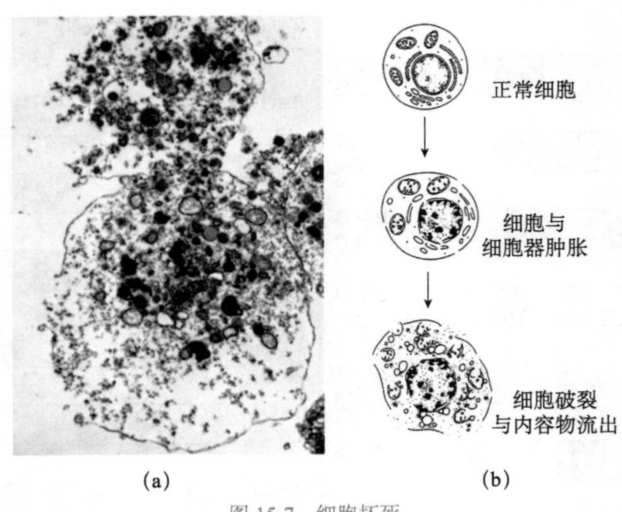

图 15-7 细胞坏死

（a）坏死细胞的电镜图像（引自 Alberts et al.，2019）；（b）细胞坏死的发生过程示意图

二维码

细胞坏死的检测也包括基于形态学的方法和生理生化反应的方法，如电镜观察、碘化丙啶（PI）染色等，具体见【二维码】。

（二）细胞坏死的生理意义

细胞坏死可能在细胞的免疫反应中发挥重要作用。一方面，细胞感染病毒等病原体后，可能通过“自杀”消灭病原体，如果此时凋亡不能正常发生，坏死可以作为凋亡的“替补”方式被细胞采用。研究发现，病毒为了保证自我复制顺利完成，防止宿主细胞提前“自杀”，除了携带抑制凋亡的基因，还会携带抑制坏死的基因。另一方面，被感染的细胞坏死后，胞内的病原体信号分子如病毒核酸等被释放出来，能够被免疫细胞识别，促发固有免疫反应。

（三）细胞坏死的分子机制

长期以来细胞坏死被认为是一种被动的死亡方式。近年的研究表明，细胞也有可能“主动”发生坏死，坏死可能是细胞“程序性死亡”的另一种形式。如果分裂旺盛细胞的 DNA 被持续损伤，就能引发细胞坏死。推测这一现象的原因是 DNA 损伤的积累导致聚腺苷酸二磷酸核糖转移酶（PARP）被活化，使得细胞核及细胞质内的烟酰胺腺嘌呤二核苷酸（NAD^+）大量减少，进而导致糖酵解作用被抑制，细胞内 ATP 水平下降。而快速分裂的细胞需要大量氨基酸和脂肪酸以构建子代细胞，因此无法利用氨基酸和脂肪酸氧化产能来维持胞内 ATP 水平，结果由 DNA 损伤引发的 ATP 水平急剧降低而导致细胞坏死。相比之下，分裂迟滞的细胞抵抗 DNA 损伤的能力较强。这一现象说明细胞坏死过程也可能是信号转导引发的“程序性行为”。诱导细胞凋亡的一些细胞因子如 TNFα、TRAIL 和 Fas 配体也能够诱导某些细胞系如鼠纤维瘤细胞 L929、人 T 细胞瘤细胞 Jurkat 等发生坏死。

在哺乳动物细胞程序性坏死（necroptosis）的信号转导机制方面，研究得比较明确的是由肿瘤坏死因子受体家族及 Toll 样受体家族启动的，通过两个关键的蛋白激酶 RIP1 和 RIP3 传递的死亡信号通路。在这条通路中，RIP1 和 RIP3 相互结合形成一个信号复合体，被称作坏死复合体（necrosome）。RIP3 是细胞程序性坏死通路必不可少的信号传递蛋白，其细胞内靶蛋白为

MLKL。MLKL 蛋白是一个拥有激酶结构域但无激酶功能的假激酶，在细胞程序性坏死被启动时其激酶结构域的 375 位苏氨酸和 358 位丝氨酸被 RIP3 磷酸化。MLKL 磷酸化后会从单体形式形成寡聚体并从细胞质转移到细胞膜，这些 MLKL 寡聚体的 N 端能插入细胞膜结构内与脂类物质磷脂酰肌醇和心磷脂结合，从而由细胞质转移到细胞膜和细胞器膜上，并在这些膜结构中形成通透性孔道，从而破坏膜的完整性，引起细胞坏死。此外，MLKL 将 “necrosome” 与线粒体磷酸酶 PGAM5 联系起来。PGAM5 的激活在细胞坏死发生的早期会导致成串排列的线粒体发生线性断裂。PGAM5 有两个剪接变异体，即 PGAM5L 和 PGAM5S。在肿瘤坏死因子诱导时，PGAM5S 招募 DRP1 线粒体分裂因子，通过去磷酸化其 637 位丝氨酸残基而激活其 GTP 酶活性，DRP1 活化引起线粒体分裂。PGAM5 在多种原因造成的细胞坏死通路中占据枢纽作用，参与如氧自由基的过量增长和钙离子的过度渗漏等引起的细胞坏死（图 15-8）。

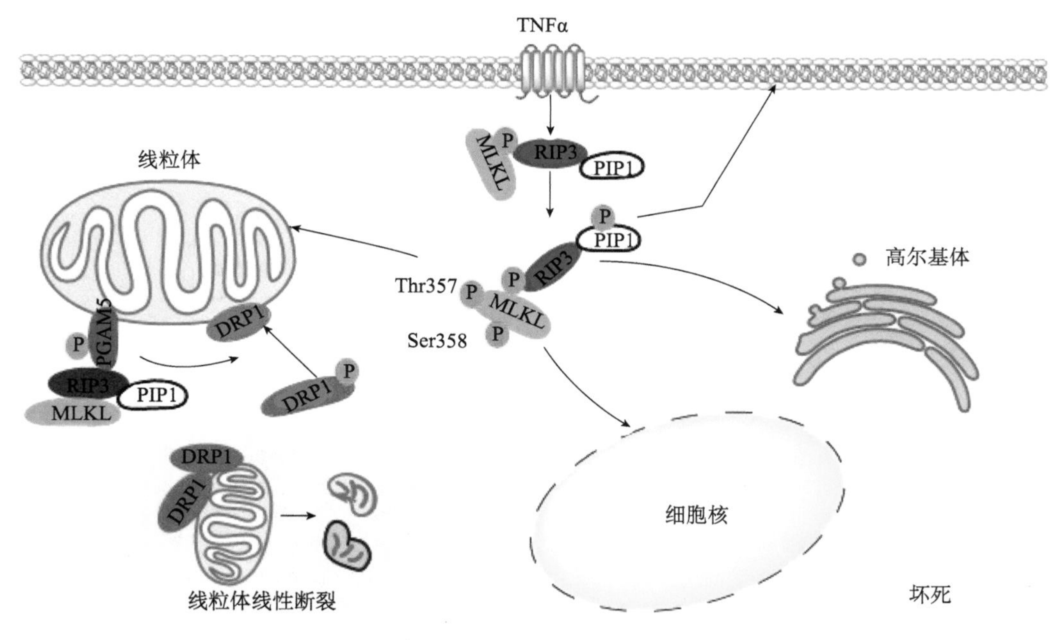

图 15-8　细胞坏死的调控机制

三、细胞自噬

autophagy 一词来源于希腊语，auto 指自身、phagy 是吃的意思，所以 autophagy 意思是自体吞噬，是细胞消化掉自身一部分，即 self-eating，简称自噬。自噬是细胞内的物质成分被溶酶体降解过程的统称，它是真核细胞所特有的。细胞内的物质主要有两种降解途径，一种是通过蛋白酶体被降解，另一种是通过自噬作用。蛋白酶体主要降解胞内的短寿命蛋白，而自噬则负责长寿命蛋白和一些细胞器的降解利用。自噬是细胞对内外环境压力变化的一种反应，在某些情况下自噬还可导致细胞死亡，被认为是区别于细胞凋亡（Ⅰ型程序性死亡）的另一种细胞程序性死亡形式（Ⅱ型程序性死亡）。

细胞自噬已经被研究了 50 多年，最早研究细胞自噬并提出这一概念的是比利时的科学家 de Duve。他在 20 世纪 50 年代通过电子显微镜观察细胞的内部情况时，发现了自噬现象，并且在 1963 年溶酶体国际会议上首先提出了“自噬”的概念。他和他的同事、电子显微镜专家克劳德、帕拉德分享了 1974 年诺贝尔生理学或医学奖。但由于当时缺乏有效研究手段，对自噬的研究主要集中在形态描述上。而酵母模型的出现则简化了研究问题，尤其是大隅良典借助酵母突变体筛选到十几个自噬必需基因后，科学界对细胞自噬的生物学分子机制才开始有了较为清晰和深入的认识，正因为其在细胞自噬机制领域的研究贡献，大隅良典被授予2016年诺贝尔生理学或医学奖。

自噬有两种不同的分类标准：一种是根据细胞内底物运输到溶酶体内方式的不同，哺乳动物细胞自噬可分为三种主要方式，即大自噬（macroautophagy）、小自噬（microautophagy）和分子伴侣介导的自噬（chaperone-mediated autophagy，CMA）（图15-9）。另一种是根据自噬对降解底物的选择性将自噬分为两类，即非选择性自噬和选择性自噬。非选择性自噬是指细胞内的细胞器随机运输到溶酶体降解；而选择性自噬是指对降解的底物蛋白有专一性，根据对底物蛋白选择性的不同，又可以分为线粒体自噬（mitophagy）、过氧化物酶体自噬（pexophagy）、内质网自噬（reticulophagy）、细胞核碎片状自噬（piece-meal autophagy of the nucleus）和核糖体自噬（ribophagy）等。

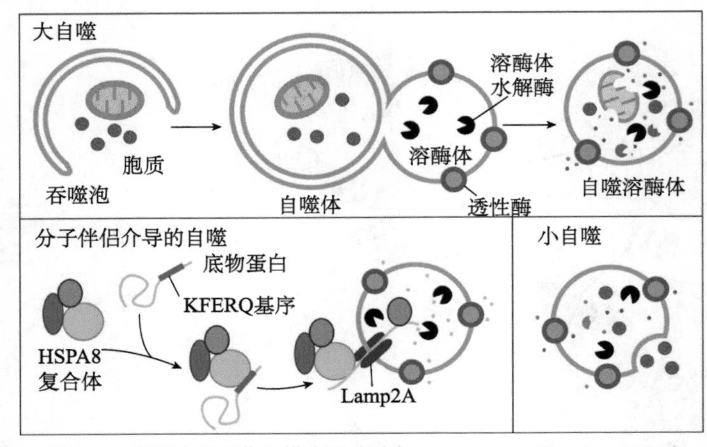

图15-9　细胞自噬的作用模式图（引自 Parzych and Klionsky，2014）

（一）自噬的形态学特征

1. 大自噬

（1）分隔膜的形成。细胞接受自噬诱导信号后，即将发生自噬的细胞的细胞质中，在被降解物的周围会出现大量游离双层膜的结构，然后不断扩张，但它并不呈球形，而是扁平的，就像一个由双层脂质组成的“碗”，可在电镜下观察到，称为吞噬泡（phagophore）。吞噬泡的出现是自噬发生的重要证据之一。

（2）自噬体的形成。随着吞噬泡不断延伸，将要被降解的细胞质成分，包括坏死细胞器如线粒体、内质网碎片等，被脂质双层膜完全包绕隔离，“碗”口收紧，形成密闭的球状自噬体（autophagosome）。电镜下观察到自噬体是自噬发生的第二个重要证据。

（3）自噬体的运输与融合。自噬体形成后，将其包裹物运输至溶酶体内与其融合形成自噬溶酶体（autolysosome），这一过程是通过细胞骨架微管网络系统的传输实现的。自噬体与溶酶体融合形成自噬溶酶体期间，自噬体的内膜被溶酶体酶降解，二者的内容物合为一体，自噬体中的内容物也被降解，产物如氨基酸、脂肪酸等被输送到细胞质中，供细胞重新利用，而残渣或被排出细胞外或滞留在细胞质中。

2. 小自噬　小自噬是溶酶体自身通过膜变形，如突出、内陷或分隔直接吞噬细胞质底物和细胞器如核糖体、过氧化物酶体等的过程。底物被其所包裹的膜性结构带入溶酶体后，包裹膜迅速降解，底物被释放出来，在溶酶体水解酶的作用下进行有效降解，降解产物在细胞内再循环利用。

3. 分子伴侣介导的自噬 分子伴侣介导的自噬（CMA）一般发生在大自噬被激活 6～8 h 后，持续 3 d 左右。具体过程是：首先由细胞质中的分子伴侣如热休克蛋白 70 同源蛋白（heat shock cognate protein of 70 kDa，HSC70）如 HSPA8 识别位于蛋白质分子的特定氨基酸序列（KFERQ）并与之结合，随后分子伴侣 - 底物复合物与溶酶体关联膜蛋白 2A（lysosome associate membrane protein type 2A，Lamp 2A）结合后，底物去折叠并由溶酶体腔中的另外一种分子伴侣 HSP90 介导其在溶酶体的转位，进入溶酶体腔的底物在水解酶作用下分解，被细胞再利用。

二维码

细胞经诱导或抑制后，可对自噬过程进行观察和检测，常用的策略和技术见【二维码】。

（二）细胞自噬的生理意义

细胞自噬对于维持细胞内环境的稳定，促进细胞存活起着至关重要的作用。它参与调节细胞物质的合成、降解和重新利用之间的代谢平衡，影响从酵母到哺乳动物和人类生命活动的方方面面。自噬具有多种生理功能，包括耐受饥饿、清除细胞内折叠异常的蛋白质或蛋白质聚合物及受损或多余的细胞器（线粒体、过氧化物酶体、高尔基体）、促进发育和分化（如果蝇幼虫变态发育过程唾液腺细胞的死亡）、延长寿命、清除微生物等。然而，自噬相关基因对于细胞存活和死亡具有两面性：既可以作为促使细胞存活的自我保护机制，也可能促进细胞死亡。这种两面性取决于细胞处于增殖或分化的阶段、外界环境的变化和治疗干预手段的不同。一方面，在正常生长条件下，细胞存在较低水平的自噬，即基础自噬，以维持生理状态下机体内环境的稳态，维持蛋白质、细胞器的更新，为生命活动提供能量。也可在细胞遭受各种细胞外或细胞内刺激时作为应激反应而被激活，起到保护细胞，使细胞存活的作用。例如，在饥饿条件下，细胞通过自噬降解过程，提供氨基酸以产生新的蛋白质，为线粒体提供原料以产生能量来应对饥饿而求得生存。另一方面，当细胞处在长时间的饥饿或特殊的发育阶段，如昆虫的变态发生阶段，过度活跃的自噬活动也可以引起细胞死亡，即“自噬性细胞死亡”（autophagic cell death），也称为Ⅱ型程序性细胞死亡。

自噬与人类健康关系密切，对于人类的健康和疾病来说，自噬也是一把“双刃剑”，与人类多种疾病的发生发展有着密切的关系。在生长发育及肿瘤、神经退行性疾病、心血管疾病的发生和抵御传染性疾病等方面都具有双重的调控作用。越来越多的证据表明，自噬在控制癌症的发生发展过程中及决定肿瘤细胞对抗治疗的反应时发挥着重要的作用。同时，自噬活性的降低也与衰老、神经退行性疾病、心血管疾病和自身免疫性疾病等相关。详细论述见【二维码】。

二维码

（三）自噬的分子机制

自噬在多种环境条件下都可被激活，对于酵母和哺乳动物来说，自噬多发生在营养受限的情况下，但也和发育、分化、神经退行性疾病等一些生理过程有联系。自噬的启动依赖于一系列自噬相关基因（autophagy related genes，Atg），目前在酵母中发现的 Atg 有 38 种，其中大部分酵母自噬相关基因可以在哺乳动物中找到同源基因，证明自噬是一个进化保守的过程。研究发现，从酵母到哺乳动物的自噬过程在进化上都非常保守，具有十分相似的分子机制。典型的哺乳动物大自噬发生的分子机制如图 15-10 所示，经历以下 4 个阶段。

1. 自噬的诱导　突变或错误折叠蛋白质的累积、衰老或受损伤的细胞器、饥饿、缺氧、微生物侵袭等应激条件都可引起细胞自噬的发生。哺乳动物雷帕霉素靶蛋白 mTOR（mammalian target of rapamycin）是感受细胞中氨基酸、ATP、激素，调控蛋白质合成速率，影响细胞生长的关键因子，也是吞噬诱导过程中的关键分子。mTOR 对自噬反应的调节与细胞所处的营养条件有关，当营养充足时，细胞中 mTOR 被激活而抑制自噬，而当细胞处于饥饿状态或受到雷帕霉素刺激时，mTOR 被抑制而促进自噬。激活 mTOR 的通路有Ⅰ型 PI3K/AKT 和 MAPK/ERK1/2 信号通路，而负调控 mTOR 的通路有 AMPK［adenosine 5′-monophosphate (AMP)-activated protein kinase］和 p53 信号通路。在哺乳动物中，ULK1 或 ULK2 与 Atg13、支架蛋白 FIP200 形成 ULK1 激酶复合体，诱导细胞自噬的发生。磷酸化的 ULK1 一直以来都被认为是自噬的一个关键调控因子，目前发现 AMPK 和 mTOR 可催化 ULK1 的磷酸化。在营养充足的情况下 AMPK 失活，细胞自噬被处于活化状态的 mTOR 激酶抑制，mTOR 激酶可直接或间接促使 Atg13 高度磷酸化，高度磷酸化的 Atg13 抑制 ULK1 的激酶活性，ULK1 从自噬复合体中解离下来并与 mTOR 以复合物形式结合，从而抑制自噬的发生。在营养匮乏的条件下，AMPK 活化，mTOR 活性被抑制，促使高度磷酸化的 Atg13 部分去磷酸化，去磷酸化的 Atg13 与 ULK1 等因子相互作用，使 ULK1 被激活，mTOR 和 ULK1 复合体解离，促使 ULK1-Atg13-FIP200 稳定复合物的形成，进而促进自噬的发生。

2. 自噬体囊泡成核　自噬诱导以后，吞噬泡包裹细胞质中将要被降解的胞质溶胶和细胞器等是自噬体囊泡的成核阶段。酵母细胞的吞噬泡膜形成于 PAS（吞噬小体前结构），而哺乳动物细胞吞噬泡膜可来源于线粒体、内质网、高尔基体等各种不同的细胞器，甚至可能在严密调控下来源于细胞核。在起始的囊泡成核阶段，Ⅲ型 PI3K 是重要的调控者。Ⅲ型 PI3K（酵母 Vps34 的同源蛋白）的活化依赖于一个蛋白复合体的形成，在酵母中，这个复合体包括 Vps34-Vps15-Atg6-Atg14，在哺乳动物中，这个复合体包括 Vps34-p150-Beclin1-Atg14。Ⅲ型 PI3K 复合体（class Ⅲ phosphatidylinositol-3-kinase，PI3K-Ⅲ）通过其产物 PI3P 募集细胞质中的许多下游 Atg 蛋白到自噬体组装位点，参与调控自噬体膜的形成，该复合物还可利用跨膜蛋白 Atg9 循环体系从细胞质中募集脂质，用于补充吞噬泡膜初期或扩张期所需要的膜结构。

3. 自噬体囊泡延伸和闭合　在自噬体形成的早期阶段，Atg12-Atg5-Atg16L 形成的复合物与自噬体外膜结合，促进 LC3 向自噬体的募集，LC3-Ⅱ通过介导自噬体之间的膜融合而促进自噬体的延伸和闭合。具体机制如下：① Atg12-Atg5-Atg16L 复合物的形成。Atg12 首先由 E1 样酶 Atg7 活化，之后转运至 E2 样酶 Atg10，最后与 Atg5 结合，形成自噬体前体；然后，Atg5-Atg12 复合物与 Atg16L 结合形成更大的复合物，这种结合促进了自噬泡的伸展扩张，使之由开始的小囊泡样结构逐渐发展为半环状、环状结构。② LC3-Ⅱ复合物的形成。LC3 的 C 端被 Atg4 蛋白酶酶切后生成细胞质 LC3-Ⅰ。LC3-Ⅰ由 E1 样酶 Atg7 和 E2 样酶 Atg3 活化，与位于自噬体膜上的磷脂酰乙醇胺（PE）以泛素样反应的方式连接，形成吸附在自噬体膜上的 LC3-Ⅱ。③ Atg12-Atg5 复合物在膜上的定位决定自噬体膜的弯曲方向，自噬体总是膜背对 Atg12-Atg5 复合物的方向延伸。随着自噬体外膜的延伸，在自噬体即将闭合时，Atg12-Atg5 复合物便从自噬体外膜上脱离下来，不参与膜闭合过程，因此 Atg12-Atg5 复合物不是自噬的标志物。而 LC3 通过其 C 端结合磷脂酰乙醇胺（phosphatidyl ethanolamine，PE）形成的 LC3-Ⅱ不仅与延伸过程中的自噬泡结合，而且连接在成熟的自噬小体膜上，因此 LC3-Ⅱ常被作为自噬发生的特异性标志物。

4. Atg 蛋白的循环利用与自噬溶酶体的形成　除了 LC3 最终参与自噬体形成外，其他

Atg 蛋白可以在自噬囊泡成熟前或成熟时与其解离，被循环利用，如 PI3K-Atg2-Atg18 复合体的形成，可以帮助 Atg9 从自噬体解离下来，作为参与囊泡形成的唯一跨膜蛋白被重新利用。自噬体与溶酶体融合形成自噬溶酶体，期间自噬体的内膜被溶酶体酶降解，二者的内容物合为一体，自噬体中包裹的"货物"也被降解，产物如氨基酸、脂肪酸等透过溶酶体膜进入细胞质中，重新参与细胞的物质代谢，而残渣或被排出细胞外，或滞留在细胞质中形成残余小体。

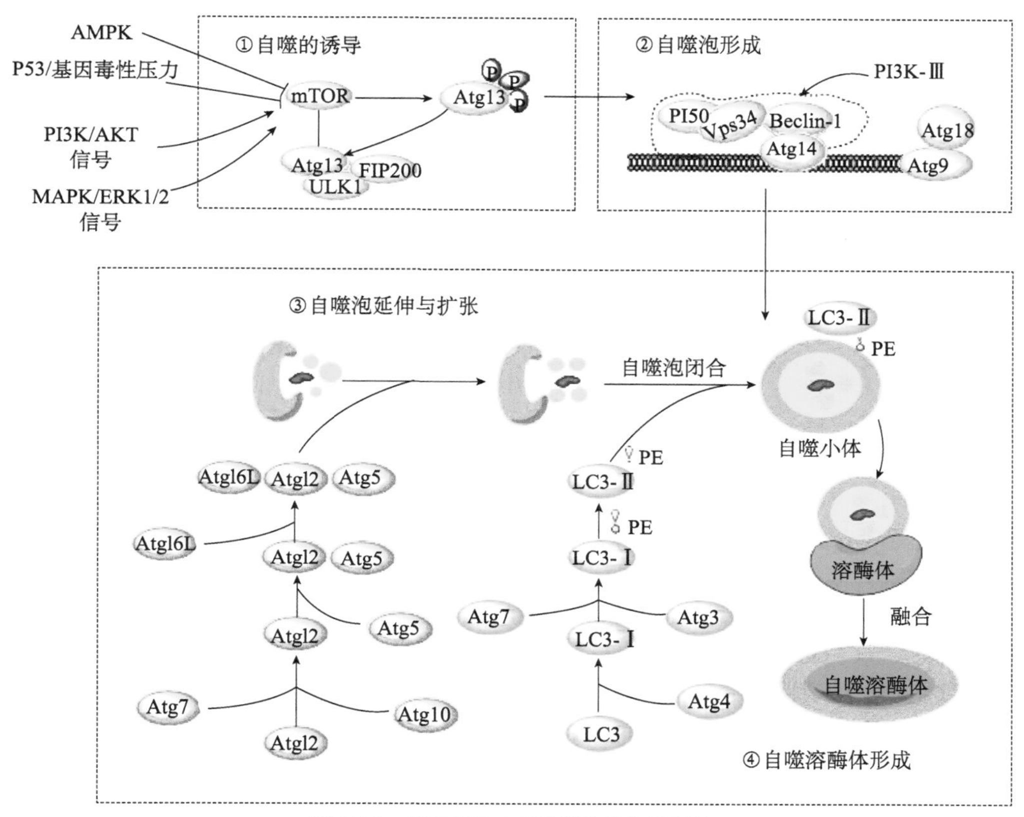

图 15-10 哺乳动物大自噬发生的分子机制

（四）植物细胞的自噬

有证据表明，自噬在植物细胞程序性死亡中非常重要，它可以决定 PCD 执行的结果。在电镜观察中，可见到一些衰老细胞器以膜泡形式被转移到液泡中。TOR 和 SnRK1 介导植物自噬信号途径，如图 15-11 所示。能量不足（黑暗）时 AMP/ATP 比值增加，激活 SnRK1 通路。SnRK1 通路一旦被激活，将激活一系列节能的信号通路（包括自噬途径）和抑制硝酸盐同化、TCA 循环和糖酵解途径。海藻糖的前体海藻糖 -6- 磷酸的累积可以抑制 SnRK1 活动和自噬，因为海藻糖 -6- 磷酸能够抑制 SnRK1 功能，同时激活雷帕霉素靶向激酶 TORC1，进而触发能量维持系统 TCA 循环和糖酵解途径，使甘油醛 -3- 磷酸脱氢酶（GAPDH）积累而抑制细胞自噬。同时活性氧（reactive oxygen species，ROS）可以触发细胞自噬，植物自噬又可降解细胞毒素如错误折叠蛋白质和受损的细胞器，降低活性氧产生。植物细胞的自噬也是由众多自噬相关基因调控的，如 *Atg8* 等。

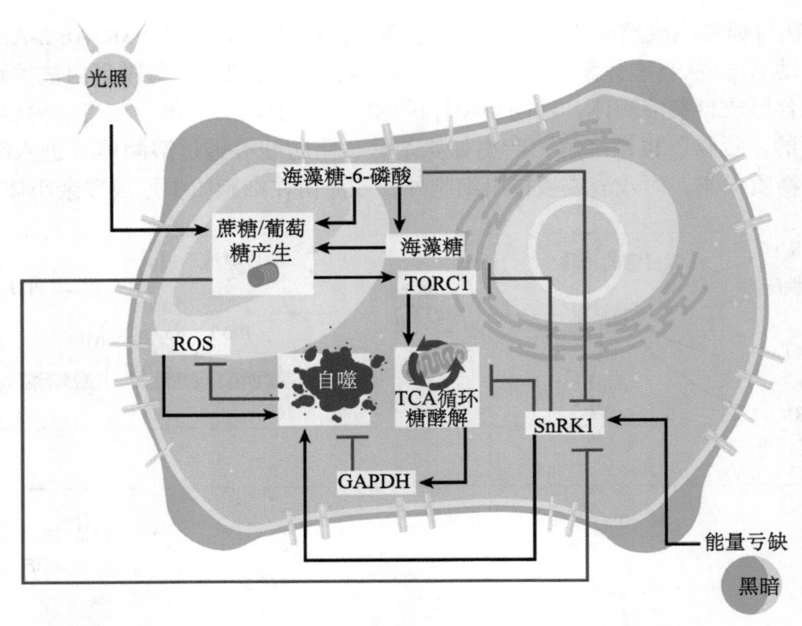

图 15-11　TORC1 和 SnRK1 介导植物自噬的信号途径（引自 Kabbage et al.，2017）

四、细胞焦亡

细胞焦亡（pyroptosis）又称细胞炎性坏死，是近年来发现的一种新的程序性细胞死亡形式，表现为细胞不断胀大直至细胞膜破裂，导致细胞内容物的释放进而激活强烈的炎症反应。细胞焦亡是机体一种重要的天然免疫反应，在抗击感染中发挥重要作用。通过 Caspase 酶切割 Gasdermin 家族蛋白 GSDMD 的氨基端和羧基端的连接体，释放其 N 端小肽，N 端小肽可以识别并结合细胞膜上的磷脂类分子而在细胞膜形成孔洞，导致细胞渗透压变化，使细胞肿胀和细胞膜裂解，细胞内物质释放，发生细胞焦亡。相比于细胞凋亡（apoptosis），细胞焦亡发生得更快，并会伴随大量促炎症因子的释放，最终被中性粒细胞所吞噬清除（图 15-12）。

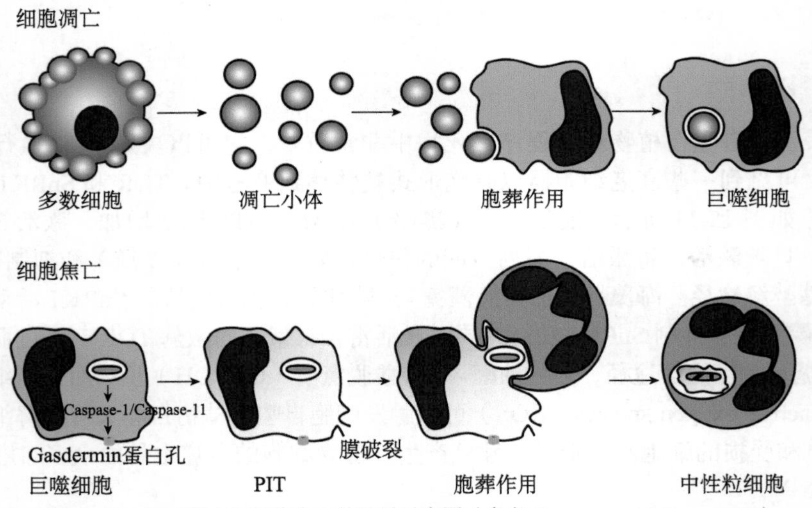

图 15-12　细胞凋亡和细胞焦亡的差异示意图（参考 Kovacs and Miao，2017）

PIT. 孔诱导的胞内陷阱

（一）细胞焦亡的细胞与生理学特征

（1）细胞肿胀形成凸起。细胞发生焦亡时，细胞会发生肿胀、变形，在细胞上有凸起物出现。

（2）细胞膜破裂。Caspase-1 介导在细胞膜上形成 Gasdermin 蛋白孔，细胞膜离子梯度发生改变，产生净增加的渗透压，导致细胞膜破裂，释放大量促炎症因子。

（3）DNA 随机降解。DNA 随机降解，DNA 降解产物片段大小不同于细胞凋亡时降解产物片段为 180～200 bp 及其整数倍的片段。

（4）产生炎症体。炎症体是一种胞质多聚体信号复合物，协调免疫反应对入侵病原体的激活。炎症体的激活导致 Caspase-1 的加工和激活。一旦被激活，Caspase-1 将 Pro-IL-1β 和 Pro-IL-18 切割成成熟形式，并切割 Gasdermin D（由 GSDMD 编码）以诱发细胞焦亡。

（5）活化的 IL-1β 和 IL-18 的释放。炎性细胞因子 IL-1β 和 IL-18 在细胞焦亡中经历 Caspase-1 依赖性激活和分泌。白介素 IL-1β 是一种有效的内源性热原，可刺激发热、白细胞组织迁移和多种细胞因子和趋化因子的表达。白介素 IL-18 诱导干扰素 γ 的产生，对活化 T 细胞、巨噬细胞和其他细胞类型很重要。IL-1β 和 IL-18 在一系列炎症和自身免疫性疾病的发病机制中起着至关重要的作用。

（二）细胞焦亡的检测方法

1. 形态学方法　细胞焦亡也可以通过细胞形态观察的方法进行检测，往往利用扫描电镜观察细胞形态。发生焦亡的细胞细胞膜破裂，细胞膨大变形，细胞器也变形。细胞焦亡也可以通过 TUNEL 染色进行检测。与凋亡相似，发生焦亡的细胞同样会出现细胞核浓缩和染色质 DNA 断裂现象。染色质 DNA 断裂时，暴露的 3′-OH 可以在末端脱氧核苷酸转移酶（terminal deoxynucleotidyl transferase，TdT）的催化下加上荧光素（FITC）标记的 dUTP（fluorescein-dUTP），从而可以通过荧光显微镜进行检测，这就是传统检测凋亡的 TUNEL 法。凋亡与焦亡在形态学上存在不同，具体见【二维码】。

二维码

2. 检测焦亡相关蛋白　细胞焦亡发生时，分子质量为 53 kDa 的 Gasdermin D（GSDMD）蛋白被切割，产生一个 30 kDa 左右的片段，因此可以利用 q-PCR 或 Western Blot 方法检测 Gasdermin D 基因及其蛋白质表达水平来验证焦亡是否发生。此外，细胞焦亡发生时，Caspase-1 和 Caspase-4 被激活，可以通过检测 Caspase-1 和 Caspase-4 的活性来验证。另外，细胞焦亡发生时 IL-1β 和 IL-18 会释放到细胞中，因此可以通过 ELISA 方法检测细胞上清中的 IL-1β 和 IL-18 的含量来验证焦亡的发生。

（三）细胞焦亡的生理意义

细胞焦亡是机体一种重要的天然免疫反应，在抗击感染和内源性危险信号中发挥重要作用。与肿瘤发生发展、感染性疾病、代谢性疾病、神经系统相关疾病和动脉粥样硬化性疾病相关，详见【二维码】。

二维码

（四）细胞焦亡的分子机制

1. 依赖 Caspase-1 的经典通路　在细菌、病毒等信号的刺激下，细胞内的模式识别受体作为感受器，识别这些信号，通过接头蛋白 ASC 与 Caspase-1 的前体结合，形成多蛋白复合物而使 Caspase-1 活化，活化的 Caspase-1 一方面切割 Gasdermin D，形成含有 Gasdermin D N

端活性域的肽段，诱导细胞膜穿孔，细胞破裂，释放内容物，引起炎症反应；另一方面活化的Caspase-1对IL-1β和IL-18的前体进行切割，形成有活性的IL-1β和IL-18，并释放到胞外，募集炎症细胞聚集，扩大炎症反应（图15-13）。

2. 依赖Caspase-4、Caspase-5、Caspase-11的非经典通路　在非经典通路中，人源的Caspase-4、Caspase-5，鼠源的Caspase-11，则可以直接与细菌的LPS（Lipopolysaccharide）等接触激活，活化的Caspase-4、Caspase-5、Caspase-11切割GSDMD形成N端小肽，N端小肽诱导细胞膜穿孔，细胞破裂，释放内容物，引起炎症反应；GSDMD形成的N端小肽也可间接激活Caspase-1，引发焦亡（图15-13）。

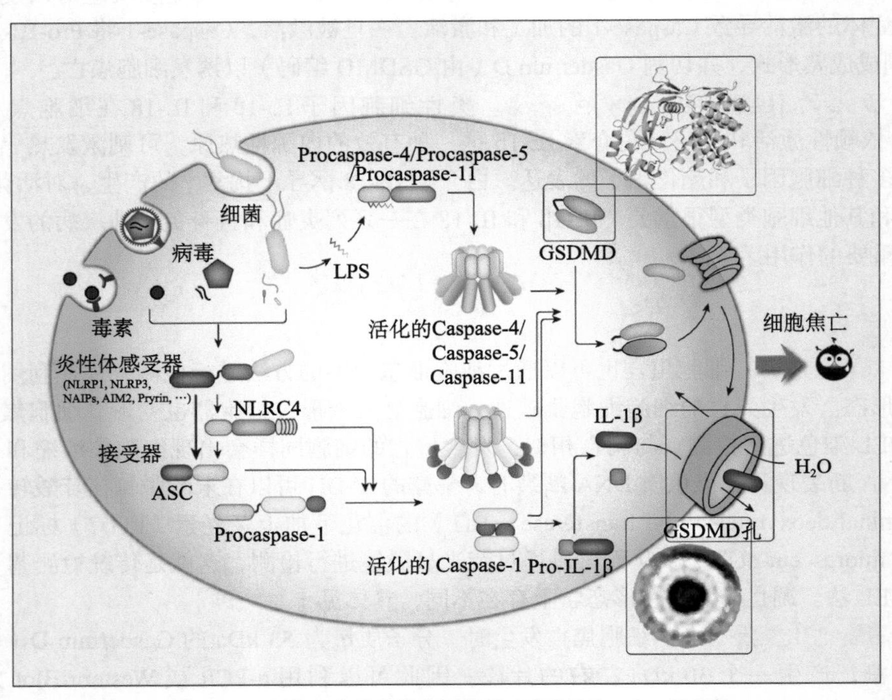

图15-13　细胞焦亡发生的分子机制（引自Shi et al.，2017）

思考题

1. 细胞衰老存在哪些学派？代表性分子细胞生物学机制有哪些？
2. 请从概念、典型特征、检测方法的角度比较细胞凋亡、细胞坏死与细胞焦亡有何异同。
3. 细胞内存在的细胞凋亡途径及其主要组成成分有哪些？

二维码

4. Caspase有哪些类型及其作用特点？
5. 细胞凋亡与肿瘤发生有什么联系？

本章核心概念及更多布鲁姆学习目标层次习题见【二维码】。

本章知识脉络导图

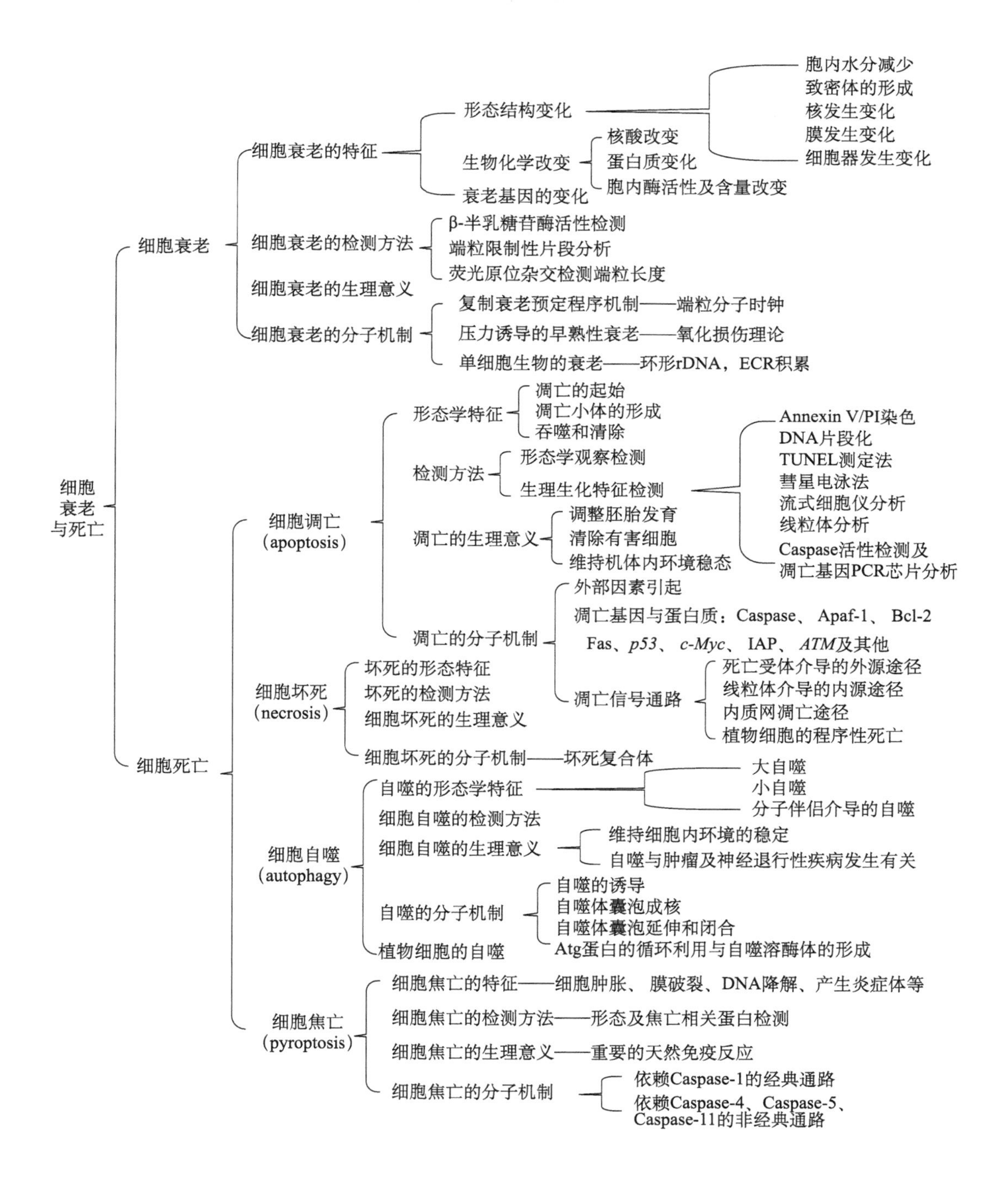

（吕英华，曾文先）

第Ⅳ篇 细胞与环境互作及细胞工程

本篇共2章内容，讲述细胞与环境因子互作的机制、细胞与组织工程的原理及其应用。

第十六章 细胞与环境

在漫长的生命进化历程中，无论是单细胞生物还是多细胞生物体都需要通过细胞这一最基本的结构和功能单位，来响应环境中周期性变化的多重信号，适时调整自身的生长和发育状态，从而获得最大的生存效益。有机体在长期适应环境变化的过程中，在形态、生理和遗传等各个方面形成了一系列应对环境的策略，甚至与环境因子之间建立了密切的信号交换机制，形成了密切的相互依赖、相互拮抗和相互适应的关系。细胞与环境之间的互作机制，是当前生物学领域的重要前沿领域。本章将重点阐述细胞与环境之间的互作机制及动、植物响应环境中生物（细菌、病毒、真菌等）与非生物（干旱、强光、盐碱、极端温度等）因子的细胞学调控机理。

第一节 细胞应激

细胞的内外环境中总是不可避免地存在一些有害因素，可能导致细胞损伤甚至死亡，如凋亡、坏死、焦亡及自噬性细胞死亡等。为了在不利环境下存活下来，细胞需要做出一系列的适应性反应，称为细胞应激反应（cellular stress response）。细胞应激反应是指在环境应激诱发因子如极限温度、毒素、机械损伤等的作用下，细胞内发生一系列的适应性改变，以恢复细胞内外环境的稳态，增强细胞抗损伤能力和在不利条件下的生存能力。

细胞应激反应主要是由应激蛋白（stress protein）所介导。有些应激蛋白仅在细胞应激时被活化，有些在细胞应激和正常情况下都具有活性。从最简单的原核生物到复杂的真核生物，应激蛋白在物种间是高度保守的。尽管不同应激诱发因子激活的信号通路不同，但这些信号通路之间存在着复杂的交叉对话（cross-talk）机制。细胞内的细胞器也广泛参与细胞在各种刺激下的应激反应。内质网主要参与蛋白质的合成加工和转运，但在缺氧、饥饿等应激条件下，细胞中未折叠和错误折叠的蛋白质在内质网内聚集，会引发内质网应激，导致细胞蛋白质合成受阻、细胞炎症发生、脂质代谢紊乱及细胞凋亡等事件。线粒体参与了多种应激条件下细胞的衰老与凋亡过程。内质网和溶酶体等内膜系统参与的细胞自噬也介导了氧化应激和衰老时的细胞应激反应。最近的研究显示，参与核糖体合成和装配的核仁也可以感受细胞的应激刺激，参与细胞的应激反应，称为核仁应激。

当暴露于各种理化及生物性损伤因素时，任何生物细胞（从单细胞生物到高等哺乳动物细胞）都将出现一系列适应性代偿反应，这些反应包括与损伤因素性质有关的特异性反应。例如，当生物细胞受到氧自由基威胁时，其抗氧化酶系统如超氧化物歧化酶、过氧化氢酶等的表达会增加；当暴露于低氧环境时，细胞中的低氧诱导因子及其所调控的靶基因的表达会升高；当遭遇重金属毒害时，细胞中金属硫蛋白表达增多等。与此同时，生物细胞也可出现与损伤因素的性质无关的非特异反应。因特异性反应涉及诸多因素，通常所说的应激或者应激反应是指细胞在受到各种强烈因素（应激源）刺激时所出现的非特异性反应。

动物细胞的应激反应经常表现为以基因表达变化为基础的防御反应。例如，热休克蛋白（heat shock protein，HSP）和急性期反应（acute phase response，APR）蛋白的合成等。热休克蛋白是指在高温（热休克）或其他应激原作用下所诱导生成或合成增加的一组蛋白质。除热休克外，其他多种物理、化学、生物因素及机体的内外环境变化，如放射线、重金属、乙醇、自由基、缺血、缺氧、寒冷、病原菌感染等，都可诱导 HSP 的产生，因此 HSP 又称为应激蛋白（stress proteins，SP）。热休克蛋白能够充分发挥分子伴侣（molecular chaperone）的功能，防止蛋白质变性、聚集并促进聚集蛋白质的解聚及复性，因而在各种应激反应中对细胞具有保护作用，是机体内重要的内源性保护机制。常见的还有急性期反应蛋白的合成，它是细胞在受到病菌感染、机械创伤等强烈应激原刺激下大量产生的一类蛋白质，通常由肝细胞、单核吞噬细胞、血管内皮细胞、成纤维细胞及多形核白细胞产生，它的生物学功能非常广泛，包括抑制细胞内蛋白酶的活化从而减轻损伤，清除外来物，抑制自由基的产生，促进损伤细胞的修复等。

植物也有应激性，这是由于植物体内产生的植物激素而诱导形成的。植物的应激性有向性运动（如向水性、向地性、向光性）和感性运动（如感震运动、感夜运动）等。植物的根能够向地生长，是植物对重力刺激的反应，如果把植物放到失重环境，则根不会向下生长，而是向四面八方生长。含羞草受震动叶子下垂为感震运动，睡莲花的开闭和合欢叶小叶的闭合是受光照强度不同的影响而产生的感夜运动。光照强度的不同，影响了植物周围环境的温度、湿度的变化，各种植物不同的遗传特性形成了它们定时开花的性状。例如，林奈观察到的“花时钟”就是按照各种花卉的开花时间排列的：3:00 左右蛇麻花，4:00 左右牵牛花，5:00 左右野蔷薇，6:00 左右龙葵花，7:00 左右芍药花，8:00 左右半枝莲，15:00 左右万寿菊，17:00 左右紫茉莉，18:00 左右烟草，21:00 左右昙花等。物种之间应激性有鲜明的差异。

在这里我们还要区分应激性、适应性、遗传性和变异性这几个概念。应激性是生物对刺激做出一定反应的特性；适应性是指生物与环境相互适应的现象；遗传性是生物应激性和适应性的物质基础，是起决定作用的因素；变异性是生物体在结构或生理机能上的差异。应激性是一种动态反应，在比较短的时间内完成；适应性是通过长期的自然选择，需要很长时间形成的。应激性的结果是使生物适应环境，可见它是生物适应性的一种表现形式。遗传性是指亲代性状通过遗传物质传给后代的能力，也是生物体要求一定的生长、发育条件，并对生活条件做出一定反应的特性。因此，生物体表现出来的应激性、反射和适应性最终是由遗传性决定的。生物变异性使生物体能够产生新的性状，形成新的物种，从而产生了生物界的多样性。

一、热应激

随着全球气候变暖，很多地区夏季出现的长时间持续高温，影响了生物体的正常代谢和生长，导致生产性能降低，机体免疫机能下降，甚至引起发病死亡率升高，给实际生产带来很大的经济损失，因此热应激已成为人类生存和农牧业所面临的一个重要实际问题。

生物机体的代谢随着环境温度的改变而改变，适当的环境温度就可使代谢强度保持在生理的适度水平，这种温度称为生物体的等热范围或代谢稳定区。而高于这个温度范围则会导致生理功能混乱，同时机体会产生各种非特异性应答反应，我们称此现象为热应激。简单地说，所谓热应激，就是生物体对于其生理不利的热环境产生的非特异性应答反应的总和。

热应激最早是指细胞在温度温和地升高（较正常温度高 3～5℃）时做出的一系列生化反应。热应激的主要变化是蛋白质损伤，导致未折叠蛋白质积累。于是，细胞会产生大量的分子伴侣以帮助未折叠或错误折叠的蛋白质正确折叠，减少错误蛋白质的积累，对细胞产生短暂的保护作用，使细胞能够抵抗外界的不利因素，如致死性的温度升高、氧化应激、抗癌药物刺激、生长因子缺乏等。

在热应激反应之初，细胞内绝大部分的蛋白质合成受到抑制，但是一类特殊的称为热休克因子（heat shock factor，HSF）的转录因子的表达会升高。如图 16-1 所示，HSF 可以结合到靶基因启动子的热休克反应元件（heat shock element）上，促进热休克蛋白（heat shock protein，HSP）的表达。HSP 是一类高度保守的蛋白质超家族，通常促进细胞存活，抑制细胞凋亡。根据分子质量大小可以分为 110 kDa、90 kDa、70 kDa、60 kDa、40 kDa 和 15～30 kDa 几个亚家族。HSP90 为组成型表达，在细胞内作为分子伴侣，帮助蛋白质正确折叠。HSP27 和 HSP70 在正常情况下表达量极低，在细胞应激时表达升高，可以间接或直接地抑制应激导致的细胞死亡，包括凋亡和坏死等。HSP70 是 HSP 家族中最具代表性，也是研究最多的一种。正常情况下，HSP70 主要分布于细胞质中，氧化应激时 HSP70 在核定位信号（NLS）介导下，从细胞质向细胞核及核仁转移，抑制核损伤。缺少 NLS 的 HSP70 不会发生核转位和核仁分离的现象。

HSP70 在分子伴侣介导的自噬中发挥重要作用，和其他分子伴侣一起组成分子伴侣复合物，识别特定的氨基酸基序 KFERQ（赖氨酸 - 苯丙氨酸 - 谷氨酸 - 精氨酸 - 谷氨酰胺），形成底物 - 分子伴侣复合体。该复合体继而与溶酶体表面的受体，即溶酶体关联膜蛋白 2A（lysosome-associated membrane protein 2A，Lamp 2A）相互作用定位在溶酶体上，底物被溶酶体内化降解。

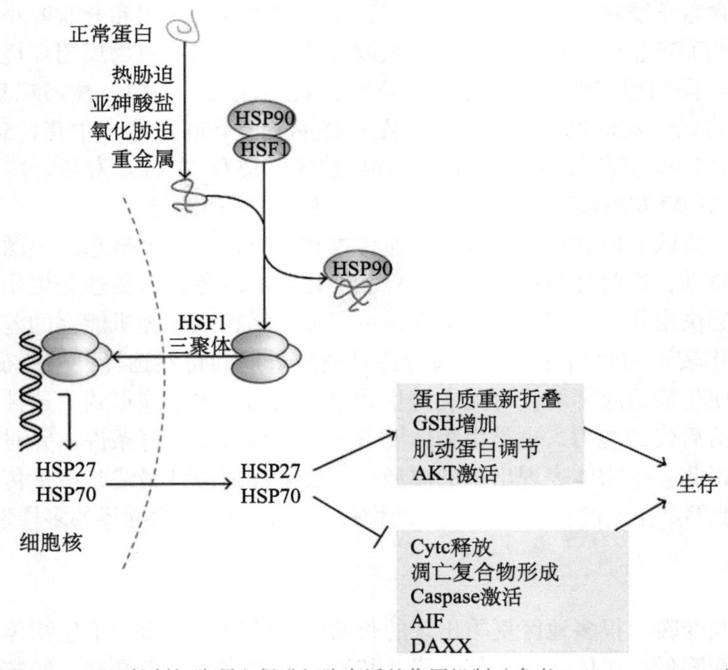

图 16-1　HSP 抑制细胞凋亡促进细胞存活的作用机制（参考 Fulda et al.，2010）

DAXX. 死亡结构域相关蛋白；AIF. 凋亡诱导因子

（一）热激对生物体的影响

动物对于热激的响应是一个比较复杂的问题。一般认为机体感受到高温之后，产生的响应信号经神经系统传递到低级神经中枢，低级神经中枢再将信号依次向上传递到以下丘脑为中心的信号处理系统。下丘脑受到刺激后，分泌促肾上腺皮质激素释放激素（corticotropin releasing hormone，CRH），CRH 经垂体门脉到垂体前叶，刺激分泌促肾上腺皮质激素（adrenocorticotropic hormone，ACTH）。ACTH 进入血液物质循环后，可促进肾上腺皮质分泌糖皮质激素来适应应激因子的作用。糖皮质激素的分泌具有双向性，一方面可以通过促进分解代谢，快速释放出葡萄糖，产生大量可利用能量，提高机体对应激因子刺激的抵抗力，抑制炎性反应和免疫反应，使动物产生适应性；另一方面分解代谢的加强会导致生产性能下降，免疫反应受到抑制，动物抗感染力降低。若热激强度小或时间短，糖皮质激素短时间内分泌增加能够帮助机体克服应激，若应激因子强度大或持续时间长，糖皮质激素分泌长期增多，则分解代谢长期占主导地位并出现不可逆变化，就可能降低免疫、生长和繁殖等非基本功能，而保持呼吸、物质循环和体温调节等基本功能，从而造成营养不良、体重急剧下降、机体储备耗竭、适应机能及免疫功能破坏、生产性能下降甚至引起食欲下降、疾病和死亡等。热应激对生理机能的具体影响见【二维码】。

二维码

（二）HSP 的生物学作用

前面已经提到，HSP 是一类高度保守的蛋白质超家族，通常促进细胞存活，抑制细胞凋亡。HSP 是一组分子质量不等的酸性蛋白（pH=5.0～6.5），是迄今为止发现的最保守的蛋白质家族之一，广泛存在于所有植物、酵母菌、细菌和哺乳动物细胞内。HSP70 是迄今为止发现的最保守的热激蛋白，不同来源的真核生物同源性可达 60%～80%。近年来，通过对 HSP 和应激反应的广泛研究，人们发现 HSP 在正常和应激的有机体内均具有广泛的生物学功能，各种应激因素包括高温、组织损伤、氧化剂、重金属、肿瘤、超低温，甚至心理应激等都可以诱导 HSP 的产生。由于 HSP 蛋白首先在热休克时发现，所以仍习惯称之为热激蛋白。目前，HSP 的研究已经成为生命科学的热点和前沿问题之一。

从 HSP 在细胞内的表达情况来看，生物体内主要有两种 HSP：诱导型 HSP 和组成型 HSP。诱导型 HSP 主要在外界环境条件刺激下表达，具有保护细胞的功能；组成型 HSP 在生理状态下表达，与细胞的分化和发育密切相关。热应激时产生的 HSP 属于诱导性的，其信号传递过程如下：应激因素→热休克因子（heat shock factor，HSF）基因→HSF 蛋白→热休克元件（heat shock element，HSE）→HSP 基因→HSP mRNA→HSP。其中，HSP 基因受 HSE 调控，而 HSE 又受控于 HSF 的结构和活性调节。不同的 HSF 在不同的应激状态下起不同作用，如在动物体中，HSF1 在热休克、氧化应激、重金属应激等状态下起作用，而 HSF2 则在精子形成和胚胎发育中起作用。HSP 具有自我调控的作用，在细胞应激反应中一方面可调节自身及其他应激蛋白的表达，另一方面可感受细胞内外环境条件（如温度、重金属等）的变化，进而调节细胞应激反应，使之处于自稳状态。植物细胞在经受热激时具有类似的响应模式。植物细胞中热应激诱导 HSP 提高耐热性的机制示意图见【二维码】。

二维码

随着研究的不断深入，新发现的热应激蛋白将不断加入相应的家族。HSP 的分布十分复杂，在不同状态下其分布不同，而其分布是与其功能相联系的，如 HSP70 正常时主要分布在细胞质，而热应激时则分布在细胞核。现在已经比较明确，HSP 具有分子伴侣（molecular chaperones）作用、保护细胞、辅助调节生命活动及参与细胞免疫应答等功能，详见【二维码】。

二维码

HSP 在人类健康与疾病中的作用十分复杂。前面已经提到，HSP 具有使细胞获得热耐受的能力，许多国家的人们把热疗作为一种治疗手段，就是由于热疗可以导致机体产生 HSP 而免遭热或其他应激因素的伤害，热疗也被用于肿瘤的治疗。人们发现，第一次热疗后肿瘤细胞中 HSP 水平增高，肿瘤细胞对热产生暂时性的抵抗力，但当细胞中 HSP 减少时则抵抗作用也消失；再次热疗时，由于肿瘤细胞对 HSP 产生了耐受性，效果会大打折扣。除了热激应之外，HSP 还广泛参与了人体对于多种疾病的耐受反应。在氧化损伤、缺血、炎症、心肌肥大、组织外伤、衰老、苯中毒等一系列疾病上都发现有 HSP 的异常表达，在许多感染性疾病、自身免疫性疾病（如系统性红斑狼疮、胰岛素非依赖性糖尿病）、高血压、冠心病等患者的血清或血浆中也常常能检测出 HSP 的抗体。此外，在接触一氧化碳、苯、粉尘等工人的体内也发现 HSP 含量的提高和其抗体的存在。

二、氧化应激

氧化应激最初是指过氧化氢（H_2O_2）引发的细胞应激，随后泛指细胞内促氧化 - 抗氧化的不平衡尤其是细胞内促氧化活性增强，导致细胞氧化损伤而引起的细胞应激反应。

活性氧（reactive oxygen species，ROS）是一些含氧的、性质活泼且存在时间短的分子的总称。ROS 包括自由基型的超氧阴离子（$\cdot O_2^-$）和羟自由基（$\cdot OH$）及非自由基型的 H_2O_2 和单线态氧（$^1O_2$）等。外源性 ROS 是由体外因素如药物、辐射、烟草等在体内发挥作用而产生的，而内源性 ROS 主要是在细胞内正常代谢过程中产生的。细胞内存在 ROS 的同时，也存在维持氧化还原平衡的抗氧化系统。后者主要包括 3 类物质：第 1 类是抗氧化酶如过氧化氢酶（CAT）、超氧化物歧化酶（SOD）、谷胱甘肽过氧化物酶（GPX）、谷胱甘肽还原酶（GR）等；第 2 类为小分子物质如维生素 C、尿酸等；第 3 类为目前日益受到重视的巯基还原缓冲体系，主要包括谷胱甘肽（GSH）、硫氧还蛋白（Trx）及谷胱甘肽硫氧还蛋白（Grx）等。当细胞内 ROS 产生过多时，细胞就会处于氧化应激状态，导致生物活性分子的损伤及生物学效应的改变，而正常浓度的 ROS 在大多数细胞中起信号转导和基因调节的第二信使作用（图 16-2）。

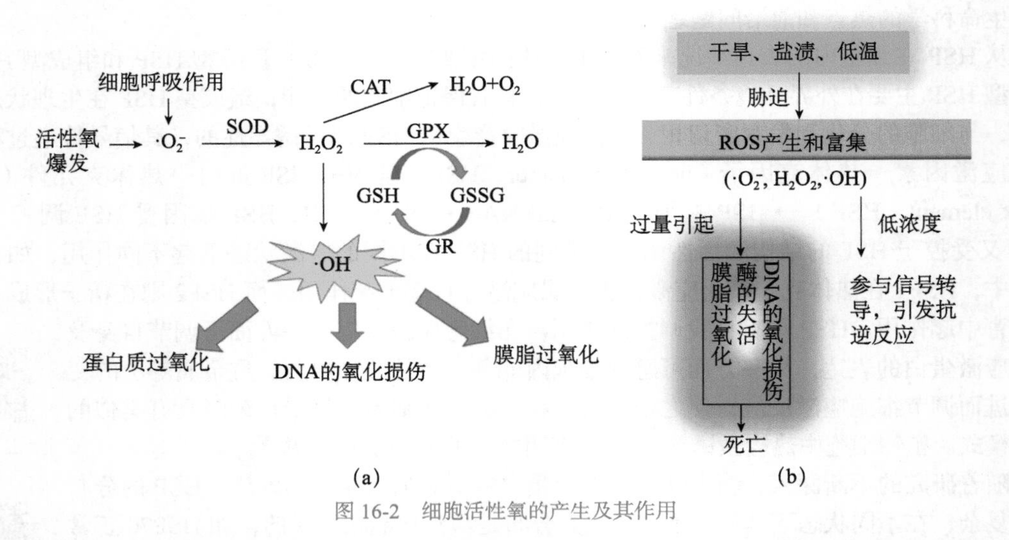

图 16-2 细胞活性氧的产生及其作用

（a）细胞活性氧代谢及对细胞的伤害；（b）植物活性氧的产生与作用。ROS. 活性氧；SOD. 超氧化物歧化酶；CAT. 过氧化氢酶；GPX. 谷胱甘肽过氧化物酶；GR. 谷胱甘肽还原酶；GSH. 谷胱甘肽；GSSG. 氧化型谷胱甘肽

(一)氧化应激的产生

氧化应激产生的原因既有外部的，也有内部的。外因包括接触环境污染、石化制品或重金属，内因包括慢性或急性感染，还有血糖调节方面的问题等。

人体中，氧化应激的出现与生活方式有很大关系，如吸烟、喝酒、运动过度、服用药物，还有进食过量、日晒(紫外线辐射)过多也会引起氧化应激。此外，营养物质的缺乏也会导致氧化应激。例如，缺硒或者维生素 E、维生素 A 或其他关键性抗氧化剂含量不足，细胞就无法给自身提供维护抗氧化系统正常工作的必要因素。体重超重也有危害，因为脂肪组织会制造发炎分子，从而导致氧化应激。

另外，氧化应激和炎症是紧密相连的。以吸烟者的肺为例，烟是一种氧化剂，具有极高的氧化能力，当人体吸入这种氧化过的烟草时，肺部组织就会出现损伤，很快引发炎症，因此烟民大多患有支气管炎。对于那些不经过检查看不出有病的就诊者，医生往往会检测他们的氧化应激水平。假如发现某人的氧化应激水平很高，就说明需要采取措施预防未来可能出现的疾病，如建议改变饮食结构、调整生活方式、补充营养物质及接受其他进补治疗等。多吃水果和蔬菜可以降低氧化应激，因为水果蔬菜中含有多种抗氧化物质，如维生素 C、维生素 E 和 β-胡萝卜素，以及类黄酮和其他高效化学物质，氧化应激与营养健康的关系见【二维码】。

二维码

与氧化应激相对的，细胞内还存在还原应激的现象，这是由长时间的氧剥夺和化学缺氧引起的。长时间的还原应激会破坏细胞的能量供应和还原当量水平，影响细胞内的其他氧化还原系统，改变细胞内正常的信号转导、改变基因激活、离子失衡、线粒体功能障碍、增强降解，最终导致细胞死亡。

在细胞内，90% 以上的超氧阴离子是通过线粒体和内质网膜上电子传递产生的。在线粒体内，ROS 过量产生是由于氧化磷酸化失调、缺血和衰老等病理状态，以及多不饱和脂肪酸的缺乏和脂质过氧化而引起的线粒体脂质的改变。在内质网内，NADPH 氧化酶[在植物中又称为呼吸爆发氧化酶同源物(respiratory burst oxidase homologue，RBOH)，只存在于质膜]和细胞色素 P450 能够放出电子，使氧分子变成超氧阴离子。H_2O_2 主要通过超氧化物的歧化反应产生，而单线态氧通过光敏作用产生(如有特别发光波长的核黄素、叶绿素 a 和叶绿素 b 等)，也可通过吞噬作用及超氧阴离子歧化作用产生。

如上所述，线粒体作为细胞氧化呼吸的场所，是 ROS 产生的重要来源之一。正常情况下，线粒体呼吸链消耗 1% 的氧气转化为 ROS，在病理状态下，这个比例会显著升高。线粒体产生的 ROS 主要为 $\cdot O_2^-$，$\cdot O_2^-$ 很快被 Mn-SOD 或 Gu/Zn-SOD 转化为 H_2O_2，最终被 GPX 还原为 H_2O(图 16-3)。此外，胞内一些代谢酶的初级产物也会自发或经酶催化生成 H_2O_2。H_2O_2 相对稳定，可以跨膜转移。线粒体产生的 $\cdot O_2^-$ 还可以与一氧化氮(NO)相互作用产生活性氮(reactive nitrogen species，RNS)，如 $ONOO^-$。细胞内还存在活性氯、活性硫等强氧化物质。

内质网也是内源性 ROS 的产地之一。内质网应激时蛋白质错误折叠诱发 ROS 产生，而细胞内高水平的 ROS 也可以通过内质网应激信号通路影响细胞的增殖、迁移、凋亡等生命活动。此外，过氧化物酶体也可以产生 ROS。ROS 在内质网的产生由 Nox4 等途径产生，具体途径示意图见【二维码】。

二维码

适量 ROS 可以作为信号分子，参与信号转导，调节细胞的生长、分化、存活及炎症和免疫反应。但过量 ROS 会导致细胞内的生物大分子(如 DNA、RNA、蛋白质等)氧化损伤【二维码】，损害细胞结构和功能的完整性。8-羟基脱氧鸟苷(8-OHdG)是活性氧自由基攻击 DNA 分子中的鸟嘌呤碱基第 8 位碳原子而产生的一种氧化性化合物，

二维码

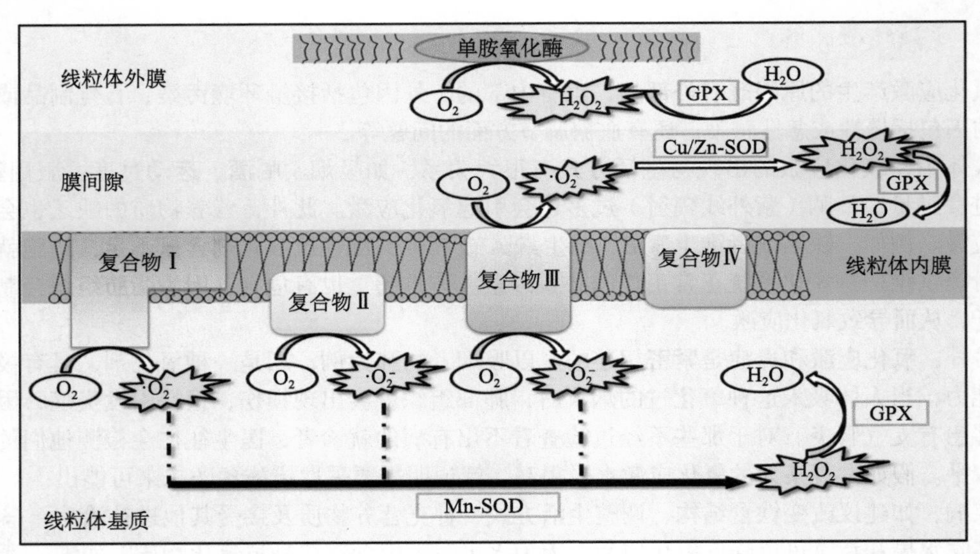

图 16-3　ROS 在线粒体的产生过程及相关抗氧化系统（参考 Shahrani et al.，2017）

GPX. 谷胱甘肽过氧化物酶；Cu/Zn-SOD. 铜锌超氧化物歧化酶；Mn-SOD. 锰超氧化物歧化酶

是 DNA 氧化损伤的标志之一，因此尿液中 8-OHdG 的含量可以反映机体的 DNA 氧化损伤程度。若 8-OHdG 无法被机体有效地清除，会引起 DNA 复制过程中的碱基配对错误，从而引起基因点突变以至癌变。研究表明，8-OHdG 的水平与肿瘤的发生、发展、转移密切相关，还可作为肿瘤患者预后的预测因子。此外，8-OHdG 的水平还与 2 型糖尿病、心血管疾病的发生、发展密切有关。

脂质过氧化物（lipid peroxides，LPO）是 ROS 损伤脂质的产物，LPO 进一步降解产生丙二醛（malondialdehyde，MDA）。LPO 的极性较强，可以破坏生物膜的脂双层结构，并影响生物膜的功能。磷脂过氧化产物可以改变膜的生物物理特性，降低膜的流动性，使膜整合蛋白失活，最终影响生物膜的功能。脂分子，尤其是多不饱和脂肪酸（polyunsaturated fatty acids，PUFA）和胆固醇，均可以被 ROS 不同程度地氧化。在早老性痴呆（Alzheimer's disease）、糖尿病、心血管疾病、衰老等过程中，线粒体内 ROS 升高，线粒体膜的通透性增加，线粒体膜电位去极化，诱导细胞凋亡。

（二）ROS 信号

如前所述，ROS 产生过多时，细胞会处于氧化应激状态导致细胞损伤，甚至引起疾病的发生，但同时 ROS 也会在大多数细胞中起细胞转导和基因调节的第二信使作用。ROS 信号系统通过氧化还原机制，引起可逆性的翻译后修饰，调节其他信号转导通路的蛋白质。

半胱氨酸（Cys）（包括蛋白质结合、肽结合和游离型）约占细胞总氨基酸含量的 2%，是生物学中最少利用的氨基酸，在生理条件下至少 10% 的含 Cys 的蛋白具有氧化还原活性。利用蛋白质组学方法发现，超过 500 种蛋白质存在反应性的和可调节的 Cys 残基。反应性 Cys 残基的氧化（SH → SOH）导致对 ROS 敏感的靶蛋白的改变，如调节蛋白的稳定性、激活或失活、改变亚细胞定位及改变蛋白质 - 蛋白质相互作用等，进而影响细胞功能。研究发现，硫化氢（H_2S）是内源性的生物氧化还原活性气体，具有重要的信号调节功能，已被认为是一种重要的气体信号分子。

受 ROS 调节的基因和转录因子主要涉及生长因子和细胞因子（包括激素的产生与作用等）。H_2O_2 是 ROS 中最稳定、最具有生物活性的一类。在反应过程中，H_2O_2 能通过氧化 Cys 残基来抑制酪氨酸磷酸化，从而依次激活酪氨酸激酶及其下游区域的信号通路。许多监管大分子，包括肌动蛋白、肌球蛋白、微管蛋白、磷酸酶、激酶、蛋白酶体、范围广泛的多种酶、线粒体通透性转换孔、转录因子、组蛋白和端粒等，都可以是 H_2O_2 的靶蛋白。对这些靶蛋白关键的半胱氨酸硫醇以硫醇盐阴离子（RS^-）形式存在，可被 H_2O_2 氧化生成次磺酸（RSO^-），而被可逆性修饰，引起蛋白质构象和功能的改变，影响众多生物学过程，包括细胞增殖和分化、组织修复、代谢适应和调节、适应性和先天性免疫、炎症发应及生理节律和衰老等。如图 16-4 所示，在斑马鱼心脏再生过程中，损伤诱导的 NADPH 氧化酶成员 Duox 和 Nox2 产生 H_2O_2，作为活性氧信号通过降解氧化还原敏感的磷酸酶 Dusp6，解除对 MAPK 信号通路的抑制而增强 PERK 活性，从而促进心肌增殖、再生，并抑制心脏纤维化。

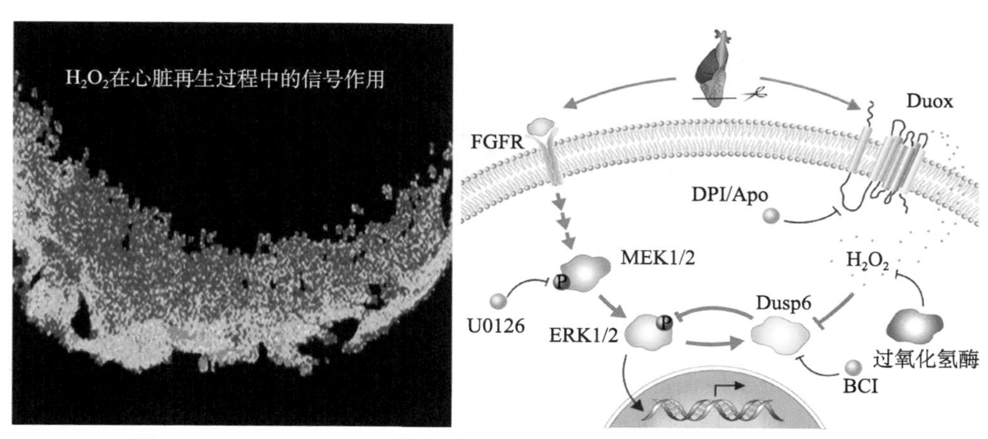

图 16-4 H_2O_2-Dusp6-PERK 信号调控斑马鱼心脏再生（引自 Han et al.，2014）

FGFR. 成纤维生长因子受体；BCI、Dusp6. 抑制因子；DPI. 二苯基烯醇化胺；Apo. 香草乙酮，U0126、MEK1/2. 抑制剂

在植物细胞中，ROS 信号也广泛参与植物对极端环境的响应和适应过程。早期人们认为 ROS 是植物细胞有氧代谢的副产物，过量积累会引起细胞 DNA、膜脂和蛋白质的损伤，导致植物死亡。然而，随着研究的不断深入，人们越来越认识到 ROS 是植物细胞内重要的调节分子，在代谢紊乱和环境因子刺激的初始阶段发挥信号转导作用。

氧化应激与疾病的关系见【二维码】。生活中我们可以应用维生素 E、胡萝卜素等延缓细胞衰老。

二维码

第二节 内质网应激

内质网是最大的细胞器，广泛分布于除成熟红细胞以外的所有真核细胞的胞质内，它的内膜面积占细胞所有膜结构的 50% 以上，为蛋白质合成、修饰提供了一个宽广平台，使之在多种信号调控中起关键作用。前面章节我们已经详细介绍过，内质网的主要功能是进行蛋白质合成、修饰加工、分选转运及调节细胞内 Ca^{2+} 浓度等，此外还参与固醇激素合成及糖类和脂类代谢。因此内质网功能的受损，必然会产生十分严重的生理后果。

细胞受到内外因素的刺激时，内质网形态、功能的平衡状态受到破坏，引发了分子生化水平的改变，表现为蛋白质加工运输受阻、内质网内累积大量未折叠或错误折叠的蛋白质，引发内质网应激（ER stress，ERS），以缓解内质网压力，促进内质网正常功能的恢复。引发内质网应激的因素很多，缺血低氧、葡萄糖或营养物匮乏、钙离子紊乱等可造成急性应激损伤，而病毒感染、分子伴侣或其底物的基因突变等能引发慢性应激损伤，如内质网应激感应分子 IRE1α 在肝脏再生过程中的调节作用（图 16-5）。

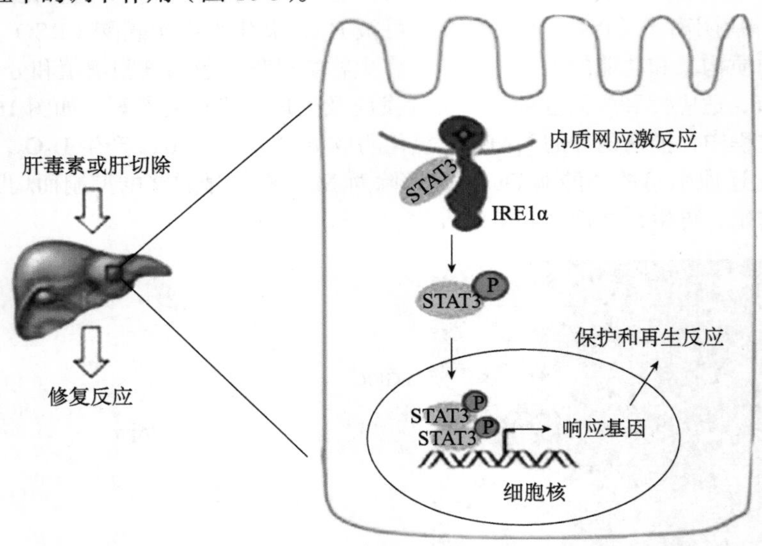

图 16-5 内质网应激感应分子 IRE1α 在肝脏再生过程中的调节作用

内质网含有的大量分子伴侣蛋白、糖基化酶及氧化还原酶为新生肽链的折叠提供了优化的环境，同时内质网质量控制系统能通过内质网相关降解作用（ER associated degradation，ERAD）降解非正确折叠的中间产物。凡影响内质网功能的因素都能够引起内质网应激，包括细胞营养物质缺乏、影响蛋白质翻译后修饰和 Ca^{2+} 平衡的药物、异常蛋白在内质网堆积及有害因素如细胞病毒感染等【二维码】。这些因素的共同致病机制是引起内质网摄取和释放 Ca^{2+} 障碍或者蛋白质加工和运输的障碍。

二维码

内质网应激是细胞对内质网蛋白累积的一种适应性应答方式，细胞通过减少蛋白质合成，促进蛋白质降解，增加帮助蛋白质折叠的分子伴侣等方式缓解内质网压力。但内质网应激过强或持续时间过长，超过细胞自身的调节能力，也会诱导特有的内质网性细胞凋亡通路，以消除受损又不能及时修复的细胞。可见细胞内有一套完整的监测、应对内质网应激的体系。因此，内质网应激反应实际上是一种细胞水平上的保护性手段。

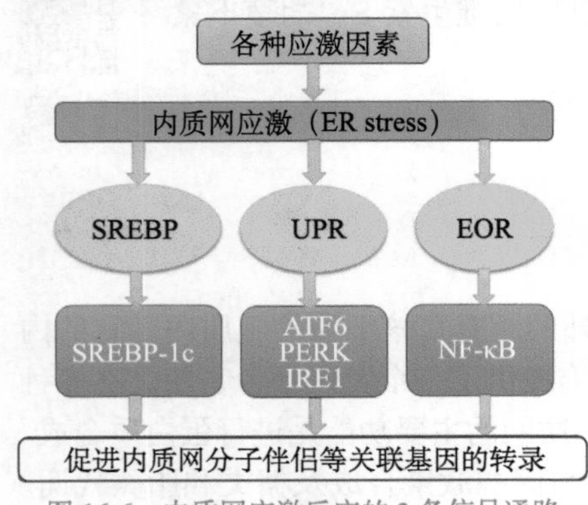

图 16-6 内质网应激反应的 3 条信号通路

内质网应激主要激活三条信号通路：未折叠蛋白应答反应（unfolded protein response，UPR）、内质网超负荷反应（ER overload response，EOR）和固醇调节级联反应（固醇调控元件结合蛋白信号通路）（sterol regulatory element-binding protein，SREBP）（图 16-6），前两者均是蛋白质加工紊乱所致，后者则是在内质网表面合成的胆固醇损耗所致，其中未折叠蛋白反应研究得最清楚。

一、未折叠蛋白应答反应

当内质网内新合成的蛋白质在 N 端糖基化、二硫键形成及蛋白质由内质网向高尔基体转运等过程受阻时，未折叠或错误折叠的新合成蛋白质就会在内质网中大量堆积，细胞就会启动

UPR，这是目前认识的最为清楚的细胞器之间的信号转导通路。UPR 与内质网膜上的跨膜丝氨酸 / 苏氨酸激酶 1（inositol requiring enzyme 1，IRE1）、跨膜蛋白双链 RNA 依赖的蛋白激酶样内质网激酶（PKR-like ER kinase，PERK）和转录激活因子 6（activating transcription factor 6，ATF6）介导的信号通路有关，这 3 种膜蛋白也被称为内质网感受器（ER stress sensors）。

前面已经述及，Bip（immunoglobulin-binding protein）是 ER 腔内的一种分子伴侣，为热休克蛋白 70（HSP70）家族成员，又称为葡萄糖调节蛋白 78（glucose-regulated protein 78，GRP78），由 N 端的 ATP 酶结构域和 C 端的待折叠蛋白结合结构域组成，从酵母到高等哺乳动物高度保守。Bip 能结合未折叠蛋白质富含疏水氨基酸的区域，利用 ATP 水解释放能量帮助蛋白质折叠，并阻止未折叠、错误折叠的蛋白质聚集。正常生理条件下，GRP78/Bip 与 PERK、IRE1α 及 ATF6 这三种感受器的 ER 腔部分结合，形成稳定的复合物处于无活性的状态；当 ER 内蛋白聚集，内质网处于应激状态时，GRP78/Bip 表达明显上调，原来处于复合物状态的 GRP78/Bip 也解离释放到 ER 腔内与未折叠蛋白结合，执行蛋白质折叠的功能。此时内质网感受器被激活，产生 PERK-eIF-2α、IRE1-XBP1s 和 ATF6-ERSE 三条主要的信号通路，进行 UPR，通过降解无法恢复正确构象的糖蛋白，避免异常蛋白在内质网过度堆积造成危害，恢复内质网的功能（图 16-7）。因而在内质网应激条件下，GRP78/Bip 的诱导表达可作为 ERS 和 UPR 的激活标志。

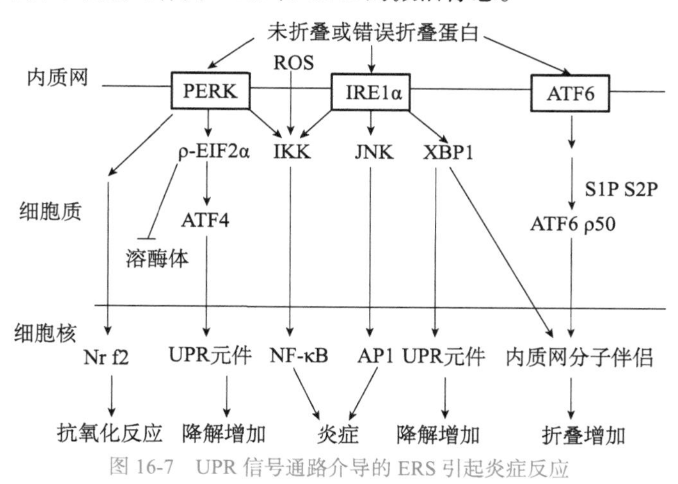

图 16-7　UPR 信号通路介导的 ERS 引起炎症反应

1. IRE1　跨膜丝氨酸 / 苏氨酸激酶 1（IRE1）是一个单次跨膜的内质网 Ⅰ 型驻留糖蛋白，具有 3 个功能区：具有丝氨酸 / 苏氨酸激酶活性和核酸内切酶活性的胞质区、跨膜区和位于内质网腔的氨基末端区域。内质网氨基末端区域能感知未折叠蛋白的蓄积，并能跨过内质网膜进行 UPR 信息传递。

内质网应激使 IRE1 内质网腔内结构域与分子伴侣 Bip 解离，导致 IRE1 在内质网膜上二聚体化，激活胞质区的蛋白激酶域，进而发生自身磷酸化，使其 RNA 酶活性被激活，能特异性地剪切一种编码碱性亮氨酸拉链结构蛋白 X 盒结合蛋白 1（X-box binding protein 1，XBP1）基因的转录本 *XBP1* mRNA。XBP1 属于 CREB/ATF（cyclic AMP response element binding protein/activating transcription factor）蛋白质家族，受 ATF6 刺激表达。剪切掉 26 bp 内含子后的 *XBP1* mRNA 编码的 XBP1 蛋白不仅能增强分子伴侣蛋白 Bip 等的转录活性，还能进入细胞核后与内质网应激反应元件（ER stress response element，ERSE）的基因启动子结合，诱导转录因子 C/EBP 同源蛋白（C/EBP homologous protein，CHOP）、GRP78/Bip 等分子伴侣和折叠酶基因的表达，诱导内质网降解增强甘露糖苷酶类蛋白（ER degradation enhancing mannosidase like protein，EDEM）基因的转录，增加错误折叠糖蛋白的降解。

2. PERK　双链 RNA 依赖的蛋白激酶样内质网激酶（PERK）是一个内质网单次跨膜蛋白，N 端感受 ER 应激信号，存在非配体依赖性的二聚体化结构域。内质网非应激时，二聚体化位点被 Bip 遮盖，N 端位于内质网腔，C 端位于细胞质中，C 端有丝氨酸 / 苏氨酸激酶活性，但是无核酸内切酶活性。

内质网应激时，与 GRP78/Bip 解偶联的 PERK 蛋白形成同源二聚体，胞质区结构域自身磷酸化被激活，与真核生物起始因子 2（eukaryotic initiation factor-2，eIF-2）的 α 亚单位（eIF-2α）结合并促使 eIF-2α 上的 N 端第 51 位丝氨酸磷酸化。磷酸化的 eIF-2α 蛋白能抑制翻译起始复合物中 GDP 与 GTP 的交换，阻断了翻译起始复合物 eIF2-GTP-tRNAMet 的组装，从而抑制蛋白质的翻译与合成，减少新生蛋白质向内质网的内流，减少未折叠蛋白的进一步增加。磷酸化的 eIF-2α 虽然能够非特异性地抑制细胞内一般蛋白的合成，但也会特异性提高某些基因的表达，如磷酸化 eIF-2α 可选择性介导转录激活因子 4（activating transcription factor 4，ATF4）的 mRNA 表达水平的升高，使其翻译水平显著增加。ATF4 属于 CCAAT 增强子结合蛋白（CCAAT/enhancer-binding protein，C/EBP）的转录因子，进入细胞核后可以作用于下游因子，通过促进氨基酸代谢、氧化还原反应、蛋白质分泌和缓解细胞应激反应使细胞存活。但是，持久的 ERS 也会激活 CCAAT 增强子结合蛋白 CHOP 和细胞生长抑制与 DNA 损伤诱导基因 GADD34（growth-arrest and DNA damage-inducial gene 34）等蛋白质的表达，使细胞进入内质网应激诱导的凋亡程序。

3. ATF6　转录激活因子 6（ATF6）是内质网上的Ⅱ型跨膜蛋白。哺乳动物胞内有 ATF6α（90 kDa）和 ATF6β（110 kDa）两种亚型，具有内质网腔内区、跨膜区和胞质区 3 个结构域，N 端位于胞质可以感知蛋白折叠的情况，含有一个碱性锌指结构（bZIP）的 DNA 转录激活功能域和转录激活结构域；C 端位于内质网腔内，具有多个 Bip 结合位点。在正常状态下，ATF6 和 Bip 形成稳定的复合物停留在内质网上。在内质网应激时，ER 腔内的未折叠蛋白能使 GRP78/Bip 和 ATF6 分离，ATF6 以囊泡转移的方式从内质网膜转移到高尔基体，在高尔基体内被蛋白酶 S1P（site-1 protease）和 S2P（site-2 protease）切割，产生游离的 50 bp 的 N 端片段。活化的 ATF6 的 N 端切割片段转移到核内作为转录因子与内质网应激元件（ER stress element，ERSE）结合，激活内质网应激相关基因的表达。一些重要的内质网分子伴侣如 Bip、GRP94、PDI 和转录因子如 XBP1、CHOP/GADD153 等的编码基因都被鉴定为 ATF6 的下游靶基因。

二、内质网超负荷反应

EOR 是指正确折叠蛋白质在内质网上过度积累时引起的内质网超负荷，从而导致的一系列被激活信号转导反应，是机体自我保护反应之一。

大量蛋白质沉积在内质网，会同时激活 EOR 和 UPR 这两个相对独立但又存在紧密连接的信号通路，它们在内质网应激反应中有部分的重叠，但是在信号转导方面有本质的区别。最近的研究发现，EOR 发生时，细胞内 Ca^{2+} 平衡紊乱导致细胞内大量 ROS 产生，激活炎症因子 NF-κB，产生对前炎性蛋白及干扰素、白介素等细胞因子的诱导。EOR 通过 NF-κB 的信号转导与 UPR 通过 PERK 的信号转导不同。有研究表明，IRE1 在 EOR 中处于中心地位，与 GRP78 解离后，磷酸化的 IRE1 聚集肿瘤坏死因子受体相关因子 2（tumor necrosis factor receptor associated factor，TRAF2）而激活系列免疫相关激酶。其中以细胞凋亡信号调节激酶 1（apoptosis signal-regulating kinase 1，ASK1）最为重要，形成 IRE1-TRAF2-ASK1 复合体，级联激活 JNK（c-Jun NH-terminal kinases）及 NF-κB，诱导细胞发生抗凋亡反应。此外，也有研究表明，EOR 可以促进 GRP78 的表达上调及 Caspase-12 的激活。

三、固醇调节级联反应

固醇调节级联反应是当内质网表面合成的胆固醇严重不足时，细胞所启动的自我保护反应，主要由内质网膜上的固醇调节元件结合蛋白（sterol regulatory element binding protein，SREBP）和 SREBP 裂解激活蛋白（SREBP cleavage-activating protein，SCAP）参与完成的。

SREBP 是一类含有高度保守的“碱性区 - 螺旋 - 环 - 螺旋 - 亮氨酸拉链”（basic helix-loop-helix-leucine zipper，bHLH-Zip）结构的蛋白质转录因子，它包含 3 种同工酶 SREBP-1a、SREBP-1b 和 SREBP-2，分别由 *SREBP-1*（编码前 2 个同工酶）和 *SREBP-2* 两个基因编码。它们都是以蛋白质前体形式合成并结合在内质网膜上，有 2 个跨膜结构域，相对分子质量为 1.25×10^5，可分为 3 个区（图 16-8），N 端区的约 480 个氨基酸和 C 端区的约 590 个氨基酸伸入细胞质中，中间通过一个约 80 个氨基酸组成的区域锚定于内质网膜上（有 2 个跨膜区域，由 1 个 31 个氨基酸组成的腔内域小环分隔）。N 端为 SREBP 的活性区域，又称成熟的 SREBP（nSREBP），含 bHLH-Zip 结构，nSREBP 约含 470 个氨基酸残基，相对分子质量约为 6.8×10^4。

SREBP 前体要成为 nSREBP，就必须经过 2 个连续的蛋白酶裂解反应，由 SREBP 裂解激活蛋白（SREBP celeavage-activating protein，SCAP）介导。SCAP 是一个完整的膜蛋白，有 1276 个氨基酸，N 端区的 730 个氨基酸由亲水序列和疏水序列交替出现，构成 8 个跨膜螺旋，与 SREBP 一起锚定于内质网膜，C 端约 550 个氨基酸伸入细胞质中，含有 4 个 Trp-Asp（WD）重复子，每个重复子约含 40 个氨基酸残基，介导蛋白质之间的相互作用。在细胞内，SCAP 和 SREBP 紧密结合形成复合物，结合位点位于 SREBP 的 C 端调节区和 SCAP 的 WD 重复区之间。当胞内胆固醇不足时细胞启动内质网应激的固醇调节反应，SCAP 将 SREBP 运送到高尔基体。此时位点 1 蛋白酶（S1P）识别 SCAP/SREBP 复合物并催化裂解 SREBP 的 2 个跨膜区域之间的腔内环，将 SREBP N 端区的 bHLH-Zip 在跨膜区的 1 个位点裂解。此后，含 bHLH-Zip 的片段（nSREBP）离开膜进入细胞核，识别靶基因调控区上一特殊的长约 10 bp 的 DNA 片段即固醇调节元件（SRE）并与之结合，从而激活靶基因的转录，补充胆固醇的不足。

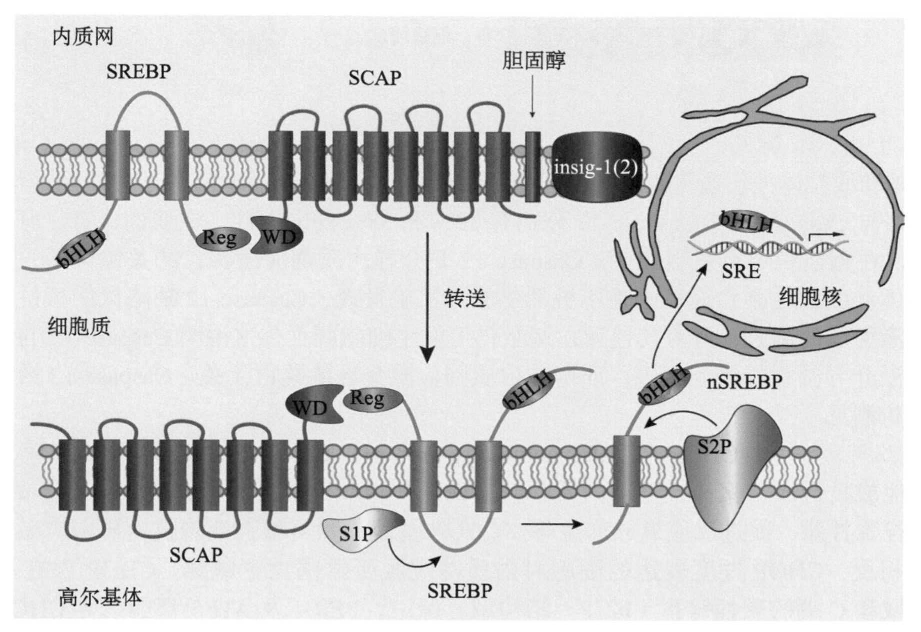

图 16-8 固醇调节级联反应示意图

四、内质网应激诱导的细胞凋亡

细胞通过内质网应激反应诱导了内质网的应激蛋白表达、抑制蛋白质的翻译、激活免疫-炎症反应的核心转录因子 NF-κB、调节脂类的代谢以促进相关脂类的沉积和合成等效应，达到保护细胞的目的，最终使得细胞减轻甚至取消内质网应激，促进细胞存活。

但是，内质网还含有促进凋亡的因子如 Caspase-12、CHOP/GADD153、Cnx1 等，也含有抑制凋亡的因子如 BaxinhibitorI、Bap31、GRP78、PDI、ORP150 等。内质网应激过强或时间过长时，超出了细胞自我修复的能力，促凋亡机制会占主导地位，独立地诱导细胞凋亡（图 16-9）。内质网 ERS 诱导的细胞凋亡主要包括以下几种机制。

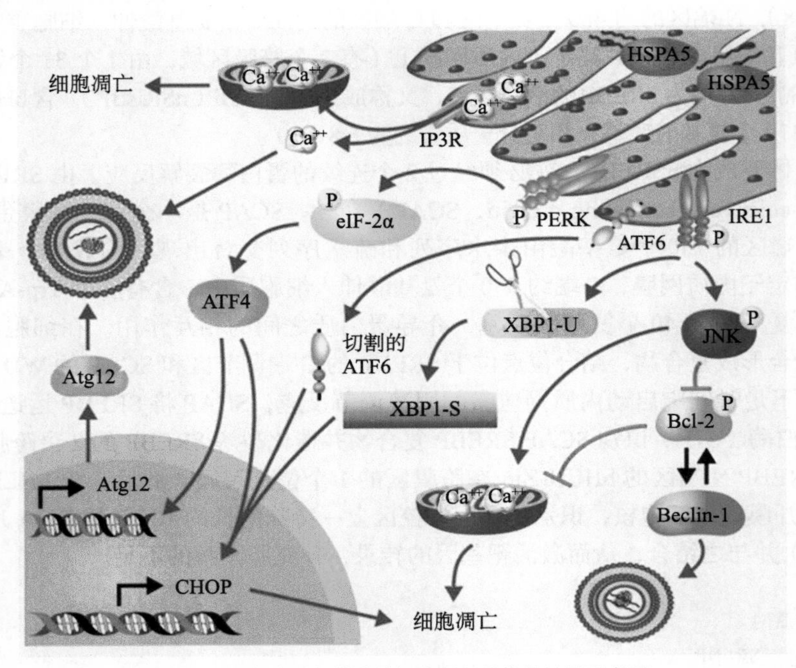

图 16-9　内质网应激诱导细胞凋亡的信号转导示意图

1. Caspase-12 通路　Caspase 家族成员 Caspase-3、Caspase-7、Caspase-8、Caspase-9 等是死亡受体和线粒体损伤通路致细胞凋亡的重要介质。但是 Caspase-12 位于内质网的细胞质面，它的氨基端与 Caspase-1 和 Caspase-11 分别有 39% 和 38% 的同源性，在肌肉、肾、肝组织中高水平表达，在脑组织中有适当表达。Caspase-12 是介导内质网应激凋亡的关键分子，在死亡受体和线粒体凋亡途径中是不被活化的。实验发现，Caspase-12 缺陷鼠能抵抗内质网应激引起的凋亡，而对其他死亡刺激仍可发生细胞凋亡，这说明 Caspase-12 与内质网应激介导凋亡的机制有关，而与非内质网应激介导的凋亡无关。Caspase-12 活化的具体机制见【二维码】。

二维码

2. CHOP 通路　CHOP（C/EBP homology protein）属于 C/EBP 转录因子家族，常与该家族的其他成员形成二聚体，可被内质网应激诱导表达继而促进凋亡，机制包括下调 Bcl-2 表达、耗竭谷胱甘肽、促进反应氧族产生等。*CHOP* 基因敲除可增强细胞抗内质网应激所致凋亡的能力，相反，CHOP 过度表达的细胞对内质网应激所致凋亡更敏感。CHOP 含有一个 N 端转录激活域和 C 端的碱性锌指（bZIP）结构域。IRE1、PERK 及 ATF6 都能诱导 CHOP 的转录

（图 16-9），其中 PERK 是诱导 CHOP 蛋白表达的主要途径。在正常情况下，较低含量的 CHOP 主要存在于细胞质中。在细胞处于应激状态下时，CHOP 表达量大幅增加并聚集在细胞核内，激活 GADD34、ERO1 和死亡受体 DR5 等凋亡反应蛋白，促进细胞凋亡。GADD34 与蛋白磷酸酶 2C（PP2C）能促进 eIF-2α 的去磷酸化，增加内质网伴侣蛋白的生物合成。ERO1 能编码一个内质网氧化酶，使内质网产生一个过氧化环境。DR5 编码一个能够激活 Caspase 蛋白级联反应膜表面死亡受体。CHOP 还能调节其他基因的转录，如 Bcl-2 家族蛋白。CHOP 与 cAMP 反应元件结合蛋白（CREB）形成二聚体能抑制 Bcl-2 蛋白的表达，这可以促进线粒体对促凋亡因素的敏感性。

3. JNK 通路　JNK（c-Jun NH-terminal kinases）是与细胞增殖、分化以及应激诱导凋亡等多种过程相关的信号转导蛋白，在一定条件下诱导凋亡。过表达 IRE1 位于胞质的酶结构域连接接头分子 TRAF2（TNF-receptor-associated factor 2），与 ASK1（apoptosis signal-regulating kinase 1）共同形成 IRE1-TRAF2-ASK1 复合物，可以激活 JNK。活化后的 JNK 从细胞质转移到细胞核中，通过磷酸化激活 c-Jun、c-Fos、EIK-1 等转录因子，而调节下游凋亡相关靶基因的表达。例如，JNK 入核激活转录因子后既可以诱导 FasL、TNF 等配体蛋白的表达，启动死亡受体介导的细胞凋亡途径，也可以上调 BH3-only 蛋白如 Bim、Bid、DP5 的表达，活化 Bax 等促凋亡蛋白介导的线粒体细胞凋亡途径。活化的 JNK 还可以留在细胞质中，通过磷酸化直接调节 Bcl-2 家族成员的活性而介导细胞凋亡的发生（图 16-9）。

4. CAB1 通路　酪氨酸激酶 c-Ab1（CAB1）是内质网激活线粒体凋亡通路的信号分子。c-Ab1 不仅存在于细胞核和胞质，还有 20% 以上存在于内质网，内质网应激可引起其中的 c-Ab1 转位至线粒体，继而促进线粒体释放促凋亡因子细胞色素 c，线粒体与内质网中的 Bcl-2 则抑制其释放。

五、植物细胞的内质网应激

植物细胞中也存在着内质网应激现象。有研究发现，病原菌侵染和重金属离子处理等因素，均能引发植物细胞发生 UPR 反应和细胞程序性死亡（PCD）过程等，但植物细胞中该领域的研究不够深入。在拟南芥中，有研究者利用两种不同的 DNA 芯片方法全面分析了受内质网应激诱导基因的表达情况。用 Affymetrix 基因芯片分析发现，在发生内质网应激情况下，53 个基因的表达提高，而 31 个基因的表达下降；而采用流体型芯片分析拟南芥幼苗时发现，在发生内质网应激时有 215 个基因表达上调，17 个基因表达下调。用衣霉素、二硫苏糖醇和 L- 氮杂环丁烷 -2- 羧酸分别处理拟南芥后分析基因表达情况后发现，36 个基因上调表达，2 个基因下调表达，这些基因主要表达分子伴侣、易位蛋白亚基、囊泡转运蛋白和内质网相关降解蛋白等，大都是酵母和哺乳动物细胞 UPR 相关基因的同源基因。

植物细胞中一些信号转导相关的蛋白质如蛋白激酶和转录因子等，也会受内质网应激的诱导。近几年不断有研究者从植物细胞中克隆到 UPR 信号系统中的基因，并对它们的功能进行了较为详细的研究，这些基因包括 *AtIre1a*、*AtIre1b*、*AtbZIP60*、*AtbZIP28*、*OsIre1*、*OsbZIP50*、*OsbZIP39* 和 *ZmbZIP60* 等。如图 16-10 所示，在拟南芥细胞中，由 IRE1/bZIP60 负责的 UPR 信号转导过程与酵母中的 IRE1/HAC1 和哺乳动物中的 IRE1/XBP1 负责信号通路非常相似。而拟南芥 AtbZIP28 和水稻 OsbZIP39 被激活的方式，与哺乳动物细胞中的 ATF6 被激活方式类似。

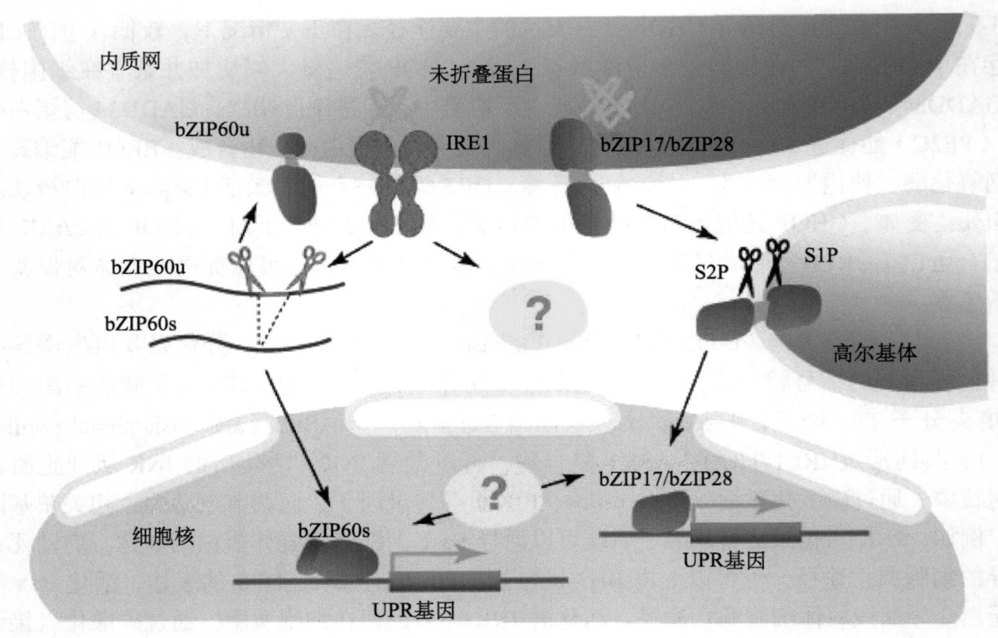

图 16-10　拟南芥细胞的 UPR 信号转导过程（引自 Iwata and Koizumi，2012）

拟南芥 AtbZIP60 是植物中第一个被报道的具有转录活性并与内质网应激相关的蛋白。该蛋白质 C 端缺失后会定位到细胞核，并且可以调控内质网分子伴侣蛋白 *AtBiP3* 基因的表达。和动物细胞中类似，Bip 蛋白在植物细胞中同样参与内质网蛋白质合成与降解的过程，在内质网质量控制方面起着重要作用。它能够有效避免错误折叠蛋白被转运出内质网，协助这些错误蛋白质的正确折叠和降解。在未发生内质网应激时，AtbZIP60 蛋白含有一个跨膜结构域并且定位于内质网膜上，然而它并不像哺乳动物细胞中的 ATF6 一样具有 S1P 和 S2P 蛋白酶的作用位点，因此在内质网应激发生时，AtbZIP60 无法按照 ATF6 的激活方式通过蛋白酶切割后形成能够进入细胞核的转录因子而发挥功能，但是它与酵母细胞中的 HAC1 和哺乳动物细胞中的 XBP1 蛋白类似，可以通过其 mRNA 的特异性剪接而合成具有转录活性的 AtbZIP60 蛋白，从而激活 UPR 相关基因的表达。

第三节　细胞免疫

一切生命体都需要抵抗外界有害生物（或称病原）及其毒性物质的损害，病原包括较小的细菌、病毒、真菌，也包括较大的寄生虫等。对于单细胞生物如大肠杆菌，通过胞内的抑制因子抑制病毒的传播，而对于多细胞生物尤其是脊椎动物，则通过复杂的免疫反应清除体内的病原。免疫是机体的一种生理功能，机体依靠这种功能识别“自己”和“非己”成分，从而破坏和排斥进入机体的抗原物质或本身所产生的损伤细胞和肿瘤细胞等，以维持机体的健康。

机体的免疫反应分为先天性免疫反应（innate immune response）和适应性免疫反应（adaptic immune response）（图 16-11）。细胞对外界的先天性免疫系统是机体长期适应外界环境所形成一种适应现象，是几乎所有细胞都会产生的防御性反应，又称非特异性免疫，反应持续时间较短。植物和无脊椎动物主要通过先天性免疫抵抗外来病原的刺激。脊椎动物在早期抵抗病原感染时，是通过先天性免疫进行的，随后逐渐建立适应性免疫反应。适应性免疫反应是针对特异性病原进行的，依赖于B淋巴细胞和T淋巴细胞所进行的长期的免疫反应，又称获得性免疫反应。先天性免疫通过感应器蛋白识别病原特有而宿主细胞缺乏的蛋白质而发挥作用，适应性免疫是指B细胞和T细胞通过独特的机制产生病原特异性的抗体来识别外来的分子。适应性免疫异常，会导致自身免疫性疾病或过敏反应。

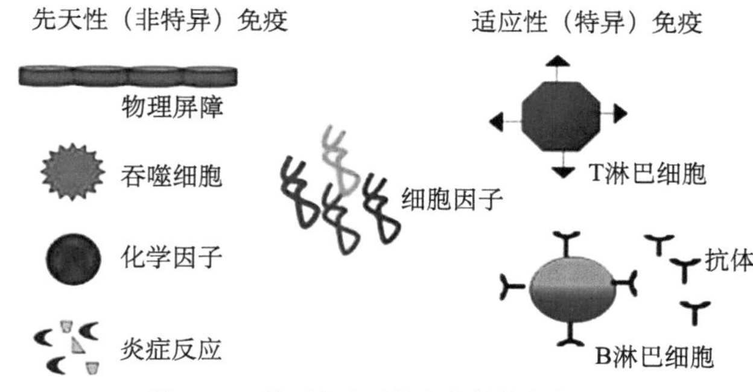

图 16-11　先天免疫系统和获得性免疫系统

一、动物细胞免疫

对动物细胞而言，细胞免疫（cellular immunity）是指T细胞受到抗原刺激后，增殖、分化、转化为致敏T细胞（也叫效应T细胞），当相同抗原再次进入机体细胞中时，致敏T细胞（效应T细胞）对抗原的直接杀伤作用及致敏T细胞所释放细胞因子的协同杀伤作用。细胞免疫的产生也分为感应、反应和效应三个阶段。其作用机制包括两个方面：第一，致敏T细胞的直接杀伤作用。当致敏T细胞与带有相应抗原的靶细胞再次接触时，两者发生特异性结合产生刺激作用，使靶细胞膜通透性发生改变，引起靶细胞内渗透压改变，靶细胞肿胀、溶解以致死亡。致敏T细胞在杀伤靶细胞过程中本身不受伤害，可重新攻击其他靶细胞，参与这种作用的致敏T细胞，称为杀伤T细胞。第二，通过淋巴因子相互配合协同杀伤靶细胞。例如，皮肤反应因子可使血管通透性增高，使吞噬细胞易于从血管内游出；巨噬细胞趋化因子招引相应的免疫细胞向抗原所在部位集中，以利于对抗原进行吞噬、杀伤、清除等。由于各种淋巴因子的协同作用，扩大了免疫效果，达到清除抗原异物的目的。T细胞是细胞免疫的主要细胞，其免疫源一般为寄生原生动物、真菌、外来的细胞团块（如移植器官或被病毒感染的自身细胞）等。细胞免疫也有记忆功能。

（一）先天性免疫反应

在脊椎动物中，皮肤、呼吸道、消化道、尿道和生殖道的上皮细胞通常最早接触到外源病原，是机体免疫防御的第一道防线。病原携带的抗原相关分子模式（pathogen-associated molecular pattern，PAMP）被这些上皮细胞的模式识别受体（pattern recognition receptor，PRR）识别，起发先天性免疫。抗原相关分子模式存在于多种生物分子中，如核酸、脂质、多糖和蛋白质等。

PRR分为很多类型，大部分属于跨膜蛋白，也有一部分位于细胞内，甚至被分泌到胞外。Toll样受体（Toll-like receptor，TLR）是动植物中普遍存在的一类PRR。TLR是一类跨膜的糖蛋白，胞外结构域含有多个富含亮氨酸的重复序列。图16-12所示为TLR3的结构，其胞外区域含有23个富含亮氨酸的重复序列，形成马蹄样的结构，可以结合双链DNA。目前在哺乳动物中至少存在10种不同的TLR，识别和结合不同的配体。NOD样受体（NOD-like receptor，NLR）是另一类庞大的PRR家族，含有富含亮氨酸的重复序列，但主要分布在细胞质中。

PRR一旦与相应的抗原相关分子模式PAMP结合，就会引发一系列的免疫反应，如分泌细胞因子或其他胞外信号分子，导致局部的炎症反应，清除病原。促炎症因子TNFα、IFNγ调控基因转录，促进细胞因子的表达，而白介素招募淋巴细胞聚集，趋化因子则促进局部的炎症反应。

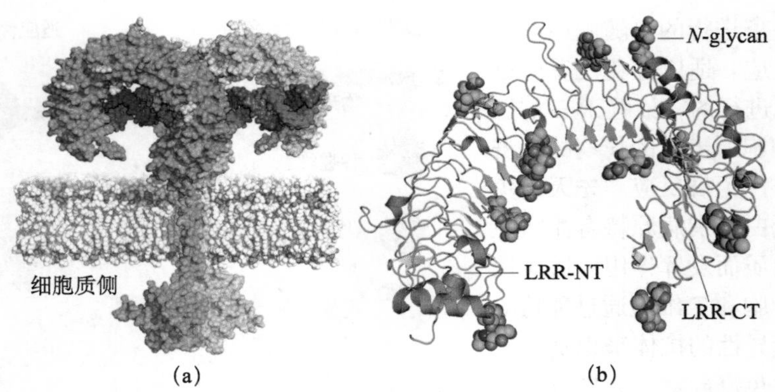

图 16-12　Toll 样受体激酶 TLR3 的结构［(a)］及其胞外区域［(b)］(参考 Botos et al.，2009)

LRR. 富含亮氨酸的重复序列；LRR-NT. N 端 LRR 区域；LRR-CT. C 端 LRR 区域；*N*-glycan. *N*- 连接的糖基化

（二）适应性免疫反应

适应性免疫仅在脊椎动物中存在，其反应过程远比先天性免疫复杂，B 细胞和 T 细胞通过基因重排，可以产生无限的受体或抗体，这些受体或抗体可以特异性地识别和结合多种分子，如化学物质、碳水化合物、脂质和蛋白质等。

适应性免疫主要分为体液免疫（humoral immunity）和细胞免疫（cell-mediated immunity），依赖于 B 细胞和 T 细胞的参与（图 16-13）。体液免疫是指活化的 B 细胞分泌抗体，抗体随着血液循环，识别并结合外来病原物质，又称抗体反应。抗体与病原结合后，可以中和细胞外病毒和微生物毒素的量，阻止它们作用于宿主细胞。抗体与病原微生物结合后，通过激活补体，帮助免疫系统消灭病原微生物。在细胞免疫中，T 细胞可以识别抗原提呈细胞（antigen presenting cell，APC）如树突状细胞等表面与主要组织相容性复合体（major histocompatibility complex，MHC）相结合的抗原分子，通过激活 B 细胞或直接杀死被感染的细胞，又称 T 细胞介导的免疫反应。通常，同一病原既可以引发体液免疫，又可以引发细胞免疫。

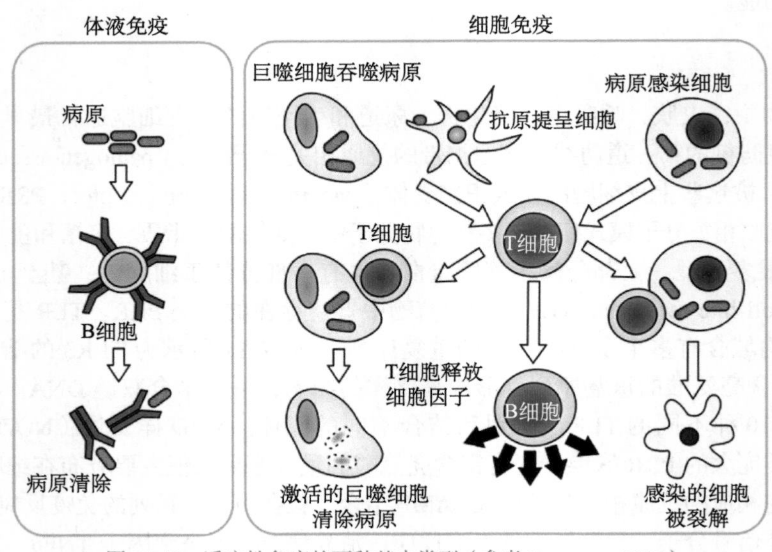

图 16-13　适应性免疫的两种基本类型（参考 Evensen，2016）

（三）免疫细胞的发育

人体内约含有 2×10^{12} 个淋巴细胞，与组成肝脏或脑的细胞数量相当。B 细胞和 T 细胞是最常见的淋巴细胞，由多潜能的造血干细胞逐渐分化形成，分别在骨髓和胸腺中发育成熟，因此骨髓和胸腺被称为中枢淋巴器官（central lymphoid organ）或初级淋巴器官（primary lymphoid organ）。成熟的 B 细胞和 T 细胞通过血液到达外周淋巴器官（peripheral lymphoid organ）或次级淋巴细胞（secondary lymphoid organ），如消化道、呼吸道或皮肤等。在外周淋巴器官，B 细胞和 T 细胞被外来病原激活，形成效应器（effector）B 细胞和效应器 T 细胞。尚未活化的 B 细胞和 T 细胞形态相似，但效应器 B 细胞和效应器 T 细胞形态差异很大。效应器 B 细胞因为需要合成与分泌大量的抗体，所以细胞内含有丰富的粗面内质网，而效应器 T 细胞内分泌细胞因子所需的粗面内质网要少很多。

在中枢淋巴器官，B 细胞或 T 细胞在接触病原之前已经开始表达某种细胞表面受体，以特异性识别某种抗原；当在外周淋巴器官，抗体与抗原特异性结合，就可以刺激 B 细胞或 T 细胞增殖，产生更多携带相同抗体的细胞（形成免疫记忆细胞），这个过程称为克隆选择（clonal selection）。克隆选择学说为免疫记忆（Immunological memory）提供了可能。免疫记忆是指在适应性免疫反应中，机体一旦对某抗原做出过反应，那么在下一次相同的抗原刺激时，机体可以产生更加强烈的反应，这是临床上注射疫苗可以预防传染病的理论基础（图 16-14）。以新型冠状病毒肺炎（COVID-19）为例，人们开发了灭活疫苗、重组蛋白疫苗、腺病毒疫苗、RNA 疫苗，为抗击新冠肺炎起到了作用。

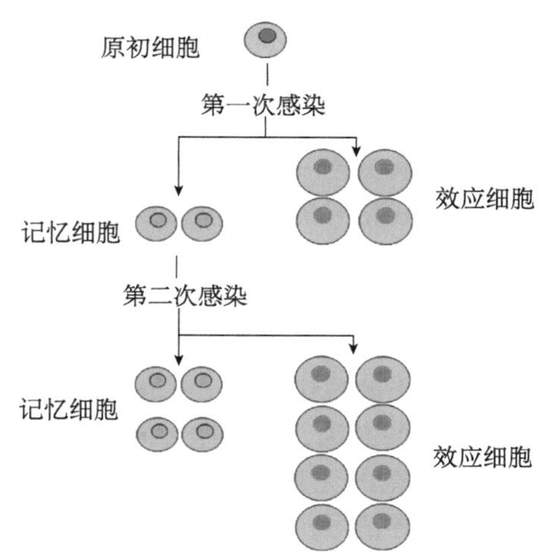

图 16-14　免疫记忆的细胞学基础

二、植物细胞免疫

“免疫”的概念最初来源于动物学家对脊椎动物的研究，后来植物学家发现植物也和脊椎动物一样存在一套类似免疫系统。植物先天免疫系统是植物古老的防御系统，正是这一系统的存在使得能够侵染植物的病原物只是微生物中很小的一部分，大部分的有害生物则被拒之门外。植物由于没有哺乳动物的移动防卫细胞和适应性免疫反应，因此依靠每个细胞的先天免疫力及从感染点在植物内各处发送的信号来进行免疫。植物细胞先天免疫系统是病原入侵突破了植物第一道防线（植物体的机械障碍）之后的防御系统，植物细胞需要对抗的主要病原包括细菌、真菌、卵菌及病毒等。植物细胞免疫系统可以分为两个层次：第一层为病原相关分子模式激发的免疫（PAMP-triggered immunity，PTI），也称为基础抗性，是植物细胞利用细胞质膜上的模式识别受体识别病原微生物，从而引起抗病反应的模式。第二层防御系统称为效应子激发的免疫反应（effector-triggered immunity，ETI），一些致病力轻的病原菌通过向寄主分泌毒性因子如毒素、胞外多糖等以抑制植物的基础抗性，植物则利用 NBS-LRR 类 R 蛋白等直接或间接地识别激发子，引起一系列的信号级联放大，限制病原菌的生长与扩散（图 16-15）。

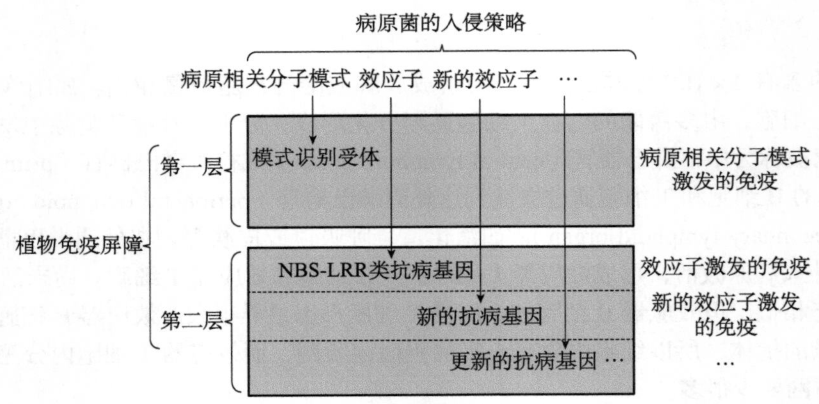

图 16-15 植物细胞的免疫系统

（一）抗病基因

植物病虫害一方面严重影响了经济作物和粮食作物的产量，另一方面在长期的进化过程中，植物体通过信号的识别和级联放大诱导抗病基因的表达，来抵抗病虫对植物体的伤害。从广义上讲，植物抗病基因（resistance gene）都是在植物抗病反应过程中起抵抗病菌侵染及扩展的有关基因。植物防御反应基因的特点是在抗病和感病品种中均存在，其差异主要体现在基因表达的时间、空间及产物含量等方面，是组成型或诱导型表达的一类基因。

狭义上的抗病基因（resistance gene）又称 R 基因，是指寄主体内能特异性识别病原并激发抗病反应的基因，编码胞外和胞内两种类型的受体蛋白，是抗病反应信号转导链的起始组分，当与病原菌的无毒基因（avirulence gene，Avr）直接或间接编码的产物（配体）互补结合后，启动并传导信号，激发植物的超敏反应（hypersensitive response，HR）和系统获得抗性（system acquired resistance，SAR）的抗病反应。最初，由于 R 基因是一类诱导表达的产物和性质未知的基因，分离 R 基因一直是个难题，第一个植物 R 基因 *Hml* 是 1992 年 Johal 等用转座子标签法（transposon tagging）克隆得到的。近年来随着图位克隆（positional cloning）等方法在 R 基因分离上的成功应用，已先后分离出 30 多个抗病基因。对水稻和拟南芥的抗病基因研究发现，其抗病基因及其类似序列都占整个基因组的 1%～2%。典型的 R 蛋白的分子结构如图 16-16 所示。

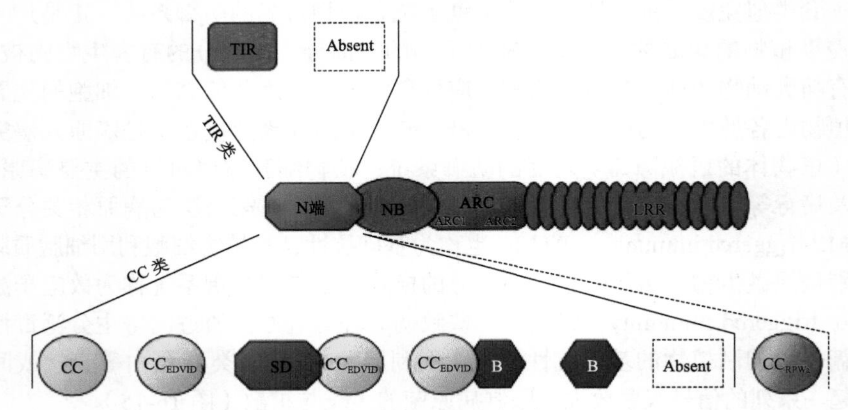

图 16-16 抗病蛋白 R 蛋白的分子结构示意图（引自 Collier and Moffett，2009）

NB. 核苷酸结合结构域；ARC. ARC 结构域；LRR. 亮氨酸富集结构域；TIR. Toll 和白介素 1 样受体激酶同源结构域；CC. 卷曲螺旋解结构域；SD. 茄样结构域；B. 假定的 BED DNA 结合结构域；Absent. 没有 N 端序列的 NB 结构域

人们对植物 - 病虫害互作机制的认识，主要来源于对模式植物拟南芥的研究，已经从拟南芥中鉴定和克隆了许多抗病基因，给其他作物的抗病性遗传分析提供了理论基础。病原菌对宿主植物成功的感染包括接触识别、崩解植物理化防御系统、产生毒素、灭活整个植株或部分组织的代谢生理活性等过程。病原菌往往含有致病基因和毒性基因，其表达调控包含有复杂的信号传导过程。在经典遗传学中，植物与病原物的互作被看作是由基因型控制的，植物抗病性常常是由来源于植物的抗病基因 *R* 与相应的来源于病原物的无毒基因 *Avr* 互相作用所决定的，即“基因对基因”学说。

（二）植物抗病基因的分类及结构

引起植物病害的病原体可以位于植物细胞内，也可以位于细胞外，包括细菌、病毒、真菌、卵菌、甚至线虫和昆虫等。尽管这些病原体及致病分子差别巨大，但是根据保守结构域的不同，大多数植物抗病基因编码的蛋白质却差异不大。其中数量最多的一类抗病基因编码 NBS-LRR（nucleotide binding site plus leucine-rich repeat）蛋白，即核苷酸结合位点和富亮氨酸重复的胞内受体蛋白。这类蛋白质往往包含一个核苷酸结合位点 NBS 和一个亮氨酸的富集区（LRR），它是植物细胞内专属抗病性的一类蛋白质。根据 NBS 的 N 端结构域的不同，NBS-LRR 蛋白编码基因可以分为三大类：*TIR-NBS-LRR* 类基因、非 *TIP-NBS-LRR* 类基因和 *X-NBS-LRR* 类基因。水稻 5 个抗性品种中的 332 个 *NBS-LRR* 基因的系谱分析和稻瘟病发病时感性和抗性品种的表型差异见【二维码】。

二维码

NBS 区是 *NBS-LRR* 基因最保守的部分，其中包括一个区域用于结合 ATP 或 GTP 的磷酸位点，为磷酸结合环（Ploop），其共有序列为 GM(G/P)G(I/L/V)GKTTLA(Q/R)。当细胞感知胞外病害信号并将其传递到胞内时，NBS 可以被激活并进而激活下游的激酶，通过蛋白磷酸化 / 去磷酸化反应进一步传递并放大信号，最终增强抗性基因的翻译表达。

NBS-LRR 是位于胞内的最主要的抗性基因类型，其表达蛋白能够识别多种病害类型并被刺激表达，这种特异性的识别区域主要位于蛋白的 LRR 区。NBS-LRR 类抗病蛋白包含数量不等的 LRR 结构域，而且 LRR 的结构模式也很不规则，基本氨基酸序列为 L*xx*L*xx*L*xx*L*x*L*xxxx*（其中，*x* 为不确定的氨基酸）。抗性蛋白的 LRR 区域的多样性有利于植物细胞识别不同病原体无毒基因编码的蛋白，多个氨基酸形成一个环，由 α 螺旋加 β 折叠和一个半转结构构成一个空间结构单位，多个空间结构单位多次连续重复，形成一个非球状马蹄形空间结构，有利于与其他分子紧密结合。研究发现，LRR 的突变不仅抑制了抗病蛋白对病原体识别，而且影响到了向下游的病害信号传递，说明 LRR 不仅参与了细胞对病原体的识别，也与病害信号的传导相关，在植物抗病反应中起着至关重要的作用。另外，在水稻中还存在一类特殊基因，其编码蛋白只包含 NBS 但是没有 LRR，但功能尚不清楚。

除了 *NBS-LRR* 类型基因之外，植物体内还含有其他类型的抗病基因编码蛋白，如胞外富亮氨酸重复的跨膜受体蛋白 (extracellular leucine-rich repeat plus transmembrane receptor，eLRR-TM)、胞外富亮氨酸重复和胞内的丝氨酸 / 苏氨酸激酶 (extracellular leucine-rich repeat transmembrane protein kinase，eLRR-TM-kinase)、丝氨酸 / 苏氨酸激酶 (serine-threorine kinase，STK) 等。此外，植物细胞内另有许多类似 R-gene 结构的基因序列，其编码蛋白在细胞内的定位有所不同，有些具有跨膜（transmembrane，TM）结构域，主要分布在质膜上，如 eLRR-TM、eLRR-TM-pkinase 和 STM 等，但大部分的抗病基因的产物分布在胞内，包括 NBS-LRR 和 STK 等。

（三）植物抗病反应的作用机制

1. 基因对基因假说（gene-for-gene hypothesis） 前面我们已经提到，植物抗病性常常是由来源于植物的抗病基因 R 与相应的来源于病原物的无毒基因 *Avr* 互相作用所决定的。Flor 根据对亚麻和锈菌小种互作产生特异抗性现象的研究提出了基因对基因假说（图 16-17）。其基本内容是：病原体与寄主的关系分亲和与不亲和两种类型，亲和与不亲和病原体分别含毒性基因（*Vir*）和无毒基因（*Avr*），亲和与不亲和寄主分别含感病基因（*r*）和抗病基因（*R*）。当携带 *Avr* 基因的病原体与携 *R* 基因的寄主互作时，二者表现不亲和，即寄主表现抗病性；其他 3 种组合则表现为亲和，即寄主感病。随着研究的深入，人们发现植物从识别病原体到产生抗病基因表达并产生抗病性，经常需要多个蛋白因子的参与，绝不只是直接的 Avr 与 R 因子两者之间的识别这么简单。

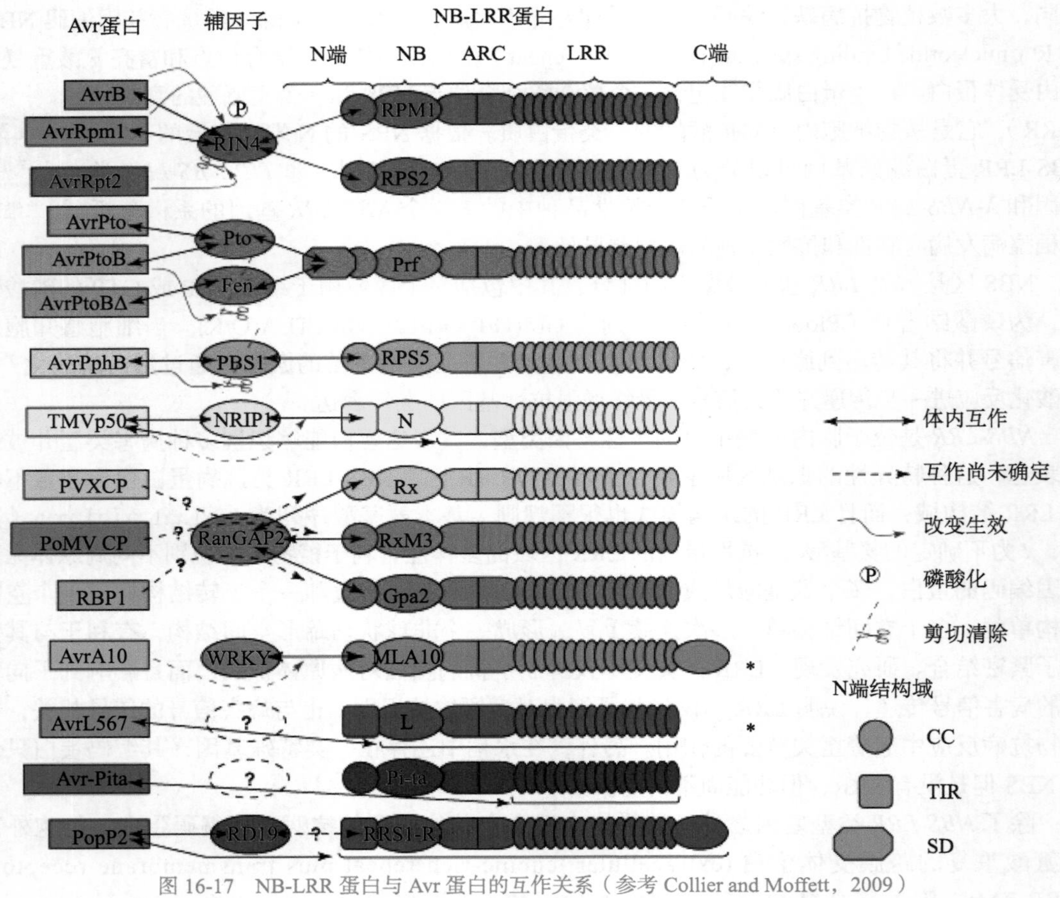

图 16-17 NB-LRR 蛋白与 Avr 蛋白的互作关系（参考 Collier and Moffett，2009）

在基因对基因假说的基础上发展而来了一种激发子对受体假说（elicitor-receptor hypothesis）。该假说认为，病原体的 *Avr* 基因直接或间接地编码一种配体（激发子），它与 *R* 基因编码的产物（受体）相互作用，从而触发受侵染部位植物细胞内的信号级联放大，激活抗病基因及其他防卫基因的表达，产生超敏反应。例如，拟南芥抗病基因 *Rps2* 编码的受体蛋白与病原体无毒基因 *AvrRps2* 编码的蛋白（激发子）相互识别，引起超氧阴离子、过氧化物和 · OH 等活性氧中间体和一氧化氮等作为信号分子的大量聚集，激活其他防卫基因的表达，引起植物的超敏反应，使植物获得抗性，在病原体侵染部位出现枯死斑点症状。

2. 防卫假说（guard hypothesis）　这是与基因对基因假说相对应的一类假说，由 van der Biezen 和 Jones 在 1998 年建立。这个假说认为，在病原体侵染植物的过程中不需要抗病基因蛋白和无毒基因蛋白间发生直接的作用，而是在适合的生长条件下时病原体把植物体内的一种蛋白——警卫（guardee）作为靶子并加以改变，植物能够监视被病原体毒性 / 致病蛋白作为攻击目标的重要植物蛋白 / 复合体。当植物检测到这种改变——植物卫兵蛋白机构的改变（植物卫兵蛋白与病原体毒蛋白形成复合体时），启动植物体内的抗病信号，从而诱导抗病基因表达。研究证明，抗性基因不仅能够识别 Avr 蛋白，而且能够对病原体刺激产生的植物蛋白的修饰和结构的改变做出响应。

以上两种假说都有实验证据，它们之间的关系如何，目前还没有定论。应该说植物体对病害的识别及抗性的产生是一个复杂的过程，需要包括以上两种假说在内的多种机制的共同存在和协同作用才能完成，但是究竟哪一种在自然界中占主导地位？是否还有其他响应机制的存在？这些问题需要我们更进一步的工作加以验证。

（四）植物免疫相关信号转导

在传统观念里，植物响应生物胁迫即是植物免疫。在生物胁迫下，除了细胞壁的隔离保护作用外，细胞内的免疫系统在植物免疫反应过程中也起到举足轻重的作用。植物在内在免疫过程中，有着双重的免疫识别过程。首先是定位在细胞表面的模式识别受体（PRR）的识别，启动病原菌相关分子模式复合物（PAMP）的形成，然后由 PAMP 激活下游免疫反应，即 PAMP 激活的免疫反应模式 PTI。此外，许多病原菌都可以通过注射病毒效应因子到宿主细胞内，从而达到较高的浸染效率，所以植物的第二层次的免疫反应主要包括细胞内免疫受体的识别和激活。这些免疫受体大多包含核苷酸结合结构域和亮氨酸富集片段，能识别效应蛋白而启动第二节段的免疫反应，即效应蛋白激活免疫模式 ETI。PTI 属于基础抗病免疫反应，ETI 属于专化性免疫反应。PTI 免疫反应具有广谱的基础抗病性，但抗性水平低，不足以作为抗病育种的靶标，而 ETI 免疫反应抗病水平高，能有效控制病害，是抗病育种的主要靶标，但往往具有对病原菌小种专化性的弱点。PTI 和 ETI 会相互促进，协同调控植物的防卫反应。

2021 年 12 月，中国科学院分子植物科学卓越创新中心的何祖华研究团队在 *Nature* 杂志发表论文，揭示了一条全新的植物基础免疫代谢调控网络，发现水稻广谱抗病 NLR 免疫受体蛋白通过保护初级防卫代谢通路免受病原菌攻击，协同整合植物基础抗病性（PTI）和专化性抗病（ETI）两层免疫系统，赋予水稻广谱抗病性（图 16-18）。该研究综合运用植物病理和生化与分子生物学等多种研究方法，鉴定到了一个新的水稻免疫调控蛋白 PICI1，揭示 PICI1 通过增强蛋氨酸合酶的蛋白稳定性，强化蛋氨酸合成，促进防卫激素乙烯的生物合成，从而调控水稻的基础抗病性。有意思的是，病原菌通过分泌毒性蛋白直接降解 PICI1，抑制水稻的基础抗病性，使之有利于病原菌的入侵。但是水稻进化产生的广谱抗病 NLR 受体，可以通过抑制病原菌毒性蛋白与 PICI1 的互作，保护并加强 PICI1 的功能，进而激活更多的防卫化学物质（蛋氨酸 - 乙烯）的合成，以获得广谱抗病性。这是一个典型的植物 - 病原菌“军备竞赛”的范例，防卫代谢“PICI1- 蛋氨酸 - 乙烯”途径作为植物和病原菌争夺的重要“化学装备”，对于植物获得广谱抗病的“全面胜利”起着至关重要的作用。

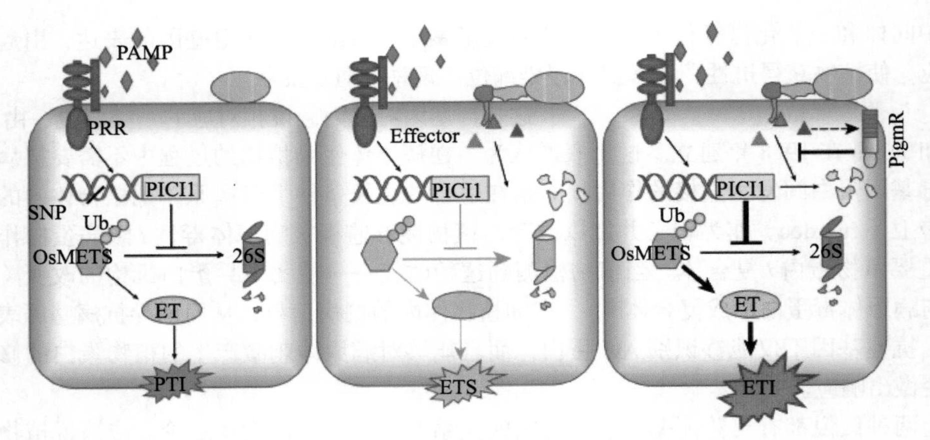

图 16-18　水稻 NLR-PICI1-OsMETS 介导的基础代谢免疫调控模型（引自 Zhai et al.，2021）

PAMP. 病原菌相关分子模式复合物；PRR. 模式识别受体；Effector. 效应蛋白；OsMETS. 水稻蛋氨酸合成酶；ET. 乙烯；Ub. 泛素；26S. 蛋白酶体；SNP. 单核苷酸多态性位点；PigmR. 水稻广谱抗稻瘟病蛋白

二维码

事实上，植物细胞中存在众多 PTI 和 ETI 免疫信号传递途径，是由多种不同类受体蛋白激酶介导来完成，应对各种不同的病原菌攻击，相关信号最终会传递给 NADPH 氧化酶（NOX/HBOH），触发活性氧 ROS 的爆发。如【二维码】所示，葡萄孢属菌诱导激酶 1（BIK1）是胞质类受体蛋白激酶 VⅡ（RLCKVⅡ）亚家族成员，是多个信号通路中的免疫调节中枢，可以促进源于 NADPH 氧化酶 RbohD 的氧化爆发。在静息状态下，BIK1 可直接与多种类受体蛋白激酶（RLK）或模式识别受体（PRR）结合，如鞭毛蛋白受体（FLS2）、伸长因子 Tu（EF-Tu）受体（EFR）、小分子肽 PEP 1 受体（PEPR1）等。一旦细菌鞭毛蛋白（flg22）、细菌伸长因子 Tu（elf18 或 elf26）或内源性肽 AtPep1 及相关多肽与 RLK 接触，RLK 再随即与调控油菜素内酯非敏感因子 1（BRI1）相关联的受体蛋白激酶（BAK1）结合形成免疫受体复合体。当 flg22 或 elf18 分别被 FLS2 或 EFR 识别时，后者迅速招募共受体 BAK1 进而起始 BAK1 与 BIK1 之间的转磷酸基团事件。其他 RLK 成员如 FER（FERONIA）和 ANX1/2（ANXURs）属于膜锚定蛋白样受体激酶，又被称为长春花类受体激酶 1 类似蛋白（CrRLK1Ls），在植物免疫应答过程中也参与 NADPH 氧化酶调控，触发植物细胞质外体空间 ROS 的释放，进而触发细胞下游免疫反应。FER 是一种被快速碱化因子（RALF）调控的“伐”，可调节受体激酶复合物的组装，而 ANX1 和 ANX2 可能通过与 FLS2 竞争结合 BAK1 而负性调控 PAMP 触发的 PTI 免疫反应。其中，分泌肽 RALF23/33 在 PTI 应答过程中在抑制 FER 介导的信号转导方面发挥负调控作用。此外，类似 lorelei 糖基磷脂酰肌醇锚定蛋白 1（LLG1）作为 FER 的分子伴侣，促进 FER-FLS2-BAK1 配体诱导的受体复合物的形成，从而激活 BIK1，随后磷酸化 RbohD，促进 ROS 的产生。另一个由几丁质诱导受体激酶 1（CERK1、BAK1 的同源物）和两个含有赖氨酸结构域（LysM）的蛋白质 LYM1 和 LYM3（是水稻中 LYP4/6 的同源物）组成的重要免疫复合物，是植物借助 LYM1 和 LYM3 直接结合并识别肽聚糖（PGN）后形成的。最近有研究发现，一个细胞有丝裂原活化蛋白激酶（MAPK）家族成员 SIK1（属于 MAP4K）在鞭毛蛋白被识别时，可通过与 RbohD 结合并磷酸化 RbohD 而促进细胞外 ROS 的爆发。SIK1 不仅可以直接结合并激活 RbohD，而且通过 BIK1 介导的间接方式，正向调控免疫反应。在人和酵母中，MAP4K 可以直接激活 MAPK 级联反应。此外，在 ROS 生成的同时，PTI 也可诱导 MAPK 活性。

总而言之，植物免疫信号的转导和调控机制十分复杂，受胞内外多种因素共同调控。当植物细胞感受到外界生物或非生物胁迫时，都会引发一系列的胁迫信号传导过程，最终都会导致 ROS 的爆发，进而激活下游的免疫反应。

提高植物的抗病性能够大幅降低病虫害引起的粮食减产，为有效控制作为病虫害，保障人类粮食安全，作物育种学家和病理学家长期致力于选育广谱持久的作物抗病品种，但高抗的品种往往生长发育受限，导致产量降低，即以牺牲生长发育为代价换取抗病性以实现最终的生存。那如何在作物抗病的同时不影响其产量性状，维持好植物抗病与生长发育的平衡呢？此外，面对病原菌的不断进化，如何让植物的免疫屏障有效抵御不同病原菌的反复进攻？最近何祖华研究团队经过 15 年不懈追踪，在植物免疫方面获得了突破性进展。该研究组在水稻中发现了一个新的钙离子感受器 ROD1，该钙离子感受器能够精细调控水稻免疫，降低水稻因广谱抗病而引发的生存代价，平衡水稻抗病性与生殖生长和产量性状之间的关系（图 16-19）。研究发现，ROD1 作为一个新的植物免疫抑制中枢，通过降解具有免疫活性 ROS，从而抑制植物的防卫反应。因此，在没有病原菌侵染时，植物的基础免疫维持在较低水平，有利于水稻生殖生长，进

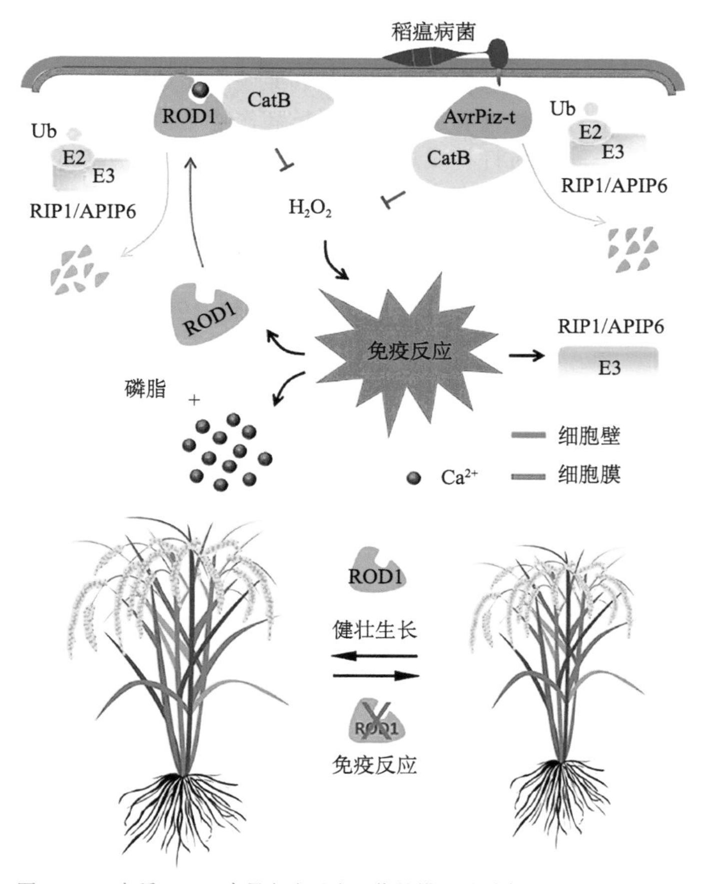

图 16-19　水稻 ROD1 介导免疫反应工作的模型（引自 Gao et al.，2021）

ROD1 通过激活过氧化氢酶的活性，促进活性氧物质 ROS 的清除，而其蛋白稳定性受到泛素化的调节。ROD1 扰乱会赋予植株对于多种病原菌的抗性。真菌效应子 AvrPiz-t 在结构上与 ROD1 相似，能够激活相同的 ROS 清除级联，从而抑制寄主的免疫，促进真菌侵染。研究揭示了一个寄主植物与病原物均采用的分子框架，即通过整合钙离子感知和 ROS 内稳态来抑制植株的免疫

而提高产量。但当病原菌侵染时，植物进化出了聪明的免疫激发新途径：通过降解 ROD1 减弱其功能，从而保证植物在抵御病原菌时能产生有效的防卫反应，不至于迅速发病枯死，并能繁殖后代。另一方面，病原菌和植物长期处于“军备竞赛”的协同进化过程中。研究发现，水稻稻瘟病菌会进化出模拟 ROD1 结构的毒性蛋白，在植物体内盗用 ROD1 的免疫抑制途径，实现侵染的目的。由于植物无法逃避病原菌的侵染，因此进化出了与病原菌共同生存的策略：通过适当减弱植物的抗病能力，来保证其生长繁殖延续后代，让植物抗病性与繁殖力维持相对平衡的水平，这就是植物聪明的生存之道。这项研究首次说明作物能够选择适应性免疫策略，让植物抗病能力与生长发育即环境适应性达到最佳平衡。进一步研究发现，ROD1 单个氨基酸的改变可以影响其抗性和地理分布，说明作物抗病性受地域起源的选择。此外，研究还发现 ROD1 的功能在禾谷类作物中是保守的，可以通过编辑或操纵这类新的感病基因实现广谱抗病的新策略，对培育高产高抗的作物品种具有重要的指导意义和应用潜力。

随着世界人口的迅速增长，粮食问题已成为人类生存的关键问题。长期以来，因病菌侵染而造成的作物产量损失是巨大的，改进栽培措施和施用化学杀菌剂这样的传统方法只能从一定程度上控制病害的流行而不能从根本上解决问题，而且化学药剂所带来的环境污染和植物耐药性形成等问题也给病害防治造成了更大的困难。近年来，随着分子生物学理论和技术的不断发展，人们不但能够从分子水平上进一步研究植物与病原菌的相互作用机制，而且还可以通过基因工程这一现代生物技术直接、快速和高效地培育抗病作物品种。目前转基因工程的主要任务除基于已有抗病基因的转化创制抗性种质外，也包括寻找阻止基因沉默的有效途径和发展可诱导的启动子、挖掘更广谱高效的基因资源，通过多基因聚合表达，将不同抗病机理的抗菌物质聚合转入植物中，在拓宽转基因作物抗病谱的同时，也能遏制病原菌较快地产生抗性。相信在不久的将来，人们可利用诱导性抗病育种提高农作物对广谱病原菌的抗性，以有效应对包括小麦条锈菌、水稻稻瘟病等在内的重大作物病害，提高人类粮食安全。

思考题

1. 什么是 HSP？细胞内主要的 HSP 有哪些？如何发挥功能？
2. 什么是内质网应激？简述内质网应激的类型及其生物学意义。

二维码

3. 什么是 *R* 基因？简述 *R* 基因的类型及其功能。
4. 什么是 PTI 和 ETI？简述二者怎样在植物免疫信号传递中发挥功能。

本章核心概念及更多布鲁姆学习目标层次习题见【二维码】。

本章知识脉络导图

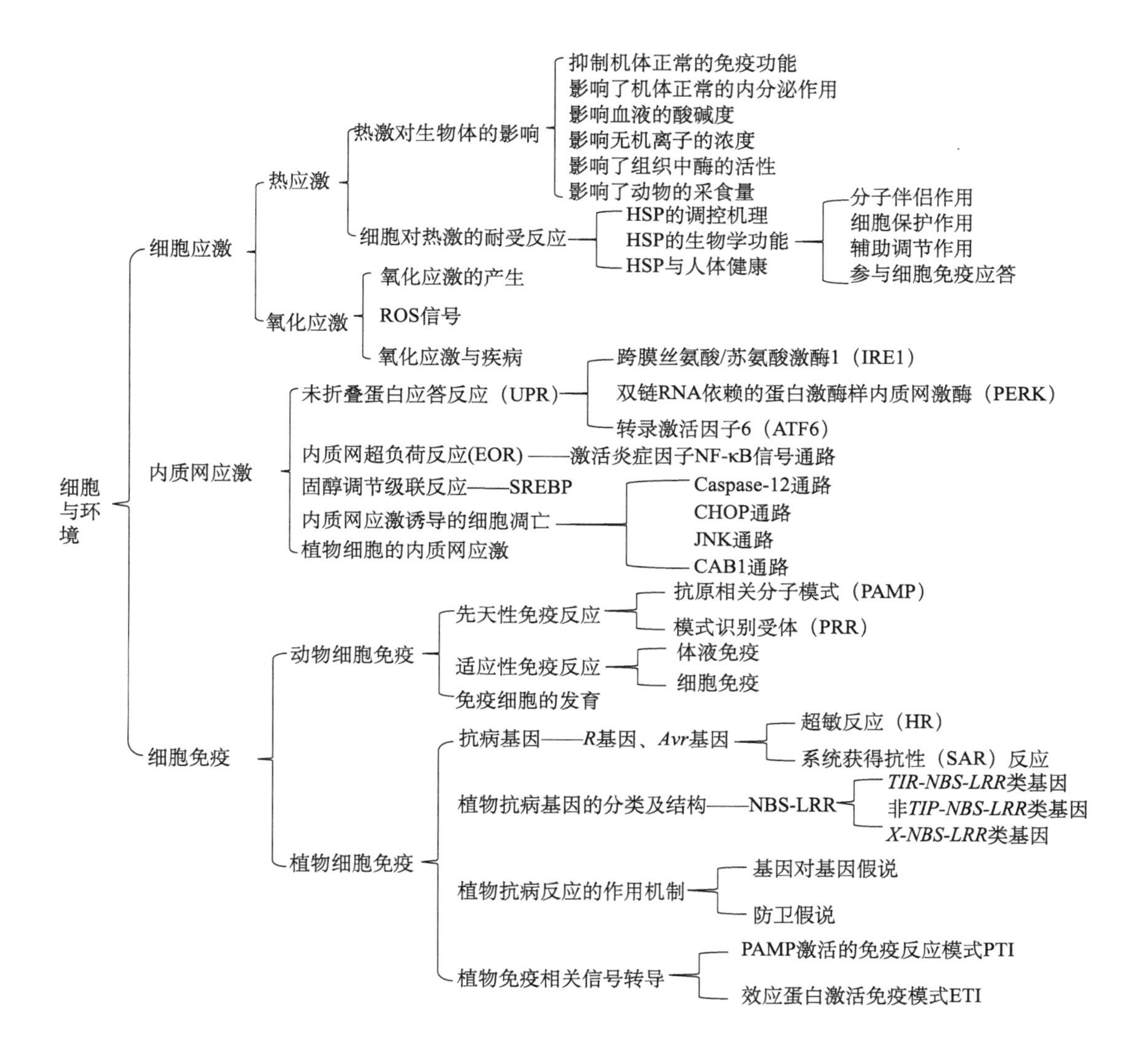

（李　晓，李绍军，赵立群）

第十七章　细胞工程与组织重建

细胞工程（cell engineering）是指应用现代细胞生物学、发育生物学、遗传学和分子生物学的理论与方法，按照人们的需要和设计，在细胞水平上的遗传操作，重组细胞结构和内含物，以改变生物的结构和功能，即通过细胞融合、核质移植、染色体或基因移植及组织和细胞培养等方法，快速繁殖和培养出人们所需要的新物种的生物工程技术。

二维码

基于细胞生物学，一门新兴的医学生物技术——体外重建人体组织正在迅速崛起，也被称为“组织工程”（tissue engineering）或者组织重建（organizational reconstruction）。它应用工程学和生命科学的原理来恢复、保持或改善组织功能，并随着人们对细胞通信、细胞分化和组织功能认识的而不断深入，现在组织工程的研究和应用已然成为21世纪生物工程的一个重要组成部分，详见【二维码】。

第一节　细胞培养

1885年，Roux最早使用温生理盐水使鸡胚组织在体外生存长达数月，开启了体外组织培养的萌芽时代。1907年，美国胚胎学家Ross Harrison采用青蛙淋巴液作培养基，悬滴法使蛙胚神经管区的一片组织在体外得以生长，从而建立了动物细胞培养的基本模式系统。后来又有多名学者对细胞培养的技术加以改进，1912年，Carrel采用血浆包埋组织块外加胚汁的培养方法（悬滴法的一种），培养鸡胚心肌组织长达数年之久。至此，细胞培养的基本技术建立起来。

后来科学家又在悬滴法的基础上，逐渐优化培养条件，相继建立了单层细胞培养法、三维立体细胞培养法等。利用体外培养技术，科学家建立了可以长期在体外生长培养的细胞株，其中最早建立的细胞株是1934年Earle的小鼠皮下组织L细胞株，在此基础上又相继建立了许多细胞株，如HeLa（1952年）、KB（1954年）、CHO（1957年）、NIH3T3（1970年）、HL60（1977年）和COS-1（1981年）等。目前细胞培养的技术已广泛地应用于生物学的各个领域，如细胞生物学、分子生物学、遗传学、免疫学、肿瘤学等研究。

细胞培养（cell culture）是指在体外模拟体内环境如适宜温度、酸碱度和一定营养条件等，在无菌条件下使之生存、生长、繁殖并维持主要结构和功能的一种方法。细胞培养也叫细胞克隆技术，在生物学中正规名词为细胞培养技术，是生物技术中最核心、最基础的技术。

细胞培养技术根据培养对象的不同分为动物细胞培养、植物细胞培养和微生物细胞培养。

一、动物细胞培养

自1907年Harrison等以淋巴液作培养基培养蛙胚神经组织建立体外组织培养以来，细胞培养技术经过一个多世纪的完善与发展，现已相当成熟，并逐渐走向多样化、自动化和规模化。近年来，动物细胞培养技术的快速发展极大地促进了现代生物医药产业的发展。这一技术已广泛应用于蛋白质药物研发、疫苗制造、干细胞移植、人造组织器官培养等领域，日益成为当今生命科学研究和生物医药开发的强有力工具。目前，国内外一些科研机构和高新技术企业正专注于这一领域的研究与开发，并不断获得新的科研成果和技术产品。这些新成果和产品的推广应用正引导着细胞培养工程技术走向当今生物医药领域的技术前沿。

（一）体外培养细胞的类型

体外培养细胞大多培养在瓶皿等容器中，根据它们是否能贴附在支持物上生长的特性，可分为贴附型和悬浮型两大类。活体体内的细胞当离体置于体外培养时大多数均以贴壁方式生长，主要包括正常细胞和肿瘤细胞，如成纤维细胞、骨骼组织（骨及软骨）、内分泌细胞、黑色素细胞及各种肿瘤细胞等。而少数细胞在体外培养时悬浮生长，包括一些取自血、脾或骨髓的培养细胞，尤其是血液白细胞及癌细胞。两种体外培养细胞在培养方式、传代方式和细胞形态方面都存在着比较明显的差异。在培养方式上，贴壁型细胞一般用方瓶或孔板培养，使用微载体时也可以用反应器培养。不贴壁的一般用各种摇瓶和反应器培养。

在传代方式上，由于贴壁细胞贴壁生长，还会出现接触抑制的现象，所以当细胞数量较多直到铺满一瓶后不易取出，这时必须用胰蛋白酶或者胶原蛋白酶进行处理，使细胞从紧贴的皿壁上消化下来再取出，然后放入新的培养瓶中继续培养。悬浮细胞其实也有贴壁现象，只是贴壁不牢，可以直接用一次性吸管吹打瓶壁使细胞掉落下来，再进行传代。在细胞形态方面，贴壁细胞一般分为两种：上皮细胞型和成纤维细胞型。在显微镜下观察时，贴壁细胞在瓶底伸展并延伸为梭形或不规则的三角形或扇形，而且晃动培养液时，细胞不动。而悬浮细胞漂在培养液中，细胞呈圆形，晃动培养液时细胞也随着漂动。

（二）动物细胞的基本培养技术

无菌操作并供应给被培养细胞足够的营养、适宜的温度、pH 等环境条件是动物细胞培养技术的核心要素。在培养时一般要配备超净工作台、CO_2 培养箱、灭菌环境与设备等工作条件。

（1）原代培养。传统的动物细胞培养是先取动物胚胎或幼龄动物器官、组织，将材料剪碎，并用胰蛋白酶（或用胶原蛋白酶）处理（消化），形成分散的单个细胞，将处理后的细胞移入培养基中配成一定浓度的细胞悬浮液。悬液中分散的细胞很快就贴附在瓶壁上（如果是贴壁细胞），称为细胞贴壁。当贴壁细胞分裂生长到互相接触时，细胞就会停止分裂增殖，出现接触抑制。此时需要将出现接触抑制的细胞重新使用胰蛋白酶处理，再配成一定浓度的细胞悬浮液。

在这个过程中，原代培养就是从机体取出后立即进行的细胞、组织培养，也就是初次培养。最大的优点是组织和细胞刚刚离体，生物学特性未发生很大的变化，仍然具有二倍体的遗传特性，最能反映体内生长特性，很适合做药物测试、细胞分化实验研究。原代培养是建立各种细胞系的第一步，是从事组织培养工作人员熟悉和掌握的最基本技术。

（2）传代培养。体外培养的细胞随着培养时间的延长，细胞数量不断增加，当增长到一定程度后，由于发生接触性抑制或培养空间及营养物质的消耗，其生长速率会逐渐减慢，甚至停滞或死亡。细胞由原培养瓶内经过分离稀释后传到新的培养瓶的过程被称为传代。

原代培养的首次传代非常重要，它是建立细胞系的关键时期。通过一定的选择或纯化方法，从原代培养物或细胞系中获得的具有特殊性质的细胞称为细胞株。当培养超过 50 代时，大多数的细胞已经衰老死亡，但仍有部分细胞发生了遗传物质的改变出现了无限传代的特性，即癌变，此时的细胞被称为细胞系。体外传代的细胞生长一般需要经历三个时期，即潜伏期、指数生长期和停滞期。因此为了保持细胞最佳的生长特性，让细胞继续增殖，通常选择细胞指数期来进行传代。某些常用细胞系的特征及首代与常规传代规则见【二维码】。

二维码

贴壁细胞常采用消化法传代，一般用胰蛋白酶和EDTA混合液进行消化，然后将消化后的细胞稀释成一定浓度后分入多瓶后继续进行培养，一般为一传二到一传四的比例（图17-1）。而悬浮细胞不贴壁，可直接离心收集细胞后传代。

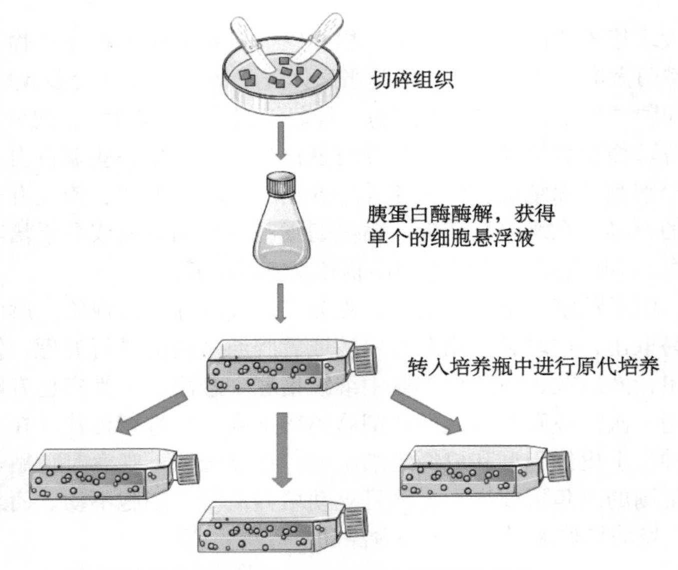

图17-1　传统的动物细胞培养过程

（3）*动物细胞的大规模培养*。动物细胞大规模培养技术始于20世纪60年代初Capstick及其同事为生产FMD疫苗而对BHK细胞的研究。它是在贴壁培养和悬浮培养的基础上，融合了固定化细胞、流式细胞术、填充床、生物反应罐技术及人工灌流和温和搅拌系统等技术后发展起来的，包括无血清悬浮培养技术、微载体培养技术和填充床细胞培养技术等【二维码】。

二维码

（三）细胞培养所需环境

无菌无毒的操作环境是保证动物细胞体外培养成功的前提。体外培养细胞不仅容易被微生物感染，而且还会受到自身代谢物质影响，因此，在进行体外细胞培养时，要及时清除细胞产生的代谢废物，确保操作的规范性，确保为体外培养的细胞提供一个安全可靠的生存环境。除过无菌条件，培养的气体环境、温度、培养液的缓冲环境也对细胞培养有重要影响。O_2可以给细胞提供能量，而CO_2不仅是细胞增殖所需的物质，也是其自身的代谢产物。此外，CO_2还有着调节培养基pH的作用，因此一定浓度的CO_2是动物细胞培养不可或缺的关键因素。适宜的温度能够维持细胞持续旺盛生长，若温度超出适宜范围，不仅会影响到细胞的正常代谢，损伤细胞，甚至会使其致死。缓冲环境的作用是为细胞提供一个酸碱度在培养细胞生理范围内的培养液，它主要提供水分和无机盐，以维持细胞的正常代谢。

此外，培养基的成分与组成对细胞培养成功与否也很关键。培养基分为天然培养基和合成培养基两种，它是细胞生长繁殖的直接环境，为细胞提供所需的营养。天然培养基是从动物体液或组织中分离提取获得的，如血浆、血清及淋巴液等物质。动物细胞培养主要用的是合成培养基。合成培养基包含细胞生长所需的无机盐、糖类、维生素、氨基酸等基本物质，有特殊要求的还会添加适量血清。动物细胞培养在生物学基础研究、临床医学和动物育种上都有重要应用，详见【二维码】。

二维码

二、植物细胞培养

植物细胞培养是在离体条件下，将外植体诱导为愈伤组织或其他易分散的组织置于液体培养基中进行震荡培养，得到分散成游离的悬浮细胞，或置于冷却后固化的琼脂糖培养基上通过继代培养使细胞增殖，从而获得大量细胞群体的一种技术。目前已经用于实验室研究或工业化生产，包括分离、培养、再生及一系列相关的操作。

根据培养对象，植物细胞培养主要有单细胞培养、单倍体培养、原生质体培养等；按照培养系统可分为悬浮培养、液体培养、固体培养、固定化培养等。所谓单细胞培养，是指以单个游离细胞为接种体的离体无菌培养，如用果胶酶从组织中分离体细胞，或花粉细胞、卵细胞等。单倍体培养是指通过对花药或花粉的培养，获得单倍体植株，然后经人工加倍后得到完全纯合的个体的过程，而原生质体培养是指以除去细胞壁的原生质体为外植体的离体无菌培养。脱壁后的植物细胞称为原生质体（protoplast），其特点是比较容易摄取外来的遗传物质，如 DNA；便于进行细胞融合，形成杂交细胞；与完整细胞一样具有全能性，仍可产生细胞壁，经诱导分化成完整植株。

最常规的植物组织培养是琼脂糖凝胶固体培养基培养。当然植物细胞可以实现悬浮生长，但是植物细胞新陈代谢活动的频率较低，生长速度慢，次生物质的合成与积累需要一个漫长的过程，这个过程容易受到培养条件的影响，导致在多次传代后出现细胞老化的现象。此外，植物细胞在悬浮培养过程中对氧气的需求量较大，而培养到后期会因为密度较大、黏稠度高，使氧气的传输受到阻碍。最后由于细胞经常会形成团状，难以搅拌，阻碍了营养物质的传输。如何解决在植物悬浮细胞生长高黏度的状态下，以合适的剪切力搅拌，以达到传质、传氧等最合适的植物细胞生长环境，以及制备合适的细胞培养反应器，是植物细胞培养工业化亟须解决的问题。有研究表明细胞悬浮培养对愈伤组织的形态具有一定的要求，致密型的愈伤组织无法建立悬浮培养体系，表面干燥的愈伤组织颗粒也无法在液体培养基中生长，只有结构松脆、颜色新鲜、分裂能力强且增殖速度快的愈伤组织，才能建立稳定的、生长旺盛的细胞悬浮培养体系。因此，在植物细胞液体培养时，可以通过调整培养液中的激素配比，获得结构较为疏松的愈伤组织进行悬浮培养。例如在建立樟叶越橘细胞悬浮培养体系中，可以用不同激素配比，诱导形成不同质量的愈伤组织以建立适宜的悬浮培养体系（图 17-2）。

(a) (b) (c)

图 17-2 樟叶越橘的愈伤组织和悬浮培养细胞

（a）初始诱导得到的愈伤组织；（b）增殖培养基一定激素浓度配比下得到的最适宜液体培养的蓬松愈伤组织；（c）稳定的樟叶越橘细胞悬浮培养体系

二维码

植物细胞培养需要基本的培养条件，如适宜的培养基提供细胞生长必要的碳源、氮源、无机盐和生长调节物质等，适宜的温度、光照和 pH 条件及悬浮细胞培养需要的搅拌通气等，具体见【二维码】。总体而言，植物细胞培养操作简便、成本较低，可实现对花卉和药用植物的快速繁殖，还可用于生物转化，生产各种特殊修饰的酶或者代谢物，具有极大的应用前景【二维码】。

二维码

三、微生物细胞培养

微生物细胞培养是生物培养中的一种。所培养的微生物主要有病毒、细菌、放线菌和真菌等。所谓微生物的分离培养是指通过一定的技术方法，将环境（样品）中微生物区系的物种成员（菌株）分离出来，并在实验室可控条件下，重复培养和繁殖该种微生物，获得与初始性状相同的后代的过程。

微生物可以分为常规微生物、未培养微生物（uncultured microorganisms）和活的非可培养微生物（viable but non-culture，VBNC）三大类。常规微生物指一般的细菌、真菌及一些小型的原生生物、显微藻类等在内的一大类生物群体等，多为单细胞生物。现有微生物分子生态学研究表明，自然界中还有相当多微生物物种细胞尚不能被现有的微生物培养方法和技术进行复苏、分离和培养，这些微生物被称为未培养微生物（uncultured microorganisms）。例如，采用经典微生物培养技术，即营养琼脂平皿培养技术，海水中仅有 0.001%～0.1%、淡水中约有 0.25%、土壤中约有 0.3% 的微生物细胞可以生长，最终形成菌落，绝大多数微生物细胞不能在现有培养技术条件下生长，是未培养微生物。此外，微生物细胞如大肠杆菌细胞在环境中有一种存在状态，被称为“活的非可培养”。通常指细菌处于不适于生长的环境中，细胞形态发生改变，虽然具有代谢活性，但用常规培养方法不能使其生长繁殖，称为活的非可培养微生物。这是与未培养微生物的概念相关、但却完全不同的另外一个概念。目前已经知道，VBNC 细胞可以被一些特殊分子物质激活，转化为可以繁殖的细胞。最新的研究发现，还有些微生物细胞在培养基上形成的菌落很小，需要借助显微镜等工具才可观察到，它们通常是一些寡营养微生物细胞或者生长缓慢的微生物细胞组成的小型聚合体，称为微菌落（microcolony），这些微生物常常是我们以前没有发现而称为未培养微生物的一部分。

二维码

微生物的培养最主要的是培养基的选择。微生物培养基是指人工配制的，具有满足微生物生长的营养成分，适合微生物生长的基质，液态或者固态。配制微生物培养基常用的营养成分包括蛋白胨、牛肉浸膏、酵母粉等，琼脂是制备固体培养基最常用的凝固剂。微生物培养的发展历史及培养效率的提高改进策略，具体见【二维码】。

第二节 细胞工程

随着试管植物、试管动物及转基因生物反应器的逐渐成熟，细胞工程在生命科学及农业、医药、环境保护等领域中的作用逐渐凸显。但是细胞工程在研究中也具有一定的争议性，在伦理道德方面仍有一些潜在的问题亟待解决。细胞工程具有多学科交叉的特点，具有综合性的特征优势。随着合成生物学的不断发展，通过计算机辅助技术手段，利用 DNA 及基因合成技术，基因工程及细胞工程技术得到了有效的创新，对生物计算机、细胞制药厂及生物炼制石油等领域的发展具有重要推动作用。

所谓细胞工程，是指按照一定的设计方案，在细胞、亚细胞或者是组织水平上进行试验操作的一种工程，能够对细胞内的遗传性物质进行的改变，同时也能得获得新细胞，进而快速地繁殖和培育出新的物种的过程，是一种综合性的生物工程。细胞工程包含细胞融合、染色体工程、细胞核移植、原生质诱变以及组织培养技术等，因此也可以说，细胞工程是一种细胞操作技术。

一、基于基因改造的细胞工程

细胞工程与基因工程密不可分。以转基因和基因编辑为代表的基因工程手段，往往需要通过细胞工程完成新个体的生成或产品的出现，因此以基因改造为目的基因工程，往往是细胞工程的前提。当前，以基因改造为目的的细胞工程主要包括以下几个方面。

1. 基因编辑技术　基因编辑技术可以实现对基因组靶点的定点改造，完成特定 DNA 插入、敲除、突变，最终达到上调、下调或使目的基因表达沉默的效果。目前，主流的基因编辑技术有以下 3 种：锌指核酸酶技术（zinc-finger nuclease，ZFN）、转录激活样效应因子核酸酶技术（transcription activator-like effectors nuclease，TALEN）及成簇规律间隔短回文重复序列（clustered regularly interspaced short palindromic repeat，CRISPR）CRISPR / 相关蛋白（CRISPR associated proteins，Cas）系统。作为基因编辑的主要手段，CRISPR /Cas9 技术已在中国仓鼠卵巢细胞（Chinese hamster ovary cell，CHO）的改造方面得到应用，主要用于改善细胞生长及提高产能。相比于传统的物理、化学方法产生的基因突变，基因编辑技术对于目的基因的改造更加精准、高效、快捷。关于基因编辑技术的原理和应用我们在第三章已做了较详细的介绍，在这里不再赘述。

2. RNA 干扰技术　RNA 干扰技术（RNA interference，RNAi）可以使特定的 mRNA 发生降解，从而导致基因表达沉默或上调现象，分为 siRNA（small interference RNA）途径和 miRNA（micro RNA）途径，二者均可能导致靶标基因的降解。目前 miRNA 途径已用于提高 CHO 细胞产生重组蛋白质的效率。RNA 干扰技术广泛用于特异性基因沉默，在细胞工程应用中主要旨在改善细胞抗凋亡，调节细胞代谢及提高细胞产能等。

3. 细胞培养工艺的优化　细胞培养工艺对抗体的产量和质量有十分重要的影响，培养工艺优化涉及多个方面，如基础培养基、补料策略和理化参数控制等。对这些参数进行组合优化，可以改善细胞生长、延长培养周期，最终实现产能提升。以上改造对于缩短生物类药物研发周期、降低生产成本及提高药效具有非常重要的意义。近年来有许多关于 CHO 细胞工程化改造研究，根据不同的细胞工程改造目的进行实验（图 17-3）。

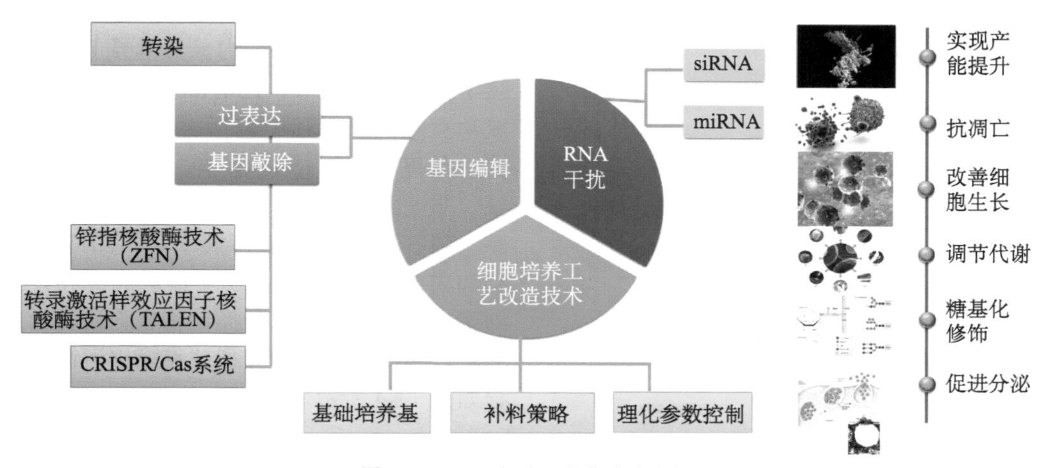

图 17-3　CHO 细胞工程化改造途径

基因编辑技术及基因干扰等技术在CHO细胞株构建中的应用十分普遍，通过这些技术对细胞进行改造，赋予了细胞良好的生长特性及表达水平。细胞工程改造涉及多个方面，在抗凋亡、调节代谢和糖基化等方面的改造应用最为突出。在CHO细胞生长过程中，代谢废物的产生不可避免，由于培养基中存在谷氨酰胺（glutamine，Gln）和葡萄糖，氨和乳酸是重组CHO细胞培养期间最常见的代谢废物，对生长的细胞和分泌的重组产物会造成不利影响。因此，抑制有毒代谢副产物的积累也是CHO细胞改造的重要内容。

二、细胞拆合

细胞拆合是指通过物理或化学方法将细胞质与细胞核分开，再进行不同细胞间核质的重新组合，重建成新细胞的技术，可用于细胞核与细胞质关系方面的基础研究和育种工作。

真核细胞的核质互作是长期以来人们重视的课题，曾做了相当大的努力去研究核质之间各自独立又相互协调的关系，长期运用去核细胞与核移植实验开展研究。但以往这些实验大多是依靠显微外科术进行的，局限于一些如原生动物和两栖类的卵母细胞等体积较大的细胞类型，在较小的哺乳类体细胞进行实验则收效甚微。1967年，Carter发现细胞松弛素B能诱发体外培养的小鼠L细胞的排核作用。Prescott等首先应用离心术结合细胞松弛素B成功分离了哺乳类细胞的胞质体（cytoplast），为研究哺乳类细胞的核质相互关系、细胞质基因的转移等开创了新途径。在制备胞质体的过程中，对所收获的核质体（karyoplast）的纯化技术也已得到极大发展。由于细胞的核、质分离技术与细胞融合术的发展，人们建立了高效的细胞重组技术。在融合因子的介导下，可使胞质体与完整细胞并合，构成胞质杂种细胞；胞质体与核质体并合，形成重组细胞。细胞拆合术的这些成就推动了细胞工程的快速发展。

三、细胞核移植与动物克隆

核移植技术是指通过显微操作技术将供体细胞核转移到去核卵母细胞，进而获得重构胚胎的过程。从20世纪50年代开始到现在，核移植技术得到了广泛的发展和深入的研究，并在生命科学的多个领域发挥着重要作用。

1996年，Ian Wilmut的团队以白面母羊的乳腺细胞为核供体，以黑面母羊的卵母细胞为卵供体，运用核移植技术获得的重构胚中最终有一枚发育成称为多莉（Dolly）的绵羊（白面）。多莉诞生的最大意义在于它的核供体细胞来自于成年羊且为高度分化的成熟体细胞，证明了高度分化的哺乳动物体细胞在一定条件下仍然具有发育成完整个体的能力。自世界上第一例克隆羊多莉出生至今，已有20多种哺乳动物被成功克隆出来，其中包括山羊、奶牛、小鼠、猪、印度野牛、欧洲盘羊、兔、猫、马、大鼠、非洲野猫、骡子、爪哇野牛、鹿、狗、雪貂、狼、水牛、骆驼和猴子等，2017年克隆狗和猫商业化，而2018年报道的世界首例体细胞克隆猴更是对灵长类动物克隆研究的重大突破。利用早期胚胎卵裂球克隆出恒河猴的过程如图17-4所示。

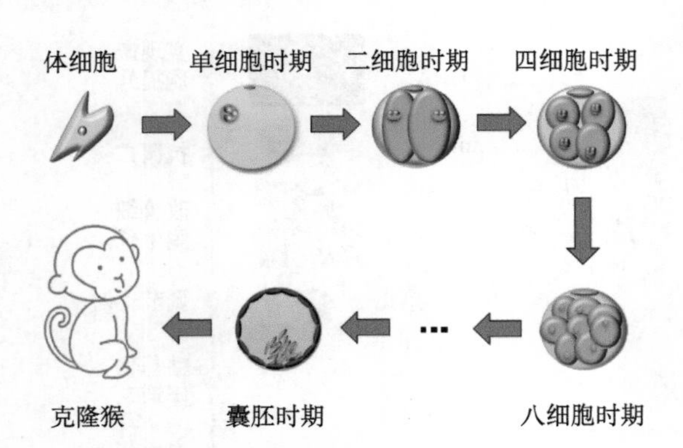

图17-4 利用早期胚胎卵裂球克隆出恒河猴的过程示意图

根据细胞核移植对象的不同，核移植技术主要分为三种：胚胎细胞核移植技术、干细胞核移植技术和体细胞核移植技术。核移植技术是动物克隆的核心技术，目前在医疗等方面显示了强大的应用前景。三种核移植技术的发展应用详见【二维码】。

二维码

四、细胞融合与单克隆抗体

（一）细胞融合的发展

细胞融合是指在自然条件下或用人工方法（生物的、物理的、化学的）使两个或两个以上的细胞合并形成一个细胞的过程。真正意义上的细胞工程从细胞融合开始，因为细胞融合是按照人们的设计对细胞进行工程操作，从而构筑新的细胞的过程。早在19世纪上半叶，人们就在多种生物中发现了多核现象。例如，1962年，日本科学家Okata发现仙台病毒能引起艾氏腹水瘤细胞融合成多核细胞体，开启了动物细胞融合的崭新领域。1965年，英国科学家又进一步证实了灭活的病毒在适当的条件下也可以诱发动物细胞融合。后来科学家又成功诱导了不同种动物的体细胞融合，证明了不同来源的两种动物细胞经过混合培养能产生新型杂交细胞，为培育具有双亲优良性状的新生命类型的细胞工程奠定了基础。

在动物细胞融合技术的基础上，人们又发展了植物、微生物的原生质体融合技术。以植物原生质体为例，细胞融合具体的过程是先将两种具有不同优良性状的植物细胞的细胞壁除去，形成两种原生质体细胞，再利用生物法、化学试剂、电融合等方法将这两种原生质体细胞融合，形成具有两种细胞染色体的杂种细胞，使优良性状能在同一个细胞中表达且能够稳定地遗传给下一代。由于植物细胞具有全能性，杂种细胞可在诱导培养基上重新生出细胞壁，在此基础上进行再分化就能形成拥有两种细胞优良性状的新品种植株。细胞融合技术的优点是消除了种间杂交的障碍，提高了物种的变异率，培育新物种的概率提高，大大缩短了育种周期。

随着细胞融合技术不断改进，该技术现已广泛应用于细胞学、遗传学、免疫学和病毒学等多种学科的研究中。其基本过程包括细胞融合形成异核体（heterokaryon），异核体通过细胞有丝分裂进行核融合，最终形成单核的杂种细胞。在生产上，细胞融合被广泛应用于单克隆抗体的制备、膜蛋白的研究、新品种的培育等。其中，单克隆抗体技术是细胞融合中最成功的典范，在生命科学中拥有极大的应用价值。细胞融合的方法包括病毒介导的融合、化学融合和电融合等，具体见【二维码】。

二维码

（二）单克隆抗体

1975年，德国科学家Kohler和英国科学家Milstein利用杂交瘤技术将B淋巴细胞同骨髓瘤细胞融合，成功建立了单克隆抗体制备技术，为生命科学领域做出了巨大的贡献。1984年，Kohler和Milstein、N. K. Jerne由于发展了单克隆抗体技术，完善了极微量蛋白质的检测技术而分享了当年的诺贝尔生理学或医学奖。

单克隆抗体（monoclonal antibody，McAb）是指同一种抗原决定簇的细胞克隆所产生的均一性抗体。其制备技术原理为：受到抗原刺激后小鼠的B淋巴细胞可分泌相应抗体，而体外培养条件下的肿瘤细胞可无限传代；在聚乙二醇等药物作用下，小鼠的骨髓瘤细胞与受到特定抗原免疫过的小鼠脾细胞发生融合，产生杂交瘤细胞，该杂交瘤细胞既可以分泌特定的抗体，又可在体外培养条件下或移到体内无限增殖，分泌大量的特异性抗体（图17-5）。

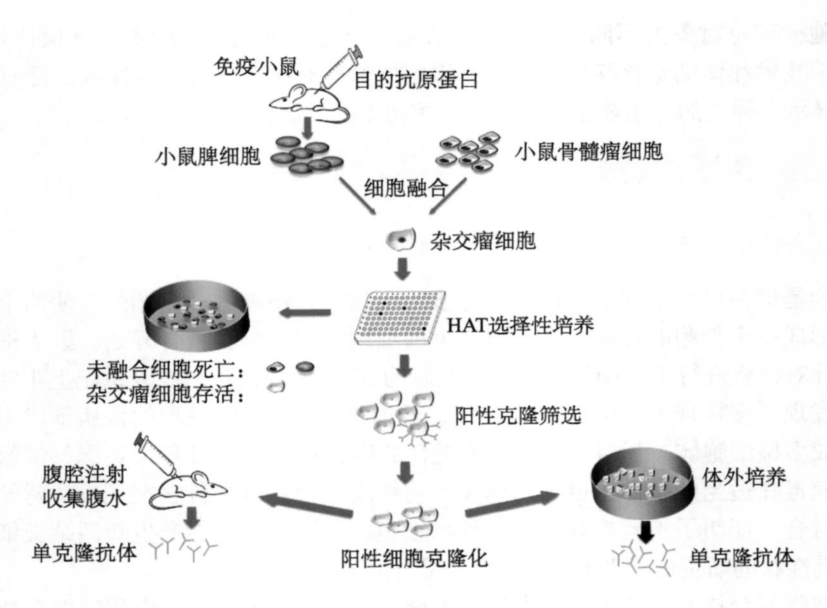

图 17-5　单克隆抗体制备过程示意图

哺乳类细胞 DNA 合成可分为两条途径：主要合成途径，利用磷酸核糖焦磷酸和尿嘧啶，可被氨基蝶呤（A）阻断；补救合成途径，在次黄嘌呤磷酸核糖转化酶（HGPRT）存在下利用次黄嘌呤（H）和胸腺嘧啶（T）。脾细胞和骨髓瘤细胞在聚乙二醇作用下发生细胞融合；加入 HAT 选择培养基（含 H、A 和 T）后，未融合的骨髓瘤细胞因其从头合成途径被氨基蝶呤阻断，而又缺乏 HGPRT 不能利用补救途径合成 DNA 而死亡，未融合的脾细胞难以在体外培养而死亡，只有融合细胞因从脾细胞获得 HGPRT，故可在 HAT 选择培养基中存活和增殖。

随着制备技术的不断更新，McAb 经历了鼠源性、嵌合性、人源化和全人源化 4 个阶段。目前市售 McAb 还是鼠源性抗体居多，具有与免疫细胞亲和力弱、对肿瘤细胞的杀伤力弱、人血循环中的半衰期短、具有免疫原性、产生人抗鼠抗体、诱发变态反应等缺点。从 20 世纪 80 年代中期开始，应用 DNA 重组技术，人们通过重构抗体和表面重塑获得了人鼠嵌合抗体。嵌合抗体技术主要用人抗体的恒定区基因替换鼠抗体的恒定区基因，编码产生的 McAb 减少了鼠源性抗体的免疫原性，保留了亲本抗体特异性结合抗原的能力。随着技术的发展，嵌合抗体人源化程度不断提高，但鼠源成分依然存在，并未完全解决鼠抗体免疫原性问题。随后噬菌体抗体库技术、核糖体展示技术、RNA- 多肽融合技术和转基因小鼠制备技术的发展，最终实现了从人源化到全人源化抗体的技术进步。噬菌体抗体库技术是目前发展最成熟、应用最广泛的抗体库技术，通过将克隆后的人抗体可变区的全套基因插入到噬菌体编码衣壳蛋白的基因中，借助于噬菌体外壳表达抗体蛋白，获得具有人源性质的 McAb，且分离速度快，周期短。核糖体展示技术和 RNA- 多肽融合技术都是在体外合成多肽或蛋白质分子并进行选择与转化的技术。转基因小鼠制备技术则是用将编码人抗体的基因部分或全部转到自身抗体基因位点已被灭活的小鼠基因组中，产生能分泌人抗体的转基因小鼠，进而获得具有较高亲和力的全人源化抗体。

单克隆抗体在医学领域的应用极为广泛，其对于淋巴细胞的鉴别区分、遗传免疫性疾病的诊断、传染性疾病致病病原体的鉴定、肿瘤细胞组织的诊断分型及机体内分泌性疾病的激素水平测定等相关疾病的诊断，均具有极高的灵敏度和特异度。应用单克隆抗体进行疾病的诊断，规范标准且可行性高。此外，单克隆抗体在免疫性疾病、心脑血管疾病、肿瘤性疾病及变态反应性疾病等方面的治疗作用也极为显著，抗细胞表面分子的单抗在移植排斥等免疫反应性疾病中的应用取得良好的成效。另外，利妥昔单抗在临床肿瘤的治疗中取得显著的效果，随着单抗生产技术的不断发展，曲妥珠单抗、西妥昔单抗等相继问世，并有效应用于肿瘤的治疗。可以说单克隆抗体的临床应用，为疾病的诊疗提供了可靠的依据。

第三节　细胞重编程

细胞重编程（cell identity reprogrammed）是近年来新兴的治疗技术，它是将起始细胞的基因组从一种表达谱转化为另一种表达谱的过程。重编程主要包括以下两种类型：去分化，即分化的细胞改变其发育轨迹，在特定条件下经去分化恢复到全能性或多能性状态；转分化，即通过转分化将一种类型的体细胞转变成另外一种类型细胞的过程，前者称为体细胞重编程（somatic cell reprogramming），后者称为谱系重编程（lineage reprogramming）。重编程技术的发展不仅是研究发育和分化的重要手段，而且克服了胚胎干细胞来源稀少、个体差异性大等缺陷，并避免了破坏胚胎带来的一系列伦理学争议，为再生医学、疾病个体化治疗及药物筛选等提供了巨大的应用前景。

重编程过程实现了两种完全不同的细胞类型的转变及多能性的重新建立，深入探究该过程的机制对于理解“细胞命运如何决定”这一细胞生物学关键科学问题具有重要意义。

一、细胞重编程的发展史

1\. 核移植史为细胞重编程奠定基础　1892 年，Weismann 提出发育中的胚胎细胞分化时，只保留维持细胞类型同一性所需的基因，使分化成为不可逆的过程。Briggs 和 King 在 1955 年研究北豹蛙（*Rana pipiens*）时说，按照 Weismann 的想法，来自分化细胞的细胞核被转移到去除细胞核的卵细胞（去核卵细胞）中时，不能支持正常发育。然而 1958 年，John Gurdon 等对发育不可逆转的观点提出了质疑，指出源自非洲爪蟾分化细胞的细胞核可以支持正常发育，证明了分化的细胞核保留了协调一个功能齐全的有机体发育的能力。在这些两栖动物实验将近 40 年后的 1996 年，人们利用成年乳腺上皮细胞的细胞核移植成功获得了世界上第一例克隆哺乳动物绵羊多莉。不久之后，第一只利用成体细胞的核转移克隆的小鼠 Cumulin 诞生。Cumulin 小鼠是利用成熟的 B 细胞和 T 细胞的细胞核衍生而来的，在成熟过程中，这两种免疫细胞的基因组都经历了基因重排，证明克隆动物可以用完全分化细胞的细胞核来生产。这一丰富的核移植史揭示了细胞分化可以逆转，将细胞身份重新设定到最早的胚胎阶段，为细胞重编程的发展奠定了基础。细胞重编程的核心目标是操纵细胞同一性以产生任何所需的细胞类型。

2\. 转录因子的介导开辟了细胞重编程的新领域　1987 年，人们证明 MyoD 转录因子的表达能将成纤维细胞转化为收缩肌细胞，至此一个能够重新编程细胞身份的单一因素被鉴定了出来。2006 年，基于对胚胎干细胞基因表达模式以及其特异性基因的研究，日本京都大学山中伸弥实验室发现了 21 世纪干细胞领域最激动人心的研究之一——诱导多能干细胞（induced pluripotent stem cell，iPSC）。研究中，他们仅用 4 种转录因子——Oct4、Sox2、Klf4 和 c-Myc 就成功地使体细胞完成向 iPSC 的重编程。这一发现不仅打破了多能干细胞临床应用中细胞来源和伦理问题的局限，可以有效实现病人特异性 iPSC 的建立及个性治疗，更重要的是开辟了重编程和再生医学的全新领域。山中伸弥也因为此项贡献与 John Gurdon 分享了 2012 年的诺贝尔生理学或医学奖。

二、实现细胞重编程的细胞分子手段

如前一节所述，产生于19世纪六七十年代的细胞融合技术通过化学刺激或者电击手段，可以将体细胞与胚胎干细胞融合，从而获得多能性。然而由于融合后产生的细胞为四倍体，往往难以应用于临床研究，使得这一技术并未得到进一步的推广。目前，人们利用体细胞重编程技术，通过体细胞核移植、特定转录因子的介导、细胞融合等使一种细胞完成其身份的转变，表现出了巨大的应用前景。其中，通过转染特定转录因子来获得诱导型多能干细胞的方法发展最为成熟。事实上，发展较为成熟的谱系重编程策略，也是利用转染特定转录因子来实现一类体细胞向另一类型体细胞或干细胞的转化的。

（一）体细胞重编程

当前，体细胞的重编程主要是通过体细胞核移植和特定转录因子转化这两种途径来实现的（图17-6）。

体细胞核移植（somatic cell nuclear transfer，SCNT）是指将供体细胞核移入去除遗传物质的卵母细胞中，使细胞重获全能性的一种方法。童第周首先克隆了金鱼，用类似方法，人们先后克隆出了北方豹纹蛙和爪蟾。和两栖类动物相比较，哺乳动物的核移植研究更为困难，因为哺乳动物卵母细胞的直径小，且数量相对较少，造成卵母细胞取材困难。直到1996年多莉羊的出现，使哺乳动物核移植领域取得了重大的突破，证明哺乳动物的细胞核也能通过核移植获得个体，开启了细胞重编程研究的新时代。2001年，Wakayama等首次通过核移植方式将小鼠的体细胞重编程成胚胎干细胞系（nuclear transfer ESC，ntESC），该胚胎干细胞具有向3个胚层分化和生殖嵴嵌合的能力。然而，由于伦理和技术的限制，人的ntESC始终未能成功建立。国际伦理委员会规定15天龄后人体胚胎禁止研究。2013年，Tachibana等通过灵长类动物模型优化了体细胞核移植的流程，首次建立了人的ntESC，为获得疾病患者的ntESC及利用核移植胚胎干细胞进行个体化治疗提供了可能。

这些重要研究成果均证明，许多哺乳动物的体细胞基因组，甚至那些终末分化的细胞在进行核移植后，是能够被重新激活的，它们可以表达正常发育所需的全部基因并最终产生存活的克隆动物。同时，这些研究也表明在分化过程中细胞基因组上的发育限制是可逆的，卵母细胞中一定含有某些重要的物质能够有效地将终末分化的体细胞进行重编程。多年以来，体细胞核移植的效率一直较低，体细胞作为核移植供体效率低的原因可能与细胞周期、端粒长度、X染色体失活状态、DNA甲基化等有关。有研究报道，体细胞核移植过程中加入组蛋白去甲基化酶KDM4a、KDM4b和KDM5b可显著提高核移植的效率，而体细胞H3K4Me3表观遗传修饰的记忆，可能是影响体细胞重编程的重要障碍。

随后人们发现，实现细胞重编程需部分或完全下调起始细胞中原有的基因调控网络，使某些特异性基因转为沉默，同时上调新细胞类型的基因调控网络。转录因子因此被广泛用于重编程，其发挥作用的关键是开启起始细胞的基因组，暴露潜在的结合位点，使转录因子能与DNA上特定区域相结合，调控基因表达。转录因子分为先驱因子和次级转录因子，先驱因子可直接进入核小体，结合到封闭的染色质区，同时协调次级转录因子的结合。山中伸弥通过转化4个转录因子OCT4、SOX2、KLF4和c-Myc，将小鼠成纤维细胞重编程为iPSC过程中，OCT4、SOX2和KLF4为先驱因子，而c-Myc作为次级转录因子只与已开启的染色质区相结合。间充质细胞转变为上皮细胞是成纤维细胞转化为iPSC的关键步骤。TGF-β可诱导转录因子基因*Snail*的表达，Snail可进一步抑制上皮特异性基因*E-cadherin*及其他关键上皮调节因子的表达。

SOX2、OCT4 和 c-Myc 可通过抑制 TGF-β 信号通路而抑制 *Snail* 基因的表达，同时 KLF4 可直接促进上皮特异性基因的表达，从而促进了 iPSC 的产生。

虽然经典的 OSKM（OCT4、SOX2、KLF4 和 c-Myc）诱导体系可以得到具有嵌合能力的 iPS 细胞，并且可以通过生殖系传递。但是在这种经典的诱导体系中，约有 20% 的嵌合体小鼠发生了肿瘤。此后人们发现，这种现象的发生与外源整合的诱导因子 c-Myc 在 iPS 细胞中仍然表达有关。为了避免 c-Myc 在 iPS 细胞中被激活带来致瘤风险，Myc 家族的其他成员如 L-Myc 和 N-Myc 被用于代替 c-Myc，也成功诱导获得了人和小鼠的 iPS 细胞。其中 L-Myc 能够提高 iPS 细胞形成具有生殖系传递嵌合小鼠的能力，并且所得到的小鼠没有出现肿瘤。此外，多能性相关因子 Glis1 也可以替代 c-Myc 促进人和小鼠的 iPS 细胞重编程，所得到的小鼠 iPS 细胞生成的嵌合体也具有生殖系传递的能力。值得一提的是，北京大学邓宏魁教授课题组在研究 iPS 细胞重编程的机制时，还创新性地提出了细胞重编程的“跷跷板”平衡模型。该模型认为，iPS 细胞重编程是一个各分化谱系相互拮抗、相互竞争最终达到平衡而获得多能性的过程。

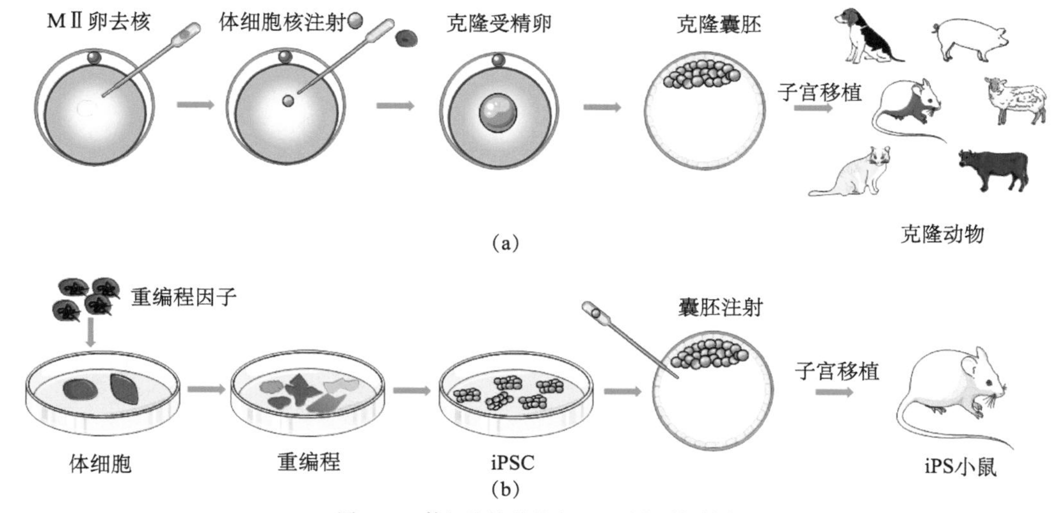

图 17-6　体细胞核移植和 iPSC 原理模式图

（a）体细胞核移植：将第二次减数分裂中期（MⅡ）的卵细胞去核，然后注入体细胞核，从而得到克隆胚胎，继而可以发育成为克隆动物。（b）由 iPSC 获得 iPS 小鼠：通过将重编程因子导入到体细胞中并使其表达，可将体细胞重编程为 iPSC，将 iPSC 注射到囊胚或者 4 倍体囊胚，可得到嵌合体或者全 iPS 小鼠

（二）谱系重编程

谱系重编程方法提供了除 iPSC 外更广泛的细胞来源，它同样具有患者特异性或者疾病特异性，可以显著减少免疫排异反应。虽然从研究的深度和广度上讲，谱系重编程技术的发展还远远落后于体细胞重编程技术，但由于可以借鉴体细胞重编程的研究策略和方法，谱系重编程技术有望成为在细胞治疗、组织工程等领域得到广泛应用的新型技术。目前谱系重编程已经取得了一些成果。例如，Ieda 等利用早期心脏发育相关的三个转录因子 Gata4（GATA binding protein 4）、Mef2c（myocyte enhancer factor 2C）和 Tbx5（T-box 5），将小鼠皮肤成纤维细胞直接重编程为小鼠诱导型心肌细胞（mouse induced cardiomyocyte，miCM）；利用 Gata4、Hnf1a（HNF1 homeobox A）、Foxa3（forkhead box A3），同时敲除 p19arf，可以将小鼠成纤维细胞重编程为小

鼠诱导肝样细胞（mouse induced hepatocyte-like cell，miHep）等。

三、细胞重编程的医疗应用

2013 年，北京大学干细胞研究中心邓宏魁教授课题组成功实现了完全利用小分子化合物诱导小鼠体细胞重编程为 CiPSC，实现了 iPS 技术的革命性突破。结合过去研究中已成熟的培养技术，获得临床使用标准的病人特异性多能干细胞的目标已经触手可及，这更加拓宽了人们对多能细胞的认识和应用期望。

帕金森病（Parkinson disease，PD）是一种复杂的中枢神经系统退行性疾病，主要病理特征为黑质致密部多巴胺神经元的进行性丧失。目前 PD 治疗手段主要有两种：药物和手术。但药物存在神经保护活性不足，缺乏对因治疗等问题，且手术治疗风险较大。随着细胞重编程技术取得突破性进展，由重编程产生的诱导多能干细胞（iPSC）、诱导多巴胺神经元（induced dopamine neuron，iDN）和诱导神经干细胞（induced neural stem cell，iNSC）可用于治疗 PD。人们发现，移植 iPSC 分化而来的多巴胺能神经元、iDN 和 iNSC 到相应脑区，可起到神经替代与修复作用，能够有效治疗 PD。图 17-7 展示了细胞重编程技术在多巴胺能神经元替代疗法中的作用。

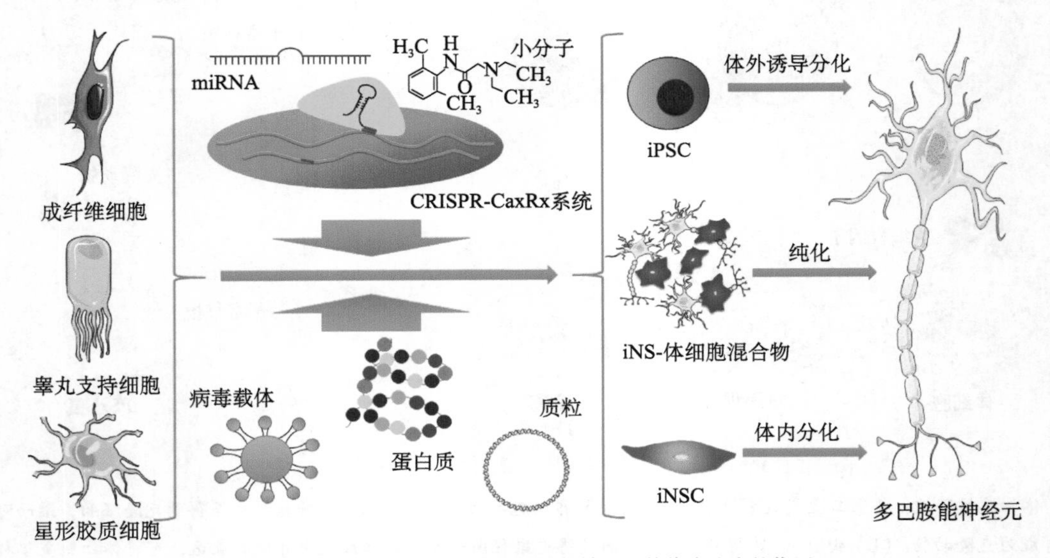

图 17-7　细胞重编程技术在多巴胺能神经元替代疗法中的作用

细胞重编程技术也用于癌症治疗。癌症是中国乃至全球主要的死亡原因，给社会带来了沉重的经济负担。尽管近年来高通量测序技术与靶向治疗在癌症治疗上取得了一些突破性进展，但临床转化研究的高失败率使得抗肿瘤药物的创新进展有限。肿瘤细胞系培养技术的出现有力推动了肿瘤生物学研究的发展，但在肿瘤新疗法的临床转化研究中，肿瘤细胞系的预测能力有限且不稳定。条件重编程细胞（conditional reprogrammed cell，CRC）是以患者组织建立衍生的正常和肿瘤上皮细胞培养物，能准确地反映原始肿瘤细胞的异质性及遗传信息多样性，因而为临床前药效个性化筛选评估以及临床靶向治疗后耐药的新型药物探索提供了新的研究资源。

四、细胞重编程的局限和展望

无论是体细胞重编程还是谱系重编程，重编程效率低下一直是基础研究和临床应用的瓶颈，相关研究数据显示，iPSC 的重编程效率一般在 0.01%～0.20%。另外，诱导细胞的安全性问题，也极大地影响了诱导型细胞的临床应用。人们最初使用逆转录病毒载体进行诱导，但病毒载体和转基因会永久地整合进宿主的基因组，会影响细胞的功能和分化，甚至使机体产生肿瘤。因此，要实现重编程技术应用于临床疾病治疗的目标，提高重编程效率和安全性是亟待解决的关键问题。

由于外源重编程因子容易整合在细胞基因组中，并且多种重编程因子参与了癌症相关信号通路的调控，因此最大限度地减少诱导体系转录因子的数量是提高 iPS 细胞生物安全性的第一步。使用小分子化合物代替重编程因子不仅缩短了重编程的时间进程，而且获得的细胞也更加安全，是提高 iPS 细胞安全性、优化 iPS 细胞技术的研究方向之一。

完全使用化学小分子诱导体系的建立，揭示了更多与诱导多能性相关的信号通路和表观遗传机制。研究发现，通过影响细胞的表观遗传状态可以提高重编程效率。表观遗传不涉及 DNA 序列的改变，但可以改变 DNA 的修饰，从而影响基因表达的调控模式，因此通过改变表观遗传修饰进行细胞重编程，有望建立更安全的医疗方式。

尽管在十几年的发展中科学家从基因表达模式、细胞分群分期、动力学模型、信号通路调控、表观遗传变化特点和调控等方面，对 iPSC 建立过程的分子机制进行了大量而深入探究，在解析细胞重编程的分子机制方面取得了显著的成就，但目前人们对于重编程过程的很多细节仍不清楚，其内在的表观遗传作用机制仍未探明。想要找到高效又安全的重编程方法，还需要更为深入的研究与探索。

第四节　组织重建

组织、器官丧失或功能障碍是危害人类健康、造成人类伤残和死亡的最主要原因，严重影响人们的生活质量。如何修复组织缺损、重建功能、促进组织（器官）再生成为当今科学界的重大研究内容，修复重建外科由此应运而生。

美国学者 Vacanti 和 Langer 在 1993 年提出了组织工程学（tissue engineering）的概念。组织工程学，即体外重建人体组织，又被称为组织重建（organizational reconstruction）。组织工程学基于对正常组织和病理组织中结构 - 功能关系的理解，是一门融合工程学和生命科学原理，研发能够恢复或改善组织、器官功能的生物替代物的学科。这一概念的提出，为修复重建外科的发展带来了新机遇。这种利用组织工程学原理和手段再生组织、修复组织缺损，突破了继往的治疗模式，为修复重建外科提供了新的思路和方法。之后的 20 余年，众多学者进行了利用组织工程学方法修复缺损的组织、重建其结构和功能的探索，取得了良好的效果。到目前为止，体外重建自体皮肤组织已经取得成功，可以应用于烧伤患者的皮肤移植治疗。其他组织如肝、胰、骨髓尚处于研究或临床试验阶段。从发展趋势来看，人造骨髓（造血组织）可望成为第二个体外重建组织应用于临床。体外重建人体组织一直是基础研究、临床医学和生物工程领域的科学家所梦寐以求的目标，然而这种梦想直到最近，随着哺乳动物细胞与组织体外大规模培养技术的发展，才成为可能。

一、组织重建的基本程序

组织工程与重建外科的基本程序是，先从机体获取少量活体组织，用特殊的酶或其他方法将细胞（又称种子细胞）从组织中分离出来，在体外进行培养扩增，然后将扩增的细胞与具有良好生物相容性、可降解性和可吸收的生物材料（支架）按一定比例混合，使细胞黏附在生物材料支架上形成细胞 - 材料复合物，随后将该复合物植入机体的组织或器官病损部位。随着生物材料在体内逐渐被降解和吸收，植入的细胞在体内不断增殖并分泌细胞外基质，最终形成相应的组织或器官，从而达到修复创伤和重建功能的目的。因此，种子细胞、组织构建支架材料和细胞 - 支架复合物的构建与培养，是组织工程技术的三大要素，这三要素的研究是其进步和发展的基础。

二、组织重建的常用方式

细胞增殖、分化和代谢等生理活动都受细胞微环境的严重影响，体外建立适合细胞和组织生长的生理微环境对医学研究至关重要。当前细胞培养大多还是在传统的二维平面培养，这种培养并不是细胞生长的天然状态，与机体内的立体环境差别很大，由于无基质支持，细胞仅能贴壁生长，这导致细胞形态、分化、细胞与基质间的相互作用以及细胞与细胞间的相互作用与体内生理条件下细胞的行为存在明显差异。我们知道，机体内的细胞是在三维的细胞外基质（extracellular matrix，ECM）中生长的。ECM 不仅能提供表面供细胞黏附和迁移，而且可以作为细胞生长的支架供外力作用，同时 ECM 还给生长因子和外源性物质调节细胞分化和代谢功能提供了外界环境。因此，进行组织重建，首先要在体外实现对细胞的三维培养。三维培养要求支架材料更加接近 ECM，而组织工程化培养模型则是在三维培养的基础上，利用生物反应器模拟细胞生存的物理环境如 pH、温度、压力、养分供应、代谢物排除等，模拟体内环境，使培养细胞能够通过紧密连接和缝隙连接等连接方式建立细胞间及细胞与胞外基质之间的联系，形成一定的三维结构。

早期人们发现，胶原蛋白在体外能够聚合，这为细胞的三维培养技术奠定了基础。1972 年苏格兰人 Elsdale 和 Bard 等首先采用胶原蛋白体外自聚合技术，建立了一个胶原凝胶三维培养系统用以研究人胚肺二倍体成纤维细胞和 SV40 转染鼠胚肺成纤维细胞在凝胶基质中的生物学特性，结果发现培养细胞能够在三维培养系统中表现出生长成形、线性排列、黏附胶原、变形移动和细胞增殖等成纤维细胞的基本特性，表明体外培养细胞在胶原凝胶基质中具有较高的生物活性，证明人工器官体外培养环境能够维持细胞的生存与功能。影响三维培养的因素主要有种子细胞、生物支架材料和生长因子，详见【二维码】。

二维码

三、组织重建的医疗实践

组织重建已在很多医疗实践中取得进展，如角膜、皮肤、肝脏等的体外重建等。

1. 角膜组织的体外重建 正常角膜是组成眼球外壁的透明纤维膜，具有防御和屈光等多种功能。角膜是构成眼球的第一道屏障，角膜组织由上皮层、前弹力层、基质层、后弹力层及内皮层这 5 层结构组成（其中前、后弹力层为无细胞成分的均质结构）。它可以完成 90% 以上的屈光功能，对视觉形成极其重要。而角膜病是一种常见的致盲性眼病，其患病率高、致盲性强、治疗困难，角膜移植术是治疗某些角膜病最有效的手段，但角膜供体来源匮乏、术后并发症限制了它的临床应用。组织工程技术的兴起和发展，则为其开辟了崭新的治疗前景。应用组织工程技术重建角膜旨在为角膜病及眼表疾病的临床治疗提供较好的材料来源，是目前眼科界研究的热点，主要包括上皮重建、基质重建、内皮重建和三维角膜重建等四部分。

角膜组织的体外重建就是建立在组织工程三维培养基础上发展而来的。1993 年日本 Minami 等在 Elsdale 的技术基础上采用非醛交联胶原蛋白体外自聚合技术，首先成功地在体外重建了角膜组织结构。他们通过体外培养牛角膜上皮、基质和内皮细胞，利用三维胶原凝胶系统，体外重建了角膜结构，且通过组织学、免疫组化、生物学和电镜检查显示，重建角膜与正常角膜组织具有相似的结构。

2. 人工皮肤　组织工程皮肤（human skin equivalent，HSE）是组织工程迄今为止最成功的产品之一，由原代培养的皮肤细胞（包括角化细胞、成纤维细胞和 / 或干细胞）和 ECM 成分（主要为胶原蛋白）组成，是有活性的皮肤，是应对供体皮肤匮乏的有效策略。皮肤移植可避免受伤部位体液流失和感染，并可以促进细胞因子和生长因子的分泌，从而加速伤口愈合。组织工程皮肤是首个商品化的、应用于临床的器官替代物。直径大于 4 cm 的全层皮肤损伤是无法自愈的，这就需要进行皮肤移植。目前临床上用于移植的组织工程皮肤分为 3 类：表皮替代物、真皮替代物和全皮替代物，市场上针对这 3 类都已有成熟的产品出现。

以干细胞作为种子细胞是提高组织工程皮肤移植成功率的有效途径。目前国内已有用外周血干细胞、毛囊干细胞、表皮干细胞成功构建组织工程皮肤的案例，所制备的组织工程皮肤具有更好的改善创面血供并促进创面愈合的功能。随着种子细胞和支架材料等的不断完善，组织工程化人工皮肤替代物的基础研究和临床应用的未来前景将会更加丰富和广泛。

3. SIS 用于泌尿生殖系统的重建　小肠黏膜下层（small intestinal submucosa，SIS）是由高度保守的胶原、糖蛋白、蛋白多糖及糖氨聚糖组成的一层厚约 100 μm 的胶原基质，是通过机械方法去除猪小肠的黏膜层和肌层而获得的。SIS 作为天然的细胞外基质材料在膀胱成形术、输尿管重建、压力性尿失禁和子宫颈阴道的修复方面已广泛应用。动物实验表明 SIS 与泌尿道上皮细胞、膀胱平滑肌细胞、内皮细胞以及周围神经细胞具有良好的组织相容性，SIS 复合尿道上皮细胞能够促进尿道上皮及新生血管形成、滑肌增生。研究表明，将 SIS 用于兔膀胱壁的重建，术后 24 周组织学检查发现，诱导再生的膀胱组织含有具有与正常膀胱相似的黏膜下层、平滑肌和浆膜结构，再生膀胱组织的自动节律性和收缩性与正常膀胱相比也无显著差异。

4. 人工肝脏　目前美国在人工肝脏的体外重建及临床应用方面处于世界前列。人工肝脏一般分为非生物型、中间型、生物型等三类，用组织工程手段重建的生物杂交型人工肝脏是研究的主流，其中杂交型人工肝脏已进入临床试验阶段。肝脏十分复杂，它具有许多功能，有的至今仍不清楚，因此目前还不能使用正常人的肝细胞进行试验，必须利用异体肝细胞（如猪肝细胞）。临床上，肝脏移植最大的问题是免疫排斥反应。通过在微囊化和中空纤维型反应器中重建肝脏组织，灌注液与肝细胞间具有良好的免疫隔离效果，很好地解决了这一问题，表现出了很好的应用潜力。

5. 3D 生物打印技术　3D 生物打印技术是 20 世纪 80 年代出现的一种快速成型技术，由计算机辅助设计数据通过成型设备，以材料逐层堆积的方式实现三维实体成型。通过 3D 生物打印技术制备出来的组织可显示出良好的再生能力。当前，3D 生物打印技术与干细胞的整合在组织工程领域表现出了巨大的潜力，利用 3D 生物打印技术打印出来的组织工程支架，可在时间和空间上做到足够精确，按需沉积不同种类的细胞、材料、生长因子等构造出来的组织，可以与缺损组织的解剖结构相匹配。

Lueders 使用水凝胶和脐带血干细胞打印出心脏瓣膜，生物性能良好。O'Connell 将甲基丙烯酸酯化明胶和甲基丙烯酸酯化透明质酸作为基底材料，混合脂肪干细胞，在软骨损伤部位用生物打印笔进行原位打印，紫外光照射固化，发现经 3D 打印成型的干细胞存活率高，软骨损伤修复快。Di Bella 等发明了一种手持式 3D 打印设备，用于一期修复绵羊股骨内外侧髁负重面全层软骨缺损，均获得了成功，无并发症。Kizawa 等应用 3D 打印技术成功打印具有代谢功能的人类肝脏组织。

迄今为止，随着生物墨水及相关材料的研发，3D 生物打印机已经成功打印出了气管、食管、皮肤、耳、肾脏、肝脏和血管等人体组织器官，并应用于临床。但目前仍只能打印静态的组织，存在打印后细胞活力无法保证的问题。

四、组织重建应用的制约因素和展望

众所周知组织工程的核心在于材料、细胞、构建技术三要素。在该理论的指导下，组织工程研究已历经20余年，但仍然处于初级阶段。组织工程研究应该不是仅根据系统解剖学、生理学和病理学的理论知识，对种子细胞和支架材料进行三维构建来开发产品。实际上，一味地追求拓展细胞来源和升级支架材料不是组织工程最重要的突破口。因为研发出来的组织替代物始终与纯天然的人体器官还有较大差距，无法完美实现人体器官的生理功能，更不用谈复杂器官的构建。所以，必须构建一种新的基础科学理论体系，来整合现有关于组织和器官的信息，表达组织或器官应有的生物学特性。如果能将含有功能特性、结构特性、组成成分特性的组织学二维平面图像通过计算机进行合成，虚拟成为立体、三维可视、可分解的实体组织结构，则可准确地表达这种组织工程所谓的“应有的生物学特性”，让材料学家明白选用具有什么功能性质的材料，也让细胞学家了解到选用什么时相和类别的细胞及其组合，或者在时空上如何排列组合等。只有明白了这些问题后，组织工程产品才能不断问世和应用于临床实践。可以想象，一旦组织工程组织和器官广泛应用于临床，作为再生医学手段应用于疾病的治疗，不仅会使现行的修复重建外科蓬勃发展，还会继续为生命科学做出划时代的新贡献。

思　考　题

1. 列表比较动植物细胞体外培养的类型及其生长特点。
2. 列表比较常用的细胞大规模培养的模式及其优缺点。
3. 什么是单克隆抗体？单克隆抗体在临床诊疗中有何应用？

二维码

4. 什么是细胞重编程？细胞重编程技术在临床治疗中有何应用？
5. 什么是组织工程技术？组织工程技术在生物医学工程中有何应用？

本章核心概念及更多布鲁姆学习目标层次习题见【二维码】。

本章知识脉络导图

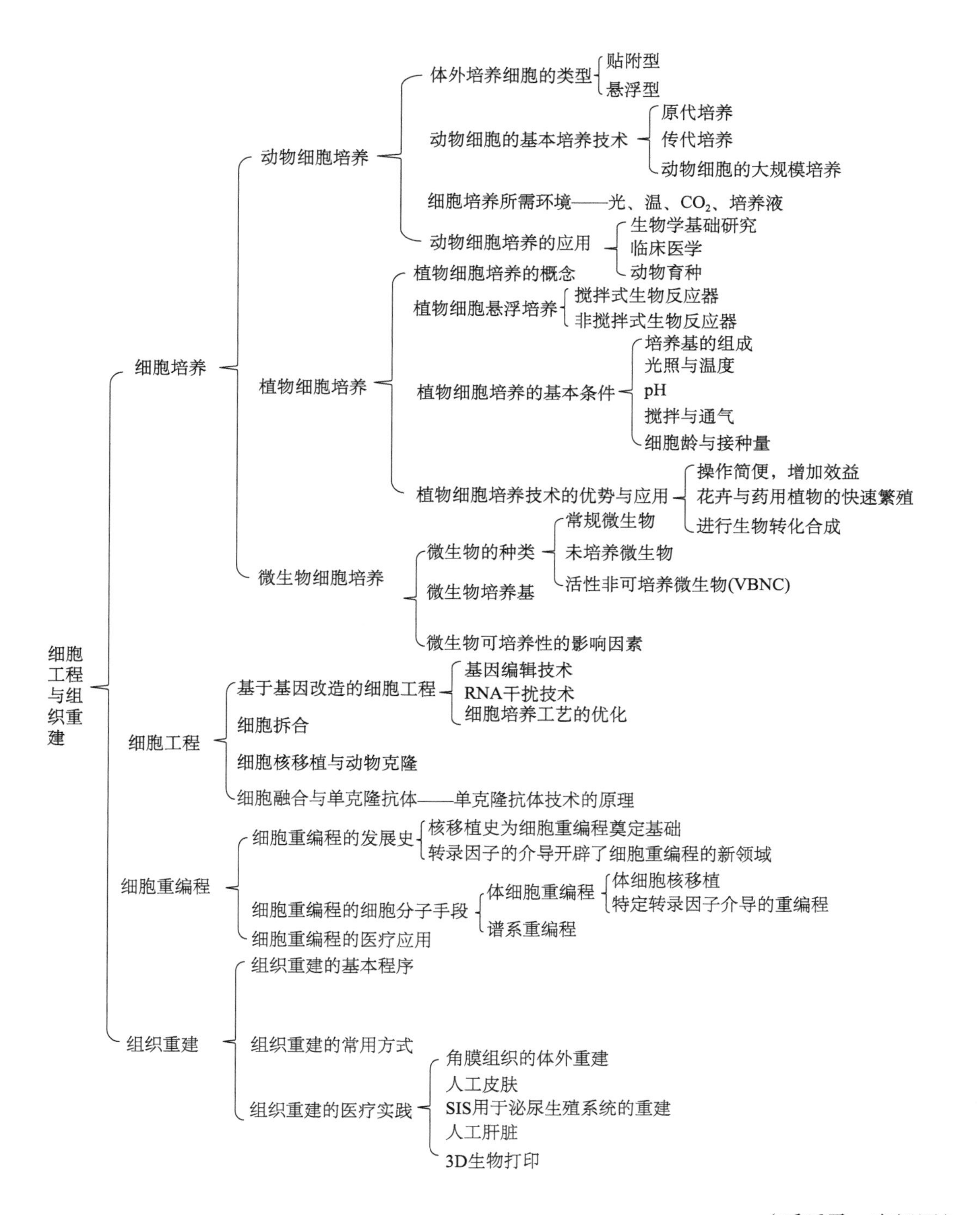

（呼延霆，李绍军）

主要参考文献

丁明孝，王喜忠，张传茂，等 . 2020. 细胞生物学 .5 版 . 北京：高等教育出版社 .
王金发 . 2021. 细胞生物学. 2 版 . 北京：科学出版社 .
杨维才，贾鹏飞，郑国锠 . 2015. 郑国锠细胞生物学 . 北京：科学出版社 .
Alberts B, Johnson A, Lewis J, et al. 2008. Molecular Biology of The Cell. 5th ed. NewYork: Garland Science.
Alberts B, Johnson A, Lewis J, et al. 2015. Molecular Biology of the Cell. 6th ed. NewYork: Garland science.
Alberts B, Hopkin K, Johnson A, et al. 2019. Essential Cell Biology. 5th ed. London: Norton & Company.
Arimura S, Yamamoto J, Aida GP, et al. 2004. Frequent fusion and fission of plant mitochondria with unequal nucleoid distribution. Proc Natl Acad Sci USA, 101(20): 7805-7808.
Auckland P, McAinsh AD. 2015. Building an integrated model of chromosome congression. Journal of Cell Science, 128: 3363-3374.
Bard JAM, Goodall EA, Greene ER, et al. 2018. Structure and function of the 26S proteasome. Annual Review of Biochemistry, 87: 697-724.
Becker W, Hardin J, Bertoni G, et al. 2012. Becker's World of The Cell. 8th ed. Pearson Benjamin Cummings.
Botos I, Liu L, Wang Y, et al. 2009. The Toll-like receptor 3:dsRNA signaling complex. Biochimica et Biophysica Acta (BBA) - Gene Regulatory Mechanisms, 1789 (9-10): 667-674.
Cahoon CK, Hawley RS. 2016. Regulating the construction and demolition of the synaptonemal complex. Nature Structural & Molecular Biology, 23: 369.
Cheeseman IM, Desai A. 2008. Molecular architecture of the kinetochore–microtubule interface. Nature Reviews Molecular Cell Biology, 9: 33-46.
Chen H, Detmer SA, Ewald AJ, et al. 2003. Mitofusins Mfn1 and Mfn2 coordinately regulate mitochondrial fusion and are essential for embryonic development. Journal of Cell Biology, 160(2): 189-200.
Collier SM, Moffett P. 2009. NB-LRRs work a "bait and switch" on pathogens. Trends in Plant Science, 14(10): 521-529.
Conduit PT, Wainman A, Raff JW. 2015. Centrosome function and assembly in animal cells. Nature Reviews Molecular Cell Biology, 16: 611-624.
Cooper GM, Hausman RE. 2004. The Cell: A Molecular Approach. 3rd ed. Washington DC: ASM Press.
Dance A. 2021. Beyond coronavirus: the virus discoveries transforming biology. Nature, 595: 22-25.
Diepenbruck M, Christofori G. 2016. Epithelial–mesenchymal transition (EMT) and metastasis: yes, no, maybe? Current Opinion in Cell Biology, 43: 7-13.
Eriksson JE, Dechat T, Grin B, et al. 2009. Introducing intermediate filaments: from discovery to disease. Journal of Clinical Investigation, 119: 1763-1771.
Evensen Ø. 2016. Immunization strategies against Piscirickettsia salmonis infections: Review of vaccination approaches and modalities and their associated immune response profiles. Frontiers in

Immunology, 7: 482.
Franklin-Tong VE. 1999. Signaling and the modulation of pollen tube growth. Plant Cell, 11: 727-738.
Fulda S, Gorman AM, Hori O, et al. 2010. Cellular stress responses: cell survival and cell death. International Journal of Cell Biology, Article ID: 214074.
Gall JG, Wu Z. 2010. Examining the contents of isolated Xenopus germinal vesicles. Methods, 51(1): 45-51.
Gao M, He Y, Yin Y, et al. 2021. Ca^{2+} sensor-mediated ROS scavenging suppresses rice immunity and is exploited by a fungal effector. Cell, doi: https://doi.org/10.1016/j.cell.2021.09.009.
Grossman E, Medalia O, Zwerger M. 2012. Functional architecture of the nuclear pore complex. Annual Review of Biophysics, 41(1): 557-584.
Guo Y, Li D, Zhang S, et al. 2018. Visualizing intracellular organelle and cytoskeletal interactions at nanoscale resolution on millisecond timescales. Cell, 175: 1430-1442.
Hales KG, Fuller MT. 1997. Developmentally regulated mitochondrial fusion mediated by a conserved, novel, predicted GTPase. Cell, 90: 121-129.
Halic M, Gartmann M, Schlenker O, et al. 2006. Signal recognition particle receptor exposes the ribosomal translocon binding site. Science, 312: 745-747.
Han P, Zhou X, Chang N, et al. 2014. Hydrogen peroxide primes heart regeneration with a derepression mechanism. Cell Research, 24(9): 1091-1107.
Hara M, Fukagawa T. 2020. Dynamics of kinetochore structure and its regulations during mitotic progression. Cellular and Molecular Life Sciences, 77: 2981-2995.
Hardin J, Bertoni G, Kleinsmith E J. 2018. Becker's World of the Cell. 9th ed. New York: Pearson.
Heald R, Khodjakov A. 2015. Thirty years of search and capture: the complex simplicity of mitotic spindle assembly. Journal of Cell Biololgy, 211: 1103-1111.
Hernandez-Verdun D, Roussel P, Thiry M, et al. 2010. The nucleolus: structure/function relationship in RNA metabolism. WIREs RNA, https://doi.org/10.1002/wrna.39.
Ishikawa H, Marshall WF. 2011. Ciliogenesis: building the cell's antenna. Nature Reviews Molecular Cell Biology, 12(4): 222-234.
Iwasa J, Marshall WF. 2020. Karp's Cell and Molecular Biology. 9th ed. Hoboken: Wiley.
Iwata Y, Koizumi N. 2012. Plant transducers of the endoplasmic reticulum unfolded protein response. Trends in Plant Science, 17(12): 720-727.
Kabbage M, Kessens R, Bartholomay LC, et al. 2017. The life and death of a plant cell. Annual Review of Plant Biology, 68: 375-404.
Karp G. 2010. Cell and Molecular Biology. 6th ed. New York: John Wiley & Sons, Inc.
Kishimoto T. 2015. Entry into mitosis: a solution to the decades-long enigma of MPF. Chromosoma, 124: 417–428.
Kovacs SB, Miao EA. 2017. Gasdermins: effectors of pyroptosis. Trends in Cell Biology, 27: 673-684.
Li X, Xing J, Qiu Z, et al. 2016. Quantification of membrane protein dynamics and interactions in plant cells by fluorescence correlation spectroscopy. Molecular Plant, 9: 1229-1239.
Lipka E, Herrmann A, Mueller S. 2015. Mechanisms of plant cell division. WIREs Development Biology, 4: 391-405.
Liu JL. 2016. The cytoophidium and its kind: filamentation and compartmentation of metabolic enzymes. Annual Review of Cell and Developmental Biology, 32: 349-372.
Long BM, Hee WY, Sharwood RE, et al. 2018. Carboxysome encapsulation of the CO2-fixing enzyme Rubisco in tobacco chloroplasts. Nature Communications, 9: 3570.
Ma H. 2013. A battle between genomes in plant male fertility. Nature Genetics, 45(5): 472-473.
Maiato H, Gomes AM, Sousa F, et al. 2017. Mechanisms of chromosome congression during mitosis. Biology, 6: 13.
Miyagishima SY. 2011. Mechanism of plastid division: from a bacterium to an organelle. Plant Physiology, 155(4): 1533-1544.

Miyagishima SY, Froehlich JE, Osteryoung KW, et al. 2006. PDV1 and PDV2 mediate recruitment of the dynamin-related protein ARC5 to the plastid division site. Plant Cell, 18(10): 2517-2530.

Moreno SP, Gambus A.2015. Regulation of unperturbed DNA replication by ubiquitylation. Genes, 6: 451-468.

Musacchio A. 2015. The molecular biology of spindle assembly checkpoint signaling dynamics. Current Biology, 25: R1002-R1018.

Neil H. 2015. Meiotic recombination: the essence of heredity. Cold Spring Harbor Perspectives in Biology, 7: a016618.

Nelson DL, Cox MM. 2013. Lehninger Principles of Biochenistry. Sixth edition. W.H. Freeman and Company, New York.

Northcote DH, Pickett-Heaps JD. 1966. A function of the Golgi apparatus in polysaccharide synthesis and transport in the root-cap cells of wheat. Biochemical Journal, 98: 159-167.

Parzych KR, Klionsky DJ. 2014. An overview of autophagy: morphology, mechanism, and regulation. Antioxidants & Redox Signaling, 20: 460-473.

Perkins GA, Tjong J, Brown JM, et al. 2010. The micro-architecture of mitochondria at active zones: electron tomography reveals novel anchoring scaffolds and cristae structured for high-rate metabolism. Journal of Neuroscience, 30(3): 1015-1026. DOI: https://doi.org/10.1523/JNEUROSCI.1517-09.2010

Reck-Peterson SL, Redwine WB, Vale RD, et al. 2018. The cytoplasmic dynein transport machinery and its many cargoes. Nature Reviews Molecular Cell Biology, 19: 382-398.

Roberts AJ, Kon T, Knight PJ, et al. 2013. Functions and mechanics of dynein motor proteins. Nature Reviews Molecular Cell Biology, 14: 713-726.

Scheel C. 2003. Telomere lengthening mechanisms in matrix-producing bone tumors: a molecular genetic and cytogenetic study. https://www.researchgace.net/publication/29746870.

Shahrani MA, Heales S, Hargreaves I, et al. 2017. Oxidative stress: mechanistic insights into inherited mitochondrial disorders and Parkinson’s disease. Journal of Clinical Medicine, 6(11): 100.

Shi J, Gao W, Shao F. 2017. Pyroptosis: gasdermin-mediated programmed necrotic cell death. Trends in Biochemical Sciences, 42: 245-254.

Sigal YM, Zhou R, Zhuang X. 2018. Visualizing and discovering cellular structures with super-resolution microscopy. Science 361: 880–887.

Spector DL. 2001. Nuclear domains. Journal of Cell Science, 114: 2891-2893.

Taheri-Araghi S, Brown SD, Sauls JT, et al. 2015. Single-cell physiology. Annual Review of Biophysics, 44: 123-142.

Turner KJ, Vasu V, Griffin DK. 2019. Telomere biology and human phenotype. Cells, 8: 73.

Vukusic K, Buda R, Tolic IM. 2019. Force-generating mechanisms of anaphase in human cells. Journal of Cell Science, 132: ics231985.

Wang CX, Youle R. 2016. Form follows function for mitochondria. Nature 530(7590): 288-289.

Whittemore K, Vera E, Martínez-Nevado E, et al. 2019. Telomere shortening rate predicts species life span. PNAS, 116: 15122-15127.

Wood DJ, Endicott JA. 2018. Structural insights into the functional diversity of the CDK-cyclin family. Open Biology, 8(9). Doi:10.1098/rsob.180112.

Woodson J, Chory J. 2008. Coordination of gene expression between organellar and nuclear genomes. Nature Review Genetics, 9: 383–395.

Yanagida M. 2014. The role of model organisms in the history of mitosis research. Cold Spring Harbor Perspectives in Biology, 6: a015768.

Zhai K, Liang D, Li H, et al. 2021. NLRs guard metabolism to coordinate pattern- and effector-triggered immunity. Nature, https://doi.org/10.1038/s41586-021-04219-2.

更多文献见【二维码】。

二维码